T20-Hvac V6.0 天正暖通软件

标准教程

麓山文化　编著

机械工业出版社

本书是一本 T20-Hvac V6.0 项目实战型案例教程，全书通过大量工程案例，深入讲解了该软件的各项功能以及在暖通设计中的应用。

全书共 20 章，其中第 1 章主要介绍了 T20-Hvac V6.0 的基本知识和新功能；第 2~18 章按照暖通施工图的绘制流程，循序渐进地介绍了建筑采暖、地暖、多联机、空调水路、水管工具、风管、风管设备等的创建与编辑方法，以及计算尺寸标注、文字表格、绘图工具、图库图层、文件布图等内容；第 19、20 章则详细讲解了综合运用 AutoCAD 和 T20-Hvac V6.0 绘制住宅楼和办公楼两套大型暖通施工图的方法。

本书配套资源中除了提供全书所有实例的 DWG 源文件外，还包含了全书 200 多个案例的教学视频，这些生动的讲解可以大大提高读者学习的兴趣和效率。

本书采用案例式编写模式，实战性强，特别适合教师讲解或学生自学，可以作为各大院校相关专业的教学用书，也可以作为广大从事建筑、城市规划、房地产、土木工程施工设计人员和工程技术人员的参考书。

图书在版编目（CIP）数据

T20-Hvac V6.0 天正暖通软件标准教程/麓山文化编著.—北京：机械工业出版社，2021.8

ISBN 978-7-111-68288-2

Ⅰ.①T… Ⅱ.①麓… Ⅲ.①采暖设备－建筑设计－计算机辅助设计－应用软件－教材②通风设备－建筑设计－计算机辅助设计－应用软件－教材 Ⅳ.①TU83-39

中国版本图书馆 CIP 数据核字(2021)第 097260 号

机械工业出版社（北京市百万庄大街 22 号　邮政编码 100037）
责任编辑：曲彩云　　责任校对：刘秀华　　责任印制：郜　敏
北京中兴印刷有限公司印刷
2021 年 6 月第 1 版第 1 次印刷
184mm×260mm・30 印张・743 千字
标准书号：ISBN 978-7-111-68288-2
定价：99.00 元

电话服务　　网络服务
客服电话：010-88361066　机工官网：www.cmpbook.com
010-88379833　机工官博：weibo.com/cmp1952
010-68326294　金 书 网：www.golden-book.com
封底无防伪标均为盗版　机工教育服务网：www.cmpedu.com

前言

天正公司从 1994 年开始在 AutoCAD 图形平台开发了一系列建筑、暖通、电气等专业软件，这些软件特别是建筑软件应用广泛。近十年来，天正系列软件不断推陈出新，受中国建筑设计师的厚爱，在我国的建筑设计领域，天正系列软件的影响力可以说无所不在。T20-Hvac V6.0 是利用 AutoCAD 图形平台开发的最新一代暖通软件，其以先进的图形对象理念服务于建筑暖通施工图设计，已成为 CAD 暖通制图的首选软件。

本书内容

本书共 20 章，按照建筑暖通设计的流程安排相关内容，系统、全面地讲解了天正暖通软件 T20-Hvac V6.0 的基本功能和相关应用。

第 1 章介绍了天正暖通软件 T20-Hvac V6.0 的兼容性、工作界面以及与 AutoCAD 的关系，并且介绍了暖通设计图纸的种类以及绘制等相关知识，使读者对天正暖通软件 T20-Hvac V6.0 有一个全面的了解和认识。

第 2~18 章按照暖通施工图的绘制流程，全面、详细地讲解了天正暖通软件 T20-Hvac V6.0 的各项功能，包括建筑采暖、地暖、多联机、空调水路、水管工具、风管、风管设备等的创建与编辑方法，以及计算、尺寸标注、文字表格、绘图工具、图库图层、文件布图等内容。在讲解各功能模块时，全部采用了“功能说明+举例”的案例教学模式，可以让读者在动手操作中深入地理解和掌握各模块的功能。

第 19、20 章，通过绘制住宅和办公楼两个全套暖通施工图，综合演练了本书所介绍的知识。

本书特点

内容丰富 讲解深入	本书全面、深入讲解了天正暖通软件 T20-Hvac V6.0 的各项功能，包括建筑采暖、地暖、空调水路、天正暖通软件 T20-Hvac V6.0 等。可以使读者掌握绘制各类暖通施工图纸的方法
项目实战 案例教学	本书采用项目实战的写作模式，可让读者在了解各项功能的同时，还能练习和掌握其具体操作方法
专家编著 经验丰富	本书的编者具有丰富的教学和写作经验，具有先进的教学理念、富有创意和特色的教学设计以及富有启发性的教学方法
边讲边练 快速精通	本书的知识点都配有相应的案例，这些案例经过编者精挑细选，具有重要的参考价值，使读者可以边做边学，从新手快速成长为绘图高手

视频教学 学习轻松	本书配套资源中收录全书 200 多个实例长达约 400 分钟的高清语音教学视频，可以享受专家课堂式的讲解，大大提高学习兴趣和效率

由于编者水平有限，书中错误、疏漏之处在所难免。在感谢您选择本书的同时，也希望您能够把对本书的意见和建议告诉我们。

读者服务邮箱：lushanbook@qq.com

读 者 QQ 群：368426081

编 者

目 录

第 1 章 T20-Hvac V6.0 概述

● 本章导读

在深入讲解天正暖通软件 T20-Hvac V6.0 之前，本章首先介绍了暖通设计的基础知识以及天正暖通软件工作界面和新功能，以便于读者能够快速熟悉暖通设计的基本原理和暖通识图、制图的相关知识，为后面的深入学习打下坚实的基础。

● 本章重点

◈ 暖通设计概述
◈ 暖通施工图概述
◈ 天正对象与兼容性
◈ 天正暖通软件用户界面
◈ T20-Hvac V6.0 新功能

1.1 暖通设计概述

暖通空调工程是为了解决建筑内部热湿环境和空气品质问题、创建良好的空气环境条件、满足人们生产和生活的需要而设置的建筑设备系统。暖通空调系统包括供暖、通风和空气调节三个方面的内容。本节介绍暖通设计与制图相关的基础知识。

1.1.1 通风的概念

良好的空气环境（如适宜温度、湿度、空气流速、良好的洁净度等）对保障人们的健康、提高劳动生产率、保证产品质量是必不可少的，而创造良好的空气环境条件这一任务的完成就是由通风和空气调节来实现的。

通风，就是用自然或机械的方法向某一房间或空间送入室外空气，或由某一房间或空间排出空气的过程。送入的空气可以是处理的，也可以是不经处理的。换句话说，通风是利用室外空气（称为新鲜空气或新风）来置换建筑物内的空气（简称室内空气），以改善室内空气品质。

通风的功能主要有以下几点。

- 提供人呼吸所需要的氧气。
- 稀释室内污染物或气味。
- 排除室内工艺过程产生的污染物。
- 除去室内多余的热量(称余热)或湿量(称余湿)。
- 提供室内燃烧设备燃烧所需的空气。

1.1.2 通风系统的分类和组成

通风的主要目的是为了置换室内的空气，改善室内空气品质。通风以建筑物内的污染物为主要控制对象。

根据换气方法不同，通风可分为排风和送风。排风是将室内局部地点或整个房间内不符合卫生标准的污染空气直接或经过处理后排至室外，送风是把新鲜或经过处理的空气送入室内。

用于排风和送风的管道及设备等装置分别称为排风系统和送风系统，统称为通风系统。

按照空气流动的作用动力，通风系统可分为自然通风系统和机械通风系统两种。

1. 自然通风

自然通风是在自然压差作用下，使室内外空气通过建筑物围护结构的孔口流动的通风换气。

根据压差形成的机理，自然通风可以分为热压作用下的自然通风（见图 1-1）、风压作用下的自然通风（见图 1-2）以及热压和风压共同作用下的自然通风。

2. 机械通风

依靠通风机提供的动力来迫使空气流动来进行室内外空气交换的方式叫作机械通风。其优点是通风量可以在一年四季中保持平衡，不受外界气候的影响，还可以任意调节换气量大小。

机械通风系统的缺点是需要配置各种空气处理设备、动力设备（通风机），各类风道、控制附件和其他器材，故初次投资和日常运行维护管理费用远大于自然通风系统。

机械通风可根据有害物分布的状况，按照系统作用范围大小分为局部通风和全面通风两类。局部通风系统包括局部送风系统和局部排风系统；全面通风系统包括全面送风系统和全面排风系统。

图 1-3、图 1-4 所示分别为全面机械排风系统和全面机械送风系统的示意图。

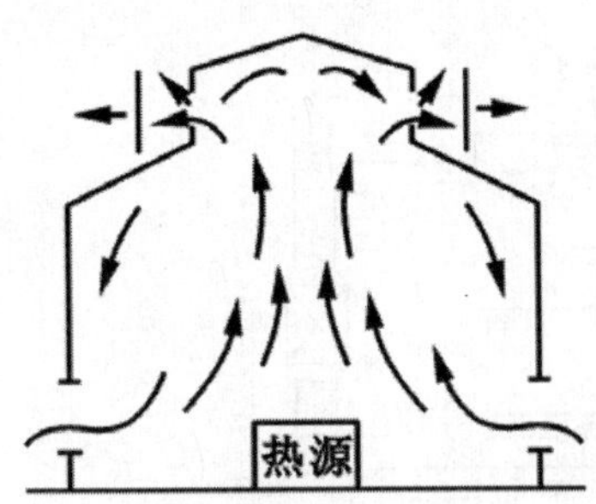

图 1-1　热压作用下的自然通风

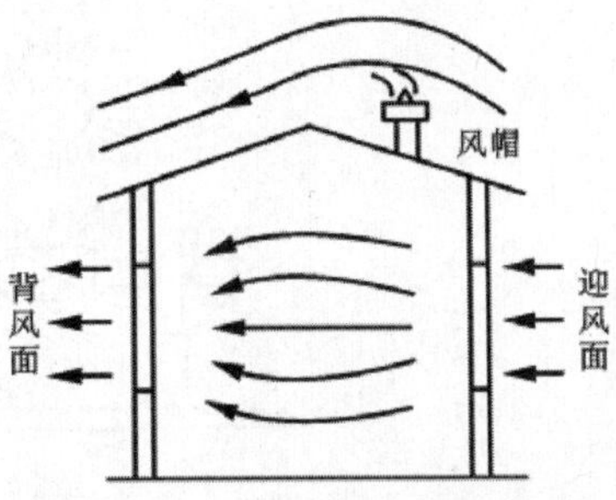

图 1-2　风压作用下的自然通风

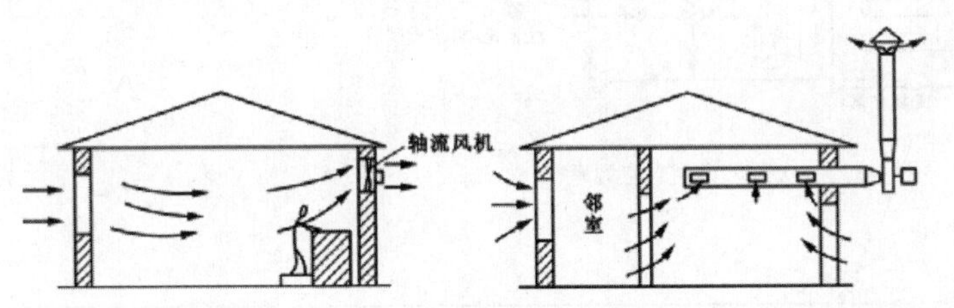

图 1-3　全面机械排风系统

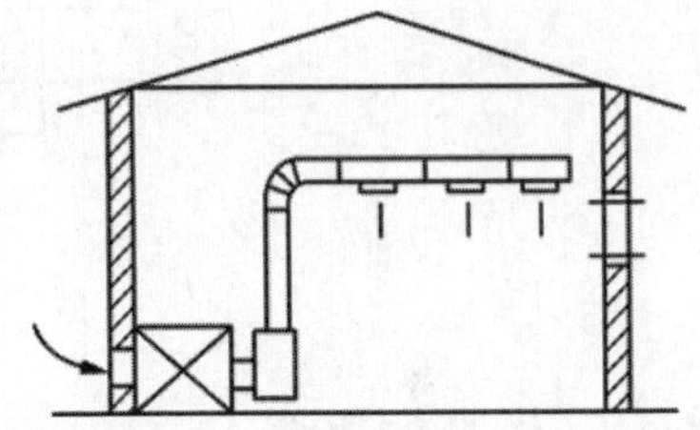

图 1-4　全面机械送风系统

1.1.3 空调的概念

空调即空气调节。空调是高级的通风，是按照人们或生产工艺的要求，对空气的温度、湿度、洁净度、空气流速、噪声和气味等进行控制并提供足够的新鲜空气的通风，所以又称空调为环境控制。空调可以实现对建筑热湿环境、空气品质全面进行控制，它包含了调温和通风的部分功能。

1.1.4 空调系统的分类与组成

按承担室内冷、热、湿负荷的介质分类，空调系统可以分为以下几种类型。

- 全空气系统：以空气为介质，向室内提供冷量或热量，由空气来全部承担房间的热负荷或冷负荷，
- 全水系统：全部用水承担室内的热负荷和冷负荷。当为热水时，向室内提供热量，承担室内的热负荷；当为冷水（常称冷冻水）时，向室内提供制冷量，承担室内冷负荷和湿负荷。
- 空气、水系统：以空气和水为介质，共同承担室内的负荷。该系统既解决了全空气系统因风量大导致风管断面尺寸大而占据较多有效建筑空间的矛盾，也解决了全水系统空调房间的新鲜空

气供应问题，因此这种空调系统特别适合大型建筑和高层建筑。

- 制冷剂系统：以制冷剂为介质，直接用于对室内空气进行冷却、去湿或加热。实质上，这种系统是用带制冷机的空调器（空调机）来处理室内的负荷，所以这种系统又称机组式系统。

如图 1-5 所示为二次回风集中式空调系统，其主要由空气处理部分、空气输送部分、空气分配部分和辅助系统部分等组成。

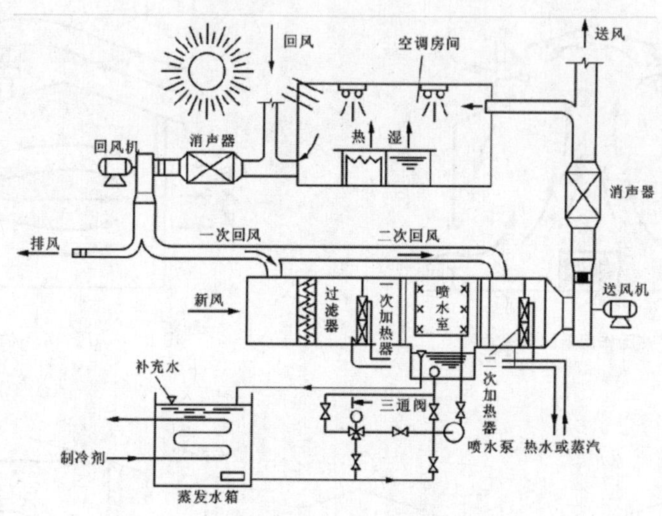

图 1-5　二次回风集中式空调系统

1.1.5 供暖的概念

供暖就是用人工方法向室内供给热量，使室内保持一定的温度，以创造适宜的生活条件或工作条件的技术。我国北方冬季气候寒冷，室内为了保持适当的温度一般配置供暖系统。

供暖系统由热源（热媒制备）、供热管道（管网或热媒输送管道）及散热设备（热媒利用）三个主要部分组成。

- 热源：主要是指生产和制备一定参数(温度、压力)热媒的锅炉房或热电厂。其中，热媒是用来输送热能的媒介物。常用的热媒是热水和蒸汽。
- 供热管道：将热媒输送到各个用户或散热设备的管道。
- 散热设备：将热量散发到室内的设备。

供暖系统的基本工作原理：低温热媒在热源中被加热，吸收热量后变为高温热媒（高温水或蒸汽），经输送管道送往室内，通过散热设备放出热量，使室内温度升高，散热后的热媒温度降低，变成低温热媒（低温水），通过回水管道返回热源，再次进行循环使用，如此循环，从而不断地将热量从热源送到室内，以补充室内的热量损耗，使室内保持一定的温度。

1.1.6 供暖系统的分类和组成

供暖系统有很多种分类方法，按照热媒的不同可以分为热水供暖系统、蒸汽供暖系统和热风采暖系统。

- 热水供暖系统：以热水为热媒，把热量带给散热设备的供暖系统，称为热水供暖系统。当热水采暖系统的供水温度为 95℃、回水温度为 70℃时，称为低温热水供暖系统，供水温度高于 100℃的称为高温热水供暖系统。低温热水供暖系统多用于民用建筑的采暖系统，高温热水供暖系统多用于生产厂房。
- 蒸汽供暖系统：以蒸汽为热媒，把热量带给散热设备的供暖系统称为蒸汽供暖系统。蒸汽相对压力小于 70kPa 的称为低压蒸汽供暖系统；蒸汽相对压力为 70～300kPa 的称为高压蒸汽供暖系统。
- 热风供暖系统：用热空气把热量直接传送到房间的供暖系统，称为热风供暖系统。

根据三个主要组成部分的相互位置关系，供暖系统又可分为局部供暖系统和集中供暖系统。

- 局部供暖系统：热媒制备、热媒输送和热媒利用三个主要组成部分在构造上都在一起的供暖系统称为局部供暖系统，如火炉、户用燃气装置和电加热器等。
- 集中供暖系统：锅炉装置在单独的锅炉房内，热媒通过管道系统送至一栋或多栋建筑物的供暖系统称为集中供暖系统，如图 1-6 所示。

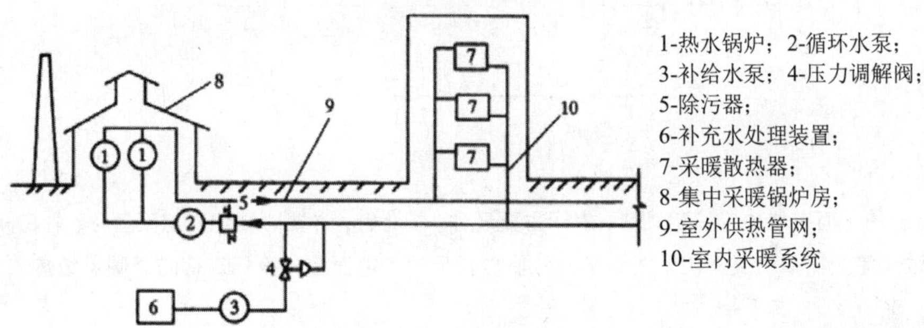

图 1-6　集中供暖系统

1.2 暖通施工图

采暖施工图分为室外采暖施工图和室内采暖施工图两部分，室外部分表示一个区域的采暖管网，室内部分表示一栋建筑物的采暖工程，包括采暖平面图、采暖系统图、详图和设计说明。

1.2.1 采暖施工图概述

采暖工程中的热媒有两种：热水和蒸汽。一般民用建筑以热水为热媒的采暖系统较多。锅炉将加热的水通过管道送到建筑物内，通过散热器散热后，冷却的水又通过管道返回锅炉，进行再次加热，如此循环往复。

1. 采暖平面图

采暖平面布置图（见图 1-7），表示建筑各层供暖管道与设备的平面布置，主要包括以下内容。

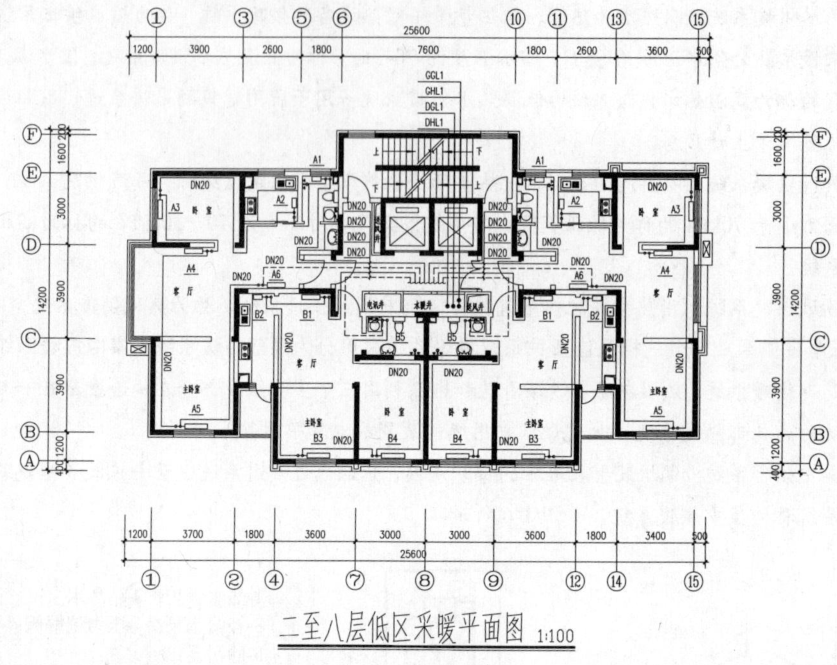

图 1-7 采暖平面图

1）建筑物的平面布置中应注明轴线、房间主要尺寸、指北针，必要时要注明房间名称、各房间分布、门窗和楼梯位置等。在图上要注明轴线编号、外墙总长尺寸、地面及扣板标高等与采暖系统施工安装有关的尺寸。

2）热力入口位置，供水、回水总管的名称以及管径。

3）干管、支管、立管的位置和走向，管径以及立管编号。

4）散热器的类型、位置和数量。各种类型的散热器规格和数量的标注方式如下：

a）柱型、长翼型散热器只注数量，即片数。

b）圆翼型散热器应注根数、排数，如 3×5（每排根数×排数）。

c）光管散热器应注管径、长度、排数，如 D150×500×5 [管径（mm）×管长（mm）×排数]。

d）闭式散热器应注长度、排数，如 2.0×3[长度（m）×排数]。

e）膨胀水箱、集气罐、阀门位置及型号。

f）补偿器型号、位置，固定支架位置。

5）在多层建筑中，各层散热器布置基本相同时，也可采用标准层画法。但在标准层平面图上，散热器要注明层数和各层的数量。

6）主要设备或管件（如支架、补偿器、膨胀水箱、集气罐等）在平面图上的位置。

7）用虚线画出的采暖地沟、过门地沟的位置。

2. 采暖系统图

采暖系统图也称流程图，又叫系统轴测图，其与平面图配合，表明了整个采暖系统的全貌。采暖系统图应用轴测投影法绘制，并宜用正等轴测或正面斜轴测投影法。当采用正面斜轴测投影法来绘制采暖系统图时，Y 轴与水平线的夹角可选用 45° 或 30° 。采暖系统图的布置方向应与平面图的一致。

采暖系统图分为水平方向布置和垂直方向布置两种情况。

另外，在采暖系统图上还应标注各立管编号、各管线管径和坡度、散热器片数、干管的标高等。

采暖系统图包含的内容如下：

- 采暖管道的走向、空间位置、坡度、管径及变径的位置、管道与管道之间连接的方式。
- 散热器与管道的连接方式，包括竖单管、水平串联、双管上分和双管下分等方式。
- 管路系统中阀门的位置、规格。
- 集气罐的规格、安装形式（分立式、卧式）。
- 蒸汽供暖疏水器和减压阀的位置、规格、类型。
- 节点详图的索引号。

图 1-8 所示为绘制完成的采暖系统图。

3. 详图

在采暖平面图和采暖系统图上表达不清楚、用文字也无法说明的地方可以用详图表示。

详图是局部放大比例的施工图，又称大样图，表示采暖系统节点与设备的详细构造及安装尺寸要求。一般采暖系统入口管道的交叉连接复杂，所以需要另画一张比例较大的详图。图 1-9 所示为绘制完成的详图。

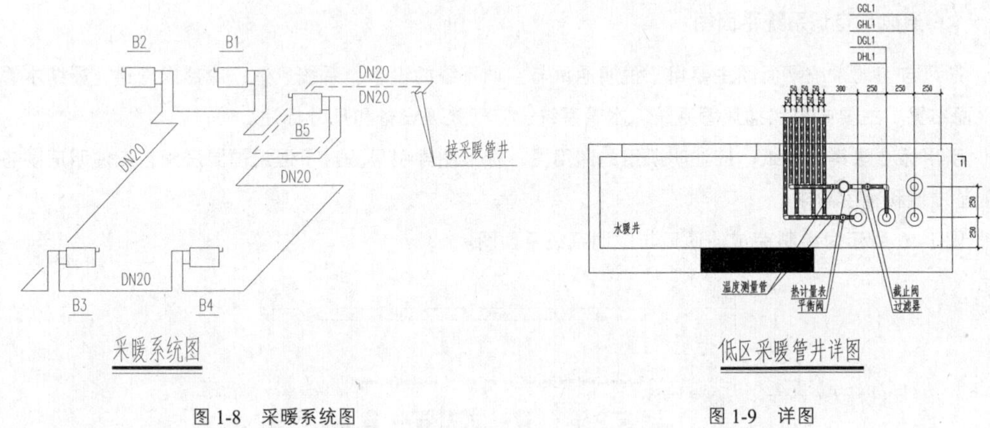

图 1-8 采暖系统图　　图 1-9 详图

4. 设计说明

采暖施工图的设计说明包含以下内容：

- 建筑物的采暖面积、热源的种类、热媒参数、系统总热负荷。
- 采用散热器的型号及安装方式、系统形式。
- 在安装和调整运转时应遵循的标准和规范。
- 在施工图上无法表达的内容，如管道保温、油漆等。
- 管道连接方式及所采用的管道材料。
- 在施工图上未表示的管道附件安装情况，如在散热器支管与立管上是否安装阀门等。

1.2.2 采暖施工图的识图要领

采暖平面图和采暖系统图共同反映了采暖系统管道平面布置、连接关系、空间走向及管路上各种配

件和散热器在管路上的位置，并反映了管路各段管径和坡度等。只有将采暖系统图与采暖平面图对照阅读，才能了解采暖施工图的完整内容。

1. 浏览采暖平面图

首先在底层采暖平面图上寻找供水总干管和回水总干管的位置，然后根据供水干管和回水干管的位置确定采暖系统的形式，再在各层采暖平面图上确定供回水立管以及支管、散热器、附属设备的平面布置。

2. 对照采暖平面图阅读采暖系统图

通过采暖平面图与采暖系统图对照可找出平面上各管线及散热器的连接关系，了解管线上配件（如阀门等）的位置。散热器片数或规格在采暖系统图中也可反映，如散热器上的数字即反映该组散热器的片数。通过阅读采暖系统图可以了解供热水口至出水口中每趟立管回路的管路位置、管径及回路上配件的位置等。

1.2.3 通风施工图

通风施工图由平面图、剖面图、系统图、原理图等组成，下面分别予以介绍。

1. 通风与空调系统平面图

通风与空调系统平面图主要用于说明通风与空调系统的设备、系统风道、冷热媒管道、凝结水管道的平面布置。主要内容包括风管系统、水管系统、空气处理设备和尺寸标注。

引用标准图集的图纸，应注明所用的通用图、标准图索引号。对于恒温恒湿房间，应注明房间各参数的基准值和精度要求。

图 1-10 所示为绘制完成的通风与空调系统平面图。

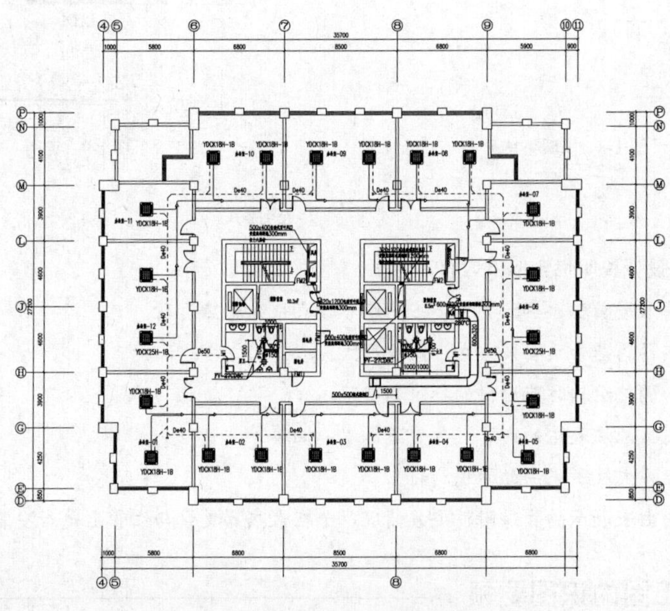

图 1-10 通风与空调系统平面图

2. 通风系统剖面图

剖面图与平面图相对应，可用来说明平面图上无法表明的情况。剖面和位置在平面图上都有说明。通风系统剖面图上的内容与平面图上的内容是一致的，区别是通风系统剖面图上还标注有设备、管道及配件高度。

通风系统剖面图主要包括以下内容。

- 风道、设备、各种零部件的竖向位置尺寸和有关工艺设备的位置尺寸，相应的编号尺寸应与通风系统平面图相对应。
- 风道直径（或截面尺寸），风管标高（圆管中心，矩形管标管底边），送风和排风口的形式、尺寸、标高和空气流向。

3. 通风系统图

系统图可从总体上表明所讨论的系统构成情况及各种尺寸、型号和数量等。主要包括该系统中设备、配件的型号、尺寸、定位尺寸、数量以及连接于各设备之间的管道在空间的曲折、交叉、走向、尺寸、定位尺寸等，还应注明该系统的编号。

图 1-11 所示为绘制完成的通风系统图。

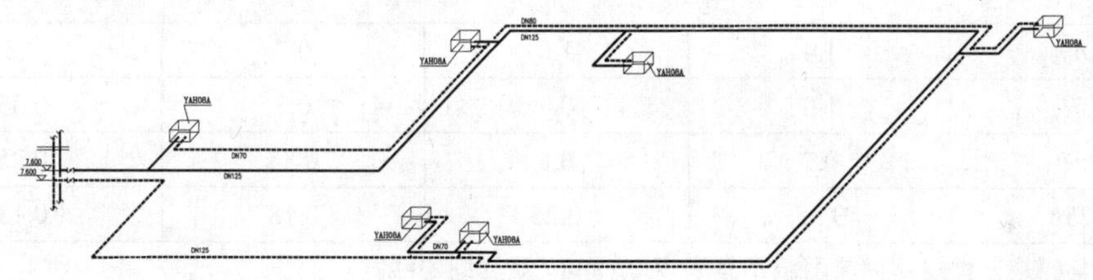

图 1-11 通风系统图

4. 原理图

原理图多为空调原理图，内容包括：系统的原理和流程，空调房间的设计参数、冷热源、空气处理和运输方式，控制系统之间的相互关系；系统中的管道、设备、仪表、部件，整个系统控制点与测点间的联系，控制方案及控制点参数，用图例表示的仪表、控制元件型号等。

1.2.4 通风施工图的识图要领

识读通风施工图的要点如下：

1）阅读图样目录。根据图纸目录了解该工程图的概况，包括图纸张数、图幅大小及名称、编号等信息。

2）阅读设计说明。根据设计说明了解该工程概况，包括空调系统的形式、划分及主要设备布置等信息。在此基础上，确定哪些图纸代表着该工程的特点、属于工程中的重要部分，图纸的阅读就从这些重要的图纸开始。

3）阅读有代表性的图样。在空调通风施工图中，有代表性的图纸基本上都是反映空调系统布置、空调机房布置、冷冻机房布置的平面图，因此空调通风施工图的阅读基本上是从平面图开始的，先是总平面图，然后是其他的平面图。

4）阅读辅助性图样。对平面图上没有表达清楚的地方，需要根据平面图上的提示，如根据剖面位置和图纸目录找出该平面图的辅助图纸进行阅读，包括立面图、侧立面图、剖面图等。对于整个系统可以参考系统图。

5）阅读其他内容。在读懂整个空调通风系统的前提下，再进一步阅读施工说明与设备主要材料表，了解空调通风系统的详细安装情况，同时参考加工、安装详图，从而完全掌握图纸的全部内容。

1.2.5 暖通空调制图标准

我国现行的暖通空调制图标准为 2011 年 3 月实施的《暖通空调制图标准》（GB/T 50114—2010），现将其中部分内容摘录如下。

1. 图线

图线的基本宽度 *b* 和线宽组应根据图样的比例、类别及使用方式确定。

基本宽度 *b*（mm）宜选用 0.18、0.35、0.5、0.7、1.0。

图样中仅使用两种线宽时，线宽组宜为 *b* 和 0.25*b*。三种线宽的线宽组宜为 *b*、0.5*b* 和 0.25*b*，并应符合表 1-1 的规定。

表 1-1 线宽参考表

线宽比	线宽组			
b	1.4	1.0	0.7	0.5
0.7*b*	1.0	0.7	0.5	0.35
0.5*b*	0.7	0.5	0.35	0.25
0.25*b*	0.35	0.25	0.18	（0.13）

要注意的是，需要缩微的图纸不宜采用 0.18mm 及更细的线宽。

在同一张图纸内，不同线宽组的细线可统一采用最小线宽组的细线。

暖通空调专业制图采用的线型及其含义应符合表 1-2 的规定。

表 1-2 线型及其含义

名称		线型	线宽	一般用途
实线	粗		*b*	单线表示的供水管线
	中粗		0.7*b*	本专业设备轮廓、双线表示的管道轮廓
	中		0.5*b*	尺寸、标高、角度等标注线及引出线，建筑物轮廓
	细		0.25*b*	建筑布置的家具、绿化等，非本专业设备轮廓
虚线	粗		*b*	回水管线，单根表示的管道被遮挡的部分
	中粗		0.7*b*	本专业设备及双线表示的管道被遮挡的轮廓
	中		0.5*b*	地下管沟、改造前风管的轮廓线，示意性连线
	细		0.25*b*	非本专业虚线表示的设备轮廓等
波浪线	中		0.5*b*	单线表示的软管
	细		0.25*b*	断开界线
单点画线			0.25*b*	轴线、中心线
双点画线			0.25*b*	假想或工艺设备轮廓线
折断线			0.25*b*	断开界线

图样也可以使用自定义图线及含义，但应明确说明，且其含义不应与绘图标准发生冲突。

2. 比例

总平面图、平面图的比例宜与工程项目设计的主导专业一致，其他情况下可以参照表 1-3 中的比例来选用。

表 1-3 比例

图名	常用比例	可用比例
剖面图	1:50、1:100	1:150、1:200
局部放大图、管沟断面图	1:20、1:50、1:100	1:25、1:30、1:150、1:200
索引图、详图	1:1、1:2、1:5、1:10、1:20	1:3、1:4、1:15

3. 图样画法的一般规定

各工程、各阶段的设计图纸应满足相应的设计深度要求。

本专业设计图纸编号应独立。

在同一套工程设计图纸中，图样线宽组、图例、符号等应一致。

在工程设计中，宜依次表示图纸目录、选用图集（纸）目录、设计施工说明、图例、设备及主要材料表、总图、工艺图、系统图、平面图、剖面图、详图等，如果单独成图，其图纸编号应按所述顺序排列。

图样需用的文字说明，宜以“注:”“附注:”或“说明:”的形式在图纸右下方、标题栏上方书写，并应用“1、2、3…”进行编号。

一张图幅内绘制平面图、剖面图等图样时，宜按平面图、剖面图、安装详图，从上至下、从左至右的顺序排列；当一张图幅绘有多层平面图时，宜按建筑层次，由低至高、由下而上顺序排列。

4. 管道和设备布置平面图、剖面图及详图绘制的一般规定

管道和设备平面布置图、剖面图应直接以正投影法绘制。

用于暖通空调系统设计的建筑平面图、剖面图，应用细实线绘出建筑轮廓线和与暖通空调系统有关的门、窗、梁、柱、平台等建筑构配件，并应注明相应定位轴线编号、房间名称和平面标高。

剖视的剖切符号应由剖切位置线、投射方向线及编号组成。剖切位置线和投射方向线均应以粗实线绘制，剖切位置线的长度宜为 6～10mm；投射方向线长度应短于剖切位置线，宜为 4～6mm。剖切位置线和投射方向线不应与其他图线相接触，编号宜用阿拉伯数字，并宜标在投射方向线的端部，转折的剖切位置线宜在转角的外顶角处加注相应编号。

5. 管道系统图、原理图绘制的一般规定

管道系统图应能确认管径、标高及末端设备，可按系统编号分别绘制。

管道系统图采用轴测投影法绘制时，宜采用与相应的平面图一致的比例，按正等轴测或正面斜二轴测的投影规则绘制，可按现行国家标准《房屋建筑制图统一标准》(GB/T 50001-2017）绘制。

在不引起误解时，管道系统图可不按轴测投影法绘制。

管道系统图的基本要素应与平面图、剖面图相对应。

水、汽管道及通风、空调管道系统图均可用单线绘制。

1.2.6 暖通制图图例

1. 水、汽管道常用图例

水、汽管道可以用线型区分，也可以用代号区分。水、汽管道代号可按表 1-4 选用。

表 1-4　水、汽管道代号

序号	代号	管道名称	备注
1	RG	采暖热水供水管	可附加 1、2、3 等表示代号相同、参数不同的多种管道
2	RH	采暖热水回水管	可通过实线、虚线表示供水、回水关系
3	LG	空调冷水供水管	
4	LH	空调冷水回水管	
5	KRG	空调热水供水管	
6	KRH	空调冷水回水管	
7	LRG	空调冷水、热水供水管	
8	LRH	空调冷水、热水回水管	
9	LM	冷媒管	
10	N	凝结水管	

2. 水、汽管道阀门、附件

水、汽管道阀门、附件的图例可按表 1-5 选用。

表 1-5　水、汽管道阀门、附件图例

名称	图例	名称	图例
截止阀	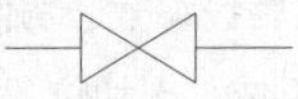	电磁阀	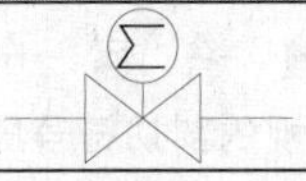
平衡锤安全阀	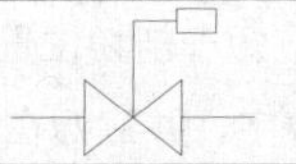	消声止回阀	
气开隔膜阀	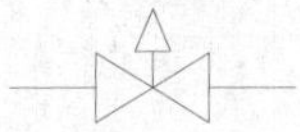	气闭隔膜阀	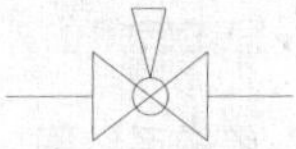
逆止阀	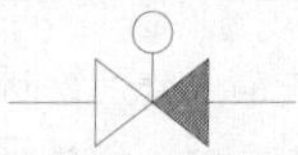	隔膜阀	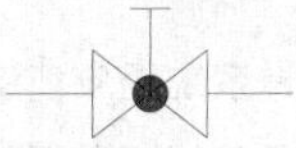
压力调节阀	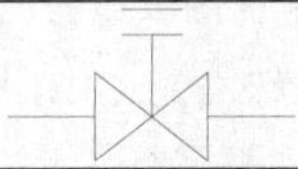	膨胀阀隔膜阀	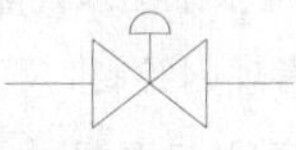
温度调节阀	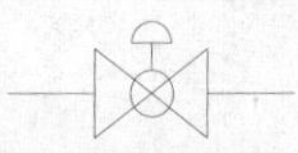	安全阀	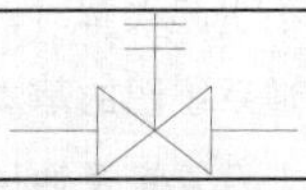

（续）

名称	图例	名称	图例
底阀		浮球阀	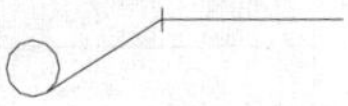
蝶阀		膨胀阀	
散热器三通		三通阀	
闸阀		止回阀	
电动二通阀	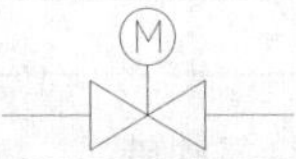	液动阀	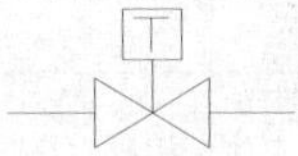
球阀	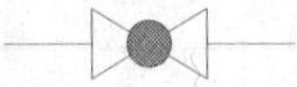	减压阀	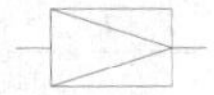
节流阀		电动蝶阀	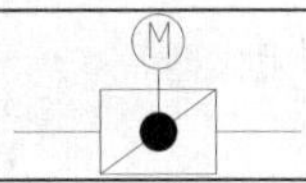
液动蝶阀	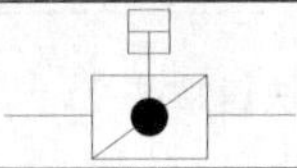	气动蝶阀	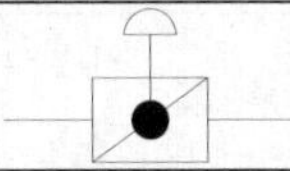
液动闸阀	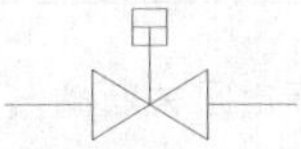	快开阀	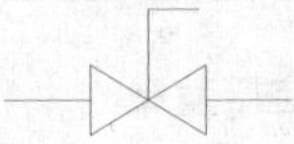
手动调节阀	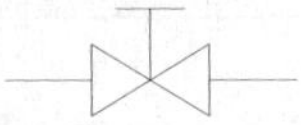	安全阀	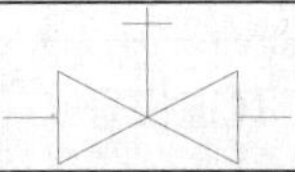
减压阀		弹簧安全阀	
重锤安全阀	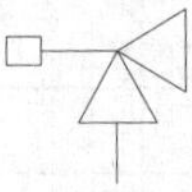	自动排气阀	
旋塞阀	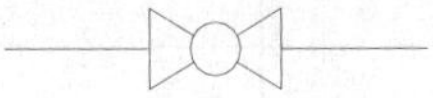	节流孔板	
活接头		平衡阀	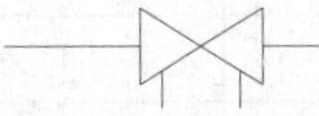
管道泵	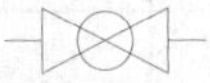	离心水泵	
柱塞阀	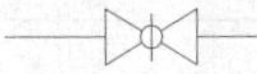	手动排气阀	

（续）

名称	图例	名称	图例
角阀		管封	
变径管		除污器	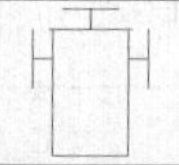
直通型（或反冲式）除污器	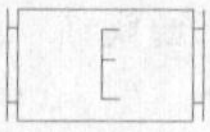	补偿器	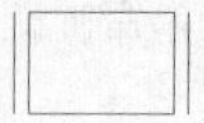
爆破膜	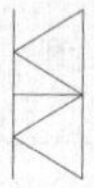	热表	
软接头	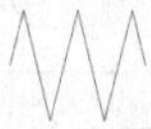	金属软管	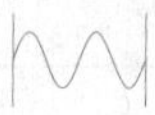
阻火器		漏斗	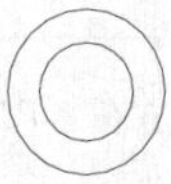
地漏		快速接头	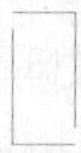
定压差阀	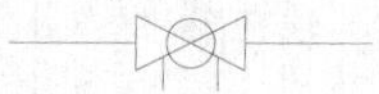	调节止回关断阀	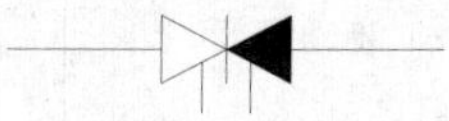

3. 风道代号

风道代号可按表 1-6 选用。

表 1-6　风道代号

序号	代号	管道名称	备注
1	SF	送风管	
2	HF	回风管	一、二次回风可附加 1、2 区别
3	PF	排风管	
4	XF	新风管	
5	PY	消防排烟风管	
6	ZY	加压送风管	
7	P（Y）	排风排烟兼用风管	
8	XB	消防补风风管	
9	S（B）	送风兼消防补风风管	

4．风管、阀门图例

风管、附件的图例可按表 1-7 选用。

表 1-7　风管、附件图例

序号	名称	图例	备注
1	矩形风管	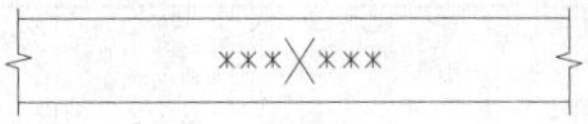 ***X***	宽×高（mm），*为数字
2	圆形风管	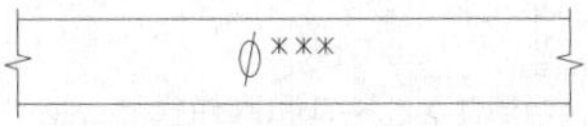 ∅***	∅直径（mm），*为数字
3	风管上升摇手弯	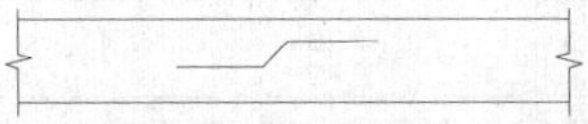	
4	风管下降摇手弯	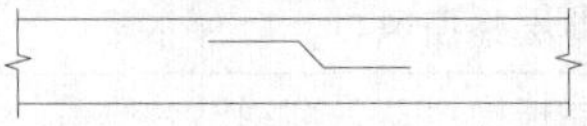	
5	天圆地方	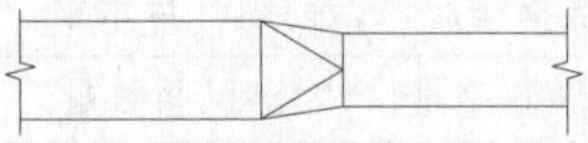	左接矩形风管，右接圆形风管
6	软风管		
7	圆形弧弯头	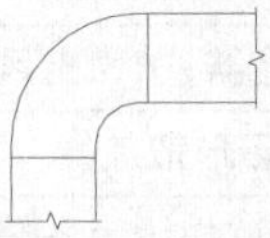	
8	矩形三通	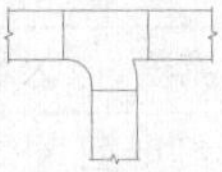	
9	四通	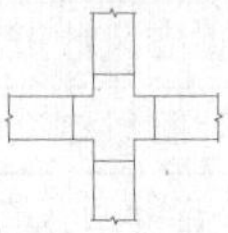	
10	方形风口	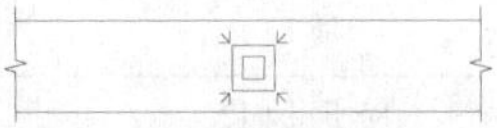	
11	条缝型风口	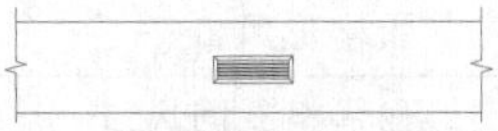	
12	圆形风口	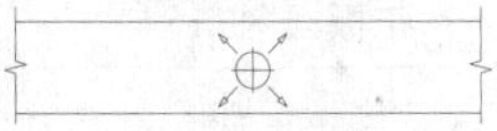	
13	侧面风口	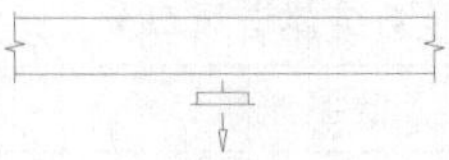	

（续）

序号	名称	图例	备注
14	单层防雨百叶		
15	自垂式百叶风口		

5. 风口和附件代号

风口和附件代号按表 1-8 选用。

表 1-8 风口和附件代号

序号	代号	说明	备注
1	AV	单层格栅风口，叶片垂直	
2	AH	单层格栅风口，叶片水平	
3	BV	双层格栅风口，前组叶片垂直	
4	BH	双层格栅风口，前组叶片水平	
5	C*	矩形散流器，*为出风面数量	
6	DF	圆形平面散流器	
7	DS	圆形凸面散流器	
8	DP	圆盘形散流器	
9	DX*	圆形斜片散流器，*为出风面数量	
10	DH	圆环形散流器	
11	E*	条缝形风口，*为条缝数	
12	F*	细叶形斜出风散流器，*为出风面数量	
13	FH	门铰形细叶回风口	
14	G	扁叶形直出风散流器	
15	H	百叶回风口	
16	HH	门铰形百叶回风口	
17	J	喷口	
18	SD	旋流风口	
19	K	蛋格形风口	
20	KH	门铰形蛋格式回风口	
21	L	花板回风口	
22	CB	自垂百叶	
23	N	防结露送风口	冠于所用类型风口代号前
24	T	低温送风口	冠于所用类型风口代号前
25	W	防雨百叶	

（续）

序号	代号	说明	备注
26	B	带风口风箱	
27	D	带风阀	
28	F	带过滤网	

6. 风管阀门阀件

风管阀门阀件按表 1-9 选用。

表 1-9　风管阀门阀件

名称	图例	名称	图例
插板阀		止回阀	
蝶阀		多叶调节阀	
防火阀		防火调节阀	
防烟阀		风道密封阀	
光圈式起动调节阀		软接头	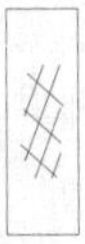
70℃常开防火阀	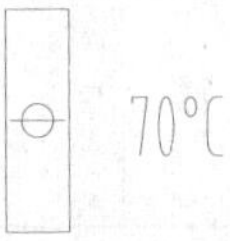 70℃	余压阀	
双位定风量调节阀		排烟防火阀	

7. 设备图例

暖通空调设备图例按表 1-10 选用。

表 1-10　暖通空调设备图例

名称	图例	名称	图例
水泵	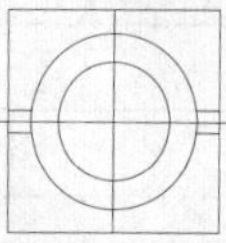	离心泵	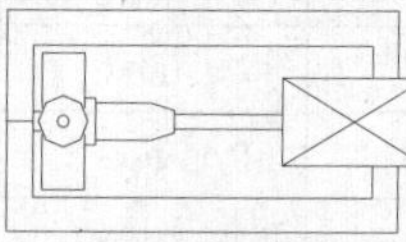
静压箱	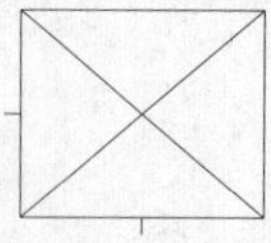	风机盘管	
离心风机	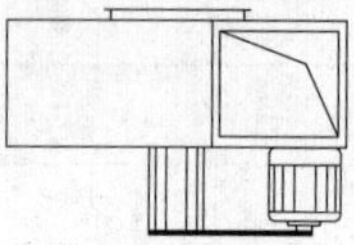	轴流风机	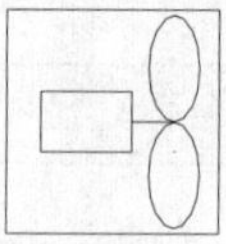
斜流风机		屋顶风机	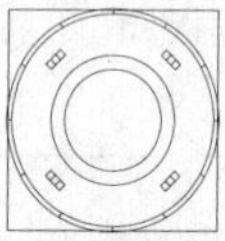
空调器	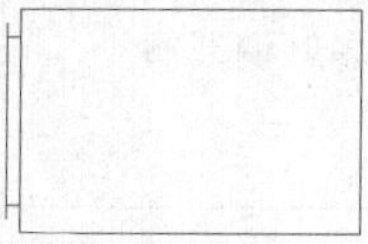	空调室内机	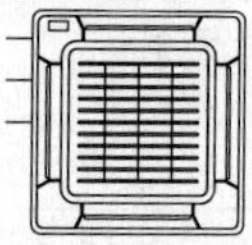
采暖分集水器	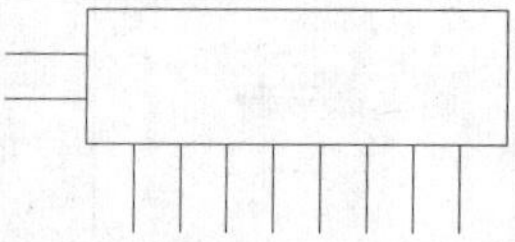	空调分集水器	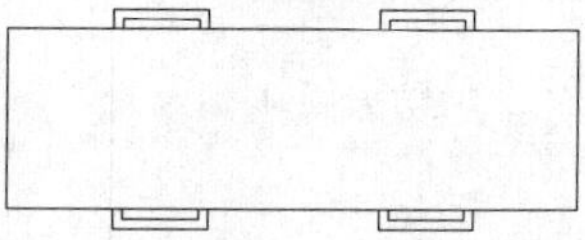
换热器	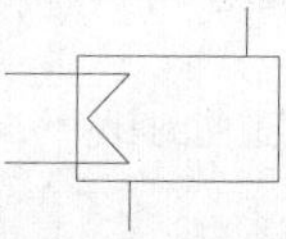	矩形管道风机	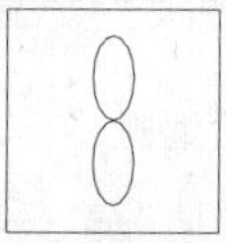
冷水机组	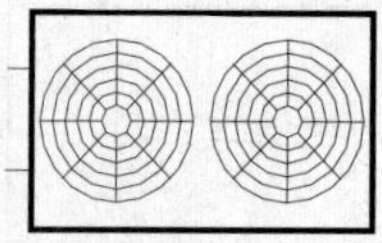	电动、手摇两用风机	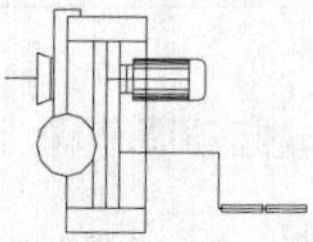
过滤吸收器	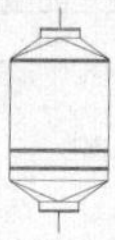	油网滤尘器	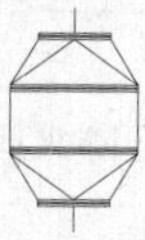
中间段		蒸汽加湿段	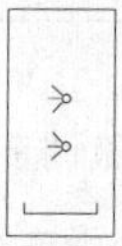
热水盘管		喷淋段	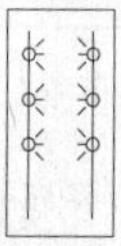

（续）

名称	图例	名称	图例
均流段	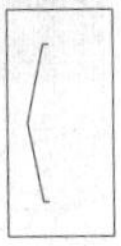	挡水板	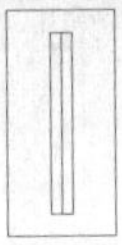
消声段	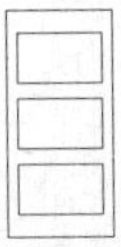	混合段	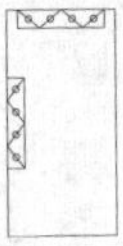
热回收段	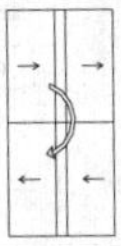	表冷段	
过滤段	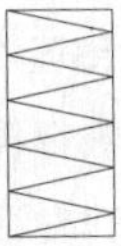	风机段	

1.3 天正对象与兼容性

1.3.1 普通图形对象

在早期版本的 AutoCAD 中，图元类型由软件本身定义，开发商与用户都不可扩充。图档完全由AutoCAD 规定的若干类基本图形对象组成，如矩形、圆形、直线、弧线等基本图形构成的二维图形或三维图形。

随着 AutoCAD 版本的不断升级，其越来越与实际的绘图需求相契合，如可以使用建筑的实际尺寸在 AutoCAD 上绘制图形，然后用户可根据出图比例要求，把模型换算成图纸的度量单位，将其打印输出，成为纸质的施工图纸。

另外，除了基本的二维图形、三维图形，以及由这些图形组成的复杂图形外，各类文字标注、尺寸标注以及符号标注也逐渐被称为图形对象。为此，各个国家的制图规范中都对文字与符号的标注进行了特别的规定，使得在图纸上用不同比例绘制的文字与符号的标注能够清楚地表达。

1.3.2 天正对象

天正对象可分为天正构件对象和天正标注对象。天正构件对象用模型尺寸来度量，而天正标注对象则用图纸空间的尺寸来度量，这样大大方便了图纸的输出，特别是在经常调整模型的输出比例时，天正的标注对象能够自动适应新的输出比例。天正构件对象可以通过对话框进行设置和调用，如绘制墙体时，可以先通过在【绘制墙体】对话框中定义参数，然后在绘图区中绘制图形，如图 1-12 所示；调用阀门时，可以通过打开的【天正图库管理系统】对话框来选择需要的阀件，如图 1-13 所示。

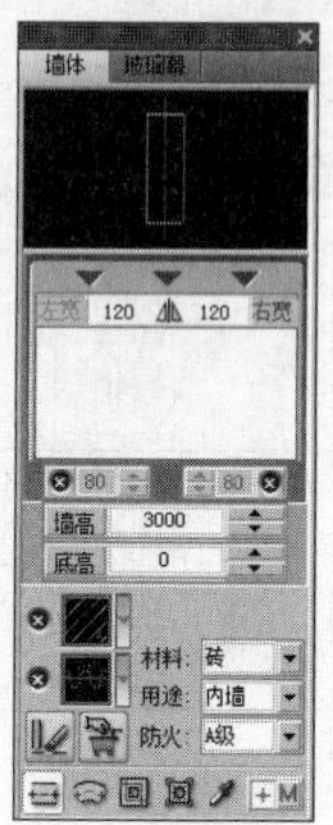

图 1-12 【绘制墙体】对话框

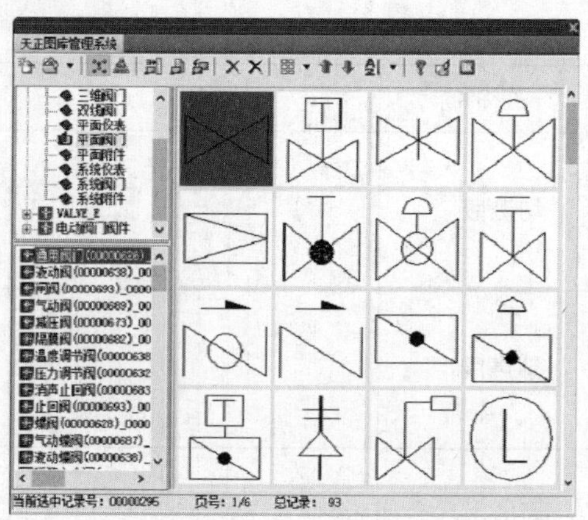

图 1-13 【天正图库管理系统】对话框

在 AutoCAD 中，所有的图形来源方式有两种；一种是在绘图区中执行各类绘图和编辑命令操作得到，另一种是加载外部图块。通过这两种方式得到的图形如果需进行再编辑的话，要执行相应的编辑修改命令。而天正自定义对象只需双击，即可开启其编辑对话框，在对话框中即可完成对象的参数编辑。有些图形编辑还提供了一边编辑一边预览的功能。

天正标注对象指天正自定义的各类标注对象；执行天正标注命令，所绘制的标注为一个整体，如图 1-14 所示，用户可以对其进行编辑修改。

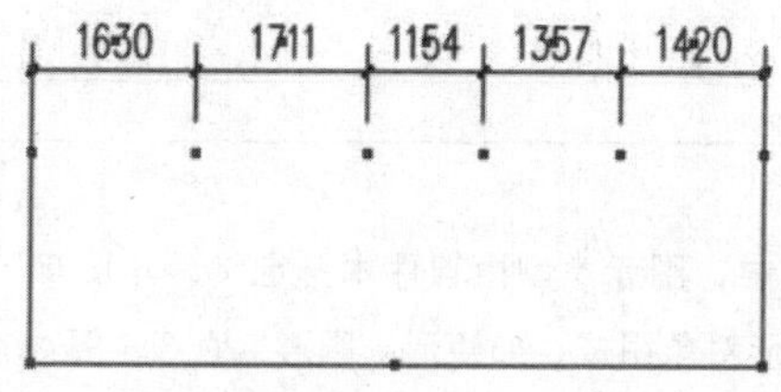

图 1-14 标注对象

天正标注对象还包括各类符号标注，如标高标注、管径标注等。双击绘制完成的符号标注，弹出编辑对话框，在其中可实现对标注的修改，如图 1-15 所示。

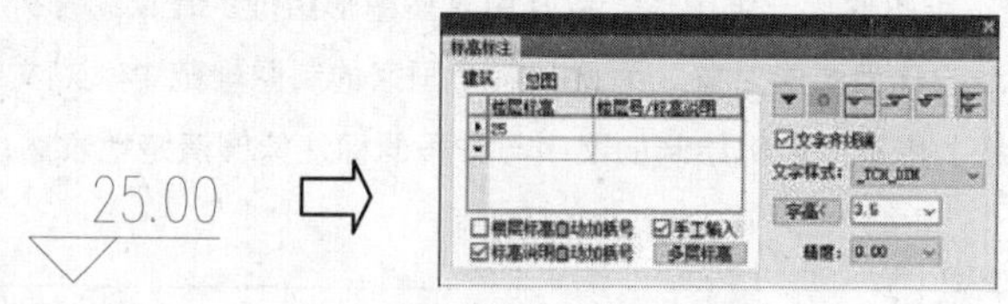

图 1-15 【标高标注】对话框

在 AutoCA 中打开天正图纸，常会出现不能完全显示图形的情况，一般情况下软件会提示显示代理图形，就算是选择了显示代理图形的选项，在 AutoCAD 中还是无法显示天正图形对象，这是因为天正软件默认关闭了代理对象的显示，所以使得在 AutoCAD 中无法显示这些图形。

针对该问题，天正软件提供了以下两种解决方案：

1. 另存为 T3 格式

在 T20-Hvac V6.0 中执行“文件布图”→“图形导出”命令，打开【图形导出】对话框，在“保存类型”中选择“天正 3 文件”（简称 T3），如图 1-16 所示，则系统可以按照不同的 AutoCAD 版本自动存储文件。

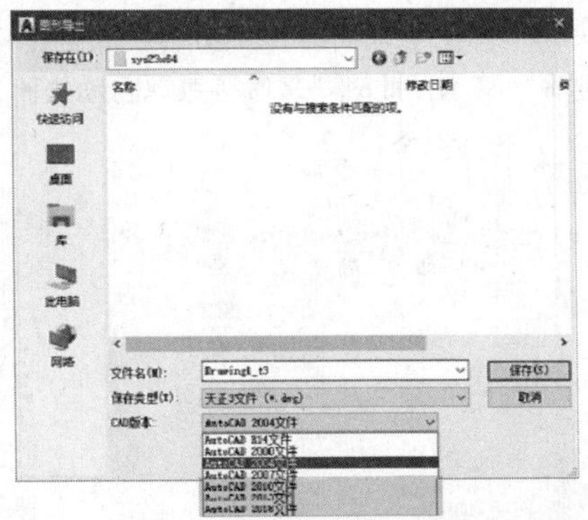

图 1-16 【图形导出】对话框

2. 安装天正建筑插件

天正建筑插件可以从天正公司的网站 http://www.tangent.com.cn/下载天正插件 TPlugin.exe，然后安装。安装插件后，AutoCAD 在读取天正文件时，自动加载插件来显示天正对象。

已安装旧版本插件（如 T7）的计算机需要重新下载安装新版的插件，否则依然无法正常显示天正对象。

1.3.3 图纸交流

天正软件解决了在图纸的接收方与提供方不同时的转换方法。在按照表 1-11 中的方法进行图纸交流之前，首先应安装天正建筑插件。

表 1-11 图纸转换方法

接收环境	R15（2000—2002）	R16（2004—2006）	R17（2007—2009）
R14	另存 T3	另存 T3，再用 R2002 另存 R14	另存 T3
其他平台无插件	另存 T3	另存 T3	另存 T3
其他平台 T8 插件	直接存储	直接存储	直接存储

1.4 天正暖通软件用户界面

天正暖通软件 T20-Hvac V6.0 支持 32 位操作系统中的 AutoCAD 2010~2016、2018、2019 软件以及 64 位操作系统中的 AutoCAD2010~2020 软件。在启动天正暖通软件时，首先启动的是 AutoCAD 软件，然后再加载天正暖通软件特有的屏幕菜单和快捷工具栏，如图 1-17 所示。AutoCAD 原来的菜单和图标保持不变。

1.4.1 折叠式屏幕菜单

天正暖通软件所有的绘图命令与编辑命令都可以在屏幕菜单中找到，单击其中一个菜单项，即可将其展开，在展开的子菜单中包含了该菜单项所有的命令，单击其中一项即可调用相应的命令。

在开启选中的菜单项时，其他的菜单会自动关闭，以腾出空间显示选中的菜单命令。例如，在开启“采暖”菜单的状态下单击“地暖”菜单，此时“采暖”菜单自动关闭，而将“地暖”菜单开启，如图1-18所示。

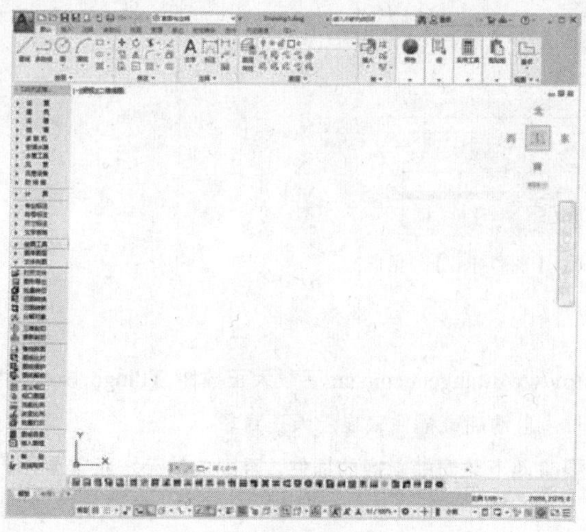

图 1-17　天正暖通软件界面

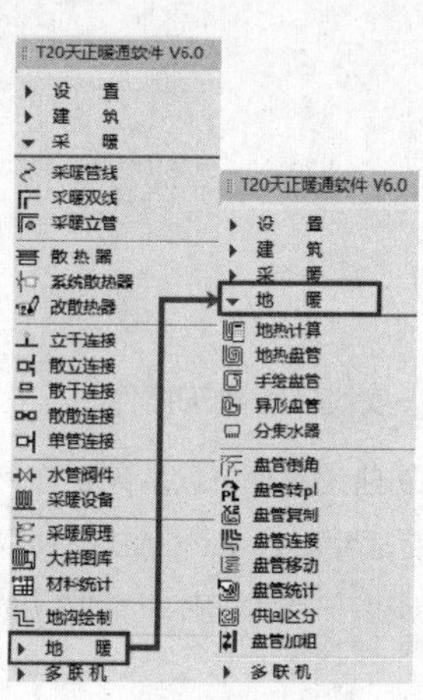

图 1-18　折叠式屏幕菜单

1.4.2 快捷菜单

天正软件的快捷菜单可以快速地调用操作当前对象的命令，这为绘制图形和编辑修改图形提供了方便。

选中天正图形，单击鼠标右键，弹出如图1-19所示的快捷菜单，单击选中其中的一项，即可进入编辑对话框对图形进行编辑修改。

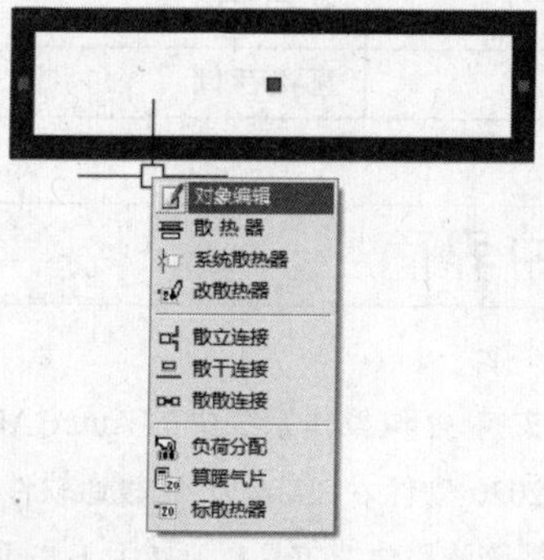

图 1-19　快捷菜单

1.4.3 热键

除了 AutoCAD 定义的热键外，天正暖通软件又补充了若干热键，以方便常用的操作，如表 1-12 列出了天正暖通软件热键的功能。

表 1-12　天正暖通软件热键

热　键	功　能
F1	AutoCAD 帮助文件的切换键
F2	屏幕的图形显示与文本显示的切换键
F3	开启对象捕捉的开关
F6	状态行的绝对坐标与相对坐标的切换键
F7	屏幕的栅格点显示状态的切换键
F8	屏幕的光标正交状态的切换键
F9	屏幕的光标捕捉的开关键
F11	对象捕捉追踪的开关键
Ctrl+“+”	开启、关闭屏幕菜单
Ctrl+“　”	显示、隐藏文档标签

1.4.4 文档标签的控制

在天正暖通软件中，如果同时打开了多个.dwg 文件，则可在绘图区的左上方显示多个文档标签，选中其中的标签，即可切换至标签所代表的图形文件，如图 1-20 所示。

在选中的文档标签上右击，弹出如图 1-21 所示的快捷菜单，选中其中的选项可以对文档执行相应的操作。

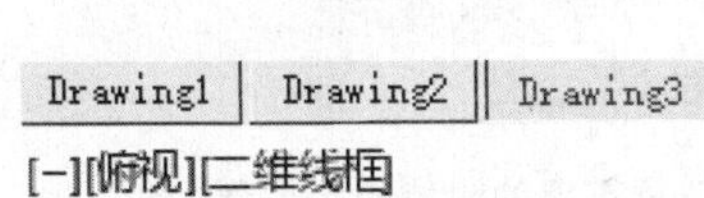

图 1-20　文档标签

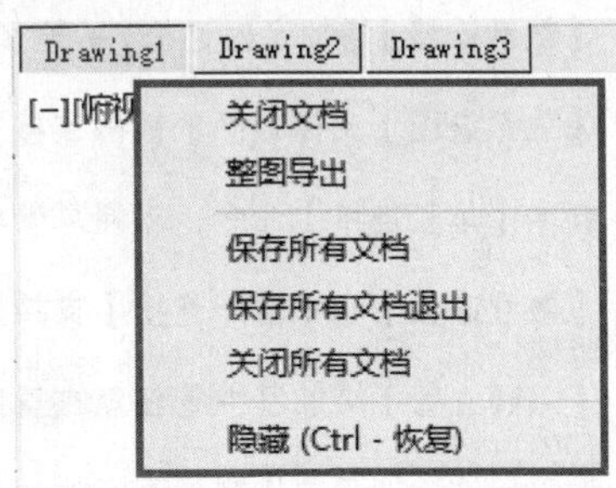

图 1-21　标签快捷菜单

1.4.5 特性表

特性表在天正软件和 AutoCAD 软件中都适用，按下 Ctrl+1 组合键，可以打开【特性】选项表，在其中可以编辑多个同类对象。

在【特性】选项表中可以对选中图形的属性进行修改，包括常规的属性（如颜色、图层等），以及三维效果、打印样式和视图方式等，如图 1-22 所示。

单击选项名称右边的黑色三角，可以开启该选项的菜单栏，在其中可修改指定选项的参数，如图 1-23 所示。

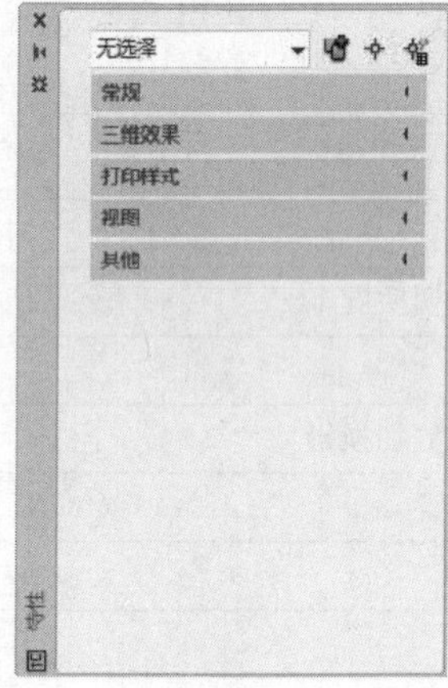

图 1-22 【特性】选项表

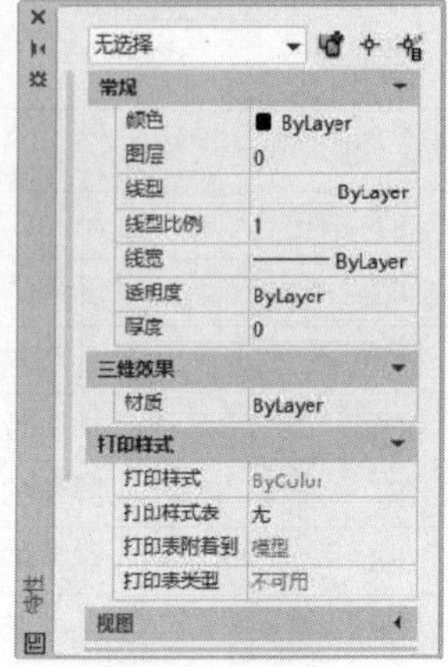

图 1-23 选项菜单栏

1.5 T20-Hvac V6.0 新功能

T20-Hvac V6.0 与以前的版本相比，改进了一些新功能包括：

- 64 位支持 AutoCAD2020 软件。
- 管线设置增加管径自动标注筛选管长功能。
- 【散散连接】增加了对话框，扩充了散热器的连接方式，支持对话框中选定散热器的连接方式。
- 【生系统图】支持最新的散散连接方式。
- 新增【单管连接】命令，支持单管与散热器、立管与散热器的单管连接。
- 【散立连接】和【散干连接】支持最新的单管连接方式。
- 【采暖立管】增加了立管任意布置的定位框，方便任意布置的时候进行立管定位。
- 风管标注增加开关控制是否标注外部参照风管。
- 【编辑风口】增加了对带文字风口的文字位置及距离的调整功能。
- 【编辑阀门】增加了批量编辑风管阀门阀件功能，支持批量修改，并增加了对带文字阀门的文字位置及距离的调整功能。
- 多叶排烟口支持控制端固定，修改风口参数只修改风口位置，不改变控制端长度。

- 材料统计支持多叶排烟口的统计。
- 【材料统计】增加了统一列宽功能。
- 新增【构件库】功能。
- 新增【构件入库】功能。
- 新增【粗线开关】功能
- 新增【填充开关】功能。
- 新增常用快捷键。
- 块编辑器扩充右键功能。
- 防排烟图层支持自定义。
- 选定设备，右键增加了设备编辑功能。
- 选定阀门，右键增加了编辑阀门功能，支持多选阀门之后，右键执行命令，可进行批量编辑。
- 【系统转换】管道系统增多了的情况下显示下拉滚动条。
- 【立风管】增加了宽高互换功能。

与此同时，改进了一些功能包括：

- 修正复制带连接件的风机盘管连接件错位的情况。
- 解决焓湿图捕捉卡顿问题。
- 修正编号增减一对未标注立管不生效问题。
- 修正水力计算批量编辑显示错误楼层问题。
- 修正管道风机界面双击软连接无法弹出对应图库问题。
- 修正立管排序后代号和管径标注之间无空格不美观问题。
- 修正旋转布置了管道风机的风管导致管道风机错位的问题。
- 编辑风口，双击圆形风口显示为长宽，修正为直径。
- 修正管线设置-标注设置中引出式 2 的楼号显示问题。
- 修正材料统计无法统计空气处理机问题。
- 修正采暖双管布置回水管自动标注代号与管径间无空问题。
- 修正布置风口命令预演半径不生效问题。
- 修正布置风口中边距问题。

第 2 章

设置

● **本章导读**

本章介绍天正暖通软件的设置，包括工程管理、初始设置以及高级选项设置等。

执行“工程管理”命令，可以建立由各楼层平面图组成的楼层集，可以通过工程管理的界面创建立面图、剖面图以及三维模型图等。

执行“管线设置”命令，可以修改管线的各项参数，包括管线的显示样式、标注样式等。

执行“天正选项”命令，可以将对天正软件所进行的参数设置，可以保存在初始参数文件中，且不仅可用于当前图形，对新建的文件也同样起作用。

执行“工具条”以及“依线正交”等命令，可以对工具条或绘图线型进行设置。

● **本章重点**

◈ 工程管理
◈ 管线设置
◈ 天正选项
◈ 工具条
◈ 导出设置
◈ 导入设置
◈ 依线正交
◈ 当前比例
◈ 线型管理
◈ 文字样式
◈ 线型库

T20-Hvac V6.0

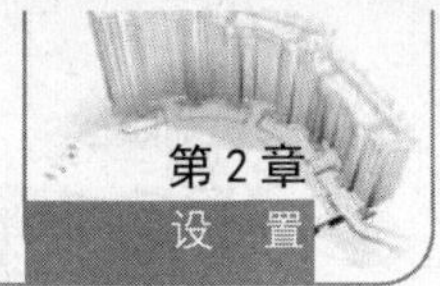

2.1 工程管理

调用“工程管理”命令，可管理用户定义的工程设计项目中参与生成立面图、剖面图、三维图形的各平面图形文件或者区域定义。

“工程管理”命令的执行方式有以下几种：

- 命令行：在命令行中输入“LCB”命令，按 Enter 键。
- 菜单栏：单击“设置”→“工程管理”命令。

执行“工程管理”命令，打开“工程管理”选项板，单击“工程管理”选项，在菜单中选择“新建工程”选项，如图 2-1 所示。在【另存为】对话框中选择新建工程的储存路径并设置工程名称，如图 2-2 所示。

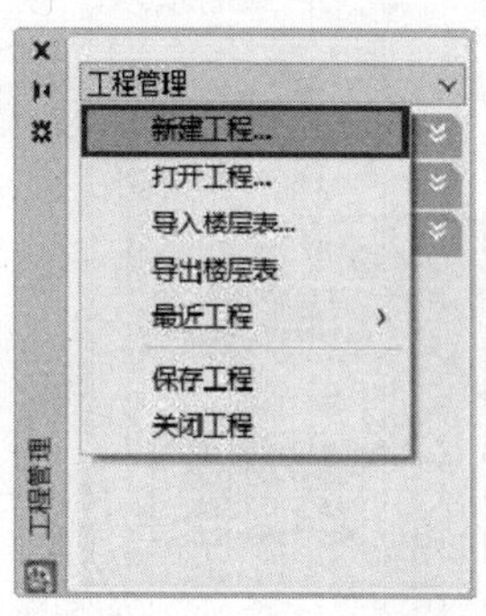

图 2-1　选择“新建工程”命令

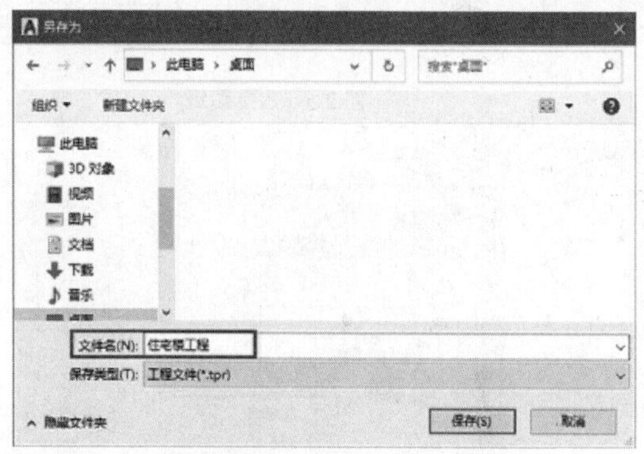

图 2-2　【另存为】对话框

单击“保存”按钮可完成新建工程的创建，结果如图 2-3 所示。右击“平面图”，在弹出的快捷菜单中选择“添加图纸”命令，如图 2-4 所示。

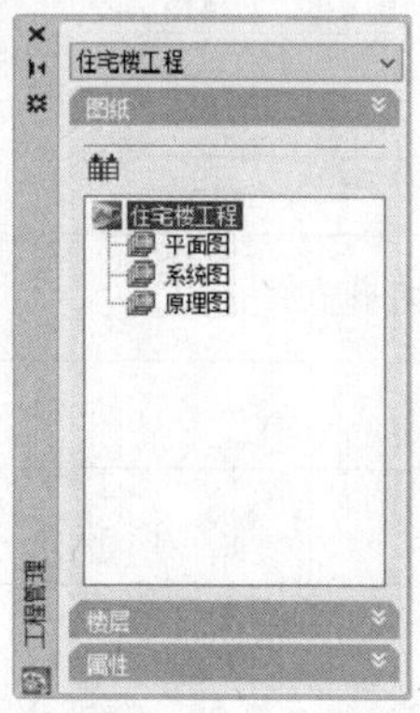

图 2-3　新建工程

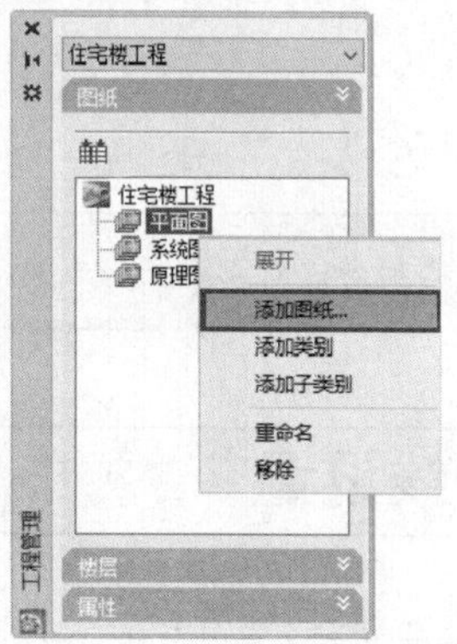

图 2-4　选择“添加图纸”命令

在【选择图纸】对话框中选定图纸，如图 2-5 所示。单击“打开”按钮，将图纸添加到“住宅楼工程”中，如图 2-6 所示。在“平面图”文件上单击右键，在弹出的快捷菜单中选择“打开”命令，如图

2-7 所示，可以打开平面图。

展开“楼层”选项组，在“层号”选项中定义层号参数；在“层高”选项中输入层高参数，将光标停留于“文件”选项中，单击“框选”按钮；根据命令行的提示，框选该层平面图，并指定对齐点，即可完成楼层表的创建，结果如图 2-8 所示。

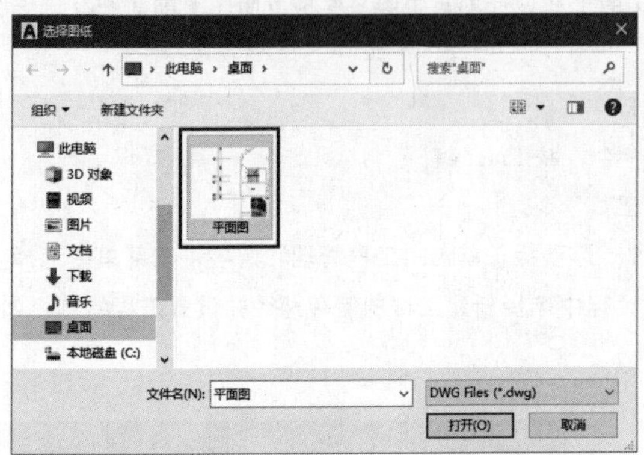

图 2-5　选择图纸

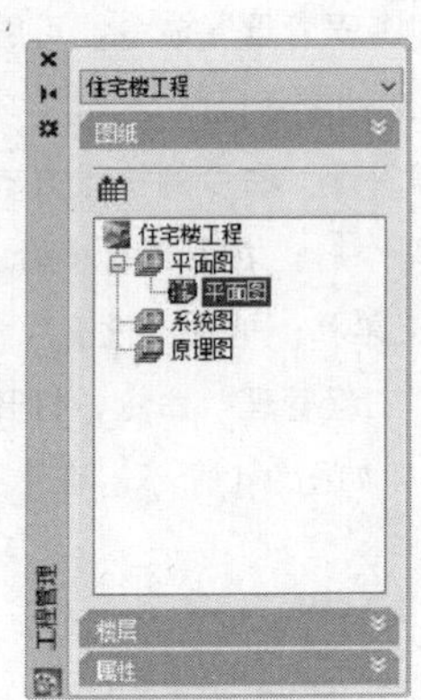

图 2-6　添加图纸

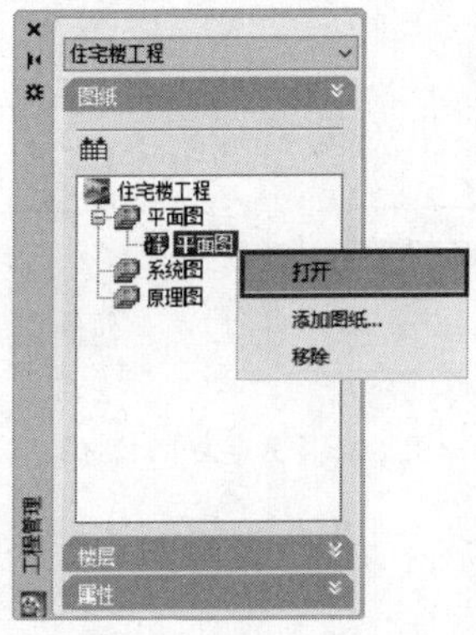

图 2-7　选择“打开”命令

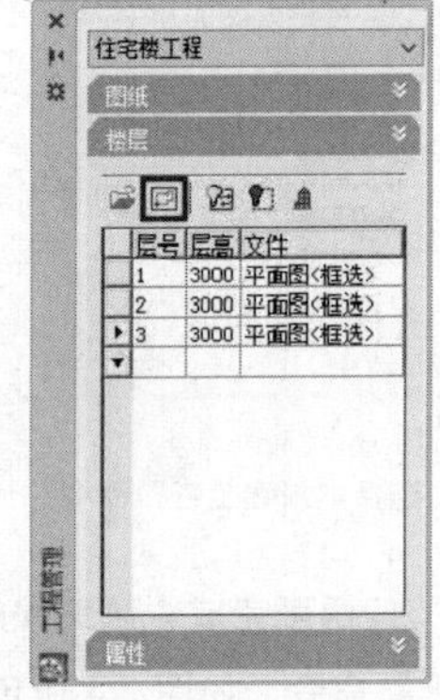

图 2-8　创建楼层表

提示

各层楼层表的对齐点应该一致，如可以选择轴线的夹点作为对齐点。

2.2 管线设置

在绘制暖通设计图纸之前，可以先对管线的属性进行设置，如颜色、线型、线宽以及管线的显示样式等。

“管线设置”命令的执行方式有以下几种：

➢　命令行：在命令行中输入“GXSZ”命令，按 Enter 键。

➢　菜单栏：单击“设置”→“管线设置”命令。

单击“设置”→“管线设置”命令，系统弹出【管线设置】对话框，默认选择“水系统设置”选项卡。单击选项前的“+”号，展开列表，显示该选项包含的管线类别。例如，展开“供暖”选项，在列表中显示“暖供水”水管的类别，包括“干管”“支管”两类，如图 2-9 所示。

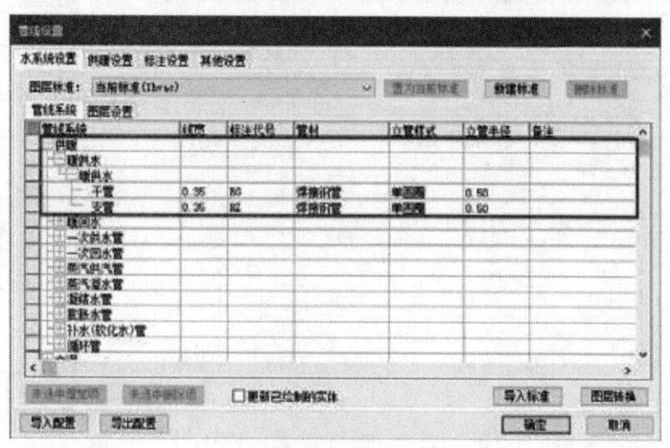

图 2-9　“水系统设置”选项卡

在“线宽”“标注代号”“管材”等选项中显示的管线参数可以直接修改参数，也可以在列表中选择其他参数，如图 2-10 所示。

管线系统	线宽	标注代号	管材	立管样式	立管半径	备注
供暖						
暖供水						
暖供水						
干管	0.35	RG	焊接钢管	单圆圈	0.50	
支管	0.35	RZ			0.50	
暖回水						
一次供水管						
一次回水管						
蒸汽供汽管						
蒸汽凝水管						
凝结水管						
膨胀水管						
补水(软化水)管						
循环管						

图 2-10　设置管线参数

选择“供暖设置”选项卡，在各选项组中设置参数，如图 2-11 所示。例如，在“散热器设置”选项组中设置散热器的安装高度以及散热器的线宽等参数。

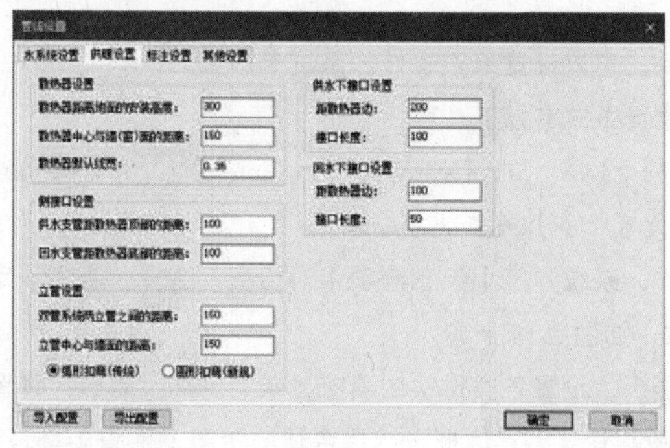

图 2-11　“供暖设置”选项卡

选择“标注设置”选项卡，设置各种类型的标注文字的属性，包括管径标注、立管标注以及管线文字等。单击“中文字体”“英文字体”选项，在列表中选择字体，如图 2-12 所示。

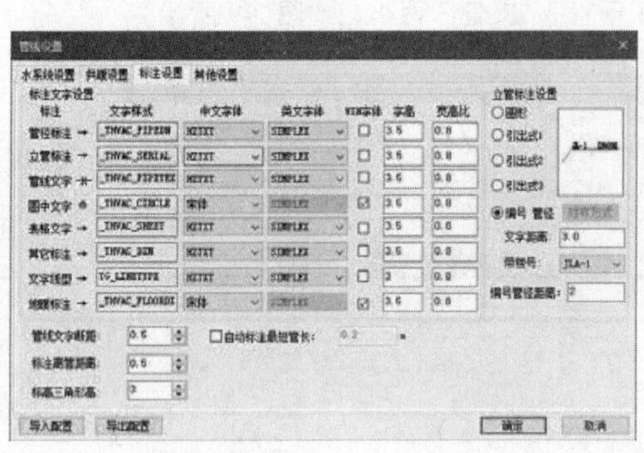

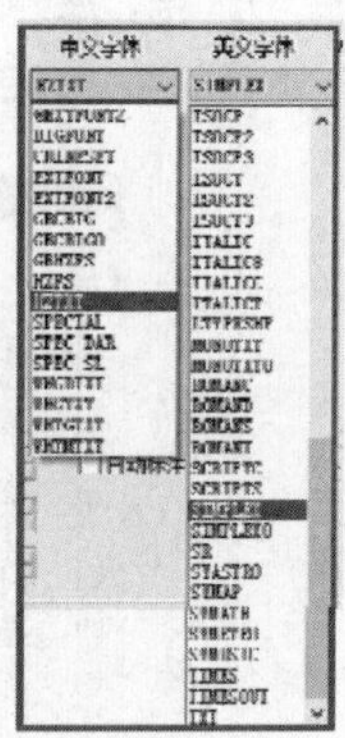

图 2-12 “标注设置”选项卡

选择“其他设置”选项卡，设置管线的显示样式，如图 2-13 所示。参数设置完毕，单击“导出配置”按钮，将已设定的参数储存至指定路径，以后需要使用的时候，单击“导入配置”按钮即可。

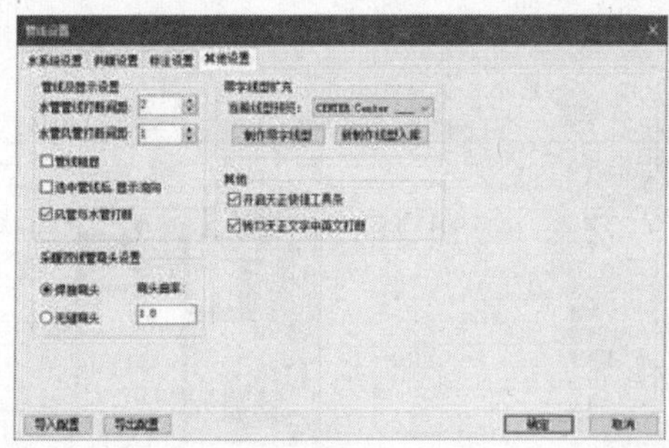

图 2-13 “其他设置”选项卡

2.3 天正选项

调用“天正选项”命令，可以设置天正软件的系统参数值。

“天正选项”命令的执行方式有以下几种：

- 命令行：在命令行中输入“TZXX”命令，按 Enter 键。
- 菜单栏：单击“设置”→“天正选项”命令。

执行上述任意一项操作，系统弹出【天正选项】对话框。选择“基本设定”选项卡，设置图形、符号以及圆圈文字的属性参数，如图 2-14 所示。

选择“加粗填充”选项卡，设置各类材料的填充方式。例如，单击“详图填充图案”选项中的矩形按钮（见图 2-15），打开【图案管理】对话框，选择合适的图案（见图 2-16），双击图案图标即可调用。

选择“高级选项”选项卡，定义采暖系统的属性参数，如图 2-17 所示。

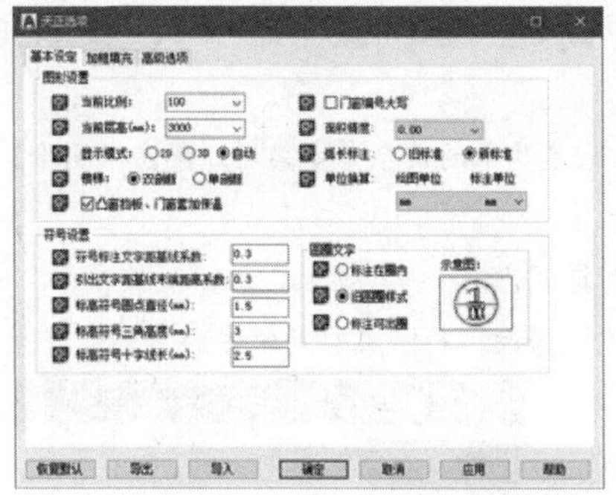

图 2-14 “基本设定”选项卡

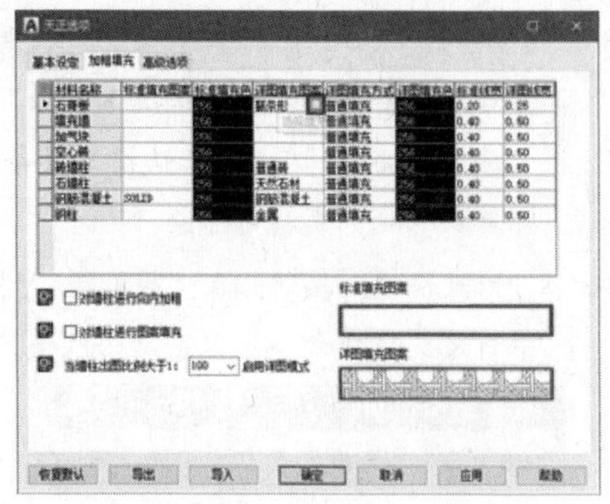

图 2-15 “加粗填充”选项卡

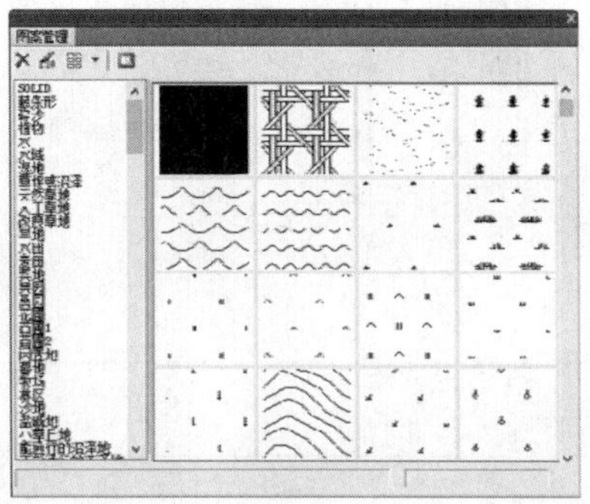

图 2-16 【图案管理】对话框

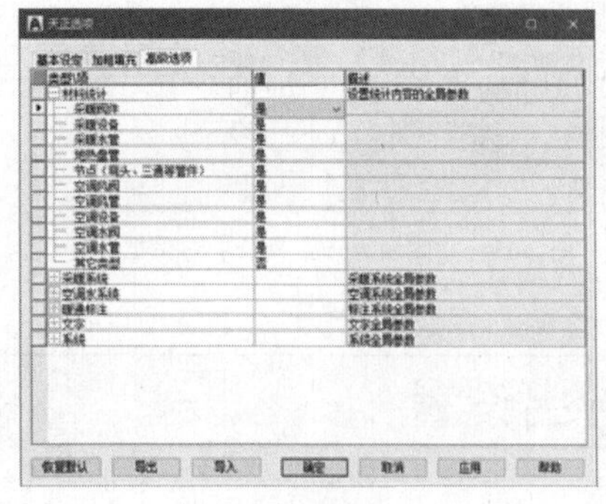

图 2-17 “高级选项”选项卡

2.4 工具条

天正软件的快捷工具条包括了常用的绘图命令和编辑修改命令，默认显示在绘图区的下方，如图 2-18 所示。由于工具条的长度有限，不能把所有的命令都放置在上面，因此天正软件提供了自定义工具条的方法。

图 2-18 工具条

调用“工具条”命令，可以根据使用习惯来定义工具条。

“工具条”命令的执行方式有以下几种：

- 命令行：在命令行中输入“GJT”命令，按 Enter 键。
- 菜单栏：单击“设置”→“工具条”命令。

在命令行中输入“GJT”命令，按 Enter 键，弹出如图 2-19 所示的【定制天正工具条】对话框。

【定制天正工具条】对话框中各功能选项的含义如下：

- “菜单组”选项：单击“菜单组”选项文本框，在弹出的下拉菜单中可以选择天正屏幕菜单上的各个菜单项，如图 2-20 所示，用户可对其进行自定义设置。
- “菜单项”列表框：选择某个菜单项后，在列表框中即可显示其下的所有命令名称。

➢ “加入”按钮：在“菜单项”列表框中选定其中的某个命令名称，单击“加入”按钮，即可将其添加至右边的“天正快捷工具条”列表框中。

➢ “删除”按钮：在“天正快捷工具条”列表框中选定其中的某个命令名称，单击“删除”按钮，即可将其从列表框中删除。

➢ “修改快捷”按钮：在“菜单组”列表框中选定其中的某个命令名称，在“快捷命令”文本框中自定义快捷命令，单击“修改快捷”按钮可完成修改，待下次启动软件的时候即可生效。

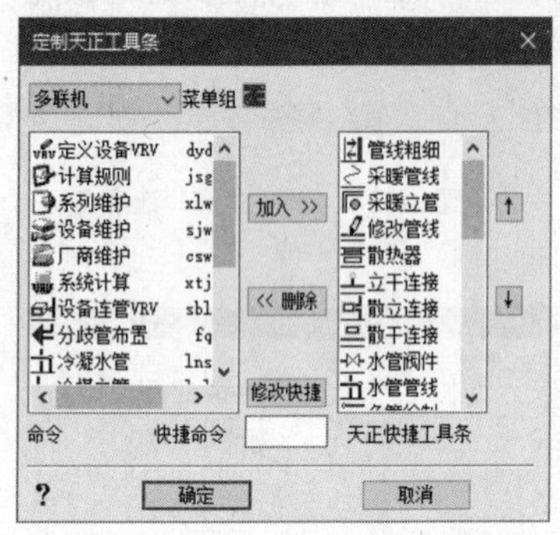

图 2-19 【定制天正工具条】对话框

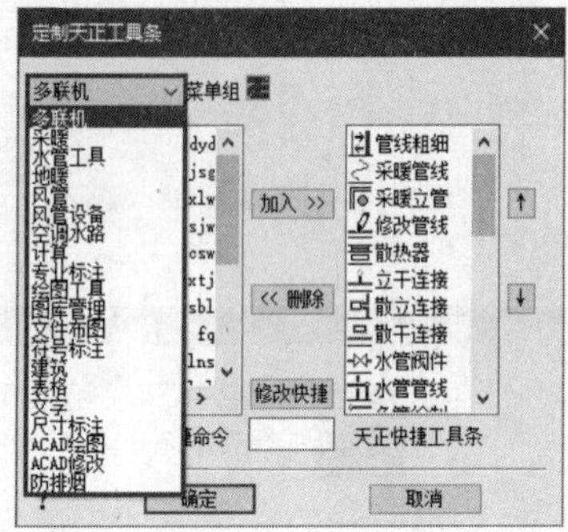

图 2-20 下拉菜单

2.5 导出设置

调用“导出设置”命令，可以将当前设置（如初始设置、快捷命令、工具条等）导出至指定的目标文件夹。

“导出设置”命令的执行方式有以下几种：

➢ 命令行：在命令行中输入“DCSZ”命令，按 Enter 键。

➢ 菜单栏：单击“设置”→“导出设置”命令。

在命令行中输入“DCSZ”命令，按 Enter 键，弹出【导出设置】对话框，勾选需要导出的选项，同时勾选右下角的“导出到指定文件夹”选项，如图 2-21 所示。

单击“确定”按钮，在弹出的【浏览文件夹】对话框中设置保存路径，如图 2-22 所示。

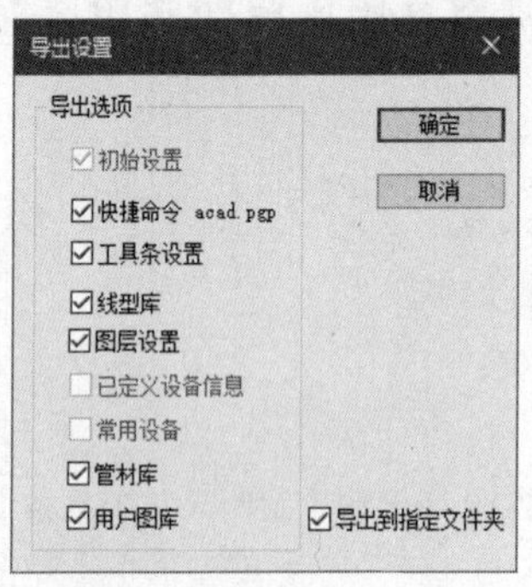

图 2-21 【导出设置】对话框

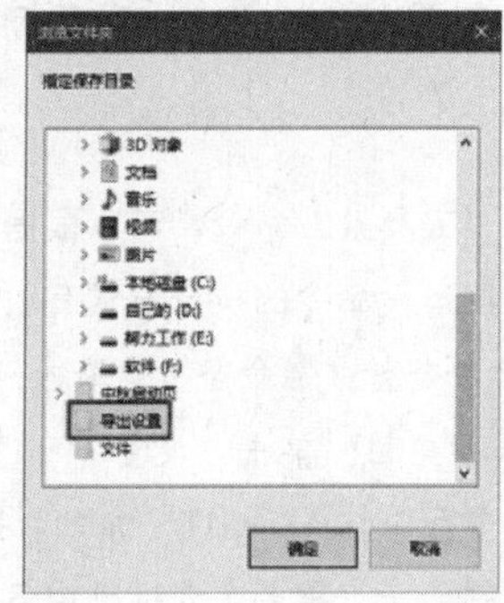

图 2-22 【浏览文件夹】对话框

在【浏览文件夹】对话框中单击“确定”按钮，命令行提示如下：

命令:DCSZ↙

已经完成导出设置！安装新版后可以运行【导入设置】

//系统显示导出完成，可在目标文件夹中查看导出结果，如图 2-23 所示。

图 2-23　查看导出结果

2.6 导入设置

调用“导入设置”命令，可以将已导出的参数设置（包括初始设置、快捷命令、工具条等设置）导入至 T20-Hvac V6.0 中。

“导入设置”命令的执行方式有以下几种：

➢ 命令行：在命令行中输入“DRSZ”命令，按 Enter 键。

➢ 菜单栏：单击“设置”→“导入设置”命令。

在命令行中输入“DRSZ”命令，按 Enter 键，命令行提示如下：

命令:DRSZ↙

选择导入设置文件的位置[读取默认位置(1)/到指定目录读取(2)]:<1>2

//输入 2，调出【浏览文件夹】对话框，在其中选择导入目录，单击“确定”按钮可执行导入操作。

已经完成导入设置。

您更新了 acad.pgp 文件。需要重新启动 ACAD 才能生效。

//重新启动软件，更新系统以使用导入的各项设置。

2.7 依线正交

调用“依线正交”命令，可以按线的角度来改变坐标系的角度，如果不选线，则恢复默认 0° 。

“依线正交”命令的执行方式有以下几种：

➢ 命令行：在命令行中输入“YXZJ”命令，按 Enter 键。

➢ 菜单栏：单击“设置”→“依线正交”命令。

如图 2-24 所示为执行“依线正交”命令前坐标的显示状态。

在命令行中输入“YXZJ”命令，按 Enter 键，命令行提示如下：

```
命令:YXZJ↙
注意:仅当 AutoCAD 正交设为开状态[F8 切换]时起作用!
从当前图中选取行向线<不选取>:          //选取行向线，如图 2-25 所示。
```

此时坐标的角度已自动调整为与行向线一致的角度，如图 2-26 所示。

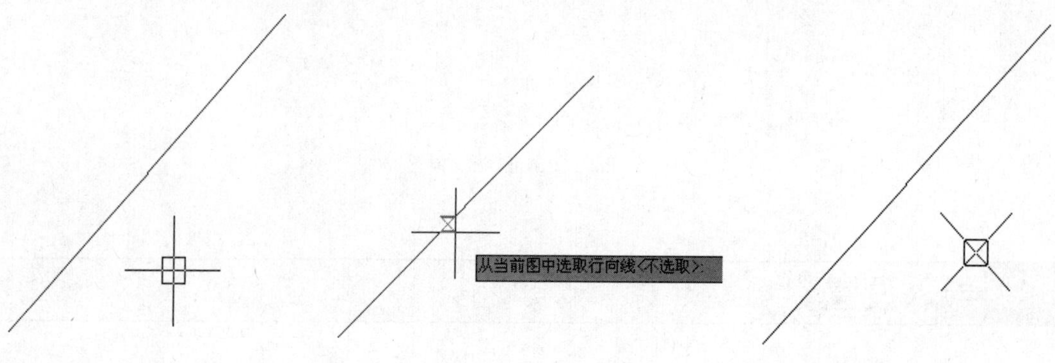

图 2-24 执行“依线正交”命令前　　图 2-25 选取行向线　　图 2-26 依线正交操作结果

提示

在执行该命令后，要绘制与选择的行向线互相垂直或平行的线必须将正交状态开启。

2.8 当前比例

调用“当前比例”命令，可以设置新的绘图比例。

“当前比例”命令的执行方式有以下几种：

➢ 命令行：在命令行中输入“DQBL”命令，按 Enter 键。

➢ 菜单栏：单击“设置”→“当前比例”命令。

执行“当前比例”命令，命令行提示如下：

```
命令:T96_TPSCALE
当前比例<100>:50                    //定义新的比例参数。
```

重新执行尺寸标注命令，可以查看当前绘图比例的标注结果。图 2-27 所示为执行“当前比例”命令后完成尺寸标注的结果。

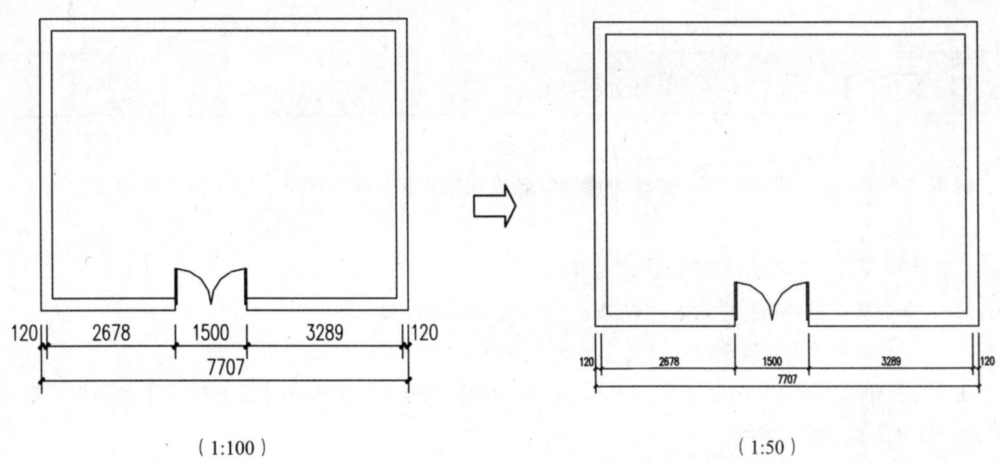

图 2-27 执行“当前比例”命令后完成尺寸标注

2.9 线型管理

调用“线型管理”命令，可以创建或修改带文字的线型。

“线型管理”命令的执行方式有以下几种：

➢ 命令行：在命令行中输入“XXGL”命令，按 Enter 键。

在命令行中输入“XXGL”命令，按 Enter 键，系统弹出如图 2-28 所示的【带文字线型管理器】对话框。在该对话框的上方设置线型的长度、位于线上的文字以及文字的打断间距后，单击下方的“创建”按钮，即可按照所定义的参数创建线型，结果如图 2-29 所示。

选择名称为“TG_H 的线型，单击“删除”按钮，可以删除选中的线型，结果如图 2-30 所示。

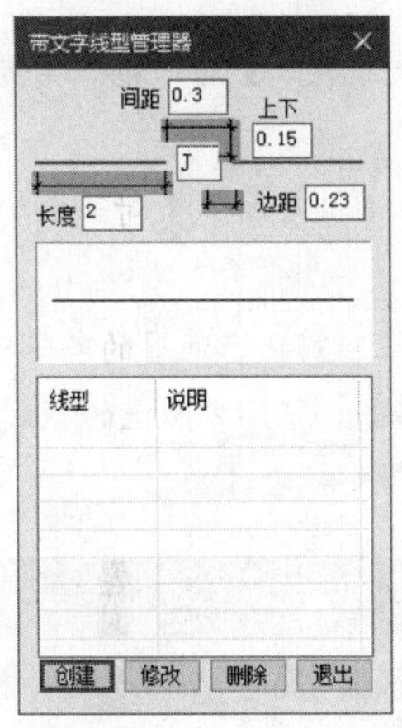

图 2-28 【带文字线型管理器】对话框

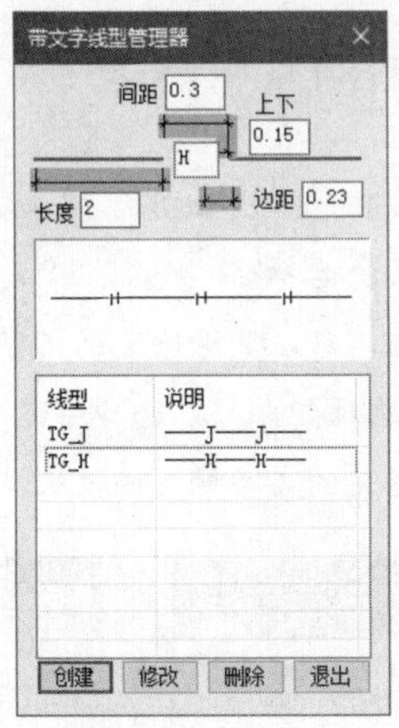

图 2-29 创建线型

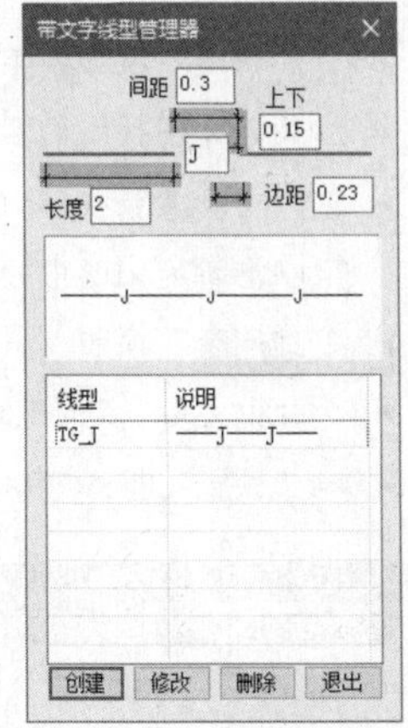

图 2-30 删除线型

2.10 文字样式

调用“文字样式”命令，可以创建或修改命名天正软件扩展文字样式，并设置图形中文字的当前样式。

“文字样式”命令的执行方式有以下几种：

- 命令行：在命令行中输入“WZYS”命令，按 Enter 键。
- 菜单栏：单击“设置”→“文字样式”命令。

在命令行中输入“WZYS”命令，按 Enter 键，弹出如图 2-31 所示的【文字样式】对话框，在其中定义天正软件的文字样式参数。

【文字样式】对话框中各功能选项的含义如下：

- “样式名”选项组：单击“样式名”选项文本框，在弹出的下拉列表中显示了系统所含有的文字样式，如图 2-32 所示。

图 2-31 【文字样式】对话框

图 2-32 “样式名”下拉列表

- “新建”按钮：单击该按钮，弹出如图 2-33 所示的【新建文字样式】对话框，在其中可以定义新文字样式的名称。
- “重命名”按钮：单击该按钮，弹出如图 2-34 所示的【重命名文字样式】对话框，在其中可以重新定义选中的文字样式的名称。
- “删除”按钮：单击该按钮，可以删除选定的文字样式，除了当前正在使用的文字样式外。
- “中文参数”“西文参数”选项组：可以选择字体以及定义字宽、字高方向上的参数。
- “预览”框：可以预览所定义的文字样式的效果。

图 2-33 【新建文字样式】对话框

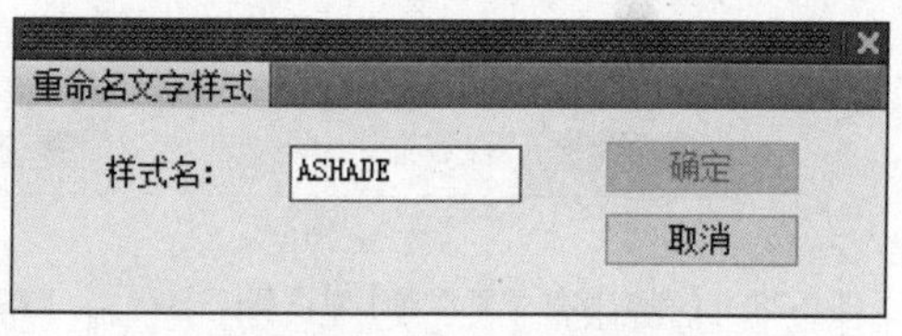

图 2-34 【重命名文字样式】对话框

2.11 线型库

调用“线型库”命令，可以管理天正线型库，并将 AutoCAD 中加载的线型导入到天正线型库中。

“线型库”命令的执行方式如下：

- 命令行：在命令行中输入“XXK”命令，按 Enter 键。

在命令行中输入“XXK”命令并按 Enter 键，弹出如图 2-35 所示的【天正线型库】对话框，在其中可以对线型进行管理操作。

【天正线型库】对话框中各功能选项的含义如下：

- “本图线型”列表框：显示 AutoCAD 中的线型，开启 AutoCAD 中的【线型管理器】对话框，可以加载其他的线型。
- “文字线型”按钮：单击该按钮，弹出【带文字线型管理器】对话框，可以定义带文字的线型。
- “添加入库”按钮：单击该按钮，可将在“本图线型”列表框中选定的线型添加至“天正线型库”列表框。
- “加载本图”按钮：单击该按钮，可将“天正线型库”列表框中的线型添加到“本图线型”列表框。
- “删除”按钮：单击该按钮，将“天正线型库”列表框中选定的线型删除。

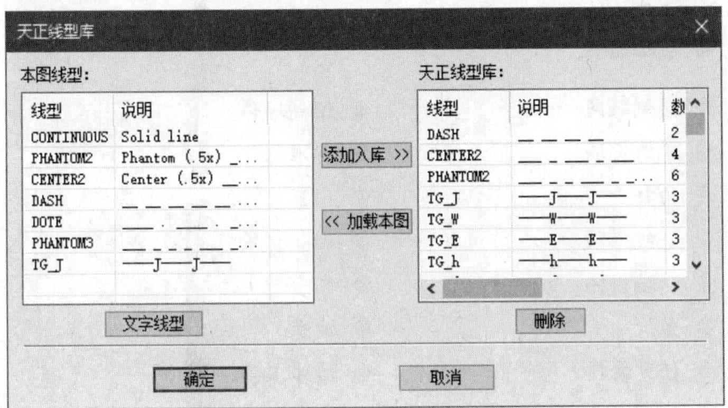

图 2-35　【天正线型库】对话框

第3章 建筑

● 本章导读

暖通图形通常都是在建筑图的基础上绘制的，因此天正暖通软件提供了建筑图形绘制和编辑的基本功能。本章介绍绘制和编辑建筑图形的方法。绘制图形命令包括绘制轴网、绘制墙体以及绘制标准柱等命令，编辑图形命令包括墙体工具、删门窗名等命令。

● 本章重点

- ◈ 绘制轴网
- ◈ 绘制墙体
- ◈ 单线变墙
- ◈ 标准柱
- ◈ 角柱
- ◈ 门窗
- ◈ 直线梯段
- ◈ 圆弧梯段
- ◈ 双跑楼梯
- ◈ 阳台
- ◈ 台阶
- ◈ 坡道
- ◈ 任意坡顶
- ◈ 墙体工具
- ◈ 删门窗名
- ◈ 转条件图

T20-Hvac V6.0

3.1 绘制轴网

调用“绘制轴网”命令，可以生成正交轴网、斜交轴网或者单向轴网。图 3-1 和图 3-2 所示分别为绘制的直线轴网和圆弧轴网。

绘制轴网命令的执行方式有以下几种：

➢ 命令行：在命令行中输入“HZZW”命令，按 Enter 键。

➢ 菜单栏：单击“建筑”→“绘制轴网”命令。

下面以如图 3-1 和图 3-2 所示的图形为例，介绍调用“绘制轴网”命令的方法。

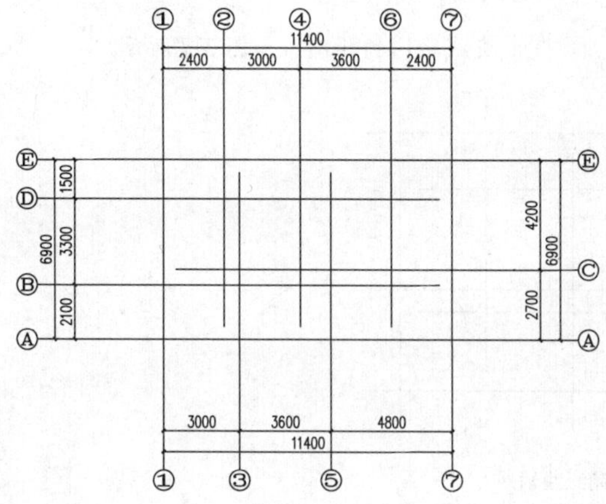

图 3-1　直线轴网

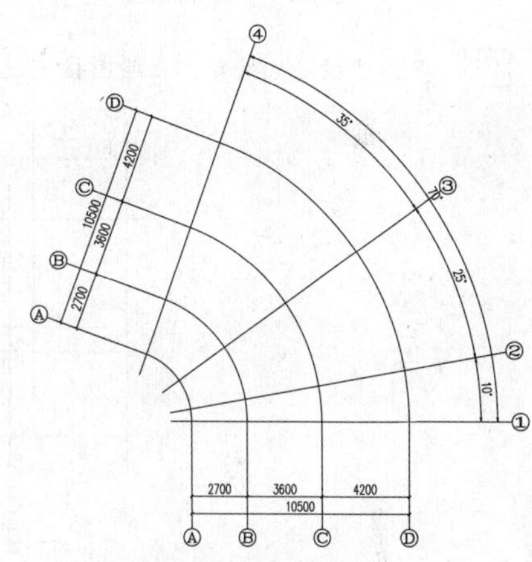

图 3-2　圆弧轴网

01 在命令行中输入“HZZW”命令，按 Enter 键，弹出【绘制轴网】对话框，选择“上开”按钮，设置上开参数，如图 3-3 所示。

02 选择“下开”单选按钮，设置下开参数，如图 3-4 所示。

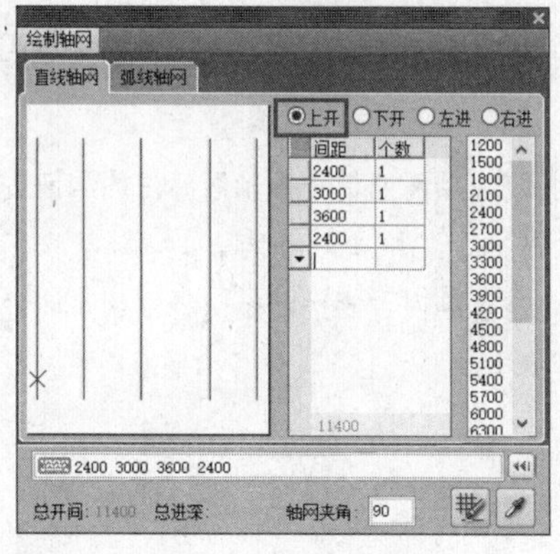

图 3-3　设置上开参数

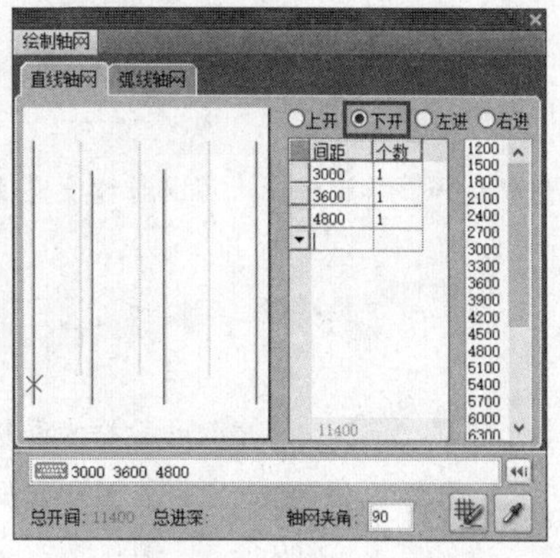

图 3-4　设置下开参数

03 选择“左进”单选按钮，设置左进参数，如图 3-5 所示。

04 选择“右进”单选按钮，设置右进参数，如图 3-6 所示。

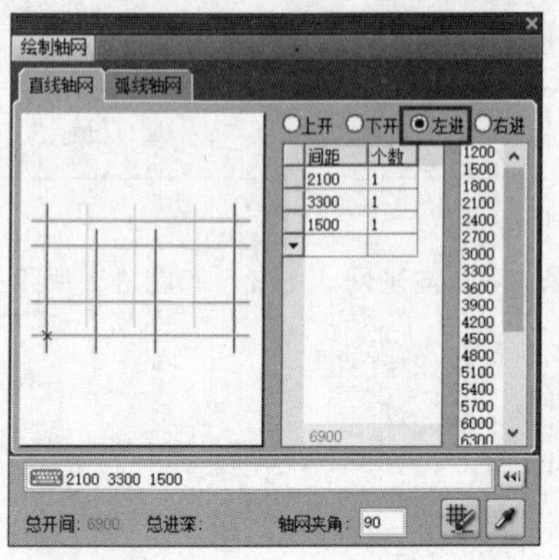

图 3-5　设置左进参数

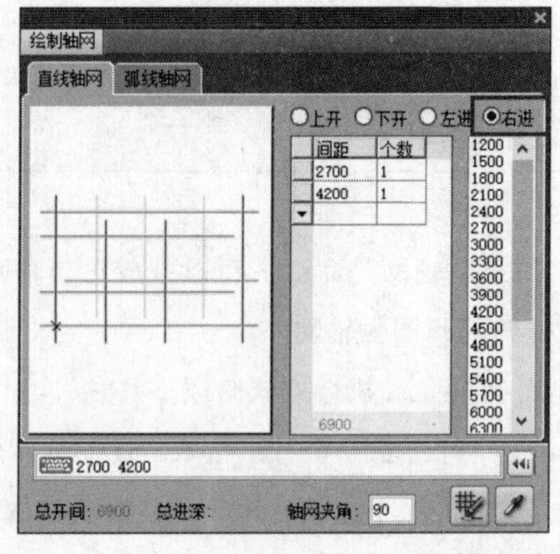

图 3-6　设置右进参数

05 单击“确定”按钮，在绘图区中选取插入点，完成直线轴网的绘制，如图 3-7 所示。

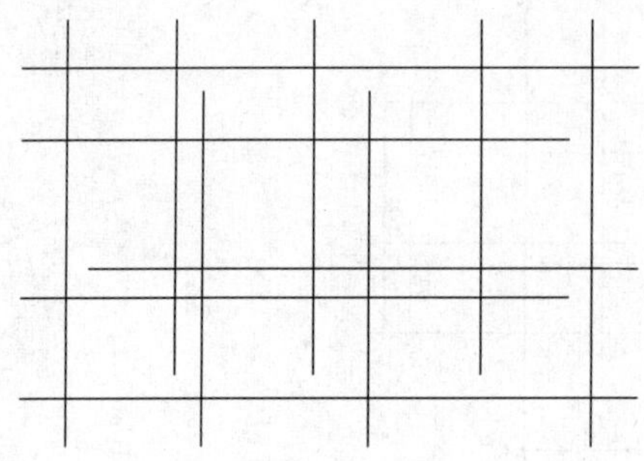

图 3-7　绘制直线轴网

提示

【绘制轴网】对话框“直线轴网”选项卡中各功能选项的含义如下：

上开：选择该单选按钮，可以通过设置轴间距参数，指定在轴网上方进行轴网标注的房间开间尺寸；

下开：选择该单选按钮，可以通过设置轴间距参数，指定在轴网下方进行轴网标注的房间开间尺寸。

左进：选择该单选按钮，可以通过设置轴间距参数，指定在轴网左侧进行轴网标注的房间进深尺寸。

右进：选择该单选按钮，可以通过设置轴间距参数，指定在轴网右侧进行轴网标注的房间进深尺寸。

个数：设置“间距”栏中尺寸数据的重复次数。

键入：可以在此处直接输入一组尺寸数据，但是要用空格或英文逗号隔开。

轴网夹角：设置轴网的角度，默认值为 90°。

删除轴网：单击该按钮，删除选中的轴网。

清除轴网参数：单击该按钮，清除已有的轴网参数。

拾取轴网参数：单击该按钮，拾取轴网，轴网参数显示在【绘制轴网】对话框中。

[01] 单击“建筑”→“绘制轴网”命令，在弹出的【绘制轴网】对话框中选择“圆弧轴网”选项卡；单击“夹角”选项，定义角度参数，如图 3-8 所示。

[02] 单击“进深”选项，定义进深间距参数，如图 3-9 所示。

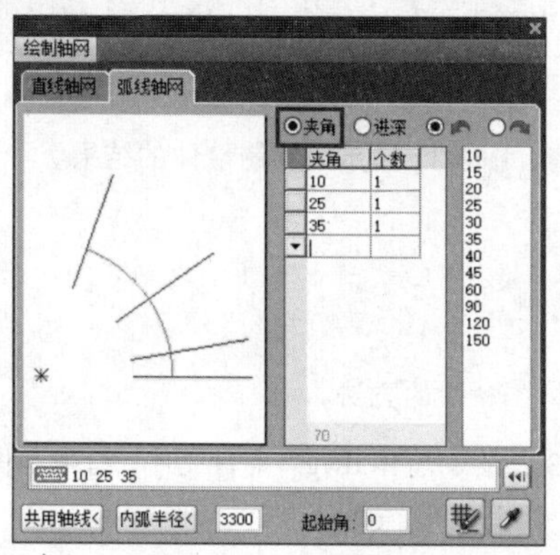

图 3-8 定义角度参数

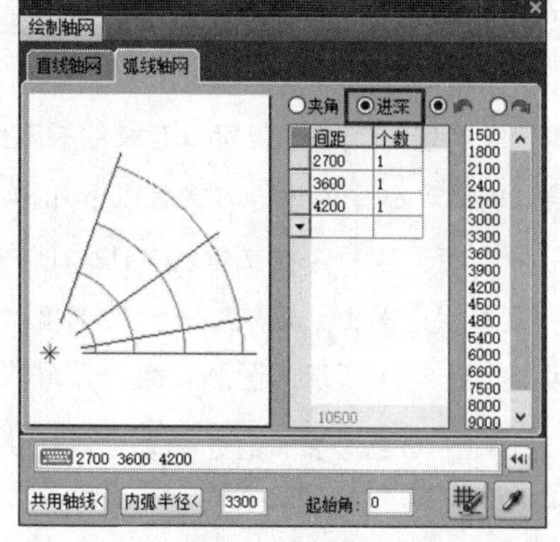

图 3-9 定义进深间距参数

[03] 单击“确定”按钮，在绘图区中选取插入点，完成圆弧轴网的绘制，如图 3-10 所示。

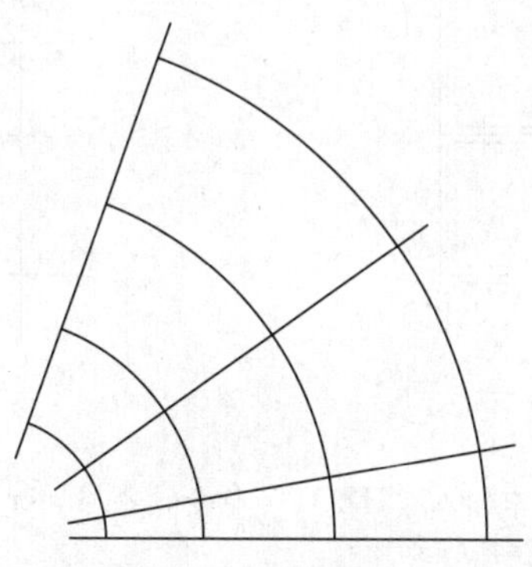

图 3-10 绘制圆弧轴网

提示

【绘制轴网】对话框“圆弧轴网”选项卡中各功能选项的含义如下：

夹角：由起始角开始算起，按照旋转方向排列的轴线开间序列，单位为°。

进深：可以设置轴网径向并由圆心起到外圆的轴线尺寸序列参数，单位为 mm。

内弧半径：从圆心算起的最内环向轴线半径，可以从图上取两点获得，一般保持默认，也可以自行设置参数，也可以是为 0。

共用轴线：单击该按钮，在绘图区中选取已绘制完成的轴线，即可以以该轴线为边界插入圆弧轴网。

插入点：自定义圆弧轴网的插入位置。

起始角：设置圆弧轴网的起始角度，一般保持默认值，也可自行设置参数。

天正暖通软件并没有提供绘制轴网标注的命令，如果需要绘制轴网的尺寸标注，需要调用尺寸标注命令来绘制。但是在天正建筑绘图软件中有自定义的轴网标注命令，因此可以在其中为轴网绘制尺寸标

注。如图 3-1 和图 3-2 所示分别为直线轴网和圆弧轴网绘制轴网标注的结果。

3.2 绘制墙体

调用“绘制墙体”命令，可以连续绘制双线直墙或弧墙。图 3-11 所示为绘制墙体的结果。

“绘制墙体”命令的执行方式有以下几种：

- 命令行：在命令行中输入“HZQT”命令，按 Enter 键。
- 菜单栏：单击“建筑”→“绘制墙体”命令。

下面以如图 3-11 所示的图形为例，介绍调用“绘制墙体”命令的方法。

01 按 Ctrl+O 组合键，打开配套资源提供的“第 3 章\3.2 绘制墙体.dwg”素材文件，结果如图 3-12 所示。

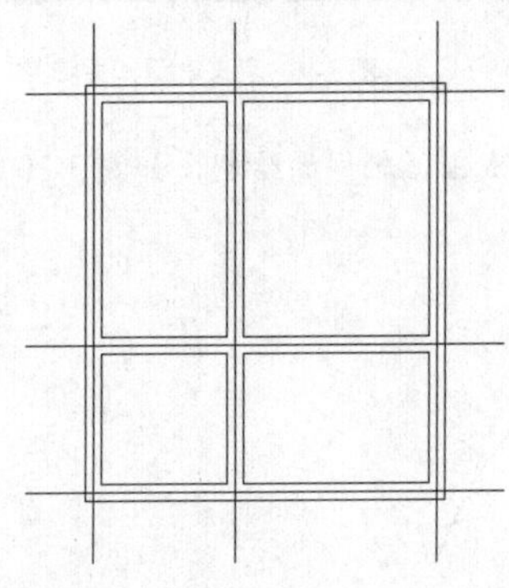

图 3-11 绘制墙体

图 3-12 打开素材

02 首先绘制直墙。在命令行中输入“HZQT”命令，按 Enter 键，弹出【绘制墙体】对话框，设置参数如图 3-13 所示。命令行提示和操作如下：

```
命令:HZQT↙
起点或[参考点(R)]<退出>:                //选取墙体的起点，如图 3-14 所示。
直墙下一点或[弧墙(A)/矩形画墙(R)/闭合(C)/回退(U)]<另一段>:
                                        //移动鼠标，指定直墙的下一点，如图 3-15 所示。
```

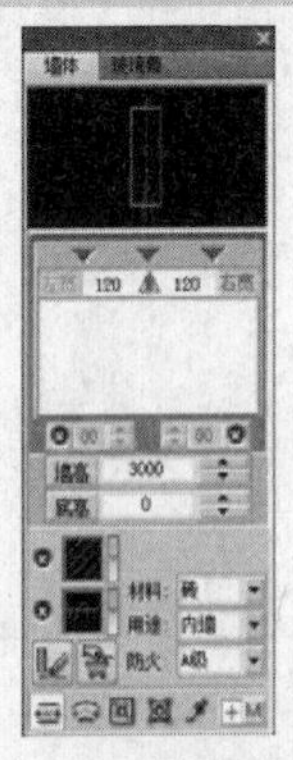

图 3-13 【绘制墙体】对话框

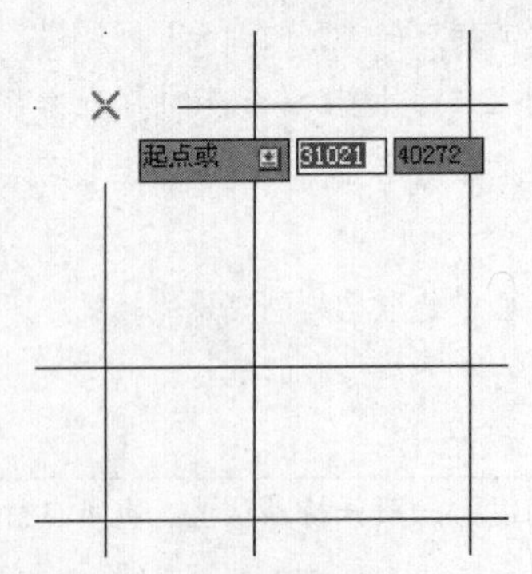

图 3-14 选取墙体的起点

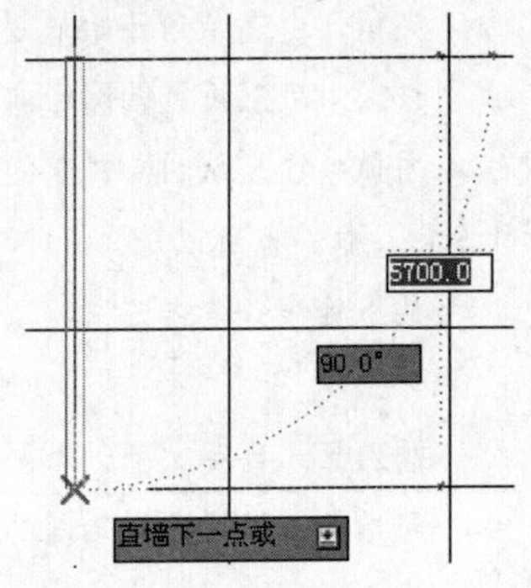

图 3-15 指定直墙的下一点

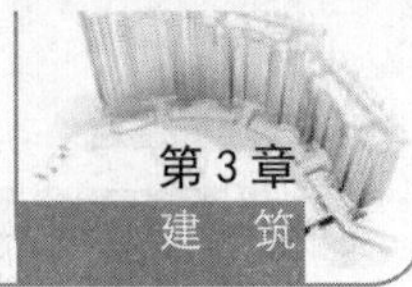

03 继续根据命令行的提示，依次指定墙体的起点和终点，绘制直墙，结果如图 3-11 所示。

04 矩形画墙。在【绘制墙体】对话框中单击“回形墙”按钮，命令行提示如下：

```
命令:T96_TWALL
起点或[参考点(R)]<退出>:                    //选取起点，如图 3-16 所示。
另一个角点或[直墙(L)/弧墙(A)]<取消>:         //选取对角点，如图 3-17 所示。
```

05 使用矩形绘墙方式绘制墙体的结果如图 3-18 所示。

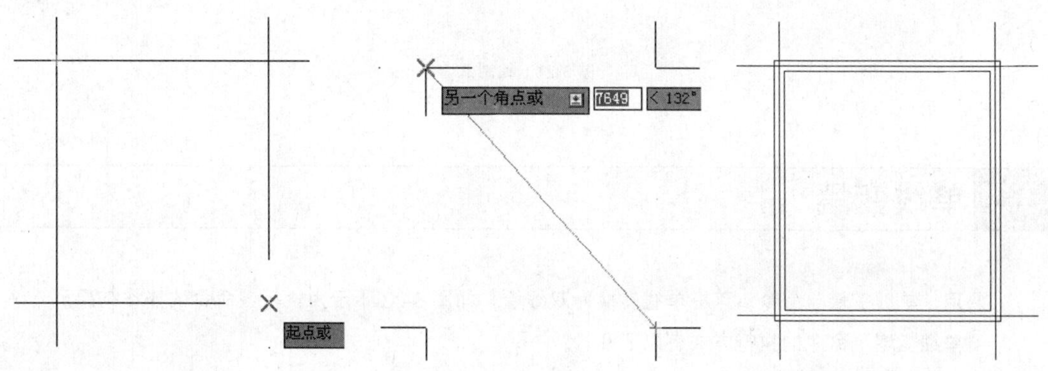

图 3-16　选取起点　　图 3-17　选取对角点　　图 3-18　矩形画墙

06 绘制弧形墙。在命令行中输入“HZQT”命令，按 Enter 键，命令行提示如下：

```
命令:T96_TWall
起点或[参考点(R)]<退出>:
直墙下一点或[弧墙(A)/矩形画墙(R)/闭合(C)/回退(U)]<另一段>:
                                              //根据命令行的提示绘制直墙。
直墙下一点或[弧墙(A)/矩形画墙(R)/闭合(C)/回退(U)]<另一段>:A  //选择“弧墙”选项。
弧墙终点或[直墙(L)/矩形画墙(R)]<取消>:              //选取终点，如图 3-19 所示。
选取弧上任意点或[半径(R)]<取消>:                   //选取墙上任意点，如图 3-20 所示。
```

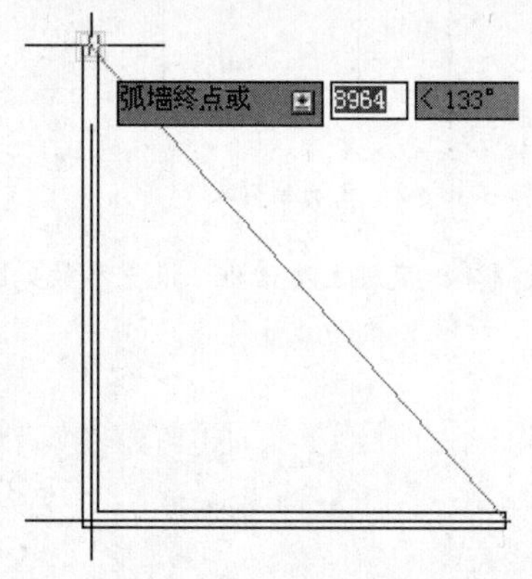

图 3-19　选取终点

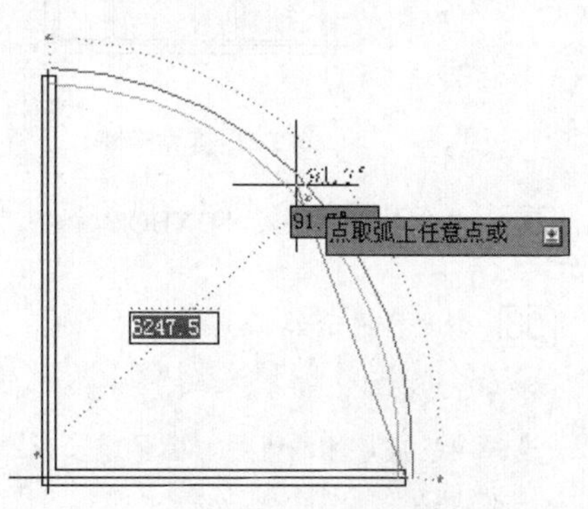

图 3-20　选取任意点

07 绘制弧墙的结果如图 3-21 所示。

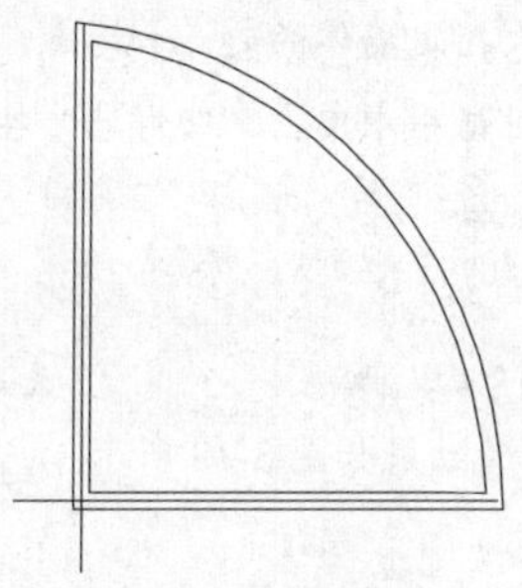

图 3-21　绘制弧墙

3.3 单线变墙

调用“单线变墙”命令，可将单线转换为双线墙，如图 3-22 所示为执行该命令的操作结果。

“单线变墙”命令的执行方式有以下几种：

➢ 命令行：在命令行中输入“DXBQ”命令，按 Enter 键。

➢ 菜单栏：单击“建筑”→“单线变墙”命令。

下面以图 3-22 所示的图形为例，介绍调用“单线变墙”命令的方法。

01 按 Ctrl+O 组合键，打开配套资源提供的“第 3 章\3.3 单线变墙.dwg”素材文件，结果如图 3-23 所示。

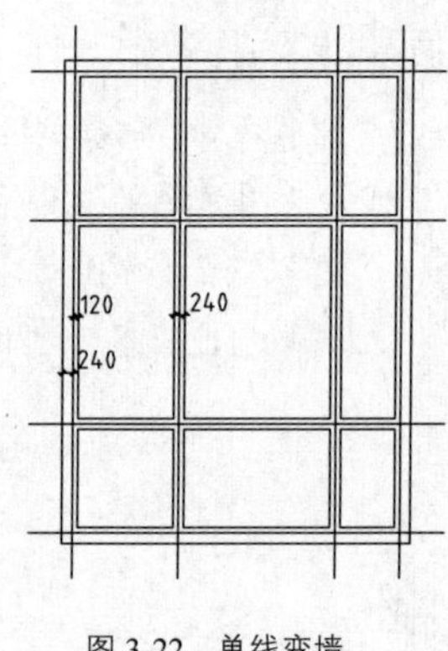

图 3-22　单线变墙

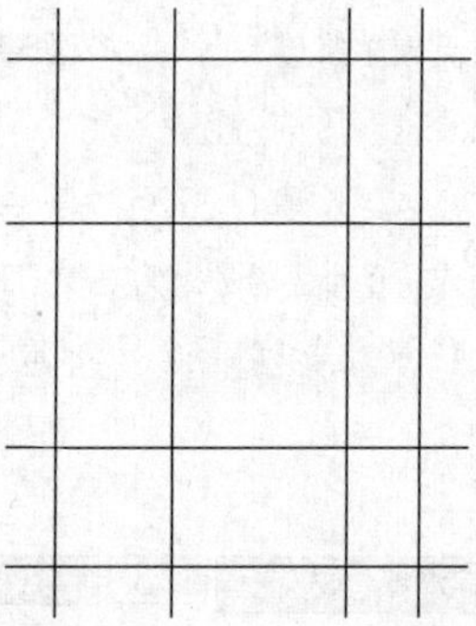

图 3-23　打开素材文件

02 在命令行中输入“DXBQ”命令，按 Enter 键，弹出【单线变墙】对话框，设置参数如图 3-24 所示。

03 命令行提示如下：

```
命令:T96_TSWall
选择要变成墙体的直线、圆弧或多段线:指定对角点:找到 8 个        //框选单线。
处理重线
处理交线
识别外墙              //按 Enter 键，完成单线变墙，结果如图 3-22 所示。
```

在【单线变墙】对话框中设置参数，即单击“单线变墙”按钮，勾选“保留基线”复选框，如图 3-25

所示，可以将用“LINE”“ARC”命令绘制的单线转变为天正墙体对象，结果如图 3-26 所示。

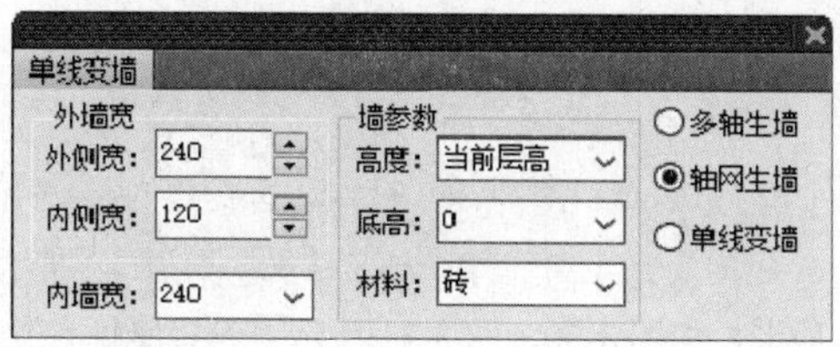

图 3-24 【单线变墙】对话框

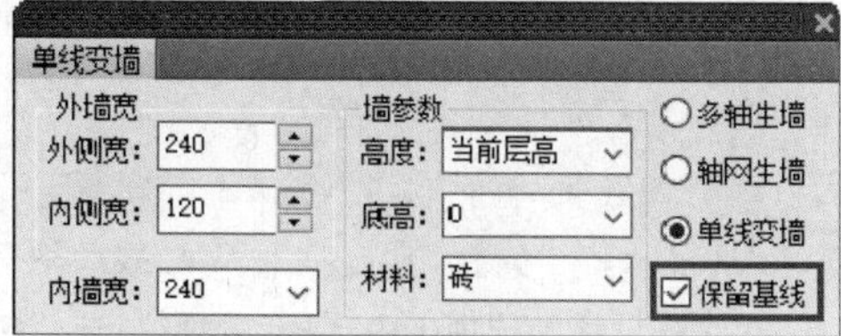

图 3-25 设置参数

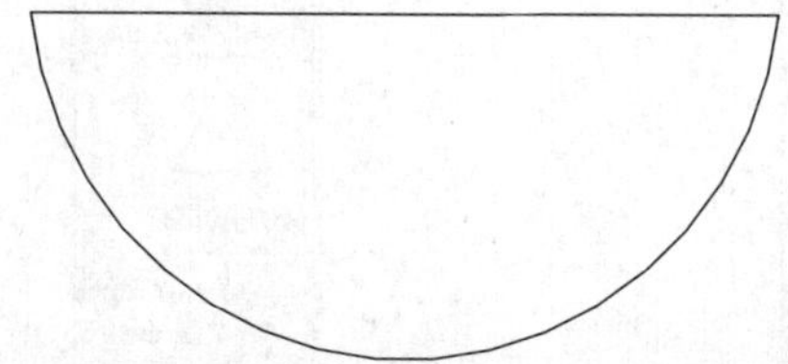

图 3-26 绘制单线变为天正墙体

3.4 标准柱

调用“标准柱”命令，可以在轴线的交点插入矩形、圆形、多边形等标准柱。图 3-27 所示为插入标准柱的效果。

“标准柱”命令的执行方式有以下几种：

- 命令行：在命令行中输入“BZZ”命令，按 Enter 键。
- 菜单栏：单击“建筑”→“标准柱”命令。

下面以如图 3-27 所示的图形为例，介绍调用“标准柱”命令的方法。

01 按 Ctrl+O 组合键，打开配套资源提供的“第 3 章\3.4 标准柱.dwg”素材文件，结果如图 3-28 所示。

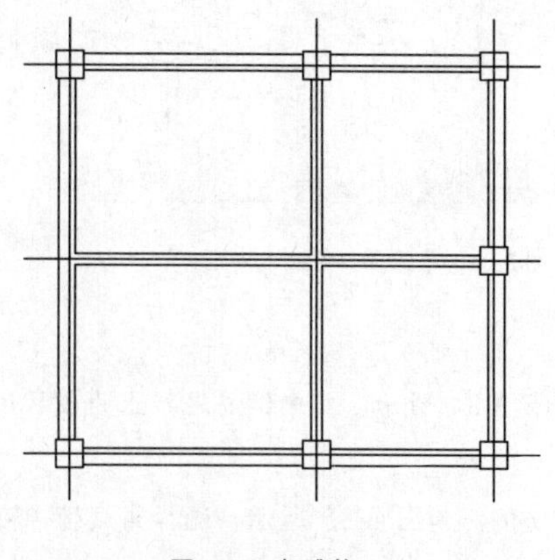

图 3-27 标准柱

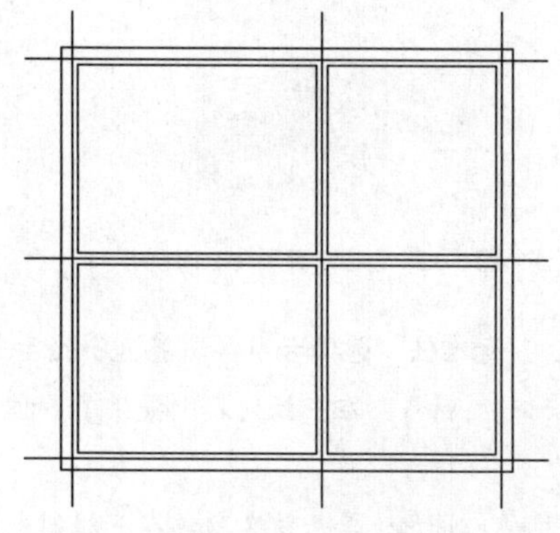

图 3-28 打开素材文件

02 在命令行中输入“BZZ命”令，按Enter键，弹出【标准柱】对话框，选择“矩形”选项卡，设置参数如图3-29所示。

03 命令行提示如下：

命令:BZZ↙

选取位置或[转 90 度(A)/左右翻(S)/上下翻(D)/对齐(F)/改转角(R)/改基点(T)/参考点(G)]<退出>:↙ //在绘图区中选取轴线的交点，绘制标准柱，结果如图3-27所示

在“标准柱”选项卡中选择“圆形”与“多边”选项卡，如图3-30、图3-31所示。设置属性参数，在图中选取位置，可以创建圆形柱或多边形柱。

图3-29 “矩形”选项卡

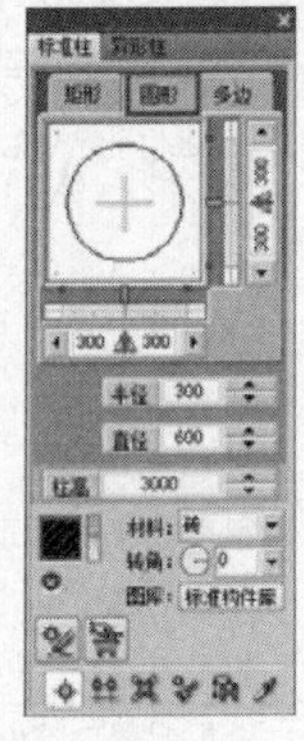

图3-30 “圆形”选项卡

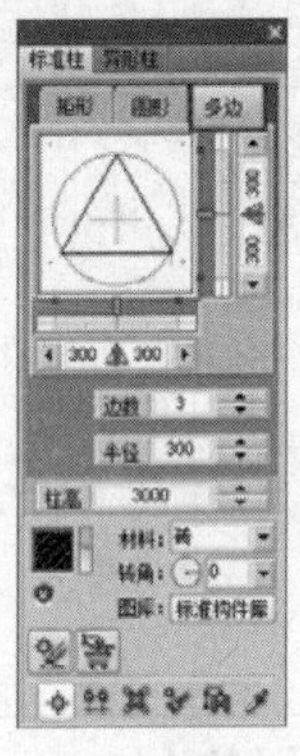

图3-31 “多边”选项卡

选择【异形柱】选项卡，在窗口中预览异形柱的样式，如图3-32所示。在选项中自定义参数，可以在指定的位置创建异形柱。单击“标准构件库”按钮，打开【天正构件库】对话框，如图3-33所示。选择适用的异形柱，将其布置到图中。

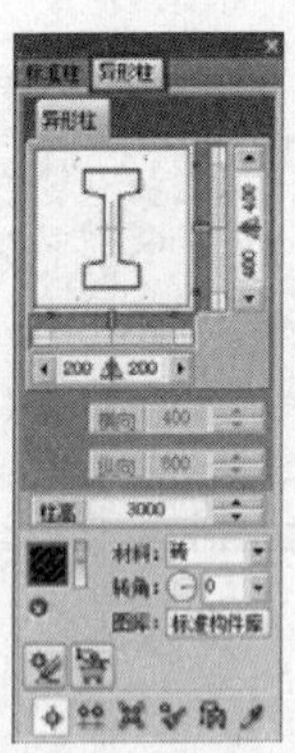

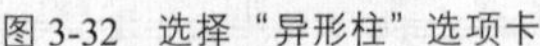

图3-32 选择“异形柱”选项卡

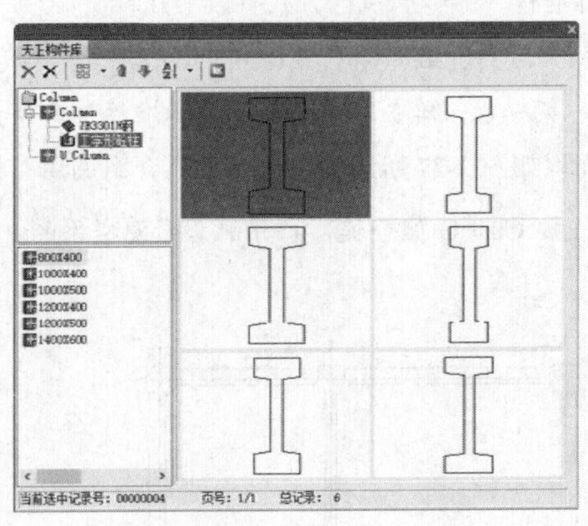

图3-33 【天正构件库】对话框

“标准柱”选项卡中各功能选项的含义如下：

➢ 材料：在下拉列表中提供了多种柱子的材料，如图3-34所示。其中钢筋混凝土为最常用的材料。

➢ 转角：单击该选项，在下拉列表中提供了多种角度值，如图3-35所示。选择角度值，可定义矩形柱的旋转角度。

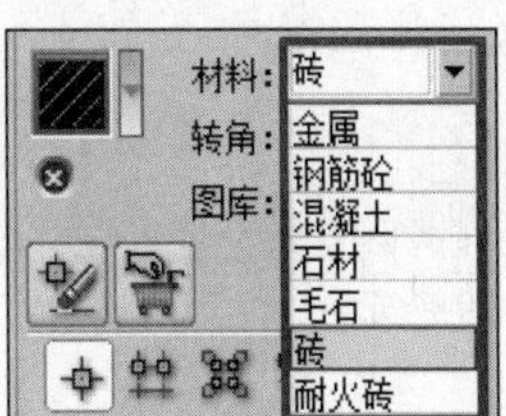

图 3-34 “材料”下拉列表

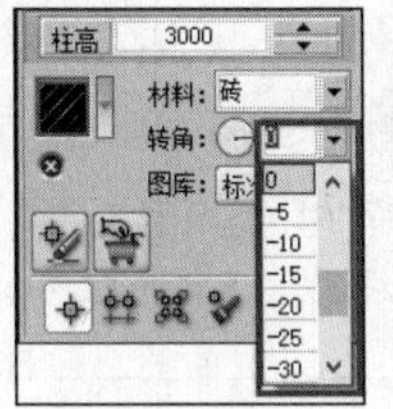

图 3-35 “转角”下拉列表

- 标准构件库：单击该按钮，系统弹出【天正构件库】对话框。用户可以在该选项卡中选择所需要的柱子构件。
- “沿着一根轴线布置柱子”按钮：单击该按钮，可以在被选中的轴线与其他轴线的相交处创建柱子。
- “在指定的矩形区域的轴线交点插入柱子”按钮：单击该按钮，可在指定的矩形区域内的轴线交点插入柱子。
- “替换图中已插入的柱子”按钮：单击该按钮，选中已有柱子，即可将柱子按照对话框内的参数进行替换。
- “选择 PLINE 线创建异形柱”按钮：单击该按钮，拾取作为柱子的封闭多段线；按 Enter 键，在弹出的对话框中单击“确定”按钮，即可完成异形柱的创建。
- “在图中拾取柱子形状或已有柱子”按钮：单击该按钮，拾取已有的柱子，柱子的参数显示在【标准柱】选项卡中。

3.5 角柱

在建筑框架结构的房屋设计中，常在墙角处运用“L”形或“T”形平面的角柱增大室内使用面积或为建筑物增大受力面积。调用“角柱”命令，可以在墙角插入形状与墙一致的角柱，且可更改各段的长度。图 3-36 所示为插入角柱的墙体。

角柱命令的执行方式有以下几种：

- 命令行：在命令行中输入“JZ”命令，按 Enter 键。
- 菜单栏：单击“建筑”→“角柱”命令。

下面以如图 3-36 所示的图形为例，介绍调用“角柱命”令的方法。

01 按 Ctrl+O 组合键，打开配套资源提供的“第 3 章\3.5 角柱.dwg”素材文件，结果如图 3-37 所示。

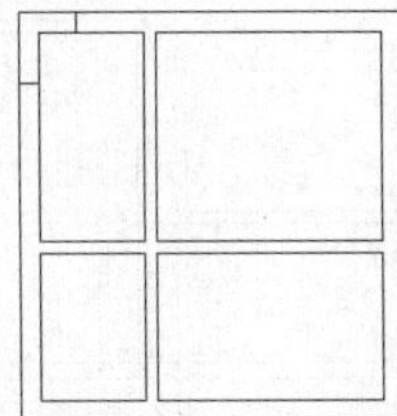
图 3-36 角柱

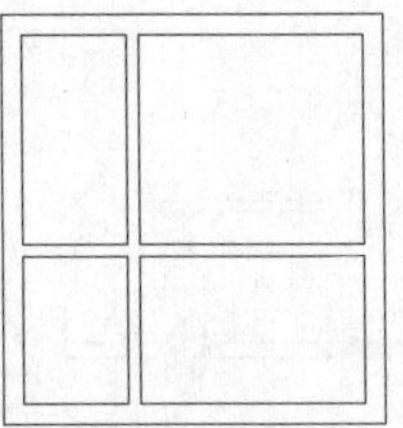
图 3-37 打开素材文件

02 在命令行中输入“JZ”命令，按 Enter 键，命令行提示如下：

```
命令:T96_TCornColu
请选取墙角或[参考点(R)]<退出>:                    //选取墙角，如图 3-38 所示。
```

03 此时系统弹出【转角柱参数】对话框，设置参数如图 3-39 所示。

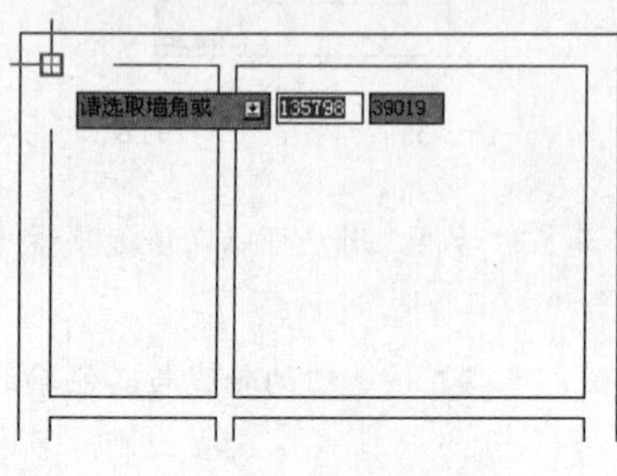

图 3-38　选取墙角

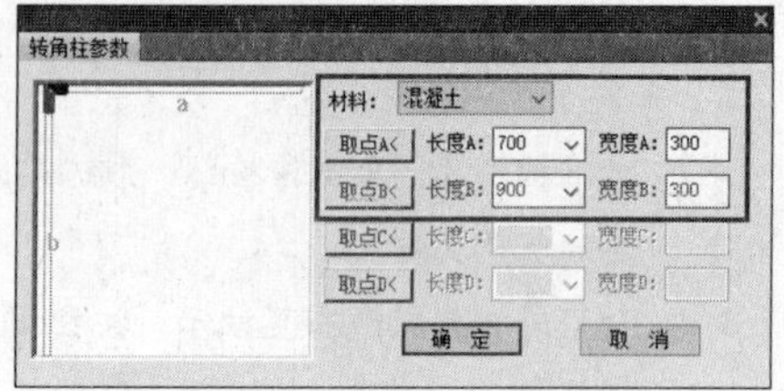

图 3-39　【转角柱参数】对话框

04 单击“确定”按钮关闭对话框，绘制角柱的结果如图 3-36 所示。

【转角柱参数】对话框中各功能选项的含义如下：

- 材料：单击“材料”文本框，在弹出的下拉列表中可选择角柱的材料。
- 取点 A：设置在左侧预览窗口中的 a 墙体上该段角柱的长度。
- 取点 B：设置在左侧预览窗口中的 b 墙体上该段角柱的长度。

3.6 门窗

调用“门窗”命令，可以在墙上插入各种门窗图形，如图 3-40 所示为插入门窗的墙体。

“门窗”命令的执行方式有以下几种，

- 命令行：在命令行中输入“MC”命令，按 Enter 键。
- 菜单栏：单击“建筑”→“门窗”命令。

下面以如图 3-40 所示的图形为例，介绍调用“门窗”命令的方法。

01 按 Ctrl+O 组合键，打开配套资源提供的“第 3 章\3.6 门窗.dwg”素材文件，结果如图 3-41 所示。

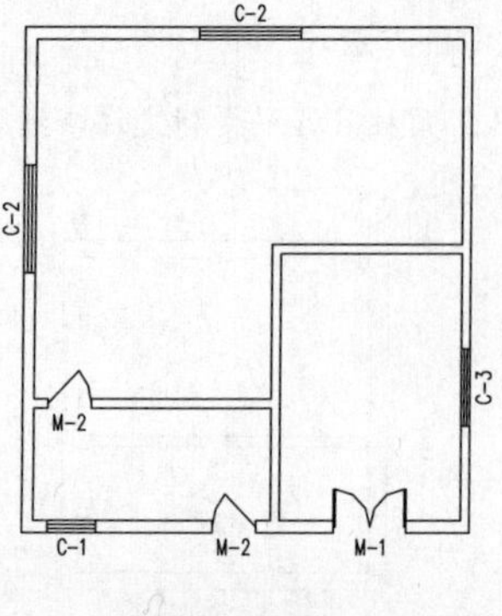

图 3-40　门窗

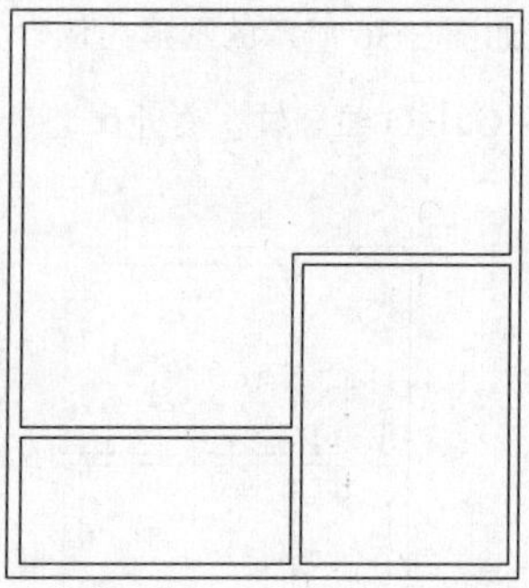

图 3-41　打开素材文件

02 在命令行中输入 “MC” 命令，按 Enter 键，弹出【门】对话框，设置参数如图 3-42 所示。

03 命令行提示如下：

```
命令:T96_TOpening
选取门窗插入位置(Shift-左右开)<退出>:        //在墙体上选取门的插入位置，绘制双开门，结果如图 3-43 所示。
```

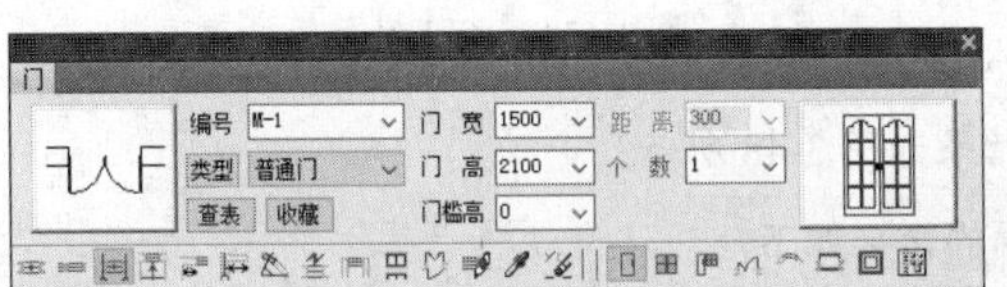

图 3-42 【门】对话框

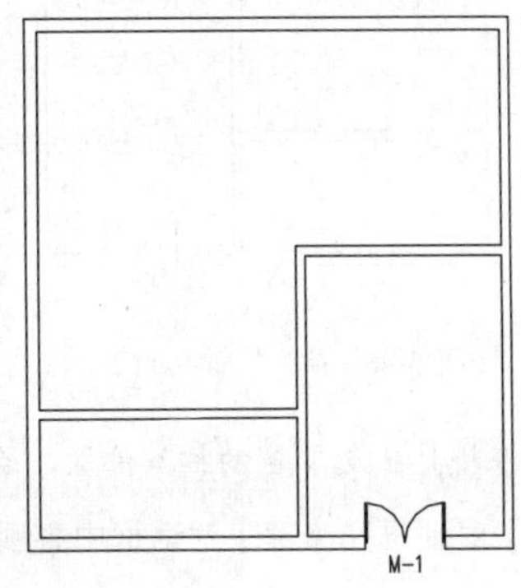

图 3-43 绘制双开门

04 分别单击【门】对话框左边、右边的预览框，弹出【天正图库管理系统】对话框，选择平开门的二维样式、三维样式，如图 3-44 所示。

05 双击选中的门样式图标，返回【门】对话框，设置门的参数，如图 3-45 所示。

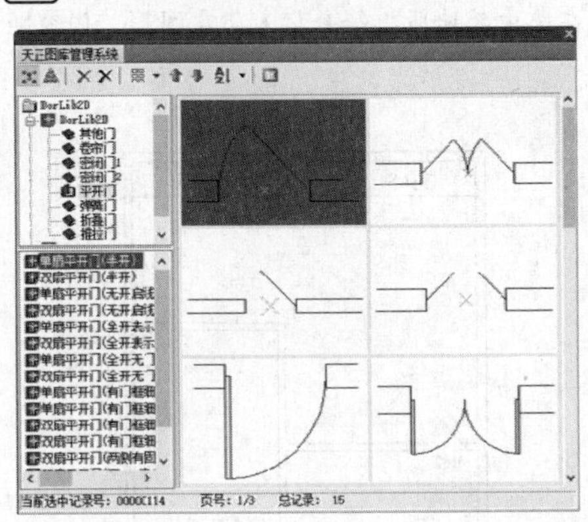

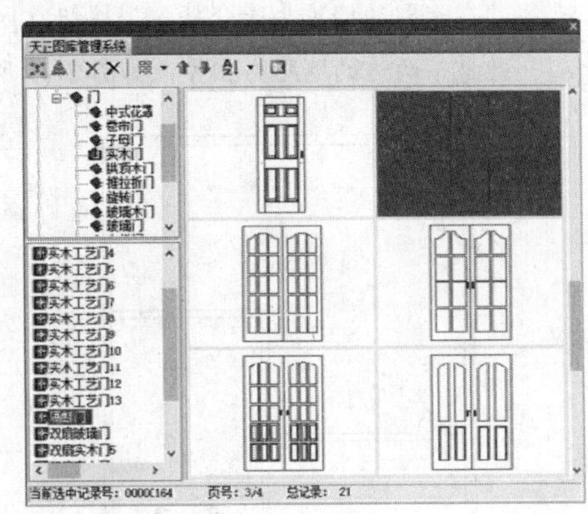

图 3-44 【天正图库管理系统】对话框

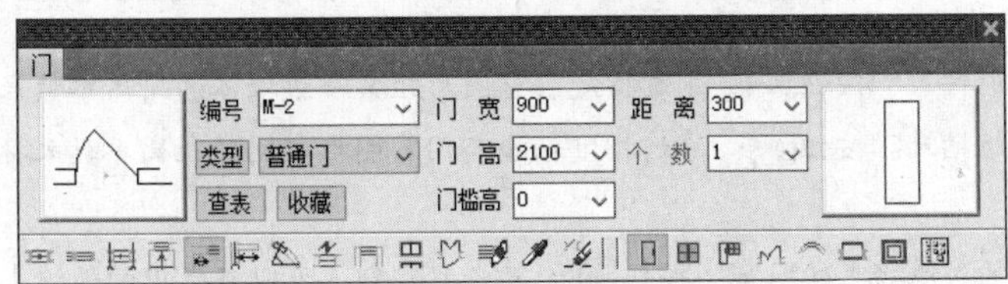

图 3-45 设置门的参数

06 根据命令行的提示，绘制单扇平开门，结果如图 3-46 所示。

07 在【门】对话框中单击“插入窗”按钮，在弹出的【窗】对话框中定义窗的参数，如图 3-47 所示。

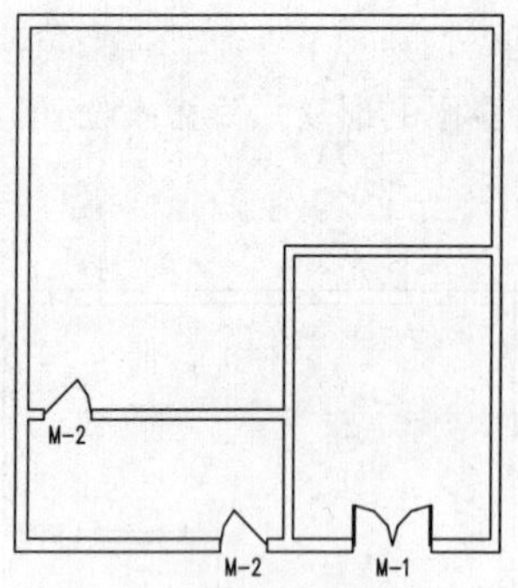

图 3-46 绘制单扇平开门

图 3-47 【窗】对话框

08 在墙体上选取窗的插入位置，绘制窗的结果如图 3-48 所示。

【门】对话框和【窗】对话框中各项功能选项的含义如下：

- “自由插入，在鼠标选取的墙段位置插入”按钮：可以在墙体上自由选取门窗的插入位置，按 Shift 键切换门的开启方向。
- “沿墙顺序插入”按钮：在墙体上指定门窗的离墙间距，单击鼠标即可插入门窗图形。
- “依据选取位置两侧的轴线进行等分插入”按钮：选取门窗的插入位置，按命令行的提示选择参考轴线，可以在两根轴线之间的中点插入门窗图形。
- “在选取的墙段上等分插入”按钮：可以在选中的墙段上等分插入门窗图形，门窗距左右或上下两边的墙距离相等，如图 3-49 所示。

图 3-48 绘制窗

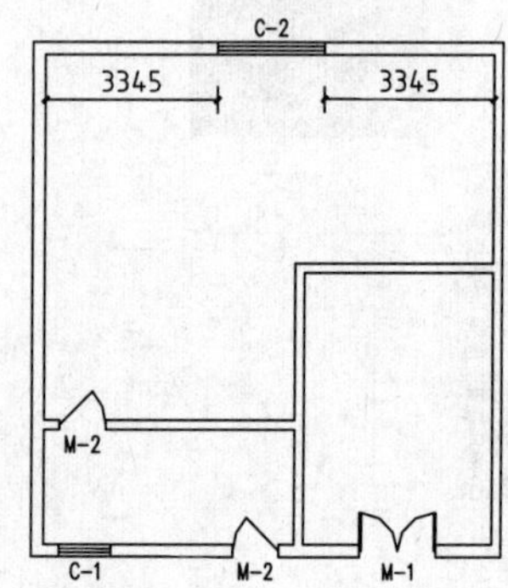

图 3-49 在选取的墙段上等分插入

- “垛宽定距插入”按钮：通过指定门窗图形距某一边墙体的距离参数来插入图形。
- “轴线定距插入”按钮：通过指定轴线与门窗图形之间的距离参数来插入图形，如图 3-50 所示。
- “按角度插入弧墙上的门窗”按钮：单击此按钮，可以在选中的弧墙上插入门窗图形。
- “根据鼠标位置居中或定距插入门窗”按钮：单击该按钮，在墙段上选取门窗的大致位置，即可插入门窗。
- “充满整个墙段插入门窗”按钮：单击此按钮，门窗的插入将填满整段墙，如图 3-51 所示。

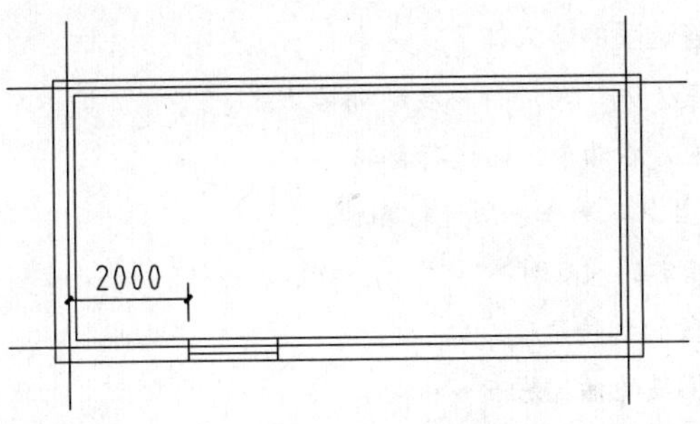

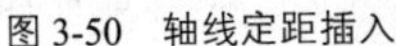

图 3-50　轴线定距插入

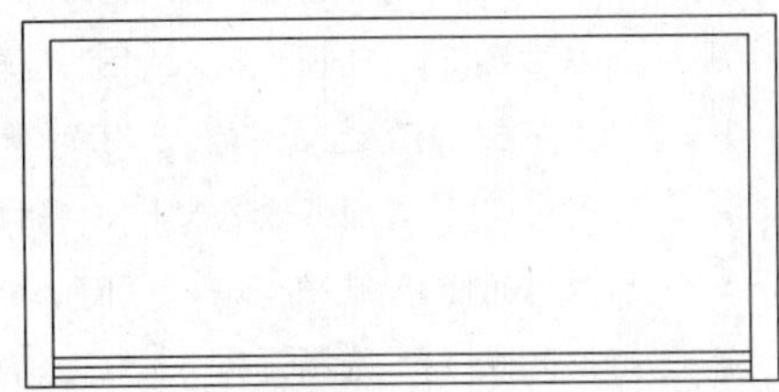

图 3-51　充满整个墙段插入门窗

3.7 直线梯段

楼梯梯段是联系上下层的垂直交通设施，单跑梯段是指连接上下层楼梯并且中途不改变方向的楼梯梯段。单跑楼梯又可分为直线梯段、圆弧梯段和任意梯段 3 种。

调用“直线梯段”命令，可以在对话框中输入参数绘制直线梯段，可以单独使用或用于组合复杂楼梯与坡道。图 3-52 所示为创建的直线梯段。

“直线梯段”命令的执行方式有以下几种：

- 命令行：在命令行中输入“ZXTD”命令，按 Enter 键。
- 菜单栏：单击“建筑”→“直线梯段”命令。

下面以如图 3-52 所示的直线梯段为例，介绍直线梯段的创建方法。

01 在命令行中输入“ZXTD”命令，按 Enter 键，弹出【直线梯段】对话框，设置参数如图 3-53 所示。

02 命令行提示如下：

```
命令:ZXTD↙
选取位置或[转 90 度(A)/左右翻(S)/上下翻(D)/对齐(F)/改转角(R)/改基点(T)]<退出>:↙
                    //选取梯段的插入点，绘制直线梯段，结果如图 3-52 所示。
```

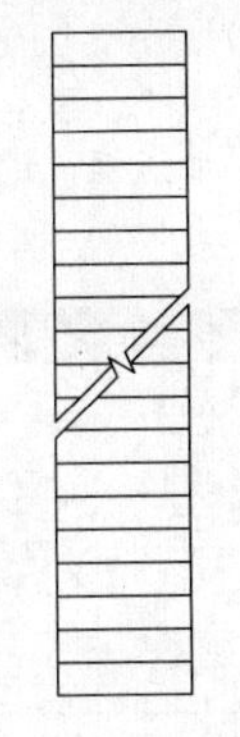

图 3-52　直线梯段

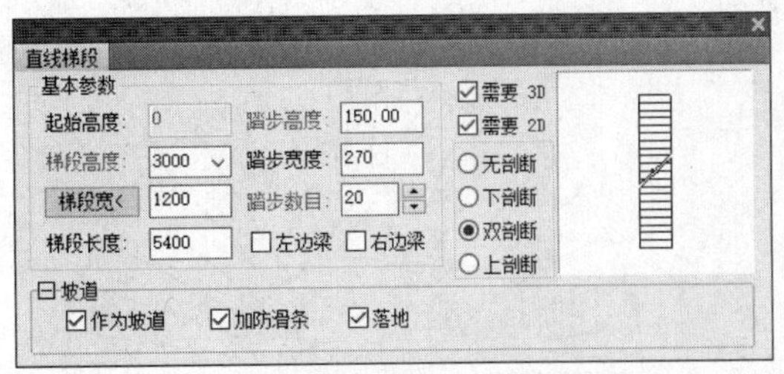

图 3-53　【直线梯段】对话框

在命令行提示“选取位置或 [转 90 度(A)/左右翻(S)/上下翻(D)/对齐(F)/改转角(R)/改基点(T)]”时，

输入选项后的字母，可以对梯段执行指定的操作。各选项的含义如下：

- “转 90 度(A)” 选项：输入 “A”，梯段将以 90° 角进行角度的翻转。
- “左右翻(S)” 选项：输入 “S”，梯段在左、右两个方向进行翻转。
- “上下翻(D)” 选项：输入 “D”，梯段在上、下两个方向进行翻转。
- “对齐(F)” 选项：输入 “F”，将梯段与指定的基点对齐。
- “改转角(R)” 选项：输入 “R”，修改梯段的翻转角度。
- “改基点(T)” 选项：输入 “T”，自定义梯段的插入基点

在【直线梯段】对话框中提供了 4 种梯段样式，单击该按钮，可以绘制相应样式的梯段，结果分别如图 3-52、图 3-54 ~ 图 3-56 所示。

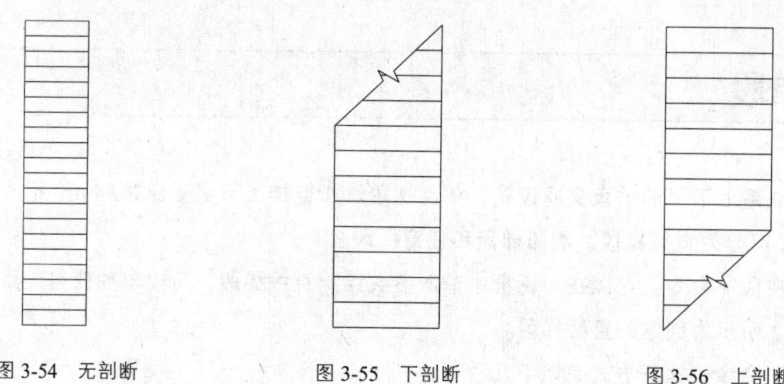

图 3-54　无剖断　　图 3-55　下剖断　　图 3-56　上剖断

3.8 圆弧梯段

调用 “圆弧梯段” 命令，在对话框中输入梯段参数，绘制弧形梯段，也可与直线梯段组合创建复杂楼梯坡道。图 3-57 所示为创建圆弧梯段的结果。

“圆弧梯段” 命令的执行方式有以下几种：

- 命令行：在命令行中输入 “YHTD” 命令，按 Enter 键。
- 菜单栏：单击 “建筑” → “圆弧梯段” 命令。

下面以如图 3-57 所示的圆弧梯段为例，介绍圆弧梯段的创建方法。

01 在命令行中输入 “YHTD” 命令，按 Enter 键，弹出【圆弧梯段】对话框，设置参数如图 3-58 所示。

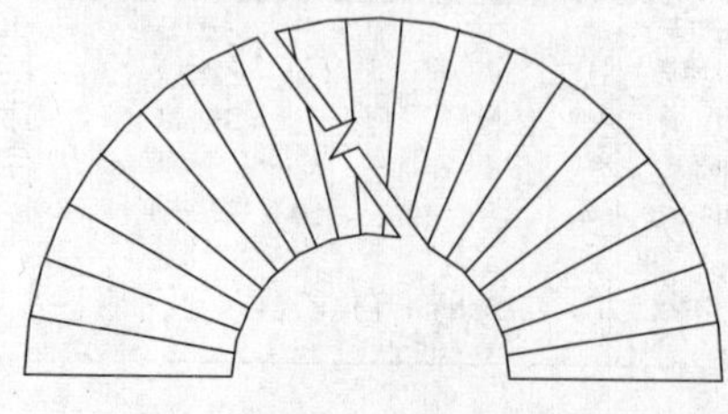

图 3-57　圆弧梯段

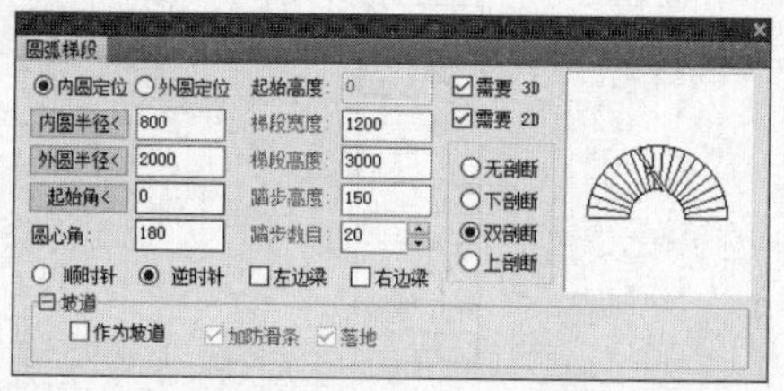

图 3-58　【圆弧梯段】对话框

02 命令行提示如下：

```
命令:YHTD↙
选取位置或[转 90 度(A)/左右翻(S)/上下翻(D)/对齐(F)/改转角(R)/改基点(T)]<退出>:↙
                    //选取梯段的插入点，绘制圆弧梯段的结果如图 3-57 所示。
```

03 将视图转换成西南等轴测视图，设置视觉样式为“消隐”，查看梯段的三维效果，结果如图 3-59 所示。

在【圆弧梯段】对话框中提供了 4 种梯段样式，单击该按钮，可绘制相应样式的梯段，结果分别如图 3-57、图 3-60 ~ 图 3-62 所示。

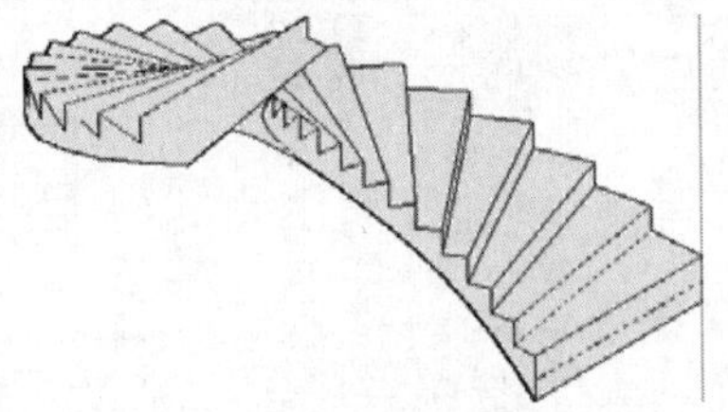

图 3-59　三维模式

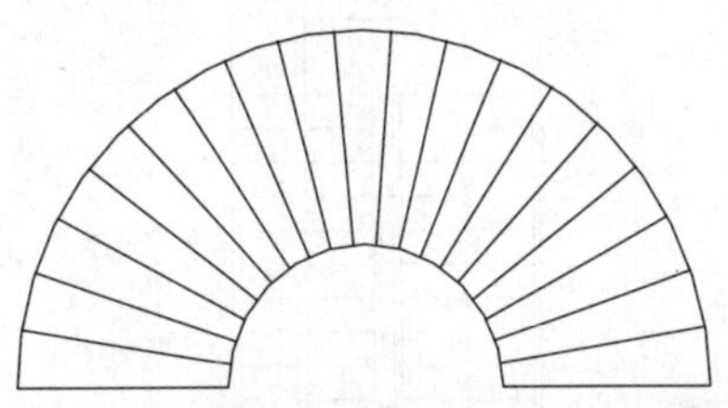

图 3-60　无剖断

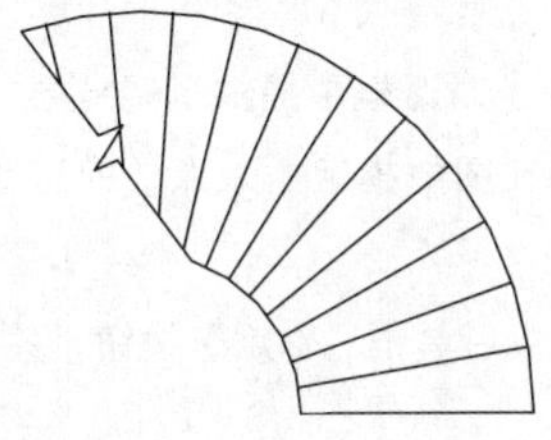

图 3-61　下剖断

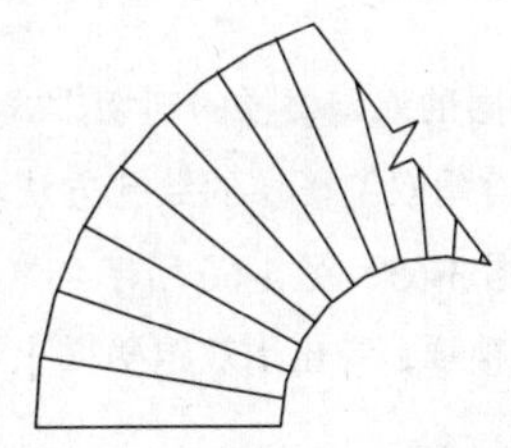

图 3-62　上剖断

【圆弧梯段】对话框中各功能选项的含义如下：

- 内圆半径：选择该项，可定义圆弧梯段的内圆半径参数。注意不能大于外圆的半径参数。
- 外圆半径：选择该项，可定义圆弧梯段的外圆半径参数。
- 起始角：自定义圆弧梯段插入的起始角。
- 圆心角：圆弧梯段的圆心角参数。参数不能过小，最大值定义为 350°。
- 左边梁：勾选此项，可以在梯段的左边添加扶手。
- 右边梁：勾选此项，可以在梯段的右边添加扶手。

3.9 双跑楼梯

当建筑物楼层数较多且层高较高时，就需要设计双跑楼梯或多跑楼梯，并在梯段转角时需要加入休息平台。调用“双跑楼梯”命令，在对话框中输入参数，可绘制双跑楼梯。图 3-63 所示为绘制双跑楼梯的结果。

“双跑楼梯”命令的执行方式有以下几种：

- 命令行：在命令行中输入“SPLT”命令，按 Enter 键。
- 菜单栏：单击“建筑”→“双跑楼梯”命令。

下面以如图 3-63 所示的图形为例，介绍调用双跑楼梯命令的方法。

01 在命令行中输入 “SPLT” 命令，按 Enter 键，弹出【双跑楼梯】对话框，设置参数如图 3-64 所示。

02 命令行提示如下：

```
命令:SPLT↙
选取位置或[转90度(A)/左右翻(S)/上下翻(D)/对齐(F)/改转角(R)/改基点(T)]<退出>:
                //选取双跑楼梯的插入位置，绘制双跑楼梯，结果如图 3-63 所示。
```

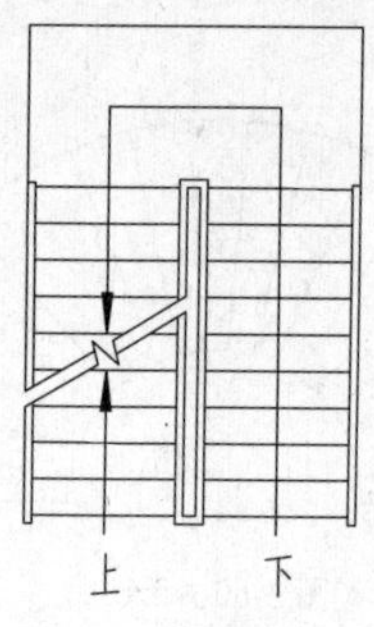

图 3-63　双跑楼梯

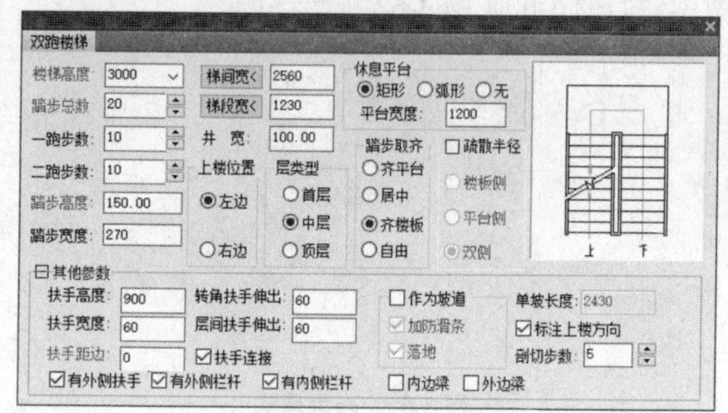

图 3-64　【双跑楼梯】对话框

建筑物每层的双跑楼梯的剖切方式都各不相同，在【双跑楼梯】对话框中提供了“首层”“中间层”“顶层”三种类型双跑楼梯的绘制方法。单击“层类型”按钮，并在图中指定插入点，即可绘制相应的楼梯，结果如图 3-65、图 3-66 所示。

双击双跑楼梯，弹出【双跑楼梯】对话框，修改楼梯的各项参数后单击“确定”按钮，关闭对话框，完成修改。

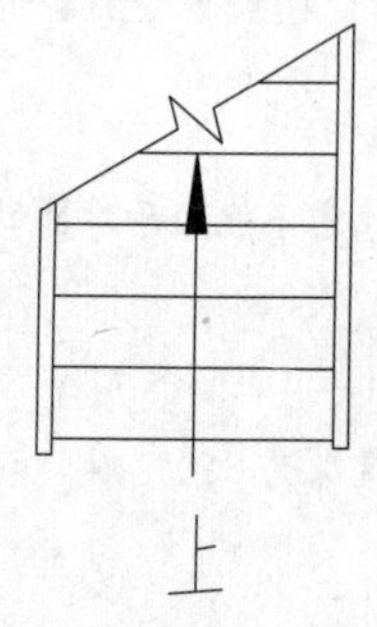

图 3-65　首层样式

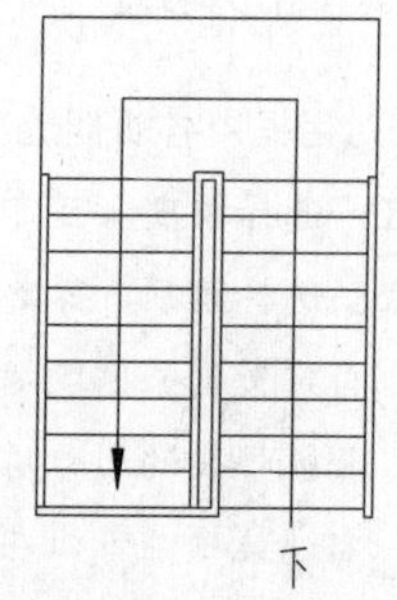

图 3-66　顶层样式

【双跑楼梯】对话框中各功能选项的含义如下：

- 楼梯高度：指双跑楼梯的总高。
- 踏步总数：指双跑楼梯的踏步数。以踏步总数推算一跑与二跑步数，总数为奇数时先增二跑步数。
- 梯间宽：该数据显示楼梯间的整体宽度。可直接输入数据，也可单击该按钮，在绘图区中指定两点确定宽度，“梯间宽”=“梯段宽” ×2+ “井宽”。
- 梯段宽：一个直线梯段的宽度。可直接输入数据，也可单击该按钮，在绘图区中指定两点确定宽度。
- 井宽：指两个梯段的间距。
- 上楼位置：双跑楼梯在上楼过程中会反转方向，因此在创建时还需选择梯段的位置，上楼位置指梯段的位置。

- 休息平台：休息平台在上楼过程中起中途休息的作用。休息平台可以是矩形的，也可以是弧形的，用户可以根据实际情况选择休息平台的尺寸和大小。
- 踏步取齐：当所绘梯段踏步的总高度与楼层高度不相符合时，用户可选择一个基准取齐，包括“齐平台”“居中”“齐楼板”和“自由”4个单选按钮，用户可根据实际需要进行选定。
- 层类型：在建筑平面图中，对不同的楼层，双跑楼梯图示表达的方式不同，用户可以根据实际需要进行选择。
- 扶手高度：一般情况下，双跑楼梯都需要安装扶手，在该文本框中输入一个数值，即可设置扶手高度。
- 扶手宽度：输入数值，设置扶手的宽度。
- 扶手距边：输入数值，设置扶手距梯段边的距离。
- 有外侧扶手：通常情况下，双跑楼梯的外侧都是紧贴墙壁，不需要设置外侧扶手，但在公共场所，为防止用户在梯段上摔倒，则需要设置外侧扶手。单击选中此复选框，即可设置外侧扶手，选中此复选框后，可设置是否有外侧栏杆。
- 有内侧栏杆：选中此复选框，表示在内侧扶手处生成内侧栏杆。
- 转角扶手伸出：用于设置在梯段中间转角扶手伸出的距离。
- 层间扶手伸出：用于设置在层与层之间转角扶手伸出的距离。
- 扶手连接：选中该复选框，可将梯段中的扶手相连接。

3.10 阳台

调用“阳台”命令，可以直接绘制阳台或把预先绘制好的 PLINE 转换成阳台。图 3-67 所示为绘制阳台的结果。

“阳台”命令的执行方式有以下几种：

- 命令行：在命令行中输入“YT”命令，按 Enter 键。
- 菜单栏：单击“建筑”→“阳台”命令。

下面以如图 3-67 所示的图形为例，介绍调用“阳台”命令的方法。

01 按 Ctrl+O 组合键，打开配套资源提供的“第 3 章\3.10 阳台.dwg”素材文件，结果如图 3-68 所示。

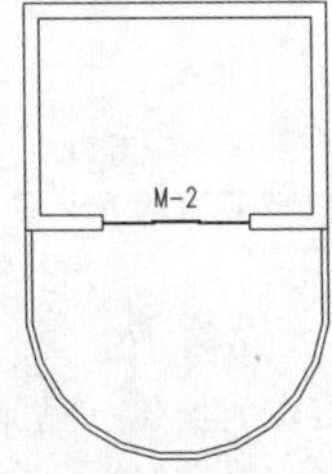

图 3-67　绘制阳台

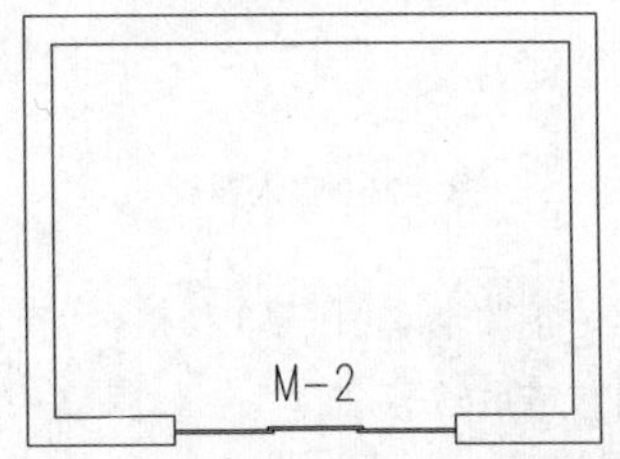

图 3-68　打开素材文件

02 单击“建筑”→“阳台”命令，弹出【绘制阳台】对话框，单击“任意绘制”按钮，设置

参数如图 3-69 所示。命令行提示如下：

```
命令:T96_TBalcony
起点<退出>:                                //捕捉左下外墙角作为阳台起点，如图 3-70 所示。
```

图 3-69 【绘制阳台】对话框

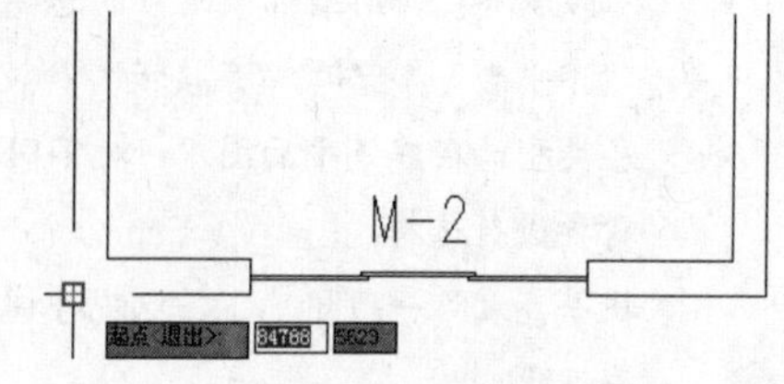

图 3-70 指定起点

```
直段下一点或[弧段(A)/回退(U)]<结束>:1500          //输入参数，如图 3-71 所示。
直段下一点或[弧段(A)/回退(U)]<结束>:A
弧段下一点或[直段(L)/回退(U)]<结束>:              //选取交点，如图 3-72 所示。
```

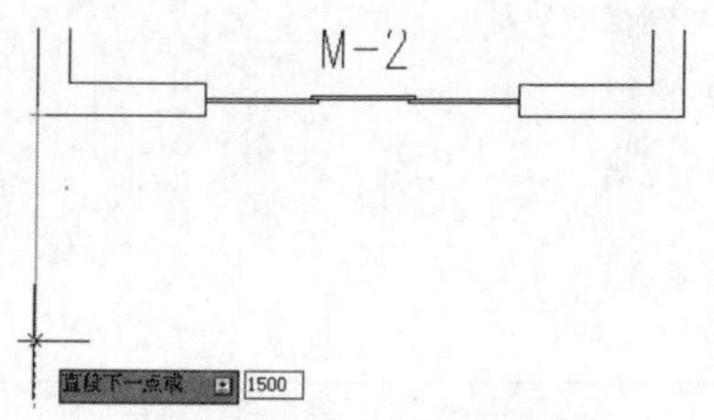

图 3-71 输入参数

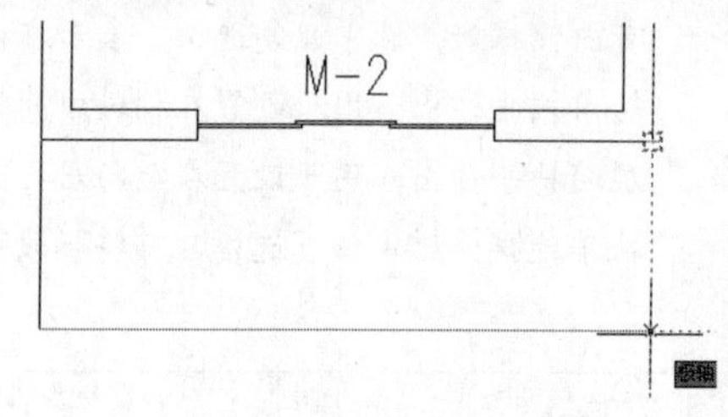

图 3-72 选取交点

```
选取弧上一点或[输入半径(R)]:R
输入半径(光标位置确定弧的方向):2500                //输入参数，如图 3-73 所示。
直段下一点或[弧段(A)/回退(U)]<结束>:              //如图 3-74 所示。
```

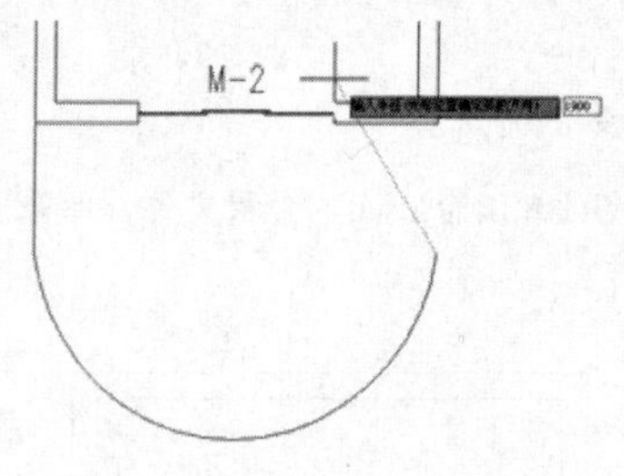

图 3-73 输入参数

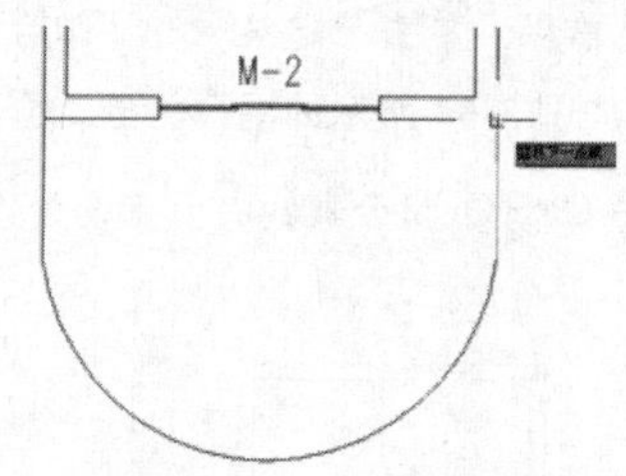

图 3-74 选取直段下一点

```
请选择邻接的墙(或门窗)和柱:指定对角点:找到 2 个      //如图 3-75 所示。
请选取接墙的边:        //如图 3-76 所示，按 Enter 键，完成阳台的绘制，结果如图 3-67 所示。
```

【绘制阳台】对话框中各功能选项的含义如下：

➢ “伸出距离”选项：在选项中定义阳台的宽度参数。

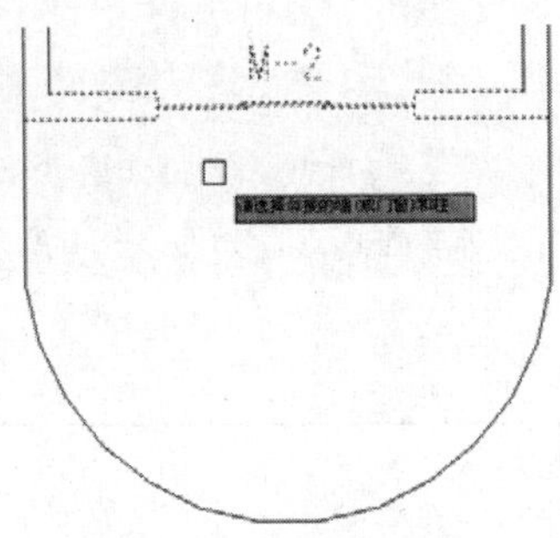

图 3-75　选择邻接墙

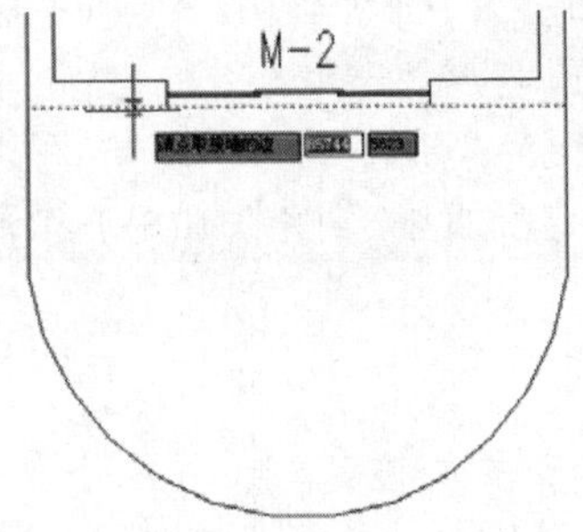

图 3-76　选取接墙边

- "凹阳台"按钮：单击该按钮，在两段外突出的墙体之间分别指定阳台的起点和终点，即可绘制阳台图形。
- "阴角阳台"按钮：单击该按钮，绘制有两边靠墙，另外两边有阳台挡板的阴角阳台。
- "沿墙偏移绘制"按钮：单击该按钮，设置指定偏移距离，将所选的墙体轮廓线往外偏移，从而生成阳台图形。
- "任意绘制"按钮：单击该按钮，可以自定义路径绘制阳台图形。
- "选择已有路径生成"按钮：单击该按钮，可以在已有路径的基础上生成阳台图形。

3.11 台阶

调用"台阶"命令，可以直接绘制台阶或把预先绘制好的 PLINE 转成台阶。图 3-77 所示为执行该命令绘制台阶的结果。

"台阶"命令的执行方式有以下几种：

- 命令行：在命令行中输入"TJ"命令，按 Enter 键。
- 菜单栏：单击"建筑"→"台阶"命令。

下面以如图 3-77 所示的图形为例，介绍调用"台阶"命令的方法。

01 按 Ctrl+O 组合键，打开配套资源提供的"第 3 章\3.11 台阶.dwg"素材文件，结果如图 3-78 所示。

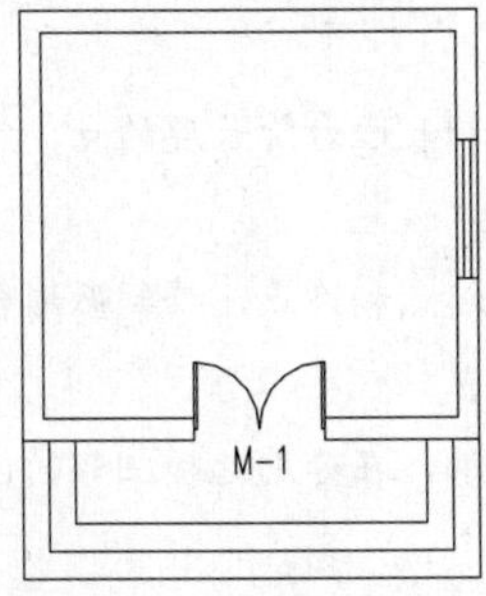

图 3-77　绘制台阶

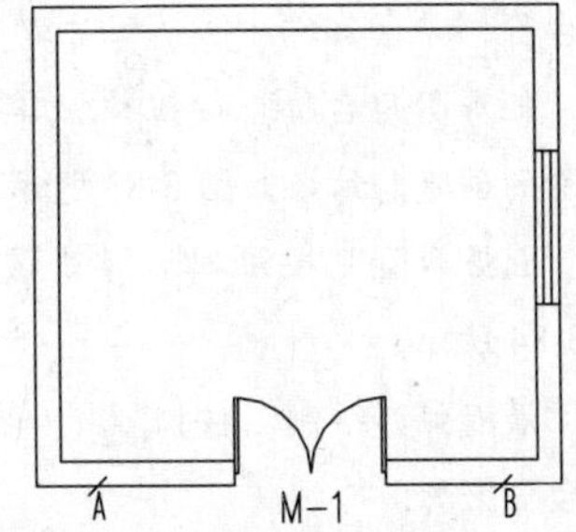

图 3-78　打开素材文件

02 在命令行中输入"TJ"命令，按 Enter 键，弹出【台阶】对话框，单击"矩形三面台阶"按钮，设置参数如图 3-79 所示。

03 命令行提示如下：

```
命令:TJ↙
指定第一点或  [中心定位(C)/门窗对中(D)]<退出>:          //单击 A 点，如图 3-80 所示。
第二点或[翻转到另一侧(F)]<取消>:                      //单击 B 点，如图 3-81 所示。
```

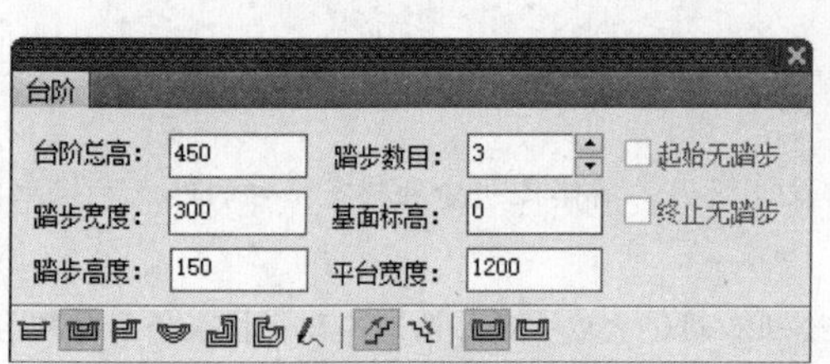

图 3-79 【台阶】对话框

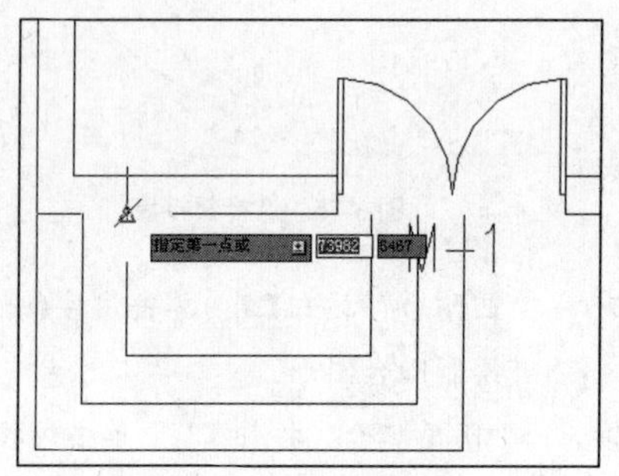

图 3-80 单击 A 点

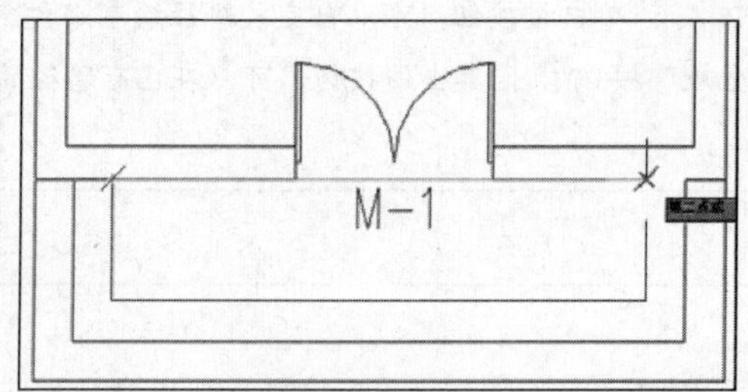

图 3-81 单击 B 点

04 完成台阶图形绘制，结果如图 3-77 所示。

【台阶】对话框中各功能选项的含义如下：

- "矩形单面台阶"按钮：单击该按钮，在图中分别指定台阶的起点和终点，创建台阶，结果如图 3-82 所示。
- "矩形三面台阶"按钮：单击该按钮，在图中分别指定台阶的起点和终点，创建矩形三面台阶。
- "矩形阴角台阶"按钮：单击该按钮，指定墙角点和表示台阶长度的点，完成矩形阴角台阶的创建，结果如图 3-83 所示。
- "圆弧台阶"按钮：单击该按钮，分别指定台阶的起点和终点，绘制弧形台阶，结果如图 3-84 所示。
- "沿墙偏移绘制"按钮：单击该按钮，指定墙体轮廓，在分别选择相邻的门窗图形后生成台阶图形。
- "选择已有路径绘制"按钮：单击该按钮，在已有路径的基础上生成台阶。
- "任意绘制"按钮：单击该按钮，在指定台阶平台轮廓线的起点和终点后，分别选择相邻的门窗图形，即可往外生成台阶。

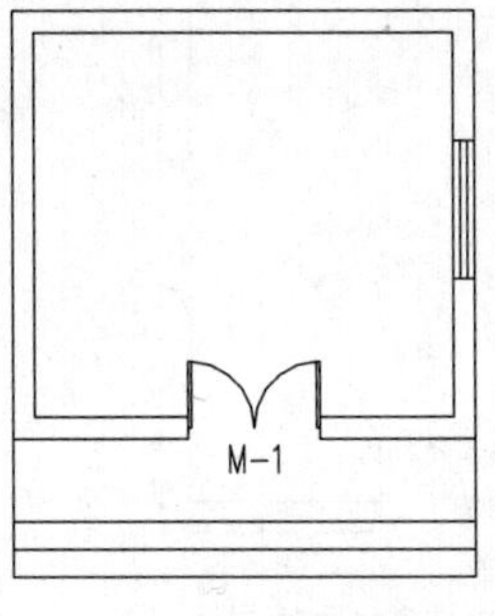

图 3-82 矩形单面台阶

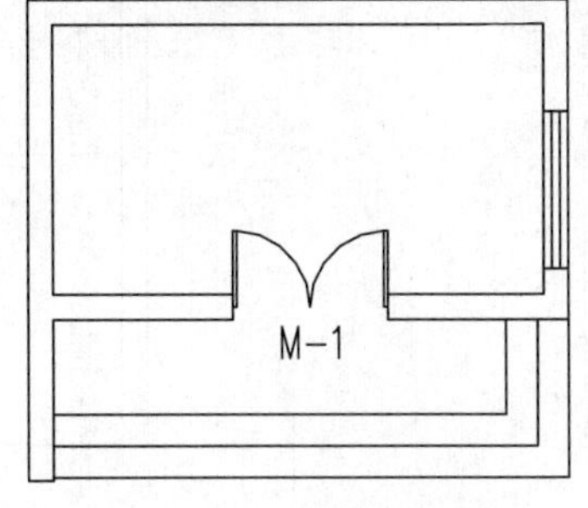

图 3-83 矩形阴角台阶

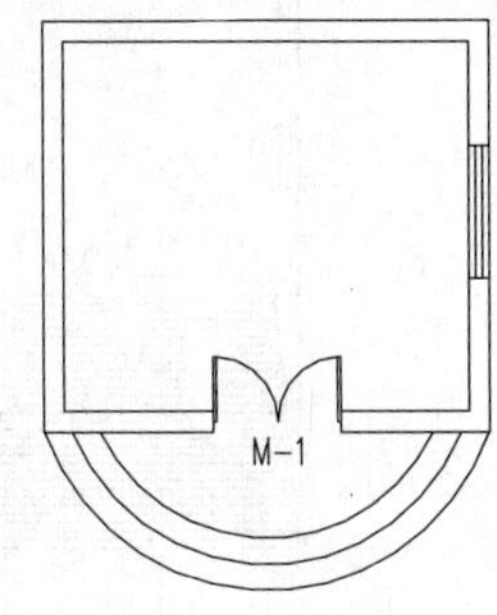

图 3-84 圆弧台阶

在执行“台阶”命令的过程中，命令行提示可通过以下三种方式来绘制台阶。

- “端点定位（R）”选项：输入“R”，在图中指定台阶的端点，方可绘制台阶。
- “中心定位（C）”选项：输入“C”，指定台阶的中心点，方可绘制台阶。
- “门窗对中（D）”选项：输入“D”，选择门窗，以所选门窗的中点为基点绘制台阶。

3.12 坡道

调用“坡道”命令，可以通过设置参数来构造单跑的入口道，多跑、曲边与圆弧坡道由各楼梯命令中“作为坡道”选项创建。图 3-85 所示为绘制坡道的结果。

“坡道”命令的执行方式有以下几种：

- 命令行：在命令行中输入“PD”命令，按 Enter 键。
- 菜单栏：单击“建筑”→“坡道”命令。

下面以如图 3-85 所示的图形为例，介绍调用“坡道”命令的方法。

01 按 Ctrl+O 组合键，打开配套资源提供的“第 3 章\3.12 坡道.dwg”素材文件，结果如图 3-86 所示。

02 单击“建筑”→“坡道”命令，弹出【坡道】对话框，设置参数如图 3-87 所示。

03 命令行提示如下：

```
命令:T96_TASCENT
选取位置或[转 90 度(A)/左右翻(S)/上下翻(D)/对齐(F)/改转角(R)/改基点(T)]<退出>:T
                                        //输入“T”，选择“改基点”选项;
输入插入点或[参考点(R)]<退出>://选取坡道的左上角点为插入点，绘制坡道，结果如图 3-81 所示。
```

在【坡道】对话框中提供了三种坡道的绘制方式，其含义分别如下：

- 左边平齐：勾选该项，左边边坡与坡道齐平，如图 3-88 所示。
- 右边平齐：勾选该项，右边边坡与坡道齐平，如图 3-89 所示。
- 加防滑条：勾选该项，在坡面添加防滑条。取消勾选则不显示防滑条，如图 3-90 所示。

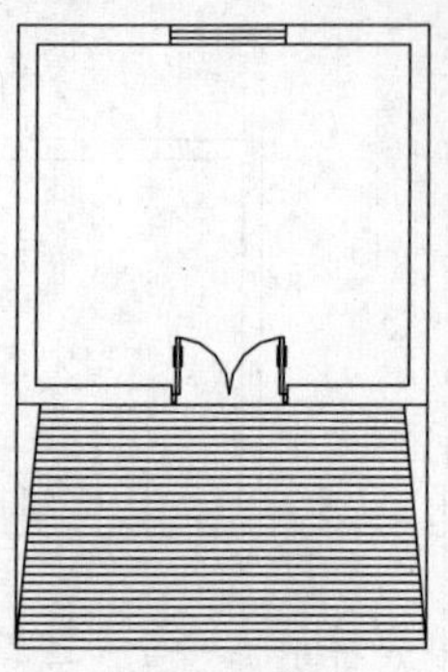

图 3-85　绘制坡道

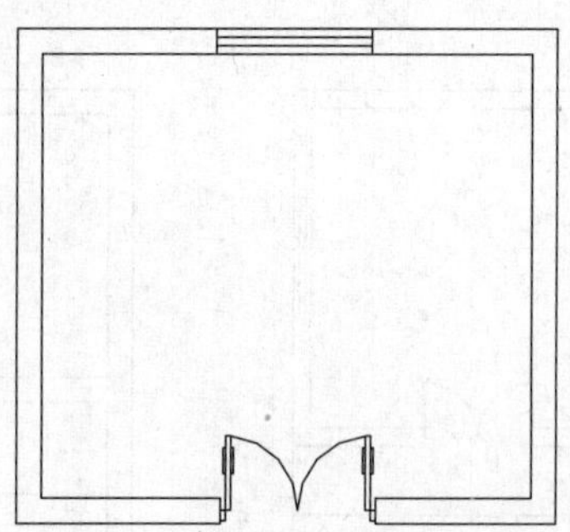

图 3-86　打开素材文件

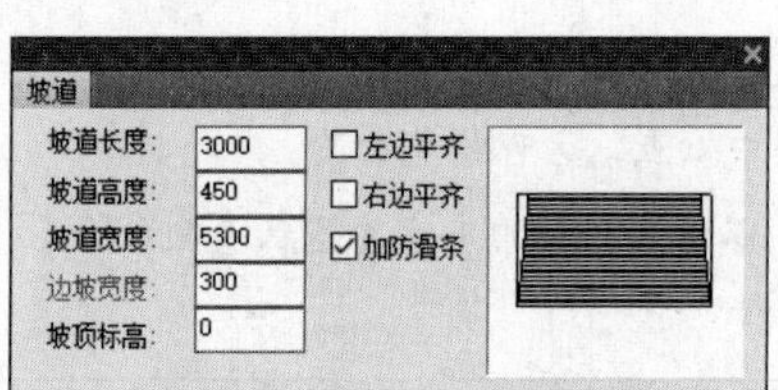

图 3-87　绘制坡道

图 3-88　左边平齐

图 3-89　右边平齐

图 3-90　不显示防滑条

3.13 任意坡顶

调用“任意坡顶”命令，可以由封闭的多段线生成指定坡度的屋顶，可采用对象编辑单独修改每个边坡的坡度。图 3-91 所示为创建任意坡顶的结果。

“任意坡顶”命令的执行方式有以下几种：

➢　命令行：在命令行中输入“RYPD”命令，按 Enter 键。

➢　菜单栏：单击“建筑”→“任意坡顶”命令。

下面以如图 3-91 所示的图形为例，介绍调用“任意坡顶”命令的方法。

01 按 Ctrl+O 组合键，打开配套资源提供的“第 3 章\3.13 任意坡顶.dwg”素材文件，结果如图 3-92 所示。

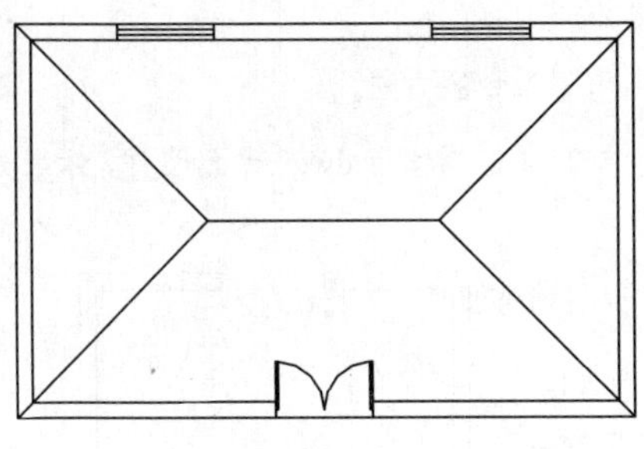

图 3-91　任意坡顶

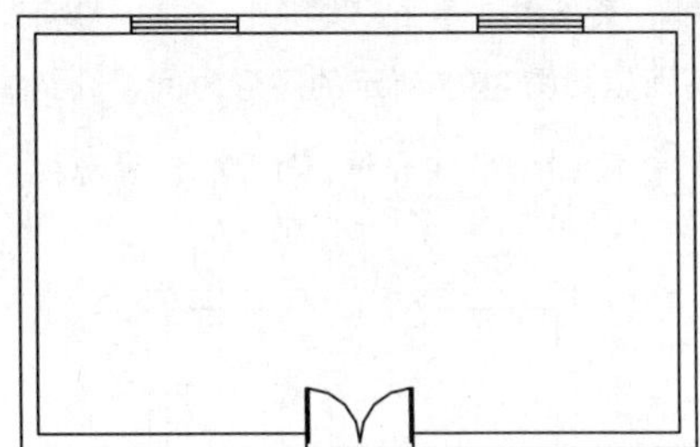

图 3-92　打开素材文件

02 在命令行中输入“RYPD”命令，按 Enter 键，命令行提示如下：

```
命令:RYPD↙
选择一封闭的多段线<退出>:          //如图 3-93 所示。
请输入坡度角<30>:
出檐长<600>:                      //按 Enter 键选择默认参数（也可自定义参数），绘制任意坡顶，结果如图 3-91 所示。
```

双击任意坡顶，弹出如图 3-94 所示的【任意坡顶】对话框。在其中可以更改坡顶的各项参数，单击“确定”按钮完成修改。

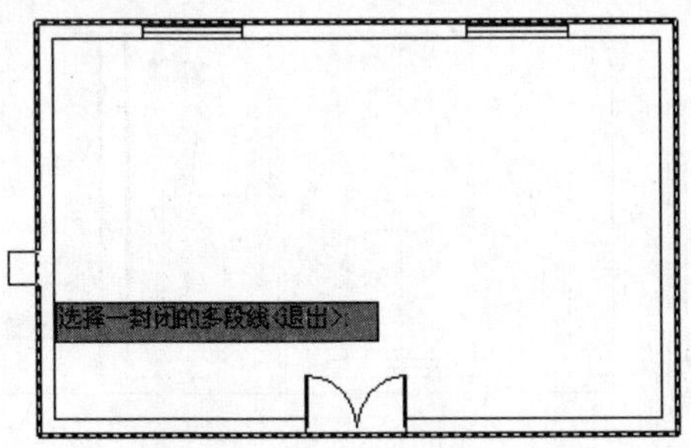

图 3-93　选择一封闭的多段线

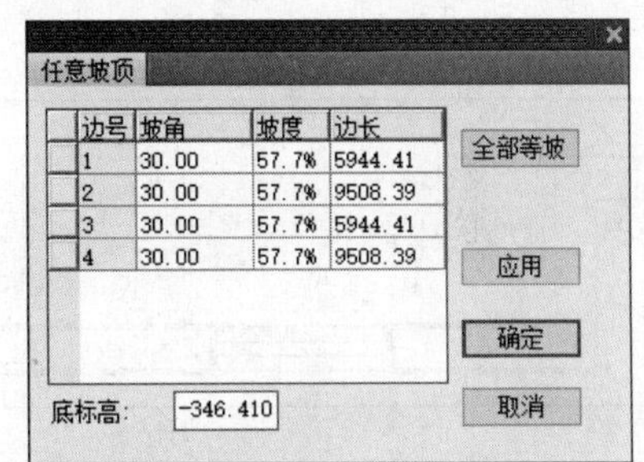

图 3-94　【任意坡顶】对话框

3.14 墙体工具

天正暖通软件提供了一系列的墙体工具，如倒墙角、修墙角、改墙厚等，可以对已绘制完成的各类墙体执行编辑操作。本节将介绍各类墙体工具命令的操作方法。

3.14.1 倒墙角

调用“倒墙角”命令，可以将转角墙按给定的半径倒圆角生成弧墙，也可以将断开的墙角连接好。图 3-95 所示为倒墙角的结果。

“倒墙角”命令的执行方式有以下几种：

➢ 命令行：在命令行中输入“DQJ”命令，按 Enter 键。

➢ 菜单栏：单击“建筑”→“倒墙角”命令。

下面以如图 3-95 所示的图形为例，介绍调用“倒墙角”命令的方法。

01 按 Ctrl+O 组合键，打开配套资源提供的“第 3 章\3.14.1 倒墙角.dwg”素材文件，结果如图 3-96 所示。

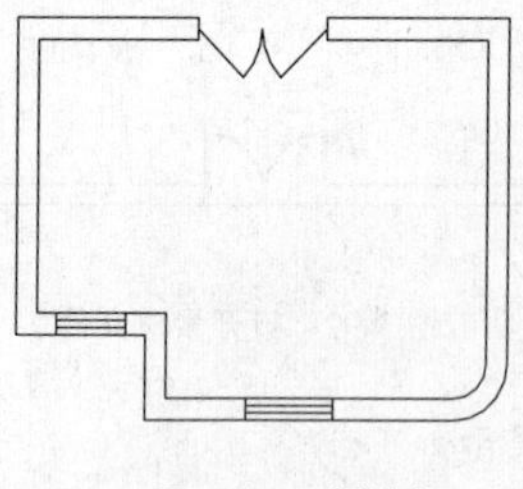

图 3-95 倒墙角

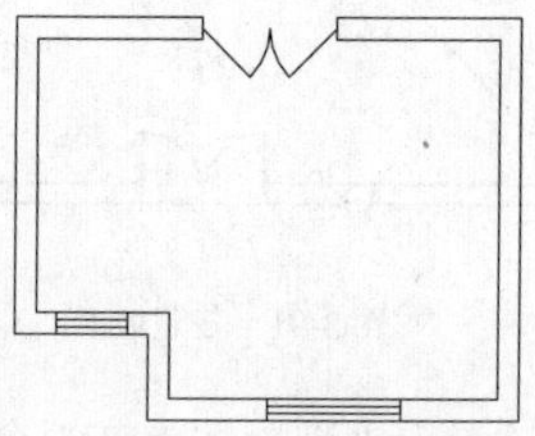

图 3-96 打开素材文件

02 在命令行中输入“DQJ”命令，按 Enter 键，命令行提示如下：

```
命令:DQJ↙
选择第一段墙或[设圆角半径(R),当前=0]<退出>:R
请输入圆角半径<0>:500
选择第一段墙或[设圆角半径(R),当前=500]<退出>:                    //如图 3-97 所示
选择另一段墙<退出>:                    //如图 3-98 所示。倒墙角的结果如图 3-95 所示
```

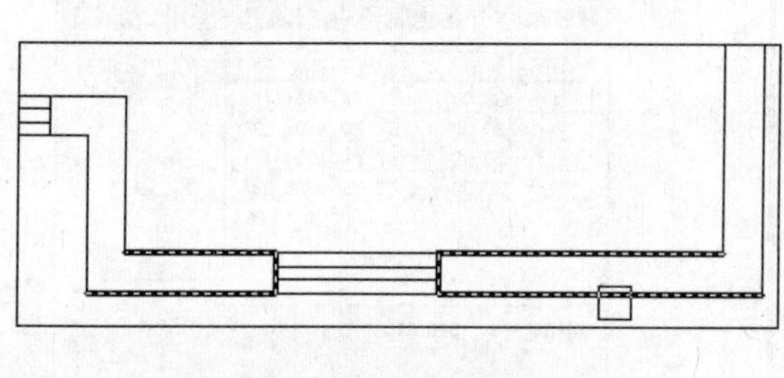

图 3-97 选择第一段墙

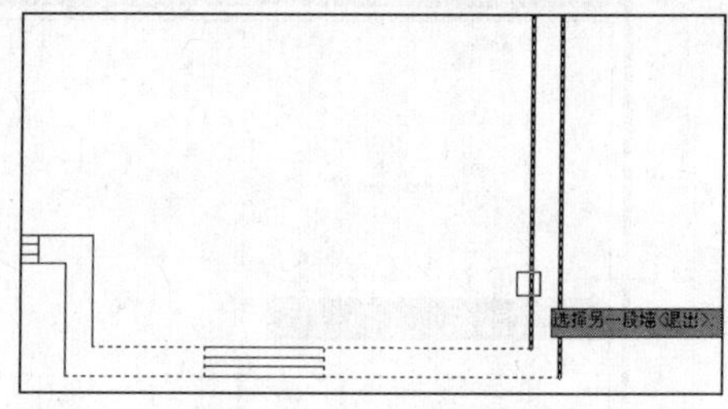

图 3-98 选择另一段墙

3.14.2 修墙角

调用“修墙角”命令，可将互相交叠的两段墙分别在交点处断开并修理墙角。图 3-99 所示为执行该命令的操作结果。

“修墙角”命令的执行方式有以下几种：

➢ 命令行：在命令行中输入“XQJ”命令，按 Enter 键。

➢ 菜单栏：单击“建筑”→“修墙角”命令。

下面以如图 3-99 所示的图形为例，介绍调用“修墙角”命令的方法。

01 按 Ctrl+O 组合键，打开配套资源提供的“第 3 章\3.14.2 修墙角.dwg”素材文件，结果如图 3-100 所示。

02 在命令行中输入“XQJ”命令，按 Enter 键，命令行提示如下：

```
命令:XQJ↙
```

```
请框选需要处理的墙角、柱子或墙体造型.
请选取第一个角点或[参考点(R)]<退出>:            //如图 3-101 所示。
选取另一个角点<退出>:                //如图 3-102 所示。倒墙角的结果如图 3-99 所示。
```

图 3-99　修墙角　　　　图 3-100　打开素材

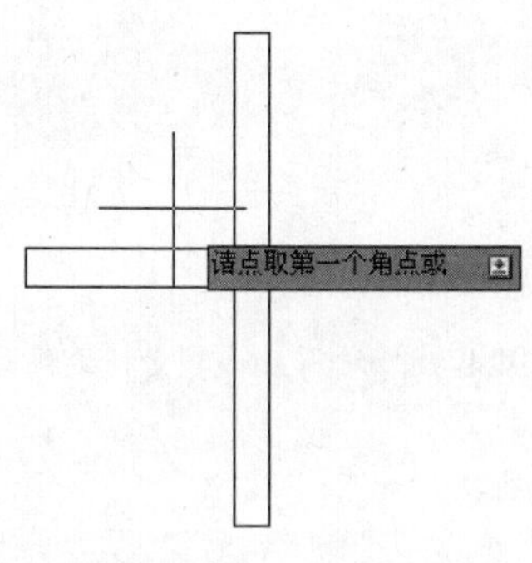

图 3-101　选取第一个角点

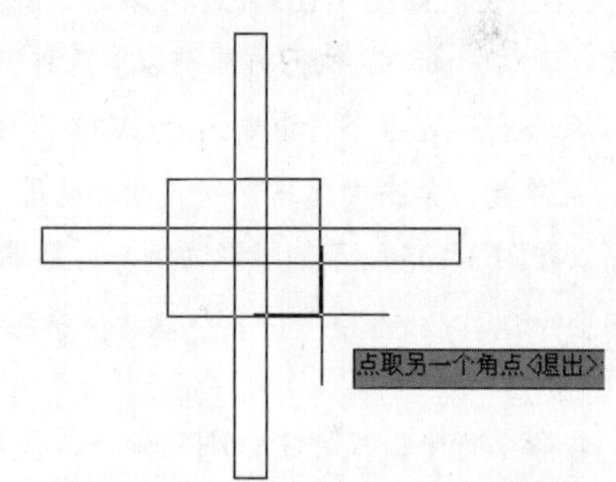

图 3-102　选取另一个角点

3.14.3 改墙厚

调用“改墙厚”命令，可以批量修改墙厚，且保持墙基线不变，墙线一律改为居中。图 3-103 所示为执行该命令的结果。

“改墙厚”命令的执行方式有以下几种：

- ➢ 命令行：在命令行中输入“GQH”命令，按 Enter 键。
- ➢ 菜单栏：单击“建筑”→“改墙厚”命令。

下面以如图 3-103 所示的图形为例，介绍调用“改墙厚”命令的方法。

01 按 Ctrl+O 组合键，打开配套资源提供的“第 3 章\3.14.3 改墙厚.dwg”素材文件，结果如图 3-104 所示。

02 在命令行中输入“GQH”命令，按 Enter 键，命令行提示如下：

```
命令:GQH↙
选择墙体:指定对角点:找到 12 个
新的墙宽<360>:                          //按 Enter 键选择默认的墙厚参数（也可自定义参数），改墙厚的结果如图 3-103 所示。
```

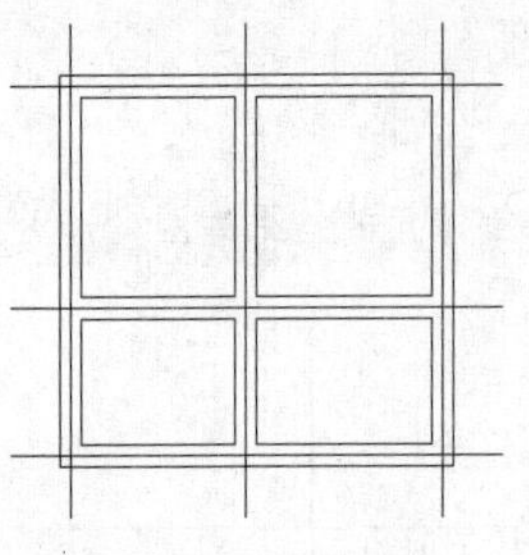

图 3-103　改墙厚

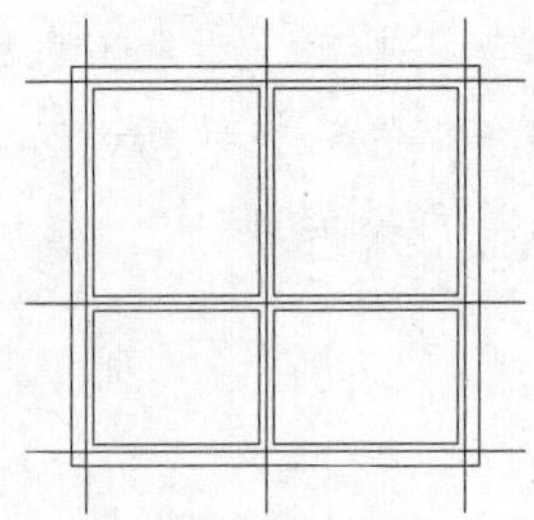

图 3-104　打开素材文件

3.14.4 改外墙厚

调用“改外墙厚”命令，可以修改外墙的厚度参数。注意，在执行该命令前，应先进行外墙识别，否则命令无法执行。如图 3-105 所示为该命令的操作结果。

“改外墙厚”命令的执行方式有以下几种：

- 命令行：在命令行中输入“GWQH”命令，按 Enter 键。
- 菜单栏：单击“建筑”→“改外墙厚”命令。

下面以如图 3-105 所示的图形为例，介绍调用“改外墙厚”命令的方法。

01 按 Ctrl+O 组合键，打开配套资源提供的“第 3 章\3.14.4 改外墙厚.dwg”素材文件，结果如图 3-106 所示。

02 在命令行中输入“GWQH”命令，按 Enter 键，命令行提示如下：

```
命令:GWQH↙
请选择外墙:指定对角点: 找到 12 个            //如图 3-107 所示。
内侧宽<240>:250
外侧宽<120>:300            //分别定义内外侧的宽度参数，改外墙厚的结果如图 3-105 所示。
```

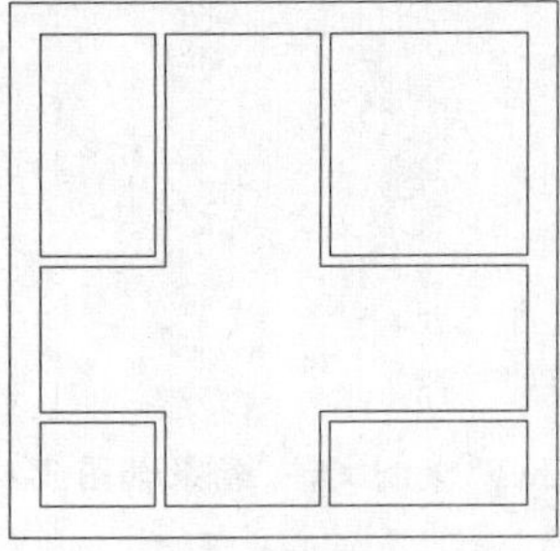

图 3-105　改外墙厚

图 3-106　打开素材文件

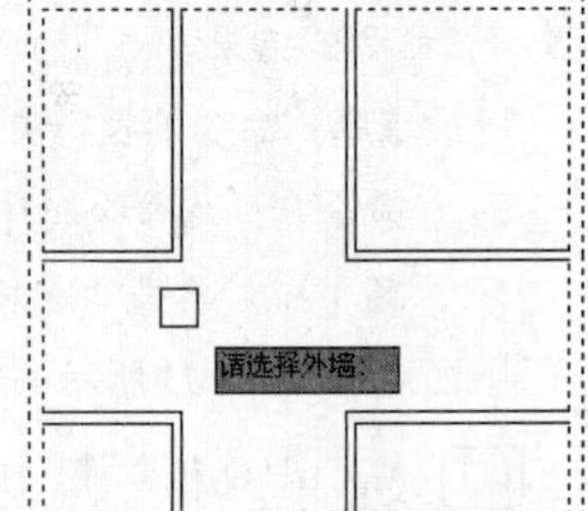

图 3-107　选择外墙

3.14.5 改高度

调用“改高度”命令，可对选中的柱、墙体及其造型的高度和底标高进行批量修改。该命令是改变这些构件竖向位置的主要手段。修改底标高时，门窗底的标高可以和柱、墙联动修改。图 3-108 所示为改高度的结果。

"改高度"命令的执行方式有以下几种：

➢ 命令行：在命令行中输入"GGD"命令，按 Enter 键。

➢ 菜单栏：单击"建筑"→"改高度"命令。

下面以如图 3-108 所示的图形为例，介绍调用"改高度"命令的方法。

01 按 Ctrl+O 组合键，打开配套资源提供的"第 3 章\3.14.5 改高度.dwg"素材文件，结果如图 3-109 所示。

02 在命令行中输入 GGD 命令，按 Enter 键，命令行提示如下：

```
命令:GGD↙
请选择墙体、柱子或墙体造型:指定对角点:找到 11 个
新的高度<6000>:3000                                      //定义新的高度参数;
新的标高<0>:
是否维持窗墙底部间距不变?[是(Y)/否(N)]<N>:              //按 Enter 键选择默认参数，改高度的结果如图 3-108 所示。
```

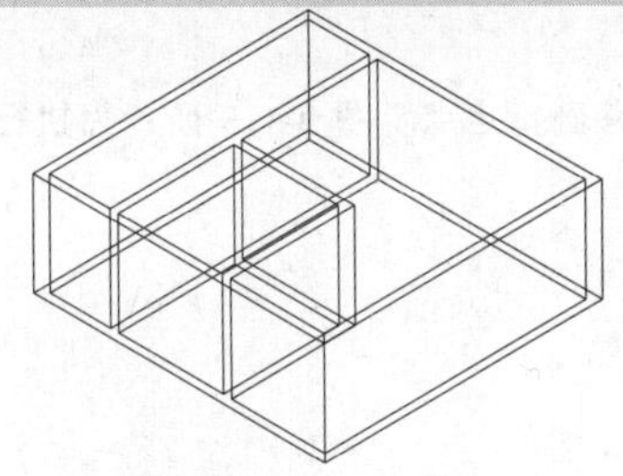

图 3-108 改高度

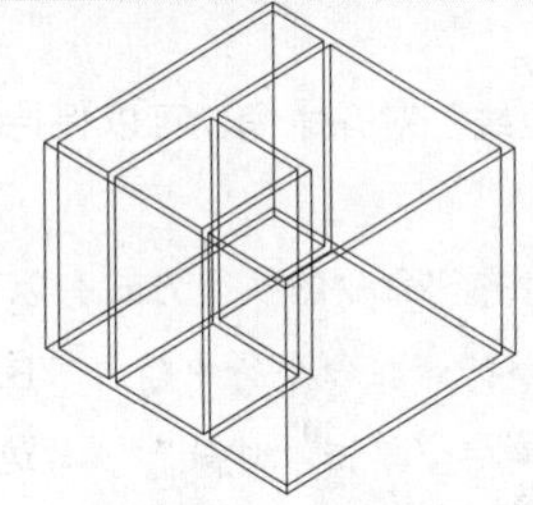

图 3-109 打开素材

3.14.6 改外墙高

调用"改外墙高"命令，可以修改图中已定义的外墙高度与底标高，且自动忽略内墙。图 3-110 所示为改外墙高的结果。

"改外墙高"命令的执行方式有以下几种：

➢ 命令行：在命令行中输入"GWQG"命令，按 Enter 键。

➢ 菜单栏：单击"建筑"→"改外墙高"命令。

下面以如图 3-110 所示的图形为例，介绍调用"改外墙高"命令的方法。

01 按 Ctrl+O 组合键，打开配套资源提供的"第 3 章\3.14.6 改外墙高.dwg"素材文件，结果如图 3-111 所示。

02 在命令行中输入 GWQG 命令，按 Enter 键，命令行提示如下：

```
命令:GWQG↙
请选择外墙:指定对角点:找到 9 个                          //如图 3-112 所示。
新的高度<3000>:5000                                      //定义新的标高;
新的标高<0>:
是否保持墙上门窗到墙基的距离不变?[是(Y)/否(N)]<N>:      //按 Enter 键选择默认设置，改外墙高的结果如图 3-110 所示。
```

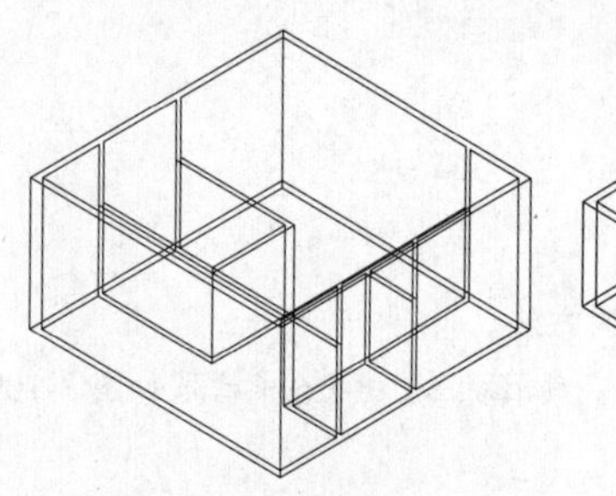

图 3-110　改外墙高

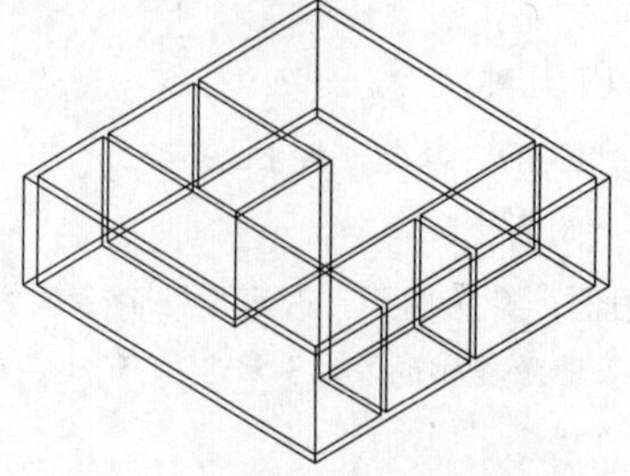

图 3-111　打开素材文件

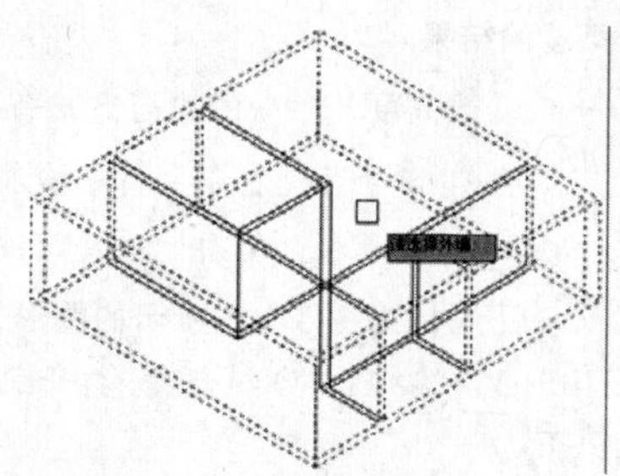

图 3-112　选定外墙

> **提示**
>
> 在执行本命令前，需要进行内外墙的识别。

3.14.7 边线对齐

“调用边线”对齐命令，可以保持墙基线不变，将墙线偏移到指定点。图 3-113 所示为执行该命令的操作结果。

“边线对齐”命令的执行方式有以下几种：

- 命令行：在命令行中输入“BXDQ”命令，按 Enter 键。
- 菜单栏：单击“建筑”→“边线对齐”命令。

下面以如图 3-113 所示的图形为例，介绍调用“边线对齐”命令的方法。

01 按 Ctrl+O 组合键，打开配套资源提供的“第 3 章\3.14.7 边线对齐.dwg”素材文件，结果如图 3-114 所示。

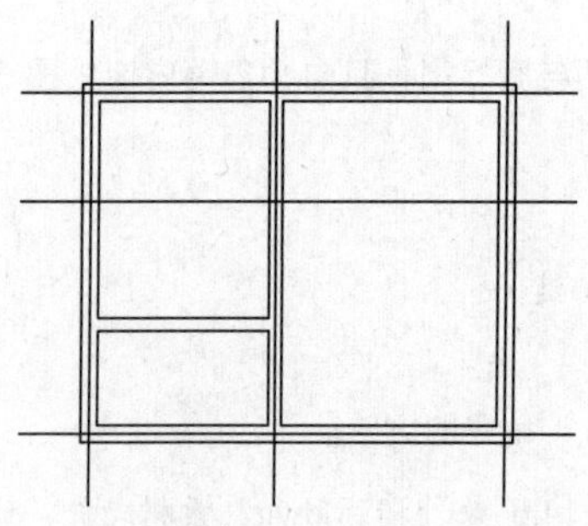

图 3-113　边线对齐

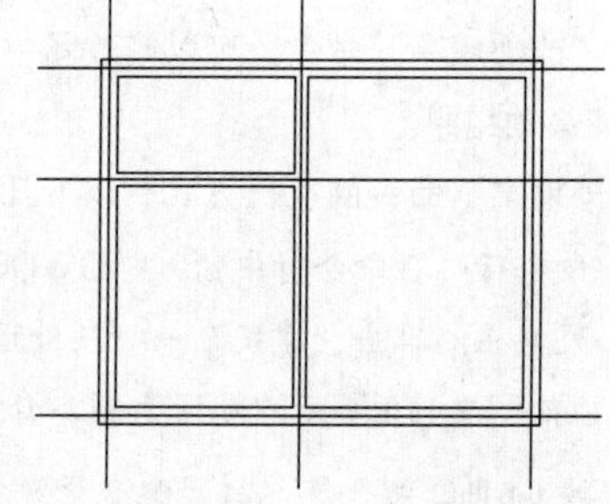

图 3-114　打开素材文件

02 在命令行中输入“BXDQ”命令，按 Enter 键，命令行提示如下：

命令:BXDQ↙

请选取墙边应通过的点或[参考点(R)]<退出>:2500　　　//光标置于待偏移墙体的下方，定义距离参数，如图 3-115 所示。

请选取一段墙<退出>:　　　//选择墙体，如图 3-116 所示。

03 弹出如图 3-117 所示【请您确认】对话框，单击“是”按钮。完成“边线对齐”命令的操作结果如图 3-113 所示。

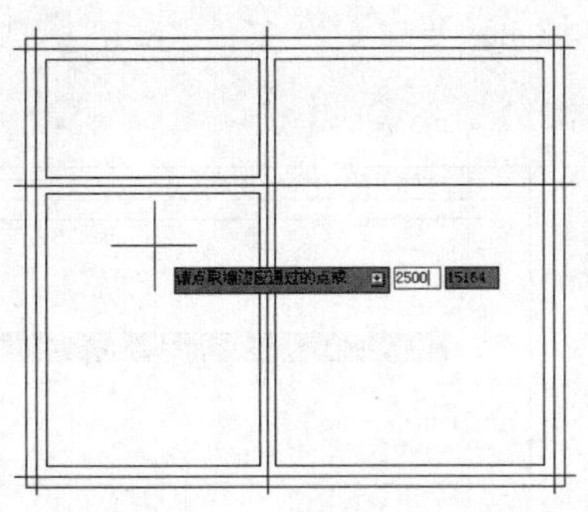

图 3-115 定义距离参数

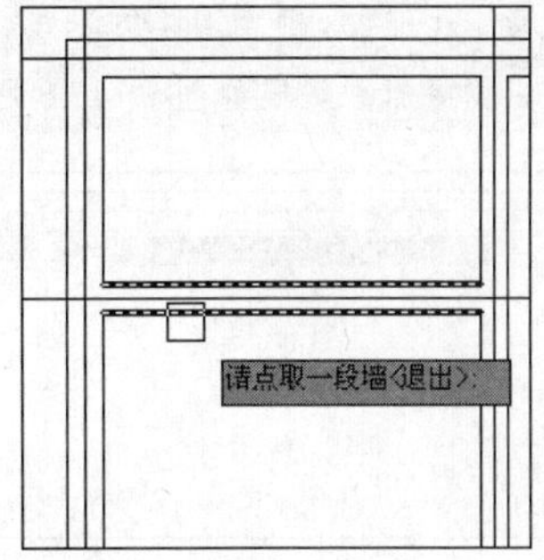

图 3-116 选取一段墙

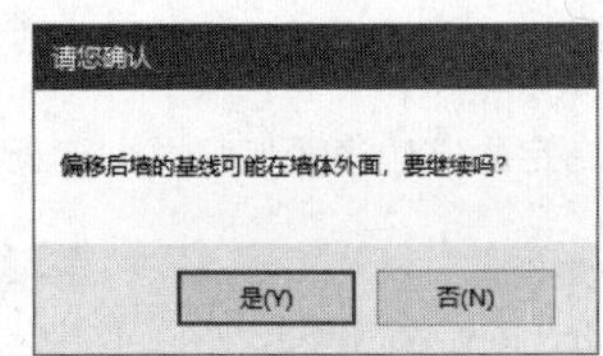

图 3-117 【请您确认】对话框

3.14.8 基线对齐

调用“基线对齐”命令，可以保持墙边线不变，将墙基线偏移过给定的点。图 3-118 所示为执行该命令的操作结果。

“基线对齐”命令的执行方式有以下几种：

- 命令行：在命令行中输入“JXDQ”命令，按 Enter 键。
- 菜单栏：单击“建筑”→“基线对齐”命令。

下面以如图 3-118 所示的图形为例，介绍调用“基线对齐”命令的方法。

01 按 Ctrl+O 组合键，打开配套资源提供的“第 3 章\3.14.8 基线对齐.dwg”素材文件，结果如图 3-119 所示。

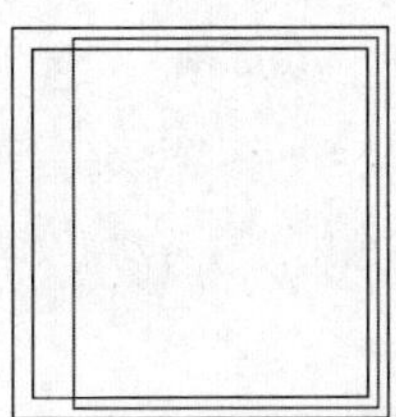

图 3-118 基线对齐

图 3-119 打开素材文件

02 在命令行中输入“JXDQ”命令，按 Enter 键，命令行提示如下：

```
命令:JXDQ↙
T96_TADJWALLBASE<墙基线开>
请选取墙基线的新端点或新连接点或[参考点(R)]<退出>:                //如图 3-120 所示。
```

请选择墙体（注意:相连墙体的基线会自动联动!）<退出>:找到 1 个　　//如图 3-121 所示，按 Enter 键完成操作，结果如图 3-118 所示。

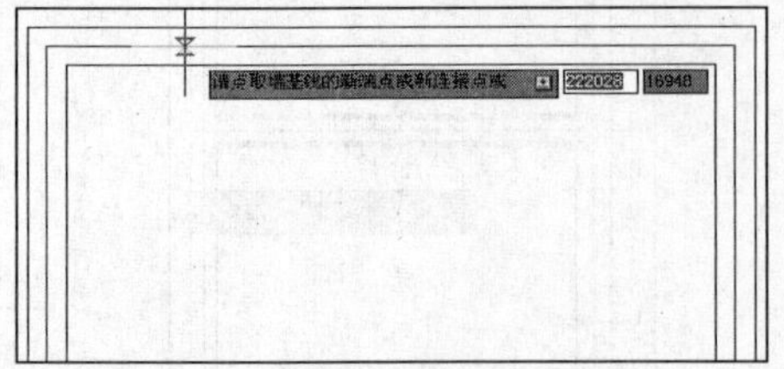

图 3-120　选取端点

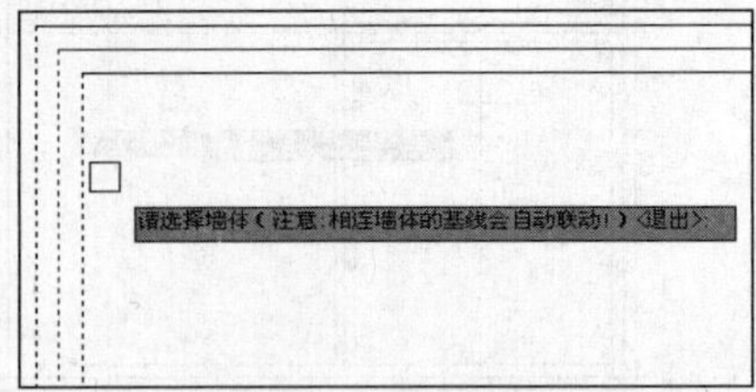

图 3-121　选择墙体

3.14.9 净距偏移

调用“净距偏移”命令，可以按指定的墙边净距偏移并创建新墙。如图 3-122 所示为该命令的操作结果。

“净距偏移”命令的执行方式有以下几种：

- 命令行：在命令行中输入“JJPY”命令，按 Enter 键。
- 菜单栏：单击“建筑”→“净距偏移”命令。

下面以如图 3-122 所示的图形为例，介绍调用“净距偏移”命令的方法。

01 按 Ctrl+O 组合键，打开配套资源提供的“第 3 章\3.14.9 净距偏移.dwg”素材文件，结果如图 3-123 所示。

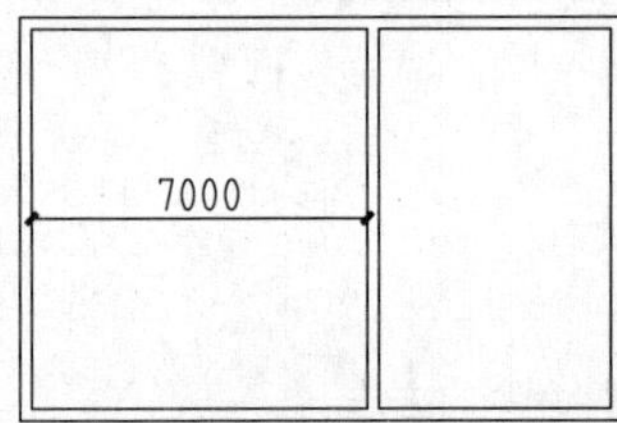

图 3-122　净距偏移

图 3-123　打开素材文件

02 在命令行中输入“JJPY”命令，按 Enter 键，命令行提示如下：

命令:JJPY↙

输入偏移距离<4000>:7000

请选取墙体一侧<退出>:　//选取内墙线，如图 3-124 所示。净距偏移的结果如图 3-122 所示。

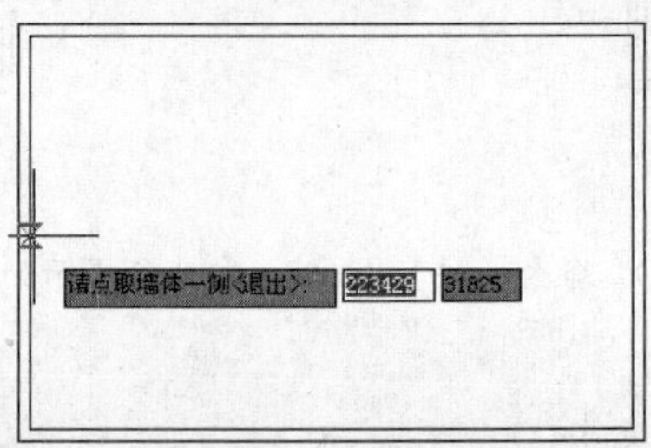

图 3-124　选取内墙线

3.15 删门窗名

调用“删门窗名”命令，可以把建筑条件图中的门窗标注删除。图 3-125 所示为执行该命令的操作结果。

“删门窗名”命令的执行方式有以下几种：

- ➢ 命令行：在命令行中输入“SMCM”命令，按 Enter 键。
- ➢ 菜单栏：单击“建筑”→“删门窗名”命令。

下面以如图 3-125 所示的图形为例，介绍调用“删门窗名”命令的方法。

01 按 Ctrl+O 组合键，打开配套资源提供的“第 3 章\ 3.15 删门窗名.dwg”素材文件，结果如图 3-126 所示。

02 在命令行中输入“SMCM”命令，按 Enter 键，命令行提示如下：

命令:SMCM↙

请选择需要删除属性字的图块:<退出>指定对角点:找到 9 个　　　　//框选门窗，按 Enter 键完成操作，结果如图 3-125 所示。

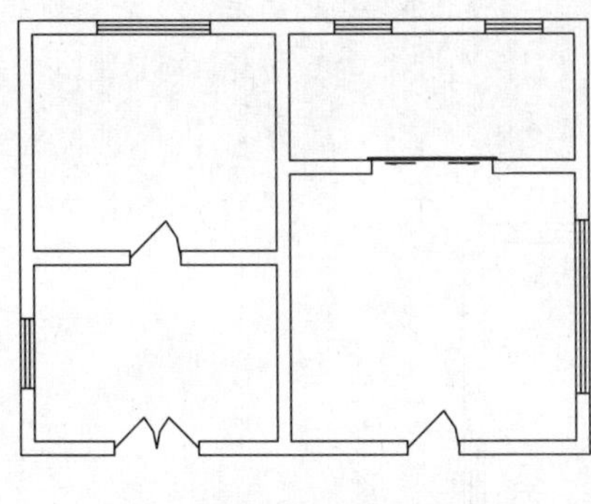

图 3-125　删门窗名

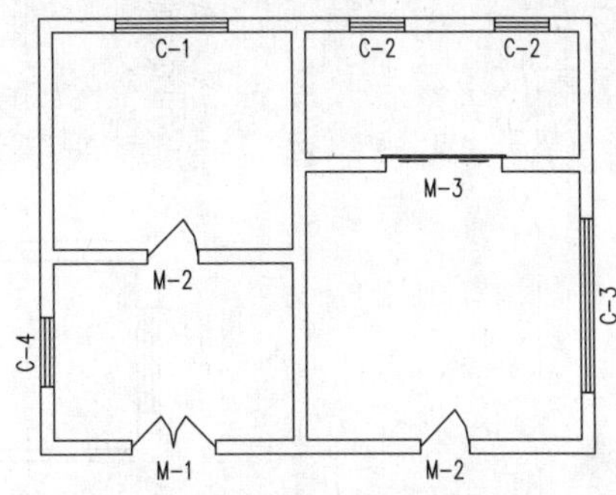

图 3-126　打开素材文件

3.16 转条件图

调用“转条件图”命令，可以对当前开启的建筑图根据需要进行暖通条件图的转换，在此基础上可以进行暖通平面图的绘制。图 3-127 所示为执行该命令的操作结果。

“转条件图”命令的执行方式有以下几种：

- ➢ 命令行：在命令行中输入“ZTJT”命令，按 Enter 键。
- ➢ 菜单栏：单击“建筑”→“转条件图”命令。

下面以如图 3-127 所示的图形为例，介绍调用“转条件图”命令的方法。

01 按 Ctrl+O 组合键，打开配套资源提供的“第 3 章\3.16 转条件图.dwg”素材文件，结果如图 3-128 所示。

02 在命令行中输入“ZTJT”命令，按 Enter 键，弹出【转条件图】对话框，定义参数如图 3-129 所示。

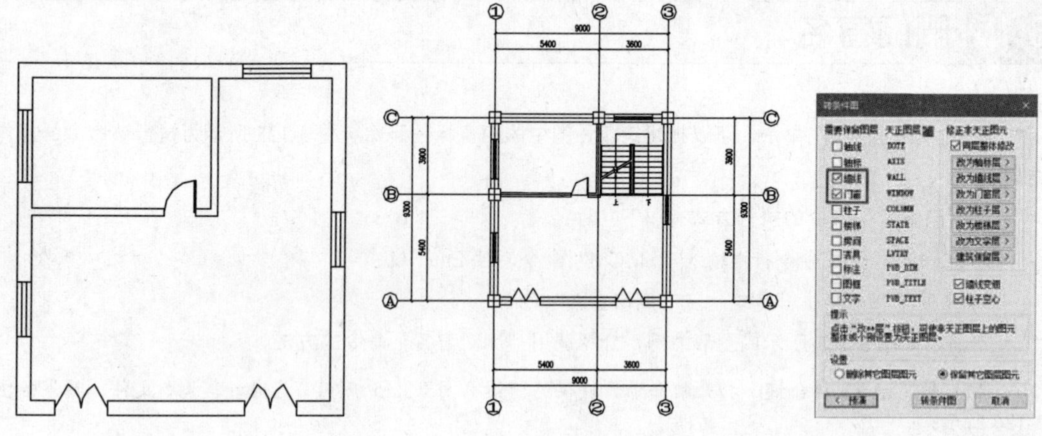

图 3-127 转条件图　　图 3-128 打开素材文件　　图 3-129 【转条件图】对话框

03 在对话框中单击“预演”按钮，命令行提示如下：

命令:ZTJT↙

请选择建筑图范围<整张图>指定对角点：找到 38 个　　//框选待转换的建筑图；

按右键或 Enter 键返回对话框。　　//预演转换的结果如图 3-130 所示。

请选择建筑图范围<整张图>指定对角点:找到 38 个　　//按 Enter 键返回对话框，单击“转条件图”按钮；框选建筑图，按 Enter 键即可完成转换，结果如图 3-127 所示。

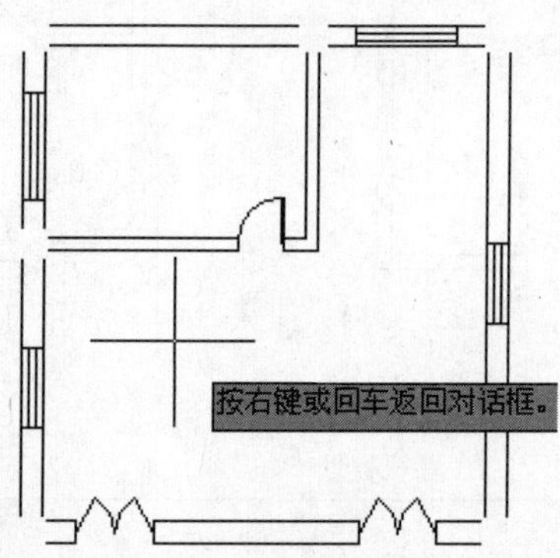

图 3-130 预演转换的结果

第 4 章
采暖

● 本章导读

本章介绍绘制采暖设备各类命令以及进行材料统计命令的操作方法。

● 本章重点

◈ 散热器采暖
◈ 材料统计
◈ 地沟绘制

T20-Hvac V6.0

4.1 散热器采暖

本节介绍散热器命令的操作方法，包括绘制散热器命令、编辑散热器与立管命令以及绘制采暖设备和阀件的命令。

4.1.1 采暖管线

调用“采暖管线”命令，可以绘制多种类型的平面管线。

“采暖管线”命令的执行方式有以下几种：

- 命令行：在命令行中输入“CNGX”命令，按 Enter 键。
- 菜单栏：单击“采暖”→“采暖管线”命令。

下面介绍“采暖管线”命令的调用方法。

在命令行中输入“CNGX”命令，按 Enter 键，弹出如图 4-1 所示的【采暖管线】对话框。

【采暖管线】对话框中各功能选项的含义如下：

“管线设置”按钮：单击该按钮，弹出【管线设置】对话框，在其中可以对管线的各属性值进行编辑修改。

“管线类型”选项组：系统提供了 6 种类型的管线样式，单击相应的按钮，即可根据命令行的提示绘制相应类型的管线。

“一次供水管”选项：单击该按钮，向下弹出管线列表，如图 4-2 所示。选择选项，创建指定类型的管线。

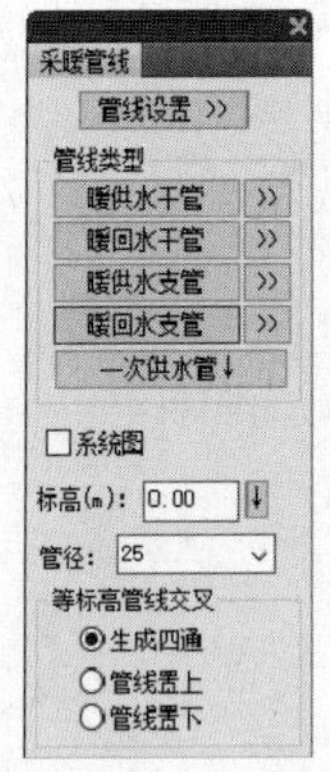

图 4-1 【采暖管线】对话框

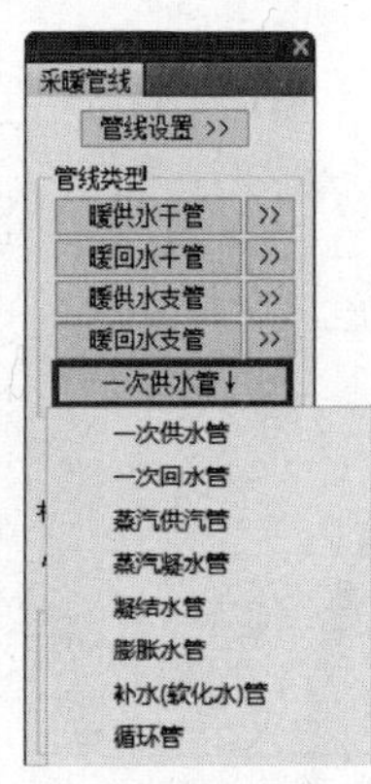

图 4-2 管线列表

“系统图”复选框：勾选该选项，所绘制的管线均显示为单线管，没有三维效果。

“标高”选项：在文本框中定义管线的标高。单击右侧的按钮↓，向下弹出列表，可选择读取标高的方式，如图 4-3 所示。

“管径”选项：可以在文本框中定义管径，也可以在下拉列表中选择系统提供的管径参数，如图 4-4 所示。使用默认管径绘制管线，调用“标注管径”或“修改管径”命令可以对管径进行修改或重新赋值。

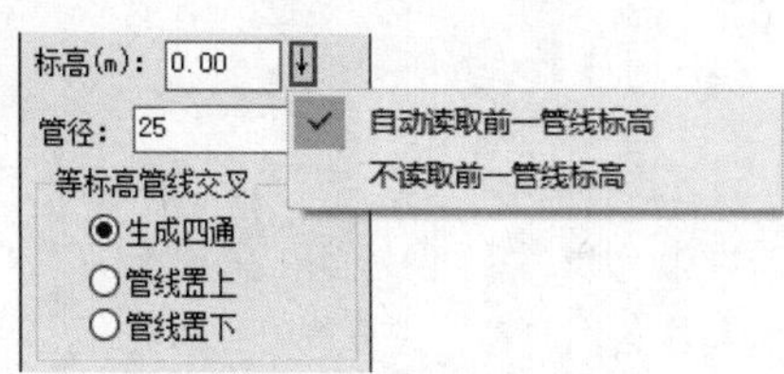

图 4-3 选择读取标高的方式

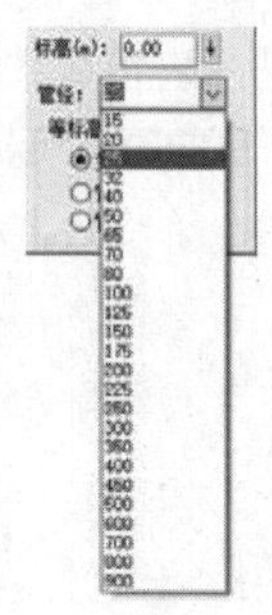

图 4-4 “管径”列表

“等标高管线交叉”选项组。

“生成四通”选项：单击该按钮，绘制管线的效果如图 4-5 所示。

图 4-5 生成四通

“管线置上”选项：单击该按钮，先绘制水平管线，再绘制垂直管线，后绘制的管线被置于先绘制的管线之上，如图 4-6 所示。

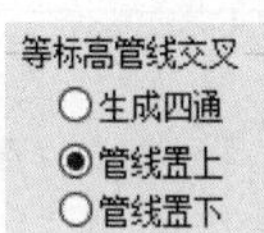

图 4-6 管线置上

“管线置下”选项：单击该按钮，先绘制水平管线，再绘制垂直管线，先绘制的管线被置于后绘制的管线之上，如图 4-7 所示。

图 4-7 管线置下

在管线标高不相同的情况下，不管是选择“管线置上”还是“管线置下”的管线交叉，标高较高的管线可自动遮挡标高较低的管线。

调用“采暖管线”命令后，命令行提示如下：

命令：CNGX↙

请选取起点[参考点(R)/距线(T)/两线(G)/墙角(C)]<退出>：

请选取终点[参考点(R)/沿线(T)/两线(G)/墙角(C)/轴锁度数[0(A)/30(S)/45(D)]/回退(U)]<结束>：　　//分别选取管线的起点和终点，即可完成采暖管线的绘制。

命令行中各选项的含义如下：

- 参考点(R)：输入 R，在图中选取任意参考点为定位点。
- 沿线(T)：输入 T，通过选取参考线来定距布置管线。
- 两线(G)：输入 G，通过选取两条参考线来定距布置管线。
- 墙角(C)：输入 C，通过选取墙角，并利用两段墙线来定距布置管线。
- 轴锁度数[0(A)：输入 A，进入轴锁 0° 。在正交关闭的情况下，可以在任意角度绘制管线。
- 轴锁度数 30(S)：输入 S，在轴锁 30° 的方向上绘制管线。
- 轴锁度数 45(D)：输入 D，在轴锁 45° 的方向上绘制管线。
- 回退(U)：输入 U，退回上一步骤的操作。重新绘制出错的管线，却不必退出命令。

在绘制管线时，拖动光标，可以实时显示管线的长度，如图 4-8 所示。

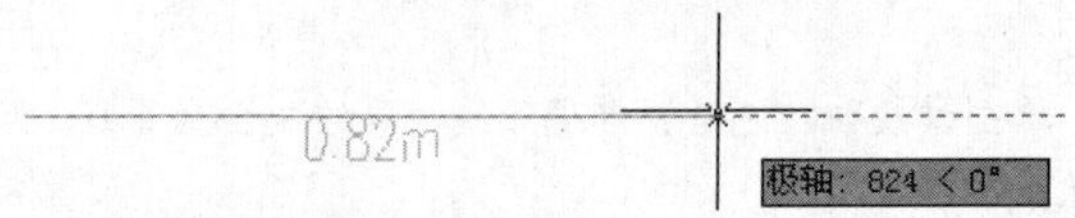

图 4-8　实时显示管线的长度

4.1.2 采暖双线

调用“采暖双线”命令，可以同时绘制采暖供水管和回水管。

“采暖双线”命令的执行方式有以下几种：

- 命令行：在命令行中输入“CNSX”命令，按 Enter 键。
- 菜单栏：单击“采暖”→“采暖双线”命令。

下面介绍采暖双线命令的操作方法。

01 在命令行中输入“CNSX”命令，按 Enter 键，弹出如图 4-9 所示的【采暖双线】对话框。在“间距”文本框中可定义两根管线之间的间距。

02 命令行提示如下：

命令：CNSX↙

请选取管线的起始点[参考点(R)/距线(T)/两线(G)/墙角(C)]<退出>：

请输入终点[参考点(R)/距线(T)/两线(G)/墙角(C)/轴锁度数[0(A)/30(S)/45(D)]/回退(U)]<退出>：

请输入终点[参考点(R)/距线(T)/两线(G)/墙角(C)/轴锁度数[0(A)/30(S)/45(D)]/回退(U)]<退出>：　　//在图中分别选取管线的起点和终点，绘制采暖双线的结果如图 4-10 所示。

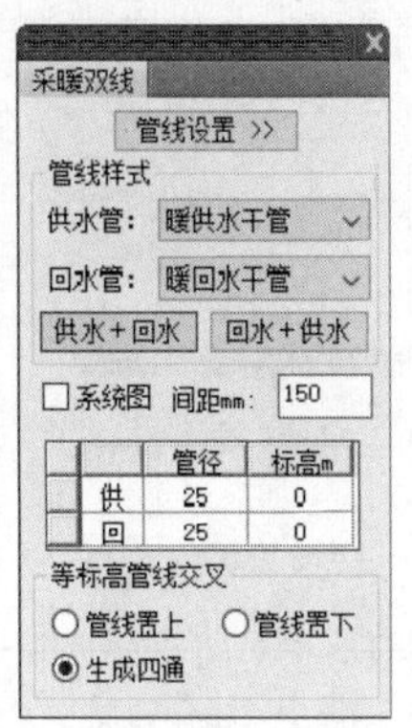

图 4-9 【采暖双线】对话框

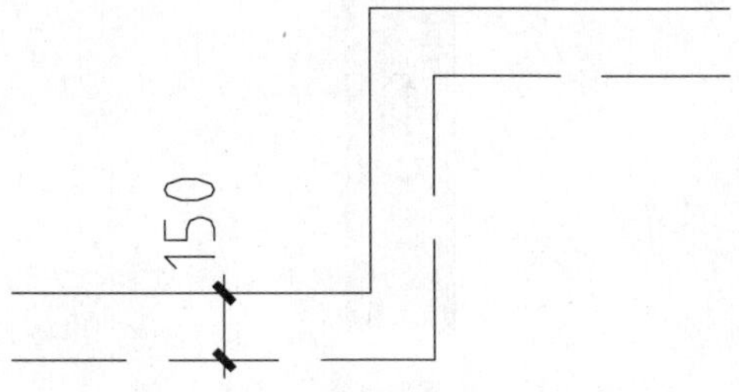

图 4-10 采暖双线

4.1.3 散热器

调用“散热器”命令，可以布置平面散热器，布置方式分为：任意、沿墙、沿窗。图 4-11 所示为执行该命令的操作结果。

“散热器”命令的执行方式有以下几种：

➢ 命令行：在命令行中输入“SRQ”命令，按 Enter 键。

➢ 菜单栏：单击“采暖”→“散热器”命令。

下面以如图 4-11 所示的图形为例，介绍调用“散热器”命令的方法。

01 按 Ctrl+O 组合键，打开配套资源提供的“第 4 章\ 4.1.3 散热器.dwg”素材文件，结果如图 4-12 所示。

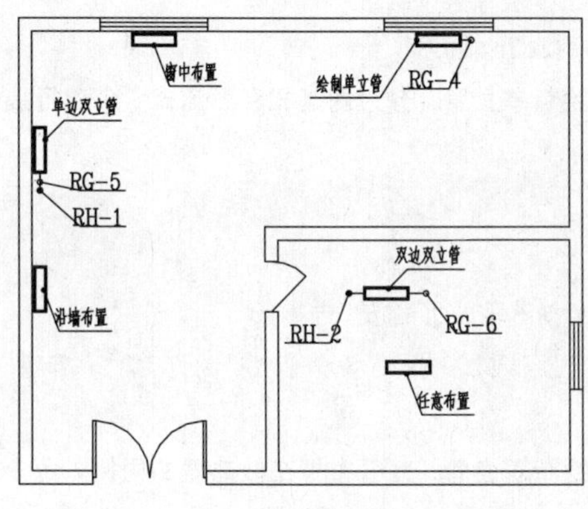

图 4-11 散热器

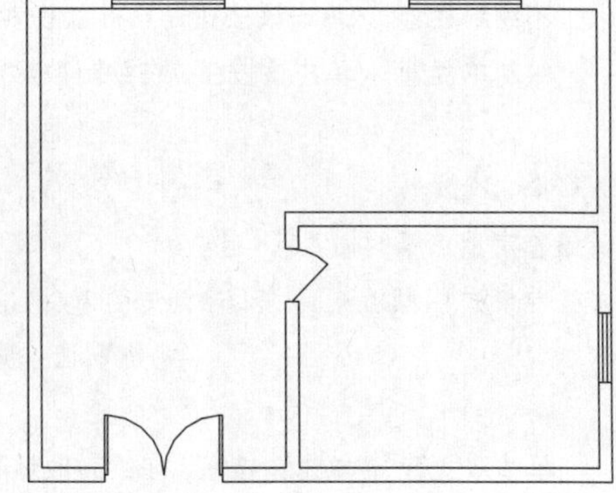

图 4-12 打开素材文件

02 在命令行中输入“SRQ”命令，按 Enter 键，弹出如图 4-13 所示的【布置散热器】对话框，在其中可定义散热器的各项参数。

03 命令行提示如下：

```
命令:SRQ↙
请拾取靠近散热器的墙线<退出>                //选取墙线，如图 4-14 所示；绘制散热器的结果如图 4-11 所示。
```

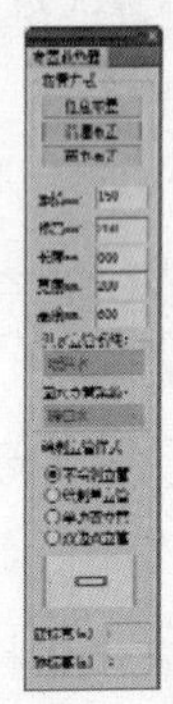

图 4-13 【布置散热器】对话框

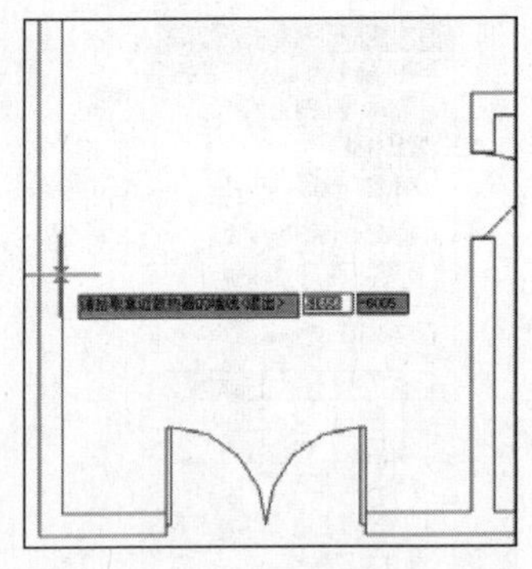

图 4-14 选取墙线

【布置散热器】对话框中各选项的含义如下：

"布置方式"选项组：

"任意布置"：单击该按钮，散热器可随意布置在任何位置。在中间的参数栏中定义布置散热器的参数。

"沿墙布置"：单击该按钮，选取参考墙线，沿墙布置散热器。

"窗中布置"：单击该按钮，选取参考窗户，沿窗中布置散热器。命令行提示如下：

```
命令:SRQ↙
请拾取窗<退出>:找到 1 个
选取窗户内侧任一点<退出>:
```

"供水立管系统""回水立管系统"：在"绘制立管样式"选项组中选择创建立管的方式，激活选项，显示立管的类型。

"绘制立管样式"选项组。

"不绘制立管"：单击该按钮，只布置散热器，不绘制立管。

"绘制单立管"：单击该按钮，在绘制散热器的同时绘制单立管，分为跨越式和顺流式。命令行提示如下：

```
命令:SRQ↙
请指定散热器的插入点<退出>:
当前模式:[顺流式],按[S]键更改为[跨越式],或直接选取立管位置<退出>:
                              //系统默认的布置方式为顺流式，输入 S，可切换为跨越式的布置方法。
```

"单边双立管"：单击该按钮，在绘制散热器的同时绘制双立管，立管布置在散热器的同侧。命令行提示如下：

```
命令:SRQ↙
请指定散热器的插入点<退出>:
交换供回管位置[是(S)]<退出>:
```

"双边双立管"：单击该按钮，在绘制散热器的同时绘制双立管，立管布置在散热器的两侧。命令行提示如下：

```
命令:SRQ↙
请指定散热器的插入点<退出>:
```

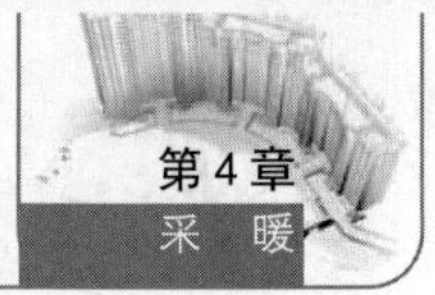

请选取供水立管位置<退出>:

请选取回水立管位置<788>:

"底标高""顶标高"：设置散热器立管的标高。

在选定不同的立管布置样式后，在下方的预览框中可以显示该样式的绘制结果。

调用各种方式绘制散热器及立管的结果如图 4-11 所示。

4.1.4 采暖立管

调用"采暖立管"命令，可以绘制平面立管。图 4-15 所示为执行"采暖立管"命令的操作方法。

"采暖立管"命令的执行方式有以下几种：

- 命令行：在命令行中输入"CNLG"命令，按 Enter 键。
- 菜单栏：单击"采暖"→"采暖立管"命令。

下面以如图 4-15 所示的图形为例，介绍调用"采暖立管"命令的方法。

01 按 Ctrl+O 组合键，打开配套资源提供的"第 4 章\ 4.1.4 采暖立管.dwg"素材文件，结果如图 4-16 所示。

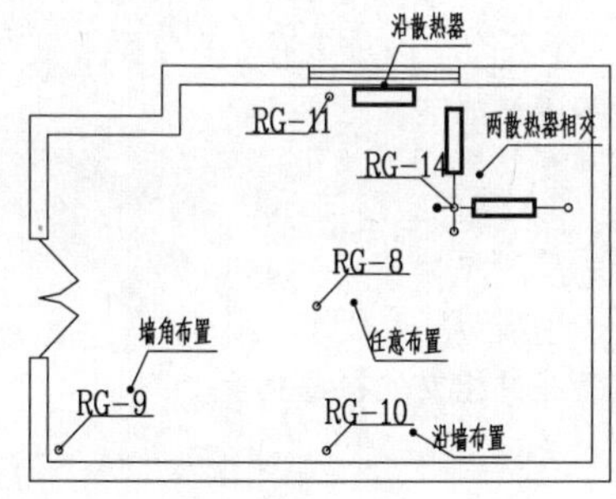

图 4-15　采暖立管

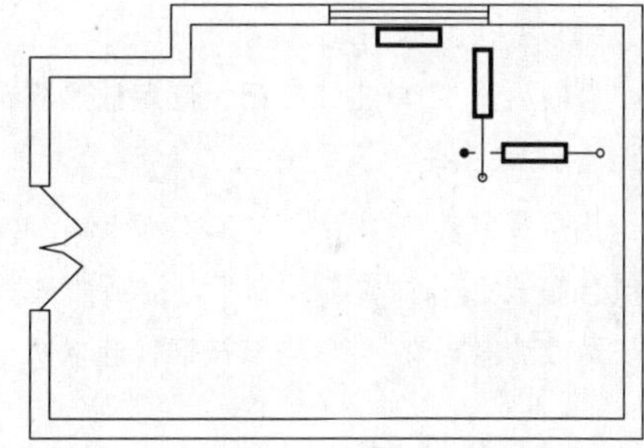

图 4-16　打开素材文件

02 在命令行中输入"CNLG"命令，按 Enter 键，弹出【采暖立管】对话框，设置参数如图 4-17 所示。

03 命令行提示如下：

命令:CNLG↙

请选择散热器<退出>:指定对角点:找到 2 个　　　　　　//选定散热器，拖动鼠标指定立管的标注位置，如图 4-18 所示.结果完成立管的绘制如图 4-15 所示。

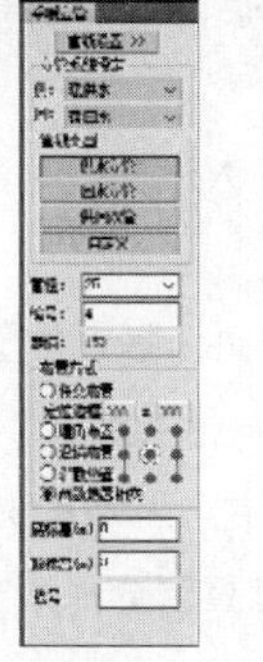

图 4-17　【采暖立管】对话框

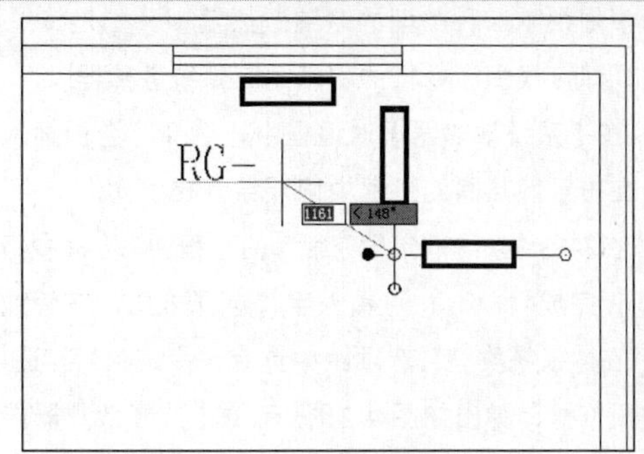

图 4-18　指定立管的标注位置

【采暖立管】对话框中各功能选项的含义如下：

“立管系统设定”选项组：设置供水管与回水管的名称。

“管线类型”选项组：包含系统提供的管线类型。单击其中的按钮，可绘制指定类型的采暖立管。

“管径”“编号”：在各选项中分别设置管径参数和立管编号。

“距墙”：选定“墙角布置”“沿墙布置”方式时被激活，在文本框中定义立管的距墙参数。

“布置方式”选项组：

“任意布置”：单击该按钮，激活“定位边框”选项，这是边框值，在边框范围内的中心布置采暖立管。命令行提示如下：

```
命令:CNLG↙
请指定立管的插入点[参考点(R)/距线(T)/两线(G)/墙角(C)]<退出>:
```

“墙角布置”：单击该按钮，选取墙角，指定距离布置立管。命令行提示如下：

```
命令:CNLG↙
请拾取靠近立管的墙线<退出>:
```

“沿墙布置”：单击该按钮，指定墙线布置立管。命令行提示如下：

```
命令:CNLG↙
请拾取靠近立管的墙线<退出>:
```

“沿散热器”：单击该按钮，选定散热器布置立管。命令行提示如下：

```
命令:CNLG↙
请选取散热器<退出>:
连接模式:[不画支管];按[D]键画散热器支管<退出>:
```

“两散热器相交”：单击该按钮，选取两个散热器，在其管线的相交处布置立管。

4.1.5 系统散热器

调用“系统散热器”命令，可以插入系统散热器，并连接管线。

“系统散热器”命令的执行方式有以下几种：

- 命令行：在命令行中输入“XTSRQ”命令，按 Enter 键。
- 菜单栏：单击“采暖”→“系统散热器”命令。

下面介绍“系统散热器”命令的调用方法：

在命令行中输入 XTSRQ 命令，按 Enter 键，弹出如图 4-19 所示的【系统散热器】对话框。在该对话框中提供了四种类型的系统散热器，分别是传统单管、传统双管、分户单管、分户双管。选择其中的类型，即可根据命令行的提示绘制系统散热器。

在【系统散热器】对话框中，选择“自由插入”选项，可以自由插入散热器。选择“有排气阀”选项，在布置散热器的过程中同步绘制排气阀。

在执行“系统散热器”命令的过程中，当命令行提示“请选取系统散热器插入位置[右(A)/左(B)/上(C)/下(D)]<完成>：”时，可输入字母选择方向，在管线的对应侧布置散热器，结果如图 4-20 所示。

在“系统类型”选项组中选定“传统单管”选项；在右侧的预览框中可显示系统散热器的绘制结果。单击预览框，弹出如图 4-21 所示的【选择散热器接管形式】对话框，可重新选择散热器的接管方式，命令行提示如下：

命令:XTSRQ↙

请选择供水管<退出>:　　　　　　　//选取事先绘制完成的供水管线;

请选取系统散热器插入位置[右(A)/左(B)/上(C)/下(D)]<完成>:

　　　　　　　　　　　　　　　　　//在管线上选取散热器的插入点，绘制结果如图 4-22 所示。

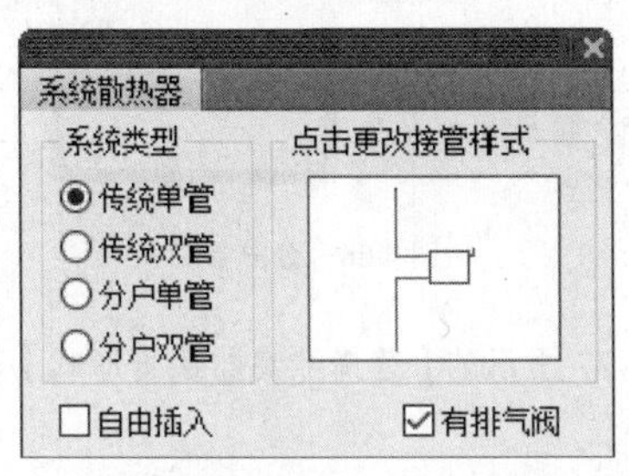

图 4-19　【系统散热器】对话框

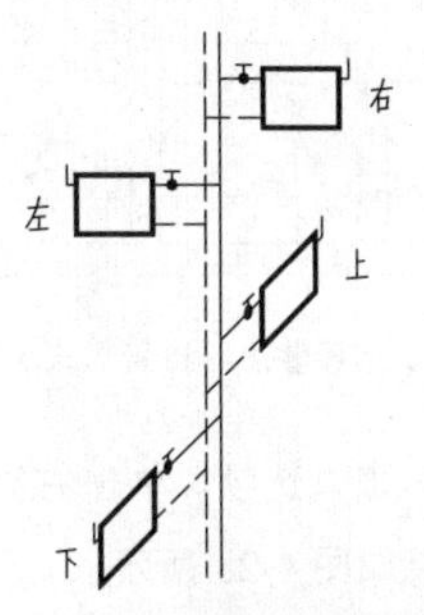

图 4-20　绘制结果

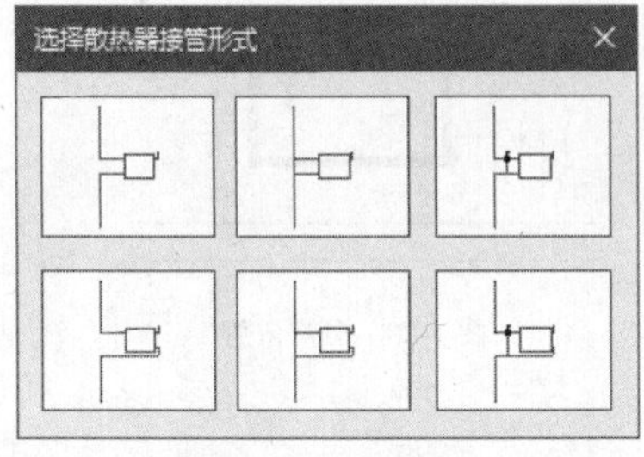

图 4-21　【选择散热器接管形式】对话框

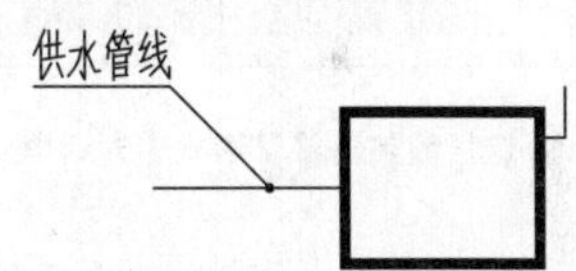

图 4-22　传统单管

选定“传统双管”选项，单击右侧的预览框，弹出如图 4-23 所示的【选择散热器接管形式】对话框。命令行提示如下：

命令:XTSRQ↙

请选择供水管和回水管<退出>:　　　　　　　//选定双管;

请选取系统散热器插入位置[右(A)/左(B)/上(C)/下(D)]<完成>:　　　　//绘制散热器的结果如图 4-24 所示。

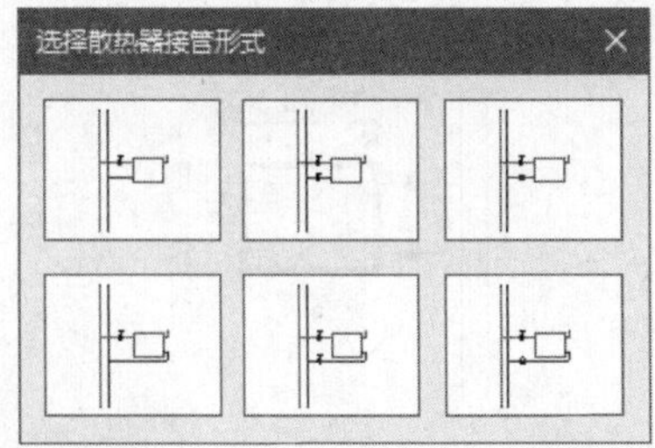

图 4-23　【选择散热器接管形式】对话框

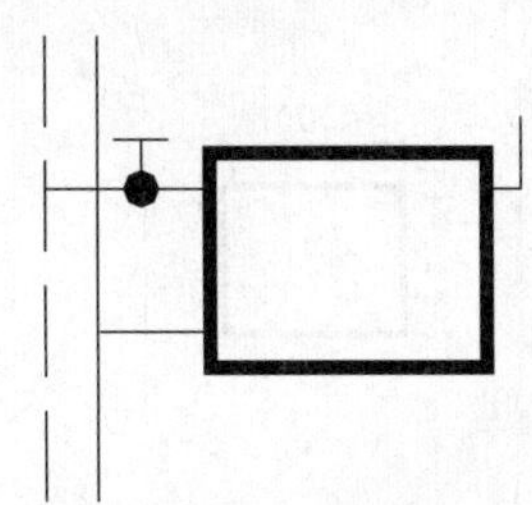

图 4-24　传统双管

选定“分户单管”选项，单击右侧的预览框，弹出如图 4-25 所示的【选择散热器接管形式】对话框。绘制散热器的结果如图 4-26 所示。

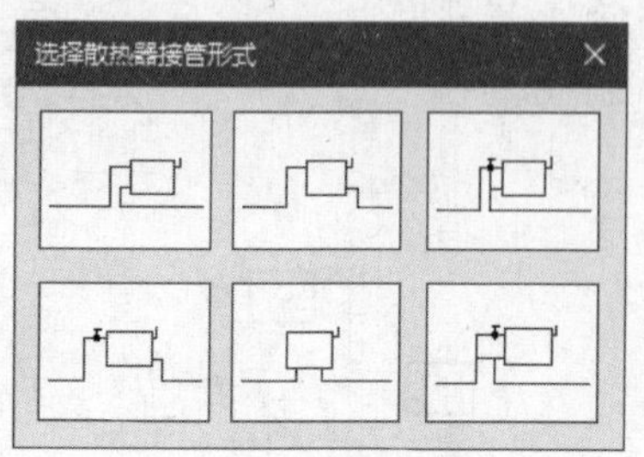

图 4-25 【选择散热器接管形式】对话框

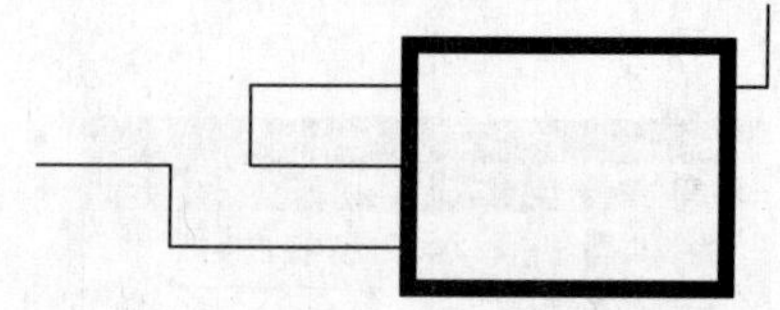

图 4-26 分户单管

选定“分户双管”选项，单击右侧的预览框，弹出如图 4-27 所示的【选择散热器接管形式】对话框。绘制散热器的结果如图 4-28 所示。

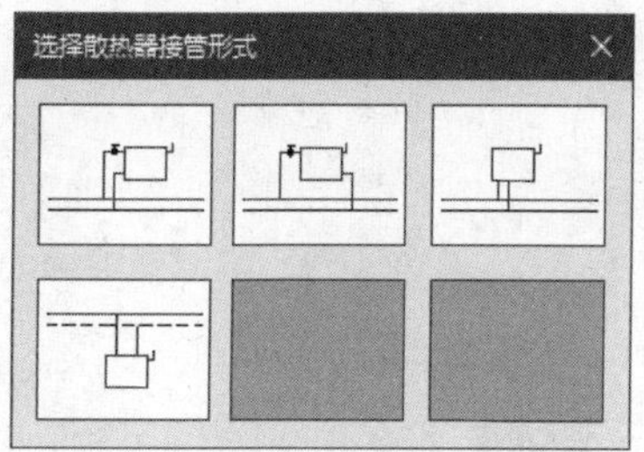

图 4-27 【选择散热器接管形式】对话框

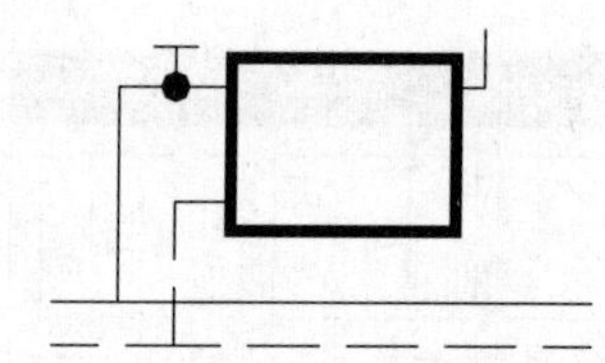

图 4-28 分户双管

4.1.6 改散热器

调用“改散热器”命令，可以修改平面或系统散热器的属性。图 4-29 所示为执行该命令的操作结果。

“改散热器”命令的执行方式有以下几种：

- 命令行：在命令行中输入“GSRQ”命令，按 Enter 键。
- 菜单栏：单击“采暖”→“改散热器”命令。

下面以如图 4-29 所示的结果为例，介绍调用“改散热器”命令的方法。

01 按 Ctrl+O 组合键，打开配套资源提供的“第 4 章\ 4.1.6 改散热器.dwg”素材文件，结果如图 4-30 所示。

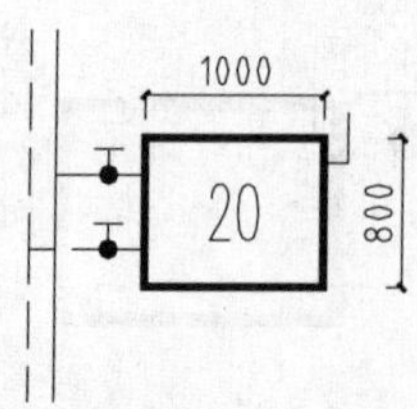

图 4-29 改散热器

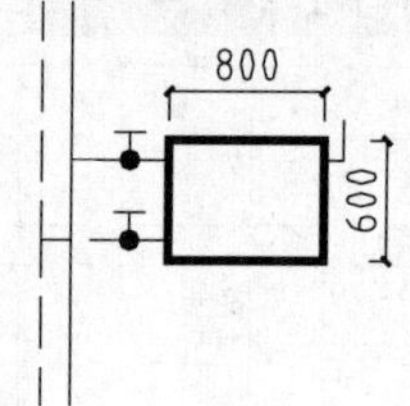

图 4-30 打开素材文件

02 在命令行中输入“GSRQ”命令，按 Enter 键，命令行提示如下：

命令:GSRQ↙

请选择要修改的散热器<退出>:找到1个　　//选定待修改的散热器，系统弹出【散热器参数修改】对话框。

03 在对话框中修改参数，如图4-31所示。

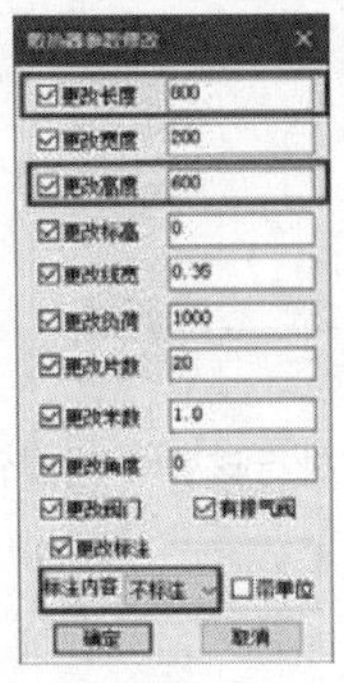
修改前

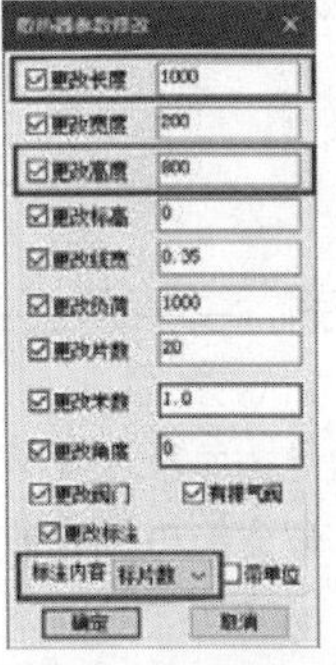
修改后

图4-31　【散热器参数修改】对话框

04 单击“确定”按钮，关闭对话框即可完成修改，结果如图4-29所示。

4.1.7 立干连接

调用“立干连接”命令，自动连接采暖立管与干管。如图4-32所示为执行该命令的操作结果。

“立干连接”命令的执行方式有以下几种：

- 命令行：在命令行中输入“LGLJ”命令，按Enter键。
- 菜单栏：单击“设置”→“立干连接”命令。

下面以如图4-32所示的图形为例，介绍调用“立干连接”命令的方法。

01 按Ctrl+O组合键，打开配套资源提供的“第4章\ 4.1.7 立干连接.dwg”素材文件，结果如图4-33所示。

02 在命令行中输入“LGLJ”命令，按Enter键，命令行提示如下：

命令:LGLJ↙

请选择要连接的干管及附近的立管<退出>:指定对角点：找到2个，总计3个

//分别选定干管及立管，按Enter键完成连接，结果如图4-32所示。

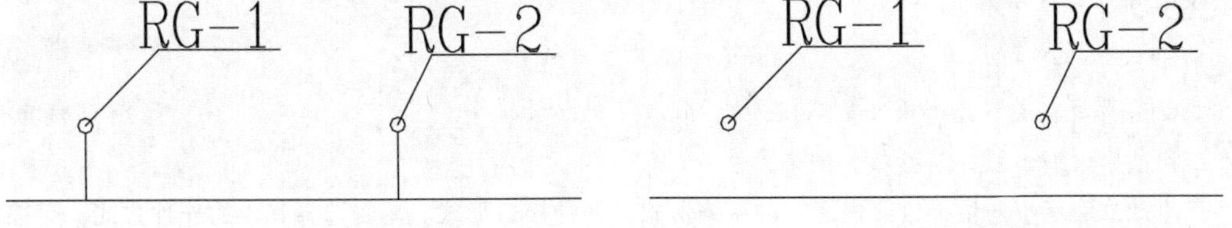

图4-32　立干连接　　　　图4-33　打开素材文件

采暖双管也可执行立干连接操作，结果如图4-34所示。

图 4-34　采暖双管的立干连接

4.1.8 散立连接

调用“散立连接”命令，自动连接散热器和立管。图 4-35 所示为执行该命令的操作结果。

“散立连接”命令的执行方式有以下几种：

- 命令行：在命令行中输入“SLLJ”命令，按 Enter 键。
- 菜单栏：单击“采暖”→“散立连接”命令。

下面以如图 4-35 所示的图形为例，介绍调用“散立连接”命令的方法。

01 按 Ctrl+O 组合键，打开配套资源提供的“第 4 章\ 4.1.8 散立连接.dwg”素材文件，结果如图 4-36 所示。

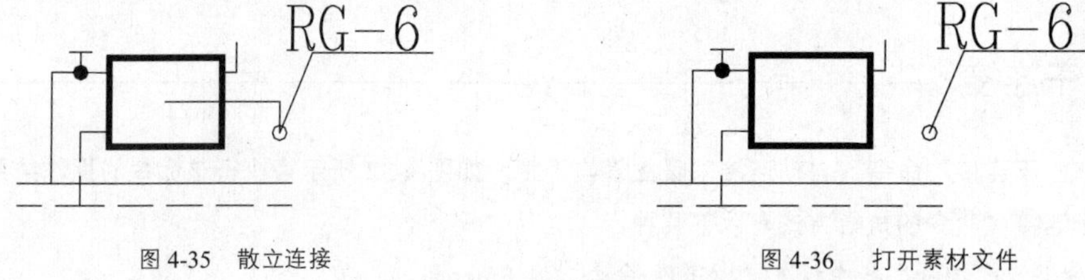

图 4-35　散立连接　　　　图 4-36　打开素材文件

02 在命令行中输入“SLLJ 命令”，按 Enter 键，弹出【散立连接】对话框，选择系统形式和接口形式，如图 4-37 所示。

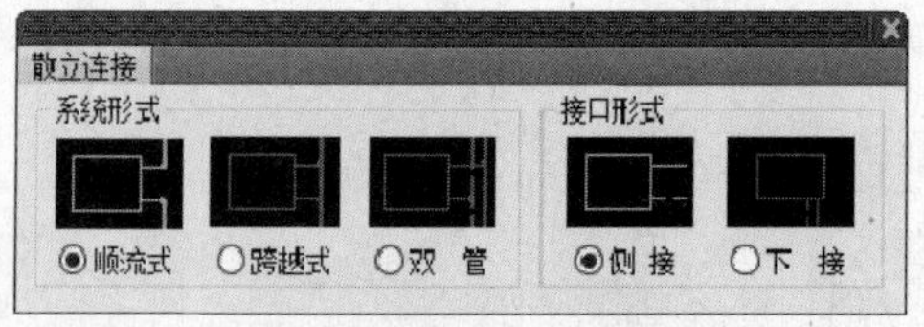

图 4-37　【散立连接】对话框

03 命令行提示如下：

```
命令:SLLJ↙
请选择要连接的散热器及立管<退出>:找到 1 个，总计 2 个　　　　//分别选定散热器及立管，按 Enter 键完成连接，结果如图 4-35 所示。
```

在【散立连接】对话框中提供了三种系统形式，两种接口形式。单击选择其中的一种方式，可按照该方式连接散热器和立管。

例如，选择“系统形式”为“跨越式”、“接口形式”为“侧接”，执行“散立连接”命令的操作结果如图 4-38 所示。在【散立连接】对话框中单击“跨越式”系统形式图标，弹出如图 4-39 所示的【单管跨

越设置】对话框。勾选“更改跨越管位置”选项，设置“跨越管与散热器距离”参数，即可创建“跨越式”连接。

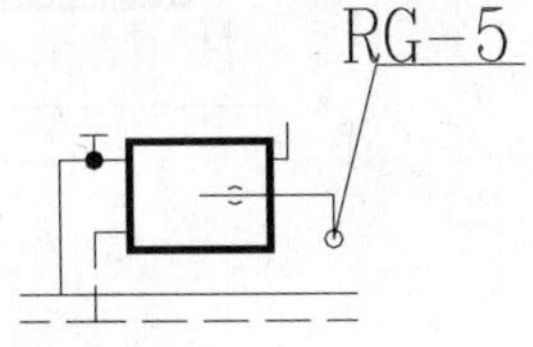

图 4-38　“跨越式”及“侧接”连接

图 4-39　【单管跨越设置】对话框

4.1.9 散干连接

调用“散干连接”命令，自动连接散热器和干管。图 4-40 所示为执行该命令的操作结果。

“散干连接”命令的执行方式有以下几种：

- 命令行：在命令行中输入“SGLJ”命令，按 Enter 键。
- 菜单栏：单击“采暖”→“散干连接”命令。

下面以如图 4-40 所示的图形为例，介绍调用“散干连接”命令的方法。

01 按 Ctrl+O 组合键，打开配套资源提供的“第 4 章\ 4.1.9 散干连接.dwg”素材文件，结果如图 4-41 所示。

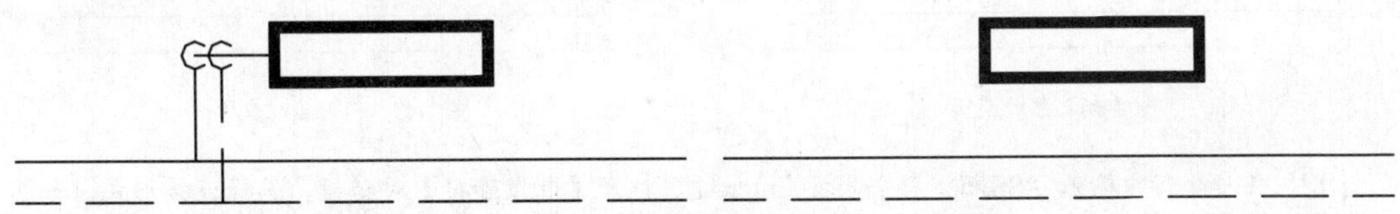

图 4-40　散干连接　　　　图 4-41　打开素材

02 在命令行中输入“SGLJ”命令，按 Enter 键，弹出【散干连接】对话框，设置参数如图 4-42 所示。

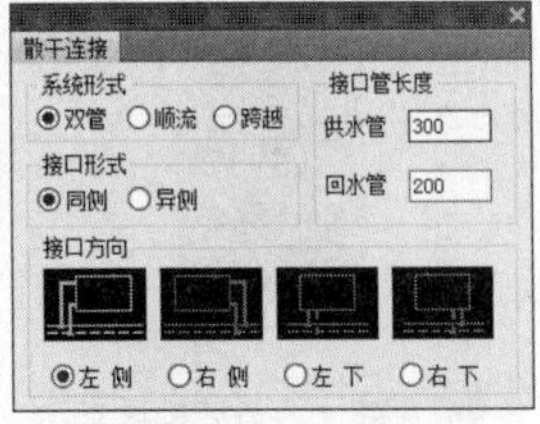

图 4-42　【散干连接】对话框

03 命令行提示如下：

```
命令:SGLJ↙
请选择要连接的散热器以及附近的干管<退出>:指定对角点:找到 3 个
                //分别选定散热器和干管，按 Enter 键即可完成操作，结果如图 4-40 所示。
```

在【散干连接】对话框中提供了四种接口方向，选定其中一种，系统即可按照该样式连接散热器和

干管，连接结果分别如图 4-43 ~ 图 4-45 所示。

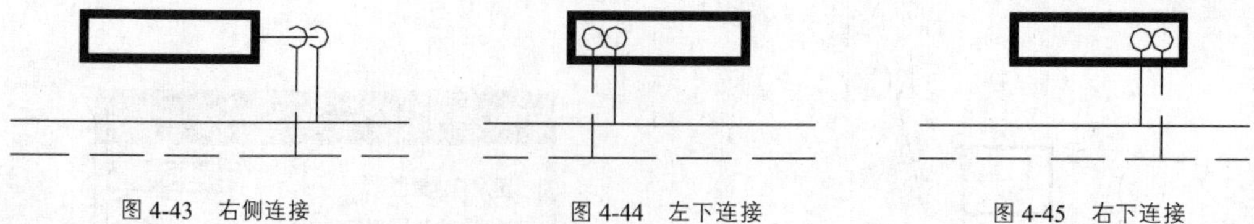

图 4-43　右侧连接　　图 4-44　左下连接　　图 4-45　右下连接

4.1.10 散散连接

调用“散散连接”命令，连接散热器与散热器。图 4-46 所示为执行该命令的操作结果。

“散散连接”命令的执行方式有以下几种：

- 命令行：在命令行中输入“SSLJ”命令，按 Enter 键。
- 菜单栏：单击“采暖”→“散散连接”命令。

下面以如图 4-46 所示的图形为例，介绍调用“散散连接”命令的方法。

01 按 Ctrl+O 组合键，打开配套资源提供的“第 4 章\ 4.1.10 散散连接.dwg”素材文件，结果如图 4-47 所示。

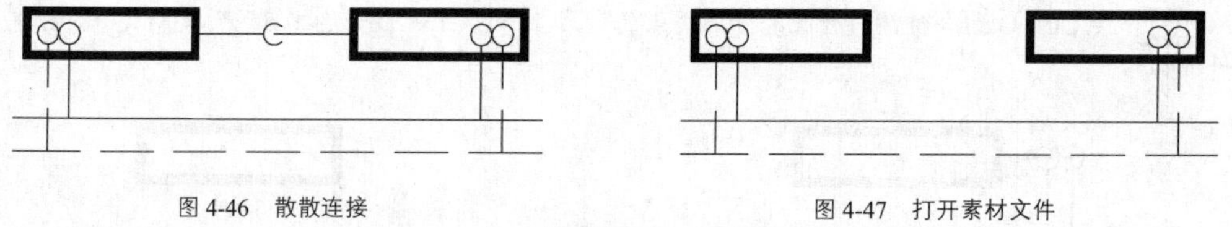

图 4-46　散散连接　　图 4-47　打开素材文件

02 在命令行中输入“SSLJ”命令，按 Enter 键，打开【散散连接】对话框，选择连接形式，如图 4-48 所示。

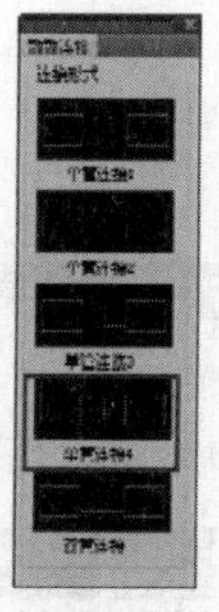

图 4-48　选择连接形式

03 命令行提示如下：

```
命令:SSLJ↙
请选择平行或者在一条直线上的散热器<退出>:指定对角点:找到 2 个    //如图 4-49 所示
                              //按 Enter 键完成操作，连接结果如图 4-46 所示。
```

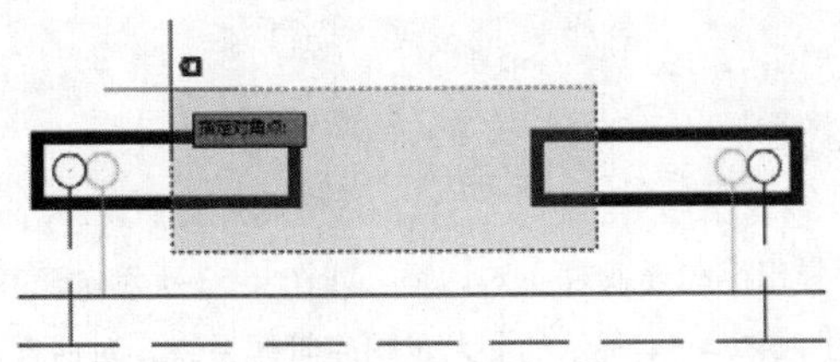

图 4-49　选择散热器

4.1.11 水管阀件

调用“水管阀件”命令，在采暖管线上布置水管阀件。图 4-50 所示为执行该命令的操作结果。

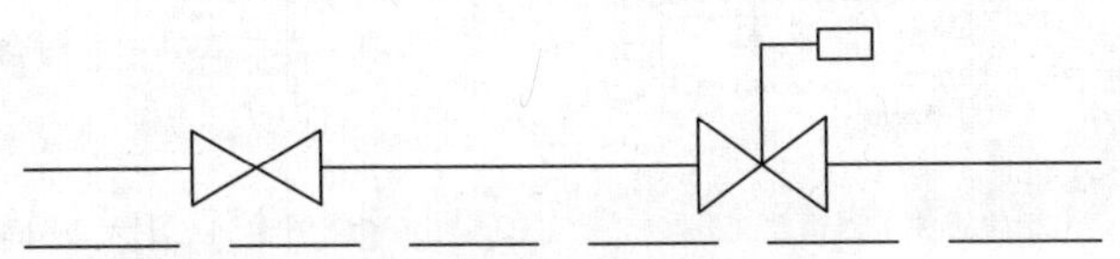

图 4-50　水管阀件

“水管阀件”命令的执行方式有以下几种：

- 命令行：在命令行中输入“SGFJ”命令，按 Enter 键。
- 菜单栏：单击“采暖”→“水管阀件”命令。

下面以如图 4-50 所示的图形为例，介绍调用“水管阀件”命令的方法。

01 按 Ctrl+O 组合键，打开配套资源提供的“第 4 章\ 4.1.11 水管阀件.dwg”素材文件，结果如图 4-51 所示。

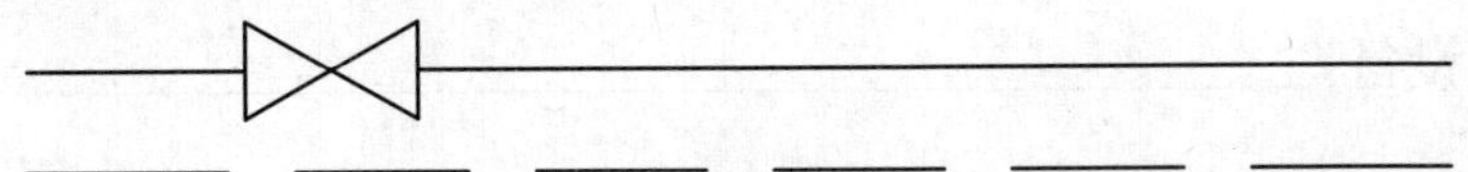

图 4-51　打开素材文件

02 在命令行中输入“SGFJ”命令，按 Enter 键，弹出【水管阀件】对话框，选择“平衡锤安全阀”图块，如图 4-52 所示。

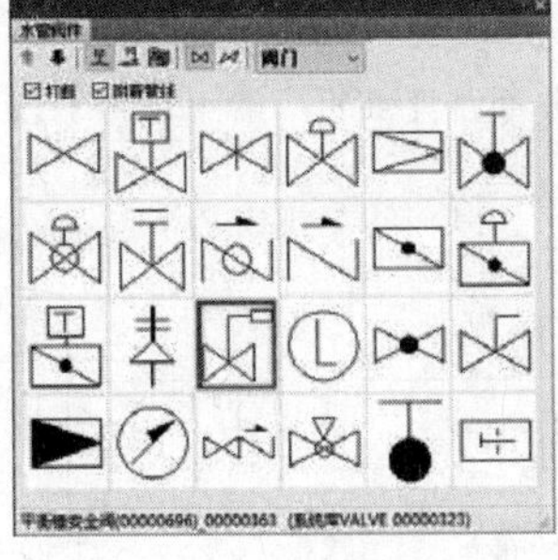

图 4-52　【水管阀件】对话框

03 命令行提示如下：

命令:SGFJ

请指定对象的插入点[放大(E)/缩小(D)/左右翻转(F)]<退出>: //在管线上指定插入点，按 Enter 键完成操作，结果如图 4-50 所示。

双击插入的阀件图块，弹出【编辑阀件】对话框，如图 4-53 所示，在其中修改阀件的参数。单击对话框左边的阀件预览框，弹出如图 4-54 所示的【天正图库管理系统】对话框，可在其中选择需要的阀件。

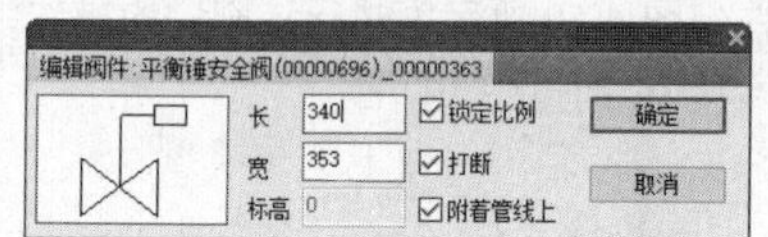

图 4-53 【编辑阀件】对话框

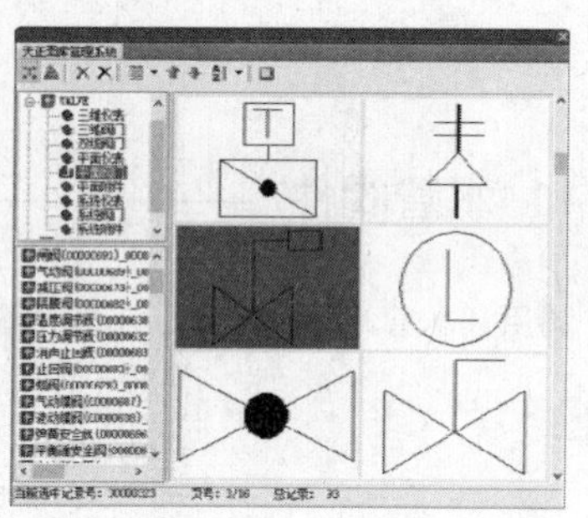

图 4-54 【天正图库管理系统】对话框

在执行命令的过程中，当命令行提示“请指定对象的插入点 [放大(E)/缩小(D)/左右翻转(F)]<退出>:”时，输入字母，对采暖阀门执行相应的操作，如输入“E”，可以放大阀门后再将其布置到管线上。

【编辑阀件】对话框中各选项的含义如下：

- “锁定比例”：勾选该项，更改“长”“宽”其中一项参数后，另一项参数可联动修改。取消勾选，则只改变其中一项参数。
- “打断”：勾选该项，在插入阀门时可以打断管线。取消勾选，则保持管线的连续性。
- “附着管线上”：勾选该选项，阀件将自动附着在管线上。取消勾选，可以设置新的阀件标高。

4.1.12 采暖设备

调用“采暖设备”命令，可在采暖管线上布置采暖设备。图 4-55 所示为执行该命令的操作结果。

“采暖设备”命令的执行方式有以下几种：

- 命令行：在命令行中输入“CNSB”命令，按 Enter 键。
- 菜单栏：单击“采暖”→“采暖设备”命令。

下面以如图 4-55 所示的图形为例，介绍“调用采暖”设备命令的方法。

01 按 Ctrl+O 组合键，打开配套资源提供的“第 4 章\4.1.12 采暖设备.dwg”素材文件，结果如图 4-56 所示。

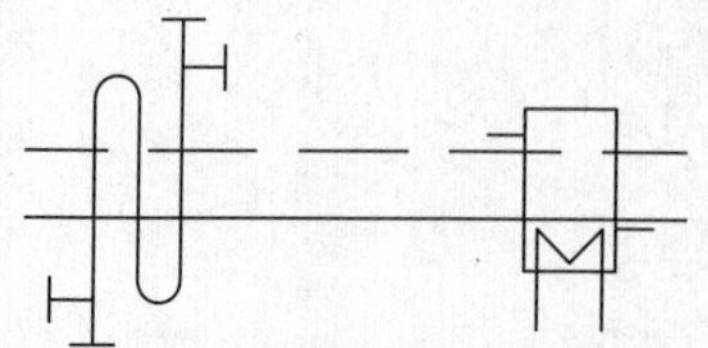

图 4-55 采暖设备

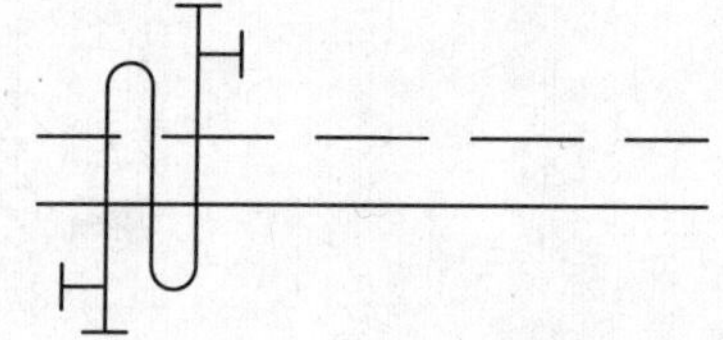

图 4-56 打开素材文件

02 在命令行中输入“CNSB”命令，按 Enter 键，弹出【布置采暖设备】对话框，定义参数如图 4-57 所示。

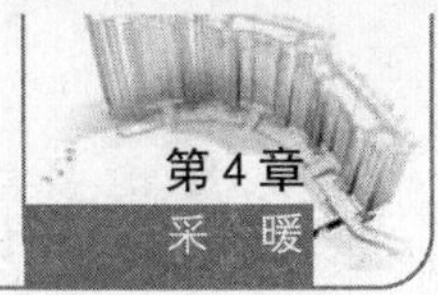

[03] 命令行提示如下：

命令：CNSB↙

请指定对象的插入点｛放大[E]/缩小[D]/左右翻转[F]/上下翻转[S]/换设备[C]｝<退出>：

//在采暖管线上插入设备，结果如图 4-55 所示。

单击对话框中采暖设备的预览框，弹出如图 4-58 所示的【天正图库管理系统】对话框，在其中可选定合适的采暖设备。

在【布置采暖设备】对话框中的“角度”选项框中可以定义角度参数插入采暖设备。

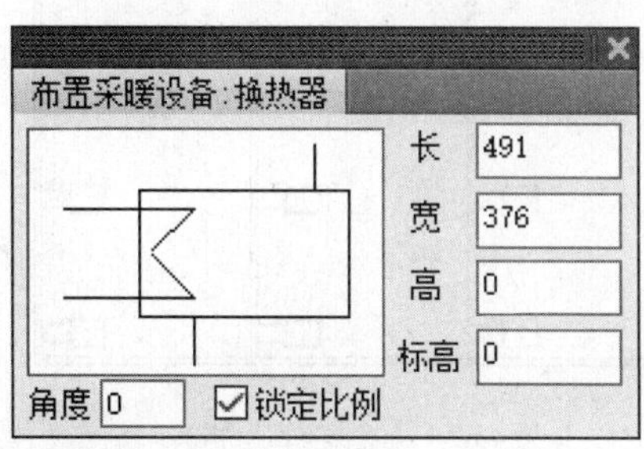

图 4-57　【布置采暖设备】对话框

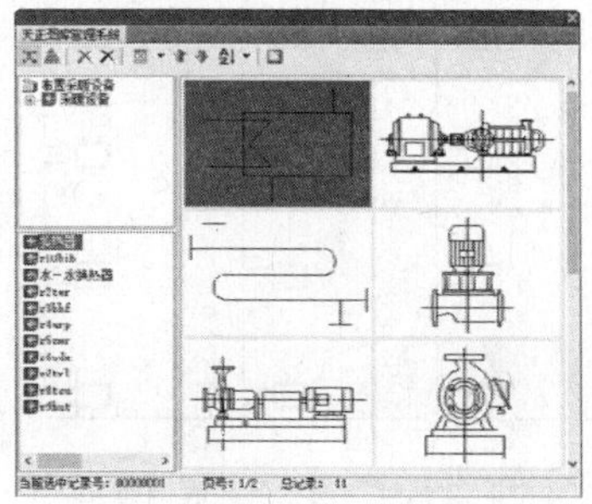

图 4-58　【天正图库管理系统】对话框

4.1.13 采暖原理

调用“采暖原理”命令，可绘制采暖原理图。

“采暖原理”命令的执行方式有以下几种：

➢ 命令行：在命令行中输入“CNYL”命令，按 Enter 键。

➢ 菜单栏：单击“设置”→“采暖原理”命令。

下面介绍调用“采暖原理”命令的方法。

[01] 在命令行中输入“CNYL”命令，按 Enter 键，弹出【采暖原理】对话框，设置参数如图 4-59 所示。

[02] 命令行提示如下：

命令：CNYL↙

请选取原理图位置<退出>：　//在图中选取采暖原理图插入位置，结果如图 4-60 所示。

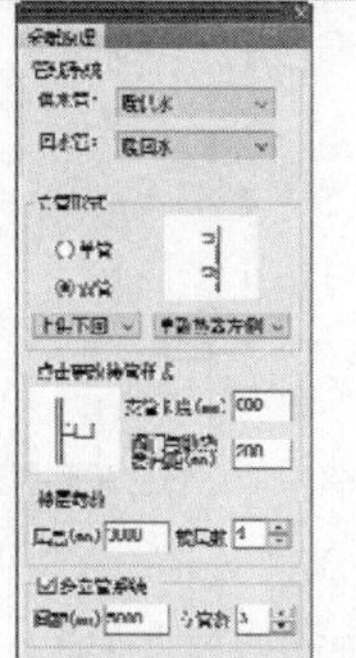

图 4-59　【采暖原理】对话框

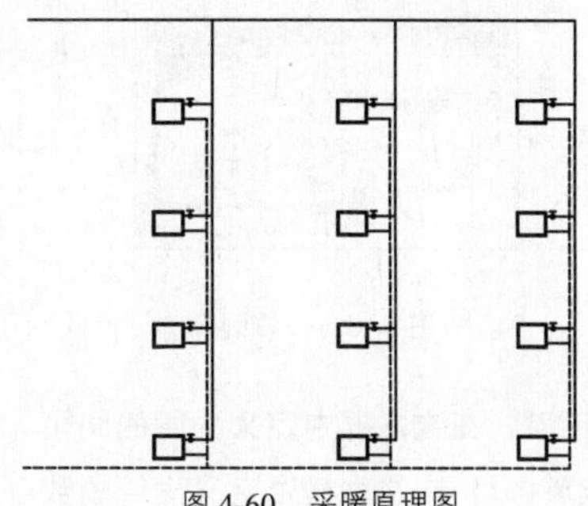

图 4-60　采暖原理图

【采暖原理】对话框中各功能选项的含义如下：

“管线系统”选项组：在其中设置“供水管”“回水管”的类型。

“立管形式”选项组：系统提供两种立管形式，分别是“单管”“双管”。选定其中的一种，绘制该样式的采暖原理图。绘制“单管”形式采暖原理图的结果如图 4-61 所示。

选择“双管”，可以设置供水管和回水管的位置。单击选项列表框，在弹出的下拉列表中可以选择水管的样式，如图 4-62 所示为“下供下回”样式的双管采暖原理图的绘制结果。

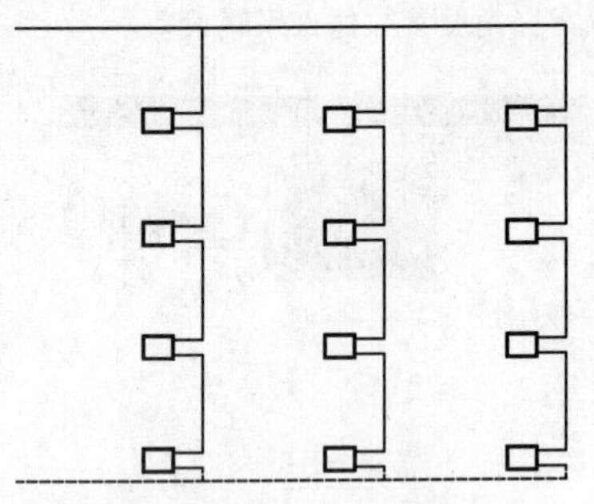

图 4-61 “单管”形式的采暖原理图

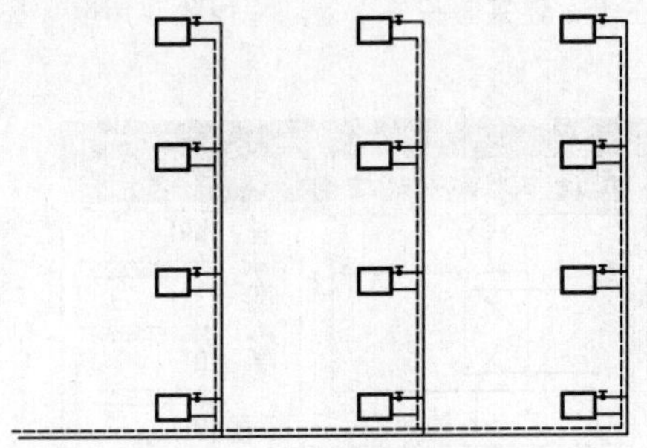

图 4-62 “下供下回”样式

系统提供了 6 种散热器的布置位置供用户选择，单击选项列表框，在弹出的下拉列表中可选择布置方式，如图 4-63 所示。

“点击更改接管样式”选项组。

“支管长度”：在文本框中定义支管的长度。

“阀门与散热器间距”：在文本框中定义阀门与散热器的间距。

“楼层参数”选项组。

“层高”：在文本框中定义层高。

“楼层数”：在文本框中自定义楼层数，也可以通过单击文本框右边的调整按钮来定义。

“多立管系统”：勾选该项，可以绘制多立管系统的采暖原理图。取消勾选，可以绘制单立管的采暖原理图，结果如图 4-64 所示。

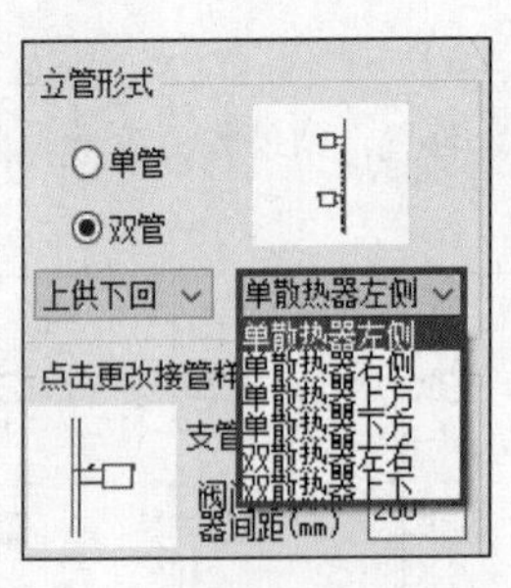

图 4-63 位置列表

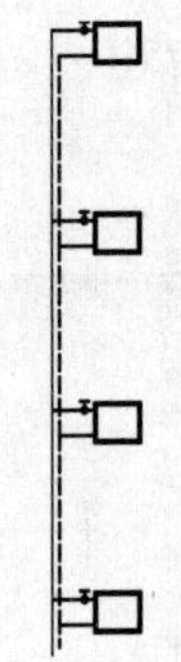

图 4-64 单立管的采暖原理图

“间距”：在文本框中定义立管的间距。

“立管数”：在文本框中定义立管的数目。

4.1.14 大样图库

调用“大样图库”命令，在图中插入指定类型的大样图。图 4-65 所示为执行该命令的操作结果。

“大样图库”命令的执行方式有以下几种：

- ➢ 命令行：在命令行中输入“DYTK”命令，按 Enter 键。
- ➢ 菜单栏：单击“采暖”→“大样图库”命令。

下面以如图 4-65 所示的图形为例，介绍调用“大样图库”命令的操作方法。

01 在命令行中输入“DYTK”命令，按 Enter 键，弹出【大样图库】对话框，选定大样图，如图 4-66 所示。

02 命令行提示如下：

```
命令:DYTK↙
请输入插入点<退出>:    //在对话框中单击“插入”按钮，插入大样图的结果如图 4-65 所示。
```

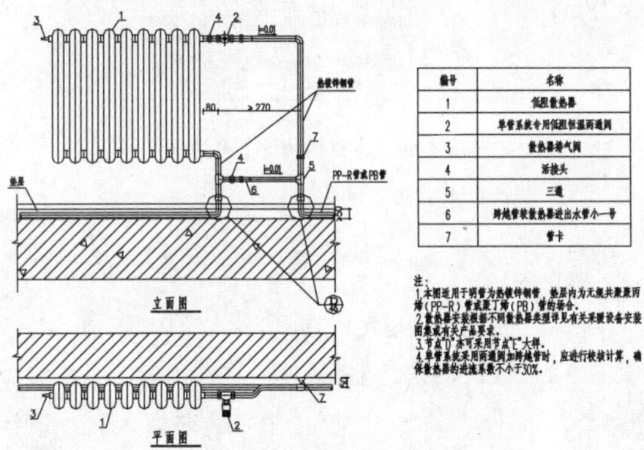

图 4-65 大样图

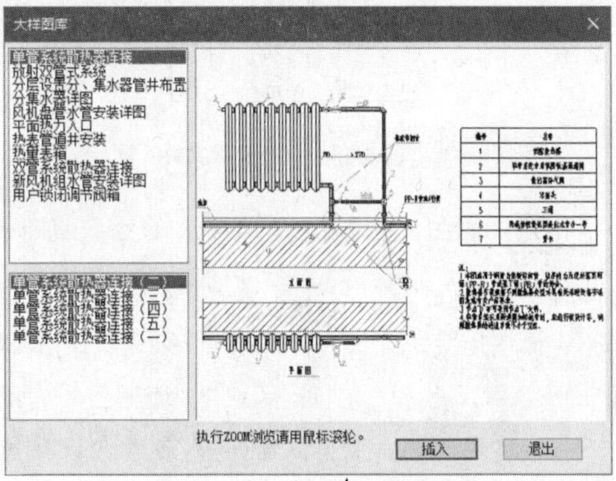

图 4-66 【大样图库】对话框

4.2 材料统计

调用“材料统计”命令，对当前视图进行材料统计，并按照管线、附件、设备排序。图 4-67 所示为执行“材料统计”命令的操作结果。

材料表

序号	图例	名称	规格	单位	数量	备注
1		水管三通	DN25×DN25×DN25	个	46	
2		采暖水管	焊接钢管 DN25	米	199	
3		水管弯头	DN25×DN25	个	8	
4		截止阀	采暖水阀 DN25	个	24	
5		系统散热器	800×600×200×20片	个	24	长×高×宽×片数

图 4-67 材料统计表

材料统计命令的执行方式有以下几种：

➢ 命令行：在命令行中输入“CLTJ”命令，按 Enter 键。

➢ 菜单栏：单击“设置”→“材料统计”命令。

下面介绍材料统计命令的操作方法。

01 按 Ctrl+O 组合键，打开配套资源提供的“第 4 章\4.2 材料统计.dwg”素材文件，结果如图 4-68 所示。

02 在命令行中输入“CLTJ”命令，按 Enter 键，弹出如图 4-69 所示的【材料统计】对话框，勾选需要统计的选项。

图 4-68 打开素材文件

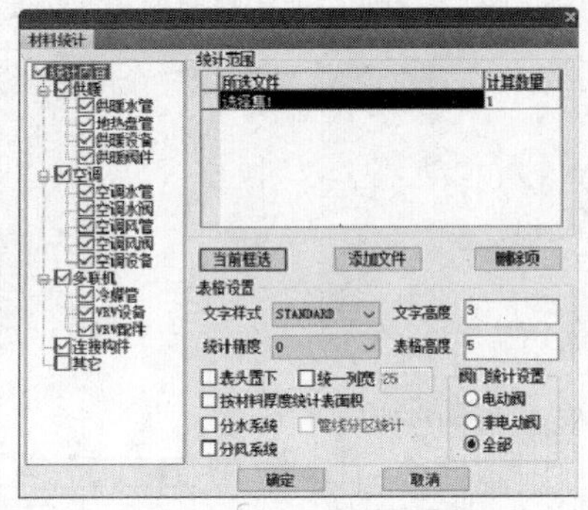

图 4-69 【材料统计】对话框

03 单击“当前框选”按钮，命令行提示如下：

```
命令:CLTJ↙
请选择要统计的内容后按确定[选取闭合 PLINE(P)]<整张图>:指定对角点:找到 10 个
                    //选定需要统计的图形，返回【材料统计】对话框，单击“确定”按钮;
请选取表格左上角位置[输入参考点(R)]<退出>:                //在图中选取插入点，统计结果如图 4-67 所示。
```

【材料统计】对话框中各功能选项的含义如下：

➢ “统计内容”：在选项组中勾选的项目，可以执行统计。

➢ “统计范围”：选定统计范围后，在列表框中显示所统计的内容。

➢ “当前框选”：单击该按钮，返回绘图区域选择统计范围。

➢ “添加文件”：单击该按钮，添加.dwg 图纸。

➢ “删除项”：在 “统计范围”列表框中选定待删除的选项，单击该按钮即可将其删除。

➢ “表格设置”：在选项组中可以对表格的文字样式、文字高度、统计精度等属性进行设置。

4.3 地沟绘制

调用“地沟绘制”命令，可以自定义参数绘制地沟。图 4-70 所示为执行“地沟绘制”命令的操作结果。

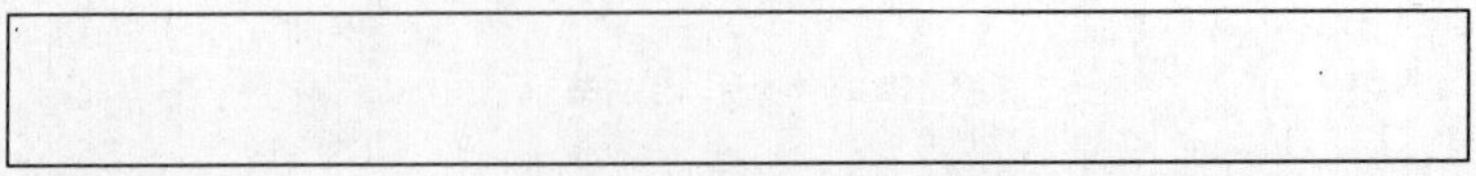

图 4-70 地沟绘制

“地沟绘制”命令的执行方式有以下几种：

➢　命令行：在命令行中输入“HZDG”命令，按 Enter 键。

➢　菜单栏：单击“采暖”→“地沟绘制”命令。

下面介绍“地沟绘制”命令的操作方法。

在命令行中输入“HZDG 命”令，按 Enter 键，命令行提示如下：

```
命令：HZDG↙
请输入地沟宽度<600(mm)>:1000                //定义地沟的宽度参数;
请输入地沟绘制线宽度<2.0(mm)>:              //按下 Enter 键;
请选择地沟绘制线形[实线(C)/虚线(D)]<实线>:C          //输入“C”，选择“实线”选项;
请输入地沟起始点[参考点(R)/距线(T)/两线(G)]<退出>:
请输入地沟下一点[参考点(R)/沿线(T)/两线(G)/换定位点(E)/回退(U)]<退出>:
                                   //分别选取起点和终点，绘制结果如图 4-70 所示。
```

在命令行提示“请选择地沟绘制线形[实线(C)/虚线(D)]<实线>：”时，输入“D”，选择“虚线”选项，可以绘制线型为虚线的地沟，结果如图 4-71 所示。

图 4-71　虚线地沟

第 5 章
地暖

● 本章导读

地暖是“低温地板辐射采暖系统”的简称，就是将地暖专用管材按一定规程铺设在地板或地砖下，实现向室内供暖的采暖方式。本章介绍绘制地热盘管和编辑盘管命令的操作方法，包括地热盘管、手绘盘管等绘制盘管命令的调用，以及盘管倒角、盘管转 PL 等编辑盘管命令的调用。

● 本章重点

◈ 地热计算
◈ 地热盘管
◈ 手绘盘管
◈ 异形盘管
◈ 分集水器
◈ 盘管倒角
◈ 盘管转 PL
◈ 盘管复制
◈ 盘管连接
◈ 盘管移动
◈ 盘管统计
◈ 供回区分
◈ 盘管加粗

T20-Hvac V6.0

5.1 地热计算

调用“地热计算”命令，可计算地热盘管散热量及盘管的间距。

“地热计算”命令的执行方式有以下几种：

➢ 命令行：在命令行中输入“DRJS”命令，按 Enter 键。

➢ 菜单栏：单击“地暖”→“地热计算”命令。

下面介绍执行“地热计算”命令的操作方法。

执行“地热计算”命令，弹出【地热盘管计算】对话框。单击“计算管道间距”按钮，设置各项参数，再单击“计算”按钮，计算结果如图 5-1 所示。

单击“计算有效散热量”按钮，并定义各项参数。再单击“计算”按钮，即可按照所定义的条件进行计算，结果如图 5-2 所示。

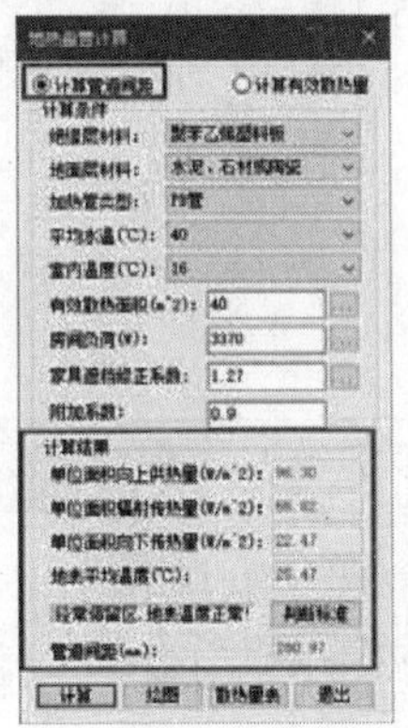

图 5-1 计算管道间距

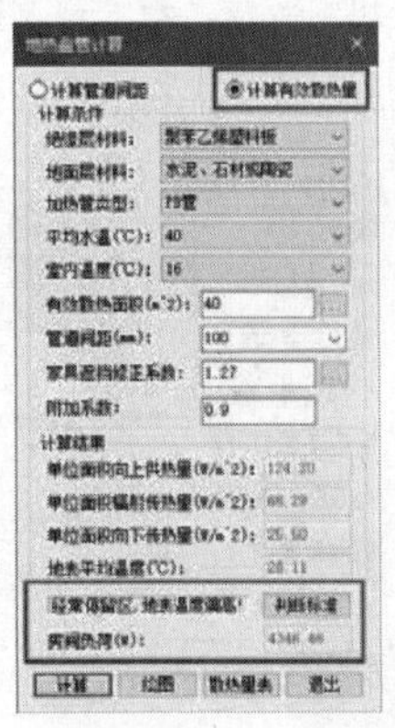

图 5-2 计算有效散热量

单击“判断标准”按钮，弹出如图 5-3 所示的【地表平均温度参考】对话框，根据计算所得到的参数与对话框中的参数进行对比，可查看计算得到的地表温度是否适宜。

如果所设定的参数不合理，单击“计算”按钮后，系统弹出提示对话框，提示用户更改参数，如图 5-4 所示。

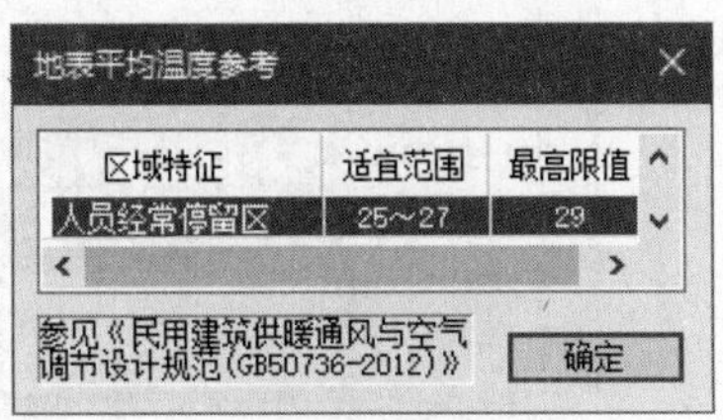

图 5-3 【地表平均温度参考】对话框

图 5-4 提示对话框

单击“散热量表”按钮，弹出如图 5-5 所示的【单位地面面积的向上供热量和向下传热量】对话框，方便查找各项参数。

【地热盘管计算】对话框中主要选项的含义如下：

“绝缘层材料”：在下拉列表中列出了两种材料，分别是“聚苯乙烯塑料板”和“发泡水泥”，如图 5-6 所示。

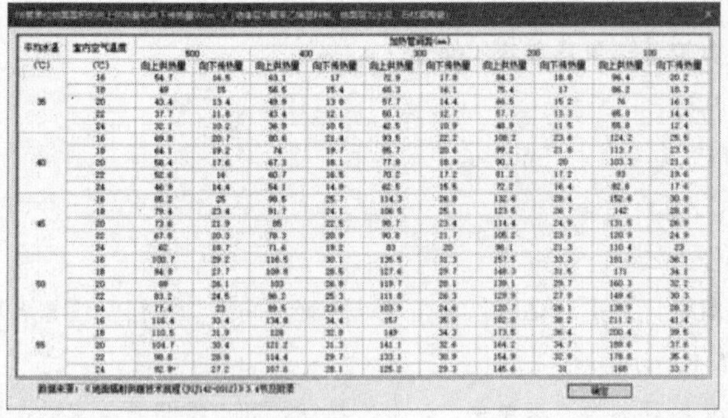

图 5-5 【单位地面面积的向上供热量和向下传热量】对话框

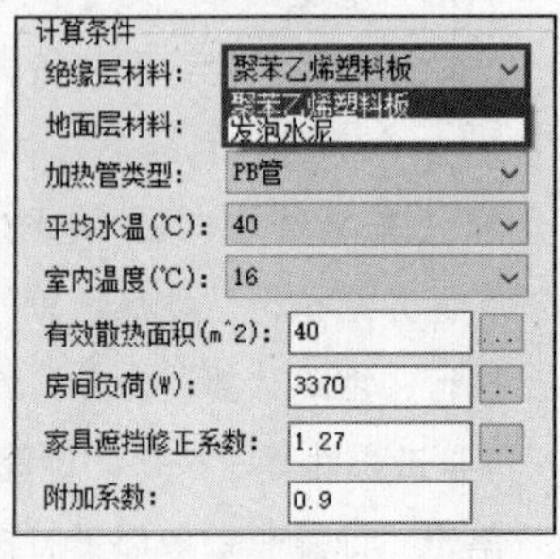

图 5-6 “绝缘层材料”下拉列表

“地面层材料”选项：在下拉列表中选择地面层的材料，如图 5-7 所示。

“加热管类型”选项：在下拉拉列表中选择加热管类型，如图 5-8 所示。

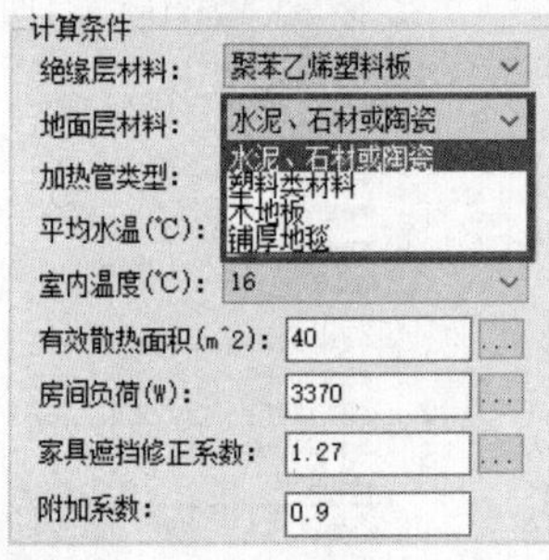

图 5-7 “地面层材料”下拉列表

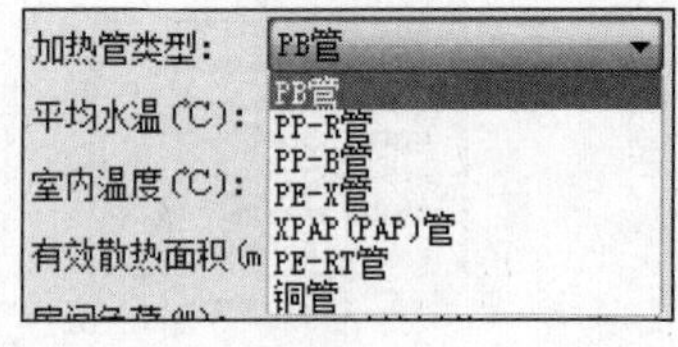

图 5-8 “加热管类型”下拉列表

“平均水温”：在下拉列表中选择水温，如图 5-9 所示。

“室内温度”：在下拉列表中选择室内温度，如图 5-10 所示。

“绘图”：单击该按钮，进入地热盘管的绘制。

图 5-9 “平均水温”下拉列表

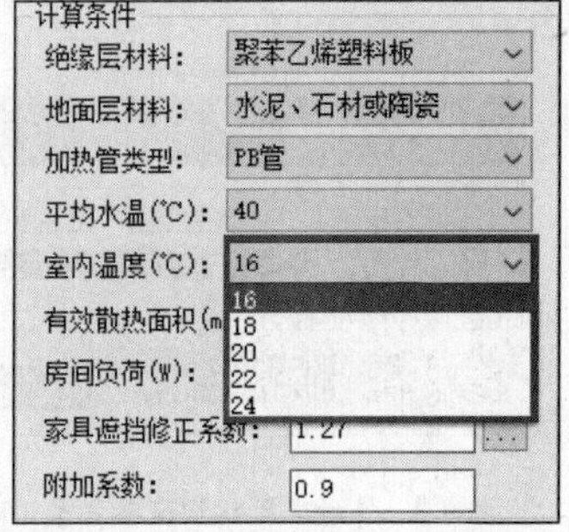

图 5-10 “室内温度”下拉列表

5.2 地热盘管

调用“地热盘管”命令，可以绘制地热盘管图形。图5-11所示为执行该命令的操作结果。

“地热盘管”命令的执行方式有以下几种：

- 命令行：在命令行中输入“DRPG”命令，按Enter键。
- 菜单栏：单击“地暖”→“地热盘管”命令。

下面以如图5-11所示的结果为例，介绍调用“地热盘管”命令的方法。

01 在命令行中输入“DRPG”命令，按Enter键，弹出【地热盘管】对话框，定义参数如图5-12所示。

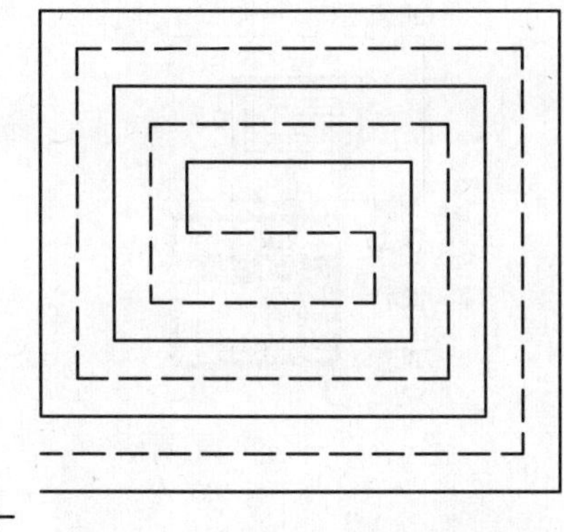

图5-11 地热盘管

图5-12 【地热盘管】对话框

02 命令行提示如下：

```
命令:DRPG↙
请输入盘管起点<退出>:                    //如图5-13所示;
请输入终点<角度为0>[修改角度(A)/修改方向:正向(S)/逆向(F)]:
                                        //如图5-14所示；绘制结果如图5-11所示。
```

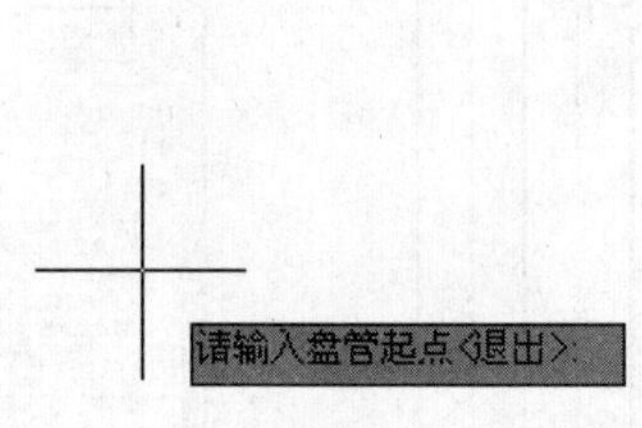

图5-13 指定起点

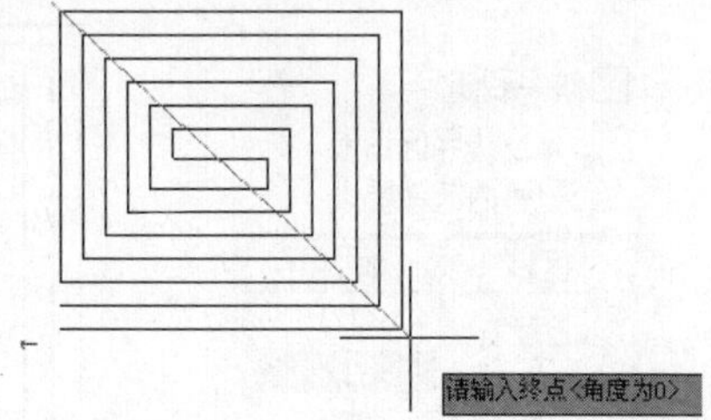

图5-14 指定终点

在绘制地热盘管的过程中，可以自定义绘制方向，命令行提示如下：

```
命令:DRPG↙
```

请输入盘管起点<退出>:

请输入终点<角度为 0>[修改角度(A)/修改方向:正向(S)/逆向(F)]:A //输入 A,选择"修改角度"选项;

请输入盘管角度<0>:45

请输入终点<角度为 45>[修改角度(A)/修改方向:正向(S)/逆向(F)]: //绘制结果如图 5-15 所示。

在执行命令的过程中，输入"S"或者"A"，可以临时更改盘管的出口方向。

【地热盘管】对话框中各选项的含义如下：

"管线设置"按钮：单击该按钮，弹出【管线样式设定】对话框，在其中可更改采暖管线的属性。

"绘制盘管样式"选项组。

"样式"：在下拉列表中选择管线样式，如图 5-16 所示。

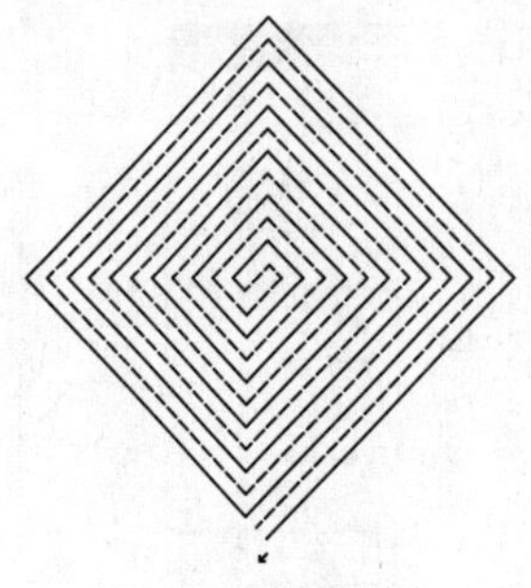

图 5-15 定义角度

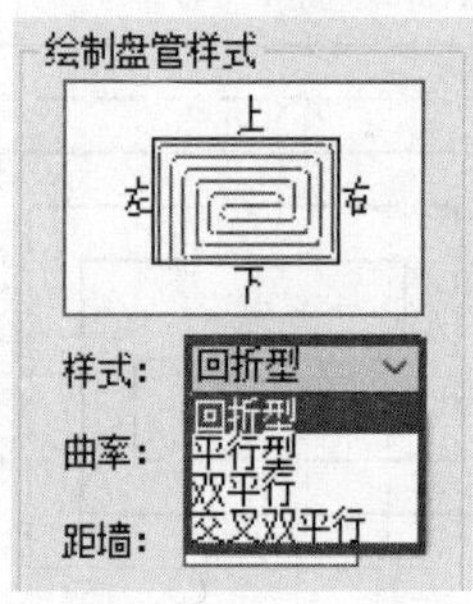

图 5-16 "样式"下拉列表

"曲率"：根据盘管的间距，定义曲率半径。

"距墙"：定义盘管的离墙距离。

"线宽"：控制加粗后的线的宽度参数。

"统一间距"：勾选该项，"间距"参数下拉列表中的参数不可更改；取消勾选，则各区域的参数可随意更改，如图 5-17 所示。绘制盘管的结果如图 5-18 所示。

双击地热盘管图形，弹出如图 5-19 所示的【地热盘管】对话框，在其中修改盘管的各项参数，单击"确定"按钮关闭对话框，即可完成修改。

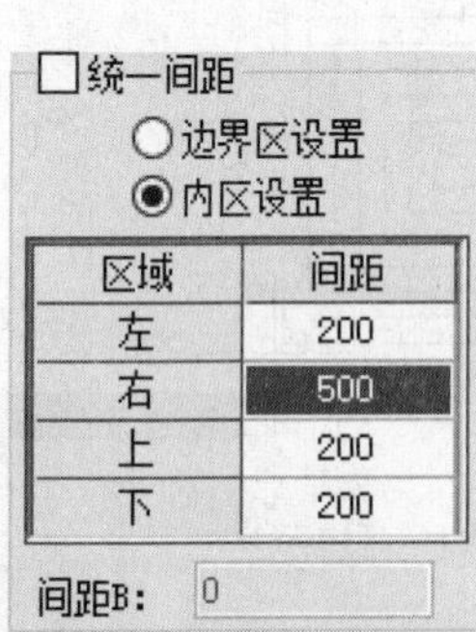

图 5-17 间距列表

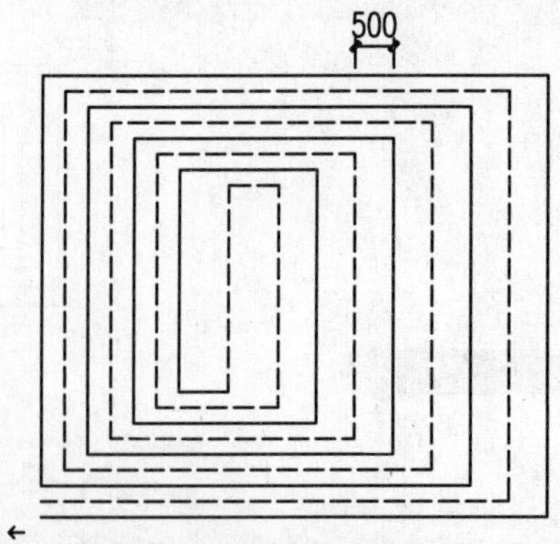

图 5-18 绘制盘管

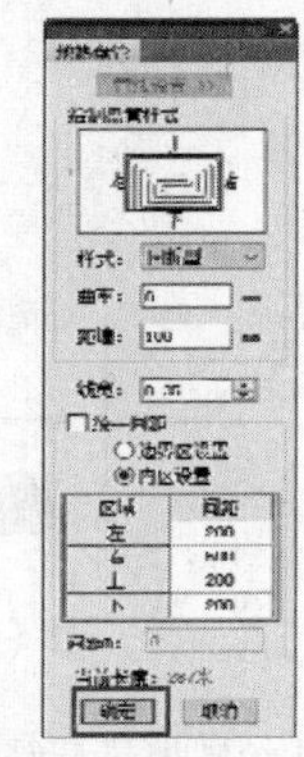

图 5-19 【地热盘管】对话框

5.3 手绘盘管

调用“手绘盘管”命令，可绘制双线地热盘管或者连接盘管与分集水器。图 5-20 所示为执行“手绘盘管”命令的操作结果。

“手绘盘管”命令的执行方式有以下几种：

➢ 命令行：在命令行中输入 SHPG 命令，按 Enter 键。

➢ 菜单栏：单击“地暖”→“手绘盘管”命令。

下面介绍“手绘盘管”手绘盘管命令的操作方法。

01 在命令行中输入“SHPG”命令，按 Enter 键，弹出【手绘盘管】对话框，定义参数如图 5-21 所示。

02 命令行提示如下：

```
命令:SHPG↙
请选取管线起点[盘管间距(W)/倒角半径(R)/距线距离(T)]<退出>:          //选取起点。
请输入下一点[弧线(A)/沿线(T)/换定位管(E)/供回切换(G)/盘管间距(W)/连接(L)/回退(U)]<退出>:          //指定下一点。
是否闭合管线<Y>/N:          //按 Enter 键默认闭合管线，结果如图 5-20 所示。
```

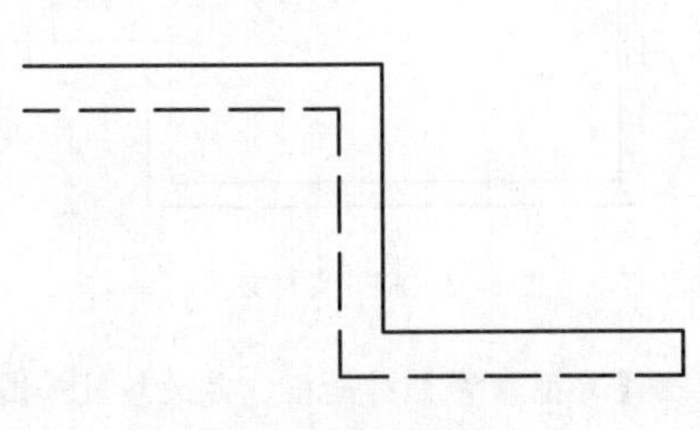

图 5-20 手绘盘管

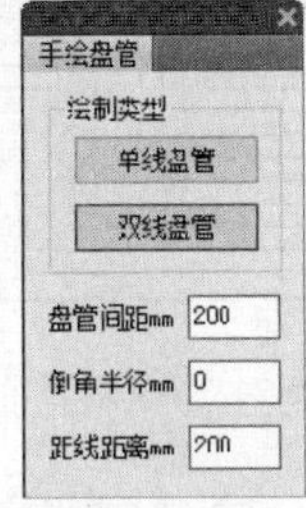

图 5-21 【手绘盘管】对话框

【手绘盘管】对话框中各选项的含义如下：

“单线盘管”：单击该按钮，所绘制的盘管为单线，结果如图 5-22 所示。

“双线盘管”：单击该按钮，所绘制的盘管为双线。

“盘管间距”：在选定“双线盘管”时亮显，可以定义双线盘管的间距。

“倒角半径”：定义盘管转折处的半径，如图 5-23 所示为倒角半径为 60 时的双线盘管的绘制结果。

“距线距离”：指定与参考线的间距。

图 5-22 单线盘管

图 5-23 倒角半径

在执行“手绘盘管”命令过程中，当命令行提示“[弧线(A)/沿线(T)/换定位管(E)/供回切换(G)/盘管间距(W)/连接(L)/回退(U)]”时，输入“A”，绘制弧形盘管；输入“T”，指定参考线绘制盘管；输入“E”，在供回管之间切换定位管线；输入“W”，定义盘管间距；输入“L”，连接选中的管线。

5.4 异形盘管

调用“异形盘管”命令，绘制异形房间地热盘管，可以连接盘管与分集水器。如图 5-24 所示为执行该命令的操作结果。

“异形盘管”命令的执行方式有以下几种：

➢ 命令行：在命令行中输入“YXPG”命令，按 Enter 键。

➢ 菜单栏：单击“地暖”→“异形盘管”命令。

下面以如图 5-24 所示的图形为例，介绍调用“异形盘管”命令的方法。

01 按 Ctrl+O 组合键，打开配套资源提供的“第 5 章\ 5.4 异形盘管.dwg”素材文件，结果如图 5-25 所示。

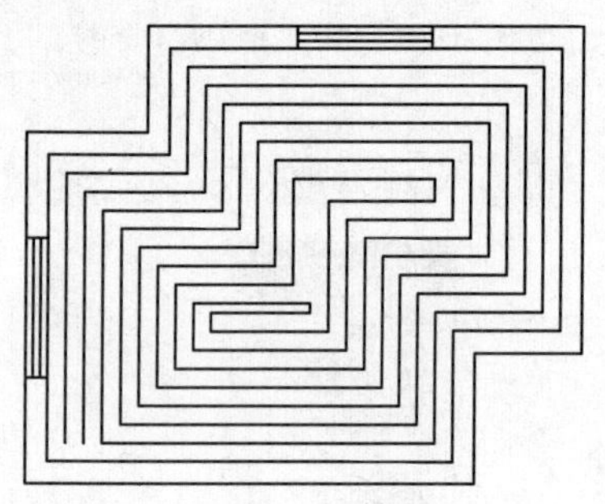

图 5-24 异形盘管

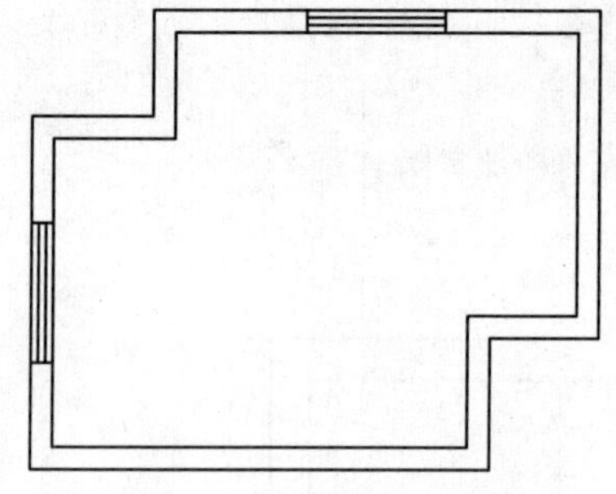

图 5-25 打开素材文件

02 在命令行中输入“YXPG”命令，按 Enter 键，弹出【异型盘管】对话框，定义参数如图 5-26 所示。

03 命令行提示如下：

命令：YXPG↙

不规则地热盘管<双线模式>

请指定多边区域的第一点或[选择闭合多段线(S)]<退出>:

请输入下一点[弧段(A)]<退出>:

请输入下一点[弧段(A)/回退(U)]<退出>: //分别在异形房间内选取各点，按 Enter 键即可完成异形盘管的绘制，结果如图 5-24 所示。

在执行命令的过程中，输入“S”；选择“选择闭合多段线(S)”选项，命令行提示如下：

命令：YXPG↙

不规则地热盘管<双线模式>

请指定多边区域的第一点或[选择闭合多段线(S)]<退出>:S

请选择多段线<退出>:找到 1 个 //选定多段线，如图 5-27 所示。

请指定入口方向： //指定入口方向，如图 5-28 所示。按

Enter 键即可完成异形盘管的绘制，结果如图 5-29 所示。

图 5-26　【异型盘管】对话框

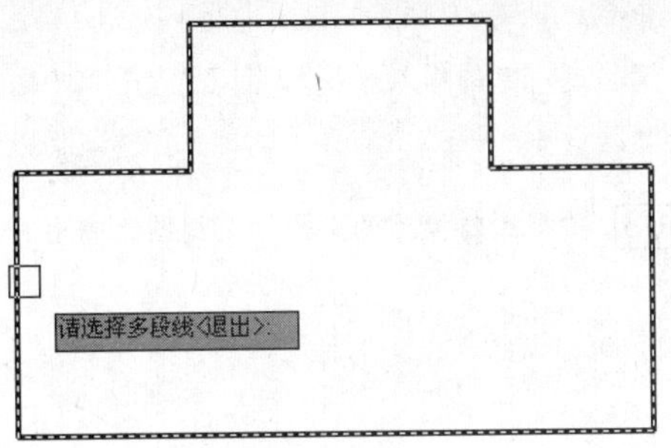

图 5-27　选定多段线

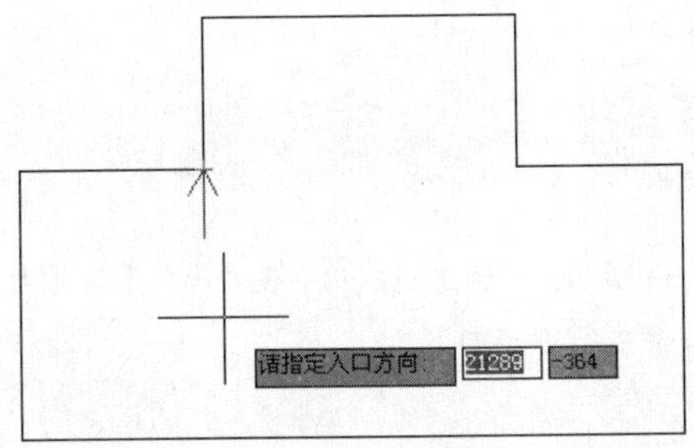

图 5-28　指定入口方向

图 5-29　绘制异形盘管

可在【异型盘管】对话框中　“距墙间距”选项中定义盘管距墙的参数，默认为 200。

5.5 分集水器

调用“分集水器”命令，在图上插入分集水器。图 5-30 所示为执行该命令的操作结果。

“分集水器”命令的执行方式有以下几种：

- 命令行：在命令行中输入“HFSQ”命令，按 Enter 键。
- 菜单栏：单击“地暖”→“分集水器”命令。

下面以如图 5-30 所示的分集水器绘制结果为例，介绍调用“分集水器”命令的方法。

01 在命令行中输入“HFSQ”命令，按 Enter 键，弹出【布置分集水器】对话框，定义参数如图 5-31 所示。

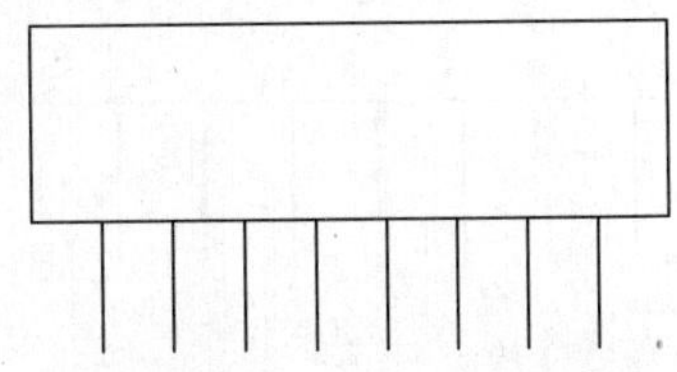

图 5-30　分集水器

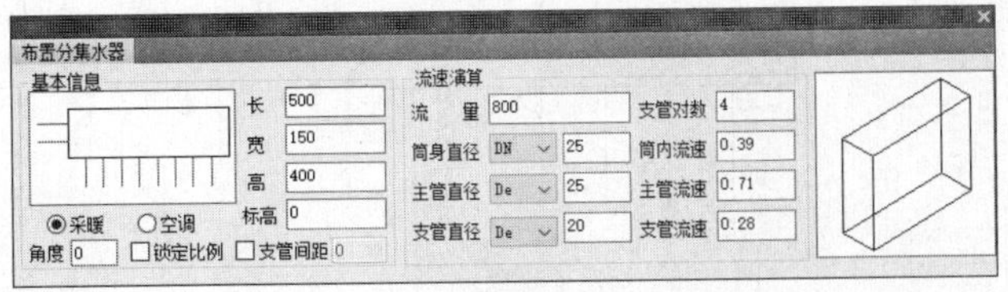

图 5-31　【布置分集水器】对话框

02 命令行提示如下:

```
命令:HFSQ↙
请指定对象的插入点{放大[E]/缩小[D]/左右翻转[F]/上下翻转[S]/换设备[C]}<退出>:
                              //选取插入点，结果如图 5-30 所示。
```

03 将视图转换为西南等轴测视图，查看分集水器的三维效果，如图 5-32 所示。

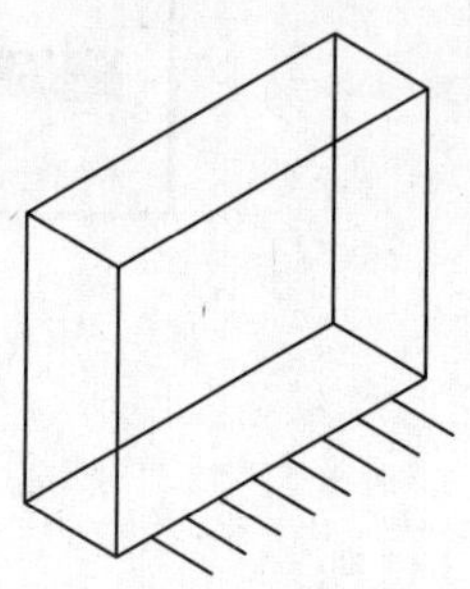

图 5-32　三维效果

选中分集水器图形，将光标置于主供水口上，如图 5-33 所示。单击主供水口，在弹出的【手绘盘管】对话框中定义管线的类型以及其他参数，如图 5-34 所示。命令行提示如下:

```
命令:SHPG↙
请输入下一点[弧线(A)/沿线(T)/换定位管(E)/供回切换(G)/盘管间距(W)/连接(L)/回退(U)]<退出>:                //向左移动光标并单击指定下一点，如图 5-35 所示;
是否闭合管线<Y>/N:              //按 Enter 键闭合管线，结果如图 5-36 所示。
```

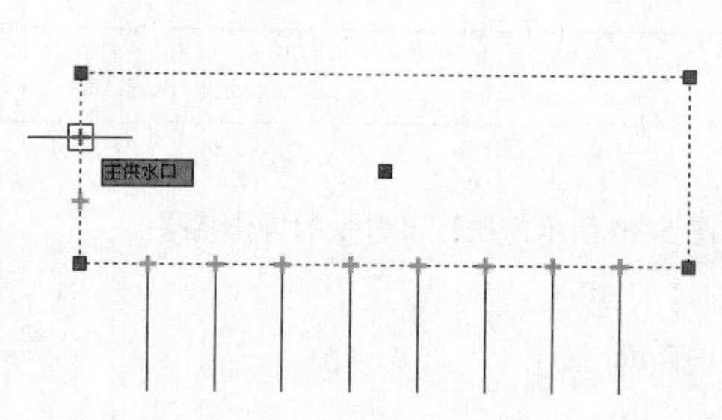

图 5-33　光标置于主供水口上

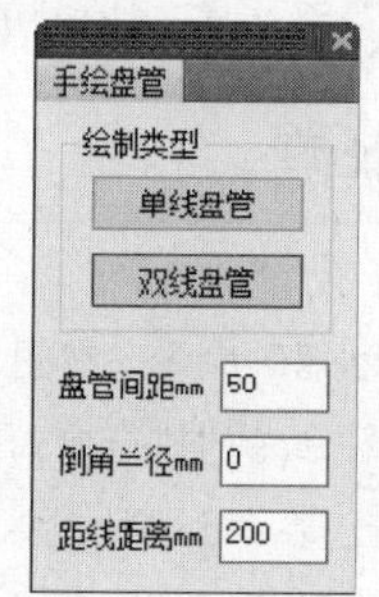

图 5-34　【手绘盘管】对话框

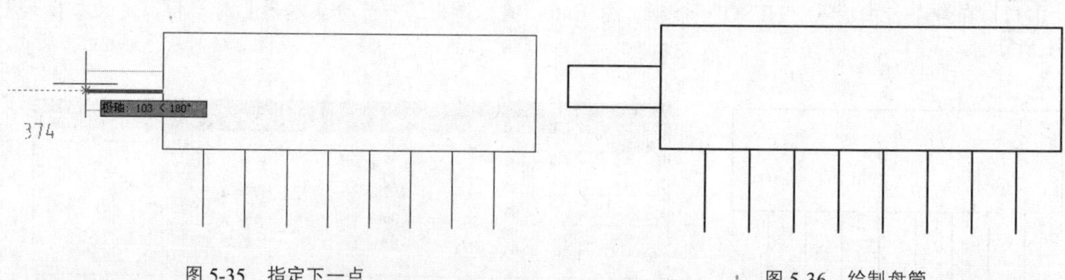

图 5-35　指定下一点

图 5-36　绘制盘管

单击【布置分集水器】对话框中的分集水器预览框，弹出如图 5-37 所示的【天正图库管理系统】对话框，在其中选择分集水器的样式。

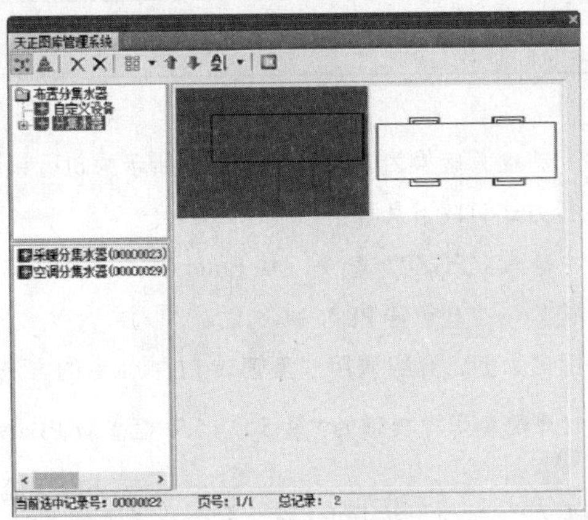

图 5-37 【天正图库管理系统】对话框

5.6 盘管倒角

调用“盘管倒角”命令，可对指定的盘管执行倒角操作。图 5-38 所示为执行该命令的操作结果。

“盘管倒角”命令的执行方式有以下几种：

- 命令行：在命令行中输入“PGDJ”命令，按 Enter 键。
- 菜单栏：单击“地暖”→“盘管倒角”命令。

下面以如图 5-38 所示的图形为例，介绍调用“盘管倒角”命令的方法。

01 按 Ctrl+O 组合键，打开配套资源提供的“第 5 章\ 5.6 盘管倒角.dwg”素材文件，结果如图 5-39 所示。

02 在命令行中输入“PGDJ”命令，按 Enter 键，命令行提示如下：

```
命令:PGDJ↙
请选择一组地热盘管<退出>:指定对角点:找到 1 个          //选定盘管。
请输入曲率半径值<60>:180  //输入半径值，按 Enter 键完成操作，结果如图 5-38 所示。
```

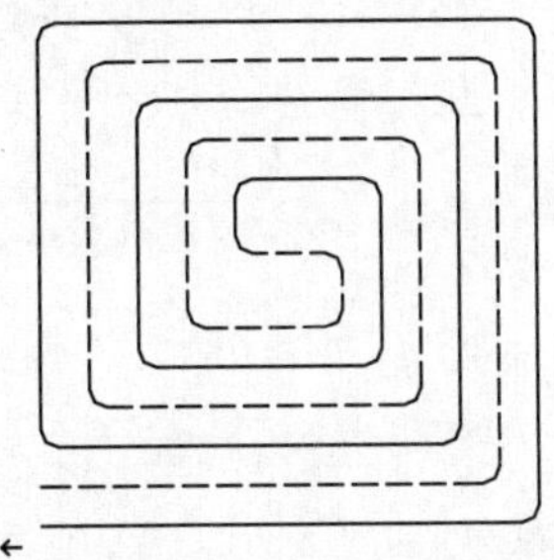

图 5-38 盘管倒角

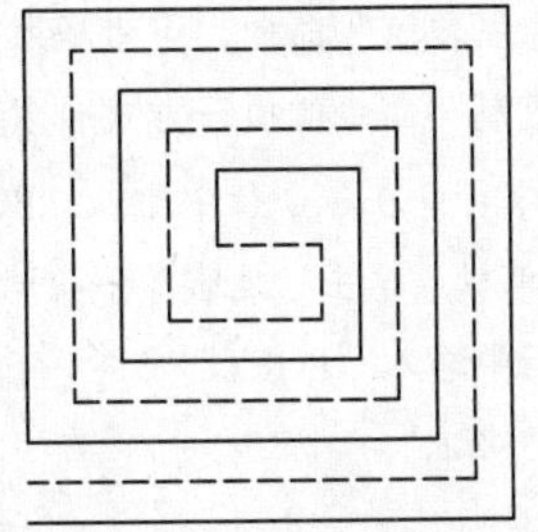

图 5-39 打开素材文件

5.7 盘管转 PL

调用“盘管转 PL”命令，将盘管转换为 PL 线。图 5-40 所示为执行该命令的操作结果。

“盘管转 PL”命令的执行方式有以下几种：

➢ 命令行：在命令行中输入“PGZP”命令，按 Enter 键。

➢ 菜单栏：单击“地暖”→“盘管转 PL”命令。

下面以如图 5-40 所示的图形为例，介绍调用“盘管转 PL”命令的方法。

01 按 Ctrl+O 组合键，打开配套资源提供的“第 5 章\ 5.7 盘管转 PL.dwg”素材文件，结果如图 5-41 所示。

02 在命令行中输入“PGZP”命令，按 Enter 键，命令行提示如下：

命令：PGZP↙

请选择管线<退出>：　　//选定盘管，按 Enter 键完成操作，结果如图 5-40 所示。

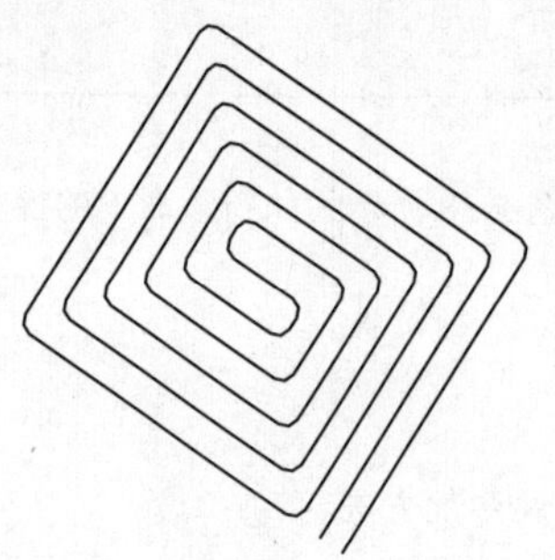

图 5-40　盘管转 PL

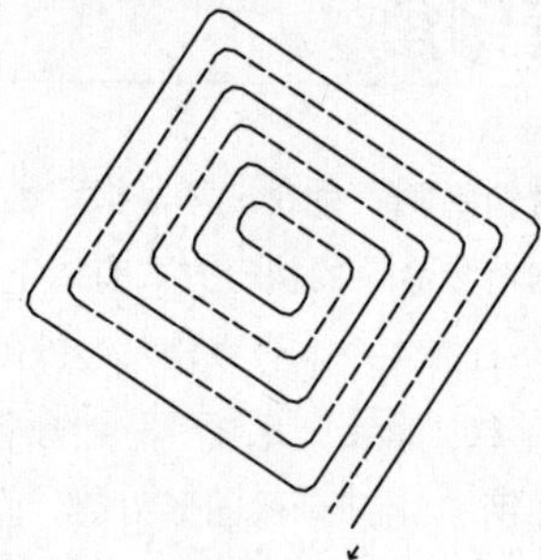

图 5-41　打开素材文件

5.8 盘管复制

调用“盘管复制”命令，可带基点复制盘管。

“盘管复制”命令的执行方式有以下几种：

➢ 命令行：在命令行中输入“PGFZ”命令，按 Enter 键。

➢ 菜单栏：单击“地暖”→“盘管复制”命令。

在命令行中输入“PGFZ”命令，按 Enter 键，命令行提示如下：

命令：PGFZ↙

请指定基点：　　//指定复制的基点。

选择对象<确定>：找到 1 个　　//选定待复制的对象。

指定插入点<退出>：　　//指定插入点，完成复制操作。

5.9 盘管连接

调用“盘管连接”命令，可完成盘管与盘管、盘管与分集水器的连接。图 5-42 所示为执行该命令的操作结果。

“盘管连接”命令的执行方式有以下几种：

- 命令行：在命令行中输入“PGLJ”命令，按 Enter 键。
- 菜单栏：单击“地暖”→“盘管连接”命令。

下面以如图 5-42 所示的图形为例，介绍调用“盘管连接”命令的方法。

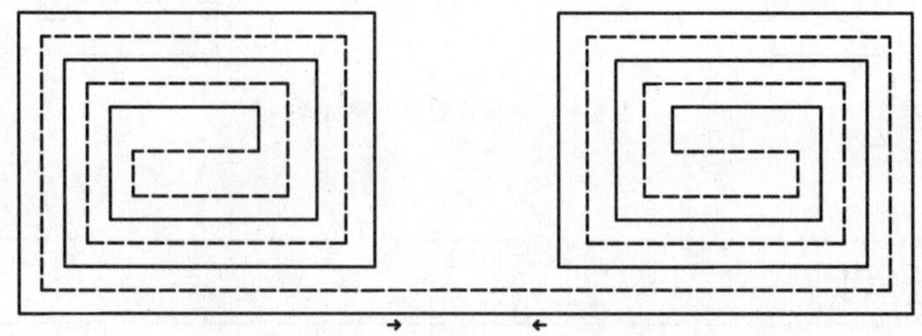

图 5-42　盘管连接

01 按 Ctrl+O 组合键，打开配套资源提供的“第 5 章\ 5.9 盘管连接.dwg”素材文件，结果如图 5-43 所示。

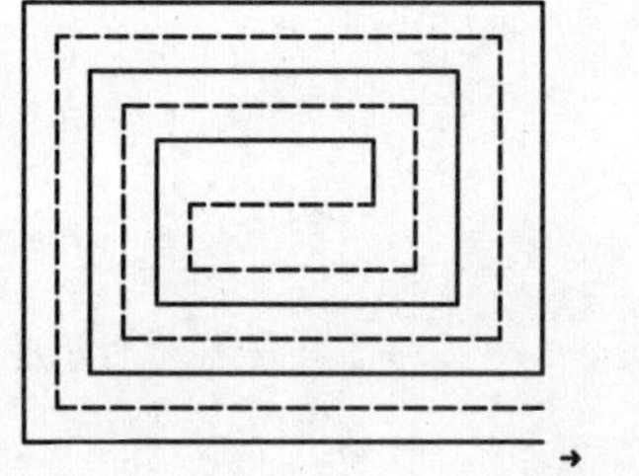
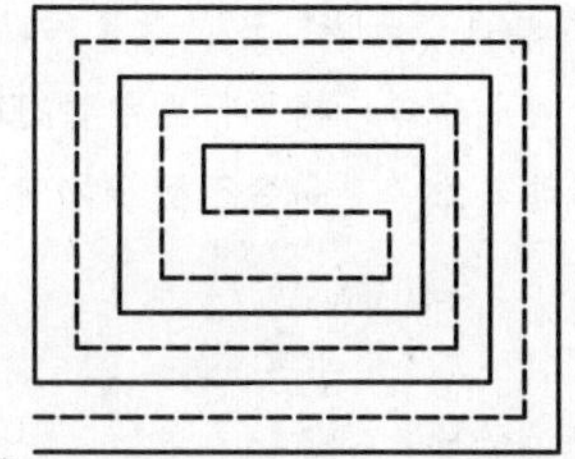

图 5-43　打开素材文件

02 在命令行中输入“PGLJ”命令，按 Enter 键，命令行提示如下：

```
命令:PGLJ↙
请选取要连接的管线<退出>:指定对角点:找到 2 个        //选择盘管管线。
请选取要连接的管线<退出>:                            //按 Enter 键。
是否继续选择管线<N>/Y:                               //按 Enter 键。
请输入曲率半径值<0>:                                 //按 Enter 键。
直线退化成点。
直线退化成点。                                       //盘管连接的结果如图 5-42 所示。
```

执行“盘管连接”命令，还可在盘管与分集水器之间绘制连接管线，命令行提示如下：

```
命令:PGLJ
```

请选取要连接的管线<退出>:找到 1 个 //选择盘管管线。
请选取要连接的管线<退出>:指定对角点:找到 2 个，总计 3 个 //选择分集水器上的支管。
请选取要连接的管线<退出>: //按 Enter 键。
请输入曲率半径值<0>: //按 Enter 键默认曲率半径值，完成连接；重复执行命令，最后结果如图 5-44 所示。

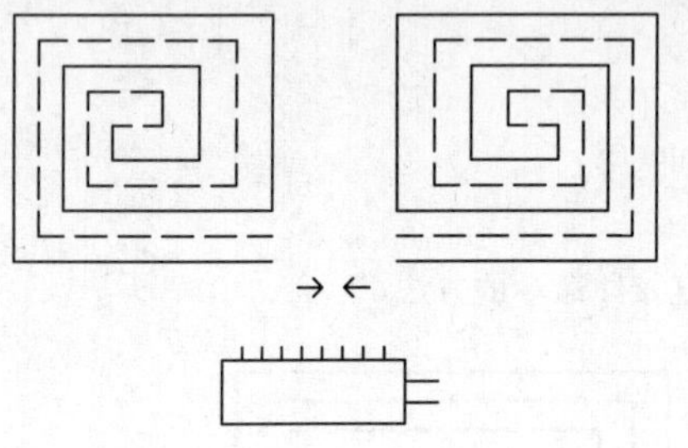
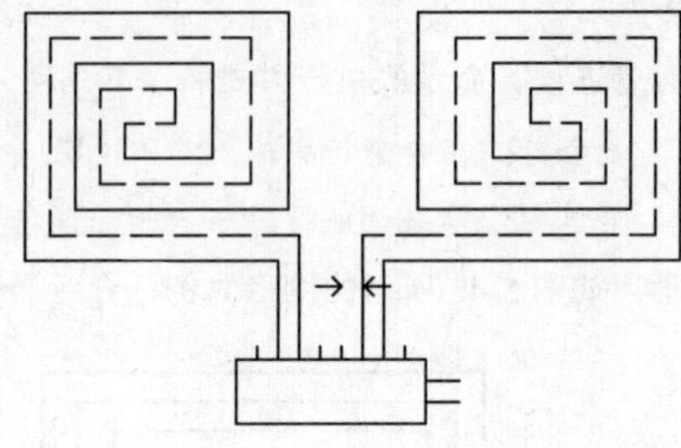

图 5-44 连接盘管与分集水器

5.10 盘管移动

调用“盘管移动”命令，实现平行型盘管在 L 形房间的布置。图 5-45 所示为执行该命令的操作结果。

“盘管移动”命令的执行方式有以下几种：

- 命令行：在命令行中输入“PGYD”命令，按 Enter 键。
- 菜单栏：单击“地暖”→“盘管移动”命令。

调用“X”（分解）命令，将平行型盘管打散。

执行“盘管移动”命令，命令行提示如下：

命令:PGYD↙
请选取要移动的管线<退出>:指定对角点:找到 9 个 //选择要移动的管线。
请选取要移动的管线<退出>: //按 Enter 键。
指定基点<退出>: //在绘图区域任意指定一点。
指定第二个点<退出>: //指定第二个点，结果如图 5-45 所示。

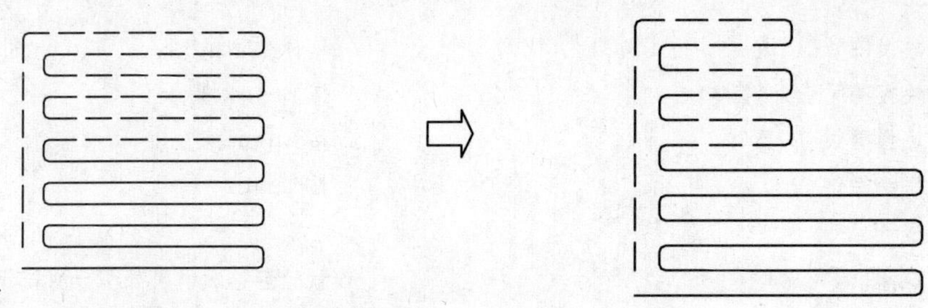

图 5-45 盘管移动

5.11 盘管统计

调用“盘管统计”命令，可选择已经打散的地热盘管，并计算总长度。图 5-46 所示为执行该命令的操作结果。

“盘管统计”命令的执行方式有以下几种：

➢ 命令行：在命令行中输入“PGTJ”命令，按 Enter 键。

➢ 菜单栏：单击“地暖”→“盘管统计”命令。

下面以如图 5-46 所示的图形为例，介绍调用“盘管统计”命令的方法。

01 按 Ctrl+O 组合键，打开配套资源提供的“第 5 章\ 5.11 盘管统计.dwg”素材文件，结果如图 5-47 所示。

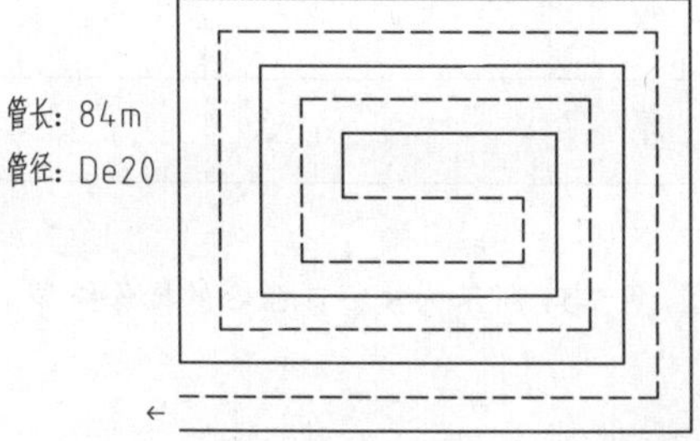

图 5-46　盘管统计

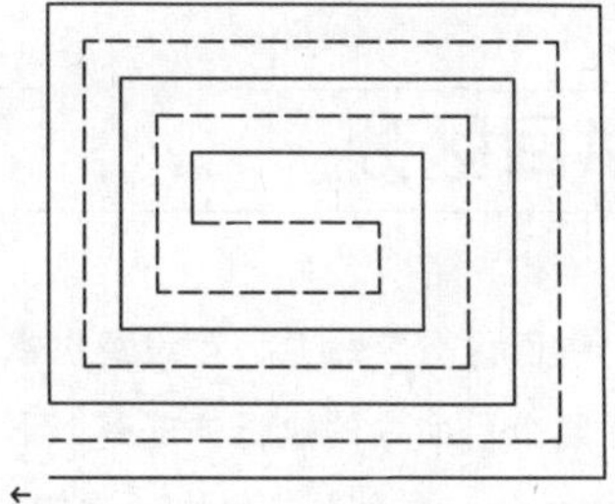

图 5-47　打开素材文件

02 在命令行中输入“PGTJ”命令，按 Enter 键，弹出【盘管统计】对话框，选择待统计的选项，如图 5-48 所示。

03 命令行提示如下：

命令：PGTJ↙

请选择盘管<退出>：　　//选择盘管，计算结果显示在【盘管统计】对话框中，如图 5-49 所示。

盘管总长度为：82.838m

请选取标注点<取消>：　//选取标注点，标注结果如图 5-46 所示。

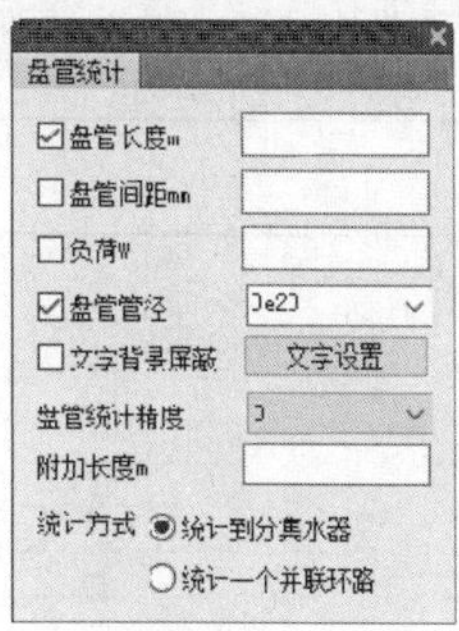

图 5-48　【盘管统计】对话框

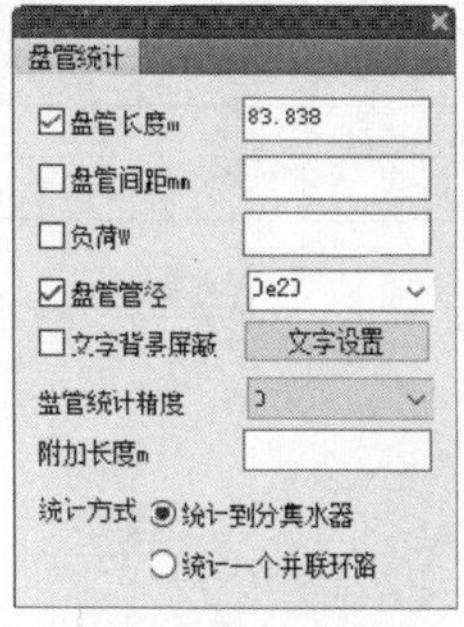

图 5-49　计算结果

在【盘管统计】对话框中单击“文字设置”按钮，弹出如图 5-50 所示的【管线设置】对话框，在其中可设置标注文字的属性参数。

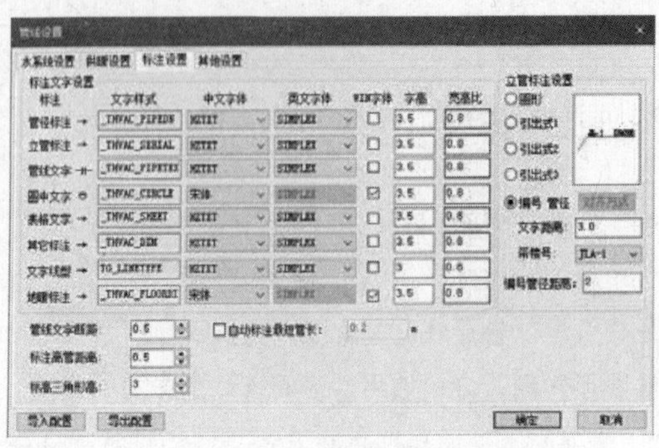

图 5-50 【管线设置】对话框

5.12 供回区分

调用“供回区分”命令，可设置供水、回水的分离点。图 5-51 所示为执行该命令的操作结果。

“供回区分”命令的执行方式有以下几种：

- ➢ 命令行：在命令行中输入“GHQF”命令，按 Enter 键。
- ➢ 菜单栏：单击“地暖”→“供回区分”命令。

下面以如图 5-51 所示的图形为例，介绍调用“供回区分”命令的方法。

01 按 Ctrl+O 组合键，打开配套资源提供的“第 5 章\ 5.12 供回区分.dwg”素材文件，结果如图 5-52 所示。

02 在命令行中输入“GHQF”命令，按 Enter 键，命令行提示如下：

```
命令:GHQF↙
请选取一条直线、多段线或弧线<退出>:                    //选定待区分的多段线。
请选择供水图层管段<当前闪烁管段>:指定对角点:           //根据命令行的提示进行框选（当前虚线显示的是供水图层管段）。
设置供回成功!                  //按 Enter 键完成供回区分的操作，结果如图 5-51 所示。
```

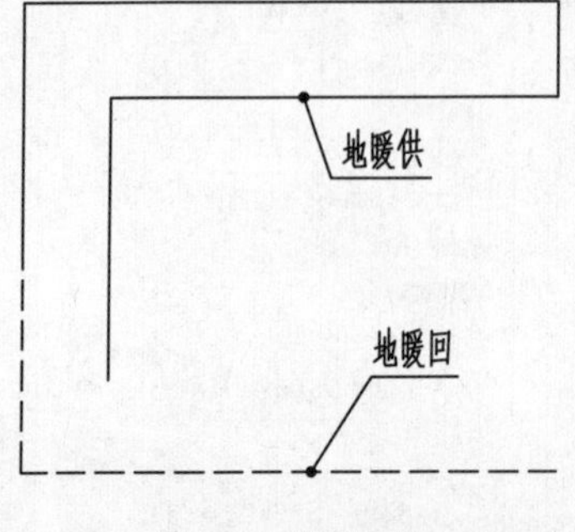

图 5-51 供回区分

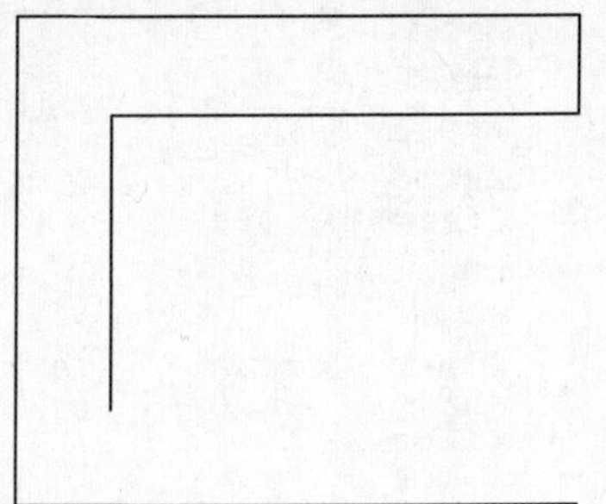

图 5-52 打开素材文件

5.13 盘管加粗

调用“盘管加粗”命令，可加粗显示绘图区域中的所有盘管。

“盘管加粗”命令的执行方式有以下几种：

- 命令行：在命令行中输入“PGJC”命令，按 Enter 键。
- 菜单栏：单击“地暖”→“盘管加粗”命令。

执行上述任意一项操作，盘管自动加粗显示，如图 5-53 所示。

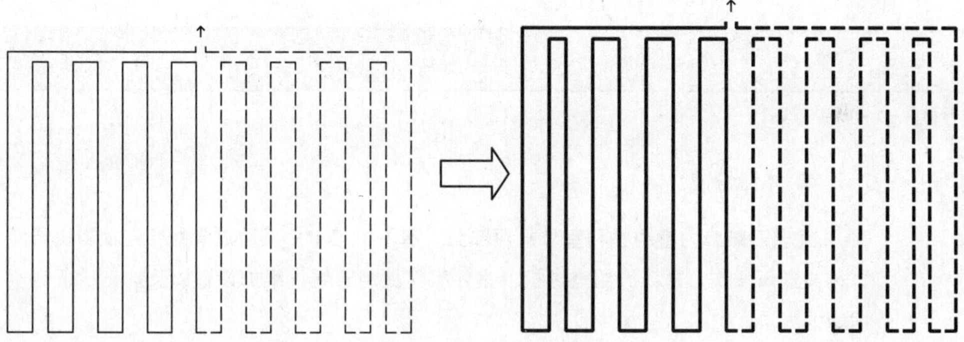

图 5-53　盘管加粗

第6章 多联机

● 本章导读

空调系统分为室内机和室外机两部分。室内机与室外机通过管线相连接，执行排风或送风操作。本章介绍室内机、室外机、绘制管线、维护设备以及扩充设备数据库的方法。

● 本章重点

◈ 设置
◈ 室内机
◈ 室外机
◈ 绘制管线
◈ 系统划分
◈ 系统计算
◈ 维护

T20-Hvac V6.0

6.1 设置

调用“设置”命令，可预先设置多联机的各项参数，包括厂商、自动连管以及标注等。

“设置”命令的执行方式有以下几种：

➢ 命令行：在命令行中输入“DLJSZ”命令，按 Enter 键。

➢ 菜单栏：单击“多联机”→“设置”命令。

执行“设置”命令，在如图 6-1 所示的【多联机设置】对话框中单击“分歧管长度”选项，在下拉列表中选择长度，如图 6-2 所示。此外，也可直接在文本框中设置长度。

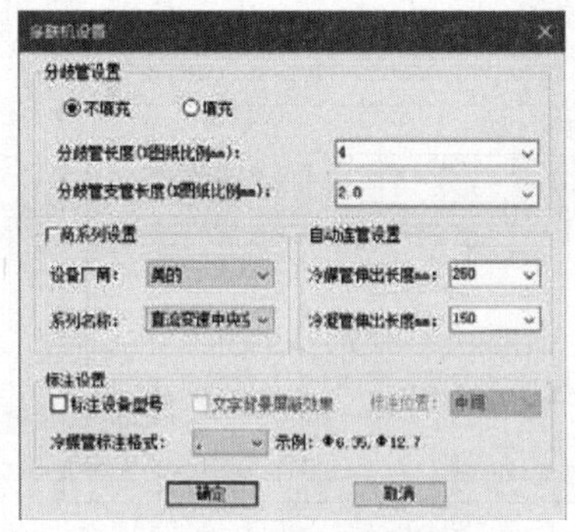

图 6-1 【多联机设置】对话框

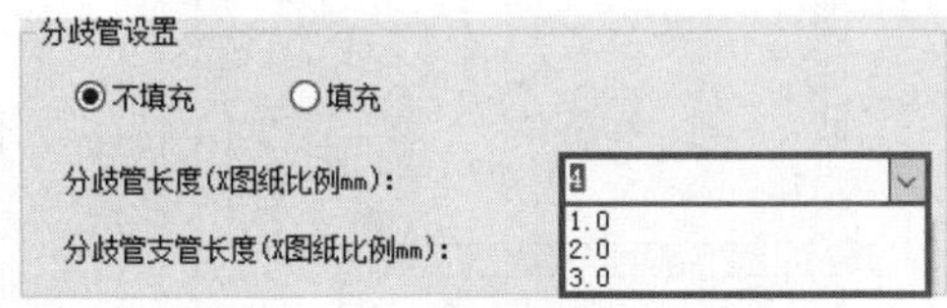

图 6-2 下拉列表

在“厂商系列设置”选项组中选择设备厂商与系列名称。单击“设备厂商”选项，在下拉列表中选择厂商，如图 6-3 所示。

选择设备厂商后，“系列名称”也会相应地发生变化，如图 6-4 所示为“设备厂商”选择“海信日立”后，“系列名称”参数的变化结果。

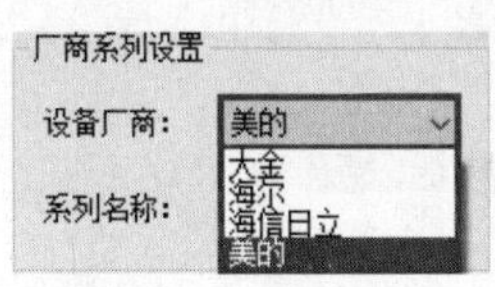

图 6-3 选择厂商

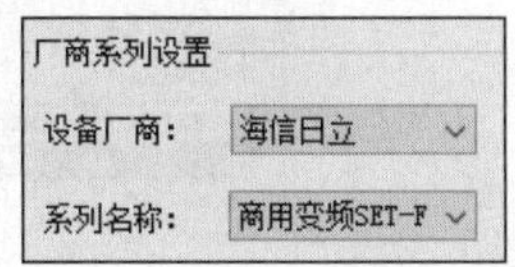

图 6-4 “系列名称”参数相应发生变化

选择“标注设置”选项组中的“标注设备型号”选项，激活“文字背景屏蔽效果”“标注位置”两个选项，可以修改参数，如图 6-5 所示。

单击“冷媒管标注格式”选项，在下拉列表中显示出三种标注格式，选择其中的一种，在选项后方将显示其标注格式的示例，如图 6-6 所示。

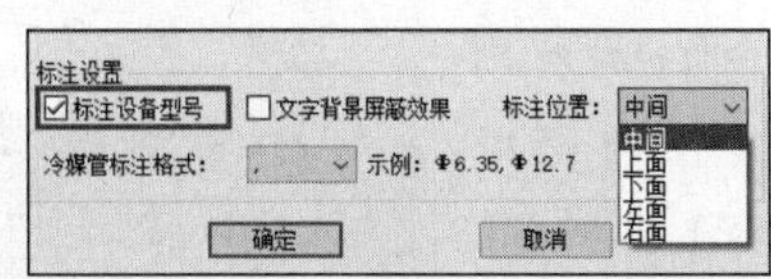

图 6-5 选择“标注设备型号”选项

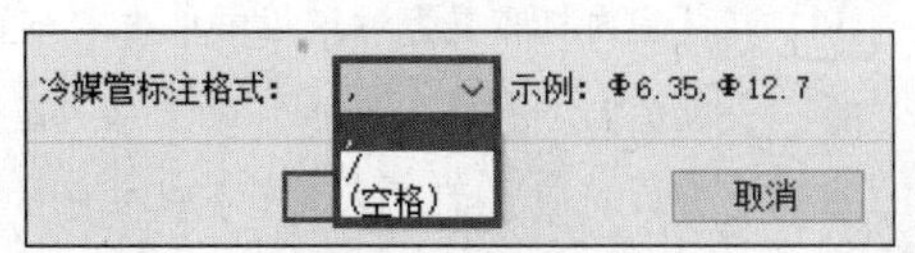

图 6-6 冷媒管标注格式

6.2 室内机

调用“室内机”命令，布置指定样式的室内机。图 6-7 所示为执行该命令的操作结果。

“室内机”命令的执行方式有以下几种：

- 命令行：在命令行中输入“SNJBZ”命令，按 Enter 键。
- 菜单栏：单击“多联机”→“室内机”命令。

下面以如图 6-7 所示的室内机布置为例，介绍调用“室内机”命令的方法。

01 按 Ctrl+O 组合键，打开配套资源提供的“第 6 章\ 6.2 室内机.dwg”素材文件，结果如图 6-8 所示。

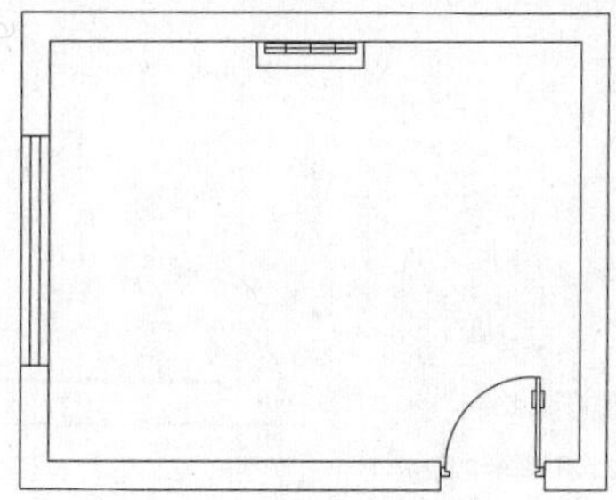

图 6-7　室内机布置

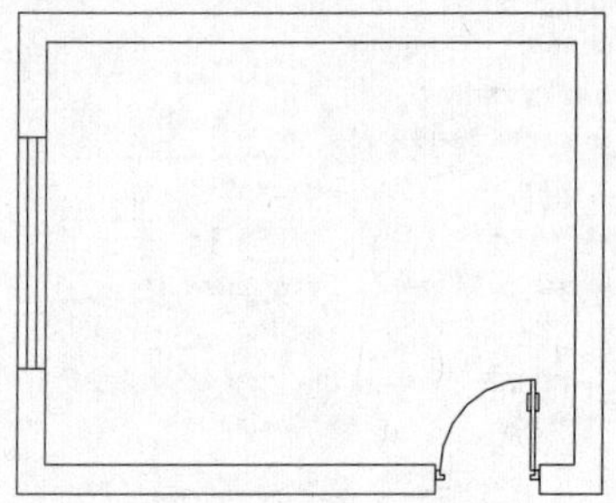

图 6-8　打开素材文件

02 在命令行中输入“SNJBZ”命令，按 Enter 键，弹出【室内机布置】对话框，设置参数如图 6-9 所示。

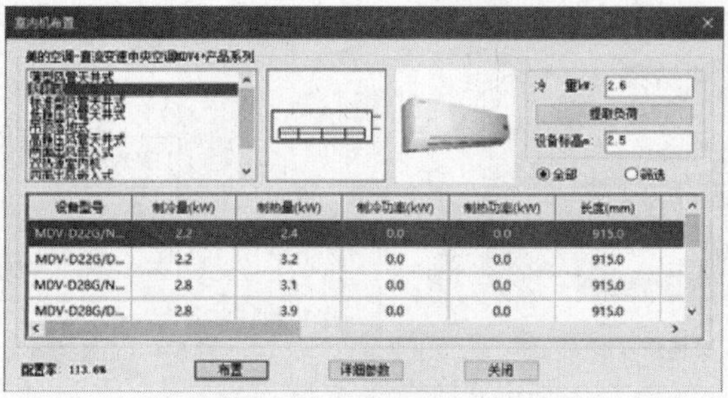

图 6-9　【室内机布置】对话框

03 单击对话框下方的“详细参数”按钮，在弹出的【详细参数】对话框中可以查看所选定的室内机的具体参数，如图 6-10 所示。注意：在该对话框中不支持数据的修改，若要修改需返回【室内机布置】对话框。

04 在【室内机布置】对话框中单击“布置”按钮，命令行提示如下：

命令：SNJBZ↙

请指定多联机设备的插入点{沿墙布置[W]/转 90 度(A)/改转角[R]/左右翻转[F]/上下翻转[S]}<退出>:W　　//输入“W”，选择“沿墙布置”选项。

请输入设备边距离墙线的距离<0>:　　//按下 Enter 键。

请拾取靠近室内机的墙线{距墙[D]}<退出>:　　　　　　　//如图 6-11 所示。

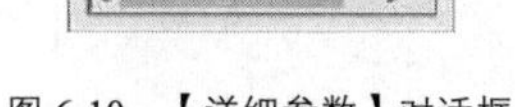
图 6-10　【详细参数】对话框

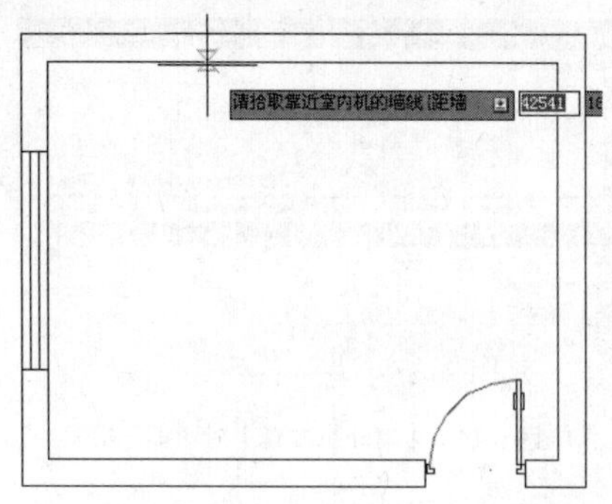

图 6-11　拾取靠近室内机的墙线

05 单击鼠标左键，完成室内机的布置，结果如图 6-7 所示。

6.3 室外机

调用“室外机”命令，布置指定样式的室外机。图 6-12 所示为执行该命令的操作结果。

“室外机”命令的执行方式有以下几种：

命令行：在命令行中输入“SWJBZ”命令，按 Enter 键。

➢ 菜单栏：单击“多联机”→“室外机”命令。

下面以如图 6-12 所示的室外机布置为例，介绍调用“室外机”命令的方法。

01 按 Ctrl+O 组合键，打开配套资源提供的“第 6 章\ 6.3 室外机.dwg”素材文件，结果如图 6-13 所示。

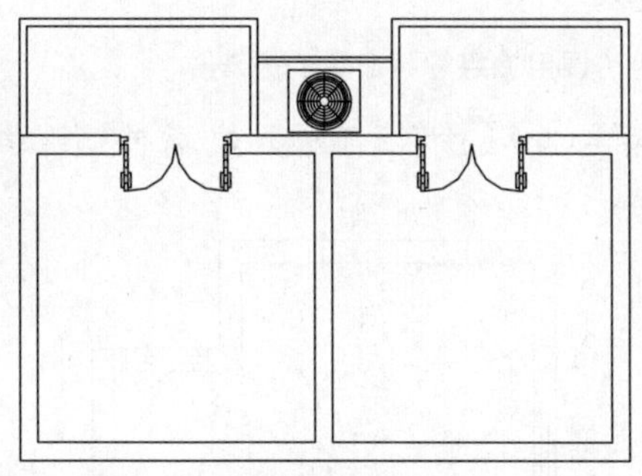

图 6-12　室外机布置

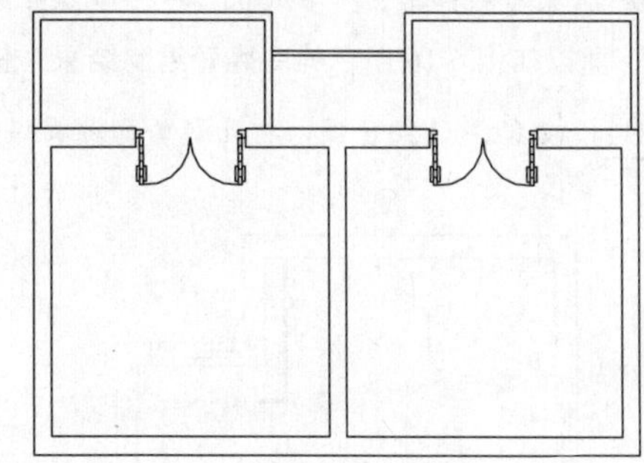

图 6-13　打开素材文件

02 在命令行中输入“SWJBZ”命令，按 Enter 键，弹出【室外机布置】对话框，设置参数如图 6-14 所示。

03 单击“布置”按钮，命令行提示如下：

命令:SWJBZ↙

请指定多联机设备的插入点{沿墙布置[W]/转 90 度(A)/改转角[R]/左右翻转[F]/上下翻转

```
[S]}<退出>:                                //如图 6-15 所示。
```

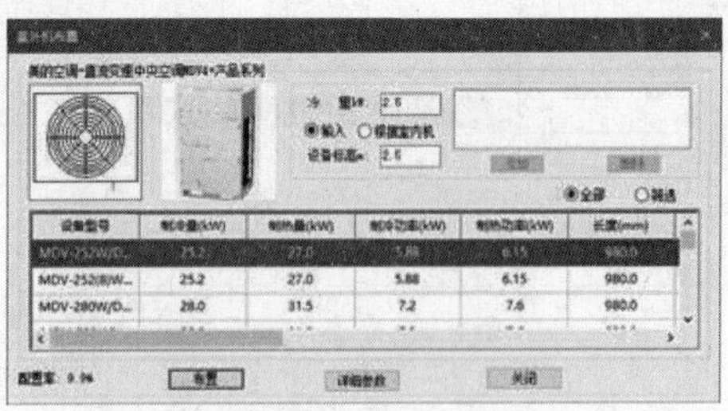

图 6-14 【室外机布置】对话框

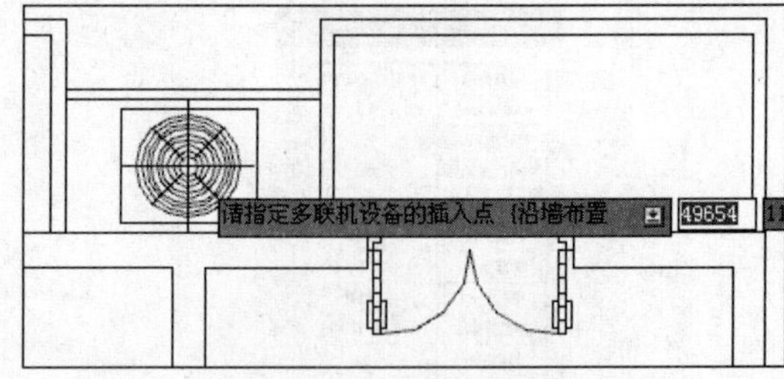

图 6-15 指定多联机设备的插入点

04 布置室外机的结果如图 6-12 所示。

6.4 绘制管线

多联机需要与管线相连才能辅助使用，本节介绍管线的绘制，包括冷媒管与冷凝水管的绘制，以及管线与设备的连接方法。

6.4.1 冷媒管绘制

调用“冷媒管绘制”命令，可通过指定管线的起点和终点来布置冷媒管。图 6-16 所示为冷媒管的绘制结果。

“冷媒管绘制”命令的执行方式有以下几种：

- 命令行：在命令行中输入“LMBZ”命令，按 Enter 键。
- 菜单栏：单击“多联机”→“冷媒管绘制”命令。

下面以如图 6-16 所示的冷媒管绘制结果为例，介绍“调用冷媒管”命令的方法。

01 按 Ctrl+O 组合键，打开配套资源提供的“第 6 章\ 6.4.1 冷媒管绘制.dwg”素材文件，结果如图 6-17 所示。

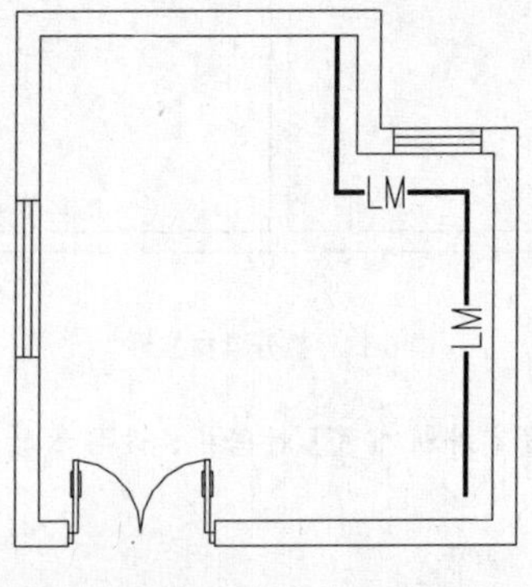

图 6-16 冷媒管绘制

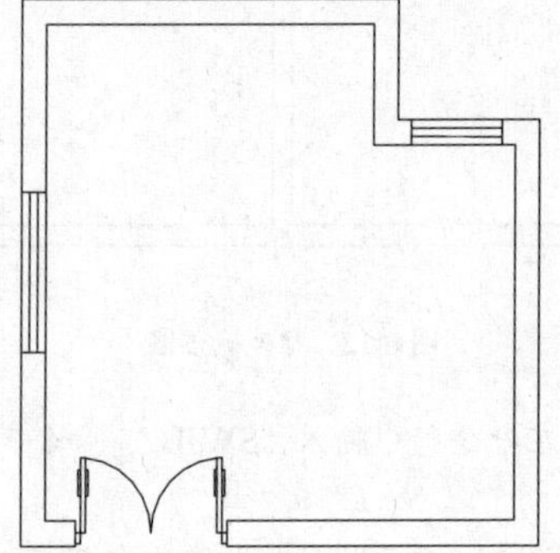

图 6-17 打开素材文件

02 在命令行中输入“LMBZ”命令，按 Enter 键，弹出【冷媒管布置】对话框，设置参数如图 6-18

所示。

[03] 在对话框中单击“管线设置”按钮，在弹出的【管线设置】对话框中设置该管线的各项参数，如图 6-19 所示。

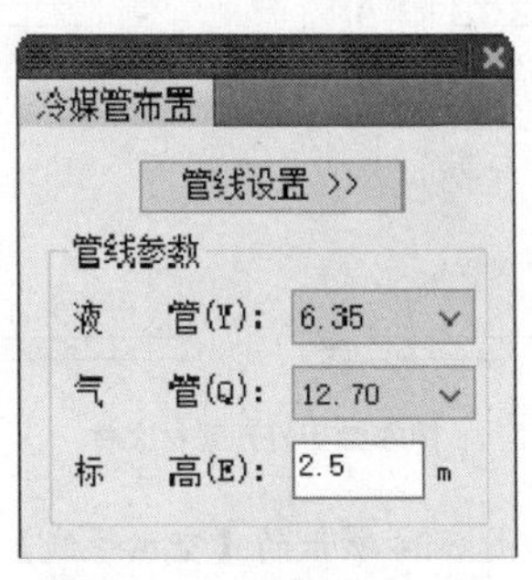

图 6-18 【冷媒管布置】对话框

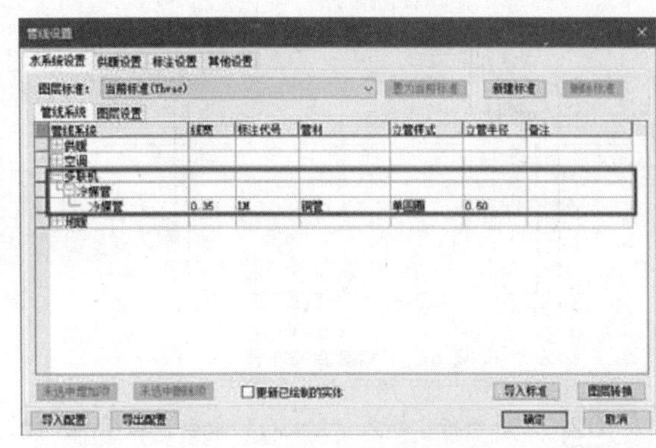

图 6-19 【管线设置】对话框

[04] 单击“确定”按钮关闭对话框，此时命令行提示如下：

命令:LMBZ↙

请选取管线的起始点[参考点(R)/距线(T)/两线(G)/墙角(C)]<退出>: //如图 6-20 所示。

请选取终点[参考点(R)/沿线(T)/两线(G)/墙角(C)/轴锁度数[0(A)/30(S)/45(D)]/回退(U)]<结束>: //如图 6-21 所示。

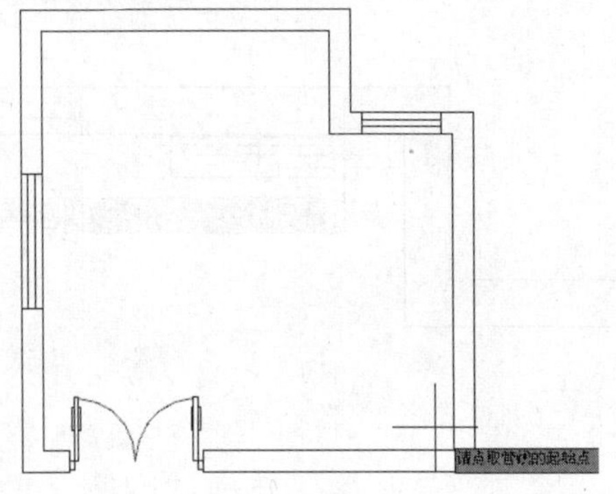

图 6-20 选取管线的起始点

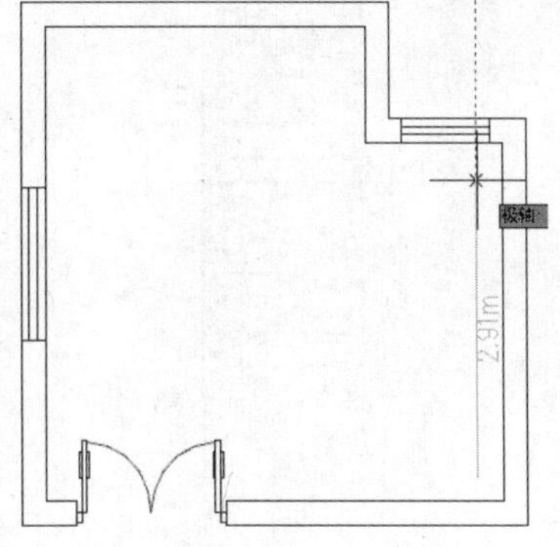

图 6-21 选取下一点

[05] 继续指定管线的各点，完成冷媒管的绘制结果如图 6-16 所示。

6.4.2 冷凝水管

调用“冷凝水管”命令，绘制空调冷凝水管。图 6-22 所示为冷凝水管的绘制结果。

“冷凝水管”命令的执行方式有以下几种：

- 命令行：在命令行中输入“LNSG”命令，按 Enter 键。
- 菜单栏：单击“多联机”→“冷凝管绘制”命令。

下面以如图 6-22 所示的冷凝水管绘制结果为例，介绍调用“冷凝水管”命令的方法。

01 按 Ctrl+O 组合键，打开配套资源提供的“第 6 章\ 6.4.2 冷凝水管绘制.dwg”素材文件，结果如图 6-23 所示。

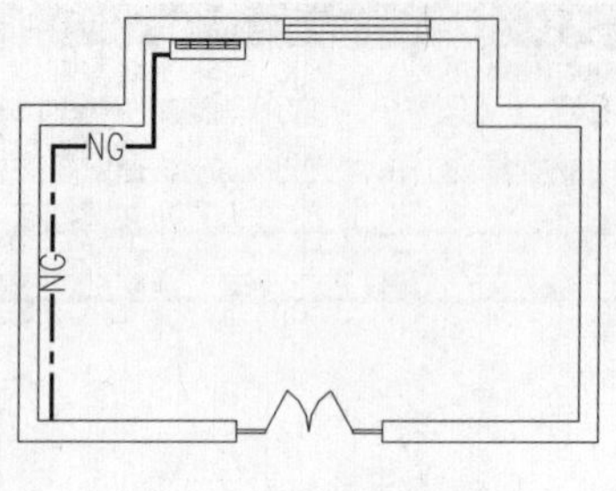

图 6-22 绘制冷凝水管

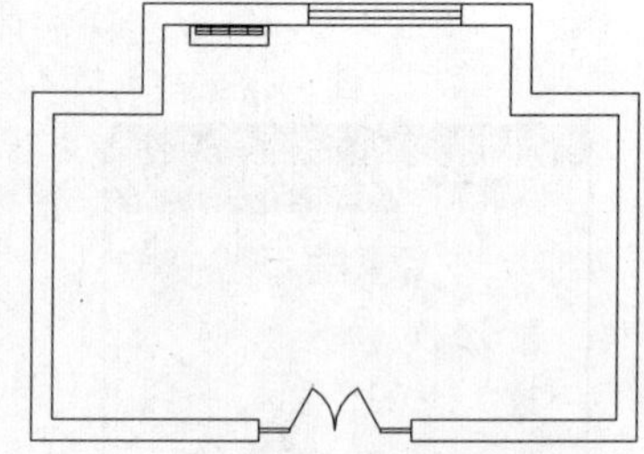

图 6-23 打开素材文件

02 在命令行中输入“LNSG”命令，按 Enter 键，弹出如图 6-24 所示的【空水管线】对话框。

03 在对话框中单击“空冷凝水”选项，命令行提示如下：

命令：LNSG↙

请选取管线的起始点[参考点(R)/距线(T)/两线(G)/墙角(C)]<退出>： //如图 6-25 所示。

请选取终点[参考点(R)/沿线(T)/两线(G)/墙角(C)/轴锁度数[0(A)/30(S)/45(D)]/回退(U)]<结束>： //选取终点，绘制管线，结果如图 6-22 所示。

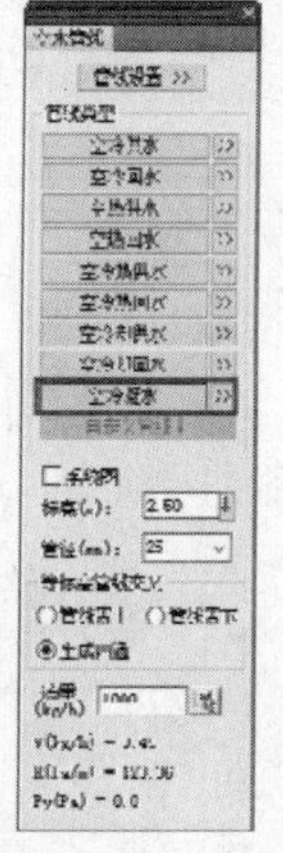

图 6-24 【空水管线】对话框

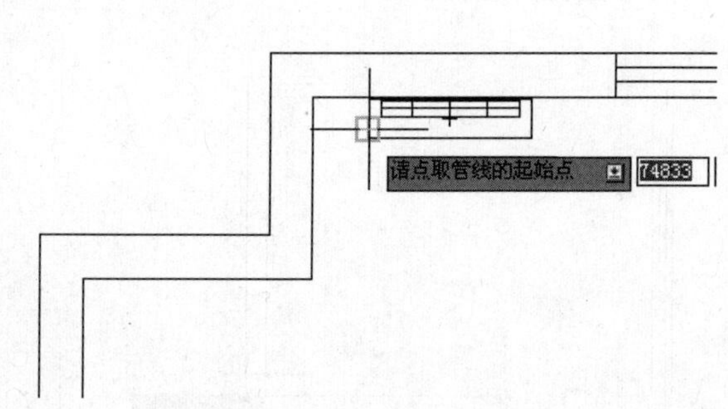

图 6-25 选取管线的起始点

6.4.3 冷媒立管

调用“冷媒立管”命令，在图中的指定位置布置立管。图 6-26 所示为冷媒立管的绘制结果。

“冷媒立管”绘制命令的执行方式有以下几种：

- 命令行：在命令行中输入“LMLG”命令，按 Enter 键。
- 菜单栏：单击“多联机”→“冷媒立管”命令。

下面以如图 6-26 所示的冷媒立管绘制结果为例，介绍调用“冷媒立管”命令的方法。

01 按 Ctrl+O 组合键，打开配套资源提供的“第 6 章\ 6.4.3 冷媒立管绘制.dwg”素材文件，结果如图 6-27 所示。

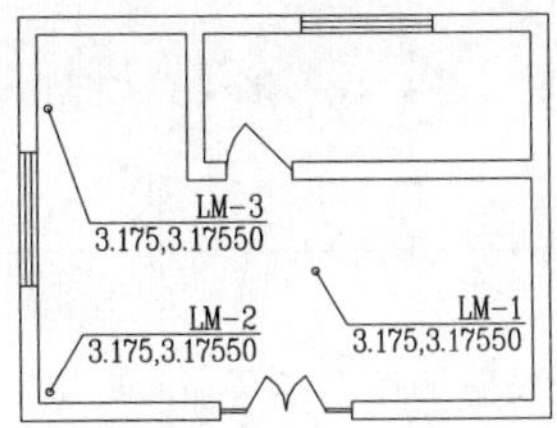

图 6-26 绘制冷媒立管

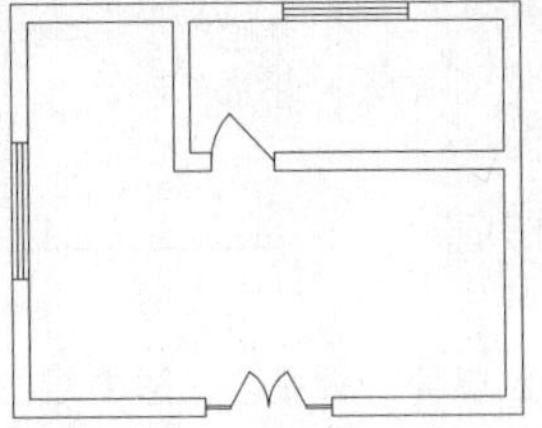

图 6-27 打开素材文件

02 在命令行中输入“LMLG”命令，按 Enter 键，弹出如图 6-28 所示的【冷媒立管】对话框。

03 此时命令行提示如下：

```
命令:LMLG↙
请指定立管的插入点[参考点(R)/距线(T)/两线(G)/墙角(C)]<退出>:*取消*
                              //选取插入点，布置立管如图 6-29 所示;
```

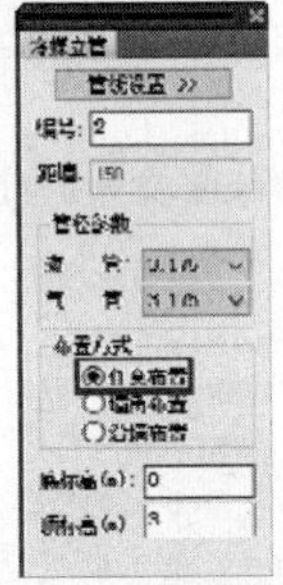

图 6-28 【冷媒立管】对话框

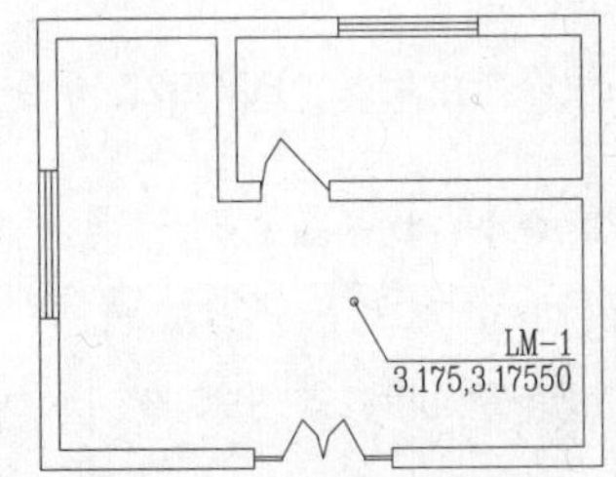

图 6-29 在墙角布置立管

04 在【冷媒立管】对话框中选择“墙角布置”选项，设置“距墙”参数，如图 6-30 所示。

05 命令行提示如下：

```
命令:LMLG↙
请拾取靠近立管的墙角<退出>:      //如图 6-31 所示;
```

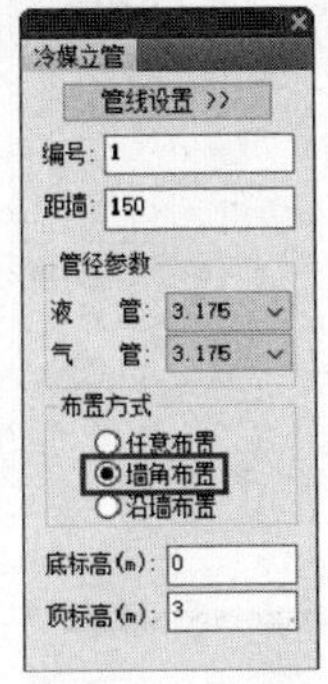

图 6-30 选择“墙角布置”选项

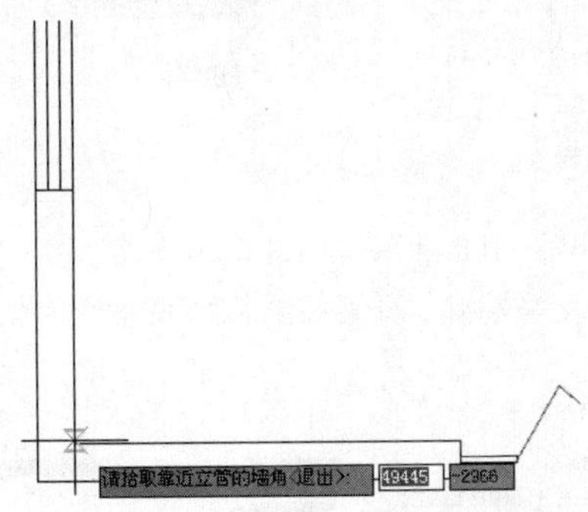

图 6-31 拾取靠近立管的墙角

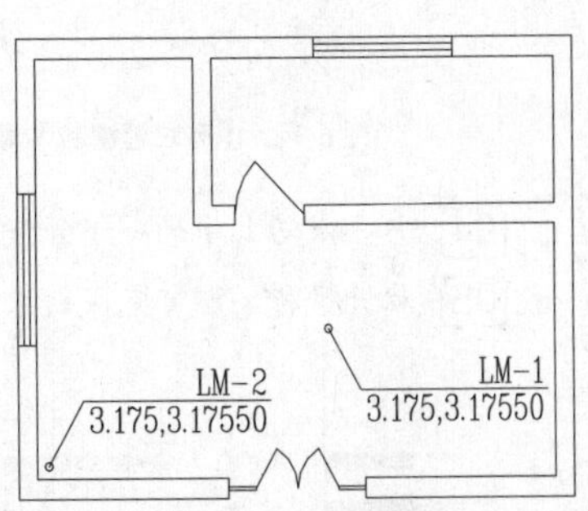

图 6-32 操作结果

06 立管的布置结果如图 6-32 所示。

07 在【冷媒立管】对话框中选择“沿墙布置”选项，命令行提示如下：

```
命令:LMLG↙
请拾取靠近立管的墙线<退出>:            //选取墙线，布置立管，结果如图 6-26 所示。
```

6.4.4 分歧管

调用“分歧管”命令，在图中绘制分歧管。图 6-33 所示为分歧管的绘制结果。

“分歧管”绘制命令的执行方式有以下几种：

- 命令行：在命令行中输入“FQGBZ”命令，按 Enter 键。
- 菜单栏：单击“多联机”→“分歧管”命令。

下面以如图 6-33 所示的分歧管绘制结果为例，介绍调用“分歧管”命令的方法。

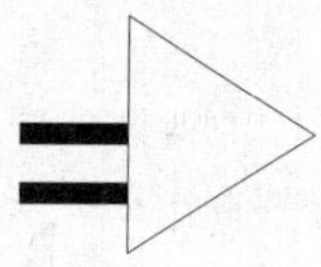

图 6-33 分歧管

01 在命令行中输入“FQGBZ”命令，按 Enter 键，在弹出的【分歧管绘制】对话框中设置参数，如图 6-34 所示。

02 此时命令行提示如下：

```
命令:FQGBZ↙
请指定分歧管的插入点{[基点变换(T)/转90度(A)/左右翻(S)/上下翻(D)/改转角(R)]}<退出
>:                        //选取插入点，结果如图 6-33 所示;
```

03 选中分歧管，显示水管的输入口和输出口，如图 6-35 所示。

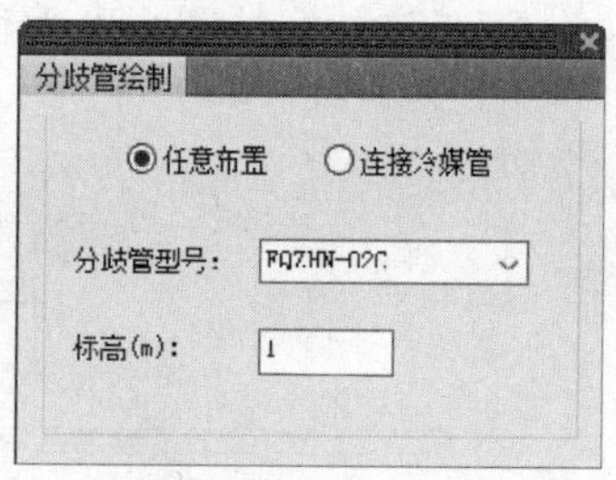

图 6-34 【分歧管绘制】对话框

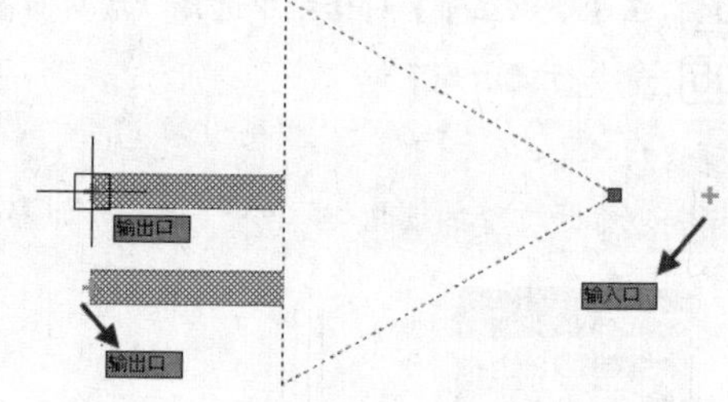

图 6-35 输入口和输出口

04 单击激活其中的一个管线接口，引出管线，如图 6-36 所示。

05 松开鼠标，即可完成引出管线的绘制，结果如图 6-37 所示。

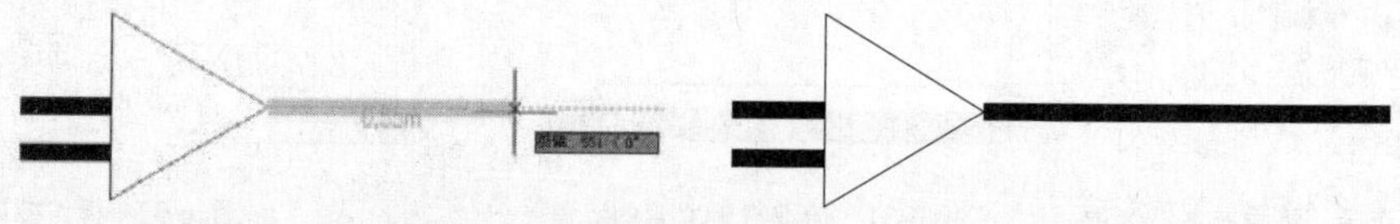

图 6-36 激活管线接口

图 6-37 引出管线

[06] 按 Ctrl+O 组合键，打开配套资源提供的“第 6 章\ 6.4.4 分歧管.dwg”素材文件，结果如图 6-38 所示。

[07] 在【分歧管绘制】对话框中选择“连接冷媒管”选项，如图 6-39 所示。

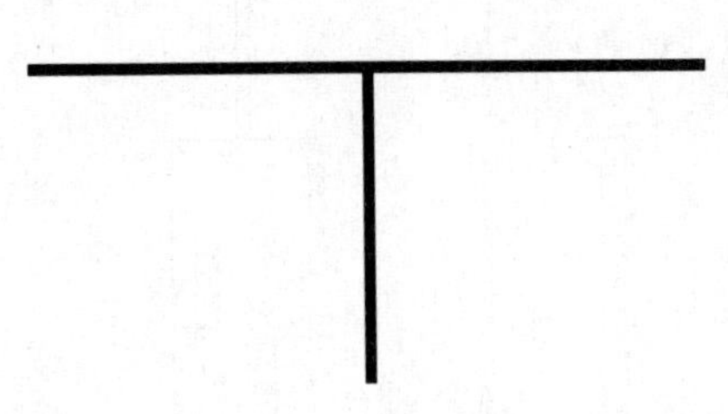

图 6-38　打开素材文件

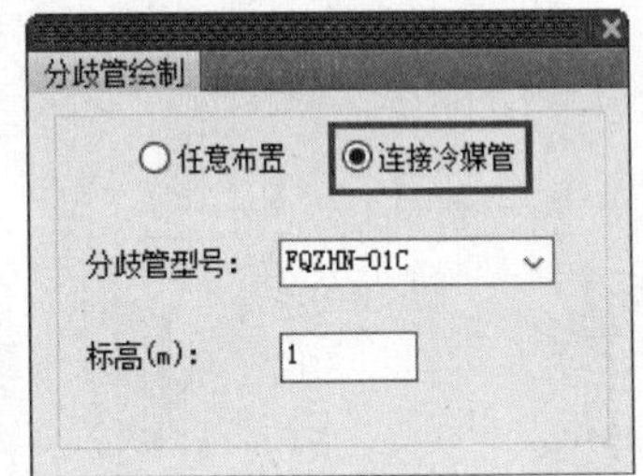

图 6-39　选择“连接冷媒管”选项

[08] 此时命令行提示如下：

```
命令:FQGBZ↙
请选择主管:                       //如图 6-40 所示;
请选择支管:                       //如图 6-41 所示;
```

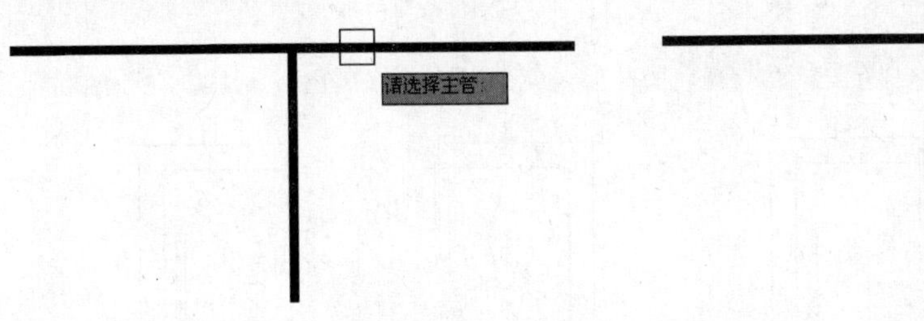

图 6-40　选择主管

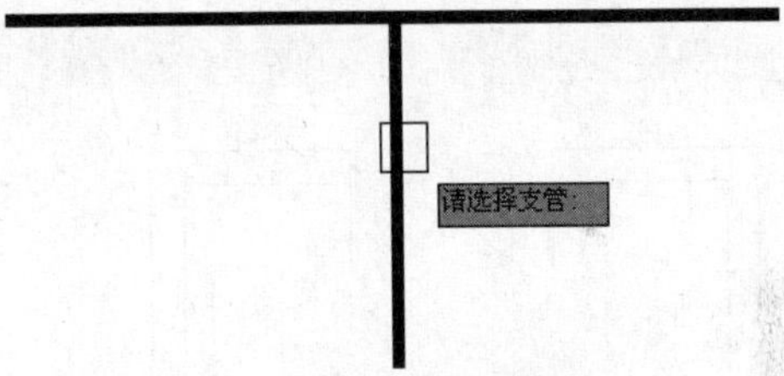

图 6-41　选择支管

[09] 绘制连接主管和分管的分歧管，结果如图 6-42 所示。

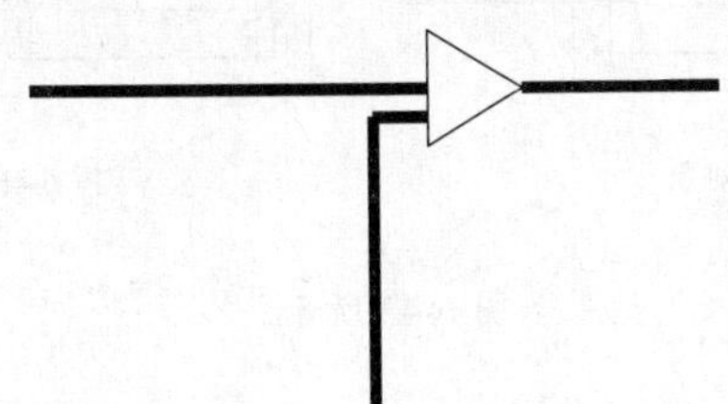

图 6-42　绘制连接主管和分管的分歧管

6.4.5 连接 VRV

调用“连接 VRV”命令，可自动连接多联机设备与管线。图 6-43 所示为连接 VRV 的结果。

“连接 VRV”命令的执行方式有以下几种：

- 命令行：在命令行中输入“DLJLG”命令，按 Enter 键。
- 菜单栏：单击“多联机”→“连接 VRV”命令。

下面以如图 6-43 所示的连接 VRV 操作结果为例，介绍调用“连接 VRV”命令的方法。

01 按 Ctrl+O 组合键，打开配套资源提供的“第 6 章\ 6.4.5 连接 VRV.dwg”素材文件，结果如图 6-44 所示。

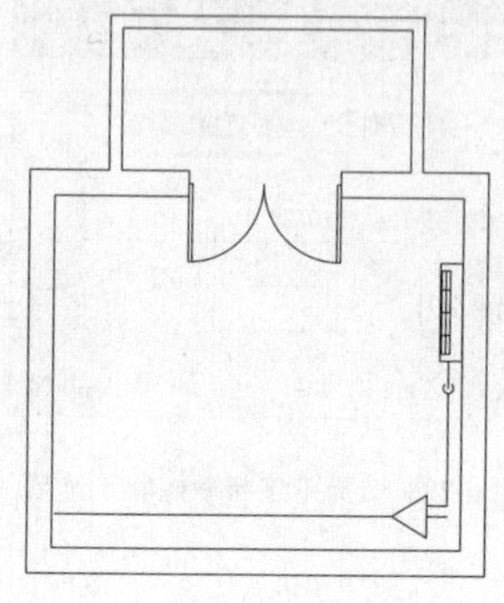

图 6-43 连接 VRV

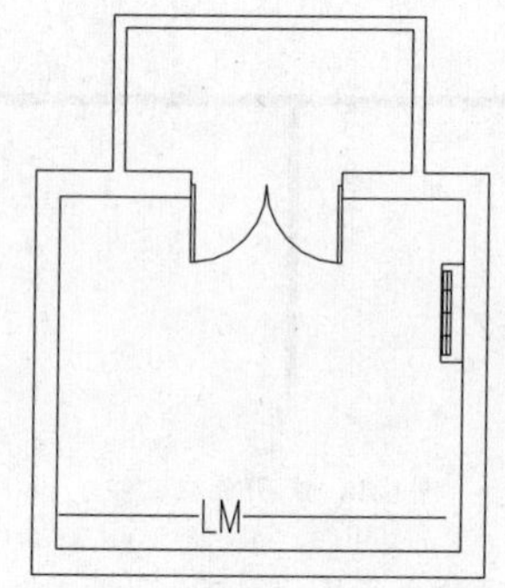

图 6-44 打开素材文件

02 在命令行中输入“DLJLG”命令，按 Enter 键，命令行提示如下：

```
命令:DLJLG↙
请框选多联机对象:找到 1 个，总计 2 个                //如图 6-45 所示;
请框选多联机对象: 请选择分歧管方向点:               //如图 6-46 所示;
```

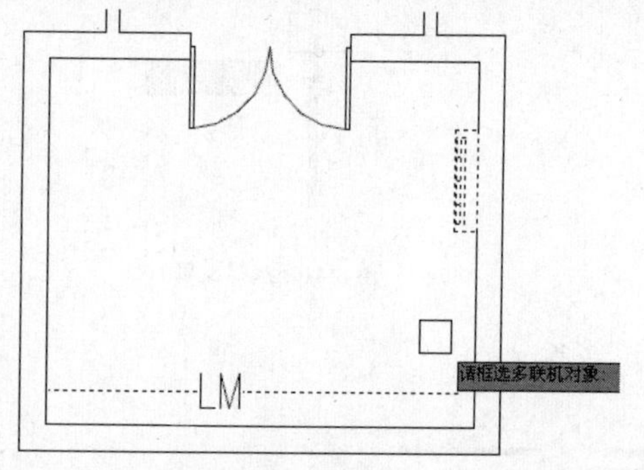

图 6-45 框选多联机对象

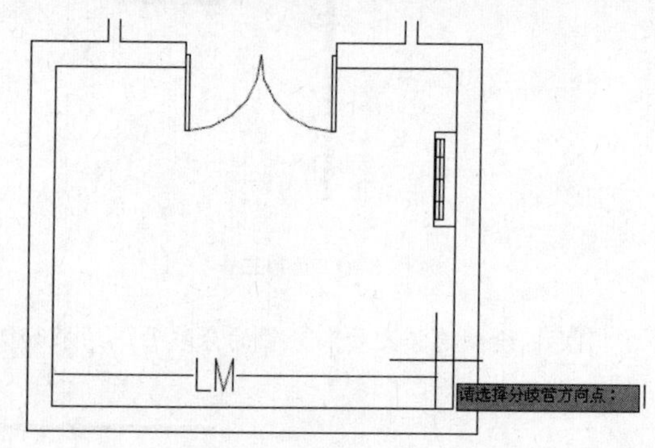

图 6-46 选择分歧管方向点

03 单击鼠标左键，完成连接，结果如图 6-43 所示。

6.4.6 设备连管

调用“设备连管”命令，可自动连接设备与管线。图 6-47 所示为设备连管的操作结果。

“设备连管”命令的执行方式有以下几种：

➤ 命令行：在命令行中输入“SBLG”命令，按 Enter 键。

➤ 菜单栏：单击“多联机”→“设备连管”命令。

下面以如图 6-47 所示的设备连管操作结果为例，介绍调用“设备连管”命令的方法。

01 按 Ctrl+O 组合键，打开配套资源提供的“第 6 章\ 6.4.6 设备连管.dwg”素材文件，结果如图 6-48 所示。

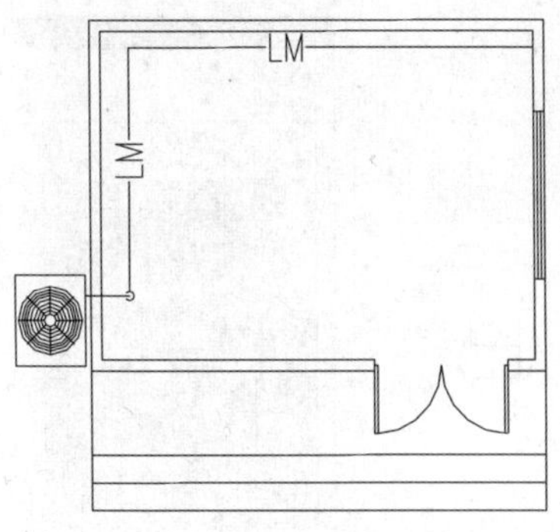

图 6-47　设备连管

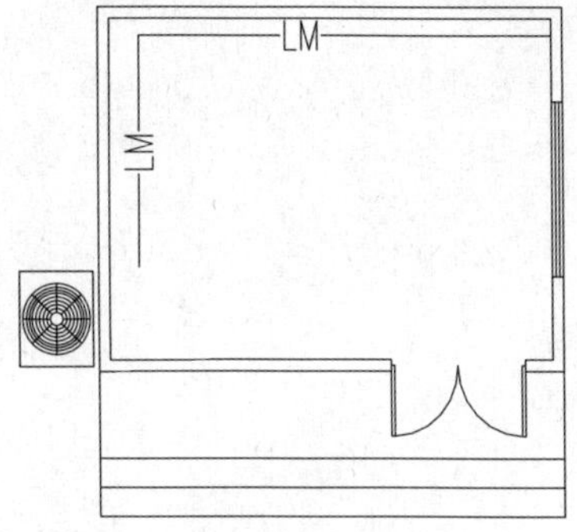

图 6-48　打开素材文件

02 在命令行中输入“SBLG”命令，按 Enter 键，在弹出的【设备连管设置】对话框中设置参数，如图 6-49 所示。

03 此时命令行提示如下：

```
命令:SBLG↙
请选择要连接的设备及管线<退出>:找到 2 个，总计 2 个              //如图 6-50 所示。
```

04 按下 Enter 键完成设备连管，结果如图 6-47 所示。

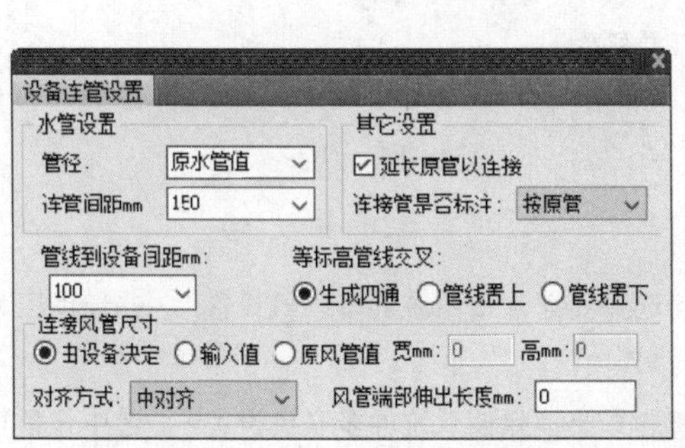

图 6-49　【设备连管设置】对话框

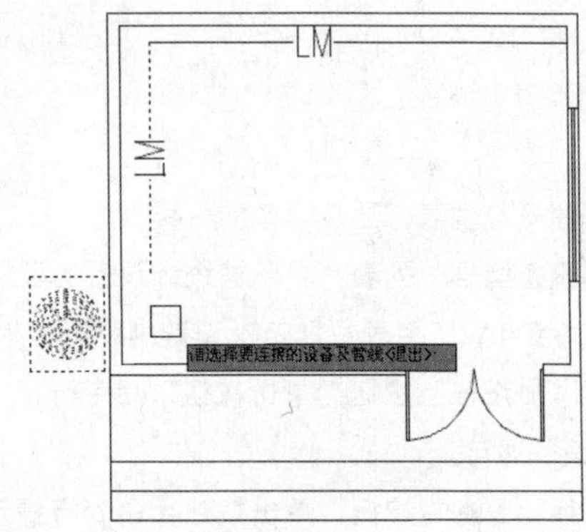

图 6-50　选择要连接的设备及管线

6.5 系统划分

调用“系统划分”命令，根据图纸中负荷计算结果进行系统划分，支持编辑、删除等操作，可以统计每个系统中所有房间的冷负荷、热负荷参数并汇总结果。

“系统划分”命令的执行方式有以下几种：

- 命令行：在命令行中输入“XTHF”命令，按 Enter 键。
- 菜单栏：单击“多联机”→“系统划分”命令。

执行“系统划分”命令，调出【系统划分】对话框。在对话框中显示了对当前图形的统计及计算结果，如图 6-51 所示。此时，计算对象即设备在图中不停闪烁，直至退出命令操作为止。

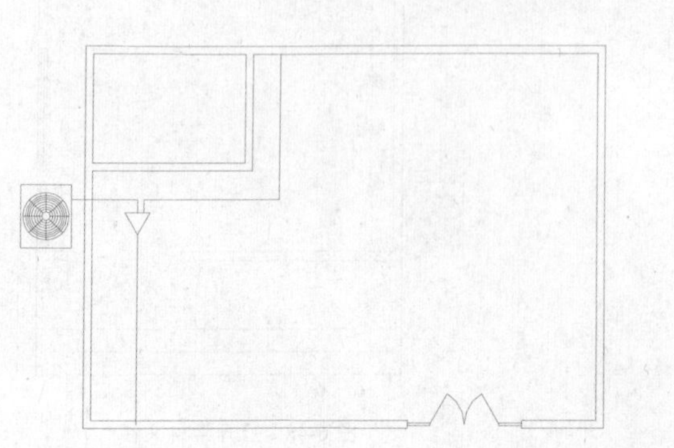

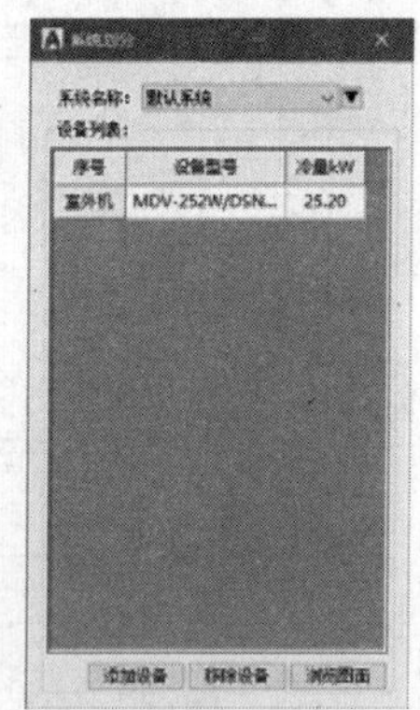

图 6-51　系统划分

“系统名称”选项：在下拉列表中列出了已有系统的名称。单击选项后的向下箭头，在弹出的下拉列表中可以选择“新建”“删除系统”“重命名”操作，如图 6-52 所示。

图 6-52　下拉列表

“序号”列表：显示设备的名称。

“设备型号”列表：显示被统计设备的型号。

“冷量 kW”列表：显示对设备的统计结果。

“添加设备”按钮：单击按钮，命令行提示“请选择要划入该系统的多联机设备:”，在绘图区域区中拾取设备即可。

“移除设备”按钮：单击按钮，命令行提示“请选择要移除该系统的多联机设备:”，选中设备可将其移除。

“浏览图面”按钮：单击按钮暂时关闭对话框，浏览页面结束后，单击鼠标右键可返回对话框。

6.6 系统计算

调用“系统计算”命令，可提供落差、冷媒管、分歧管、充注量计算，并输出原理图及计算书。

“系统计算”命令的执行方式有以下几种：

- 命令行：在命令行中输入“XTJS”命令，按 Enter 键。
- 菜单栏：单击“多联机”→“系统计算”命令。

01 按 Ctrl+O 组合键，打开配套资源提供的“第 6 章\ 6.6 系统计算.dwg”素材文件，结果如图 6-53 所示。

02 在命令行中输入“XTJS”命令，按 Enter 键，弹出如图 6-54 所示的【楼层维护】对话框。

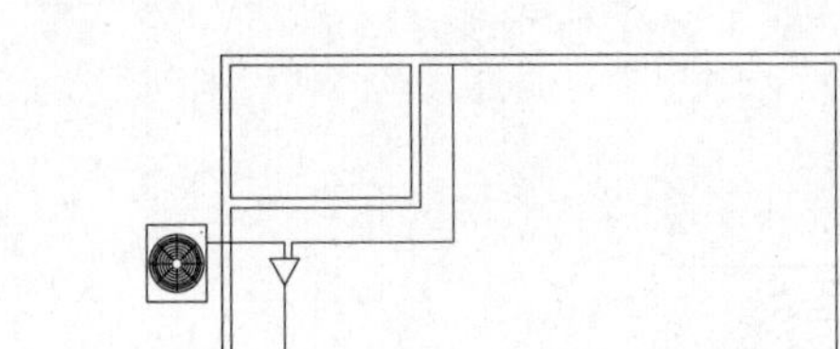
图 6-53 打开素材文件

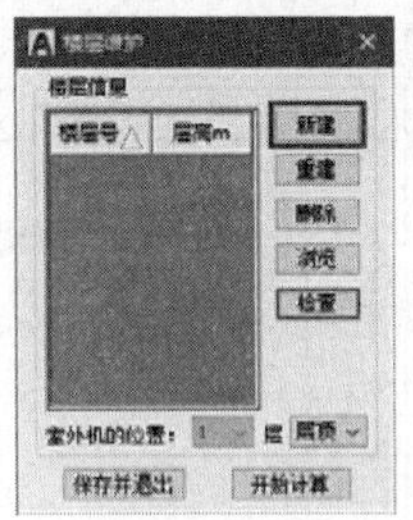
图 6-54 【楼层维护】对话框

03 单击“新建”按钮，命令行提示如下：

```
命令:XTJS↙
请选择该楼层区域左上角点:                    //如图 6-55 所示。
请选择该楼层区域右下角点:                    //如图 6-56 所示。
```

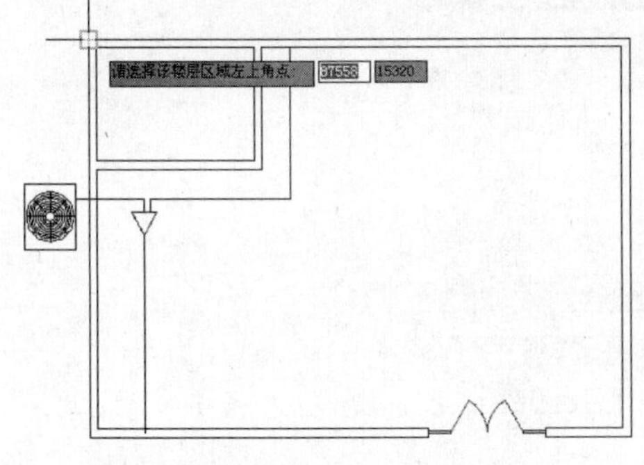

图 6-55 选择该楼层区域左上角点

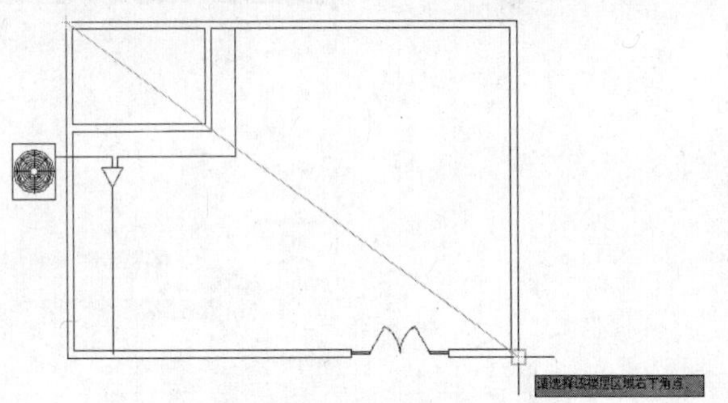

图 6-56 选择该楼层区域右下角点

04 新建楼层的结果如图 6-57 所示。

05 单击“开始计算”按钮，弹出如图 6-58 所示的【系统计算】对话框。

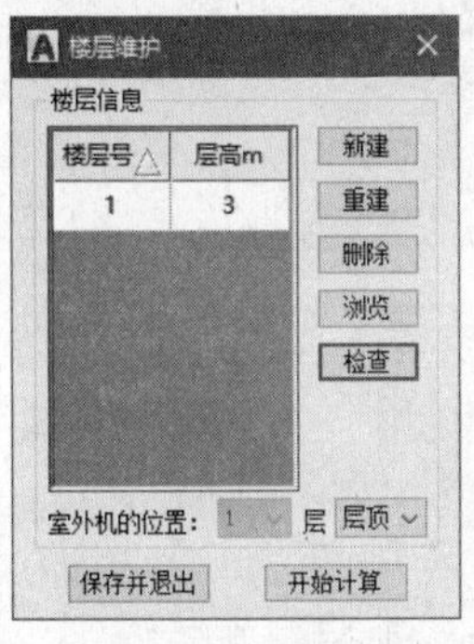

图 6-57 新建楼层

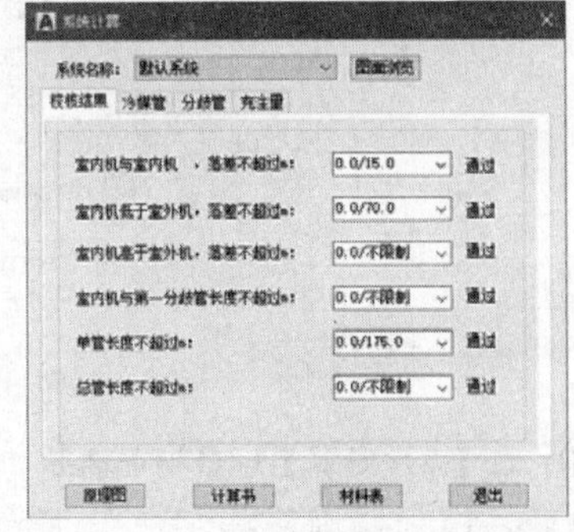

图 6-58 【系统计算】对话框

06 单击“原理图”按钮，命令行提示如下：

```
请选择第一分歧管<Enter 从第一分歧管开始出图>:          //如图 6-59 所示。
请选择原理图起点:                    //选取起点，绘制原理图，结果如图 6-60 所示。
```

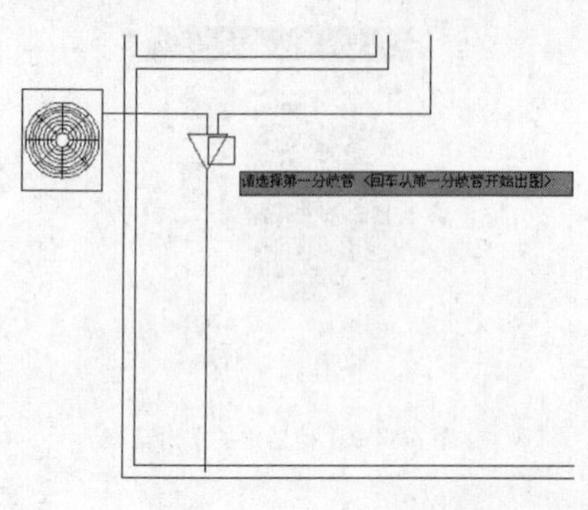

图 6-59　选择第一分歧管

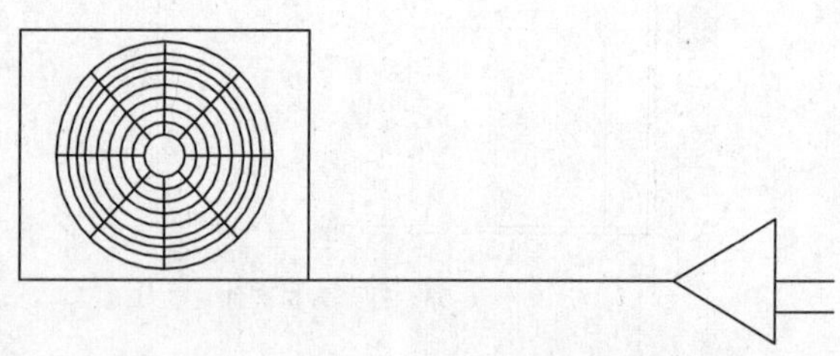

图 6-60　绘制原理图

07 在【系统计算】对话框中单击“计算书”按钮，弹出【另存为】对话框，设置计算书的储存路径和名称，如图 6-61 所示。

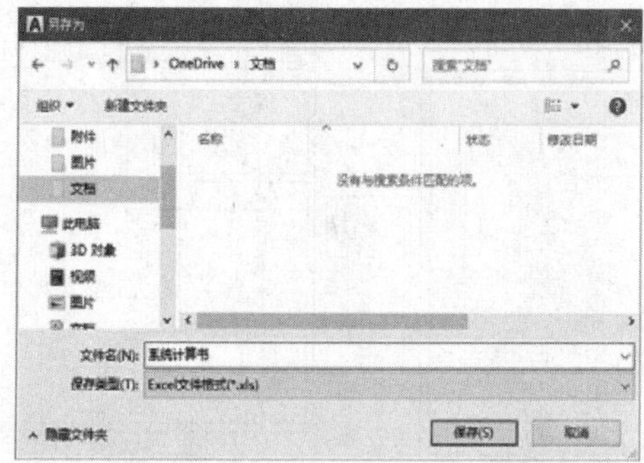

图 6-61　【另存为】对话框

08 单击“保存”按钮，即可完成计算书的储存，如图 6-62 所示。

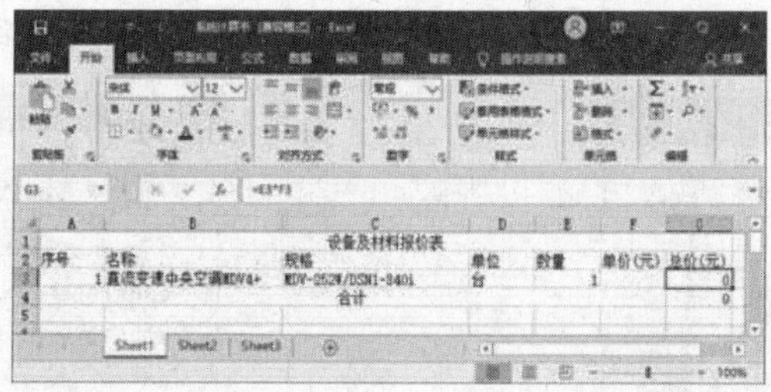

图 6-62　计算书

09 在【系统计算】对话框中单击“材料表”按钮，命令行提示如下：

```
请选取表格左上角点<退出>:                    //绘制结果如图 6-63 所示。
```

设备及材料表

序号	名称	规格	单位	数量	备注
1	直流变速中央空调MDV4+	MDV-252W/DSN1-840i	台	1	

图 6-63　材料表

6.7 维护

本节介绍各类设备维护命令（包括厂商维护、设备维护以及系列维护等命令）的调用方法。

6.7.1 厂商维护

调用“厂商维护”命令，用于厂商维护操作，可以扩充厂商的数据库。

“厂商维护”命令的执行方式有以下几种：

- ➢ 命令行：在命令行中输入“CSWH”命令，按 Enter 键。
- ➢ 菜单栏：单击“多联机”→“厂商维护”命令。

执行“厂商维护”命令，在【厂商表结构维护】对话框中的“设备厂商”“英文简写”选项框中设置名称，如图 6-64 所示。单击“添加厂商表”按钮，在如图 6-65 所示的 AutoCAD 信息提示对话框中单击“是”按钮。系统提示创建成功，如图 6-66 所示。图 6-67 所示为新建厂商表。

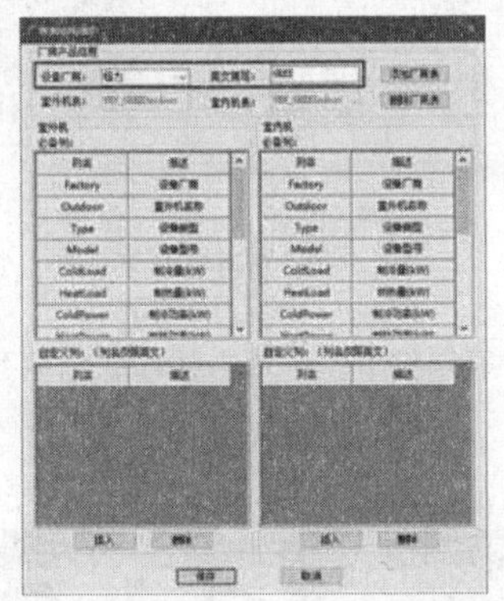

图 6-64 【厂商表结构维护】对话框

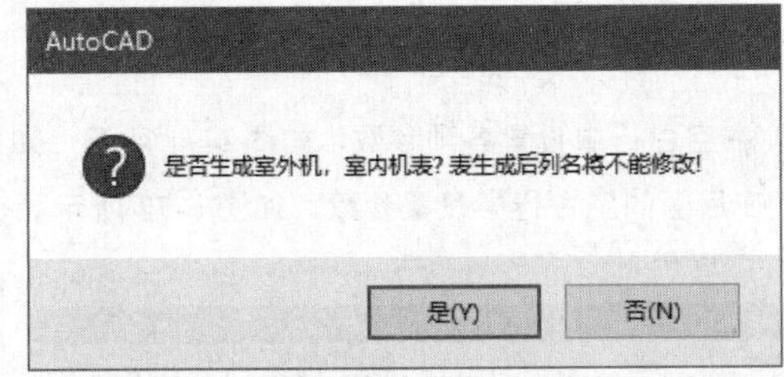

图 6-65 AutoCAD 信息提示对话框

单击“保存”按钮，弹出如图 6-68 所示的 AutoCAD 信息提示对话框，提示厂商表保存成功。

图 6-66 创建成功

图 6-67 新建厂商表

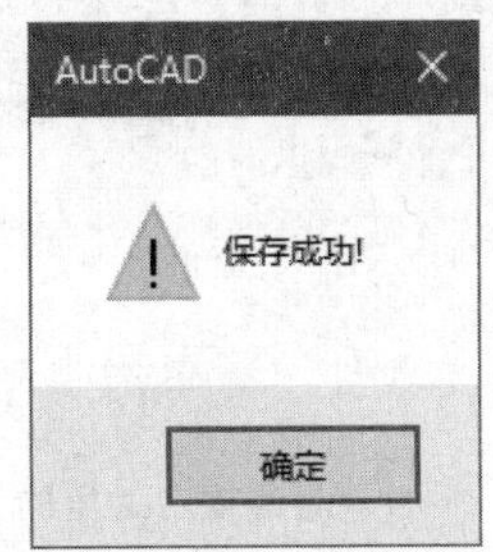

图 6-68 保存成功

6.7.2 设备维护

调用“设备维护”命令，可扩充设备数据库。

“设备维护”命令的执行方式有以下几种：

➢ 命令行：在命令行中输入“SJWH”命令，按 Enter 键。

➢ 菜单栏：单击“多联机”→“设备维护”命令。

执行“设备维护”命令，在图 6-69 所示的【多联机设备维护】对话框中单击“添加”按钮，即可在设备数据列表中新增空白行，如图 6-70 所示。

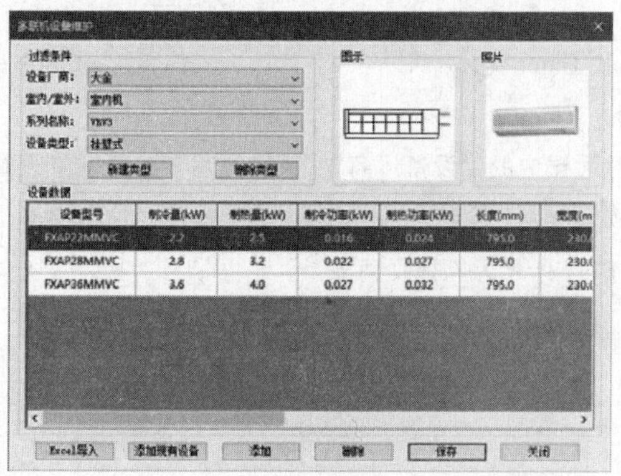

图 6-69 【多联机设备维护】对话框

图 6-70 新增空白行

在空白行中设置各项参数，如图 6-71 所示。如果当前页面显示不下，可单击并移动数据列表下的滑块，在后面的空白行中设置参数，如图 6-72 所示。

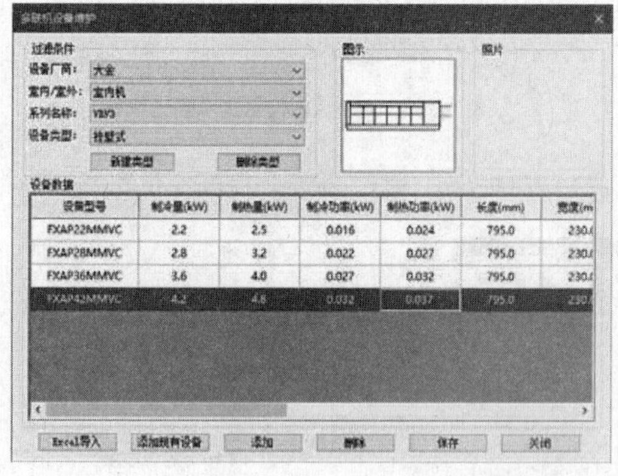

图 6-71 设置各项参数

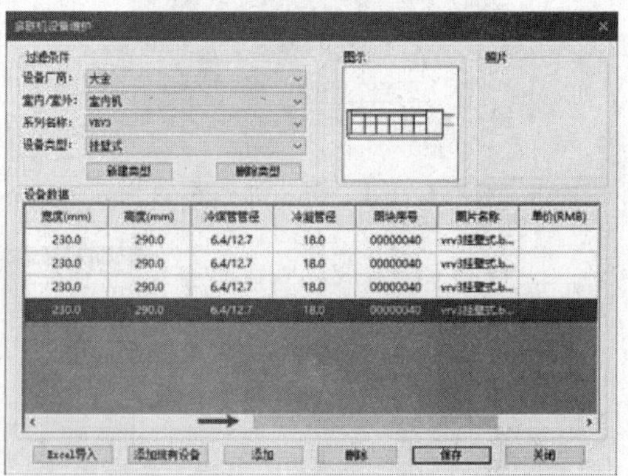

图 6-72 继续设置参数

单击对话框右上角的设备图片预览框，如图 6-73 所示，在弹出的【打开】对话框中选择设备的图片，如图 6-74 所示。

单击“打开”按钮，可将图片添加到【多联机设备维护】对话框中，如图 6-75 所示。单击“保存”按钮，系统提示保存成功，如图 6-76 所示。单击“关闭”按钮，完成扩充设备数据库的操作。

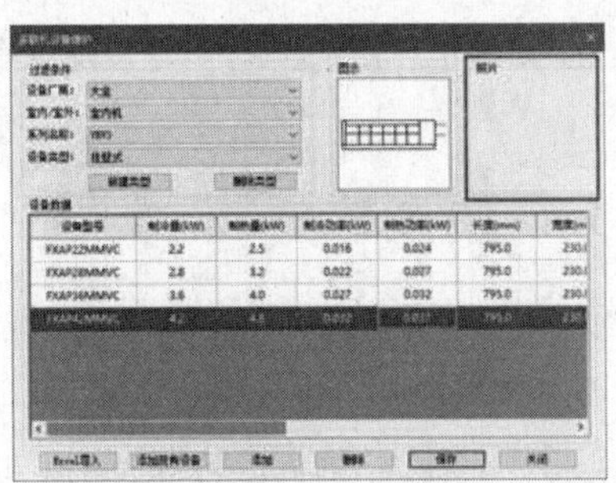

图 6-73　单击设备图片预览框

图 6-74　【打开】对话框

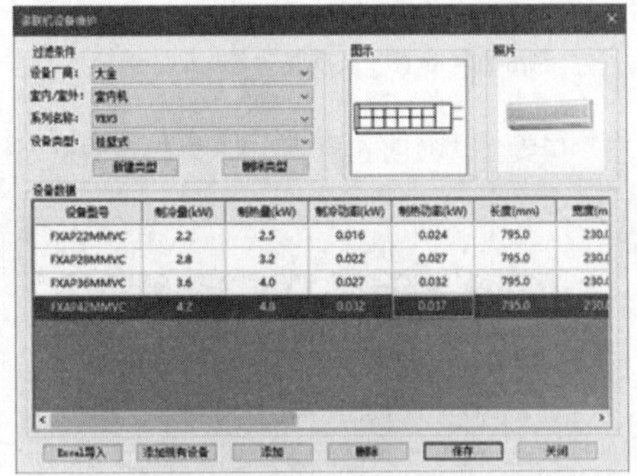

图 6-75　添加设备图片

图 6-76　保存成功

6.7.3 系列维护

调用“系列维护”命令，可扩充室外机、室内机的数据库。为指定的室内机、室外机更改配管计算规则、长度及落差规则等参数。

“系列维护”命令的执行方式有以下几种：

➢ 命令行：在命令行中输入“XLWH”命令，按 Enter 键。

➢ 菜单栏：单击“多联机”→“系列维护”命令。

执行“系列维护”命令，在如图 6-77 所示的【多联机系列维护】对话框中单击“室外机系列”选项，在下拉列表中选择系列名称，如图 6-78 所示。

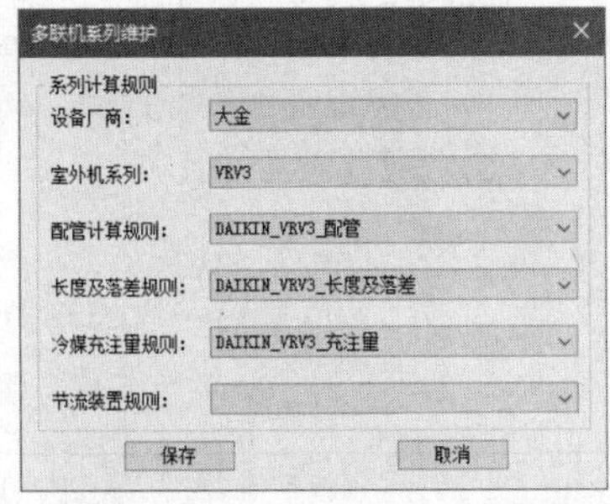

图 6-77　【多联机系列维护】对话框

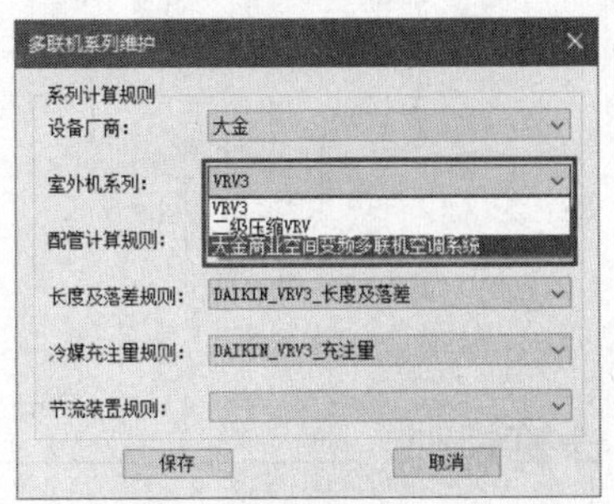

图 6-78　设置“室外机系列”选项

单击“配管计算规则”选项，在下拉列表中选择配管类型，如图 6-79 所示。单击“长度及落差规则”选项，在下拉列表中选择长度及落差类别，如图 6-80 所示。

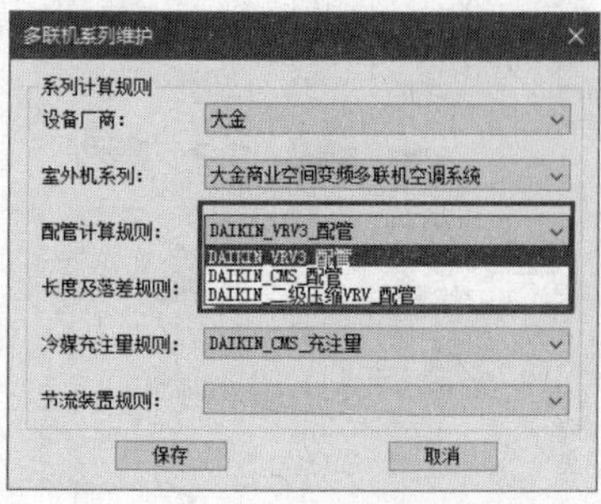

图 6-79 设置“配管计算规则”选项

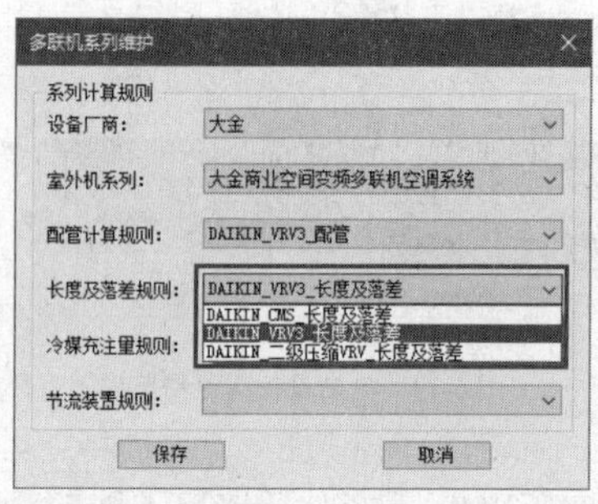

图 6-80 设置“长度及落差规则”选项

单击“冷媒充注量规则”选项，在下拉列表中选择充注量类型，如图 6-81 所示。为指定的室外机系列设置参数的结果如图 6-82 所示。

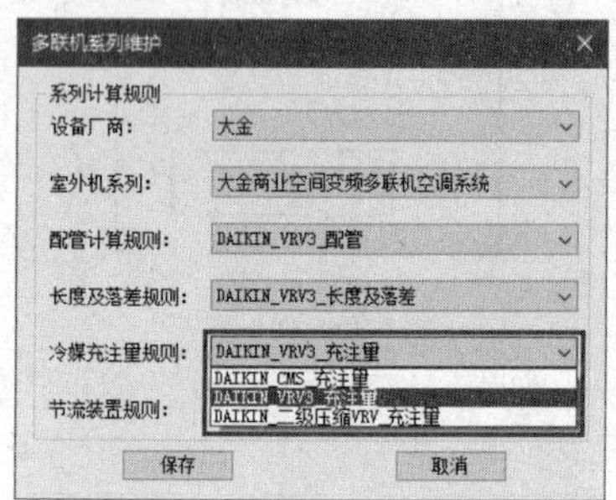

图 6-81 设置“冷媒充注量规则”选项

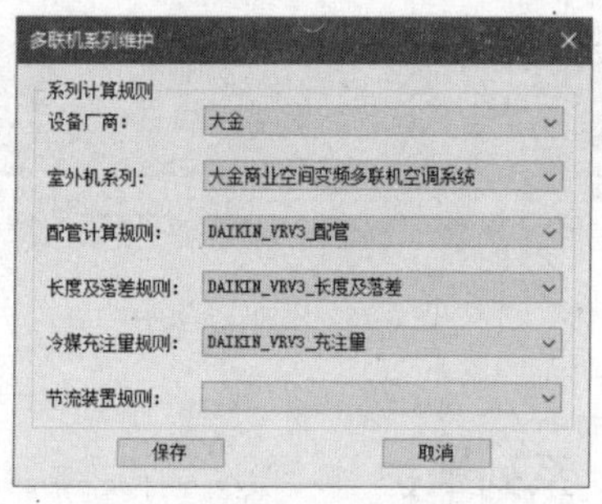

图 6-82 室外机系列设置参数的结果

单击“保存”按钮，系统提示是否对刚才的操作进行保存，如图 6-83 所示。单击“是”按钮，系统提示已成功保存，如图 6-84 所示。

单击【多联机系列维护】对话框右上角的关闭按钮，完成系列维护的操作。

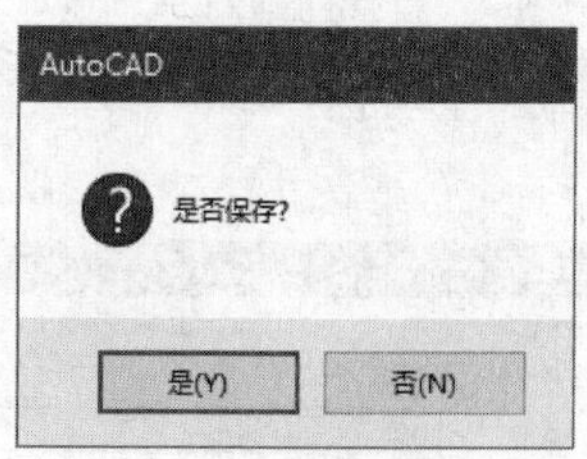

图 6-83 提示操作

图 6-84 操作成功

6.7.4 计算规则

调用“计算规则”命令，制定或扩充计算规则。

“计算规则”命令的执行方式有以下几种：

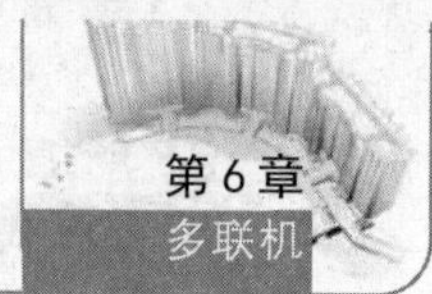

➢ 命令行：在命令行中输入“JSGZWH”命令，按 Enter 键。

➢ 菜单栏：单击“多联机”→“计算规则”命令。

执行“计算规则”命令，在如图 6-85 所示的【计算规则维护】对话框中单击“插入”按钮，即可在数据列表的末尾新增一行与末尾行数据一致的表格行，如图 6-86 所示。

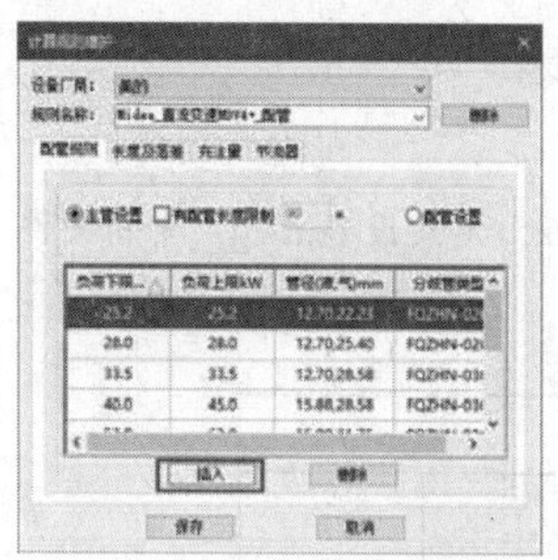

图 6-85 【计算规则维护】对话框

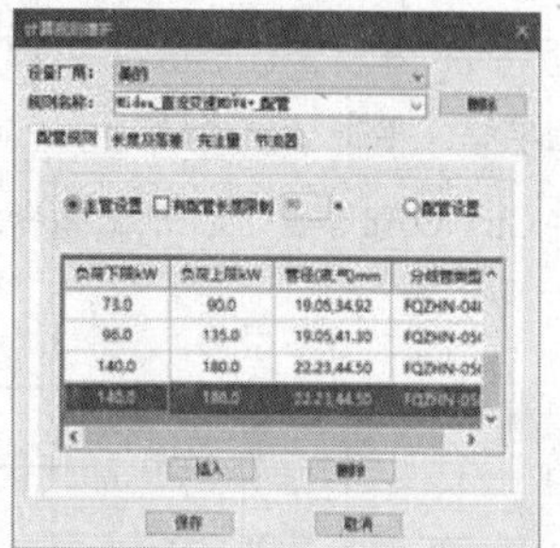

图 6-86 新增一行

双击新增行，可以修改其各项参数，如图 6-87 所示。单击选择“长度及落差”选项卡，如图 6-88 所示。在其中可以对显示的各项参数进行修改，或者直接在选项卡中输入新参数，或者单击选项卡标签，在弹出的列表中选择默认参数。

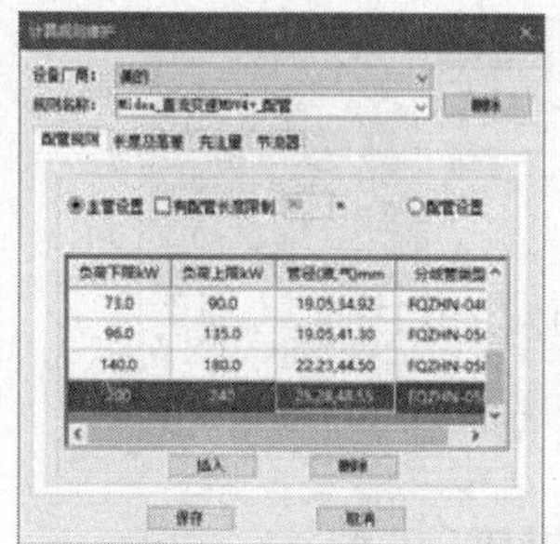

图 6-87 修改参数

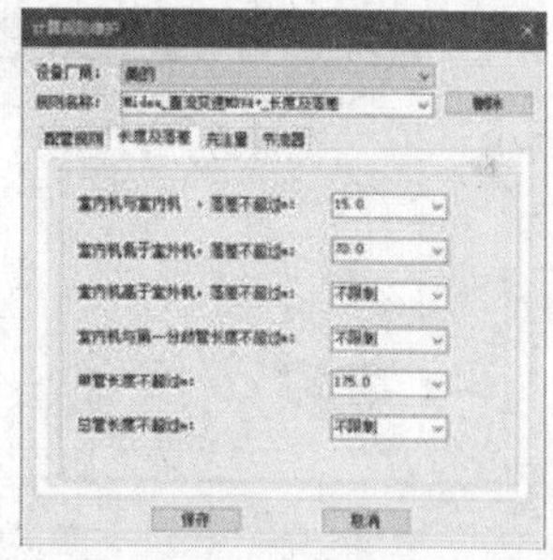

图 6-88 选择“长度及落差”选项卡

选择“充注量”选项卡，单击“插入”按钮，可在列表中新增一行；在新增行的基础上修改参数，结果如图 6-89 所示。

单击“保存”按钮，将所设定的参数进行保存。

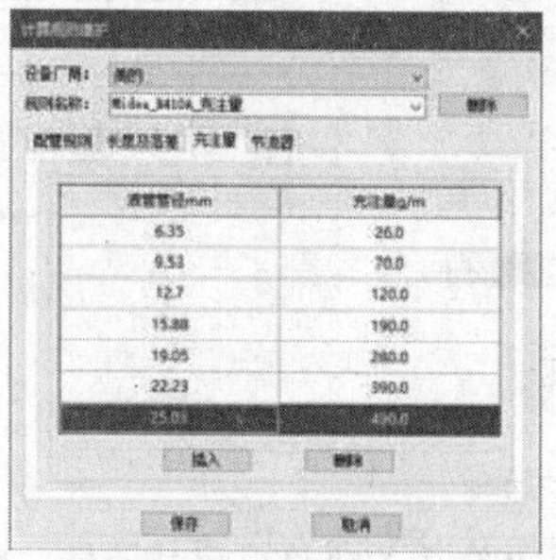

图 6-89 选择“充注量”选项卡

6.7.5 定义设备

调用“定义设备”命令，可扩充室内机、室外机图库。

“定义设备”命令的执行方式有以下几种：

- 命令行：在命令行中输入“DYDLJ”命令，按 Enter 键。
- 菜单栏：单击“多联机”→“定义设备”命令。

01 按 Ctrl+O 组合键，打开配套资源提供的“第 6 章\ 6.6.5 定义设备.dwg”素材文件，结果如图 6-90 所示。

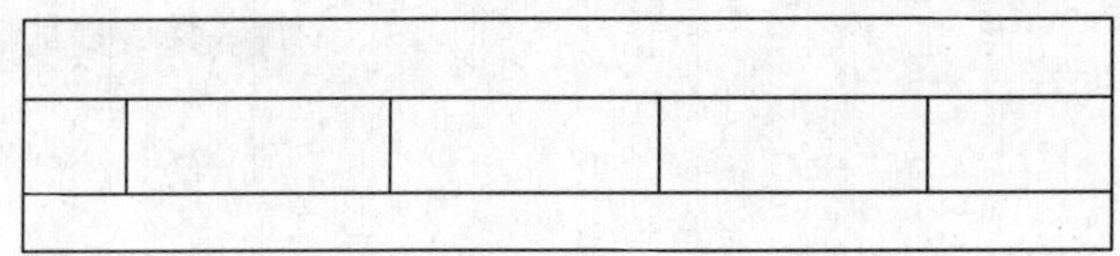

图 6-90 打开素材文件

02 在命令行中输入“DYDLJ”命令，按 Enter 键，弹出如图 6-91 所示的【定义多联机设备】对话框。

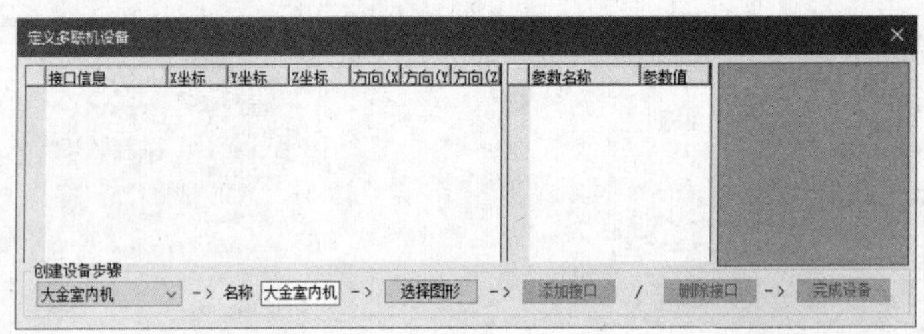

图 6-91 【定义多联机设备】对话框

03 单击“选择图形”按钮，命令行提示如下：

```
命令:DYDLJ↙
请选择要做成图块的图元<退出>:指定对角点:找到 13 个                //如图 6-92 所示。
请点选插入点 <中心点>:                                            //如图 6-93 所示。
```

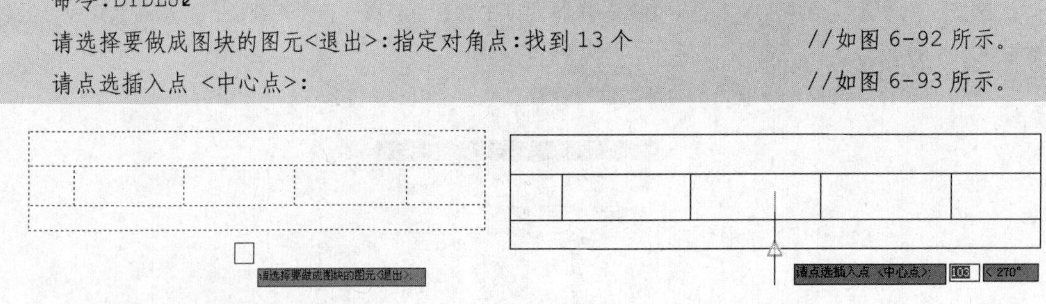

图 6-92 选择要做成图块的图元　　图 6-93 点选插入点

04 拾取图形的结果如图 6-94 所示。

05 单击“完成设备”按钮，弹出储存成功的提示对话框，如图 6-95 所示。

06 执行“图库图层”→“通用图库”命令，在弹出的【天正图库管理系统】对话框中可以查看方才所定义的设备图形，如图 6-96 所示。

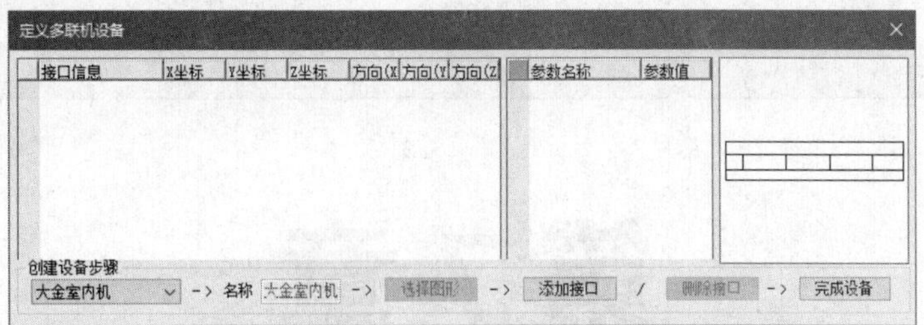

图 6-94　拾取图形

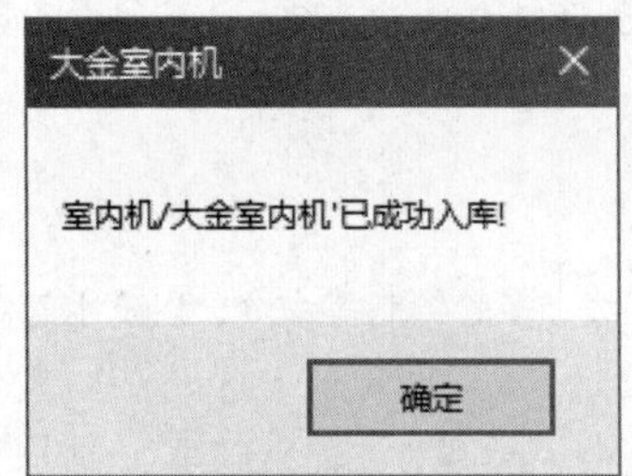

图 6-95　提示对话框

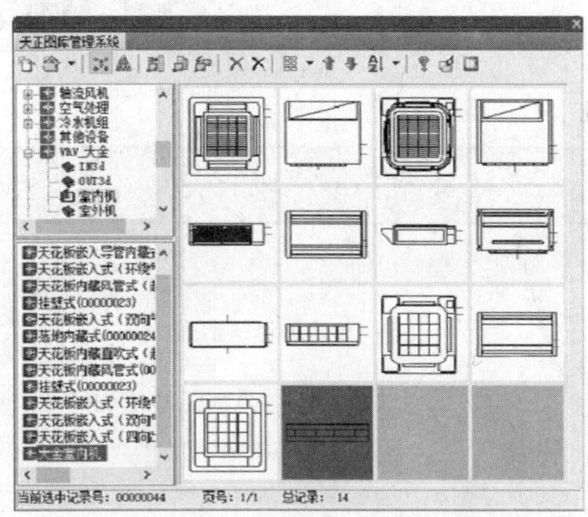

图 6-96　【天正图库管理系统】对话框

第 7 章
空调水路

本章导读

本章介绍空调水路命令的调用，包括水管管线、多管绘制等命令，以及水管阀件、布置设备等布置水管附件的命令。

本章重点

- 水管管线
- 多管绘制
- 水管立管
- 水管阀件
- 布置设备
- 分集水器
- 设备连管

7.1 水管管线

调用“水管管线”命令，可绘制空调水管管线。

“水管管线”命令的执行方式有以下几种：

➢ 命令行：在命令行中输入“SGGX”命令，按 Enter 键。

➢ 菜单栏：单击“空调水路”→“水管管线”命令。

下面介绍“水管管线”命令的操作方法。

在命令行中输入“SGGX”命令，按 Enter 键，弹出如图 7-1 所示的【空水管线】对话框。在该对话框中提供了包括“空冷供水”“空冷回水”“空热供水”等 11 种类型的管线。

单击“自定义管线”按钮，可在弹出的下拉列表（见图 7-2）中选择其中一项来绘制管线。单击“管线设置”按钮，可在弹出的【管线设置】对话框中设置管线的名称、颜色、线宽、线型等属性参数。

命令行提示如下：

```
命令：SGGX↙
请选取管线的起始点[参考点(R)/距线(T)/两线(G)/墙角(C)]<退出>:
请选取终点[参考点(R)/沿线(T)/两线(G)/墙角(C)/轴锁度数[0(A)/30(S)/45(D)]/回退(U)]<结束>:                //分别指定起始点和终点，完成管线的绘制。
```

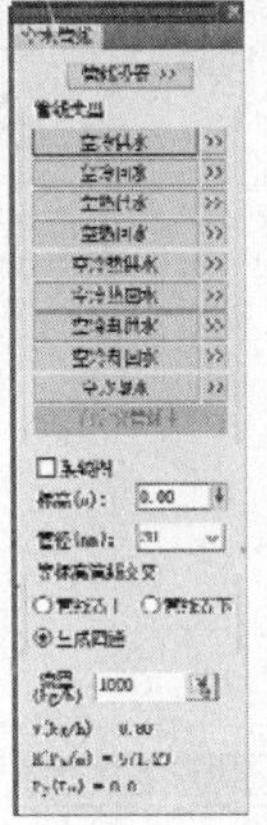

图 7-1 【空水管线】对话框

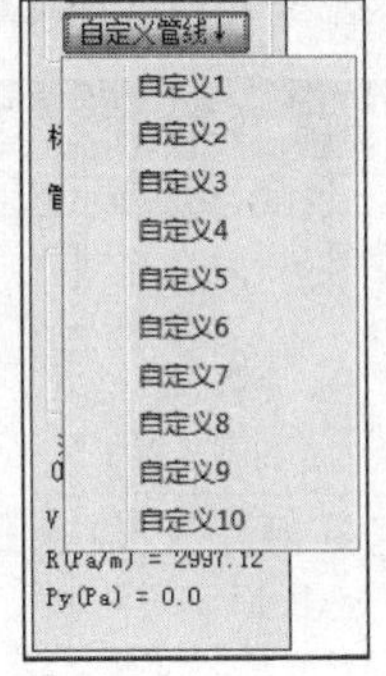

图 7-2 下拉列表

7.2 多管绘制

调用“多管绘制”命令，可在图中同时绘制多条空调水管管线。图 7-3 所示为执行该命令的操作结果。

“多管绘制”命令的执行方式有以下几种：

➢ 命令行：在命令行中输入“DGHZ”命令，按 Enter 键。

➢ 菜单栏：单击“空调水路”→“多管绘制”命令。

下面以如图 7-3 所示的图形为例，介绍调用“多管绘制”命令的方法。

01 按 Ctrl+O 组合键，打开配套资源提供的“第 7 章\ 7.2 多管绘制.dwg”素材文件，结果如图 7-4 所示。

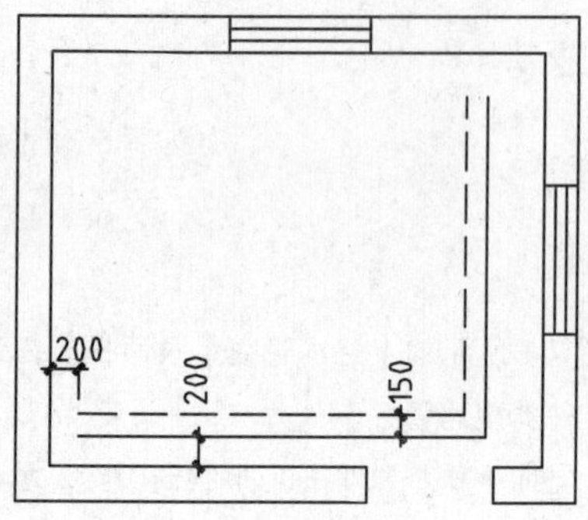

图 7-3 多管绘制

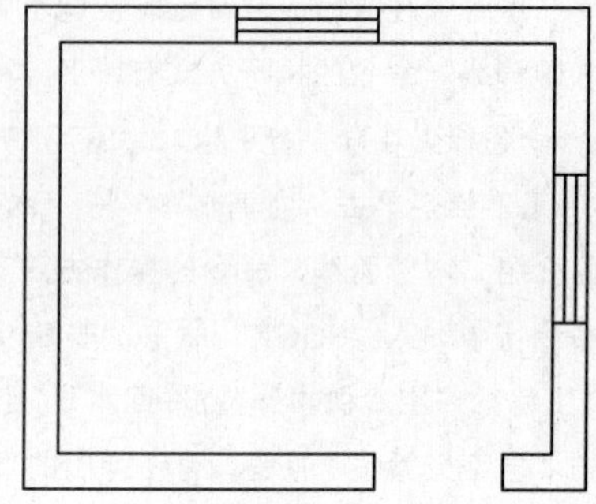

图 7-4 打开素材文件

02 在命令行中输入“DGHZ”命令，按 Enter 键，弹出【多管线绘制】对话框，设置管线的参数，如图 7-5 所示。

03 命令行提示如下：

命令:DGHZ↙

请选取管线的起始点[参考点(R)/距线(T)/两线(G)/墙角(C)/管线引出(F)/沿线(E)]<退出>:C //输入“C”，选择“墙角”选项。

请选取房间内墙角处一点<退出>: //如图 7-6 所示。

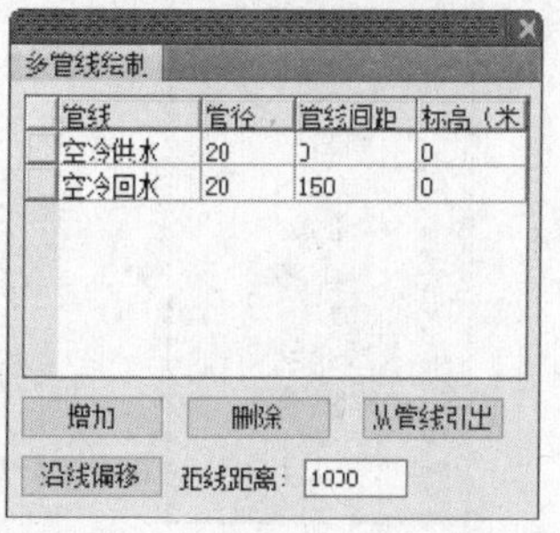

图 7-5 【多管线绘制】对话框

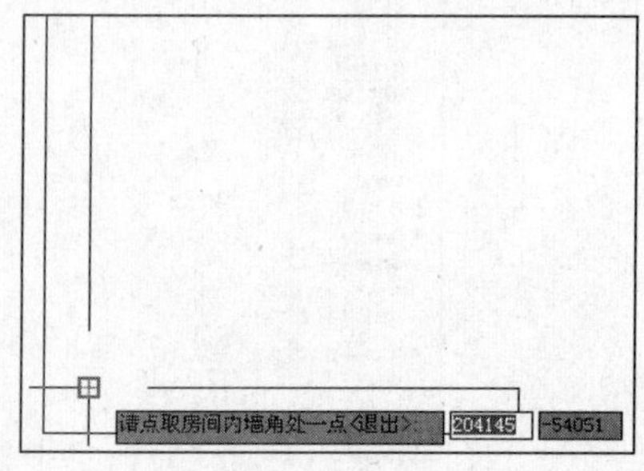

图 7-6 选取墙角

请输入距墙 1 的距离<300>:200

请输入距墙 2 的距离<200>:200

请输入终点[生成四通(S)/管线置上(D)/管线置下(F)/换定位管(E)]:(当前状态:四通)<退出> //如图 7-7 所示;

请输入终点[生成四通(S)/管线置上(D)/管线置下(F)/换定位管(E)]:(当前状态:四通)<退出> //如图 7-8 所示。绘制多管的结果如图 7-3 所示。

【多管线绘制】对话框中各功能选项的含义如下：

“管线”：单击管线名称，在弹出的下拉列表中更改管线的类型，如图 7-9 所示。

"管径"：单击管径参数，在弹出的下拉列表中更改管径，如图 7-10 所示。

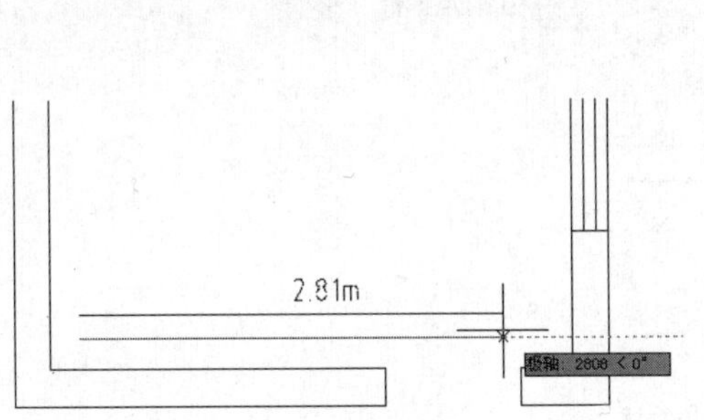

图 7-7　选取终点

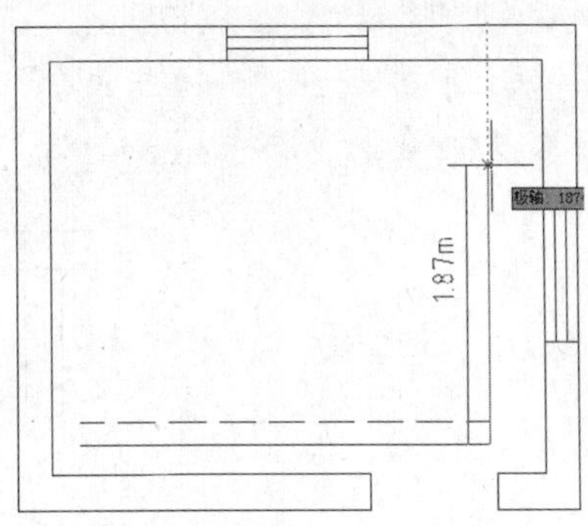

图 7-8　选取终点

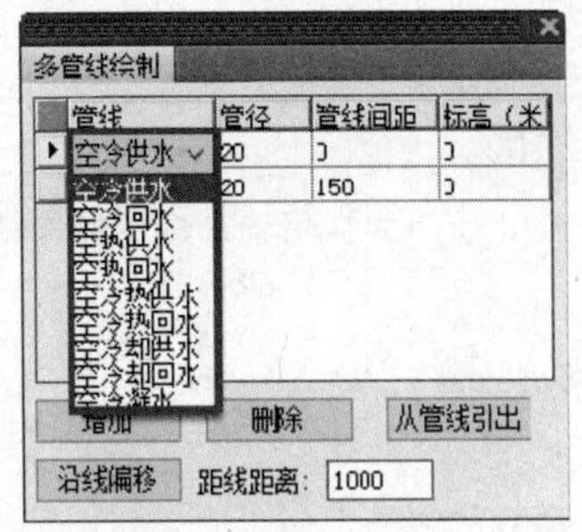

图 7-9　"管线"下拉列表

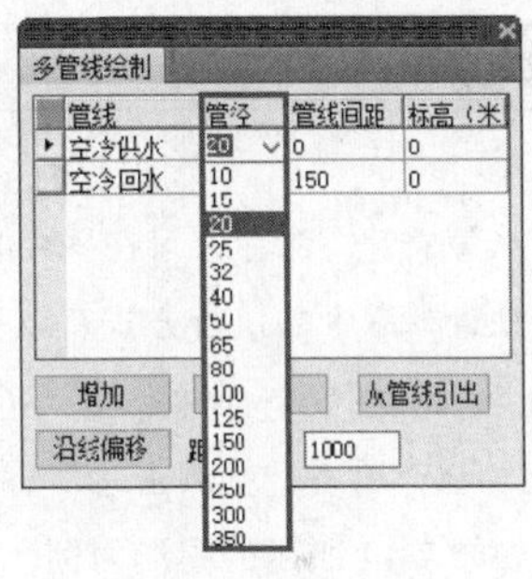

图 7-10　"管径"下拉列表

"管线间距"：定义多管的间距。

"标高"：定义管线的标高。

"增加"：单击该按钮，在对话框中新增管线，如图 7-11 所示。在图中分别选取管线的起点和终点，绘制多管线的结果如图 7-12 所示。

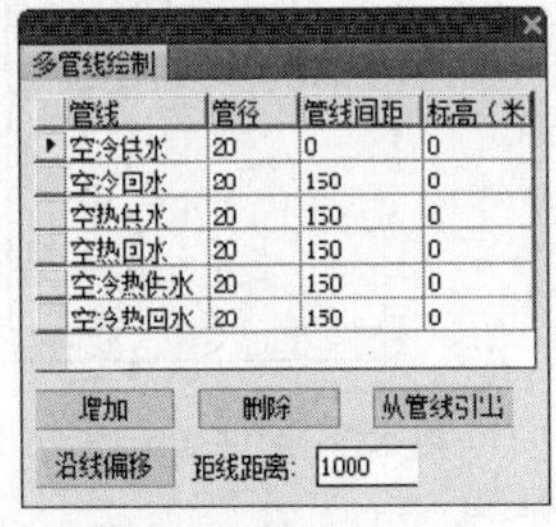

图 7-11　新增管线

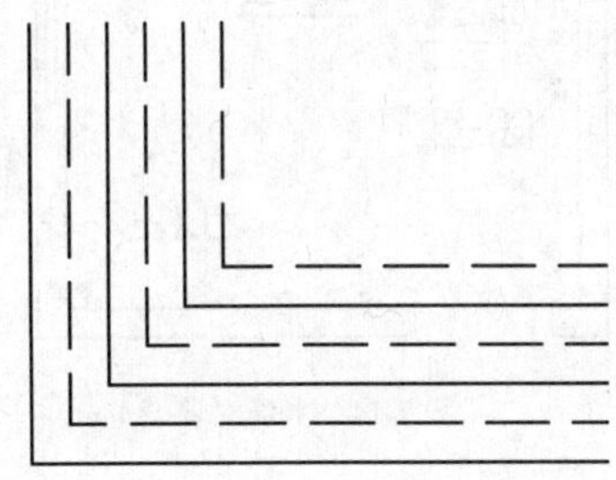

图 7-12　绘制多管线

"删除"：单击该按钮，删除选中的管线。

"从管线引出"：单击该按钮，从管线中引出与所选管线类型一致的管线。

命令行提示如下：

```
命令:DGHZ↙
请选取管线的起始点[参考点(R)/距线(T)/两线(G)/墙角(C)/管线引出(F)/沿线(E)]<退出>:
```

请选择需要引出的管线:指定对角点:找到 2 个

请选取要引出管线的位置<退出>:　　　　//在选中的管线上单击选取引出位置。

请输入引出管的统一间距值<随主管间距>:　　　　//按下 Enter 键，移动并单击鼠标，引出结果如图 7-13 所示。

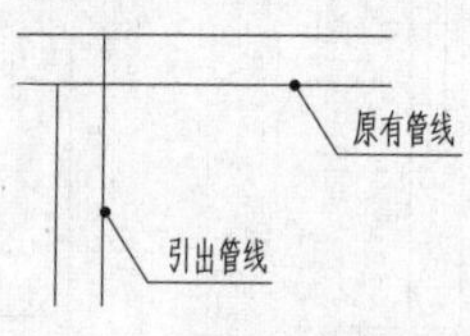

图 7-13　引出管线

7.3 水管立管

调用“水管立管”命令，可在图中布置空调水管立管。图 7-14 所示为执行该命令的操作结果。

“水管立管”命令的执行方式有以下几种：

- 命令行：在命令行中输入“SGLG”命令，按 Enter 键。
- 菜单栏：单击“空调水路”→“水管立管”命令。

下面以如图 7-14 所示的图形为例，介绍调用“水管立管”命令的方法。

01 按 Ctrl+O 组合键，打开配套资源提供的“第 7 章\ 7.3 水管立管.dwg”素材文件，结果如图 7-15 所示。

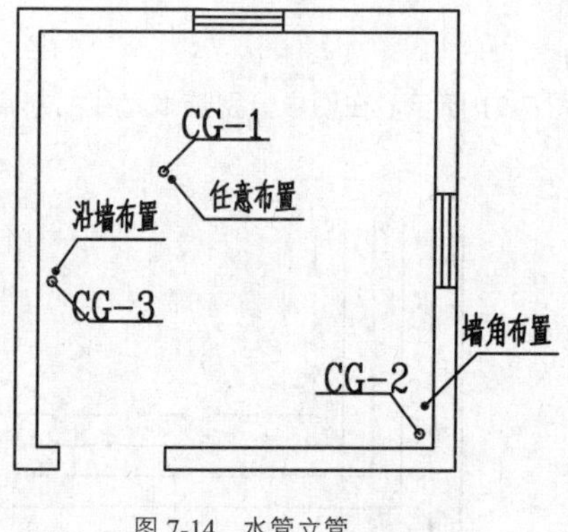

图 7-14　水管立管

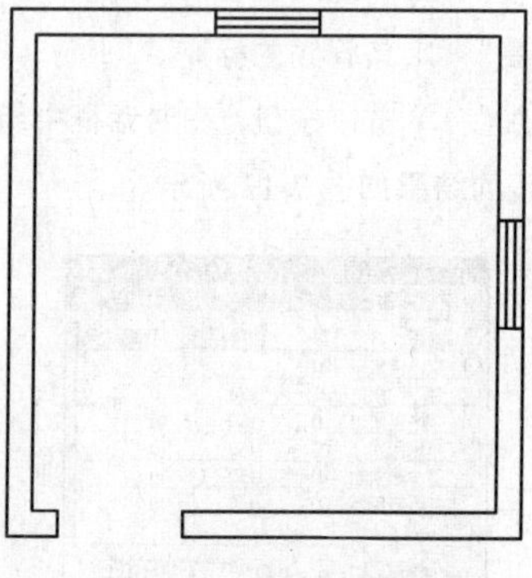

图 7-15　打开素材文件

02 在命令行中输入 SGLG 命令，按 Enter 键，弹出如图 7-16 所示的【空水立管】对话框，定义立管的参数。

03 命令行提示如下：

命令:SGLG↙

请指定立管的插入点[参考点(R)/距线(T)/两线(G)/墙角(C)]<退出>:

//单击插入点，绘制立管的结果如图 7-14 所示。

在【空水立管】对话框中单击“墙角布置”按钮，命令行提示如下：

命令：SGLG↙

请拾取靠近立管的墙角<退出>：　　　　　　//选取墙角，布置立管的结果如图 7-14 所示。

在【空水立管】对话框中单击“沿墙布置”按钮，命令行提示如下：

命令：SGLG↙

请拾取靠近立管的墙线<退出>：　　　　　　//选取墙线，布置立管的结果如图 7-14 所示。

【布置方式】分为三种，如图 7-16 所示。

- ➢ 任意布置：立管可以随意放置在任何位置。
- ➢ 墙角布置：选取要布置立管的墙角，在墙角布置立管。
- ➢ 沿墙布置：选取要布置立管的墙线，靠墙布置立管。

单击【空水立管】对话框中的“管线设置”按钮，打开【管线设置】对话框。选择“供暖设置”选项卡，在“立管设置”选项组中设置立管的属性参数，如图 7-17 所示。

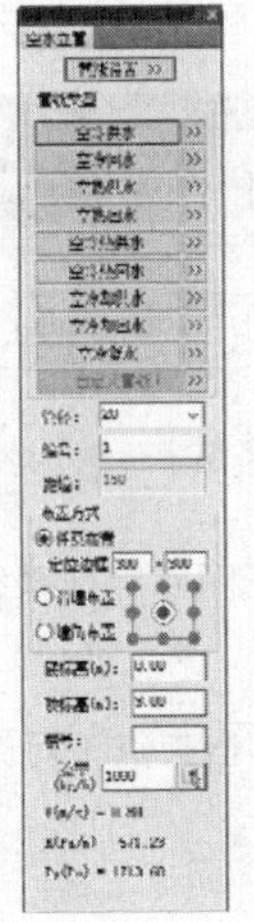

图 7-16 【空水立管】对话框

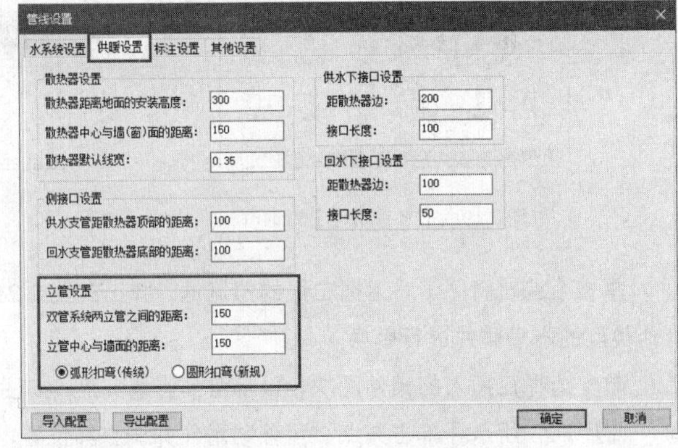

图 7-17 【管线设置】对话框

7.4 水管阀件

调用“水管阀件”命令，可布置水管阀件。图 7-18 所示为执行该命令的操作结果。

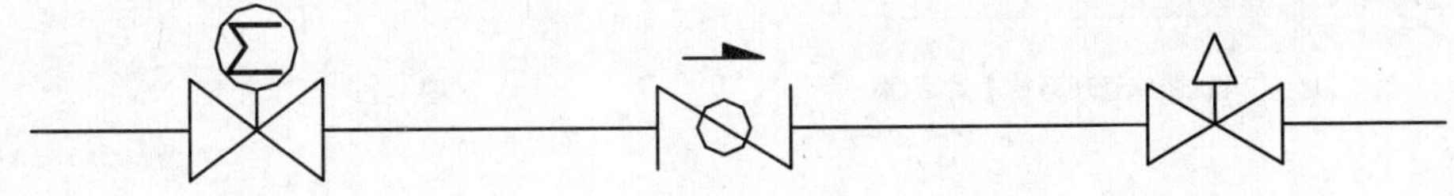

图 7-18 水管阀件

“水管阀件”命令的执行方式有以下几种：

- ➢ 命令行：在命令行中输入“SGFJ”命令，按 Enter 键。
- ➢ 菜单栏：单击“空调水路”→“水管阀件”命令。

01 按 Ctrl+O 组合键，打开配套资源提供的“第 7 章\7.4 水管阀件.dwg”素材文件。

02 在命令行中输入“SGFJ”命令，按Enter键，弹出如图7-19所示的【水管阀件】对话框。

03 命令行提示如下：

```
命令:SGFJ↙
请指定对象的插入点{放大[E]/缩小[D]/左右翻转[F]}<退出>:
        //在对话框中选择阀件，在管线上指定插入点，插入水管阀件结果如图 7-18 所示。
```

双击已插入的水管阀件，弹出如图7-20所示的【编辑阀件】对话框，修改阀件参数，单击“确定”按钮完成修改。

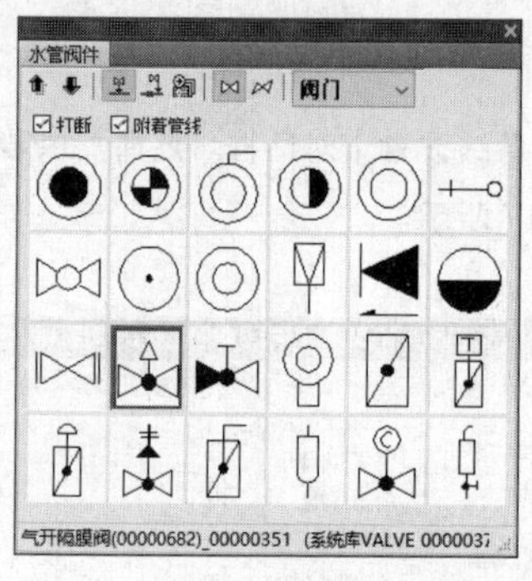

图7-19 【水管阀件】对话框

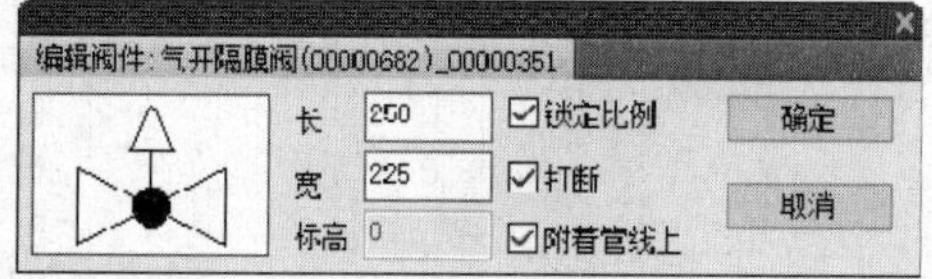

图7-20 【编辑阀件】对话框

单击【编辑阀件】对话框左边的预览框，弹出如图7-21所示的【天正图库管理系统】对话框，选择其他类型的水管阀件进行替换。

单击选择已插入的阀件图块，显示两个蓝色夹点，如图7-22所示。单击夹点1可改变阀件的开启方向，如图7-23所示。单击夹点2可移动附件并调整其位置，如图7-24所示。

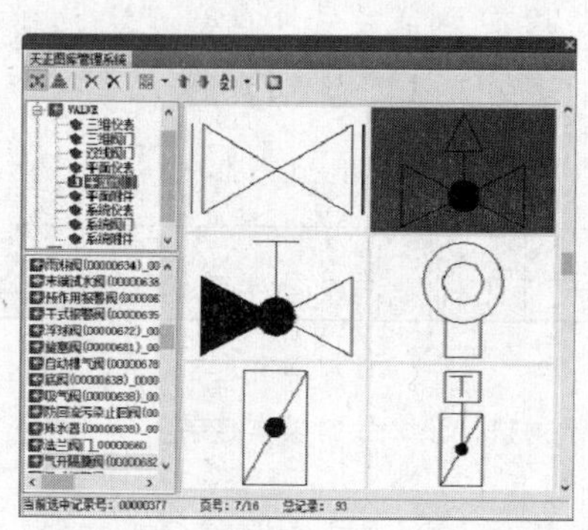

图7-21 【天正图库管理系统】对话框

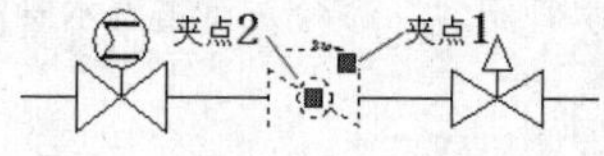

图7-22 显示夹点

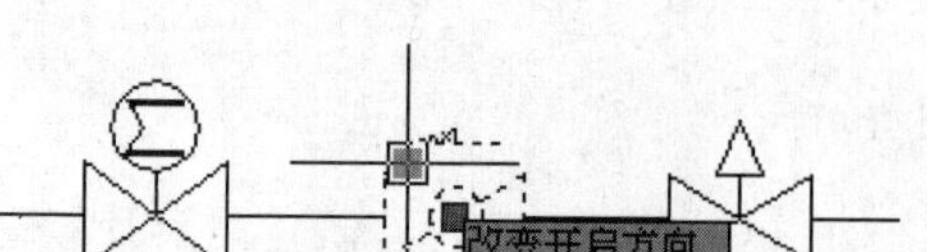

图7-23 改变开启方向

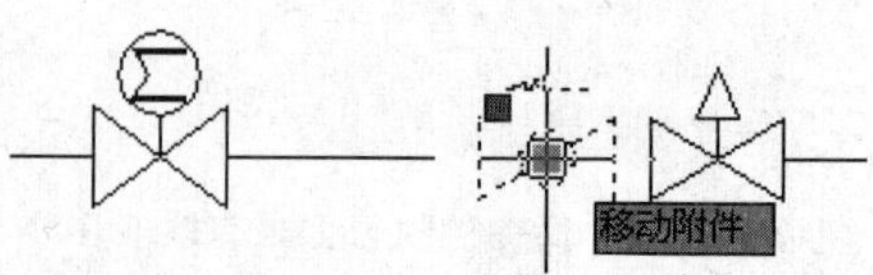

图7-24 移动附件

7.5 布置设备

调用“布置设备”命令，可在图中布置指定类型的空调设备。图7-25所示为执行该命令的操作结果。

“布置设备”命令的执行方式有以下几种：

- 命令行：在命令行中输入“BZSB”命令，按Enter键。
- 菜单栏：单击“空调水路”→“布置设备”命令。

下面介绍“布置设备”命令的操作方法。

01 在命令行中输入“BZSB”命令，按Enter键，弹出【设备布置】对话框，定义空调设备的参数，如图7-26所示。

02 单击“布置”按钮，返回到绘图区，命令行提示如下：

```
命令:BZSB↙
请指定设备的插入点[沿线(T)/两线(G)/放大(E)/缩小(D)/左右翻转(F)/上下翻转(S)]<退出
>:                                      //指定插入点。
请输入旋转角度<0.0>:                    //按Enter键，以0°插入设备，结果如图7-25所示。
```

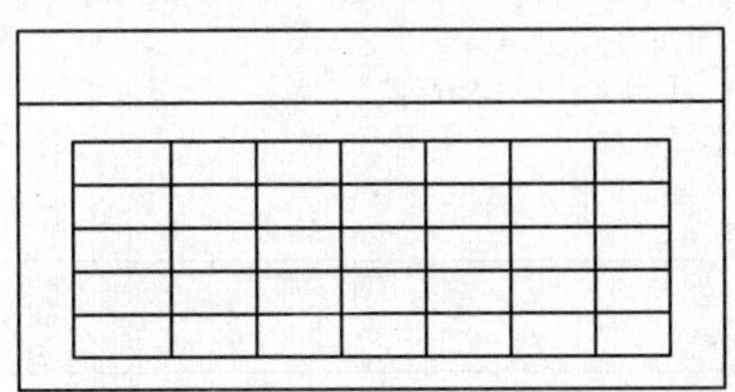

图7-25 布置设备

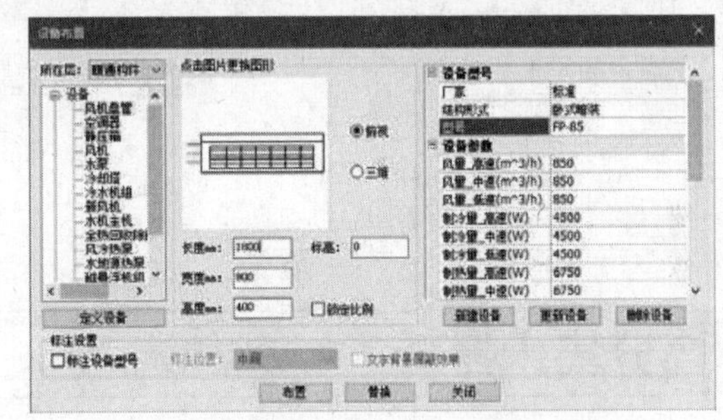

图7-26 【设备布置】对话框

选中空调设备，将鼠标置于管线接口上，可相应地显示每个接口的类型，结果如图7-27所示。单击选定其中的接口，系统可弹出【空水管线】对话框，可绘制相应的管线。

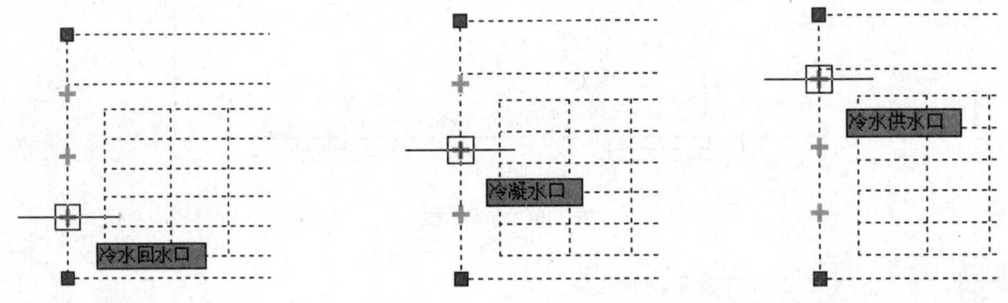

图7-27 接口类型

【设备布置】对话框中各功能选项的含义如下：

- “所在层”选项：单击该选项，在弹出的下拉列表中选定设备层，如图7-28所示。

- 图片预览框：显示设备图片，单击预览框，弹出【天正图库管理系统】对话框，在其中可更换图片。
- “俯视”按钮：单击该按钮，在预览框中以俯视的角度显示设备。
- “三维”按钮：单击该按钮，显示在设备的三维样式。
- “定义设备”按钮：单击该按钮，弹出如图 7-29 所示的【定义设备】对话框，在其中可创建新设备。
- “锁定比例”选项：勾选该选项，设备参数被锁定。改变其中一项参数，其他参数也会联动修改。
- “标注设备型号”选项：勾选该选项，标注所绘设备的型号。

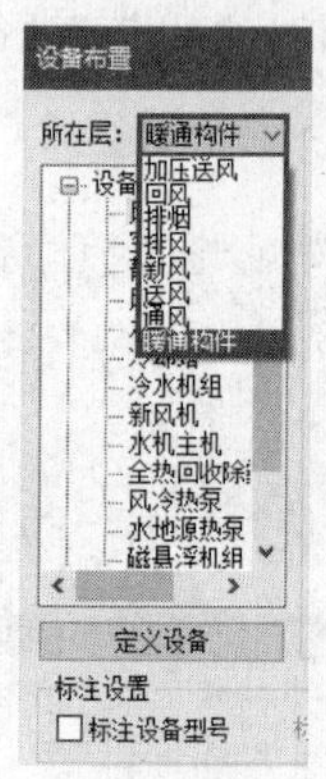

图 7-28　下拉列表

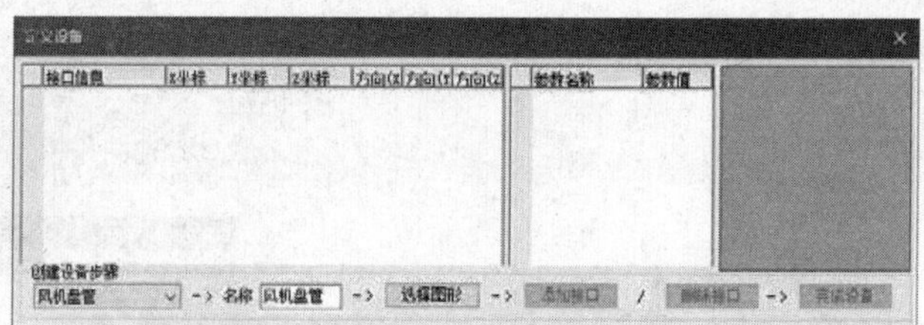

图 7-29　【定义设备】对话框

7.6 分集水器

调用“分集水器”命令，在图中布置指定型号的分集水器。图 7-30 所示为执行该命令的操作结果。

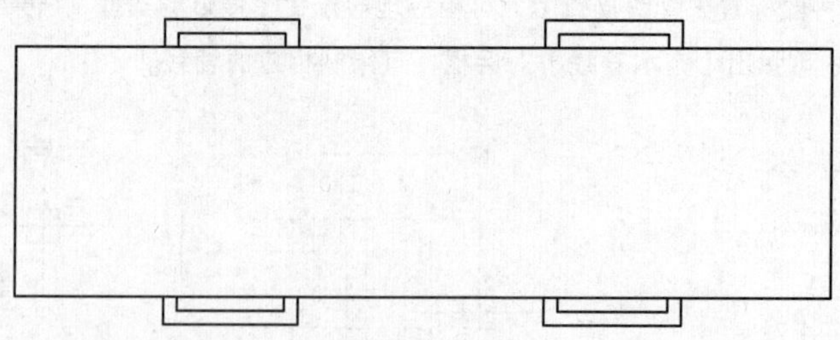

图 7-30　分集水器

“分集水器”命令的执行方式有以下几种：

- 命令行：在命令行中输入 AFSQ 命令，按 Enter 键。
- 菜单栏：单击“空调水路”→“分集水器”命令。

下面介绍“分集水器”命令的操作方法。

01 在命令行中输入“AFSQ”命令，按 Enter 键，弹出【布置分集水器】对话框，定义参数如图

7-31 所示。

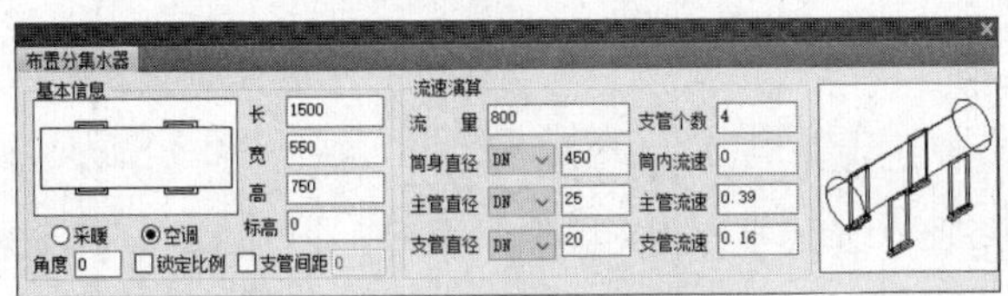

图 7-31 【布置分集水器】对话框

02 命令行提示如下：

```
命令:AFSQ↙
请指定对象的插入点{放大[E]/缩小[D]/左右翻转[F]/上下翻转[S]/换设备[C]}<退出>:
                    //指定插入点，布置分集水器结果如图 7-30 所示。
```

选定分集水器，显示各管线接口，如图 7-32 所示。单击其中一个管线接口，弹出【空水管线】对话框，绘制相应的管线。

将视图转换为三维实体视图，查看分集水器的三维效果，如图 7-33 所示。

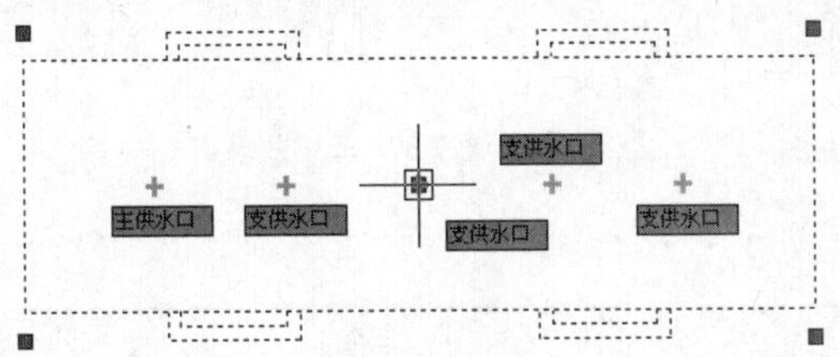

图 7-32 管线接口

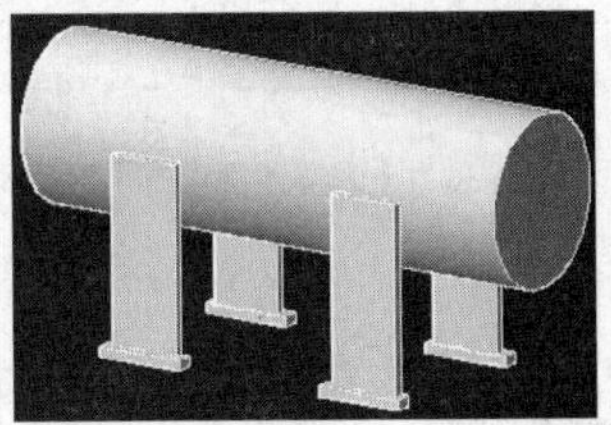

图 7-33 三维效果

7.7 设备连管

调用“设备连管”命令，自动连接设备和管线。图 7-34 所示为执行该命令的操作结果。

“设备连管”命令的执行方式有以下几种：

- 命令行：在命令行中输入“SBLG”命令，按 Enter 键。
- 菜单栏：单击“空调水路”→“设备连管”命令。

下面以如图 7-34 所示的图形为例，介绍“设备连管”命令的调用方法。

01 按 Ctrl+O 组合键，打开配套资源提供的“第 7 章\ 7.7 设备连管.dwg”素材文件，结果如图 7-35 所示。

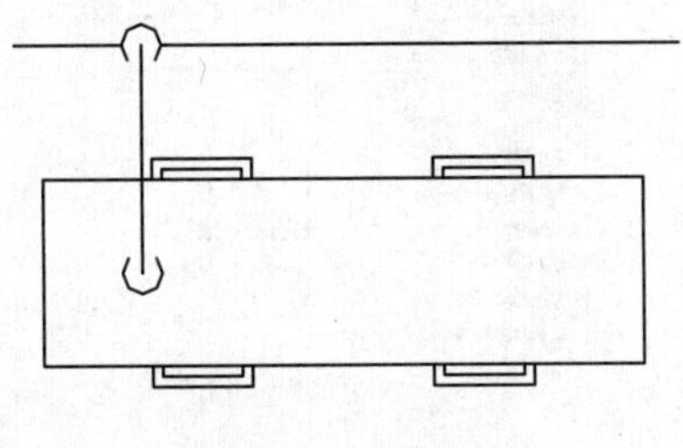

图 7-34 设备连管

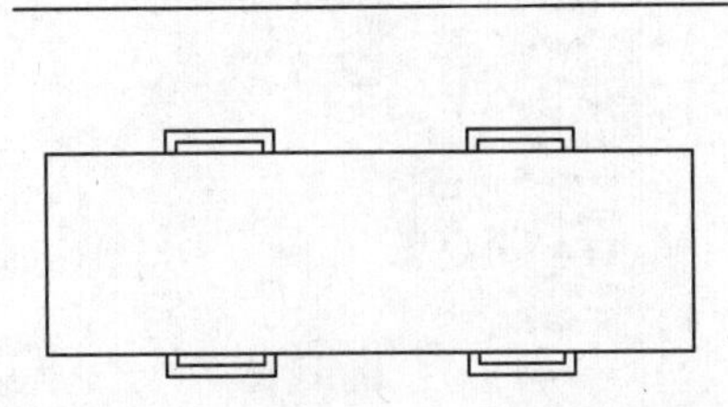

图 7-35 打开素材文件

[02] 在命令行中输入“SBLG”命令，按 Enter 键，弹出【设备连管设置】对话框，定义参数如图 7-36 所示。

[03] 命令行提示如下：

命令：SBLG↙

请选择要连接的设备及管线<退出>：指定对角点：找到 2 个　　　//分别选择设备和管线，按下 Enter 键完成操作，结果如图 7-34 所示。

将视图转换为三维视图，可以查看所绘制的分集水器的三维效果，如图 7-37 所示。

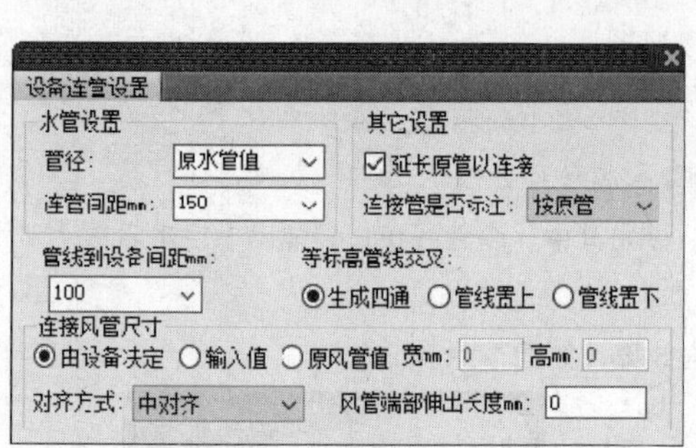

图 7-36　【设备连管设置】对话框

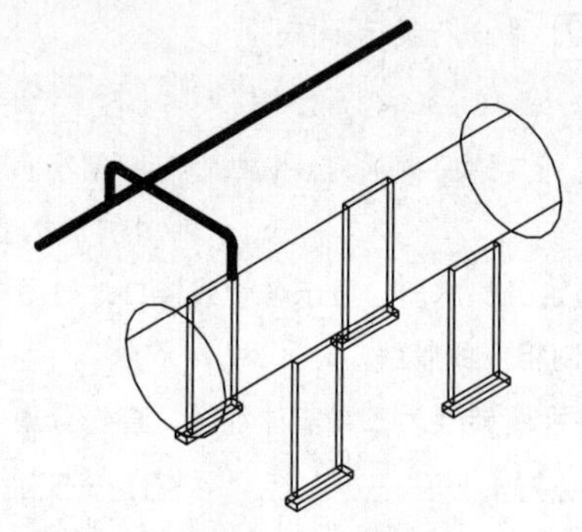

图 7-37　三维效果

7.8 分水器

调用“分水器”命令，可计算并绘制机房用的分水器。

“分水器”命令的执行方式有以下几种：

- 命令行：在命令行中输入“FSQ”命令，按 Enter 键。
- 菜单栏：单击“空调水路”→“分水器”命令。

调用“FSQ”命令，调出如图 7-38 所示的【分水器】对话框。在“计算条件”选项组中设置参数，系统根据所设定的参数计算分水器的参数，如“主材”“筒体直径”“筒体长度”等，在右下角的预览框可预览图形，如图 7-39 所示。

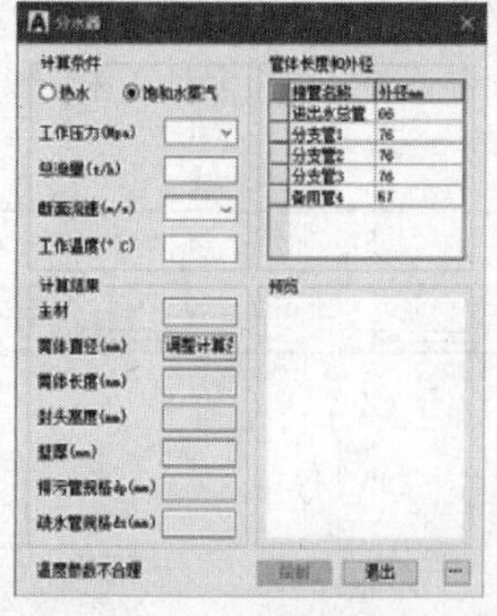

图 7-38　【分水器】对话框

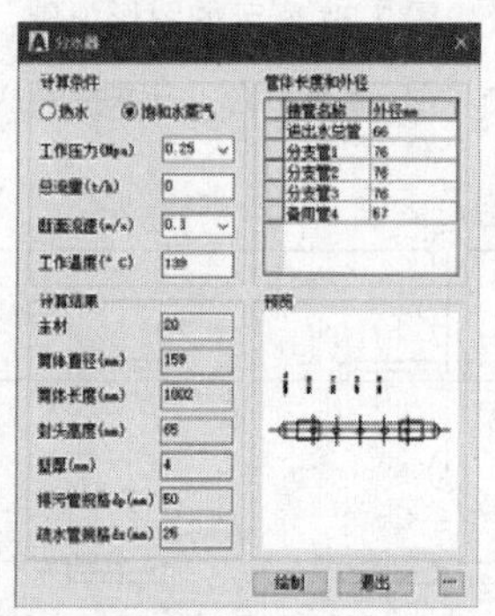

图 7-39　设置参数

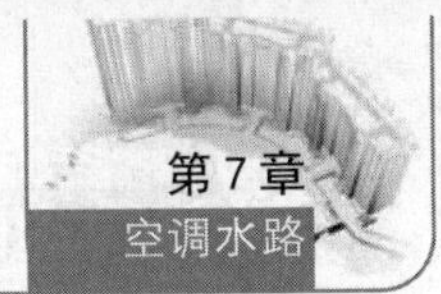

单击“绘制”按钮，指定位置绘制图形，如图 7-40 所示。

如果在“工作温度”选项中所设定的温度值不符合计算要求，则以红色显示所输入的温度参数值，并在对话框的左下角显示提示信息“温度参数不合理”，如图 7-41 所示。此时需要重新设置温度值，如果所设定的参数正确，系统会自动进行计算并显示图形的绘制结果。

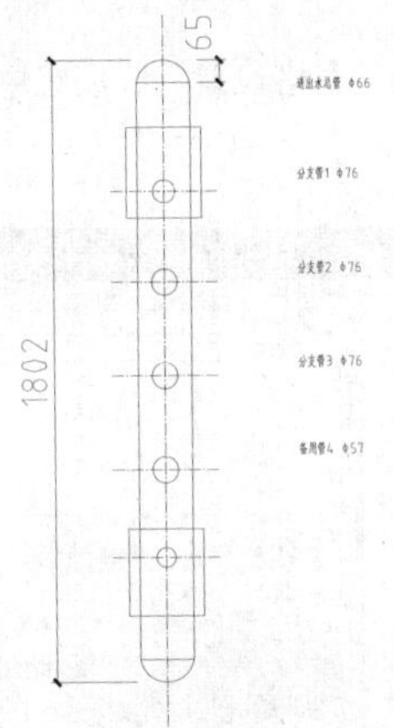

图 7-40　绘制图形

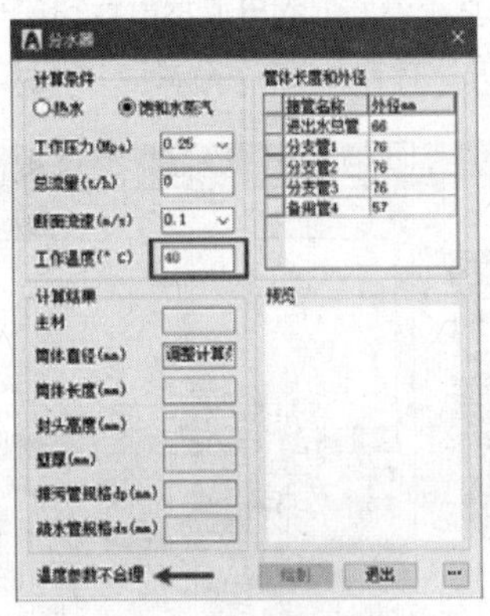

图 7-41　参数设置不合理

选择“热水”选项，可转换计算条件，通过设置参数来绘制分水器，如图 7-42 所示。在“管体长度和外径”列表中列出了“接管名称”及“外径”参数，单击可修改参数值。

单击右下角的矩形按钮[…]，弹出【注意】对话框，在其中显示了当前的计算依据，如图 7-43 所示。

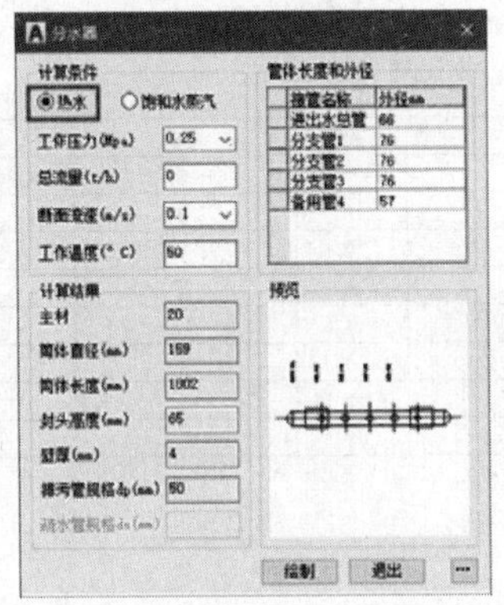

图 7-42　选择“热水”选项

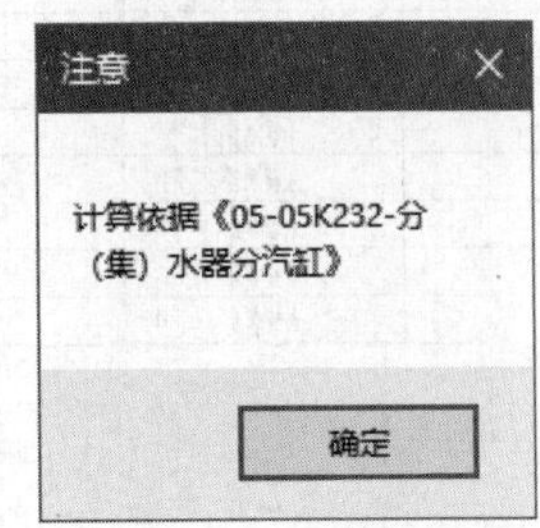

图 7-43　【注意】对话框

7.9 材料统计

调用“材料统计”命令，可对当前图形进行材料统计。

“材料统计”命令的执行方式有以下几种：

- 命令行：在命令行中输入“CLTJ”命令，按 Enter 键。
- 菜单栏：单击“空调水路”→“材料统计”命令。

执行“材料统计”命令，弹出如图 7-44 所示的【材料统计】对话框。

在“统计内容”选项组中选择需要统计的内容。勾选“统计内容”选项，可选中全部选项。取消勾选“全部内容”选项，可清空选择。

单击“当前框选”按钮，命令行提示“请选择要统计的内容后按确定[选取闭合 PLINE(P)]<整张图>:”，选择需要统计的图形，按 Enter 键返回对话框。

在“统计范围”列表中显示出选择的结果，如图 7-45 所示。在“表格设置”选项组中设置表格样式参数，如“文字样式”“文字高度”“统计精度”等。

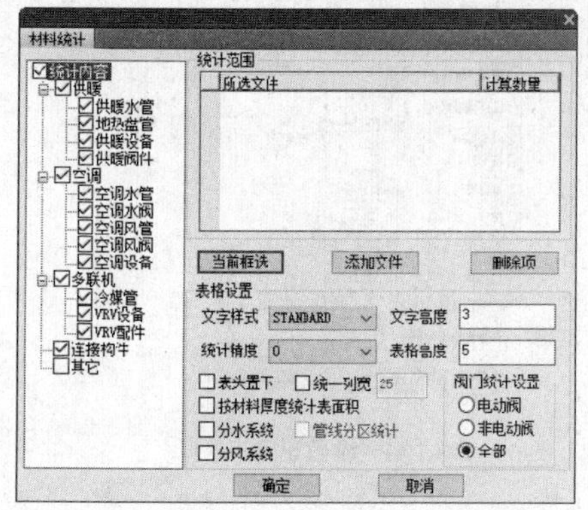

图 7-44 【材料统计】对话框

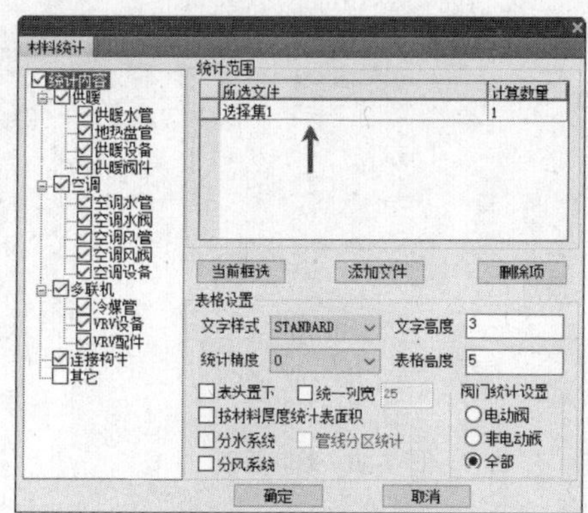

图 7-45 显示选择的结果

单击“确定”按钮进行统计，当命令行提示“请选取表格左上角位置[输入参考点(R)]<退出>:”时，单击并绘制表格，统计结果如图 7-46 所示。

材料表

序号	图例	名称	规格	单位	数量	备注
1		系统散热器	800×600×200×20片	个	6	长×高×宽×片数
2		水管三通	DN25×DN25×DN25	个	12	
3		水管四通	DN25×DN25×DN25×DN25	个	4	
4		采暖水管	焊接钢管 DN20	米	27	
5		采暖水管	焊接钢管 DN25	米	47	
6		水管弯头	DN20×DN25	个	4	
7		水管弯头	DN25×DN20	个	5	
8		水管弯头	DN25×DN25	个	35	

图 7-46 绘制统计结果表格

第 8 章
水管工具

● 本章导读

本章介绍水管线工具命令的调用方法，包括管线倒角、管线连接等，以及管线置上、管线置下等编辑管线位置的命令。

● 本章重点

- ◈ 上下扣弯
- ◈ 双线水管
- ◈ 双线阀门
- ◈ 管线打断
- ◈ 管线倒角
- ◈ 管线连接
- ◈ 管线置上
- ◈ 管线置下
- ◈ 更改管径
- ◈ 单管标高
- ◈ 断管符号
- ◈ 修改管线
- ◈ 管材规格
- ◈ 管线粗细

T20-Hvac V6.0

8.1 上下扣弯

调用“上下扣弯”命令，可在管线的指定点插入扣弯。天正暖通软件提供了几种插入扣弯的方法，分别是在一段完整的管线上插入扣弯，或者在标高不同的管线接点处插入扣弯等。

“上下扣弯”命令的执行方式有以下几种：

- 命令行：在命令行中输入“SXKW”命令，按 Enter 键。
- 菜单栏：单击“水管工具”→“上下扣弯”命令。

8.1.1 在一段完整的管线上插入扣弯

在执行命令的过程中，可根据命令行的提示，分别指定扣弯前后两段管线的标高，然后在改变标高后成为不同的两段管线上插入扣弯图形。

01 按 Ctrl+O 组合键，打开配套资源提供的“第 8 章\ 8.1.1 管线素材.dwg”素材文件。管线信息的查询结果如图 8-1 所示，从中可以查看到该管线的标高为 0。

02 在命令行中输入“SXKW”命令，按 Enter 键，命令行提示如下：

```
命令:SXKW↙
请选取插入扣弯的位置<退出>:                    //如图 8-2 所示。
请输入管线的标高(米)<0.000>:1
请输入管线的标高(米)<0.000>:2                  //分别输入管线标高。
```

图 8-1 管线信息

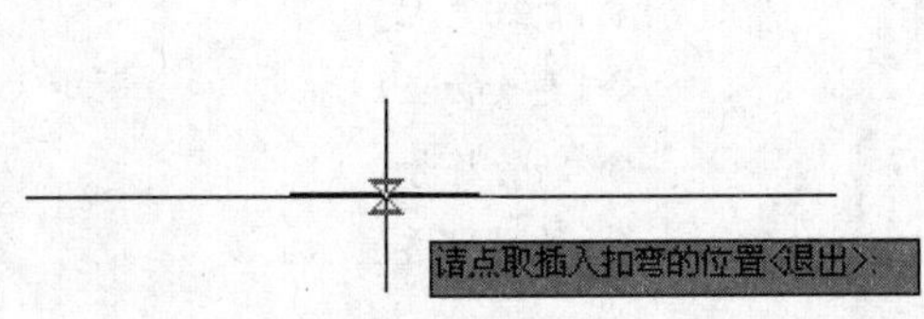

图 8-2 选取插入扣弯的位置

03 生成扣弯的结果如图 8-3 所示。

04 将视图转换为前视图，视觉样式设置为灰度，查看扣弯生成的结果，如图 8-4 所示。

图 8-3 生成扣弯

图 8-4 前视图

8.1.2 在标高不同的管线接点处插入扣弯

调用“上下扣弯”命令，在标高不同的管线连接点上插入扣弯。

01 按 Ctrl+O 组合键，打开配套资源提供的“第 8 章\ 8.1.2 管线素材.dwg”素材文件，结果如图 8-5 所示。

02 在命令行中输入“SXKW”命令，按 Enter 键，在管线连接点处单击，指定该处为扣弯的插入位置，插入结果如图 8-6 所示。

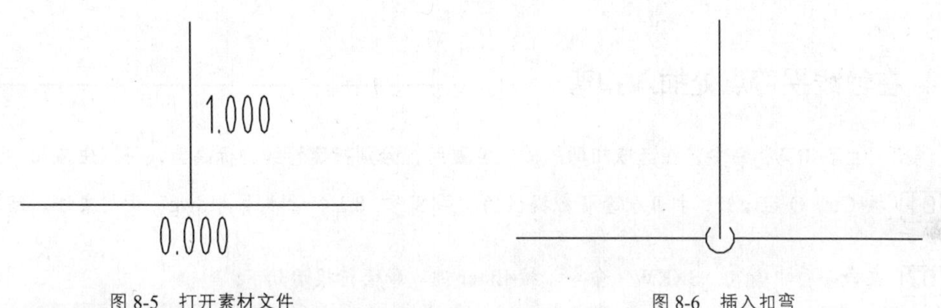

图 8-5 打开素材文件　　图 8-6 插入扣弯

03 将视图转换为前视图，扣弯生成的结果如图 8-7 所示。

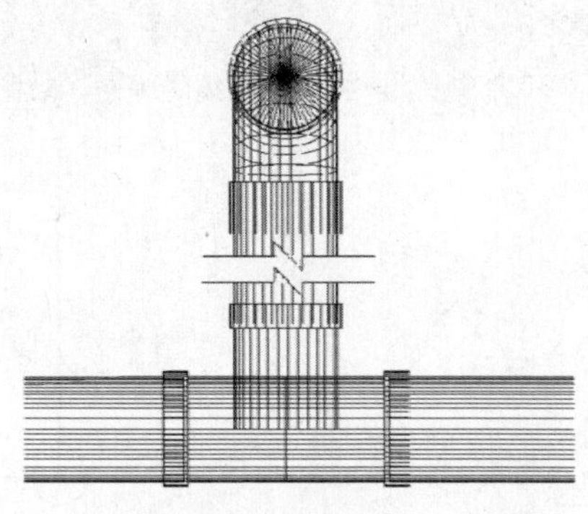

图 8-7 前视图

8.1.3 在管线的端点插入扣弯

调用“上下扣弯”命令，通过指定垂直管线的另一标高参数，在独立管线的端点插入扣弯。

01 按 Ctrl+O 组合键，打开配套资源提供的“第 8 章\ 8.1.3 管线素材.dwg”素材文件，结果如图 8-8 所示。

02 在命令行中输入“SXKW”命令，按 Enter 键，命令行提示如下：

```
命令:SXKW↙
请选取插入扣弯的位置<退出>:                                //在管线的端点单击。
请输入竖管线的另一标高(米)，当前标高=0.000<退出>:4   //指定标高参数，插入弯头的结果如图 8-9 所示。
```

03 将视图转换为右视图，扣弯生成的结果如图 8-10 所示。

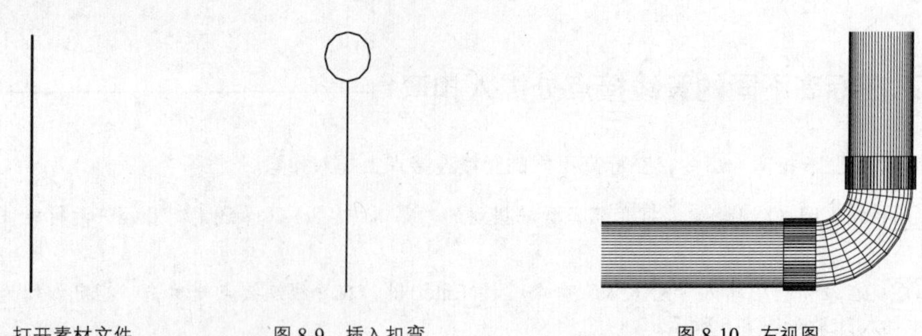

图 8-8 打开素材文件　　图 8-9 插入扣弯　　图 8-10 右视图

8.1.4 在管线拐弯点处插入扣弯

调用“上下扣弯”命令，在选取扣弯的插入位置后，分别指定管线的标高值，可以生成扣弯。

01 按 Ctrl+O 组合键，打开配套资源提供的“第 8 章\ 8.1.4 管线素材.dwg”素材文件，结果如图 8-11 所示。

02 在命令行中输入“SXKW”命令，按 Enter 键，命令行提示如下：

```
命令:SXKW↙
请选取插入扣弯的位置<退出>:            //单击管线交点。
请输入管线的标高(米)<0.000>:1
请输入管线的标高(米)<0.000>:2 //分别定义管线的标高，绘制扣弯的结果如图 8-12 所示。
```

图 8-11 打开素材文件　　图 8-12 绘制扣弯

03 将视图转换为西南等轴测视图，视觉样式设置为概念，查看生成扣弯前后的图形，分别如图 8-13 和图 8-14 所示。

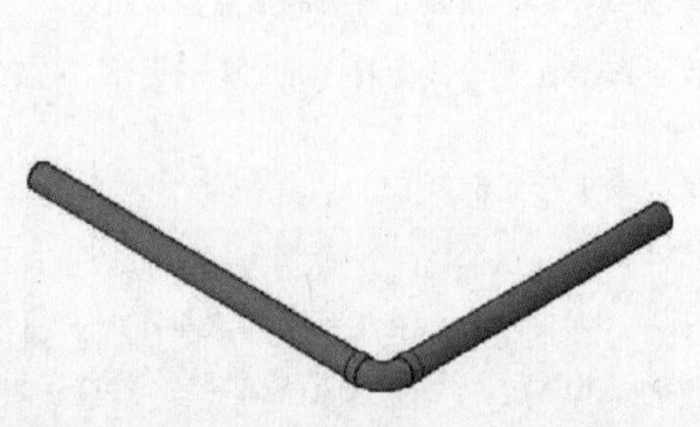

图 8-13 生成扣弯前

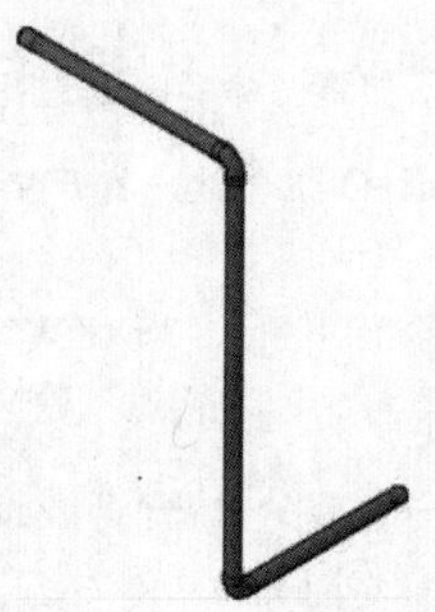

图 8-14 生成扣弯后

8.2 双线水管

调用“双线水管”命令，可绘制水管并自动生成弯头、三通、法兰和变径。

“双线水管”命令的执行方式有以下几种：

- 命令行：在命令行中输入“SXSG”命令，按Enter键。
- 菜单栏：单击“水管工具”→“双线水管”命令。

执行“双线水管”命令，在【绘制双管线】对话框中设置参数如图8-15所示。在图中指定双线水管的起点和终点，按Enter键结束命令，绘制结果如图8-16所示。

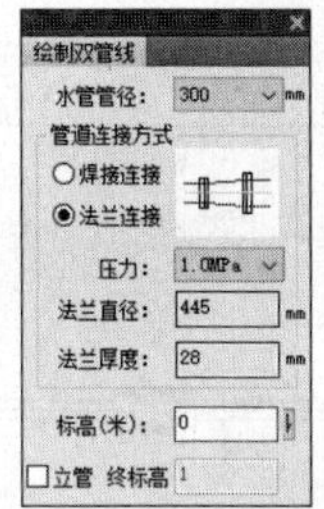

图8-15 【绘制双管线】对话框

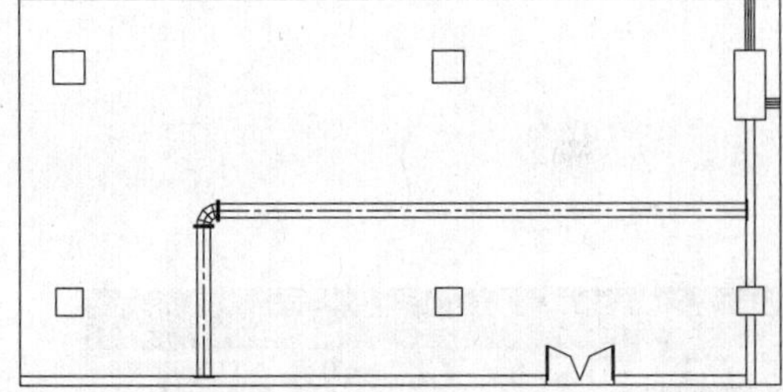

图8-16 绘制双线水管

将视图转换为西南等轴测视图，视觉样式设置为概念，查看双线水管的三维效果，如图8-17所示。

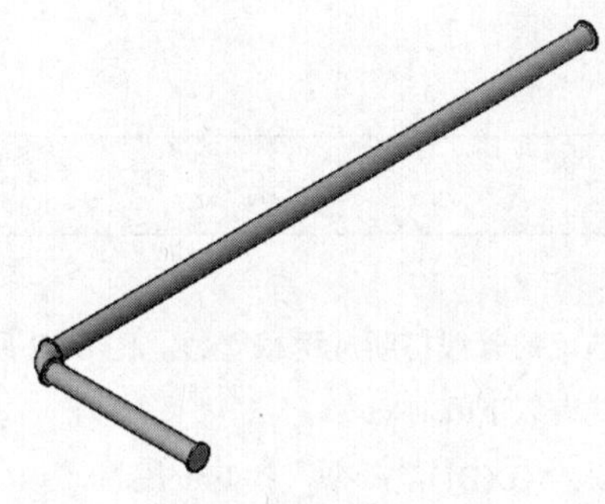

图8-17 西南等轴测视图

8.3 双线阀门

调用“双线阀门”命令，可在双线水管上插入阀门阀件，并可以设置是否打断水管。

“双线阀门”命令的执行方式有以下几种：

- 命令行：在命令行中输入SXFM命令，按Enter键。
- 菜单栏：单击“水管工具”→“双线阀门”命令。

执行“双线阀门”命令，在【双线阀门】对话框中选择阀门，如图8-18所示。在图中指定阀门的插入点，插入阀门的结果如图8-19所示。

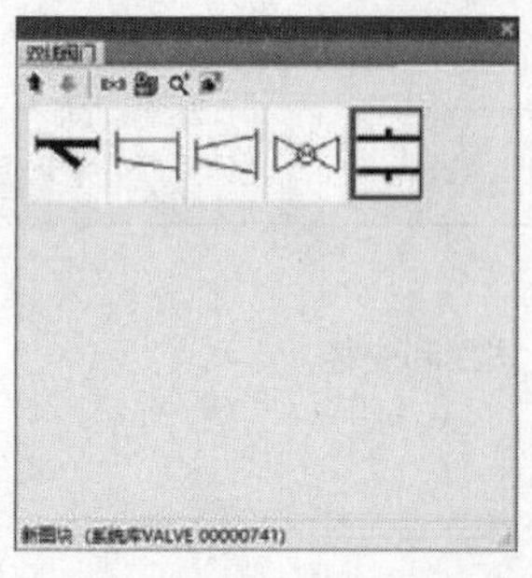

图 8-18 【双线阀门】对话框

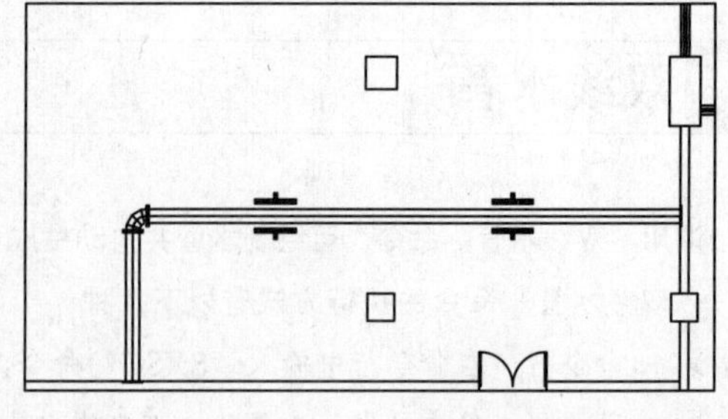

图 8-19 插入阀门

双击双线阀门，在【编辑阀件】对话框中勾选“打断”选项，如图 8-20 所示，打断管线的结果如图 8-21 所示。

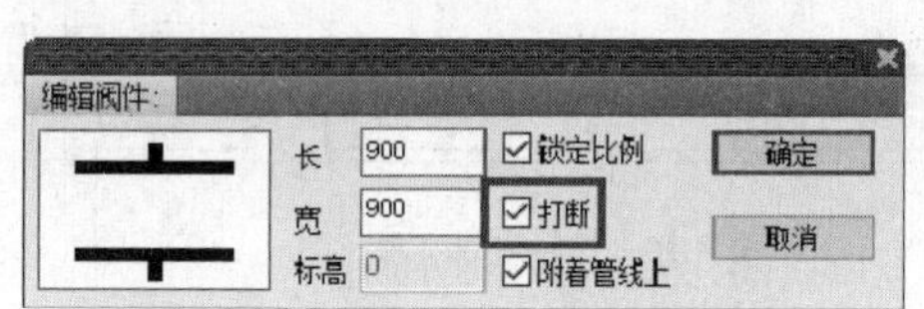

图 8-20 【编辑阀件】对话框

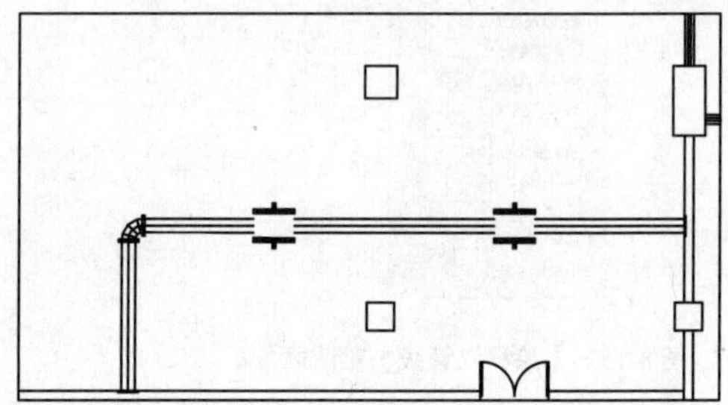

图 8-21 打断管线

8.4 管线打断

调用“管线打断”命令，将选定的管线打断成两根管线。图 8-22 所示为执行该命令的操作结果。

“管线打断”命令的执行方式有以下几种：

- 命令行：在命令行中输入“GXDD”命令，按 Enter 键。
- 菜单栏：单击“水管工具”→“管线打断”命令。

下面以如图 8-22 所示的图形为例，介绍调用“管线打断”命令的操作方法。

01 按 Ctrl+O 组合键，打开配套资源提供的“第 8 章\ 8.4 管线打断.dwg”素材文件，结果如图 8-23 所示。

图 8-22 管线打断

图 8-23 打开素材文件

02 在命令行中输入“GXDD”命令，按 Enter 键，命令行提示如下：

```
命令:GXDD↙
请选取要打断管线的第一截断点<退出>: //如图 8-24 所示。
再选取该管线上另一截断点<退出>:     //如图 8-25 所示。打断管线的结果如图 8-22 所示。
```

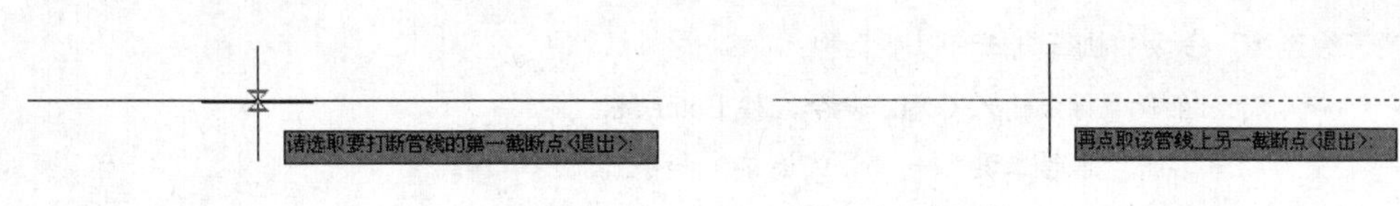

图 8-24　选取第一截断点　　　　图 8-25　选取另一截断点

提示

使用“管线打断”命令打断的管线为两段相互独立的管线；管线交叉处的打断只是优先级别或者标高所决定的遮挡，管线并没有被打断。

8.5 管线倒角

调用“管线倒角”命令，可对天正水管管线执行倒角操作，如图 8-26 所示为操作结果。

“管线倒角”命令的执行方式有以下几种：

- ➢ 命令行：在命令行中输入“GXDJ”命令，按 Enter 键。
- ➢ 菜单栏：单击“水管工具”→“管线倒角”命令。

下面以如图 8-26 所示的图形为例，介绍调用管线倒角命令的操作方法。

01 按 Ctrl+O 组合键，打开配套资源提供的“第 8 章\8.5 管线倒角.dwg”素材文件，结果如图 8-27 所示。

02 在命令行中输入“GXDJ”命令，按 Enter 键，命令行提示如下：

```
命令：GXDJ↙
请选择第一根管线:<退出>
请选择第二根管线:<退出>            //单击选择水平、垂直管线。
请输入倒角半径:<30.0>200           //设置倒角半径，管线倒角的结果如图 8-26 所示。
```

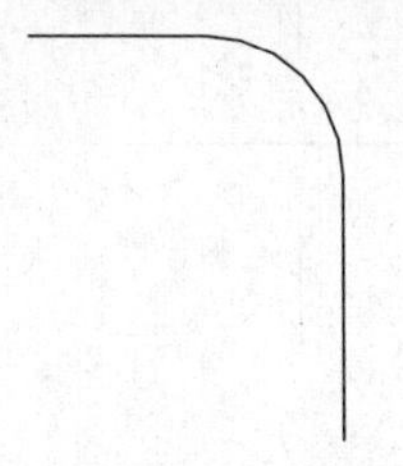

图 8-26　管线倒角

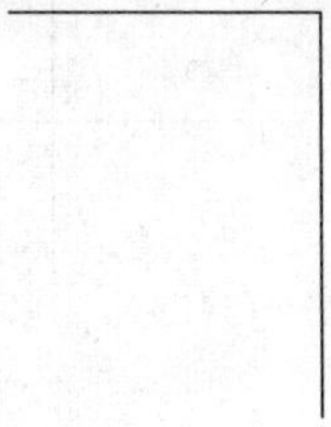

图 8-27　打开素材文件

8.6 管线连接

调用“管线连接”命令，可将水平或垂直方向上的两根管线合并成一根完整的管线。图 8-28 所示为执行该命令的操作结果。

“管线连接”命令的执行方式有以下几种：

- 命令行：在命令行中输入 GXLJ 命令，按 Enter 键。
- 菜单栏：单击“水管工具”→“管线连接”命令。

下面以如图 8-28 所示的图形为例，介绍调用“管线连接”命令的操作方法。

01 按 Ctrl+O 组合键，打开配套资源提供的“第 8 章\8.6 管线连接.dwg”素材文件，结果如图 8-29 所示。

02 在命令行中输入“GXLJ”命令，按 Enter 键，命令行提示如下：

```
命令:GXLJ↙
请拾取要连接的第一根管线<退出>:
请拾取要连接的第二根管线<退出>: //选取水平和垂直管线，管线连接的结果如图 8-28 所示。
```

图 8-28 管线连接

图 8-29 打开素材文件

对已执行“管线打断”命令的管线，可以调用“管线连接”命令对其进行连接。调用“管线连接”命令后，分别单击选取两段待连接的管线，即可完成连接操作，如图 8-30 所示。

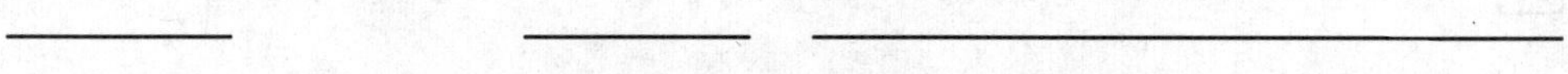

图 8-30 连接操作

已生成四通的管线，在水平管线或垂直管线上执行“管线连接”命令时，该管线被连接，另一管线则被遮挡，结果如图 8-31 所示。

图 8-31 遮挡垂直管线

8.7 管线置上

调用“管线置上”命令，可在同标高条件下，用选定的管线打断其所连接的管线。图 8-32 所示为执行该命令的操作结果。

“管线置上”命令的执行方式有以下几种：

➢ 命令行：在命令行中输入“GXZS”命令，按Enter键。

➢ 菜单栏：单击“水管工具”→“管线置上”命令。

下面以如图8-32所示的图形为例，介绍调用“管线置上”命令的操作方法。

01 按Ctrl+O组合键，打开配套资源提供的“第8章\8.7 管线置上.dwg”素材文件，结果如图8-33所示。

02 在命令行中输入“GXZS”命令，按Enter键，命令行提示如下：

命令:GXZS↙

请选择需要置上的管线<退出>:找到1个，总计2个　　　　//选定管线，按Enter键，管线置上的结果如图8-32所示。

图8-32　管线置上

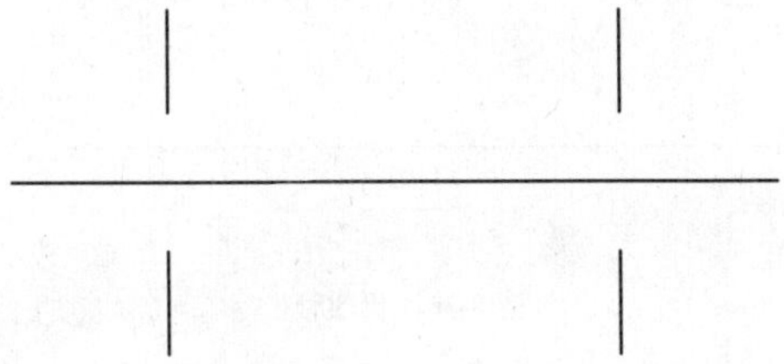

图8-33　打开素材文件

8.8 管线置下

调用“管线置下”命令，在同标高的条件下，使选定的管线被其所连接的管线打断。图8-34所示为执行该命令的操作结果。

“管线置下”命令的执行方式有以下几种：

➢ 命令行：在命令行中输入“GXZX”命令，按Enter键。

➢ 菜单栏：单击“水管工具”→“管线置下”命令。

下面以如图8-34所示的图形为例，介绍调用“管线置下”命令的操作方法。

01 按Ctrl+O组合键，打开配套资源提供的“第8章\8.8 管线置下.dwg”素材文件，结果如图8-35所示。

02 在命令行中输入“GXZX”命令，按Enter键，命令行提示如下：

命令:GXZX↙

请选择需要置下的管线<退出>:指定对角点:找到1个　　　　//选定管线，按Enter键，管线置下的结果如图8-34所示。

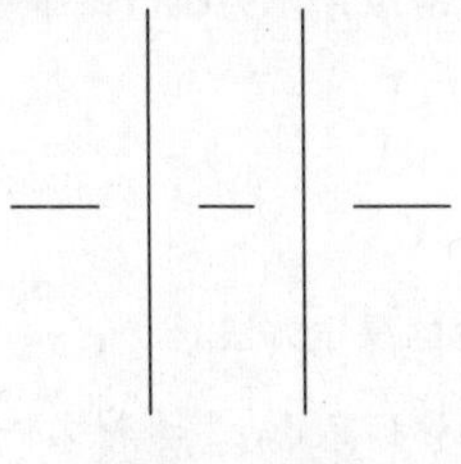

图8-34　管线置下

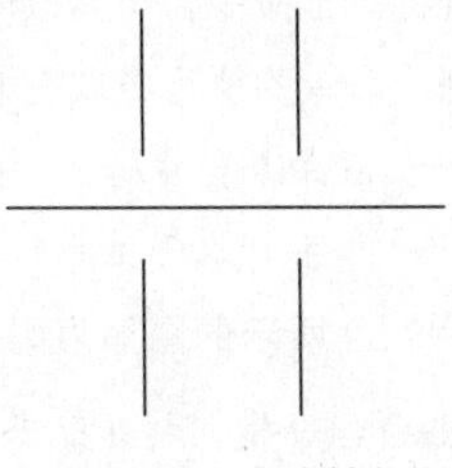

图8-35　打开素材文件

8.9 更改管径

调用“更改管径”命令，可更改选定管线的管径。图 8-36 所示为执行该命令的操作结果。

“更改管径”命令的执行方式有以下几种：

- ➢ 命令行：在命令行中输入“GGGJ”命令，按 Enter 键。
- ➢ 菜单栏：单击“水管工具”→“更改管径”命令。

下面以如图 8-36 所示的图形为例，介绍调用“更改管径”命令的操作方法。

01 按 Ctrl+O 组合键，打开配套资源提供的“第 8 章\ 8.9 更改管径.dwg”素材文件，结果如图 8-37 所示。

图 8-36 更改管径　　　　图 8-37 打开素材文件

02 在命令行中输入“GGGJ”命令，按 Enter 键，命令行提示如下：

命令:GGGJ↙

请选取要更改管径的管线<退出>:　　　//选取管线。

请在编辑框内输入文字<Enter 键或鼠标右键完成,ESC 键退出>:　　　//单击编辑框右边的向下箭头，在弹出的下拉列表中选择管径标注文字，如图 8-38 所示。

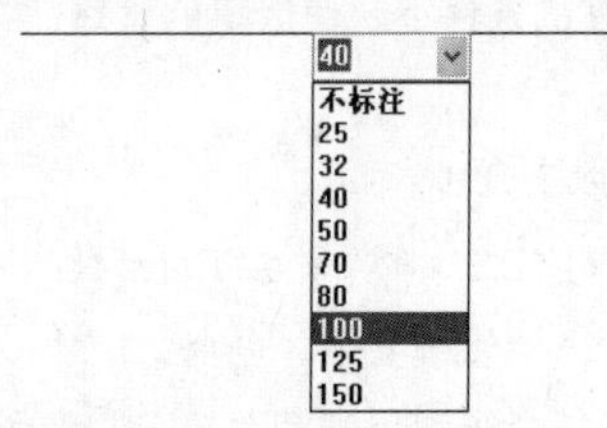

图 8-38 选择管径标注文字

03 按 Enter 键完成更改管径的操作，结果如图 8-36 所示。

8.10 单管标高

调用“单管标高”命令，可修改单根管线或者立管的标高。图 8-39 所示为执行该命令的操作结果。

“单管标高”命令的执行方式有以下几种：

- ➢ 命令行：在命令行中输入“DGBG”命令，按 Enter 键。
- ➢ 菜单栏：单击“水管工具”→“单管标高”命令。

下面以如图 8-39 所示的图形为例，介绍调用“单管标高”命令的操作方法。

01 按 Ctrl+O 组合键，打开配套资源提供的“第 8 章\ 8.10 单管标高.dwg”素材文件（平面管线），结果如图 8-40 所示。

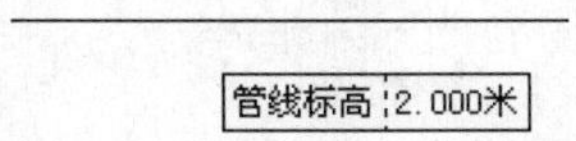

管线标高 2.000米

图 8-39　单管标高

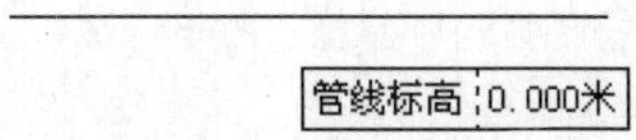

管线标高 0.000米

图 8-40　打开素材文件

02 在命令行中输入“DGBG”命令，按 Enter 键，命令行提示如下：

```
命令:DGBG↙
请选择管线<退出>:
请在编辑框内输入新的管线标高<Enter 键完成,ESC 键退出>:                //定义标高参数，如图 8-41 所示。
```

03 按 Enter 键，即可完成单管标高的操作，结果如图 8-39 所示。

按 Ctrl+O 组合键，打开配套资源提供的“第 8 章\ 8.10 单管标高.dwg”素材文件（立面管线），结果如图 8-42 所示。

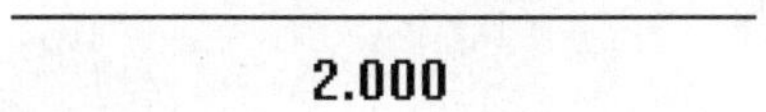

2.000

图 8-41　输入标高参数

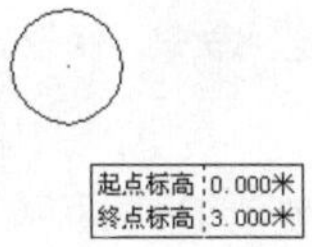

起点标高 0.000米
终点标高 3.000米

图 8-42　打开素材文件

执行“DGBG”命令，单击选定待编辑标高的立管，在弹出的【立管标高】对话框中修改标高参数，如图 8-43 所示。

单击“确定”按钮关闭对话框，即可完成立管标高的操作，结果如图 8-44 所示。

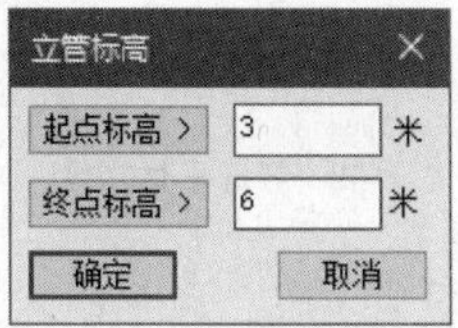

立管标高
起点标高 >
3
米
终点标高 >
6
米
确定
取消

图 8-43　【立管标高】对话框

起点标高 3.000米
终点标高 6.000米

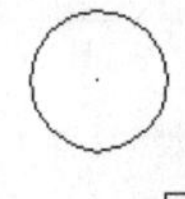

图 8-44　立管标高

8.11 断管符号

调用“断管符号”命令，可在管线的末端插入断管符号。图 8-45 所示为执行该命令的操作结果。

“断管符号”命令的执行方式有以下几种：

- 命令行：在命令行中输入“DGFH”命令，按 Enter 键。
- 菜单栏：单击“水管工具”→“断管符号”命令。

下面以如图 8-45 所示的图形为例，介绍调用“断管符号”命令的操作方法。

01 按 Ctrl+O 组合键，打开配套资源提供的“第 8 章\ 8.11 断管符号.dwg”素材文件，结果如图 8-46 所示。

02 在命令行中输入“DGFH”命令，按 Enter 键，命令行提示如下：

```
命令:DGFH↙
```

请选择需要插入断管符号的管线<退出>:指定对角点:找到 4 个　　　//框选管线，按 Enter 键完成操作，结果如图 8-45 所示。

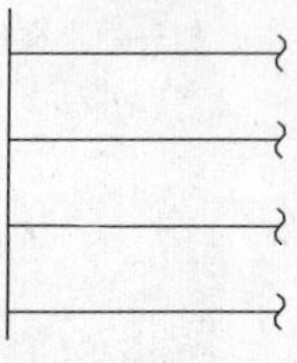

图 8-45　断管符号 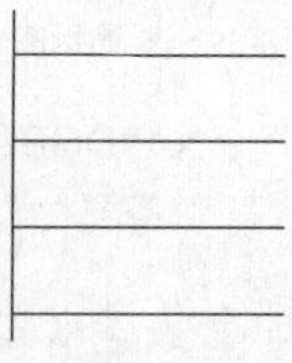　　　　图 8-46　打开素材文件

8.12 修改管线

调用“修改管线”命令，修改指定管线的各项属性，如颜色、线型、线宽等。图 8-47 所示为执行该命令的操作结果。

“修改管线”命令的执行方式有以下几种：

- 命令行：在命令行中输入“XGGX”命令，按 Enter 键。
- 菜单栏：单击“水管工具”→“修改管线”命令。

下面以如图 8-47 所示的图形为例，介绍调用“修改管线”命令的操作方法。

01 按 Ctrl+O 组合键，打开配套资源提供的“第 8 章\ 8.12 修改管线.dwg”素材文件，结果如图 8-48 所示。

图 8-47　修改管线线型 　　　　图 8-48　打开素材文件

02 在命令行中输入 XGGX 命令，按 Enter 键，命令行提示如下：

命令:XGGX↙

请选择要修改的管线<退出>:找到 1 个　　　//选定管线，按 Enter 键。

03 弹出【修改管线】对话框，勾选“更改线型”复选框。单击选框右边的向下箭头，在下拉列表中选择线型，如图 8-49 所示。

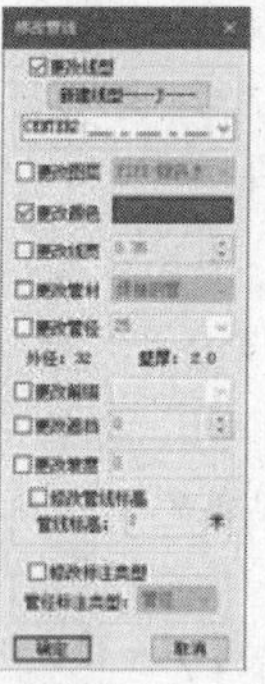

图 8-49　【修改管线】对话框

04 单击“确定”按钮关闭对话框，修改结果如图 8-47 所示。

在【修改管线】对话框中勾选选项，可以对该选项的参数进行更改。参数设置完成后，单击“确定”按钮即可完成管线属性的更改。

8.13 管材规格

调用“管材规格”命令，设置系统管材的管径。

“管材规格”命令的执行方式有以下几种：

- 命令行：在命令行中输入“GCGG”命令，按 Enter 键。
- 菜单栏：单击“水管工具”→“管材规格”命令。

在命令行中输入“GCGG”命令，按 Enter 键，弹出如图 8-50 所示的【管材规格】对话框。

【管材规格】对话框中各功能选项的含义如下：

“采暖/空调水管”选项框：列举了水管和风管的管材名称。在选项框下的空白文本框中输入新的管材名称，单击“添加”按钮，可以将其添加至选项框中。单击“删除”按钮，可以将选项框中选中的管材名称删除。

“定义标注前缀”按钮：单击按钮，弹出如图 8-51 所示的【定义各管材标注前缀】对话框。在其中可选择管材的标注前缀，单击“确定”按钮完成操作。在列表中选择标注前缀，在“标注类型”文本框中可以更改标注前缀。单击“修改类型”按钮，可将修改结果显示在标注前缀列表中。

“管材数据”选项表：显示不同管材的管径值。在“新公称直径”文本框中输入新的管径，单击“添加新规格”按钮，可将其添加至列表中。选择到表中的一组管径，单击“删除”按钮，可将所选的管径参数删除。

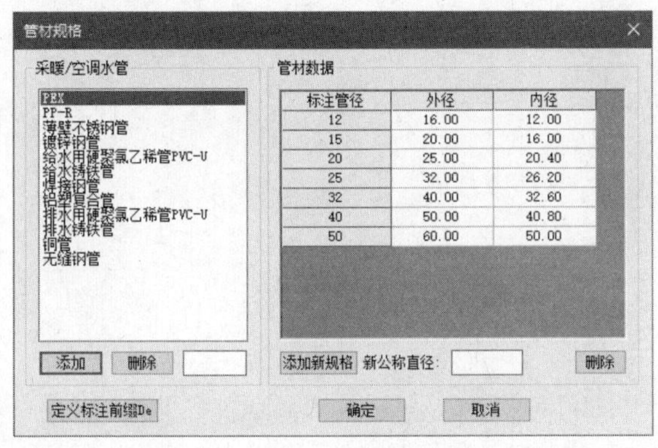

图 8-50 【管材规格】对话框

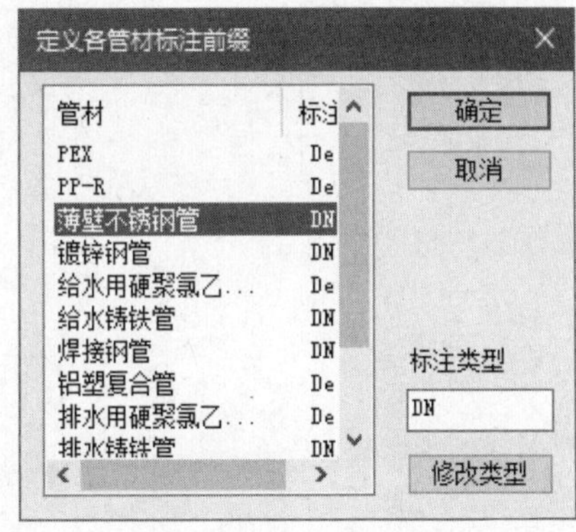

图 8-51 【定义各管材标注前缀】对话框

> **提示**
>
> 内径指的是在计算流速时用到的计算内径。在【管材规格】对话框中设置的管径值在后续的计算中会被调用。

8.14 管线粗细

调用“管线粗细”命令，可设置当前视图中所有管线是否进行加粗显示。图 8-52 所示为执行该命令的操作结果。

“管线粗细”命令的执行方式有以下几种：

- 命令行：在命令行中输入“GXCX”命令，按 Enter 键。
- 菜单栏：单击“水管工具”→“管线粗细”命令。

下面以如图 8-52 所示的图形为例，介绍调用“管线粗细”命令的操作方法。

01 按 Ctrl+O 组合键，打开配套资源提供的“第 8 章\ 8.14 管线粗细.dwg”素材文件，结果如图 8-53 所示。

02 在命令行中输入“GXCX”命令，按 Enter 键，即可将当前视图中的所有管线执行加粗操作，结果如图 8-52 所示。

图 8-52 管线粗细

图 8-53 打开素材文件

第 9 章
风管

● **本章导读**

本章介绍风管命令的调用方法，主要包括四个方面：风管绘制命令、添加构件命令、位置调整命令、编辑命令。

● **本章重点**

◈ 设置
◈ 更新关系
◈ 风管绘制
◈ 立风管
◈ 弯头
◈ 变径
◈ 乙字弯
◈ 三通
◈ 四通
◈ 法兰
◈ 变高弯头
◈ 空间搭接
◈ 构件换向
◈ 系统转换
◈局部改管
◈ 平面对齐
◈ 竖向对齐
◈ 竖向调整
◈ 打断合并
◈ 编辑风管
◈ 编辑立管

T20-Hvac V6.0

9.1 设置

调用“设置”命令，可对法兰、连接件、计算、标注等与风管系统相关的选项进行初始设置。

“设置”命令的执行方式有以下几种：

➢ 命令行：在命令行中输入“THVACCFG”命令，按 Enter 键。

➢ 菜单栏：单击“风管”→“设置”命令。

单击“风管”→“设置”命令，系统弹出如图 9-1 所示的【风管设置】对话框，在其中可以对风管的各项进行初始设置。

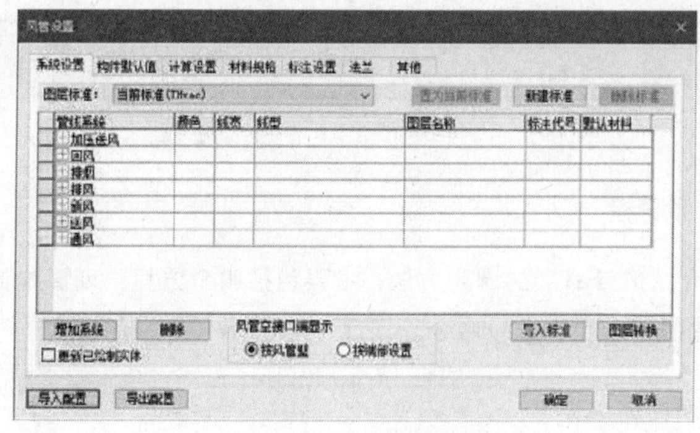

图 9-1 【风管设置】对话框

9.1.1 系统设置

打开【风管设置】对话框，默认的选项卡为“系统设置”，在其中可重新定义管线系统参数。

“系统设置”选项卡中各功能选项的含义如下：

➢ “图层标准”选项：单击该选项，在弹出的下拉列表中选择图层标准。

➢ “置为当前标准”按钮：选择图层标准，单击该按钮即可将其设置为当前的图层标准。

➢ “新建标准”按钮：单击该按钮，弹出如图 9-2 所示的【请输入图层标准名称】对话框，在其中输入新图层标准的名称，单击“确定”按钮即可新建图层标准。

➢ “删除标准”按钮：选择图层标准，单击该按钮框将其删除。注意，当前的图层标准不能被删除。

➢ “增加系统”按钮：单击该按钮，弹出如图 9-3 所示的【请输入系统名称】对话框，在其中输入新系统的名称，单击“确定”按钮即可增加新系统。

图 9-2 【请输入图层标准名称】对话框

图 9-3 【请输入系统名称】对话框

- "删除"按钮：单击该按钮，删除选择的系统。
- "风管空接口端显示"选项组：选择"按风管壁"选项或者"按端部设置"选项，设置风管的接口位置。
- "导入标准"按钮：单击该按钮，弹出如图9-4所示的【导入图层标准】对话框，单击"选择文件"选项后的按钮…，弹出【打开】对话框，在其中可选择图层标准并将其导入。
- "图层转换"按钮：单击该按钮，弹出如图9-5所示的【风管设置】对话框，单击任意按钮，都会弹出如图9-6所示的【风系统图层转换】对话框，在其中可选择图层转换的原图层标准和目标图层标准。

"导入配置"按钮：单击该按钮，打开如图9-7所示的【导入配置文件】对话框，在其中选择配置文件，将其导入使用。可以在重装软件或更换计算机时导入设置。

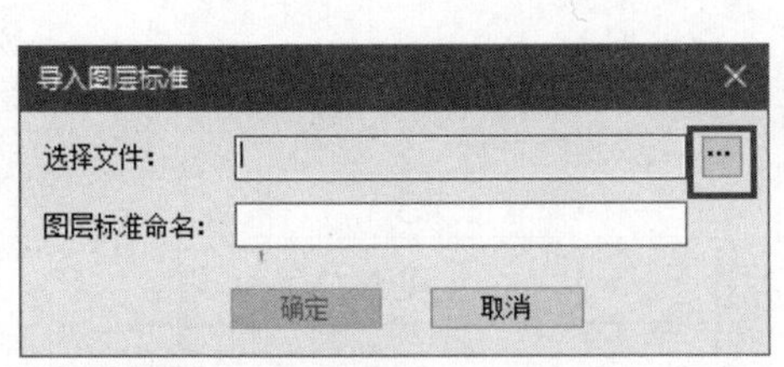

图9-4 【导入图层标准】对话框

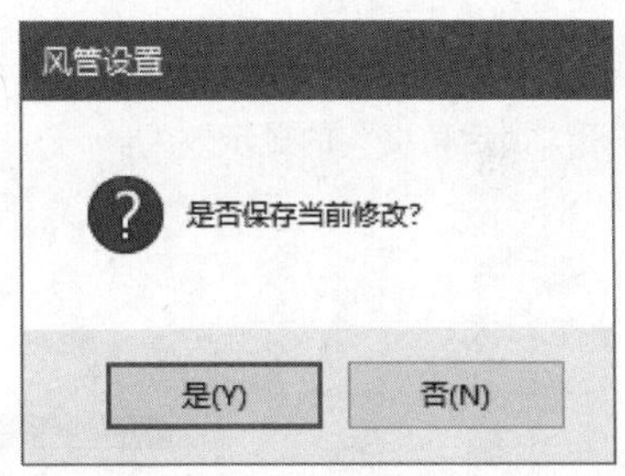

图9-5 【风管设置】对话框

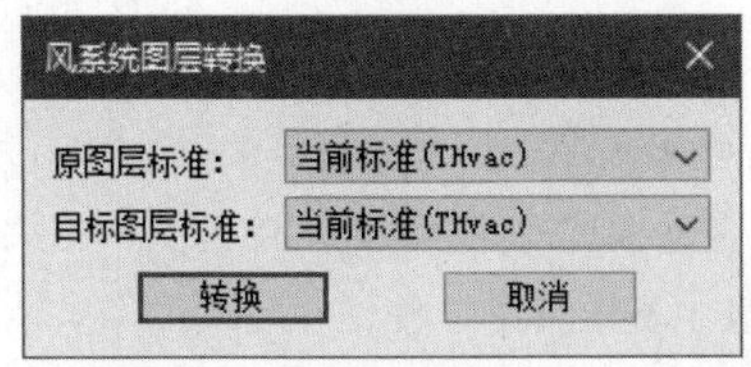

图9-6 【风系统图层转换】对话框

图9-7 【导入配置文件】对话框

"导出配置"按钮：单击该按钮，打开【导出配置文件】对话框，将【风管设置】对话框中的参数设置生成配置文件并储存到计算机。

9.1.2 构件默认值

在【风管设置】对话框中选择"构件默认值"选项卡，如图9-8所示。

"构件默认值"选项卡中各功能选项的含义如下：

对话框的左边为构件列表，列表右边为构件预览窗口，被红色边框框选的构件为连接和布置风管时的默认样式。

"构件参数项目"列表：显示被红色边框框选的构件样式的各项参数。

在右边的构件样式中，单击预览框可选择构件样式，如单击"风口连接形式"预览框，弹出列表，单击选择其中的一个，如图9-9所示。

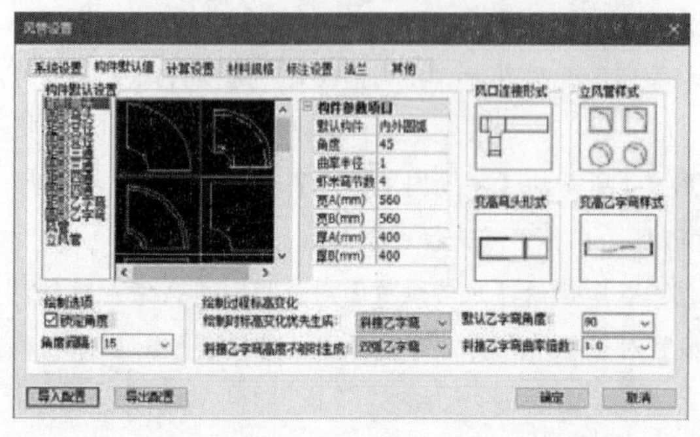

图 9-8 “构件默认值”选项卡

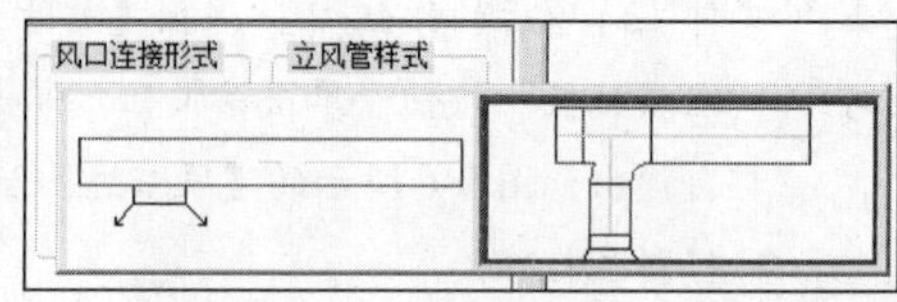

图 9-9 选择风口连接形式

“绘制选项”选项组。

“锁定角度”选项：勾选该选项，在绘制风管的时候提示角度辅助。如图 9-10 所示为在绘制风管时开启与关闭“锁定角度”的显示效果。

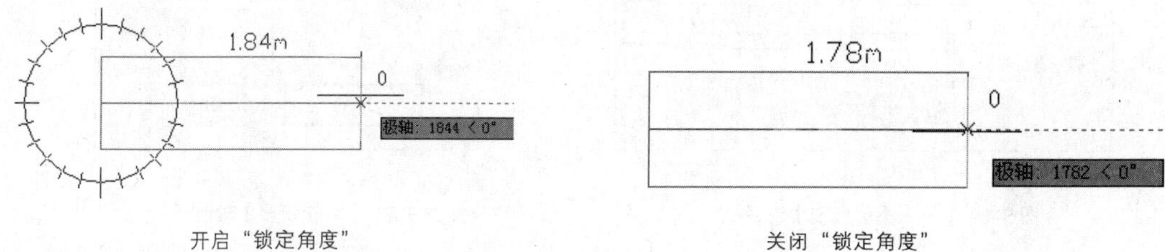

开启“锁定角度” 关闭“锁定角度”

图 9-10 锁定角度

“角度间隔”选项：单击该选项，在弹出的菜单中选择间隔参数。

“绘制过程高程标高变化”选项组。在该选项组中设置自动生成变高弯头与乙字弯头的相关参数。各选项均有系统给予的参数供选择，单击各选项，在下拉列表中提取系统参数。

9.1.3 计算设置

在【风管设置】对话框中选择“计算设置”选项卡，如图 9-11 所示，可设置流动介质的参数。

在“流动介质”选项组中，“压力”“流体介质”选项的参数可通过下拉列表选择。其他选项的参数可以自定义设置。

在“管径颜色标识”选项组中可设置各选项的显示颜色。单击颜色列表框右边的按钮，弹出【选择颜色】对话框，可在其中更改标识颜色。单击“增加一行”或“删除一行”按钮，可以增加或删除表行。

9.1.4 材料规格

在【风管设置】对话框中选择“材料规格”选项卡，如图 9-12 所示。

“风管尺寸规格”选项组。

“截面形状”选项：单击该选项，在列表中更改截面形状为圆形。截面形状被更改后，下方的参数相应地进行更改。

“矩形/圆形中心线显示”选项：勾选该选项，风管和各类连接件显示中心线，取消勾选则不显示。单击“更新图中实体”按钮，可更新已绘制的部分图形。

“材料扩充及对应粗糙度的设置”列表：设置各材料以及对应的表面粗糙度。单击“增加一行”或“删除一行”按钮，可增加或删除表行。

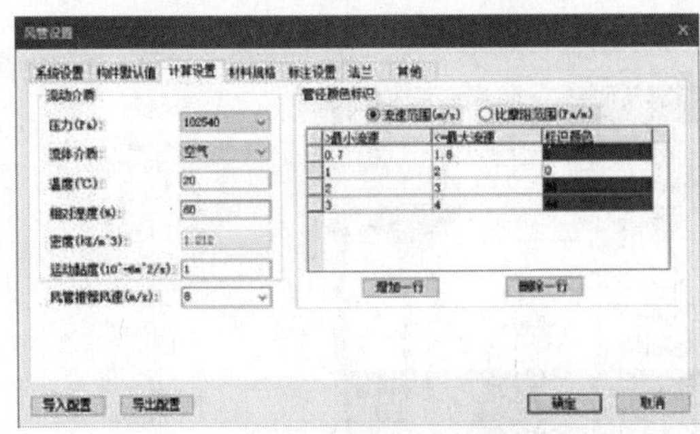

图 9-11　“计算设置”选项卡

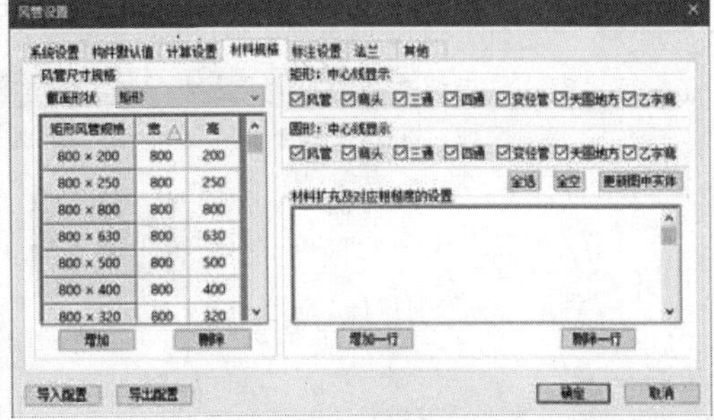

图 9-12　“材料规格”选项卡

9.1.5 标注设置

在【风管设置】对话框中选择“标注设置”选项卡，如图 9-13 所示。

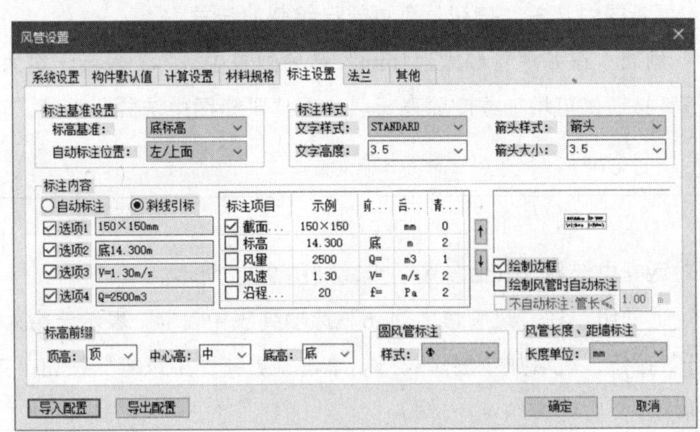

图 9-13　“标注设置”选项卡

- “标注基准设置”选项组：单击“标高基准”“自动标注位置”选项，在弹出的下拉列表中可以设置系统参数，确定标高的基准以及标注的位置。
- “标注样式”选项组：分别对文字样式、箭头样式、文字高度以及箭头大小进行设置，各选项的参数可通过选项下拉列表来获得。
- “标注内容”选项组：分为“自动标注”和“斜线引标”两种方式。通过勾选下面的四个选项来定义标注的项目。
- “标高前缀”选项组：分别设置顶高、中心高、底高三种标注类型的标注前缀。标注前缀在各选项下拉列表中选择。
- “圆风管标注”选项：系统提供了两种标注样式，可在下拉列表中选择。

➢ “风管长度”“距墙标注”选项：提供“m”和“mm”两种单位供用户选择，通过选项下拉列表来更改标注单位。

9.1.6 法兰

在【风管设置】对话框中选择“法兰”选项卡，对话框显示如图 9-14 所示。

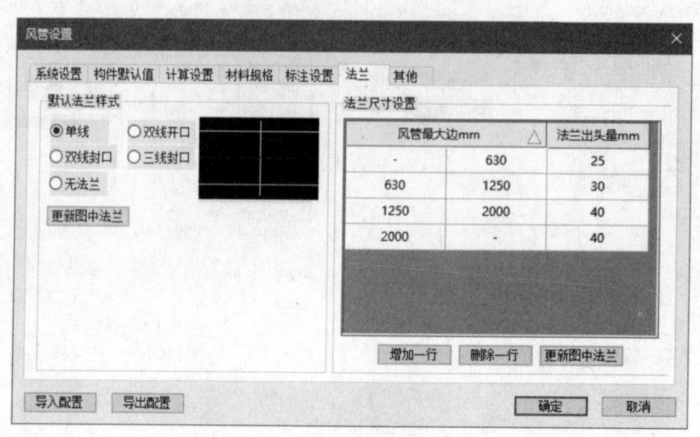

图 9-14 “法兰”选项卡

“默认法兰样式”选项组：在选项组中提供了五种法兰样式供选择，选择其中一种，在右边的预览框中预览样式。单击“更新图中法兰”按钮，可更新已绘制的法兰。

“法兰尺寸设置”列表：在“风管最大边 mm”选项列表中，“-”表示无穷大或无穷小。单击“增加一行”或“删除一行”按钮，可增加或删除表行。单击“更新图中法兰”按钮，可更新已绘制的法兰。

9.1.7 其他

在【风管设置】对话框中选择“其他”选项卡，如图 9-15 所示。

“风管厚度设置”选项组：在“风管最大边 b”选项列表中，“-”表示无穷大或无穷小。单击“增加一行”或“删除一行”按钮，可增加或删除表行。单击“更新图中风管”按钮，可更新已绘制的风管。

“联动设置”选项组：

“位移联动”选项：勾选该项，在拖动风管夹点时，可实现构件与风管的联动。

“尺寸联动”选项：勾选该项，在更改风管尺寸或拖动调整尺寸夹点时，与其有连接关系的构件及风管尺寸会自动随之变化。

“自动连接/断开”选项：勾选该项，在移动、复制阀门到新管时，原风管可自动闭合，新风管可自动打断。

“单双线设置”选项组：设置所绘制风管的样式。单击“更新图中实体”按钮，可以更新已绘制的图形。

“遮挡设置”选项组：勾选“显示被遮挡图形”选项，被遮挡的图形也被显示在绘图区域中；取消勾选则不显示。

“风管标注中截面尺寸的连接样式”选项：更改方框中的符号即可更改连接符号。

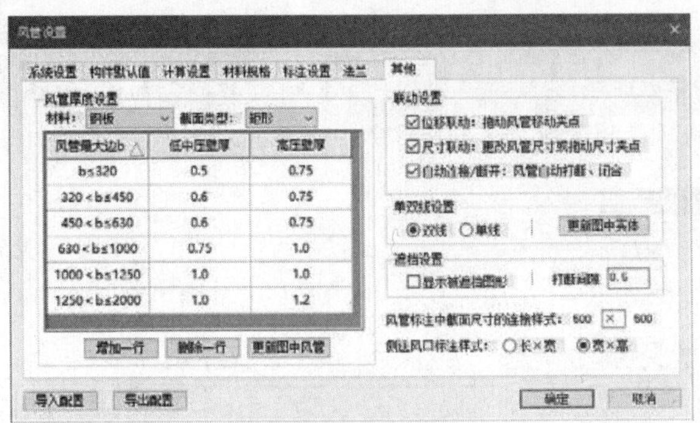

图 9-15 “其他”选项卡

9.2 更新关系

调用“更新关系”命令，可更新风管管线的关系，主要是针对使用天正命令绘制的图形对象。偶尔由于管线间的连接处理不到位而造成的提图识别不正确，此时可以在执行该命令进行处理后，再进行提图。

“更新关系”命令的执行方式有：

- 命令行：在命令行中输入“RCOV”命令，按 Enter 键。
- 菜单栏：单击“风管”→“更新关系”命令。

在命令行中输入“RCOV”命令，按 Enter 键，命令行提示如下：

```
命令:RCOV↙
请选择需要更新遮挡效果的管件:
选择对象: 指定对角点:找到 7 个          //框选待更新的图形，按 Enter 键即可完成操作。
```

9.3 风管绘制

调用“风管绘制”命令，可在图中绘制空调系统管线。

“风管绘制”命令的执行方式有。

- 命令行：在命令行中输入 FGHZ 命令，按 Enter 键。
- 菜单栏：单击“风管”→“风管绘制”命令。

下面介绍“风管绘制”命令的操作方法。

01 在命令行中输入“FGHZ”命令，按 Enter 键，弹出【风管布置】对话框，设置参数如图 9-16 所示。

02 命令行提示如下：

```
命令:FGHZ↙
请输入管线起点[宽(直径)(W)/高(H)/标高(E)/参考点(R)/两线(G)/墙角(C)/弯头曲率(Q)]<退出>:                    //指定起点，如图 9-17 所示。
```

请输入管线终点[宽(直径)(W)/高(H)/标高(E)/弧管(A)/参考点(R)/两线(G)/墙角(C)/弯头曲率(Q)/插立管(L)/回退(U)]:　　　　　　　　//指定终点，如图 9-18 所示。

03 按 Enter 键完成风管的绘制，结果如图 9-19 所示。

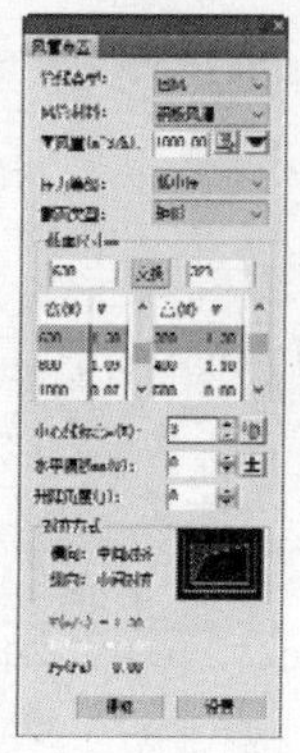

图 9-16 【风管布置】对话框

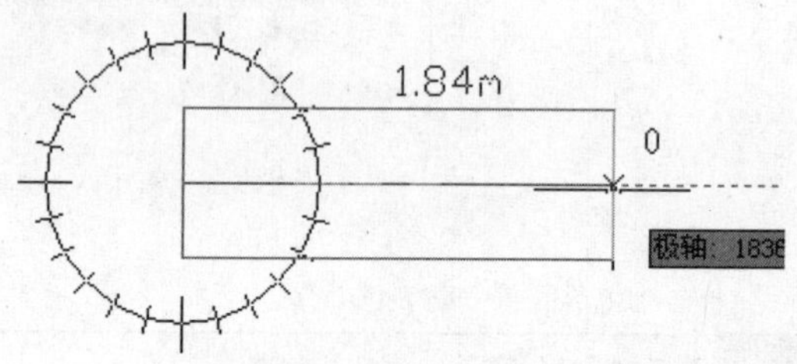

图 9-17 指定管线的起点

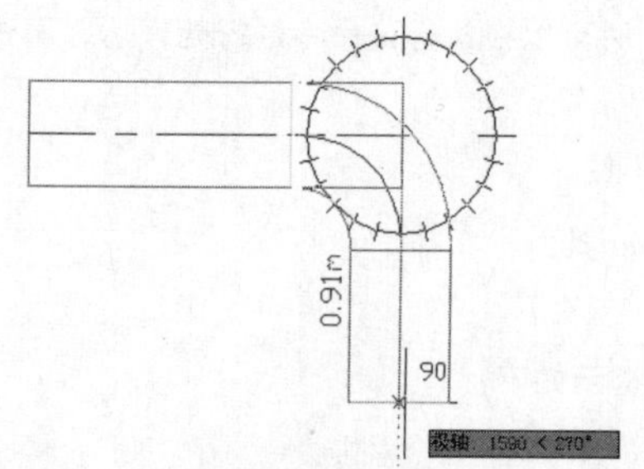

图 9-18 指定管线的终点

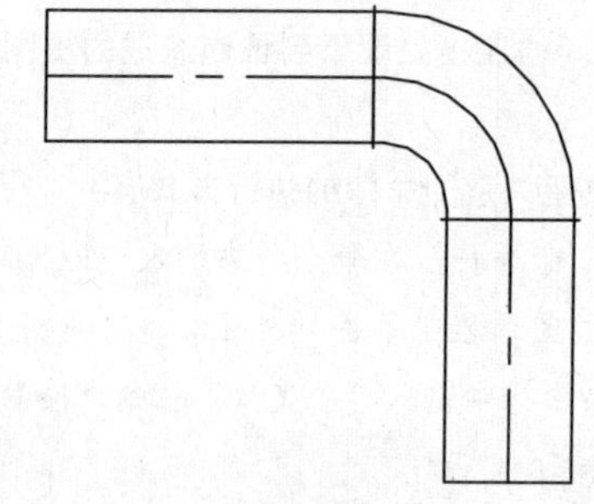

图 9-19 绘制风管

【风管布置】对话框中各功能选项的含义如下：

- "管线类型"选项：单击该选项，在下拉列表中选择管线类型，如图 9-20 所示。
- "风管材料"选项：单击该选项，在下拉列表中选择管线材料，如图 9-21 所示。

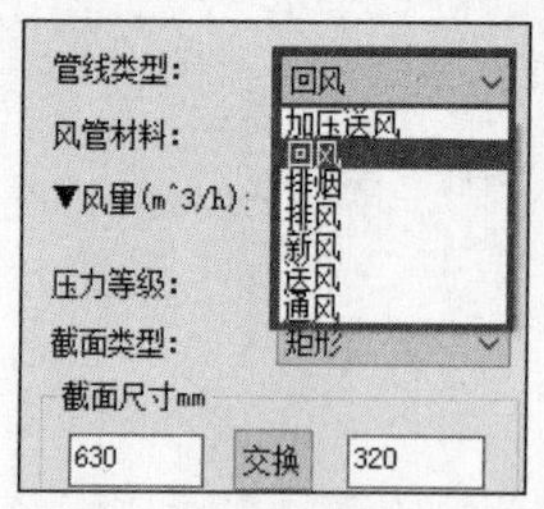

图 9-20 "管线类型"下拉列表

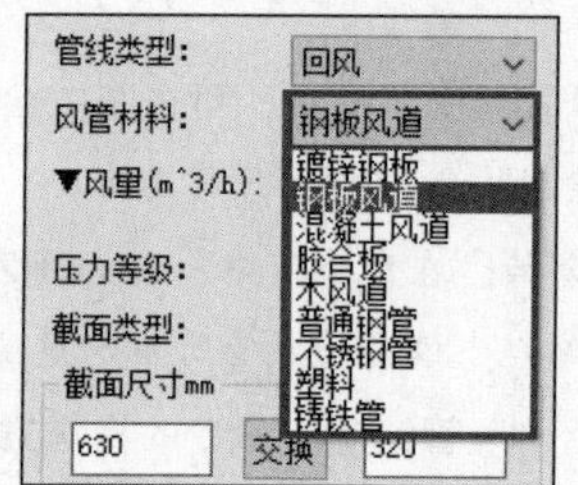

图 9-21 "风管材料"下拉列表

- "风量"选项：单击该选项右边的▼，在弹出的下拉列表中设置风量参数，如图 9-22 所示。单击按钮，可在图中选取风口或者除尘器进行风量的计算。
- "截面类型"选项：系统提供两种截面类型，分别是圆形和矩形，单击该选项，在弹出的下拉

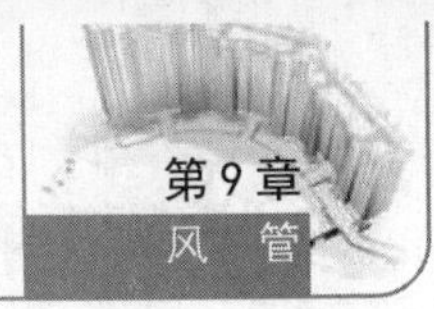

列表中更改截面类型。

- “截面尺寸”选项：在左右两边的文本框中设置尺寸，也可以从下方的列表中选择参数。单击“交换”按钮，可将风管宽高值进行交换。
- “中心线标高”选项：可以自定义参数，也可以通过单击文本框右边的调整按钮调整参数。单击文本框后面的功能按钮，将中心线标高参数锁定。
- “水平偏移”选项：图 9-23 所示为水平偏移参数为 0 时的绘制过程，图 9-24 所示为水平偏移参数为 500 的绘制过程。
- “升降角度”选项：在绘制带升降角度的风管时在此设置参数，表示风管与水平方向的夹角。
- “对齐方式”选项组：单击右边的预览框，弹出如图 9-25 所示的【对齐方式】对话框，在其中显示了九种对齐方式。

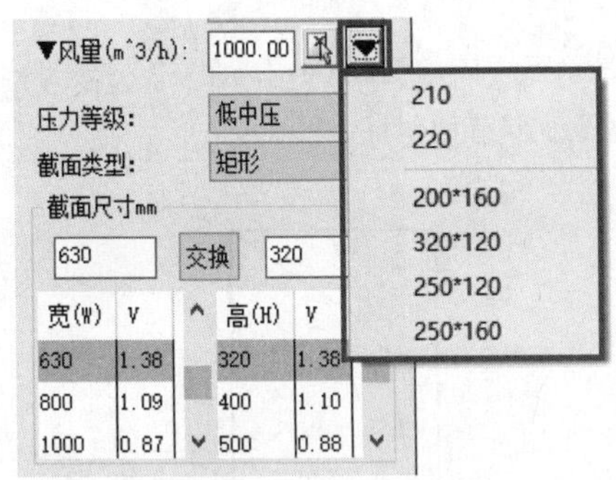

图 9-22 “风量”下拉列表

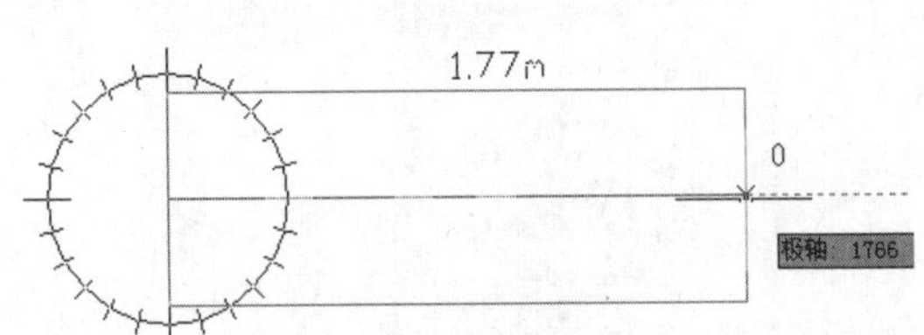

图 9-23 水平偏移参数为 0

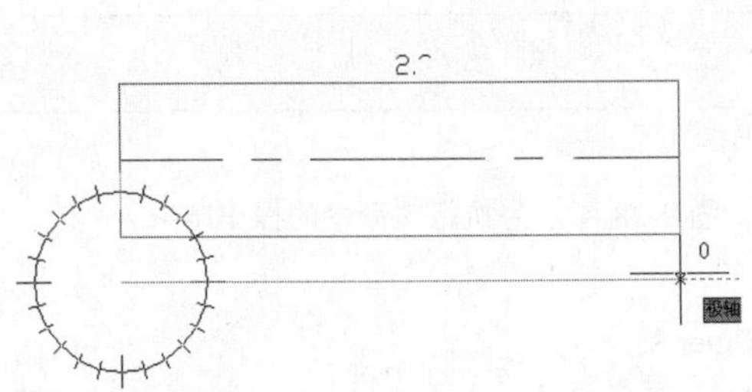

图 9-24 水平偏移参数为 500

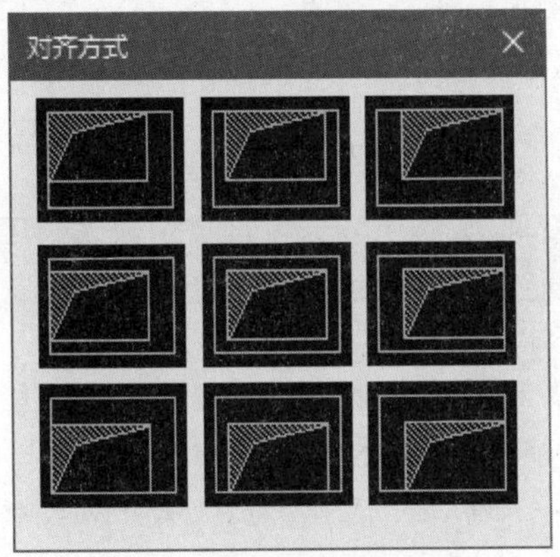

图 9-25 【对齐方式】对话框

- “V、R、Py”：提供风速、比摩阻、沿程阻力的即时计算值以供参考。
- “提取”按钮：单击该按钮，可提取管线的信息，将对话框的参数自动设置成所提取管线的信息，方便绘制。
- “设置”按钮：单击该按钮，可以调出【风管设置】对话框，在其中可以设置风管的各项参数。

9.4 立风管

调用“立风管”命令，绘制空调系统立管。

“立风管”命令的执行方式有。

- 命令行：在命令行中输入“LFG”命令，按 Enter 键。
- 菜单栏：单击“风管”→“立风管”命令。

下面介绍“立风管”命令的操作方法。

执行“立风管”命令，在【立风管布置】对话框中设置参数如图 9-26 所示。命令行提示如下：

```
命令:LFG↙
请输入位置点[基点变换(T)/转 90 度(S)/参考点(R)/距线(D)/两线(G)/墙角(C)]<退出>:
                                    //选取位置，绘制立风管的结果如图 9-27 所示。
```

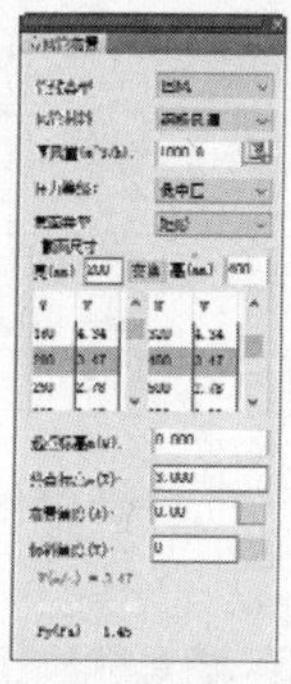

图 9-26 【立风管布置】对话框

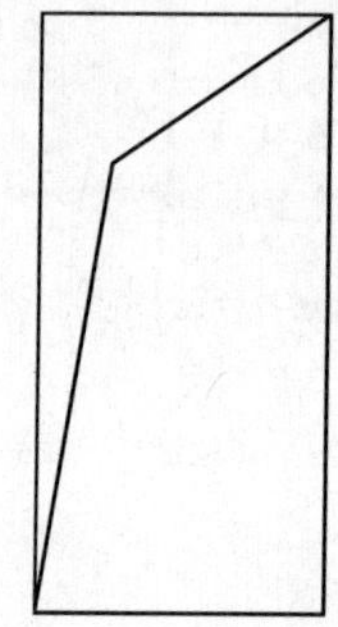

图 9-27 绘制立风管

9.5 弯头

调用“弯头”命令，可在选择的风管上插入弯头。图 9-28 所示为执行该命令的操作结果。

“弯头”命令的执行方式有。

- 命令行：在命令行中输入“WT”命令，按 Enter 键。
- 菜单栏：单击“风管”→“弯头”命令。

下面以如图 9-28 所示的图形为例，介绍“弯头”命令的操作方法。

01 按 Ctrl+O 组合键，打开配套资源提供的“第 9 章\9.5 弯头.dwg”素材文件，结果如图 9-29 所示。

02 在命令行中输入“WT”命令，按 Enter 键，弹出【弯头】对话框，设置参数如图 9-30 所示。

03 双击弯头样式预览区左上角的弯头，命令行提示如下：

```
命令:WT↙
请选择要插入弯头的两根风管<退出>:指定对角点:找到 2 个              //选择风管，按 Enter
```

键即可插入弯头，结果如图 9-28 所示。

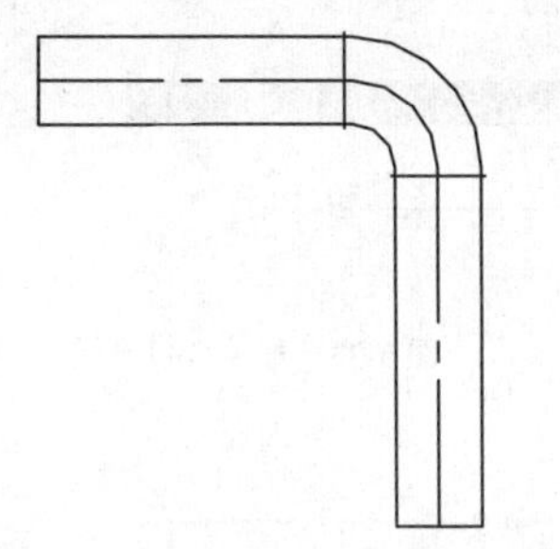

图 9-28　插入弯头

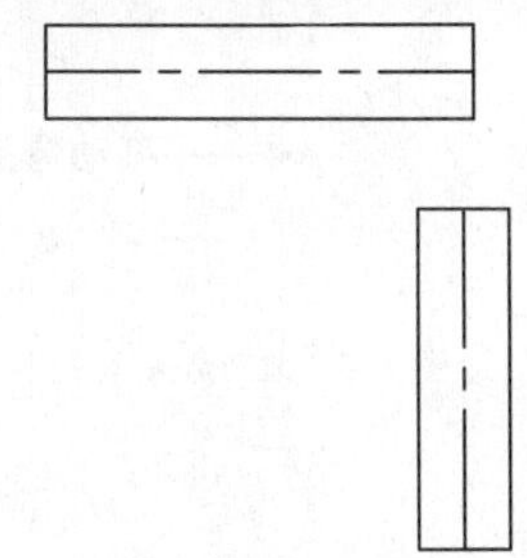

图 9-29　打开素材文件

【弯头】对话框中各功能选项的含义如下：

- “截面设置”选项组：打开【弯头】对话框时，系统默认当前截面形状为矩形，如图 9-30 所示，选择“圆形”选项，对话框显示如图 9-31 所示。

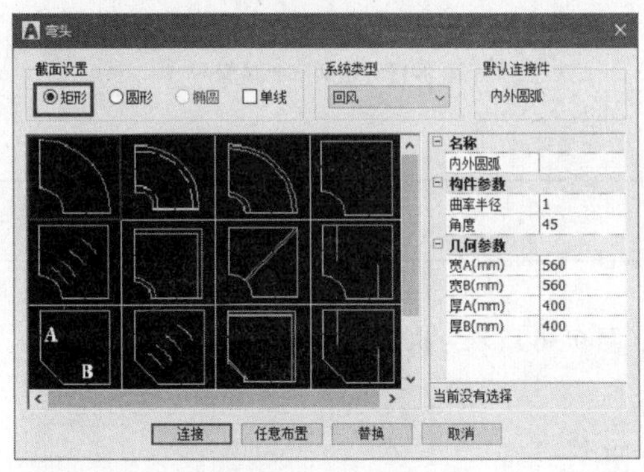

图 9-30　【弯头】对话框

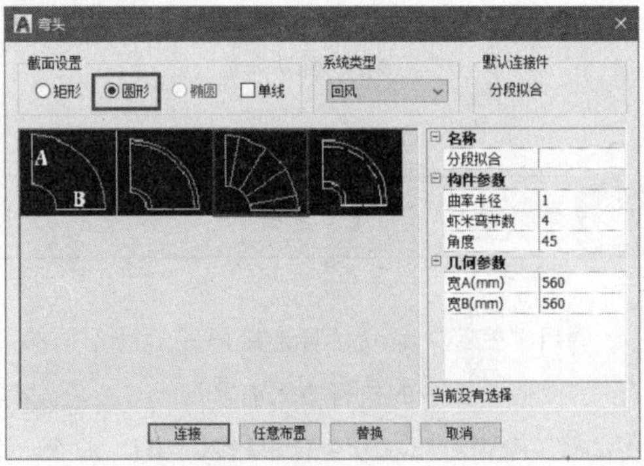

图 9-31　选择“圆形”选项

- “系统类型”选项：单击该选项，在弹出的下拉列表中选择风管系统。在两段风管之间插入弯头时不需要选择系统，因为系统会根据所选的风管自行设定弯头的系统类型。
- “默认连接件”选项：显示默认样式的名称。
- 弯头样式预览区：显示各类弯头，被选中的弯头以红色方框框选。
- 弯头参数表：显示弯头的参数。
- “连接”按钮：单击该按钮，在选中的两段风管中插入弯头。双击预览区中的弯头，也可实现在所选的风管中插入弯头。
- “任意布置”按钮：单击该按钮，可在图中任意布置弯头。
- “替换”按钮：单击该按钮，可替换已绘制的弯头。

选择插入的弯头，显示蓝色的夹点，如图 9-32 所示。选择夹点，拖拽鼠标来调整弯头的位置。

选择弯头左右两边的“启动绘制”命令的符号“+”并拖拽鼠标（见图 9-33），弹出【风管绘制】对话框。在其中设定风管的参数，绘制风管的结果别如图 9-34 所示。

选择弯头中间的“启动绘制”命令符号“+”并拖拽鼠标，可以绘制三通风管，结果如图 9-35 所示。

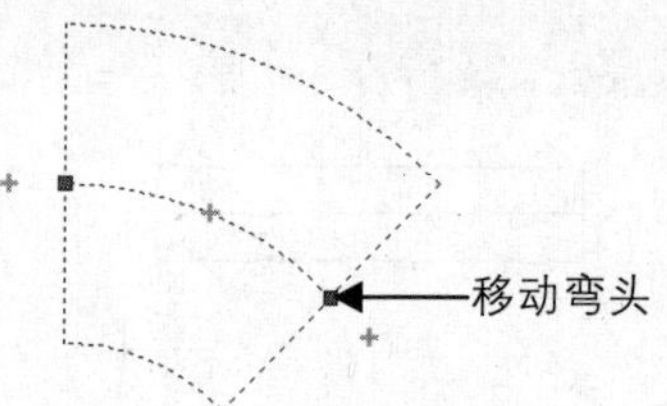

图 9-32　绘制弯头

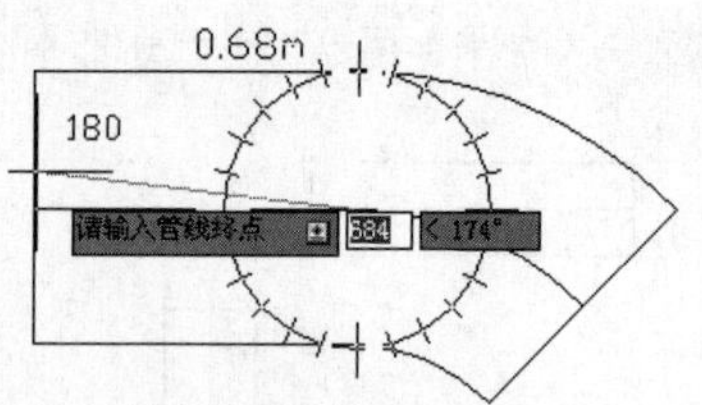

图 9-33　拖动“+”

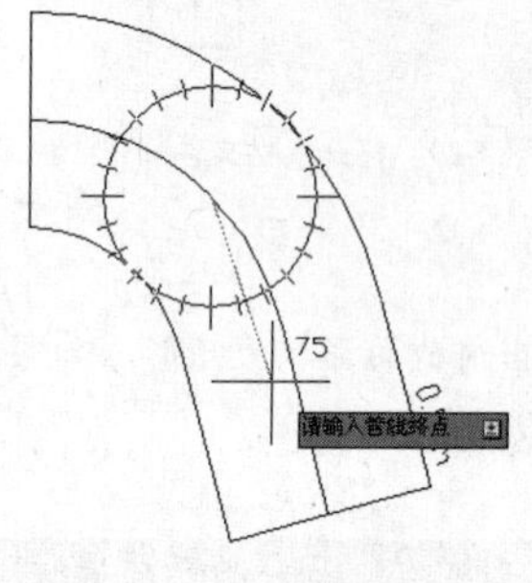

图 9-34　绘制风管

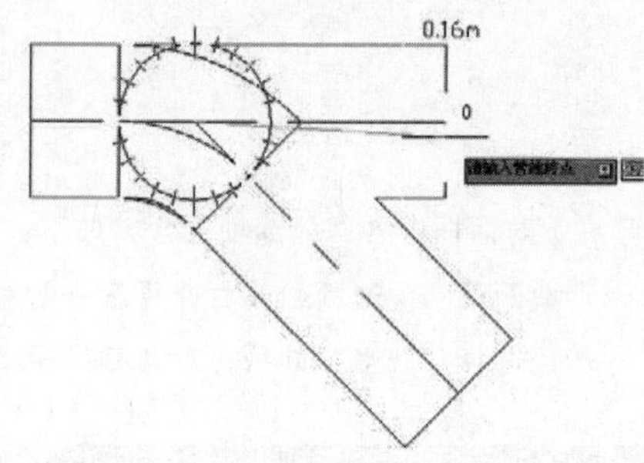

图 9-35　绘制三通风管

9.6 变径

调用“变径”命令，可连接两段管径不同的风管。图 9-36 所示为执行该命令的操作结果。

“变径”命令的执行方式有。

➢　命令行：在命令行中输入“BJ”命令，按 Enter 键。

➢　菜单栏：单击“风管”→“变径”命令。

下面以如图 9-36 所示的图形为例，介绍“变径”命令的操作方法。

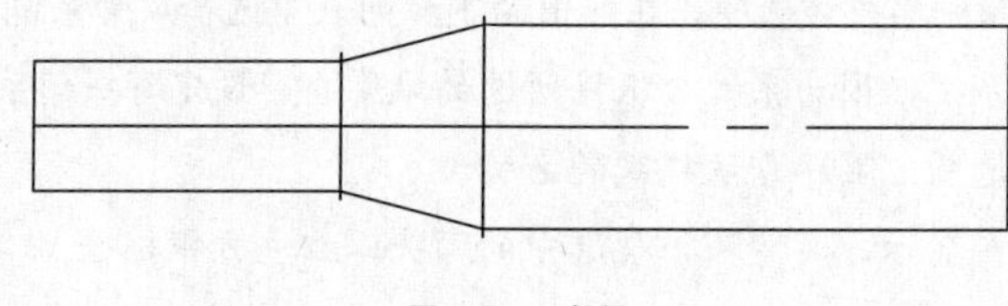

图 9-36　变径

01 按 Ctrl+O 组合键，打开配套资源提供的“第 9 章\9.6 变径.dwg”素材文件，结果如图 9-37 所示。

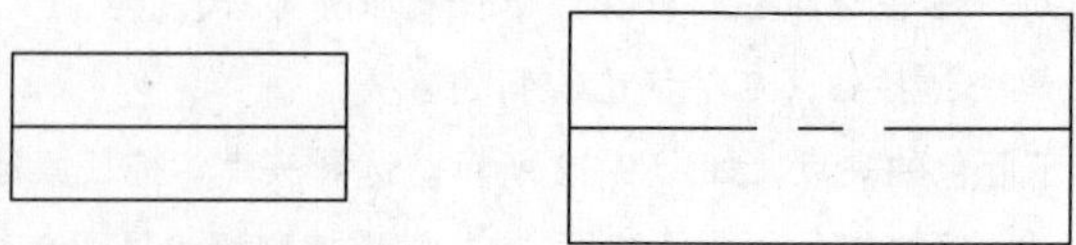

图 9-37　打开素材文件

02 在命令行中输入“BJ”命令，按 Enter 键，弹出【变径】对话框，设置参数如图 9-38 所示。

03 在对话框中单击“连接”按钮，命令行提示如下：

```
命令:BJ↙
请框选两个平行的风管或一个风管和一个管件(不包括变径和法兰)<退出>:指定对角点:找到 2 个
              //选择管线，按 Enter 键完成连接操作，结果如图 9-36 所示。
```

选中绘制完成的变径截面，分别选中其左右两边的“+”，按住鼠标左键拖拽该夹点，如图 9-39、图 9-40 所示，可以在变径截面的基础上引出两段管径不同的风管，结果如图 9-41 所示。

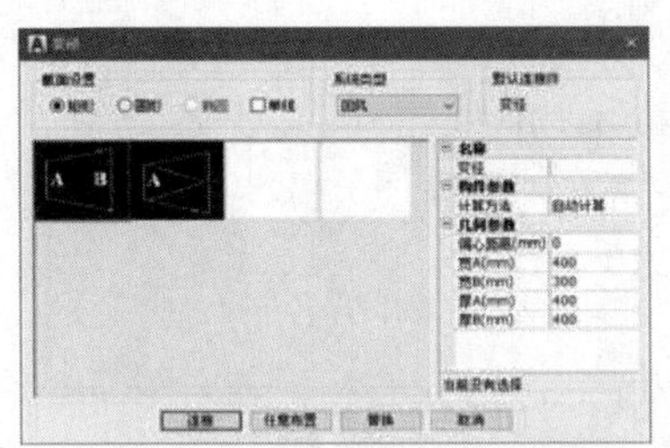

图 9-38 【变径】对话框

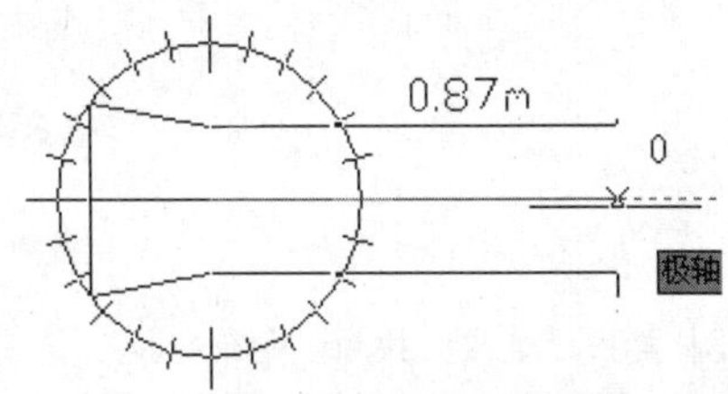

图 9-39 拖拽左边夹点

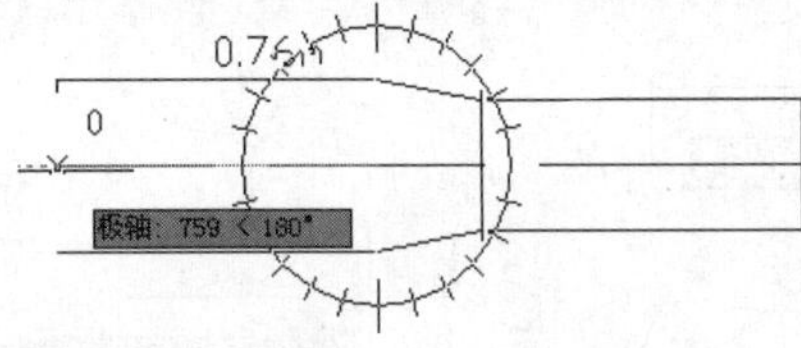

图 9-40 拖拽右边夹点

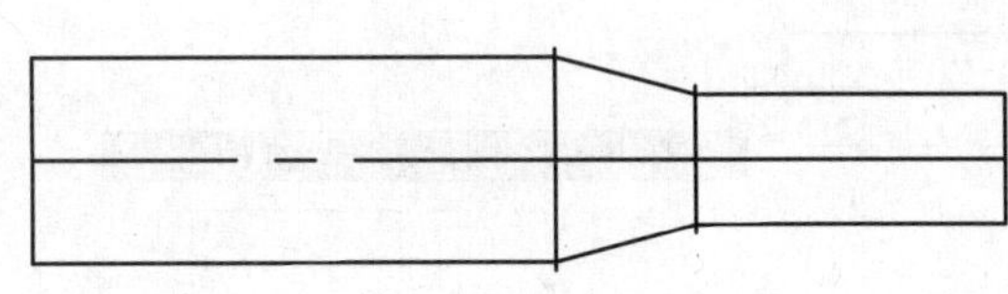

图 9-41 绘制变径风管

9.7 乙字弯

调用“乙字弯”命令，可将选中的两段管线以乙字弯进行连接。图 9-42 所示为执行该命令的操作结果。

“乙字弯”命令的执行方式有。

- 命令行：在命令行中输入“YZW”命令，按 Enter 键。
- 菜单栏：单击“风管”→“乙字弯”命令。

下面以如图 9-42 所示的图形为例，介绍“乙字弯”命令的操作方法。

01 按 Ctrl+O 组合键，打开配套资源提供的“第 9 章\9.7 乙字弯.dwg”素材文件，结果如图 9-43 所示。

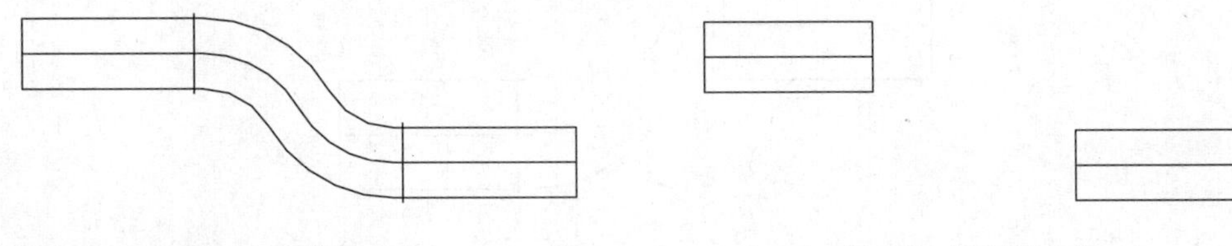

图 9-42 绘制乙字弯　　图 9-43 打开素材文件

02 在命令行中输入“YZW”命令，按 Enter 键，弹出【乙字弯】对话框，设置参数如图 9-44 所示。

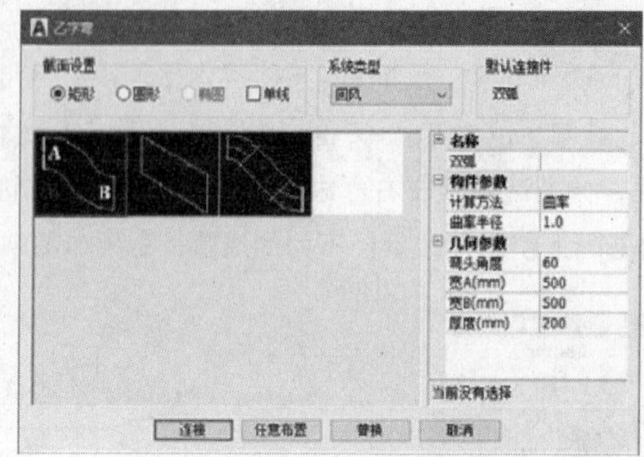

图 9-44 【乙字弯】对话框

03 单击“连接”按钮，命令行提示如下：

```
命令:YZW↙
请选取基准风管(选取位置决定连接方向)<退出>:          //如图 9-45 所示。
请选取第二根风管<退出>:          //如图 9-46 所示。绘制乙字弯的结果如图 9-42 所示。
```

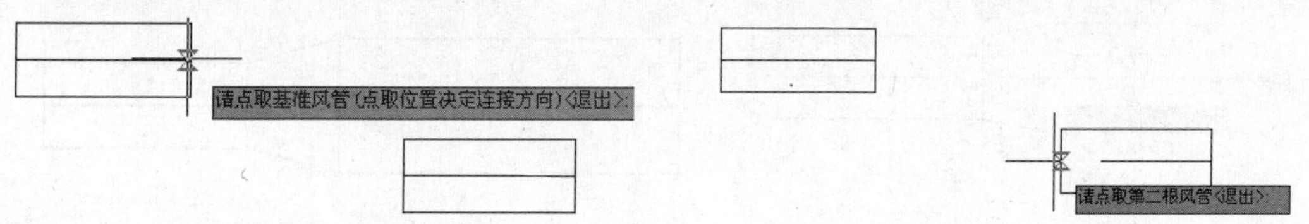

图 9-45 选取基准风管

图 9-46 选取第二根风管

选中绘制完成的乙字弯截面，分别选中其左右两边的符号“+”，按住鼠标左键拖拽该夹点，如图 9-47 所示，可以在乙字弯截面的基础上引出两段管径不同的风管，结果如图 9-48 所示。

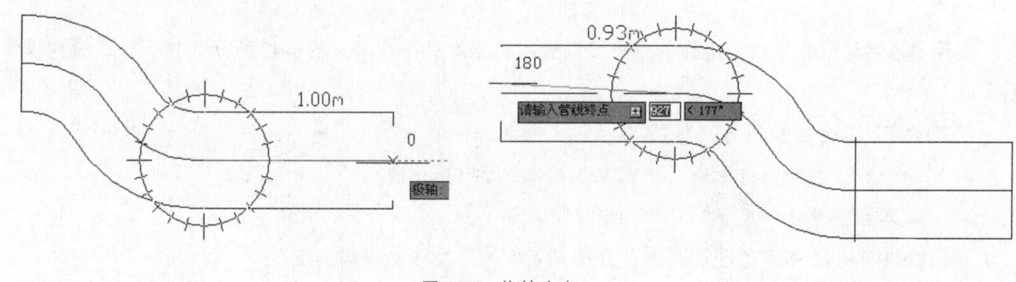

图 9-47 拖拽夹点

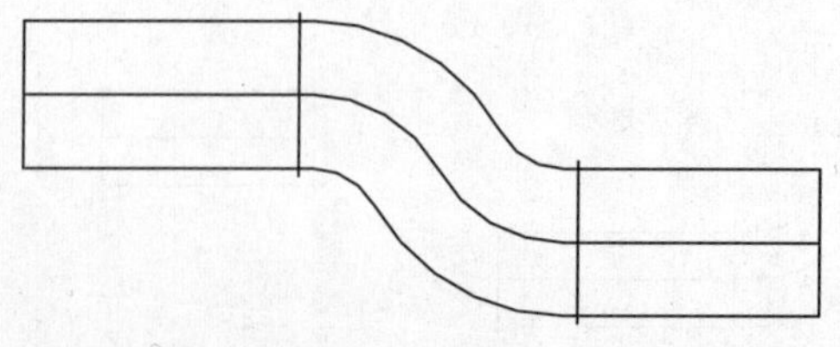
图 9-48 拖拽结果

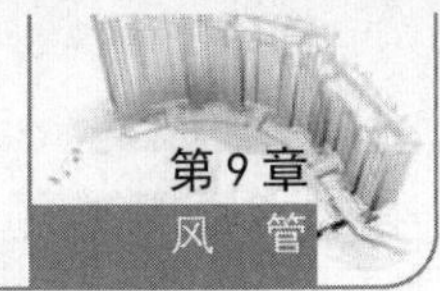

9.8 三通

调用“三通”命令，可将选中的三段管线以三通构件进行连接。图9-49所示为执行该命令的操作结果。

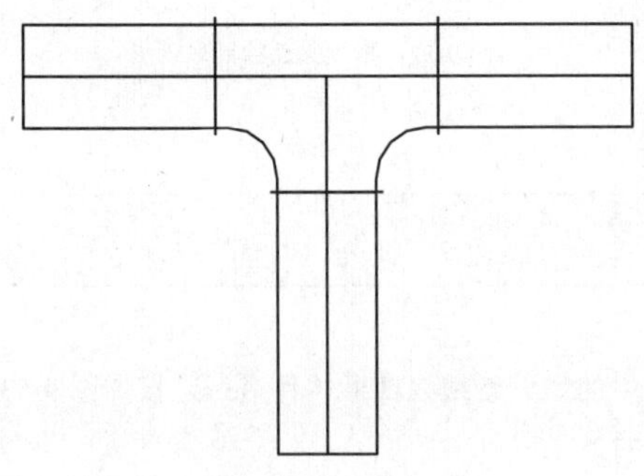

图9-49 三通连接

“三通”命令的执行方式有。

- 命令行：在命令行中输入“3T”命令，按Enter键。
- 菜单栏：单击“风管”→“三通”命令。

下面以如图9-49所示的图形为例，介绍“三通”命令的操作方法。

01 按Ctrl+O组合键，打开配套资源提供的“第9章\9.8 三通.dwg”素材文件，结果如图9-50所示。

02 在命令行中输入“3T”命令，按Enter键，弹出【三通】对话框，设置参数如图9-51所示。

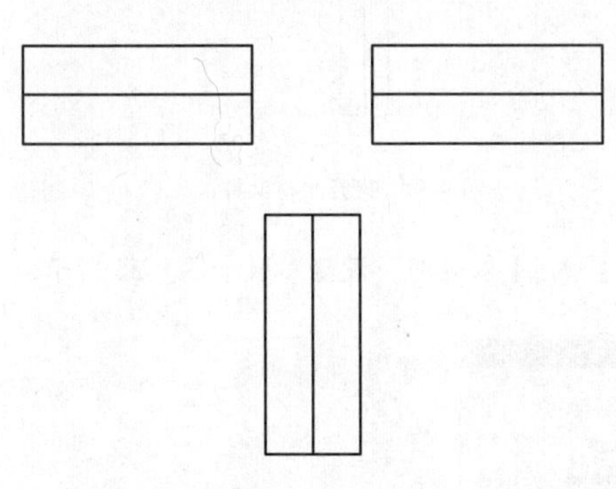

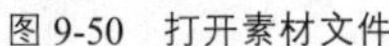

图9-50 打开素材文件

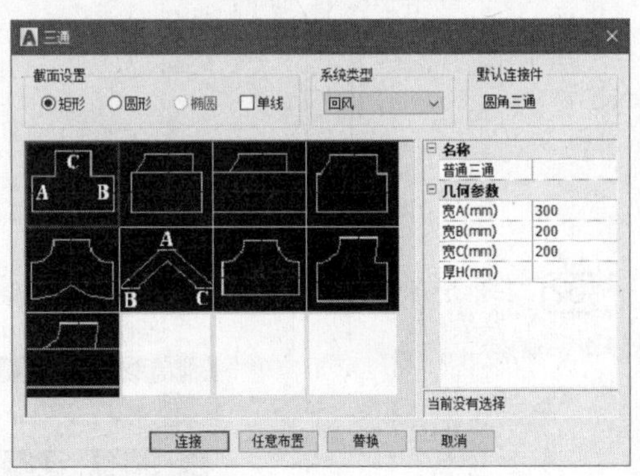

图9-51 【三通】对话框

03 在对话框中单击“连接”按钮，命令行提示如下：

命令：3T↙

请选择三通连接的风管：指定对角点：找到3个　　　　//选择风管，按Enter键完成连接，结果如图9-49所示。

选中三通构件，拖拽其“+”夹点，可以绘制连接风管，结果如图 9-52 所示。

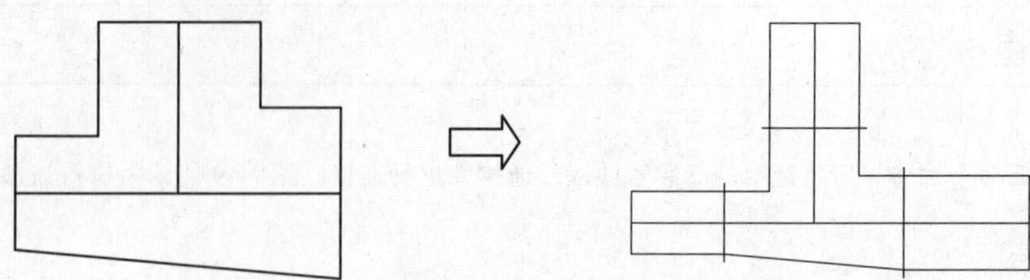

图 9-52 拖拽夹点绘制风管

9.9 四通

调用“四通”命令，将选中的风管管线以四通构件进行连接。图 9-53 所示为四通命令的操作结果。

“四通”命令的执行方式有。

➢ 命令行：在命令行中输入“4T”命令，按 Enter 键。

➢ 菜单栏：单击“风管”→“四通”命令。

下面以如图 9-53 所示的图形为例，介绍“四通”命令的操作方法。

01 按 Ctrl+O 组合键，打开配套资源提供的“第 9 章\9.9 四通.dwg”素材文件，结果如图 9-54 所示。

图 9-53 四通连接　　图 9-54 打开素材文件

02 在命令行中输入“4T”命令，按 Enter 键，弹出【四通】对话框，设置参数如图 9-55 所示。

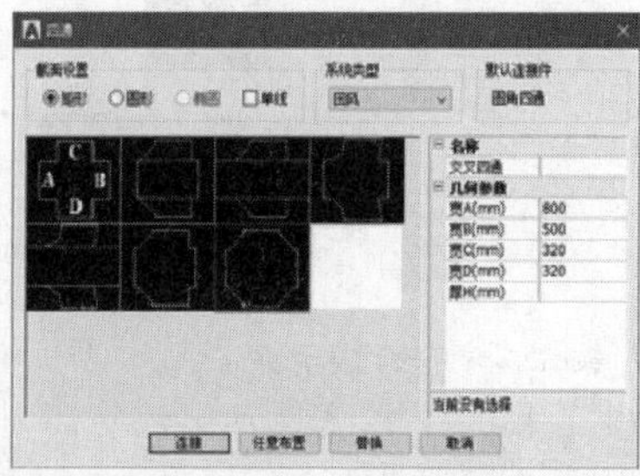

图 9-55 【四通】对话框

03 在对话框中单击“连接”按钮，命令行提示如下：

命令：4T↙

请选择要连接的风管<退出>：指定对角点：找到 4 个

选取了 4 根风管！

请选择主管要连接的风管<退出>： //单击右边的风管，操作结果如图 9-53 所示。

选中四通构件，拖拽其“+”夹点，可以绘制连接风管，结果如图 9-56 所示。

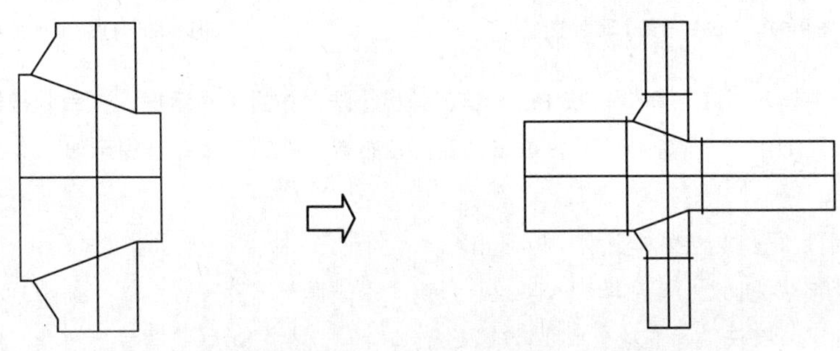

图 9-56 拖拽夹点绘制风管

9.10 法兰

调用“法兰”命令，可以插入、删除法兰或更新法兰样式。图 9-57 所示为执行该命令的操作结果。

“法兰”命令的执行方式有。

- 命令行：在命令行中输入“FL”命令，按 Enter 键。
- 菜单栏：单击“风管”→“法兰”命令。

下面以如图 9-57 所示的图形为例，介绍“法兰”命令的操作结果。

01 按 Ctrl+O 组合键，打开配套资源提供的“第 9 章\ 9.10 法兰.dwg”素材文件，结果如图 9-58 所示。

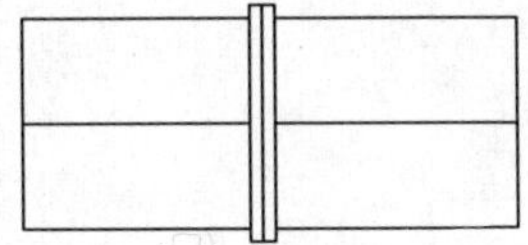

图 9-57 插入法兰

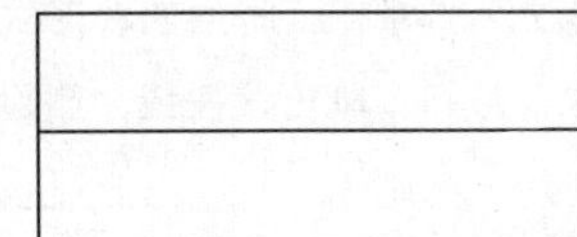

图 9-58 打开素材文件

02 在命令行中输入“FL”命令，按 Enter 键，弹出【法兰布置】对话框，设置参数如图 9-59 所示。

03 命令行提示如下：

命令：FL↙

请选择插入位置[连接端布置(D)]<退出>： //在对话框中单击“管上布置”按钮，在风管上单击指定位置，布置法兰结果如图 9-57 所示。

按 Ctrl+O 组合键，打开配套资源提供的“第 9 章\ 9.10 法兰替换.dwg”素材文件，结果如图 9-60 所示。

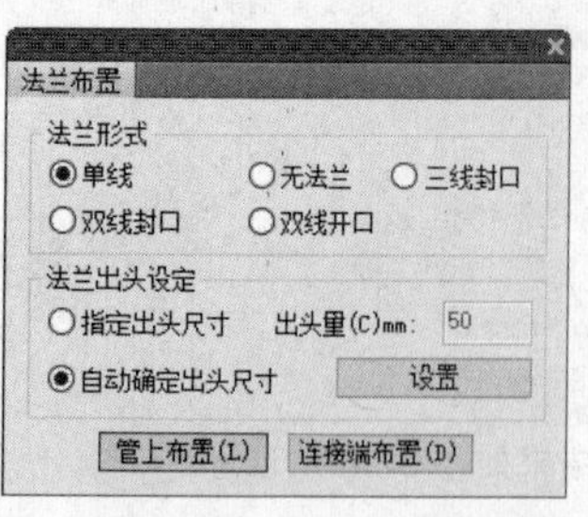

图 9-59 【法兰布置】对话框

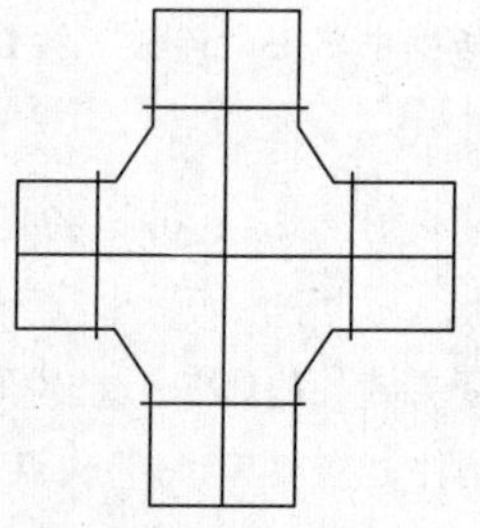

图 9-60 打开素材文件

在命令行中输入“FL”命令，按 Enter 键，弹出【法兰布置】对话框，在命令行提示“请选择插入位置[连接端布置(D)]”时，输入“D”，单击“连接端布置”按钮。命令行提示如下：

命令：FL↙

请选择插入位置[连接端布置(D)]<退出>:D

请框选连接端头[管上布置(L)]<退出>:找到 1 个，总计 4 个 //如图 9-61 所示。

成功替换了 4 个法兰，成功生成了 0 个法兰。 //按 Enter 键替换法兰，结果如图 9-62 所示。

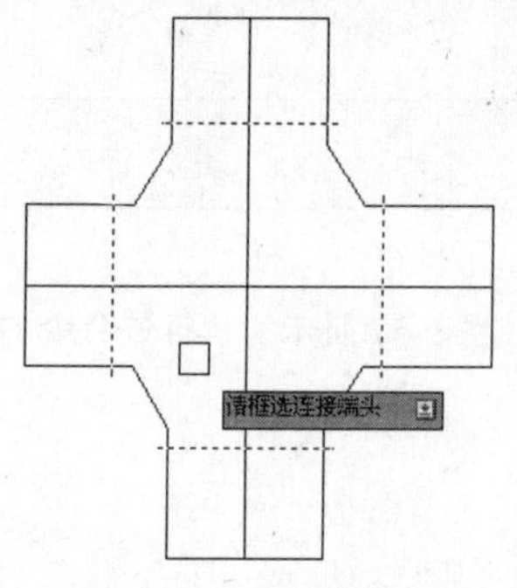

图 9-61 框选连接端头

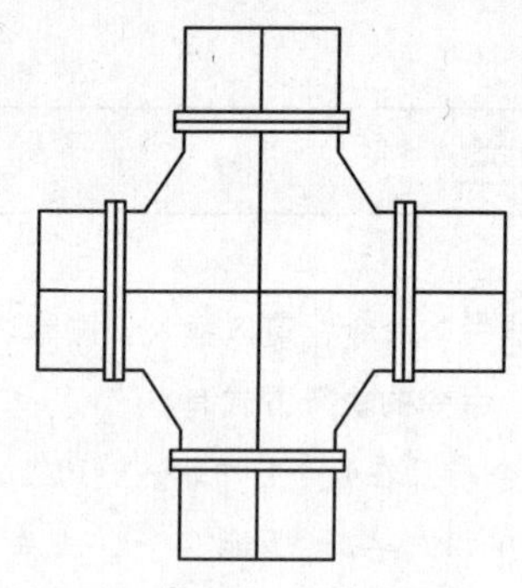

图 9-62 替换法兰

【法兰布置】对话框中各功能选项的含义如下：

“法兰形式”选项组：提供四种形式的法兰，如图 9-63 所示。

“无法兰”按钮：单击该按钮，删除选中的法兰。

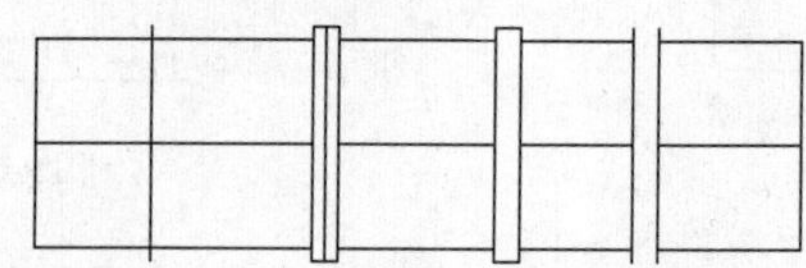

图 9-63 各样式的法兰绘制结果

“法兰出头设定”选项组。

- “指定出头尺寸”选项：选中该选项，“出头量”文本框亮显，可设置法兰的出头参数。
- “自动确定出头尺寸”选项：选中该选项，单击后面的“设置”按钮，打开“风管设置”对话框，可设置法兰的出头尺寸。
- “管上布置”按钮：单击该按钮，可在指定的风管上布置法兰。

➢ “连接端布置”按钮：单击该按钮，可在风管连接端口绘制法兰，也可替换选中的法兰。

9.11 变高弯头

调用“变高弯头”命令，可在风管上插入向上或向下的变高、变低弯头，自动生成立风管。

“变高弯头”命令的执行方式有。

➢ 命令行：在命令行中输入“BGWT”命令，按 Enter 键。

➢ 菜单栏：单击“风管”→“变高弯头”命令。

下面介绍“变高弯头”命令的操作方法。

在命令行中输入“BGWT”命令，按 Enter 键，命令行提示如下：

```
命令:bgwt
请选取水平风管上要插入弯头的位置<退出>:   //选取位置。
请输入原风管的新标高(米)<0.000>:          //输入原风管标高或按 Enter 键选择默认设置。
请输入新生成风管的新标高(米)，当前标高=0.000<退出>:1       //输入新生成风管标高，按 Enter 键，结果如图 9-64 所示。
```

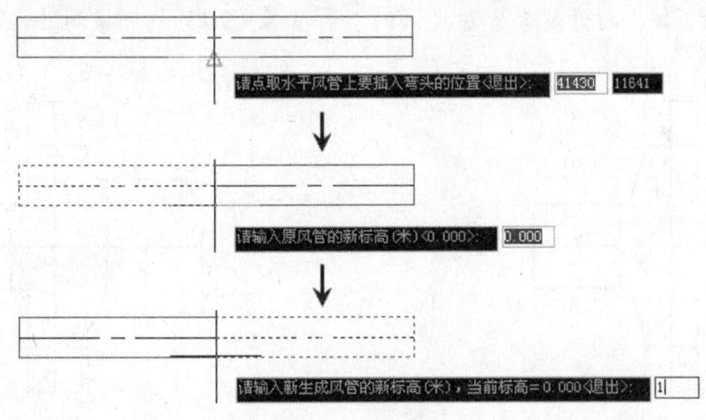

图 9-64 变高弯头

9.12 空间搭接

调用“空间搭接”命令，可对标高不同的两根风管实现空间连接。

“空间搭接”命令的执行方式有。

➢ 命令行：在命令行中输入“KJDJ”命令，按 Enter 键。

➢ 菜单栏：单击“风管”→“空间搭接”命令。

执行“空间搭接”命令，命令行提示如下：

```
命令:KJDJ↙
请选择两根风管进行空间搭接<退出>:指定对角点:找到 2 个          //选择待搭接的风管。
请选择两根风管进行空间搭接<退出>:                              //按 Enter 键。
```

再次按 Enter 键，完成“空间搭接”命令的操作，如图 9-65 所示。

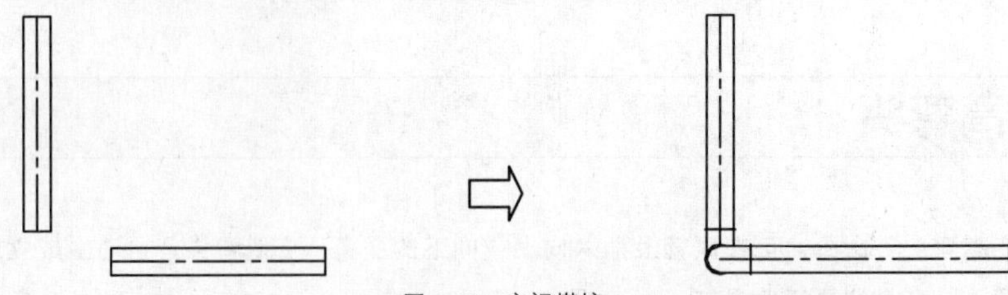

图 9-65　空间搭接

9.13 构件换向

调用“构件换向”命令，可转换三通、四通的方向。图 9-66 所示为执行该命令的操作结果。

“构件换向”命令的执行方式有。

- 命令行：在命令行中输入“GJHX”命令，按 Enter 键。
- 菜单栏：单击“风管”→“构件换向”命令。

下面以如图 9-66 所示的图形为例，介绍“构件换向”命令的操作方法。

01 按 Ctrl+O 组合键，打开配套资源提供的“第 9 章\ 9.13 构件换向.dwg”素材文件，结果如图 9-67 所示。

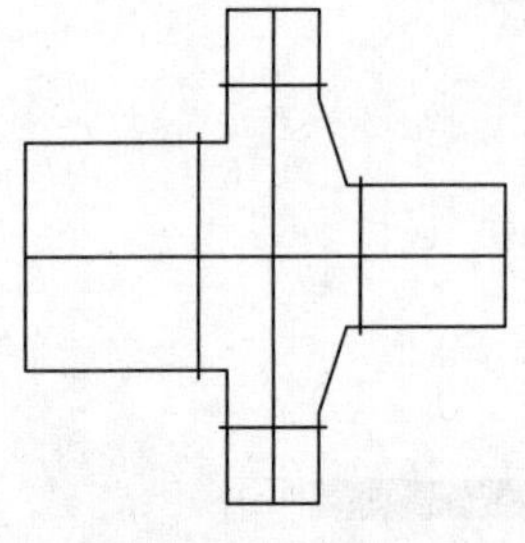

图 9-66　构件换向

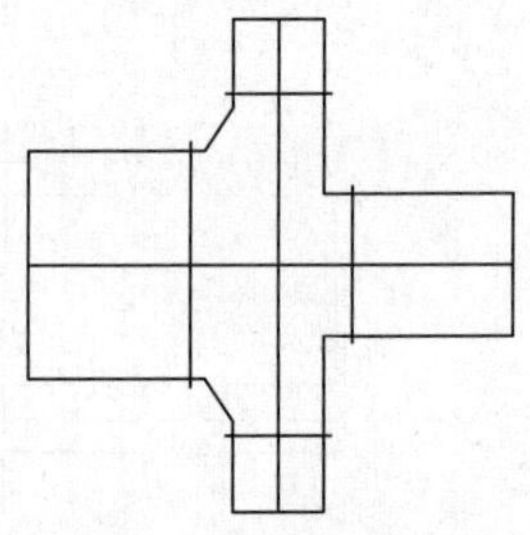

图 9-67　打开素材文件

02 在命令行中输入“GJHX”命令，按 Enter 键，命令行提示如下：

```
命令:GJHX↙
请选择要换向的矩形三通或四通或[整个系统换向(H)]:找到 1 个    //如图 9-68 所示。
按 Enter 键完成操作，结果如图 9-66 所示。
```

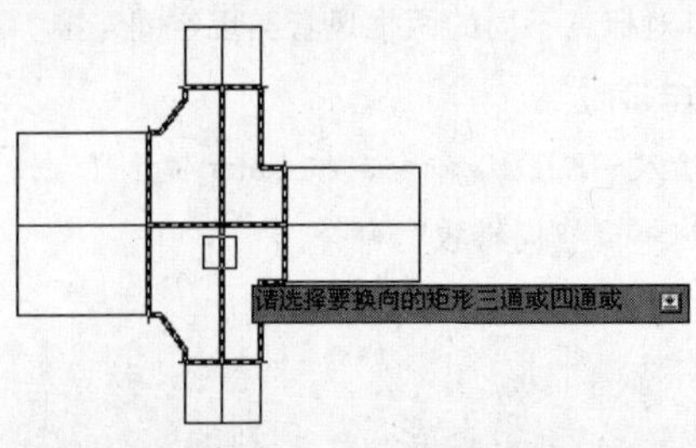

图 9-68　选中构件

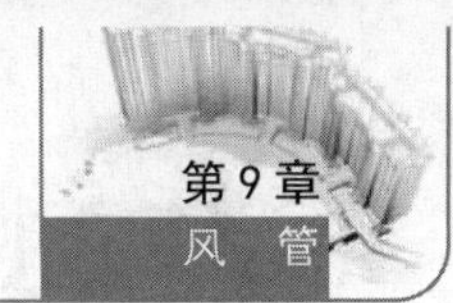

9.14 系统转换

调用“系统转换”命令，可实现不同风管系统的整体转换。

“系统转换”命令的执行方式有。

- 命令行：在命令行中输入“XTZH”命令，按Enter键。
- 菜单栏：单击“风管”→“系统转换”命令。

下面介绍“系统转换”命令的操作方法。

在命令行中输入“XTZH”命令，按Enter键，弹出如图9-69所示的【风系统转换】对话框，在其中设置参数，单击【确定】按钮，在图中选择系统，命令行提示如下：

```
命令:xtzh
您准备将排风系统转换为回风系统,请选择转换范围<整张图>:指定对角点:找到 75 个
您准备将排风系统转换为回风系统,请选择转换范围<整张图>:
转换完毕!
```

“选择系统”列表：选择原风管系统。

“类别”列表：选择需转换的对象。可通过“全选”和“全空”按钮控制，也可单独选择其中几项。

“转换为”选项：选择该选项，在右侧的下拉列表中选择目标系统，如图9-70所示。

“选中状态”选项：选择该选项，可以整体选择某一风管系统，使其处于选中状态。

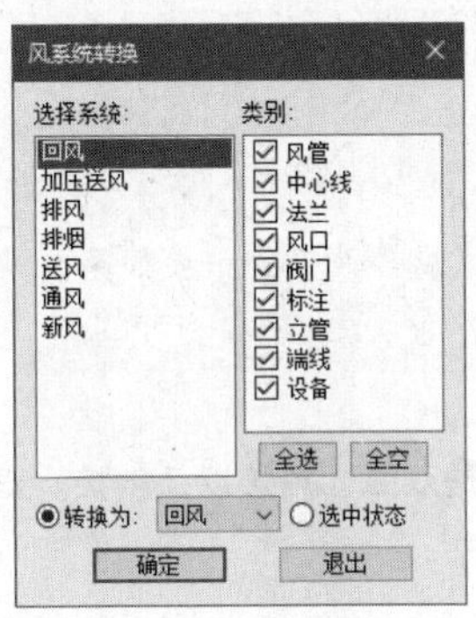

图9-69 【风系统转换】对话框

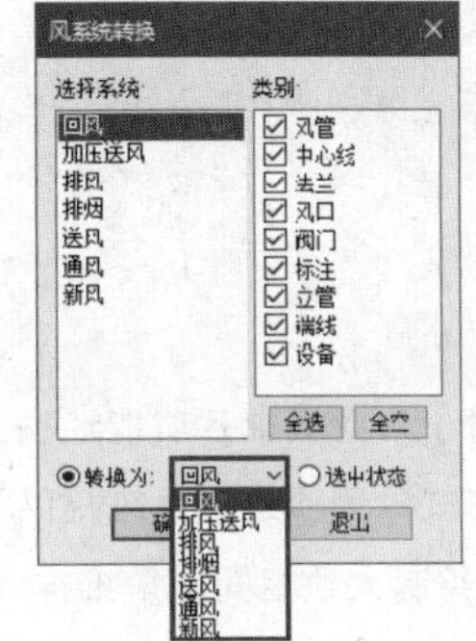

图9-70 “转换为”下拉列表

9.15 局部改管

调用“局部改管”命令，辅助风管的绘制，实现绕梁绕柱的效果。图9-71所示为执行该命令的操作结果。

“局部改管”命令的执行方式有。

- 命令行：在命令行中输入“JBGG”命令，按Enter键。
- 菜单栏：单击“风管”→“局部改管”命令。

下面以如图 9-71 所示的图形为例，介绍“局部改管”命令的操作方法。

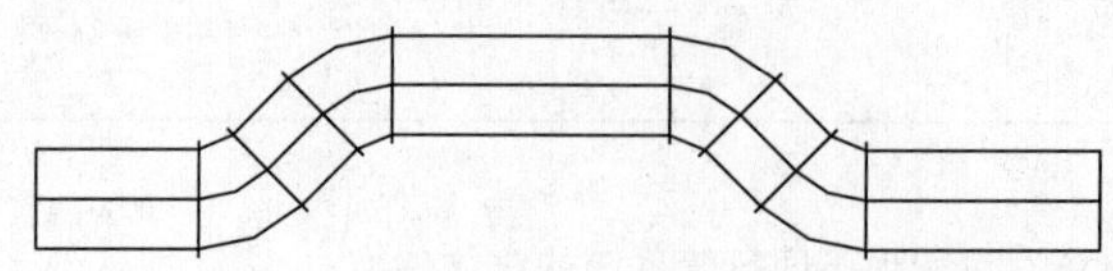

图 9-71　局部改管

01 按 Ctrl+O 组合键，打开配套资源提供的“第 9 章\ 9.15 局部改管.dwg”素材文件，结果如图 9-72 所示。

02 在命令行中输入“JBGG”命令，按 Enter 键，弹出【局部改管】对话框，设置参数如图 9-73 所示。

图 9-72　打开素材文件

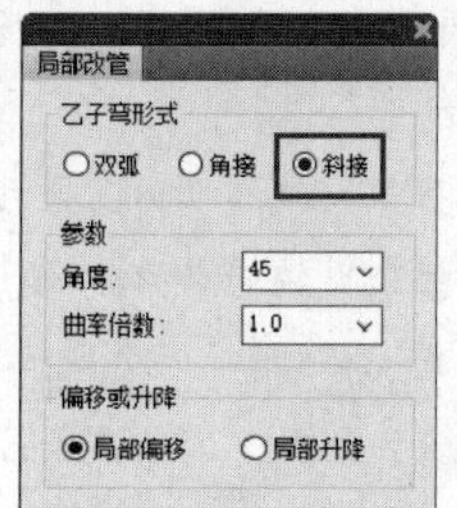

图 9-73　【局部改管】对话框

03 命令行提示如下：

```
命令：JBGG↙
请选择风管上第一点<退出>
请选择该风管上第二点<取消>
请输入偏移点位置<取消> //鼠标在风管的上方空白处单击，局部改管的结果如图 9-71 所示。
修改成功！
```

【局部改管】对话框中各功能选项的含义如下：

“乙字弯形式”选项组：系统提供了三种乙字弯形式，分别是双弧、角接以及斜接。双弧样式的绘制与斜接样式的绘制大致相同，角接样式的绘制结果如图 9-74 所示。

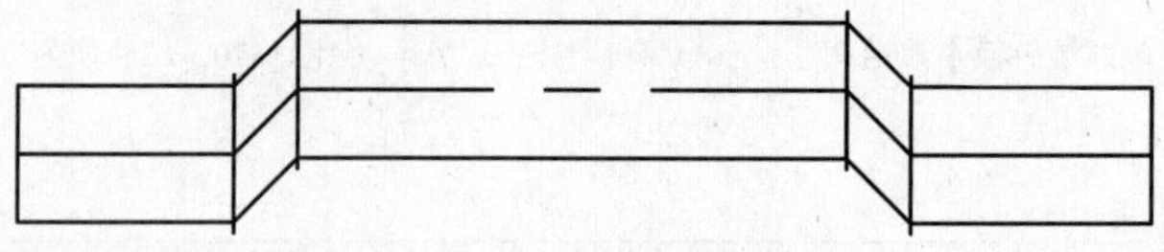

图 9-74　角接样式的绘制结果

“参数”选项组：

“角度”选项：单击该选项，在弹出的菜单中选择角度值。

“曲率倍数”选项：只有在选择“斜接”样式的时候，该选项才能亮显，在此定义斜接圆弧圆滑程度。

“偏移或升降”选项组。

“局部偏移”选项：选择该选项，将选择的局部风管进行偏移，并使用乙字弯将被偏移的风管与主

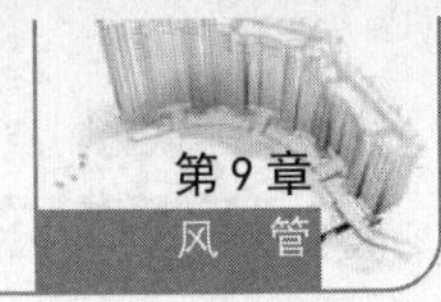

风管连接。选择该选项的操作结果是风管的标高没有被改变。

“局部升降”选项：选择该选项，命令行提示如下：

```
命令:JBGG↙
请选择风管上第一点<退出>
请选择该风管上第二点<取消>
请输入升降高差[当前中心线标高:0.000m,管底标高:-0.250m]<取消>1 //设置高差参数。
修改成功!
```

将视图转换为三维视图，查看局部升降的结果，如图 9-75 所示。此时发现风管的标高发生了变化。

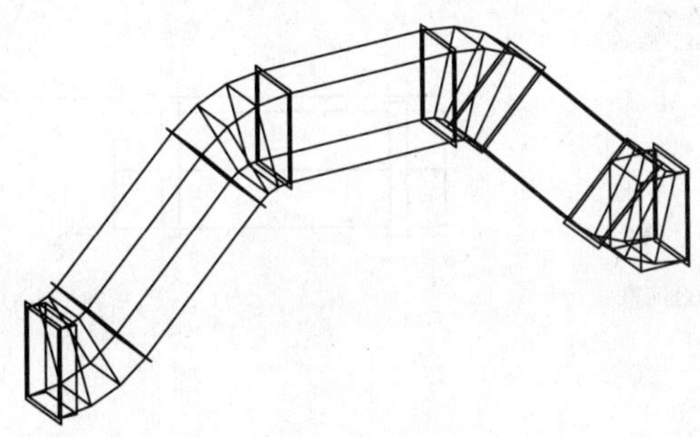

图 9-75　局部升降

9.16 平面对齐

调用“平面对齐”命令，可将选择的风管或者连接件与指定的基准线进行平面对齐。

“平面对齐”命令的执行方式有。

- 命令行：在命令行中输入“PMDQ”命令，按 Enter 键。
- 菜单栏：单击“风管”→“平面对齐”命令。

9.16.1 对齐基准

下面分别介绍“中心线”“近侧边线”“远侧边线”对齐方式的操作方法。

1. 中心线对齐

01 按 Ctrl+O 组合键，打开配套资源提供的“第 9 章\ 9.16 平面对齐.dwg”素材文件，结果如图 9-76 所示。

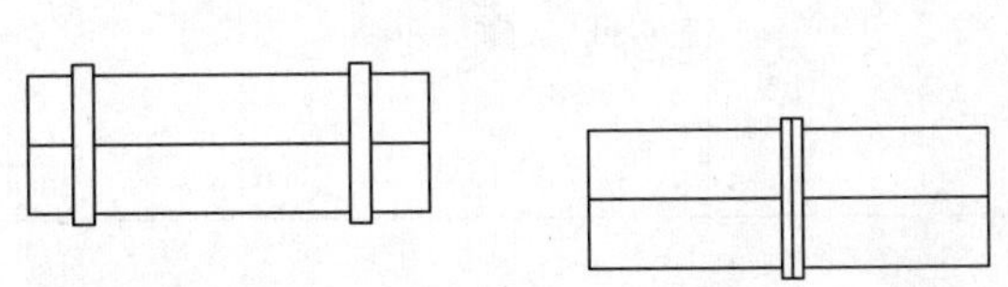

图 9-76　打开素材文件

02 在命令行中输入“PMDQ”命令，按 Enter 键，弹出【平面对齐调整】对话框，定义参数如图 9-77 所示。

03 命令行提示如下：

命令：PMDQ↙

请输入基线第一点<退出>：

请输入基线第二点<退出>： //在风管上方的基准线上单击选择起点和端点。

请选择要调整的风管及其构件：指定对角点：找到 8 个 //选择风管及构件，按 Enter 键完成对齐操作，结果如图 9-78 所示。

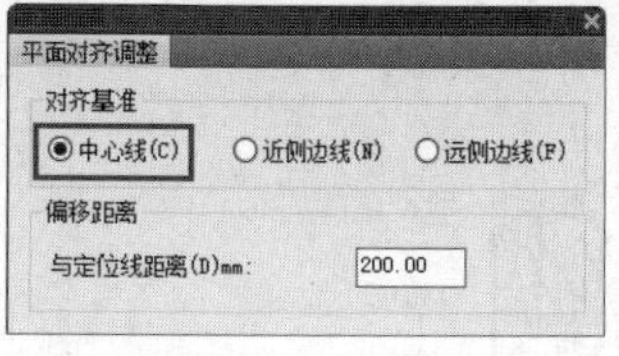

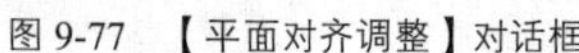
图 9-77 【平面对齐调整】对话框

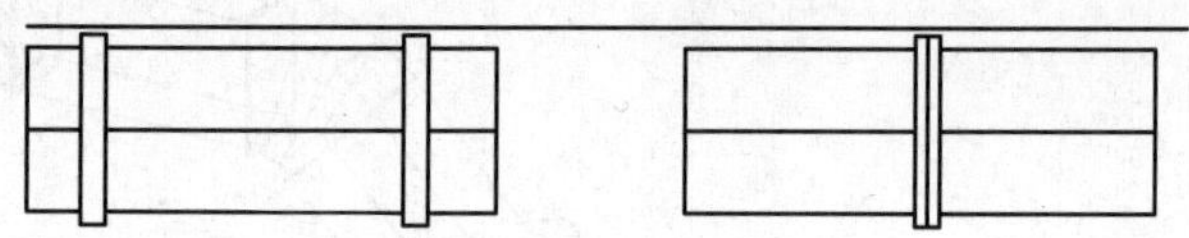
图 9-78 中心线对齐

2. 近侧边线对齐

在命令行中输入“PMDQ”命令，按 Enter 键，在弹出的【平面对齐调整】对话框中选择“近侧边线”对齐方式。根据命令行的提示，分别指定基准线并选择风管及其构件，完成“近侧边线”对齐的操作，结果如图 9-79 所示。

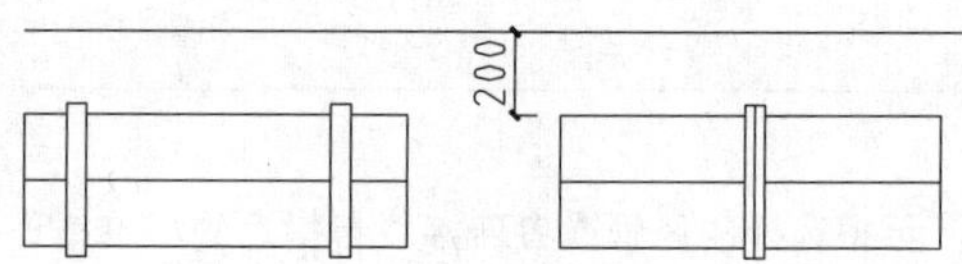

图 9-79 近侧边线对齐

3. 远侧边线对齐

在命令行中输入“PMDQ”命令，按 Enter 键，在弹出的【平面对齐调整】对话框中选择“远侧边线”对齐方式。根据命令行的提示，分别指定基准线并选择风管及其构件，完成“远侧边线”对齐的操作，结果如图 9-80 所示。

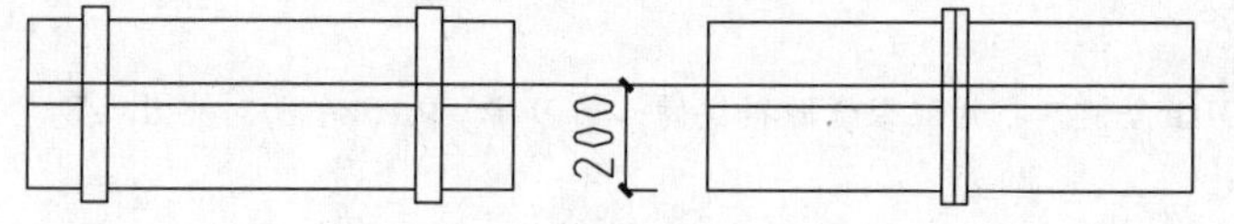

图 9-80 远侧边线对齐

9.16.2 偏移距离

在【平面对齐调整】对话框中的“偏移距离”选项组中设置构件与基准定位线的距离，在选项文本框中输入参数，完成设置。系统默认的距离参数为 200。

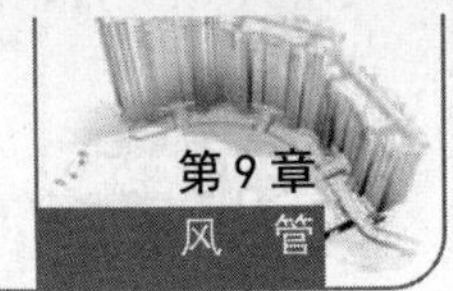

图9-81所示为偏移距离为600的近侧边线对齐结果。

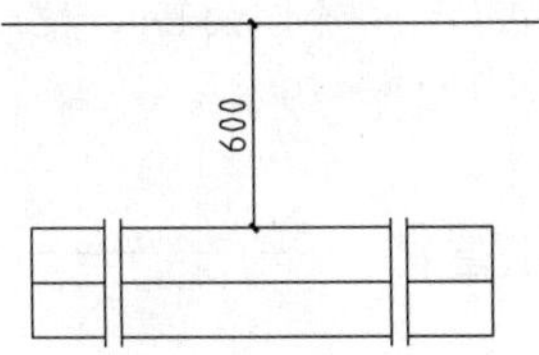

图9-81　定义偏移距离为600的近侧边线对齐结果

9.17 竖向对齐

调用“竖向对齐”命令，可批量编辑风管及连接件，按照给定标高或者基准标高，实现顶边、底边或中线的对齐。

“竖向对齐”命令的执行方式有：

- 命令行：在命令行中输入“SXDQ”命令，按Enter键。
- 菜单栏：单击“风管”→“竖向对齐”命令。

执行“竖向对齐”命令，在弹出的【竖向对齐】对话框中设置参数如图9-82所示。

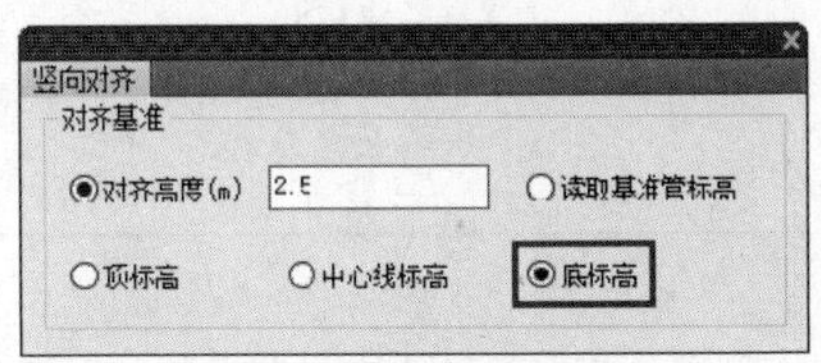

图9-82　【竖向对齐】对话框

命令行提示如下：

命令:SXDQ

请选择要调整的风管和管件<确定>:指定对角点:找到9个　　　//选择风管。

请选择要调整的风管和管件<确定>:　　　//按 Enter 键，竖向对齐的结果如图 9-83 所示。

图9-83　竖向对齐

9.18 竖向调整

调用“竖向调整”命令，可整体升降指定区间范围内的风管及管件。

"竖向调整"命令的执行方式有：

- 命令行：在命令行中输入"SXTZ"命令，按 Enter 键。
- 菜单栏：单击"风管"→"竖向调整"命令。

9.18.1 升降下列范围内风管和管件

在命令行中输入"SXTZ"命令，按 Enter 键，弹出如图 9-84 所示的【竖向调整】对话框，在其中设置参数，命令行提示如下：

```
命令:SXTZ↙
请选择要调整的风管和管件:指定对角点:找到 5 个
确认竖向调整(Y)或[放弃(N)]:Y                //输入 Y，选中的风管被整体升降。
```

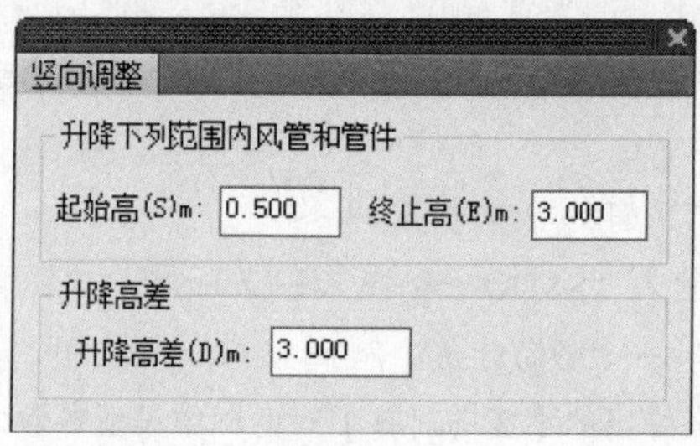

图 9-84 【竖向调整】对话框

9.18.2 升降高差

在【竖向调整】对话框中的"升降高差"选项组中设置参数，对选中的风管执行提升或降低操作。输入正值，风管被提升；输入负值，风管被降低。

9.19 打断合并

调用"打断合并"命令，可实现风管的打断与合并。

"打断合并"命令的执行方式有：

- 命令行：在命令行中输入"DDHB"命令，按 Enter 键。
- 菜单栏：单击"风管"→"打断合并"命令。

9.19.1 风管处理

打断：将一段风管通过打断处理，变为两根或多根管段。

合并：将平行或在同一直线上的两段风管合并为一根管段。

1. 打断风管

01 按 Ctrl+O 组合键，打开配套资源提供的"第 9 章\9.19.1 风管处理.dwg"素材文件，结果如图

9-85 所示。

[02] 在命令行中输入 “DDHB” 命令，按 Enter 键，弹出【风管打断/合并】对话框，设置参数如图 9-86 所示。

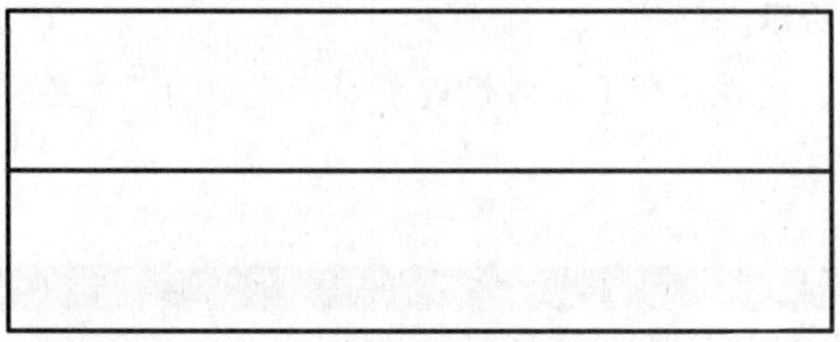

图 9-85 打开素材文件

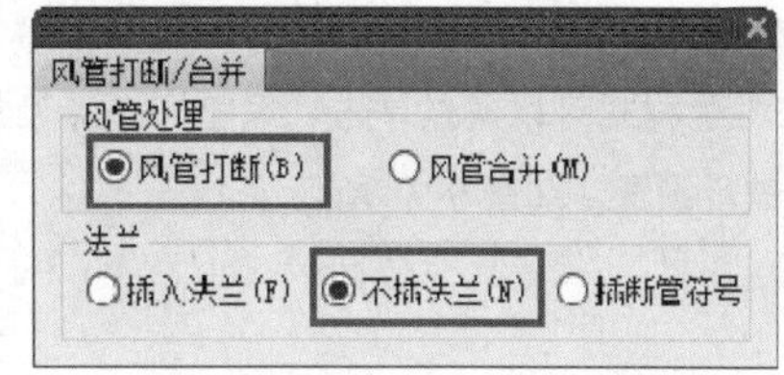

图 9-86 【风管打断/合并】对话框

[03] 命令行提示如下：

```
命令:DDHB↙
请在风管上选取打断点<取消>*取消*              //选取打断点，打断风管的结果如图 9-87 所示。
```

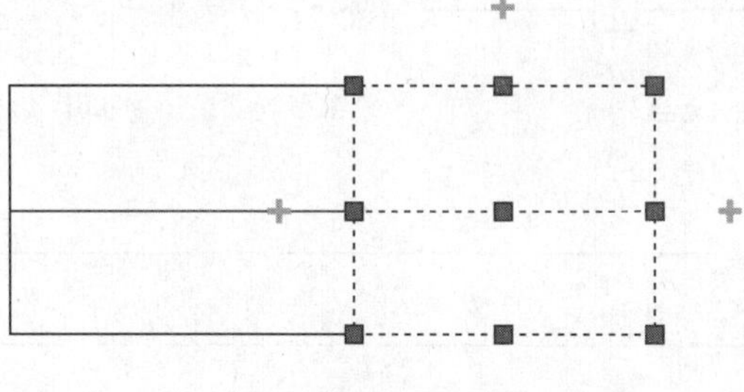

图 9-87 打断风管

2. 合并风管

[01] 按 Ctrl+O 组合键，打开配套资源提供的 “第 9 章\ 9.19.1 风管处理.dwg” 素材文件，结果如图 9-88 所示。

[02] 在命令行中输入 “DDHB” 命令，按 Enter 键，在弹出的【风管打断/合并】对话框中选择 “风管合并” 选项。

[03] 命令行提示如下：

```
命令:DDHB↙
请选取需要合并的第一根风管(若需要合并弧管,请先选取逆时针方向的第一段弧管)<取消>
请选取需要合并的第二根风管<取消>        //选取待合并的风管，合并的结果如图 9-89 所示
```

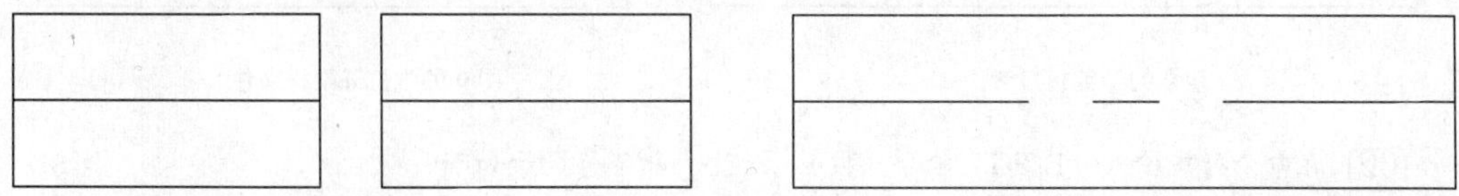

图 9-88 打开素材文件

图 9-89 风管合并

9.19.2 插入法兰

在命令行中输入 DDHB 命令，按 Enter 键，在弹出的【风管打断/合并】对话框中的“风管处理”选项组中选择“风管打断”选项，在“法兰”选项组中选择“插入法兰”选项，根据命令行的提示，在风管上指定打断点，并在打断点插入法兰，结果如图 9-90 所示。

法兰的样式可以通过单击“风管”→“设置”命令，在弹出的【风管设置】对话框中的“法兰”选项卡中进行设置，如图 9-91 所示。

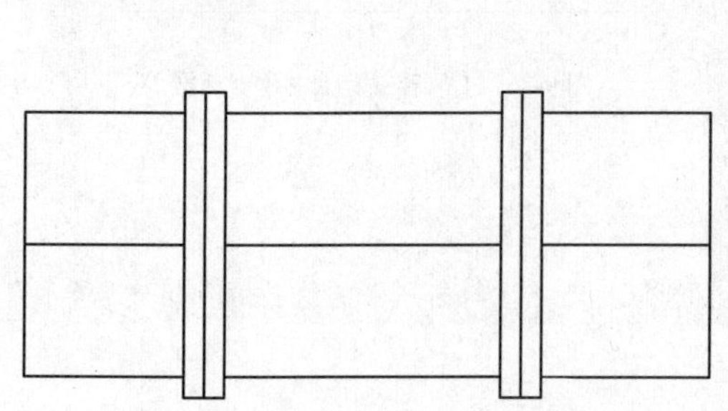

图 9-90　插入法兰

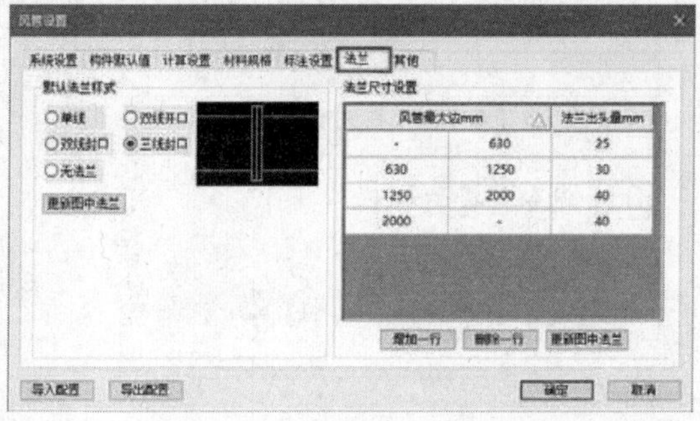

图 9-91　“法兰”选项卡

9.20 编辑风管

调用“编辑风管”命令，修改风管的管材、管径、标高、坡度等参数，实现批量修改。图 9-92 所示为执行该命令的操作结果。

“编辑风管”命令的执行方式有：

- 命令行：在命令行中输入“BJFG”命令，按 Enter 键。
- 菜单栏：单击“风管”→“编辑风管”命令。

下面以如图 9-92 所示的图形为例，介绍“编辑风管”命令的操作方法。

01 按 Ctrl+O 组合键，打开配套资源提供的“第 9 章\ 9.20 编辑风管.dwg”素材文件，结果如图 9-93 所示。

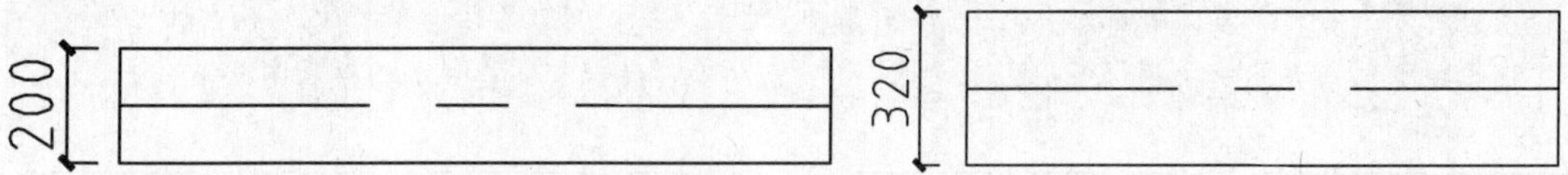

图 9-92　编辑风管　　　　图 9-93　打开素材文件

02 在命令行中输入“BJFG”命令，按 Enter 键，命令行提示如下：

```
命令:BJFG↙
请选择风管:找到 1 个          //单击待修改的风管，弹出如图 9-94 所示的【风管编辑】对话框。
```

03 在对话框中修改风管参数，如图 9-95 所示。

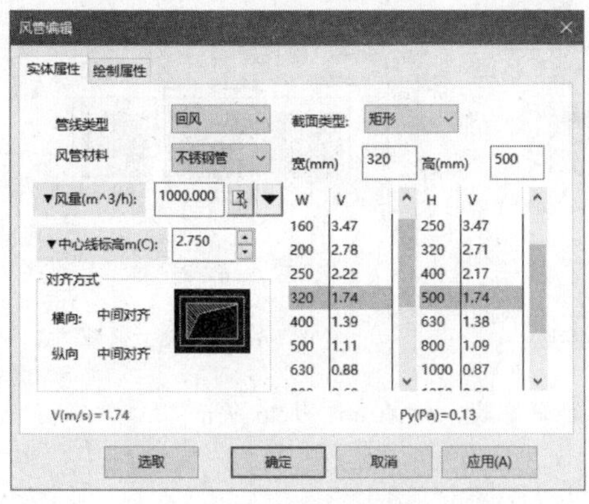

图 9-94 【风管编辑】对话框

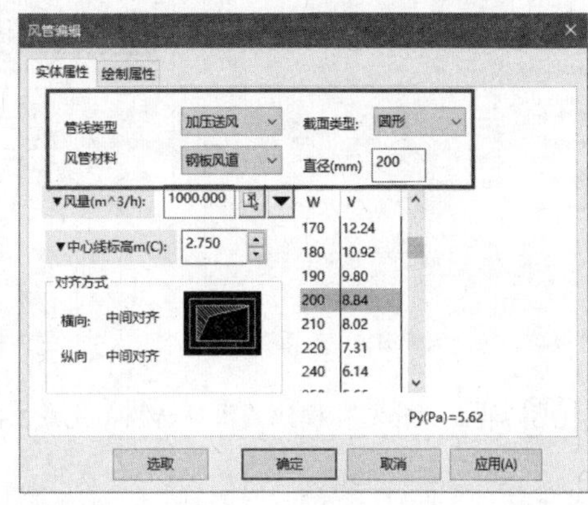

图 9-95 修改风管参数

04 单击“确定”按钮关闭对话框，完成编辑操作，结果如图 9-92 所示。

9.21 编辑立管

调用“编辑立管”命令，可编辑修改立管的参数，支持批量编辑。图 9-96 所示为执行该命令的操作结果。

“编辑立管”命令的执行方式有。

- 命令行：在命令行中输入“BJLG”命令，按 Enter 键。
- 菜单栏：单击“风管”→“编辑立管”命令。

下面以如图 9-96 所示的图形为例，介绍编辑立管命令的操作方法。

01 按 Ctrl+O 组合键，打开配套资源提供的“第 9 章\ 9.21 编辑立管.dwg”素材文件，结果如图 9-97 所示。

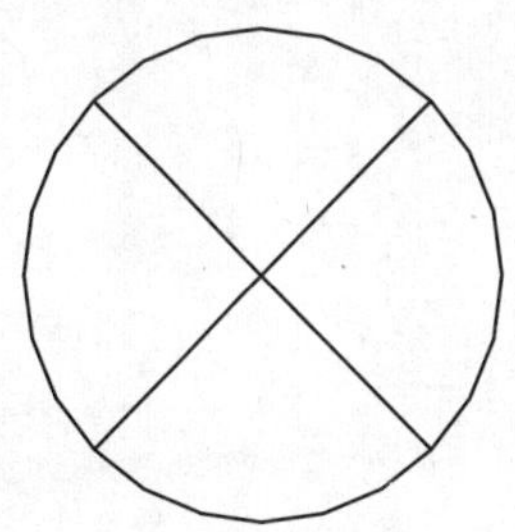

图 9-96 编辑立管

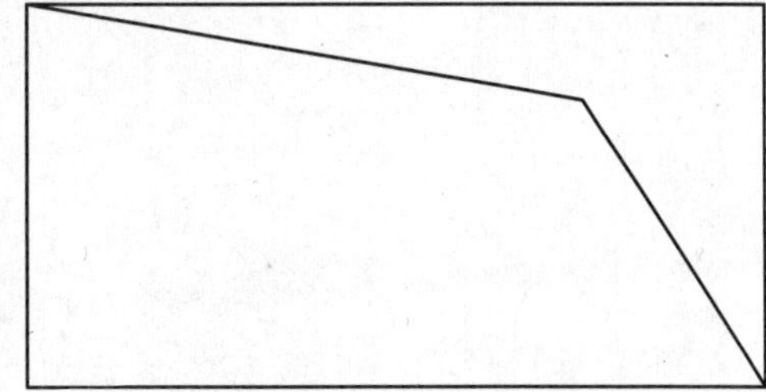

图 9-97 打开素材文件

02 在命令行中输入 BJLG 命令，按 Enter 键，命令行提示如下：

```
命令:BJLG↙
请选择立风管:找到 1 个          //单击立风管，弹出如图 9-98 所示的【立风管编辑】对话框。
```

03 在对话框中修改立风管的属性参数，如图 9-99 所示。

04 选择“绘制属性”选项卡，在其中修改立风管的表示样式，如图 9-100 所示。

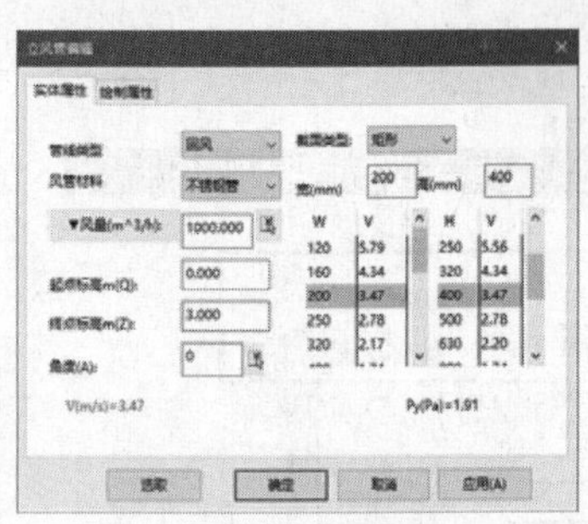

图 9-98 【立风管编辑】对话框

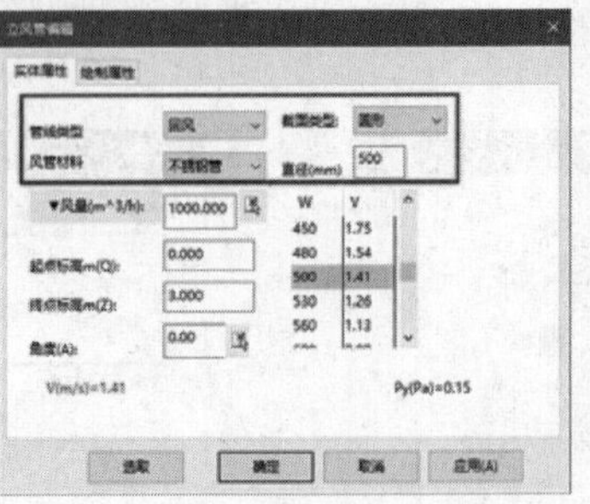

图 9-99 修改参数

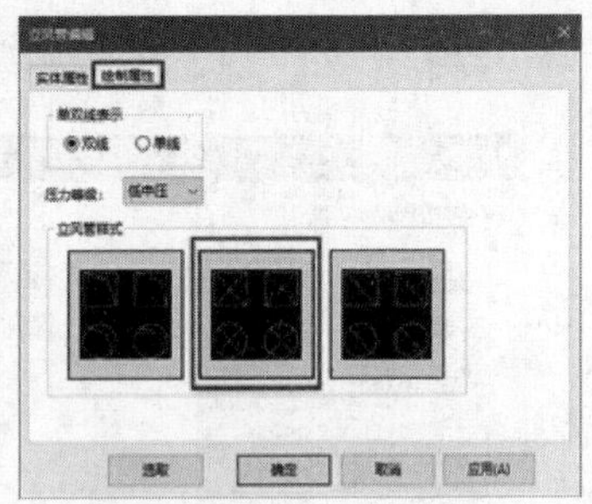

图 9-100 设置立风管样式

05 单击“确定”按钮关闭对话框，完成立风管的编辑修改，结果如图 9-96 所示。

第 10 章
风管设备

● 本章导读

排风设备包括风口、风管、阀门以及风机、吊架等。本章介绍这些图形的绘制及布置，主要包括风口、阀门的布置，风管吊架、支架图形的绘制等。

● 本章重点

- ◈ 布置设备
- ◈ 编辑
- ◈ 风系统图
- ◈ 剖面图
- ◈ 碰撞检查
- ◈ 平面图
- ◈ 三维观察

T20-Hvac V6.0

10.1 布置设备

本节介绍布置排风设备的方法，并讲解“布置风口”“布置阀门”以及“定制阀门”等命令的操作方法。

10.1.1 布置风口

调用“布置风口”命令，可布置各种样式的空调风口。图 10-1 所示为布置风口的结果。

“布置风口”命令的执行方式有以下几种：

➢ 命令行：在命令行中输入“BZFK”命令，按 Enter 键。

➢ 菜单栏：单击“风管设备”→“布置风口”命令。

下面以如图 10-1 所示的风口布置效果为例，介绍调用布置风口命令的方法。

01 按 Ctrl+O 组合键，打开配套资源提供的“第 10 章\ 10.1.1 布置风口.dwg”素材文件，结果如图 10-2 所示。

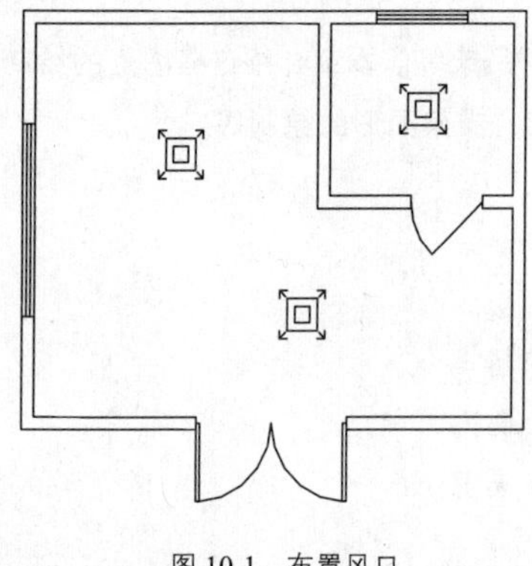

图 10-1 布置风口

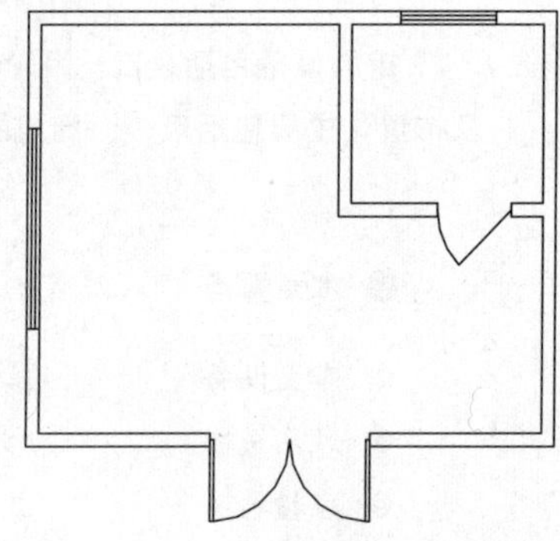

图 10-2 打开素材文件

02 在命令行中输入“BZFK”命令，按 Enter 键，弹出如图 10-3 所示的【布置风口】对话框。

03 单击左边的风口预览框，弹出【天正图库管理系统】对话框，在其中选择风口的样式，如图 10-4 所示。

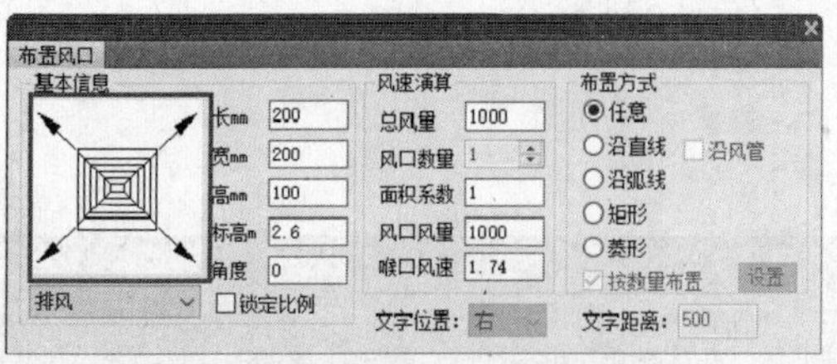

图 10-3 【布置风口】对话框

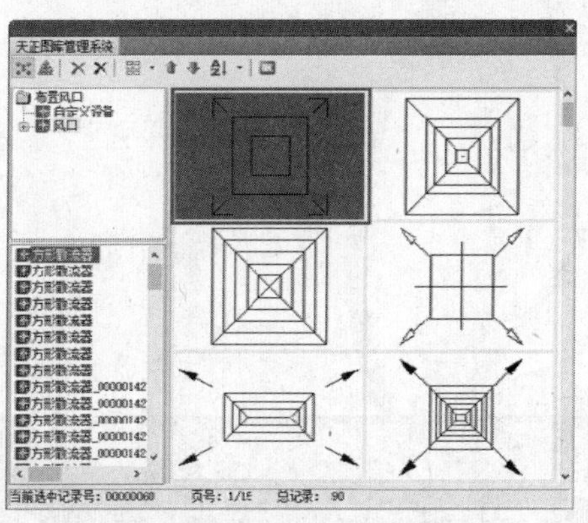

图 10-4 【天正图库管理系统】对话框

04 双击风口样式图标，返回【布置风口】对话框，设置参数如图 10-5 所示。

05 此时命令行提示如下：

```
命令:BZFK↙
请选取风口位置[参考点(R)/沿线(T)/两线(G)/放大(E)/缩小(D)/左右翻转(F)/上下翻转(S)/换设备(C)<退出>:                    //如图 10-6 所示。
```

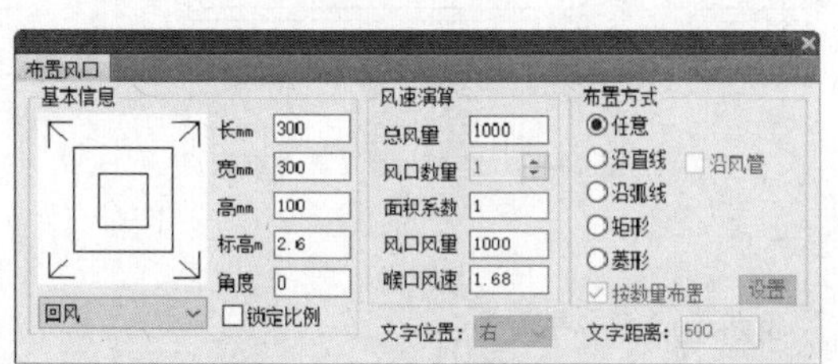

图 10-5 设置参数

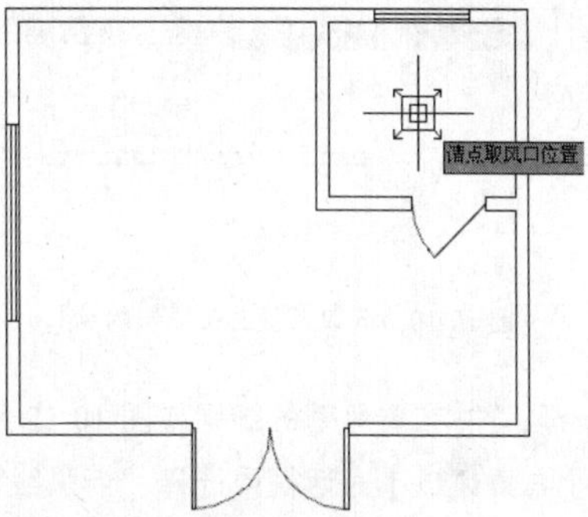

图 10-6 选取风口位置

06 单击鼠标左键，完成布置风口，结果如图 10-7 所示。

07 重复操作，继续根据命令行的提示布置其他风口，结果如图 10-8 所示。

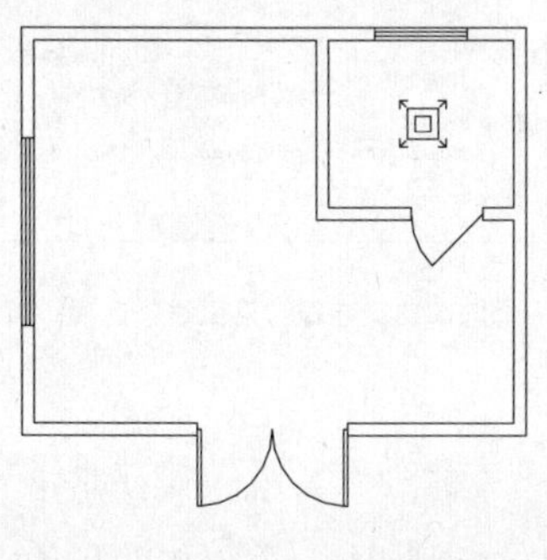

图 10-7 布置风口

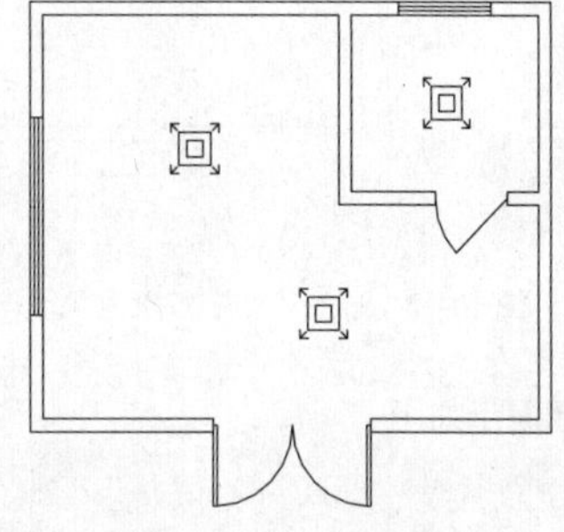

图 10-8 布置其他风口

在【布置风口】对话框中选择“沿直线”选项，并勾选“沿风管”选项，如图 10-9 所示。

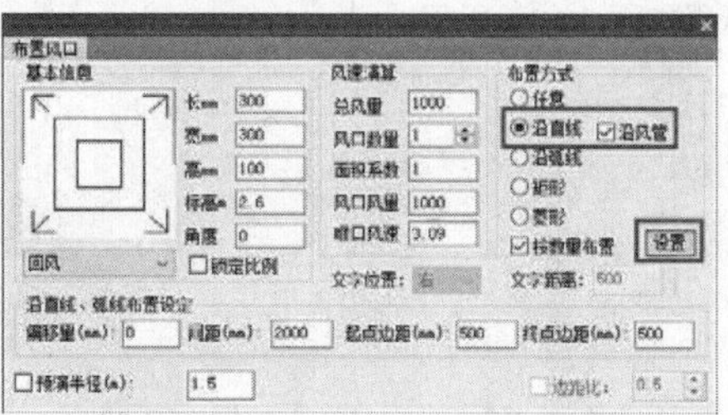

图 10-9 选择“沿直线”和“沿风管”选项

命令行提示如下：

```
命令:BZFK↙
```

请选取风管上布置起始点<退出>: //如图 10-10 所示。
请选取风管上布置结束点[偏移方向(X)/风口角度切换(A)]<退出>: //如图 10-11 所示。

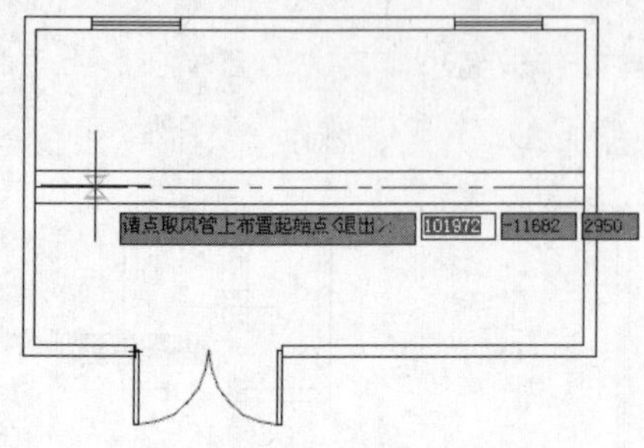

图 10-10 选取风管上布置起始点

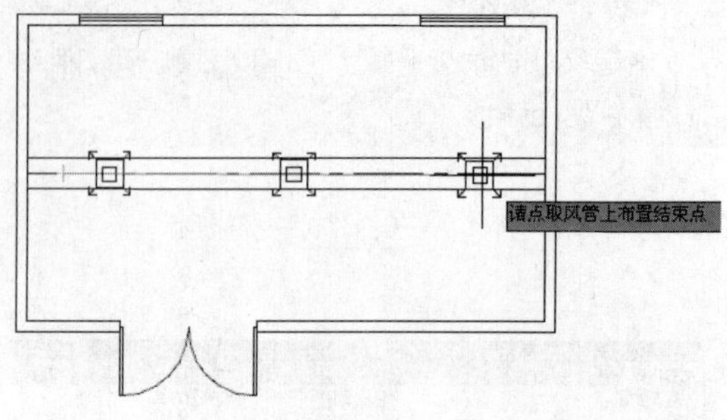

图 10-11 选取风管上布置结束点

"沿风管"布置风管的结果如图 10-12 所示。

在【布置风口】对话框中选择"沿弧线"选项，如图 10-13 所示。

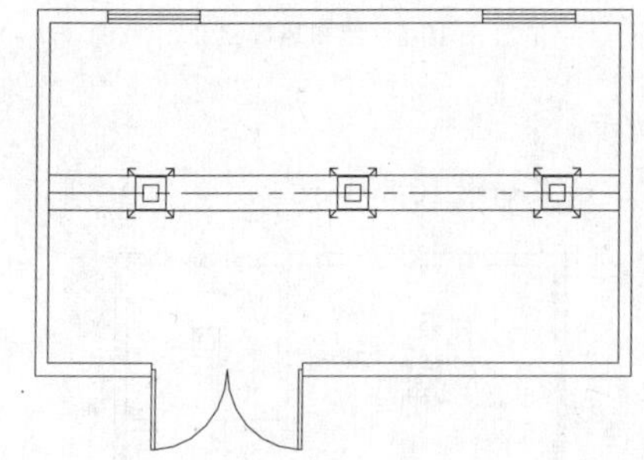
图 10-12 "沿风管"布置风管

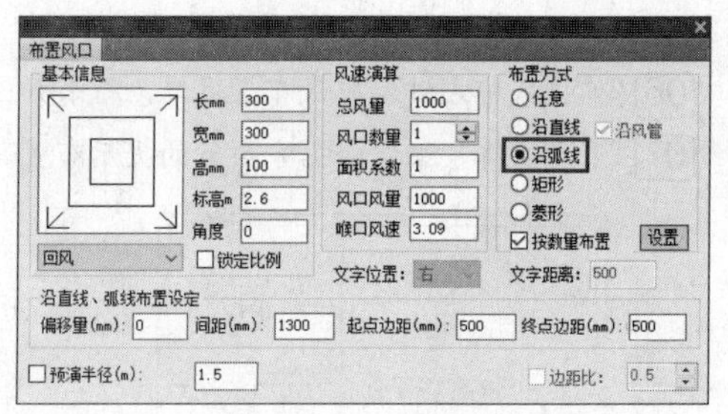

图 10-13 选择"沿弧线"选项

命令行提示如下：

命令:BZFK↙
请输入弧起始点[参考点(R)/距线(T)/两线(G)/墙角(C)]<退出>: //如图 10-14 所示。
请输入弧终止点[参考点(R)/距线(T)/两线(G)/墙角(C)]<退出>: //如图 10-15 所示。
请输入弧上一点[偏移方向(X)/风口角度切换(A)]<退出>: //如图 10-16 所示。

"沿弧线"布置风口的结果如图 10-17 所示。

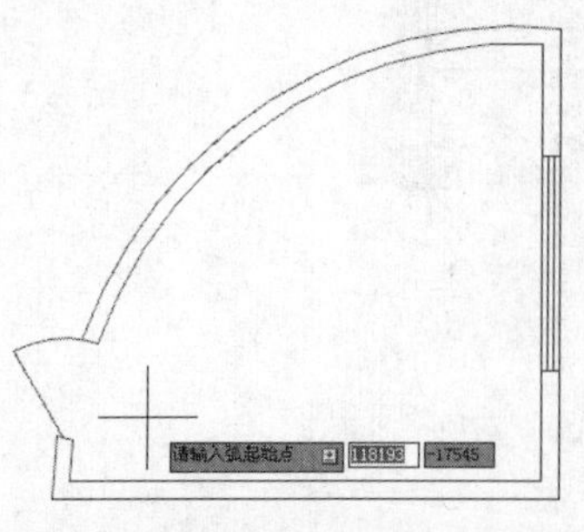

图 10-14 输入弧起始点

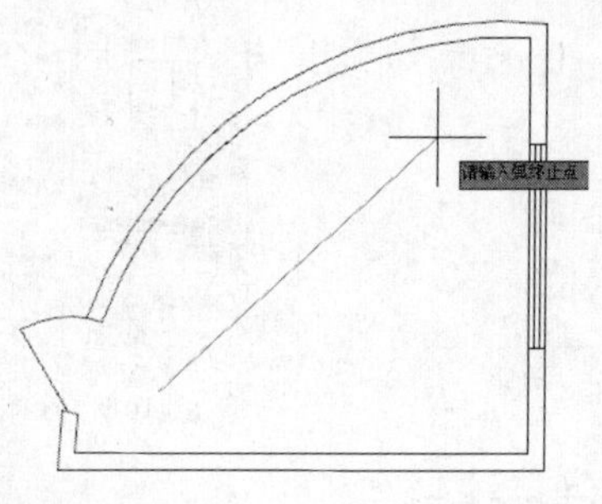

图 10-15 输入弧终止点

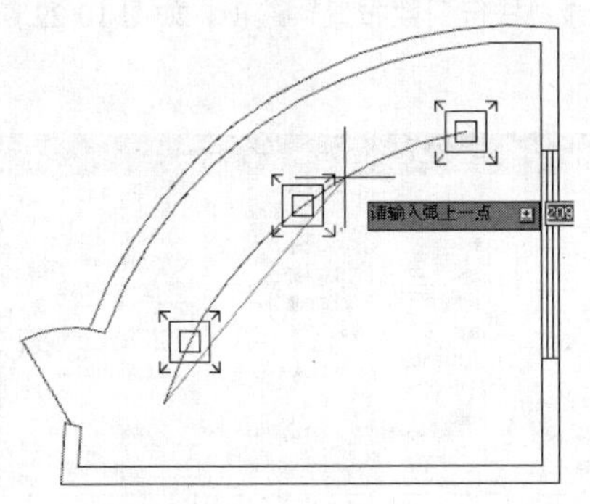
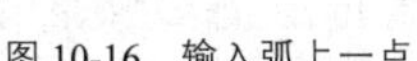

图 10-16　输入弧上一点

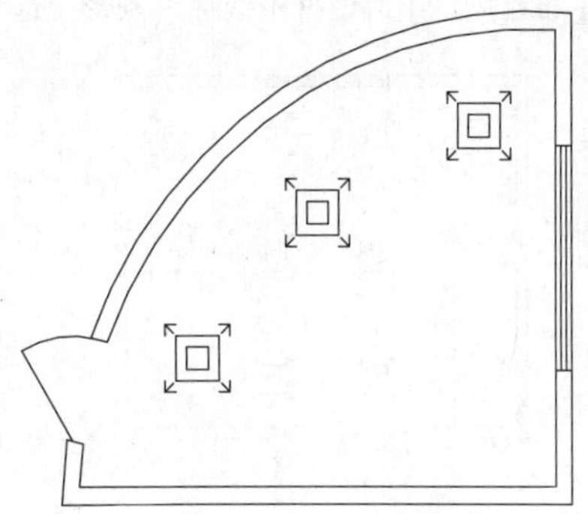

图 10-17　“沿弧线”布置风口

在【布置风口】对话框中选择“矩形”选项，勾选“按行列数布置”选项；在“矩形、菱形布置设定”选项组中设置参数，如图 10-18 所示。

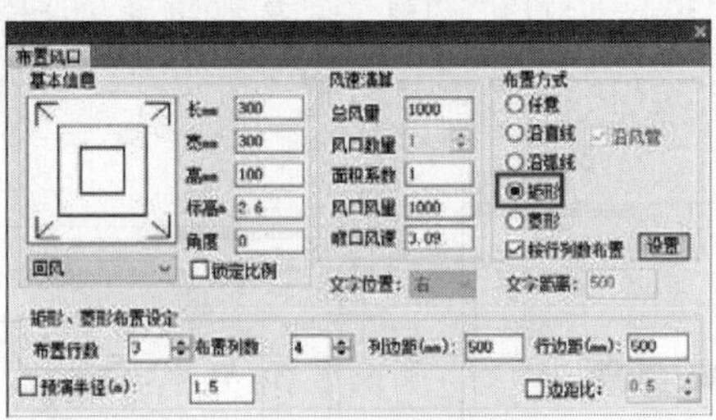

图 10-18　设置参数

命令行提示如下：

命令:BZFK↙

请选取矩形布置起始点[参考点(R)/距线(T)/两线(G)/墙角(C)]<退出>: //如图 10-19 所示。

请选取矩形布置终止点[参考点(R)/沿线(T)/两线(G)/墙角(C)/0度(A)/30度(S)/45度(D)/任意角度(Q)]<退出>: //如图 10-20 所示。

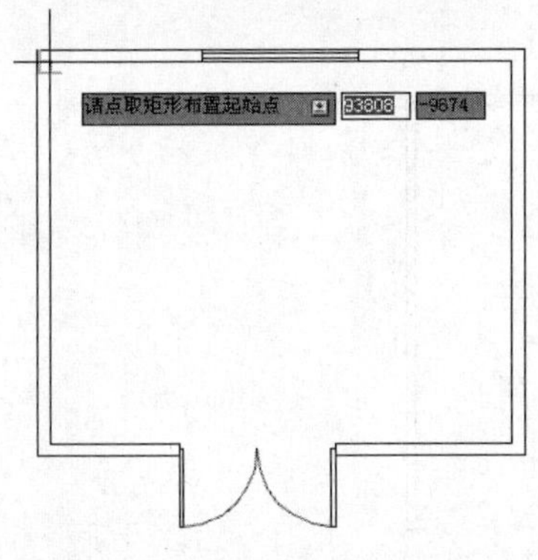

图 10-19　选取矩形布置起始点

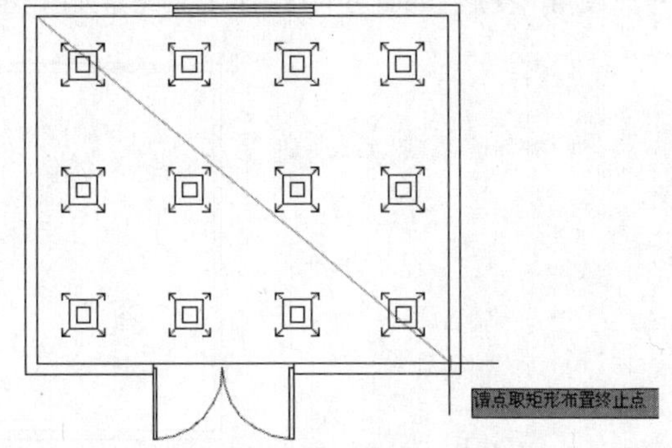

图 10-20　选取矩形布置终止点

使用“矩形”布置方式绘制风口的结果如图 10-21 所示。

在【布置风口】对话框中选择“菱形”选项，取消勾选“按行列数布置”选项，如图 10-22 所示。

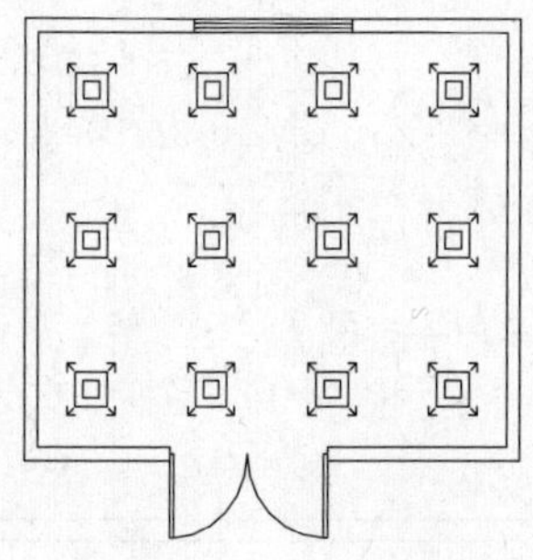

图 10-21 “矩形”布置风口

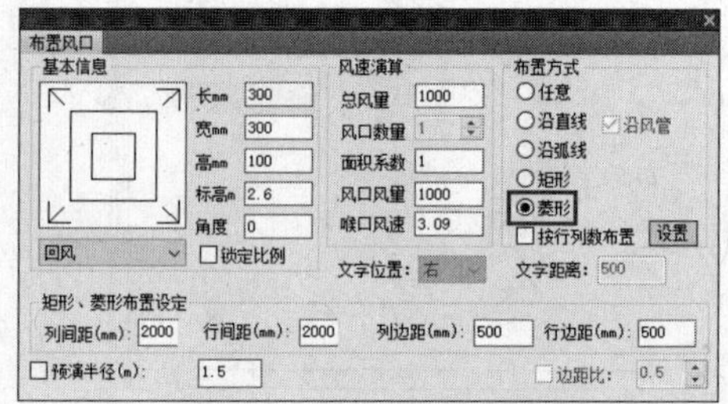

图 10-22 选择“菱形”选项

命令行提示如下：

命令:BZFK↙

请选取菱形布置起始点[参考点(R)/距线(T)/两线(G)/墙角(C)]<退出>: //如图 10-23 所示。

请选取菱形布置终止点[参考点(R)/沿线(T)/两线(G)/墙角(C)/菱形切换(X)/0 度(A)/30 度(S)/45 度(D)/任意角度(Q)]<退出>: //如图 10-24 所示。

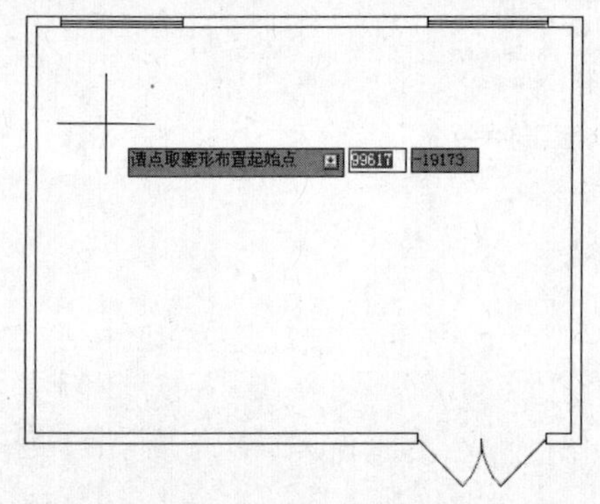

图 10-23 选取菱形布置起始点

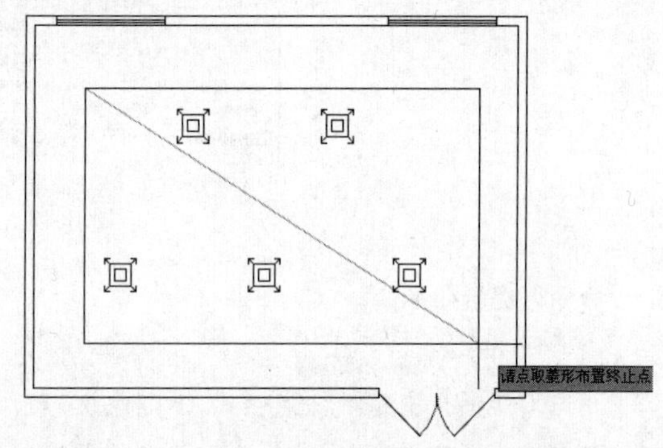

图 10-24 选取菱形布置终止点

使用“菱形”布置方式绘制风口的结果如图 10-25 所示。

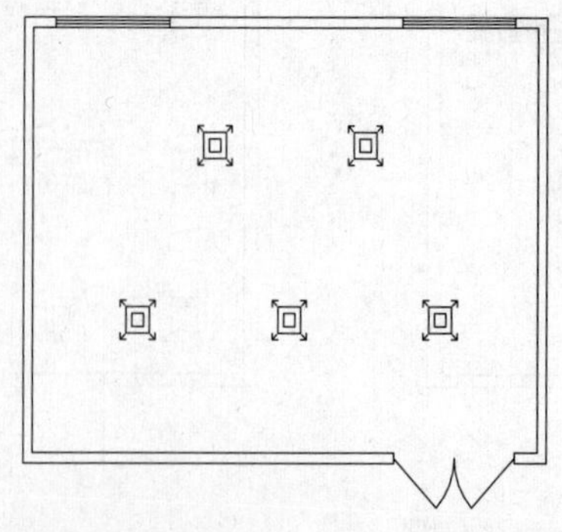

图 10-25 “菱形”布置风口

10.1.2 布置阀门

调用“布置阀门”命令，可布置各种样式的风管阀件。图 10-26 所示为布置阀门的结果。

“布置阀门”命令的执行方式有以下几种：

➢ 命令行：在命令行中输入“BZFM”命令，按 Enter 键。

➢ 菜单栏：单击“风管设备”→“布置阀门”命令。

下面以如图 10-26 所示的布置阀门结果为例，介绍调用“布置阀门”命令的方法。

01 按 Ctrl+O 组合键，打开配套资源提供的“第 10 章\ 10.1.2 布置阀门.dwg”素材文件，结果如图 10-27 所示。

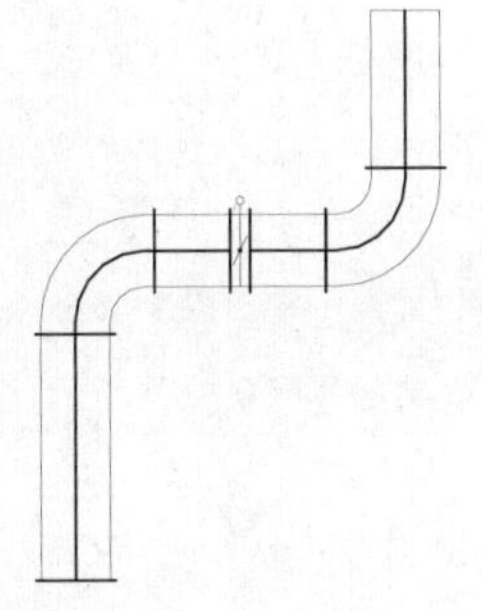

图 10-26　布置阀门

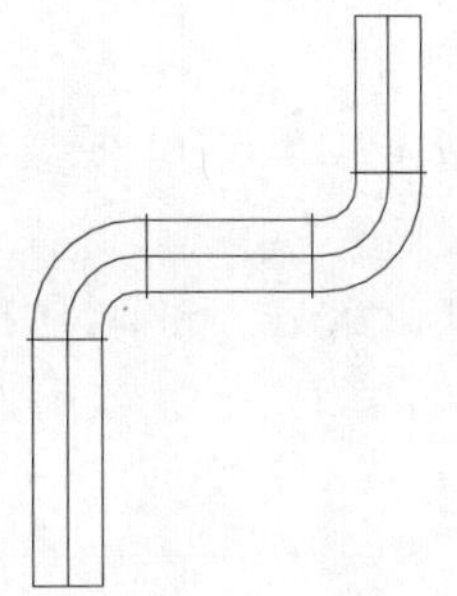

图 10-27　打开素材文件

02 在命令行中输入“BZFM”命令，按 Enter 键，弹出【风阀布置】对话框。单击左边的风阀预览框，在弹出的【天正图库管理系统】对话框中选择风阀，如图 10-28 所示。

03 双击风阀样式图标，返回【风阀布置】对话框，设置参数如图 10-29 所示。

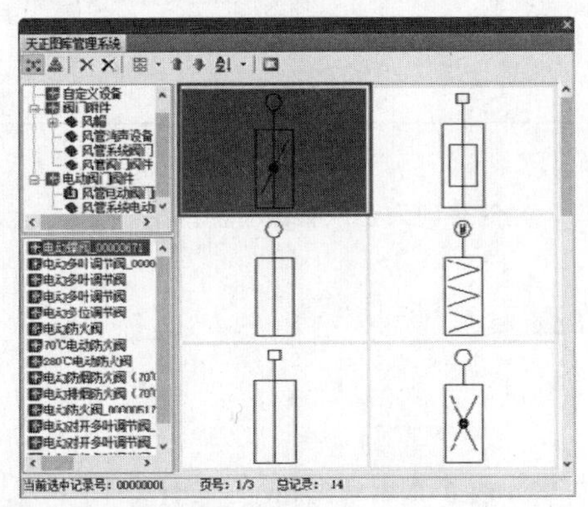

图 10-28　【天正图库管理系统】对话框

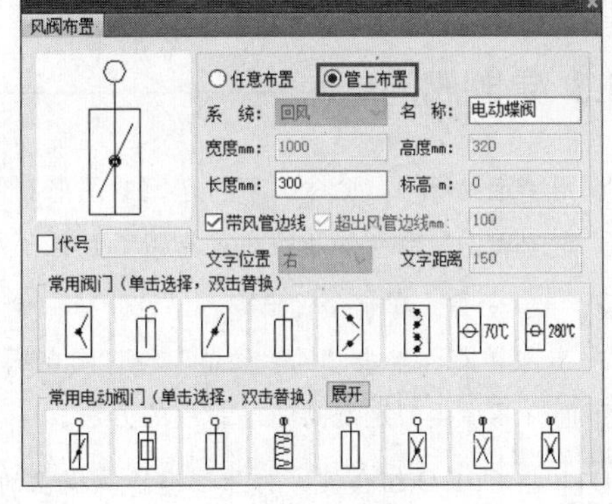

图 10-29　设置参数

04 此时命令行提示如下：

命令:BZFM↙

请指定风阀的插入点{旋转90度[A]/换阀门[C]/名称[N]/长[L]/宽[K]/高[H]/标高[B]/左右翻转[F]/上下翻转[S]}<退出>:　　//在风管上指定插入点。

请选择布置方式{管端[E]/近端距离[Q]}<当前位置>:　　//按 Enter 键，布置阀门的结果如图 10-26 所示。

在命令行提示“请选择布置方式{管端[E]/近端距离[Q]}<当前位置>:”时，输入 E，命令行提示如下：

```
命令:BZFM↙
请指定风阀的插入点{换阀门[C]/名称[N]/长[L]/左右翻转[F]/上下翻转[S]}<退出>:
                                        //在风管上指定插入点。
请选择布置方式{管端[E]/近端距离[Q]}<当前位置>:E        //输入“E”，选择“管端”选项。
请指定风阀的插入点{换阀门[C]/名称[N]/长[L]/左右翻转[F]/上下翻转[S]}<退出>:*取消*
                                        //按 Enter 键，布置阀门的结果如图 10-30 所示。
```

在命令行提示“请选择布置方式{管端[E]/近端距离[Q]}<当前位置>:”时，输入 Q，命令行提示如下：

```
命令:BZFM↙
请指定风阀的插入点{换阀门[C]/名称[N]/长[L]/左右翻转[F]/上下翻转[S]}<退出>:
                                                        //在风管上指定插入点。
请选择布置方式{管端[E]/近端距离[Q]}<当前位置>:Q //输入“Q”，选择“近端距离”选项。
输入与最近端距离(mm)350
请指定风阀的插入点{换阀门[C]/名称[N]/长[L]/左右翻转[F]/上下翻转[S]}<退出>:*取消*
                                    //按 Enter 键，布置阀门的结果如图 10-31 所示。
```

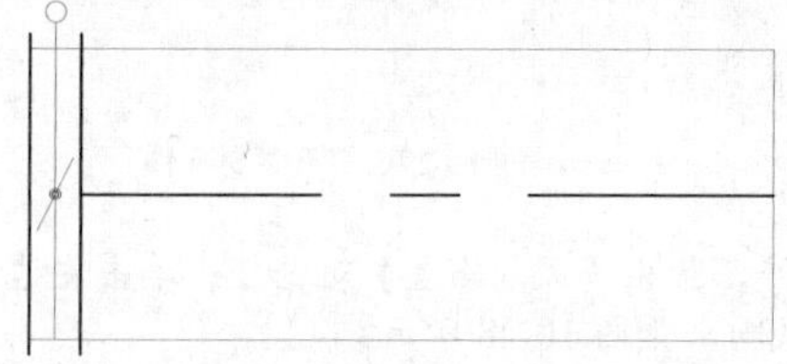

图 10-30 “管端”布置阀门

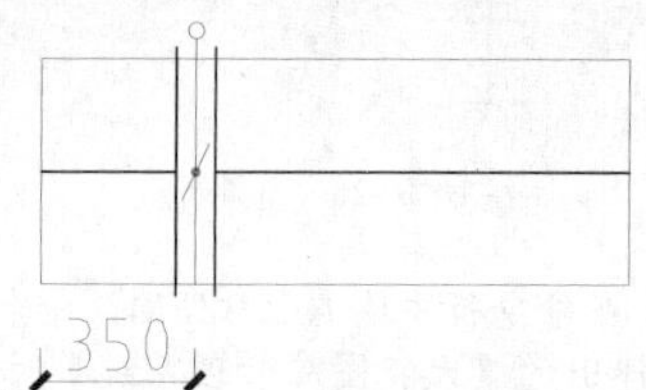

图 10-31 “近端距离”布置阀门

10.1.3 定制阀门

调用“定制阀门”命令，可将选定的图形制作成阀门，并储存到天正风管设备图库中。

“定制阀门”命令的执行方式有以下几种：

- 命令行：在命令行中输入“DZFM”命令，按 Enter 键。
- 菜单栏：单击“风管设备”→“定制阀门”命令。

下面介绍调用“定制阀门”命令的方法。

01 按 Ctrl+O 组合键，打开配套资源提供的“第 10 章\ 10.1.3 定制阀门.dwg”素材文件。

02 在命令行中输入“DZFM”命令，按 Enter 键，命令行提示如下：

```
命令:DZFM↙
请输入名称<新阀门>:电动多叶调节阀
请选择要做成阀门的图元<退出>:指定对角点:找到 70 个              //如图 10-32 所示;
请点选阀门插入点<中心点>:                                      //如图 10-33 所示;
请选择阀心的图元<不定制阀心>:                                  //按 Enter 键;
请选择手柄的图元<不定制手柄>:阀门成功入库! //按 Enter 键，即可完成定制阀门的操作。
```

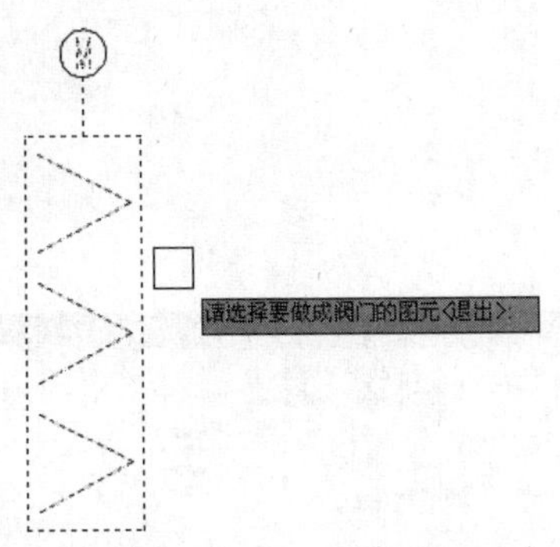

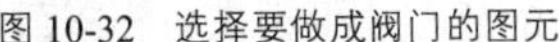

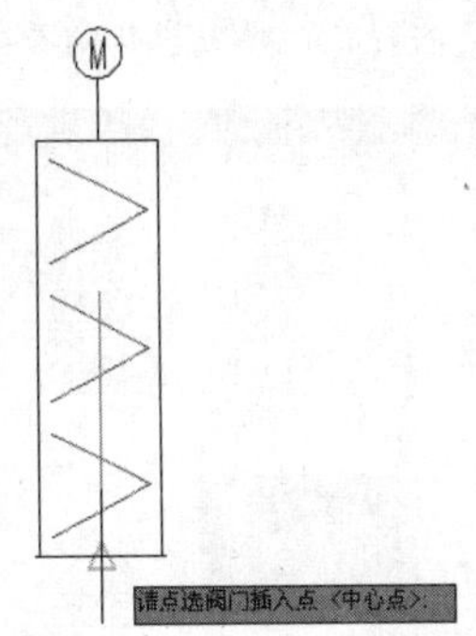

图 10-32　选择要做成阀门的图元

图 10-33　点选阀门插入点

03 在命令行中输入"TKW"命令，按 Enter 键，执行"通用图库"命令，弹出【天正图库管理系统】对话框，选择"自定义设备"选项下的"风管阀门阀件"选项，在其中可以查看所定义的新阀门，如图 10-34 所示。

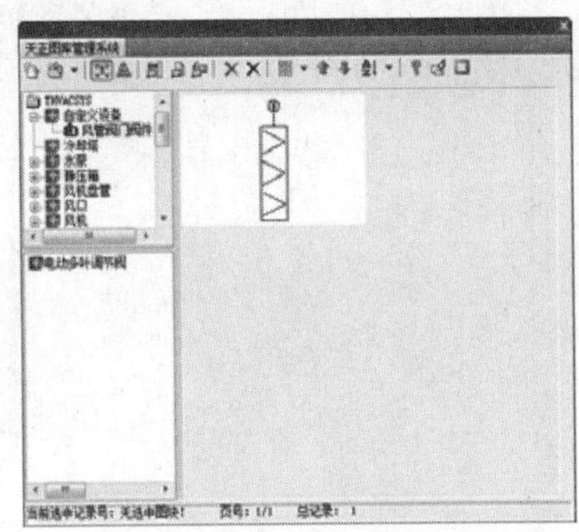

图 10-34　【天正图库管理系统】对话框

10.1.4 管道风机

调用"管道风机"命令，可布置各种样式的管道风机。图 10-35 所示为执行该命令的操作结果。

"管道风机"命令的执行方式有以下几种：

- 命令行：在命令行中输入"GDFJ"命令，按 Enter 键。
- 菜单栏：单击"风管设备"→"管道风机"命令。

下面以如图 10-35 所示的管道风机布置结果为例，介绍调用"管道风机"命令的方法。

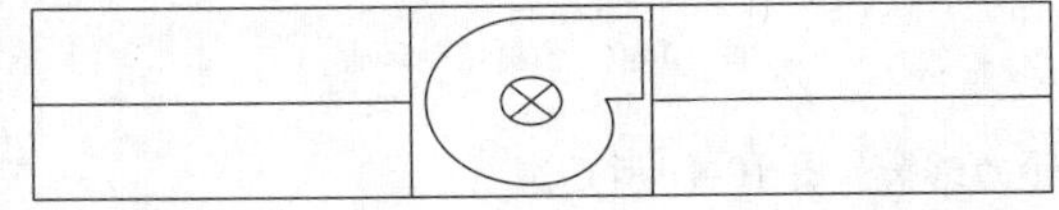

图 10-35　布置管道风机

01 在命令行中输入"GDFJ"命令，按 Enter 键，弹出【管道风机布置】对话框。双击左侧的预览窗口，打开【天正图库管理系统】对话框，选择风机的类型，如图 10-36 所示。

02 双击风机图标，返回【管道风机布置】对话框。重复相同的操作，单击右侧的预览窗口，在图库中选择软接头的样式，设置风机的参数，如图 10-37 所示。

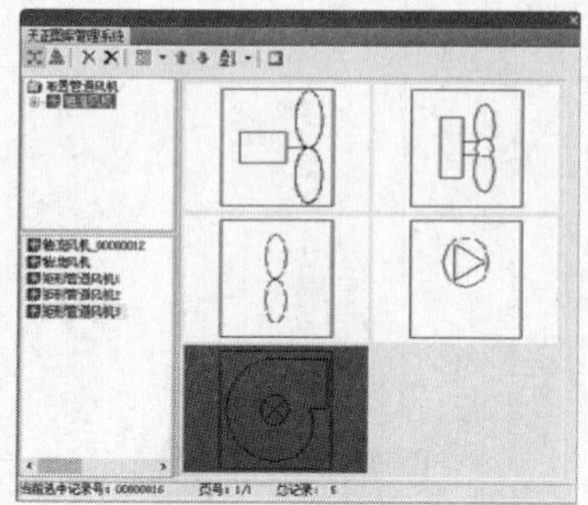

图 10-36 【天正图库管理系统】对话框

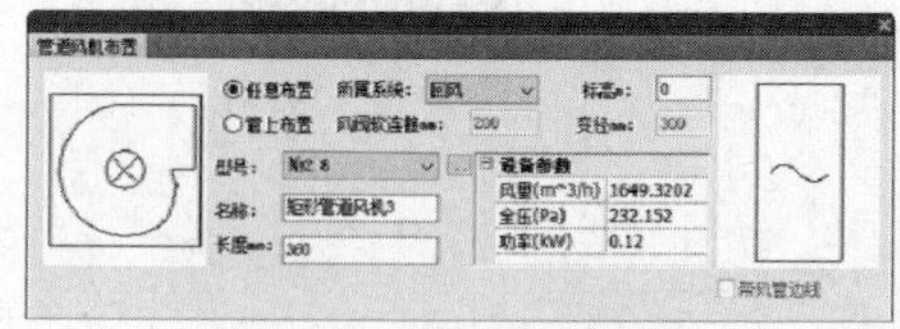

图 10-37 【管道风机布置】对话框

03 此时命令行提示如下：

```
命令:GDFJ↙
请指定对象的插入点<退出>:          //指定插入点，布置结果如图 10-38 所示。
```

04 选中风机，显示风管接口，如图 10-39 所示。

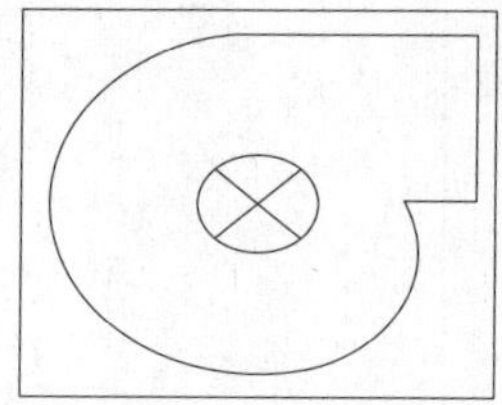

图 10-38 布置风机

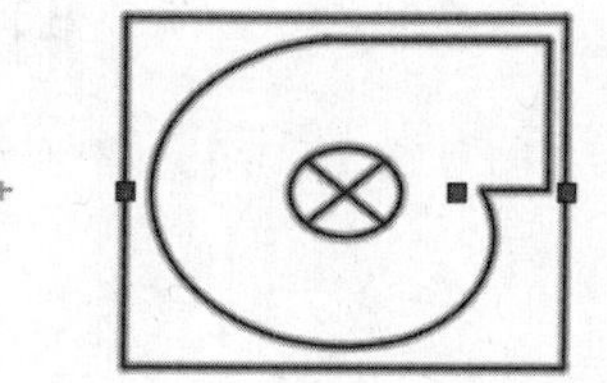

图 10-39 显示风管接口

05 单击右侧的接口，弹出【风管布置】对话框。移动鼠标，预览绘制风管，如图 10-40 所示。

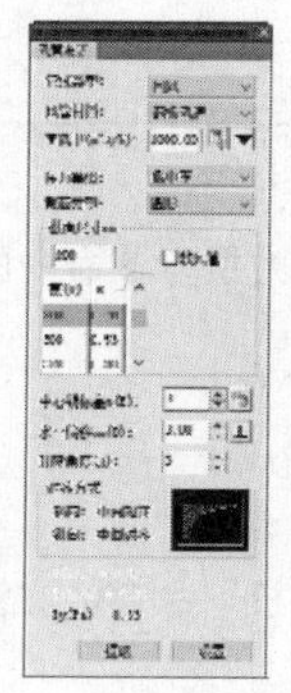

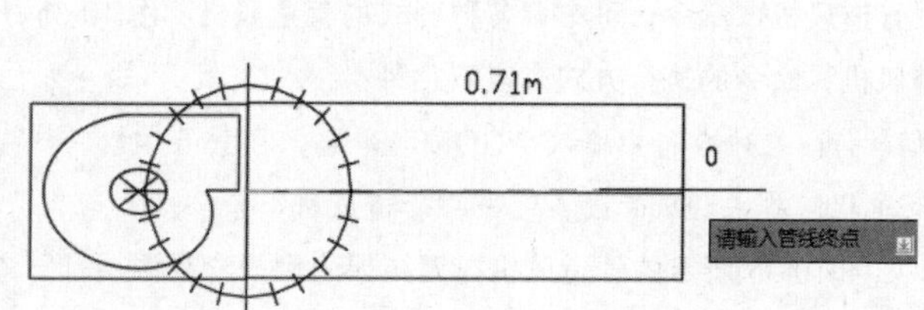

图 10-40 预览绘制风管

06 从风机中引出风管的结果如图 10-41 所示。

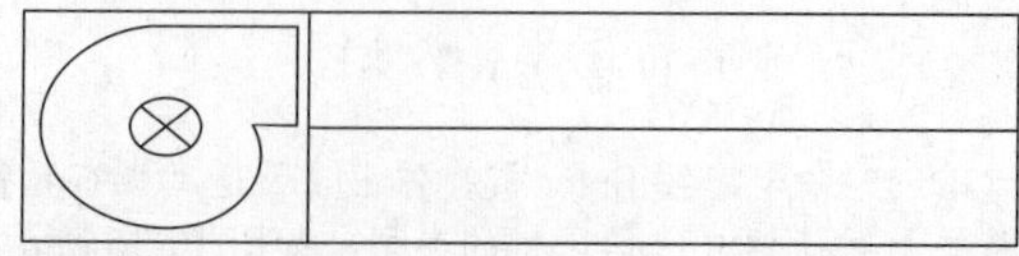

图 10-41 绘制风管

[07] 重复操作，继续激活风机左侧的接口，绘制风管与之相连，结果如图 10-35 所示。

在【管道风机布置】对话框中选择“管上布置”选项，并选择右下角的“带风管边线”选项。在风管上指定插入点，在布置风机的同时创建与之配套的软接管，并绘制风管边线，结果如图 10-42 所示。

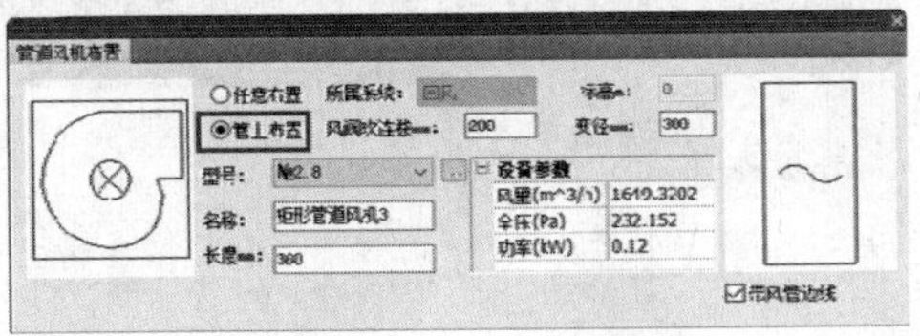

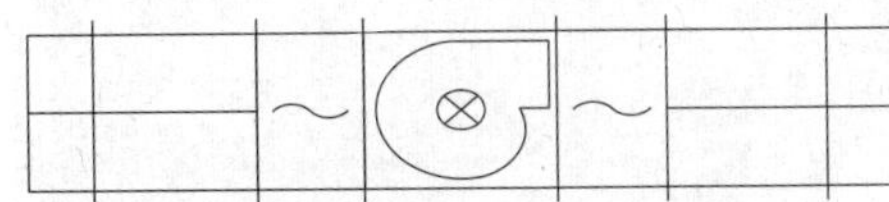

图 10-42　在风管上布置风机

10.1.5 空气机组

调用“空气机组”命令，可绘制指定箱体段的立面图、俯视图以及详图。图 10-43、图 10-44 所示为执行该命令的操作结果。

“空气机组”命令的执行方式有以下几种：

- 命令行：在命令行中输入 KQJZ 命令，按 Enter 键。
- 菜单栏：单击“风管设备”→“空气机组”命令。

下面以图 10-43、图 10-44 所示的空气机组图例的绘制结果为例，介绍调用“空气机组”命令的方法。

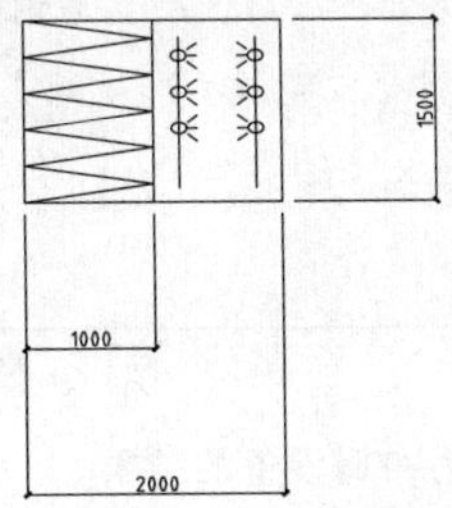

图 10-43　箱体立面图

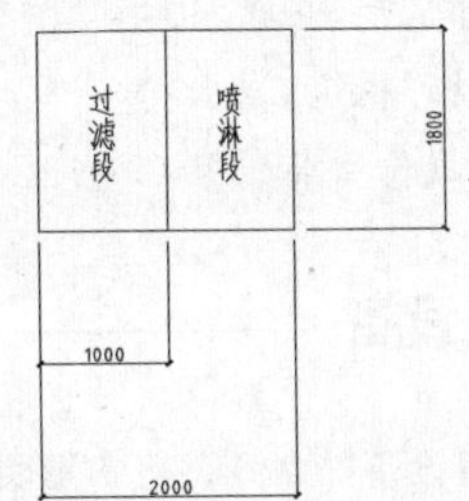

图 10-44　箱体俯视图

[01] 在命令行中输入“KQJZ”命令，按 Enter 键，弹出如图 10-45 所示的【组合式空气处理机组】对话框。

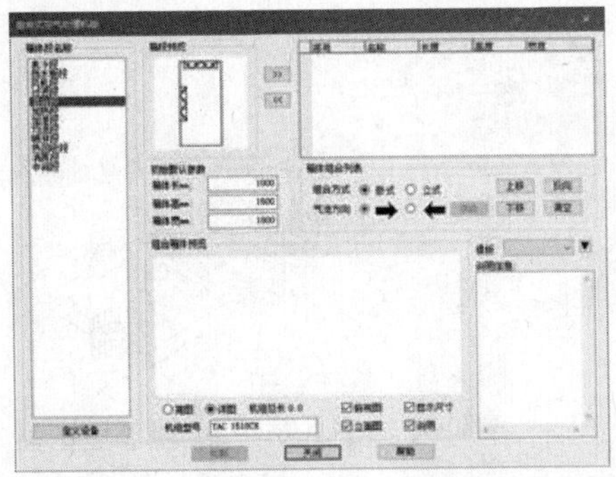

图 10-45　【组合式空气处理机组】对话框

02 在“箱体段名称”选项列表中选择箱体名称，单击中间的向右矩形按钮，即可将所选箱体段的参数添加至右侧列表中，结果如图 10-46 所示。

03 重复操作，继续将另一箱体的参数添加至右侧列表中，结果如图 10-47 所示。

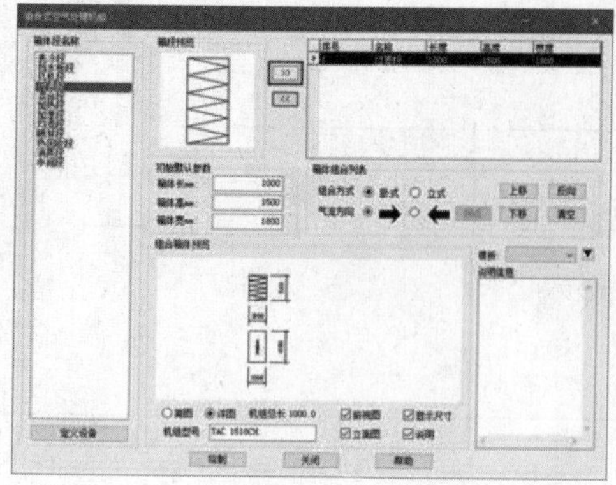

图 10-46 添加参数

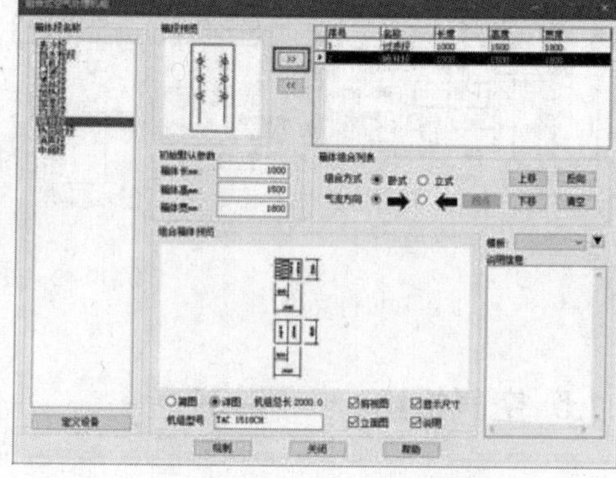

图 10-47 继续添加参数

04 在对话框中单击“绘制”按钮，命令行提示如下：

命令:KQJZ↙

选取立面图基点位置或[转 90 度(A)/改转角(R)/改基点(T)]<退出>: //选取立面图基点。

请输入箱体的底部标高<0.00m>: //按 Enter 键。

选取俯视图基点位置或[转 90 度(A)/改转角(R)/改基点(T)]<退出>: //选取俯视图基点。

查看空气处理机组<退出>: //按 Enter 键，返回【组合式空气处理机组】对话框，单击“关闭”按钮，操作结果如图 10-43、图 10-44 所示。

10.1.6 布置设备

调用“布置设备”命令，可布置暖通构件设备。图 10-48 所示为布置设备的结果。

“布置设备”命令的执行方式有以下几种：

- 命令行：在命令行中输入“BZSB”命令，按 Enter 键。
- 菜单栏：单击“风管设备”→“布置设备”命令。

下面以如图 10-48 所示的布置设备为例，介绍调用“布置设备”命令的方法。

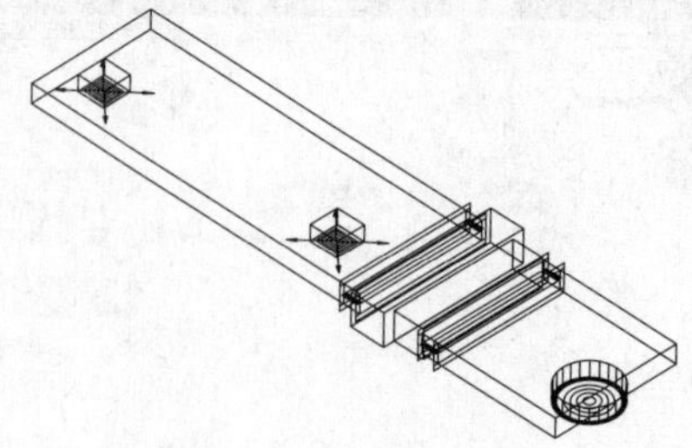

图 10-48 布置设备（三维效果）

01 在命令行中输入“BZSB”命令，按 Enter 键，在弹出的【设备布置】对话框中设置参数，如图 10-49 所示。

02 在对话框中单击“布置”按钮，命令行提示如下：

```
命令:BZSB↙
请指定设备的插入点[沿线(T)/两线(G)/放大(E)/缩小(D)/左右翻转(F)/上下翻转(S)]<退出>:                    //指定设备的插入点;
请输入旋转角度<0.0>:                //按 Enter 键，完成设备布置的结果如图 10-50 所示。
```

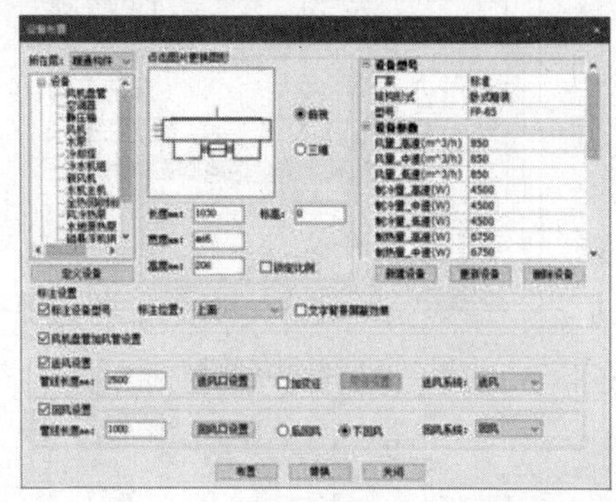

图 10-49 【设备布置】对话框

图 10-50 设备布置

03 将视图转换为西南等轴测视图，可查看设备的三维效果，结果如图 10-48 所示。

10.1.7 风管吊架

调用“风管吊架”命令，可布置指定类型的风管吊架。如图 10-51 所示为布置结果。

“风管吊架”命令的执行方式有以下几种：

➢ 命令行：在命令行中输入“FGDJ”命令，按 Enter 键。

➢ 菜单栏：单击“风管设备”→“风管吊架”命令。

下面以如图 10-51 所示的风管吊架布置结果为例，介绍调用“风管吊架”命令的方法。

01 按 Ctrl+O 组合键，打开配套资源提供的“第 10 章\ 10.1.7 风管吊架.dwg”素材文件，结果如图 10-52 所示。

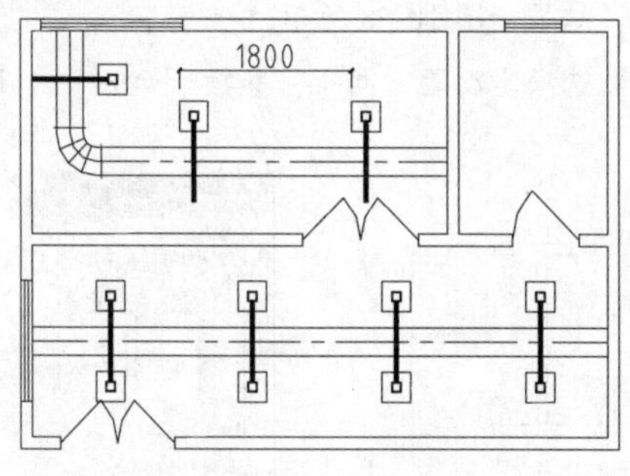

图 10-51 步骤风管吊架

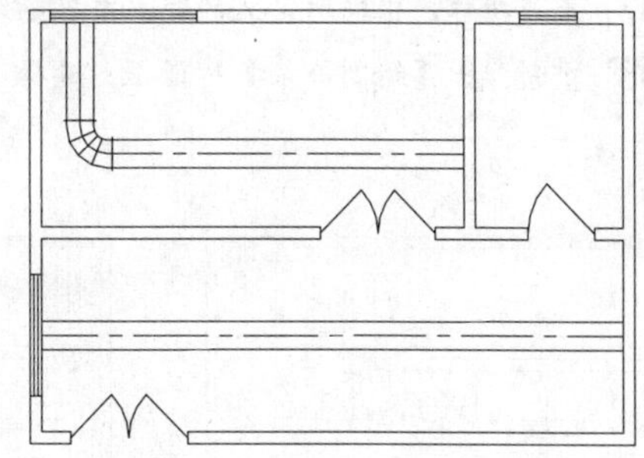

图 10-52 打开素材文件

02 在命令行中输入“FGDJ”命令，按 Enter 键，在弹出的【绘制吊架】对话框中设置参数，如图 10-53 所示。

03 此时命令行提示如下：

```
命令:FGDJ↙
请选取风管上一点:<退出>                    //如图 10-54 所示;
```

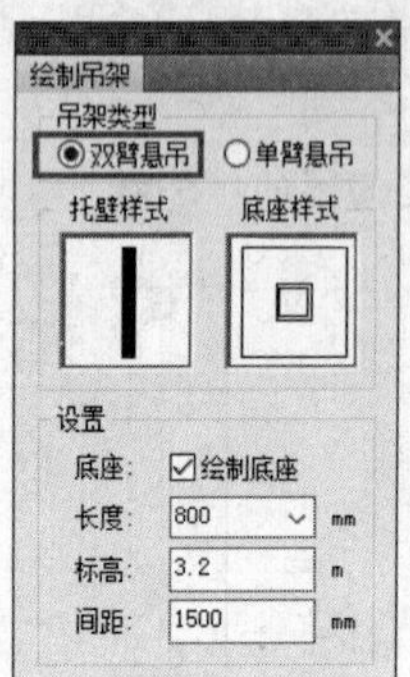

图 10-53 【绘制吊架】对话框

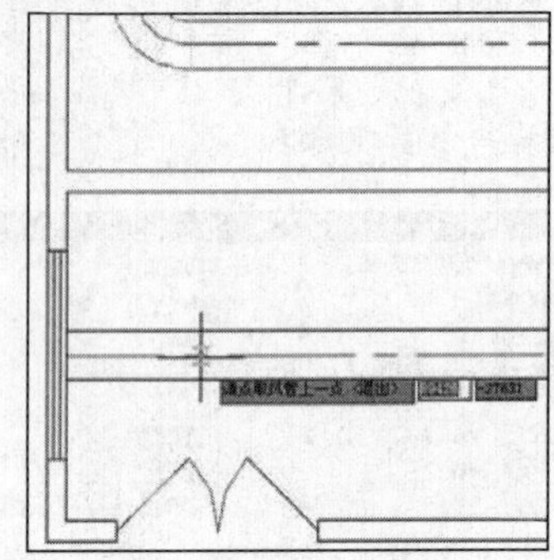

图 10-54 选取风管上一点

04 布置吊架的结果如图 10-55 所示。

05 向右移动鼠标，命令行提示如下:

```
在预览位置插入吊架<退出>                    //如图 10-56 所示。
```

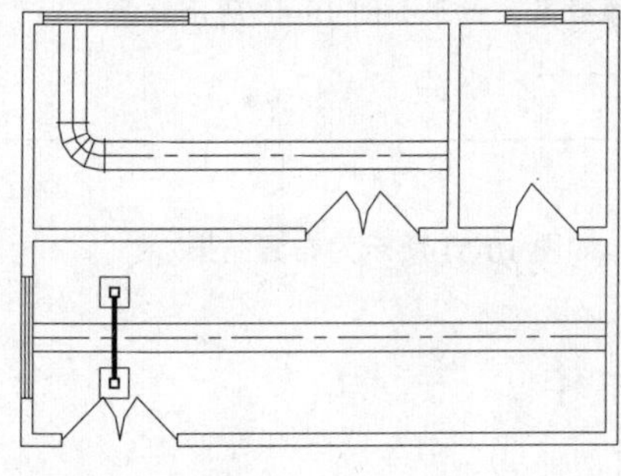

图 10-55 布置吊架

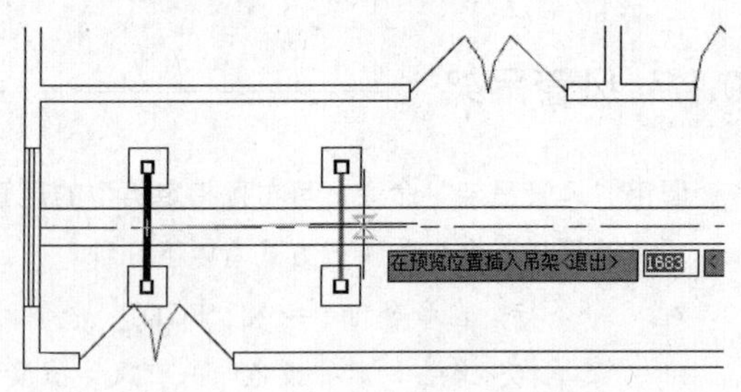

图 10-56 在预览位置插入吊架

06 单击鼠标左键，完成插入吊架，结果如图 10-57 所示。

07 重复操作，根据所定义的距离参数继续布置吊架，结果如图 10-58 所示。

08 重新弹出【绘制吊架】对话框，选择“单臂悬吊”选项，设置“间距”参数，如 图 10-59 所示。

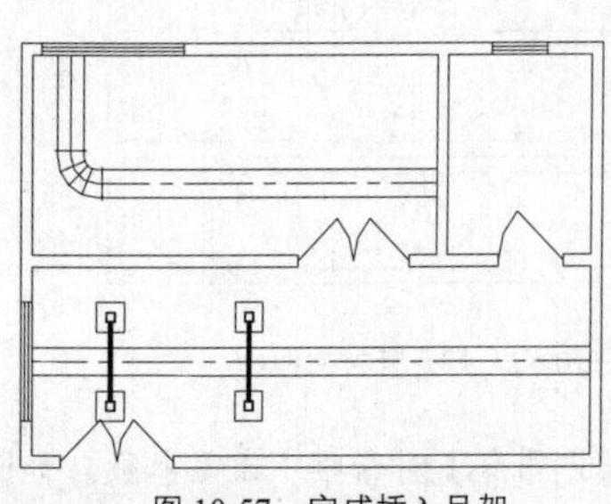

图 10-57 完成插入吊架

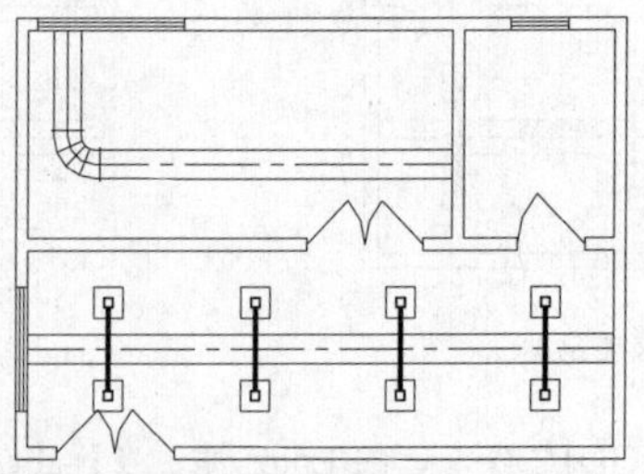

图 10-58 继续布置吊架

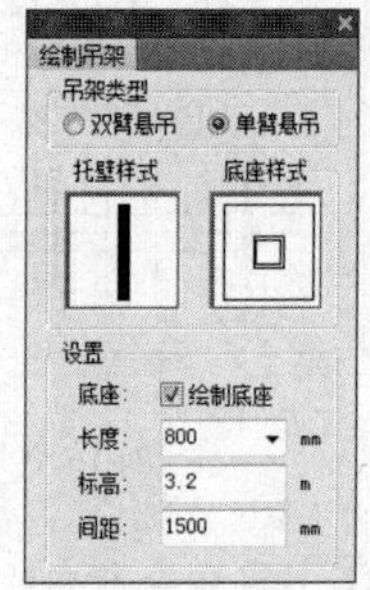

图 10-59 设置参数

09 根据命令行的提示，指定吊架的插入点，完成“单臂”吊架的插入，结果如图 10-51 所示。

10.1.8 风管支架

调用“风管支架”命令，可通过设定支架的长度和间距来布置支架，如图10-60所示为布置结果。

“风管支架”命令的执行方式有以下几种：

➢ 命令行：在命令行中输入“FGZJ”命令，按Enter键。

➢ 菜单栏：单击“风管设备”→“风管支架”命令。

下面以如图10-60所示的风管支架布置结果为例，介绍调用“风管支架”命令的方法。

01 按Ctrl+O组合键，打开配套资源提供的“第10章\ 10.1.8 风管支架.dwg”素材文件，结果如图10-61所示。

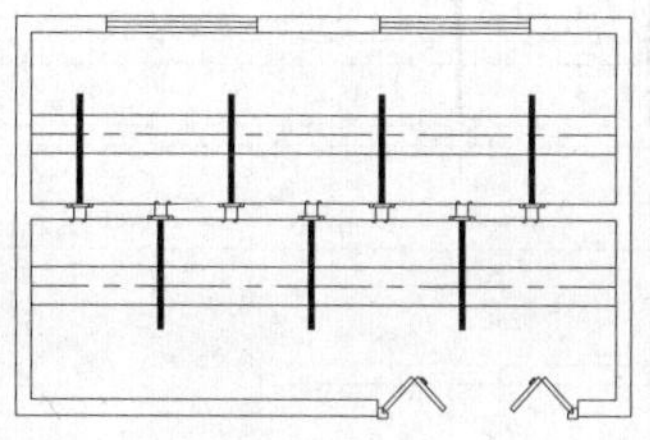

图10-60　布置风管支架

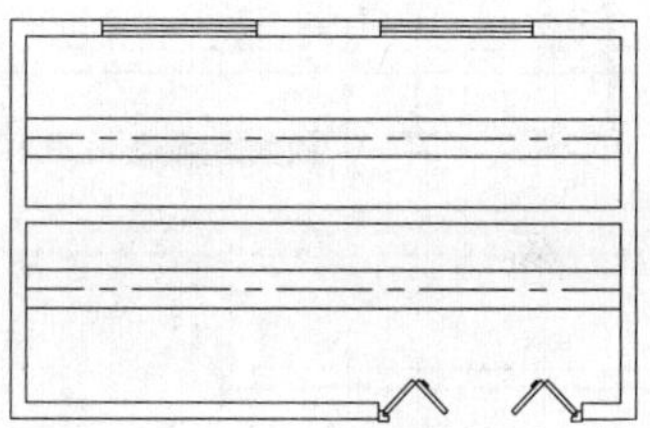

图10-61　打开素材文件

02 在命令行中输入“FGZJ”命令，按Enter键，在弹出的【绘制支架】对话框中设置参数，如图10-62所示。

03 此时命令行提示如下：

```
命令:FGZJ↙
请选取墙线上一点:<退出>              //如图10-63所示。
请确定支架方向:<退出>                //如图10-64所示。
```

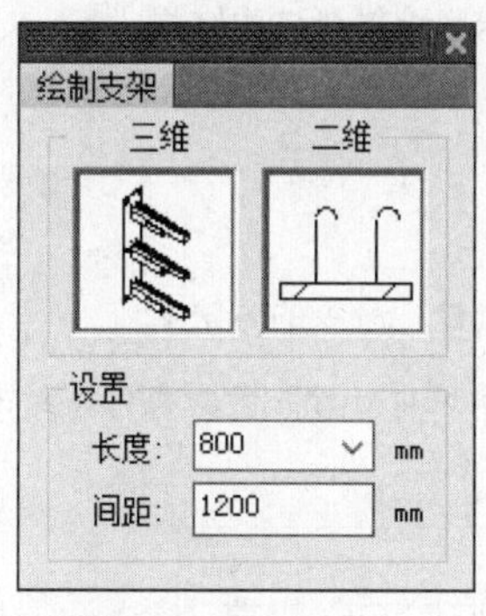

图10-62　【绘制支架】对话框

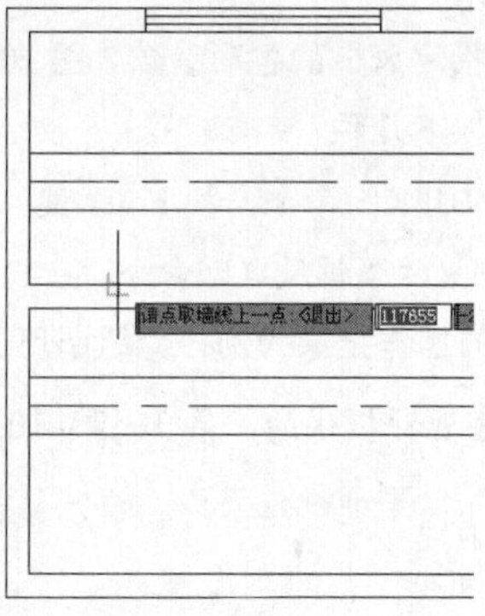

图10-63　选取墙线上一点

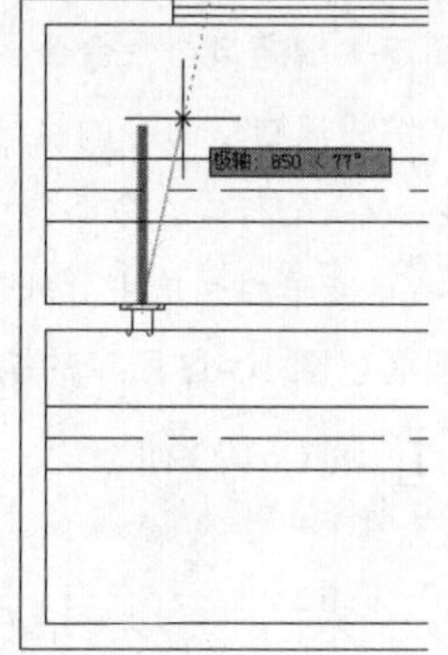

图10-64　确定支架方向

04 单击鼠标左键，布置支架，结果如图10-65所示。

05 向右移动鼠标，命令行提示如下：

```
在预览位置插入支架<退出>              //如图10-66所示。
```

06 插入支架的结果如图10-67所示。

07 重复操作，继续在墙体上布置风管支架，最终结果如图10-60所示。

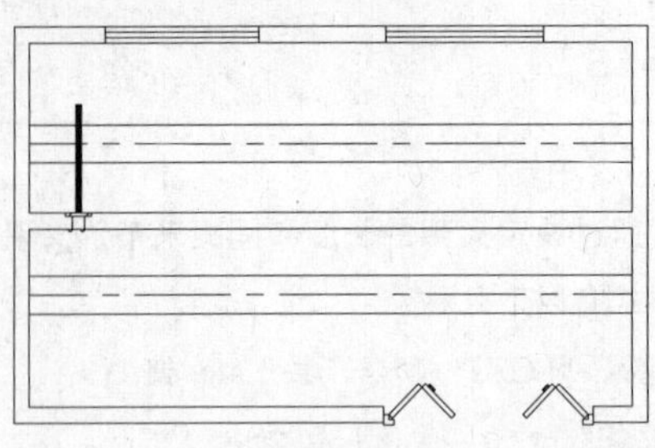

图 10-65　布置支架

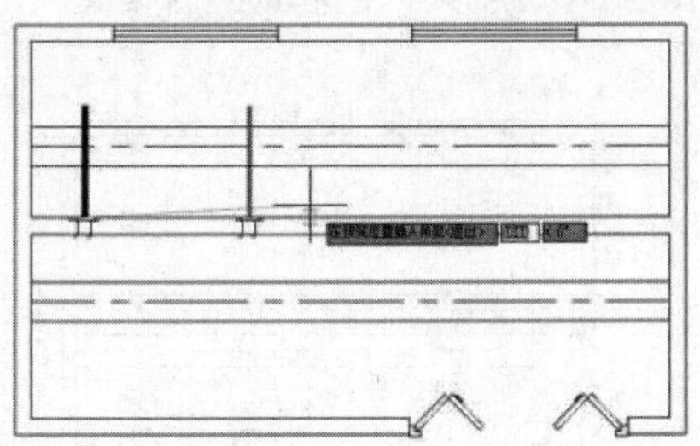

图 10-66　在预览位置插入支架

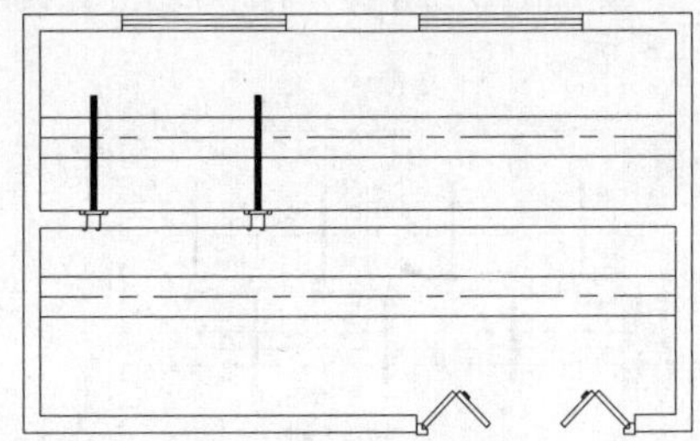

图 10-67　完成支架插入

10.2 编辑

本节介绍编辑风口、设备连管以及删除阀门的操作方法。

10.2.1 编辑风口

调用“编辑风口”命令，可修改指定风口的各项参数。图 10-68 所示为编辑风口的结果。

“编辑风口”命令的执行方式有以下几种：

➢ 命令行：在命令行中输入“BJFK”命令，按 Enter 键。

➢ 菜单栏：单击“风管设备”→“编辑风口”命令。

下面以图 10-68 所示的编辑风口的操作结果为例，介绍调用“编辑风口”命令的方法。

01 按 Ctrl+O 组合键，打开配套资源提供的“第 10 章\ 10.2.1 编辑风口.dwg”素材文件，结果如图 10-69 所示。

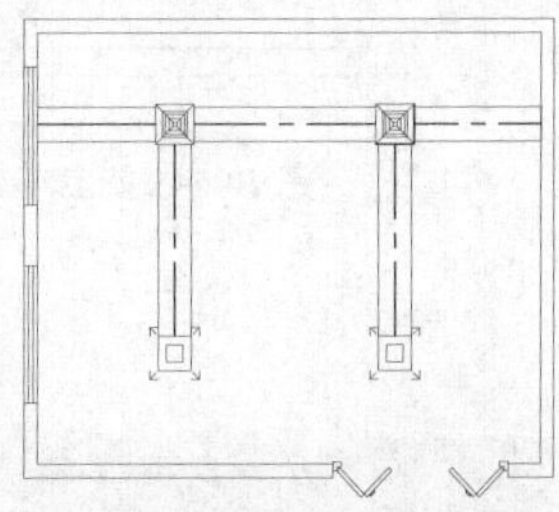

图 10-68　编辑风口

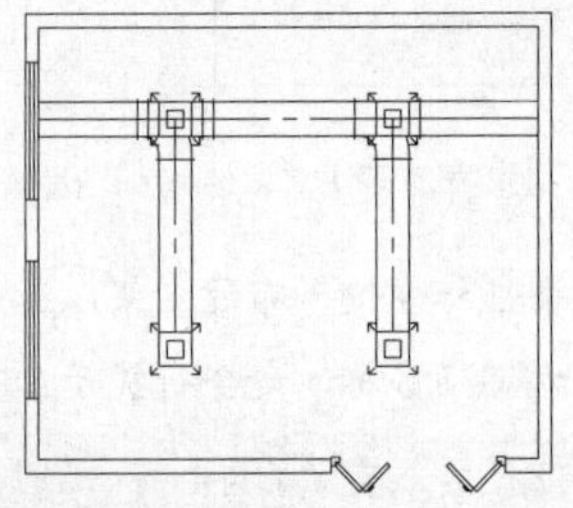

图 10-69　打开素材文件

02 在命令行中输入“BJFK”命令，按 Enter 键，命令行提示如下：

```
命令:BJFK↙
请选择修改的风口:找到 1 个                    //如图 10-70 所示;
```

03 按 Enter 键，弹出如图 10-71 所示的【编辑风口】对话框。

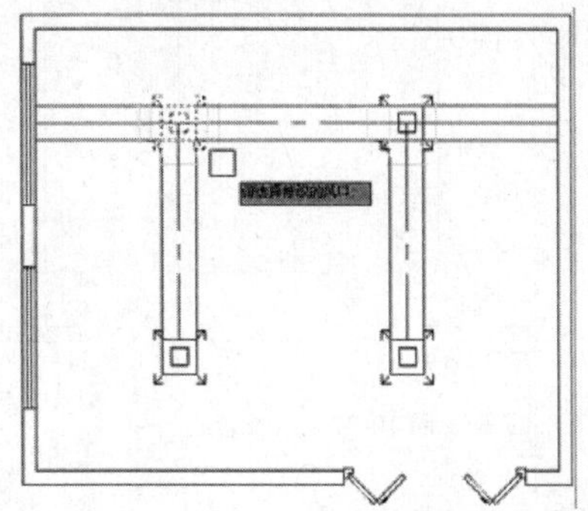

图 10-70 选择修改的风口

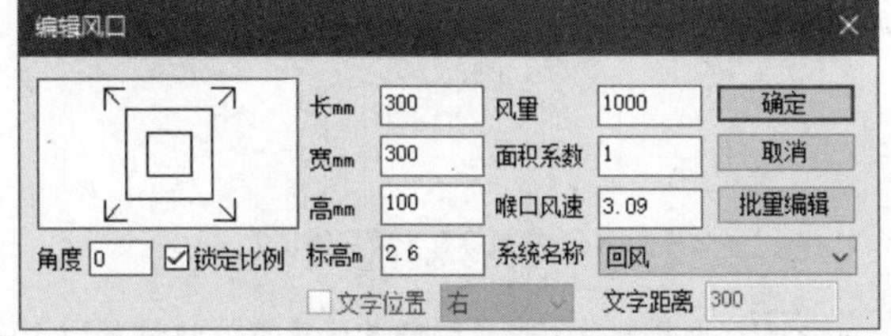

图 10-71 【编辑风口】对话框

04 单击对话框左边的预览框，在弹出的【天正图库管理系统】对话框中重新选择风口样式，如图 10-72 所示。

05 双击样式图标，返回【编辑风口】对话框，修改参数如图 10-73 所示。

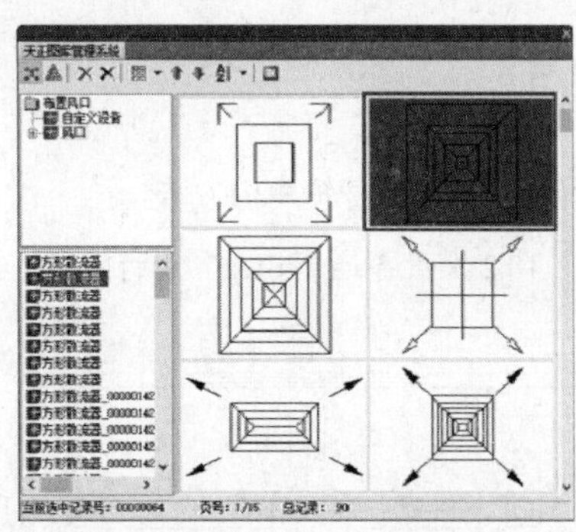

图 10-72 【天正图库管理系统】对话框

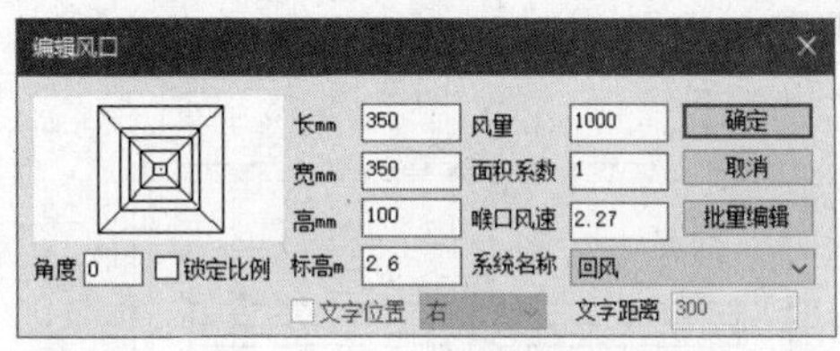

图 10-73 修改参数

06 单击“确定”按钮，关闭对话框，完成风口的编辑修改，结果如图 10-74 所示。

07 删除连接风口的三通构件，如 图 10-75 所示。

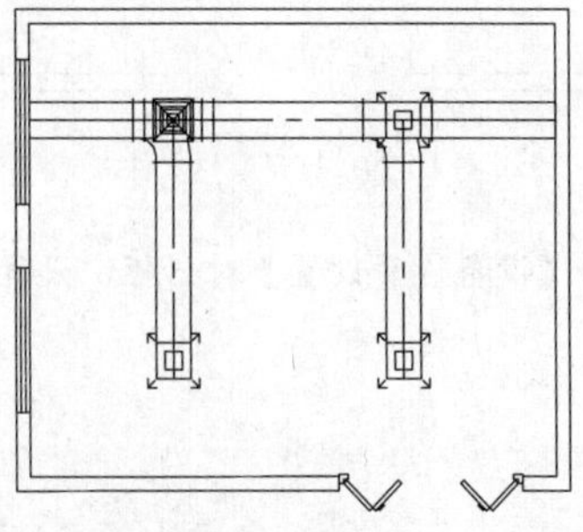

图 10-74 修改风口

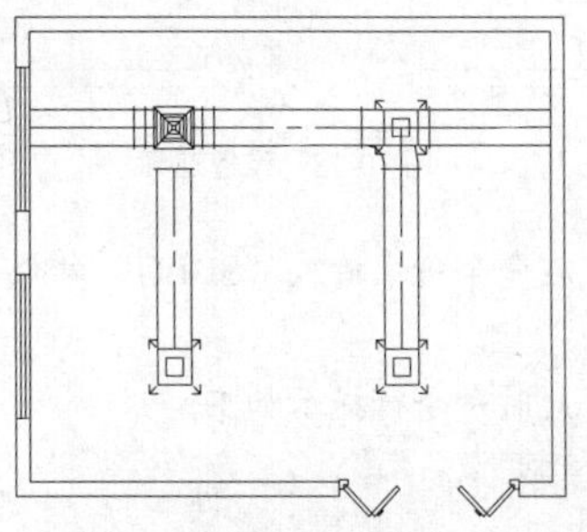

图 10-75 删除构件

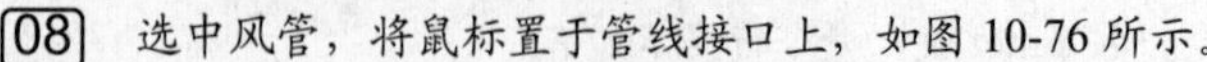

08 选中风管，将鼠标置于管线接口上，如图 10-76 所示。

09 向上移动鼠标，完成管线的延长操作，结果如图 10-77 所示。

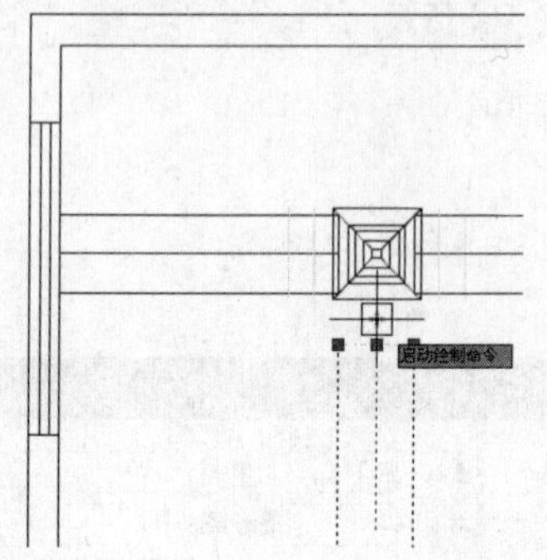

图 10-76 将鼠标置于管线接口上

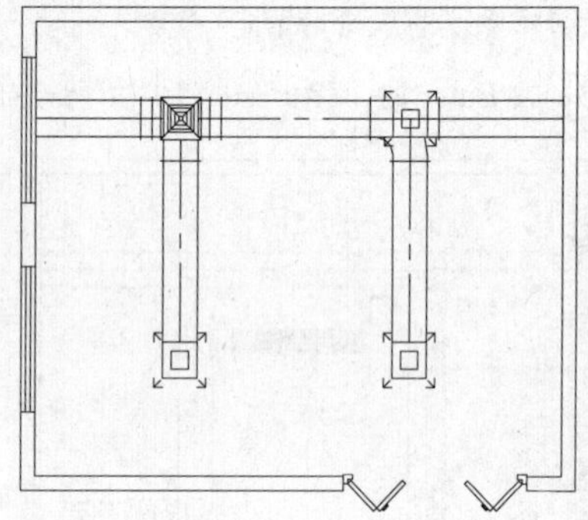

图 10-77 延长管线

10 重复操作，继续编辑其他风口，结果如图 10-68 所示。

10.2.2 设备连管

调用“设备连管”命令，可将选定的设备与管线相连。图 10-78 所示为执行该命令的操作结果。

“设备连管”命令的执行方式有以下几种：

- 命令行：在命令行中输入“SBLG”命令，按 Enter 键。
- 菜单栏：单击“风管设备”→“设备连管”命令。

下面以如图 10-78 所示的设备连管的操作结果为例，介绍调用设备连管命令的方法。

01 按 Ctrl+O 组合键，打开配套资源提供的“第 10 章\ 10.2.2 设备连管.dwg”素材文件，结果如图 10-79 所示。

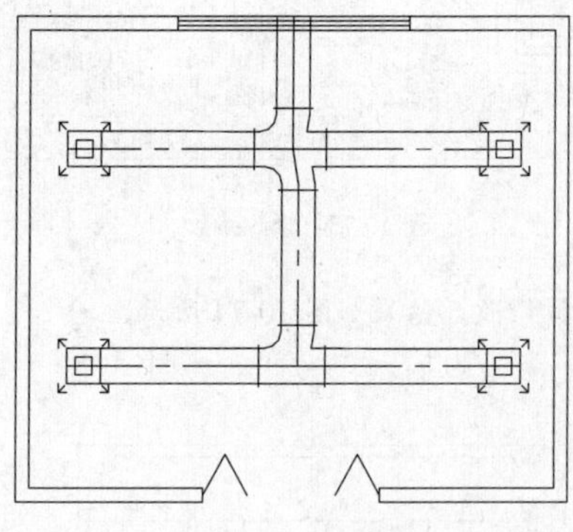

图 10-78 设备连管

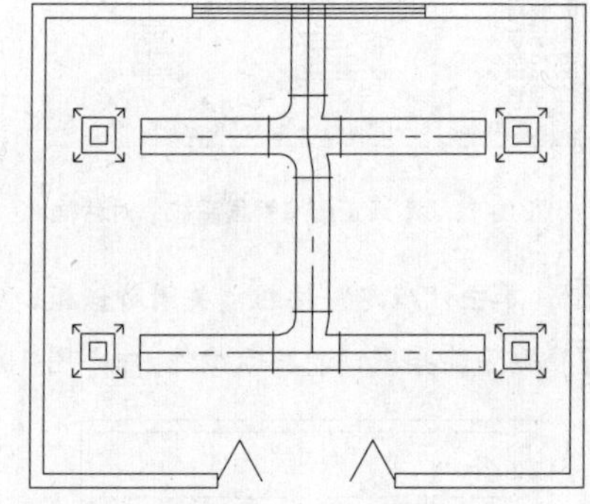

图 10-79 打开素材文件

02 在命令行中输入“SBLG”命令，按 Enter 键，弹出【设备连管设置】对话框，设置参数如图 10-80 所示。

03 此时命令行提示如下：

```
命令:SBLG↙
请选择要连接的设备及管线<退出>:找到 2 个，总计 2 个              //如图 10-81 所示。
```

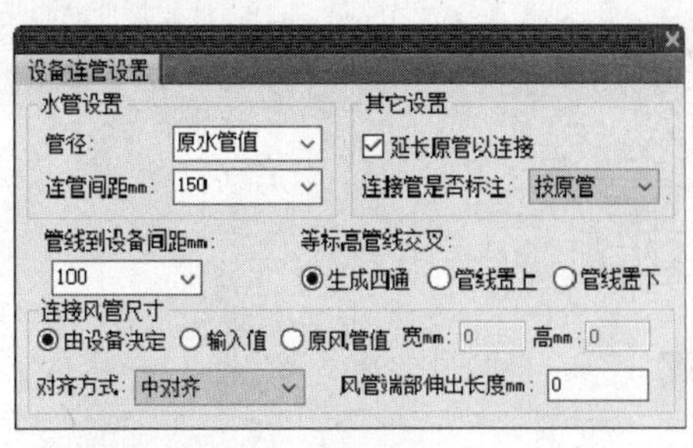

图 10-80 【设备连管设置】对话框

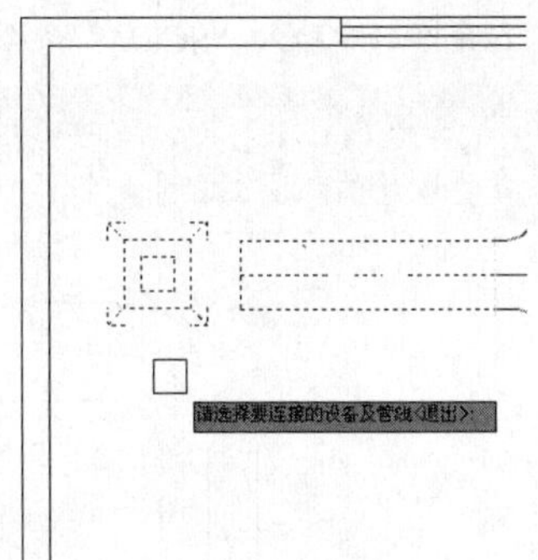

图 10-81 选择要连接的设备及管线

[04] 按 Enter 键，完成设备与管线连接，结果如图 10-82 所示。

[05] 重复操作，继续执行“设备连管”操作，结果如图 10-78 所示。

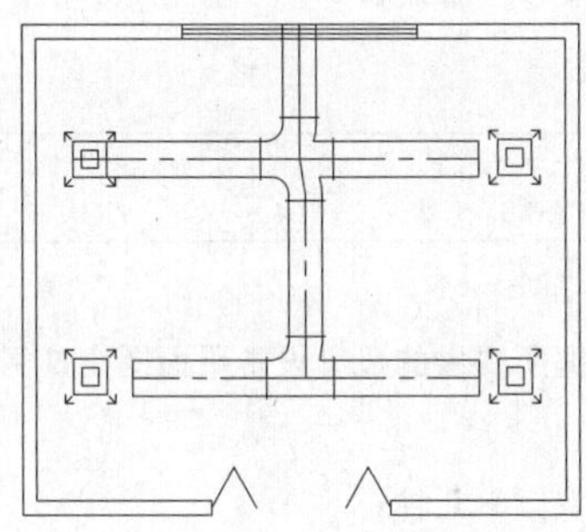

图 10-82 设备与管线连接

10.2.3 删除阀门

调用“删除阀门”命令，可删除选定的阀门。

“删除阀门”命令的执行方式有以下几种：

- 命令行：在命令行中输入“SCFM”命令，按 Enter 键。
- 菜单栏：单击“风管设备”→“删除阀门”命令。

下面以如图 10-83 所示的删除阀门的操作结果为例，介绍调用“删除阀门”命令的方法。

[01] 按 Ctrl+O 组合键，打开配套资源提供的“第 10 章\ 10.2.3 删除阀门.dwg”素材文件，结果如图 10-84 所示。

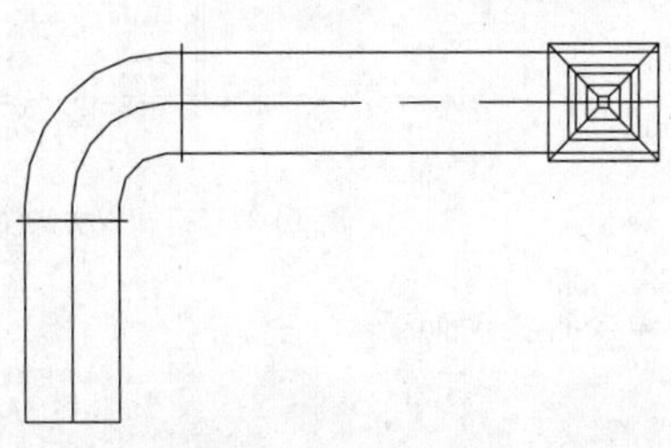

图 10-83 删除阀门

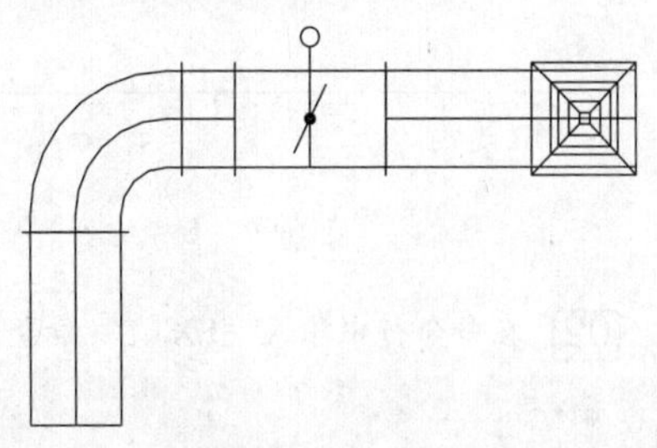

图 10-84 打开素材文件

02 在命令行中输入“SCFM”命令，按 Enter 键，命令行提示如下：

```
命令:SCFM↙
请选择要删除的风阀:找到 1 个              //如图 10-85 所示。
```

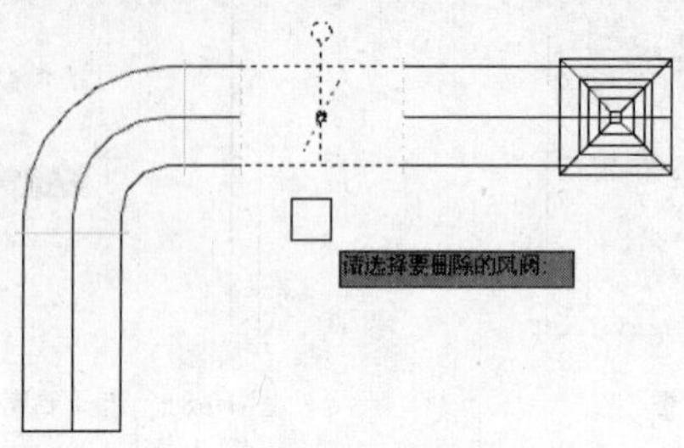

图 10-85 选择要删除的风阀

03 按 Enter 键即可完成删除操作，结果如图 10-83 所示。

10.3 风系统图

调用“风系统图”命令，可根据所提供的风管设备平面图生成风系统图。图 10-86 所示为风系统图的生成结果。

“风系统图”命令的执行方式有以下几种：

- 命令行：在命令行中输入“FXTT”命令，按 Enter 键。
- 菜单栏：单击“风管设备”→“风系统图”命令。

下面以如图 10-所示的风系统图的生成结果为例，介绍调用“风系统图”命令的方法。

01 按 Ctrl+O 组合键，打开配套资源提供的“第 10 章\ 10.3 风系统图.dwg”素材文件，结果如图 10-87 所示。

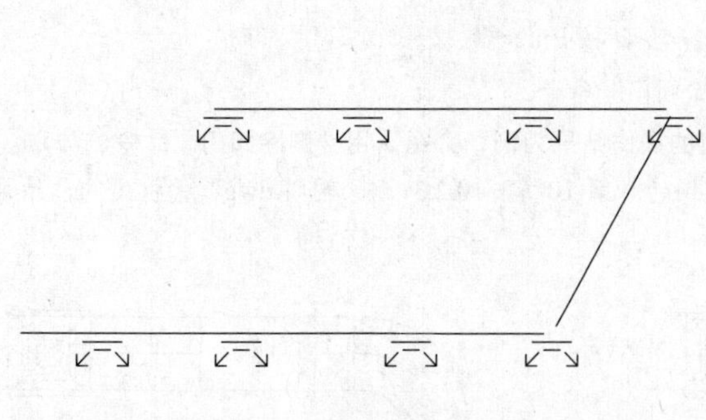

图 10-86 风系统图

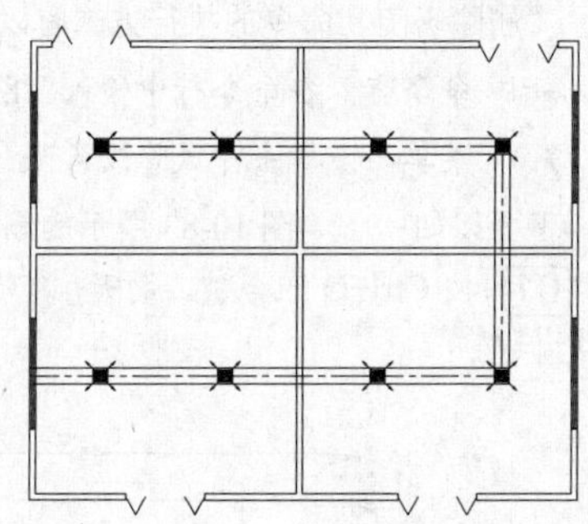

图 10-87 打开素材文件

02 在命令行中输入“FXTT”命令，按 Enter 键，命令行提示如下：

```
命令:FXTT↙
请选择该层中所有平面图管线<上次选择>:指定对角点:找到 15 个          //如图 10-88 所示。
请选取该层管线的对准点{输入参考点[R]}<退出>:                    //如图 10-89 所示.
```

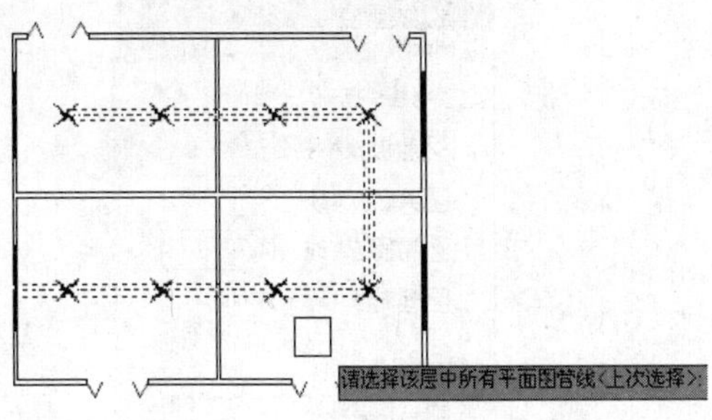

图 10-88　选择该层中所有平面图管线

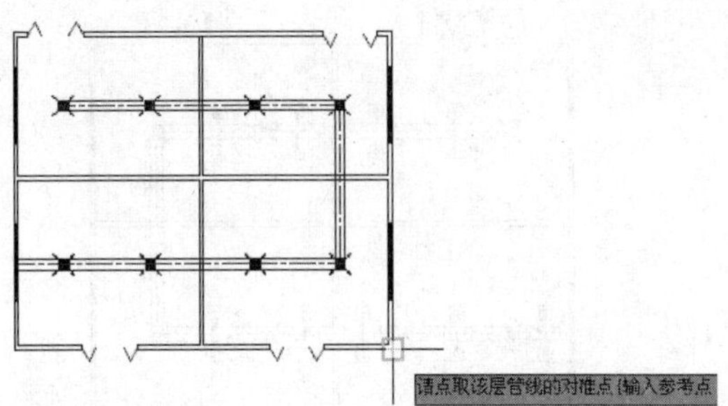

图 10-89　选取该层管线的对准点

03 弹出【自动生成系统图】对话框，设置参数如图 10-90 所示。

请选取系统图布置点(左下点)<取消>　　　　　　　//单击“确定”按钮，选取图形的插入点，操作结果如图 10-86 所示。

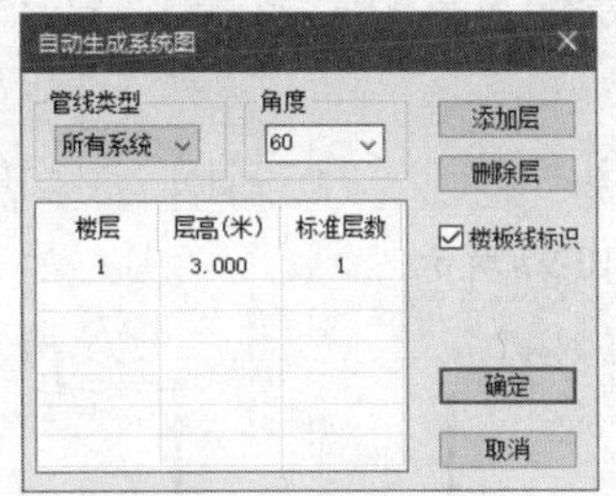

图 10-90　【自动生成系统图】对话框

10.4 剖面图

调用“剖面图”命令，在风管平面图上生成风管剖面图。如图 10-91 所示为风管剖面图的生成结果。

“剖面图”命令的执行方式有以下几种：

- 命令行：在命令行中输入“PMT”命令，按 Enter 键。
- 菜单栏：单击“风管设备”→“剖面图”命令。

下面以如图 10-91 所示的剖面图的生成结果为例，介绍调用“剖面图”命令的方法。

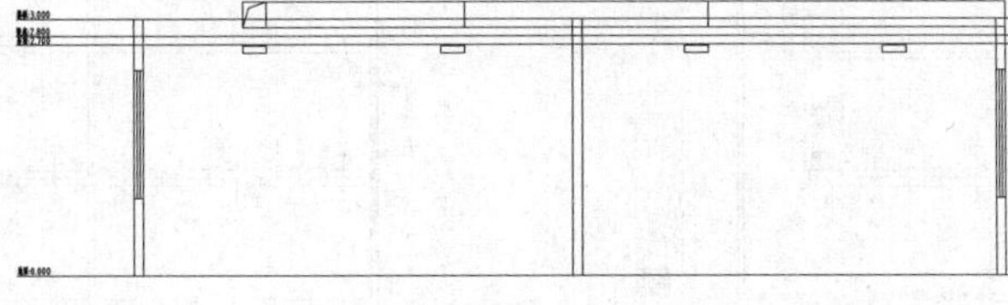

图 10-91　剖面图

01 按 Ctrl+O 组合键，打开配套资源提供的“第 10 章\ 10.4 剖面图.dwg”素材文件，结果如图 10-92 所示。

02 在命令行中输入“PMT”命令，按 Enter 键，弹出【生剖面图】对话框，设置参数如图 10-93 所示。

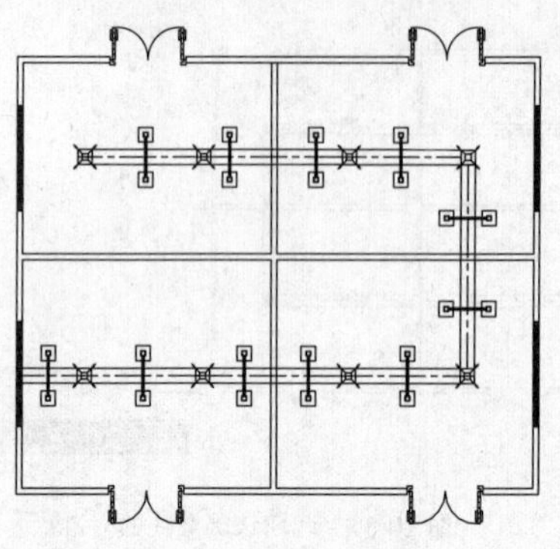

图 10-92 打开素材文件

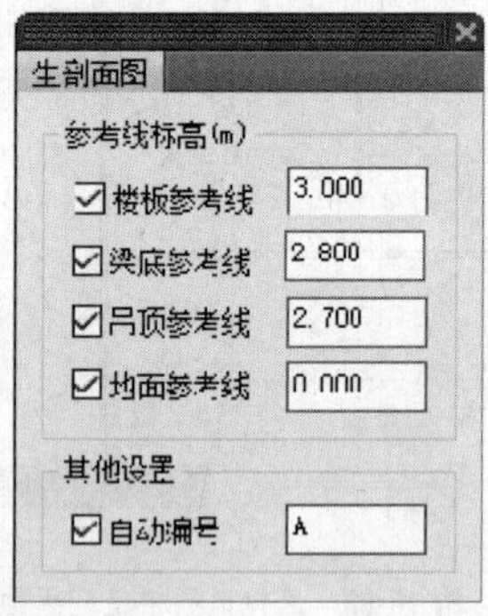

图 10-93 【生剖面图】对话框

03 命令行提示如下:

```
命令:PMT↙
请选取第一个剖切点[按S选取剖切符号]<退出>          //如图 10-94 所示。
请选取第二个剖切点<退出>:                         //如图 10-95 所示。
请选取剖视方向<当前>:                             //如图 10-96 所示。
```

04 绘制剖切符号的结果如图 10-97 所示。

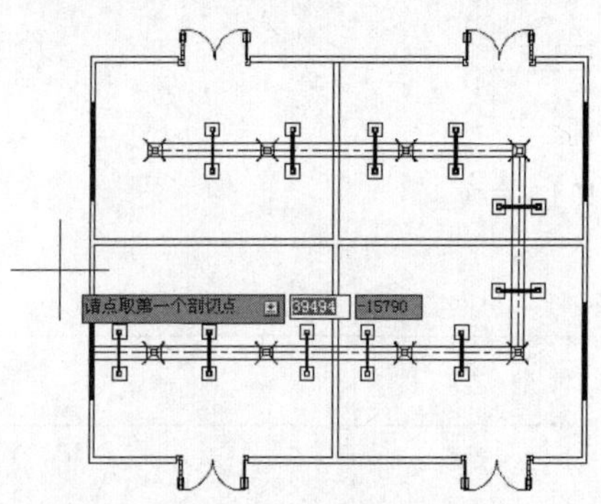

图 10-94 选取第一个剖切点

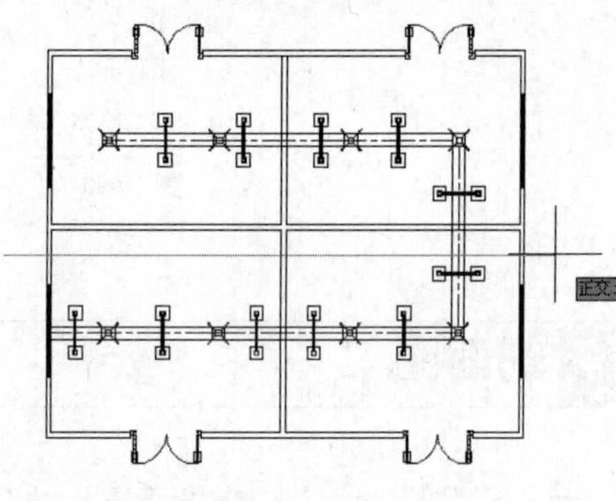

图 10-95 选取第二个剖切点

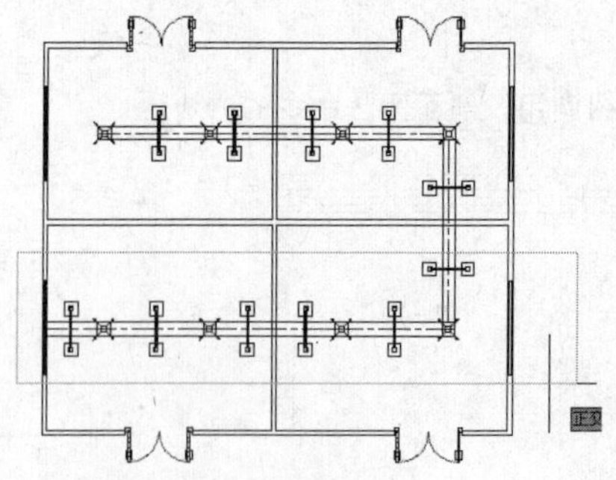

图 10-96 选取剖视方向

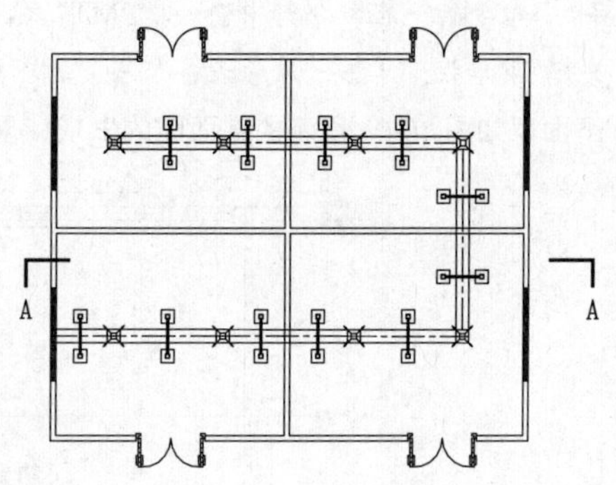

图 10-97 绘制剖切符号

05 命令行提示如下:

```
请选取剖面图位置<取消>:                           //生成结果如图 10-91 所示。
```

10.5 碰撞检查

调用“碰撞检查”命令，可将图中管线交叉的地方用红圈表示出来，提醒用户修改管线标高。

“碰撞检查”命令的执行方式有以下几种：

- 命令行：在命令行中输入“PZJC/3WPZ”命令，按 Enter 键。
- 菜单栏：单击“风管设备”→“碰撞检查”命令。

下面介绍“碰撞检查”命令的操作方法。

在命令行中输入“PZJC”命令，按 Enter 键，弹出如图 10-98 所示的【碰撞检查】对话框。单击“设置”按钮，在如图 10-99 所示的【设置】对话框中勾选选项，并在文本框中设置参数。

单击“确定”按钮返回【碰撞检查】对话框，单击“开始碰撞检查”按钮，命令行提示如下：

```
命令:3wpz
请选择碰撞检查的对象(对象类型:土建 桥架 风管 水管)<退出>:指定对角点:找到 21 个
                                        //框选对象，按 Enter 键返回对话框。
```

图 10-98 【碰撞检查】对话框

图 10-99 【设置】对话框

此时碰撞检查结果已显示到【碰撞检查】对话框中，如图 10-100 所示。

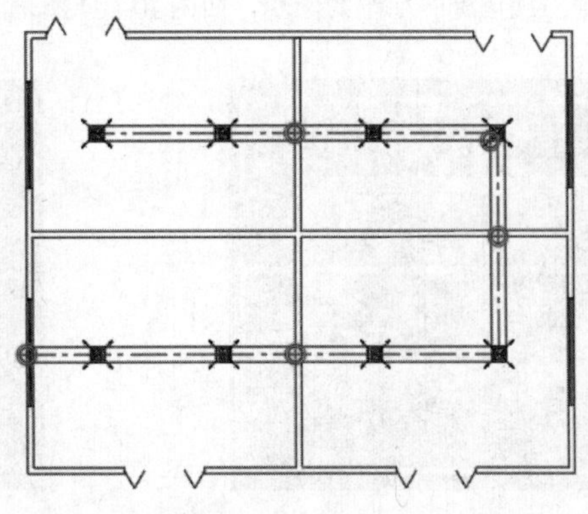

图 10-100 碰撞检查的结果

10.6 平面图

在使用天正绘图软件创建二维图形时，可以同步生成三维图形。通过将视图转换为三维视图，可以查看图形的三维样式。

单击绘图区左上角的视图控件按钮，在弹出的下拉列表中选择“西南等轴测”选项，如图 10-101 所示，将当前视图转换为西南等轴测视图（即三维视图的一种样式），可查看图形的三维样式，如图 10-102 所示为墙体及阳台的三维样式。

单击“风管设备”→“平面图”命令，即可将三维视图转换为二维视图。

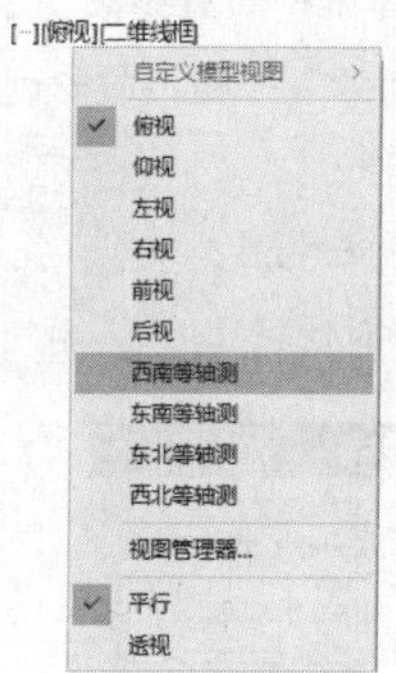

图 10-101　选择“西南等轴测”选项

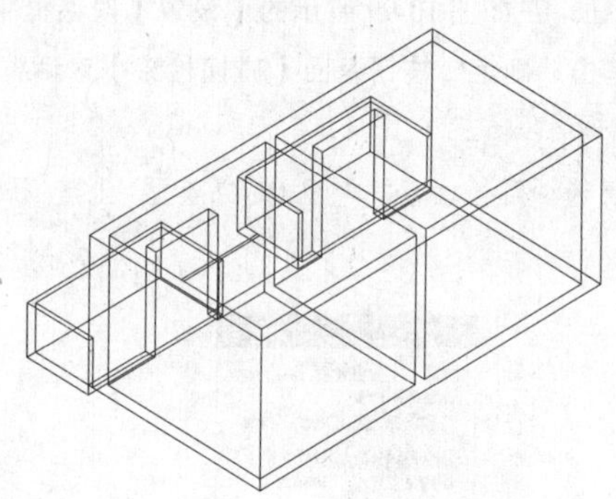

图 10-102　墙体及阳台的三维样式

10.7 三维观察

众所周知，天正软件可以同步绘制三维图形。将视图转换为三维视图，仅仅能查看图形的线框三维样式。本节介绍的“三维观察”命令，可以在三维状态下查看已着色的三维图形，更具有真实性。

单击“风管设备”→“三维观察”命令，即可将二维视图转换为三维视图，如图 10-103 所示。单击鼠标左键，视图中出现可旋转视图的圆圈，如图 10-104 所示。

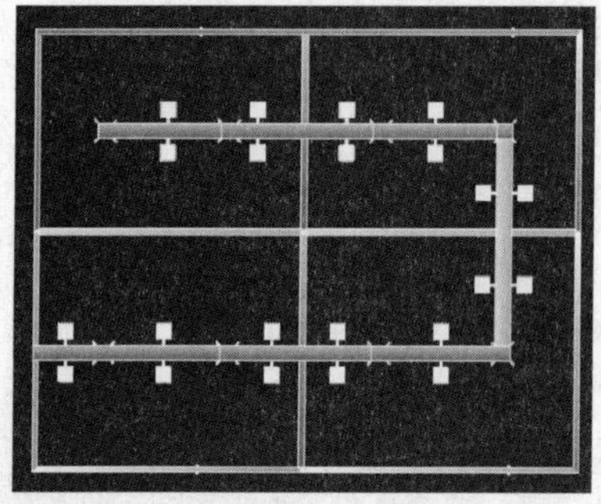

图 10-103　三维视图

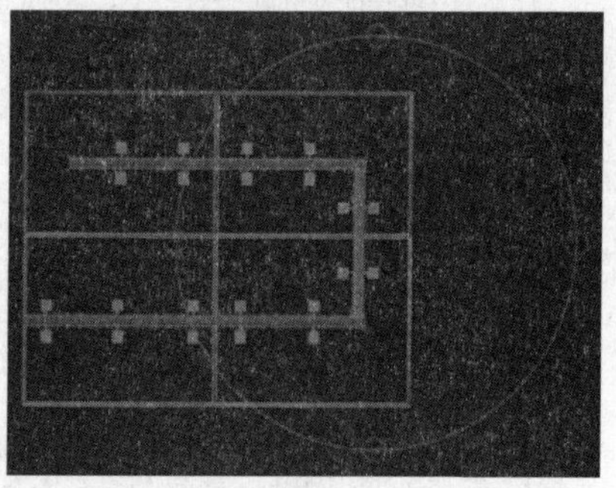

图 10-104　可旋转视图的圆圈

按住鼠标左键不放，旋转视图，查看图形的三维样式，如图 10-105 所示。单击绘图区域左上角的视觉样式控件，在弹出的下拉列表中选择“二维线框”选项，如图 10-106 所示。

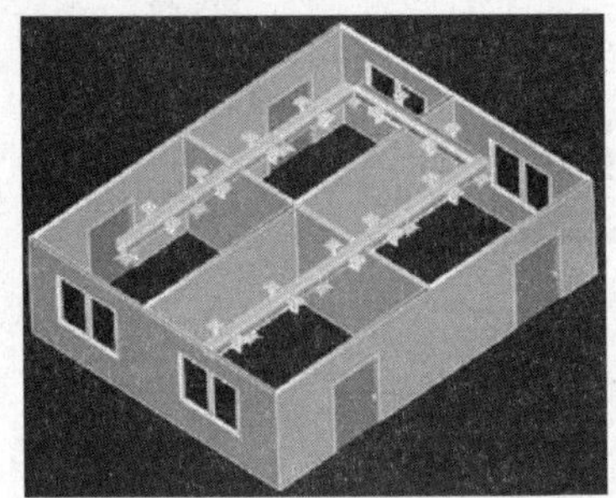

图 10-105　旋转视图

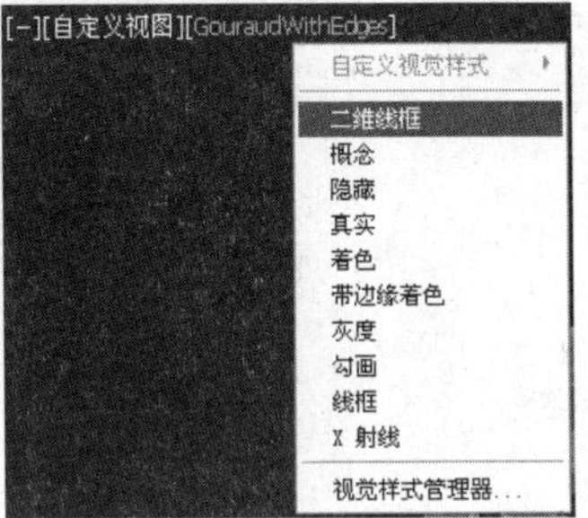

图 10-106　选择“二维线框”选项

将视图转换为三维视图下的线框样式，如图 10-107 所示。

单击绘图区域左上角的视图控件，在弹出的下拉列表中选择“俯视”选项，如图 10-108 所示，即可将图形转化为二维视图下的线框样式。

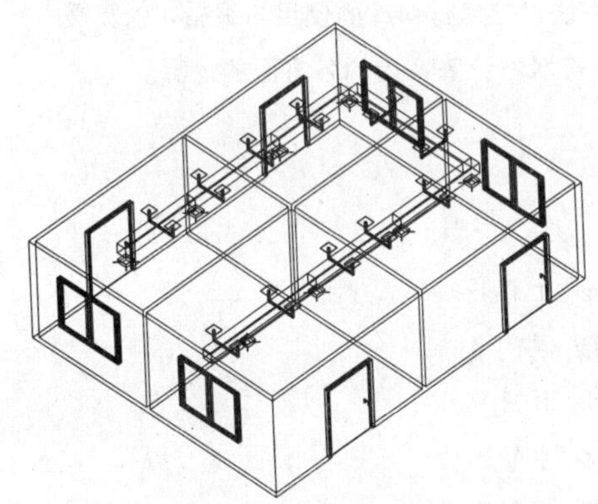

图 10-107　线框样式

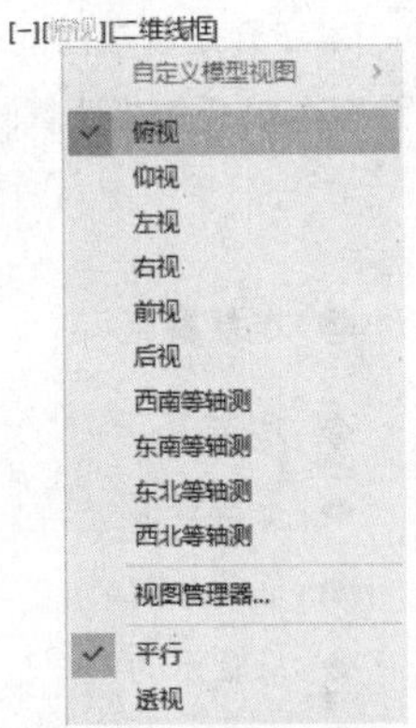

图 10-108　选择“俯视”选项

第 11 章
计算

● 本章导读

本章介绍编辑房间及统计房间面积的方法，工程材料库的使用与编辑，以及暖通绘图中包括负荷计算、采暖水力计算、水管水力计算在内的各方面的计算。

● 本章重点

◈ 房间
◈ 工程材料
◈ 负荷计算
◈ 房间负荷
◈ 负荷分配
◈ 算暖气片
◈ 采暖水力
◈ 水管水力
◈ 水力计算
◈ 风管水力
◈ 结果预览
◈ 焓湿图分析
◈ 计算器
◈ 单位换算

11.1 房间

本节介绍的命令属于天正建筑软件中的命令，用在天正暖通中可以配合暖通的计算操作，主要包括识别内外、指定内/外墙等识别和指定墙体的命令操作，以及房间编辑、查询面积等命令。

11.1.1 识别内外

调用“识别内外”命令，可自动识别内外墙（适用于一般情况）。图 11-1 所示为执行该命令的操作结果。

“识别内外”命令的执行方式有以下几种：

➢ 命令行：在命令行中输入“SBNW”命令，按 Enter 键。

➢ 菜单栏：单击“计算”→“房间”→“识别内外”命令。

下面介绍“识别内外”命令的操作方法。

在命令行中输入“SBNW”命令，按 Enter 键，命令行提示如下：

```
命令:SBNW↙
T96_TMARKWALL
请选择一栋建筑物的所有墙体(或门窗):指定对角点:找到 29 个
识别出的外墙用红色的虚线示意。    //选择图形，按 Enter 键完成识别，结果如图 11-1 所示。
```

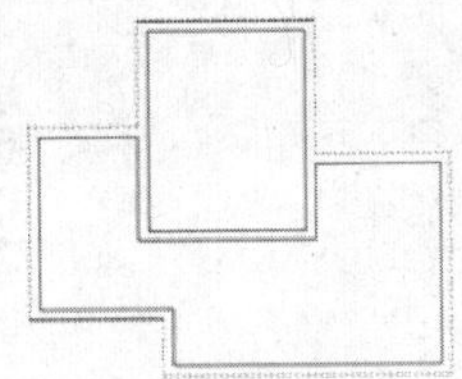

图 11-1 识别内外

11.1.2 指定内墙

调用“指定内墙”命令，可以人工识别内墙，用于内天井、局部平面等无法自动识别的情况。

“指定内墙”命令的执行方式有以下几种：

➢ 命令行：在命令行中输入“ZDNQ”命令，按 Enter 键。

➢ 菜单栏：单击“计算”→“房间”→“指定内墙”命令。

下面介绍“指定内墙”命令的操作方法。

在命令行中输入“ZDNQ”命令，按 Enter 键，命令行提示如下：

```
命令:ZDNQ↙
T96_TMARKINTWALL
选择墙体: 找到 1 个                    //选定墙体，该墙体被指定为内墙。
```

由于内墙在三维组合中不参与建模，因此该命令可以减少三维渲染模型的大小与内存的占用。

11.1.3 指定外墙

调用“指定外墙”命令，可以人工识别外墙，用于内天井、局部平面等无法自动识别的情况。

“指定外墙”命令的执行方式有以下几种：

- 命令行：在命令行中输入“ZDWQ”命令，按 Enter 键。
- 菜单栏：单击“计算”→“房间”→“指定外墙”命令。

下面介绍指定外墙命令的操作方法。

在命令行中输入“ZDWQ”命令，按 Enter 键，命令行提示如下，

```
命令:ZDWQ↙
T96_TMARKEXTWALL
请选取墙体外皮<退出>:                    //选取墙体的外墙皮，则该墙的外墙线以红色的虚线显示，该墙也相应地被指定为外墙。
```

11.1.4 加亮墙体

调用“加亮墙体”命令，可以高亮显示已被指定类型的墙体。

“加亮墙体”命令的执行方式有以下几种：

- 命令行：在命令行中输入“JLQT”命令，按 Enter 键。
- 菜单栏：单击“计算”→“房间”→“加亮墙体”命令。

在命令行中输入“JLQT”命令，按 Enter 键，命令行提示如下：

```
命令:JLQT
请选择墙体种类[外墙(W)/分户墙(F)/隔墙(G)]:W//选择墙体种类后，即可将相应墙体亮显。
点击鼠标右键退出<退出>:
```

11.1.5 改分户墙

调用“改分户墙”命令，用点选的方式将内墙指定为分户墙，分户墙在负荷计算时自动按户间传热来计算。

“改分户墙”命令的执行方式有以下几种：

- 命令行：在命令行中输入“GFHQ”命令，按 Enter 键。
- 菜单栏：单击“计算”→“房间”→“改分户墙”命令。

下面介绍“改分户墙”命令的操作方法。

在命令行中输入“GFHQ”命令，按 Enter 键，命令行提示如下：

```
命令:GFHQ↙
请框选要设为分户墙的内墙<退出>:找到 1 个，总计 3 个 //选定墙体，按 Enter 键完成操作。
共修改了 3 面墙体为分户墙
```

调用“取消分户墙”命令，可以取消已指定的分户墙，恢复内墙的原本属性。

“取消分户墙”命令的执行方式如下：

- 命令行：在命令行中输入“QXFHQ”命令，按 Enter 键。

下面介绍“取消分户墙”命令的操作方法。

在命令行中输入“QXFHQ”命令，按 Enter 键，命令行提示如下：

```
命令:QXFHQ↙
请框选要取消分户墙属性的内墙<退出>:指定对角点:找到 3 个
共取消了 3 面分户墙                          //选定墙体，按 Enter 键完成操作。
```

11.1.6 指定隔墙

调用“指定隔墙”命令，将内墙直接转化为隔墙。

“指定隔墙”命令的执行方式有以下几种：

- 命令行：在命令行中输入“ZDGQ”命令，按 Enter 键。
- 菜单栏：单击“计算”→“房间”→“指定隔墙”命令。

下面介绍“指定隔墙”命令的操作方法。

在命令行中输入“ZDGQ”命令，按 Enter 键，命令行提示如下：

```
命令:ZDGQ
请框选要设为隔墙的内墙<退出>:指定对角点:找到 2 个   //选择内墙，按 Enter 键完成操作。
请框选要设为隔墙的内墙<退出>:
共修改了 2 面墙体为隔墙
```

11.1.7 搜索房间

调用“搜索房间”命令，新生成或更新已有的房间信息对象，同时生成房间地面。图 11-2 所示为执行该命令的操作结果。

“搜索房间”命令的执行方式有以下几种：

- 命令行：在命令行中输入“SSFJ”命令，按 Enter 键。
- 菜单栏：单击“计算”→“房间”→“搜索房间”命令。

下面以如图 11-2 所示的图形为例，介绍调用“搜索房间”命令的操作方法。

01 按 Ctrl+O 组合键，打开配套资源提供的“第 11 章\11.1.7 搜索房间.dwg”素材文件，结果如图 11-3 所示。

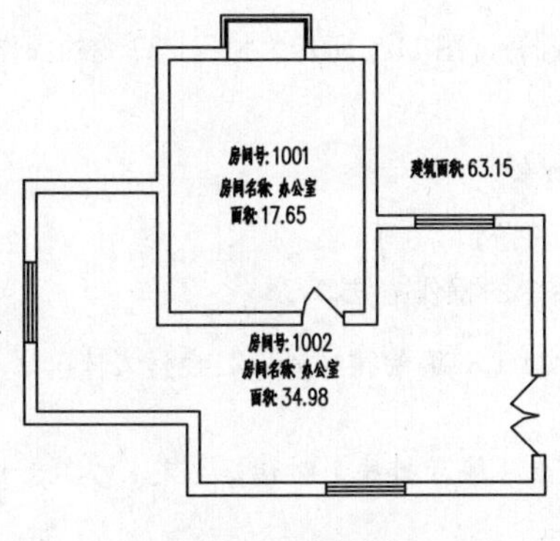

图 11-2　搜索房间

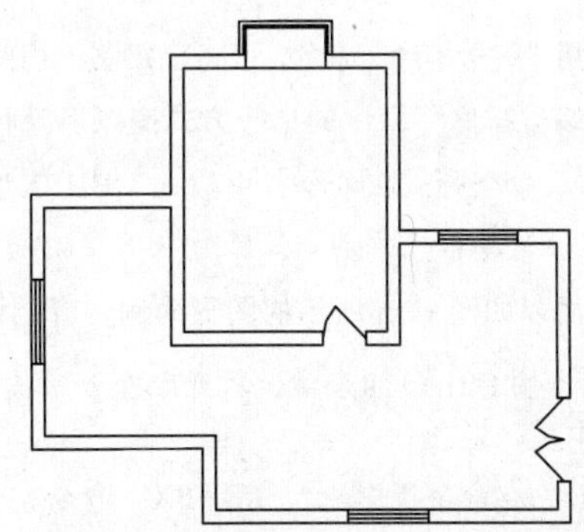

图 11-3　打开素材文件

02 在命令行中输入“SSFJ”命令，按 Enter 键，弹出【搜索房间】对话框，设置参数如图 11-4 所示。

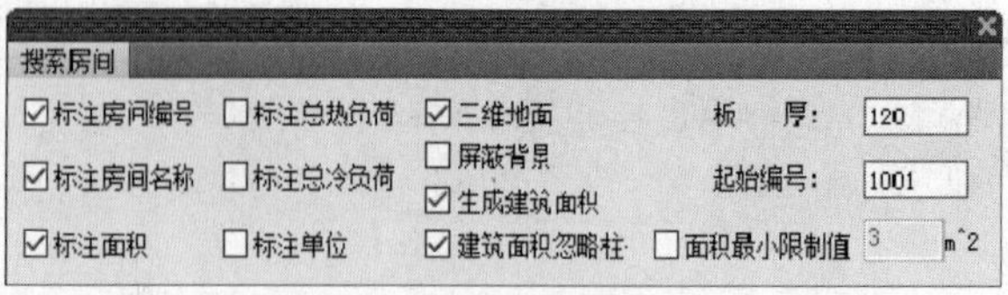

图 11-4 【搜索房间】对话框

03 命令行提示如下：

```
命令:SSFJ↙
请选择构成一完整建筑物的所有墙体(或门窗):指定对角点:找到 19 个
请选取建筑面积的标注位置<退出>:                //选取标注位置，结果如图 11-2 所示。
```

【搜索房间】对话框中各功能选项的含义如下：

- “标注房间编号/名称”选项：勾选该选项，标注房间的编号/名称。
- “标注面积”选项：勾选该选项，标注房间的面积。
- “标注总热/冷负荷”选项：勾选该选项，标注指定类型负荷的参数。
- “标注单位”选项：勾选该选项，在标注面积、负荷的同时标注单位；系统默认面积以平方米（m^2）为单位，负荷以瓦（W）为单位。
- “三维地面”选项：勾选该选项，同步沿房间对象边界生成三维地面。
- “屏蔽背景”选项：勾选该选项，屏蔽房间标注文字下的填充图案。
- “生成建筑面积”选项：勾选该选项，同步计算建筑物的总面积。
- “建筑面积忽略柱”选项：勾选该选项，建筑面积忽略凸出墙面的柱子或墙垛。
- “板厚”选项：设置三维地面的厚度。
- “起始编号”选项：设置房间名称的起始编号。
- “面积最小限制值”选项：勾选该选项，设置搜索房间的最小面积值，将一些不参与计算的房间排除在外。

11.1.8 编号排序

调用“编号排序”命令，可将已绘制的房间编号进行重新排序。图 11-5 所示为执行该命令的操作结果。

“编号排序”命令的执行方式有以下几种：

- 命令行：在命令行中输入“BHPX”命令，按 Enter 键。
- 菜单栏：单击“计算”→“房间”→“编号排序”命令。

下面以如图 11-5 所示的图形为例，介绍调用编号排序命令的操作方法。

01 按 Ctrl+O 组合键，打开配套资源提供的“第 11 章\11.1.8 编号排序.dwg”素材文件，结果如图 11-6 所示。

02 在命令行中输入“BHPX”命令，按 Enter 键，弹出【编号排序】对话框，定义参数如图 11-7 所示。

03 命令行提示如下：

```
命令:BHPX↙
请框选要排序的房间对象<退出>:指定对角点:找到 3 个              //选择房间对象，按 Enter
键完成操作，如图 11-5 所示。
```

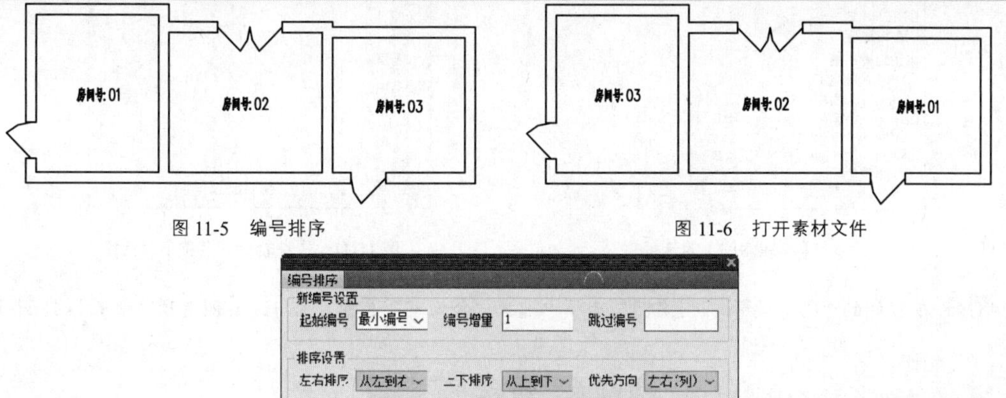

图 11-5　编号排序　　　　图 11-6　打开素材文件

图 11-7　【编号排序】对话框

11.1.9 房间编辑

调用“房间编辑”命令，可编辑由搜索房间形成的房间信息，包括房间编号、名称、面积等。图 11-8 所示为执行该命令的操作结果。

“房间编辑”命令的执行方式有以下几种：

- 命令行：在命令行中输入“FJBJ”命令，按 Enter 键。
- 菜单栏：单击“计算”→“房间”→“房间编辑”命令。

下面以如图 11-8 所示的图形为例，介绍调用“房间编辑”命令的操作结果。

01 按 Ctrl+O 组合键，打开配套资源提供的“第 11 章\ 11.1.9 房间编辑.dwg”素材文件，结果如图 11-9 所示。

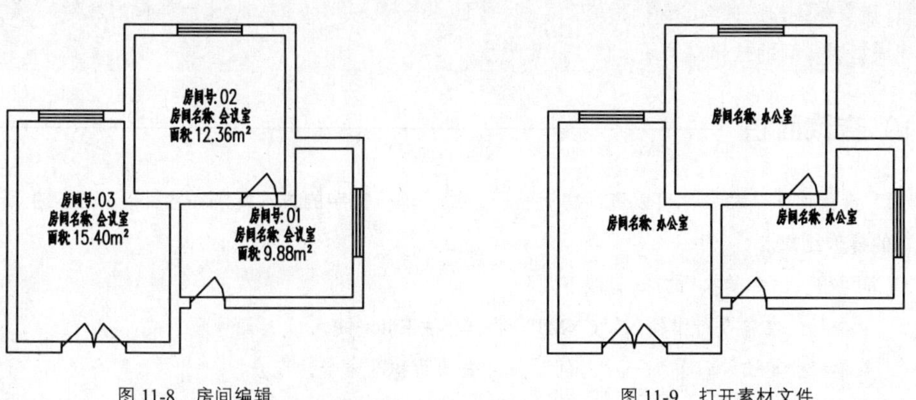

图 11-8　房间编辑　　　　图 11-9　打开素材文件

02 在命令行中输入“FJBJ”命令，按 Enter 键，然后选择待编辑的房间，按 Enter 键，弹出如图 11-10 所示的【编辑房间】对话框。

03 勾选“名称”选项，单击“编辑名称”按钮，弹出如图 11-11 所示的【编辑房间名称】对话框。在其中可以修改房间名称，修改完毕后，单击“确定”按钮返回到【编辑房间】对话框。

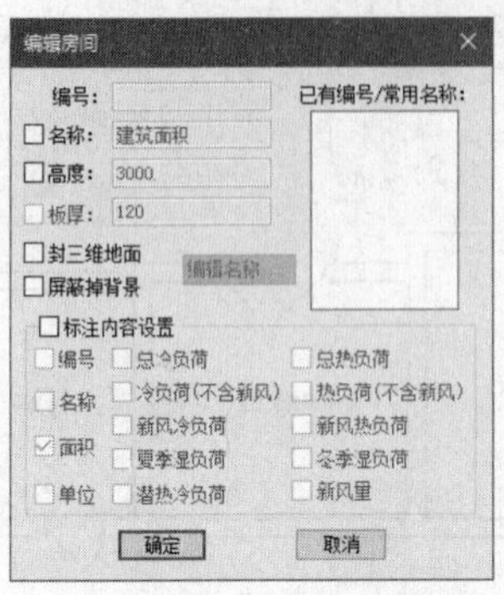

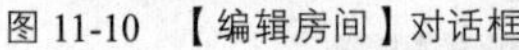
图 11-10 【编辑房间】对话框

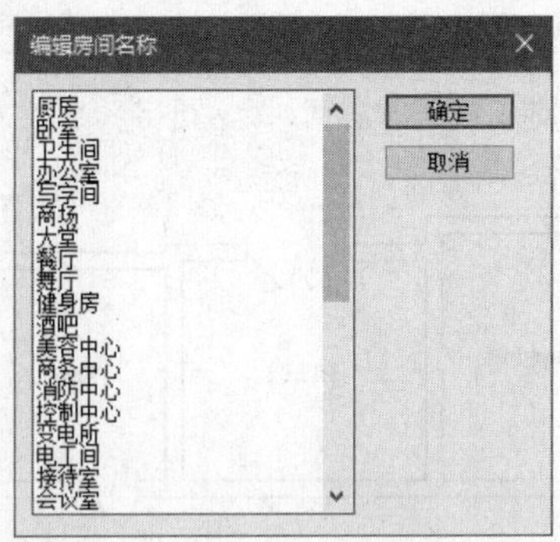

图 11-11 【编辑房间名称】对话框

04 在右侧的“已有编号/常用名称”选项中选择“会议室”选项，再勾选其他选项，结果如图 11-12 所示。

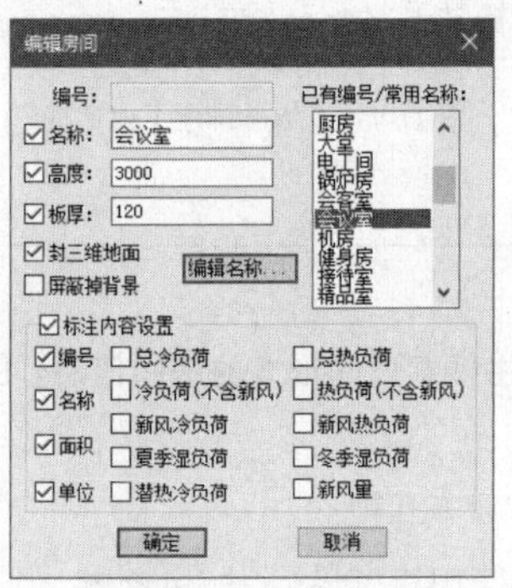

图 11-12 勾选选项

05 单击“确定”按钮，即可完成房间编辑命令的操作。命令行提示如下：

```
命令:FJBJ↙
请选择要编辑的房间<退出>:指定对角点:找到 3 个          //框选待编辑的房间, 按 Enter 键即可完成编辑房间的操作，结果如图 11-8 所示。
```

11.1.10 查询面积

调用“查询面积”命令，可以查询房间面积，并以单行文字的方式标注在图上。图 11-13 所示为执行该命令的操作结果。

“查询面积”命令的执行方式有以下几种：

- 命令行：在命令行中输入“CXMJ”命令，按 Enter 键。
- 菜单栏：单击“计算”→“房间”→“查询面积”命令。

下面以如图 11-13 所示的图形为例，介绍调用“查询面积”命令的操作方法。

01 按 Ctrl+O 组合键，打开配套资源提供的“第 11 章\11.1.10 查询面积.dwg”素材文件，结果如图 11-14 所示。

02 单击“计算”→“房间”→“查询面积”命令，弹出【查询面积】对话框，设置参数如图 11-15 所示。

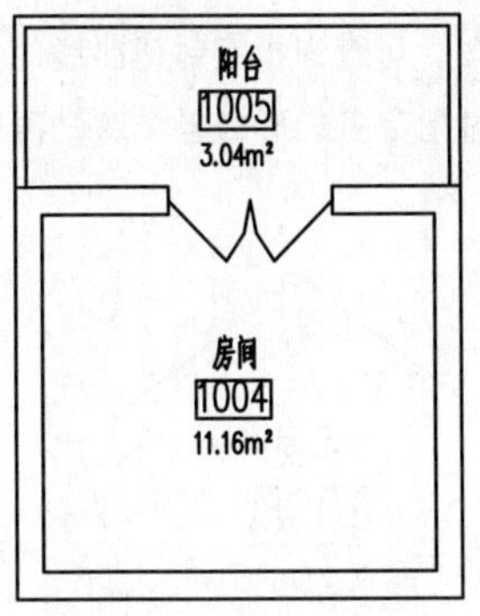

图 11-13　查询面积

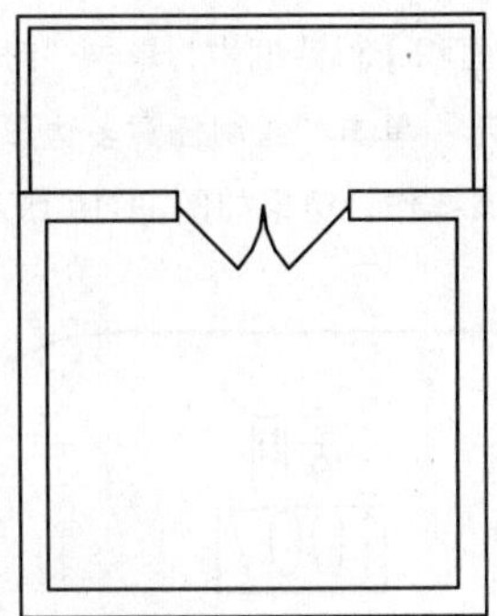
图 11-14　打开素材文件

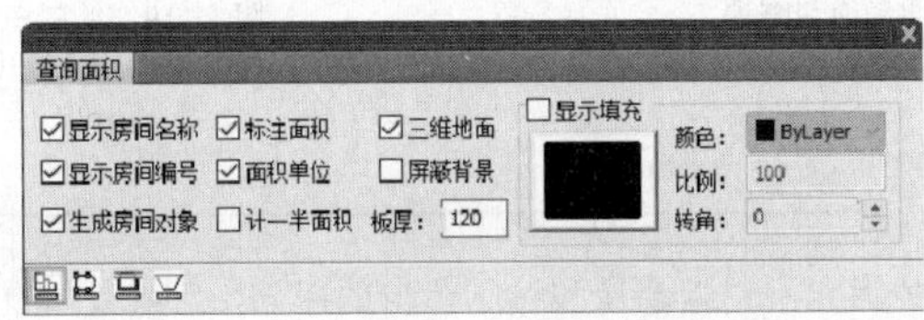

图 11-15　【查询面积】对话框

03 同时命令行同时如下:

```
命令:T96_TSpArea
提示:空选即为全选!
请选择查询面积的范围:找到 1 个，总计 4 个              //如图 11-16 所示。
请在屏幕上选取一点<返回>:          //选取标注位置，查询结果如图 11-17 所示。
面积=11.1644 平方米
```

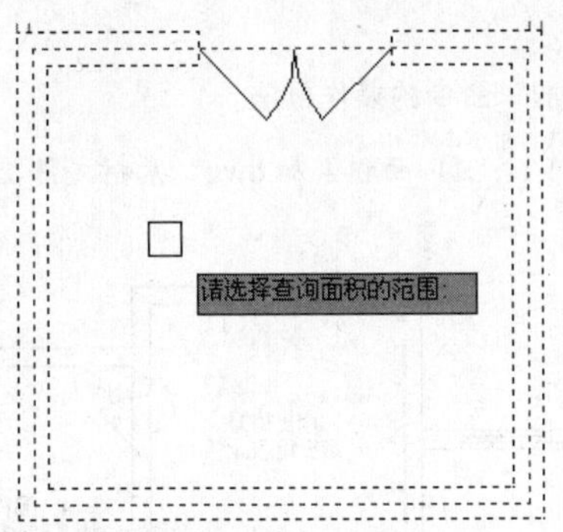

图 11-16　选择查询面积的范围

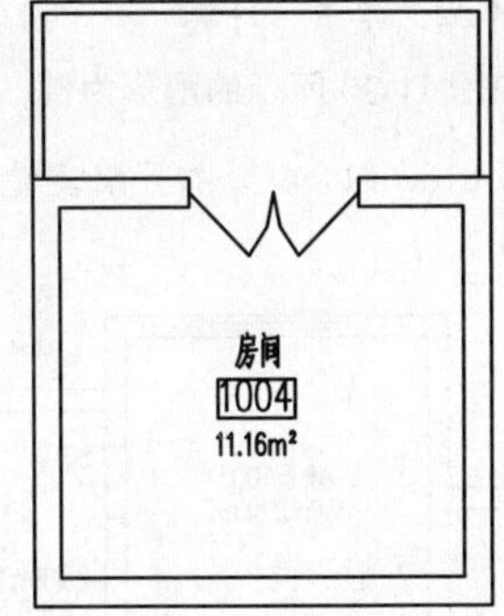

图 11-17　查询结果

04 在【查询面积】对话框中的单击“阳台面积查询”按钮，命令行提示如下:

```
命令:T96_TSpArea
提示:空选即为全选!
选择阳台<退出>:
面积=3.04183 平方米
请选取面积标注位置<中心>:          //选取标注位置，查询结果如图 11-13 所示。
```

在【查询面积】对话框中，单击“封闭曲线面积查询”按钮，可查询指定封闭曲线的面积，结果如图 11-18 所示；单击“绘制任意多边形面积查询”按钮，通过指定多边形的各个点，再选取面积标注位置完成查询操作，结果如图 11-19 所示。

图 11-18　封闭曲线面积查询

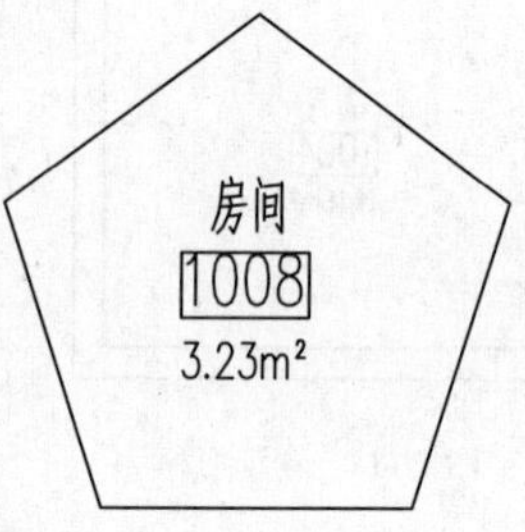

图 11-19　绘制任意多边形面积查询

> **提示**
>
> 执行本命令查询得到的面积不包括墙垛和柱子凸出的部分，与执行“搜索房间”命令查询得到的建筑面积相一致。

11.1.11 面积累加

调用“面积累加”命令，可对选取的一组表示面积的数值型文字进行求和。图 11-20 所示为执行该命令的操作结果。

“面积累加”命令的执行方式有以下几种：

- 命令行：在命令行中输入“MJLJ”命令，按 Enter 键。
- 菜单栏：单击“计算”→“房间”→“面积累加”命令。

下面以如图 11-20 所示的图形为例，介绍调用“面积累加”命令的操作方法。

[01] 按 Ctrl+O 组合键，打开配套资源提供的“第 11 章\ 11.1.11 面积累加.dwg”素材文件，结果如图 11-21 所示。

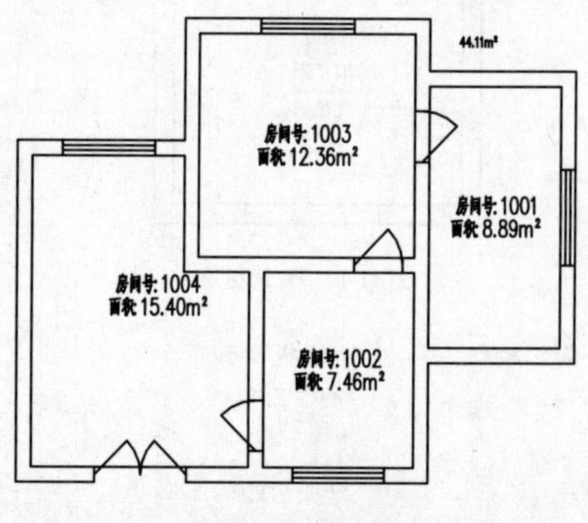

图 11-20　面积累加

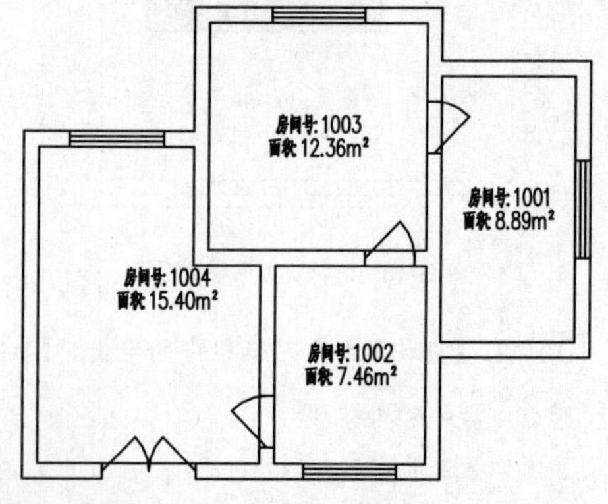

图 11-21　打开素材文件

[02] 在命令行中输入“MJLJ”命令，按 Enter 键，命令行提示如下：

```
命令:MJLJ↙
T96_TPLUSTEXT
请选择求和的房间面积对象或面积数值文字或[对话框模式(Q)]<退出>:指定对角点:
                                        //选择待累加的面积数值文字;
共选中了 4 个对象,求和结果=44.11
选取面积标注位置<退出>:                 //按 Enter 键可完成查询操作，选取标注位置，
结果如图 11-20 所示。
```

在执行命令的过程中，输入 Q，选择“对话框模式(Q)”选项，弹出【面积计算】对话框。在对话框中单击“选择对象”按钮，再在图中单击待累加的面积数值文字，按 Enter 键，结果如图 11-22 所示。

单击“标在图上”按钮，完成面积的计算，如图 11-23 所示，此时单击鼠标左键将计算结果置于图上即可。

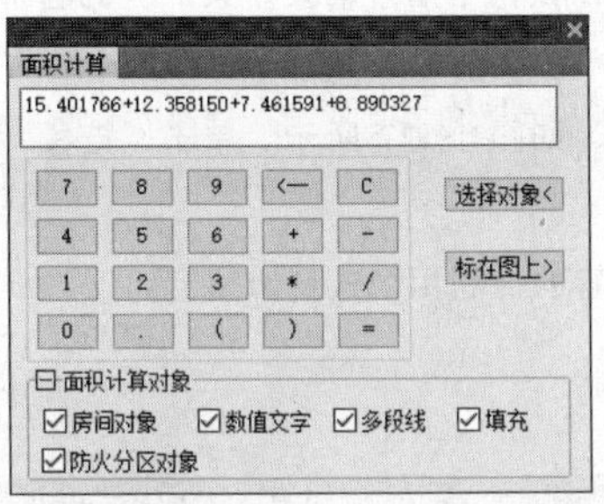

图 11-22　选择待累加的面积数值文字

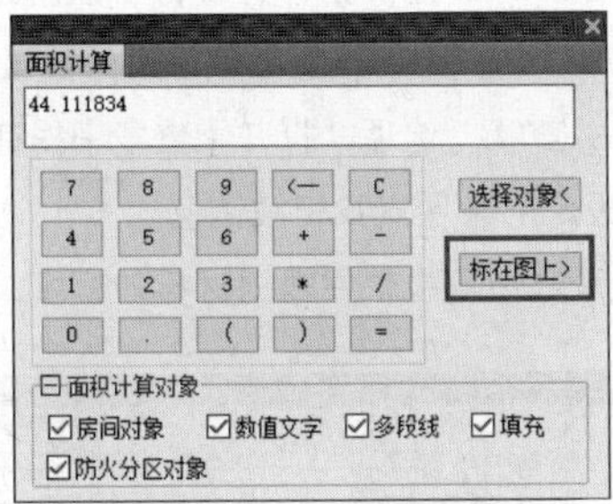

图 11-23　计算结果

11.2 工程材料

本节介绍材料库和构造库的知识。在材料库中可以查询指定材料的细部数据，在构造库中可以查询各构造的做法，包括使用材料和施工工艺等。

材料库和构造库都可以进行编辑修改和扩充。

11.2.1 材料库

调用“材料库”命令，可以编辑、围护外部材料数据库。

“材料库”命令的执行方式有以下几种：

- 命令行：在命令行中输入“CLK”命令，按 Enter 键。
- 菜单栏：单击“计算”→“工程材料”→“材料库”命令。

在命令行中输入“CLK”命令，按 Enter 键，弹出如图 11-24 所示的【材料库】对话框。

单击材料名称前的“+”，展开子菜单，如图 11-25 所示。在子菜单中包含了该类材料下细分的各种材料名称。

选中其中一行，在行首右击，在弹出的快捷菜单中选定某项，即可对该行进行编辑，如图 11-26 所示。

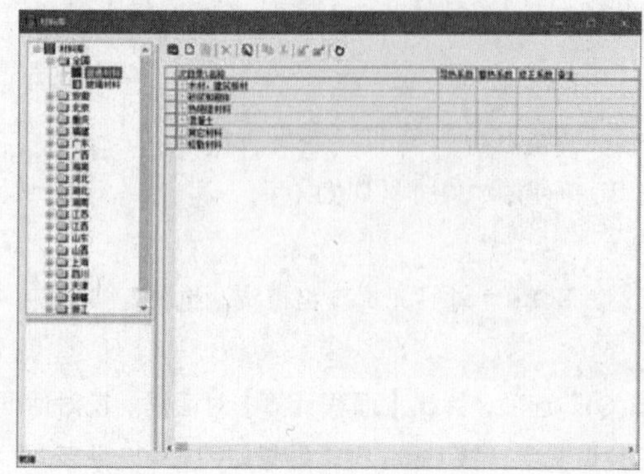

图 11-24 【材料库】对话框

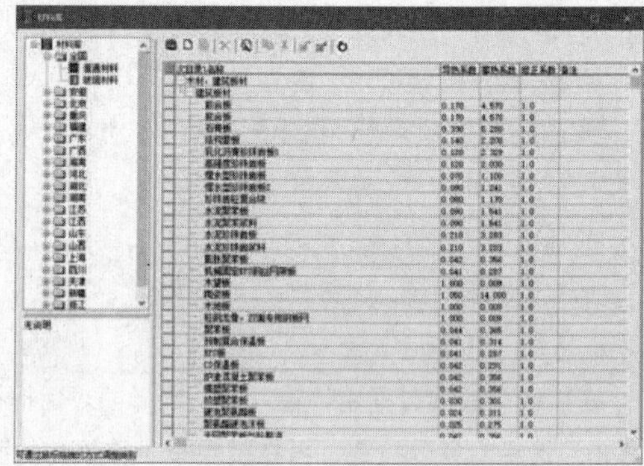

图 11-25 展开子菜单

单击选中“新建类别”选项，可以新建一个空白的行。在该行中用户需要定义材料的名称、编号、密度、导热系数、比定压热容等对应的数值。

选择“查找”选项，打开【查找】对话框，设置关键字，如图 11-27 所示。单击“查找”按钮，即可按照所设定的条件查找相关信息。

蓄热系数值可由软件根据材料的密度、导热系数和比热容的值利用公式计算得到。

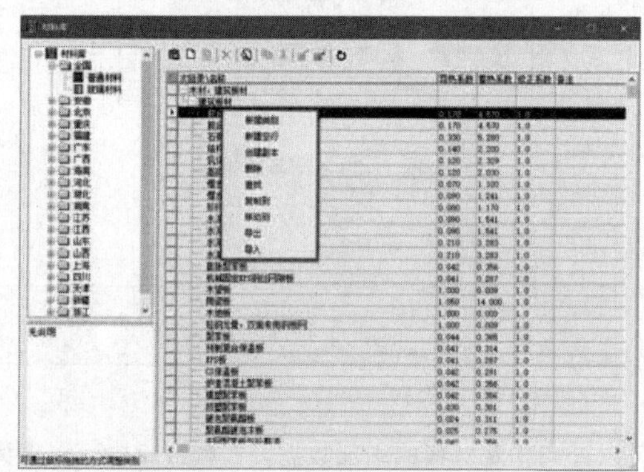

图 11-26 快捷菜单

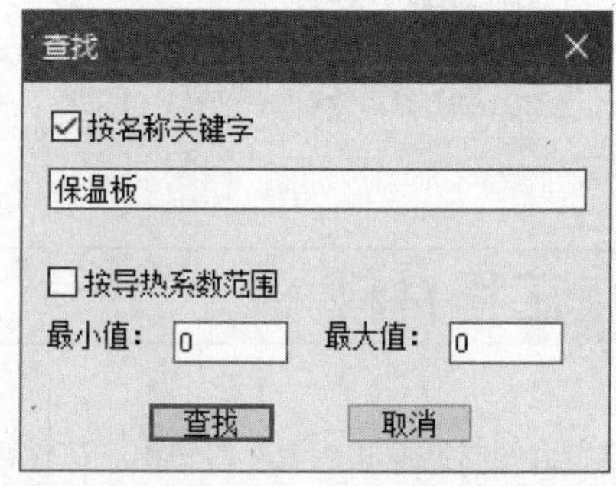

图 11-27 【查找】对话框

11.2.2 构造库

调用“构造库”命令，编辑、围护外部构造材料库。在【构造库】对话框中，可以修改构造属性，或者增加、删除构造做法。

“构造库”命令的执行方式有以下几种：

- 命令行：在命令行中输入 GZK 命令，按 Enter 键。
- 菜单栏：单击“计算”→“工程材料”→“构造库”命令。

在命令行中输入“GZK”命令，按 Enter 键，弹出如图 11-28 所示的【构造库】对话框。

单击材料名称前的“+”，展开子菜单，如图 11-29 所示，其中包含了各构造做法的名称。选定某个构造名称，在对话框的下方会显示该构造的做法以及大样图预览，并显示传热系数和热惰性指标等计算参数值。

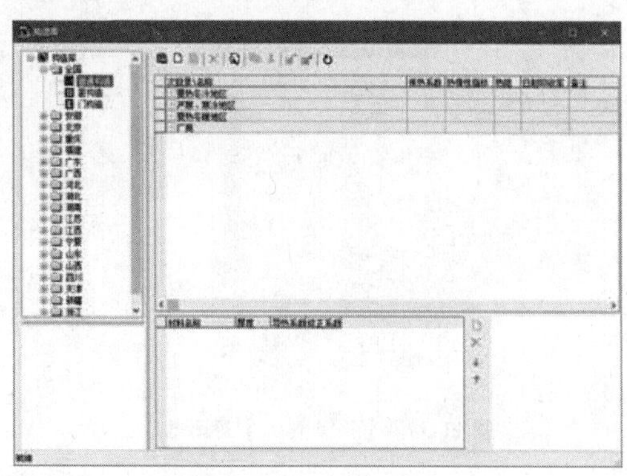

图 11-28 【构造库】对话框

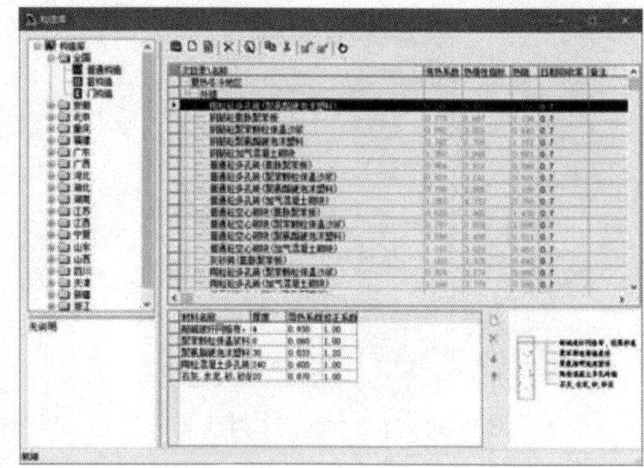

图 11-29 展开子菜单

选中其中的一行，在行首右击，在弹出的快捷菜单中选择“新建类别”选项，新建一个空白行。在该行中定义新构造的名称，并在其他单元格内设置新构造的各项参数，如“传热系数”“热惰性指标”“热阻”“日射吸收率”。

【材料库】和【构造库】对话框中各按钮含义如下：

“新建类别”按钮：单击该按钮，在对话框中创建新的类别，与单击表行弹出的右键快捷菜单中的“新建类别”选项功能一致。

“新建空行”按钮：单击该按钮，在选定的类别下新建空白表行。

“创建副本”按钮：单击该按钮，复制选定的表行。

“删除”按钮：单击该按钮，弹出如图 11-30 所示的【AutoCAD】信息提示对话框，提示确认将删除的内容。

“查找”按钮：单击该按钮，弹出如图 11-31 所示的【查找】对话框，设置参数，单击“查找”按钮后可按照所设定的条件查找信息。

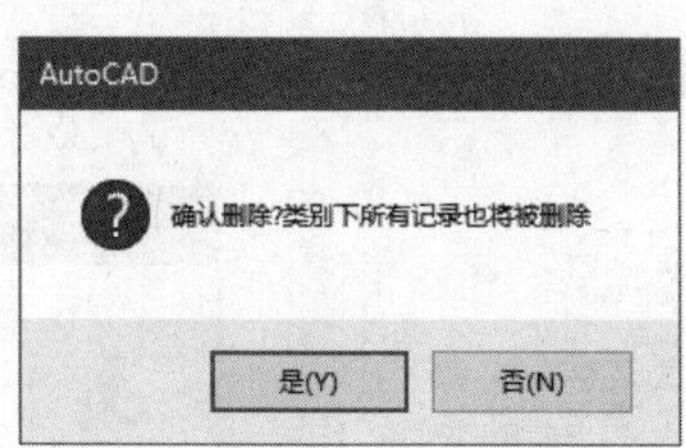

图 11-30 【AutoCAD】信息提示对话框

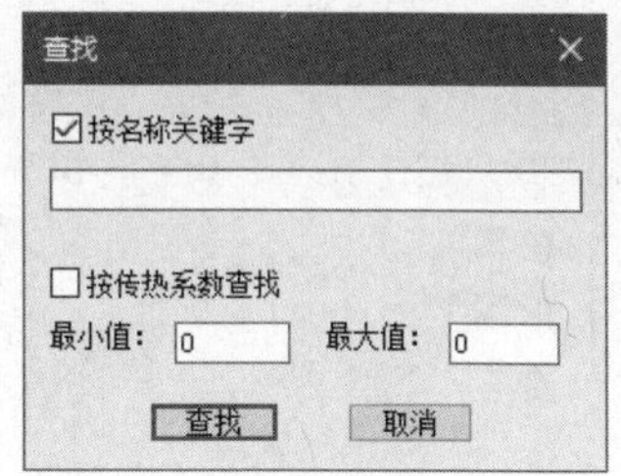

图 11-31 【查找】对话框

“复制到”按钮：单击该按钮，弹出如图 11-32 所示的【复制到…】对话框，单击展开“构造库”菜单，勾选该选项，将内容复制到其中。

“移动到”按钮：单击该按钮。弹出如图 11-33 所示【移动到…】对话框，单击展开“构造库”菜单，选择选项，将选中的内容移动到选项中去。

“导出”按钮：单击该按钮，弹出如图 11-34 所示的【另存为】对话框，设置文件名称及保存路径，单击“保存”按钮，弹出如图 11-35 所示的【AutoCAD】信息提示对话框，显示已成功将构造内容导出。

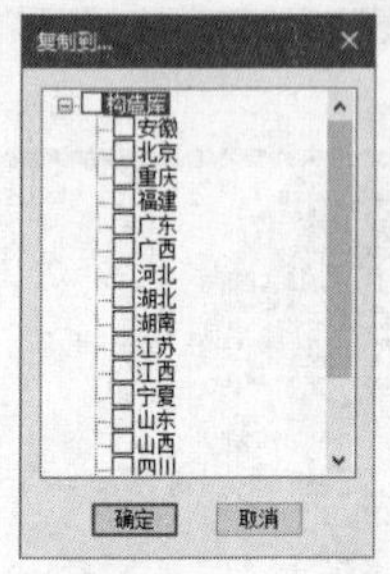

图 11-32 【复制到…】对话框

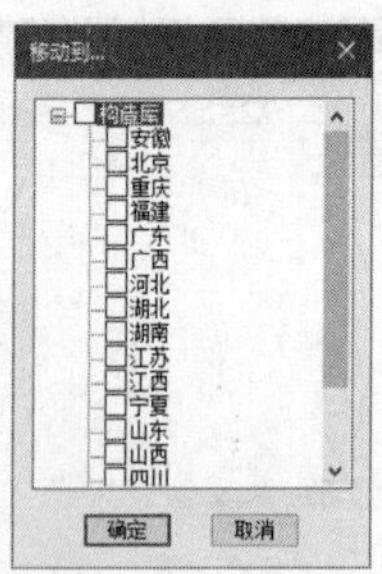

图 11-33 【移动到…】对话框

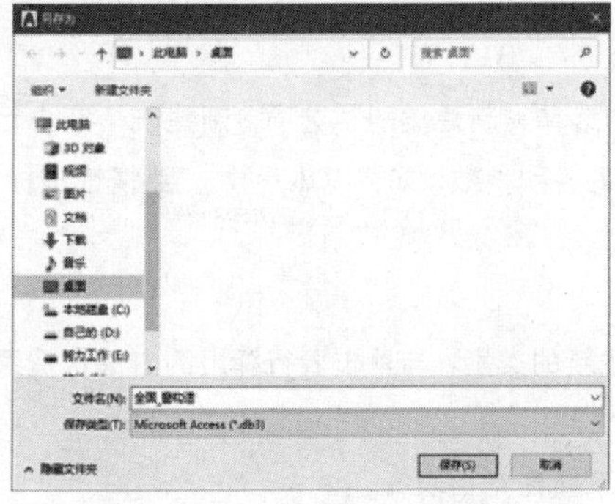

图 11-34 【另存为】对话框

图 11-35 【AutoCAD】信息提示对话框

“导入”按钮：单击该按钮，弹出如图 11-36 所示的【打开】对话框，选择文件后单击“打开”按钮，在如图 11-37 所示的【导入…】对话框中勾选需要导入的信息，单击“确定”按钮，弹出如图 11-38 所示的【AutoCAD】对话框，单击“确定”按钮完成导入。

“刷新”按钮：单击该按钮可以刷新表格内容。

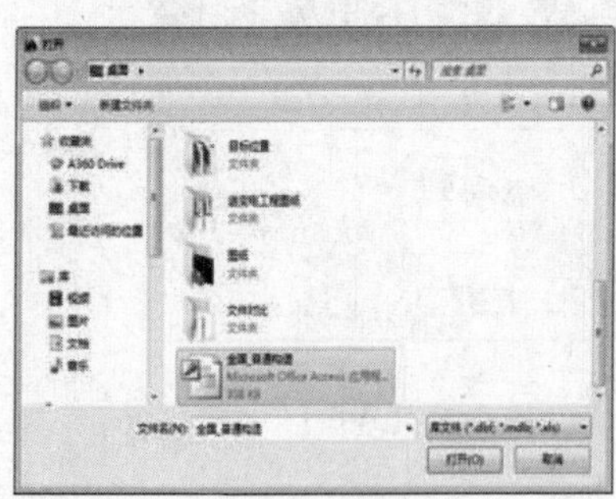

图 11-36 【打开】对话框

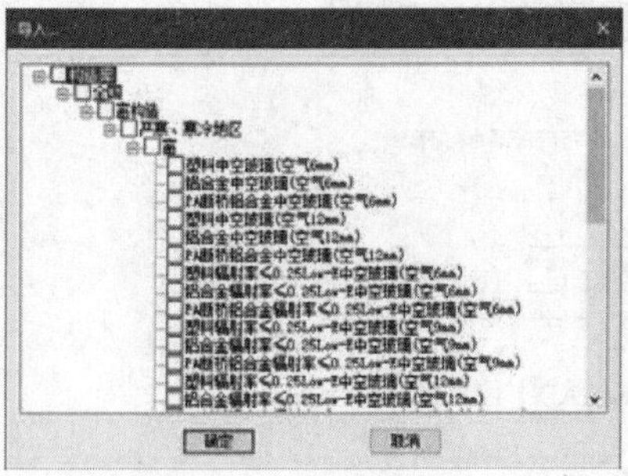

图 11-37 【导入…】对话框

图 11-38 【AutoCAD】对话框

11.3 负荷计算

调用“负荷计算”命令，可同时进行冷、热负荷计算。其中热负荷可以计算非空调房间供暖和空调

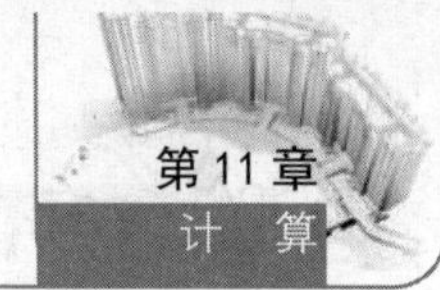

房间供暖，冷负荷有冷负荷系数法、负荷系数法和谐波法三种计算方式可供选择。

“负荷计算”命令的执行方式有以下几种：

- 命令行：在命令行中输入“LCAL/FHJS”命令，按 Enter 键。
- 菜单栏：单击“计算”→“负荷计算”命令。

11.3.1 对话框界面的介绍

在命令行中输入“LCAL”命令，按 Enter 键，弹出如图 11-39 所示的【天正负荷计算】对话框。

【天正负荷计算】对话框中各功能选项的含义如下：

对话框页面显示“新建工程 1”的信息页面，在其中可设置新工程的各项参数。

“工程名称”选项：设置新工程的名称。单击该选项后的“更多参数”按钮，弹出如图 11-40 所示的【工程参数设置】对话框，在其中可设置新工程的基本信息。

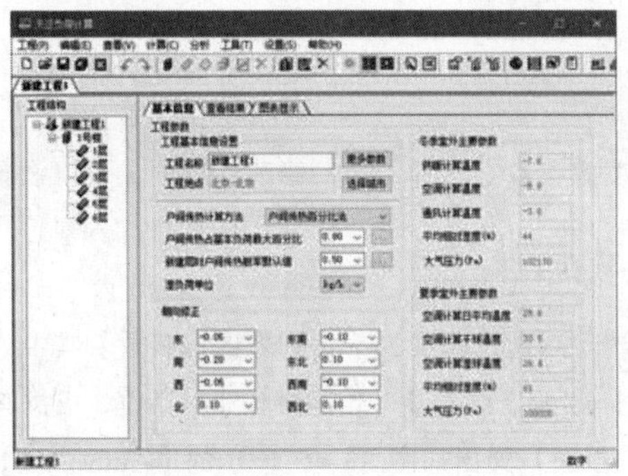

图 11-39 【天正负荷计算】对话框

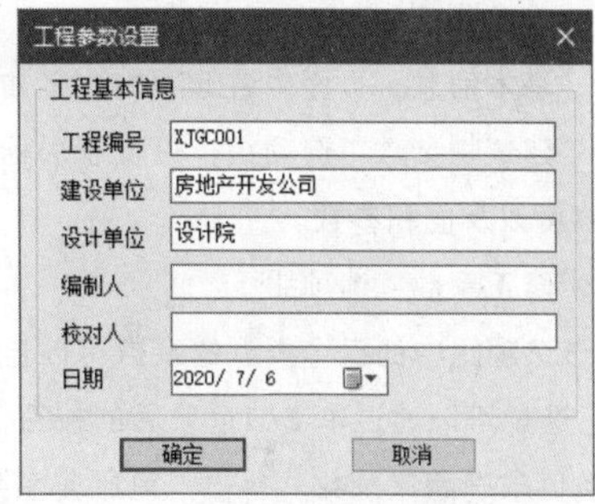

图 11-40 【工程参数设置】对话框

“工程地点”选项：设置新工程所在的地点。单击该选项后的“选择城市”按钮，弹出如图 11-41 所示的【气象参数管理】对话框。选择城市，单击“确定”按钮即可。

“户间传热占基本负荷最大百分比”选项：单击该选项，在下拉列表中选择参数。单击该选项后的按钮，弹出如图 11-42 所示的【提示】对话框，显示该参数的设置规范。

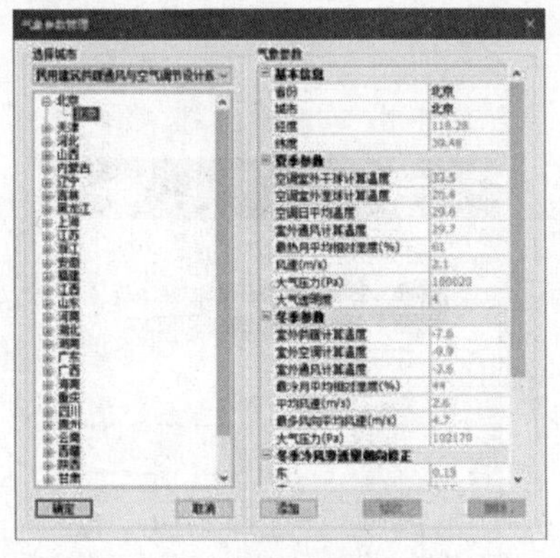

图 11-41 【气象参数管理】对话框

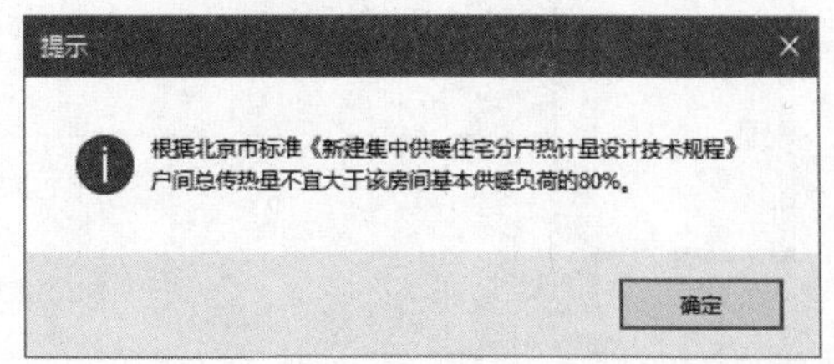

图 11-42 【提示】对话框

“新建层时户间传热概率默认值”选项：单击该选项，下拉列表中可选择参数。单击该选项后的按

钮，弹出如图 11-43 所示的【AutoCAD】信息提示对话框，显示参数设置规范。

单击左侧“工程结构”列表中的“1 号楼”，弹出如图 11-44 所示的“基本信息”页面。

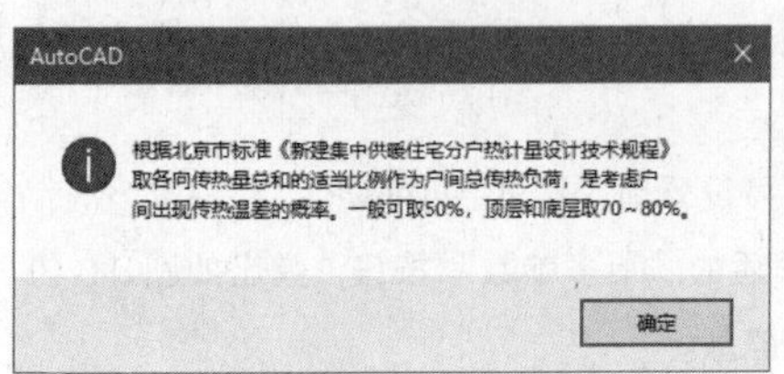

图 11-43 【AutoCAD】信息提示对话框

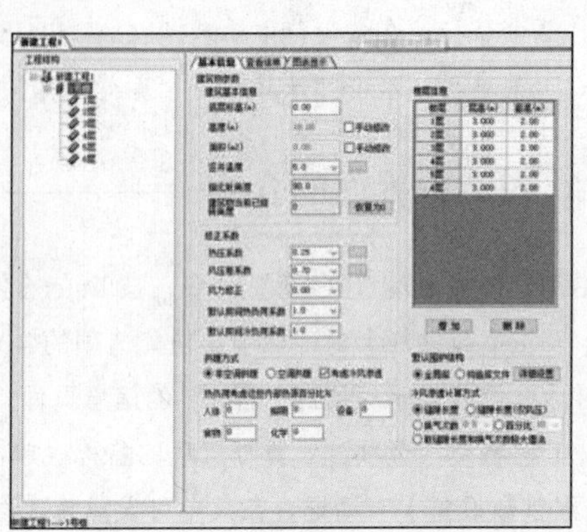

图 11-44 建筑物“基本信息”页面

“基本信息”页面中各选项的含义如下：

“建筑物参数”选项组：设置底层标高、竖井温度等参数。选择“手动修改”选项，可以设置建筑物的高度以及面积参数。

“修正系数”选项组：

该选项组中的五个类型的系数可以自定义参数，也可以通过选项的下拉列表选择参数。其中“热压系数”选项可以通过单击该选项后的按钮，弹出如图 11-45 所示的【参考数据查询】对话框，根据其中的参考数值来确定该系数。单击“风压差系数”选项后的按钮，弹出如图 11-46 所示的【AutoCAD】信息提示对话框，根据提示来定义该系数。

“供暖方式”选项组：提供了两种供暖方式，分别是“非空调供暖”“空调供暖”。勾选“考虑冷风渗透”选项，在计算的时候会考虑该参数。

“热负荷考虑这些内部热源百分比%”选项组：设置内部热源的参数。

“楼层信息”列表：定义楼层的层高与窗高。单击“增加”“删除”按钮，编辑指定的楼层。

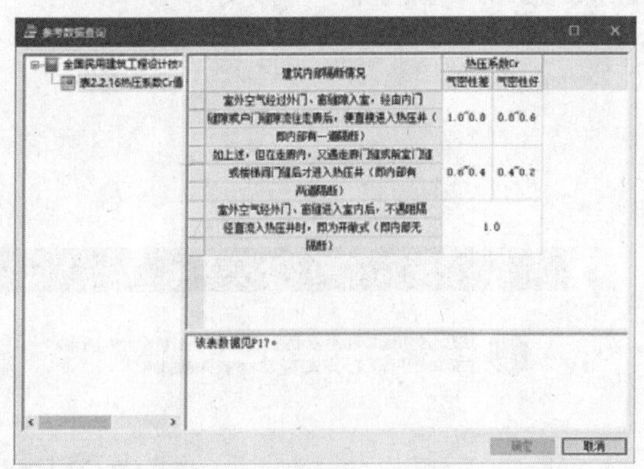

图 11-45 【参考数据查询】对话框

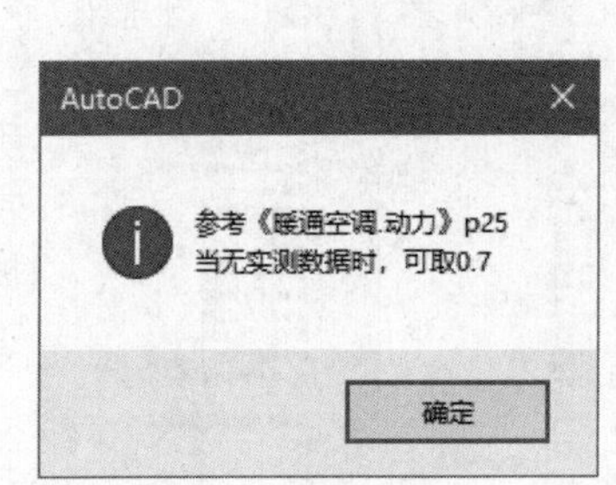

图 11-46 【AutoCAD】信息提示对话框

“默认围护结构”选项组：定义围护结构（如墙体、屋面、门窗等）的传热系数值。单击“详细设置”按钮，弹出如图 11-47 所示的【全局库】对话框，显示围护结构的传热系数。

单击名称按钮，如“外墙”，弹出【构造库】对话框，在其中可定义指定构造的参数，或者更改指定围护结构的组成材料。

如果临时改变已绘制的围护结构的材料，需要同步更改该围护结构的传热系数，再单击“应用到已有围护”按钮，即可将原先添加的围护结构传热系数值更新为新修改的数值，并重新进行计算，同样对接下来新添加的围护结构生效。

单击左边“工程结构”列表下的“1 层”选项，弹出如图 11-48 所示的对话框页面。

图 11-47　【全局库】对话框

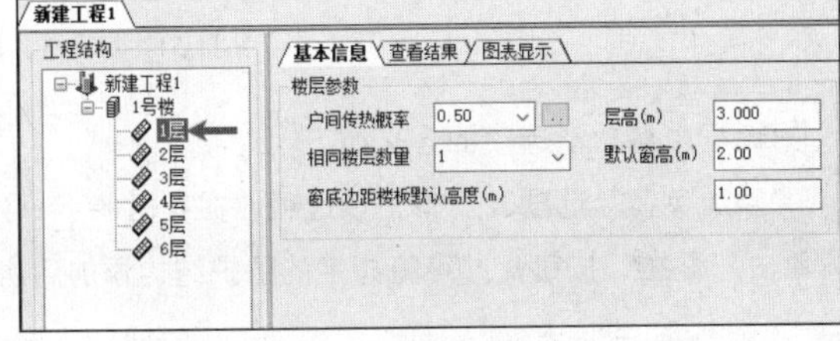

图 11-48　楼层基本信息页面

对话框中各功能选项的含义如下：

- “户间传热概率”选项：单击该选项，在弹出的下拉菜单中选择参数。单击该选项后的矩形按钮，弹出如图 11-49 所示的【提示】对话框，显示定义该参数时所依据的规范以及参数的设计范围。
- “相同楼层数量”选项：单击该选项，在弹出的下拉菜单中选择参数。仅考虑单纯的累加负荷值，不考虑不同楼层的冷风渗透量有所差别等因素。
- “层高”“默认窗高”选项：系统给定一个默认值，在添加房间、窗户后，会按照此默认值加载参数，对已添加的房间无影响，仅对新建的房间生效。

在左边“工程结构”列表下的“1 层”选项上右击，在弹出的快捷菜单中选择“添加房间”选项，如图 11-50 所示。

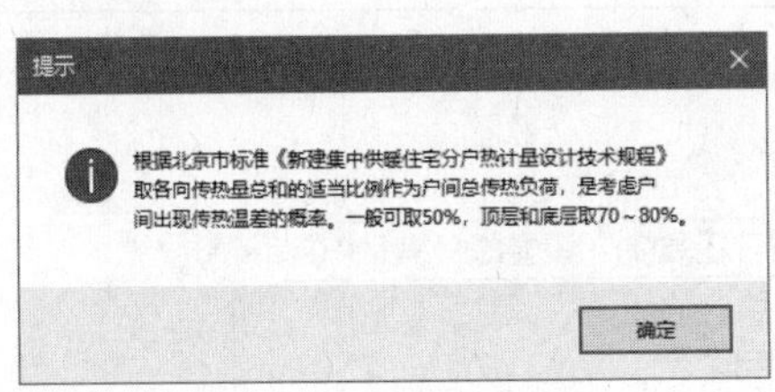

图 11-49　【提示】对话框

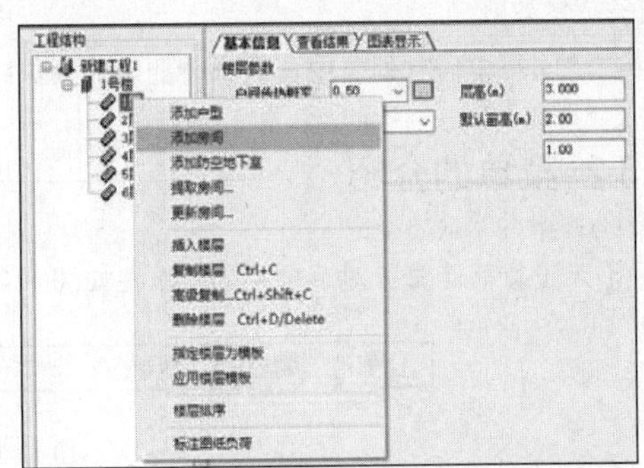

图 11-50　快捷菜单

此时弹出房间基本信息页面，如图 11-51 所示。

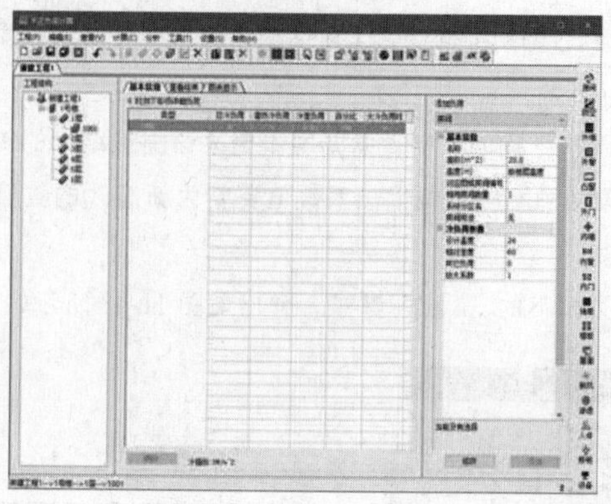

图 11-51　房间基本信息页面

对话框中各功能选项的含义如下：

"添加负荷"选项表：单击该选项，在弹出的下拉列表中选择围护结构，如图 11-52 所示。在列表下方单击"添加"按钮，即可将指定的围护结构添加到房间基本信息列表中，如图 11-53 所示。

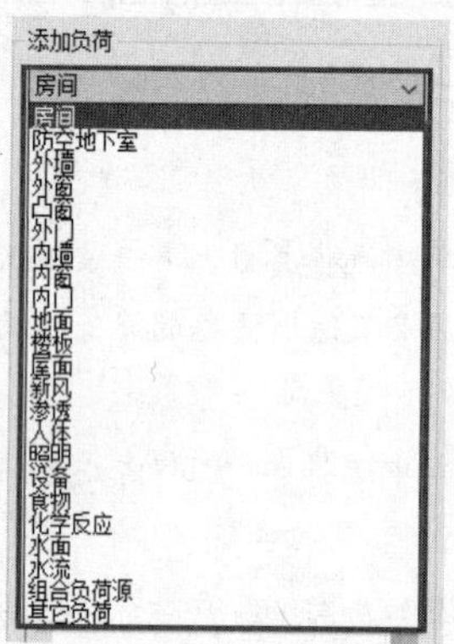

图 11-52　下拉列表

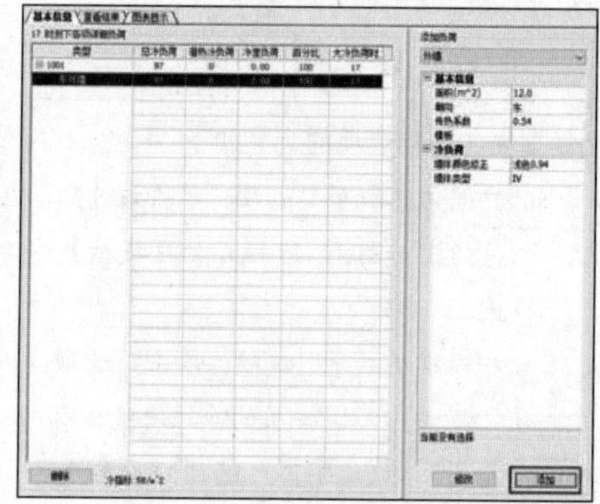

图 11-53　房间基本信息列表

已添加的围护结构的信息显示在对话框右边的列表中，在其中更改某项参数，单击"修改"按钮，即可完成修改。

在房间基本信息列表中，选中待删除的围护结构，单击列表下方的"删除"按钮，即可将其删除。

11.3.2 菜单的介绍

【天正负荷计算】对话框中的菜单栏如图 11-54 所示。

工程(P)	编辑(E)	查看(V)	计算(C)	分析	工具(T)	设置(S)	帮助(H)

图 11-54　菜单栏

【工程】选项菜单，在下拉列表中提供了保存工程、新建工程、打开工程等命令，如图 11-55 所示。

"新建"选项：选中该选项，同时建立多个计算工程文档。

"打开"选项：选中选项，打开已保存的水力计算工程，文件的扩展名为.ldb。

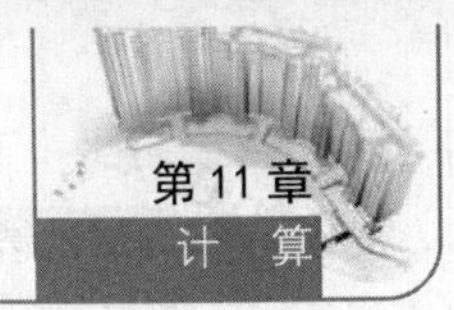

“从图纸打开工程”选项：选中选项，在打开图纸后弹出【天正负荷计算】对话框，直接从图纸打开工程。

“保存”选项：将指定的水力计算工程保存，文件扩展名为.ldb。

“保存工程到图纸”选项：从图纸中提取信息，建立负荷计算工程，可直接储存到图纸上。

【编辑】选项菜单：在其下拉列表中提供了计算工程结构时的一些编辑命令，如图 11-56 所示。

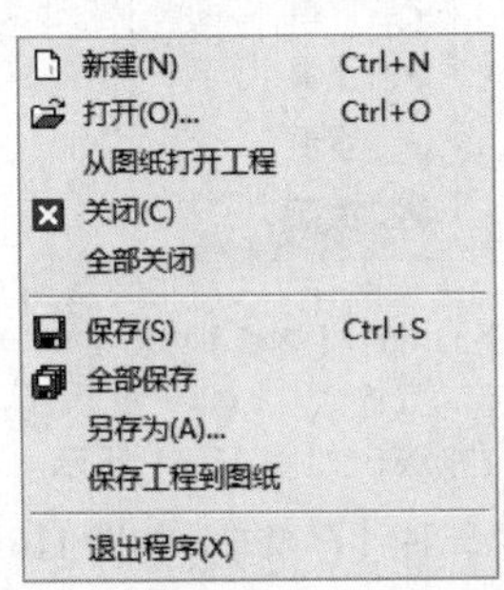

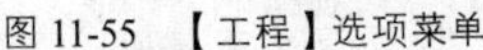

图 11-55 【工程】选项菜单

图 11-56 【编辑】选项菜单

“新建建筑/楼层/户型/房间/防空地下室”选项：选中这些选项，可以添加相应的建筑、楼层、房间等信息。

“批量添加”选项：选中项，弹出如图 11-57 所示的【批量添加】对话框。在对话框左边勾选待添加围护结构的房间，在右边“添加内容”选项组中选定待添加的围护结构的类型（如外墙）。单击“添加”按钮，即可完成添加操作。

“批量修改”选项：选中该选项，弹出如图 11-58 所示的【批量修改】对话框。在对话框左边勾选待修改围护结构的房间，在右边显示所修改的围护结构的过滤条件，系统按照用户选定的条件修改指定的围护结构。

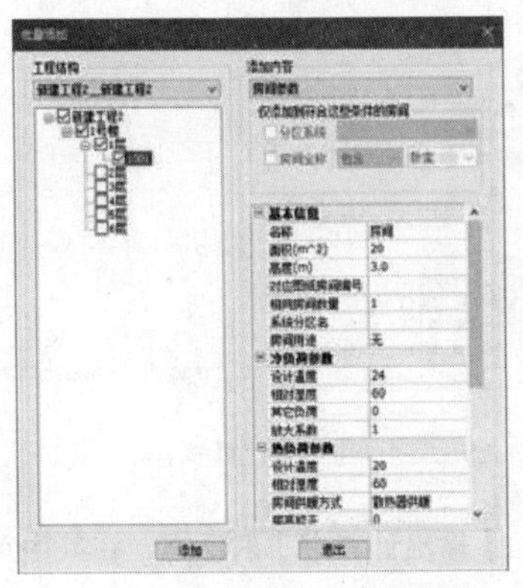

图 11-57 【批量添加】对话框

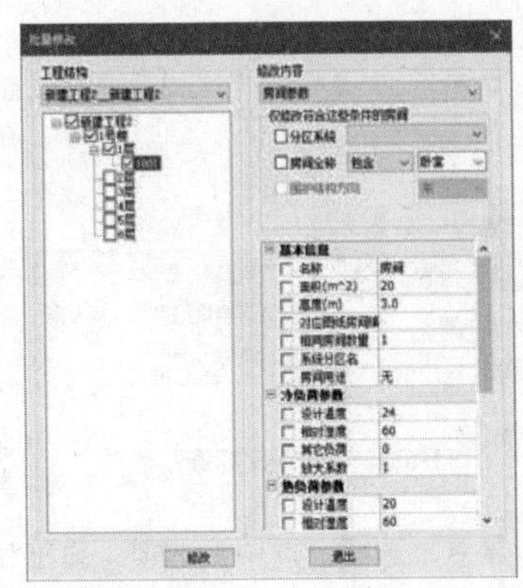

图 11-58 【批量修改】对话框

“批量删除”选项：选中该选项，弹出如图 11-59 所示的【批量删除】对话框。在对话框的左边选择房间，在右边提供删除围护结构的条件，系统按照用户选定的条件删除符合条件的围护结构。

【查看】选项菜单：在下拉列表中提供工具条中的所有命令，勾选或取消勾选其中的某项，可以控制其是否显示在工具条上，如图 11-60 所示。

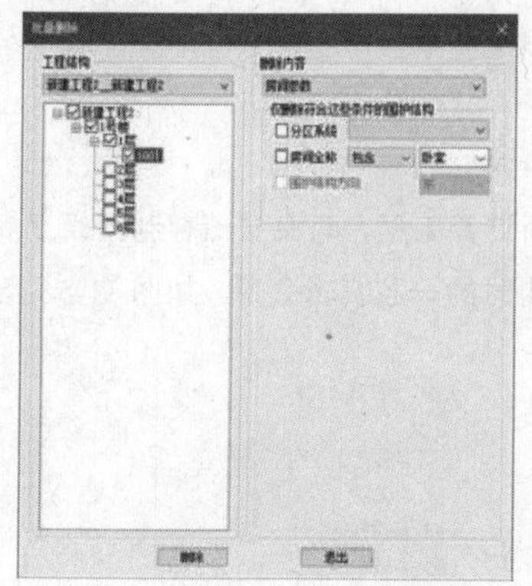

图 11-59 【批量删除】对话框

图 11-60 【查看】选项菜单

【计算】选项菜单：在下拉列表中提供计算冷负荷、热负荷的方法，如图 11-61 所示。

“计算模式”选项：选择该选项，在弹出的快捷菜单中显示了三种计算模式，如图 11-62 所示。

图 11-61 【计算】选项菜单

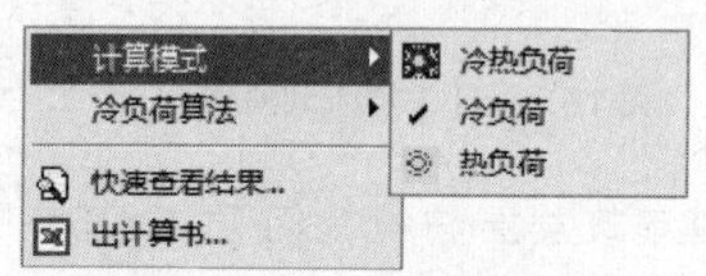

图 11-62 “计算模式”选项

“冷负荷算法”选项：选择该选项，在弹出的快捷菜单中显示算法，如图 11-63 所示。

“快速查看结果”选项：选择该选项，弹出如图 11-64 所示的【文本计算书】对话框，显示计算结果。

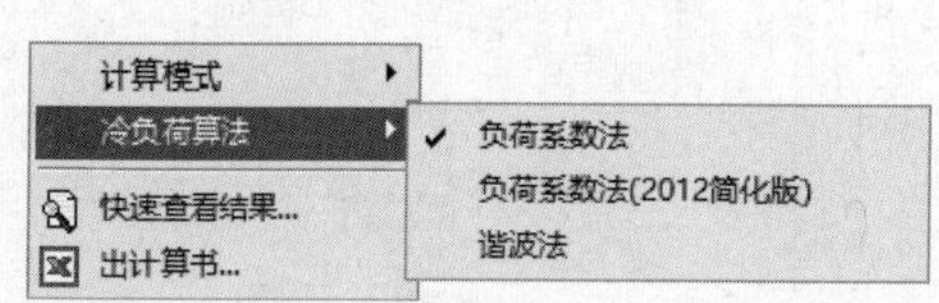

图 11-63 “冷负荷算法”选项

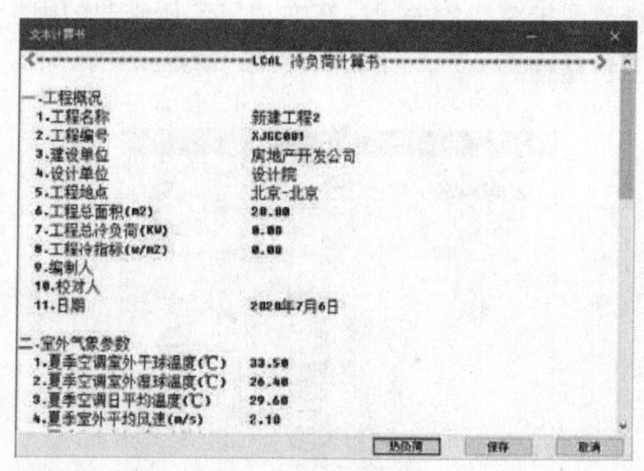

图 11-64 【文本计算书】对话框

“出计算书”选项：选中该选项，弹出如图 11-65 所示的【输出计算书】对话框，在其中可设置计算书的输出范围和输出格式。

在【输出计算书】对话框中单击“计算书内容设置”按钮，弹出如图 11-66 所示的【计算书设置】对话框，在其中可详细地设置计算书的内容。

【工具】选项菜单：在下拉列表中可以对房间、气象参数等进行编辑，如图 11-67 所示。

“提取房间”选项：选择该选项，可直接提取使用天正建筑软件 5.0 版本以上绘制的建筑底图。

“更新当前建筑房间”选项：选择该选项，更新被选中房间的信息并反映到图纸上。

“标注房间负荷”选项：在执行负荷计算后，将负荷值标注在建筑图上。

“气象参数管理”选项：选中该选项，弹出【气象参数管理】对话框，在其中可扩充气象参数库信息。

“气象数据查询”选项：选中该选项，弹出【参考资料汇总】对话框，在其中可显示所有参考表格的书目汇总。

“房间用途管理器”选项：选择选项，弹出【房间用途管理器】对话框，在其中可设置房间参数。

“构造库”“材料库”选项：选中这两项，弹出相应的构造库、材料库对话框，在其中可显示外墙、外窗等围护结构调用的 K 值等数据。

【设置】选项菜单：在下拉列表中提供了各类型的参数设置，如图 11-68 所示。

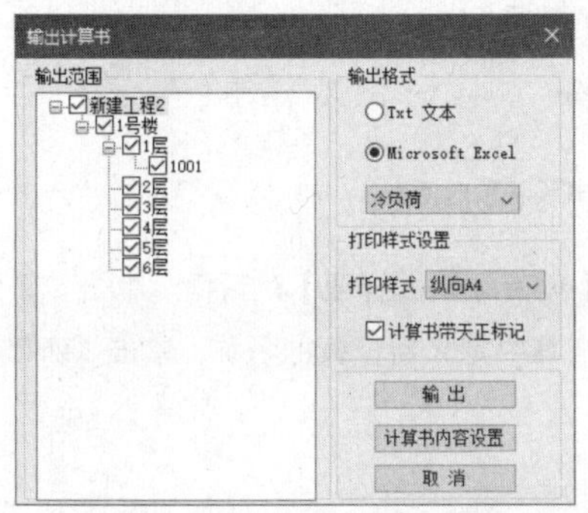

图 11-65 【输出计算书】对话框

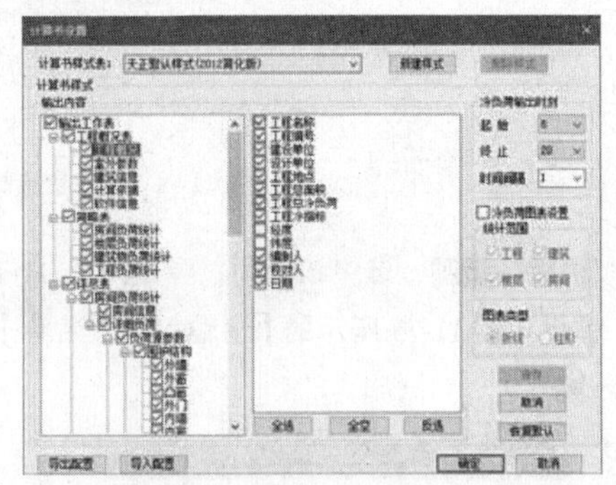

图 11-66 【计算书设置】对话框

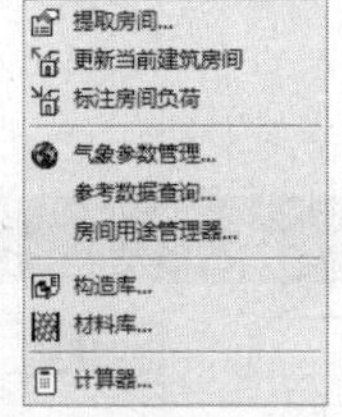

图 11-67 【工具】选项菜单

图 11-68 【设置】选项菜单

“习惯设置”选项：选中该选项，弹出如图 11-69 所示的【习惯设置】对话框，可根据个人的使用习惯进行设置。

“时间表”选项：选中该选项，弹出如图 11-70 所示的【时间表设置】对话框，其中显示了使用谐波法计算冷负荷时的参考数据，用户可以自定义参数。

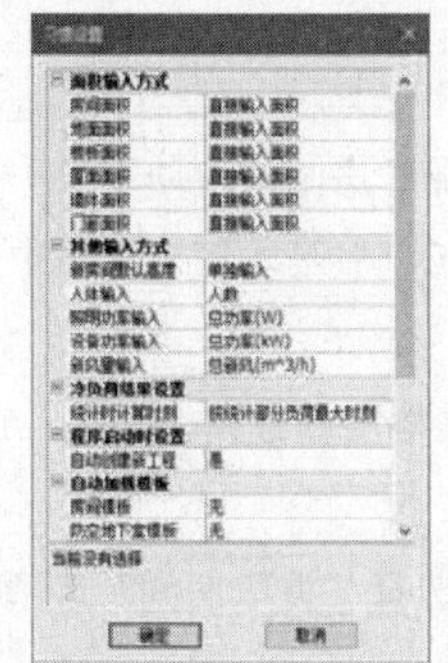

图 11-69 【习惯设置】对话框

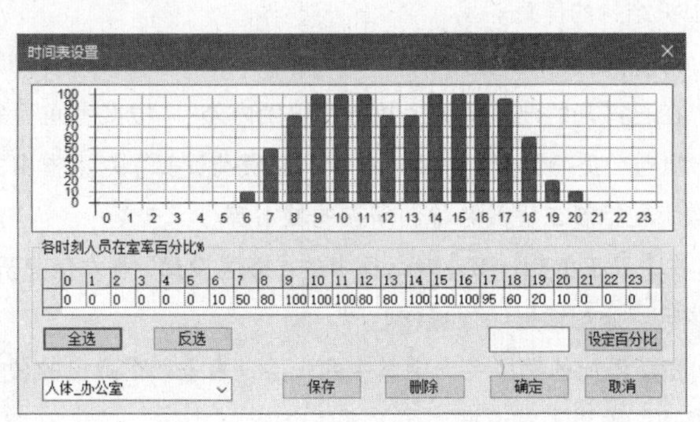

0	1	2	3	4	5	6	7	8	9	10	11	12	13	14	15	16	17	18	19	20	21	22	23
0	0	0	0	0	0	10	50	80	100	100	100	80	80	100	100	100	95	60	20	10	0	0	0

图 11-70 【时间表设置】对话框

“门窗缝隙长度公式”选项：选中该选项，弹出如图 11-71 所示的【门窗缝隙长度计算公式设置】对话框，其中显示了默认的公式，用户在首行右击，在弹出的快捷菜单中选择“新建行”选项。新建一个空白行后，可以建立一个常用的计算公式。如果将其设为默认，系统会按照所定义的公式来计算门窗缝隙的长度。

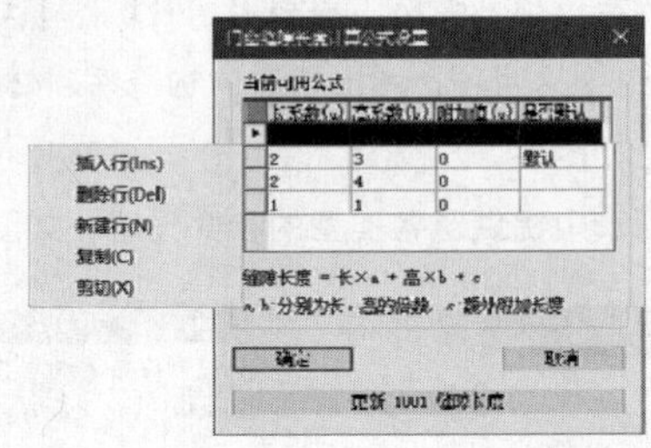

图 11-71 【门窗缝隙长度计算公式设置】对话框

“模板”选项：选中该选项，弹出如图 11-72 所示的【负荷源模板管理】对话框。单击“新模板”按钮，弹出如图 11-73 所示的【请输入模板名称】对话框。在其中定义新模板的名称，单击“确定”按钮完成操作。

图 11-72 【负荷源模板管理】对话框

图 11-73 【请输入模板名称】对话框

11.3.3 计算步骤示例

使用天正建筑软件 5.0 版本以上所绘制的建筑底图，在执行负荷计算命令的时候，可以直接从底图中提取围护结构的信息。

负荷计算的操作步骤如下：

1）在已打开的建筑底图上执行“识别内外”“搜索房间”命令，实现对房间的自动编号。

2）执行“负荷计算”命令，在【天正负荷计算】对话框中的“新建工程”基本信息界面中定义新工程的参数，包括新工程的名称、所在的城市等。

3）在【天正负荷计算】对话框中的“楼层设置”基本信息界面中定义楼层参数，也可在“工程结构”列表中执行“添加楼层”的操作。

4）在所添加的楼层中选中其中的一层，右击，在弹出的快捷菜单中选择“提取房间”选项，此时弹出【提取房间设置】对话框。

5）根据实际的计算需求来提取围护结构的信息。如果需要计算户间传热，则可勾选相应的围护结构勾选，比如内墙、内门等；在【提取房间设置】对话框中单击“提取房间”按钮。

6）此时命令行提示如下：

选择对象，框选建筑平面图

7）在【天正负荷计算】对话框中单击“确定”按钮，房间的信息被自动加载至楼层中。

8）执行“计算”→“快速查看结果”命令，查看计算结果。执行“计算”→“出计算书”命令，可以打印输出计算书。

下面举例介绍负荷计算的具体操作步骤。

01 按 Ctrl+O 组合键，打开配套资源提供的“第 11 章\ 11.3.3 负荷计算.dwg”素材文件，结果如图 11-74 所示。

02 在命令行中输入“FHJS”命令，按 Enter 键，在弹出的【天正负荷计算】对话框中定义新工程的名称，指定工程的地点为北京市，结果如图 11-75 所示。

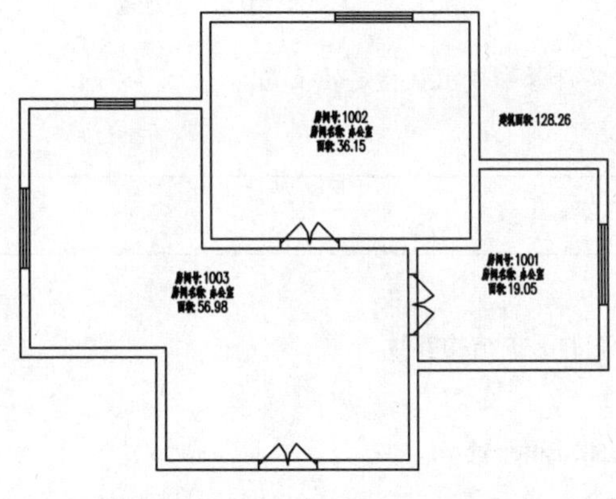

图 11-74 打开素材文件

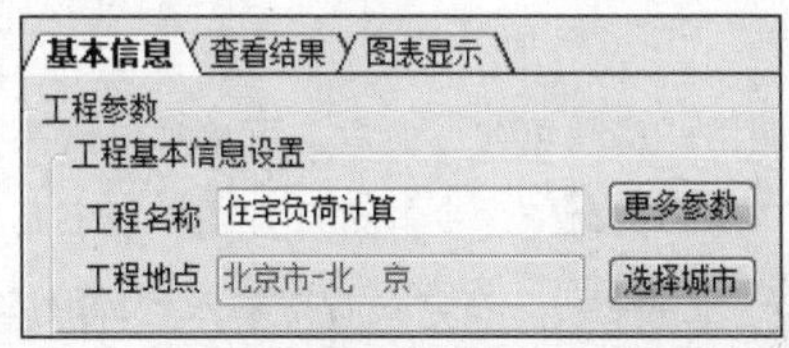

图 11-75 新建工程

03 在“工程结构”列表中，在“1 层”上右击，在弹出的快捷菜单中选择“提取房间”选项，如图 11-76 所示。

04 弹出【提取房间设置】对话框，设置参数如图 11-77 所示。

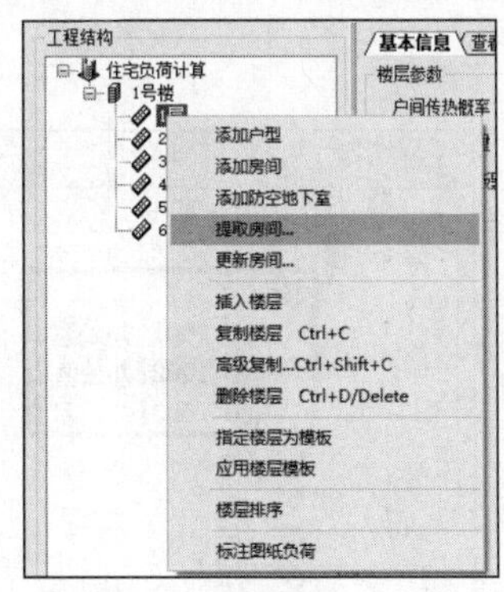

图 11-76 快捷菜单

图 11-77 【提取房间设置】对话框

05 在【提取房间设置】对话框中单击“提取房间”按钮，命令行提示如下：

请框选要提取的房间对象<退出>:指定对角点:找到 4 个

[06] 此时可以看到，被提取的房间信息加载至楼层中，结果如图 11-78 所示。

[07] 执行“计算”→“快速查看结果”命令，弹出【文本计算书】对话框，查看“冷负荷”的计算结果，如图 11-79 所示。单击对话框下方的“热负荷”按钮，对话框即可显示“热负荷”的计算结果。

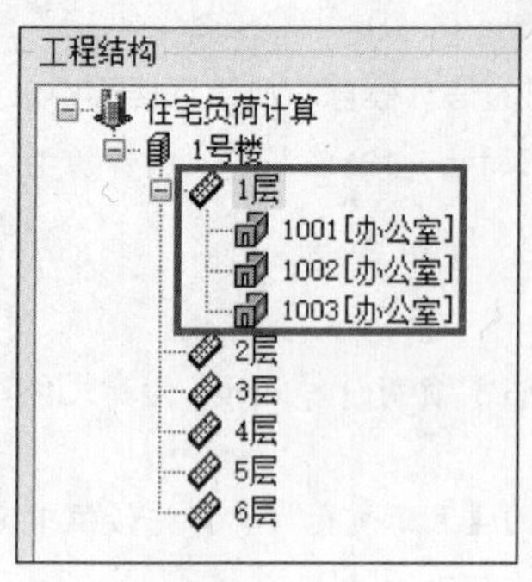

图 11-78　房间信息

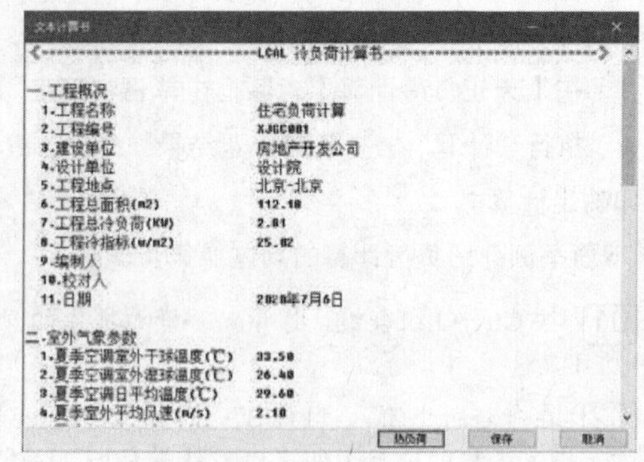

图 11-79　【文本计算书】对话框

[08] 执行“计算”→“出计算书”命令，可以将计算书输出至指定的位置。

11.4 房间负荷

调用“房间负荷”命令，可单独修改某个房间下的围护结构参数。

“房间负荷”命令的执行方式有以下几种：

- 命令行：在命令行中输入“FJFH”命令，按 Enter 键。
- 菜单栏：单击“计算”→“房间负荷”命令。

下面介绍“房间负荷”命令的操作方法。

[01] 按 Ctrl+O 组合键，打开配套资源提供的“第 11 章\ 11.3.3 负荷计算.dwg”素材文件，结果如图 11-80 所示。

[02] 参照 11.3.3 节的负荷计算命令的操作步骤，完成房间信息的提取，结果如图 11-81 所示。

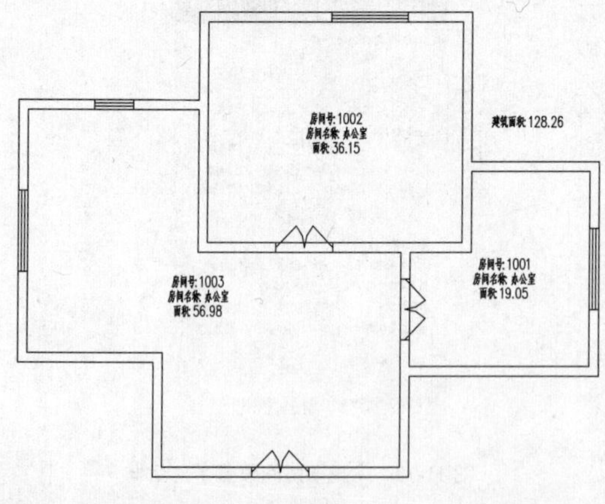

图 11-80　打开素材文件

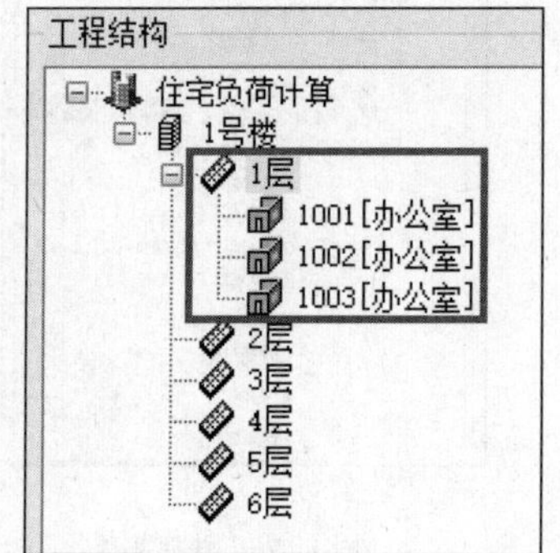

图 11-81　房间信息提取结果

03 执行【工程】|【保存工程到图纸】命令，如图 11-82 所示，弹出如图 11-83 所示的 AutoCAD 信息提示对话框。单击“是”按钮。

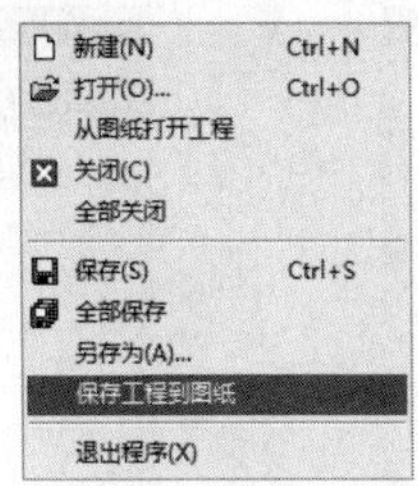

图 11-82 保存工程到图纸

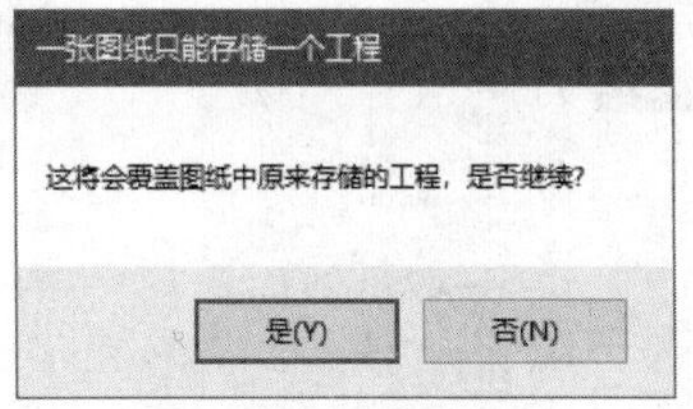

图 11-83 信息提示对话框

04 系统提示保存成功，如图 11-84 所示。

05 关闭【天正负荷计算】对话框。在命令行中输入“FJFH”命令，按 Enter 键，弹出如图 11-85 所示的【单独房间负荷】对话框。

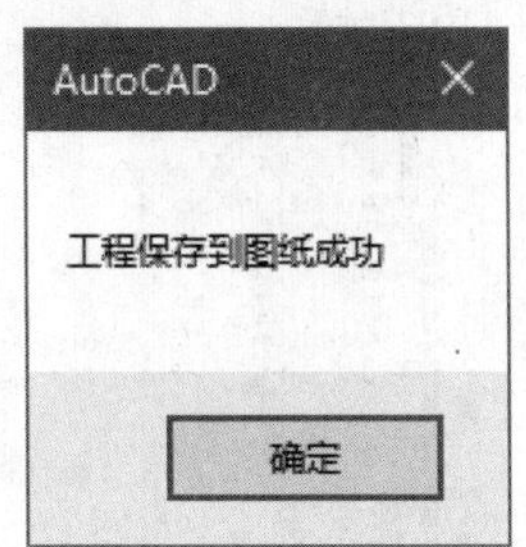

图 11-84 【AutoCAD】对话框

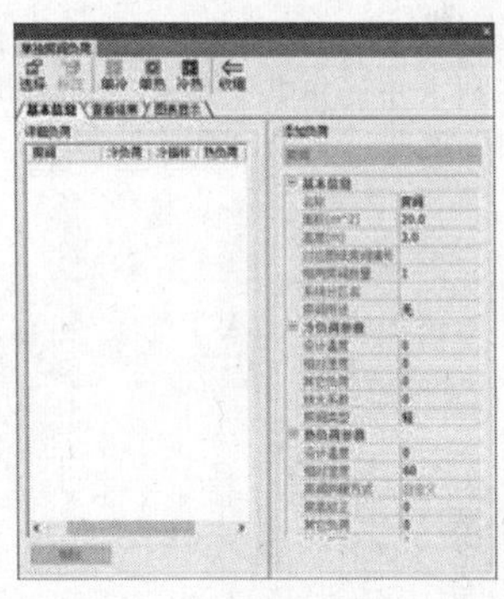

图 11-85 【单独房间负荷】对话框

06 在对话框的左上角单击“选择”按钮，提示选择房间对象，如图 11-86 所示。

07 在房间对象上单击将其选中，返回【单独房间负荷】对话框，其中显示出所拾取房间的详细负荷参数，如图 11-87 所示。

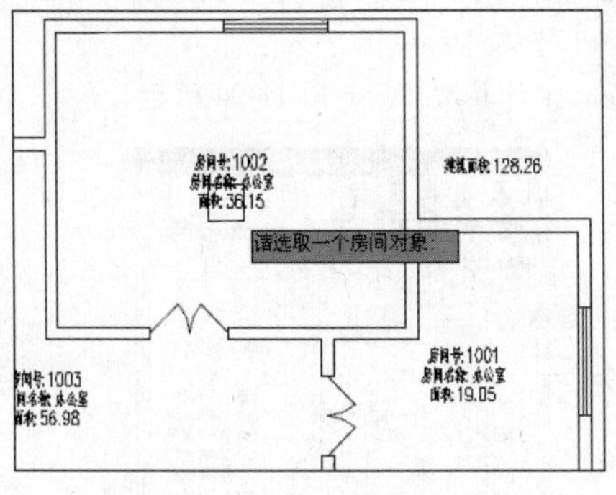

图 11-86 选择房间对象

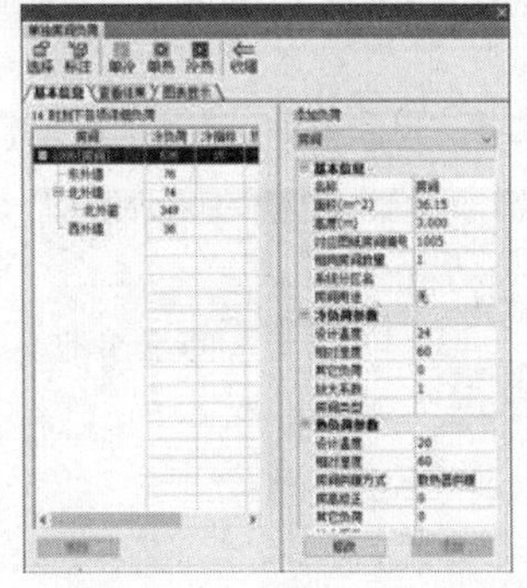

图 11-87 提取房间负荷参数

08 此时被拾取的房间对象的文字标注在闪烁，单击【单独房间负荷】对话框上方的“单热”按钮，显示该房间对象的总热负荷值，如图 11-88 所示。

09 单击“冷热”按钮，在参数列表中同时显示出房间对象的冷负荷、热负荷值，如图 11-89 所示。

10 单击“收缩”按钮，可将右边的房间详细参数列表隐藏，如图 11-90 所示。单击“展开”按钮，可重新展开详细参数列表。

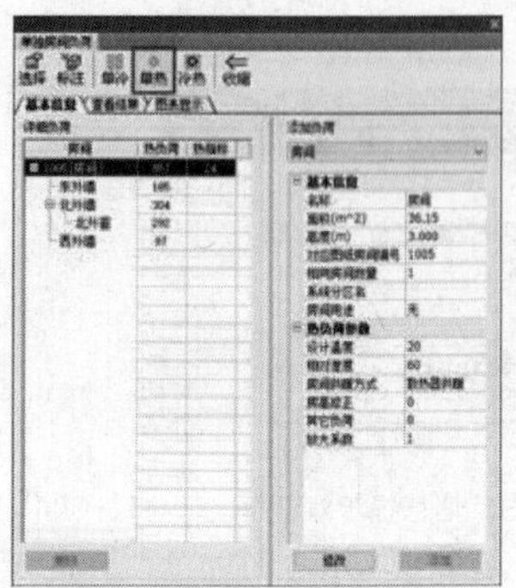
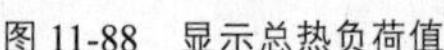

图 11-88　显示总热负荷值

图 11-89　显示冷、热负荷值

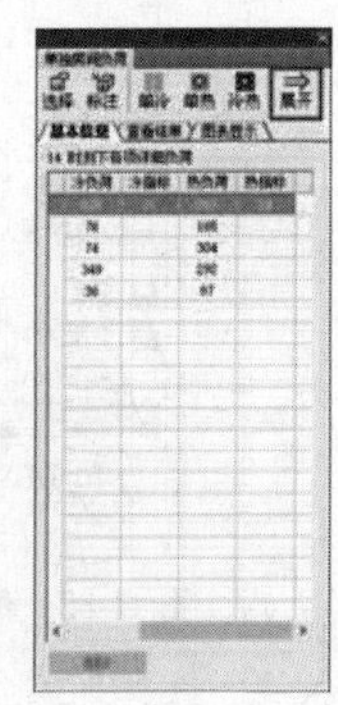

图 11-90　隐藏详细参数列表

11 单击“标注”按钮，将冷热负荷参数标注到房间对象中，如图 11-91 所示。

12 在选中相应的房间构件名称后，图中对应的房间构件会进行闪烁，提醒用户构件名称所对应的图形部位。在列表中选中其中的一个房间构件名称，单击对话框下方的“删除”按钮，可将其删除，如选中“西外墙”选项，单击“删除”按钮，可将其删除，结果如图 11-92 所示。

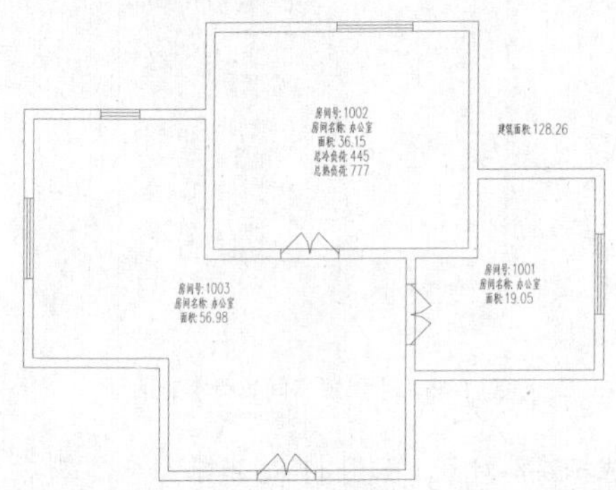

图 11-91　标注负荷参数

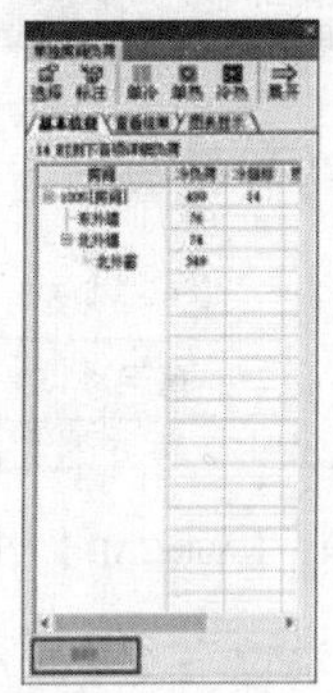

图 11-92　删除西外墙

13 选择“查看结果”选项卡，其中显示出所选房间各墙体的负荷值（西外墙已被删除），如图 11-93 所示。

14 选择“图表显示”选项卡，其中以折线的方式显示出计算结果，如图 11-94 所示。

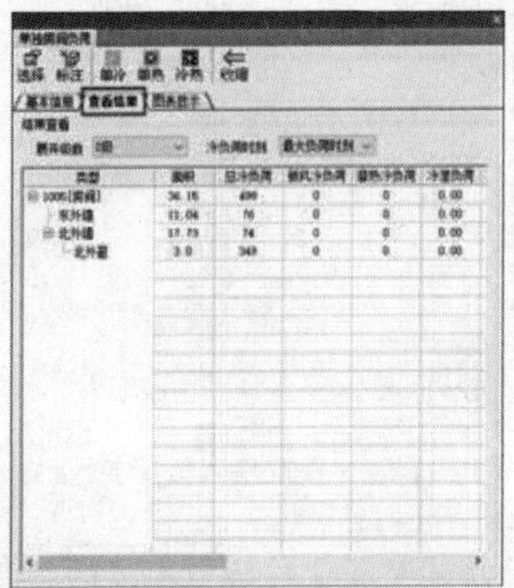

图 11-93　显示墙体负荷值

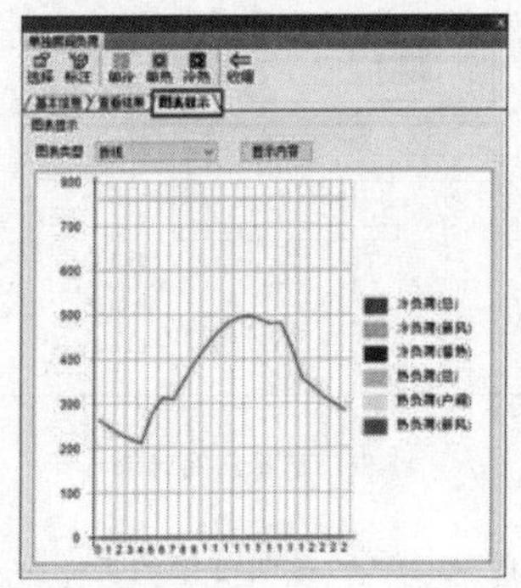

图 11-94　折线显示

15 单击“图表类型”选项，在弹出的下拉列表中选择“柱状”选项，显示结果如图11-95所示。

16 单击“图表类型”选项，在弹出的下拉列表中选择“饼状”选项，显示结果如图11-96所示。

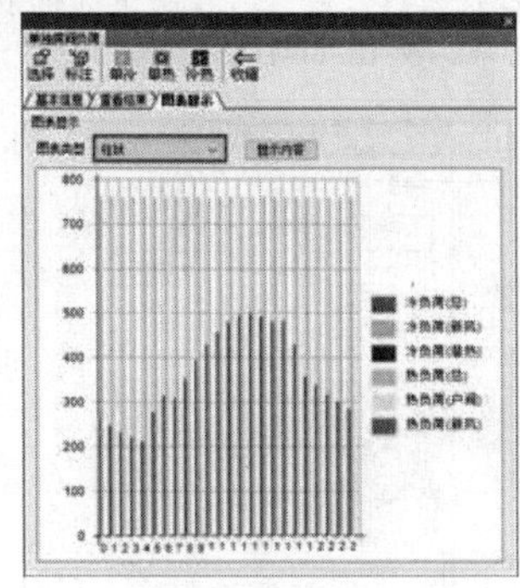

图11-95 选择“柱状”显示

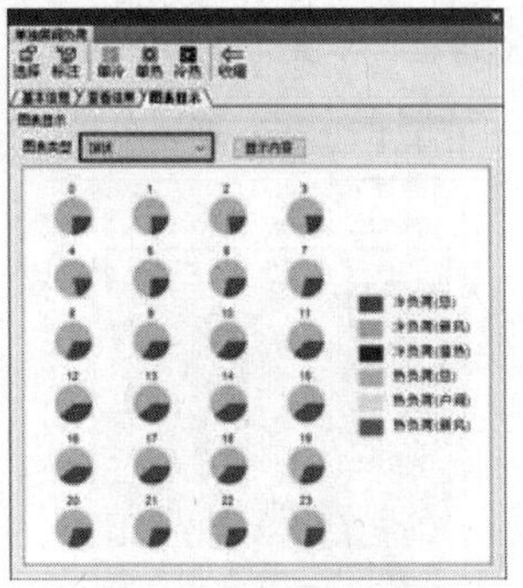

图11-96 选择“饼状”显示

17 单击对话框右上角的关闭按钮，弹出如图11-97所示的【请您保存】对话框。单击“是”按钮，完成计算房间负荷的操作。

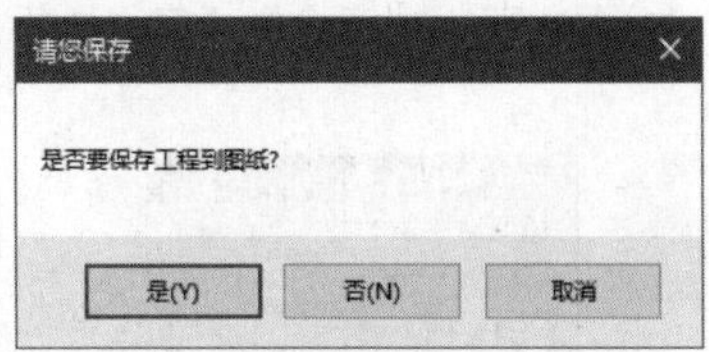

图11-97 【请您保存】对话框

11.5 负荷分配

调用“负荷分配”命令，可将房间负荷按照平均或者不均的方式分配给房间内的散热器。

“负荷分配”命令的执行方式有以下几种：

- 命令行：在命令行中输入“FHFP”命令，按Enter键。
- 菜单栏：单击“计算”→“负荷分配”命令。

下面介绍“负荷分配”命令的操作方法。

01 按Ctrl+O组合键，打开配套资源提供的“第11章\ 11.5 负荷分配.dwg”素材文件，结果如图11-98所示。

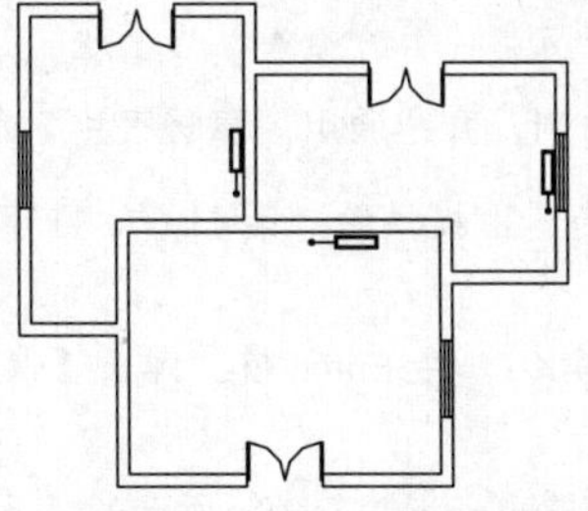

图11-98 打开素材文件

02 在命令行中输入“FHFP”命令，按Enter键，弹出如**错误！未找到引用源。**所示的【散热器负荷分配】对话框。

03 在“房间总负荷W”文本框中定义负荷参数，单击“选散热器”按钮，在图中选择散热器，按Enter键返回对话框，单击“分配负荷”按钮，查看均分负荷的结果，如图11-100所示。

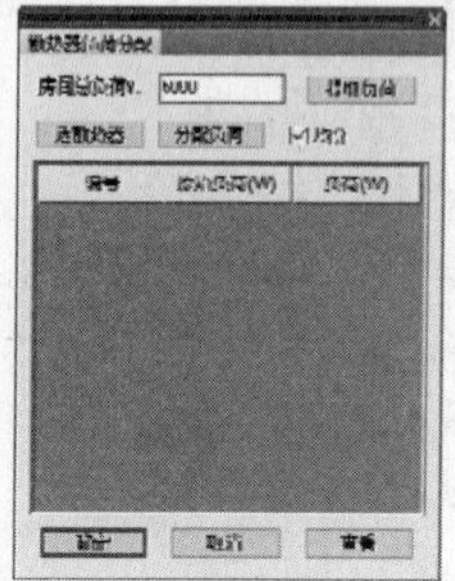

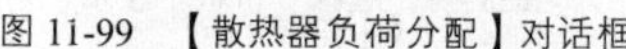

图11-99 【散热器负荷分配】对话框

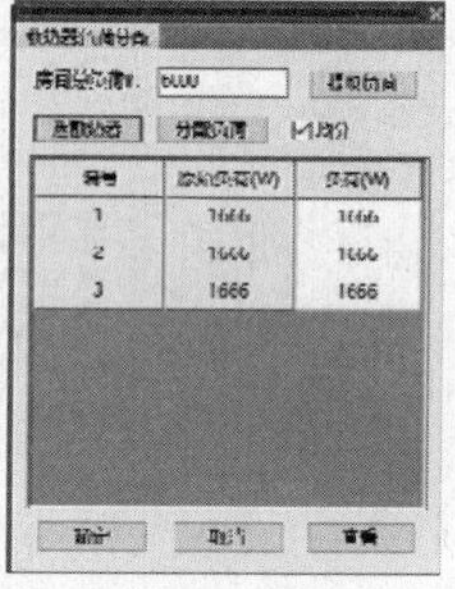

图11-100 均分负荷

单击“提取负荷”按钮，在图中直接提取已进行房间负荷计算的天正房间对象。

取消选择“均分”选项，单击“分配负荷”按钮，将“房间总负荷W”中所设定的负荷参数赋予各房间的散热器，如图11-101所示。

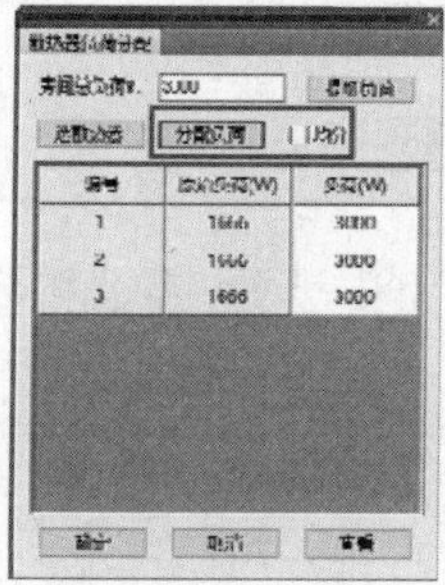

图11-101 定义负荷参数

11.6 算暖气片

调用“算暖气片”命令，计算单组散热器的片数。如图11-102所示为执行该命令的操作结果。

“算暖气片”命令的执行方式有以下几种：

- 命令行：在命令行中输入“SNQP”命令，按Enter键。
- 菜单栏：单击“计算”→“算暖气片”命令。

下面以如图11-102所示的图形为例，介绍调用“算暖气片”命令的方法。

01 按Ctrl+O组合键，打开配套资源提供的“第11章\ 11.6 算暖气片.dwg”素材文件，结果如图11-103所示。

02 在命令行中输入“SNQP”命令，按Enter键，弹出【散热器片数计算】对话框，如图11-104所示。

03 单击“选择散热器”按钮，弹出如图11-105所示的【天正散热器库】对话框，在其中选择散热器类型。

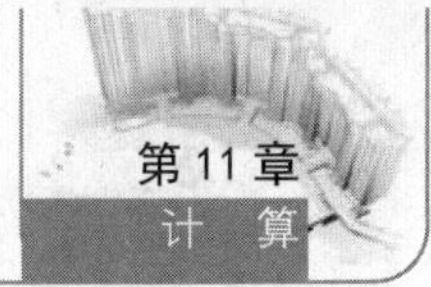

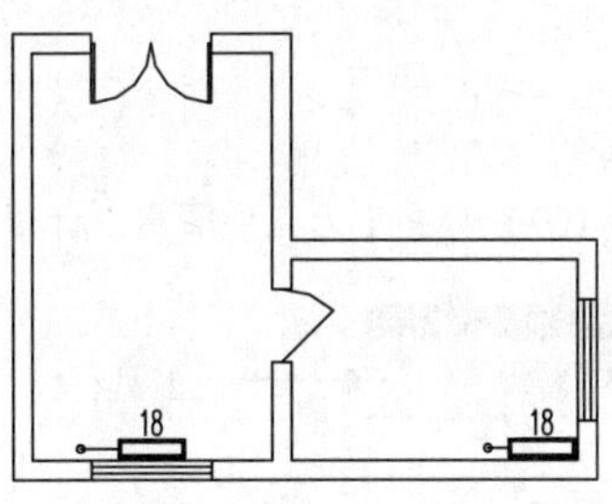

图 11-102　算暖气片

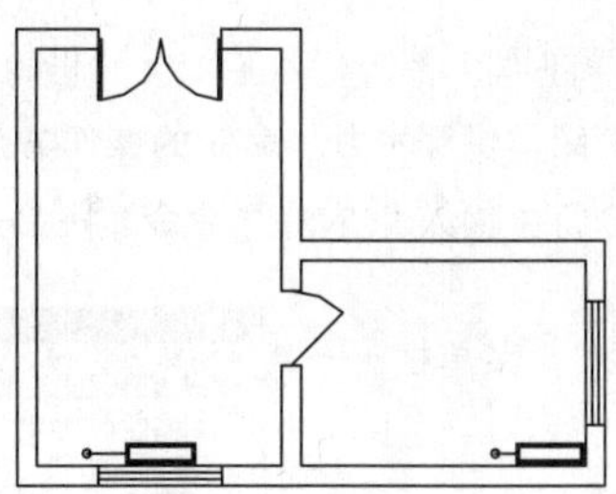

图 11-103　打开素材文件

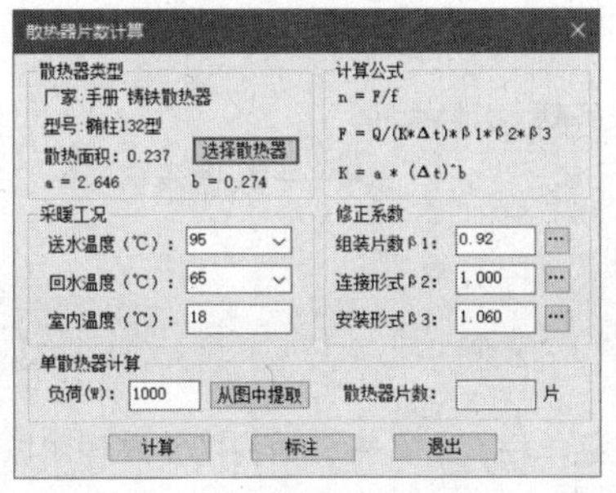

图 11-104　【散热器片数计算】对话框

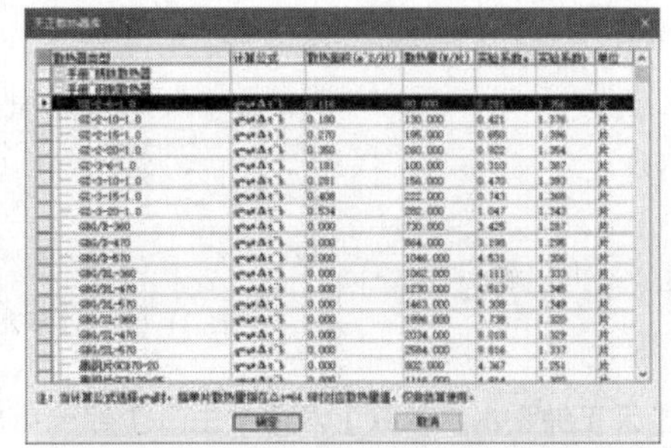

图 11-105　【天正散热器库】对话框

04 单击“确定”按钮，返回【散热器片数计算】对话框，定义参数如图 11-106 所示。

05 单击“计算”按钮，在“单散热器计算”选项组中的“散热器片数”文本框中查看计算得到的散热器片数，结果如图 11-107 所示。

06 单击“标注”按钮，根据命令行的提示，在绘图区中选择待标注的散热器，即可完成算暖气片的操作，结果如图 11-102 所示。

双击已标注片数的散热器，弹出如图 11-108 所示的【散热器参数修改】对话框，在其中可以更改相应的散热器参数。

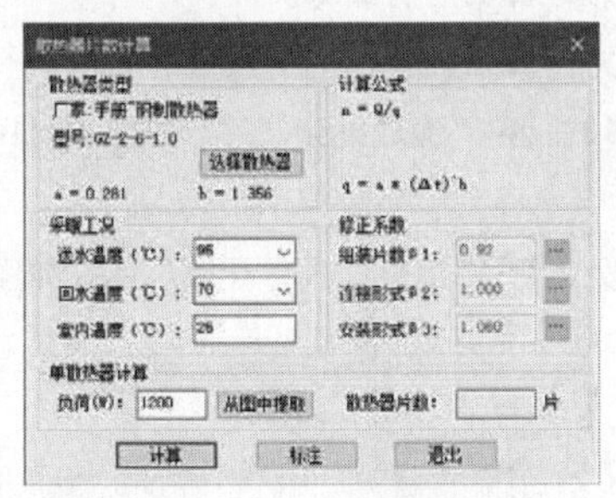

图 11-106　定义参数

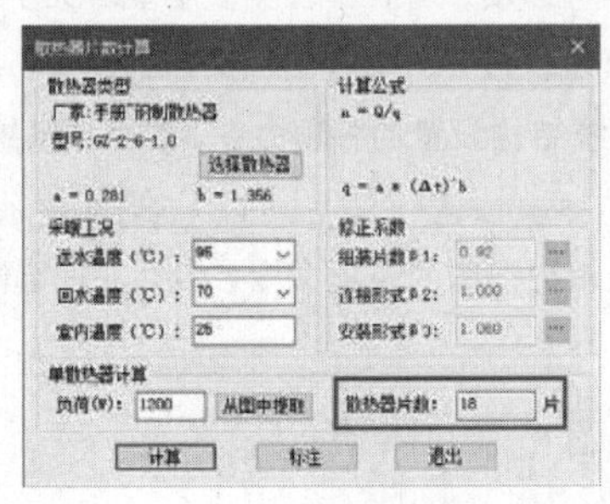

图 11-107　计算结果

图 11-108　【散热器参数修改】对话框

11.7 供暖水力

调用“供暖水力”命令，可计算系统的供暖水力。

“供暖水力”命令的执行方式有以下几种：

➢ 命令行：在命令行中输入“CNSL”命令，按 Enter 键。

➢ 菜单栏：单击“计算”→“供暖水力”命令。

下面介绍“供暖水力”命令的操作方法。

在命令行中输入“CNSL”命令，按 Enter 键，弹出如图 11-109 所示的【天正供暖水力计算】对话框。

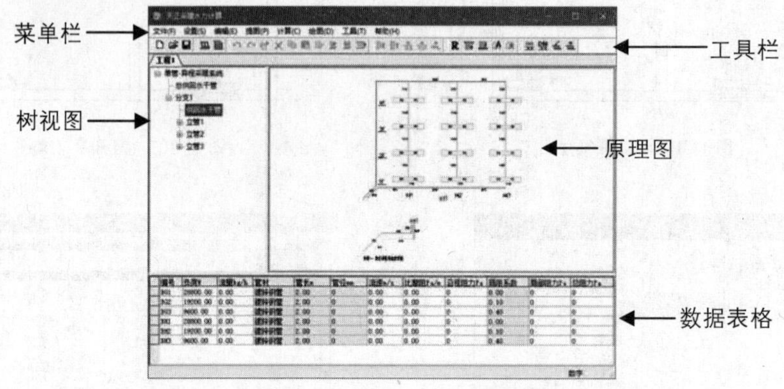

图 11-109 【天正供暖水力计算】对话框

【天正供暖水力计算】对话框由五个部分组成，分别是菜单栏、工具栏、树视图、原理图以及数据表格。各组成部分的含义如下：

工具栏：单击工具栏上的按钮，可快速调用相应的命令，也可以通过菜单栏定制工具栏。

树视图：计算系统的结构树。执行“设置”→“系统形式”/“生成框架”命令可以对其进行设置。

原理图：在【天正供暖水力计算】对话框的右边显示原理图，与树视图信息相对应，原理图随着树视图信息的改变而更新。在执行水力计算后，执行“绘图”→“绘原理图”命令，可将其插入至指定的.dwg 文件，并可根据计算结果进行标注。

数据表格：显示水力计算所需的必要参数和计算结果。在水力计算完成后，执行“计算”→“输出计算书”命令，可选择内容输出计算书。

菜单栏：单击菜单栏上的各选项，可在下拉列表中查看关于水力计算的所有命令。

【文件】菜单：提供了新建、打开、保存工程文档的命令。水力计算工程文档的扩展名为.csl。

【设置】菜单：提供了系统结构设置的各项命令，包括“系统形式”和“生成框架”等，如图 11-110 所示。

【编辑】菜单：提供了编辑树视图的各项命令，包括“批量修改立管”“批量修改散热器”等，如图 11-111 所示。

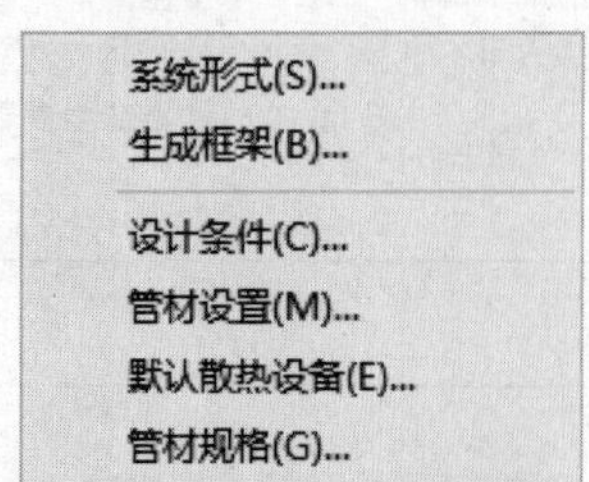

图 11-110 【设置】选项菜单

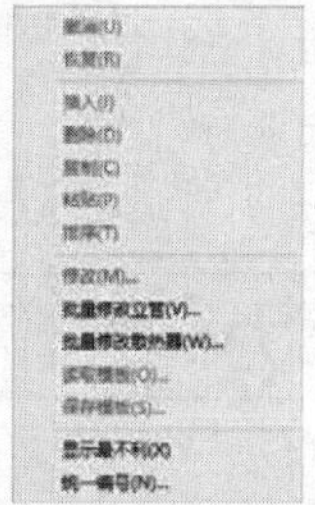

图 11-111 【编辑】选项菜单

【提图】菜单：提供了提图功能，包括“提取分支”和“提取立管”等命令，如图 11-112 所示。

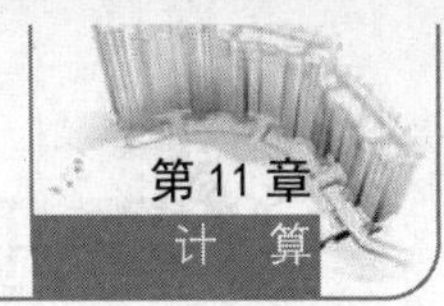

【计算】菜单：提供了各类计算功能，包括计算控制、设计计算等命令，如图 11-113 所示。

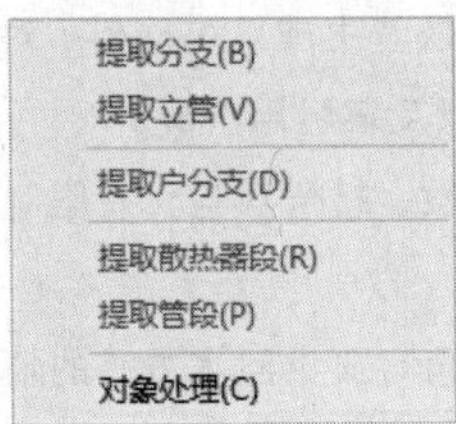

图 11-112 【提图】选项菜单

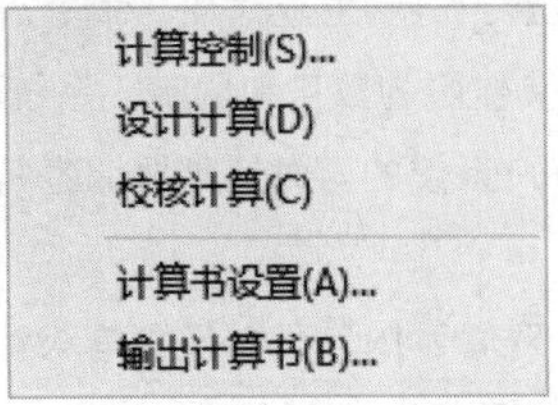

图 11-113 【计算】选项菜单

【绘图】菜单：提供了各类绘图工具，包括“隐藏窗口”和“更新原图”等命令，如图 11-114 所示。

【工具】菜单：提供了工具栏上的所有命令。勾选或取消勾选其中的选项，可以控制其是否在工具栏上显示，如图 11-115 所示。

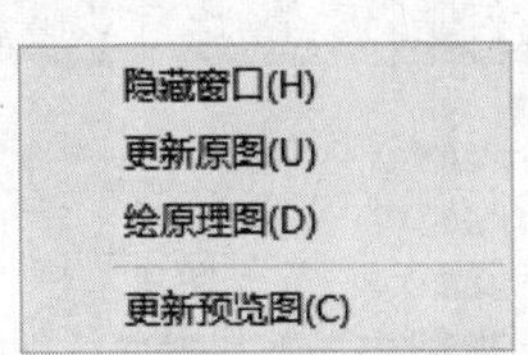

图 11-114 【绘图】选项菜单

图 11-115 【工具】选项菜单

供暖水力计算的具体操作步骤如下：

1. 设置系统结构

❑ 系统形式

执行“设置”→“系统形式”命令，弹出如图 11-116 所示的【系统形式】对话框。在该对话框中可以计算几种供暖和分户计量（即散热器供暖、地板供暖）方式，根据所设置的条件，调整供回水方式、立管形式、立管关系等。

分户计量系统的设置如图 11-117 所示，即在“立管形式”选项组中选择“双管”选项，在“立管关系”选项组中选择“同程”选项，勾选“分户计量”选项。

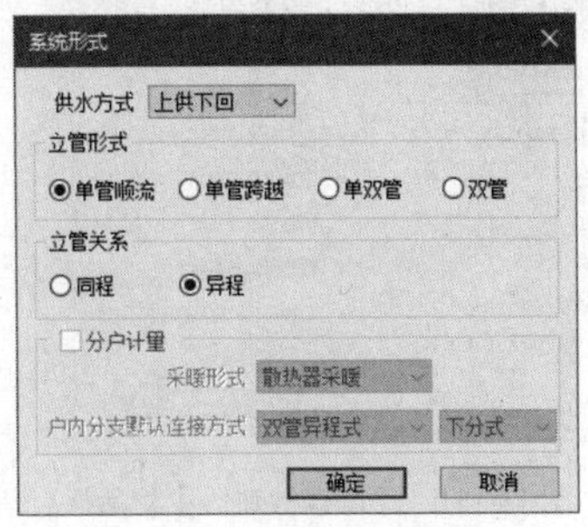

图 11-116 【系统形式】对话框

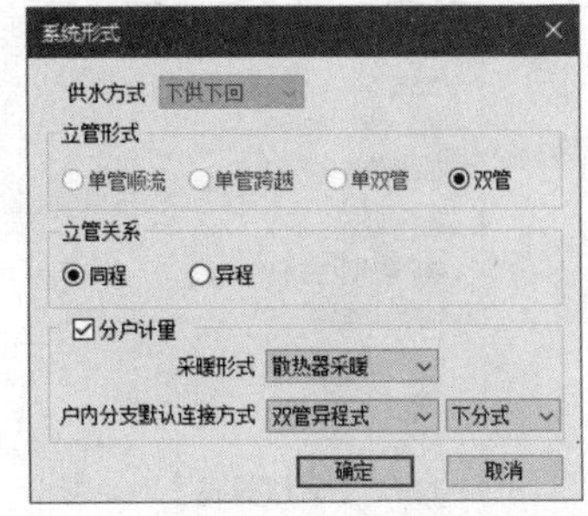

图 11-117 分户计量系统的设置

□ 生成框架

执行“设置”→“生成框架”命令，弹出如图 11-118 所示的【快速生成系统框架】对话框。在该对话框中可以定义楼层的数目和层高、系统的分支数和分支立管数，以及每层用户数。

在设置分户系统的同时还需要调整每户分支数和分支散热器组数，楼层数目没有限制，但系统分支数最大为 2。

如果是单双管系统，可以设置单双管每段所包含的楼层数。在自定义供回水方式的情况下，用户可以按照需要设置供回水管所在的楼层。

□ 设计条件

执行“设置”→“设计条件”命令，弹出如图 11-119 所示的【设计条件】对话框。在该对话框中可以根据设计要求，定义供回水的温度参数，以及平均温度、平均密度等参数。

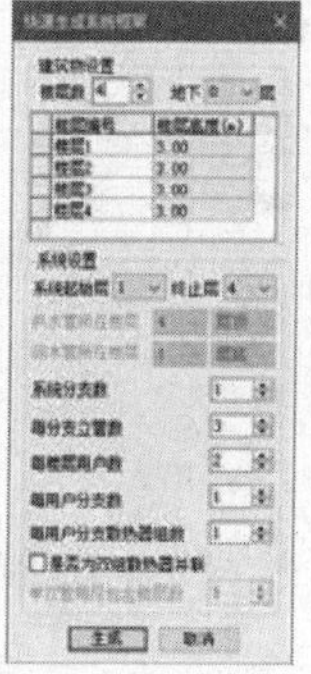

图 11-118 【快速生成系统框架】对话框

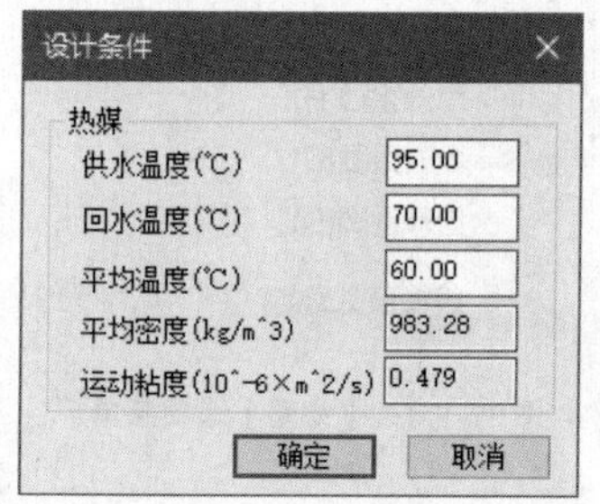

图 11-119 【设计条件】对话框

□ 管材设置

执行“设置”→“管材设置”命令，弹出如图 11-120 所示的【管材设置】对话框。在对话框中可以选择各种管材，并定义其粗糙度。其中，在分户计量系统计算中需要设计“埋设管道”选项。

□ 默认散热器设备

执行“设置”→“默认散热设备”命令，弹出如图 11-121 所示的【默认散热器】对话框。进行散热器供暖计算时，在对话框中可设置散热器类型。进行水力计算时，可以计算散热器的片数。

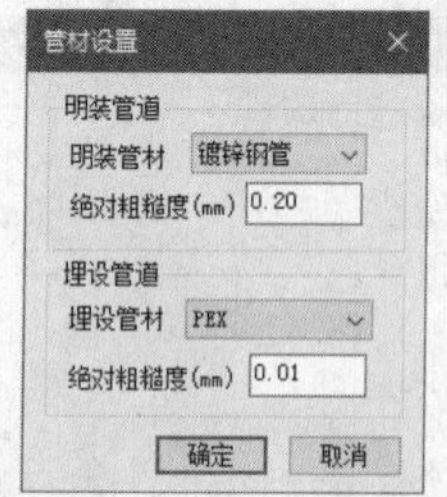

图 11-120 【管材设置】对话框

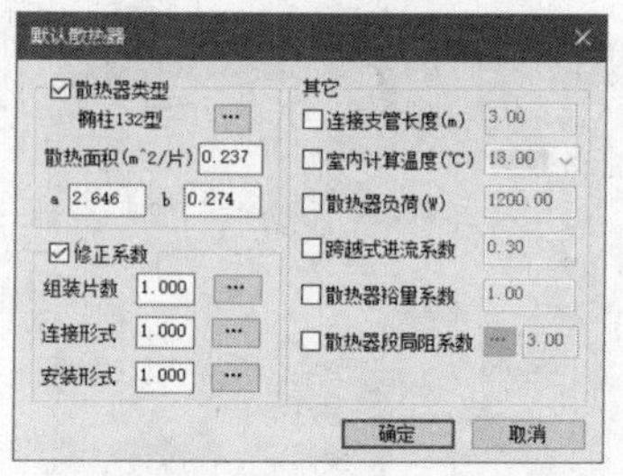

图 11-121 【默认散热器】对话框

“散热器类型”选项：选择该选项，在选项组中定义散热器的参数方便计算。也可以单击该选项组中的按钮[…]，弹出【天正散热器库】对话框，选择散热器来进行计算。

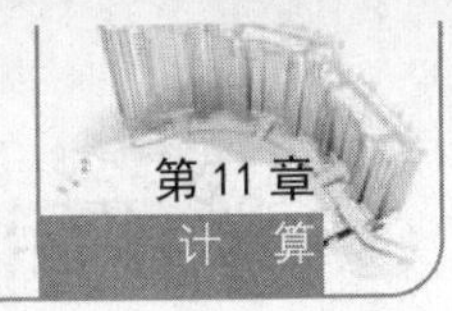

【天正散热器库】对话框中的散热器参数都是系统定义好的，用户也可自定义散热器的参数，扩充到散热器库中。在对话框中选定一行并右击，在弹出的快捷菜单中选择“新建行”选项，如图 11-122 所示，新建一个空白行，用户可在此定义散热器的参数，将其扩充至散热器库中。

图 11-122 【天正散热器库】对话框

“修正系数”选项组：在【默认散热器】对话框中选择“修正系数”选项。

单击“组装片数”选项后的按钮[…]，弹出如图 11-123 所示的【组装片数修正系数】对话框，其中显示了“组装片数”修正系数的设置范围。

单击“连接形式”选项后的按钮[…]，弹出如图 11-124 所示的【连接形式修正系数】对话框，其中显示了“连接形式”修正系数的设置范围。

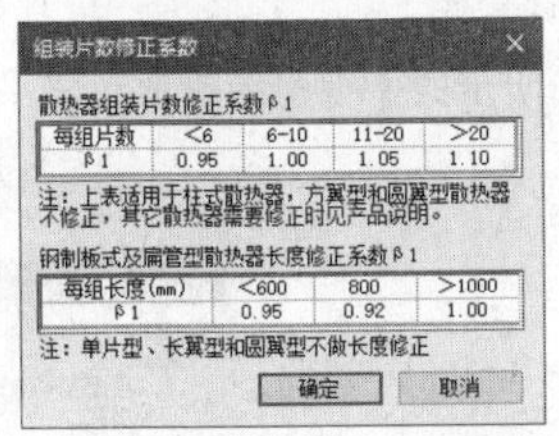

图 11-123 【组装片数修正系数】对话框

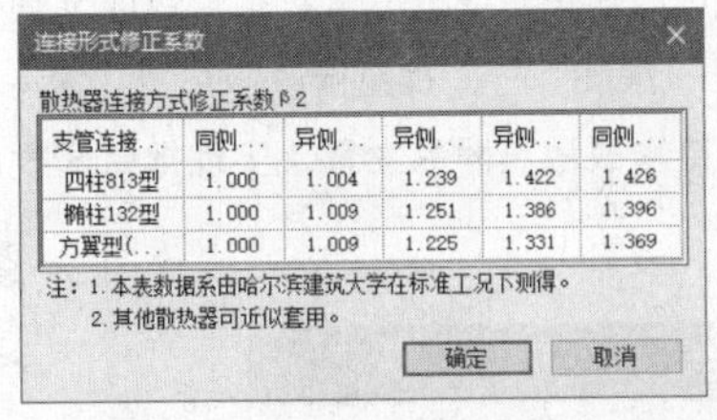

图 11-124 【连接形式修正系数】对话框

单击“安装形式”选项后的按钮[…]，弹出如**错误！未找到引用源。**所示的【安装形式修正系数】对话框，其中显示了各种安装方式的修正系数。

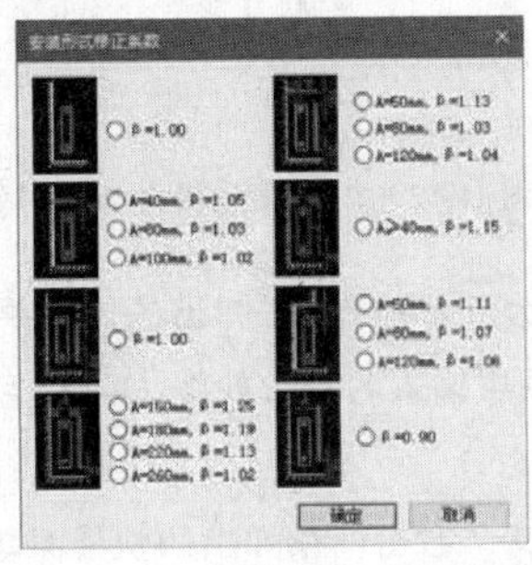

图 11-125 【组装形式修正系数】对话框

2. 修改完善系统模型

在“编辑”菜单中提供了各类编辑功能，包括删除、复制、粘贴等。在树视图中右击，在弹出的快捷菜单中也可选择相应的编辑命令，如图 11-126、图 11-127 所示。

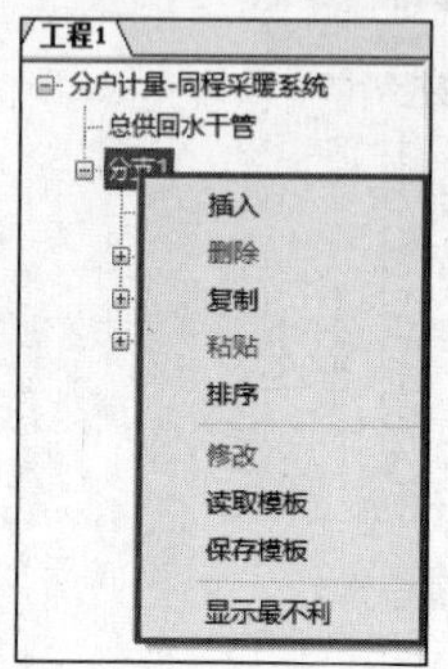

图 11-126 编辑命令

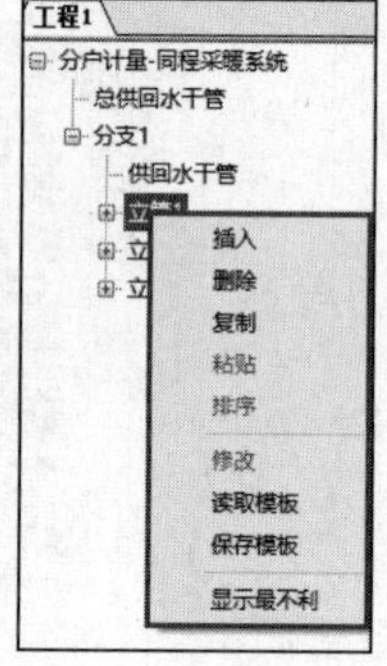

图 11-127 右键快捷菜单

❑ 修改

执行“编辑”→“修改”命令，弹出如图 11-128 所示的【修改楼层】对话框，在其中可修改散热器组数以及楼层号。

执行“编辑”→“批量修改立管”命令，弹出如图 11-129 所示的【批量编辑立管】对话框。在该对话框中，可选择待修改的立管，批量修改立管管径以及散热器支管管径。

执行“编辑”→“批量修改散热器”命令，弹出如图 11-130 所示的【批量编辑散热器】对话，在其中可选择待修改散热器的立管，实现批量修改散热器的目的。

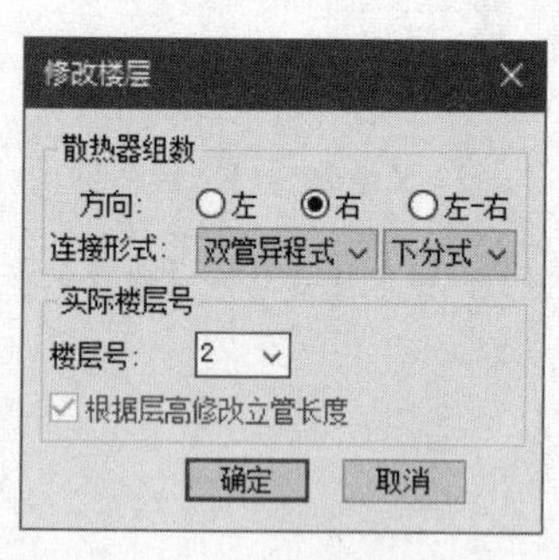

图 11-128 【修改楼层】对话框

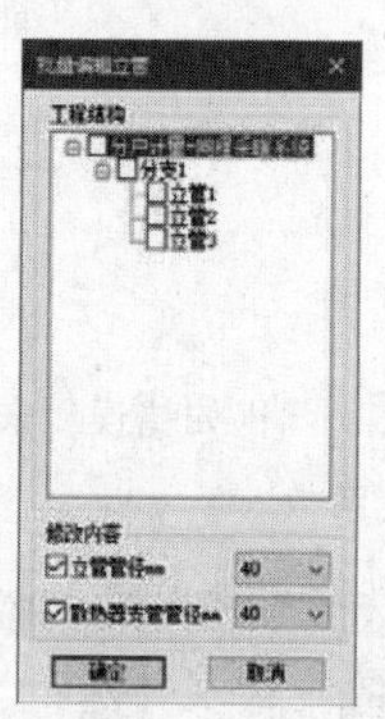

图 11-129 【批量编辑立管】对话框

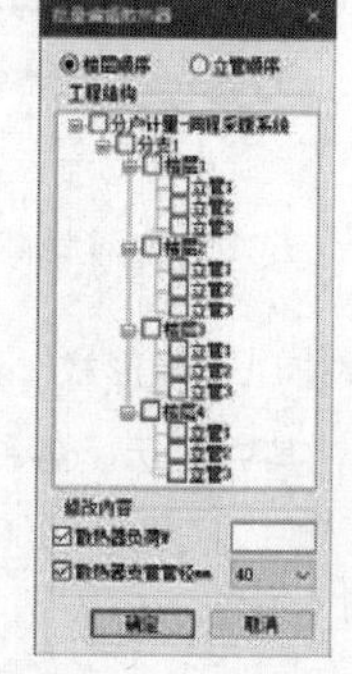

图 11-130 【批量编辑散热器】对话框

在树视图中选中要保存成模板的分支，右击，在弹出的快捷菜单中选中“保存模板”选项，弹出【模板设置】对话框，在“模板名称”选项中输入名称，如图 11-131 所示，单击“保存”按钮即可设置模板的名称。

在树视图中选中要读取模板的分支，右击，在弹出的快捷菜单中选中“读取模板”选项，弹出【模板设置】对话框。选中已保存的模板，如图 11-131 输入模板的名称所示，单击“打开”按钮即可将其打开。

执行“编辑”→“显示最不利”命令，框在原理图上显示最不利的环路，如图 11-133 所示的原理图

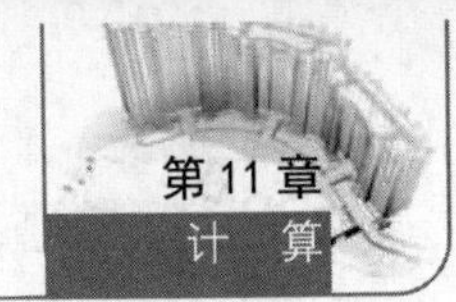

中，外围的环路显示为红色，是最不利的环路。

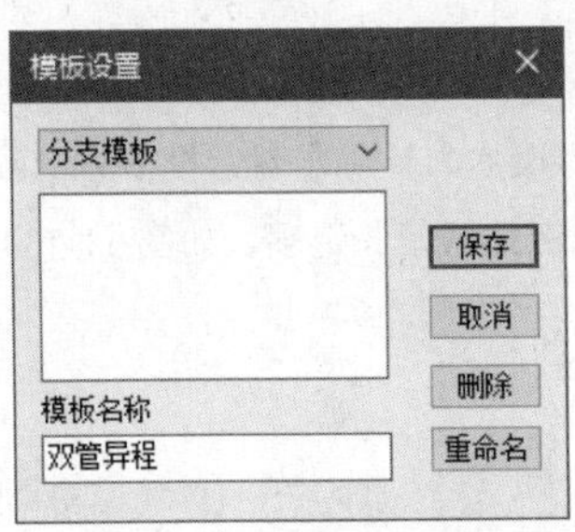

图 11-131 输入模板的名称

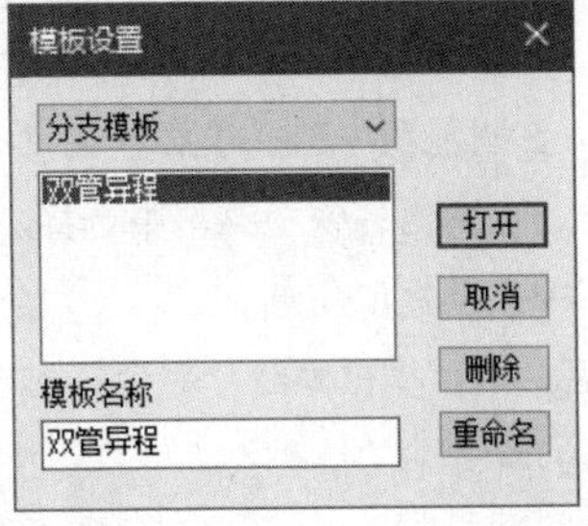

图 11-132 选中已保存的模板

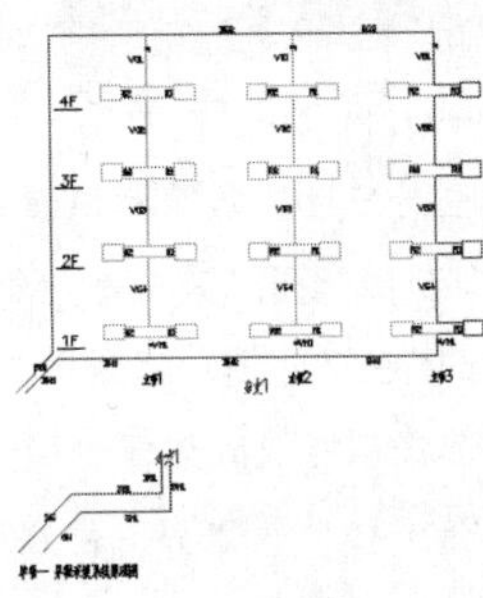

图 11-133 显示最不利的环路

执行“提图”菜单中的命令，可在天正平面图、系统图以及原理图的基础上，提取系统的结构以及管长、局阻系数、负荷等数据信息。

如果平面图、系统图以及原理图不是使用天正绘图软件绘制的，可以自定义数据，然后进行计算。

- 提取分支

在树视图上选中分支，右击，在弹出的快捷菜单中选中“提取分支”选项，可以在系统图或者原理图中提取信息。

命令行提示如下：

```
命令:
请选择分支供水管起始端:
请选择分支回水管终止端(选中回水管后可能需要一定的处理时间，请耐心等待):
确认选择(Y)或[重新选择(N)]:Y
已成功提取!
```

- 提取立管

在树视图上选中立管，右击，在弹出的快捷菜单中选择“提取立管”选项，可以在系统图或者原理图中直接提取信息。

命令行提示如下：

```
命令:
请选择立管供水管起始端:
请选择立管回水管终止端(选中回水管后可能需要一定的处理时间，请耐心等待):
确认选择(Y)或[重新选择(N)]:Y
已成功提取!
```

- 提取户分支

在分户计量供暖系统中，在树视图中选中户内分支后，右击，在弹出的快捷菜单中选择“提取户分支”选项，可以在平面图、系统图或原理图中直接提取信息。

命令行提示如下：

```
请选择分支供水管起始端:
请选择分支回水管终止端(选中回水管后可能需要一定的处理时间，请耐心等待):
```

确认选择(Y)或[重新选择(N)]:
已成功提取!

❑ 提取散热器段

在分户计量散热器供暖系统中，在树视图中选择楼层，在【天正供暖水力计算】对话框下方的数据表格中选择需要修改的散热器，右击，在弹出的快捷菜单中选择“提取散热器段”选项，如图 11-134 所示，可以在平面图、系统图或原理图中直接提取信息。

选择“提取散热器管段”选项后，对话框被隐藏，命令行提示如下：

请选择散热器分支供水管起始端:
请选择散热器分支回水管终止端:
确认选择(Y)或[重新选择(N)]:
已成功提取!

❑ 提取管段

在分户计量供暖系统中，在树视图中选取管段后，在【天正供暖水力计算】对话框下方的数据表格中选择需要修改的管段；右击，在弹出的快捷菜单中选择“提取管段”选项，如图 11-135 所示，可以在平面图、系统图或原理图中直接提取信息。

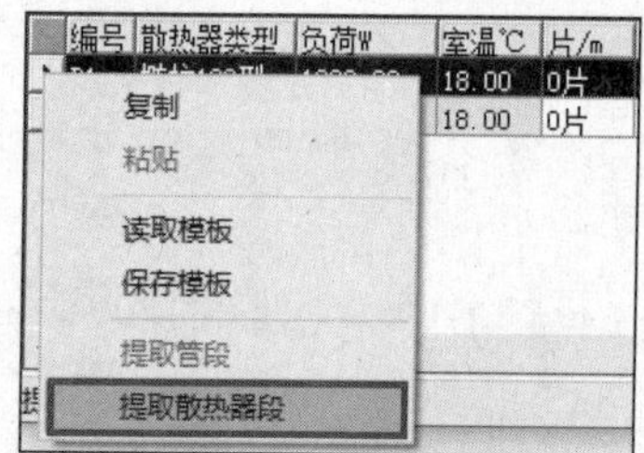

图 11-134 选择“提取散热器段”选项

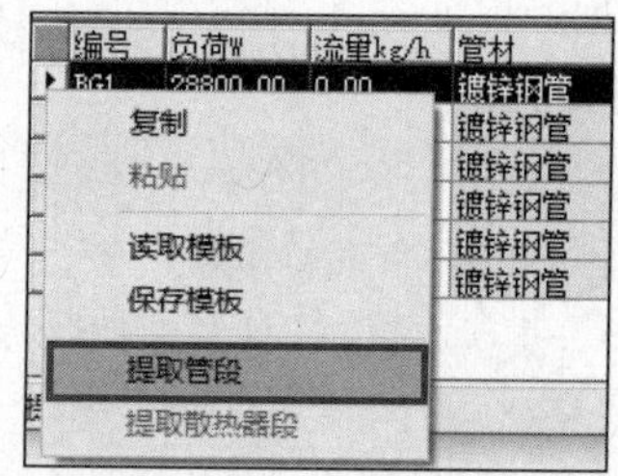

图 11-135 选择“提取管段”选项

选择“提取管段”选项后，对话框被隐藏，命令行提示如下：

请选择提取水管起始端:
确认选择(Y)或[重新选择(N)]:
已成功提取!

3. 完善图形数据，进行计算准备

在【天正供暖水力计算】对话框下方的表格（见图 11-136）中，有底纹的表列可以编辑数据。白色的表列为系统计算得到的数据，不可更改。其中，三通、四通、弯头和散热器等局部阻力系数可以选择系统默认值，不需修改。其他类型局部阻力系数需要手动修改。在“局阻系数”表列下单击单元格右边的矩形按钮，弹出如图 11-137 所示的【局部阻力设置】对话框，在其中可更改局部阻力参数。

编号	负荷W	流量kg/h	管材	管长m	管径mm	流速m/s	比摩阻Pa/m	沿程阻力Pa	局阻系数	局部阻力Pa	总阻力Pa
VG1	9600.00	0.00	镀锌钢管	2.00	0	0.00	0.00	0	1.50	0	0
VG2	9600.00	0.00	镀锌钢管	2.60	0	0.00	0.00	0	0.00	0	0
VG3	9600.00	0.00	镀锌钢管	2.60	0	0.00	0.00	0	0.00	0	0
VG4	9600.00	0.00	镀锌钢管	2.60	0	0.00	0.00	0	0.00	0	0
VH1	9600.00	0.00	镀锌钢管	2.00	0	0.00	0.00	0	1.50	0	0

图 11-136 数据表格

单击【局部阻力设置】对话框中“连接构件”选项后的按钮[...]，弹出如图 11-138 所示的【连接构件】对话框，在其中可更改连接构件的参数。

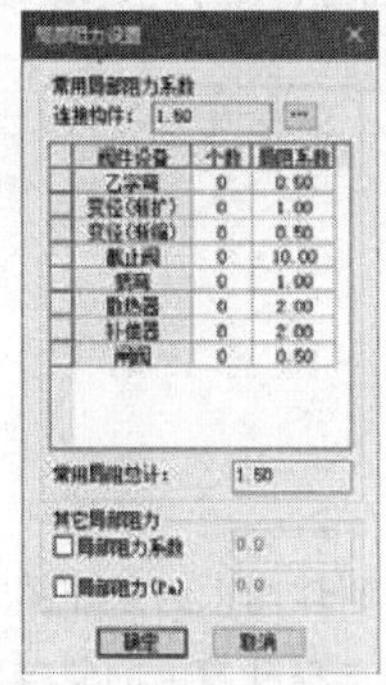

图 11-137 【局部阻力设置】对话框

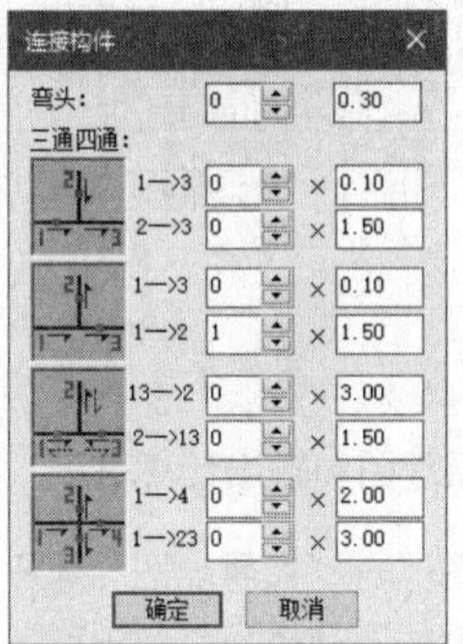

图 11-138 【连接构件】对话框

- 计算控制

执行“计算”→“计算控制”命令，弹出如图 11-139 所示的【计算控制设置】对话框，在其中可选择计算方法、比摩阻、公称直径、流速控制等参数。

- 计算方法有两种，分别是“等温降法”和“不等温降法”，只有“单管异程”系统可以选择计算方法。
- “经济比摩阻”参数和“公称直径控制”参数对于干管、立管和户内支路可分别设置。
- 在“流速控制”列表中，可以统一设置公称直径范围内的一系列管径。选中表行，在行首右击，在弹出的快捷菜单中选择选项，可对表行进行修改，如图 11-140 所示。

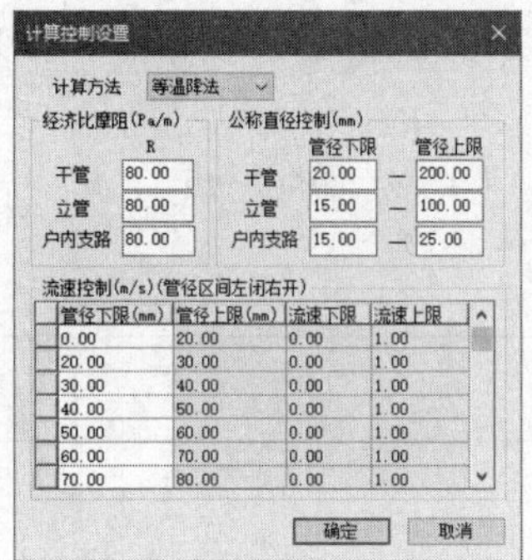

图 11-139 【计算控制设置】对话框

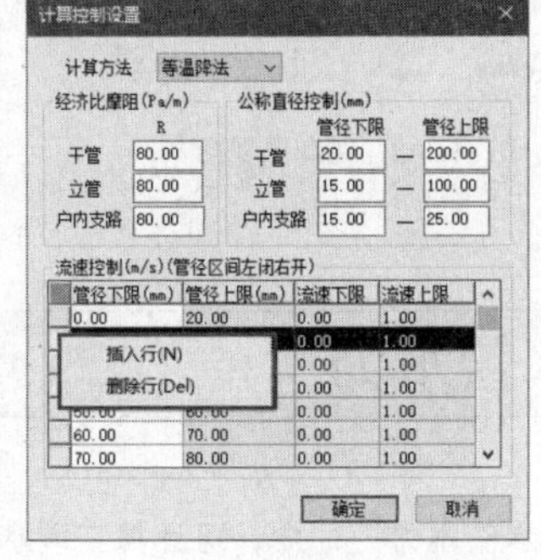

图 11-140 快捷菜单

- 设计计算

执行“计算”→“设计计算”命令，可以在未知管径的情况下进行计算，如根据已知条件，计算流量、管径、流速、沿程阻力、局部阻力、总阻力和不平衡率等。计算结果显示在【天正供暖水力计算】对话框下方的数据表格中，如图 11-141 所示。

- 校核计算

执行“计算”→“校核计算”命令，可以在管径已知的条件下进行计算。根据设计计算的结果，调整管径等参数后，可以进行校核计算，功能类似于复算。此外，校核计算命令还可以用来调试和诊断系统。

编号	负荷W	流量kg/h	管材	管长m	管径mm	流速m/s	比摩阻Pa/m	沿程阻力Pa	局阻系数	局部阻力Pa	总阻力Pa
VG1	9600.00	330.24	镀锌钢管	2.00	20	0.26	66.99	134	1.50	51	185
VG2	9600.00	330.24	镀锌钢管	2.60	20	0.26	66.99	174	0.00	0	174
VG3	9600.00	330.24	镀锌钢管	2.60	20	0.26	66.99	174	0.00	0	174
VG4	9600.00	330.24	镀锌钢管	2.60	20	0.26	66.99	174	0.00	0	174
VH1	9600.00	330.24	镀锌钢管	2.00	20	0.26	66.99	134	1.50	51	185

图 11-141　设计计算

4. 绘制原理图和输出计算书

执行“绘图”→“绘原理图”命令，在图中指定插入点，可绘制原理图，结果如图 11-142 所示。

执行“计算”→“输出计算书”命令，弹出【另存为】对话框，选择计算书的储存路径，可将计算结果以 Excel 的格式输出，结果如图 11-143 所示。

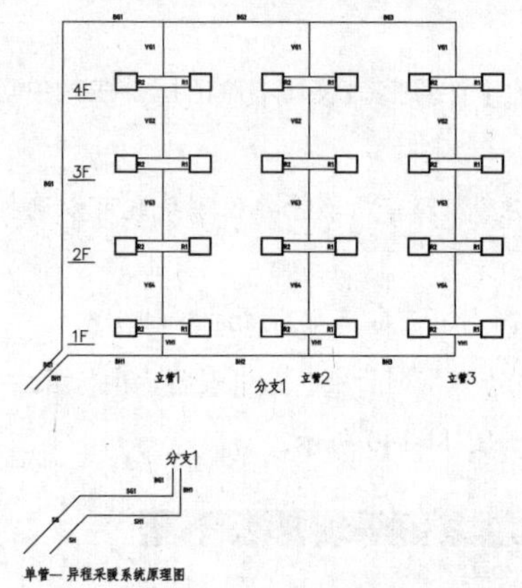

图 11-142　绘制原理图

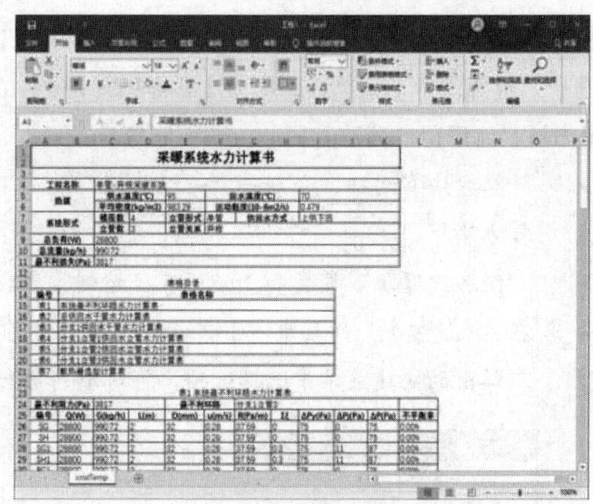

图 11-143　输出计算书

11.8 水管水力

调用“水管水力”命令，可计算空调水管水力。

“水管水力”命令的执行方式有以下几种：

- 命令行：在命令行中输入“SGSL”命令，按 Enter 键。
- 菜单栏：单击“计算”→“水管水力”命令。

下面介绍“水管水力”命令的操作方法。

在命令行中输入“SGSL”命令，按 Enter 键，弹出如图 11-144 所示的【天正空调水路水力计算】对话框。

该对话框界面介绍如下：

菜单栏：单击菜单栏上的选项，可在弹出的列表中调用命令。通过单击工具栏上的命令，按钮，也可以调用相应的命令。

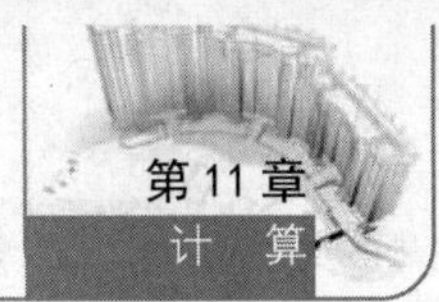

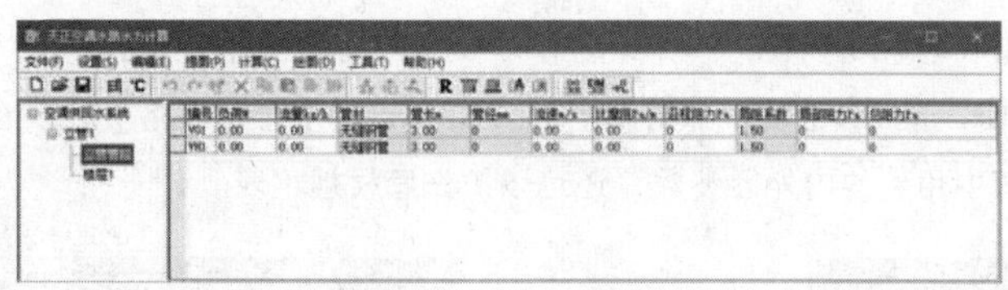

图 11-144 【天正空调水管水力计算】对话框

工具栏：显示常用命令的按钮，可通过工具菜单调整显示在工具栏上的命令。

树视图：显示计算系统的结构树，可执行“设置”→“系统形式”命令进行设置。

数据表格：显示计算所需的必要参数和计算结果。计算完成后，执行“计算”→“计算书设置”命令，可选择计算书的内容并输出计算书。

【文件】菜单：提供了保存、打开等多项命令。

“新建”选项：同时建立多个计算工程文档。

“打开”选项：打开文件中的水力计算工程，文件扩展名为.ssl。

“保存”选项：保存选中的水力计算工程。

【设置】菜单：在执行水力计算前，设置水力系统的各项参数（如系统形式、设计条件、管材规格等），如图 11-145 所示。

图 11-145 【设置】菜单

“系统形式”选项：选择该选项，弹出如**错误！未找到引用源。**所示的【系统形式】对话框，设置楼层数目、高度，调整供回水方式、立管数等。

“局阻设置”选项：选择该选项，弹出如图 11-147 所示的【局部阻力设置】对话框，设置各种类型水力设备的局阻数值。单击“三通 四通”选项后的矩形按钮…，在【连接构件】对话框中设置构件参数，如图 11-148 所示。

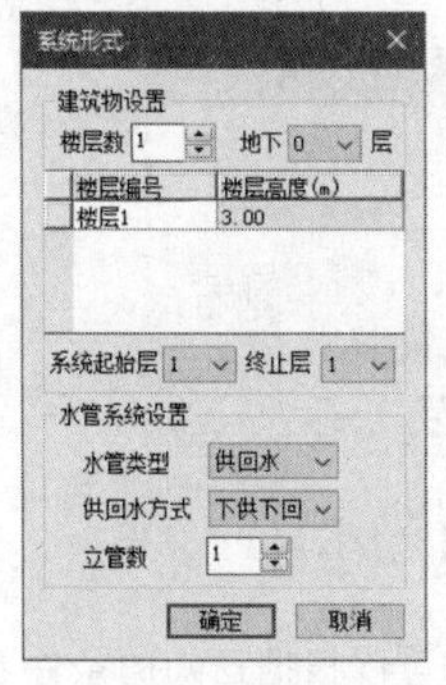

图 11-146 【系统形式】对话框

图 11-147 【局部阻力设置】对话框

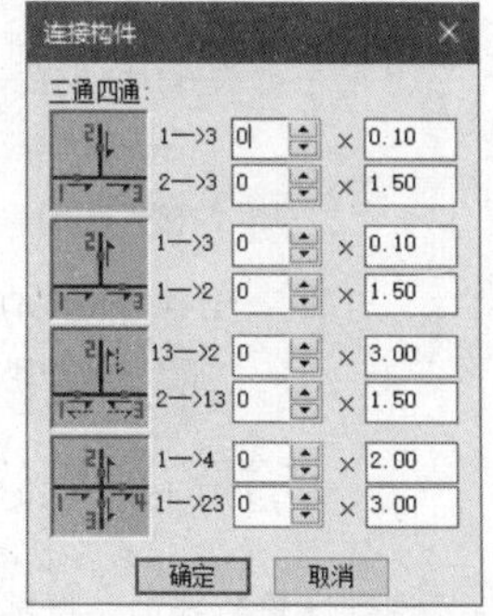

图 11-148 【连接构件】对话框

“设计条件”选项：选择该选项，弹出如图 11-149 所示的【设计条件】对话框，在其中可设置“冷

媒”“管材”“默认设备”等各项参数。

“管材规格”选项：选择该选项，弹出如图 11-150 所示的【管材规格】对话框，在其中可设置系统管材的管径，定义计算中用到的内外径参数，还可以扩充管材规格表。

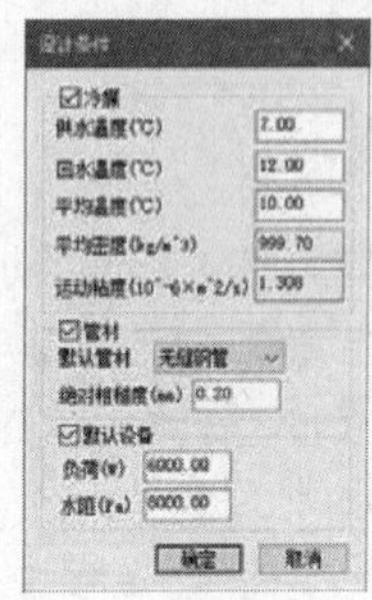

图 11-149 【设计条件】对话框

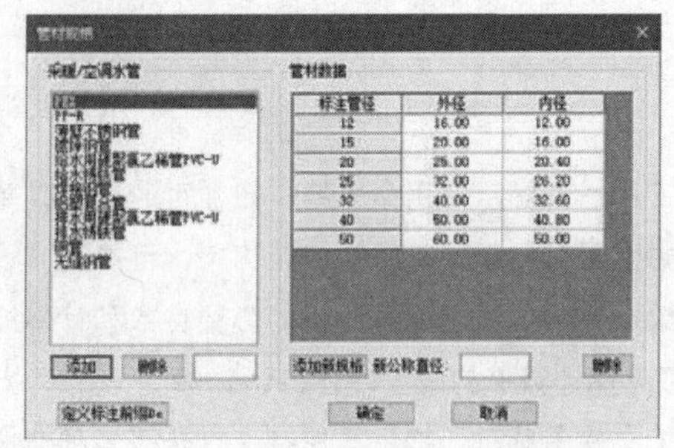

图 11-150 【管材规格】对话框

【编辑】菜单：提供了编辑树视图的功能。

【提图】菜单：单击该选项，在弹出的列表中选择选项（图 11-151），可提取相应的信息。在树视图中选择“楼层”结构，右击，在菜单中选择“提取楼层”命令，如图 11-152 所示，提取楼层信息。在不同的结构上右击，弹出的快捷菜单中的命令也不同。

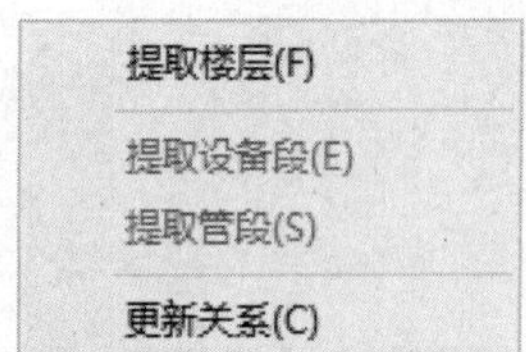

图 11-151 【提图】菜单

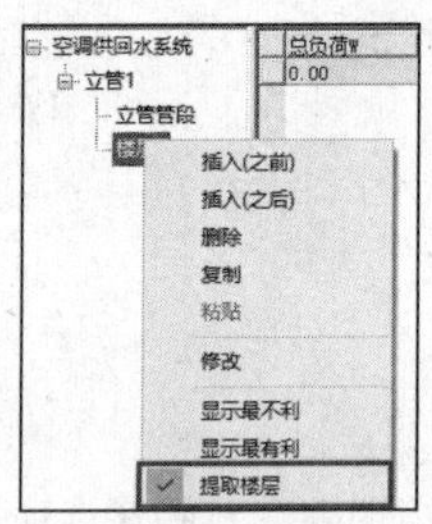

图 11-152 右键快捷菜单

【计算】菜单：提供了各种计算命令，如图 11-153 所示，

“计算控制”选项：选择该选项，弹出如图 11-154 所示的【计算控制】对话框，在其中可设置各项计算参数。

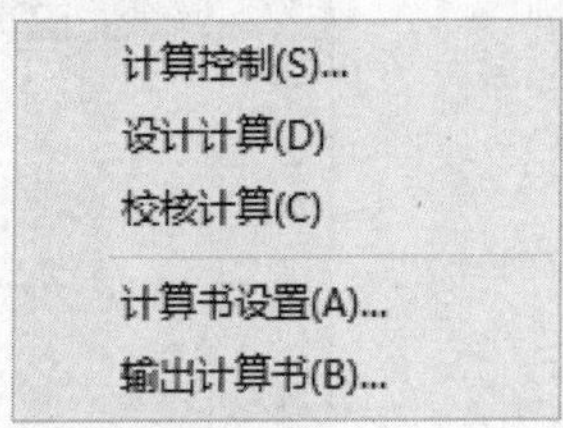

图 11-153 【计算】菜单

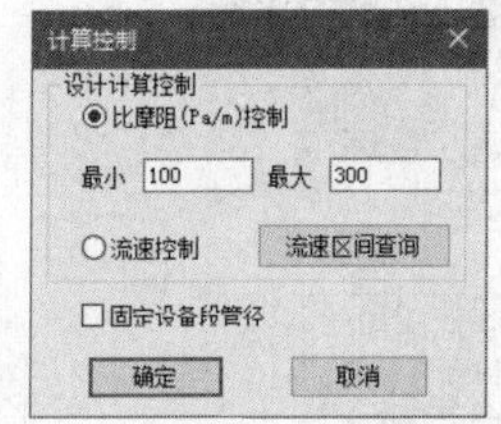

图 11-154 【计算控制】对话框

“设计计算”选项：选择该选项，可在管径未知的条件下进行计算。也可以根据已知的条件，计算流量、管径、流速、沿程阻力、局部阻力、总阻力和不平衡率等。

“校核计算”选项：选择该选项，可在管径已知的条件下进行计算。可根据计算得到的结果，调整

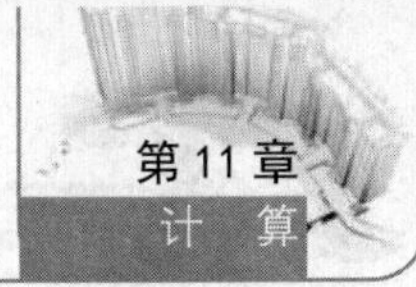

管径参数后，进行校核计算，类似于复算，校核计算同样可用于调试和诊断系统。

“计算书设置”选项：选择该选项，弹出如图 11-155 所示的【计算书设置】对话框，在其中可设置计算书的样式和所输出的内容。

“输出计算书”选项：选择该选项，弹出如图 11-156 所示的【另存为】对话框，在其中可设置计算书的储存路径，单击“保存”按钮输出计算书。

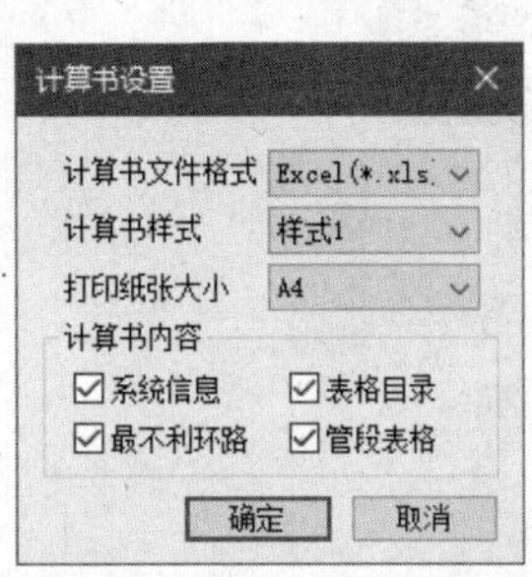

图 11-155　【计算书设置】菜单

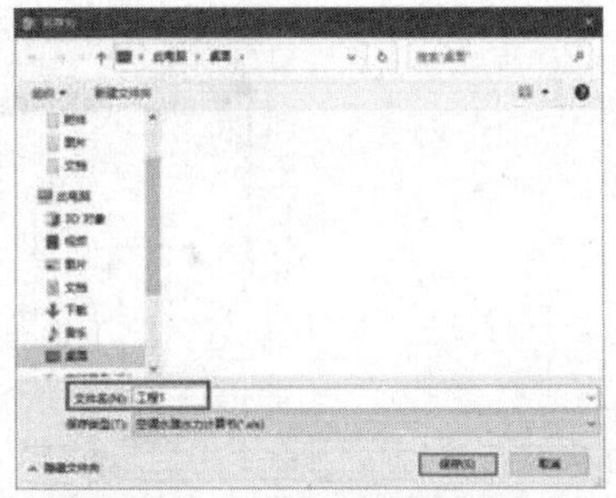

图 11-156　【另存为】对话框

【绘图】菜单：在菜单中提供“隐藏窗口”“更新原图”“选取管段”命令，如图 11-157 所示。选择命令，按照命令行提示执行操作。

“更新原图”选项：选择该选项，将计算得到的管径等参数返回原图，可以直接进行管径标注等工作。

“选取管段”选项：选择该选项，在选取图上的管段后，在计算结果的数据表格中高亮显示相应的数据。

【工具】菜单：选择该选项，在弹出的快捷菜单中显示各种快捷命令选项，如图 11-158 所示。选择或取消选择其中的选项，可控制其是否在工具栏上显示。

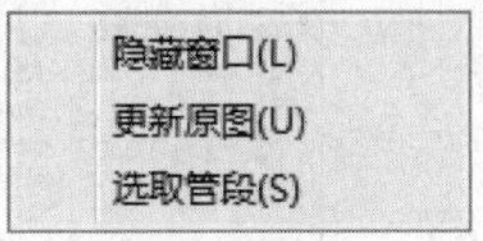

图 11-157　【绘图】菜单

图 11-158　【工具】菜单

水管水力的计算步骤如下：

1）执行“设置”→“系统形式”命令，设置系统结构。

2）执行【编辑】菜单和【提图】菜单中的相应命令，修改并完善系统模型。

3）完善数据，着手进行计算。

4）执行“计算”→“输出计算书”命令，输出计算书。

11.9 水力计算

调用“水力计算”命令，可计算风管水力和水管水力。

“水力计算”命令的执行方式有以下几种：

➢ 命令行：在命令行中输入“SLJS”命令，按 Enter 键。

➢ 菜单栏：单击“计算”→“水力计算”命令。

下面介绍“水力计算”命令的操作方法。

在命令行中输入“SLJS”命令，按 Enter 键，弹出如图 11-159 所示的【天正水力计算工具】对话框。

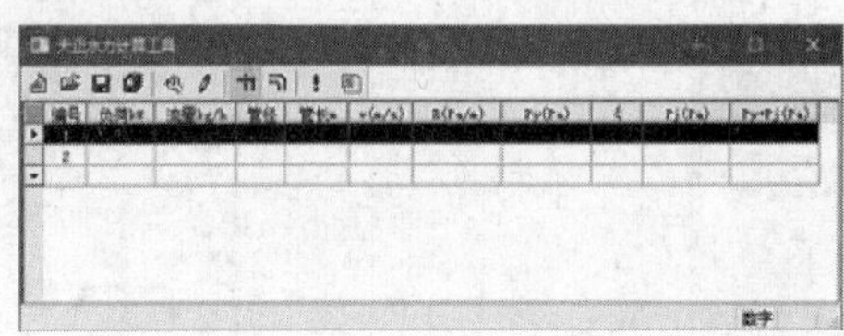

图 11-159 【天正水力计算工具】对话框

双击表格行首的▶，命令行提示如下：

选择提取的水管段： //在图中选择待计算的水管管段，系统可将数据返回对话框中。

单击按钮❗，即可计算出其他未知的参数，结果如图 11-160 所示。

编号	负荷W	流量kg/h	管径	管长m	v(m/s)	R(Pa/m)	Py(Pa)	ξ	Pj(Pa)	Py+Pj(Pa)
1	1100	37.84	20	10	0.03	1.00	10	5	2	12

图 11-160 计算结果

【天正水力计算工具】对话框中各功能选项的含义如下：

➢ “新建工程”按钮：单击该按钮，可将工程保存至指定位置，文件扩展名为.slc。

➢ “打开工程”按钮：单击该按钮，可打开已储存的工程。

➢ “参数设置”按钮：单击该按钮，弹出如

➢ 图 11-161 所示的【参数设置】对话框，在其中可定义计算的各项参数。

➢ “统计”按钮：单击该按钮，在对话框的左侧弹出列表，如图 11-162 所示，在其中可统计每个管段的总阻力。

➢ “水管计算”按钮：单击该按钮，可计算水管的水力。

➢ “风管计算”按钮：单击该按钮，可计算风管的水力。命令行提示“选择提取的风管段:”，在图中选定待计算的风管，可在对话框中根据风管的参数来计算其他各项参数。

➢ “计算”按钮❗：单击该按钮，通过给出的已知数据，可计算其他的未知参数。

➢ “计算书输出”按钮：单击该按钮，可将计算结果以 Excel 的格式输出。

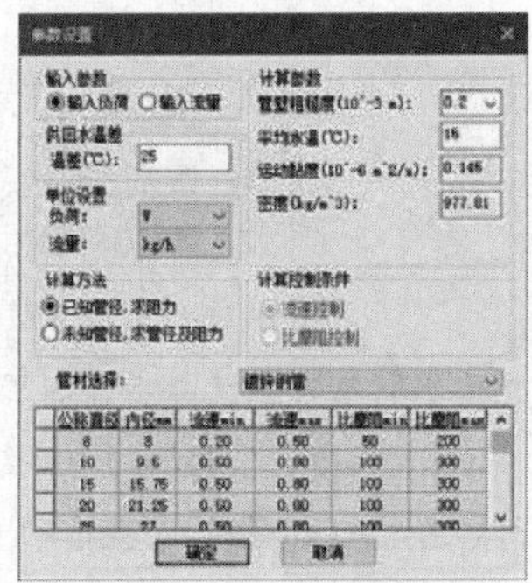

图 11-161 【参数设置】对话框

管道编号	Py+Pj(Pa)

编号	负荷W	流量kg/h	管径	管长m	v(m/s)	R(Pa/m)	Py(Pa)	ξ	Pj(Pa)	Py+Pj(Pa)
1	1100	37.84	20	10	0.03	1.00	10	5	2	12

图 11-162 计算列表

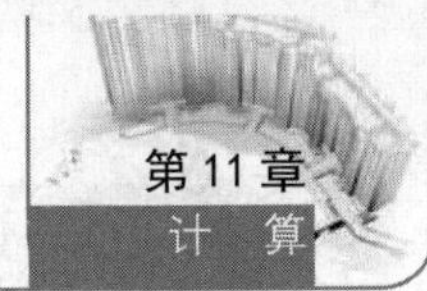

11.10 风管水力

调用“风管水力”命令，可计算风管的水力。通过提取风管平面图或系统图的信息进行计算，在编辑数据的同时可亮显管段，实现数据与图形相结合，同时计算结果可赋值到图形上进行标注。

“风管水力”命令的执行方式有以下几种：

- 命令行：在命令行中输入“FGSL”命令，按 Enter 键。
- 菜单栏：单击“计算”→“风管水力”命令。

在命令行中输入“FGSL”命令，按 Enter 键，弹出如图 11-163 所示的【天正风管水力计算】对话框。

【天正风管水力计算】对话框介绍如下：

【文件】菜单：提供了新建工程、打开工程、保存工程等买了，工程名称的扩展名为.fsl。

选择菜单中的“退出”选项，可退出风管水力计算程序。

【设置】菜单：设置计算参数，如图 11-164 所示。

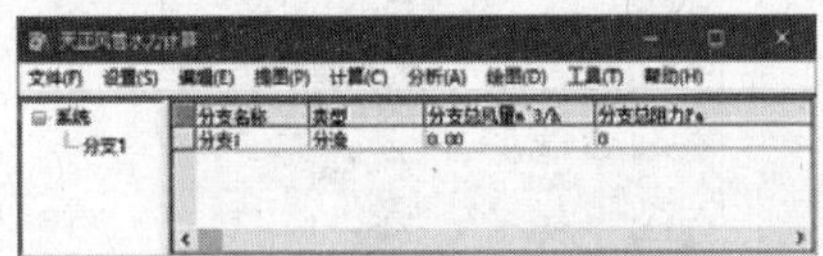

图 11-163 【天正风管水力计算】对话框

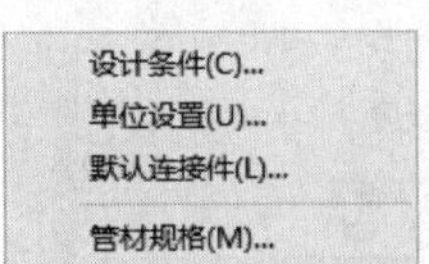

图 11-164 【设置】菜单

“设计条件”选项：选择该选项，弹出如图 11-165 所示的【设计条件】对话框，在其中可设置工程计算所需要的参数，其中包括如下几项。

- “标准大气压下空气参数”选项：该参数由于是计算中需要用到的参数，需要在计算前进行设置。
- “管道设置”选项：该参数可以不预先设置，因为在程序提取图形时可以自动识别管道的截面。
- “系统设置”选项：设置系统样式，有分流、合流两种方式。由于是计算中需要用到的参数，需要在计算前进行设置。
- “连接件局阻设置方式”选项：默认为“自动计算”方式，即在提取图形后，可以根据图形自动判断连接关系，同时进行“局阻系数”计算。选定“手动设置”方式，在提取图形后，需要手动设置各管段的“局阻系数”来完成计算。

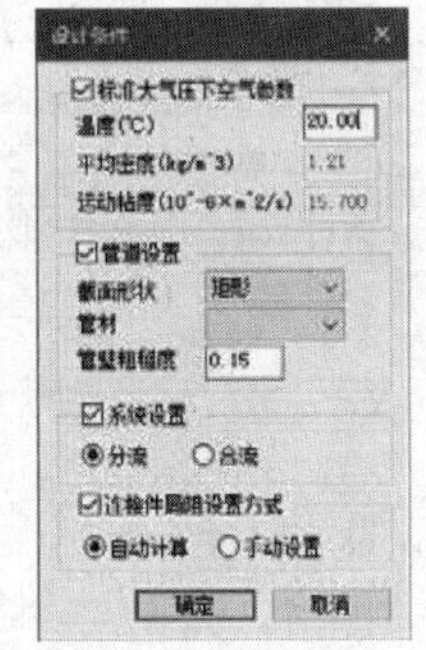

图 11-165 【设计条件】对话框

“单位设置”选项：选择该选项，弹出如图 11-166 所示的【单位设置】对话框，在其中可设置计算单位。

“默认连接件”选项：选择该选项，弹出如图 11-167 所示的【默认连接件】对话框，在其中可选择默认连接件的样式，有矩形和圆形两种样式可供选择。

“管材规格”选项：选择该选项，弹出如图 11-168 所示的【风管设置】对话框，在其中可设置风管

的各项参数。

【编辑】菜单：包括常用的编辑功能。

- “撤销”选项：撤销上一步的操作。
- “恢复”选项：恢复已做操作。
- “插入”选项：插入分支。
- “删除”选项：删除选中的分支。
- “复制”选项：复制系统或分支。
- “粘贴”选项：粘贴或复制选中的系统或分支。
- “统一编号”选项，选择该选项，弹出如图 11-169 所示的【统一编号】对话框，在其中可重新排列序号。

【提图】菜单：提供了执行提取图形的命令，如图 11-170 所示。

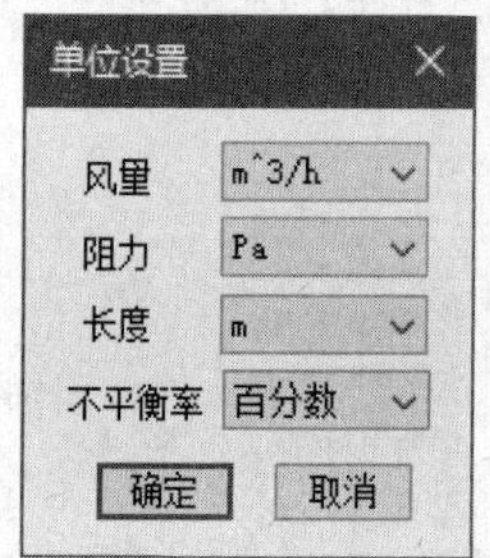

图 11-166 【单位设置】对话框

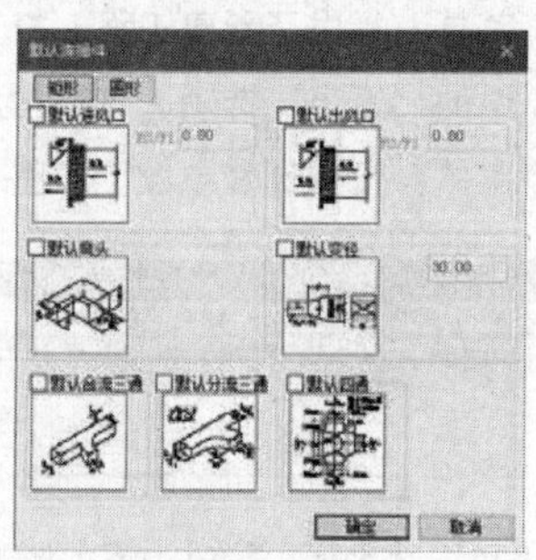

图 11-167 【默认连接件】对话框

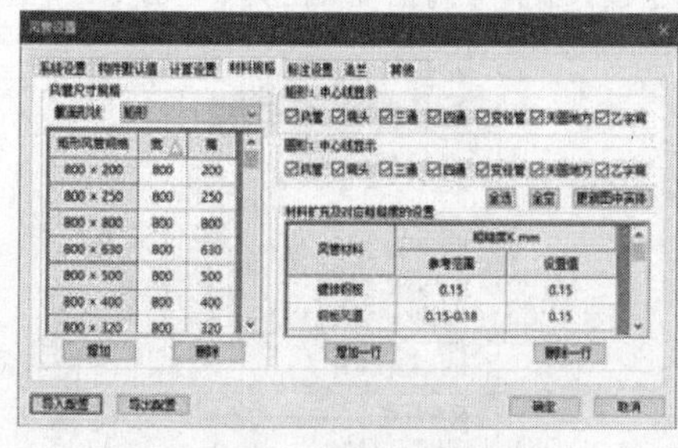

图 11-168 【风管设置】对话框

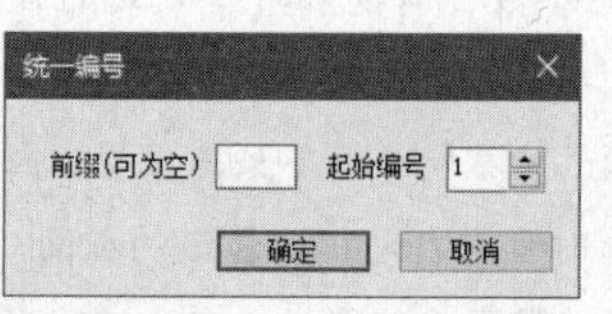

图 11-169 【统一编号】菜单

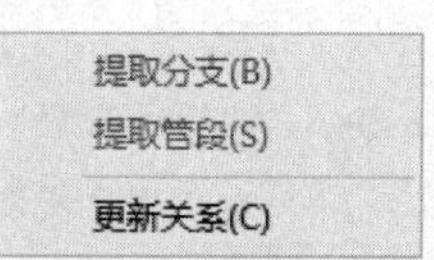

图 11-170 【提图】菜单

- “提取分支”选项：选择该选项，可在图中提取风管。在树视图中选中分支，右击，在弹出的快捷菜单中选择“提取分支”命令，也可执行提取风管的操作。
- “提取管段”选项：选择该选项，与参数相对应的管段在图中闪烁，表明已被提取。在参数行首右击，在弹出的快捷菜单中也可以选择“提取管段”命令，如图 11-171 所示。

【计算】菜单：提取图形后，表明数据信息建立完毕，可通过该菜单命令（图 11-172）来进行计算。

- “计算控制”选项：选择该选项，弹出如图 11-173 所示的【计算控制】对话框，在其中可选择计算方法，并设置计算参数。
- “设计计算”选项：选择该选项，在管径未知的条件下，可根据其他已知的条件，计算流量、管径、流速、沿程阻力、局部阻力、总阻力和不平衡率等。

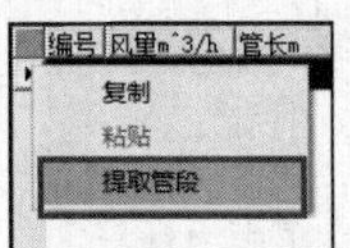

图 11-171 快捷菜单

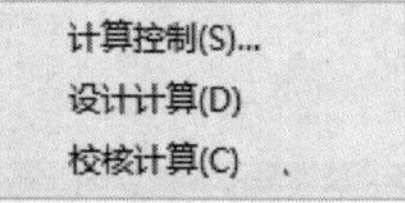

图 11-172 【计算】菜单

➢ “校核计算”选项：选择该选项，在管径已知的条件下进行计算。可根据计算的结果，调整管径参数后进行校核计算，类似于复算。校核计算同样可以用于调试和诊断系统。

【分析】菜单：通过了显示“最不利”与“输出计算书”的命令，如图 11-174 所示。

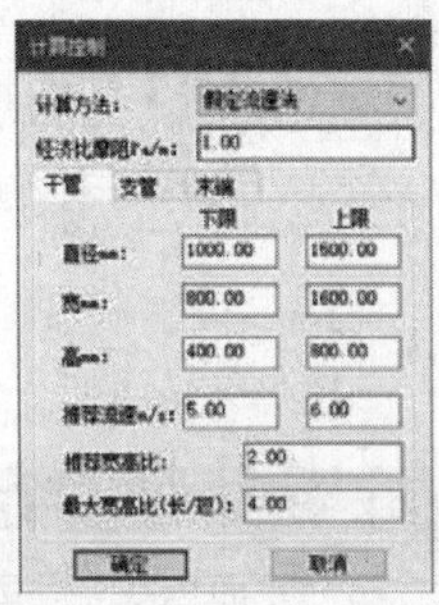

图 11-173 【计算控制】对话框

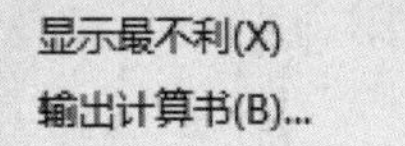

图 11-174 【分析】菜单

➢ “显示最不利”选项：计算完成后，选择该选项，可显示最不利的管路。在树视图上选中分支，在其右键快捷菜单中也可选中该命令。

➢ “输出计算书”选项：选择该选项，弹出【另存为】对话框。指定储存路径，可将计算结果以 Excel 的格式输出。

【绘图】菜单：可将计算得到的数据赋到原图中，如图 11-175 所示。

➢ “隐藏窗口”选项：选择该选项，暂时隐藏【天正风管水力计算】对话框，方便查看.dwg 图纸的信息。

➢ “更新原图”选项：计算后选择该选项，将计算后的数据返回图中。

➢ “选取管段”选项：在编辑管段数据时，可通过此命令选择.dwg 图纸上的管段，对话框中与被选管段相对应的数据显示为选中状态。

【工具】菜单：包括“工程标签”和“选项”两个选项，如图 11-176 所示，可对文档显示和提取图形的参数进行设置。

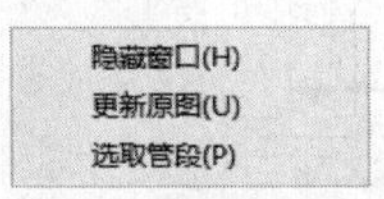

图 11-175 【绘图】菜单

图 11-176 【工具】菜单

➢ “工程标签”选项：选择该选项，工程以文档标签的样式显示，如图 11-177 所示。

➢ “选项”选项：选择该选项，弹出如图 11-178 所示的【选项】对话框，在其中可设置各项参数。

下面说明“风管水力”命令的操作方法。

01 按 Ctrl+O 组合键，打开配套资源提供的“第 11 章\ 11.10 风管水力.dwg”素材文件，结果如图 11-179 所示。

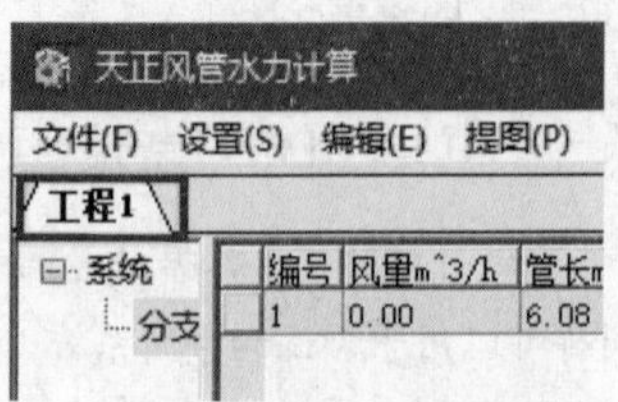

图 11-177　文档标签

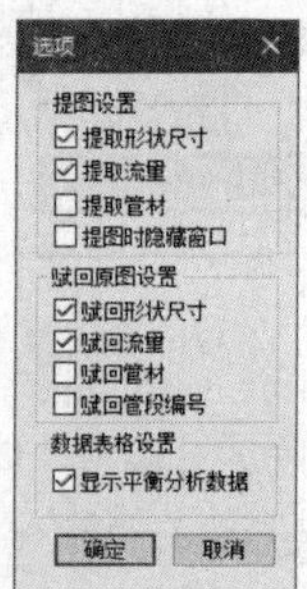

图 11-178　【选项】对话框

02 在命令行中输入“FGSL”命令，按 Enter 键，弹出【天正风管水力计算】对话框，如图 11-179 打开素材文件所示。

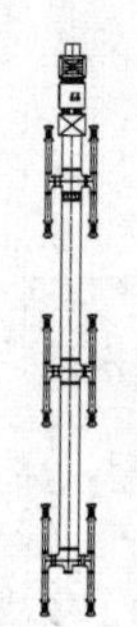

图 11-179　打开素材文件

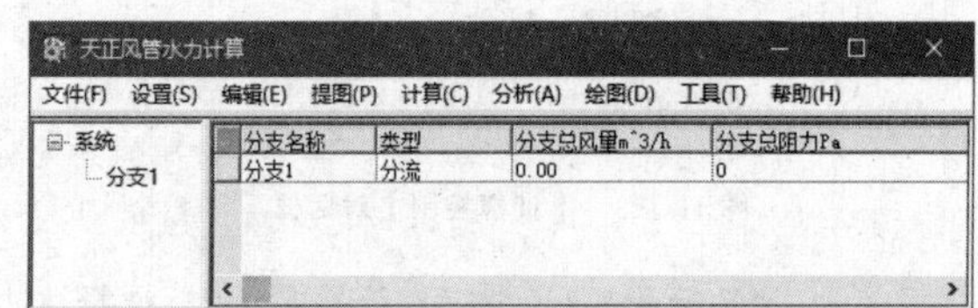

图 11-180　【天正风管水力计算】对话框

03 在树视图上选择“分支 1”选项并单击鼠标右键，在弹出的快捷菜单中选择“提取分支”选项，如图 11-181 所示。

04 在图中选择风管的起始端，命令行提示如下：

```
请选择风管起始端:                //如图 11-182 所示。
确认选择(Y)或[重新选择(N)]:      //按 Enter 键完成提取操作。
已成功提取!
```

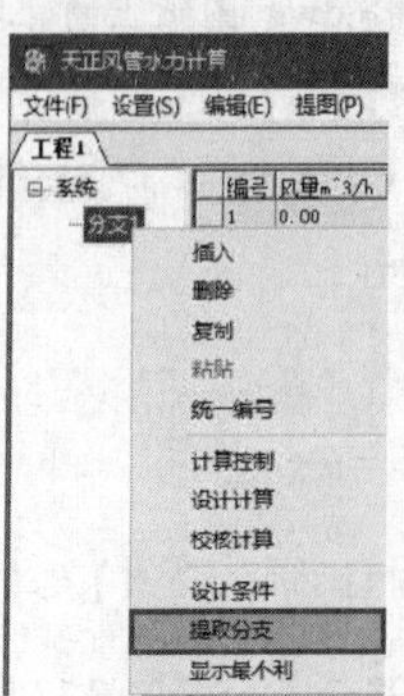

图 11-181　快捷菜单

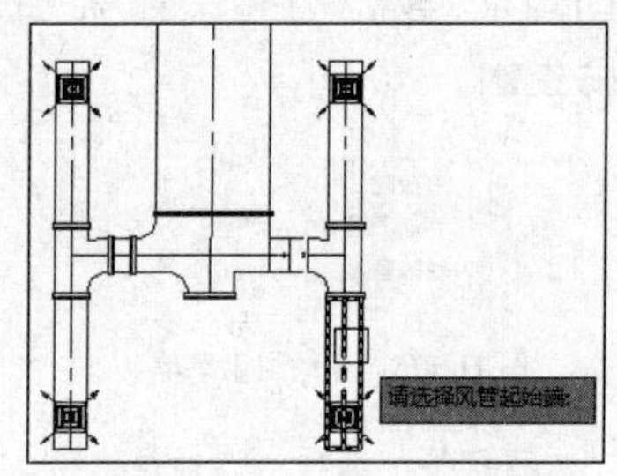

图 11-182　选择风管起始端

05 此时所提取的风管的参数显示在【天正风管水力计算】对话框中，如图 11-183 所示。

06 执行“计算”→“设计计算”命令，系统根据所提取的参数进行水力计算，结果如图 11-184 所示。

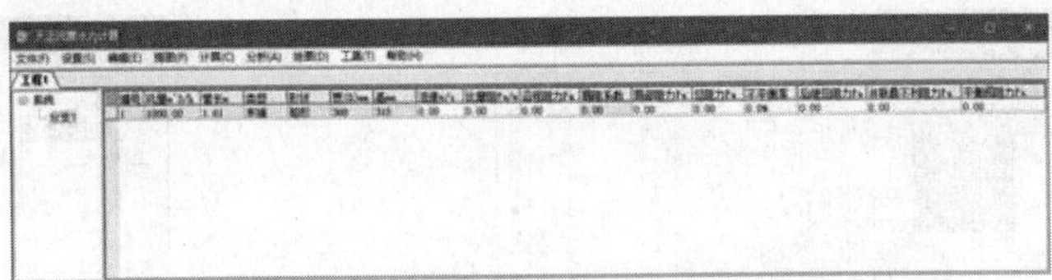

图 11-183　提取的风管参数

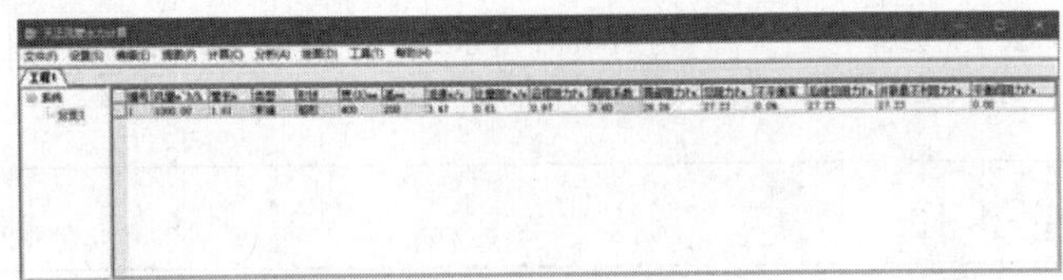

图 11-184　计算结果

07 执行“分析”→“输出计算书”命令，弹出【另存为】对话框，在其中设置文件名称及保存路径，如图 11-185 所示。

08 计算结果以 Excel 的格式输出，结果如图 11-186 所示。

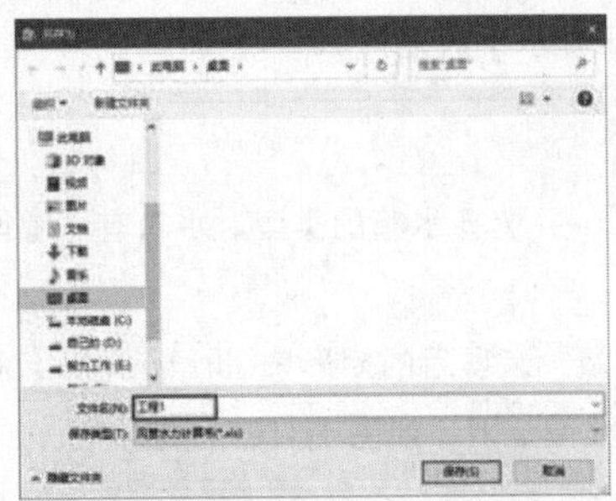

图 11-185　【另存为】对话框

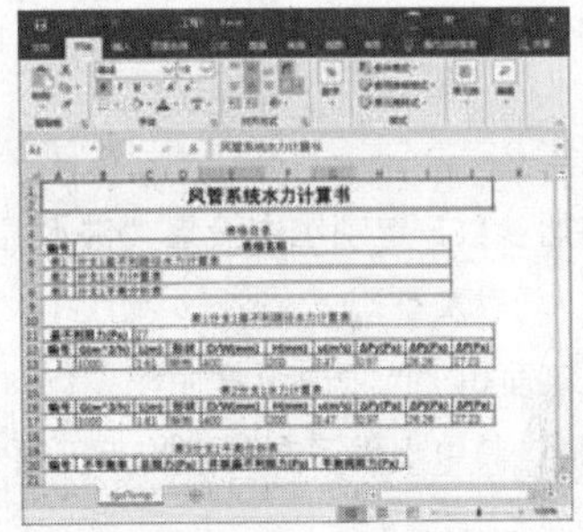

图 11-186　计算书

11.11 结果预览

执行“风管水力”命令后，计算数据会赋到图上。通过“结果预览”命令，可预览各个管段的相关参数。

“结果预览”命令的执行方式有以下几种：

➢ 命令行：在命令行中输入“JGYL”命令，按 Enter 键。

➢ 菜单栏：单击“计算”→“结果预览”命令。

下面介绍“结果预览”命令的操作方法。

在命令行中输入“JGYL”命令，按 Enter 键，弹出如图 11-187 所示的【结果预览】对话框，默认显示“流速范围”参数，此时风管根据对话框中设定的颜色来显示不同流速的风管，如图 11-188 所示。

选择“比摩阻范围”选项，将显示“比摩阻范围”参数，如图 11-189 所示。

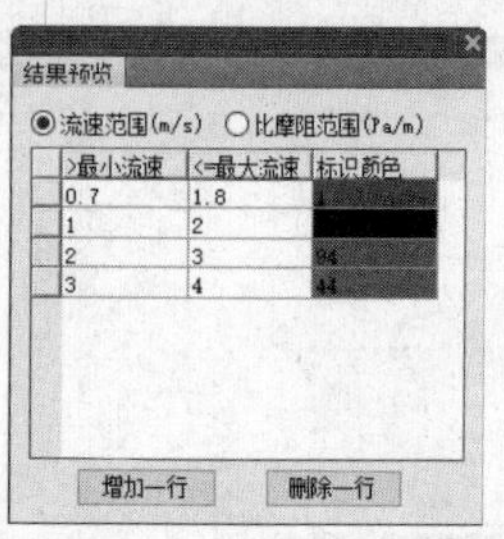

图 11-187 【结果预览】对话框

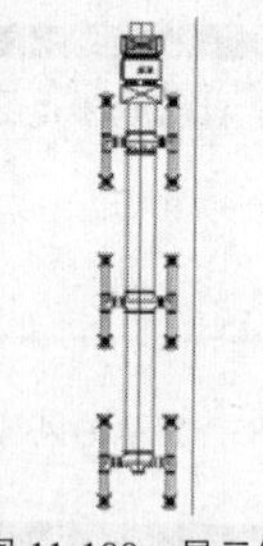

图 11-188 显示结果

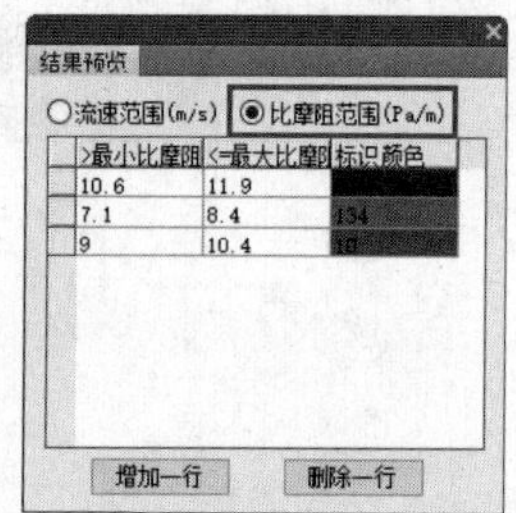

图 11-189 选择“比摩阻范围”选项

11.12 定压补水

调用“定压补水”命令，可为定压补水系统选择适合的水箱或气压罐。

“定压补水”命令的执行方式有以下几种：

- 命令行：在命令行中输入“DYBS”命令，按 Enter 键。
- 菜单栏：单击“计算”→“定压补水”命令。

执行“定压补水”命令，弹出如图 11-190 所示的【定压补水】对话框。

1. 选择水箱

在“初始参数”选项组中设置“供水温度”“回水温度”，并选择水箱的类型。水箱有“圆型水箱”“方型水箱”两种类型。

在“建筑面积”选项中设置面积参数，单击“单位水容量”选项后的矩形按钮…，弹出【系统的水容量】对话框，其中提供了在不同的运行制式下水容量的参数值范围，如图 11-191 所示。

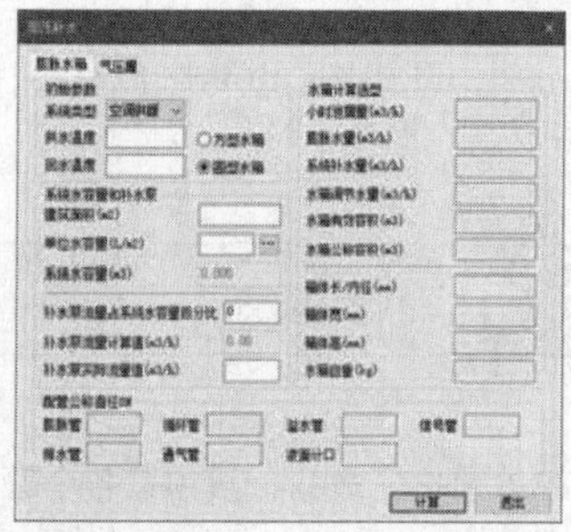

图 11-190 【定压补水】对话框

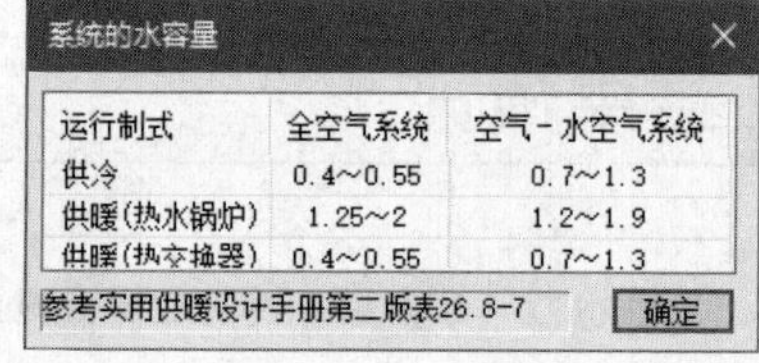

图 11-191 【系统的水容量】对话框

分别在“初始参数”“系统水容量和补水泵”选项组中设置参数，单击“计算”按钮，即可执行计算操作，结果如图 11-192 所示。

选择“方型水箱”选项，各项参数保持不变，单击“计算”按钮，弹出【膨胀水箱尺寸】对话框，提示用户选择与容积相对应的水箱尺寸，如图 11-193 所示。单击选择水箱尺寸，双击可将尺寸反映至对话框中。

2. 选择气压罐

选择“气压罐”选项卡，分别设置“初始参数”“系统水容量和补水泵”选项组中的参数，单击“计算”按钮执行计算操作，结果如图 11-194 所示。

在“系统类型”选项中选择其他类型的系统，如选择“空调供暖”系统，需要修改“供水温度”“回水温度”参数，否则系统会弹出【注意】对话框，提示用户修改参数，如图 11-195 所示。

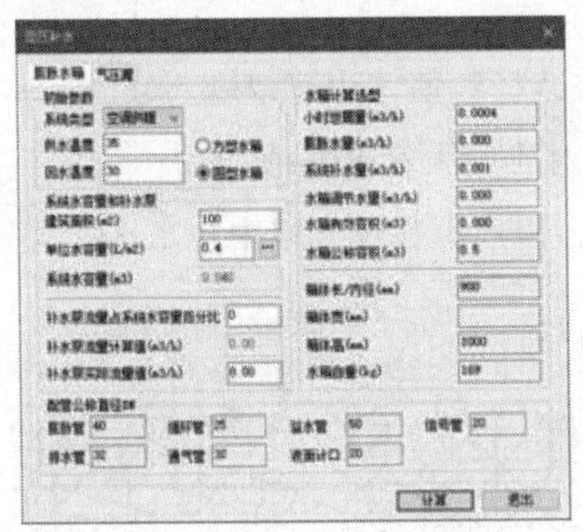

图 11-192　计算结果

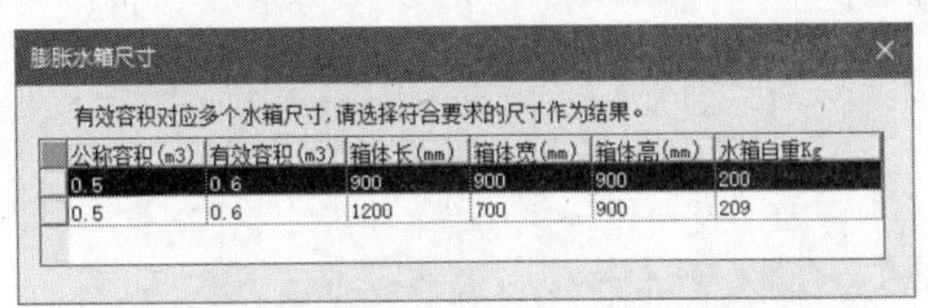

图 11-193　【膨胀水箱尺寸】对话框

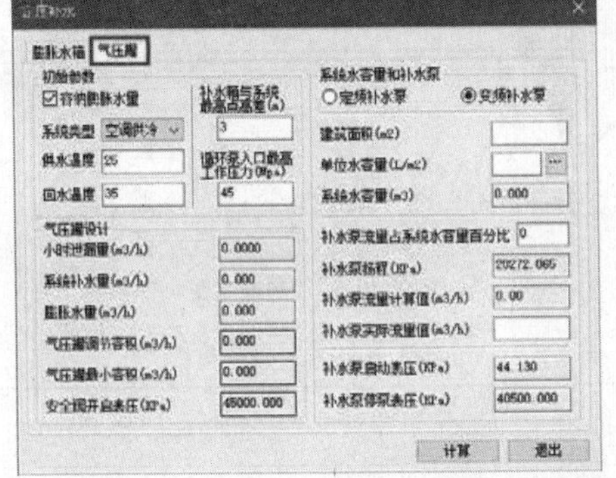

图 11-194　选择“气压罐”选项卡

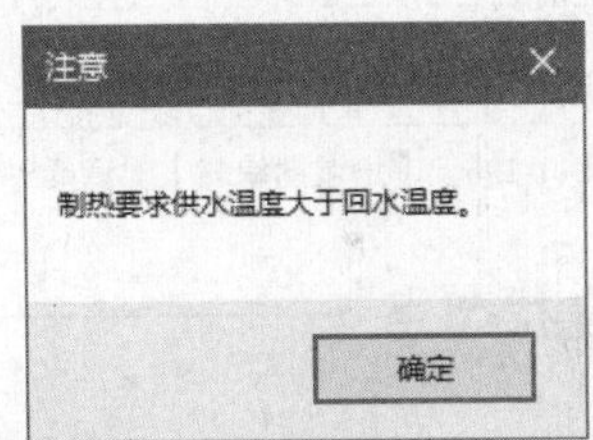

图 11-195　【注意】对话框

11.13 焓湿图分析

本节介绍与焓湿图有关的知识，包括绘制焓湿图、在焓湿图上创建状态点，以及进行风盘计算和回风计算等。

11.13.1 绘焓湿图

调用“绘焓湿图”命令，通过自定义参数来绘制焓湿图。

“绘焓湿图”命令的执行方式有以下几种：

- 命令行：在命令行中输入“HHST”命令，按 Enter 键。
- 菜单栏：单击“计算”→“绘焓湿图”命令。

下面介绍“绘焓湿图”命令的操作方法。

在命令行中输入“HHST”命令，按 Enter 键，命令行提示如下：

```
命令:HHST↙
```

输入插入点：　　　　　　//在图中选取插入点，弹出【焓湿图编辑】对话框。

在对话框中设置参数如图 11-196 所示，单击“确定”按钮，绘制焓湿图，结果如图 11-197 所示。双击焓湿图，弹出【焓湿图编辑】对话框，在其中可编辑修改焓湿图的参数。

【焓湿图编辑】对话框介绍如下：

“大气压力”选项：单击该选项，可在弹出的下拉列表中选择数值，也可以输入数值。单击后面的选项，在弹出的下拉列表中选择城市，系统会自动加载与之相对应的大气压力值。

列表中“等温线”“等相对湿度线”等的间隔、颜色参数，用户可在单元格中自定义。

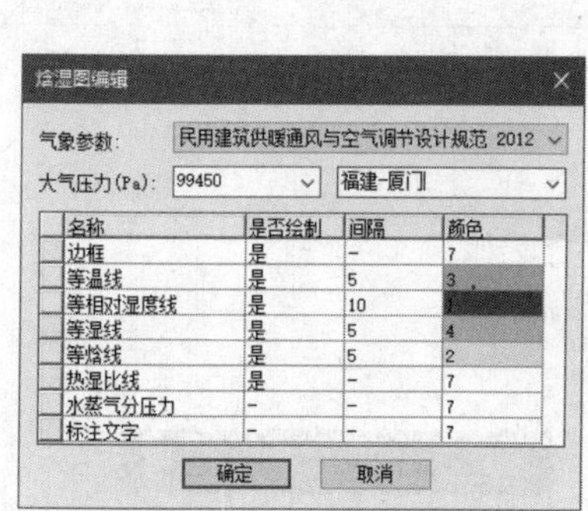

图 11-196　【焓湿图编辑】对话框

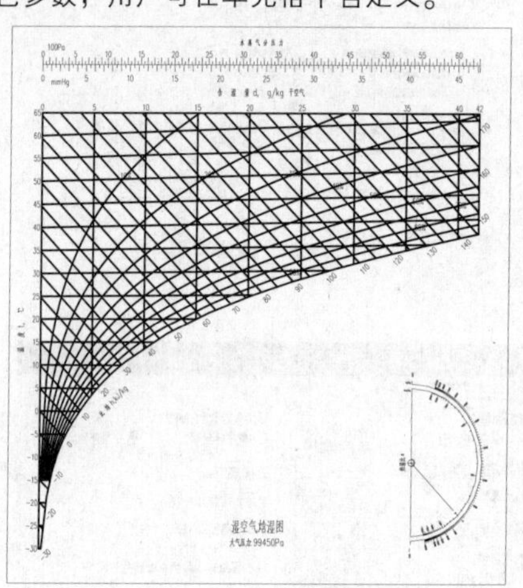

图 11-197　绘制焓湿图

11.13.2 建状态点

调用“建状态点”命令，可在焓湿图上创建状态点。

“建状态点”命令的执行方式有以下几种：

- ➢ 命令行：在命令行中输入“JZTD”命令，按 Enter 键。
- ➢ 菜单栏：单击“计算”→“建状态点”命令。

下面介绍“建状态点”命令的操作方法。

01 按 Ctrl+O 组合键，打开配套资源提供的“第 11 章\ 11.13.2 建状态点.dwg”素材文件，结果如图 11-198 所示。

02 在命令行中输入“JZTD”命令，按 Enter 键，弹出【新建状态点】对话框，设置参数如图 11-199 所示。

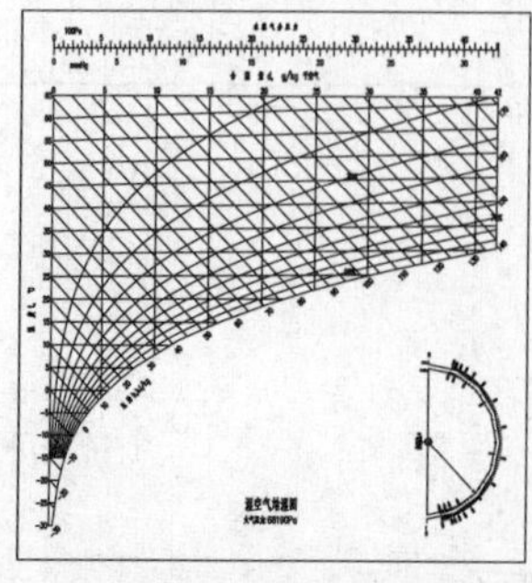

图 11-198　打开素材文件

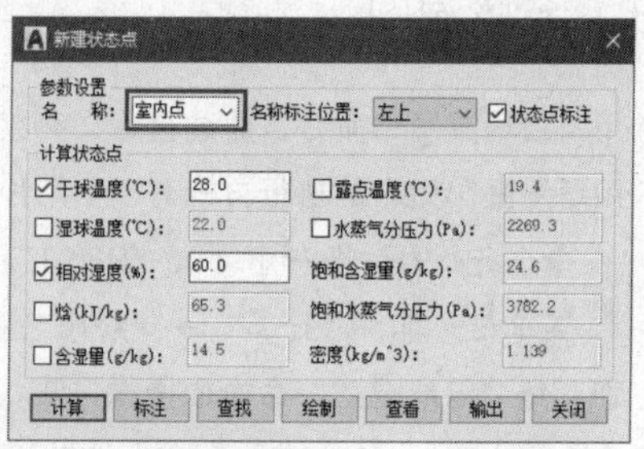

图 11-199　【新建状态点】对话框

03 在对话框中单击“绘制”按钮，可按照所定义的参数在焓湿图上绘制状态点，结果如 11-200 所示。

04 此时，【新建状态点】对话框不会关闭，可再定义另一状态点的参数，如图 11-201 所示。

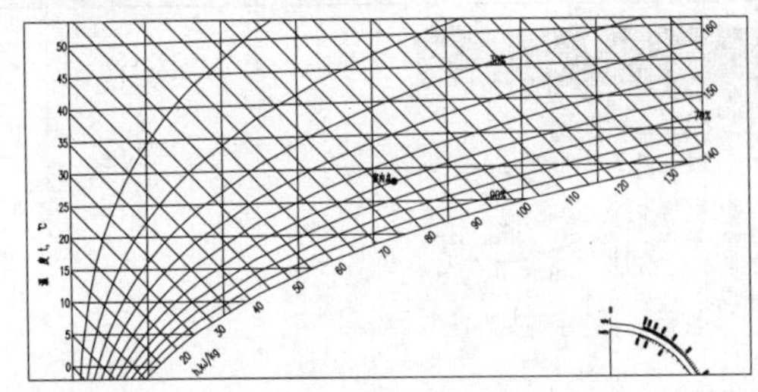

图 11-200　绘制状态点

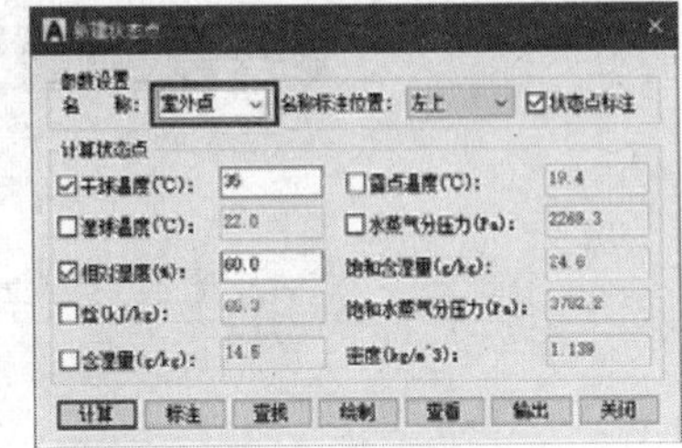

图 11-201　设置参数

05 在对话框中单击“绘制”按钮，继续按照所定义的参数在焓湿图上绘制状态点，结果如图 11-202 所示。

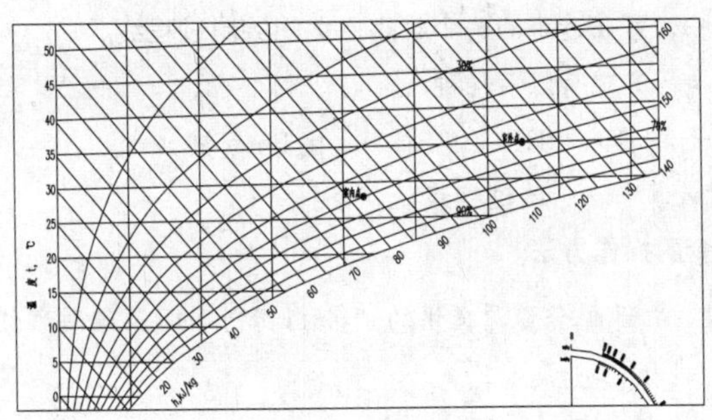

图 11-202　绘制状态点

【新建状态点】对话框中介绍如下：

“参数设置”选项组。

➢ “名称”选项：单击该选项，可在下拉列表中选择状态点的名称。系统默认新状态点的名称为“新建点”。如果绘制的第一个点以“新建点”命名，第二个状态点没有自定义名称，则以“新建点 1”命名。

➢ “名称标注位置”选项：单击该选项，可在下拉列表中选择名称的标注位置。

“计算状态点”选项组：选择指定的选项，可激活选项后的文本框，在其中重定义参数。

“计算”按钮：在“计算状态点”选项组中任意定义两个值，单击该按钮，可以计算其他参数的值。

“标注”按钮：单击该按钮，可将所建立的状态点参数标注到图上。

“查找”按钮：单击该按钮，命令行提示“请选取焓湿图上查询点:<退出>”；单击待查询的状态点，即可在【新建状态点】对话框中显示参数。

“绘制”按钮：定义状态点参数后，单击该按钮，可在焓湿图中创建状态点。

“查看”按钮：单击该按钮，【新建状态点】对话框被关闭，用户可以查看图形。

“输出”按钮：单击该按钮，状态点的参数以 Excel 的格式输出，如图 11-203 所示。

提示

双击焓湿图上的状态点，弹出【编辑状态点】对话框，在其中可重定义状态点的参数。

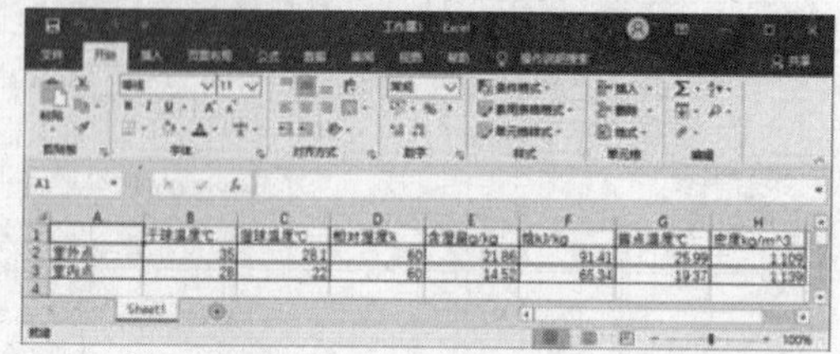

	干球温度℃	湿球温度℃	相对湿度%	含湿量g/kg	焓kJ/kg	露点温度℃	密度kg/m^3
室外点	35	28.1	60	21.86	91.41	25.99	1.109
室内点	28	22	60	14.52	65.34	19.37	1.139

图 11-203　输出结果

11.13.3 绘过程线

调用“绘过程线”命令，可在选定的两个状态点之间绘制过程线。

“绘过程线”命令的执行方式有以下几种：

- 命令行：在命令行中输入“HGCX”命令，按 Enter 键。
- 菜单栏：单击“计算”→“绘过程线”命令。

下面介绍绘过程线命令的操作方法。

01 按 Ctrl+O 组合键，打开配套资源提供的“第 11 章\ 11.13.3 绘过程线.dwg”素材文件，结果如图 11-204 所示。

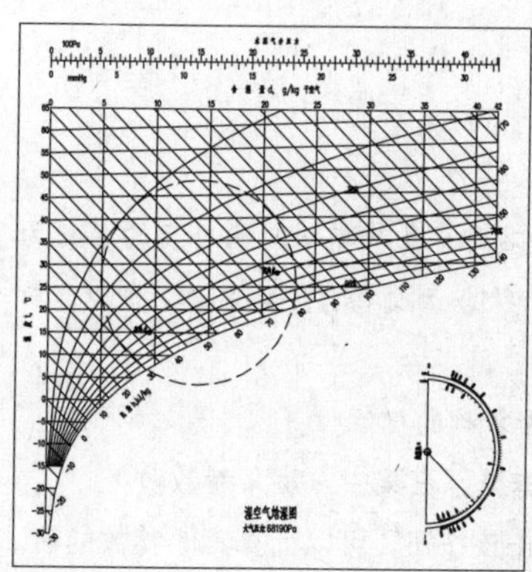

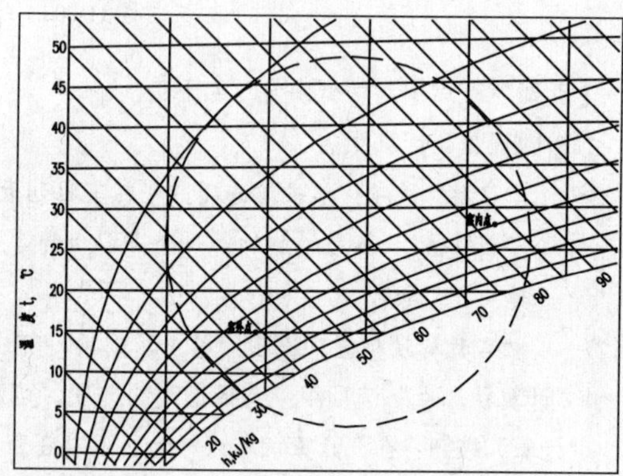

图 11-204　打开素材文件

02 在命令行中输入“HGCX”命令，按 Enter 键，命令行提示如下：

```
命令:HGCX↙
选择起始状态点<退出>:
起始点:室内点
选择下一状态点<退出>:
下一点:室外点        //分别选定起始点和终止点，绘制过程线，结果如图 11-205 所示。
```

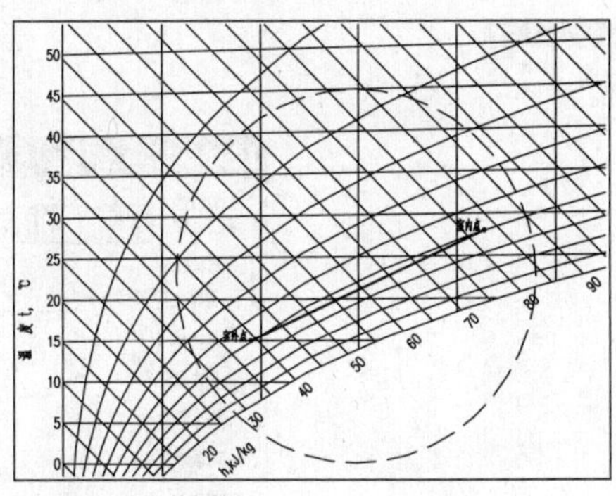

图 11-205 绘制过程线

11.13.4 空气处理

调用“空气处理”命令，可选择焓湿图进行空气处理过程的计算。

“空气处理”命令的执行方式有以下几种：

➢ 命令行：在命令行中输入“KQCL”命令，按 Enter 键。

➢ 菜单栏：单击“计算”→“空气处理”命令。

在命令行中输入“KQCL”命令，按 Enter 键，选择焓湿图，弹出如图 11-206 所示的【空气处理过程计算】对话框。

“打开”按钮：单击该按钮，可打开储存的空气处理工程。工程的扩展名为.kqcl。

“保存”按钮：单击该按钮，可保存空气处理过程。

“计算”按钮：输入已知状态点的参数，单击该按钮，计算其他状态的参数。

“标注”按钮：单击该按钮，可将计算参数标注在图中。

“查看”按钮：单击该按钮，【空气处理过程计算】对话框被隐藏，方便查看图形。

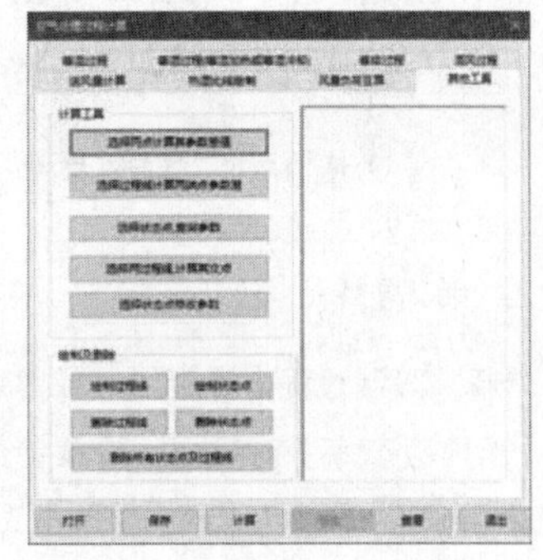

图 11-206 【空气处理过程计算】对话框

下面分别介绍【空气处理过程计算】对话框中的各选项卡。

1. 等温过程

“等温过程”选项卡如 图 11-207 所示。

在“初状态点参数”选项组中单击“增加”按钮，弹出【新建状态点】对话框，设置参数如图 11-208 所示。

在【新建状态点】对话框中单击“绘制”按钮，在焓湿图上创建新状态点。单击“关闭”按钮返回【空气处理过程计算】对话框，单击下方的“计算”按钮，计算结果显示在对话框中，如图 11-209 所示。

单击“标注”按钮，根据命令行的提示在图中选取标注位置，将状态点的参数标注在图纸上，结果如图 11-210 所示。

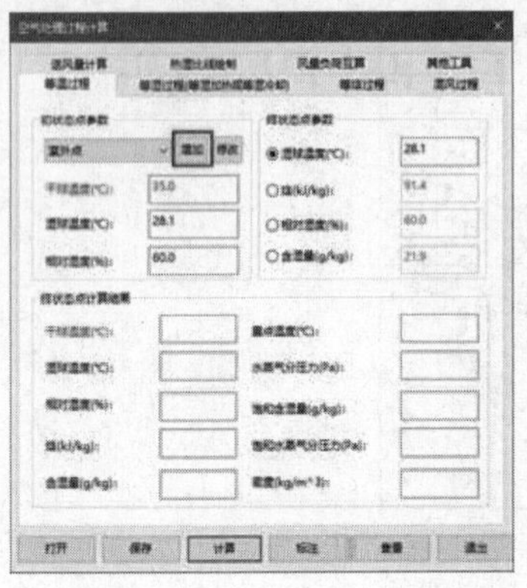

图 11-207 “等温过程”选项卡

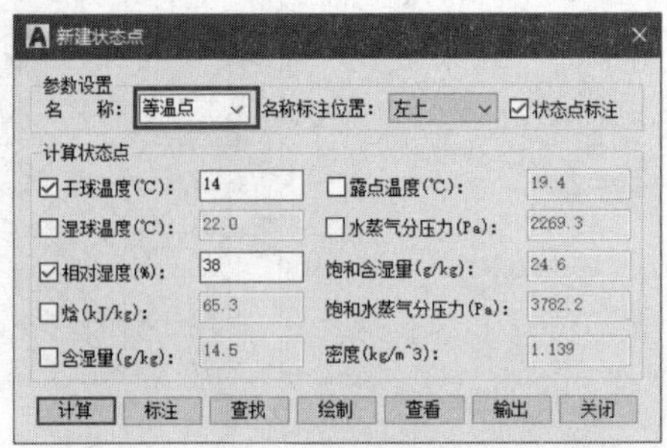

图 11-208 【新建状态点】对话框

图 11-209 计算结果

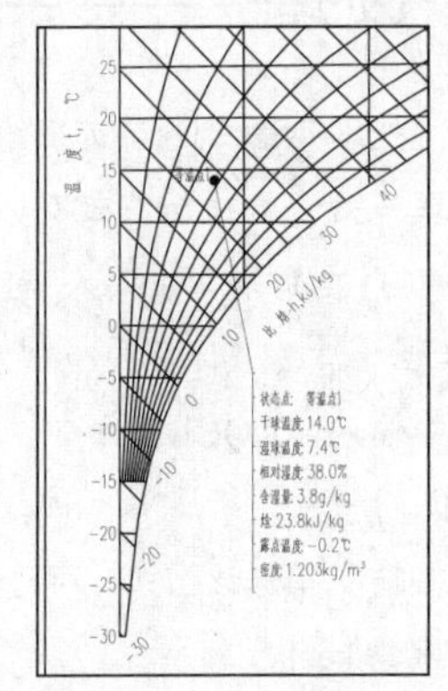

图 11-210 标注结果

2. 等湿过程

选择“等湿过程（等湿加热或等湿冷却）”选项卡，在“初状态点参数”选项组中单击“增加”按钮，弹出【新建状态点】对话框，设置参数如图 11-211 所示。

在【新建状态点】对话框中单击“绘制”按钮，在焓湿图上创建新状态点。单击“关闭”按钮，返回【空气处理过程计算】对话框，单击下方的“计算”按钮，计算结果显示在对话框中，结果如图 11-212 所示。

单击“标注”按钮，根据命令行的提示在图中选取标注位置，将状态点的参数标注在图纸上，结果如图 11-213 所示。

3. 等焓过程

选择“等焓过程”选项卡，在“初状态点参数”选项组中单击“增加”按钮，弹出【新建状态点】对话框，设置参数如图 11-214 所示。

在【新建状态点】对话框中单击“绘制”按钮，在焓湿图上创建新状态点。单击“关闭”按钮返回【空气处理过程计算】对话框，单击下方的“计算”按钮，计算结果显示在对话框中，如图 11-215 所示。

单击“标注”按钮，根据命令行的提示在图中选取标注位置，将状态点的参数标注在图纸上，结果如图 11-216 所示。

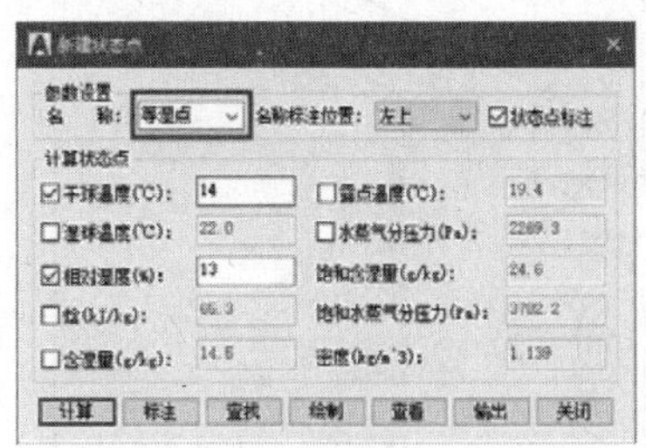

图 11-211 【新建状态点】对话框

图 11-212 计算结果

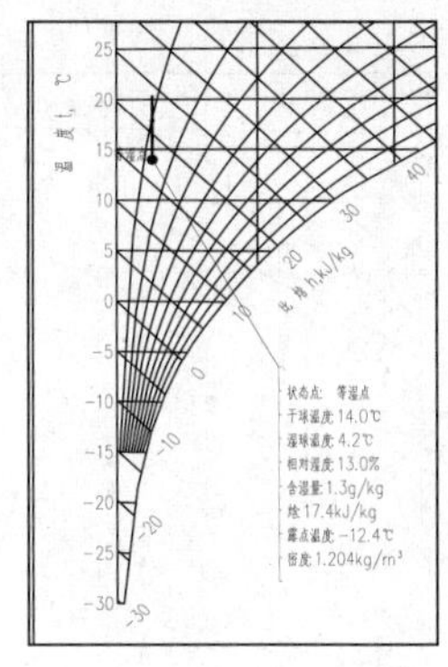

图 11-213 标注结果

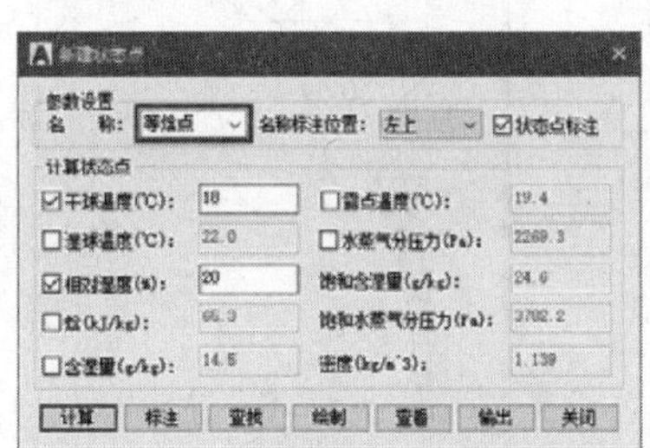

图 11-214 【新建状态点】对话框

图 11-215 计算结果

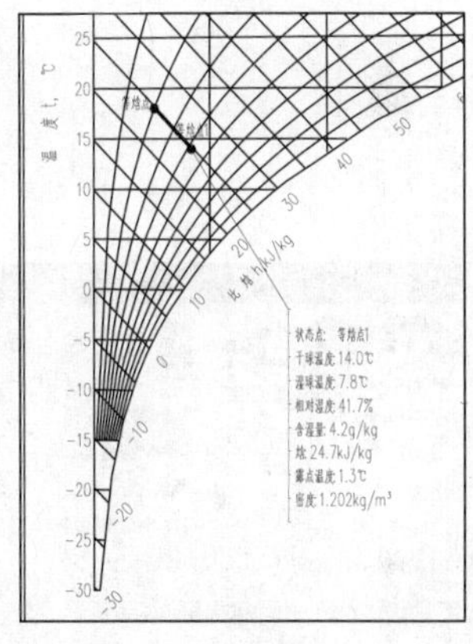

图 11-216 标注结果

4. 混风过程

打开配套资源中的“第 11 章\ 11.13.4 空气处理.dwg”素材文件，结果如图 11-217 所示。

选择“混风过程”选项卡，分别定义第一点参数和第二点参数。单击下方的“计算”按钮，计算结果显示在对话框中，如图 11-218 所示。单击“标注”按钮，根据命令行的提示在图中选取标注位置，将状态点的参数标注在图纸上，结果如图 11-219 所示。

5. 送风量计算

选择“送风量计算”选项卡，在“室内点参数”选项组中单击“增加”按钮，弹出【新建状态点】对话框，设置参数如图 11-220 所示。在对话框中单击“绘制”按钮，在焓湿图上创建新状态点。单击“关闭”按钮，返回【空气处理过程计算】对话框，单击下方的“计算”按钮，计算结果显示在对话框中，如图 11-221 所示。

单击“标注”按钮，根据命令行的提示在图中选取标注位置，将状态点的参数标注在图纸上，结果如图 11-222 所示。

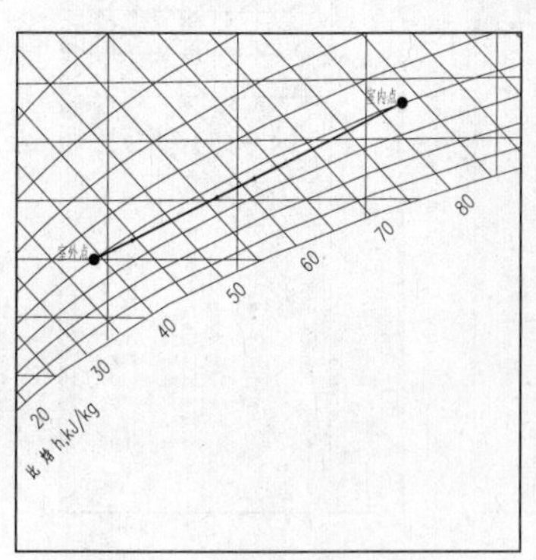

图 11-217　打开素材文件

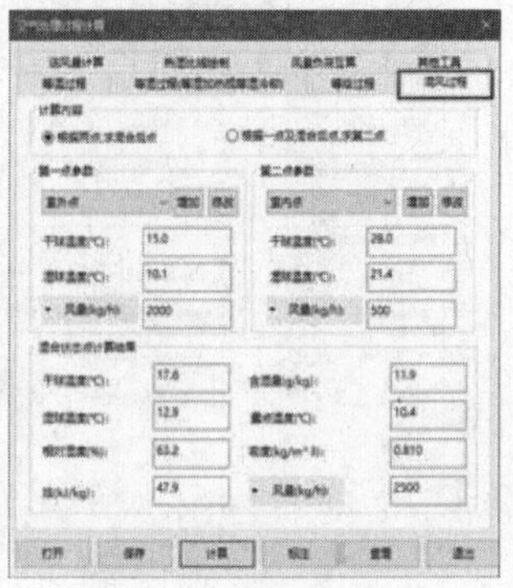

图 11-218　计算结果

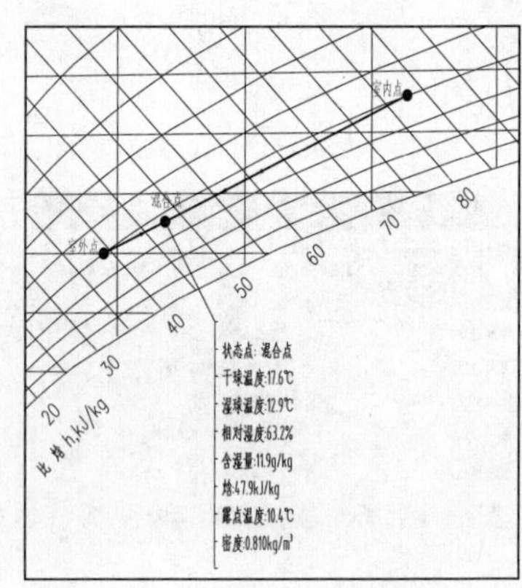

图 11-219　标注结果

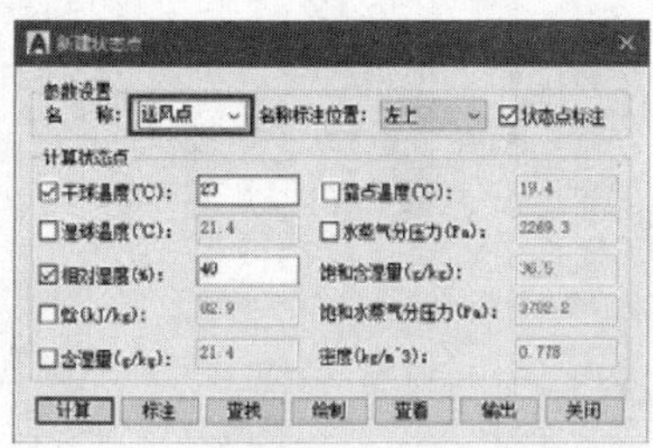

图 11-220　【新建状态点】对话框

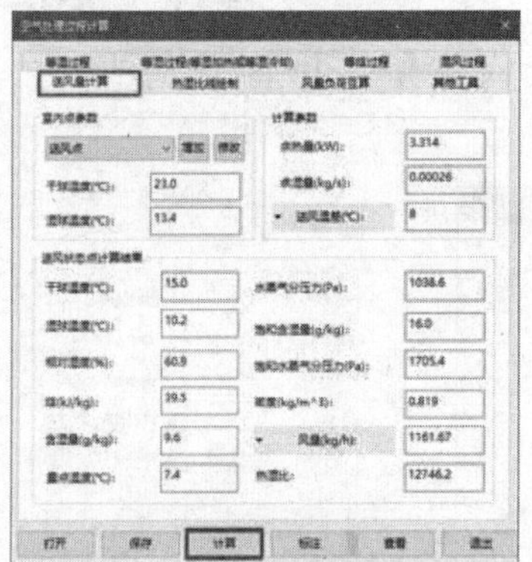

图 11-221　计算结果

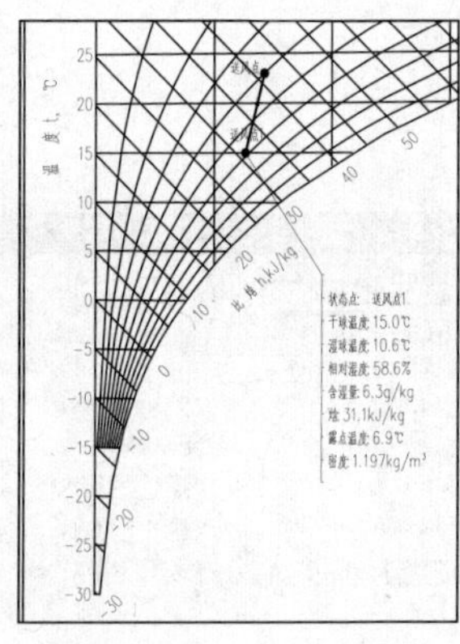

图 11-222　标注结果

6. 热湿比线绘制

选择“热湿比线绘制”选项卡，在“起点参数”选项组中单击“增加”按钮，弹出【新建状态点】对话框，设置参数如图 11-223 所示。在对话框中单击“绘制”按钮，在焓湿图上创建新状态点。单击“关闭”按钮，返回【空气处理过程计算】对话框，在“计算参数”选项组中的“热湿比”下拉列表中选择参数，再单击下方的“计算”按钮，计算结果显示在对话框中，如图 11-224 所示。

单击“标注”按钮，根据命令行的提示在图中选取标注位置，将状态点的参数标注在图纸上，结果如图 11-215 所示。

7. 风量负荷互算

选择“风量负荷互算”选项卡，在“第一点参数”选项组和“第二点参数”选项组中分别设置状态点参数，单击“计算”按钮可以按照所设定的值来计算风量。

单击“标注”按钮，将状态点的参数标注在焓湿图上。

8. 其他工具

选择“其他工具”选项卡，如图 11-226 所示。单击“计算工具”选项组中的各个按钮，即可使用不同的计算方法进行计算，并在对话框右边的预览框中显示计算结果。

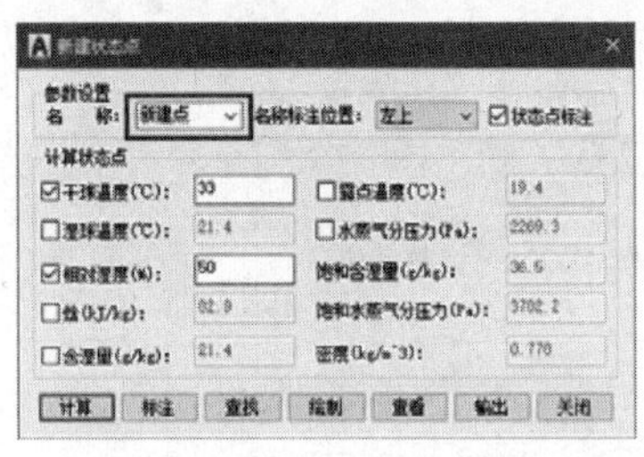

图 11-223 【新建状态点】对话框

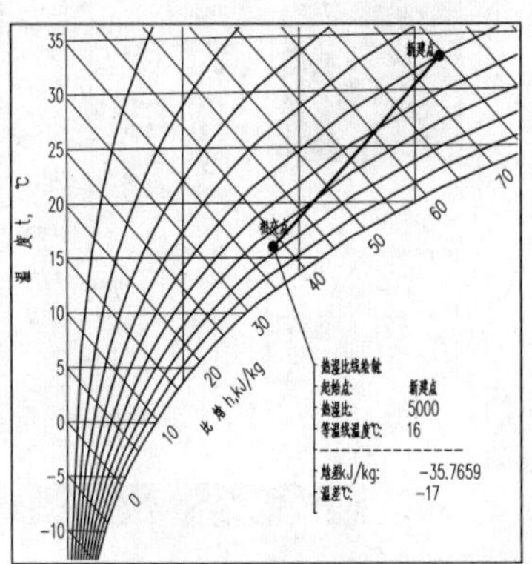

图 11-224 计算结果

图 11-225 标注结果

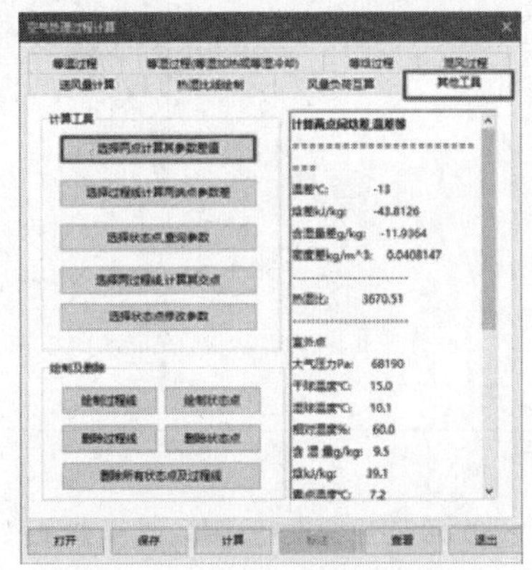

图 11-226 “其他工具”选项卡

单击“绘制及删除”选项组中的各个按钮，可以绘制或者删除过程线或状态点。

11.13.5 风盘计算

调用“风盘计算”命令，框对风机盘管系统进行计算。“风盘计算”命令的执行方式有以下几种：

- 命令行：在命令行中输入“FPJS”命令，按 Enter 键。
- 菜单栏：单击“计算”→“风盘计算”命令。

下面介绍“风盘计算”命令的操作方法。

01 在命令行中输入“FPJS”命令，按 Enter 键，根据命令行的提示选择焓湿图，弹出如图 11-227 所示的【风机盘管加新风系统】对话框。

02 在对话框中单击“计算”按钮，计算结果显示在对话框右边的预览框中，如图 11-228 所示。

03 在对话框中单击“输出”按钮，计算结果即可以 Word 的格式输出，结果如图 11-229 所示。

04 在对话框中单击“标注”按钮，将计算结果标注在图中，结果如图 11-230 所示。

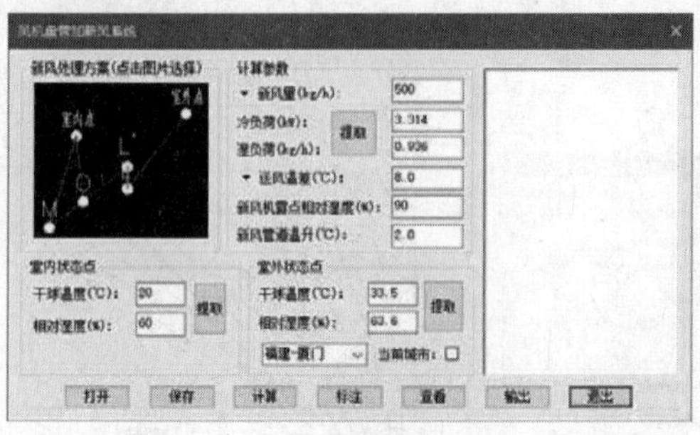

图 11-227 【风机盘管加新风系统】对话框

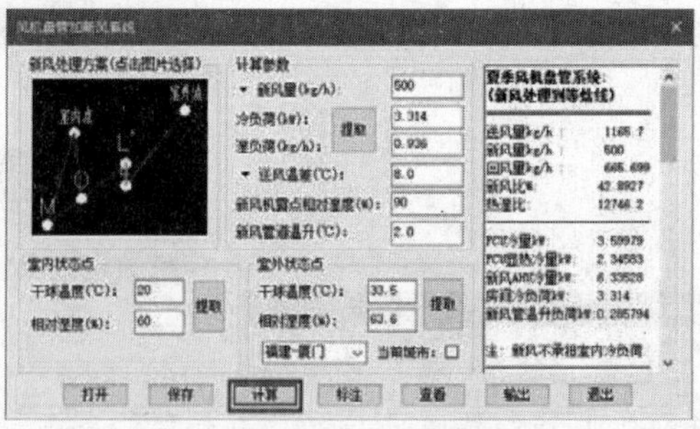

图 11-228 计算结果

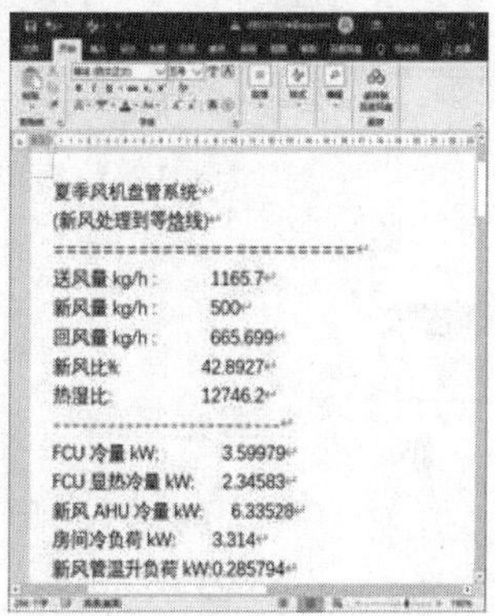

图 11-229 输出结果

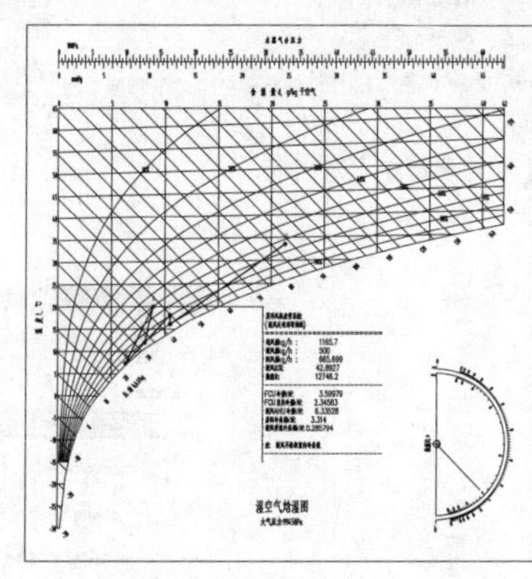

图 11-230 标注结果

11.13.6 一次回风

调用“一次回风”命令，可对一次回风系统进行计算。“一次回风”命令的执行方式有以下几种：

➢ 命令行：在命令行中输入“YCHF”命令，按 Enter 键。

➢ 菜单栏：单击“计算”→“一次回风”命令。

下面介绍“一次回风”命令的操作方法。

01 在命令行中输入“YCHF”命令，按 Enter 键，根据命令行的提示选择焓湿图，弹出【一次回风系统】对话框。单击“计算”按钮，在对话框中显示计算结果，如图 11-231 所示。

02 单击“标注”按钮，在图中选取标注位置，将计算结果标注在焓湿图上，结果如图 11-232 所示。

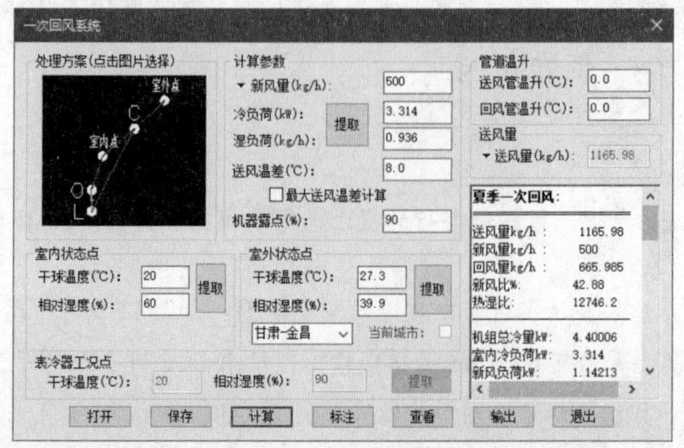

图 11-231 【一次回风系统】对话框

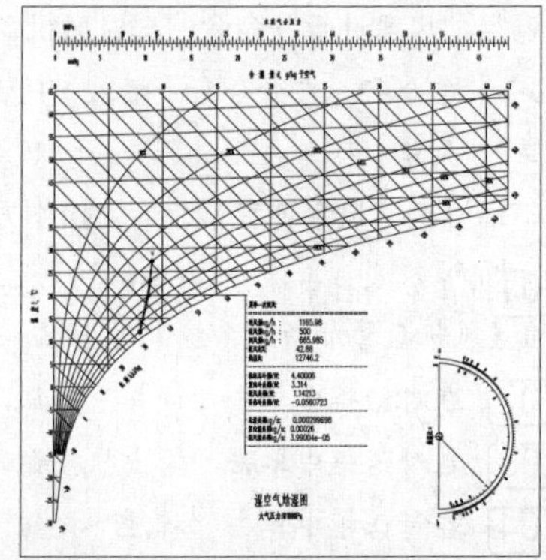

图 11-232 标注结果

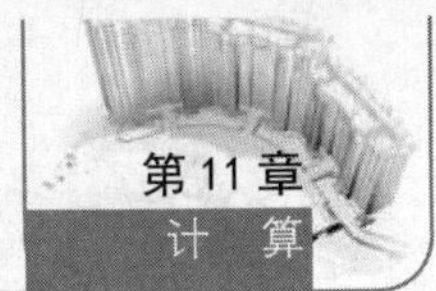

03 单击“输出”按钮，将计算结果以 Word 文档的格式输出。

04 单击“退出”按钮，关闭对话框，完成操作。

11.13.7 二次回风

调用“二次回风”命令，可对二次回风系统进行计算。

“二次回风”命令的执行方式有以下几种：

➢ 命令行：在命令行中输入 ECHF 命令，按 Enter 键。

➢ 菜单栏：单击“计算”→“二次回风”命令。

下面介绍二次“回风命令”的操作方法。

01 在命令行中输入“ECHF”命令，按 Enter 键，根据命令行的提示选择焓湿图，弹出【二次回风系统】对话框。单击“计算”按钮，在对话框中显示计算结果，如图 11-233 所示。

02 单击“标注”按钮，在图中选取标注位置，将计算结果标注在焓湿图上，结果如图 11-234 所示。

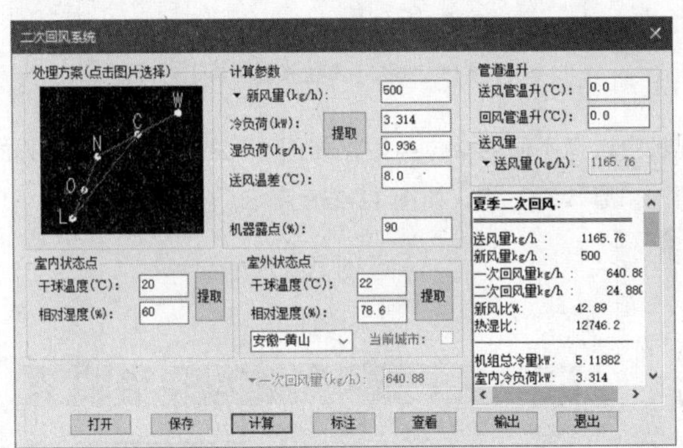

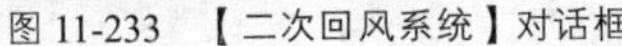

图 11-233 【二次回风系统】对话框

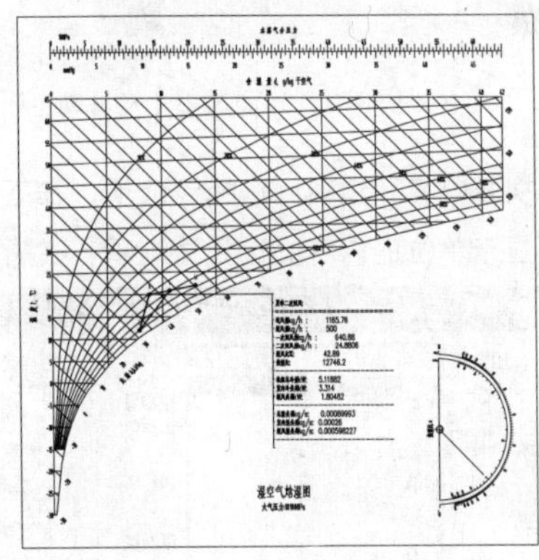

图 11-234 标注结果

11.14 计算器

调用“计算器”命令，调用 Windows 计算器进行一般算术计算。

“计算器”命令的执行方式有以下几种：

➢ 命令行：在命令行中输入“CALC”命令，按 Enter 键。

➢ 菜单栏：单击“计算”→“计算器”命令。

在命令行中输入“CALC”命令，按 Enter 键，弹出如图 11-235 所示的【计算器】对话框，可以在其中进行算术运算。

11.15 单位换算

调用“单位换算”命令，可完成不同单位的数值换算。

“单位换算”命令的执行方式有以下几种：

- 命令行：在命令行中输入“DWHS”命令，按 Enter 键。
- 菜单栏：单击“计算”→“单位换算”命令。

下面介绍“单位换算”命令的操作方法。

在命令行中输入“DWHS”命令，按 Enter 键，弹出如图 11-236 所示的【单位换算工具】对话框。

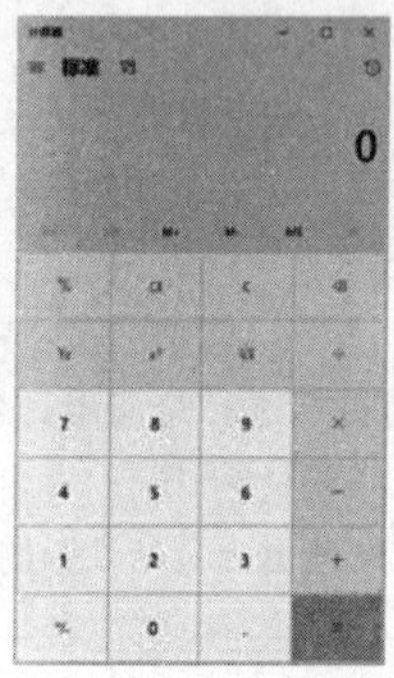

图 11-235 【计算器】对话框

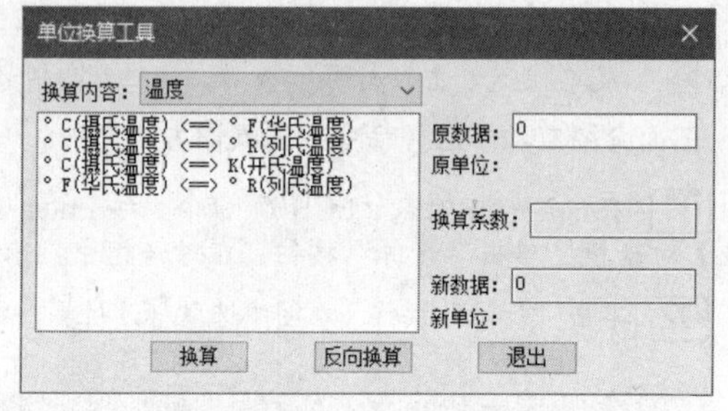

图 11-236 【单位换算工具】对话框

“换算内容”选项：选择该选项，在下拉列表中选择不同的单位类型，如图 11-237 所示。在下方的窗口中显示单位的内容。选择某选项，在右侧输入“原数据”值，如图 11-238 所示。

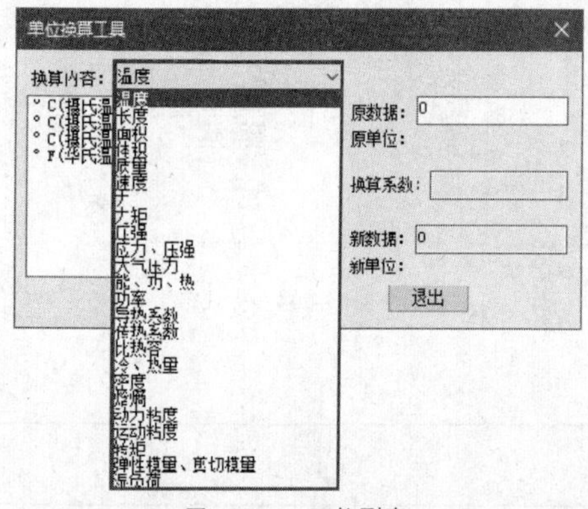

图 11-237 下拉列表

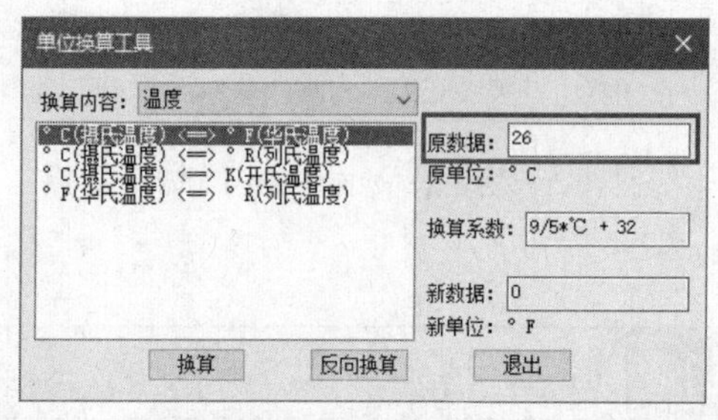

图 11-238 设置参数

“换算”按钮：单击该按钮，进行单位换算，结果如图 11-239 所示。

“反向换算”按钮：单击该按钮，互换原单位和新单位，进行单位换算，如图 11-240 所示。

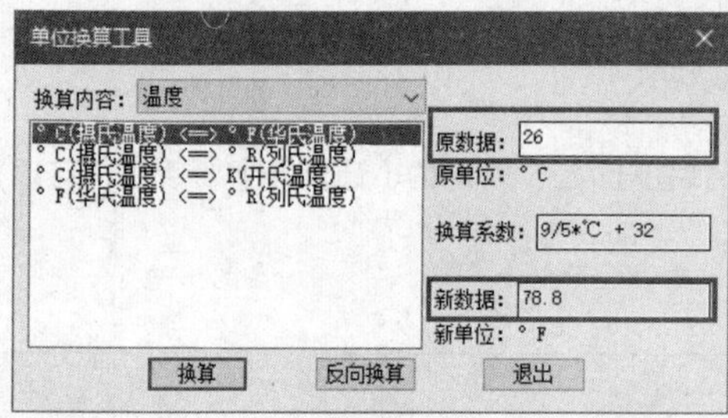

图 11-239 单位换算结果

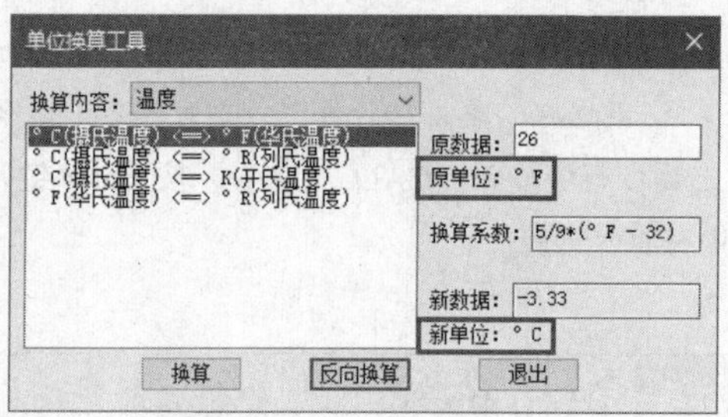

图 11-240 反向换算

第 12 章 专业标注

● 本章导读

本章介绍专业标注命令，包括立管标注、入户管号以及入户排序等。

● 本章重点

◈ 立管标注
◈ 立管排序
◈ 入户管号
◈ 入户排序
◈ 标散热器
◈ 管线文字
◈ 管道坡度
◈ 单管管径
◈ 多管管径
◈ 多管标注
◈ 管径复位
◈ 管径移动
◈ 单注标高
◈ 标高标注
◈ 风管标注
◈ 风口间距
◈ 设备标注
◈ 删除标注

T20-Hvac V6.0

12.1 立管标注

调用“立管标注”命令，可对立管进行编号标注或者修改立管编号。图 12-1 所示为执行“立管标注”命令的操作方法。

“立管标注”命令的执行方式有以下几种：

- 命令行：在命令行中输入“LGBZ”命令，按 Enter 键。
- 菜单栏：单击“专业标注”→“立管标注”命令。

下面以如图 12-1 所示的图形为例，介绍立管标注命令的操作方法。

01 按 Ctrl+O 组合键，打开配套资源提供的“第 12 章\ 12.1 立管标注.dwg”素材文件，结果如图 12-2 所示。

02 在命令行中输入“LGBZ”命令，按 Enter 键，命令行提示如下：

```
命令:LGBZ↙
请选择自动编号方案[自左至右(1)]/自右至左(2)/自上至下(3)/自下至上(4)/自动读取(5)]<1>:            //按 Enter 键，选择立管。
请输入新的立管编号 RG<2>:            //按 Enter 键，指定标注点，标注立管如图 12-1 所示。
```

双击立管标注，弹出如图 12-3 所示的对话框，在其中可修改立管标注的各项参数。

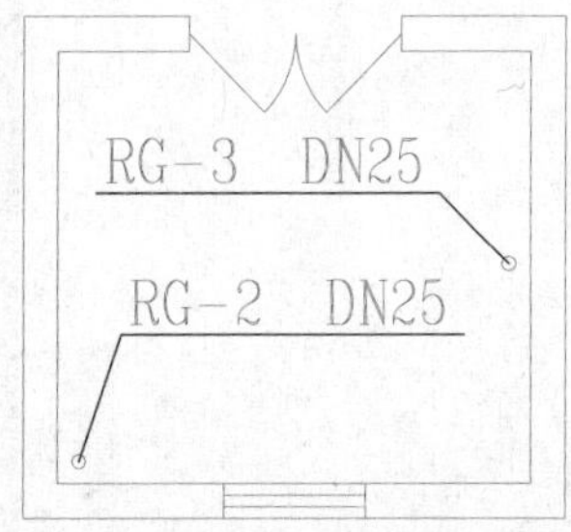

图 12-1 立管标注

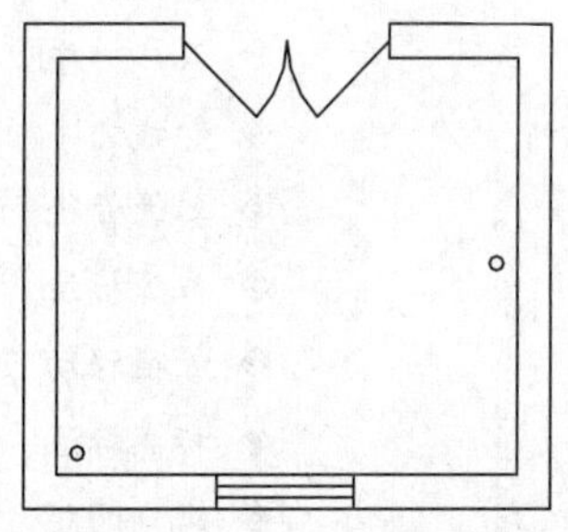

图 12-2 打开素材文件

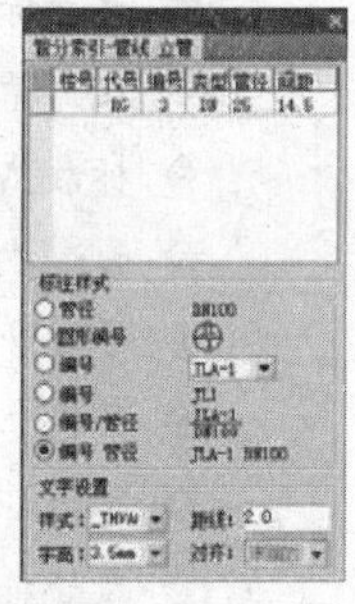

图 12-3 【管分索引-立管管线立管标注】对话框

单击“设置”→“管线设置”命令，弹出【管线设置】对话框。在管线列表中展开表行，在“标注代号”表列中显示管线代号，如图 12-4 所示。用户可以自定义代号，也可以使用系统默认的代号。

选择“标注设置”选项卡，如图 12-5 所示，在其中可更改标注文字的样式以及字高等参数。

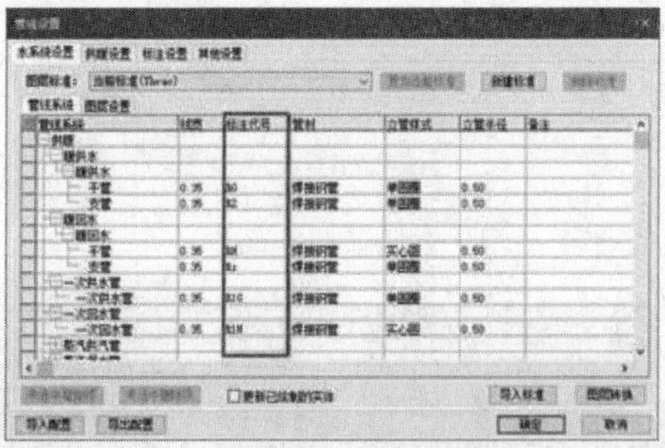

图 12-4 【管线设置】对话框

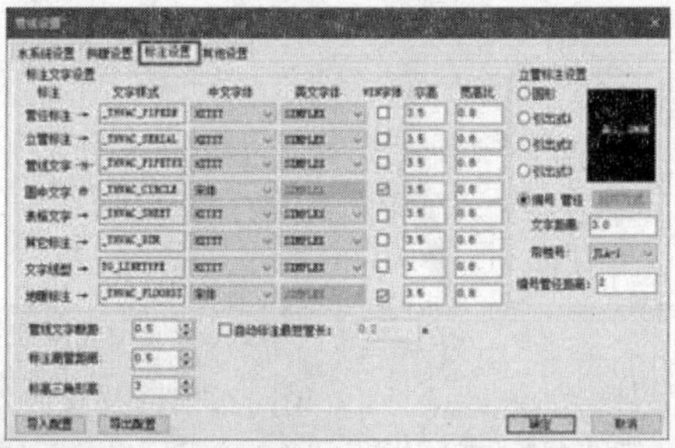

图 12-5 “标注设置”选项卡

12.2 立管排序

调用“立管排序”命令，可将立管的编号按照左右或者上下进行排序，如图12-6所示为排序的结果。

“立管排序”命令的执行方式有以下几种：

- 命令行：在命令行中输入“LGPX”命令，按Enter键。
- 菜单栏：单击“专业标注”→“立管排序”命令。

下面介绍“立管排序”命令的操作方法。

执行“立管排序”命令，命令行提示如下：

```
命令:LGPX↙
请选择立管:<退出>指定对角点: 找到 2 个                //选择立管。
请选择自动编号方案:{自左至右[1]/自右至左[2]/自上至下[3]/自下至上[4]}<1>:2
                         //选择编号方案。
请输入起始编号:<2>:        //按 Enter 键默认起始编号。
请输入立管所属楼号:2       //输入立管所属的楼号后按 Enter 键，结果如图 12-6 所示。
```

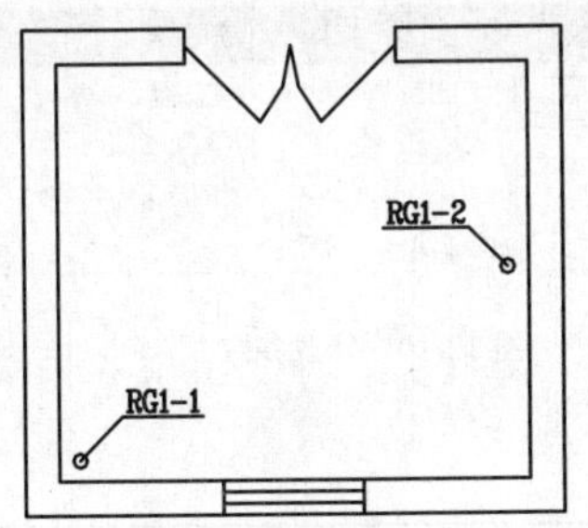

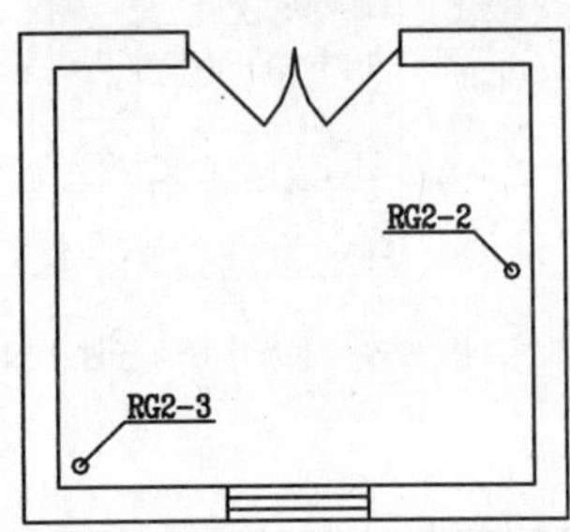

图12-6　立管排序

12.3 入户管号

调用“入户管号”命令，可标注管线的入户管号。如图12-7所示为标注的结果。

“入户管号”命令的执行方式有以下几种：

- 命令行：在命令行中输入“RHGH”命令，按Enter键。
- 菜单栏：单击“专业标注”→“入户管号”命令。

下面以如图12-7所示的图形为例，介绍“入户管号”命令的操作方法。

01 按Ctrl+O组合键，打开配套资源提供的“第12章\ 12.3 入户管号.dwg”素材文件，结果如图12-8所示。

02 在命令行中输入“RHGH”命令，按Enter键，弹出【入户管号标注】对话框，设置参数如图12-9所示。

03 命令行提示如下：

命令：RHGH↙

请给出标注位置<退出>:　　　　　　　　　//在图中选择位置，标注结果如图 12-7 所示。

双击管号标注，弹出如图 12-10 所示的对话框，在其中可更改标注的各项参数。

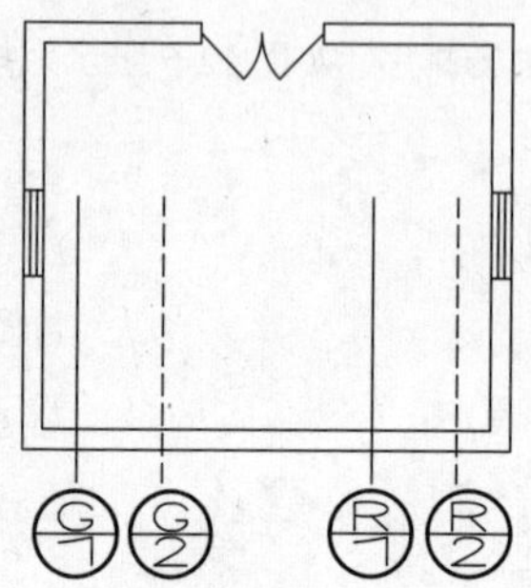

图 12-7　入户管号

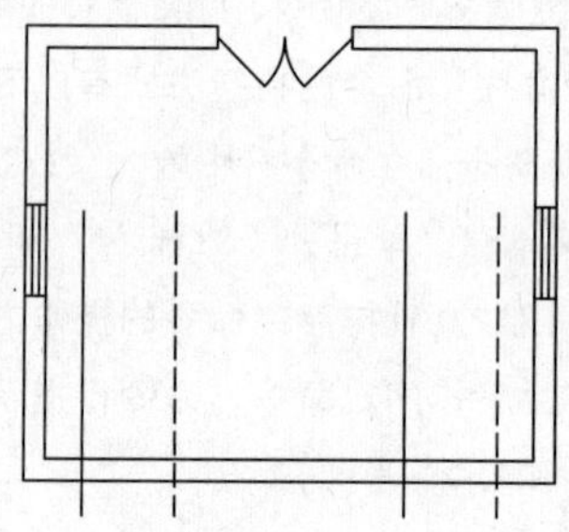

图 12-8　打开素材文件

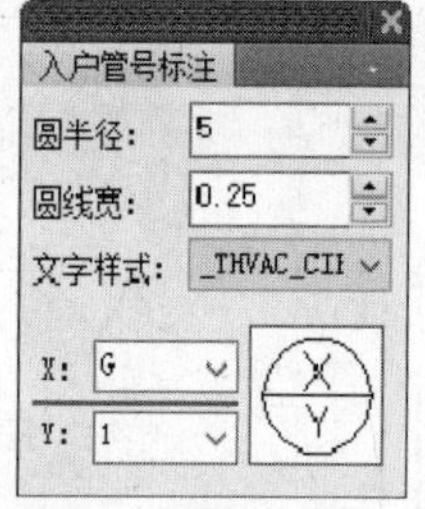

图 12-9　【入户管号标注】对话框

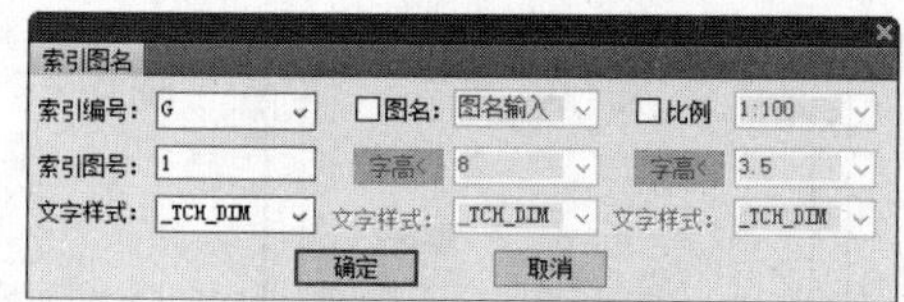

图 12-10　修改参数

12.4 入户排序

调用“入户排序”命令，可将入户管号按照左右或者上下进行排序。如图 12-11 所示为排序的结果。

“入户排序”命令的执行方式有以下几种：

- 命令行：在命令行中输入“RHPX”命令，按 Enter 键。
- 菜单栏：单击“专业标注”→“入户排序”命令。

下面以如图 12-11 所示的图形为例，介绍“入户排序”命令的操作方法。

01 按 Ctrl+O 组合键，打开配套资源提供的“第 12 章\ 12.4 入户排序.dwg”素材文件，结果如图 12-12 所示。

02 在命令行中输入“RHPX”命令，按 Enter 键，命令行提示如下：

命令：RHPX↙

请选择入户管号标注<退出>:指定对角点：找到 6 个

请选择自动编号方案[自左至右(1)/自右至左(2)/自上至下(3)/自下至上(4)]<1>:2

　　　　　　　　//输入 2，选择“自右至左(2)”选项。

请输入 W 起始编号:<1>5 //定义起始编号，按 Enter 键完成排序，结果如图 12-11 所示。

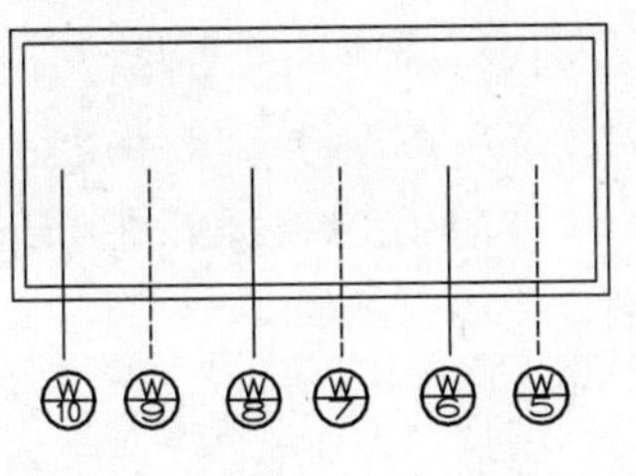

图 12-11　入户排序

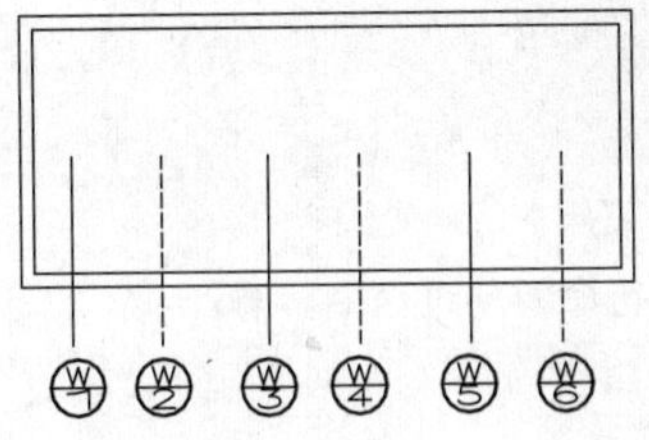

图 12-12　打开素材文件

在执行命令的过程中，输入 4，选择“自下至上(4)”选项，定义起始编号为 9，排序的结果如图 12-13、图 12-14 所示。

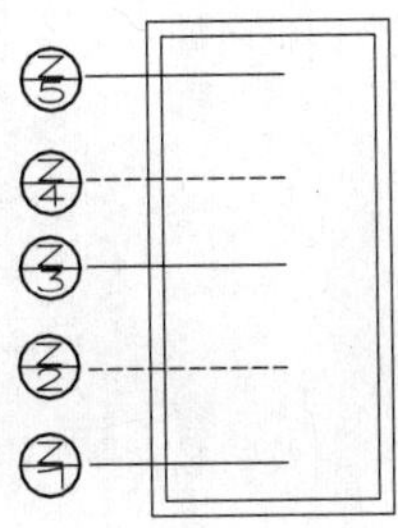

图 12-13　入户排序前

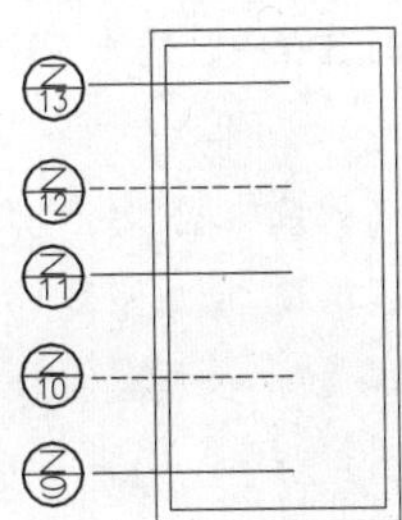

图 12-14　入户排序后

12.5 标散热器

调用“标散热器”命令，可为系统图散热器标注散热片数。如图 12-15 所示为标注的结果。

“标散热器”命令的执行方式有以下几种：

- 命令行：在命令行中输入“BSRQ”命令，按 Enter 键。
- 菜单栏：单击“专业标注”→“标散热器”命令。

下面以如图 12-15 所示的图形为例，介绍“标散热器”命令的操作方法。

01 按 Ctrl+O 组合键，打开配套资源提供的“第 12 章\ 12.5 标散热器.dwg”素材文件，结果如图 12-16 所示。

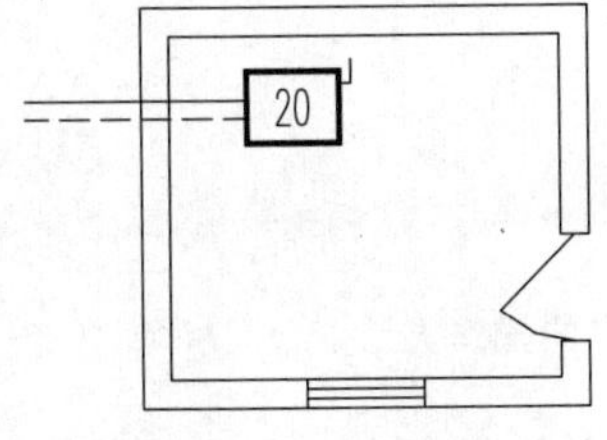

图 12-15　标散热器

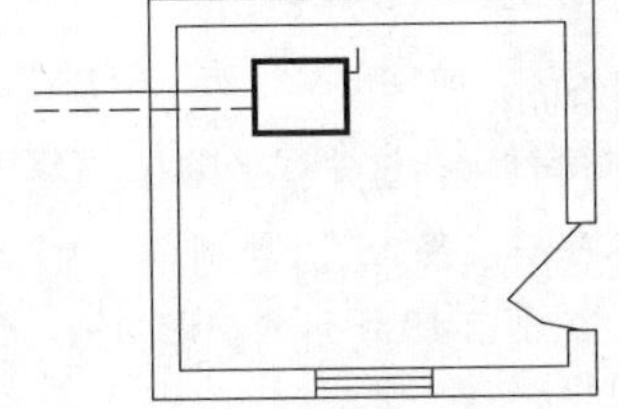

图 12-16　打开素材文件

02 在命令行中输入“BSRQ”命令，按 Enter 键，命令行提示如下：

```
命令:BSRQ↙
请选择要标注的散热器<退出>:找到 1 个
```

```
请输入散热器片数[读原片数(R)/换单位(C)/标负荷(H)]<10>:R
                                        //输入“R”，选择“读原片数(R)”选项。
请指定布置点<默认>:                      //按 Enter 键，标注结果如图 12-15 所示。
```

在执行命令的过程中，输入“C”，选择“换单位(C)”选项，命令行提示如下：

```
命令:BSRQ↙
请选择要标注的散热器<退出>:找到 1 个
请输入散热器片数[读原片数(R)/换单位(C)/标负荷(H)]<10>:C
请输入散热器米数[读原米数(R)]<10.0>:    //按 Enter 键。
请指定布置点<默认>:                      //按 Enter 键，标注结果如图 12-17 所示。
```

在执行命令的过程中，输入“H”，选择“标负荷(H)”选项，命令行提示如下：

```
命令:BSRQ↙
请选择要标注的散热器<退出>:找到 1 个
请输入散热器米数[读原米数(R)/换单位(C)/标负荷(H)]<10.0>:H
请输入散热器负荷[读原负荷(R)]<1000.00>://按 Enter 键。
请指定布置点<默认>:                      //按 Enter 键，标注结果如图 12-18 所示。
```

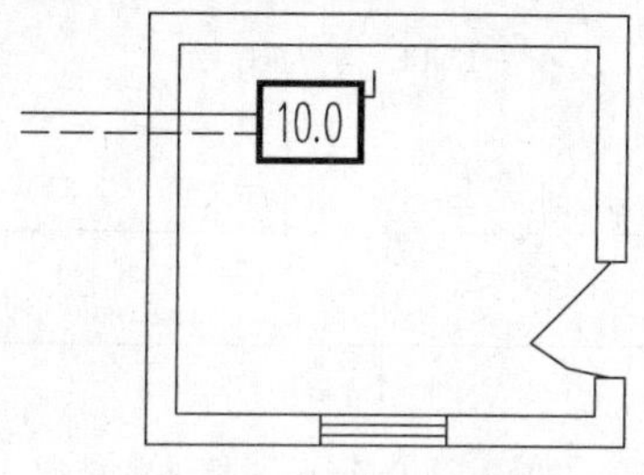

图 12-17　换单位

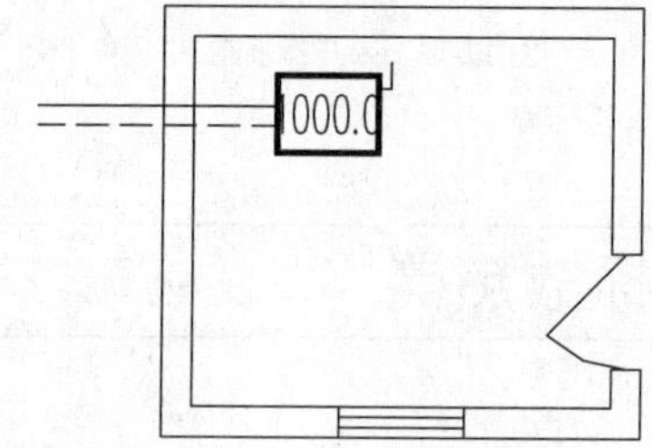

图 12-18　标负荷

12.6 管线文字

调用“管线文字”命令，可在管线上标注文字，注明管线的类型。执行该命令后，管线被文字遮挡。如图 12-19 所示为标注的结果。

“管线文字”命令的执行方式有以下几种：

- 命令行：在命令行中输入“GXWZ”命令，按 Enter 键。
- 菜单栏：单击“专业标注”→“管线文字”命令。

下面以如图 12-19 所示的图形为例，介绍“管线文字”命令的操作方法。

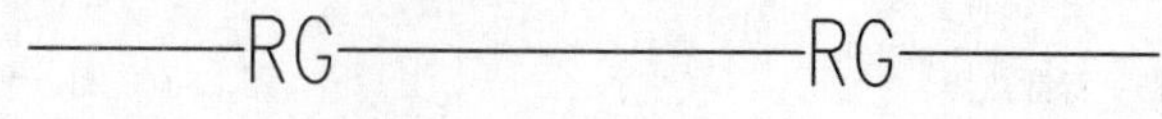

图 12-19　管线文字

01 按 Ctrl+O 组合键，打开配套资源提供的“第 12 章\ 12.6 管线文字.dwg”素材文件，结果如图 12-20 所示。

图 12-20 打开素材文件

02 在命令行中输入“GXWZ”命令，按 Enter 键，命令行提示如下：

```
命令:GXWZ↙
请输入文字<自动读取>:                    //按 Enter 键。
请选择要插入文字管线的位置[多选管线(M)/多选指定层管线(N)/两点栏选(T)/修改文字(F)]
<退出>:                                  //在管线上选择位置，标注的结果如图 12-19 所示。
```

在执行命令的过程中，输入“M”，选择“多选管线(M)”选项，命令行提示如下：

```
命令:GXWZ↙
请输入文字<自动读取>:                              //按 Enter 键。
请选择要插入文字管线的位置[多选管线(M)/多选指定层管线(N)/两点栏选(T)/修改文字(F)]
<退出>:M                                          //输入“M”，选择“多选管线(M)”选项。
请选择管线<退出>:指定对角点: 找到 4 个            //选择管线。
请输入文字最小间距<5000>:2000 //定义间距值，按 Enter 键，标注结果如图 12-21 所示。
```

在执行命令的过程中，输入“F”，选择“修改文字(F)”选项，命令行提示如下：

```
命令:GXWZ↙
请输入文字<自动读取>:                    //按 Enter 键。
请选择要插入文字管线的位置[多选管线(M)/多选指定层管线(N)/两点栏选(T)/修改文字(F)]
<退出>:F                                 //输入“F”。选择“修改文字(F)”选项。
请输入新的标注内容<退出>:F
请选择要修改的管线<退出>:指定对角点: 找到 4 个
请选择要插入文字管线的位置[多选管线(M)/多选指定层管线(N)/两点栏选(T)/修改文字(F)]
<退出>:                                  //按 Enter 键，修改文字的结果如图 12-22 所示。
```

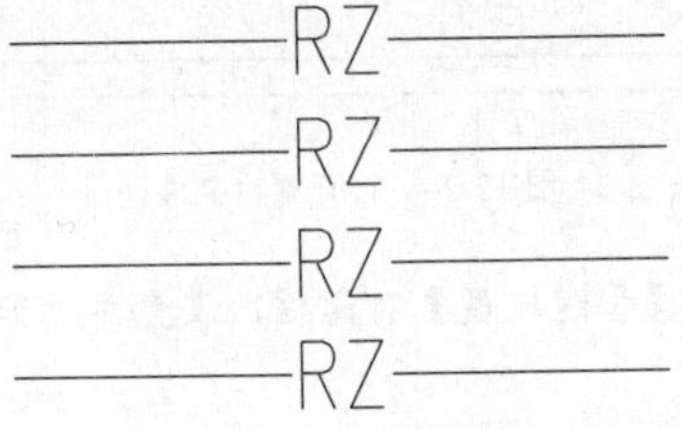

图 12-21 多选管线标注

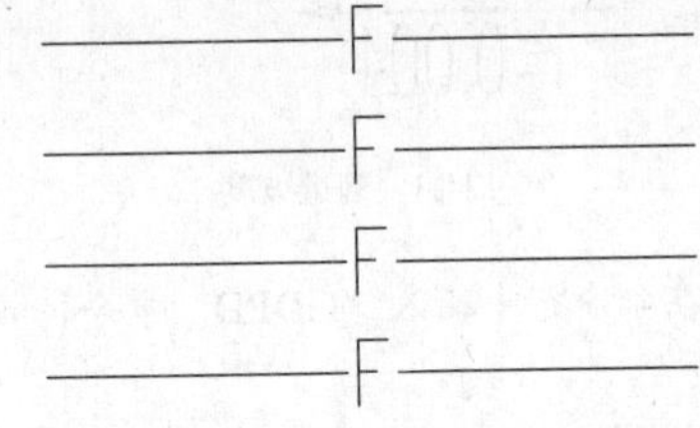

图 12-22 修改文字

在执行命令的过程中，输入“N”。选择“多选指定层管线(N)”选项，命令行提示如下：

```
命令:GXWZ↙
请输入文字<自动读取>:
请选择要插入文字管线的位置[多选管线(M)/多选指定层管线(N)/两点栏选(T)/修改文字(F)]
<退出>:N                                      //输入“N”。选择“多选指定层管线(N)”选项。
请选择要标注的其中一根管线<退出>:             //选择一根管线。
请选择要标注的管线的范围<退出>:指定对角点:找到 3 个//选择相同图层上所有的待标注管线。
```

```
请输入文字最小间距<5000>:                        //按 Enter 键，完成标注。
```

在执行命令的过程中，输入“T”。选择“两点栏选(T)”选项，命令行提示如下：

```
命令:GXWZ↙
请输入文字<自动读取>:
请选择要插入文字管线的位置[多选管线(M)/多选指定层管线(N)/两点栏选(T)/修改文字(F)]
<退出>:T                                          //输入“T”。选择“两点栏选(T)”选项。
多管文字标注，与管线相交处进行标注:
起点:
终点:                                             //通过鼠标画线与管线相交。
多管文字标注，与管线相交处进行标注:                //单击鼠标左键，完成管线文字标注。
```

提示

删除管线文字标注，管线可以自动闭合。

12.7 管道坡度

调用“管道坡度”命令，可标注管道坡度，并动态决定箭头方向，如图 12-23 所示为操作方法。

“管道坡度”命令的执行方式有以下几种，

- 命令行：在命令行中输入“GDPD”命令，按 Enter 键。
- 菜单栏：单击“专业标注”→“管道坡度”命令。

下面以如图 12-23 所示的图形为例，介绍“管道坡度”命令的操作方法。

01 按 Ctrl+O 组合键，打开配套资源提供的“第 12 章\ 12.7 管道坡度.dwg”素材文件，结果如图 12-24 所示。

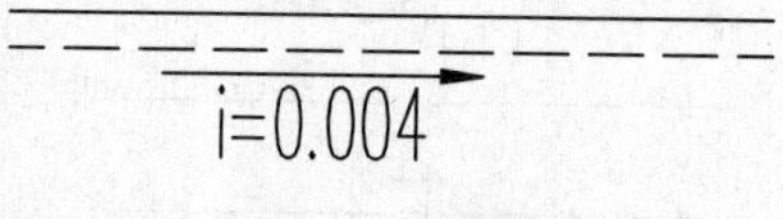

i=0.004

图 12-23 管道坡度

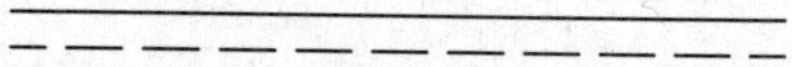

图 12-24 打开素材文件

02 在命令行中输入“GDPD”命令，按 Enter 键，弹出【管道坡度】对话框，设置参数如图 12-25 所示。

03 命令行提示如下：

```
命令:GDPD↙
请选择要标注坡度的管线<退出>:          //选择管线，指定标注方向，管道坡度标注的结果如图
12-23 所示。
```

【管道坡度】对话框中的选项介绍如下：

- “坡度”选项：单击选项，在下拉列表中选择坡度参数，如图 12-26 所示。系统默认为自动读取管线坡度进行标注。
- “逐个标注”按钮：单击该按钮，可逐个选择管线来进行坡度标注。
- “多选标注”按钮：单击该按钮，可选择待标注的管线，完成管线坡度的标注。

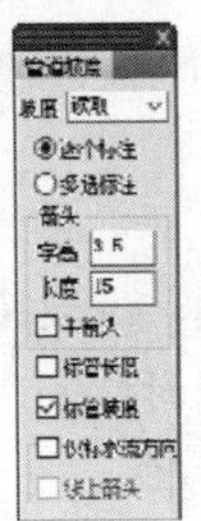

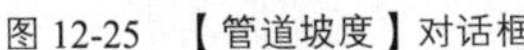

图 12-25 【管道坡度】对话框

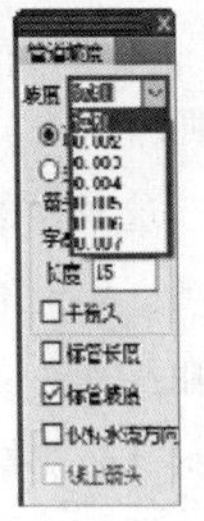

图 12-26 下拉列表

“箭头”选项组：在“字高”“长度”选项中定义标注的字高以及箭头的长度。

“半箭头”选项：选择该选项，坡度标注的箭头样式为半箭头，标注结果如图 12-27 所示。系统默认为全箭头标注样式。

“标管长度”选项：选择该选项，在绘制坡度标注的同时标注管线的长度，标注结果如图 12-28 所示。

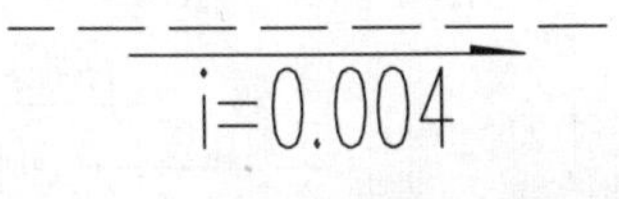

图 12-27 半箭头标注

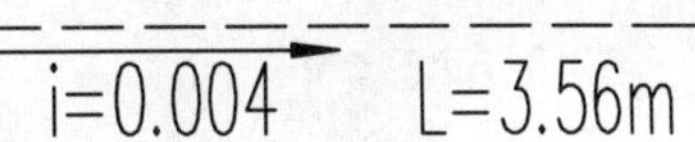

图 12-28 标管长度标注

“仅标水流方向”选项：选择该选项后，仅标注水流方向。

“线上箭头”选项：选择“仅标水流方向”选项后再选择该选项，可以直接在管线上标注坡度方向箭头。

12.8 单管管径

调用“单管管径”命令，选择单管并标注管径，如图 12-29 所示为标注的结果。

DN25

图 12-29 单管管径

“单管管径”命令的执行方式有以下几种：

- 命令行：在命令行中输入“DGGJ”命令，按 Enter 键。
- 菜单栏：单击“专业标注”→“单管管径”命令。

下面以如图 12-29 所示的图形为例，介绍“单管管径”命令的操作方法。

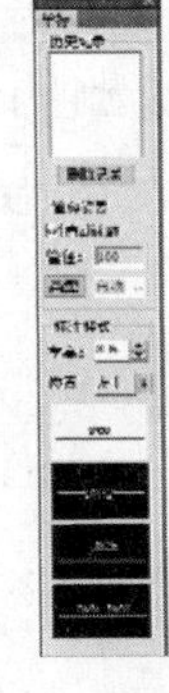

图 12-30 【单标】对话框

01 在命令行中输入“DGGJ”命令，按 Enter 键，弹出如图 12-30 所示的【单标】对话框。

02 命令行提示如下：

```
命令:DGGJ↙
请选取要标注管径的管线(标注位置参照光标与管线的相对位置)<退出>:        //选择管线，标注单管管径的结果如图 12-29 所示。
```

【单标】对话框介绍如下：

- “历史记录”列表框：显示前几次的管径标注记录，也可选中其中的某项进行标注。

➢ “删除记录”按钮：在“历史记录”列表框中选择某项记录，单击该按钮，删除记录。

“管径设置”选项组。

➢ “自动读取”选项：选择该选项，自动读取管径进行标注。

➢ “管径”选项：取消选择“自动读取”选项，该项亮显，在文本框中定义管径来完成标注。

➢ “类型”按钮：单击该按钮，弹出如图 12-31 所示的【定义各管材标注前缀】对话框，在其中可定义管径标注的前缀。

“标注样式”选项组。

➢ “字高”选项：定义管径标注的字高，单击右边的调整按钮设置参数值。

➢ “位置”选项：定义标注数字的位置，单击选框右边的按钮↓，可更改标注数字的位置。在对话框的下方显示了管径标注类型的预览框，选中指定的类型进行管径标注，如图 12-32 所示为各种类型管径标注的结果。

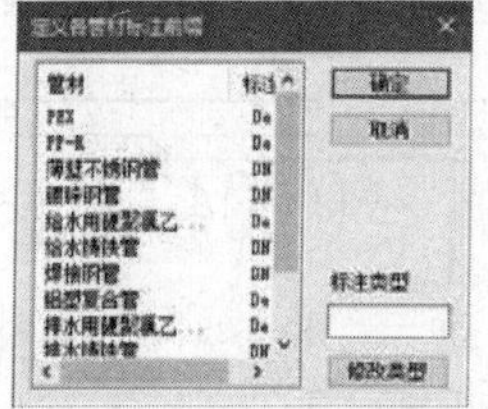

图 12-31 【定义各管材标注前缀】对话框

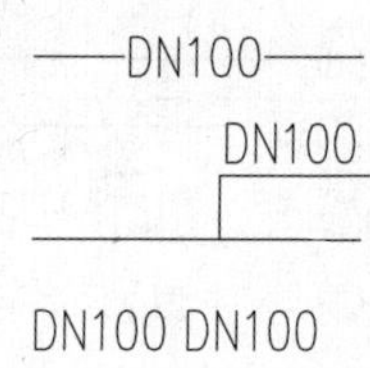

图 12-32 各类型管径标注

12.9 多管管径

调用“多管管径”命令，为多根管线标注管径。如图 12-33 所示为标注的结果。

“多管管径”命令的执行方式有以下几种：

➢ 命令行：在命令行中输入“GJBZ”命令，按 Enter 键。

➢ 菜单栏：单击“专业标注”→“多管管径”命令。

下面以如图 12-33 所示的图形为例，介绍“多管管径”命令的操作方法。

01 按 Ctrl+O 组合键，打开配套资源提供的“第 12 章\ 12.9 多管管径.dwg”素材文件，结果如图 12-34 所示。

DN100

DN100

DN100

DN100

图 12-33 多管管径

图 12-34 打开素材文件

02 在命令行中输入“GJBZ”命令，按 Enter 键，弹出如图 12-35 所示的【多管管径】对话框。

03 命令行提示如下：

```
命令:GJBZ↙
```

```
请选取要标注管径的管线(多选，标注在管线中间)<退出>:指定对角点:找到 4 个
                              //选择管线，按 Enter 键完成标注，结果如图 12-33 所示。
```

【多管管径】对话框中各功能选项的含义如下：

- "常用管径"选项组：单击该按钮，可选择管径进行标注。
- "管径"选项：在文本框中定义管径值。
- "左上"按钮：系统默认的管径标注数字的位置。
- "右下"按钮：选择该按钮，管径标注数字的位置在管线的下方，结果如图 12-36 所示。
- "仅标空白管线"选项：选择该选项，只在管线宽松的位置标注，若图形比较复杂则就不进行管径标注。
- "修改指定管径"选项：选择该选项，可统一修改管径值相同的管线。
- "带标高"选项：选择该选项，可标注管线的管径及标高，如图 12-37 所示。

图 12-35 【多管管径】对话框

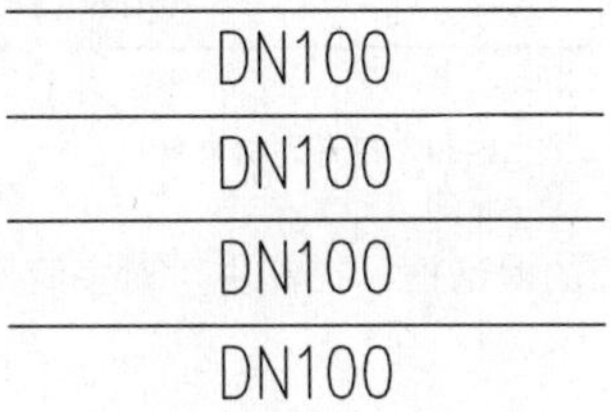

DN100
DN100
DN100
DN100

图 12-36 文字标注在管线下方

DN100(0.00)
DN100(0.00)
DN100(0.00)
DN100(0.00)

图 12-37 标注管径和标高

提示

双击管径标注，弹出【修改管线】对话框，在其中可更改管径标注。

12.10 多管标注

调用"多管标注"命令，可同时为多根管线标注管径。如图 12-38 所示为标注的结果。

"多管标注"命令的执行方式有以下几种：

- 命令行：在命令行中输入"DGBZ"命令，按 Enter 键。
- 菜单栏：单击"专业标注"→"多管标注"命令。

下面以如图 12-38 所示的图形为例，介绍"多管标注"命令的操作方法。

01 按 Ctrl+O 组合键，打开配套资源提供的"第 12 章\ 12.10 多管标注.dwg"素材文件，结果如图 12-39 所示。

02 在命令行中输入"DGBZ"命令，按 Enter 键，命令行提示如下：

```
命令:DGBZ↙
多管标注:
```

```
确定一直线的起点与终点
用该直线与待标注的管线（可以是多根）相交
起点：
终点[斜线样式(L)/点样式(D)/不标注(N)](当前:斜线样式)<退出>:
                                    //确定直线的起点和终点，该直线必须与管线相交。
请给出标注点<退出>:                  //选择标注点，多管标注的结果如图 12-38 所示。
```

在执行命令的过程中，输入 D，选择“点样式(D)”选项，标注管径如图 12-40 所示。输入 N，选择“不标注(N)”选项，标注结果如图 12-41 所示。

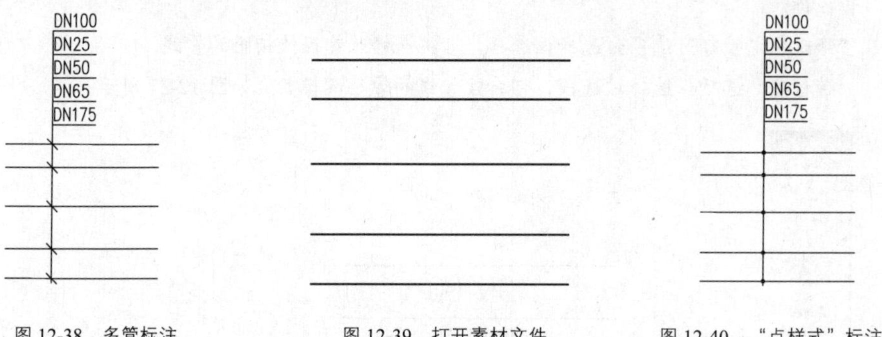

图 12-38　多管标注　　图 12-39　打开素材文件　　图 12-40　“点样式”标注结果

双击多管标注，弹出如图 12-42 所示的对话框，在其中可对多管标注的属性进行修改。

对话框中各功能选项的含义如下：

- “样式”选项：单击该选项，可在下拉列表中选择文字样式。
- “字高”选项：修改多管标注的字高。
- “距线”选项：设置标注文字与标注线段的距离。
- “对齐”选项：设置管径标注的对齐方式。有左对齐、居中、右对齐三种对齐方式。
- “管径”选项：选择该选项，为选中的管线标注管径。
- “编号”选项：选择该选项，标注管线的编号，如图 12-43 所示。

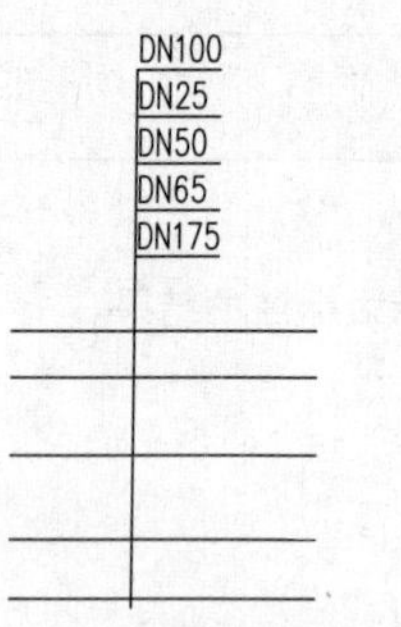

图 12-41　“不标注”标注结果

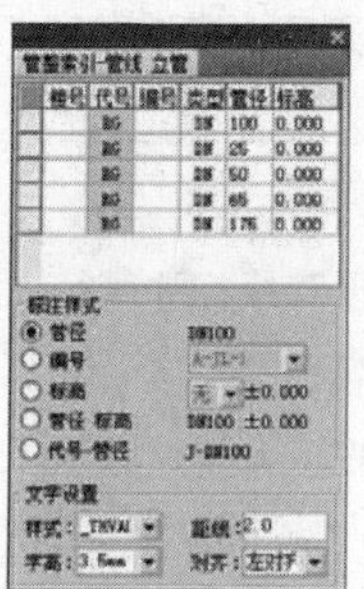

图 12-42　编辑对话框

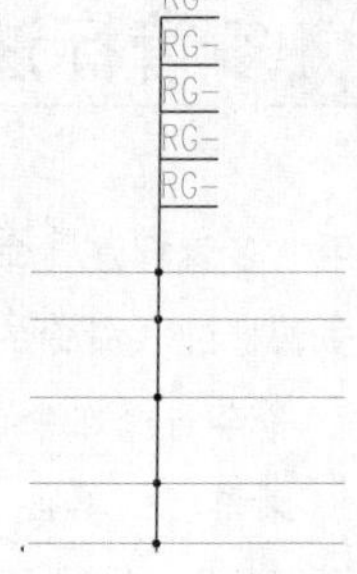

图 12-43　标注编号

- “标高”选项：该项用来标注管线的标高，同时单击右侧的“代号”选项，可以在下拉列表中选择标高标注的代号，标注结果如图 12-44 所示。
- “管径 标高”选项：同时标注管线的管径和标高，如图 12-45 所示。
- “代号-管径”选项：同时标注管线的代号和管径，如图 12-46 所示。

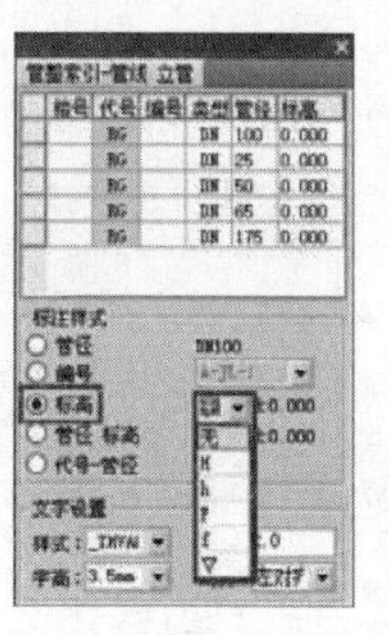
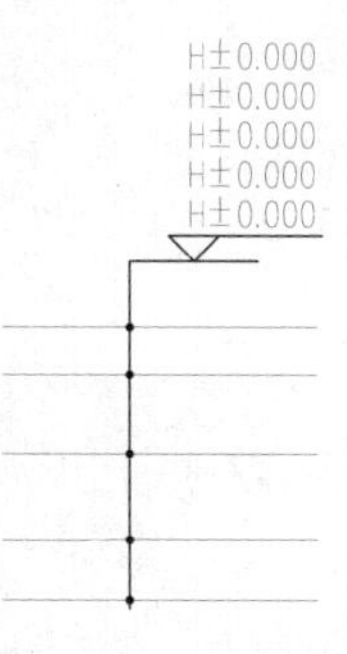

图 12-44　标注标高

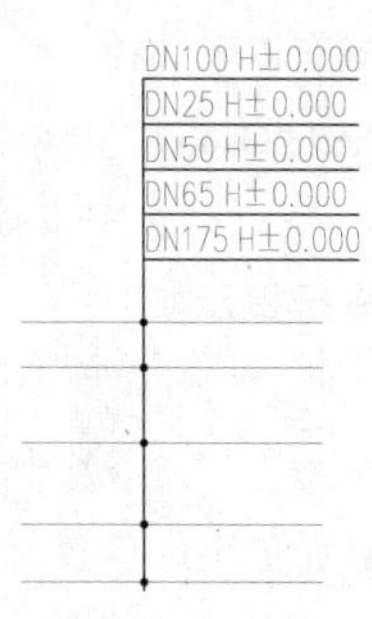

图 12-45　标注管径和标高

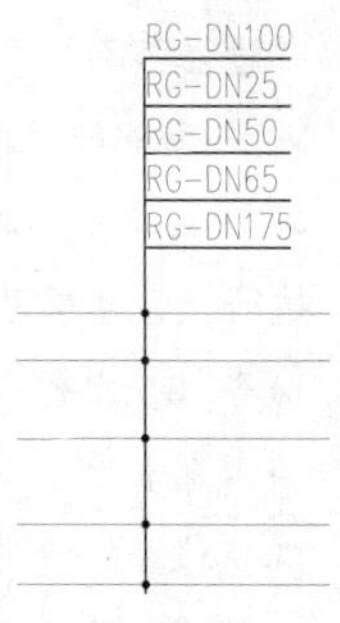

图 12-46　标注代号和管径

12.11 管径复位

由于更改比例等原因使管径标注位置不合适时，调用“管径复位”命令，可使标注回到默认位置。图 12-47 所示为管径复位的结果。

“管径复位”命令的执行方式有以下几种：

➢　命令行：在命令行中输入“GJFW”命令，按 Enter 键。

➢　菜单栏：单击“专业标注”→“管径复位”命令。

下面以如图 12-47 所示的图形为例，介绍“管径复位”命令的操作方法。

01 按 Ctrl+O 组合键，打开配套资源提供的“第 12 章\ 12.11　管径复位.dwg”素材文件，结果如图 12-48 所示。

02 在命令行中输入“GJFW”命令，按 Enter 键，命令行提示如下：

命令:GJFW↙

BZFW

请选择要复位的管径标注、坡度标注<退出>:指定对角点:找到 4 个　　　　//选择管径标注，按 Enter 键完成操作，结果如图 12-47 所示。

DN125
DN125
DN125
DN125

图 12-47　管径复位

DN125
DN125
DN125
DN125

图 12-48　打开素材文件

12.12 管径移动

调用“管径移动”命令，可批量移动、复位管径标注。

“管径移动”命令的执行方式有以下几种：

- 命令行：在命令行中输入“GJYD”命令，按 Enter 键。
- 菜单栏：单击“专业标注”→“管径移动”命令。

执行“管径移动”命令，命令行提示如下：

```
命令:GJYD↙
请选择需要移动管径标注的管线:<退出>指定对角点:找到 4 个
选择移动的参考点[管径向上复位(F)/管径向下复位(R)]<退出>
选择移动的目标点<退出>            //按 Enter 键完成绘制，结果如图 12-49 所示。
```

DN100
DN100
DN100
DN100

DN100
DN100
DN100
DN100

图 12-49　管径移动

12.13 单注标高

调用“单注标高”命令，可以一次只标注一个标高（通常用于标注平面图形的标高），如图 12-50 所示为标注的结果。

“单注标高”命令的执行方式有以下几种：

- 命令行：在命令行中输入“DZBG”命令，按 Enter 键。
- 菜单栏：单击“专业标注”→“单注标高”命令。

下面以如图 12-50 所示的图形为例，介绍单注标高命令的操作方法。

[01] 按 Ctrl+O 组合键，打开配套资源提供的“第 12 章\ 12.13 单注标高.dwg”素材文件，结果如图 12-51 所示。

图 12-50　单注标高　　　　图 12-51　打开素材文件

[02] 在命令行中输入“DZBG”命令，按 Enter 键，弹出【单注标高】对话框，设置参数如图 12-52 所示。

[03] 命令行提示如下：

```
命令:DZBG↙
请选择标高点或 [参考标高(R)]<退出>:
```

```
请选择引出点<不引出>:
请选择标高方向<当前>:                    //分别选择标高标注的各个点，标注结果如图 12-50 所示。
```

双击单注标高，弹出如图 12-53 所示的【标高标注】对话框，在其中可更改标高标注的各项参数，如标注参数、文字样式、字高、精度等。

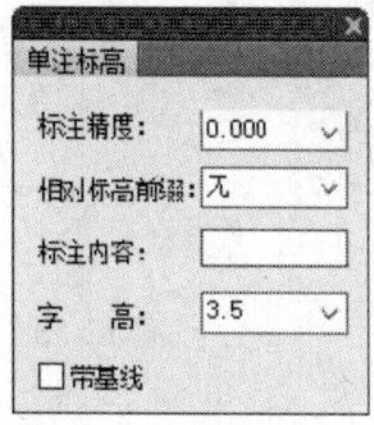

图 12-52 【单注标高】对话框

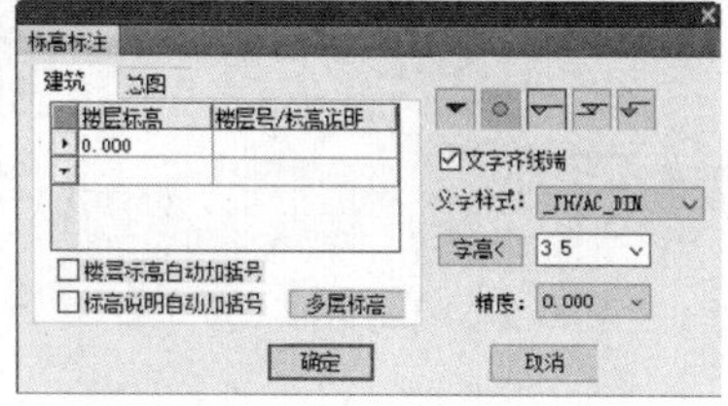

图 12-53 【标高标注】对话框

12.14 标高标注

调用“标高标注”命令，可连续标注标高（通常用于标注立剖面图的标高），如图 12-54 所示为标注的结果。

“标高标注”命令的执行方式有以下几种：

➢ 命令行：在命令行中输入“BGBZ”命令，按 Enter 键。

➢ 菜单栏：单击“专业标注”→“标高标注”命令。

下面以如图 12-54 所示的图形为例，介绍“标高标注”命令的操作方法。

01 按 Ctrl+O 组合键，打开配套资源提供的“第 12 章\ 12.14 标高标注.dwg”素材文件，结果如图 12-55 所示。

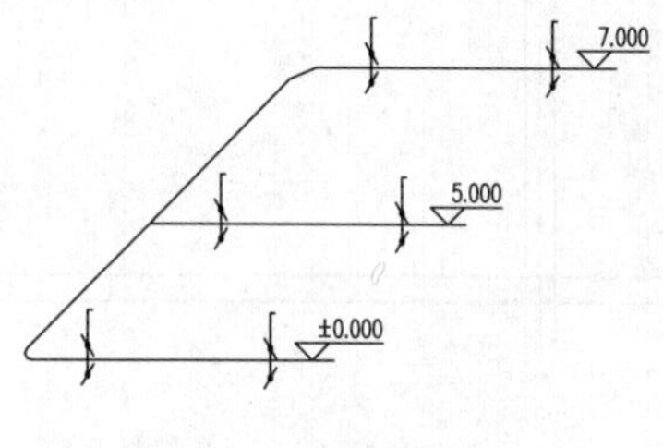

图 12-54 标高标注

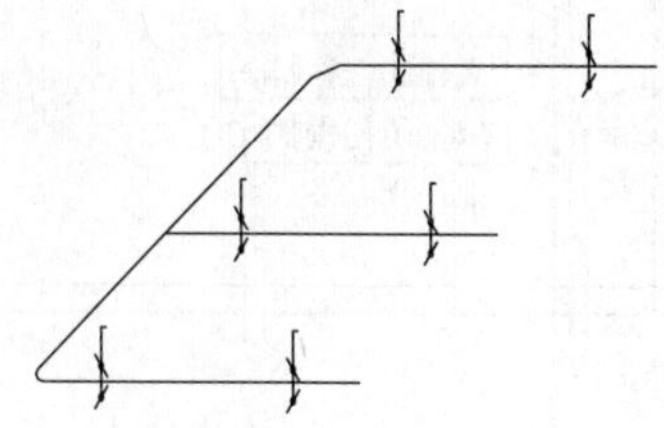

图 12-55 打开素材文件

02 在命令行中输入“BGBZ”命令，按 Enter 键，弹出【标高标注】对话框。选择“手工输入”选项，在“楼层标高”选项中输入标高值，如图 12-56 所示。

03 命令行提示如下：

```
命令:BGBZ↙
T96_TMELEV
请选择标高点或[参考标高(R)]<退出>:
请选择标高方向<退出>:                    //分别选择标高点和标高方向，标注结果如图 12-54 所示。
```

每绘制一次标高标注，就需要在【标高标注】对话框中的“楼层标高”选项中输入标高值；再根据

命令行的提示分别指定标高点和标高方向，可绘制多个标高标注。

在“楼层标高”选项中输入多个标高标注，如图 12-57 所示，标注楼层的标高，结果如图 12-58 所示。

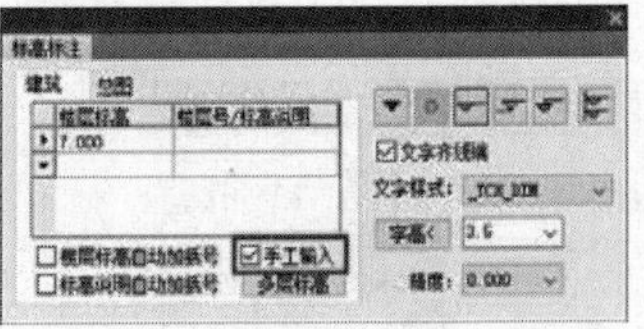

图 12-56 【标高标注】对话框

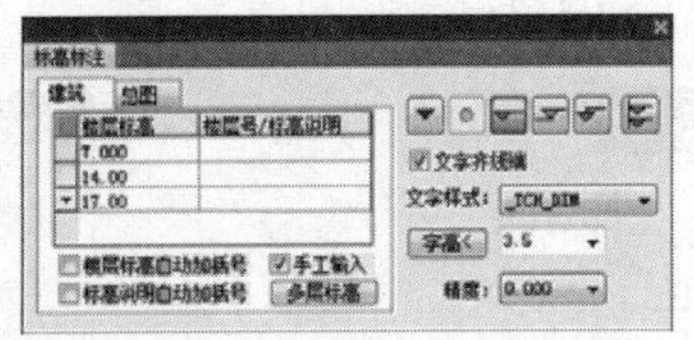

图 12-57 输入标注参数

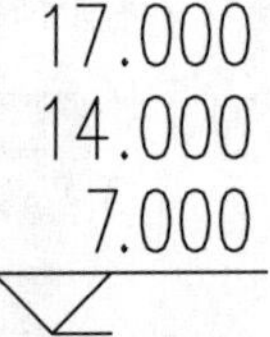

图 12-58 标注楼层标高

12.15 风管标注

调用“风管标注”命令，可标注风管属性。如图 12-59 所示为标注的结果。

“风管标注”命令的执行方式有以下几种：

- 命令行：在命令行中输入“FGBZ”命令，按 Enter 键。
- 菜单栏：单击“专业标注”→“风管标注”命令。

下面以如图 12-59 所示的图形为例，介绍“风管标注”命令的操作方法。

01 按 Ctrl+O 组合键，打开配套资源提供的“第 12 章\ 12.15 风管标注.dwg”素材文件，结果如图 12-60 所示。

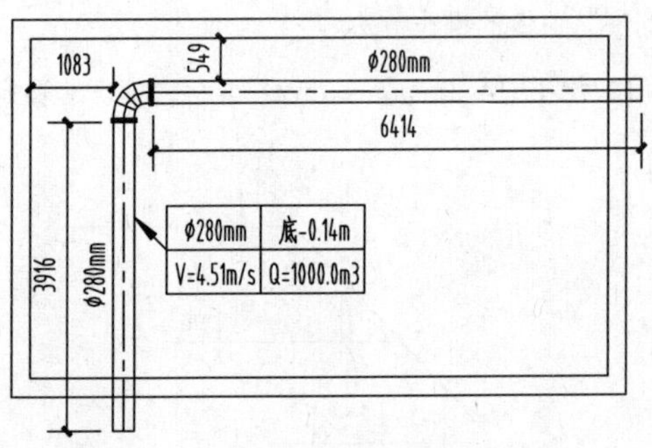

图 12-59 风管标注

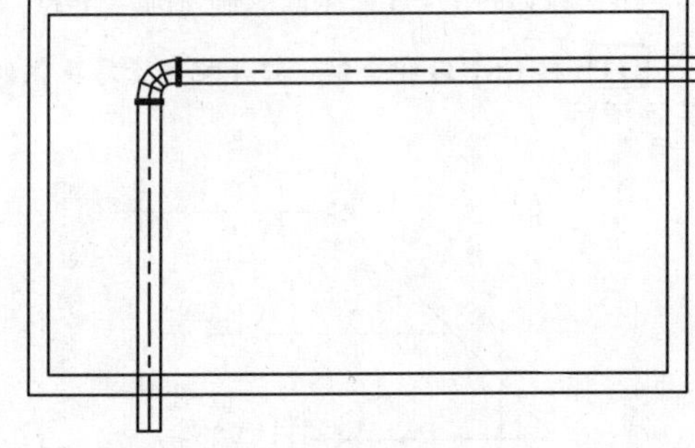

图 12-60 打开素材文件

02 在命令行中输入“FGBZ”命令，按 Enter 键，弹出如图 12-61 所示的【风管标注】对话框。

03 命令行提示如下：

```
命令：FGBZ↙
请选择要标注的风管<退出>找到 1 个            //选择风管，标注结果如图 12-59 所示。
```

04 在【风管标注】对话框中选择“斜线引标”选项，标注风管的结果如图 12-59 所示。

05 选择“长度标注”选项，标注风管长度的结果如图 12-59 所示。

06 选择“距墙距离”选项，命令行提示如下：

```
命令：FGBZ↙
```

请点选要标注的风管<退出>

请选择墙线上要标注的点<取消>　　　　　　//绘制风管距墙标注，结果如图 12-59 所示。

选择“自动标注代号”选项，可在标注风管的同时添加代号。

在【风管标注】对话框中单击“标注设置”按钮，弹出如图 12-62 所示的【风管设置】对话框。在其中可定义风管标注的各项参数，包括标注内容和标高前缀等。

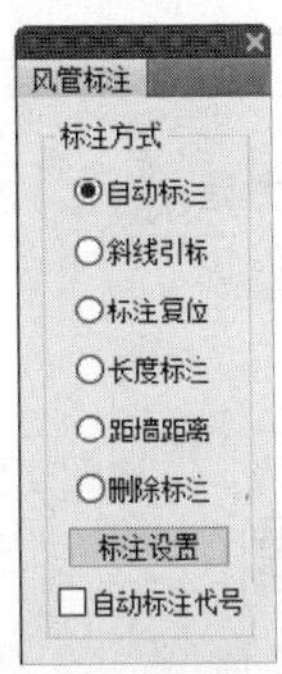

图 12-61　【风管标注】对话框

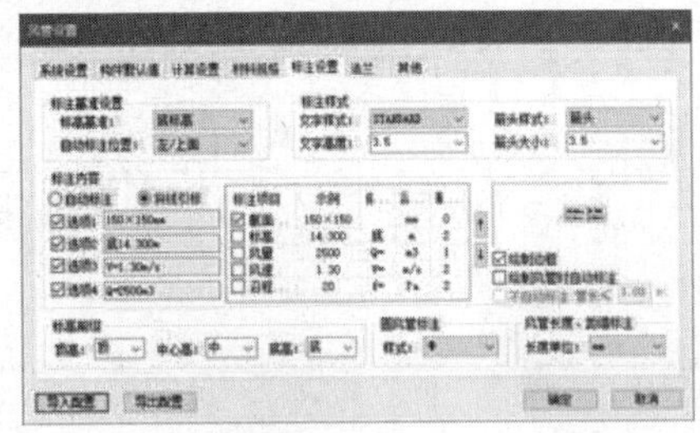

图 12-62　【风管设置】对话框

12.16 风口间距

调用“风口间距”命令，标注风口的间距。如图 12-64 所示为标注结果。

“风口间距”命令的执行方式有以下几种：

- 命令行：在命令行中输入“FKJJ”命令，按 Enter 键。
- 菜单栏：单击“专业标注”→“风口间距”命令。

执行“风口间距”命令，命令行提示如下：

命令：FKJJ↙

请选择需要标注的风口<退出>指定对角点：找到 12 个　　　　//选择风口后按 Enter 键，向上移动鼠标，单击左键指定尺寸线的位置，标注结果如图 12-63 所示。

按 Enter 键重复调用命令，向右移动鼠标并指定尺寸线的位置，继续标注结果如图 12-64 所示。

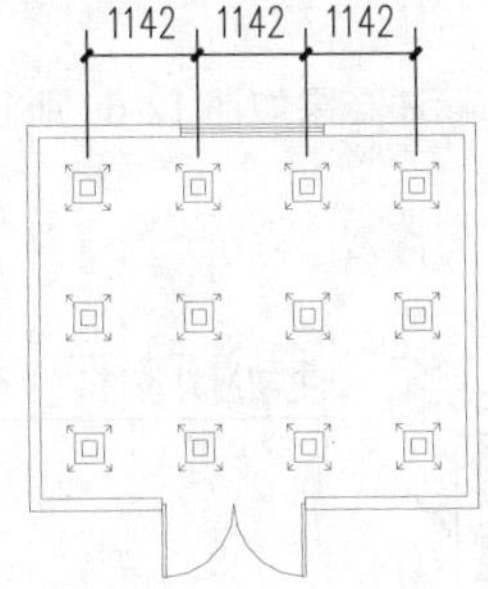

图 12-63　标注风口间距

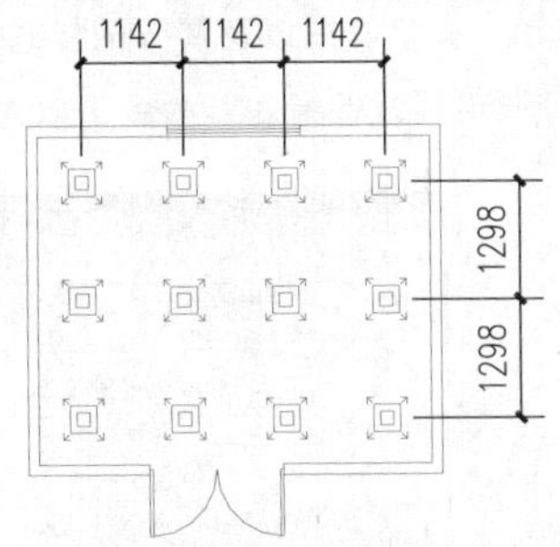

图 12-64　完成标注

12.17 设备标注

调用“设备标注”命令，可标注设备的信息。如图 12-65 所示为标注的结果。

“设备标注”命令的执行方式有以下几种：

➢ 命令行：在命令行中输入“SBBZ”命令，按 Enter 键。

➢ 菜单栏：单击“专业标注”→“设备标注”命令。

下面以如图 12-65 所示的图形为例，介绍“设备标注”命令的操作方法。

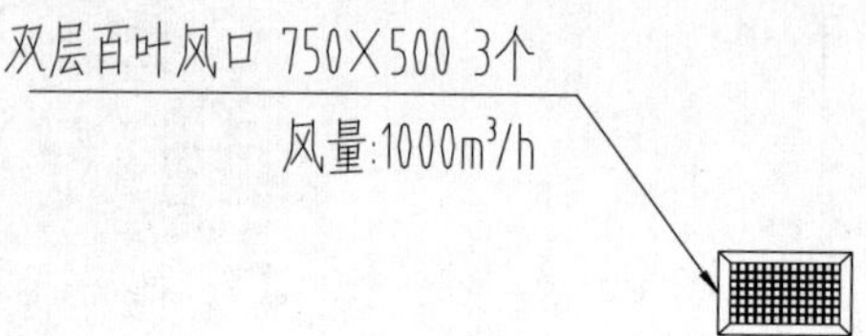

图 12-65 设备标注

01 按 Ctrl+O 组合键，打开配套资源提供的“第 12 章\12.17 设备标注.dwg”素材文件，结果如图 12-66 所示。

02 在命令行中输入“SBBZ”命令，按 Enter 键，命令行提示如下：

命令：SBBZ↙

请选择要标注的设备、风口或风阀<退出> //选择风口，弹出如图 12-67 所示的【设备标注】对话框。

请选择引线点<返回> //选择引线，标注结果如图 12-65 所示。

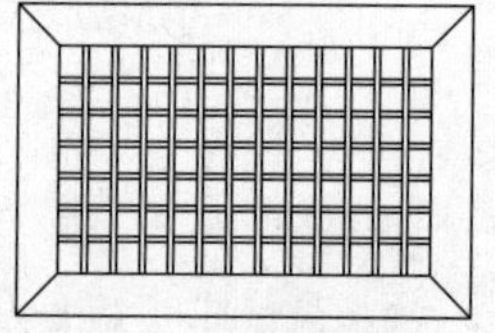

图 12-66 打开素材文件

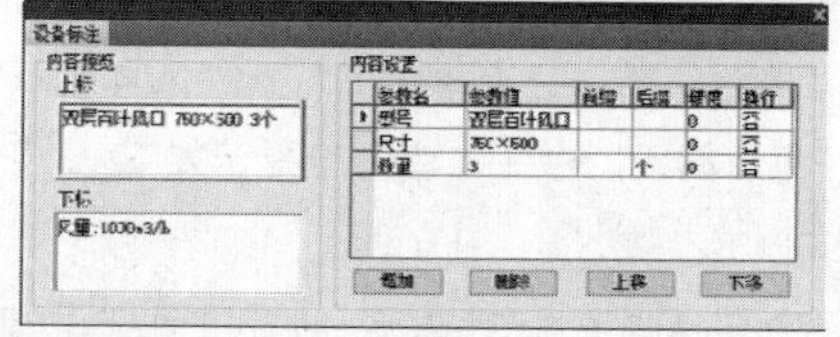

图 12-67 【设备标注】对话框

双击设备标注，弹出如图 12-68 所示的【编辑引出标注】对话框，在其中可更改设备标注的参数，包括标注文字、文字样式以及箭头的样式和大小等。

同理，调用“设备标注”命令可以对风阀、设备等进行标注，标注结果如图 12-69 所示。

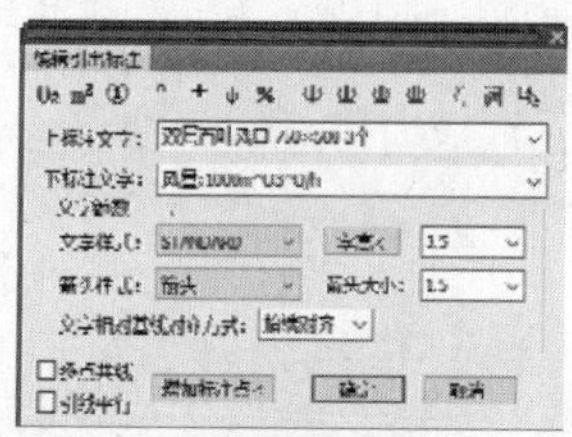

图 12-68 【编辑引出标注】对话框

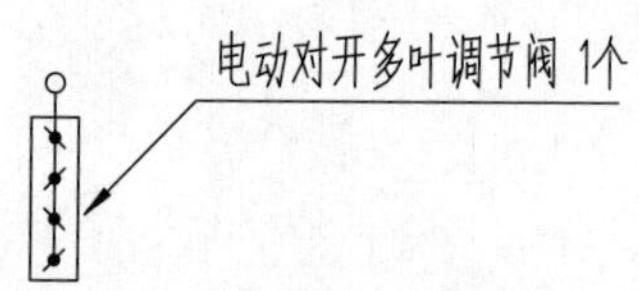

图 12-69 风阀标注

12.18 删除标注

调用“删除标注”命令，删除包括管径标注、标高标注、箭头引注等多种类型标注。

“删除标注”命令的执行方式有以下几种：

➢ 命令行：在命令行中输入“SCBZ”命令，按 Enter 键。

➢ 菜单栏：单击“专业标注”→“删除标注”命令。

在命令行中输入“SCBZ”命令，按 Enter 键，命令行提示如下：

```
命令:SCBZ↙
请选择要删除的对象(管线、风阀、管径、标高、箭头等)<退出>:找到 1 个
                                    //选择标注，按 Enter 键将其删除。
```

第 13 章
符号标注

● 本章导读

本章介绍符号标注命令，包括坐标标注、索引符号以及索引图名等的调用方法。

● 本章重点

- ◈ 静态/动态标注
- ◈ 坐标标注
- ◈ 索引符号
- ◈ 索引图名
- ◈ 剖面剖切
- ◈ 断面剖切
- ◈ 加折断线
- ◈ 箭头引注
- ◈ 引出标注
- ◈ 做法标注
- ◈ 绘制云线
- ◈ 画对称轴
- ◈ 画指北针
- ◈ 图名标注

T20-Hvac V6.0

13.1 静态/动态标注

调用“静态、动态标注”命令，可将坐标标注和标高标注由静态变为动态。

“静态、动态标注”命令的执行方式如下：

➢ 菜单栏：单击“符号标注”→“静态、动态标注”命令。

下面介绍静态、动态标注命令的使用方法。

单击“符号标注”→选择“静态标注”命令，可在静态或动态标注之间自由切换。执行移动或复制操作后的坐标符号受到标注状态的控制，系统默认标注状态为静态。坐标符号在执行移动、复制操作后，数据不改，保持原值。所以在一个.dwg 文件上复制同一幅总平面图，或者绘制绿化、排水、交通等不同类型的图纸时，需要将标注状态切换为静态。

执行“静态标注”命令，可由静态标注切换为动态标注。在动态标注下，菜单命令前的灯泡符号显示。此时，坐标符号执行移动、复制操作之后，数据将与世界坐标系一致，适用于整个.dwg 文件仅布置一个总平面图的情况。

13.2 坐标标注

调用“坐标标注”命令，可为总平面图添加坐标标注。如图 13-1 所示为标注的结果。

“坐标标注”命令的执行方式有以下几种。

➢ 命令行：在命令行中输入“ZBBZ”命令，按 Enter 键。

➢ 菜单栏：单击“符号标注”→“坐标标注”命令。

下面以如图 13-1 所示的图形为例，介绍坐标标注命令的操作方法。

01 按 Ctrl+O 组合键，打开配套资源提供的“第 13 章\ 13.2 坐标标注.dwg”素材文件，结果如图 13-2 所示。

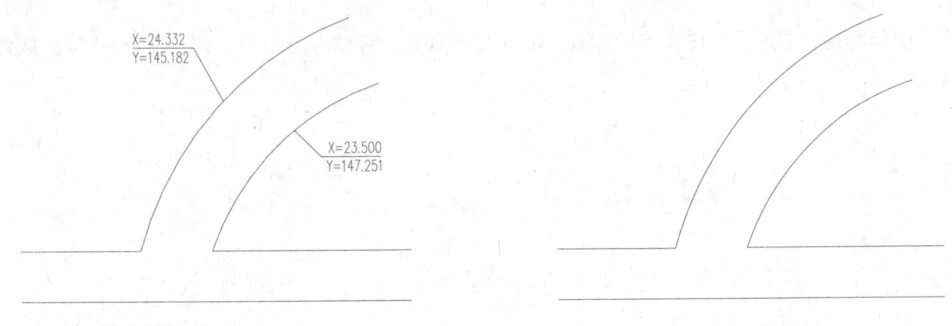

图 13-1 坐标标注　　图 13-2 打开素材文件

02 在命令行中输入“ZBBZ”命令，按 Enter 键，命令行提示如下：

```
命令:ZBBZ↙
T96_TCOORD
```

当前绘图单位:mm,标注单位:M;以世界坐标取值;北向角度 90 度
请选取标注点或 [设置(S)\批量标注(Q)]<退出>:
选取坐标标注方向<退出>: //标注结果如图 13-1 所示。

在执行命令的过程中，输入“S”，选择“设置(S)”选项，弹出如图 13-3 所示的【坐标标注】对话框。【坐标标注】对话框介绍如下：

- “绘图单位”选项：显示当前的绘图单位与标注单位。单击该选项，可在下拉列表中选择单位。
- “标注精度”选项：显示坐标标注的标注精度。单击该选项，可在下拉列表中更改标注精度。
- “箭头样式”选项：显示坐标标注的标注样式。单击该选项，可在下拉列表中选择坐标标注的箭头样式。
- “坐标取值”选项组：在该选项组中有“世界坐标”“用户坐标”“场地坐标”三个选项，默认使用“世界坐标”进行坐标标注。
- “坐标类型”选项组：分为“测量坐标”“施工坐标”两种类型，默认使用“测量坐标”进行坐标标注。
- “设置坐标系”按钮：在已知坐标基准点的情况下，单击该按钮，可为坐标基准点设置坐标值。
- “选指北针”按钮：单击该按钮，在图中选择指北针，可以以指北针为指向，为 X（A）方向创建新的坐标标注。
- “固定角度”选项：选择该选项，选项文本框亮显，可以定义坐标标注引线的折线角度。

在执行命令的过程中，输入 Q，选择“批量标注(Q)”选项，弹出如图 13-4 所示的【批量标注】对话框。在该对话框中选择标注位置，可根据命令行的提示，在所选的标注位置上创建坐标标注。

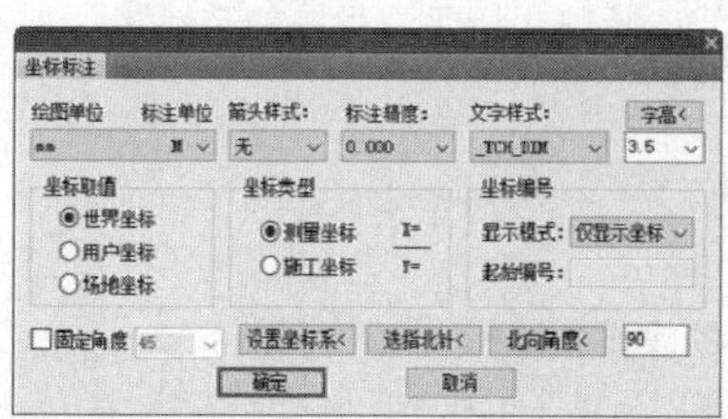

图 13-3 【坐标标注】对话框

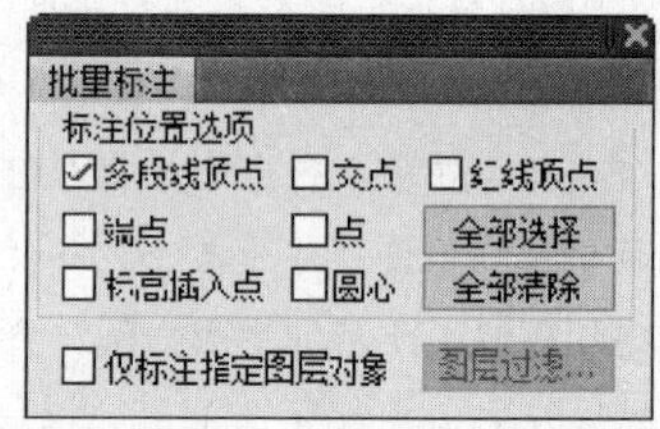

图 13-4 【批量标注】对话框

双击坐标标注，进入文字在位编辑状态，如图 13-5 所示。可输入新的坐标值，按 Enter 键完成修改，如图 13-6 所示。

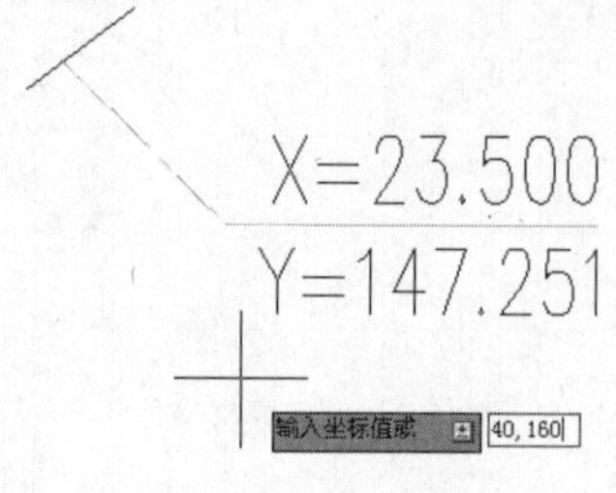

图 13-5 在位编辑状态

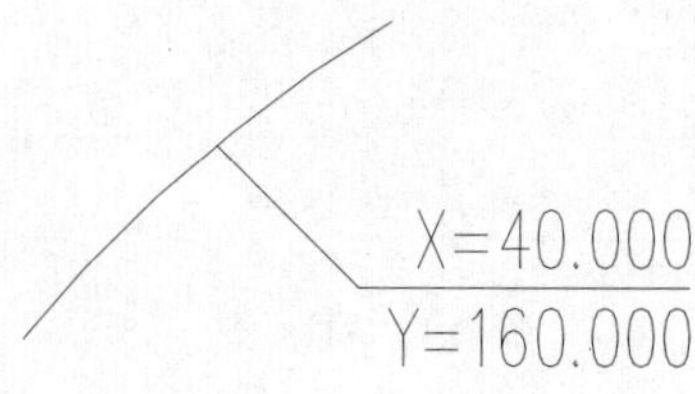

图 13-6 修改坐标值

13.3 索引符号

调用“索引符号”命令，可为图中详图的某一部分标注索引号，指出这些部分的详图在哪张图纸上，分为“指向索引”“剖切索引”两类。

“索引符号”命令的执行方式有以下几种。

- 命令行：在命令行中输入“SYFH”命令，按 Enter 键。
- 菜单栏：单击“符号标注”→“索引符号”命令。

下面以如图 13-7 所示的图形为例，介绍“索引符号”命令的操作方法。

01 按 Ctrl+O 组合键，打开配套资源提供的“第 13 章\ 13.3 索引符号.dwg”素材文件，结果如图 13-8 所示。

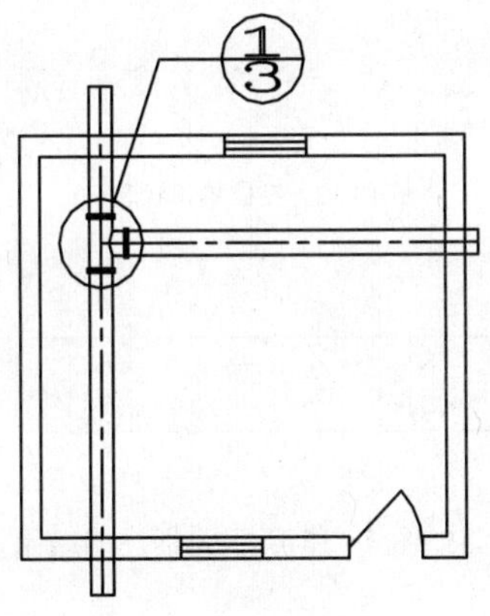

图 13-7 指向索引符号

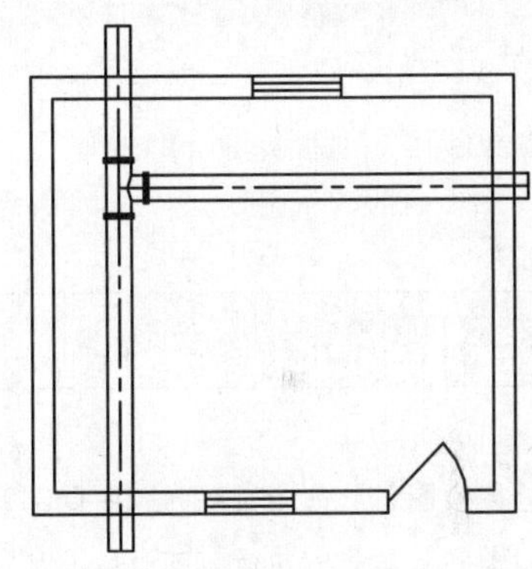

图 13-8 打开素材文件

02 在命令行中输入“SYFH”命令，按 Enter 键，弹出【索引符号】对话框，设置参数如图 13-9 所示。

03 同时命令行提示如下：

```
命令:SYFH↙
T96_TINDEXPTR
请给出索引节点的位置<退出>:
请给出索引节点的范围<0.0>:
请给出转折点位置<退出>:
请给出文字索引号位置<退出>:     //分别指定各点，绘制指向索引符号，结果如图 13-7 所示。
```

在【索引符号】对话框中选择“剖切索引”按钮，命令行提示如下：

```
命令:T96_TINDEXPTR
请给出索引节点的位置<退出>:
请给出转折点位置<退出>:
请给出文字索引号位置<退出>:
请给出剖视方向<当前>: //指定索引符号的各点，绘制剖切索引符号，结果如图 13-10 所示。
```

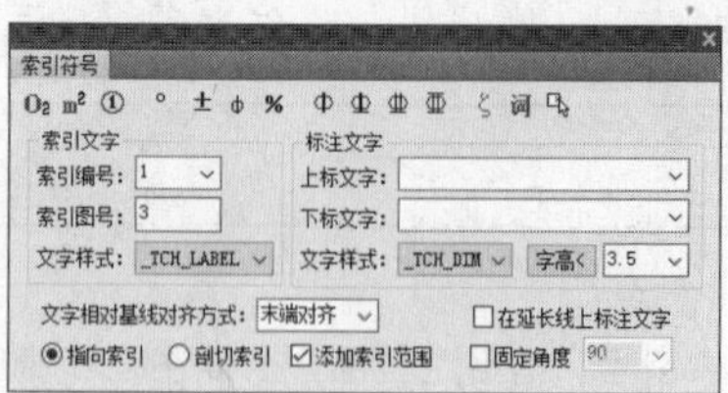

图 13-9 【索引符号】对话框

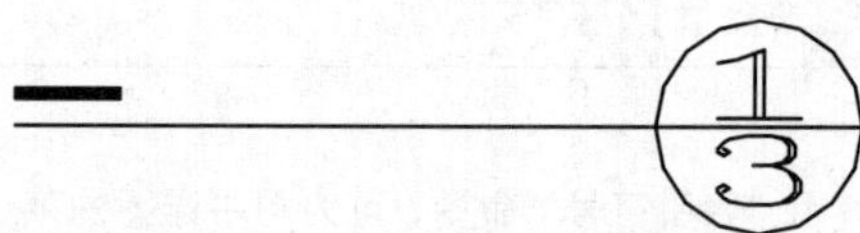

图 13-10 剖切索引符号

双击索引符号，弹出如图 13-11 所示的【编辑指向索引】对话框，在其中可修改索引符号的各项参数。

双击索引符号的标注文字，进入在位编辑状态，如图 13-12 所示。可重新输入文字，按 Enter 键完成修改。

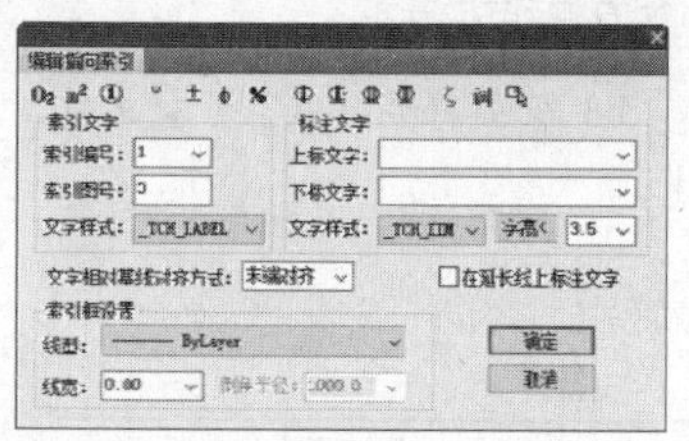

图 13-11 【编辑指向索引】对话框

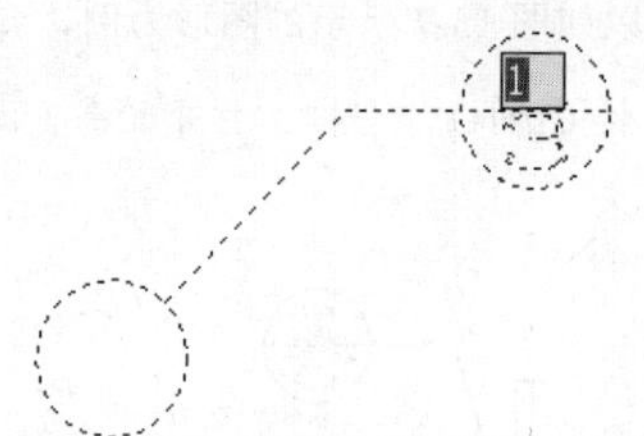

图 13-12 在位编辑状态

13.4 索引图名

调用“索引图名”命令，可为图中局部详图标注索引图号。如图 13-13 所示为标注的结果。

“索引图名”命令的执行方式有以下几种。

- 命令行：在命令行中输入“SYTM”命令，按 Enter 键。
- 菜单栏：单击“符号标注”→“索引图名”命令。

下面以如图 13-13 所示的图形为例，介绍“索引图名”命令的操作方法。

01 在命令行中输入“SYTM”命令，按 Enter 键，弹出【索引图名】对话框，定义参数如图 13-14 所示。

02 命令行提示如下：

```
命令:SYTM↙
T96_TINDEXDIM
请选取标注位置<退出>:            //绘制索引图名的结果如图 13-13 所示。
```

图 13-13 索引图名

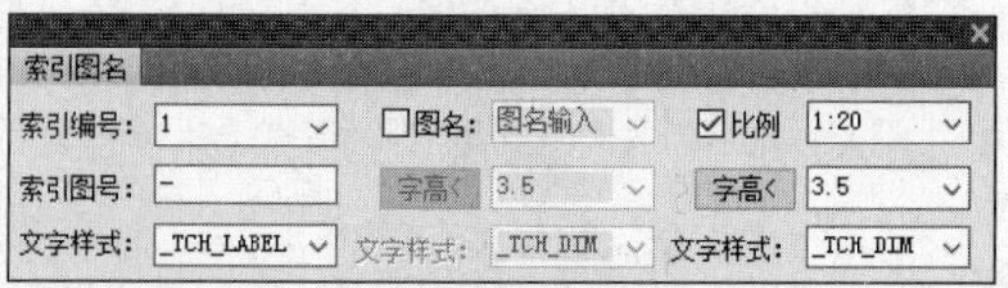

图 13-14 【索引图名】对话框

03 在【索引图名】对话框中的“索引图号”选项中输入图号，可绘制被索引图在其他图上的索引图名，结果如图 13-15 所示。

双击索引图名，弹出如图 13-16 所示的【索引图名】对话框，在其中可修改索引图名的各项参数。

图 13-15　绘制结果

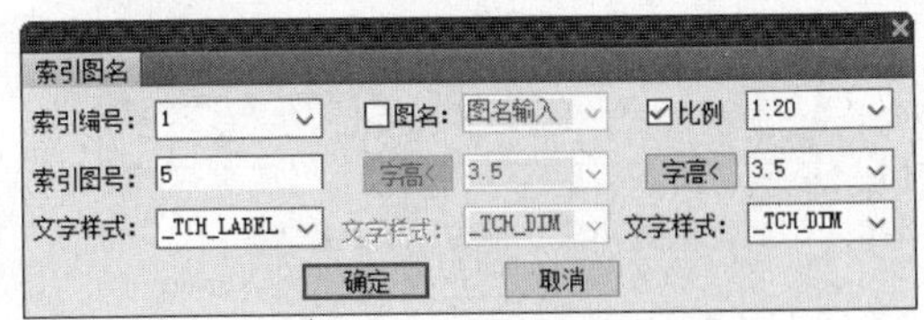

图 13-16　编辑参数

13.5 剖面剖切

调用“剖面剖切”命令，可在图中标注剖面剖切符号。如图 13-17 所示为标注的结果。

“剖面剖切”命令的执行方式有以下几种。

- 命令行：在命令行中输入“PMPQ”命令，按 Enter 键。
- 菜单栏：单击“符号标注”→“剖面剖切”命令。

下面以如图 13-17 所示的图形为例，介绍“剖面剖切”命令的操作方法。

01 按 Ctrl+O 组合键，打开配套资源提供的“第 13 章\ 13.5 剖面剖切.dwg”素材文件，结果如图 13-18 所示。

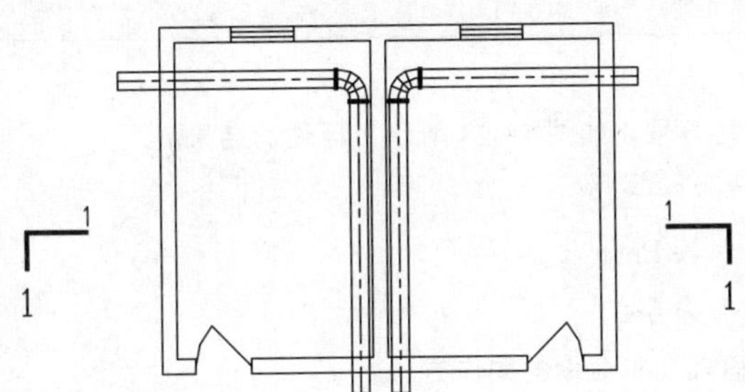

图 13-17　剖面剖切符号

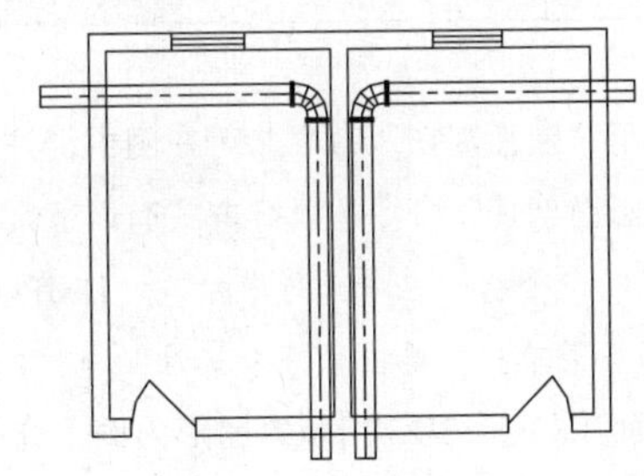
图 13-18　打开素材文件

02 在命令行中输入“PMPQ”命令，按 Enter 键，弹出【剖切符号】对话框，定义参数如图 13-19 所示。

03 命令行提示如下：

```
命令:PMPQ↙
T96_TSECTION
选取第一个剖切点<退出>:
选取第二个剖切点<退出>:                //在被剖切图形的左右两侧分别单击。
选取剖视方向<当前>:                    //向下移动鼠标，单击左键定义剖切方向，绘制
```

剖切符号，结果如图 13-17 所示。

双击剖切符号，弹出如图 13-20 所示的【剖切符号】对话框，在其中修改剖切符号的各项参数，单击“确定”按钮关闭对话框，完成修改。

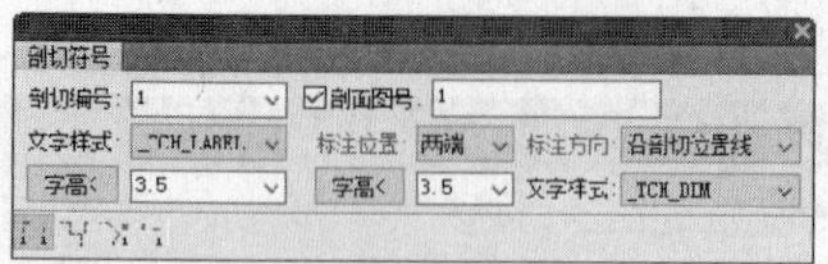

图 13-19 【剖切符号】对话框

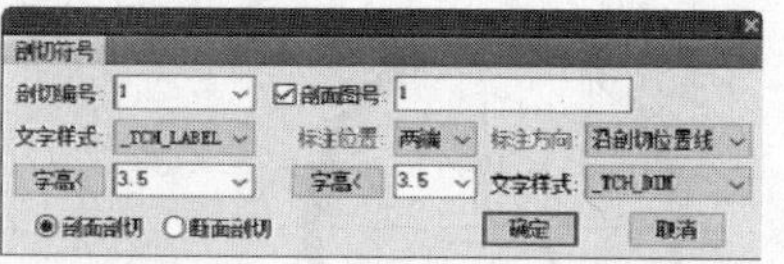

图 13-20 【剖切符号】对话框

在【剖切符号】对话框中，单击“正交转折剖切”按钮，可根据命令行的提示，绘制该类型的剖切符号，结果如图 13-21 所示；单击“非正交转折剖切”按钮，可根据命令行的提示，绘制该类型的剖切符号，结果如图 13-22 所示。

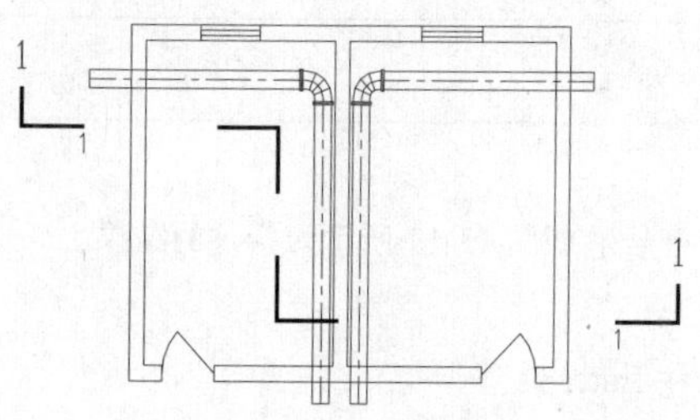

图 13-21 正交转折剖切符号

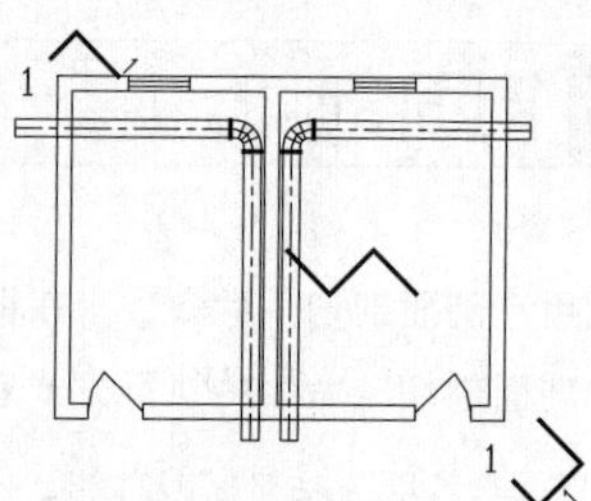

图 13-22 非正交转折剖切符号

13.6 断面剖切

调用“断面剖切”命令，可在图中标注断面剖切符号。如图 13-23 所示为标注的结果。

“断面剖切”命令的执行方式有以下几种。

- 命令行：在命令行中输入“DMPQ”命令，按 Enter 键。
- 菜单栏：单击“符号标注”→“断面剖切”命令。

下面以如图 13-23 所示的图形为例，介绍“断面剖切”命令的操作方法。

01 按 Ctrl+O 组合键，打开配套资源提供的“第 13 章\ 13.6 断面剖切.dwg”素材文件，结果如图 13-24 所示。

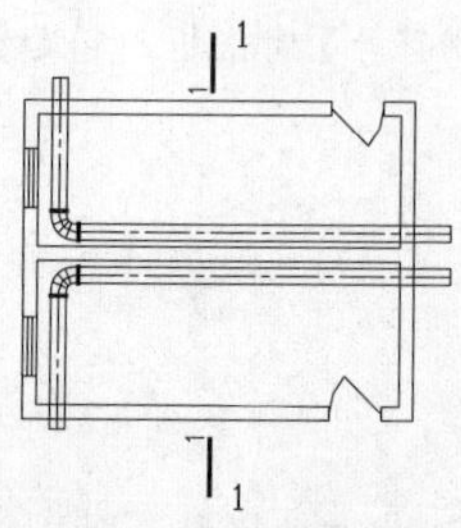

图 13-23 断面剖切符号

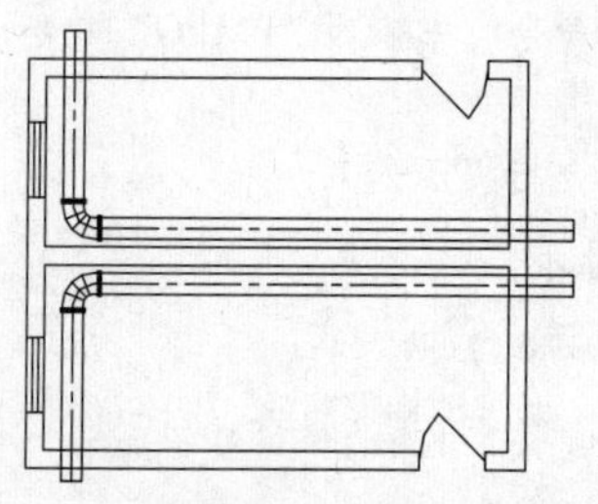

图 13-24 打开素材文件

02 在命令行中输入“DMPQ”命令，按 Enter 键，弹出【剖切符号】对话框，设置“剖切编号”“剖面图号”均为1。

03 命令行提示如下：

```
命令:DMPQ↙
T96_TSECTION1
选取第一个剖切点<退出>:
选取第二个剖切点<退出>:                //在被剖切图形的上方和下方分别单击鼠标左键;
选取剖视方向<当前>://按Enter键确定剖视方向，绘制断面剖切符号的结果如图13-23所示。
```

13.7 加折断线

调用“加折断线”命令，可在图中添加折断线，如图 13-25 所示为操作结果。可以依照当前比例，选择对象更新其大小。

“加折断线”命令的执行方式有以下几种。

- 命令行：在命令行中输入“JZDX”命令，按 Enter 键。
- 菜单栏：单击“符号标注”→“加折断线”命令。

下面以如图 13-25 所示的图形为例，介绍“加折断线”命令的操作方法。

01 按 Ctrl+O 组合键，打开配套资源提供的“第 13 章\ 13.7 加折断线.dwg”素材文件，结果如图 13-26 所示。

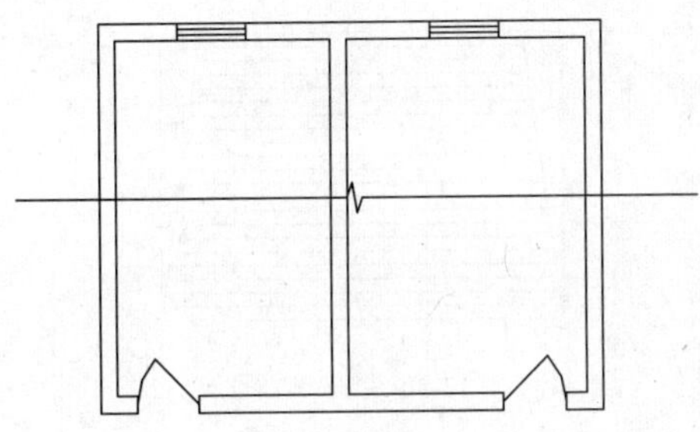

图 13-25 加折断线

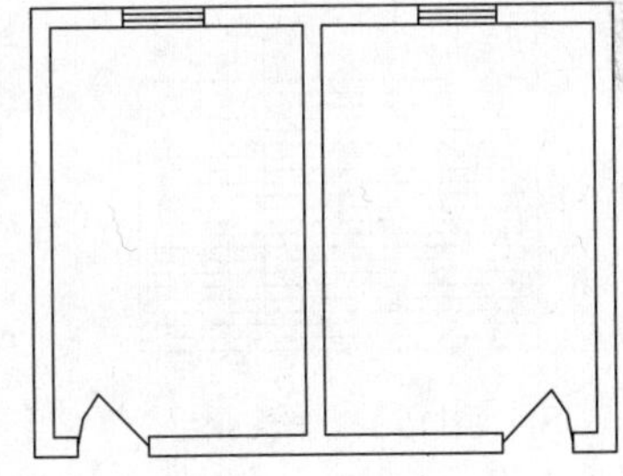

图 13-26 打开素材文件

02 在命令行中输入“JZDX”命令，按 Enter 键，命令行提示如下：

```
命令:JZDX↙
T96_TRUPTURE
选取折断线起点<退出>:
选取折断线终点或[折断数目,当前=1(N)/自动外延,当前=开(O)]<退出>:
                                        //绘制折断线的结果如图13-25所示。
```

在执行命令的过程中，输入“O”，选择“自动外延，当前=开(O)”选项，自动外延被关闭，绘制折断线的结果如图 13-27 所示。

双击折断线，命令行提示“折断数目<1>:”，输入待增加的折断数目，按 Enter 键完成添加折断符号的操作，结果如图 13-28 所示。

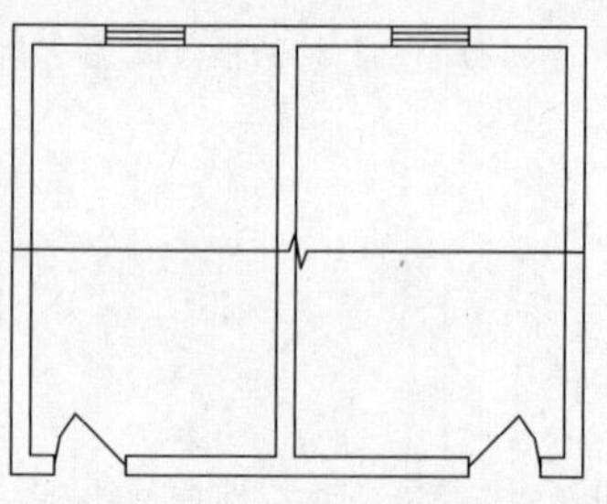

图 13-27　自动外延被关闭

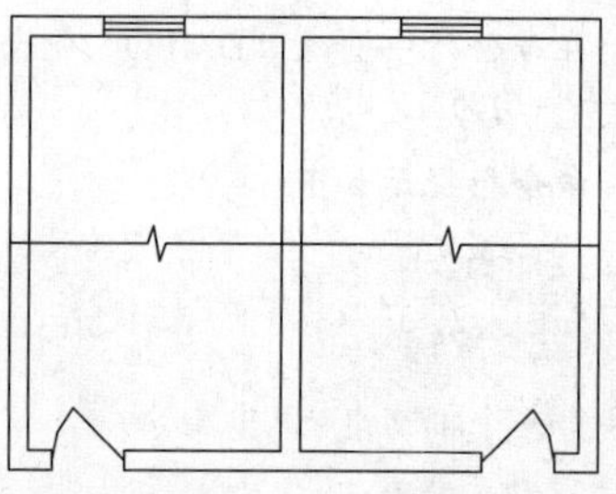

图 13-28　添加折断符号

13.8 箭头引注

调用“箭头引注”命令，可绘制带箭头的引出标注，文字可以放置在线端或线上，如图 13-29 所示为标注的结果。引线可以转折多次，用于绘制楼梯方向线。箭头也适用于表示坡度符号。

“箭头引注”命令的执行方式有以下几种。

- 命令行：在命令行中输入“JTYZ”命令，按 Enter 键。
- 菜单栏：单击“符号标注”→“箭头引注”命令。

下面以如图 13-29 所示的图形为例，介绍“箭头引注”命令的操作方法。

01 按 Ctrl+O 组合键，打开配套资源提供的“第 13 章\ 13.8 箭头引注.dwg”素材文件，结果如图 13-30 所示。

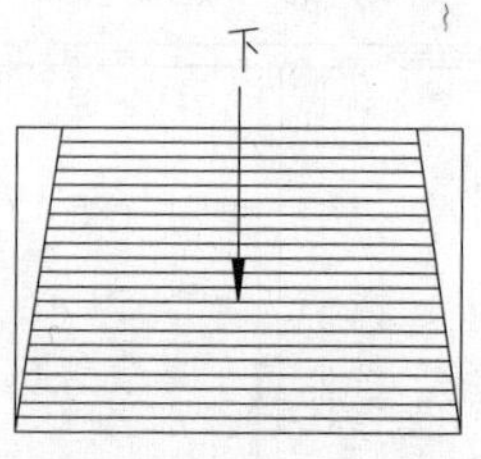

图 13-29　箭头引注

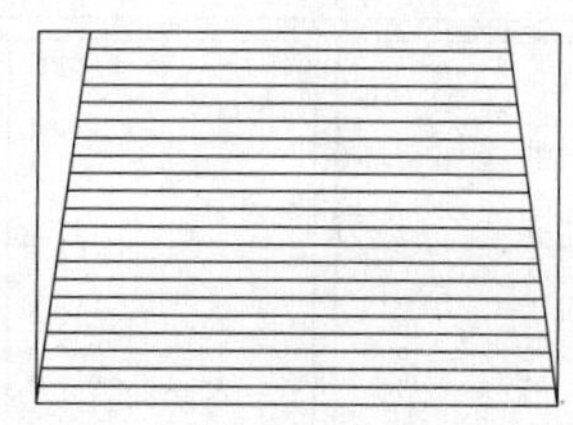

图 13-30　打开素材文件

02 在命令行中输入“JTYZ”命令，按 Enter 键，弹出【箭头引注】对话框，定义参数如图 13-31 所示。

03 同时命令行提示如下：

```
命令:JTYZ↙
T96_TARROW
箭头起点或 [选取图中曲线(P)/选取参考点(R)]<退出>:
直段下一点或 [弧段(A)/回退(U)]<结束>:          //绘制箭头引注的结果如图 13-29 所示。
```

在执行命令的过程中，输入“A”，选择“弧段(A)”选项，命令行提示如下：

```
命令:JTYZ↙
T96_TARROW
箭头起点或[选取图中曲线(P)/选取参考点(R)]<退出>:        //单击起点。
直段下一点或[弧段(A)/回退(U)]<结束>:A            //输入“A”，选择“弧段(A)”选项。
```

```
弧段下一点或[直段(L)/回退(U)]<结束>:                //选取弧段的终点。
选取弧上一点或[输入半径(R)]:                        //选取弧上的一点。
直段下一点或[弧段(A)/回退(U)]<结束>:    //按Enter键完成标注，结果如图13-32所示。
```

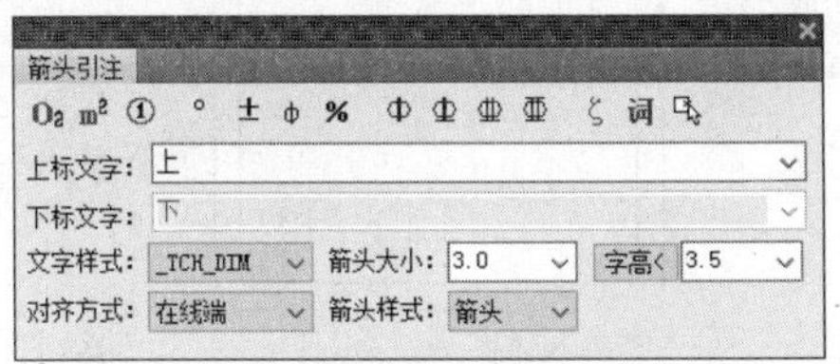

图 13-31 【箭头引注】对话框

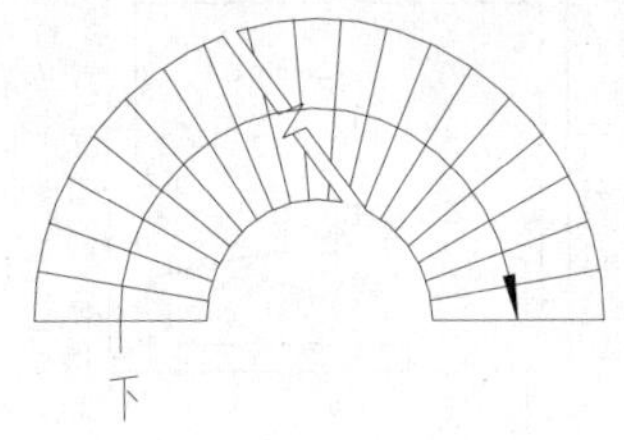

图 13-32 弧线标注

【箭头引注】对话框介绍如下：

在上方的符号栏中单击符号按钮，可插入指定的符号到标注文字中。

“上标文字”选项：定义箭头上方的标注文字，文字的位置可以在“对齐方式”选项中更改。单击右边的向下箭头，弹出下拉列表，其中保存了前几次箭头引注的参数，可选择某项参数进行标注。

“文字样式”选项：单击该选项，在下拉列表中选择标注文字的文字样式。

“对齐方式”选项：单击该选项，在下拉列表中选择标注文字的位置。

“箭头大小”选项：单击该选项，在下拉列表中选择箭头的大小。

“箭头样式”选项：单击该选项，在下拉列表中选择箭头的样式。

“字高”选项：单击该选项，在下拉列表中选择标注字体的大小。

双击箭头引注，弹出如图 13-33 所示的编辑选项板，在其中可更改箭头引注的属性参数。

双击标注文字，进入在位编辑状态，如图 13-34 所示。可重新输入文字，按 Enter 键完成修改。

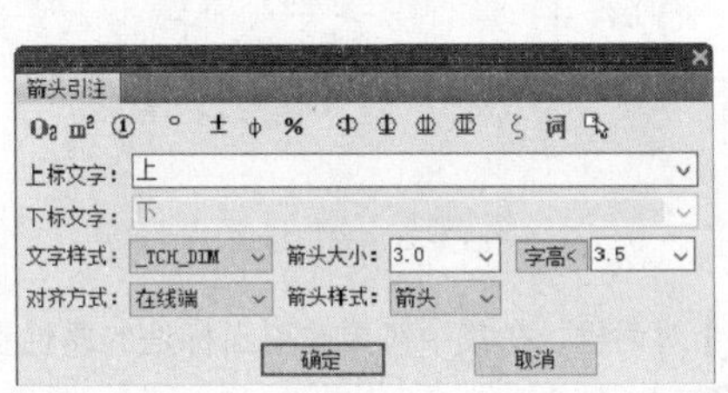

图 13-33 【箭头引注】对话框

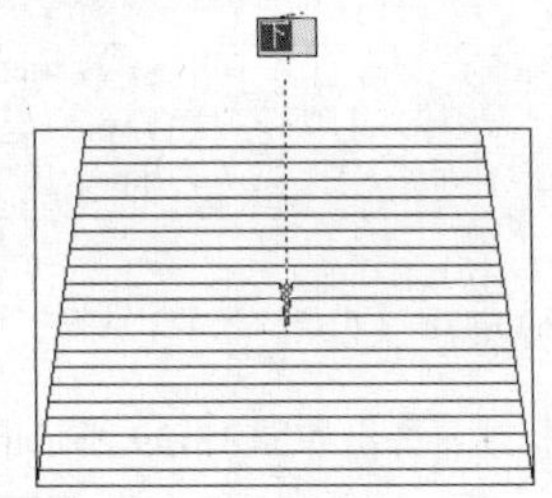

图 13-34 在位编辑状态

13.9 引出标注

调用“引出标注”命令，可使用引线表示对多个标注点做同一内容的标注，如图 13-35 所示为标注的结果。

“引出标注”命令的执行方式有以下几种。

- 命令行：在命令行中输入“YCBZ”命令，按 Enter 键。
- 菜单栏：单击“符号标注”→“引出标注”命令。

下面以如图 13-35 所示的图形为例，介绍“引出标注”命令的操作方法。

01 按 Ctrl+O 组合键，打开配套资源提供的“第 13 章\ 13.9 引出标注.dwg”素材文件，结果如图 13-36 所示。

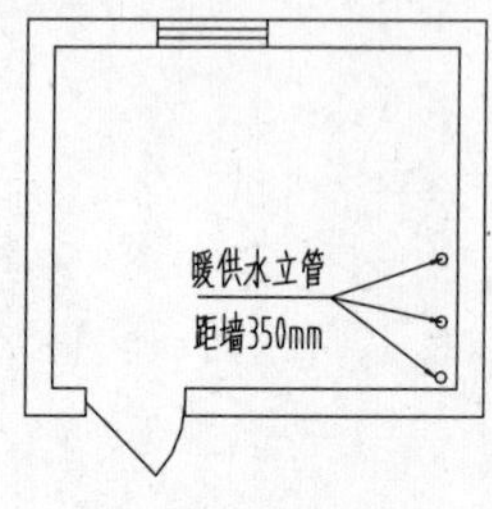

图 13-35 引出标注

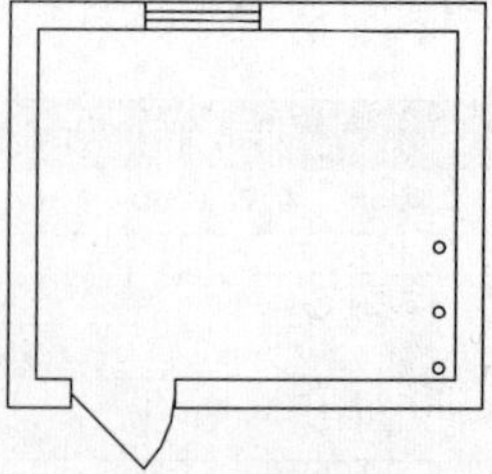

图 13-36 打开素材文件

02 在命令行中输入“YCBZ”命令，按 Enter 键，弹出【引出标注】对话框，定义参数如图 13-37 所示。

```
命令:YCBZ↙
T96_TLEADER
请给出标注第一点<退出>:
输入引线位置或[更改箭头型式(A)]<退出>:
选取文字基线位置<退出>:
输入其他的标注点<结束>: //根据命令行的提示操作，按 Enter 键完成标注，结果如图 13-38 所示。
```

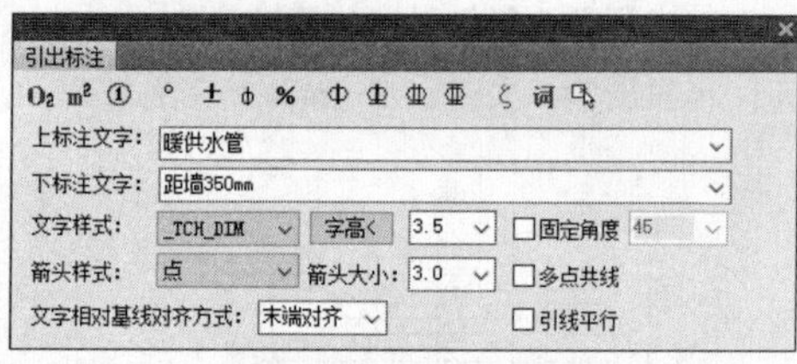

图 13-37 【引出标注】对话框

图 13-38 完成标注

双击引出标注，弹出如图 13-39 所示的【编辑引出标注】对话框，在其中可更改引出标注的属性参数。

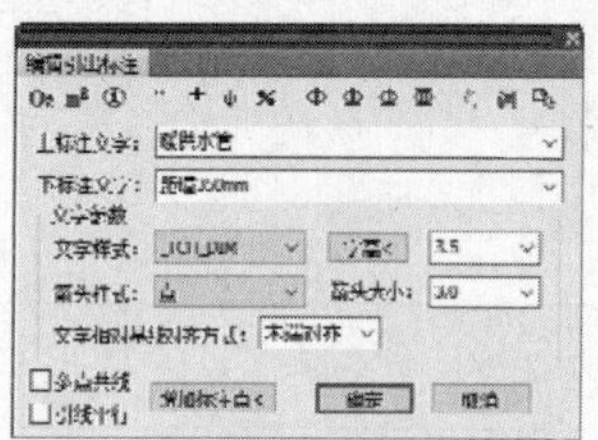

图 13-39 【编辑引出标注】对话框

在对话框中单击“增加标注点”按钮，命令行提示如下：

```
命令:T96_TObjEdit
请选取要增加的标注点<退出>:
请选取要增加的标注点<退出>:                //选取标注点，结果如图 13-35 所示。
```

13.10 做法标注

通过执行“做法标注”命令，可在施工图纸上标注工程的做法。如图 13-40 所示为标注的结果。

“做法标注”命令的执行方式有以下几种。

- 命令行：在命令行中输入“ZFBZ”命令，按 Enter 键。
- 菜单栏：单击“符号标注”→“做法标注”命令。

下面以如图 13-40 所示的图形为例，介绍“做法标注”命令的操作方法。

01 按 Ctrl+O 组合键，打开配套资源提供的“第 13 章\ 13.10 做法标注.dwg”素材文件，如图 13-41 所示。

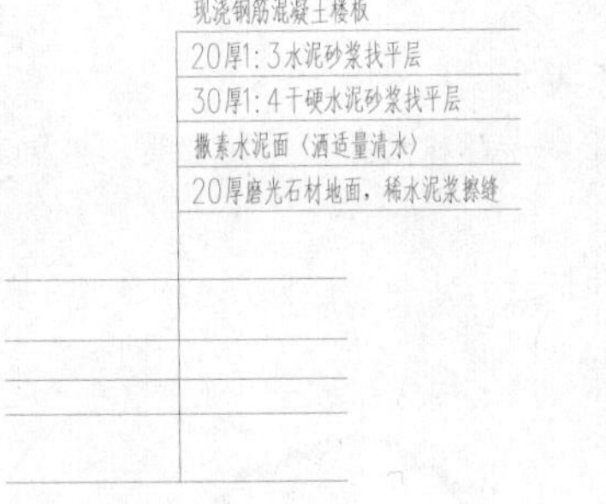

图 13-40 做法标注

图 13-41 打开素材文件

02 在命令行中输入“ZFBZ”命令，按 Enter 键，弹出【做法标注】对话框，定义参数如图 13-42 所示。

03 同时命令行提示如下：

```
命令:ZFBZ↙
T96_TCOMPOSING
请给出标注第一点<退出>:                //指定标注的起点;
请给出文字基线位置<退出>:              //向上移动光标;
请给出文字基线方向和长度<退出>:        //向左移动光标，指定长度;
请输入其他标注点<结束>:
请输入其他标注点<结束>:
请输入其他标注点<结束>:        //分别选取标注点，绘制做法标注的结果如图 13-40 所示。
```

双击做法标注，弹出如图 13-43 所示的编辑对话框，在其中可更改做法标注的内容或者样式。

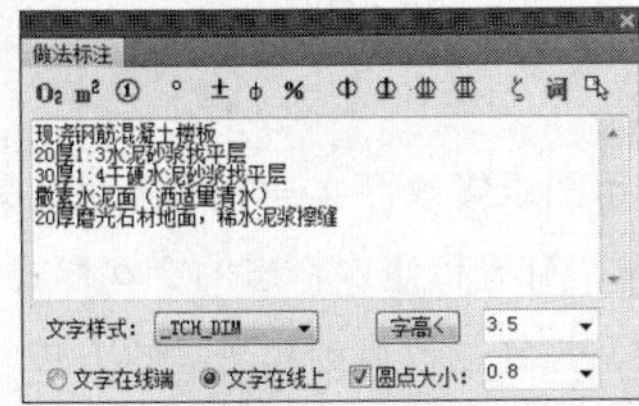

图 13-42 定义参数

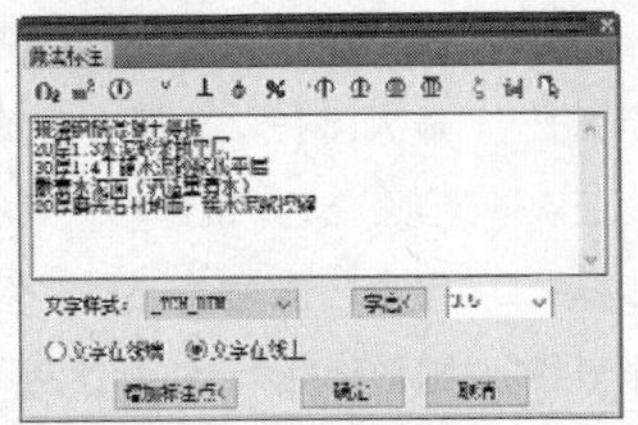

图 13-43 【做法标注】对话框

13.11 绘制云线

调用“绘制云线”命令，可绘制云线来表示审校后需要修改的范围。

“绘制云线”命令的执行方式有以下几种。

- 命令行：在命令行中输入“HZYX”命令，按 Enter 键。
- 菜单栏：单击“符号标注”→“绘制云线”命令。

下面介绍“绘制云线”命令的操作方法。

在命令行中输入“HZYX”命令，按 Enter 键，弹出【云线】对话框，设置参数如图 13-44 所示。单击“任意绘制”按钮，在图中指定云线的起点和终点。命令行提示如下：

```
命令:TREVCLOUD
指定起点 <退出>:                       //指定起点。
沿云线路径引导十字光标...                 //沿十字光标移动路径绘制云线，再指定终点。
修订云线完成
请指定版次标志的位置<取消>:               //指定版次标志位置后按 Enter 键，绘制云线的结果如图 13-45 所示。
```

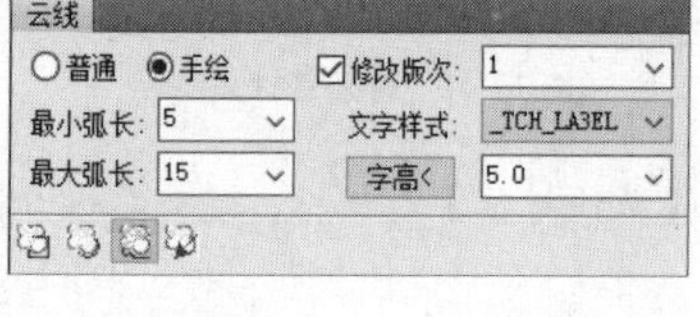

图 13-44 【云线】对话框

图 13-45 绘制云线

“普通”“手绘”按钮：用于选择云线类型。手绘云线效果比较突出，但比较耗费图形资源。两种类型的云线绘制效果如图 13-46 所示。

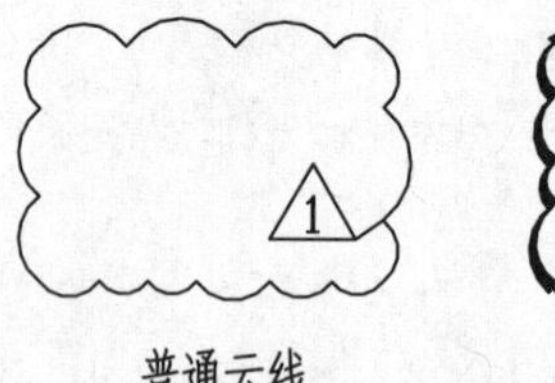

图 13-46 云线类型

“最小弧长”“最大弧长”选项：设置云线的弧长。

“修改版次”选项：选择该选项，可在绘制云线时添加表示图纸修改版本号的三角形版次标志。

“文字样式”“字高”选项：选择“修改版次”选项后亮显，可设置版次标志的文字样式以及字高。

“矩形云线”“圆形云线”“任意绘制”“选择已有对象生成”按钮：选择绘制云线的方式，绘制结果如图 13-47 所示。

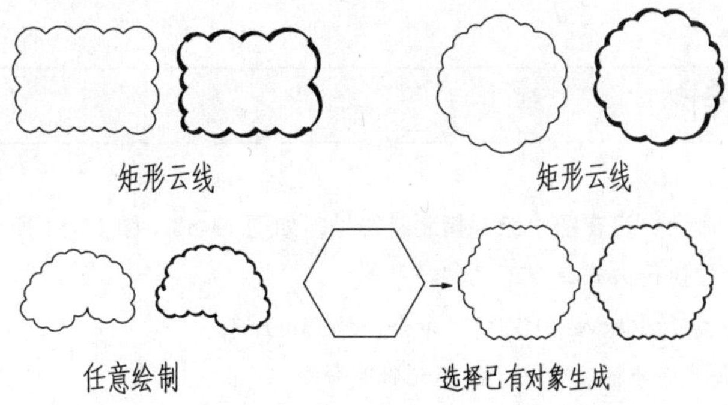

图 13-47　绘制云线

13.12 画对称轴

调用“画对称轴”命令，可绘制对称轴及符号。如图 13-48 所示为绘制的结果。

“画对称轴”命令的执行方式有以下几种。

- 命令行：在命令行中输入“HDCZ”命令，按 Enter 键。
- 菜单栏：单击“符号标注”→“画对称轴”命令。

下面以如图 13-48 所示的图形为例，介绍“画对称轴”命令的操作方法。

01 按 Ctrl+O 组合键，打开配套资源提供的“第 13 章\ 13.12 画对称轴.dwg”素材文件，结果如图 13-49 所示。

02 在命令行中输入“HDCZ”命令，按 Enter 键，命令行提示如下：

```
命令:HDCZ↙
T96_TSYMMETRY
起点或[参考点(R)]<退出>:
终点<退出>:                    //绘制对称轴的结果如图 13-48 所示。
```

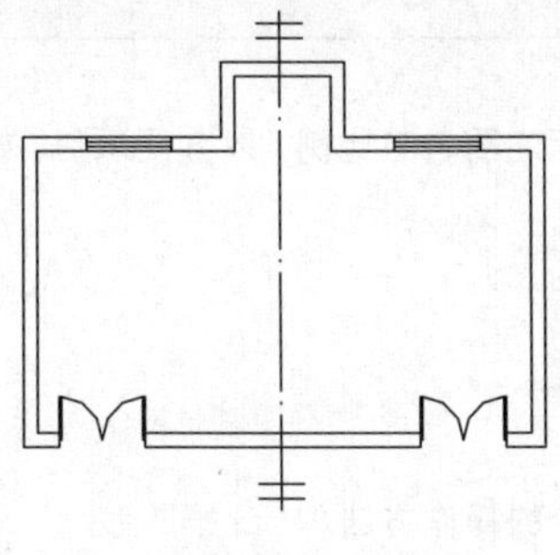

图 13-48　画对称轴

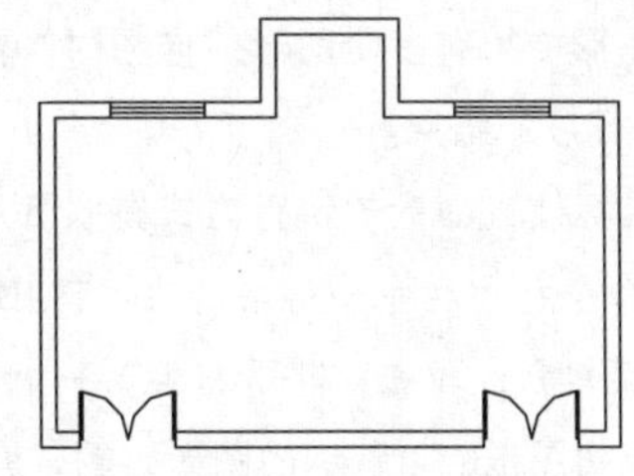

图 13-49　打开素材文件

提示

选中对称轴，拖动夹点，可以对对称轴执行拉长、移位等操作。

13.13 画指北针

调用“画指北针”命令，可在图中绘制指北针符号，如图 13-50、图 13-51 所示为操作结果。

“画指北针”命令的执行方式有以下几种。

- 命令行：在命令行中输入“HZBZ”命令，按 Enter 键。
- 菜单栏：单击“符号标注”→“画指北针”命令。

下面以如图 13-50、图 13-51 所示的图形为例，介绍“画指北针”命令的操作方法。

在命令行中输入“HZBZ”命令，按 Enter 键，命令行提示如下：

```
命令:HZBZ↙
T96_TNORTHTHUMB
指北针位置<退出>:
指北针方向<90.0>: //按 Enter 键，默认指北针的方向为 90°，绘制结果如图 13-50 所示。
```

在执行命令的过程中，当命令行提示“指北针方向<90.0>：”时；输入 60，按 Enter 键，可绘制方向为 60° 的指北针，如图 13-51 所示。

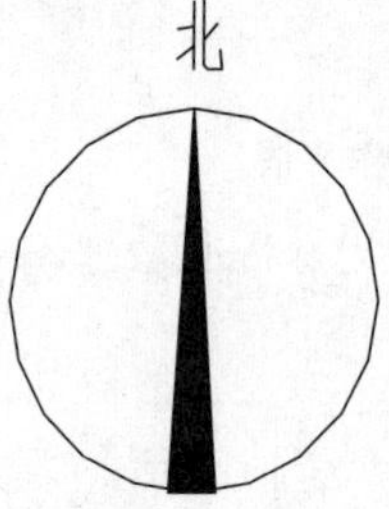

图 13-50　90° 指北针

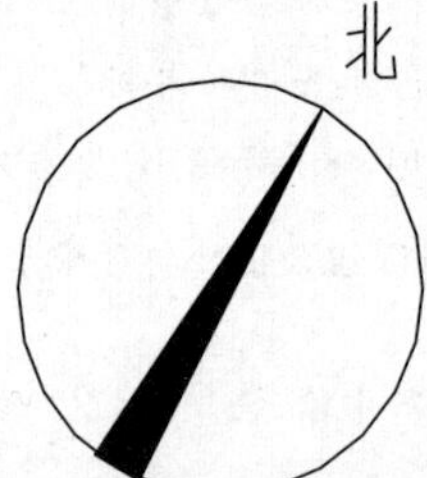

图 13-51　60° 指北针

13.14 图名标注

一个图形中绘有多个图形或详图时，需要在每个图形下方标注图名与比例，以方便识别，如图 13-52 所示为图名标注的结果。

“图名标注”命令的执行方式有以下几种。

- 命令行：在命令行中输入“TMBZ”命令，按 Enter 键。
- 菜单栏：单击“符号标注”→“图名标注”命令。

下面以如图 13-52 所示的图形为例，介绍“图名标注”命令的操作方法。

一层暖通设计图 1:100

图 13-52　图名标注

01 在命令行中输入“TMBZ”命令，按 Enter 键，弹出【图名标注】对话框，设置参数如图 13-53 所示。

02 同时命令行提示如下：

```
命令:TMBZ↙
T96_TDRAWINGNAME
请选取插入位置<退出>:                    //绘制图名标注的结果如图 13-52 所示。
```

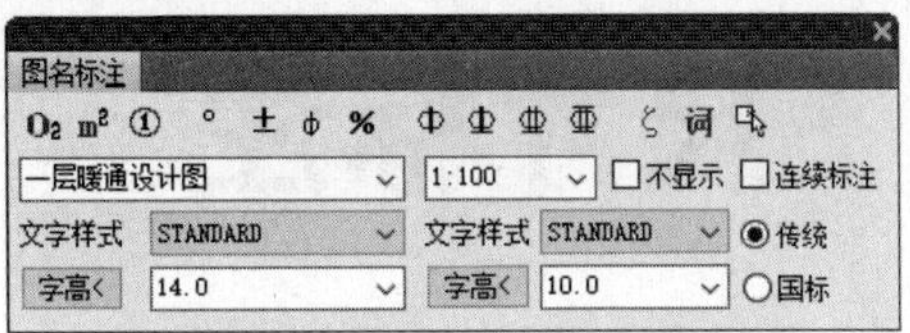

图 13-53 【图名标注】对话框

第 14 章 尺寸标注

● 本章导读

本章介绍创建与编辑天正尺寸标注的方法，包括快速标注、逐点标注等尺寸标注命令的调用，以及裁剪延伸、取消尺寸等编辑命令的调用。

● 本章重点

- ◈ 天正尺寸标注的特征
- ◈ 快速标注
- ◈ 逐点标注
- ◈ 半径标注
- ◈ 直径标注
- ◈ 角度标注
- ◈ 弧长标注
- ◈ 更改文字
- ◈ 文字复位
- ◈ 文字复值
- ◈ 裁剪延伸
- ◈ 取消尺寸
- ◈ 尺寸打断
- ◈ 合并区间
- ◈ 连接尺寸
- ◈ 增补尺寸
- ◈ 尺寸转化
- ◈ 尺寸自调

T20-Hvac V6.0

14.1 天正尺寸标注的特征

尺寸标注是设计图纸的重要组成部分。图纸中的尺寸标注在国家颁布的建筑制图标准中有严格的规定，为此天正软件提供了自定义的尺寸标注系统，完全取代了 AutoCAD 的尺寸标注。

天正尺寸标注与 AutoCAD 中标注的自定义对象是不同的，在使用方法上与普通的 AutoCAD 尺寸标注也有明显的区别。

天正尺寸标注包含连续标注和半径标注两部分，其中连续标注包括线性标注和角度标注。

14.1.1 天正尺寸标注的基本单位

天正的尺寸标注以区间为基本单位。单击绘制完成的天正尺寸标注，可以看到多个相邻的尺寸标注区间同时显示；在显示的尺寸标注中会出现一系列的夹点，这些夹点与 AutoCAD 尺寸标注的夹点的意义不同。

14.1.2 转化和分解天正尺寸标注

在天正软件与 AutoCAD 之间有时候需要互相转化图形。例如，在利用旧图资源时，需将原图的 AutoCAD 尺寸标注转化为天正尺寸标注。当需要将图形对象输出至天正软件不支持的其他建筑软件时，需要分解天正尺寸标注。

调用“X”（分解）命令，可以直接分解天正尺寸标注，生成与 AutoCAD 外观一致的尺寸标注。

14.1.3 修改天正尺寸标注的基本样式

AutoCAD 是天正软件运行的平台，所以天正尺寸标注是基于 AutoCAD 的标注样式发展而成的。用户可以在【标注样式管理器】对话框中对天正尺寸标注样式进行修改，执行“RCGEN”（重生成）命令，可将已有的尺寸标注按照新的设置进行更新。

因为受建筑制图规范中的规定的限制，故只有部分标注样式的设定在天正尺寸标注中才能体现。对天正尺寸有效的 AutoCAD 标注设定的范围见表 14-1。

表 14-1　对天正尺寸有效的 AutoCAD 标注设定的范围

中文含义	英文名称	标注变量	默认值
尺寸线	Dimension Line		
尺寸线颜色	Color	Dimclrd	随块
尺寸界线	Extension Line		
尺寸线颜色	Color	Dimclre	随块
超出尺寸线	Extend Beyond	Dimexe	2.5
起点偏移量	Offset	Dimexo	3
文字外观	Text Appearance		
文字样式	Text Style	Dimtxsty	_TCH_DIM

（续）

中文含义	英文名称	标注变量	默认值
文字颜色	Color	Dimclrt	黑色
文字高度	Text Height	Dimtxt	3.5
箭头	Arrow		
第一个	1st	Dimblkl	建筑标记
第二个	2nd	dimblk2	建筑标记
箭头大小	Size	Dimase	1
主单位	Primary Unit		
线性标注精度	Precision	dimdec	0
角度标注精度	Precision	dimadec	0

14.1.4 尺寸标注的快捷菜单

系统可将尺寸标注的内容切换为尺寸标注命令。在天正尺寸标注上单击鼠标右键，弹出如图 14-1 所示的快捷菜单，用户可以在快捷菜单中单击选定其中的任何一个菜单项，调用该尺寸标注命令。

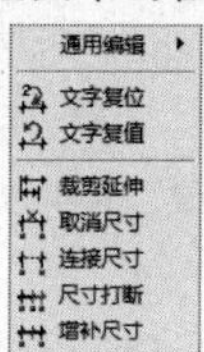

图 14-1 快捷菜单

14.2 快速标注

调用“快速标注”命令，可快速识别天正对象的外轮廓和基线点，沿着对象的长宽方向标注对象的几何特征尺寸。如图 14-2 所示为标注的结果。

“快速标注”命令的执行方式有以下几种：

- 命令行：在命令行中输入“KSBZ”命令，按 Enter 键。
- 菜单栏：单击“尺寸标注”→“快速标注”命令。

下面以如图 14-2 所示的图形为例，介绍“快速标注”命令的操作方法。

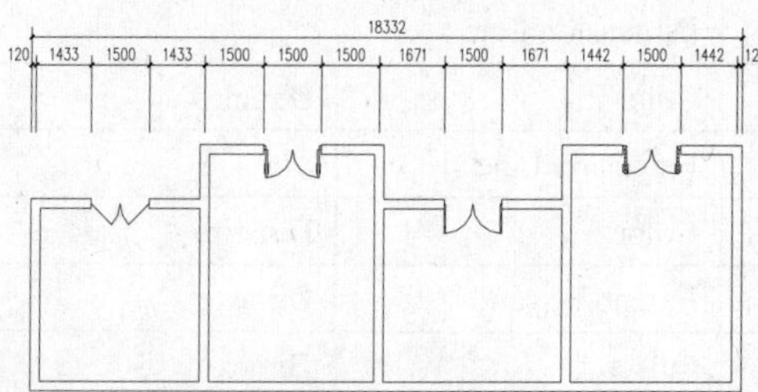

图 14-2 快速标注

01 按 Ctrl+O 组合键，打开配套资源提供的“第 14 章\ 14.2 快速标注.dwg”素材文件，结果如图 14-3 所示。

02 在命令行中输入“KSBZ”命令，按 Enter 键，命令行提示如下：

```
命令:KSBZ↙
T96_TQUICKDIM
选择要标注的几何图形:指定对角点: 找到 16 个      //如图 14-4 所示。
请指定尺寸线位置(当前标注方式:整体)或[整体(T)/连续(C)/连续加整体(A)]<退出>:A
                                        //输入“A”, 选择“连续加整体(A)”选项。
请指定尺寸线位置(当前标注方式:连续加整体)或[整体(T)/连续(C)/连续加整体(A)]<退出:
                                        //标注结果如图 14-2 所示。
```

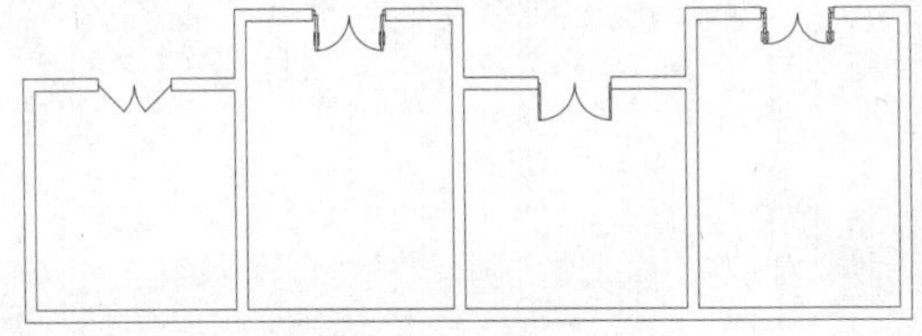
图 14-3 打开素材文件

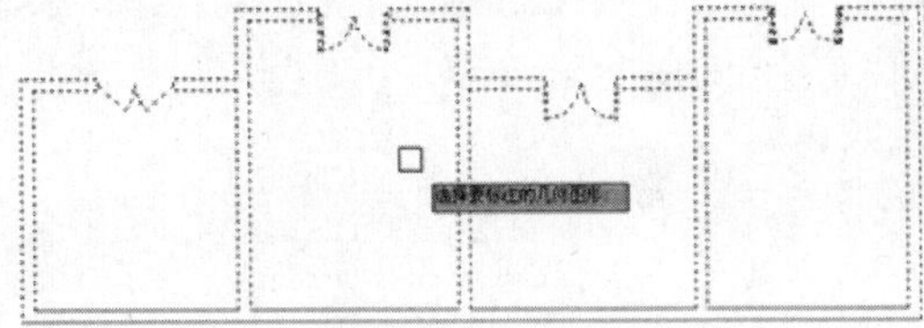
图 14-4 选择图形

在执行命令的过程中，在命令行提示“请指定尺寸线位置(当前标注方式:整体)或 [整体(T)/连续(C)/连续加整体(A)]”时，输入“T”，选择“整体(T)”选项，标注结果如图 14-5 所示。

在执行命令的过程中，在命令行提示“请指定尺寸线位置(当前标注方式:整体)或 [整体(T)/连续(C)/连续加整体(A)]”时，输入“C”，选择“连续(C)”选项，标注结果如图 14-6 所示。

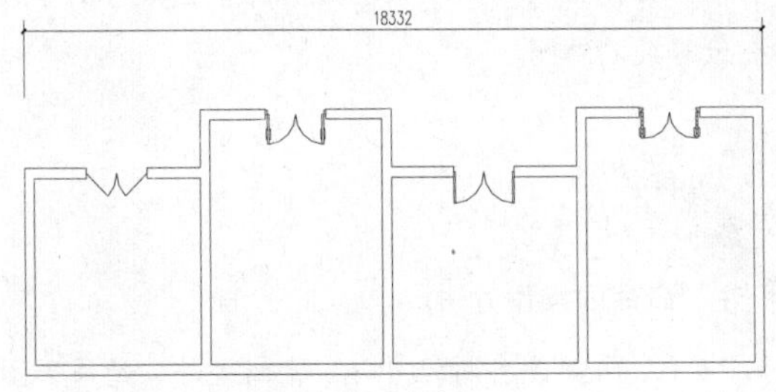

图 14-5 整体标注

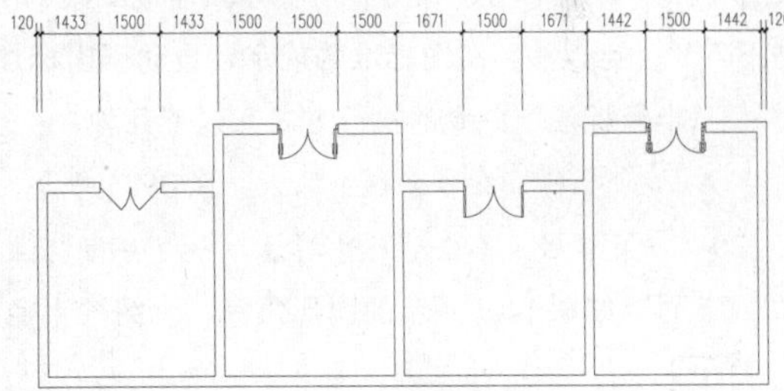

图 14-6 连续标注

14.3 逐点标注

通用的灵活标注工具，对选取的一串给定点沿指定方向和选定的位置标注尺寸，特别适用于没有指定天正对象特征，需要取点定位标注的情况，以及其他标注命令难以完成的尺寸标注，如图 14-7 所示为逐点标注的结果。

“逐点标注”命令的执行方式有以下几种：

➢ 命令行：在命令行中输入“ZDBZ”命令，按 Enter 键。

➢ 菜单栏：单击“尺寸标注”→“逐点标注”命令。

下面以如图 14-7 所示的图形为例，介绍“逐点标注”命令的操作方法。

01 按 Ctrl+O 组合键，打开配套资源提供的“第 14 章\ 14.3 逐点标注.dwg”素材文件，结果如图 14-8 所示。

02 在命令行中输入“ZDBZ”命令，按 Enter 键，命令行提示如下：

命令:ZDBZ↙

T96_TDIMMP

起点或[参考点(R)]<退出>:

第二点<退出>: //指定标注的起点和终点。

请选取尺寸线位置或[更正尺寸线方向(D)]<退出>: //向下移动光标，指定尺寸线的位置，完成一个区间的尺寸标注。

请输入其他标注点或[撤销上一标注点(U)]<结束>: //继续选取其他的标注点，逐点标注的结果如图 14-7 所示。

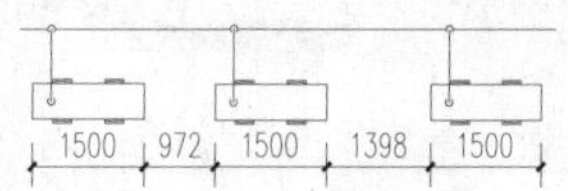

图 14-7 逐点标注

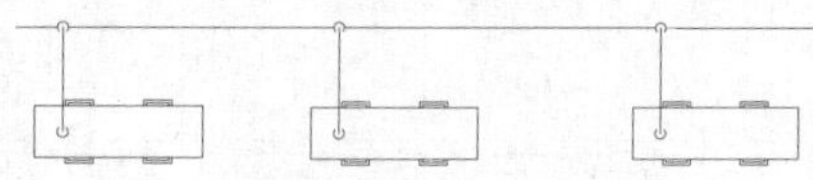

图 14-8 打开素材文件

14.4 半径标注

调用“半径标注”命令，可标注弧墙或弧线的半径值，如图 14-9 所示为标注的结果。在尺寸文字容纳不下时，可以按照制图标准的规定，自动引出标注在尺寸线的外侧。

“半径标注”命令的执行方式有以下几种：

➢ 命令行：在命令行中输入“BJBZ”命令，按 Enter 键。

➢ 菜单栏：单击“尺寸标注”→“半径标注”命令。

下面以如图 14-9 所示的图形为例，介绍“半径标注”命令的操作方法。

01 按 Ctrl+O 组合键，打开配套资源提供的“第 14 章\ 14.4 半径标注.dwg”素材文件，结果如图 14-10 所示。

02 在命令行中输入“BJBZ”命令，按 Enter 键，命令行提示如下：

命令:BJBZ↙

T96_TDIMRAD

请选择待标注的圆弧<退出>: //半径标注的结果如图 14-9 所示。

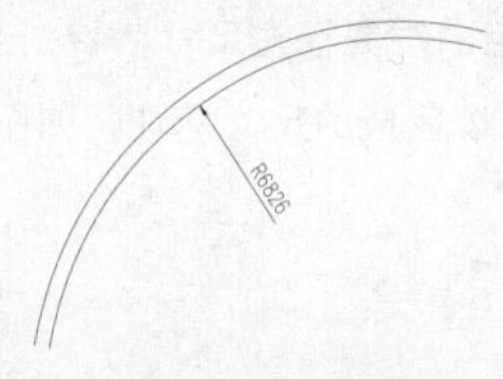

图 14-9 半径标注

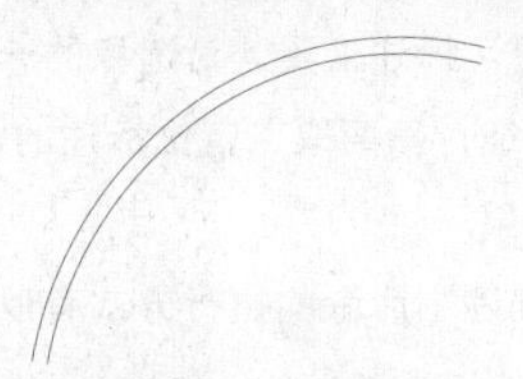

图 14-10 打开素材文件

14.5 直径标注

调用“直径标注”命令，可标注弧墙或弧线的直径值，如图 14-11 所示为标注的结果。在尺寸文字容纳不下时，可以按照制图标准的规定，自动引出标注在尺寸线的外侧。

“直径标注”命令的执行方式有以下几种：

- 命令行：在命令行中输入“ZJBZ”命令，按 Enter 键。
- 菜单栏：单击“尺寸标注”→“直径标注”命令。

下面以如图 14-11 所示的图形为例，介绍“直径标注”命令的操作方法。

01 按 Ctrl+O 组合键，打开配套资源提供的“第 14 章\ 14.5 直径标注.dwg”素材文件，结果如图 14-12 所示。

02 在命令行中输入“ZJBZ”命令，按 Enter 键，命令行提示如下：

```
命令:ZJBZ↙
T96_TDIMDIA
请选择待标注的圆弧<退出>:                //直径标注的结果如图 14-11 所示。
```

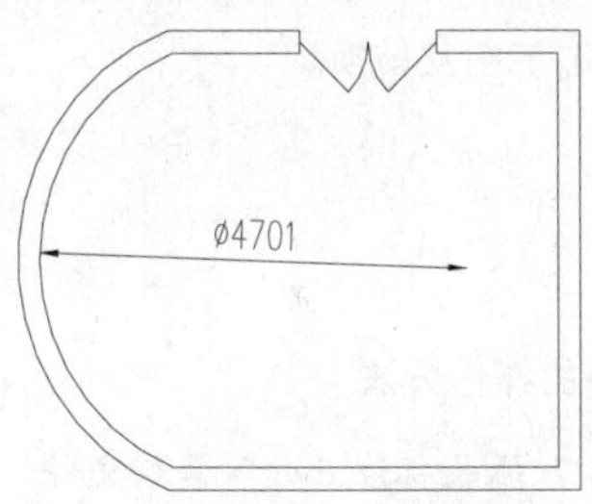

图 14-11 直径标注

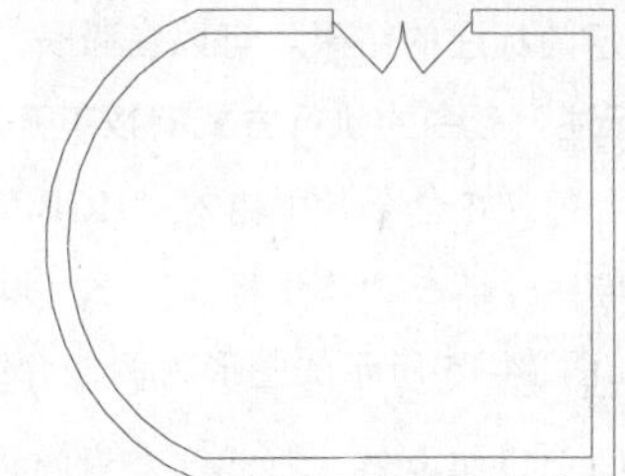

图 14-12 打开素材文件

14.6 角度标注

调用角度标注命令，可基于两条线创建角度标注。如图 14-13 所示为标注的结果。

角度标注命令的执行方式有以下几种：

- 命令行：在命令行中输入 JDBZ 命令，按 Enter 键。
- 菜单栏：单击“尺寸标注”→“角度标注”命令。

下面以如图 14-13 所示的图形为例，介绍“角度标注”命令的操作方法。

01 按 Ctrl+O 组合键，打开配套资源提供的“第 14 章\ 14.6 角度标注.dwg”素材文件，结果如图 14-14 所示。

02 在命令行中输入“JDBZ”命令，按 Enter 键，命令行提示如下：

```
命令:JDBZ↙
T96_TDIMANG
```

```
请选择第一条直线<退出>:
请选择第二条直线<退出>:
请确定尺寸线位置<退出>:        //光标向上移动，指定尺寸线位置，标注结果如图 14-13 所示。
```

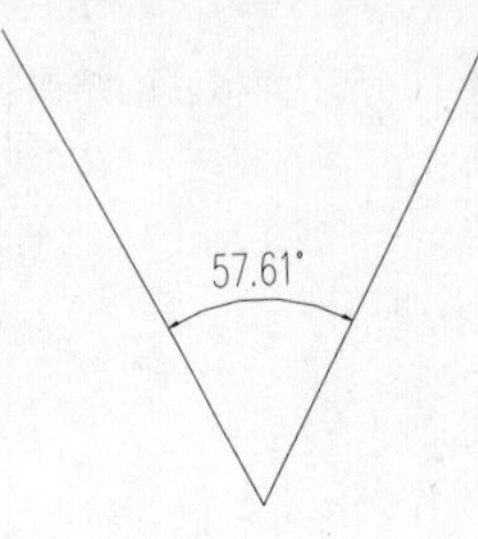

图 14-13　角度标注

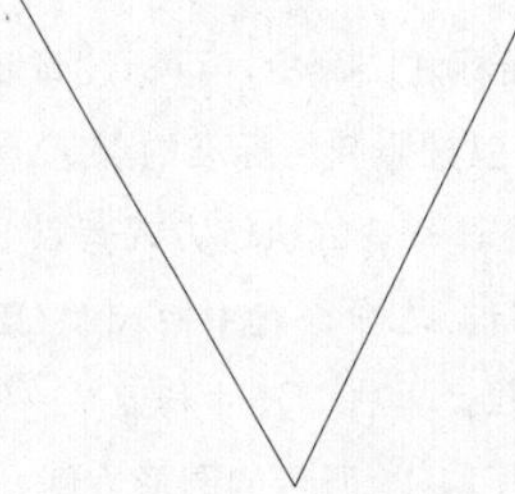
图 14-14　打开素材文件

14.7 弧长标注

弧长标注即以国家建筑制图标准规定的弧长标注画法分段标注弧长，保持整体的一个角度标注对象，如图 14-15 所示为标注的结果。可以在弧长、角度和弦长三种状态下相互转换。

"弧长标注"命令的执行方式有以下几种：

- 命令行：在命令行中输入"HCBZ"命令，按 Enter 键。
- 菜单栏：单击"尺寸标注"→"弧长标注"命令。

下面以如图 14-15 所示的图形为例，介绍"弧长标注"命令的操作方法。

01 按 Ctrl+O 组合键，打开配套资源提供的"第 14 章\ 14.7 弧长标注.dwg"素材文件，结果如图 14-16 所示。

02 在命令行中输入"HCBZ"命令，按 Enter 键，命令行提示如下：

```
命令:HCBZ↙
T96_TDIMARC
请选择要标注的弧段:
请选取尺寸线位置<退出>:                //向上移动光标，指定尺寸线的位置。
请输入其他标注点<结束>:                //继续选取标注点和尺寸线位置，弧长标注的结果如图 14-15 所示。
```

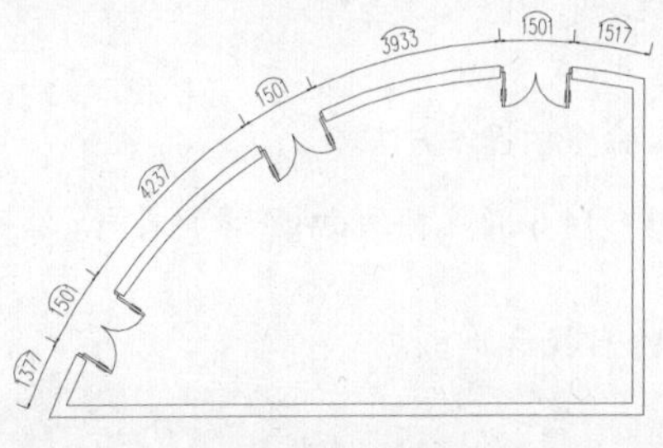

图 14-15　弧长标注

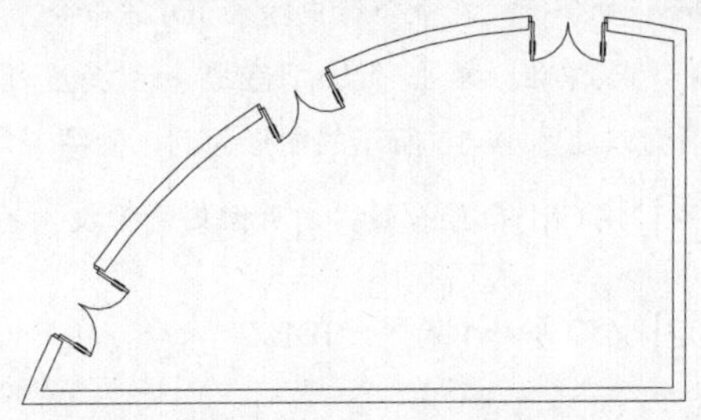
图 14-16　打开素材文件

14.8 更改文字

调用“更改文字”命令，重定义尺寸标注的文字。如图 14-17 所示为更改文字的结果。

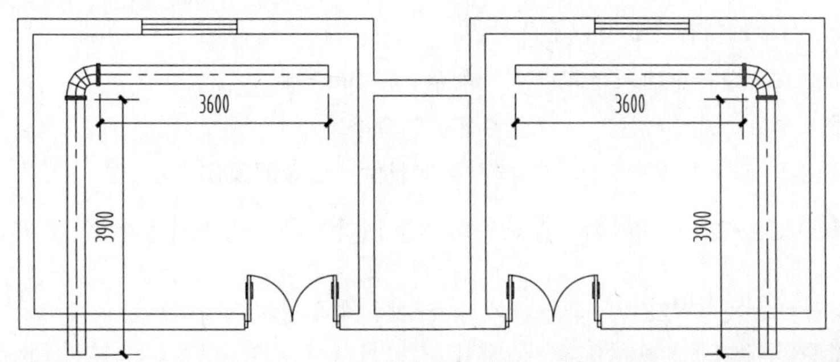

图 14-17 更改文字

“更改文字”命令的执行方式有以下几种：

- 命令行：在命令行中输入“GGWZ”命令，按 Enter 键。
- 菜单栏：单击“尺寸标注”→“更改文字”命令。

下面以如图 14-17 所示的图形为例，介绍更改文字命令的操作方法。

01 按 Ctrl+O 组合键，打开配套资源提供的“第 14 章\ 14.8 更改文字.dwg”素材文件，结果如图 14-18 所示。

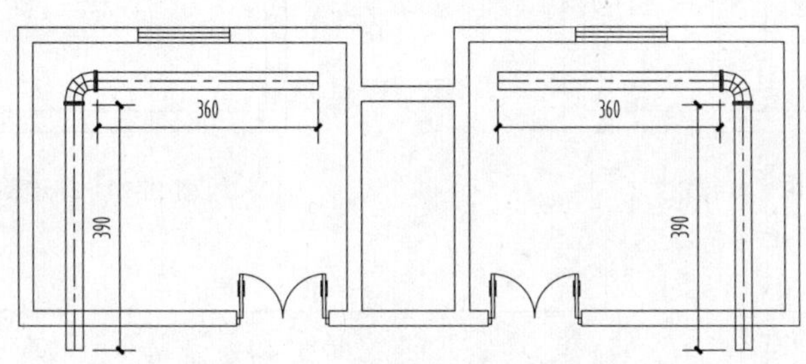

图 14-18 打开素材文件

02 在命令行中输入“GGWZ”命令，按 Enter 键，命令行提示如下：

```
命令:GGWZ↙
T96_TCHDIMTEXT
请选择尺寸区间<退出>:
输入标注文字<360>:3600          //输入新的标注文字按 Enter 键完成更改，结果如图 14-17 所示。
```

提示

双击标注文字，进入在位编辑状态，可以修改标注文字。

14.9 文字复位

执行“文字复位”命令，可将尺寸标注中被拖动夹点移动过的文字恢复到原来的初始位置。图 14-19 所示为调整的结果。

“文字复位”命令的执行方式有以下几种：

- 命令行：在命令行中输入“WZFW”命令，按 Enter 键。
- 菜单栏：单击“尺寸标注”→“文字复位”命令。

下面以如图 14-19 所示的图形为例，介绍“文字复位”命令的操作方法。

01 按 Ctrl+O 组合键，打开配套资源提供的“第 14 章\ 14.9 文字复位.dwg”素材文件，结果如图 14-20 所示。

02 在命令行中输入“WZFW”命令，按 Enter 键，命令行提示如下：

```
命令:WZFW↙
T96_TRESETDIMP
请选择需复位文字的对象：找到 1 个
请选择需复位文字的对象：找到 1 个，总计 2 个        //选择天正文字标注后按 Enter
键，复位结果如图 14-19 所示。
```

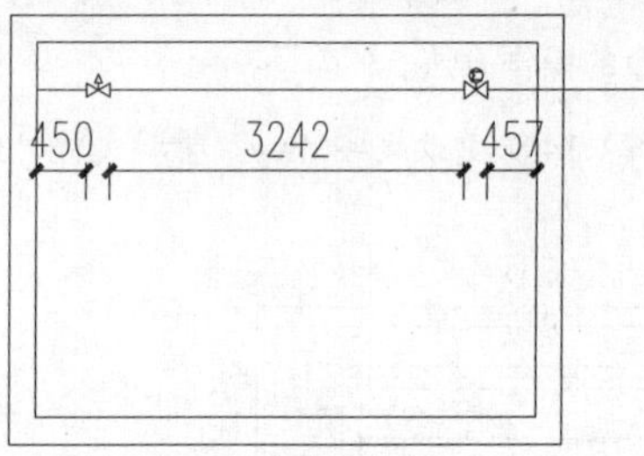

图 14-19 文字复位

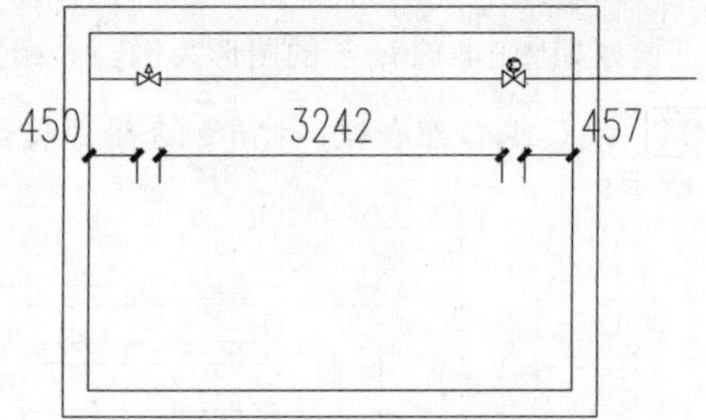

图 14-20 打开素材文件

14.10 文字复值

调用“文字复值”命令，可将尺寸标注中被有意修改的文字恢复到初始数值。图 14-21 所示为文字复值的结果。

“文字复值”命令的执行方式有以下几种：

- 命令行：在命令行中输入“WZFZ”命令，按 Enter 键。
- 菜单栏：单击“尺寸标注”→“文字复值”命令。

下面以如图 14-21 所示的图形为例，介绍文字复值命令的操作方法。

01 按 Ctrl+O 组合键，打开配套资源提供的“第 14 章\ 14.10 文字复值.dwg”素材文件，结果如图 14-22 所示。

02 在命令行中输入“WZFZ”命令，按 Enter 键，命令行提示如下：

```
命令:WZFZ↙
T96_TRESETDIMT
请选择天正尺寸标注：指定对角点：找到 1 个                //选择天正文字标注后按 Enter
键，复值的结果如图 14-21 所示。
```

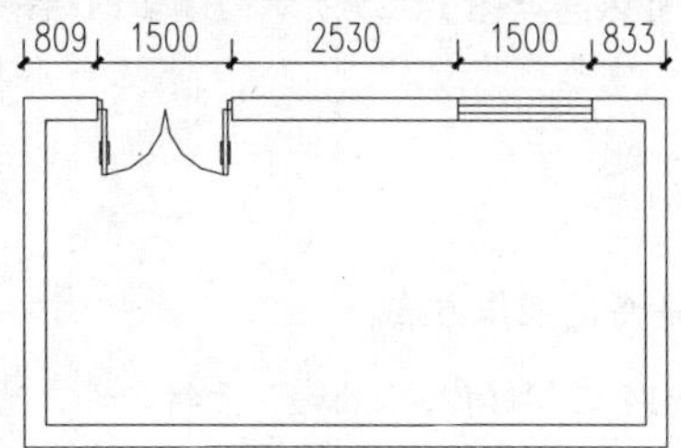

图 14-21　文字复值

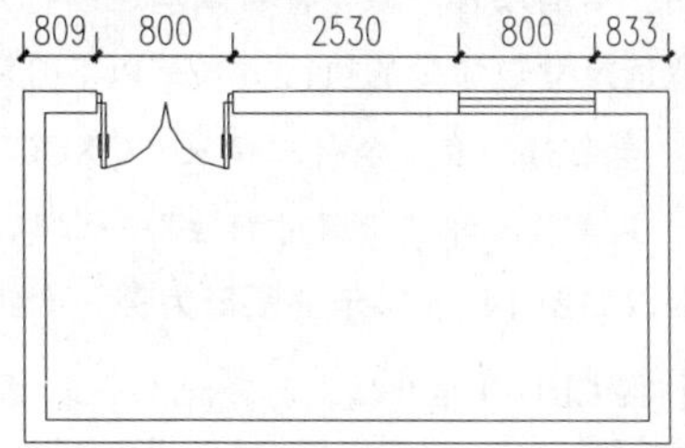

图 14-22　打开素材文件

14.11 裁剪延伸

调用“裁剪延伸”命令，可在尺寸线的某一端按指定点裁剪或延伸该尺寸线。该命令综合了 Trim（裁剪）和 Extend（延伸）两个命令，自动判断并对尺寸线执行剪裁或延伸。图 14-23 所示为编辑的结果。

“裁剪延伸”命令的执行方式有以下几种：

- 命令行：在命令行中输入“CJYS”命令，按 Enter 键。
- 菜单栏：单击“尺寸标注”→“裁剪延伸”命令。

下面以如图 14-23 所示的图形为例，介绍裁剪延伸命令的操作方法。

01 按 Ctrl+O 组合键，打开配套资源提供的“第 11 章\ 14.11 裁剪延伸.dwg”素材文件，结果如图 14-24 所示。

02 在命令行中输入“CJYS”命令，按 Enter 键，命令行提示如下：

```
命令:CJYS↙
T96_TDIMTRIMEXT
请给出裁剪延伸的基准点或[参考点(R)]<退出>:              //单击标准柱的 A (B) 端点.
要裁剪或延伸的尺寸线<退出>:                         //选择标注数字为 1229 (1411)
的尺寸标注区间，裁剪延伸的结果如图 14-23 所示。
```

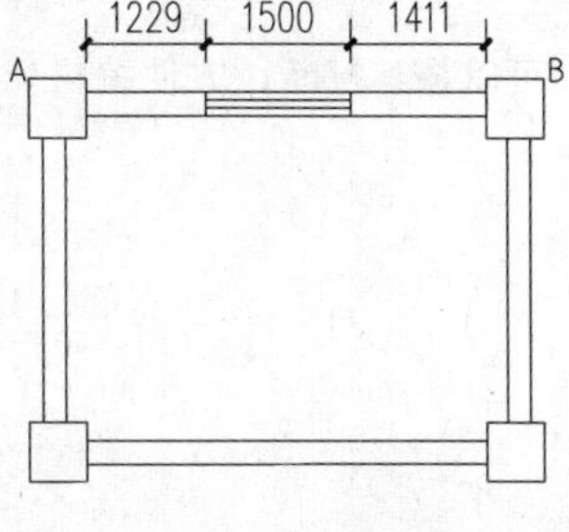

图 14-23　裁剪延伸

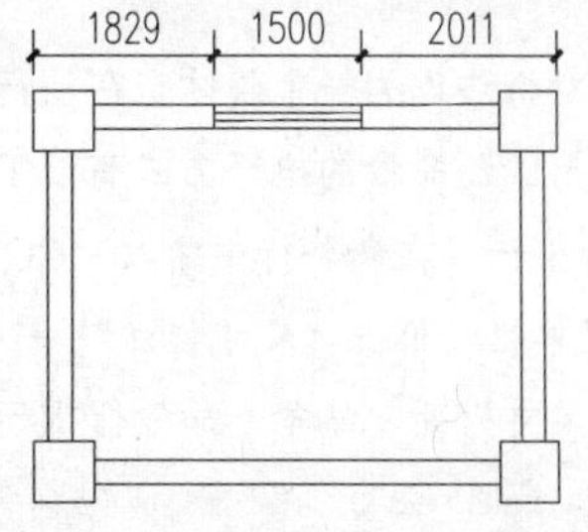

图 14-24　打开素材文件

14.12 取消尺寸

调用“取消尺寸”命令，可取消连续标注的其中一个尺寸区间。图 14-25 所示为编辑的结果。

“取消尺寸”命令的执行方式有以下几种：

- 命令行：在命令行中输入“QXCC”命令，按 Enter 键。
- 菜单栏：单击“尺寸标注”→“取消尺寸”命令。

下面以如图 14-25 所示的图形为例，介绍“取消尺寸”命令的操作方法。

01 按 Ctrl+O 组合键，打开配套资源提供的“第 14 章\ 14.12 取消尺寸.dwg”素材文件，结果如图 14-26 所示。

02 在命令行中输入“QXCC”命令，按 Enter 键，命令行提示如下：

```
命令:QXCC↙
T96_TDIMDEL
请选择待取消的尺寸区间的文字<退出>:
请选择待取消的尺寸区间的文字<退出>:          //分别选择要取消的天正尺寸标注，按 Enter 键完成操作，结果如图 14-25 所示。
```

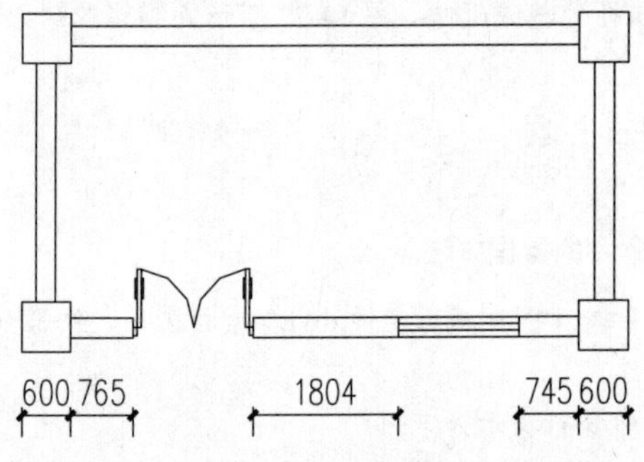

图 14-25 取消尺寸

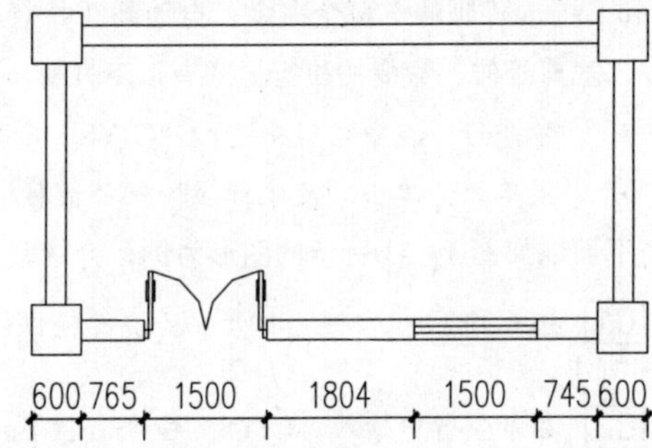

图 14-26 打开素材文件

14.13 尺寸打断

天正尺寸标注作为一个整体，在执行“尺寸打断”命令后，可以将其打断，方便编辑。

“尺寸打断”命令的执行方式有以下几种：

- 命令行：在命令行中输入“CCDD”命令，按 Enter 键。
- 菜单栏：单击“尺寸标注”→“尺寸打断”命令。

执行“尺寸打断”命令，命令行提示如下：

```
命令:TDimBreak
选择待拆分的尺寸区间<退出>:
```

选取待增补的标注点的位置或[撤销(U)]<退出>:　　　　//移动鼠标指定标注点，尺寸打断的结果如图 14-27 所示。

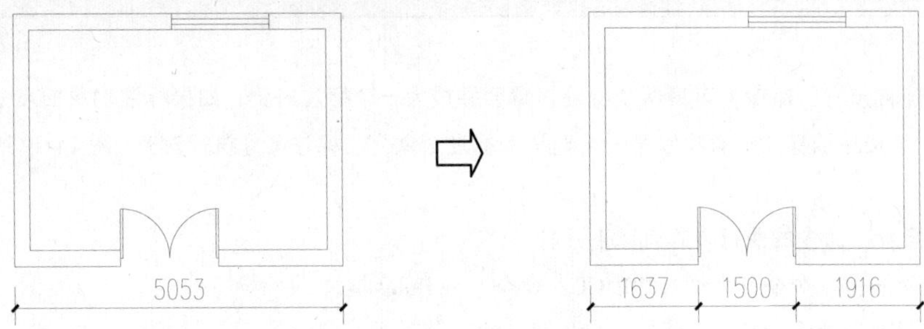

图 14-27　尺寸打断

> **提示**
>
> 单击的尺寸区间不同，尺寸打断的结果也不同。

14.14 合并区间

调用“合并区间”命令，可把天正标注中相邻的区间合并为一个区间。

“合并区间”命令的执行方式有以下几种：

- 命令行：在命令行中输入“HBQJ”命令，按 Enter 键。
- 菜单栏：单击“尺寸标注”→“合并区间”命令。

执行“合并区间”命令，命令行提示如下：

命令:TConbineDim

请框选合并区间中的尺寸界线箭头<退出>:

请框选合并区间中的尺寸界线箭头或[撤销(U)]<退出>:　　　　//按 Enter 键，编辑结果如图 14-28 所示。

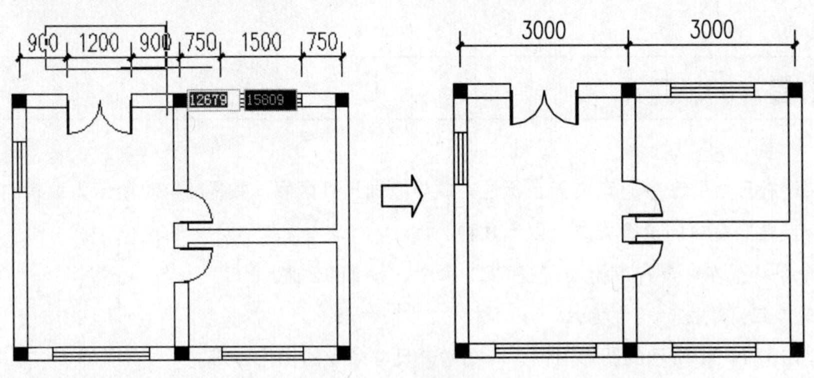

图 14-28　合并区间

14.15 连接尺寸

执行“连接尺寸”命令，可将两个标注对象合并成为一个标注对象。如果标注对象的尺寸线不在同一水平线上，连接后的标注对象将以第一个选取的标注对象为主标注尺寸执行对齐。图 14-29 所示为连接尺寸的结果。

“连接尺寸”命令的执行方式有以下几种：

- 命令行：在命令行中输入“LJCC”命令，按 Enter 键。
- 菜单栏：单击“尺寸标注”→“连接尺寸”命令。

下面以如图 14-29 所示的图形为例，介绍连接尺寸命令的操作方法。

[01] 按 Ctrl+O 组合键，打开配套资源提供的“第 14 章\ 14.15 连接尺寸.dwg”素材文件，结果如图 14-30 所示。

[02] 在命令行中输入“LJCC”命令，按 Enter 键，命令行提示如下：

```
命令:LJCC↙
T96_TMERGEDIM
请选择主尺寸标注<退出>:                //选择左边第一个尺寸标注区间;
选择需要连接的其他尺寸标注(shift-取消对错误选中尺寸的选择)<结束>:找到 1 个
选择需要连接的其他尺寸标注(shift-取消对错误选中尺寸的选择)<结束>:找到 1 个, 总计 2 个
              //分别指定第二个、第三个尺寸标注区间, 连接尺寸的结果如图 14-29 所示。
```

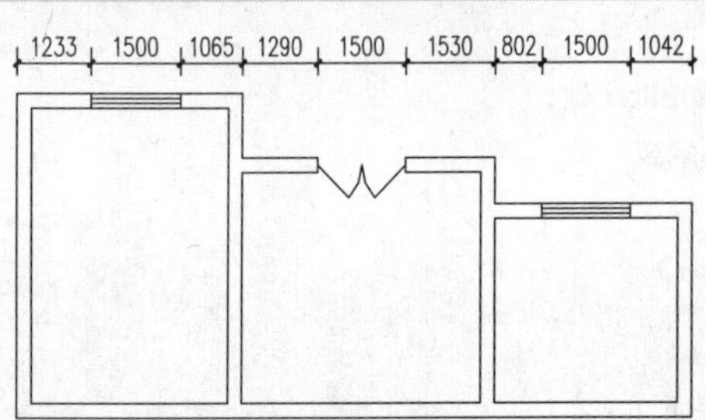

图 14-29 连接尺寸

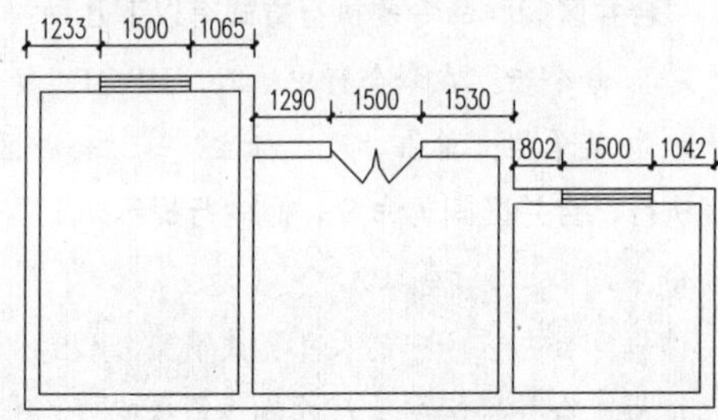

图 14-30 打开素材文件

14.16 增补尺寸

执行“增补尺寸”命令，可在天正标注对象中增加尺寸区间，如图 14-31 所示为编辑的结果。

“增补尺寸”命令的执行方式有以下几种：

- 命令行：在命令行中输入“ZBCC”命令，按 Enter 键。
- 菜单栏：单击“尺寸标注”→“增补尺寸”命令。

下面以如图 14-31 所示的图形为例，介绍增补尺寸命令的操作方法。

[01] 按 Ctrl+O 组合键，打开配套资源提供的“第 14 章\ 14.16 增补尺寸.dwg”素材文件，结果如图

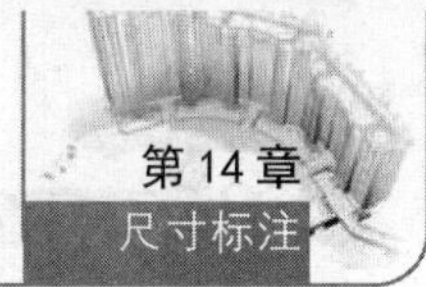

14-32所示。

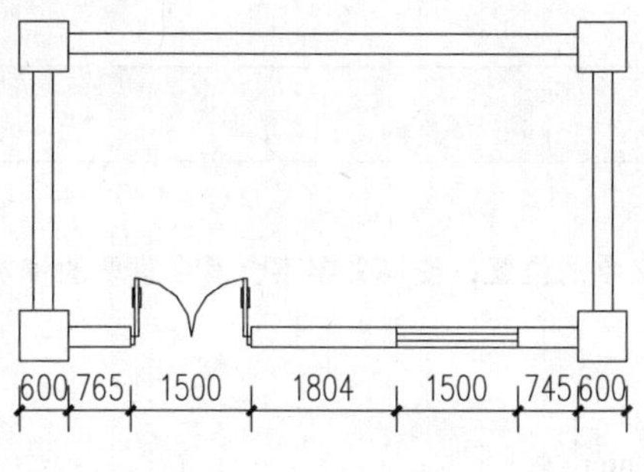

图14-31 增补尺寸

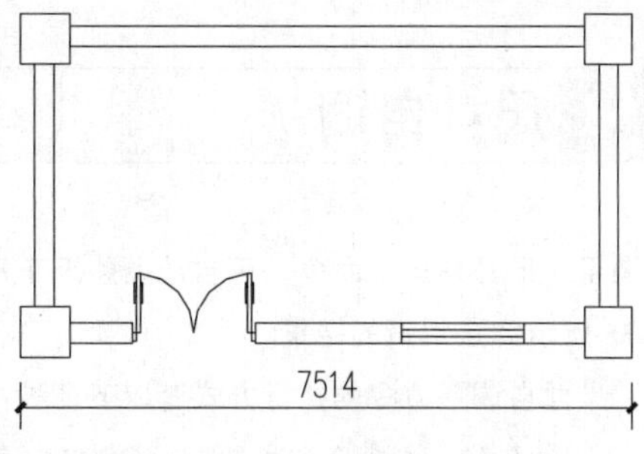

图14-32 打开素材文件

02 在命令行中输入“ZBCC”命令，按Enter键，命令行提示如下：

命令:ZBCC↙

T96_TBREAKDIM

请选择尺寸标注<退出>: //选择原有的尺寸标注;

选取待增补的标注点的位置或[参考点(R)]<退出>: //如图14-33所示;

选取待增补的标注点的位置或[参考点(R)/撤销上一标注点(U)]<退出>: //如图14-34所示，继续选取增补点，结果如图14-31所示。

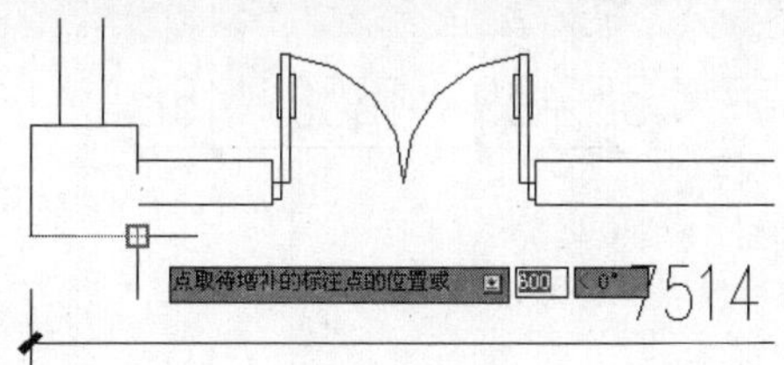

图14-33 选取待增补的标注点

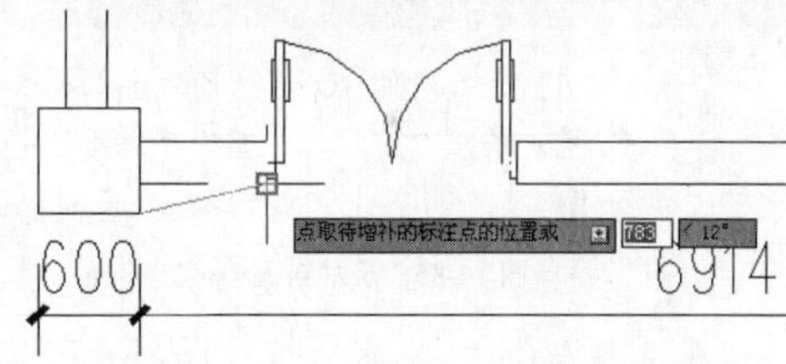

图14-34 选取下一个待增补的标注点

14.17 尺寸转化

调用“尺寸转化”命令，可将AutoCAD的尺寸标注转化为天正尺寸标注。

“尺寸转化”命令的执行方式有以下几种：

➢ 命令行：在命令行中输“CCZH”命令，按Enter键。

➢ 菜单栏：单击“尺寸标注”→“尺寸转化”命令。

下面介绍尺寸转化命令的操作方法。

在命令行中输“CCZH”命令，按Enter键，命令行提示如下：

命令:CCZH↙

T96_TCONVDIM

请选择ACAD尺寸标注:找到1个

全部选中的1个对象成功的转化为天正尺寸标注! //选中AutoCAD尺寸标注，按

```
Enter 键完成转换。
```

14.18 尺寸自调

调用“尺寸自调”命令，可自动调整天正尺寸标注文字的位置，使得文字不会发生重叠的情况。如图 14-35 所示为该编辑的结果。

“尺寸自调”命令的执行方式有以下几种：

- ➢ 命令行：在命令行中输入“CCZT”命令，按 Enter 键。
- ➢ 菜单栏：单击“尺寸标注”→“尺寸自调”命令。

下面以如图 14-35 所示的图形为例，介绍尺寸自调命令的操作方法。

01 按 Ctrl+O 组合键，打开配套资源提供的“第 14 章\ 14.18 尺寸自调.dwg”素材文件，结果如图 14-36 所示。

02 在命令行中输入“CCZT”命令，按 Enter 键，命令行提示如下：

```
命令:CCZT↙
T96_TDIMADJUST
请选择天正尺寸标注：找到 1 个      //选择尺寸标注后按 Enter 键，调整结果如图 14-35 所示。
```

352 459 1659 468

图 14-35 尺寸自调

352459 1659 468

图 14-36 打开素材文件

第 15 章 文字表格

● 本章导读

本章介绍绘制与编辑文字和表格的方法。天正文字与表格均为一个整体，在绘制完成后可以对其进行编辑修改。表格的内容可以输出至 Word 文档与 Excel 表格中，也可将 Excel 表格中选中的内容转换成天正表格。

● 本章重点

◈ 文字输入与编辑
◈ 表格的绘制与编辑
◈ 与 Excel 交换表格数据
◈ 自定义的文字对象

T20-Hvac V6.0

15.1 文字输入与编辑

本节介绍文字的输入与编辑。包括单行文字、多行文字、递增文字、文字转换等命令的调用。

15.1.1 文字样式

调用“文字样式”命令，可创建或修改天正文字样式，还可设置图中文字的当前样式。

“文字样式”命令的执行方式有以下几种：

➢ 命令行：在命令行中输入“WZYS”命令，按 Enter 键。

➢ 菜单栏：单击“文字表格”→“文字样式”命令。

下面介绍“文字样式”命令的调用方法。

01 单击“文字表格”→“文字样式”命令，弹出如图 15-1 所示的【文字样式】对话框，在其中可以新建或修改文字样式。

02 单击“新建”按钮，弹出【新建文字样式】对话框，在其中定义样式名称，如图 15-2 所示。

图 15-1 【文字样式】对话框

图 15-2 【新建文字样式】对话框

03 单击“确定”按钮返回【文字样式】对话框。在对话框的下方提供了文字样式设置结果的预览框。在预览框右边的选项中输入文字，单击“预览”按钮，可以在预览框中查看文字样式的设置结果，如图 15-3 所示。

【文字样式】对话框介绍如下：

➢ “样式名”选项：单击该选项，在下拉列表中选择文字样式。单击右边的“新建”按钮，可新建文字样式。

➢ “重命名”按钮：单击该按钮，弹出如图 15-4 所示的【重命名文字样式】对话框，在其中可重命名文字样式的名称。

➢ “删除”按钮：单击该按钮，可删除选中的文字样式。当前正在使用的文字样式不能被删除。

“中文参数”选项组。

➢ “宽高比”选项：定义中文字体宽与高之间的比值。

➢ “中文字体”选项：单击该选项，可在下拉列表中设置文字样式的中文字体。

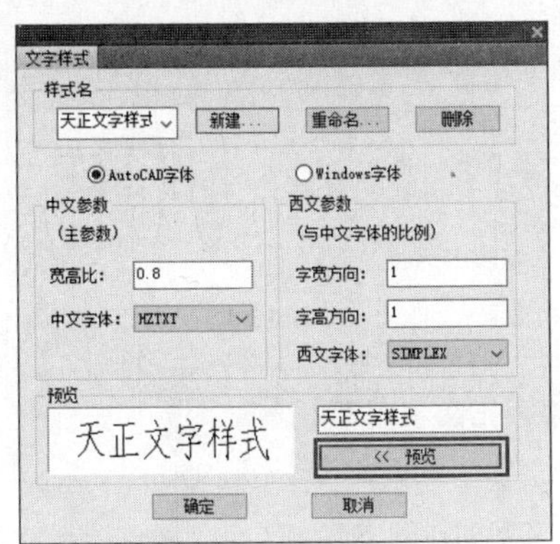

图 15-3 预览结果

图 15-4 【重命名文字样式】对话框

“西文参数”选项组。

➢ “字宽方向”选项：定义西文字宽与中文字宽之间的比值。

➢ “字高方向”选项：定义西文字高与中文字高之间的比值。

➢ “西文字体”选项：单击该选项，可在下拉列表中设置文字样式的西文字体。

15.1.2 单行文字

调用“单行文字”命令，可使用已经建立的天正文字样式，创建符合中国建筑制图标准的天正单行文字。如图 15-5 所示为创建的结果。

“单行文字”命令的执行方式如下：

➢ 菜单栏：单击“文字表格”→“单行文字”命令。

下面以如图 15-5 所示的图形为例，介绍调用“单行文字”命令的操作方法。

天正暖通施工图设计实践与提高

图 15-5 单行文字

01 在命令行中输入“DHWZ”命令，按 Enter 键，弹出【单行文字】对话框，设置参数如图 15-6 所示。

02 命令行提示如下：

```
命令:DHWZ↙
T96_TTEXT
请选取插入位置<退出>:                //绘制单行文字的结果如图 15-5 所示。
```

【单行文字】对话框介绍如下：

符号栏：位于对话框的上方。单击符号按钮，可在文字标注中插入该符号，如图 15-7、图 15-8 所示分别为选择“下标”按钮 O_2、“上标”按钮 m^2 时单行文字的标注结果。

文字编辑栏：输入待标注的单行文字。单击右边的向下箭头，在弹出的下拉列表中显示已输入的标注文字，选择其中的一个可以将其标注到图上。

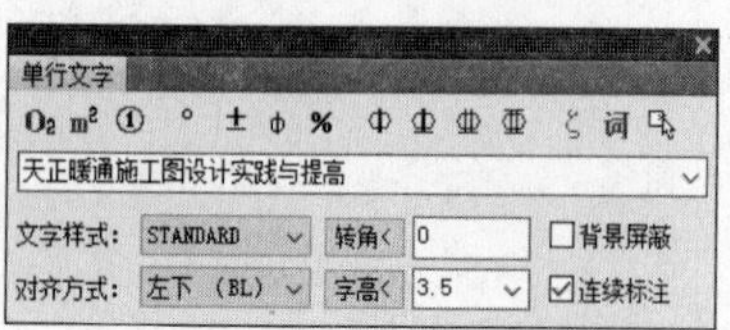

图 15-6 【单行文字】对话框

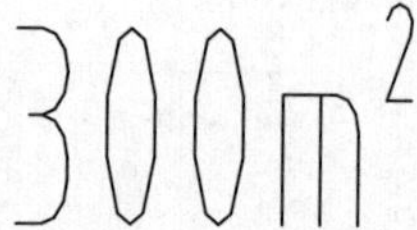

图 15-7 “下标”效果

图 15-8 “上标”效果

“文字样式”选项：单击该选项，可在下拉列表中选择天正文字样式。

“转角”选项：定义文字的转角值，可绘制倾斜的单行文字。

“对齐方式”选项：单击该选项，可在下拉列表中选择文字的对齐方式。

“字高”选项：单击该选项，可在下拉列表中选择文字的高度值，或者输入文字的高度值。

“背景屏蔽”选项：选择该项，文字标注可以遮盖背景，如遮盖已绘制完成的填充图案。背景屏蔽会随着文字的移动而移动。

“连续标注”选项：选择该项，连续进行单行文字标注。

选中单行文字，右击，在弹出的快捷菜单中选择“文字编辑”选项，如图 15-9 所示。弹出【单行文字】对话框，在其中修改单行文字的参数后，单击“确定”按钮可关闭对话框，完成修改。

双击单行文字，进入单行文字的在位编辑状态，如图 15-10 所示。重新输入文字后，按 Enter 键完成修改。

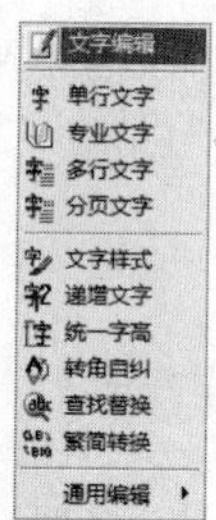

图 15-9 选择“文字编辑”选项

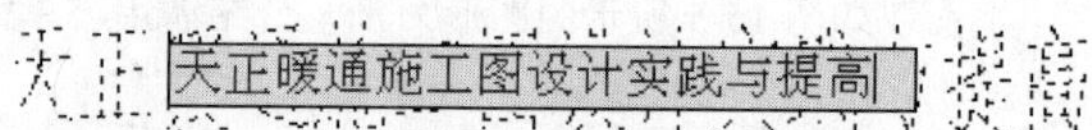

图 15-10 在位编辑状态

15.1.3 多行文字

调用“多行文字”命令，可使用已经建立的天正文字样式，创建符合中国建筑制图标准的天正整段文字，如图 15-11 所示为该创建的结果。

“多行文字”命令的执行方式有以下几种：

- 命令行：在命令行中输入“DHWZ”命令，按 Enter 键。
- 菜单栏：单击“文字表格”→“多行文字”命令。

下面以如图 15-11 所示的图形为例，介绍调用多行文字命令的操作方法。

01 单击“文字表格”→“多行文字”命令，弹出【多行文字】对话框，在其中输入多行文字，如图 15-12 所示。

02 单击“确定”按钮，同时命令行提示如下：

```
命令:T96_TMText
左上角或[参考点(R)]<退出>:      //选取插入点，绘制多行文字的结果如图 15-11 所示。
```

自控设计：

1.组合式空调机组回水管上设动态流量平衡阀，通过调节表冷器的过水量以控制机组送风温度。

2. 风机盘管设三速开关，且由室温控制器控制回水管上的电动两通阀，以调节室内的温度在设定范围内。

3. 冬季组合式空调机组停机时，双通水阀应保留5%开度，以防加热器冻裂。机组新风管路的电动保温阀与风机联锁。

4. 循环水泵依据供回水总管压差进行调节。

5. 全空气系统设温度自控系统。

图 15-11　多行文字

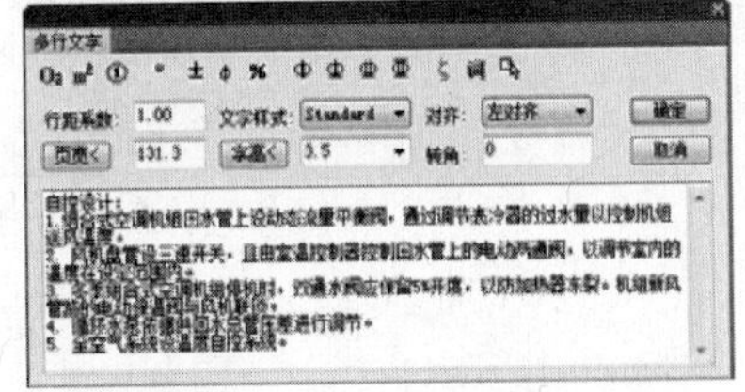

图 15-12　【多行文字】对话框

【多行文字】对话框介绍如下：

符号栏：位于对话框的上方有一排符号图标，单击图标，在多行文字中插入该符号。

“行距系数”选项：定义行距值。系数为 1 时，表示两行之间的间隔为一行的高度，依此类推。

“对齐”选项：单击该选项，可在下拉列表中选择对齐方式。如图 15-13、图 15-14 所示分别为中心对齐、右对齐的效果。

自控设计：

1.组合式空调机组回水管上设动态流量平衡阀，通过调节表冷器的过水量以控制机组送风温度。

2. 风机盘管设三速开关，且由室温控制器控制回水管上的电动两通阀，以调节室内的温度在设定范围内。

3. 冬季组合式空调机组停机时，双通水阀应保留5%开度，以防加热器冻裂。机组新风管路的电动保温阀与风机联锁。

4. 循环水泵依据供回水总管压差进行调节。

5. 全空气系统设温度自控系统。

图 15-13　中心对齐

自控设计：

1.组合式空调机组回水管上设动态流量平衡阀，通过调节表冷器的过水量以控制机组送风温度。

2. 风机盘管设三速开关，且由室温控制器控制回水管上的电动两通阀，以调节室内的温度在设定范围内。

3. 冬季组合式空调机组停机时，双通水阀应保留5%开度，以防加热器冻裂。机组新风管路的电动保温阀与风机联锁。

4. 循环水泵依据供回水总管压差进行调节。

5. 全空气系统设温度自控系统。

图 15-14　右对齐

“页宽”按钮：调整多行文字的水平宽度。

“字高”按钮：以毫米为单位表示打印出图后实际的文字高度。

“文字编辑”区：在其中可输入多行文字，接受来自其他剪贴板的文本，如在 Word 文档中选择文本，通过 Ctrl+C 组合键复制到剪贴板，再使用 Ctrl+V 组合键粘贴到文字编辑区。

复制得到的文字允许随意更改，可按 Enter 键换行，通过页面宽度来控制段落的宽度。

选中多行文字，出现左右两个夹点。激活左边的夹点可以移动多行文字，激活并拖动右边的夹点可改变段落的宽度。

在移动右边夹点改变段落宽度时，若宽度小于设定值，文字会自动换行。文字最后一行的对齐方式依据段落本身的对齐方式来决定。

双击多行文字，进入【多行文字】对话框。编辑多行文字后，单击“确定”按钮可关闭对话框，完成修改。

15.1.4 专业词库

调用“专业词库”命令，可输入或维护专业词库中的词条。在执行各种符号标注命令时还可以从词库中调用专业词汇。如图 15-15 所示为执行“专业词库”命令的结果。

“专业词库”命令的执行方式有以下几种：

➢ 命令行：在命令行中输入“ZYCK”命令，按 Enter 键。

➢ 菜单栏：单击“文字表格”→“专业词库”命令。

下面以如图 15-15 所示的图形为例，介绍调用“专业词库”命令的操作方法。

图 15-15 专业词库

01 在命令行中输入“ZYCK”命令，按 Enter 键，弹出【专业词库】对话框，选择词汇，结果如图 15-16 所示。

02 同时命令行提示如下：

```
命令:ZYCK↙
T96_TWORDLIB
请指定文字的插入点<退出>:                    //标注结果如图 15-15 所示。
```

“专业词库”命令还提供常用的施工做法词汇，如选择“材料做法”“墙面做法”选项，绘制常规的墙面做法标注，结果如图 15-17 所示。

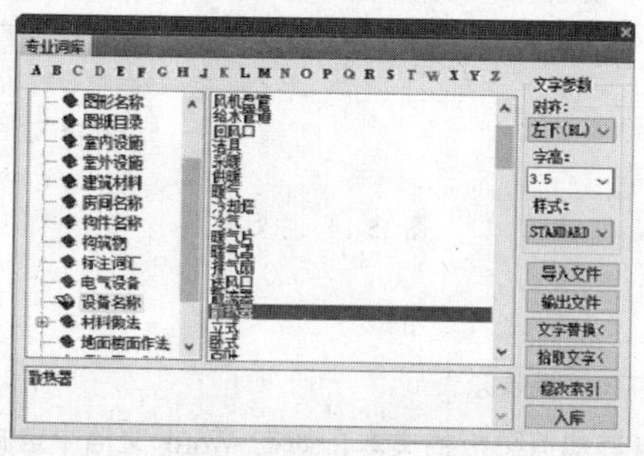

图 15-16 【专业词库】对话框

白水泥擦缝（或1:1彩色水泥细砂砂浆勾缝）
贴5厚釉面砖（粘贴前先将釉面砖浸水两小时以上）
5厚1:2建筑胶水泥砂浆（或专用胶）粘结层
素水泥浆一道（用专用胶粘贴时无此道工序）
8厚1:3水泥砂浆打底木抹子抹平
素水泥浆一道甩毛（内掺建筑胶）

图 15-17 墙面做法标注

【专业词库】对话框介绍如下：

“字母检索”行：位于对话框的上方，显示字母检索行。单击某个字母，在词汇列表显示以该字母开头的词汇。

“分类”菜单：显示各类词汇的类别名称。

“词汇”菜单：单击“分类”菜单中的一个词汇类别，“词汇”菜单显示该类别下所包含的所有词汇。选择词汇后，在对话框下方的空白文本框中显示被选中的词汇。

“文字参数”选项组：设置文字的对齐方式、字高参数以及文字样式。

“导入文件”按钮：单击该按钮，将文件文本中按行作为词汇，导入到当前的类别中，可以扩大词汇量。

“输出文件”按钮：单击该按钮，可把当前类别中所有的词汇输出到一个文本文件中。

“文字替换”按钮：选择目标文字，单击该按钮，可根据命令行的提示选择待替换的文字，再单击鼠标左键可完成文字的替换。

"拾取文字"按钮：单击该按钮，可把图上的文字拾取到编辑框中，再进行修改或替换。

在左侧的"分类"菜单上右击，弹出如图 15-18 所示的快捷菜单。选中选项，可修改"分类"菜单。

在右侧的词汇菜单上右击，弹出如图 15-19 所示的快捷菜单。选中选项，可修改"词汇"菜单。

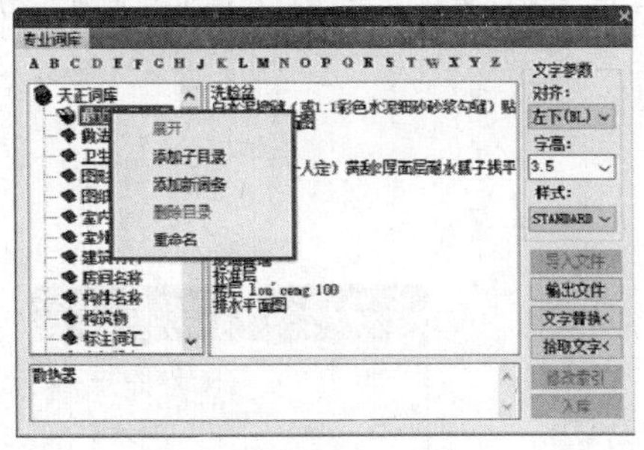

图 15-18　快捷菜单（分类菜单）

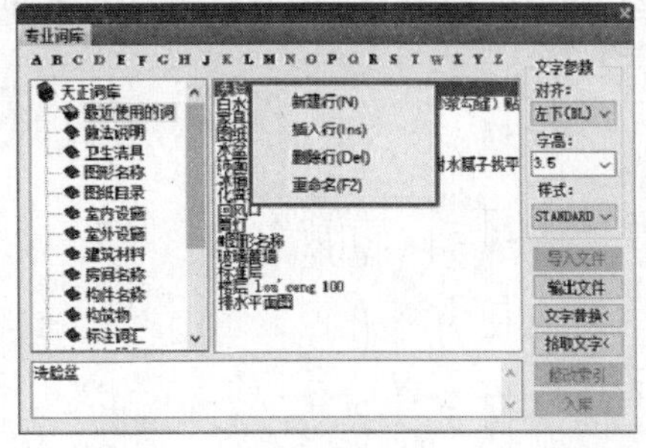

图 15-19　快捷菜单（词汇菜单）

15.1.5 转角自纠

调用"转角自纠"命令，可调整图中单行文字的方向，使其符合建筑制图标准。可以一次选择多个文字一起纠正。如图 15-20 所示为纠正的结果。

"转角自纠"命令的执行方式有以下几种：

➢ 命令行：在命令行中输入"ZJZJ"命令，按 Enter 键。

➢ 菜单栏：单击"文字表格"→"转角自纠"命令。

下面以如图 15-20 所示的图形为例，介绍"转角自纠"命令的操作方法。

01 按 Ctrl+O 组合键，打开配套资源提供的"第 15 章\ 15.1.5　转角自纠.dwg"素材文件，结果如图 15-21 所示。

02 在命令行中输入"ZJZJ"命令，按 Enter 键，命令行提示如下：

```
命令：ZJZJ↙
T96_TTEXTADJUST
请选择天正文字：指定对角点：找到 1 个        //按 Enter 键完成操作，结果如图 15-20 所示。
```

转角自纠改变文字方向

图 15-20　转角自纠

图 15-21　打开素材文件

15.1.6 递增文字

调用"递增文字"命令，可拷贝天正文字，对文字末尾的字符进行递增或递减操作。如图 15-22 所示为编辑的结果。

"递增文字"命令的执行方式有以下几种：

➢ 命令行：在命令行中输入"DZWZ"命令，按 Enter 键。

➢ 菜单栏：单击"文字表格"→"递增文字"命令。

下面以如图 15-22 所示的图形为例，介绍“递增文字”命令的操作方法。

01 按 Ctrl+O 组合键，打开配套资源提供的“第 15 章\ 15.1.6 递增文字.dwg”素材文件，结果如图 15-23 所示。

02 在命令行中输入“DZWZ”命令，按 Enter 键，弹出【递增文字】对话框，设置“增量”为 1，如图 15-24 所示。

轴流风机 001
轴流风机 002
轴流风机 003
轴流风机 004

图 15-22 递增文字

轴流风机 001

图 15-23 打开素材文件

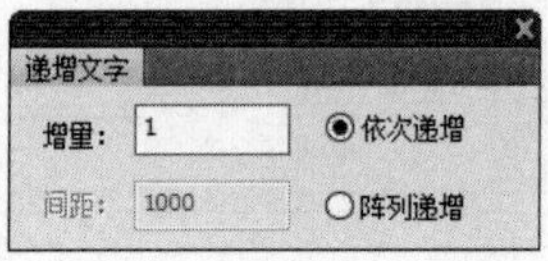

递增文字
增量: 1 ◉依次递增
间距: 1000 ○阵列递增

图 15-24 【递增文字】对话框

03 同时命令行提示如下:

命令:DZWZ↙

DZWZ2

请选择要递增拷贝的文字图元(同时按 CTRL 键进行递减拷贝,注意点哪个字符对哪个字符进行递增)<退出> //选择 1;

请点选基点: //光标向下移动，选取基点，如图 15-25 所示;

请指定文字的插入点<退出>: //单击选取文字的插入点，如图 15-26 所示;

请指定文字的插入点<退出>:*取消* //继续选取文字的插入点，编号递增的结果如图 15-22 所示。

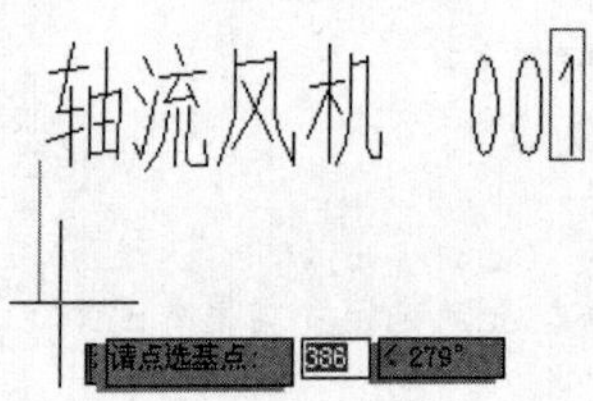

轴流风机 001

图 15-25 点选基点

轴流风机 001
轴流风机 002

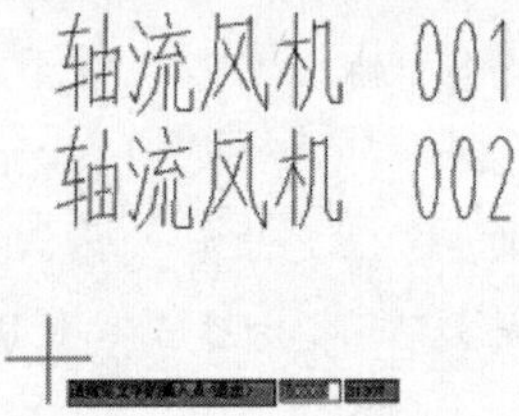

图 15-26 选取文字的插入点

在执行命令的过程中，按住 Ctrl 键，对文字执行递减操作，结果如图 15-27 所示。

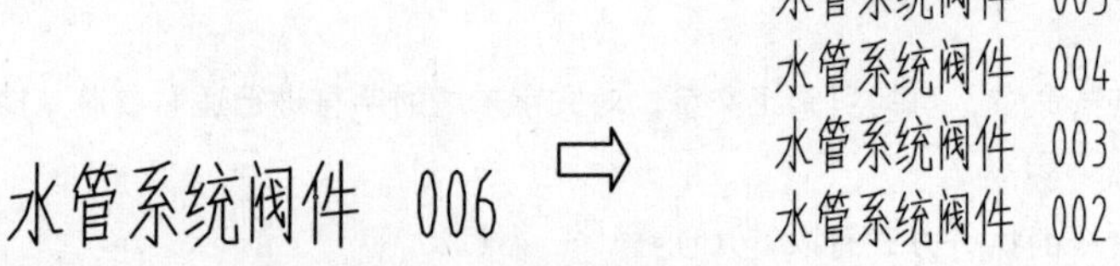

水管系统阀件 006 ⇨

水管系统阀件 006
水管系统阀件 005
水管系统阀件 004
水管系统阀件 003
水管系统阀件 002

图 15-27 递减操作

15.1.7 文字转化

调用“文字转化”命令，可将 AutoCAD 文字转换为天正文字。值得注意的是，文字转化命令只对 AutoCAD 单行文字起作用，不能对多行文字执行该项操作。

“文字转化”命令的执行方式有以下几种：

- 命令行：在命令行中输入“WZZH”命令，按 Enter 键。
- 菜单栏：单击“文字表格”→“文字转化”命令。

下面介绍“文字转化”命令的操作方法。

在命令行中输入“WZZH”命令，按 Enter 键，命令行提示如下：

```
命令:WZZH↙
T96_TTEXTCONV
请选择 ACAD 单行文字:找到 1 个                    //按 Enter 键完成操作。
全部选中的 1 个 ACAD 文字成功的转化为天正文字。
```

15.1.8 文字合并

调用“文字合并”命令，合并选中的多个天正单行文字，合并的结果如图 15-28 所示。可以自定义是合并生成多行文字还是单行文字。

“文字合并”命令的执行方式有以下几种：

- 命令行：在命令行中输入“WZHB”命令，按 Enter 键。
- 菜单栏：单击“文字表格”→“文字合并”命令。

下面以如图 15-28 所示的文字合并的结果为例，介绍“文字合并”命令的操作方法。

在需要设排烟设施但具备自然沿条件的房间、门厅、封闭楼梯间、休息厅、展廊等均采用可开启外窗的自然排烟式进项排烟。

图 15-28 文字合并

01 按 Ctrl+O 组合键，打开配套资源提供的“第 15 章\ 15.1.8 文字合并.dwg”素材文件，结果如图 15-29 所示。

在需要设排烟设施但具备自然沿条件的房间、门厅、

封闭楼梯间、休息厅、展廊等

均采用可开启外窗的自然排烟式进项排烟。

图 15-29 打开素材文件

02 在命令行中输入“WZHB”命令，按 Enter 键，命令行提示如下：

```
命令:WZHB↙
T96_TTEXTMERGE
请选择要合并的文字段落<退出>: 指定对角点:找到 3 个
 [合并为单行文字(D)]<合并为多行文字>:D                    //输入 D;
移动到目标位置<替换原文字>:                    //选取插入点，合并结果如图 15-28 所示。
```

在文字较多的情况下，可以将其合并为多行文字，此时如果合并为单行文字的话，文字将会非常长。双击合并得到的多行文字，进入【多行文字】对话框，在其中可调整文字的大小、行距等参数。

15.1.9 统一字高

调用“统一字高”命令，可统一修改文字的字高，如图 15-30 所示为编辑的结果。

“统一字高”命令的执行方式有以下几种：

- 命令行：在命令行中输入“TYZG”命令，按 Enter 键。
- 菜单栏：单击“文字表格”→“统一字高”命令。

下面以如图 15-30 所示的统一字高的结果为例，介绍“统一字高”命令的操作方法。

01 按 Ctrl+O 组合键，打开配套资源提供的“第 13 章\ 13.1.9 统一字高.dwg”素材文件，结果如图 15-31 所示。

02 在命令行中输入“TYZG”命令，按 Enter 键，命令行提示如下：

```
命令:TYZG↙
TYZG2
请选择要修改的文字（ACAD 文字，天正文字，天正标注）<退出>找到 1 个，总计 2 个
字高() <3.5mm>        //按 Enter 键（也可定义字高参数），编辑的结果如图 15-30 所示。
```

天正暖通全套施工图设计与提高

图 15-30　统一字高

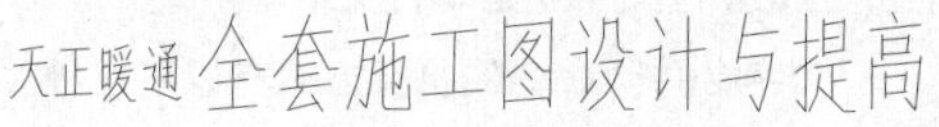

天正暖通全套施工图设计与提高

图 15-31　打开素材文件

15.1.10 查找替换

调用“查找替换”命令，查找和替换当前图形中的文字。如图 15-32 所示为编辑的结果。

“查找替换”命令的执行方式有以下几种：

- 命令行：在命令行中输入“CZTH”命令，按 Enter 键。
- 菜单栏：单击“文字表格”→“查找替换”命令。

下面以如图 15-32 所示的查找替换的结果为例，介绍“查找替换”命令的操作方法。

01 按 Ctrl+O 组合键，打开配套资源提供的“第 15 章\ 15.1.10 查找替换.dwg”素材文件，结果如图 15-33 所示。

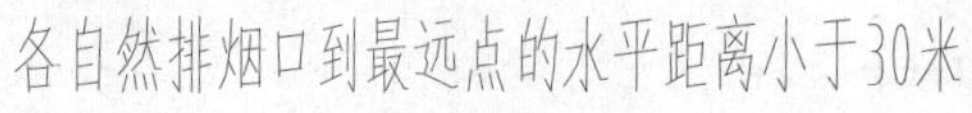

各自然排烟口到最远点的水平距离小于30米

图 15-32　查找替换

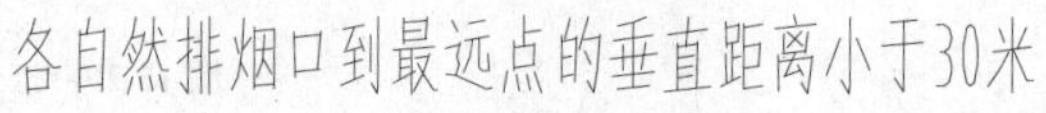

各自然排烟口到最远点的垂直距离小于30米

图 15-33　打开素材文件

02 在命令行中输入“CZTH”命令，按 Enter 键，弹出【查找和替换】对话框，设置查找替换参数如图 15-34 所示。

03 参数设置完成后，单击“替换”按钮，在图中被查找到的文字会被红色的方框框选，如图 15-35 所示。

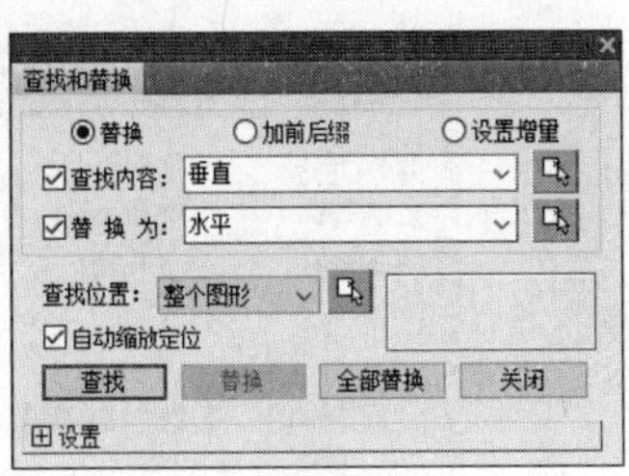

图 15-34 【查找和替换】对话框

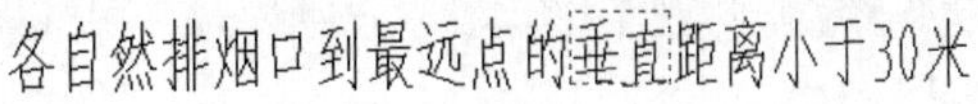

各自然排烟口到最远点的垂直距离小于30米

图 15-35 查找结果

04 按 Enter 键，弹出如图 15-36 所示的【查找替换】信息提示对话框，显示已替换完成；单击“确定”按钮关闭对话框，结果如图 15-32 所示。

在【查找和替换】对话框中单击“设置”按钮，弹出“查找选项”列表，如图 15-37 所示。通过选择或取消选择某些选项，可以精确定义查找条件，以便快速准确地进行查找替换操作。

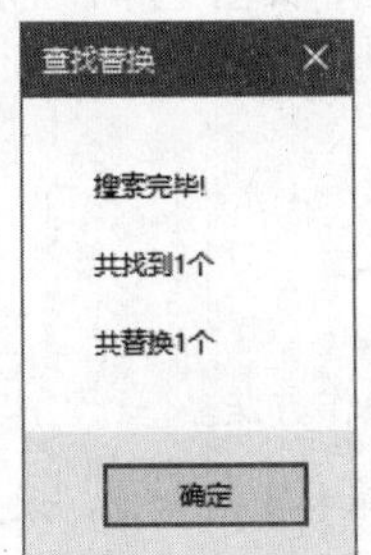

图 15-36 【查找替换】信息提示对话框

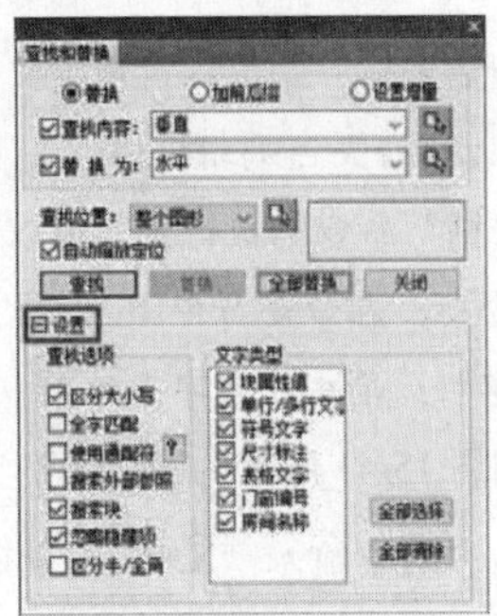

图 15-37 查找选项列表

15.1.11 繁简转化

调用“繁简转化”命令，可将当前图档的内码在 Big5 与 GB 之间转换，如图 15-38 所示为转化的结果。为了能使用本命令顺利地执行转换操作，应确保当前环境下的字体支持文件路径内，即 AutoCAD 的 fonts 或天正软件安装文件夹 sys 下存在内码 BIG5 的字体文件，以获得正常的打印效果。转换后，重新设置文字的样式中字体内码与目标内码一致。

“繁简转换”命令的执行方式有以下几种：

- 命令行：在命令行中输入“FJZH”命令，按 Enter 键。
- 菜单栏：单击“文字表格”→“繁简转换”命令。

下面以如图 15-38 所示的图形为例，介绍“繁简转换”命令的操作方法。

01 按 Ctrl+O 组合键，打开配套资源提供的“第 15 章\ 15.1.11 繁简转化.dwg”素材文件，结果如图 15-39 所示。

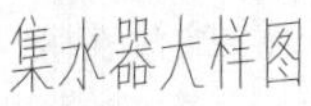

集水器大样图

图 15-38 繁简转化

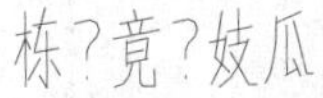

栋?竟?妓瓜

图 15-39 打开素材文件

02 在命令行中输入“FJZH”命令，按 Enter 键，弹出【繁简转换】对话框，设置参数如图 15-40 所示。

03 单击"确定"按钮，命令行提示如下：

```
命令:FJZH↙
T96_TBIG5_GB
选择包含文字的图元:找到 1 个      //按Enter键，转化结果如图 15-38 所示。
```

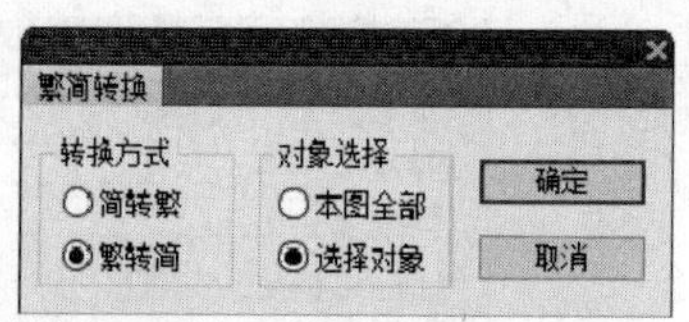

图 15-40 【繁简转换】对话框

15.2 表格的绘制与编辑

本节介绍绘制与编辑表格，包括新建表格，全屏编辑表格、拆分表格等命令的调用。

15.2.1 新建表格

调用"新建表格"命令，可自定义表格的行数或列数来创建表格，如图 15-41 所示创建的结果。所创建的表格可以执行夹点编辑操作。

"新建表格"命令的执行方式有以下几种：

➢ 命令行：在命令行中输入"XJBG"命令，按 Enter 键。

➢ 菜单栏：单击"文字表格"→"新建表格"命令。

下面以如图 15-41 所示的图形为例，介绍"新建表格"命令的操作方法。

01 在命令行中输入"XJBG"命令，按 Enter 键，弹出【新建表格】对话框，设置参数如图 15-42 所示。

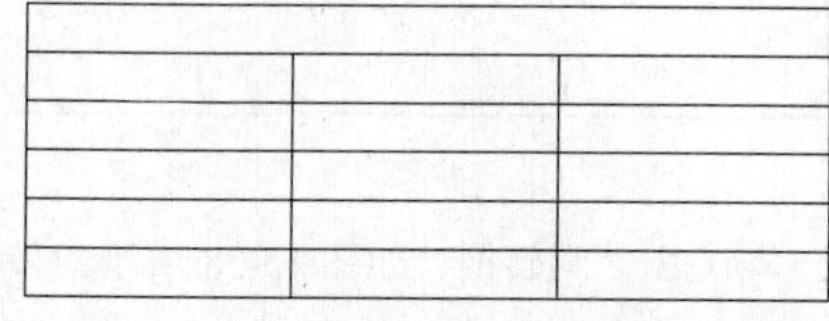

图 15-41 新建表格

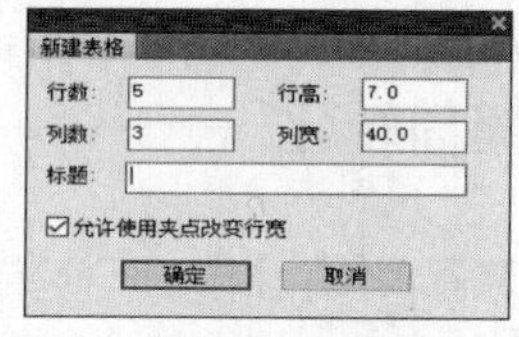

图 15-42 【新建表格】对话框

02 单击"确定"按钮，命令行提示如下：

```
命令:XJBG↙
T96_TNEWSHEET
左上角点或[参考点(R)]<退出>:          //选取插入点，新建表格如图 15-41 所示。
```

选中表格后显示夹点，各夹点的功能如图 15-43 所示。

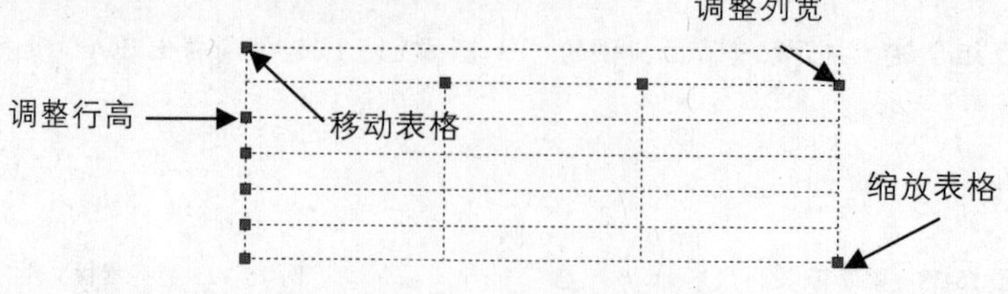

图 15-43 表格夹点的功能

15.2.2 全屏编辑

调用“全屏编辑”命令，可以对话框的形式来编辑表格内容。如图 15-44 所示为编辑的结果。

“全屏编辑”命令的执行方式有以下几种：

- 命令行：在命令行中输入“QPBJ”命令，按 Enter 键。
- 菜单栏：单击“文字表格”→“表格编辑”→“全屏编辑”命令。

下面以如图 15-44 所示的结果为例，介绍“全屏编辑”命令的操作方法。

名称	数量	名称	数量
排烟阀	4	水泵	2
蝶阀	3	轴流风机	5
止回阀	5	风帽	3
插板阀	2	柔性风管	2

图 15-44　全屏编辑

01 按 Ctrl+O 组合键，打开配套资源提供的“第 15 章\ 15.2.2 全屏编辑.dwg”素材文件，结果如图 15-45 所示。

图 15-45　打开素材文件

02 在命令行中输入“QPBJ”命令，按 Enter 键，命令行提示如下：

```
命令:QPBJ↙
T96_TSHEETEDIT
选择表格:              //选择表格，弹出【表格内容】对话框，设置参数如图 15-46 所示。
```

03 单击“确定”按钮，关闭对话框完成编辑，结果如图 15-44 所示。

单击首列（行），弹出如图 15-47 所示的快捷菜单，选择选项，对表行、表列执行删除、插入、新建等操作。

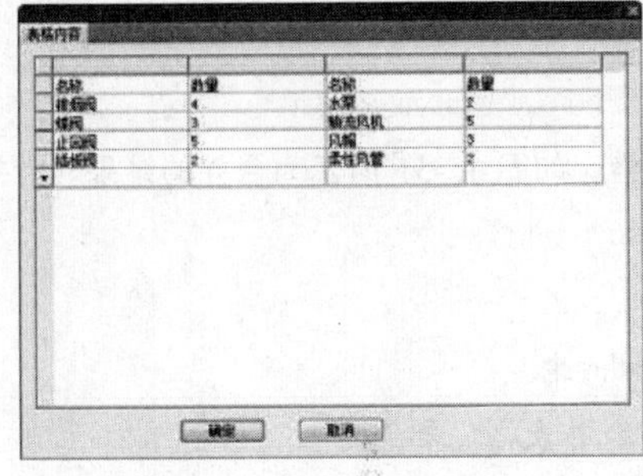

图 15-46　【表格内容】对话框

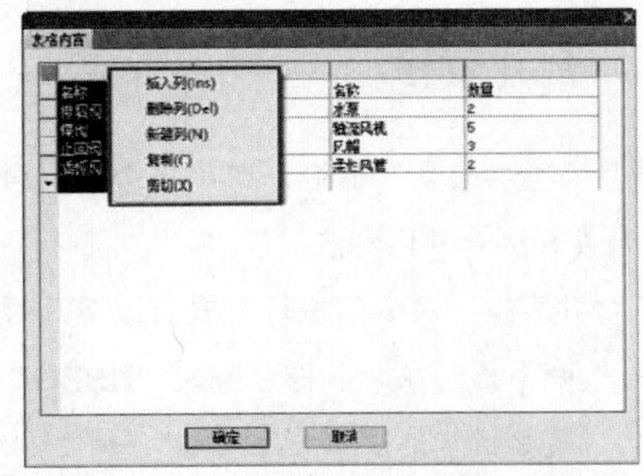

图 15-47　快捷菜单

15.2.3 拆分表格

调用“拆分表格”命令，可按指定的行数、列数拆分表格。如图 15-48 所示为拆分的结果。

“拆分表格”命令的执行方式有以下几种：

- ➢ 命令行：在命令行中输入“CFBG”命令，按 Enter 键。
- ➢ 菜单栏：单击“文字表格”→“表格编辑”→“拆分表格”命令。

下面以如图 15-48 所示的图形为例，介绍“拆分表格”命令的操作方法。

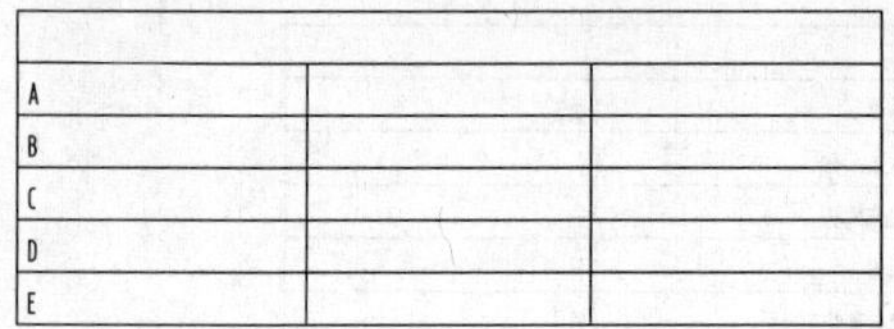

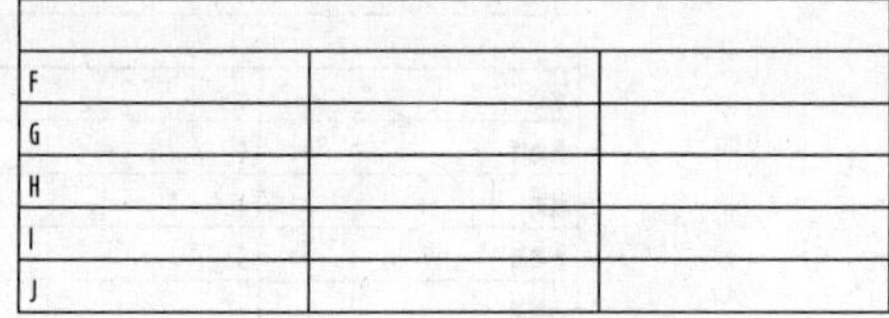

图 15-48　拆分表格

01 按 Ctrl+O 组合键，打开配套资源提供的“第 15 章\ 15.2.3 拆分表格.dwg”素材文件，结果如图 15-49 所示。

02 在命令行中输入“CFBG”命令，按 Enter 键，弹出【拆分表格】对话框，设置参数如图 15-50 所示。

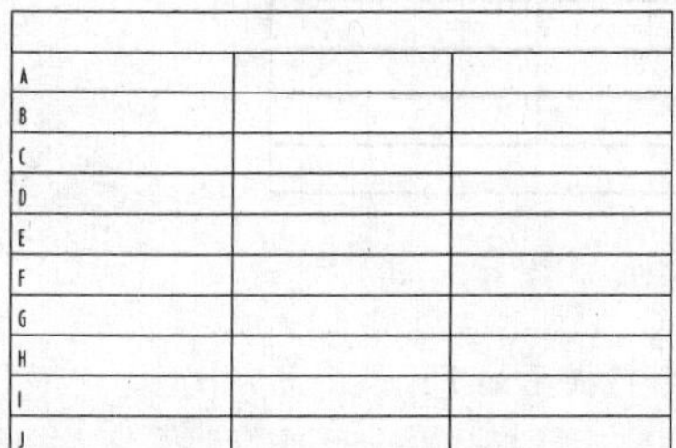

图 15-49　打开素材文件

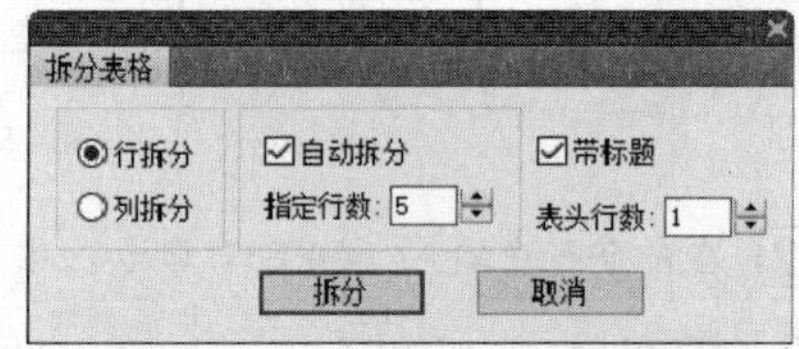

图 15-50　【拆分表格】对话框

03 单击“拆分”按钮，同时命令行提示如下：

```
命令:CFBG↙
T96_TSPLITSHEET
选择表格:                    //拆分表格的结果如图 15-48 所示。
```

15.2.4 合并表格

调用“合并表格”命令，可将多个表格合并为一个表格，如图 15-51 所示为合并的结果。合并表格分为行合并和列合并两种。

“合并表格”命令的执行方式有以下几种：

- ➢ 命令行：在命令行中输入“HBBG”命令，按 Enter 键。
- ➢ 菜单栏：单击“文字表格”→“表格编辑”→“合并表格”命令。

下面以如图 15-51 所示的图形为例，介绍“合并表格”命令的操作方法。

01 按 Ctrl+O 组合键，打开配套资源提供的“第 15 章\ 15.2.4 合并表格.dwg”素材文件，结果如

图 15-52 所示。

[02] 在命令行中输入“HBBG”命令，按 Enter 键，命令行提示如下：

```
命令:HBBG↙
T96_TMERGESHEET
选择第一个表格或[列合并(C)]<退出>:
选择下一个表格<退出>:                    //分别选择表格，合并结果如图 15-51 所示。
```

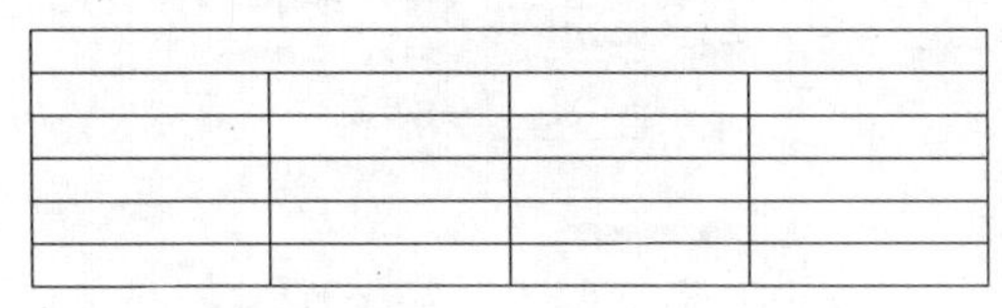

图 15-51　合并表格

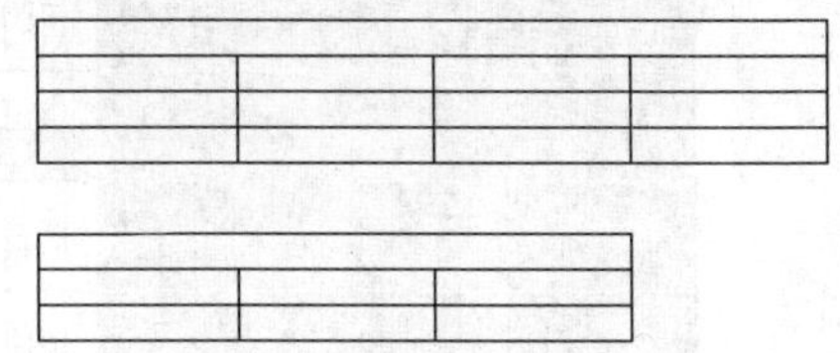

图 15-52　打开素材文件

在执行命令的过程中，当命令行提示“选择第一个表格或 [列合并(C)]”时，输入“C”，选择“列合并（C）”选项，列合并的结果如图 15-53 所示。

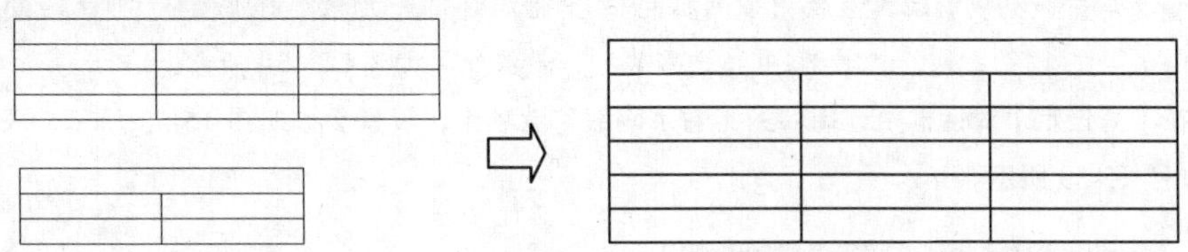

图 15-53　列合并

15.2.5 表列编辑

调用“表列编辑”命令，可编辑选中的表列。如图 15-54 所示为编辑的结果。

“表列编辑”命令的执行方式有以下几种：

- 命令行：在命令行中输入“BLBJ”命令，按 Enter 键。
- 菜单栏：单击“文字表格”→“表格编辑”→“表列编辑”命令。

下面以如图 15-54 所示的图形为例，介绍“表列编辑”命令的操作方法。

[01] 按 Ctrl+O 组合键，打开配套资源提供的“第 15 章\ 15.2.5　表列编辑.dwg”素材文件，结果如图 15-55 所示。

编号	阀门名称	数量
001	蝶阀	3
002	风帽	5
003	止回阀	6

图 15-54　表列编辑

编号	阀门名称	数量
111	蝶阀	3
112	风帽	5
113	止回阀	6

图 15-55　打开素材文件

[02] 在命令行中输入“BLBJ”命令，按 Enter 键，命令行提示如下：

```
命令:BLBJ↙
```

T96_TCOLEDIT

请选取一表列以编辑属性或[多列属性(M)/插入列(A)/加末列(T)/删除列(E)/交换列(X)]<退出>:　　　　　　　　　　//选择表列，如图 15-56 所示；

03 弹出【列设定】对话框，设置参数如图 15-57 所示。

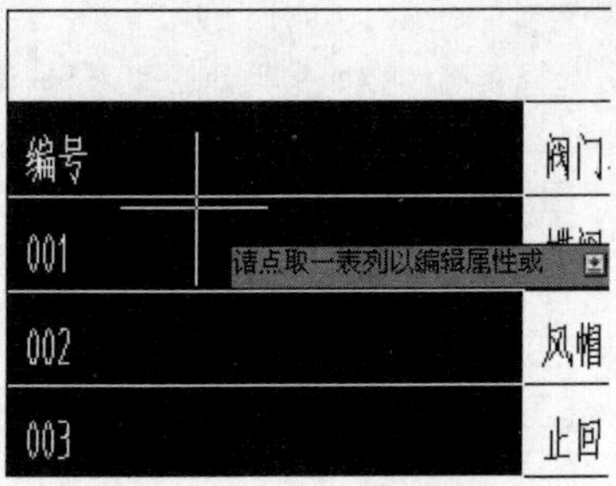

图 15-56 选取待编辑的表列

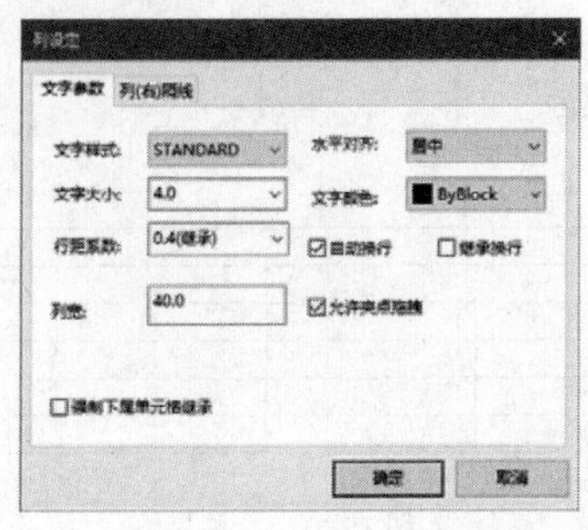

图 15-57 【列设定】对话框

04 单击“确定”按钮关闭对话框，完成表列编辑的操作。

请选取一表列以编辑属性或 [多列属性(M)/插入列(A)/加末列(T)/删除列(E)/交换列(X)]<退出>:　　　　　　　　　　//继续选取表列，最终结果如图 15-54 所示。

在【列设定】对话框中选择“列（右）隔线”选项卡，设置参数如图 15-58 所示，表格不设竖线的结果如图 15-59 所示。

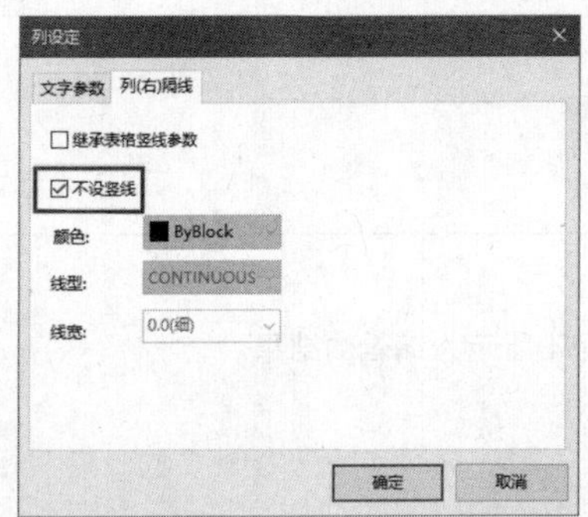

图 15-58 “列（右）隔线”选项卡

编号	阀门名称	数量
001	蝶阀	3
002	风帽	5
003	止回阀	6

图 15-59 不设竖线

在执行命令的过程中，输入“A”，选择“插入列(A)”选项，命令行提示如下：

命令:BLBJ↙

T96_TCOLEDIT

请选取一表列以编辑属性或[多列属性(M)/插入列(A)/加末列(T)/删除列(E)/交换列(X)]<退出>:A　　　　　　　　　　//输入 A，选择“插入列(A)”选项。

请选取一表列以插入新列或[单列属性(S)/多列属性(M)/加末列(T)/删除列(E)/交换列(X)]<退出>:　　　　　　　　　　//选取表列。

输入要添加的空列的数目<1>:

请选取一表列以插入新列或[单列属性(S)/多列属性(M)/加末列(T)/删除列(E)/交换列(X)]<退出>:　　　　　　　　//设置空列数目，在指定的表列之前插入新列，结果如图 15-60 所示。

编号		阀门名称	数量
001		蝶阀	3
002		风帽	5
003		止回阀	6

图 15-60　插入列

在执行命令的过程中，输入 T，选择“加末列(T)”选项，命令行提示如下：

```
命令:BLBJ↙
T96_TCOLEDIT
请选取一表列以编辑属性或[多列属性(M)/插入列(A)/加末列(T)/删除列(E)/交换列(X)]<退出>:T                    //输入 T，选择“加末列(T)”选项;
请选取表格以加末列或[单列属性(S)/多列属性(M)/插入列(A)/删除列(E)/交换列(X)]<退出>:
输入要添加的空列的数目<1>:2                    //设置加空列的数目，按 Enter 键添加末列，结果如图 15-61 所示。
```

编号	阀门名称	数量		
001	蝶阀	3		
002	风帽	5		
003	止回阀	6		

图 15-61　加末列

在执行命令的过程中，输入“X”，选择“交换列(X)”选项，命令行提示如下：

```
命令:BLBJ↙
T96_TCOLEDIT
请选取一表列以编辑属性或[多列属性(M)/插入列(A)/加末列(T)/删除列(E)/交换列(X)]<退出>:X                    //输入“X”，选择“交换列(X)”选项。
请选取用于交换的第一列或[单列属性(S)/多列属性(M)/插入列(A)/加末列(T)/删除列(E)]<退出>:
请选取用于交换的第二列:            //选择待交换的两列，交换列的结果如图 15-62 所示。
```

编号	阀门名称	数量
001	蝶阀	3
002	风帽	5
003	止回阀	6

编号	数量	阀门名称
001	3	蝶阀
002	5	风帽
003	6	止回阀

图 15-62　交换列

15.2.6 表行编辑

调用“表行编辑”命令，可编辑修改表行。如图 15-63 所示为编辑的结果。

“表行编辑”命令的执行方式有以下几种：

- 命令行：在命令行中输入“BHBJ”命令，按 Enter 键。
- 菜单栏：单击“文字表格”→“表格编辑”→“表行编辑”命令。

下面以如图 15-63 所示的图形为例，介绍“表行编辑”命令的操作方法。

层数	阀门名称	数量
1	蝶阀	3
2	风帽	5
3	止回阀	6

图 15-63　表行编辑

01 按 Ctrl+O 组合键，打开配套资源提供的“第 15 章\ 15.2.6　表行编辑.dwg”素材文件，结果如图 15-64 所示。

层数	阀门名称	数量
1	蝶阀	3
2	风帽	5
3	止回阀	6

图 15-64　打开素材文件

02 在命令行中输入“BHBJ”命令，按 Enter 键，命令行提示如下：

```
命令:BHBJ↙
T96_TROWEDIT
请选取一表行以编辑属性或[多行属性(M)/增加行(A)/末尾加行(T)/删除行(E)/复制行(C)/交换行(X)]<退出>:              //选取表行，弹出【行设定】对话框，设置参数如图 15-65 所示。
```

03 单击“确定”按钮，完成表行编辑的结果如图 15-63 所示。

取消选择“继承表格横线参数”选项，重新设置表格的横线参数，如图 15-66 所示。

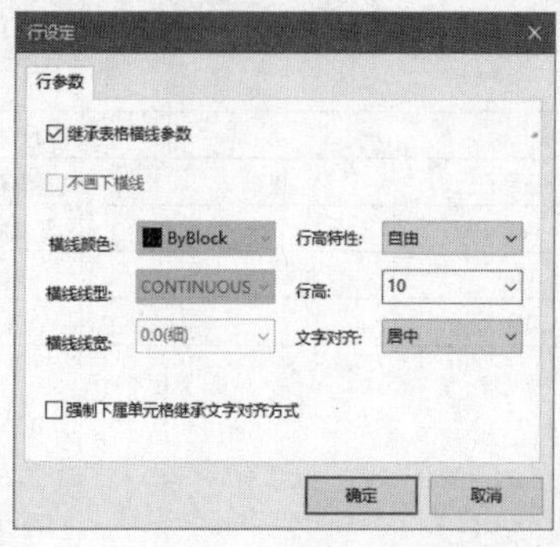

图 15-65　【行设定】对话框

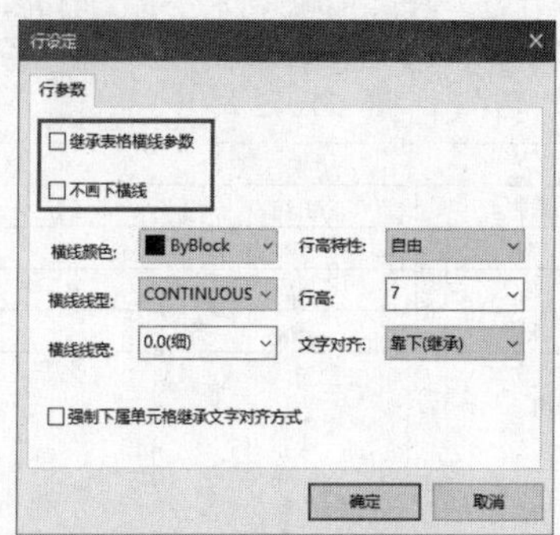

图 15-66　设置横线参数

在执行“表行编辑”命令的过程中，命令行各选项的含义如下：

- 多行属性(M)：输入“M”，通过选择多个表行，可在【行设定】对话框中同时编辑多个表行的属性。
- 增加行(A)：输入“A”，在表行前增加指定数目的表行。
- 末尾加行(T)：输入“T”，在表格后增加指定数目的表行。
- 删除行(E)：输入“E”，删除指定的表行。
- 复制行(C)：输入“C”，复制指定的表行。
- 交换行(X)：输入“X”，将交换两个表行的位置。

15.2.7 增加表行

调用“增加表行”命令，在指定的表行之前或之后增加一行或多行，如图 15-67 所示为编辑的结果。执行“表行编辑”命令也可增加表行。

“增加表行”命令的执行方式有以下几种：

- 命令行：在命令行中输入 ZJBH 命令，按 Enter 键。
- 菜单栏：单击“文字表格”→“表格编辑”→“增加表行”命令。

下面以如图 15-67 所示的图表为例，介绍“增加表行”命令的操作方法。

楼层	编号	阀门名称	数量
一	001	蝶阀	3
二	002	风帽	5
三	003	止回阀	6

图 15-67　增加表行

01 按 Ctrl+O 组合键，打开配套资源提供的“第 15 章\ 15.2.7 增加表行.dwg”素材文件，结果如图 15-68 所示。

楼层	编号	阀门名称	数量
一	001	蝶阀	3
二	002	风帽	5
三	003	止回阀	6

图 15-68　打开素材文件

02 在命令行中输入“ZJBH”命令，按 Enter 键，命令行提示如下：

```
命令:ZJBH↙
T96_TSHEETINSERTROW
本命令也可以通过[表行编辑]实现!
请选取一表行以(在本行之前)插入新行或[在本行之后插入(A)/复制当前行(S)]<退出>:A
                                    //输入“A”，选择“在本行之后插入(A)”选项。
请选取一表行以(在本行之后)插入新行或[在本行之前插入(A)/复制当前行(S)]<退出>:
                                    //选取表格的末行，增加表行的结果如图 15-67 所示。
```

在执行命令的过程中，输入S，选择“复制当前行(S)”选项，复制表行的结果如图15-69所示。

楼层	编号	阀门名称	数量
一	M1	蝶阀	3
二	M2	风帽	5
三	M3	止回阀	6
三	M3	止回阀	6

图15-69　复制当前行

15.2.8 删除表行

调用“删除表行”命令，可删除指定的表行，如图15-70所示为编辑的结果。执行“表行编辑”命令，也可以删除表行。

“删除表行”命令的执行方式有以下几种：

➢ 命令行：在命令行中输入“SCBH”命令，按Enter键。

➢ 菜单栏：单击“文字表格”→“表格编辑”→“删除表行”命令。

下面以如图15-70所示的图表为例，介绍“删除表行”命令的操作方法。

01 按Ctrl+O组合键，打开配套资源提供的“第15章\15.2.8　删除表行.dwg”素材文件，结果如图15-71所示。

02 在命令行中输入“SCBH”命令，按Enter键，命令行提示如下：

```
命令:SCBH↙
T96_TSHEETDELROW
本命令也可以通过[表行编辑]实现!
请选取要删除的表行<退出>
请选取要删除的表行<退出>          //分别选取要删除的表行，删除结果如图15-70所示。
```

层数	阀门名称	数量
1	蝶阀	3
4	水泵	3
5	调节阀	2

图15-70　删除表行

层数	阀门名称	数量
1	蝶阀	3
2	风帽	5
3	止回阀	6
4	水泵	3
5	调节阀	2

图15-71　打开素材文件

15.2.9 单元编辑

调用“单元编辑”命令，可编辑选中的单元格，包括属性与内容，如图15-72所示为修改的结果。双击要编辑的单元进入在位编辑状态，也可以直接修改单元内容。

“单元编辑”命令的执行方式有以下几种：

➢ 命令行：在命令行中输入“DYBJ”命令，按Enter键。

➢ 菜单栏：单击“文字表格”→“表格编辑”→“单元编辑”命令。

下面以如图 15-72 所示的图形为例，介绍“单元编辑”命令的操作方法。

01 按 Ctrl+O 组合键，打开配套资源提供的“第 15 章\ 15.2.9 单元编辑.dwg”素材文件，结果如图 15-73 所示。

层数	阀门名称	数量
一	蝶阀	3
二	风阀	5
三	止回阀	6
四	调节阀	2

图 15-72 单元编辑

层数	阀门名称	数量
一	蝶阀	3
二	风阀	5
三	止回阀	6
四	调节阀	2

图 15-73 打开素材文件

02 在命令行中输入“DYBJ”命令，按 Enter 键，命令行提示如下：

```
命令:DYBJ↙
T96_TCELLEDIT
请选取一单元格进行编辑或 [多格属性(M)/单元分解(X)]<退出>:        //选取单元格，弹出【单元格编辑】对话框。
```

03 在【单元格编辑】对话框中设置参数如图 15-74 所示，单击“确定”按钮完成编辑。

04 重复操作，编辑表头单元格内容，结果如图 15-75 所示。

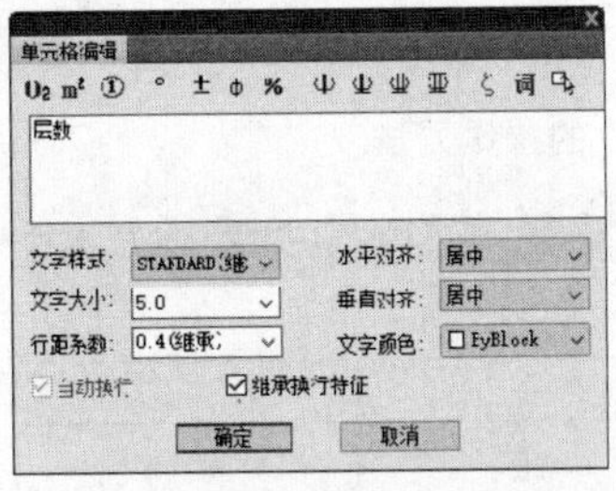

图 15-74 【单元格编辑】对话框

层数	阀门名称	数量
一	蝶阀	3
二	风阀	5
三	止回阀	6
四	调节阀	2

图 15-75 编辑表头

05 继续调用“DYBJ”命令，更改其余单元格的对齐方式为“居中”，结果如图 15-72 所示。

在执行命令的过程中，输入“M”，选择“多格属性(M)”选项，命令行提示如下：

```
命令:DYBJ↙
T96_TCELLEDIT
请选取一单元格进行编辑或[多格属性(M)/单元分解(X)]<退出>:M        //输入 M，选择“多格属性(M)”选项；
请选取确定多格的第一点以编辑属性或[单格编辑(S)/单元分解(X)]<退出>:
请选取确定多格的第二点以编辑属性<退出>:        //分别选取单元格，弹出如图 15-76 所示的【单元格编辑】对话框。
```

在此对话框中设置参数，单击“确定”按钮完成编辑。

对已执行合并操作后的单元格，可通过“单元编辑”命令对其执行分解操作。

在执行命令的过程中，输入“X”，选择“单元分解(X)”选项，命令行提示如下：

```
命令:DYBJ↙
T96_TCELLEDIT
请选取一单元格进行编辑或[多格属性(M)/单元分解(X)]<退出>:X
                    //输入“X”，选择“单元分解(X)”选项;
请点要分解的单元格或[单格编辑(S)/多格属性(M)]<退出>:        //选取单元格完成分解。分解后的各单元格内容均复制了分解前该单元格中的文字内容，如图 15-77 所示。
```

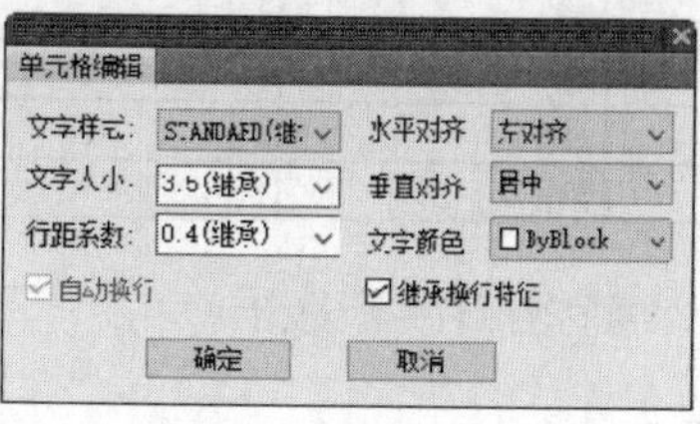

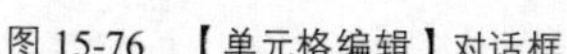
图 15-76 【单元格编辑】对话框

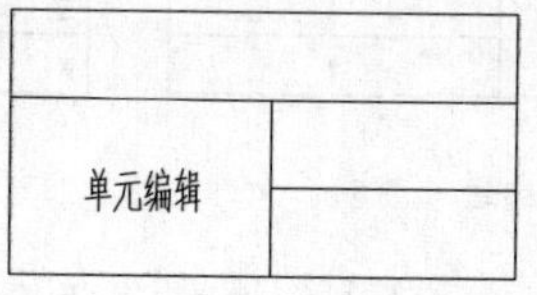

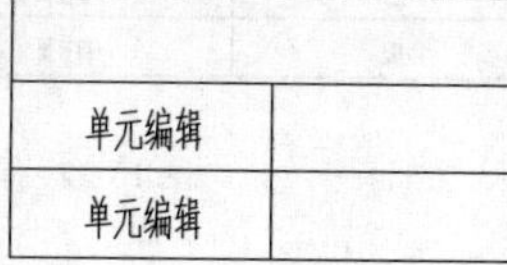

图 15-77 单元分解

15.2.10 单元递增

调用“单元递增”命令，复制单元格中的内容，还可以同时将文字内的某一项执行递增或递减操作。

“单元递增”命令的执行方式有以下几种：

- 命令行：在命令行中输入“DYDZ”命令，按 Enter 键。
- 菜单栏：单击“文字表格”→“表格编辑”→“单元递增”命令。

下面以如图 15-78 所示的图形为例，介绍“单元递增”命令的操作方法。

01 按 Ctrl+O 组合键，打开配套资源提供的“第 15 章\ 15.2.10 单元递增.dwg”素材文件，结果如图 15-79 所示。

层数	阀门名称
001	蝶阀
002	风帽
003	止回阀
004	水泵
005	调节阀

图 15-78 单元递增

层数	阀门名称
001	蝶阀
	风帽
	止回阀
	水泵
	调节阀

图 15-79 打开素材文件

02 在命令行中输入“DYDZ”命令，按 Enter 键，命令行提示如下：

```
命令:DYDZ↙
T96_TCOPYANDPLUS
选取第一个单元格<退出>:                //如图 15-80 所示。
选取最后一个单元格<退出>:              //如图 15-81 所示，单元递增的结果如图 15-78 所示。
```

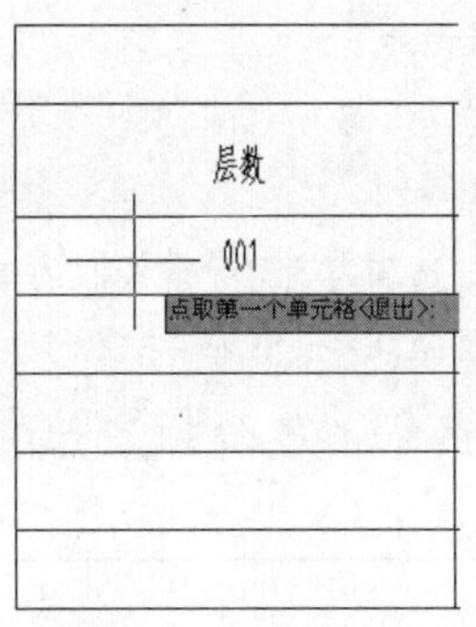

图 15-80 选取第一个单元格

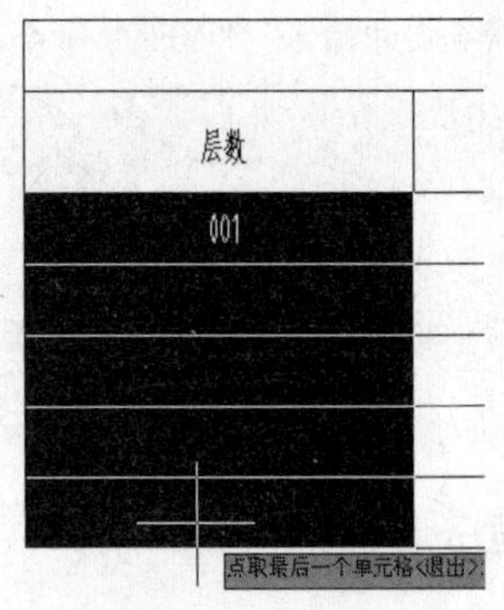

图 15-81 选取最后一个单元格

在执行命令的过程中，按住 Ctrl 键，可以实现递减操作，结果如图 15-82 所示。

阀门名称	数量
蝶阀	6
风帽	
止回阀	
水泵	
调节阀	

阀门名称	数量
蝶阀	6
风帽	5
止回阀	4
水泵	3
调节阀	2

图 15-82 递减操作

15.2.11 单元复制

调用“单元复制”命令，可将单元格内的文字复制到目标单元格。如图 15-83 所示为复制的结果。

“单元复制”命令的执行方式有以下几种：

- 命令行：在命令行中输入“DYFZ”命令，按 Enter 键。
- 菜单栏：单击“文字表格”→“表格编辑”→“单元复制”命令。

下面以如图 15-83 所示的图表为例，介绍“单元复制”命令的操作方法。

01 按 Ctrl+O 组合键，打开配套资源提供的“第 15 章\ 15.2.11 单元复制.dwg”素材文件，结果如图 15-84 所示。

阀门名称	数量
蝶阀	6
风帽	5
止回阀	4
水泵	3
蝶阀	2

图 15-83 单元复制

阀门名称	数量
蝶阀	6
风帽	5
止回阀	4
水泵	3
	2

图 15-84 打开素材文件

02 在命令行中输入“DYFZ”命令，按Enter键，命令行提示如下：

```
命令:DYFZ↙
T96_TCOPYCELL
选取拷贝源单元格或[选取文字(A)]<退出>:              //选取内容为“蝶阀”的单元格。
选取粘贴至单元格（按CTRL键重新选择复制源）[选取文字(A)]<退出>:
                    //选取表格下方空白单元格为目标单元格，复制结果如图15-83所示。
```

15.2.12 单元累加

调用“单元累加”命令，可累加表行或者表列的数值，并将结果填写在指定的单元格中。如图15-85所示为该累加的结果。

“单元累加”命令的执行方式有以下几种：

- 命令行：在命令行中输入“DYLJ”命令，按Enter键。
- 菜单栏：单击“文字表格”→“表格编辑”→“单元累加”命令。

下面以如图15-85所示的图表为例，介绍“单元累加”命令的操作方法。

01 按Ctrl+O组合键，打开配套资源提供的“第15章\15.2.12 单元累加.dwg”素材文件，结果如图15-86所示。

02 在命令行中输入“DYLJ”命令，按Enter键，命令行提示如下：

```
命令:DYLJ↙
T96_TSUMCELLDIGIT
选取第一个需累加的单元格:
选取最后一个需累加的单元格:                //分别选取内容为6和3的单元格;
单元累加结果是:18
选取存放累加结果的单元格<退出>:            //在表格下方的空白单元格内单击，累加结果如
图15-85所示。
```

阀门名称	数量
蝶阀	6
风帽	5
止回阀	4
防火阀	3
合计	18

图15-85 单元累加

阀门名称	数量
蝶阀	6
风帽	5
止回阀	4
防火阀	3
合计	

图15-86 打开素材文件

15.2.13 单元合并

调用“单元合并”命令，可选择单元格执行合并操作。如图15-87所示为合并的结果。

“单元合并”命令的执行方式有以下几种：

➢ 命令行：在命令行中输入“DYHB”命令，按Enter键。

➢ 菜单栏：单击“文字表格”→“表格编辑”→“单元合并”命令。

下面以如图15-87所示的图形为例，介绍“单元合并”命令的操作方法。

01 按Ctrl+O组合键，打开配套资源提供的“第15章\15.2.13 单元合并.dwg”素材文件，结果如图15-88所示。

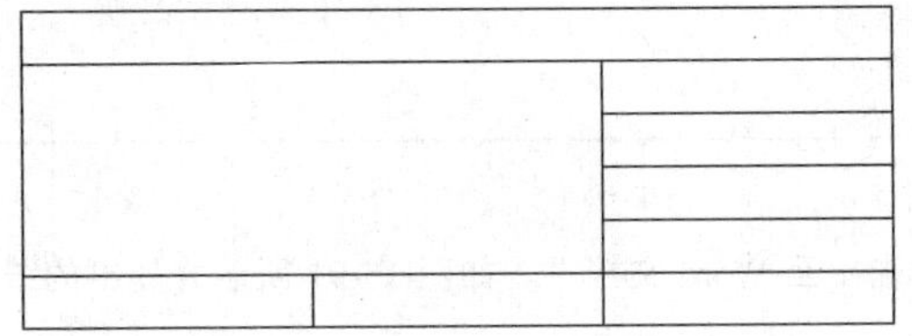

图15-87 单元合并

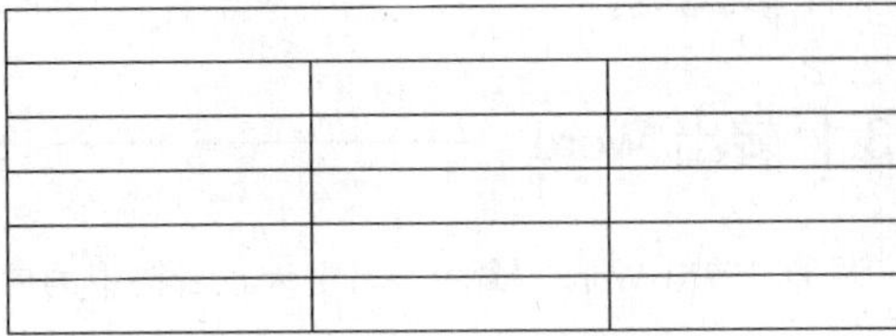

图15-88 打开素材文件

02 在命令行中输入DYHB命令，按Enter键，命令行提示如下：

```
命令:DYHB↙
T96_TCELLMERGE
选取第一个角点:              //如图15-89所示。
选取另一个角点:              //如图15-90所示。单元合并的结果如图15-87所示。
```

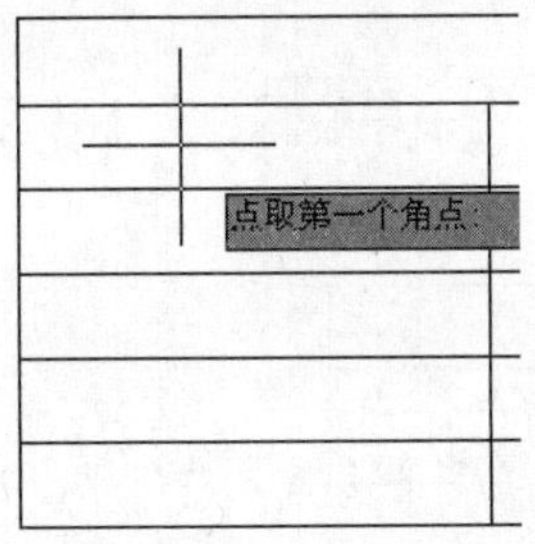

图15-89 选取第一个角点

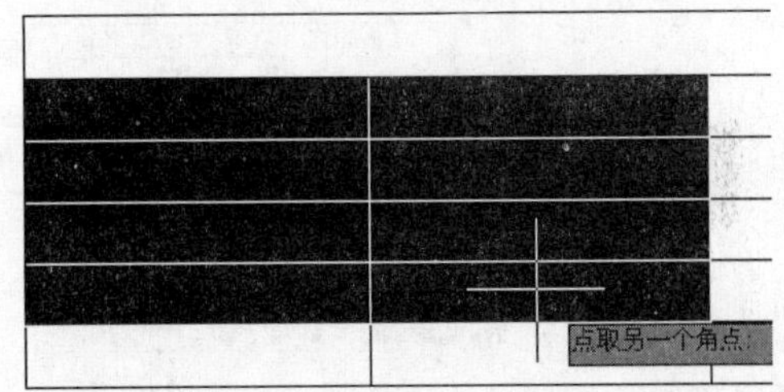

图15-90 选取另一个角点

15.2.14 撤销合并

调用“撤销合并”命令，可撤销已经合并的单元格。执行“单元编辑”命令也可以执行撤销操作。

“撤销合并”命令的执行方式有以下几种：

➢ 命令行：在命令行中输入“CXHB”命令，按Enter键。

➢ 菜单栏：单击“文字表格”→“表格编辑”→“单元合并”命令。

执行“撤销合并”命令，命令行提示如下：

```
命令:CXHB↙
T96_TDELMERGE
本命令也可以通过[单元编辑]实现!
选取已经合并的单元格<退出>:              //选取单元格，完成撤销操作。
```

15.3 与 Excel 交换表格数据

天正表格中的内容可以输出至 Word 或 Excel 以方便查看，也可将 Excel 表格中的内容输入至天正表格并进行编辑修改。

15.3.1 转出 Word

调用“转出 Word”命令，可把天正表格中的内容输出至 Word 文档中。如图 15-91 所示为转出的结果。

“转出 Word”命令的执行方式如下：

➢ 菜单栏：单击“文字表格”→“转出 Word”命令。

下面以如图 15-91 所示的图形为例，介绍“转出 Word”命令的操作方法。

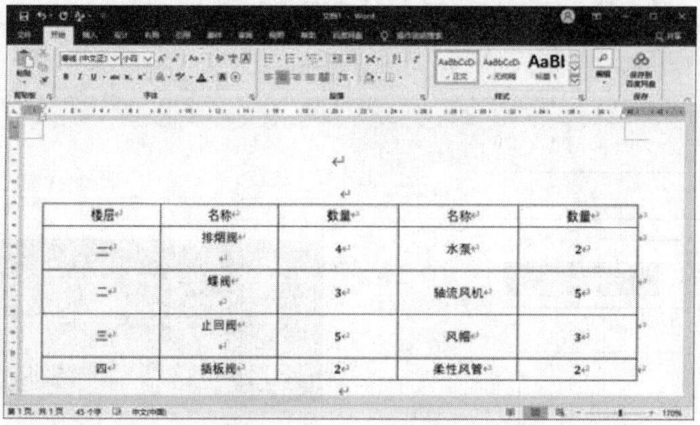

图 15-91　转出 Word

01 按 Ctrl+O 组合键，打开配套资源提供的“第 15 章\ 15.3.1 转出 Word.dwg”素材文件，结果如图 15-92 所示。

楼层	名称	数量	名称	数量
一	排烟阀	4	水泵	2
二	蝶阀	3	轴流风机	5
三	止回阀	5	风帽	3
四	插板阀	2	柔性风管	2

图 15-92　打开素材文件

02 单击“文字表格”→“转出 Word”命令，命令行提示如下：

```
命令:T96_Sheet2Word
请选择表格<退出>:找到 1 个        //选择表格，按 Enter 键完成转换，结果如图 15-91 所
```

示。

15.3.2 转出 Excel

调用“转出 Excel”命令，可把天正表格输出到 Excel 中，方便用户统计或打印，如图 15-93 所示为转出的结果。

“转出 Excel”命令的执行方式如下：

➢ 菜单栏：单击“文字表格”→“转出 Excel”命令。

下面以如图 15-93 所示的结果为例，介绍“转出 Excel”命令的操作方法。

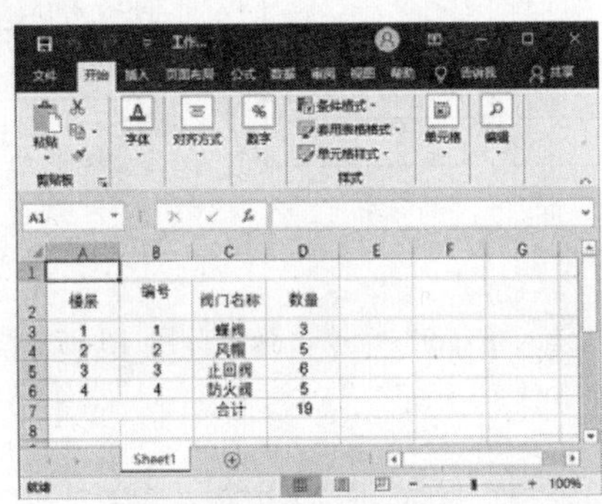

图 15-93 转出 Excel

01 按 Ctrl+O 组合键，打开配套资源提供的“第 15 章\ 15.3.2 转出 Excel.dwg”素材文件，结果如图 15-94 所示。

楼层	编号	阀门名称	数量
1	001	蝶阀	3
2	002	风帽	5
3	003	止回阀	6
4	004	防火阀	5
		合计	19

图 15-94 打开素材文件

02 单击“文字表格”→“转出 Excel”命令，命令行提示如下：

```
命令:T96_Sheet2Excel
请选择表格<退出>:                //选择天正表格，转出结果如图 15-93 所示。
```

15.3.3 读入 Excel

调用“读入 Excel”命令，在 Excel 表格中选择内容，将其读入天正软件并创建天正表格。如图 15-95 所示为读入 Excel 的结果。

“读入 Excel”命令的执行方式如下：

➢ 菜单栏：单击“文字表格”→“读入 Excel”命令。

下面以如图 15-95 所示的结果为例，介绍“读入 Excel”命令的操作方法。

01 按 Ctrl+O 组合键，打开配套资源提供的“第 15 章\ 15.3.3 读入 Excel.xls”素材文件，结果如图 15-96 所示。

编号	阀门名称	数量
1	蝶阀	3
2	风帽	5
3	止回阀	6
4	防火阀	4
5	调节阀	3
6	插板阀	5
合计		26

图 15-95 读入 Excel

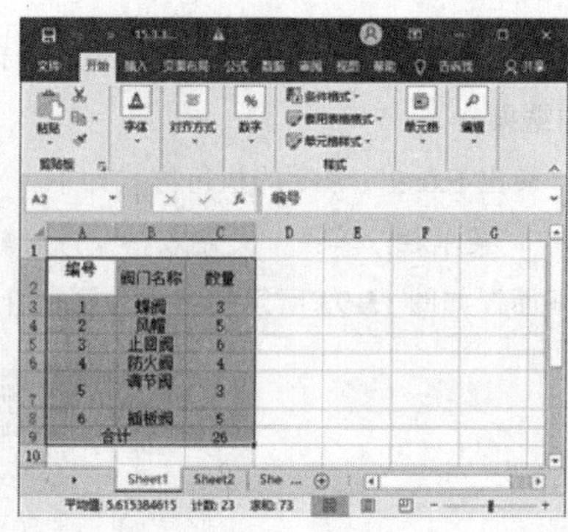

图 15-96 打开素材文件

02 单击“文字表格”→“读入 Excel”命令，弹出如图 15-97 所示的【AutoCAD】信息提示对话框，单击“是”按钮。

03 命令行提示如下：

```
命令:T96_Excel2Sheet
左上角点或 [参考点(R)]<退出>:            //选取表格的插入点，结果如图 15-95 所示。
```

在执行本命令行前，必须先打开一个 Excel 文件，并选择要复制的内容，否则会弹出如图 15-98 所示的【AutoCAD】信息提示对话框，提醒用户执行命令前需要进行的操作。

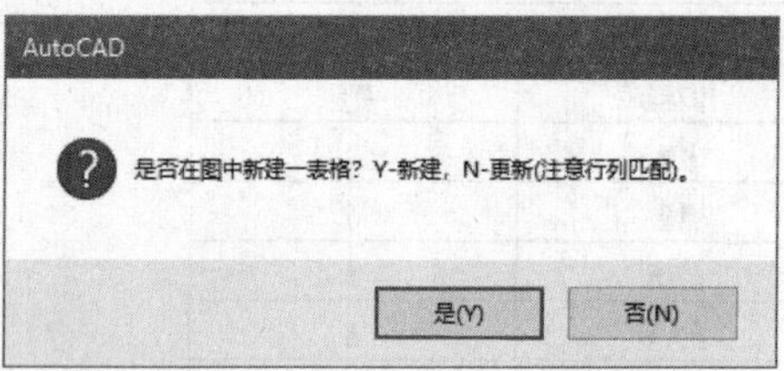

图 15-97 【AutoCAD】信息提示对话框

图 15-98 【AutoCAD】信息提示对话框

15.4 自定义的文字对象

天正自定义文字与 AutoCAD 文字既有联系，又有区别，本节将介绍与 AutoCAD 文字相比，天正自定义文字在使用和编辑上的优点。

15.4.1 汉字字体和宽高比

天正软件为了使得建筑设计图纸中的中文和西文字体能够最优化地显示，开发了自定义文字对象。利用天正软件的自定义文字对象，可以书写和修改中西文混合文字，使组成天正文字样式的中西文字体有各自的宽高比例，为输入和变换文字的上下标、输入特殊字符提供方便。

图 15-99 所示为天正文字与 AutoCAD 文字的比较效果。

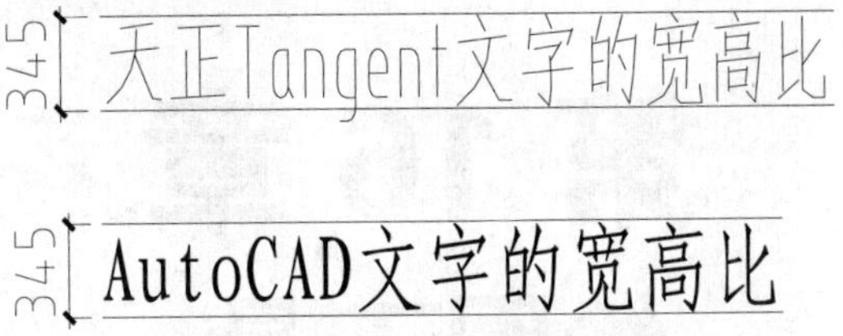

图 15-99　比较效果

15.4.2 天正文字的输入方法

在天正软件里输入文字的方法有两个：一个是使用天正软件自带的文字标注命令，另一个是从其他文件中复制粘贴文本内容。

1. 直接输入文字标注

在输入文字之前，应先调用“文字样式”命令，设置文字样式的各项参数，然后调用相应的文字标注命令，如单行文字、多行文字、引出标注、箭头引注等。

在执行文字标注命令后，要先将当前的输入法切换为中文输入法，才可以输入中文字体。

执行天正软件的“多行文字”命令，可以输入长段文字。

2. 从其他文件中复制粘贴文本内容

从其他文件中复制粘贴文本内容是一个便利的方法，即按 Ctrl+C 组合键复制文本内容，再按 Ctrl+V 组合键，在【多行文字】对话框中粘贴文本内容。

在对话框中设置文字参数后，单击“确定”按钮，指定插入点，即可创建多行文字。

第 16 章
绘图工具

● 本章导读

本章介绍各类绘图工具，包括复制与移动、绘图编辑等工具。

● 本章重点

◈ 生系统图
◈ 标楼板线
◈ 对象操作
◈ 复制与移动工具
◈ 绘图编辑工具

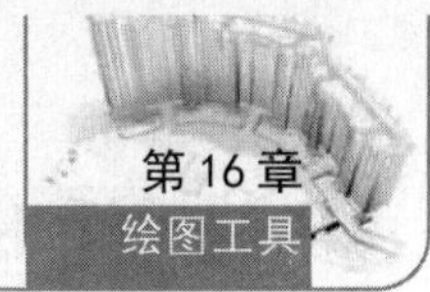

16.1 生系统图

调用“生系统图”命令，可根据采暖、空调水路平面图生成系统图。如图16-1所示为绘制的结果。

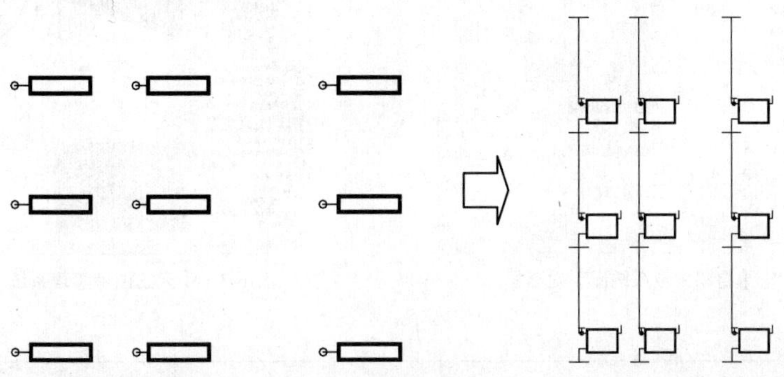

图16-1 生系统图

“生系统图”命令的执行方式有以下几种：

➢ 命令行：在命令行中输入“SXTT”命令，按Enter键。

➢ 菜单栏：单击“绘图工具”→“生系统图”命令。

在命令行中输入“SXTT”命令，按Enter键，命令行提示如下：

命令:SXTT↙

选择自动生成系统图的所有平面图管线<退出>:指定对角点:找到22个

请选取各层管线的对准点{输入参考点[R]}<退出>: //单击暖供水立管的圆心，弹出【自动生成系统图】对话框。

在对话框中单击“添加层”按钮，继续选择管线和指定对准点，设置参数如图16-2所示。单击“确定”按钮，生成系统图如图16-1所示。

【自动生成系统图】对话框介绍如下：

“管线类型及角度”选项：单击该选项，在下拉列表中显示管线类型，可单击选择系统图的管线类型。

“角度”选项：单击该选项，在下拉列表中设置系统图的角度。

“楼层”参数表：显示平面管线的信息，分别是楼层数、层高、标准层数。

“楼板线标识”选项：选择该该项，在生成系统图的同时生成楼板线，为标注楼板线提供方便。

“散热器上安装”选项组：通过选择“排气阀”“温控阀”选项，决定是否在生成采暖系统图时安装该类型的阀门。

“阀门安装位置及类型”选项组：

“在立管上”选项：选择该该项，在立管上安装阀门。有“单管”“双管”之分。选择“双管”选项，有“上供上回”“上供下回”“下供下回”三种方式供选择。单击该选项后的阀门预览框，弹出如图16-3所示的【天正图库管理系统】对话框，可以从中选择阀门的类型。

“在散热器进/出水管上”选项：选择该该项，在散热器进/出水管上安装阀门。

"阀门打断管线"选项：设置阀门与管线之间的关系。

"添加层"按钮：单击该按钮，返回图中选择平面管线，并将其添加至对话框。

"删除层"按钮：单击该按钮，删除"楼层"参数表中指定的楼层信息。

图 16-2 【自动生成系统图】对话框

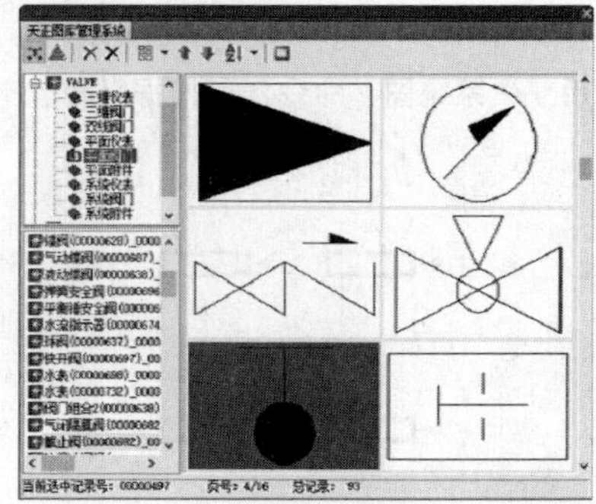

图 16-3 【天正图库管理系统】对话框

16.2 标楼板线

调用"标楼板线"命令，标注楼板线。如图 16-4 所示为编辑的结果。

"标楼板线"命令的执行方式有以下几种：

- 命令行：在命令行中输入 BLBX 命令，按 Enter 键。
- 菜单栏：单击"绘图工具"→"标楼板线"命令。

下面以如图 16-4 所示的图形为例，介绍"标楼板线"命令的操作方法。

01 以 16.1 节所生成的采暖系统图为例，介绍"标楼板线"命令的操作方法。

02 在命令行中输入"BLBX"命令，按 Enter 键，命令行提示如下：

```
命令:BLBX↙
请选取要标注楼板线系统图立管,标注位置:左侧[更改(C)]<退出>:
                    //单击系统图上的立管，绘制楼板线结果如图 16-4 所示。
```

03 调用"EX"（延伸）命令，延伸所绘制的楼板线，结果如图 16-5 所示。

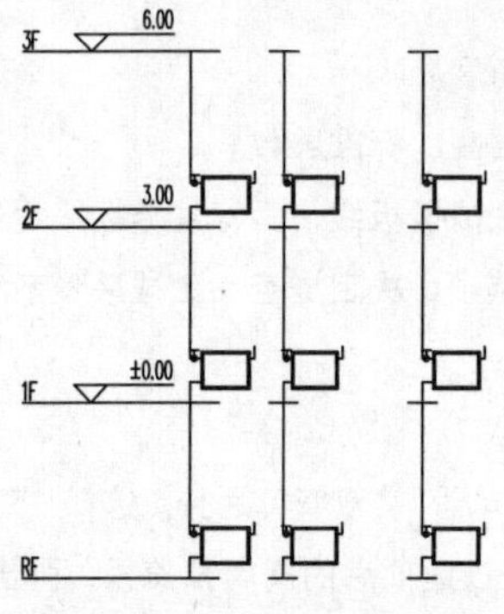

图 16-4 标楼板线

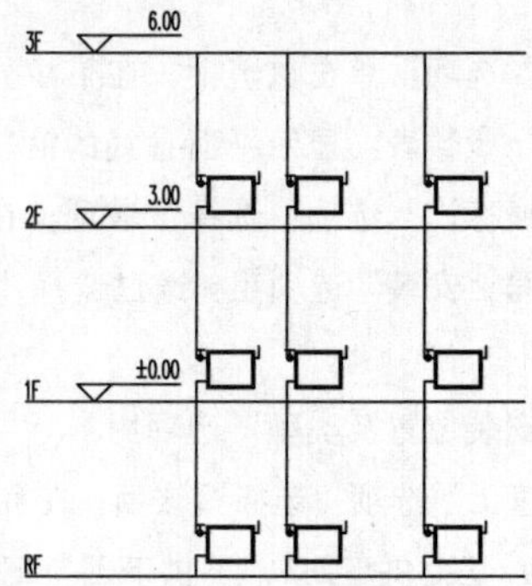

图 16-5 延伸楼板线

16.3 对象操作

本节介绍对象操作命令，包括使用“对象查询”命令查询指定对象信息，使用“对象选择”命令选择图形。

16.3.1 对象查询

调用“对象查询”命令，将光标置于天正自定义对象上，可显示该对象的相关信息，如图 16-6 所示。在对象上单击，弹出【对象编辑】对话框，在其中可编辑修改图形。

“对象查询”命令的执行方式有以下几种：

- 命令行：在命令行中输入“DXCX”命令，按 Enter 键。
- 菜单栏：单击“绘图工具”→“对象查询”命令。

下面以如图 16-6 所示的结果为例，介绍“对象查询”命令的操作方法。

01 按 Ctrl+O 组合键，打开配套资源提供的“第 16 章\ 16.3.1 对象查询.dwg”素材文件。

02 在命令行中输入“DXCX”命令，按 Enter 键，当光标显示为矩形时，将其置于待查询的对象上，可显示该图形的信息，结果如图 16-6 所示。

03 在图形对象上单击，打开如图 16-7 所示的【散热器参数修改】对话框，在其中可修改散热器的参数，单击“确定”按钮关闭对话框，完成修改。

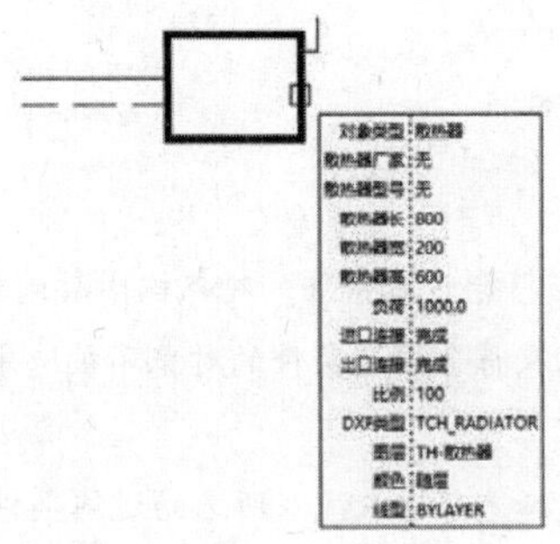

图 16-6 对象查询

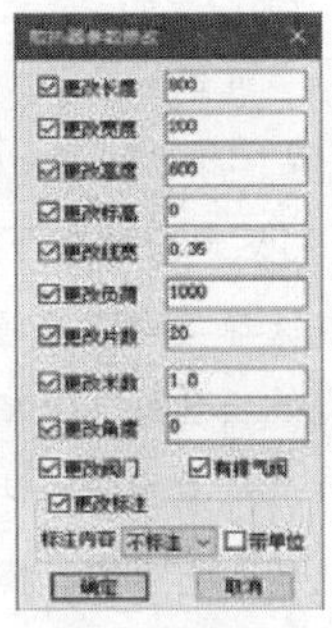

图 16-7 【散热器参数修改】对话框

执行该命令，将光标置于 AutoCAD 标准对象上，可显示该对象的基本信息，如图 16-8 所示。单击标准对象却不能对其进行编辑修改。

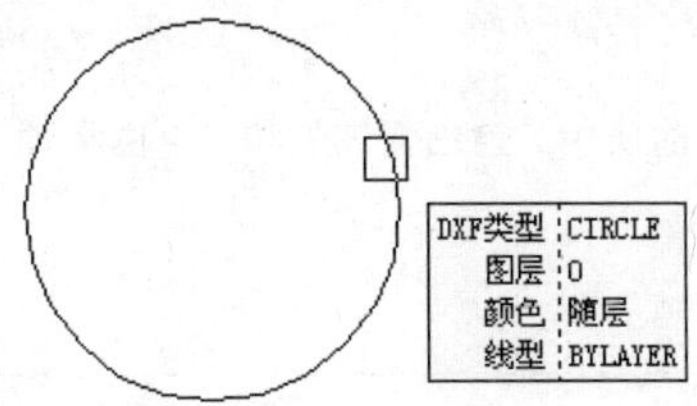

图 16-8 AutoCAD 标准对象

16.3.2 对象选择

调用“对象选择”命令，先选择参考图元，再选择其他符合参考图元过滤条件的图元，可生成选择集。该命令适用于在复杂图形中筛选同类对象的操作。

“对象选择”命令的执行方式有以下几种：

- 命令行：在命令行中输入“DXXZ”命令，按 Enter 键。
- 菜单栏：单击“绘图工具”→“对象选择”命令。

下面介绍“对象选择”命令的操作结果。

在命令行中输入“DXXZ”命令，按 Enter 键，弹出如图 16-9 所示的【匹配选项】对话框，在其中选择过滤条件，同时命令行提示如下：

```
命令:DXXZ↙
T96_TSELOBJ
请选择一个参考图元或[恢复上次选择(2)]<退出>:        //选择参考图元。
提示: 空选即为全选, 中断用 ESC!
选择对象:指定对角点:找到 2 个                    //选择图形，符合过滤条件的图元被选中。
```

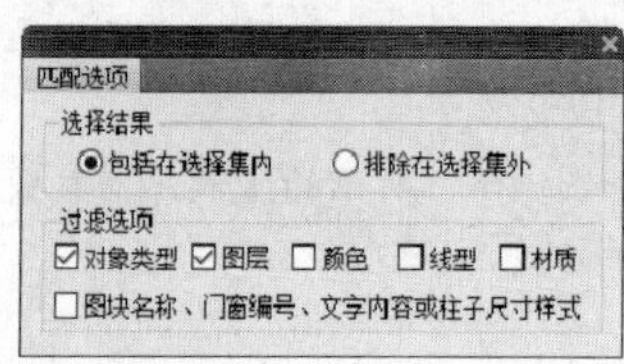

图 16-9 【匹配选项】对话框

【匹配选项】对话框介绍如下：

- “包括在选择集内”选项：选择该该项，参考图元与符合过滤条件的对象被同时选中。
- “排除在选择集外”选项：选择该该项，参考图元以及符合过滤条件的对象不被选中，不符合过滤条件的对象则被选中。
- “过滤选项”选项组：提供一系列选择过滤条件，选择选项，系统以所选的过滤条件来选择符合参考图元的对象。

16.4 复制与移动工具

本节介绍复制与移动工具，包括使用“自由复制”和“自由移动”命令创建对象副本，以及使用“移位”命令，按照指定距离移动对象。

16.4.1 自由复制

调用“自由复制”命令，可连续地复制对象，并且在复制对象之前对其进行旋转、镜像、改插入点等操作，默认为多重复制，十分方便。

“自由复制”命令的执行方式有以下几种：

- 命令行：在命令行中输入“ZYFZ”命令，按Enter键。
- 菜单栏：单击“绘图工具”→“自由复制”命令。

下面介绍“自由复制”命令的调用方法。

在命令行中输入“ZYFZ”命令，按Enter键，命令行提示如下：

```
命令:ZYFZ↙
ZYFZ
请选择要拷贝的对象:找到 1 个              //选择对象。
选取位置或[转 90 度(A)/左右翻(S)/上下翻(D)/对齐(F)/改转角(R)/改基点(T)]<退出>:
                    //移动鼠标，选取位置，如图 16-10 所示。单击完成复制。
```

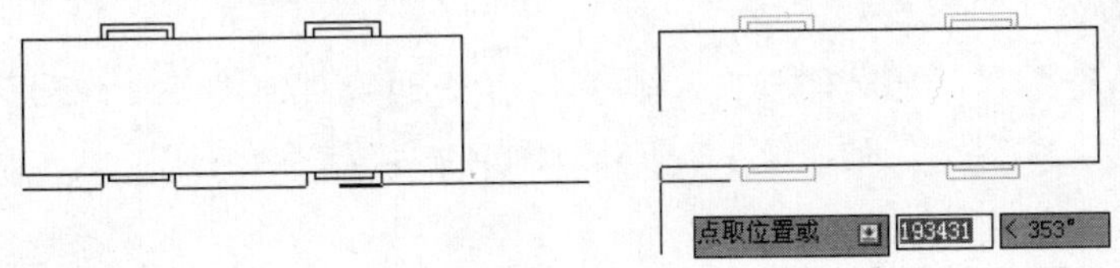

图16-10　选取位置

在执行命令的过程中，输入“R”，选择“改转角(R)”选项，可移动鼠标指定图形的旋转角度，也可直接在命令行中输入角度值，命令行提示如下：

```
命令:ZYFZ↙
ZYFZ
请选择要拷贝的对象: 指定对角点:找到 1 个
选取位置或[转 90 度(A)/左右翻(S)/上下翻(D)/对齐(F)/改转角(R)/改基点(T)]<退出>:R
                    //输入“R”，选择“改转角(R)”选项。
旋转角度:            //移动鼠标，指定旋转角度，如图 16-11 所示。
选取位置或[转 90 度(A)/左右翻(S)/上下翻(D)/对齐(F)/改转角(R)/改基点(T)]<退出>:
                    //移动鼠标，在目标点单击左键，复制得到经过旋转操作的图形。
```

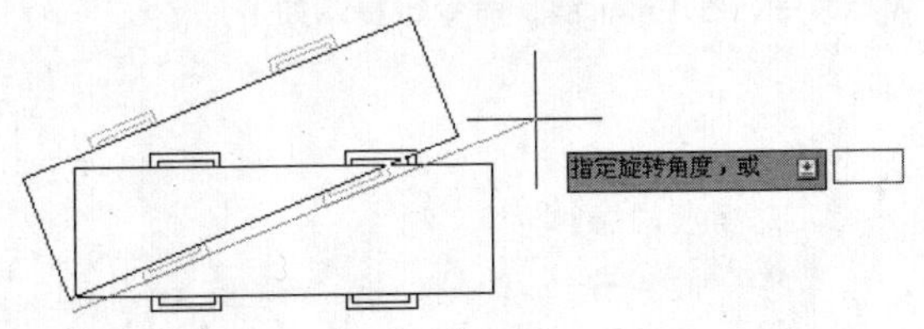

图16-11　指定旋转角度

命令行各选项的含义如下：

- 转90度(A)：输入A，对图形执行90°的翻转。
- 左右翻(S)：输入S，左右翻转图形。
- 对齐(F)：输入F，通过指定对齐参考点、参考轴、目标点来复制对象。
- 改基点(T)：输入T，改变图形的复制基点。

16.4.2 自由移动

调用“自由移动”命令，可在移动对象之前对其执行旋转、镜像以及改插入点等操作。

“自由移动”命令的执行方式有以下几种：

- 命令行：在命令行中输入“ZYYD”命令，按 Enter 键。
- 菜单栏：单击“绘图工具”→“自由移动”命令。

下面介绍“自由移动”命令的操作方法。

在命令行中输入“ZYYD”命令，按 Enter 键，命令行提示如下：

```
命令:ZYYD↙
ZYYD
请选择要移动的对象:找到 1 个
选取位置或[转 90 度(A)/左右翻(S)/上下翻(D)/对齐(F)/改转角(R)/改基点(T)]<退出>:
                                    //选择对象，指定目标位置完成移动。
```

16.4.3 移位

调用“移位”命令，将选择的图形按指定的距离移动，如图 16-12 所示为移位的操作结果。

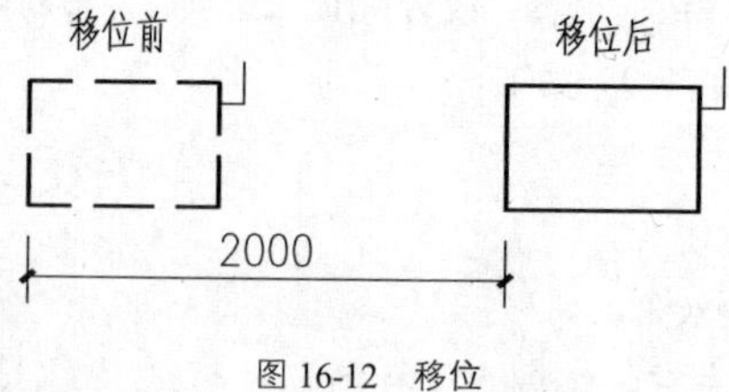

图 16-12　移位

“移位”命令的执行方式有以下几种：

- 命令行：在命令行中输入“YW”命令，按 Enter 键。
- 菜单栏：单击“绘图工具”→“移位”命令。

下面介绍“移位”命令的操作方法。

在命令行中输入“YW”命令，按 Enter 键，命令行提示如下：

```
命令:YW↙
YW
请选择要移动的对象: 指定对角点:找到 1 个
请输入位移(x,y,z)或[横移(X)/纵移(Y)/竖移(Z)]<退出>:X//输入 X，选择“横移(X)”选项。
横移<0>:2000                                //指定距离，结果如图 16-12 所示。
```

在执行命令的过程中，输入“Y”，选择“纵移(Y)”选项，在纵向移动图形。“竖移(Z)”选项一般在三维视图的情况下使用。

16.4.4 自由粘贴

调用“自由粘贴”命令，可在复制粘贴图形之前对其执行旋转、镜像以及改插入点等操作。

“自由粘贴”命令的执行方式有以下几种：

➢ 命令行：在命令行中输入“ZYNT”命令，按 Enter 键。

➢ 菜单栏：单击“绘图工具”→“自由粘贴”命令。

下面介绍“自由粘贴”命令的操作方法。

按下 Ctrl+C 组合键，复制图形。在命令行中输入 ZYNT 命令，按 Enter 键，命令行提示如下：

```
命令:ZYNT↙
ZYNT
选取位置或[转90度(A)/左右翻(S)/上下翻(D)/对齐(F)/改转角(R)/改基点(T)]<退出>:*取消*                                    //选取位置，完成自由粘贴操作。
```

16.5 绘图编辑工具

本节介绍绘图编辑工具，包括“线变复线”“图案加洞”“图案减洞”等命令的调用方法。

16.5.1 线变复线

调用“线变复线”命令，将若干彼此相接的线（LINE）、弧（ARC）、多线段（PLINE）连接成整段的多段线，即复线。如图 16-13 所示为编辑的结果。

“线变复线”命令的执行方式如下：

➢ 菜单栏：单击“绘图工具”→“线变复线”命令。

下面以如图 16-13 所示的图形为例，介绍“线变复线”命令的操作方法。

01 按 Ctrl+O 组合键，打开配套资源提供的“第 16 章\ 16.5.1 线变复线.dwg”素材文件，如图 16-14 所示。

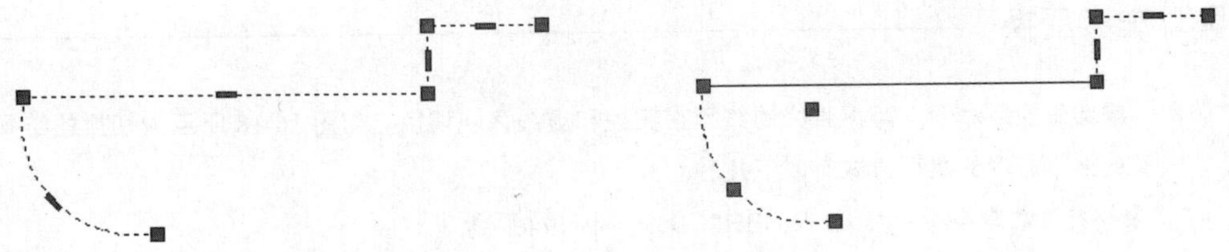

图 16-13　线变复线　　　　图 16-14　打开素材

02 单击“绘图工具”→“线变复线”命令，弹出【线变复线】对话框，设置参数如图 16-15 所示。

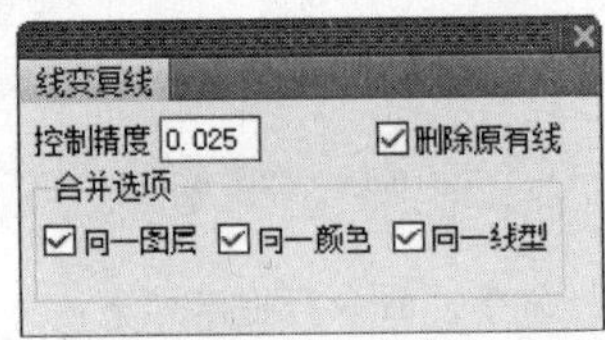

图 16-15　【线变复线】对话框

03 命令行提示如下：

命令:T96_TLineToPoly

请选择要合并的线: 指定对角点:找到 3 个　　　　　　//选择线段，按 Enter 键完成合并，结果如图 16-13 所示。

16.5.2 连接线段

调用“连接线段”命令，可将两条在同一方向上的线段，或者两段相同的弧相连接。如图 16-16、图 16-17 所示为连接的结果。

“连接线段”命令的执行方式有以下几种:

- 命令行: 在命令行中输入“LJXD”命令，按 Enter 键。
- 菜单栏: 单击“绘图工具”→“连接线段”命令。

下面以如图 16-16、图 16-17 所示的图形为例，介绍调用“连接线段”命令的方法。

在命令行中输入“LJXD”命令，按 Enter 键，命令行提示如下:

命令:LJXD↙

LJXD

请拾取第一根线(LINE)或弧(ARC)<退出>:

再拾取第二根线(LINE)或弧(ARC)进行连接<退出>:　　　　　　//分别选择线段，连接结果如图 16-16、图 16-17 所示。

图 16-16　连接线段

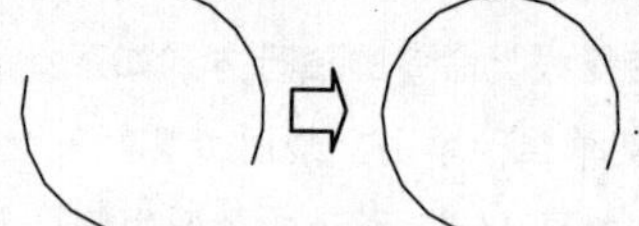

图 16-17　连接圆弧

16.5.3 虚实变换

调用“虚实变换”命令，可将直线的线型在实线和虚线之间切换。如图 16-18 所示为切换的结果。

“虚实变换”命令的执行方式有以下几种:

- 命令行: 在命令行中输入“XSBH”命令，按 Enter 键。
- 菜单栏: 单击“绘图工具”→“虚实变换”命令。

下面以如图 16-18 所示的图形为例，介绍调用“虚实变换”命令的方法。

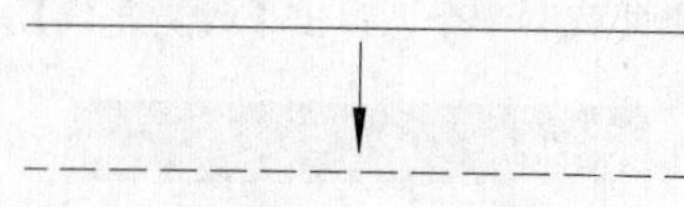

图 16-18　虚实变换

单击“绘图工具”→“虚实变换”命令，命令行提示如下:

命令:chdash

请选取要变换线型的图元<退出>:

```
选择对象:找到 1 个        //选择直线，按 Enter 键完成虚实变换的操作，结果如图 16-18 所示。
```

> **提示**
> 如果要使用“虚实变换”命令改变天正图块的线型，需要先将图块分解为标准图块。

16.5.4 修正线型

带文字的管线在逆向绘制的时候文字会颠倒，调用“修正线型”命令可以修正这种管线。

“修正线型”命令的执行方式有以下几种：

➢ 命令行：在命令行中输入“XZXX”命令，按 Enter 键。

➢ 菜单栏：单击“绘图工具”→“修正线型”命令。

执行“修正线型”命令，选择管线，按 Enter 键完成操作，结果如图 16-19 所示。

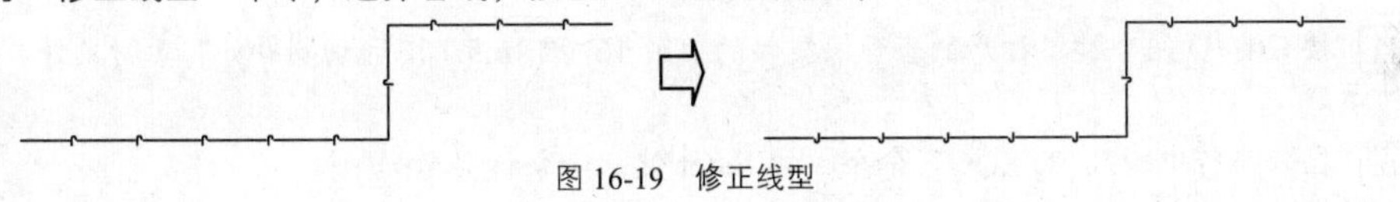

图 16-19　修正线型

16.5.5 消除重线

调用“消除重线”命令，可消除多余的重叠对象，搭接、部分重合和全部重合的线、弧等对象都可以参与消重处理。

“消除重线”命令的执行方式有以下几种：

➢ 命令行：在命令行中输入“XCCX”命令，按 Enter 键。

➢ 菜单栏：单击“绘图工具”→“消除重线”命令。

下面介绍“消除重线”命令的操作方法。

```
命令:XCCX↙
T96_TREMOVEDUP
选择对象:找到 1 个
对图层 0 消除重线:由 3 变为 1              //选择图形，按 Enter 键完成操作。
```

> **提示**
> 对多段线执行消除重线操作，必须先将其分解。

16.5.6 统一标高

调用“统一标高”命令，将二维图上的所有图形都放置在零标高上，避免图形不共面。

“统一标高”命令的执行方式有以下几种：

➢ 命令行：在命令行中输入“TYBG”命令，按 Enter 键。

➢ 菜单栏：单击“绘图工具”→“统一标高”命令。

下面介绍“统一标高”命令的操作方法。

```
命令:TYBG↙
TYBG
选择需要恢复零标高的对象或[不处理立面视图对象(F),当前:处理/不重置块内对象(Q),当前:重置]<退出>:指定对角点:                    //选择标高，按 Enter 键完成操作。
```

16.5.7 图形切割

调用“图形切割”命令，可在平面图上选择区域，并切割区域作为详图的底图。如图 16-20 所示为切割的结果。

“图形切割”命令的执行方式有以下几种：

- 命令行：在命令行中输入“TXQG”命令，按 Enter 键。
- 菜单栏：单击“绘图工具”→“图形切割”命令。

下面以如图 16-20 所示的图形为例，介绍“图形切割”命令的操作方法。

01 按 Ctrl+O 组合键，打开配套资源提供的“第 16 章\16.5.7 图形切割.dwg”素材文件，结果如图 16-21 所示。

02 在命令行中输入“TXQG”命令，按 Enter 键，命令行提示如下：

```
命令:TXQG↙
TXQG
矩形的第一个角点或[多边形裁剪(P)/多段线定边界(L)/图块定边界(B)]<退出>:
另一个角点<退出>:                              //选取矩形切割范围的对角点。
请选取插入位置:                                //结果如图 16-20 所示。
```

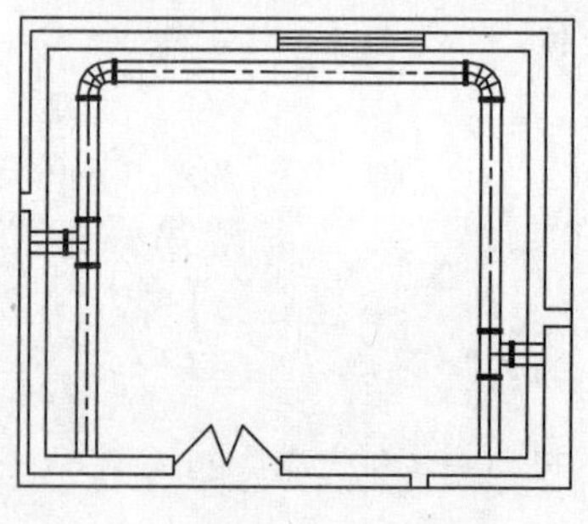

图 16-20 图形切割

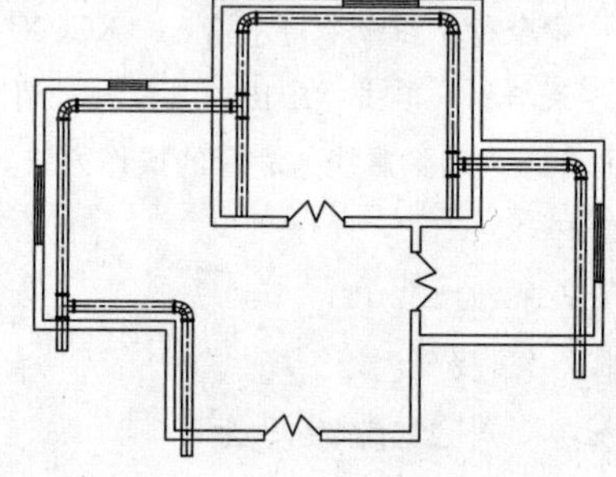

图 16-21 打开素材

在执行命令的过程中，输入“P”，选择“多边形裁剪(P)”选项，命令行提示如下：

```
命令:TXQG↙
TXQG
矩形的第一个角点或[多边形裁剪(P)/多段线定边界(L)/图块定边界(B)]<退出>:P
                                    //输入 P，选择“多边形裁剪(P)”选项。
多边形起点<退出>:
下一点或[回退(U)]<退出>:
下一点或[回退(U)]<退出>:            //选取裁剪范围。
请选取插入位置:                      //选取插入位置完成操作。
```

在执行命令的过程中，输入“L”，选择“多段线定边界(L)”选项，命令行提示如下：

```
命令:TXQG↙
TXQG
矩形的第一个角点或[多边形裁剪(P)/多段线定边界(L)/图块定边界(B)]<退出>:L
                              //输入“L”，选择“多段线定边界(L)”选项;
请选择封闭的多段线作为裁减边界<退出>:
请选取插入位置:                //选择多边线，选取插入位置完成操作。
```

在执行命令的过程中，输入 B，选择“图块定边界(B)”选项，命令行提示如下：

```
命令:TXQG↙
TXQG
矩形的第一个角点或[多边形裁剪(P)/多段线定边界(L)/图块定边界(B)]<退出>:B
                              //输入“B”，选择“图块定边界(B)”选项;
请选择图块作为裁减边界<退出>:
系统确定的图块轮廓线是否正确?[是(Y)/否(N)]<Y>: Y
请选取插入位置:                //此时位于图块轮廓内的图形被切割，选取位置完成操作。
```

16.5.8 矩形

执行该命令所绘制的矩形是天正定义的三维通用对象，具有丰富的对角线样式，可以拖动其夹点改变平面尺寸，常用来代表各种设备。

“矩形”命令的执行方式有以下几种：

- 命令行：在命令行中输入“JX”命令，按 Enter 键。
- 菜单栏：单击“绘图工具”→“矩形”命令。

下面介绍“矩形”命令的操作方法。

在命令行中输入“JX”命令，按 Enter 键，弹出如图 16-22 所示的【矩形】对话框，同时命令行提示如下：

```
命令:JX↙
TRECT
输入第一个角点或[插入矩形(I)]<退出>:
输入第二个角点或[插入矩形(I)/撤销第一个角点(U)]<退出>: //指定矩形的对角点完成绘制。
```

在【矩形】对话框中单击第二个按钮，即“插入矩形”按钮，对话框中“长”“宽”选项框亮显，如图 16-23 所示。

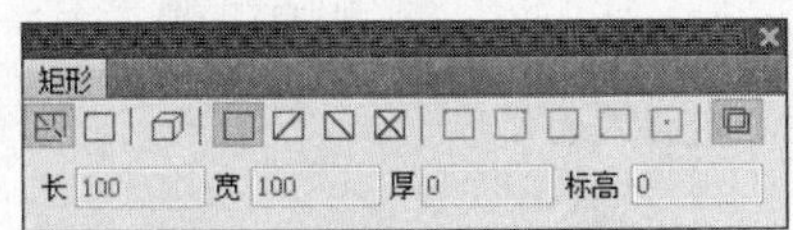

图 16-22 【矩形】对话框

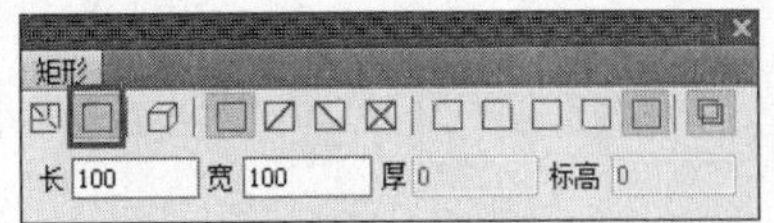

图 16-23 选项框亮显

通过设置矩形的长、宽参数，可绘制指定尺寸的矩形，结果如图 16-24 所示。

【矩形】对话框介绍如下：

- “拖动对角绘制”按钮：单击该按钮，可在图中定义两个对角点来创建矩形。

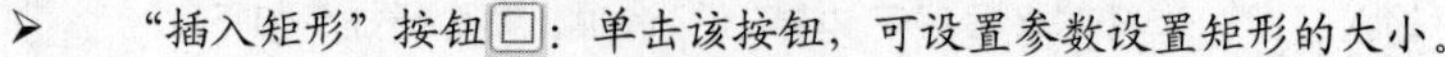

- “插入矩形”按钮□：单击该按钮，可设置参数设置矩形的大小。
- “三维矩形”按钮：单击该按钮，可在对话框中设置矩形的长、宽、厚参数来插入三维矩形，结果如图 16-25 所示。

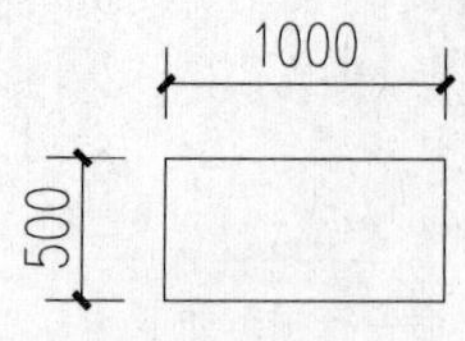

图 16-24　绘制矩形

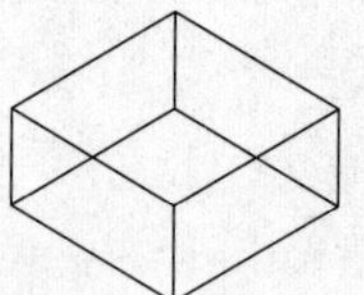

图 16-25　三维矩形

- “无对角线”按钮□：单击该按钮，可在图中插入标准矩形。
- “正对角线”按钮：单击该按钮，可插入带有正对角线的矩形，结果如图 16-26 所示。
- “反对角线”按钮：单击该按钮，可插入带有反对角线的矩形，结果如图 16-27 所示。

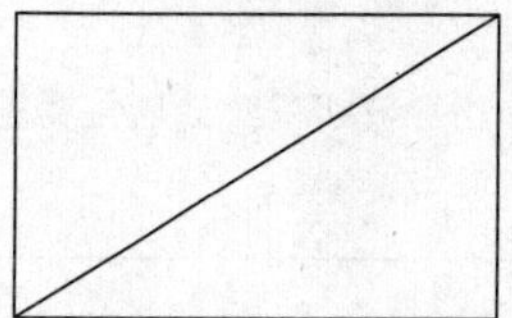

图 16-26　正对角线矩形

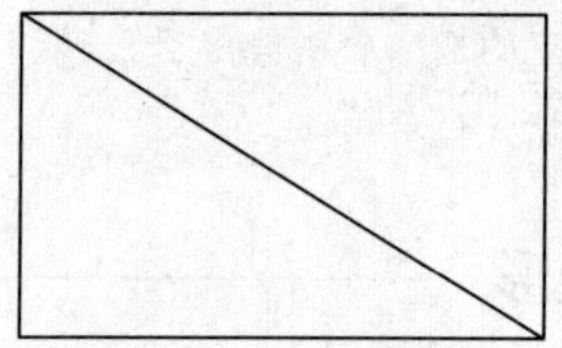

图 16-27　反对角线矩形

- “双对角线”按钮☒：单击该按钮，可插入带有双对角线的矩形，结果如图 16-28 所示。
- “基点为左上角”按钮☒：单击该按钮，可插入基点位于矩形的左上角。
- “基点为右上角”按钮□：单击该按钮，可插入基点位于矩形的右上角，如图 16-29 所示。

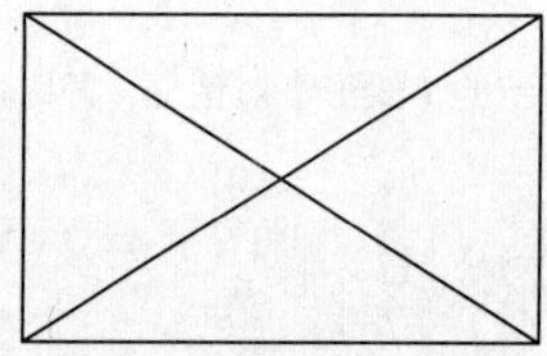

图 16-28　双对角线

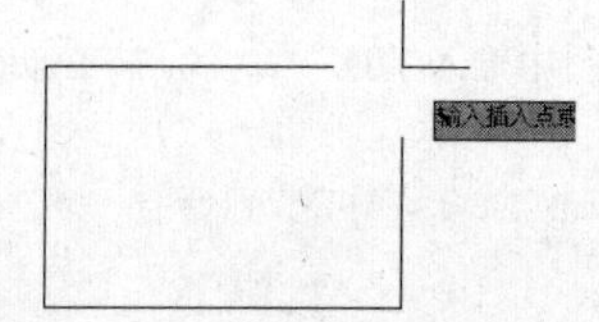

图 16-29　基点为右上角

- “基点为右下角”按钮□：单击该按钮，可插入基点位于矩形的右下角。
- “基点为左下角”按钮□：单击该按钮，可插入基点位于矩形的左下角。
- “基点为矩形中心”按钮□：单击该按钮，可插入基点位于矩形的中心。
- “连续绘制”按钮：单击该按钮，可连续绘制指定样式的矩形。

16.5.9 图案加洞

“图案加洞”命令可用于编辑已有的图案填充，在已有填充图案上开洞口；执行本命令前，图上应有图案填充，

执行“图案加洞”命令，可在填充图案上绘制边界线，创建洞口。如图 16-30 所示。

“图案加洞”命令的执行方式有以下几种：

- 命令行：在命令行中输入“TAJD”命令，按Enter键。
- 菜单栏：单击“绘图工具”→“图案加洞”命令。

下面以如图16-30所示的图形为例，介绍“图案加洞”命令的操作方法。

01 按Ctrl+O组合键，打开配套资源提供的“第16章\16.5.8 图案加洞.dwg”素材文件，结果如图16-31所示。

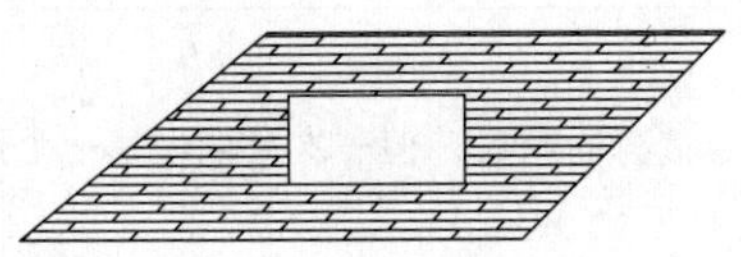

图16-30 图案加洞

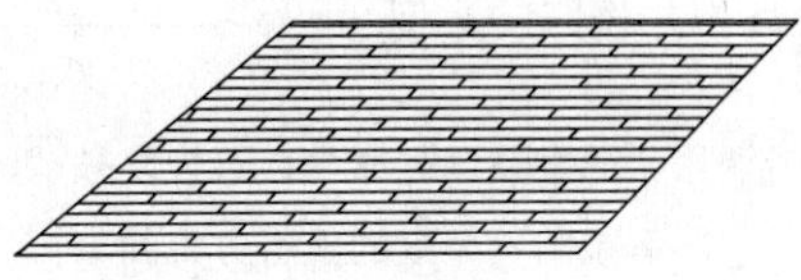

图16-31 打开素材

02 在命令行中输入“TAJD”命令，按Enter键，命令行提示如下：

```
命令:TAJD↙
T96_THATCHADDHOLE
请选择图案填充<退出>:
矩形的第一个角点或[圆形裁剪(C)/多边形裁剪(P)/多段线定边界(L)/图块定边界(B)]<退出>:
另一个角点<退出>:                    //指定矩形的角点，添加洞口的结果如图16-30所示。
```

在执行命令的过程中，输入“P”，选择“多边形裁剪(P)”选项，命令行提示如下：

```
命令:TAJD↙
T96_THATCHADDHOLE
请选择图案填充<退出>:
矩形的第一个角点或[圆形裁剪(C)/多边形裁剪(P)/多段线定边界(L)/图块定边界(B)]<退出>:P                    //输入P，选择“多边形裁剪(P)”选项;
多边形起点<退出>:
下一点或 [回退(U)]<退出>:
下一点或 [回退(U)]<退出>:         //指定多边形的各点，按Enter键完成操作。
```

在执行命令的过程中，输入“L”，选择“多段线定边界(L)”选项，命令行提示如下：

```
命令:TAJD↙
T96_THATCHADDHOLE
请选择图案填充<退出>:
矩形的第一个角点或[圆形裁剪(C)/多边形裁剪(P)/多段线定边界(L)/图块定边界(B)]<退出>:L                    //输入L，选择“多段线定边界(L)”选项;
请选择封闭的多段线作为裁剪边界<退出>:     //选择多段线，按Enter键完成操作。
```

在执行命令的过程中，输入“B”，选择“图块定边界(B)”选项，命令行提示如下：

```
命令:TAJD↙
T96_THATCHADDHOLE
请选择图案填充<退出>:
```

```
矩形的第一个角点或[圆形裁剪(C)/多边形裁剪(P)/多段线定边界(L)/图块定边界(B)]<退出>:B                //输入B，选择“图块定边界(B)”选项;
请选择图块作为裁剪边界<退出>:
系统确定的图块轮廓线是否正确?[是(Y)/否(N)]<Y>:Y
                        //选择图案上的图块，按Enter键完成操作。
```

16.5.10 图案减洞

调用“图案减洞”命令，可恢复被“图案加洞”命令裁剪的洞口，但一次只能恢复一个洞口。

“图案减洞”命令的执行方式如下：

- 菜单栏：单击“绘图工具”→“图案减洞”命令。

下面介绍“图案减洞”命令的操作方法。

单击“绘图工具”→“图案减洞”命令，命令行提示如下：

```
命令:T96_THatchDelHole
请选择图案填充<退出>:
选取边界区域内的点<退出>:              //在被裁剪区域内单击，完成图案减洞操作。
```

16.5.11 线图案

调用“线图案”命令，可绘制各种类型的线，支持夹点拉伸与宽度参数修改，如图16-32所示为绘制的结果。

“线图案”命令的执行方式有以下几种：

- 命令行：在命令行中输入“XTA”命令，按Enter键。
- 菜单栏：单击“绘图工具”→“线图案”命令。

下面以如图16-32所示的图形为例，介绍“线图案”命令的操作方法。

01 按Ctrl+O组合键，打开配套资源提供的“第16章\ 16.5.9 线图案.dwg”素材文件，结果如图16-33所示。

图16-32 线图案

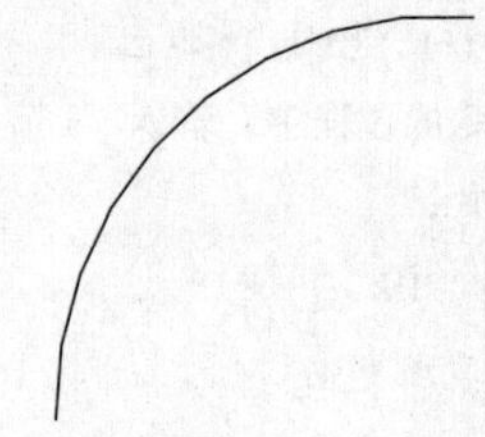

图16-33 打开素材

02 在命令行中输入“XTA”命令，按Enter键，弹出【线图案】对话框，设置参数如图16-34所示。

03 命令行提示如下：

```
命令:XTA↙
T96_TLINEPATTERN
```

请选择作为路径的曲线(线/圆/弧/多段线)<退出>:

确定[Y]或取消[N]: <Y>　　//选择路径曲线，按 Enter 键完成绘制，结果如图 16-32 所示。

【线图案】对话框介绍如下：

- “选择路径”按钮：单击该按钮，选择已有的路径绘制图案。
- “动态绘制”按钮：单击该按钮，自由绘制图案，不受路径的约束。
- “图案宽度”按钮：可在选项中设置图案的宽度。
- “填充图案百分比”选项：选择该选项，可以以文本框中的参数来定义图案与路径的距离。取消选择，则图案默认紧贴路径。

单击对话框右上方的图案预览框，弹出如图 16-35 所示的【天正图库管理系统】对话框，在其中可选择线的填充图案。

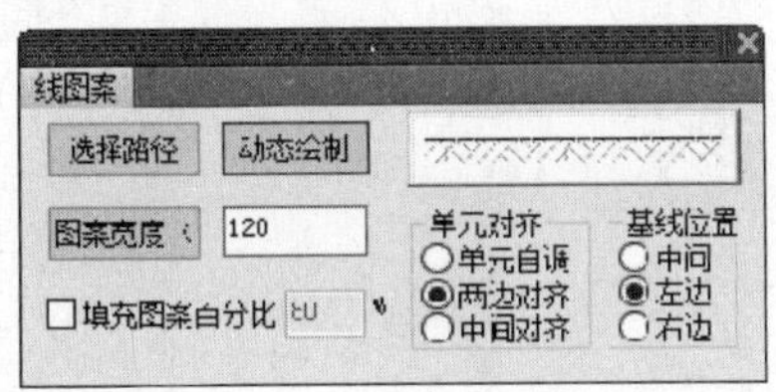

图 16-34　【线图案】对话框

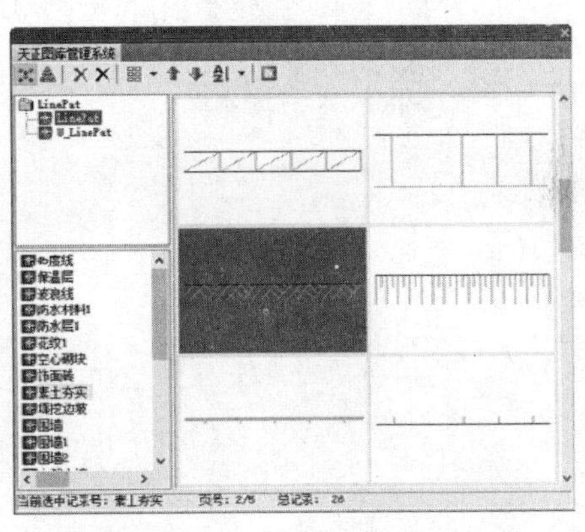

图 16-35　【天正图库管理系统】对话框

“基线位置”选项组：

- “中间”选项：单击该按钮，图案位于路径的中间，如图 16-36 所示。
- “左边”选项：单击该按钮，图案位于路径的左边。
- “右边”选项：单击该按钮，图案位于路径的右边，如图 16-37 所示。

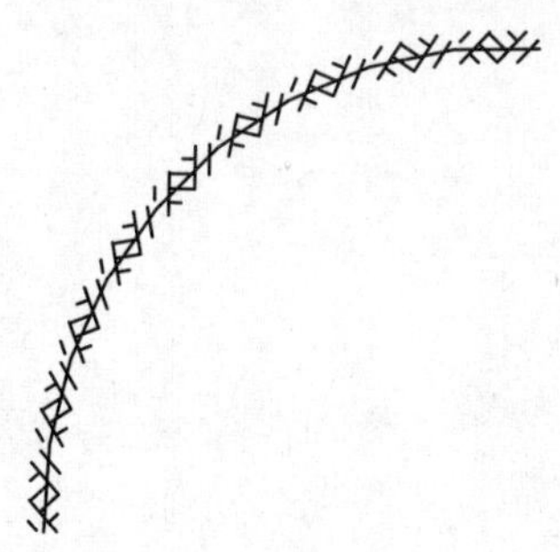

图 16-36　图案位于中间

图 16-37　图案位于右边

双击图案，弹出如图 16-38 所示的快捷菜单，选择其中的选项可对图案执行操作。选中图案，移动夹点，可更改图案的形态，如图 16-39 所示。

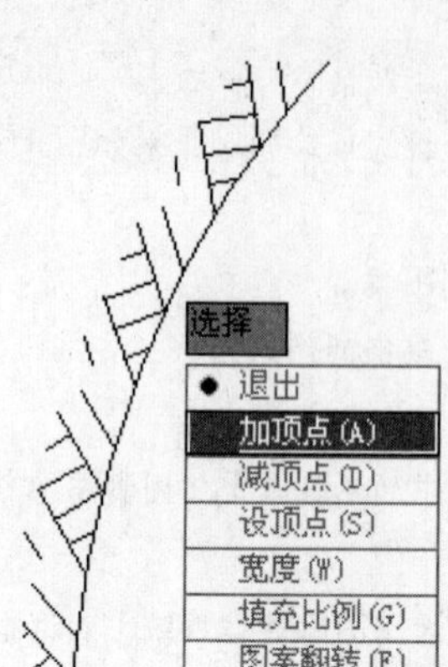

图 16-38　快捷菜单

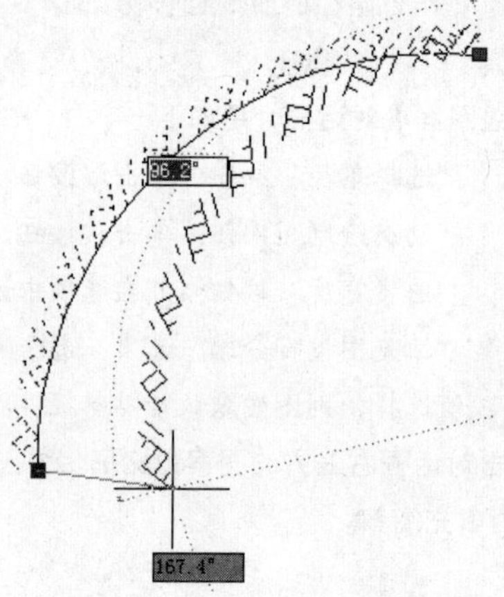

图 16-39　移动夹点更改图案的形态

第 17 章
图库图层

● **本章导读**

本章介绍图库图层的知识，包括图库管理系统、图库扩充的规则以及管理图层文件管理两方面的知识。

● **本章重点**

◈ 图库管理系统

◈ 图层文件管理

17.1 图库管理系统

本节介绍图库管理系统的知识，主要包括两个方面：一方面是插入图块，另一方面是管理幻灯片、定义设备以及造阀门。

17.1.1 通用图库

调用“通用图库”命令，打开【天正图库管理系统】对话框，在其中编辑图库内容，可将其中的图块插入至当前视图中。

“通用图库”命令的执行方式有以下几种：

➢ 命令行：在命令行中输入“TYTK”命令，按 Enter 键。

➢ 菜单栏：单击“图库图层”→“通用图库”命令。

下面介绍“通用图库”命令的操作方法。

在命令行中输入“TYTK”命令，按 Enter 键，弹出如图 17-1 所示的【天正图库管理系统】对话框，其中默认记录了上一次关闭时的信息，如选择的图块。

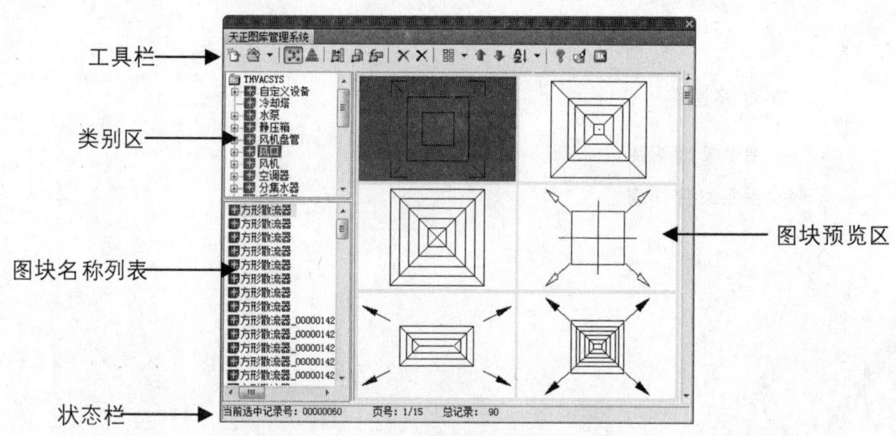

图 17-1 【天正图库管理系统】对话框

对话框由 5 个部分组成，分别是工具栏、类别区、图块名称列表、状态栏以及图块预览区。介绍如下：

➢ 工具栏：包含常用命令的按钮，包括“新建库”按钮、“打开一图库”按钮等。单击该按钮，可快速地执行命令。

➢ 类别区：以树状图的方式显示当前图库或图库组文件的分类目录。单击类别名称前的符号“+”（或“-”），可以打开（或关闭）子类别列表。

➢ 图块名称列表：显示选择的类别下所包含的所有图块名称。

➢ 状态栏：显示当前状态下选择的图块信息。

➢ 图块预览区：显示设备幻灯片。双击幻灯片，执行插入设备的操作。

在图块预览区上右击，弹出如图 17-2 所示的快捷菜单，选择其中的选项，可对图块执行相应的操作，如选择“插入图块”选项，弹出如图 17-3 所示的【图块编辑】对话框，在其中设置图块的尺寸，可完成插入图块的操作。

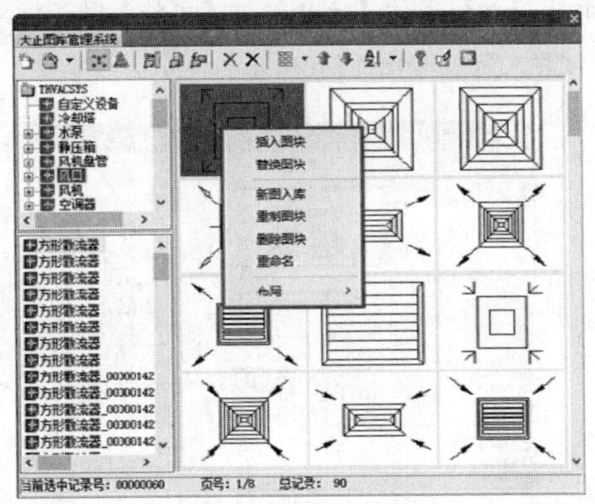
图 17-2　快捷菜单

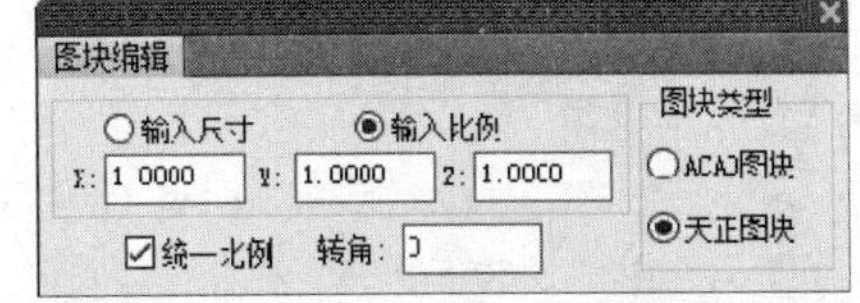
图 17-3　【图块编辑】对话框

【天正图库管理系统】对话框的大小可以通过拖动对话框的边界线来实现，在类别区、图块名称列表上右击，都可弹出相应的快捷菜单以供编辑。

天正图库支持通过拖拽鼠标执行移动、复制的操作。将图块在不同类别中执行拖拽操作，可移动图块。将图块从一个图库拖拽至另一图库可复制图块，拖拽的同时按住 Shift 键可以移动并复制图块。

17.1.2 幻灯管理

调用“幻灯管理”命令，可对多个幻灯库进行管理，包括增加、删除、复制、移动等操作。

“幻灯管理”命令的执行方式有以下几种：

- 命令行：在命令行中输入“HDGL”命令，按 Enter 键。
- 菜单栏：单击“图库图层”→“幻灯管理”命令。

下面介绍“幻灯管理”命令的操作方法。

在命令行中输入“HDGL”命令，按 Enter 键，弹出如图 17-4 所示的【天正幻灯库管理】对话框。

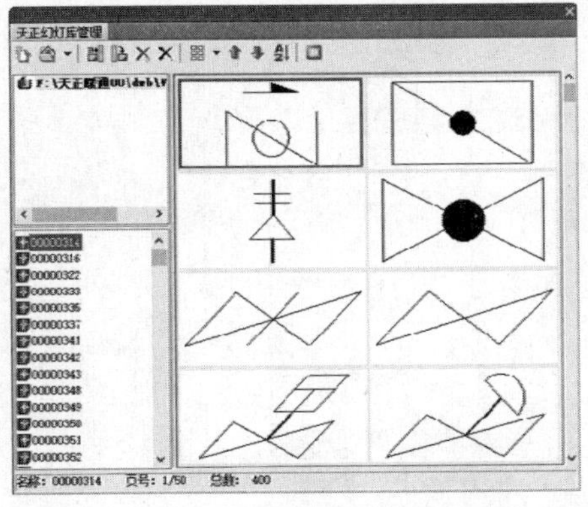
图 17-4　【天正幻灯库管理】对话框

- “新建库”按钮：单击该按钮，弹出【选择幻灯库文件】对话框，输入文件名并选择文件位置，单击“打开”按钮，可新建一个空白的用户幻灯库文件。
- “打开一图库”按钮：单击该按钮，弹出如图 17-5 所示的【选择幻灯库文件】对话框，选择幻灯库文件，单击“打开”按钮，可打开幻灯库文件，如图 17-6 所示。

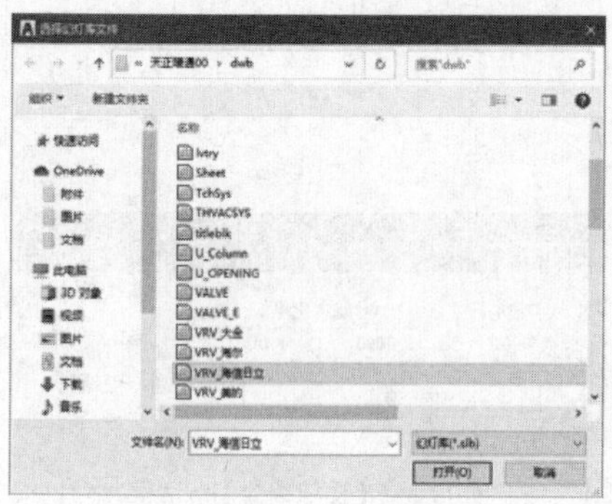

图 17-5 【选择幻灯库文件】对话框

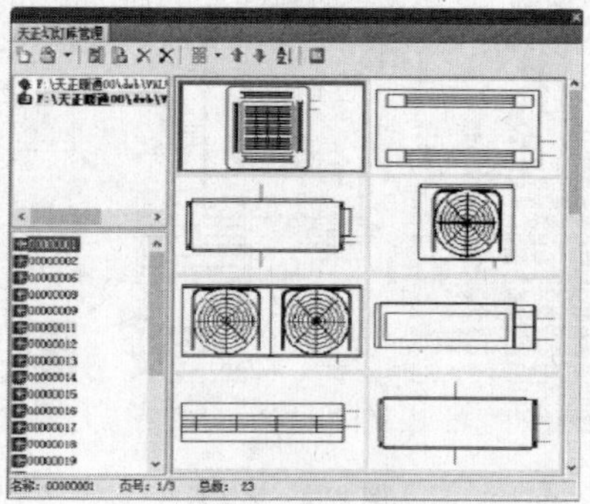

图 17-6 打开幻灯库文件

- “批量入库”按钮：单击该按钮，弹出如图 17-7 所示的【选择需入库的 DWG 文件】对话框。将选择的幻灯片 SLB 文件添加到当前的幻灯库中。选择“图块”→“批量入库”命令，也可以执行该操作。
- “拷贝到”按钮：单击该按钮，可将幻灯片文件提取出来，复制到指定的目录下，形成单独的幻灯片文件。选择“图块”→“拷贝到”命令，也可执行该操作。
- “删除类别”按钮（红色）：单击该按钮，可将选择的幻灯库从系统面板中删除。选择“类别”→“删除类别”命令，也可执行该操作
- “删除”按钮（黑色）：单击该按钮，可删除选择的幻灯片，该操作不可恢复。选择“图块”→“删除”命令，也可执行该操作。
- “布局”按钮：单击该按钮，弹出如图 17-8 所示的下拉列表，选择其中的选项，可更改幻灯片的布局。

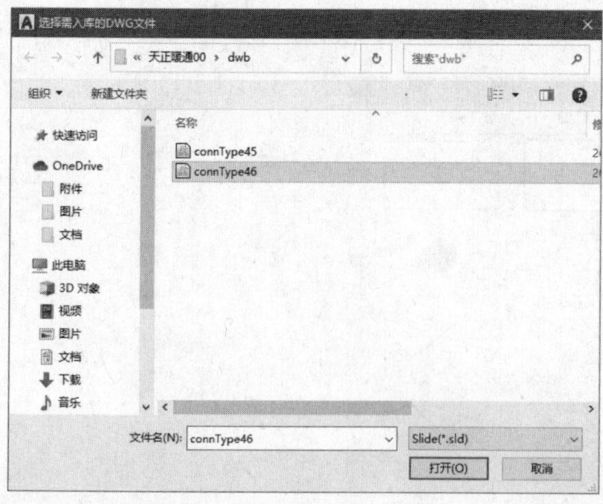

图 17-7 选择入库文件

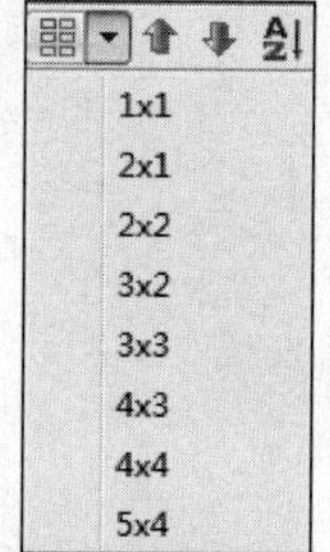

图 17-8 下拉列表

17.1.3 定义设备

调用“定义设备”命令，可定义天正设备，方便实现设备与管线之间的自动连接。

“定义设备”命令的执行方式有以下几种：

- 命令行：在命令行中输入“DYSB”命令，按 Enter 键。
- 菜单栏：单击“图库图层”→“定义设备”命令。

下面介绍“定义设备”命令的操作方法。

在命令行中输入“DYSB”命令，按 Enter 键，弹出如图 17-9 所示的【定义设备】对话框。单击“选择图形”按钮，命令行提示如下：

命令：DYSB↙

请选择要做成图块的图元<退出>：找到 1 个　　　　//选择图元；

请点选插入点 <中心点>：　　　　//在图元上选取插入点，弹出【定义设备】对话框，结果如图 17-10 所示。

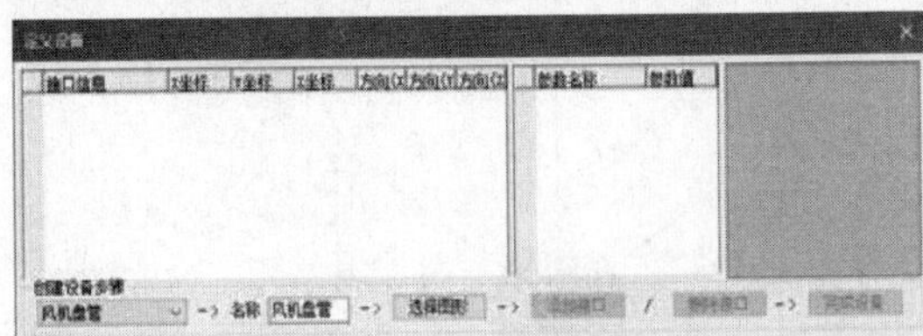

图 17-9 【定义设备】对话框

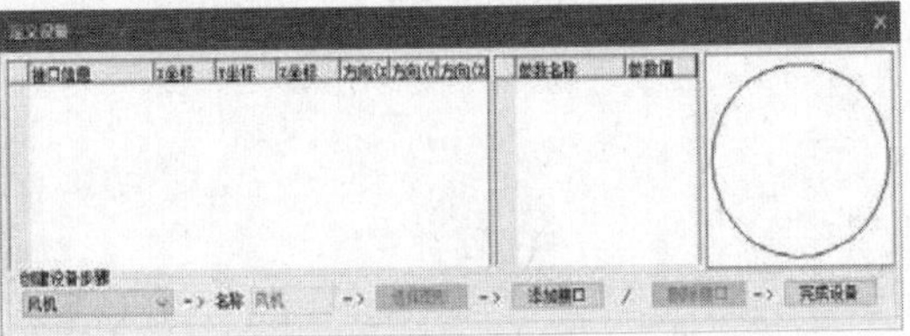

图 17-10 【定义设备】对话框

在对话框中单击“添加接口”按钮，命令行提示如下：

请在该设备对应的二维图块上用光标指定接口位置<无接口>：　　　　//指定接口位置；

请用光标指定接口方向<垂直向上>：　　　　//移动鼠标指定接口方向，弹出如图 17-11 所示的【定义设备】对话框。

添加接口后，所定义的设备才能通过“设备连管”命令与管线相连接。

单击“删除接口”按钮，删除已经添加的接口。

单击“完成设备”按钮，弹出如图 17-12 所示的【风机】对话框，表示已成功定义设备。定义成功的设备被自动保存在“通用图库”中的自定义设备中，同时产生一个自定义设备原型库。

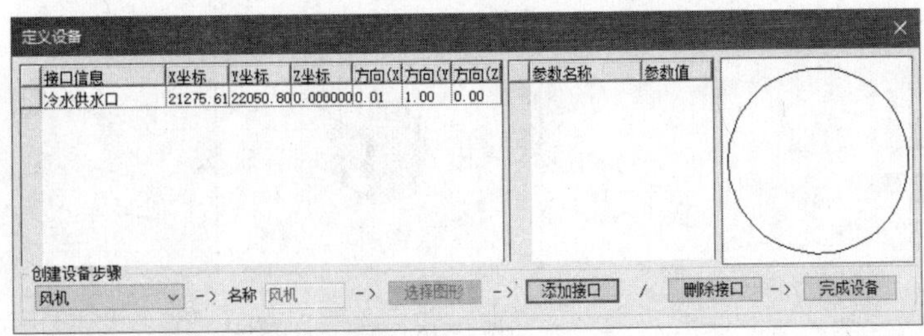

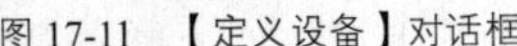

图 17-11 【定义设备】对话框

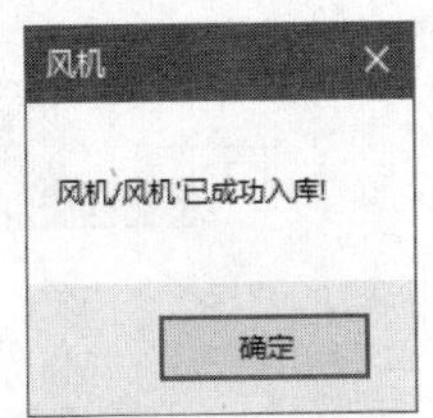

图 17-12 【风机】对话框

17.1.4 造阀门

调用“造阀门”命令，自定义平面和系统阀门图块。

“造阀门”命令的执行方式有以下几种：

- 命令行：在命令行中输入“ZFM”命令，按 Enter 键。
- 菜单栏：单击“图库图层”→“造阀门”命令。

下面介绍“造阀门”命令的操作方法。

在命令行中输入“ZFM”命令，按 Enter 键，命令行提示如下：

```
命令:ZFM↙
请输入名称<新阀门>:                              //直接按 Enter 键或者输入名称。
请选择要做成图块的图元<退出>:找到 1 个            //如图 17-13 所示。
请点选插入点 <中心点>:                           //如图 17-14 所示。
```

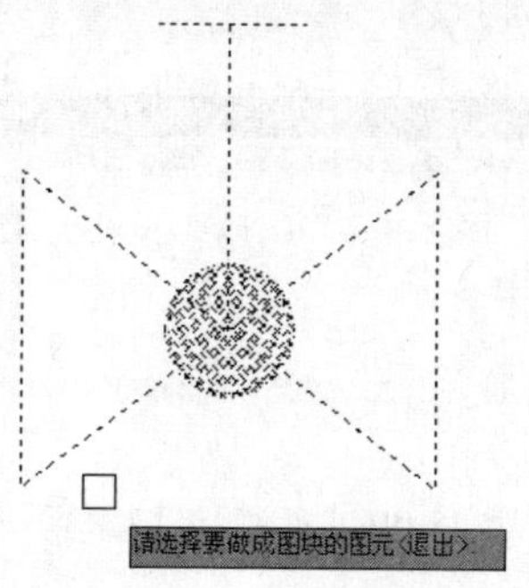

图 17-13 选择图块

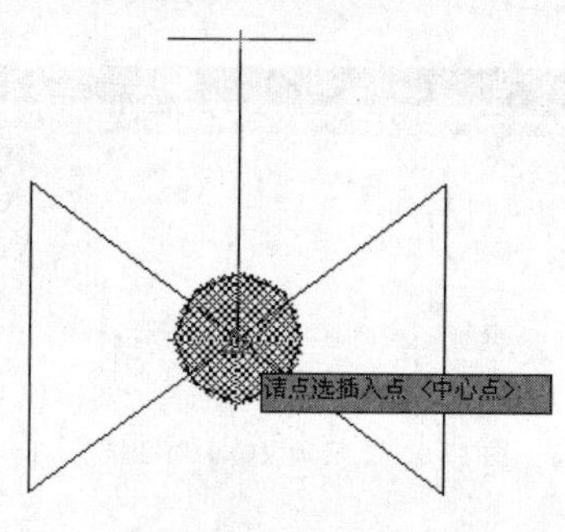

图 17-14 点选插入点

```
请选取要作为接线点的点<继续>:                    //如图 17-15 所示。
请选取要作为接线点的点<继续>:                    //如图 17-16 所示。
平面阀门成功入库!
是否继续造新对象的系统图块<N>:Y                  //输入 Y，继续定义阀门的系统图块。
```

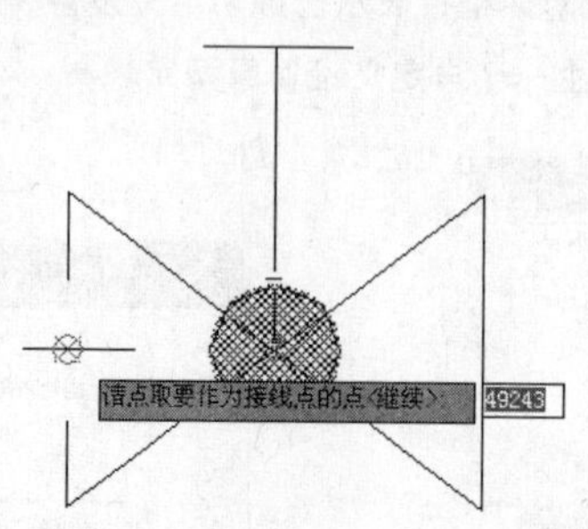

图 17-15 选取接线点

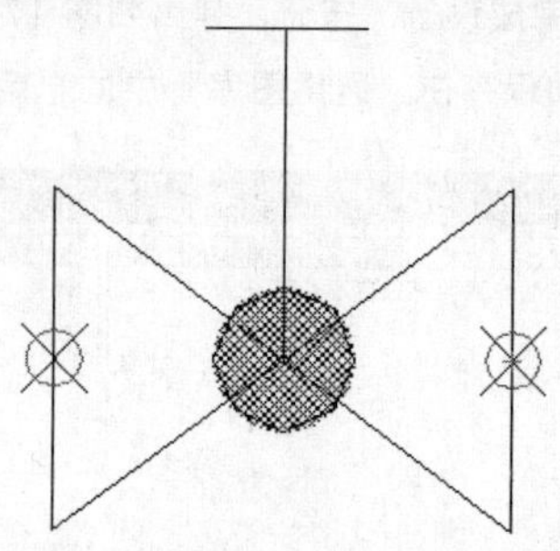

图 17-16 继续选取接线点

```
请选择要做成图块的图元<退出>:指定对角点:找到 1 个
请点选插入点 <中心点>:
```

```
请选取要作为接线点的点<继续>:
系统阀门成功入库!
是否继续造新对象的三维图块<N>:                //输入“N”，退出命令。
```

新定义的平面阀门和系统阀门可在【天正图库管理系统】对话框中的“VALVE_U”类别下的“平面阀门”和“系统阀门”查看，结果如图 17-17、图 17-18 所示。

在执行“造阀门”命令前，应先把阀门图元准备好。

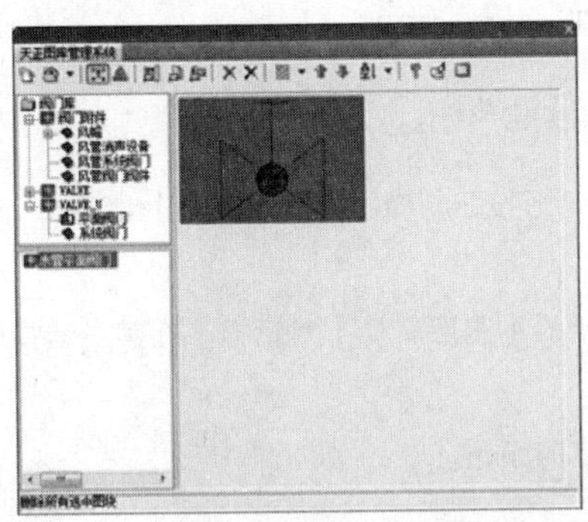

图 17-17 平面阀门

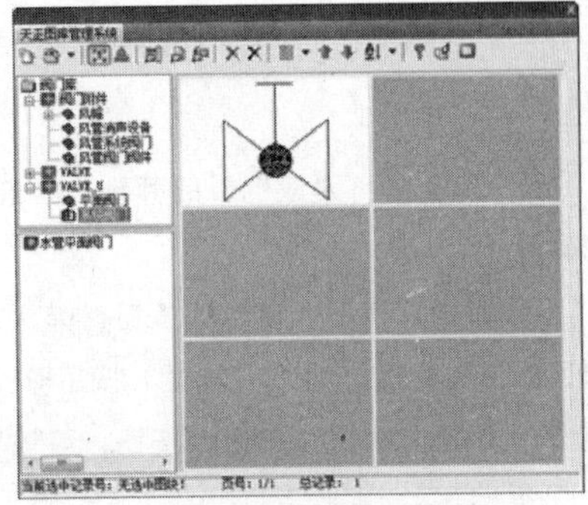

图 17-18 系统阀门

17.2 图层文件管理

在天正暖通软件中，使用暖通命令绘制的图形会自动创建相应的图层。管理图层可以同步管理其中图形，能够提高绘图效率。

17.2.1 图层管理

调用“图层管理”命令，可更改天正图层的相关属性，包括图层的颜色、名称、线型以及线宽等。

“图层管理”命令的执行方式有以下几种：

- 命令行：在命令行中输入“TCGL”命令，按 Enter 键。
- 菜单栏：单击“图库图层”→“图层管理”命令。

下面介绍“图层管理”命令的操作方法。

在命令行中输入“TCGL”命令，按 Enter 键，弹出如图 17-19 所示的【图层标准管理器】对话框，在其中可选择图层修改相关属性。

【图层标准管理器】对话框介绍如下：

“图层标准”选项：单击该选项，可在下拉列表中选择图层标准。

“置为当前标准”按钮：单击该按钮，可将选择的图层标准置为当前正在使用的标准。

“新建标准”按钮：单击该按钮，弹出如图 17-20 所示的【新建标准】对话框。在其中设置新标准名称后，单击“确定”按钮完成操作。

“图层关键字”选项：提示图层对应的内容，属于系统内部默认的图层信息，不可更改。

“图层名”选项：对应图层的名称，可以进行自定义。

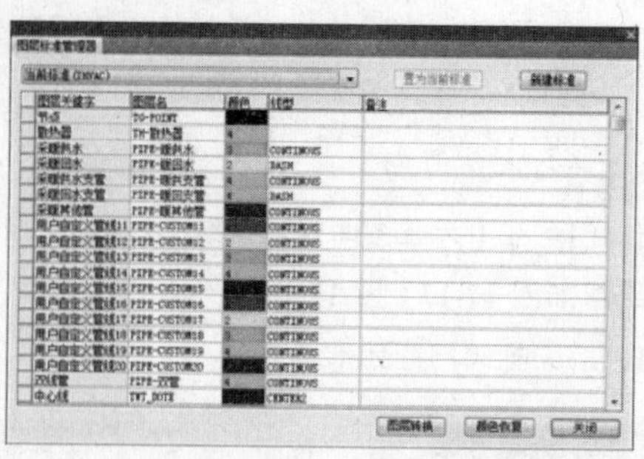

图 17-19 【图层标准管理器】对话框

“颜色”选项：对应图层的颜色。单击该选项后面的矩形按钮，弹出【选择颜色】对话框，在其中更改图层颜色。

“图层转换”按钮：单击该按钮，弹出如图 17-21 所示的【图层转换】对话框。在其中选择原图层标准和目标图层标准，单击“转换”按钮可完成转换。

“颜色恢复”按钮：单击该按钮，可恢复系统原始设定的颜色。

图 17-20 【新建标准】对话框

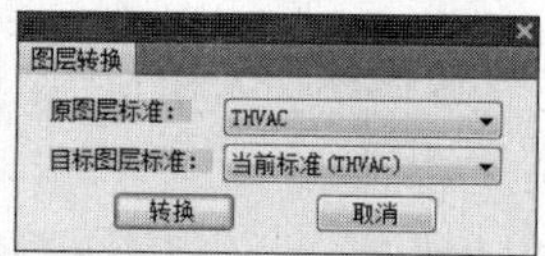

图 17-21 【图层转换】对话框

17.2.2 图层控制

调用“图层控制”命令，可管理暖通的图层系统。

“图层控制”命令的执行方式有以下几种：

- 命令行：在命令行中输入“TCKZ”命令，按 Enter 键。
- 菜单栏：单击“图库图层”→“图层控制”命令。

下面介绍“图层控制”命令的操作方法。

在命令行中输入“TCKZ”命令，按 Enter 键，弹出如图 17-22 所示的图层控制菜单。可通过该菜单管理指定的图层。

单击图层名称前的灯泡按钮，当灯泡变暗时，表示该图层被关闭，位于该图层上的所有图形被隐藏。

单击图层名称前的按钮，可选择图元加入到该图层中，使得被选择的图元与该图层同时关闭或打开。

单击该按钮，命令行提示如下：

```
请框选加入 PIPE-暖供支管系统的实体<退出>:
        //选择对象，将其添加到指定图层中。
```

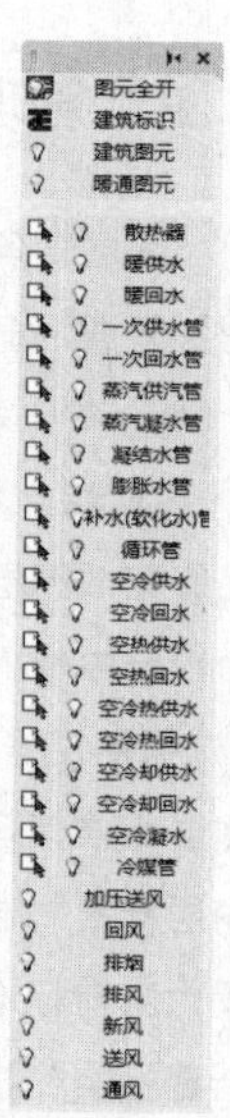

图 17-22 图层控制菜单

17.2.3 关闭图层

调用“关闭图层”命令，可关闭指定的图层，同时该图层上的图形被隐藏。如图 17-23 所示为关闭“回风”图层的效果。

“关闭图层”命令的执行方式有以下几种：

- 命令行：在命令行中输入“GBTC”命令，按 Enter 键。
- 菜单栏：单击“图库图层”→“关闭图层”命令。

下面以如图 17-23 所示的图形为例，介绍调用“关闭图层”命令的操作方法。

01 按 Ctrl+O 组合键，打开配套资源提供的“第 17 章\ 17.2.3 关闭图层.dwg”素材文件，结果如图 17-24 所示。

02 在命令行中输入“GBTC”命令，按 Enter 键，命令行提示如下：

命令：GBTC↙

T96_TOFFLAYER

选择对象[关闭块参照或外部参照内部图层(Q)]<退出>：指定对角点：　　//选择图元，按 Enter 键完成操作，结果如图 17-23 所示。

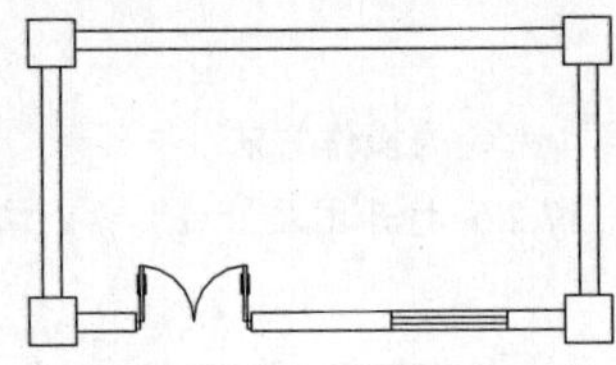

图 17-23　关闭“回风”图层

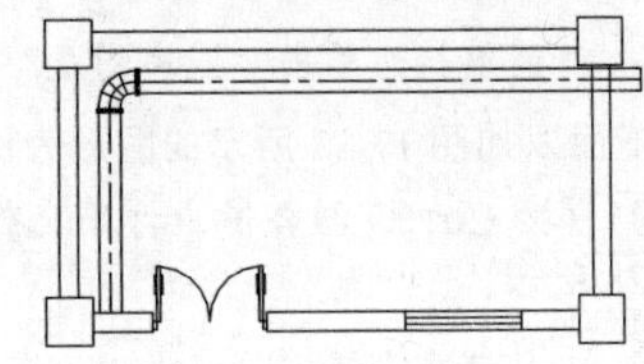

图 17-24　打开素材

提示

在图层控制菜单上单击“回风”图层前的灯泡按钮，关闭该图层。

17.2.4 关闭其他

调用“关闭其他”命令，可关闭除了选中的图层以外的所有图层。如图 17-25 所示为关闭的结果。

“关闭其他”命令的执行方式有以下几种：

- 命令行：在命令行中输入“GBQT”命令，按 Enter 键。
- 菜单栏：单击“图库图层”→“关闭其他”命令。

下面以如图 17-25 所示的图形为例，介绍调用“关闭其他”命令的操作方法。

01 按 Ctrl+O 组合键，打开配套资源提供的“第 17 章\ 17.2.4 关闭其他.dwg”素材文件，结果如图 17-26 所示。

02 在命令行中输入“GBQT”命令，按 Enter 键，命令行提示如下：

命令：GBQT↙

T96_TOFFOTHERLAYER

选择对象 <退出>：找到 1 个

选择对象 <退出>:找到 1 个，总计 2 个　　　　//选择墙体和标注，按 Enter 键完成操作，结果如图 17-25 所示。

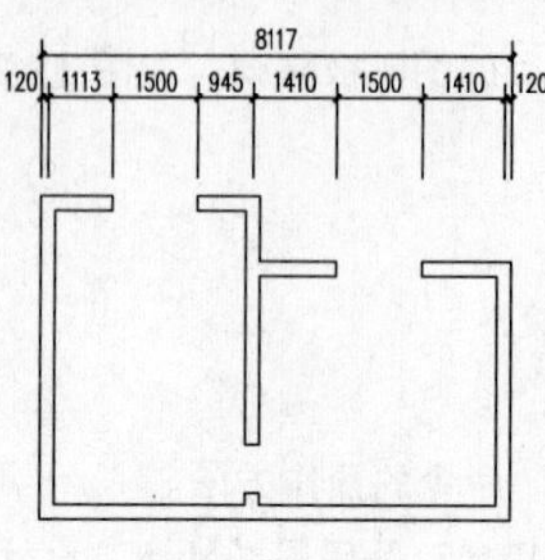

图 17-25　关闭其他

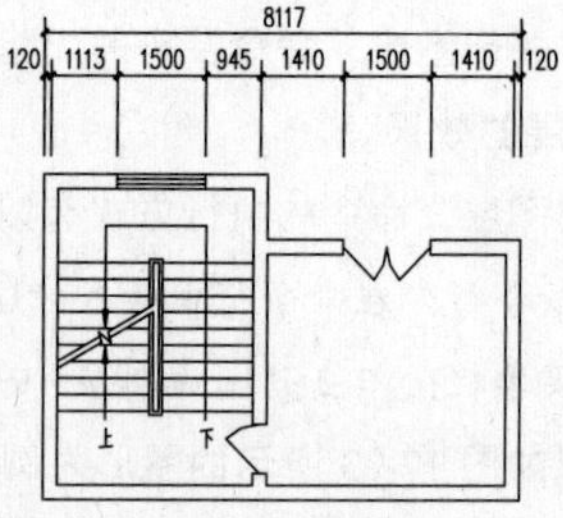

图 17-26　打开素材

17.2.5 打开图层

调用“打开图层”命令，打开选中的图层。如图 17-27 所示。

“打开图层”命令的执行方式有以下几种：

- 命令行：在命令行中输入“DKTC”命令，按 Enter 键。
- 菜单栏：单击“图库图层”→“打开图层”命令。

下面以如图 17-27 所示的图形为例，介绍调用“打开图层”命令的操作方法。

01 按 Ctrl+O 组合键，打开配套资源提供的“第 17 章\ 17.2.5 打开图层.dwg”素材文件，结果如图 17-28 所示。

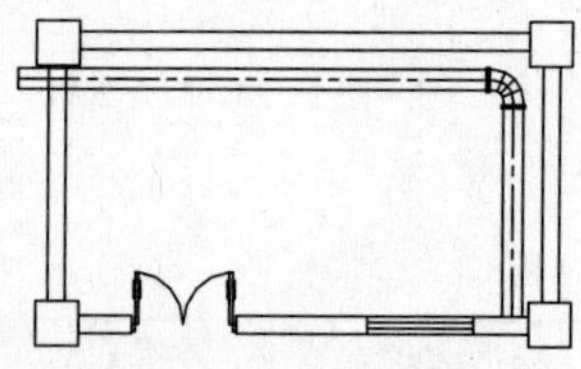
图 17-27　打开图层

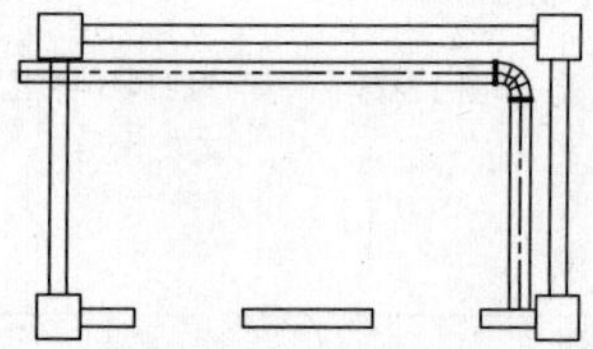
图 17-28　打开素材

02 单击菜单栏“图库图层”→“打开图层”命令，弹出【打开图层】对话框如图 17-29 所示

03 选择“WINDOW”图层，如图 17-30 所示，单击“确定”关闭对话框。

04 打开图层的结果如图 17-27 所示。

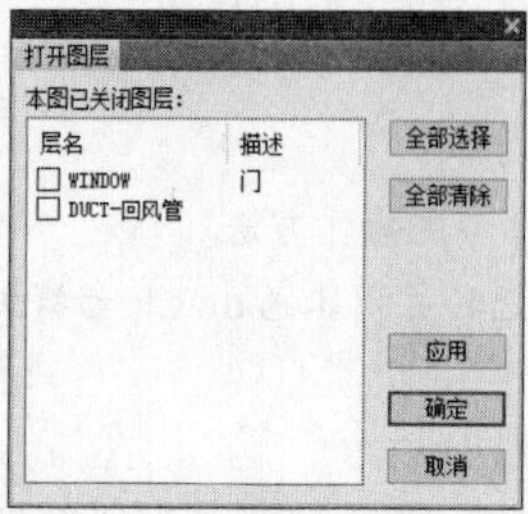

图 17-29　【打开图层】对话框

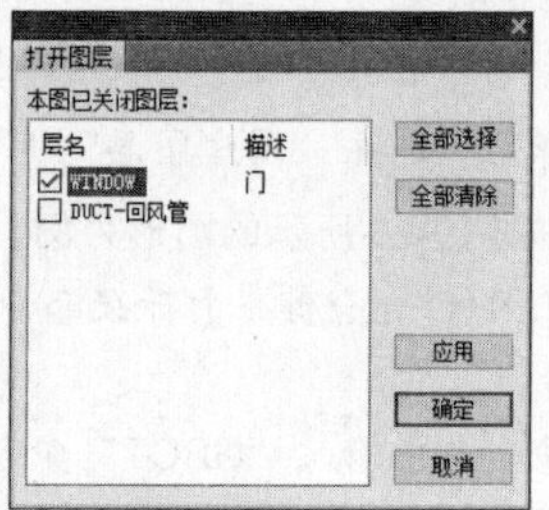

图 17-30　选择图层

17.2.6 图层全开

调用“图层全开”命令，可打开已经关闭的全部图层。

“图层全开”命令的执行方式有以下几种：

- 命令行：在命令行中输入“TCQK”命令，按 Enter 键。
- 菜单栏：单击“图库图层”→“图层全开”命令。

17.2.7 冻结图层

选择对象，执行“冻结图层”命令，可冻结对象所在的图层，该图层的所有对象都不能显示，也不参与操作。

“冻结图层”命令的执行方式有以下几种：

- 命令行：在命令行中输入“DJTC”命令，按 Enter 键。
- 菜单栏：单击“图库图层”→“冻结图层”命令。

下面介绍“冻结图层”命令的操作方法。

在命令行中输入“DJTC”命令，按 Enter 键，命令行提示如下：

```
命令:DJTC↙
T96_TFREEZELAYER
选择对象[冻结块参照和外部参照内部图层(Q)]<退出>:            //选择对象，冻结所在的图层。可以同时选择多个对象。
```

17.2.8 冻结其他

调用“冻结其他”命令，可冻结除了所选图层以外的所有图层。该命令与“关闭其他”命令的操作结果类似。

“冻结其他”命令的执行方式有以下几种：

- 命令行：在命令行中输入“DJQT”命令，按 Enter 键。
- 菜单栏：单击“图库图层”→“冻结其他”命令。

下面介绍“冻结其他”命令的操作方法。

在命令行中输入“DJQT”命令，按 Enter 键，命令行提示如下：

```
命令:DJQT↙
T96_TFREEZEOTHERLAYER
选择对象<退出>:找到 1 个  //选择待保留图层上的图形，按 Enter 键将其他未选中的图层冻结。
```

17.2.9 解冻图层

调用“解冻图层”命令，可解冻所选的图层。

“解冻图层”命令的执行方式有以下几种：

- 命令行：在命令行中输入“JDTC”命令，按 Enter 键。

➢ 菜单栏：单击“图库图层”→“解冻图层”命令。

执行上述任意一项操作，弹出【解冻图层】对话框，如图 17-31 所示。选择图层，如图 17-32 所示，单击“确定”按钮即可解冻图层。

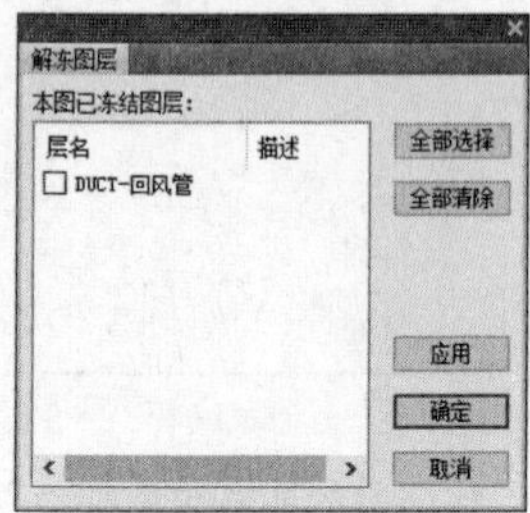

图 17-31 【解冻图层】对话框

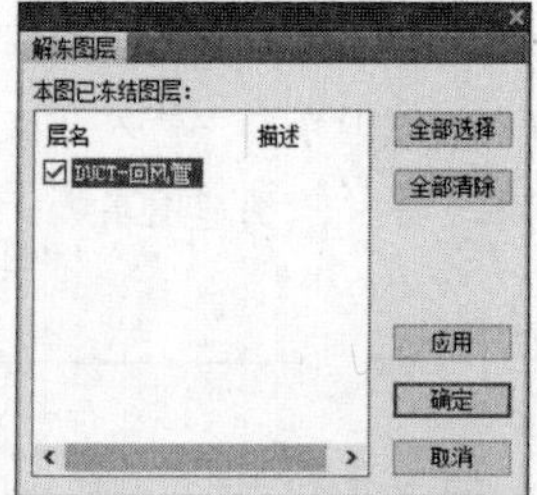

图 17-32 选择图层

17.2.10 锁定图层

调用“锁定图层”命令，可框锁定选中的对象。被锁定后，该对象不会被隐藏，也不能被编辑。

“锁定图层”命令的执行方式有以下几种：

➢ 命令行：在命令行中输入“SDTC”命令，按 Enter 键。

➢ 菜单栏：单击“图库图层”→“锁定图层”命令。

下面介绍“锁定图层”命令的操作方法。

在命令行中输入“SDTC”命令，按 Enter 键，命令行提示如下：

```
命令:SDTC↙
T96_TLOCKLAYER
选择对象<退出>:找到 1 个                    //选择对象，随即被锁定。
```

17.2.11 锁定其他

调用“锁定其他”命令，可锁定除了所选图层以外的其他图层。

“锁定其他”命令的执行方式有以下几种：

➢ 命令行：在命令行中输入“SDQT”命令，按 Enter 键。

➢ 菜单栏：单击“图库图层”→“锁定其他”命令。

下面介绍“锁定其他”命令的操作方法。

在命令行中输入“SDQT”命令，按 Enter 键，命令行提示如下：

```
命令:SDQT↙
T96_TLOCKOTHERLAYER
选择对象 <退出>:找到 1 个          //选择对象，按 Enter 键锁定除此以外的其他图层。
```

17.2.12 解锁图层

调用“解锁图层”命令，可解锁所选的图层，解锁后该图层上的图形可以被编辑。

“解锁图层”命令的执行方式有以下几种：

- 命令行：在命令行中输入“JSTC”命令，按 Enter 键。
- 菜单栏：单击“图库图层”→“解锁图层”命令。

执行上述任意一项操作，可解锁选中的图层。

17.2.13 图层恢复

调用“图层恢复”命令，可将执行过图层编辑命令的图层还原到原始状态。

“图层恢复”命令的执行方式有以下几种：

- 命令行：在命令行中输入“TCHF”命令，按 Enter 键。
- 菜单栏：单击“图库图层”→“图层恢复”命令。

执行上述任意一项操作，可将所有图层还原至原始状态。

17.2.14 合并图层

调用“合并图层”命令，可将选中的图层合并为一个图层。

“合并图层”命令的执行方式有以下几种：

- 命令行：在命令行中输入“HBTC”命令，按 Enter 键。
- 菜单栏：单击“图库图层”→“合并图层”命令。

执行上述任意一项操作，即可执行合并图层的操作。

17.2.15 图元改层

调用“图元改层”命令，可改变所选图元的图层。

“图元改层”命令的执行方式有以下几种：

- 命令行：在命令行中输入“TYGC”命令，按 Enter 键。
- 菜单栏：单击“图库图层”→“图元改层”命令。

执行上述任意一项操作，可改变所选图元的图层。

第 18 章 文件布图

● **本章导读**

本章介绍文件布图的知识，包括文件接口、布图命令、布图概述以及布图比例等命令。

● **本章重点**

- ◈ 文件接口
- ◈ 图纸比对
- ◈ 图纸解锁
- ◈ 布图命令
- ◈ 理解布图比例
- ◈ 备档拆图
- ◈ 图纸保护
- ◈ 批量打印
- ◈ 布图概述

18.1 文件接口

本节介绍文件接口的知识，包括打开文件、图形导出以及分解对象等命令。

18.1.1 打开文件

调用“打开文件”命令，可打开选择的图形文件。当遇到 AutoCAD 2000 以前版本的其他文字类型时，可以防止乱码。

“打开文件”命令的执行方式有以下几种：

- 命令行：在命令行中输入“DKWJ”命令，按 Enter 键。
- 菜单栏：单击“文件布图”→“打开文件”命令。

在命令行中输入“DKWJ”命令，按 Enter 键，弹出如图 18-1 所示的【输入文件名称】对话框，在其中可选择图形文件，单击“打开”按钮完成操作。

18.1.2 图形导出

调用“图形导出”命令，将当前图存为 T8 ~ T3 格式的图，可以解决天正图档在非天正环境下无法全部显示的问题。

“图形导出”命令的执行方式有以下几种：

- 命令行：在命令行中输入“TXDC”命令，按 Enter 键。
- 菜单栏：单击“文件布图”→“图形导出”命令。

下面介绍“图形导出”命令的操作方法。

在命令行中输入“TXDC”命令，按 Enter 键，弹出如图 18-2 所示的【图形导出】对话框。在对话框中输入文件名称，并选择保存类型，单击“保存”按钮即可导出图形。

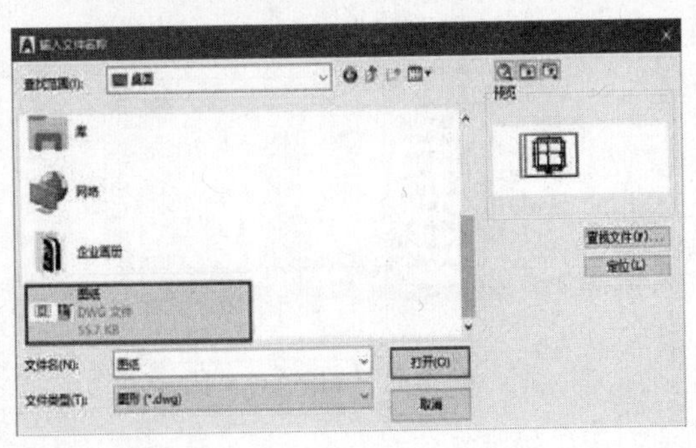

图 18-1 【输入文件名称】对话框

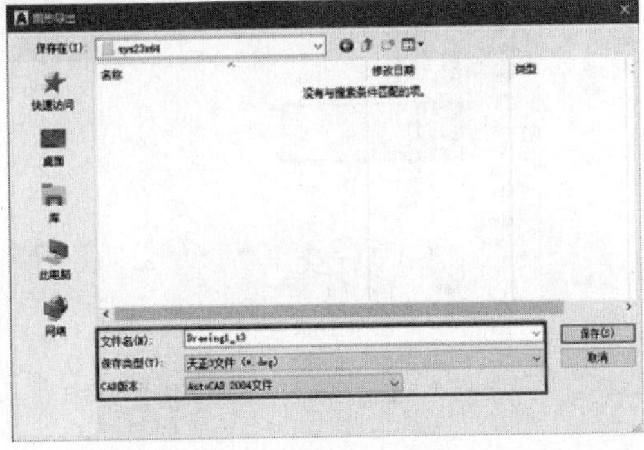

图 18-2 【图形导出】对话框

例如，图 18-3 所示为执行导出操作前风管的显示样式，将风管导出为 T3 对象后，显示效果如图 18-4 所示。

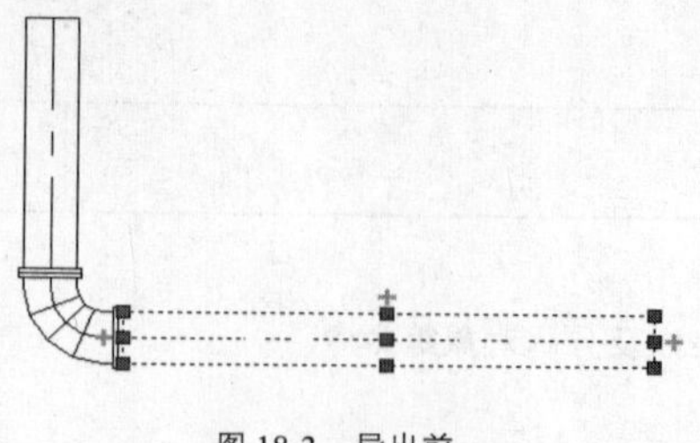

图 18-3　导出前

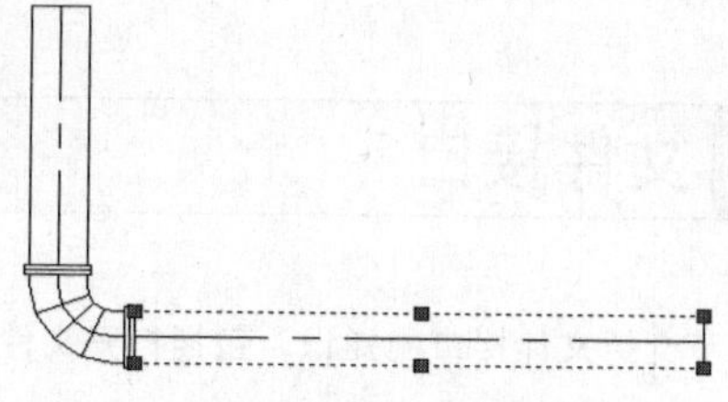

图 18-4　导出后（被分解）

【图形导出】对话框介绍如下：

- "文件名"选项：默认导出的文件名为 x_.t3dwg、x_.t4dwgx_.t5dwg、x_.t6dwg、x_.t7dwg 或 x_.t8dwg。也可自定义导出文件的名称。
- "保存类型"选项：单击该选项，在下拉列表中可选择天正版本。
- "CAD 版本"选项：单击该选项，在下拉列表中可选择 CAD 版本。

执行"图形导出"命令后，会分解原有的天正对象，使其丧失智能化特征，但只分解生成的新文件，不改变原有的文件。

18.1.3 批量转旧

调用"批量转旧"命令，可批量转化当前图档为天正旧版 DWG 格式，支持图纸空间布局的转换。

"批量转旧"命令的执行方式有以下几种：

- 命令行：在命令行中输入"PLZJ"命令，按 Enter 键。
- 菜单栏：单击"文件布图"→"批量转旧"命令。

下面介绍"批量转旧"命令的操作方法。

在命令行中输入"PLZJ"命令，按 Enter 键，弹出如图 18-5 所示的【请选择待转换的文件】对话框。在其中选择待转换的图形文件，单击"打开"按钮。

此时，弹出如图 18-6 所示的【浏览文件夹】对话框，在其中选择转换后的文件的存储位置。

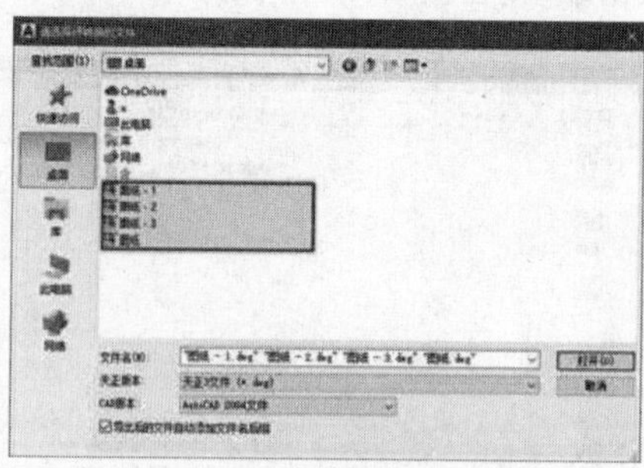

图 18-5　【请选择待转换的文件】对话框

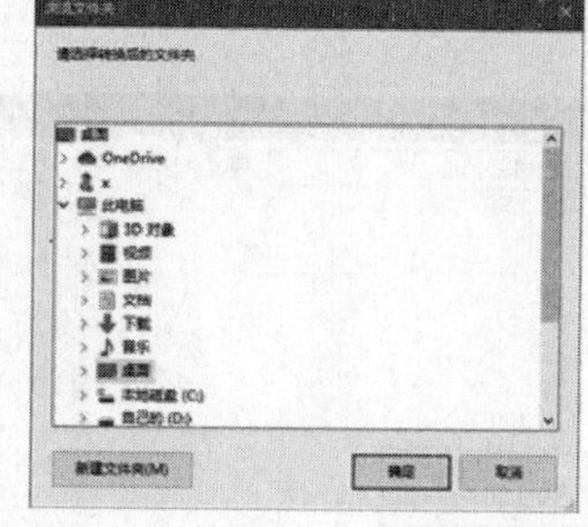

图 18-6　【浏览文件夹】对话框

单击"确定"按钮，同时命令行提示如下：

```
命令:PLZJ↙
T96_TBATSAVE
成功的转换天正建筑 3 文件:C:\Documents and Settings\Administrator\桌面\xxx_t3.dwg
```

```
成功的转换天正建筑 3 文件:C:\Documents and Settings\Administrator\桌面\xxx_t3.dwg                //系统提示成功转换文件，在存储文件夹中可以查看转换得到的文件。
```

18.1.4 旧图转换

调用“旧图转换”命令，可把 T3 格式的二维平面图转换为新版的图形。

“旧图转换”命令的执行方式有以下几种：

➢ 命令行：在命令行中输入“JTZH”命令，按 Enter 键。

➢ 菜单栏：单击“文件布图”→“旧图转换”命令。

下面介绍“旧图转换”命令的操作方法。

在命令行中输入“JTZH”命令，按 Enter 键，弹出如图 18-7 所示的【旧图转换】对话框，在其中设置转换参数。

单击“确定”按钮，同时命令行提示如下：

```
命令:JTZH↙
T96_TCONVTCH
选择需要转化的图元<退出>指定对角点:找到 5 个
            //选择图形，按 Enter 键完成转换。
```

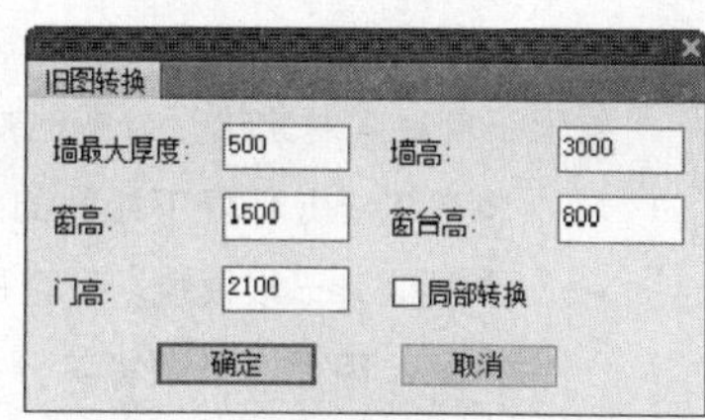

图 18-7 【旧图转换】对话框

如果在【旧图转换】对话框中选择“局部转换”选项，则只对选择范围执行转换操作，适用于转换插入的旧版本图形。

18.1.5 旧图转新

调用“旧图转新”命令，可以将 Thvac7 格式的风管转换为 Thvac8 格式的风管。

“旧图转新”命令的执行方式有以下几种：

➢ 命令行：在命令行中输入“7T8”命令，按 Enter 键。

➢ 菜单栏：单击“文件布图”→“旧图转新”命令。

下面介绍“旧图转新”命令的操作方法。

在命令行中输入“7T8”命令，按 Enter 键，弹出如图 18-8 所示的【AutoCAD】信息提示对话框。

图 18-8 【AutoCAD】信息提示对话框

在对话框中单击“是”按钮，命令行提示如下：

```
命令:7T8↙
转换完成!
```

V7、V8 是天正暖通 7.0 和 8.0 的简称。V7 版本的风管要转换成 V8 版本才能在天正暖通 8.0 中进行风管水力计算以及其他编辑操作。

18.1.6 分解对象

调用“分解对象”命令，可把天正自定义对象分解为AutoCAD基本对象。

“分解对象”命令的执行方式有以下几种：

- 命令行：在命令行中输入“FJDX”命令，按Enter键。
- 菜单栏：单击“文件布图”→“分解对象”命令。

下面介绍“分解对象”命令的操作方法。

在命令行中输入“FJDX”命令，按Enter键，命令行提示如下：

```
命令:FJDX↙
T96_TEXPLODE
选择对象: 指定对角点:找到5个                    //选择对象，按Enter键完成分解。
```

对天正自定义对象执行分解的好处如下：

- 将在TArch环境下绘制的施工图脱离天正环境，使之在AutoCAD环境下浏览和出图。
- 方便渲染三维模型。无论是AutoCAD自带的渲染器，还是3DMax绘图软件，都不支持自定义对象，因此，必须将其分解才能对其进行渲染。

执行分解操作之前，应该注意以下几点。

- 在执行分解操作之前，建议先对图形对象进行备份，以便后续进行修改操作。
- 如果在三维视图下实行分解操作，可以获得三维图形，反之亦然。
- 使用AutoCAD自带的“EXPLODE”（分解）命令不能完全分解自定义对象，必须使用天正软件自带的分解命令才能将多层结构的天正对象进行分解。

18.2 备档拆图

很多时候一个工程的许多张图纸都放在同一个DWG文件中，当需要备档的时候就需要把这些图纸一张张拆出来，每张都要保存为一个单独的DWG文件。

执行“备档拆图”命令，可自动完成拆图并且单独保存每张图纸。

“备档拆图”命令的执行方式有以下几种：

- 命令行：在命令行中输入“BDCT”命令，按Enter键。
- 菜单栏：单击“文件布图”→“备档拆图”命令。

下面介绍“备档拆图”命令的操作方法。

在命令行中输入“BDCT”命令，按Enter键，命令行提示如下：

```
命令:BDCT↙
请选择范围:<整图>指定对角点:找到5个                //选择图纸，结果如图18-9所示。
```

按Enter键，弹出如图18-10所示的【拆图】对话框，设置拆分后图纸的存放路径、名称、图号等。

【拆图】对话框介绍如下：

- “拆分文件存放路径”选项：单击该选项后的矩形按钮，弹出【浏览文件夹】对话框，在其中可设置拆分文件的存放路径。

➢ “文件名”“图名”“图号”选项：在各选项中设置拆分文件的参数。

➢ “查看”选项：单击该选项后的矩形按钮，可返回图中查看图纸的位置。

➢ “拆分后自动打开文件”选项：选择选项，可在执行拆分操作后逐一打开被拆分的文件。

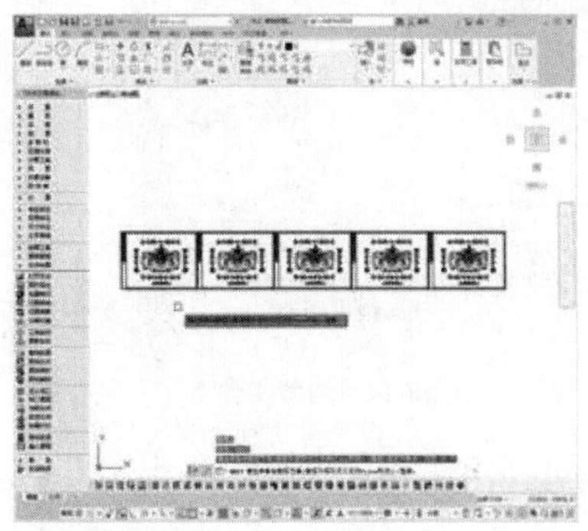

图 18-9　待拆解的图纸

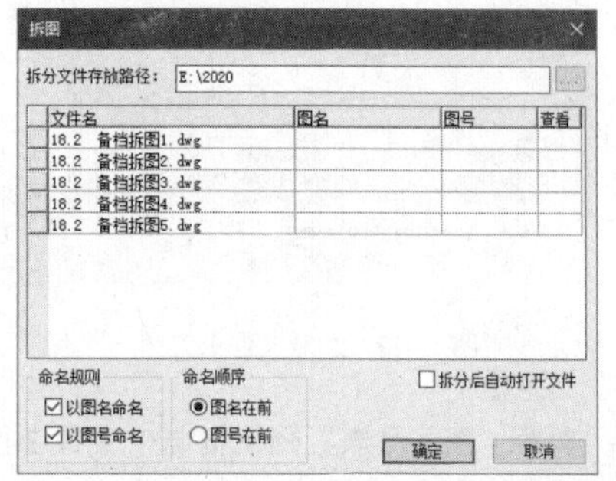

图 18-10　【拆图】对话框

18.3 图纸比对

调用“图纸比对”命令，可选择两个.dwg 文件进行比对，完全一致的部分显示为白色。注意，比对的基点要一致。

“图纸比对”命令的执行方式有以下几种：

➢ 命令行：在命令行中输入“TZBD”命令，按 Enter 键。

➢ 菜单栏：单击“文件布图”→“图纸比对”命令。

下面介绍“图纸比对”命令的操作方法。

在命令行中输入“TZBD”命令，按 Enter 键，弹出如图 18-11 所示的【图纸比对】对话框。在“比对文件”选项组下的“文件 1”选项后单击“加载文件 1”按钮，弹出【选择要比对的 DWG 文件】对话框，选择 DGW 文件，如图 18-12 所示。

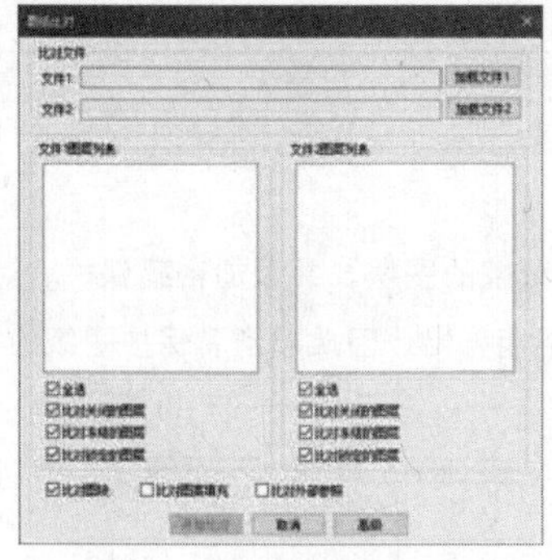

图 18-11　【图纸比对】对话框

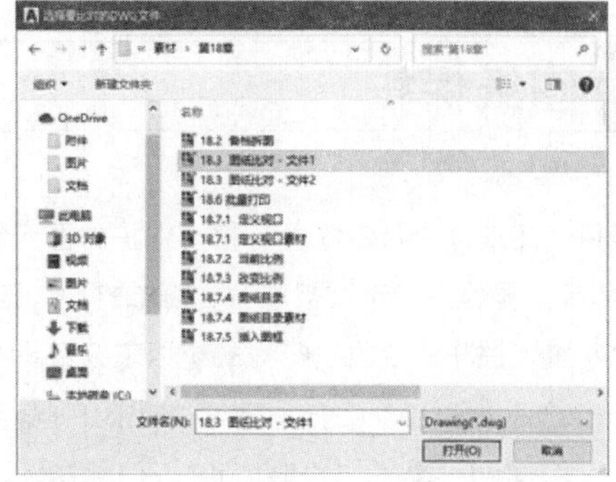

图 18-12　选择文件

单击“打开”按钮，加载文件 1 的结果如图 18-13 所示。重复操作，继续加载文件 2，结果如图 18-14

所示。

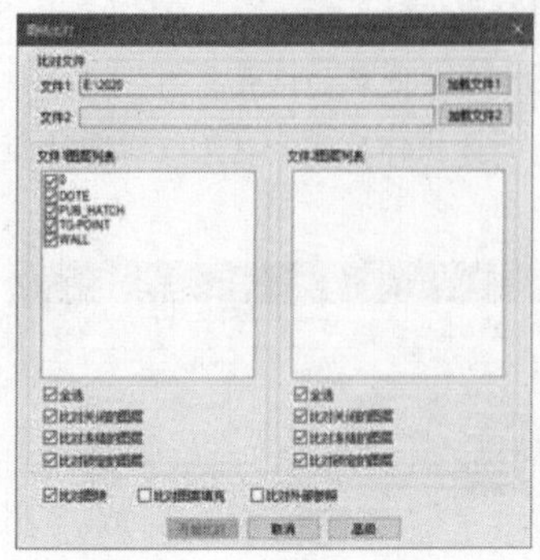

图 18-13　加载文件 1

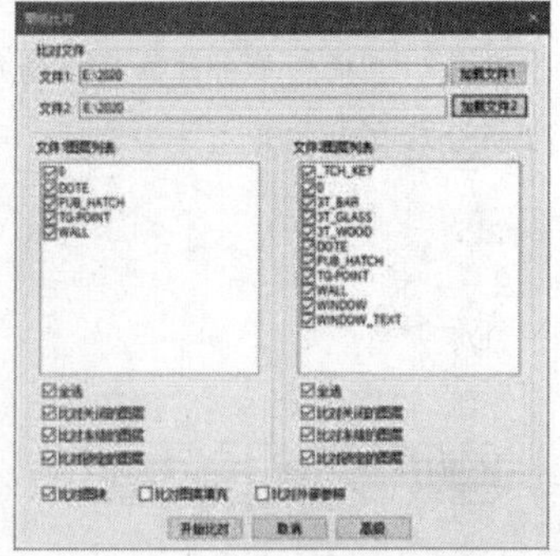

图 18-14　加载文件 2

在“文件 1 图层列表”预览框与“文件 2 图层列表”预览框中分别显示了文件 1 与文件 2 所包含的图层，通过选择预览框下方的选项，可设置比对的内容。

单击“开始比对”按钮，此时命令行提示如下：

```
命令:TZBD↙
文件 1 加载用时:0.321000 秒..
文件 2 加载用时:0.299000 秒..
块 1 分析完成...
块 2 分析完成...
区域[0]比对:[30]*[98]
比对完成...
文件 1 加载用时:0.321000 秒..
[D:\天正暖通\例\18.3  图纸比对 - 文件 1.dwg]
文件 2 加载用时:0.299000 秒..
[D:\天正暖通\例\18.3  图纸比对 - 文件 2.dwg]
图纸比对用时:0.393000 秒..
```

在执行图纸比对操作前，应分别存储要对比的图纸，以方便对图纸执行比对操作。

18.4 图纸保护

调用“图纸保护”命令，可把要保护的图元制作成一个不能分解的图块，并添加密码保护。对图形执行图纸保护操作后，可以被观察也可被打印，但是不能修改也不能导出，因此起到了保护图纸的目的。

“图纸保护”命令的执行方式有以下几种：

- 命令行：在命令行中输入“TZBH”命令，按 Enter 键。
- 菜单栏：单击“绘图工具”→“图纸保护”命令。

下面介绍“图纸保护”命令的操作方法。

在命令行中输入“TZBH”命令，按 Enter 键，命令行提示如下：

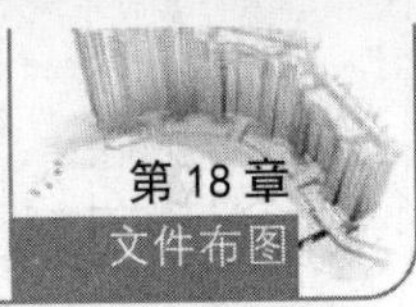


```
命令:TZBH↙
慎重，加密前请备份。该命令会分解天正对象，且无法还原，是否继续<N>:Y
                                        //输入“Y”，按Enter键。
请选择范围<退出>指定对角点:找到1个
请输入密码<空>:********                //输入密码，按Enter键完成加密操作。
```

在执行图纸保护之前，应该先备份图纸，以免忘记密码后不能编辑修改图纸。

18.5 图纸解锁

调用“图纸解锁”命令，可对已被执行图纸保护操作的图纸解除保护状态，恢复可编辑性。

“图纸解锁”命令的执行方式有以下几种：

- ➢ 命令行：在命令行中输入“TZJS”命令，按Enter键。
- ➢ 菜单栏：单击“绘图工具”→“图纸解锁”命令。

下面介绍“图纸解锁”命令的操作方法。

在命令行中输入“TZJS”命令，按Enter键，命令行提示如下：

```
命令:TZJS↙
请选择对象<退出>指定对角点:             //选择对象。
请输入密码:explode                      //输入密码，按Enter键解锁图纸。
```

18.6 批量打印

调用“批量打印”命令，可根据搜索到的图框，批量打印若干图幅。

“批量打印”命令的执行方式如下：

- ➢ 菜单栏：单击“文件布图”→“批量打印”命令。

下面介绍“批量打印”命令的操作方法。

单击“文件布图”→“批量打印”命令，弹出【天正批量打印】对话框。在“打印”选项组中设置打印文件名和打印文件的存储路径，如图18-15所示。

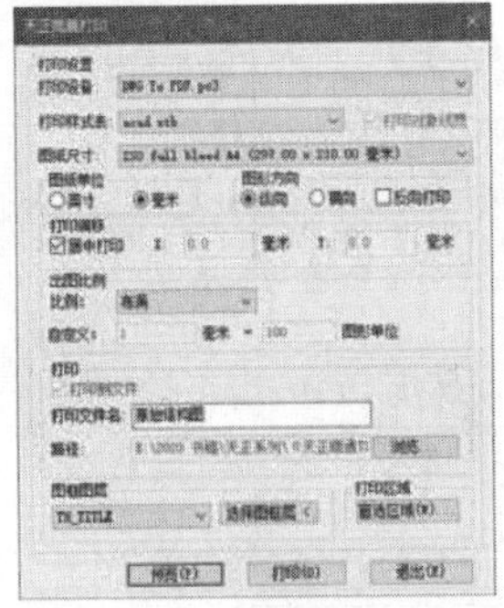

图18-15 【天正批量打印】对话框

单击“窗选区域”按钮，在图中分别选取图框的对角点来选择打印范围。单击“预览”按钮，弹出如图 18-16 所示的打印预览窗口。

退出预览窗口，在【天正批量打印】对话框中单击“打印”按钮，显示【打印作业进度】对话框，显示正在打印图纸。单击“取消”按钮，取消打印操作。

打印作业完成后，弹出如图 18-17 所示的【AutoCAD】信息提示对话框，显示已成功地打印图纸。

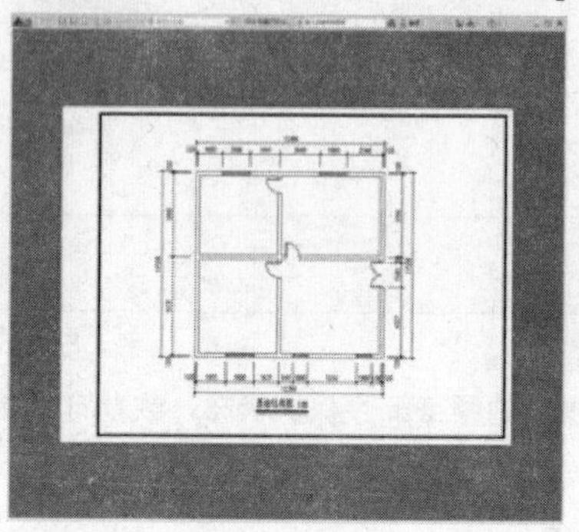

图 18-16　打印预览

图 18-17　【AutoCAD】信息提示对话框

18.7 布图命令

本节介绍布图命令，包括“定义视口”“当前比例”以及“改变比例”等命令的调用方法。

18.7.1 定义视口

调用“定义视口”命令，在模型空间中绘制视口，并在图纸空间中确定视口位置。用户可以在视口内编辑图形。

“定义视口”命令的执行方式有以下几种：

- 命令行：在命令行中输入“DYSK”命令，按 Enter 键。
- 菜单栏：单击“文件布图”→“定义视口”命令。

下面介绍定义视口命令的操作方法。

01 按 Ctrl+O 组合键，打开配套资源提供的“第 18 章\ 18.7.1 定义视口.dwg” 素材文件，结果如图 18-18 所示。

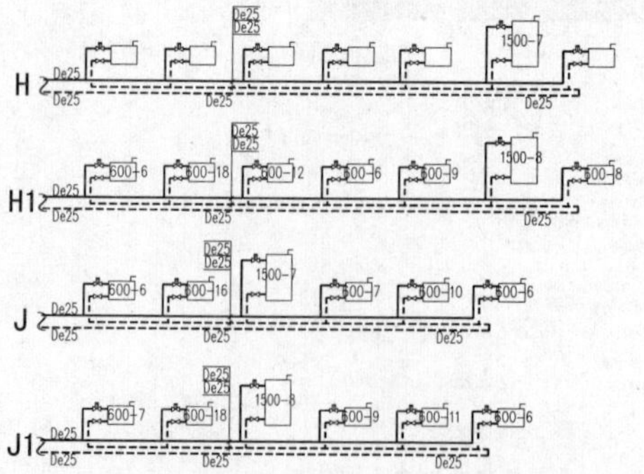

图 18-18　打开素材文件

02 在命令行中输入“DYSK”命令，按 Enter 键，命令行提示如下：

```
命令:DYSK↙
T96_TMAKEVP
输入待布置的图形的第一个角点<退出>:          //如图 18-19 所示。
输入另一个角点<退出>:                        //如图 18-20 所示。
图形的输出比例 1:<100>:                      //按 Enter 键确认输出比例。
恢复缓存的视口 - 正在重生成布局。
```

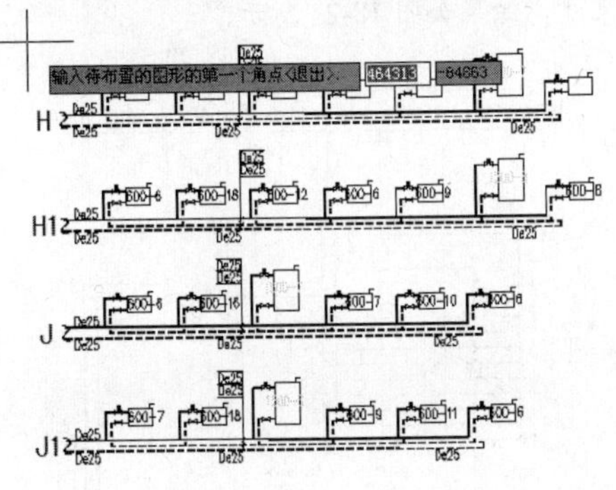

图 18-19 输入第一个角点

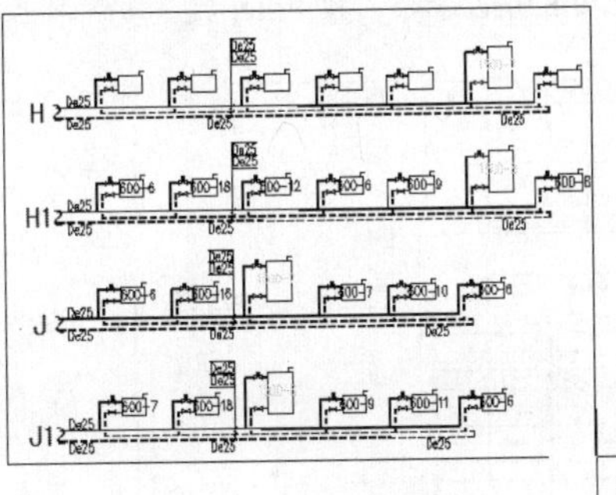

图 18-20 输入另一个角点

03 此时转换至图纸空间，选取视口的插入点，创建视口的结果如图 18-21 所示。

04 重复操作，再创建另一视口，结果如图 18-22 所示。

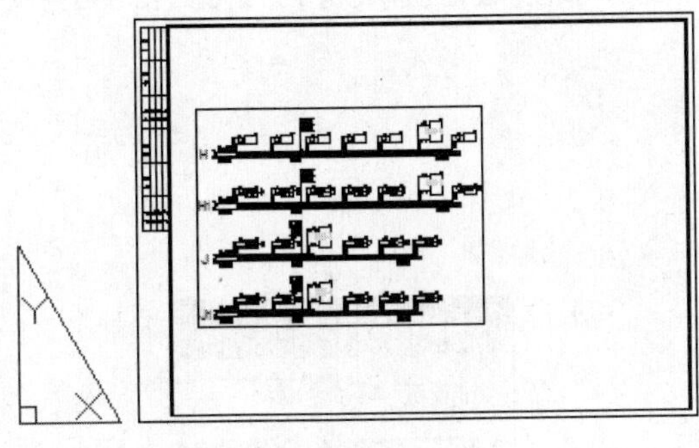

图 18-21 创建视口

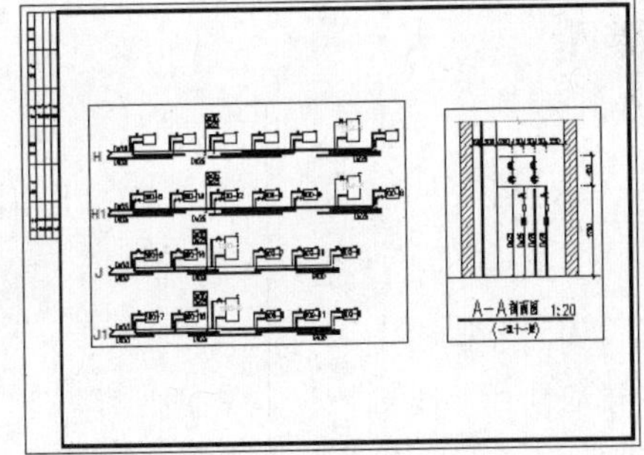

图 18-22 创建另一视口

也可以定义空白的视口，然后在该视口内绘制图形。值得注意的是，图形的绘制比例应与视口的比例一致。在视口内双击，待视口边框变粗，即可在视口内编辑图形。编辑完成后，在视口外双击，退出编辑操作。

18.7.2 当前比例

调用“当前比例”命令，可定义新的绘图比例。如图 18-23 所示为编辑的结果。

“当前比例”命令的执行方式有以下几种：

- 命令行：在命令行中输入“DQBL”命令，按 Enter 键。
- 菜单栏：单击“文件布图”→“当前比例”命令。

下面以如图 18-23 所示的图形为例，介绍调用“当前比例”命令的方法。

01 按 Ctrl+O 组合键，打开配套资源提供的“第 18 章\ 18.7.2 当前比例.dwg”素材文件，结果如图 18-24 所示。

02 在命令行中输入“DQBL”命令，按 Enter 键，命令行提示如下：

```
命令:DQBL↙
T96_TPSCALE
当前比例<100>:50            //输入新的比例参数。
```

03 输入 KSBZ 命令，按 Enter 键，重新标注图形尺寸，结果如图 18-23 所示。

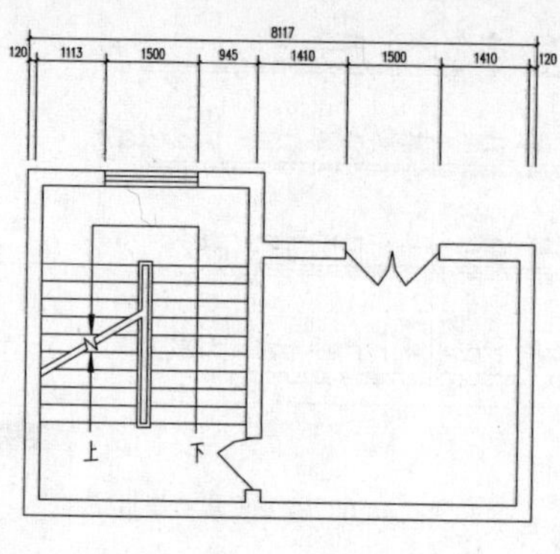

图 18-23　当前比例

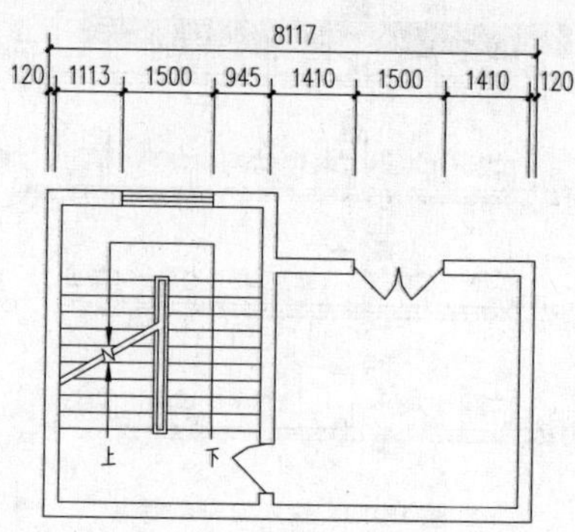

图 18-24　打开素材文件

在状态栏的左下角显示当前比例，单击该按钮“比例 1:100”，在下拉列表中选择比例，如图 18-25 所示。在列表中单击“其他比例”选项，弹出如图 18-26 所示的【设置当前比例】对话框，在下拉列表中选择比例。

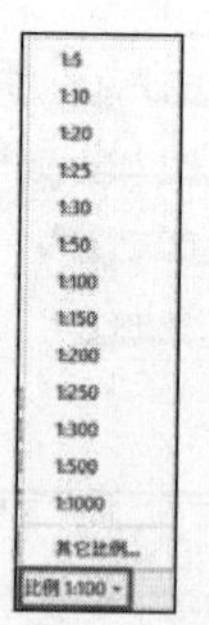

图 18-25　比例列表

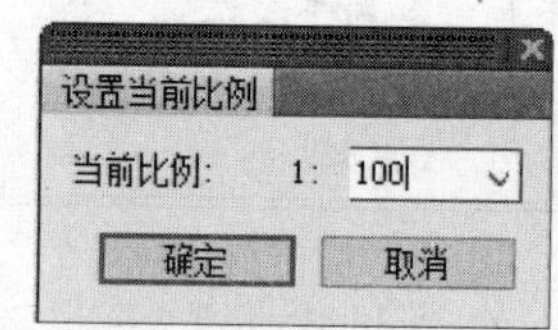

图 18-26　【设置当前比例】对话框

提示

改变当前比例后，再次执行尺寸标注命令，标注、文字和多段线的字高、符号尺寸与标注之间的相对间距缩小了一半。但是图形的度量尺寸保持不变。

18.7.3 改变比例

调用“改变比例”命令，可改变 T6 图上某一区域或图纸上某一视口的出图比例，合理显示文字标注的字高。如图 18-27 所示为编辑的结果。

“改变比例”命令的执行方式有以下几种:

- 命令行:在命令行中输入“GBBL”命令,按 Enter 键。
- 菜单栏:单击“文件布图”→“改变比例”命令。

下面以如图 18-27 所示的图形为例,介绍调用“改变比例”命令的方法。

01 按 Ctrl+O 组合键,打开配套资源提供的“第 18 章\ 18.7.3 改变比例.dwg”素材文件,结果如图 18-28 所示。

02 在命令行中输入“GBBL”命令,按 Enter 键,命令行提示如下:

```
命令:GBBL↙
T96_TCHSCALE
请输入新的出图比例 1:<100>:50                          //输入比例值。
请选择要改变比例的图元:指定对角点:找到 17 个           //选择图形。
请提供原有的出图比例<100>:                            //按 Enter 键确认原先的出图比例,
改变比例的结果如图 18-27 所示。
```

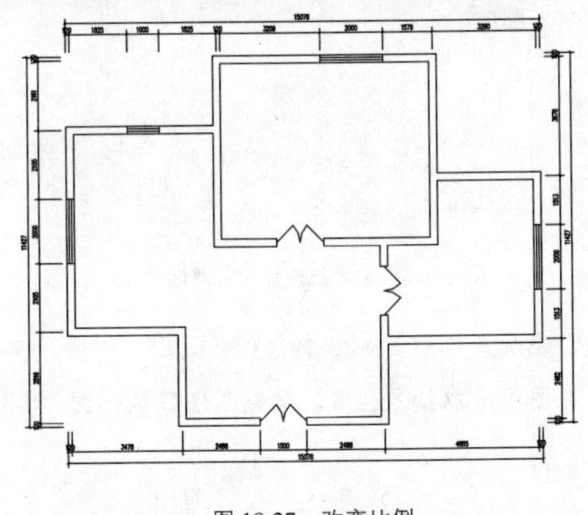

图 18-27 改变比例

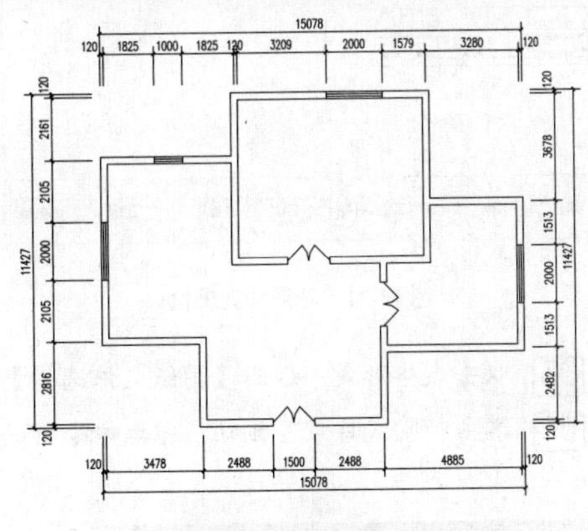

图 18-28 打开素材文件

18.7.4 图纸目录

调用“图纸目录”命令,可在指定的工程文件夹中添加图纸,并自动生成图纸目录。

“图纸目录”命令的执行方式有以下几种:

- 命令行:在命令行中输入“TZML”命令,按 Enter 键。
- 菜单栏:单击“文件布图”→“图纸目录”命令。

下面介绍“图纸目录”命令的调用方法。

01 在命令行中输入“TZML”命令,按 Enter 键,弹出如图 18-29 所示的【图纸文件选择】对话框。

02 在对话框中单击“选择文件”按钮,弹出【选择文件】对话框,选择要添入图纸目录的图形文件,如图 18-30 所示。

03 单击“打开”按钮,在【图纸文件选择】对话框中显示出方才所选的图形文件属性,结果如图 18-31 所示。

04 单击“从构件库选择表格”按钮,弹出【天正构件库】对话框,选择图纸目录的表格形式,如

图 18-32 所示。

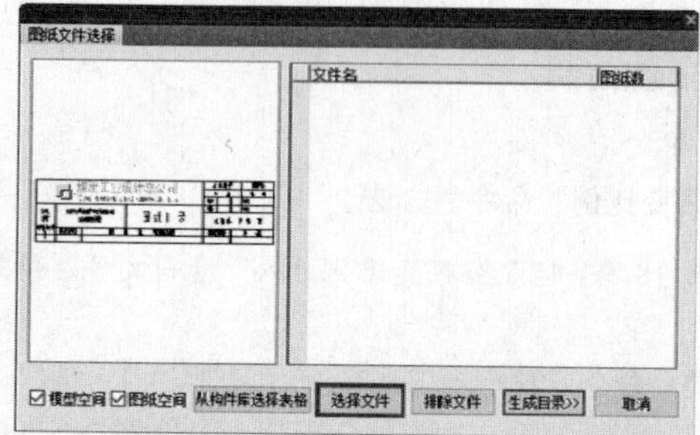

图 18-29 【图纸文件选择】对话框

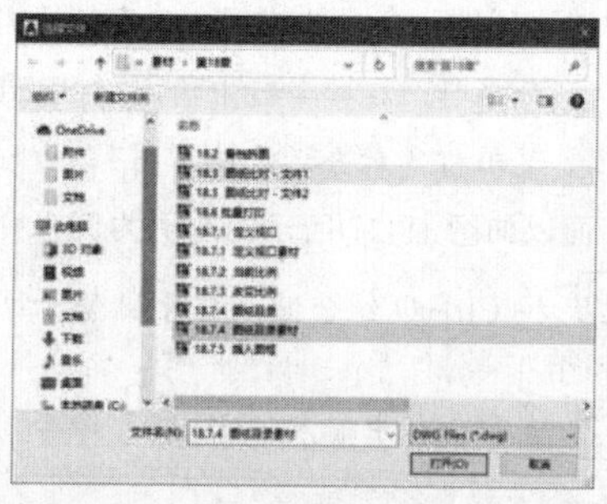

图 18-30 【选择文件】对话框

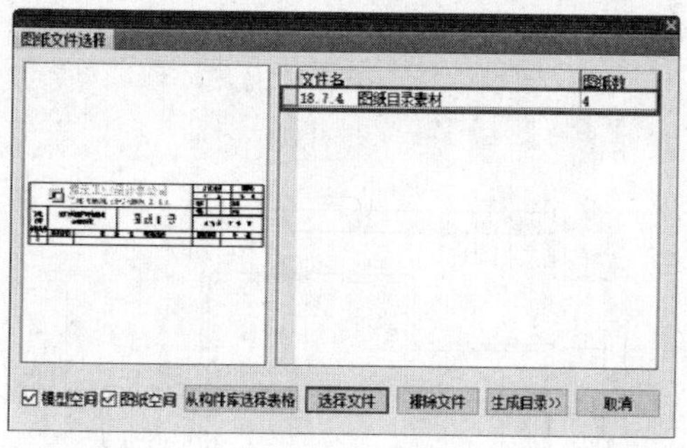

图 18-31 图形文件属性

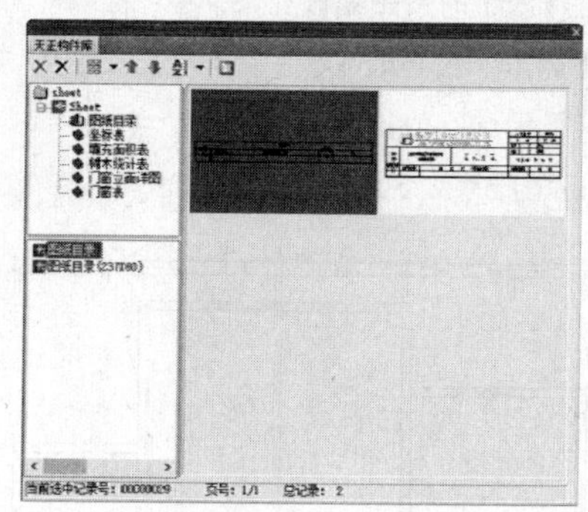

图 18-32 【天正构件库】对话框

05 双击表格形式，返回【图纸文件选择】对话框，添加表格形式如图 18-33 所示。

06 单击“生成目录”按钮，根据命令行的提示，在图中选取插入位置，绘制图纸目录如图 18-34 所示。

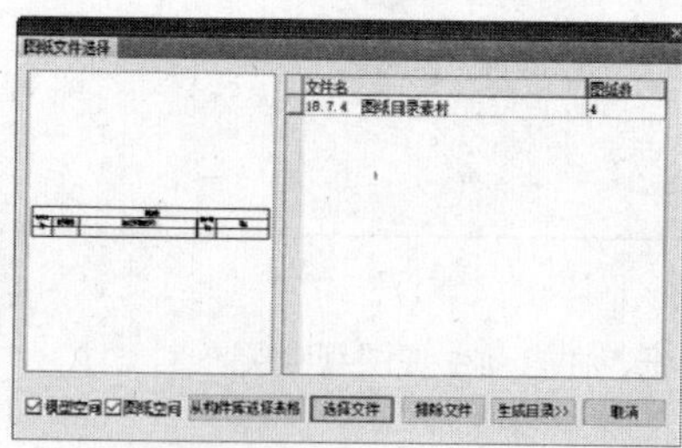

图 18-33 添加表格形式

图纸目录				
序号	图号	图纸名称	图幅	备注
1	建初—1	首层平面图	A3	
2	建初—2	一层平面图	A3	
3	建初—3	二层平面图	A3	
4	建初—4	屋顶平面图	A3	

图 18-34 图纸目录

双击表格文字，进入在位编辑状态，如图 18-35 所示。修改表格文字后，在空白区域单击即可完成编辑。

双击表格，弹出如图 18-36 所示的【表格设定】对话框，在其中可更改表格属性。

【图纸文件选择】对话框介绍如下：

- “模型空间”选项：默认选择该项，表示在已选择的图形文件中包括模型空间里的图框。取消选择，表示只保留图纸空间的图框。
- “图纸空间”选项：默认选择该项，表示在已经选择的图形文件中包括图纸空间里的图框。取消选择，表示只保留模型空间的图框。

> “从构件库选择表格”按钮：单击该按钮，弹出【天正构件库】对话框，在其中可选择图纸目录的表格形式。

> “选择文件”按钮：单击该按钮，进入【选择文件】对话框，在其中可选择要加入图纸目录的图形文件。按住 Shift 键可以一次选择多个图形文件。

> “排除文件”按钮：单击该按钮，可在【图纸文件选择】对话框中选择文件，将其排除在外。

> “生成目录”按钮：单击该按钮，可按照所指定的表格样式和图形文件的信息生成图纸目录表格。

序号	图号
1	建初—1
2	建初—2
3	建初—3
4	建初—4

图 18-35　在位编辑状态

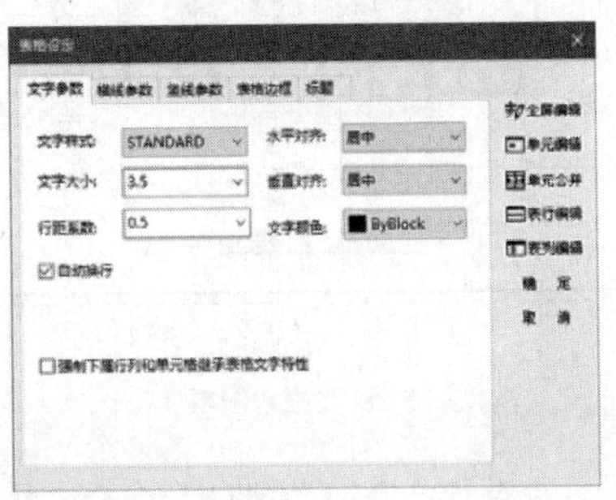

图 18-36　【表格设定】对话框

在执行本命令生成图纸目录前，应先在待生成目录的图形文件中添加天正自定义的图框。因为在添加文件时，系统搜索到一个图框就是一张图纸，并根据图框信息生成图纸目录。

天正自定义的图框在插入时，信息都是系统默认的，要对其进行修改，以免生成的目录发生错误。双击图框上的标题栏，弹出如图 18-37 所示的【增强属性编辑器】对话框，修改图名和图号，单击“确定”按钮完成修改。值得注意的是，每个图框的信息都应该与相对应图纸的信息相符合，以保证所生成图纸目录的准确性。

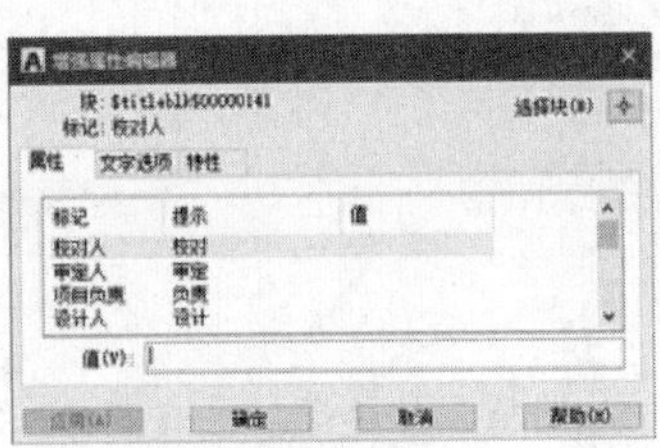

图 18-37　【增强属性编辑器】对话框

18.7.5 插入图框

执行“插入图框”命令，可在模型空间或图纸空间插入图框。如图 18-38 所示为操作结果。

“插入图框”命令的执行方式有以下几种：

> 命令行：在命令行中输入“CRTK”命令，按 Enter 键。

> 菜单栏：单击“文件布图”→“插入图框”命令。

下面以如图 18-38 所示的图形为例，介绍调用“插入图框”命令的操作方法。

01 按 Ctrl+O 组合键，打开配套资源提供的“第 18 章\ 18.7.5 插入图框.dwg”素材文件，结果如

图 18-39 所示。

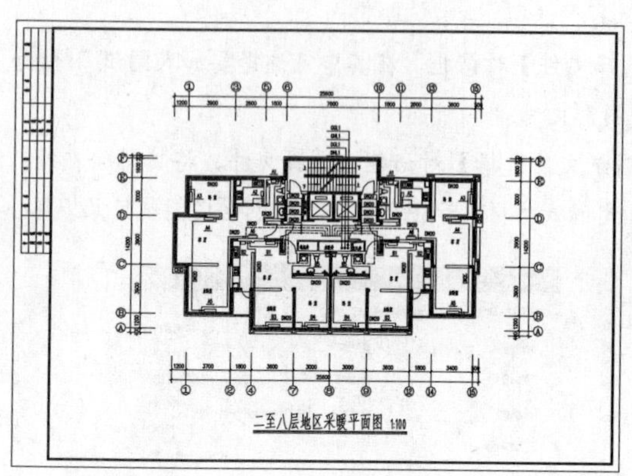

图 18-38　插入图框

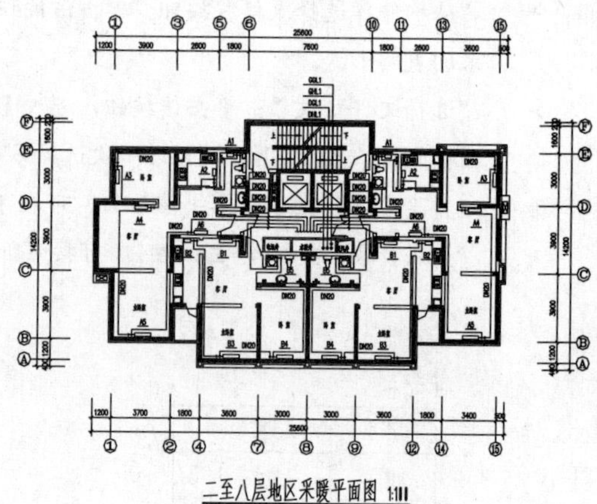

图 18-39　打开素材文件

02 在命令行中输入“CRTK”命令，按 Enter 键，弹出如图 18-40 所示的【插入图框】对话框。

03 在“样式”选项组中单击“会签栏”选项后的选择按钮，弹出【天正图库管理系统】对话框，选择会签栏样式如图 18-41 所示。

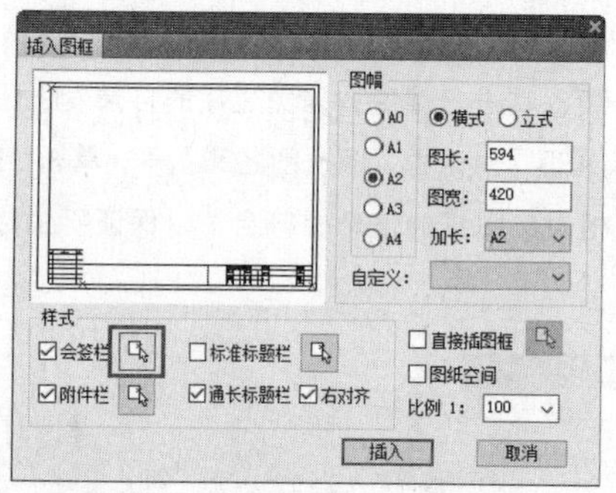

图 18-40　【插入图框】对话框

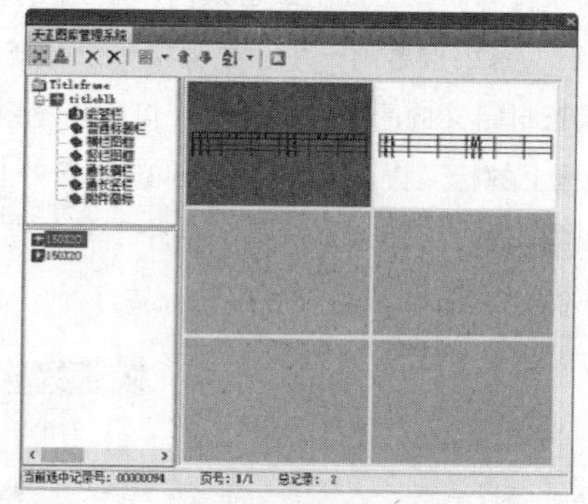

图 18-41　【天正图库管理系统】对话框

04 双击会签栏样式，返回【插入图框】对话框。单击“插入”按钮，命令行提示如下：

```
命令:CRTK↙
选取位置或[转 90 度(A)/左右翻(S)/上下翻(D)/对齐(F)/改转角(R)/改基点(T)]<退出>
          //选取位置，绘制图框的结果如图 18-38 所示。
```

【插入图框】对话框介绍如下：

“图幅”选项组：提供了 A0-A4 五种标准图幅，可单击相应按钮选择图幅。

“横式/立式”选项：设置图纸格式是横式或者是立式。

“图长/图宽”选项：设置图纸的长、宽尺寸，或者显示标准图幅的长、宽尺寸。

“加长”选项：选择加长型的标准图幅。单击“标准标题栏”选项后的按钮，打开【天正图库管理系统】对话框，可选择加长图幅的类型。

“自定义”选项：如果在“图长/图宽”选项栏中输入的是非标准图框尺寸，可以把该尺寸作为自定义尺寸保存在下拉列表。单击选框右边的箭头，可从弹出的下拉列表中选择已保存的尺寸。

“比例”选项：设定图框的出图比例，该比例值应与【打印】对话框的“出图比例”一致。比例参数可从下拉列表中选择，也可自行输入。选择“图纸空间”选项，该控件暗显，比例自动设置为 1:1。

“图纸空间”选项：选择此项，当前视图切换为图纸空间，“比例 1:”自动设置为 1:1。

“会签栏”选项：选择此项，允许在图框左上角加入会签栏。单击右边的按钮，打开【天正图库管理系统】对话框，可从中选择会签栏。

“标准标题栏”选项：选择此项，允许在图框右下角加入国标规定样式的标题栏。单击右边的按钮，打开【天正图库管理系统】对话框，可从中选择预先入库的标题栏。

“通长标题栏”选项：选择此项，允许在图框右方或者下方加入用户自定义样式的标题栏。单击右边的按钮，打开【天正图库管理系统】对话框，可从中选择预先入库的标题栏。系统自动根据用户所选中的标题栏尺寸判断插入竖向或是横向的标题栏，采取合理的插入方式并添加通栏线。

“右对齐”选项：图框在下方插入横向通长标题栏时，选择“右对齐”选项可以使标题栏右对齐，在左边插入附件。

“附件栏”选项：选择“通长标题栏”选项后，“附件栏”选项被激活。选择“附件栏”选项，允许在图框的一端插入附件栏。单击右边的按钮，打开【天正图库管理系统】对话框，可从中选择预先入库的附件栏，如图 18-42 所示，附件栏可以是设计单位徽标或者是会签栏。

“直接插图框”选项：选择此项，允许直接插入带有标题栏与会签栏的完整图框，如图 18-43 所示。不必选择图幅尺寸和图纸格式。单击右边的按钮，打开【天正图库管理系统】对话框，可从中选择预先入库的完整图框。

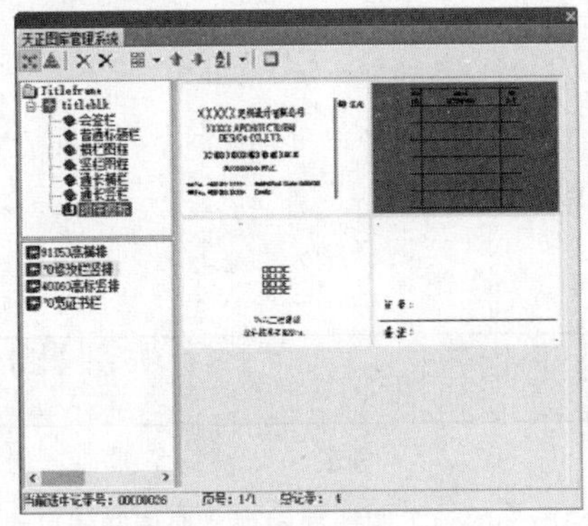

图 18-42　选择附件栏

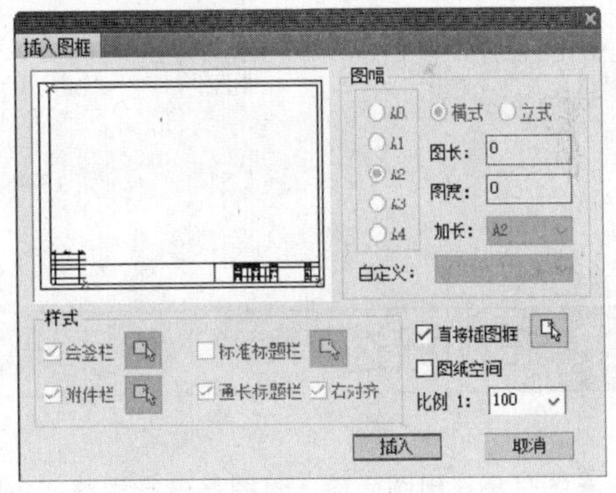

图 18-43　选择“直接插图框”选项

18.7.6 设计说明

调用“设计说明”命令，可在图纸中插入设计说明。

“设计说明”命令的执行方式有以下几种：

- 命令行：在命令行中输入“SJSM”命令，按 Enter 键。
- 菜单栏：单击“文件布图”→“设计说明”命令。

执行“设计说明”命令，弹出如图 18-44 所示的【设计说明】对话框。可在左侧列表中选择设计说明的类型，在右侧窗口预览设计说明。

在右侧窗口中向前或向后滑动鼠标滚轮，可以缩放设计说明文字，如图 18-45 所示。

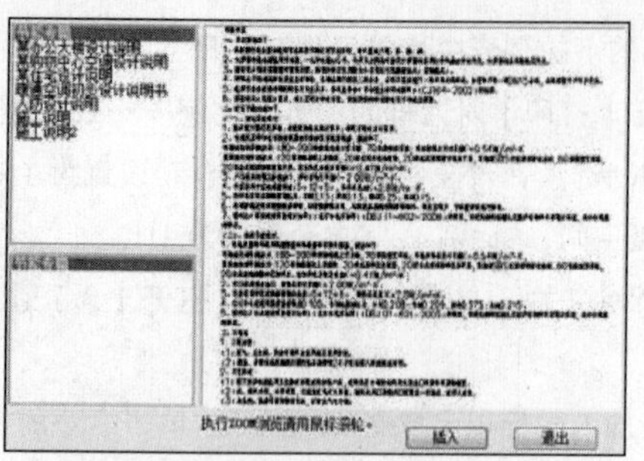

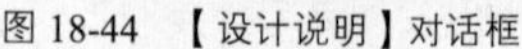

图 18-44 【设计说明】对话框

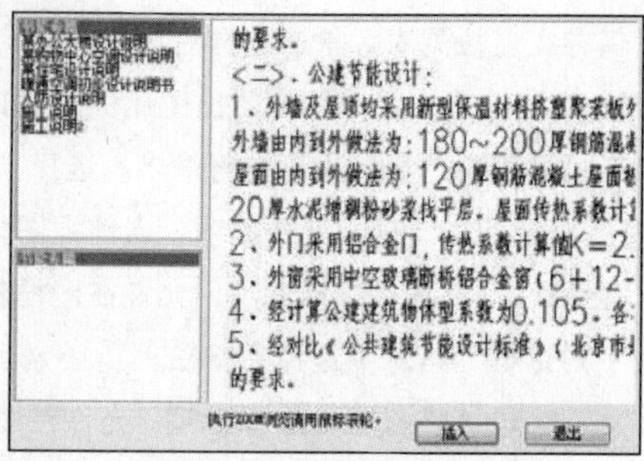

图 18-45 缩放设计说明文字

单击"插入"按钮，指定插入点，绘制设计说明如图 18-46 所示。

节能专篇
一、节水措施如下:
1. 从控制冲洗水量和选用节水配件方面达到节水目的, 并尽量减少跑、冒、滴、漏.
2. 大便器冲洗水箱选用节水型, 一次冲水量≤6升. 公共卫生间洗手盆及小便器均采用红外线感应节水开关. 大便器均采用脚踏式开关.
3. 配水龙头均采用陶瓷片密封水嘴. 所有公共卫生间的龙头采用红外线感应龙头(非触摸式).
4. 根据水平衡测试要求及水系统划分, 各用水部门安装二级水表, 水表安装在地下一层专用水表间内. 住宅每户设一块DN15水表, 水表安装于户外管井内.
5. 选用节水办推荐采用的配件及卫生洁具. 器具应符合《节水型生活用水器具》(CJ164−2002)的标准.
6. 根据有关《规范》要求, 本工程设计中水系统. 市政提供的中水给水用于冲洗坐便器.
二、建筑节能措施如下:
<一>. 住宅节能设计:
1. 随本施工图还提供有: 本建筑物热负荷计算书; 采暖系统水力计算书.
2. 外墙及屋顶均采用新型保温材料挤塑聚苯板外保温, 做法如下:
外墙由内到外做法为: 180~200厚钢筋混凝土剪力墙, 70厚挤塑聚苯板; 外墙传热系数计算值K=0.54W/m²·K
屋面由内到外做法为: 120厚钢筋混凝土屋面板, 20厚水泥砂浆找坡层, 20厚水泥增稠粉砂浆找平层, 聚酯胎SBS改性沥青防水卷材, 60厚挤塑聚苯板, 20厚水泥增稠粉砂浆找平层. 屋面传热系数计算值K=0.41W/m²·K;
3. 户门采用钢制三防保温门, 传热系数计算值K=2.00W/m²·K.
4. 外窗采用中空玻璃塑钢窗(5+12+5), 传热系数应K<2.8W/m·K.
5. 经计算住宅各朝向窗墙比为: 东向0.13; 西向0.13; 南向0.25; 北向0.15.
6. 外围护通过采用新型保温材料, 以降低传热系数, 从而使各房间外围护结构冷、热负荷减少, 节约能源及运行费用.
7. 经对比《居住建筑节能设计标准》(北京市地方标准)(DBJ 11−602−2006)的要求, 本建筑物的窗墙比及围护结构传热系数计算值, 均小于规范的要求.
<二>. 公建节能设计:
1. 外墙及屋顶均采用新型保温材料挤塑聚苯板外保温, 做法如下:
外墙由内到外做法为: 180~200厚钢筋混凝土剪力墙, 70厚挤塑聚苯板; 外墙传热系数计算值K=0.54W/m²·K;
屋面由内到外做法为: 120厚钢筋混凝土屋面板, 20厚水泥砂浆找坡层, 20厚水泥增稠粉砂浆找平层, 聚酯胎SBS改性沥青防水卷材, 60厚挤塑聚苯板, 20厚水泥增稠粉砂浆找平层. 屋面传热系数计算值K=0.41W/m²·K;
2. 外门采用铝合金门, 传热系数计算值K=2.00W/m²·K.
3. 外窗采用中空玻璃断桥铝合金窗(6+12+6), 传热系数应K<2.8W/m²·K.
4. 经计算公建建筑物体型系数为0.105. 各朝向窗墙比为: 东向0.208; 西向0.209; 南向0.575; 北向0.215.
5. 经对比《公共建筑节能设计标准》(北京市地方标准)(DBJ 01−621−2005)的要求, 本建筑物的窗墙比及围护结构传热系数计算值, 均小于规范的要求.
三、环保篇
1. 三废治理:
(1) 废气: 卫生间、厨房等排风由竖风道至屋顶排放.
(2) 废水: 粪便污水经庭院设置的化粪池停留24小时后排入市政污水管网.
2. 卫生防疫:
(1) 地下生活水箱选用卫生防疫站通过的合格产品, 在给高区变频给水的总水管出口设紫外线消毒装置.
(2) 送、排风系统, 分开设置, 以避免空气交叉污染. 新风取风口及排风口设置在一定高度, 避开人流区.
(3) 卫生间、机房等房间保持负压, 以防止气味污染.

图 18-46 绘制设计说明

18.8 布图概述

布图是指在出图之前，对图面进行调整、布置，使打印出来的施工图图面美观、协调并满足建筑制图规范。天正软件提供了两种布图方式，分别是单比例布图和多视口布图。下面分别为读者介绍这两种出图方式。

1. 单比例布图

单比例布图是指从绘图至输出都是用一个比例，该比例可以在绘图前预设，也可在出图前修改。在修改比例后，可选择图形的注释对象，如文字标注、尺寸标注、符号标注等进行更新。单比例布图适合大多数建筑施工图设计，可以直接在模型空间出图。

预设比例的布图步骤如下：

- 执行"当前比例"命令，预设图形的比例为 1:150。
- 绘制并编辑图形。
- 执行"插入图框"命令，设置图框的插入比例为 1:150，插入图框。

- 执行“文件”→“页面设置管理器”命令，在【页面设置】对话框中设置打印参数，包括打印设备、图形打印方向等；同时将图形的打印比例设置为 1:150，与绘图比例相同，单击“打印”命令，直接打印输出图形。

2. 多视口布图

多视口布图是指在模型空间中选择多个图形，以各自的绘图比例为倍数，缩小并放置到图纸空间的视口中，合理调整版面后打印输出。

多视口布图的步骤如下：

- 将当前比例设置为 1:5，绘制并编辑图形。
- 将当前比例设置为 1:3，绘制并编辑图形。
- 单击绘图区域下方的“布局”标签，进入图纸空间。
- 执行“文件”→“页面设置管理器”命令，在【页面设置】对话框中设置打印参数，将打印比例设定为 1:1，单击“确定”按钮保存参数。
- 在图纸空间中删除系统自动创建的视口。
- 执行定义视口命令，分别定义比例为 1:5、1:3 的视口。
- 执行“插入图框”命令，设置图框的插入比例为 1:1，插入图框。
- 打印出图。

综上所述，单比例布图和多视口布图的特点见表 18-1。

表 18-1　单比例布图和多视口布图的特点

方式	单比例布图	多视口布图
使用情况	单一比例的图形	一张图中有多个比例图形，并同时绘制
当前比例	1:200	各图形当前比例不同
视口比例	——	与各图形比例一致
图框比例	1:200	1:1
打印比例	1:200	1:1
空间状态	模型空间	模型空间与图纸空间
布图方式	不需布图	先绘图，后布图
优点	操作简单、灵活、方便	不需切换比例就可同时绘制多个比例图
缺点	图形不得以任意角度摆放	多比例拼接比较困难

18.9 布图比例

本节介绍布图比例的知识，包括当前比例、视口比例、图框比例、出图比例的含义和设置方法。

18.9.1 当前比例

当前比例是指当前的绘图比例，在此基础上所绘制的图形与系统设定的当前比例一致。

天正软件默认的当前比例为 1:100，这是绘制大多数建筑图时常用的比例。但并不是所有的建筑图都按照这个比例来绘制，绘图比例需要根据实际情况来设定。

值得注意的是，当前比例只是一个全局设置，与最终的打印输出没有直接的关系。也就是说，在打印输出图形时，可以按照当前比例来打印输出，也可重新设置打印输出比例。

当前比例参数的设置步骤如下：

➢ 先设定当前比例，再在该比例的环境下绘制图形。

➢ 先绘制图形，再执行“当前比例”命令更改比例。

➢ 复制所需要的部分详图，插入图中后再为其设置新的比例。

重新定义当前比例后，图形本身的度量尺寸不变，只是注释对象的大小被更改，如文字标注、尺寸标注等。

在当前比例为 1:100 的情况下绘制的尺寸标注，如图 18-47 所示。将当前比例改为 1:50 后，尺寸标注被缩小一半，但是其长、宽范围保持不变，如图 18-48 所示。

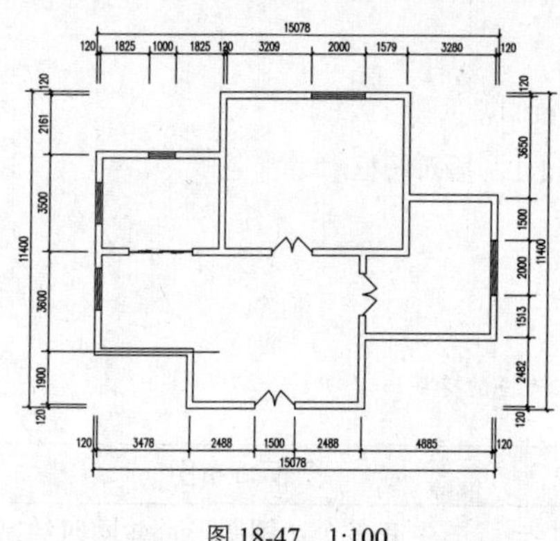

图 18-47　1:100

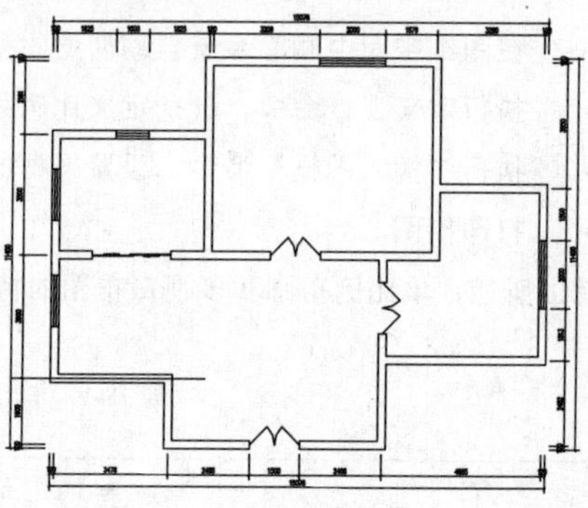

图 18-48　1:50

18.9.2 视口比例

视口比例就像是在模型空间中开个窗口，透过窗口来观察模型的比例。

使用多视口比例的方式布图时，要先执行“定义视口”命令，在图纸空间中创建视口。

以绘制完成的图形为基础创建视口，在通过绘制矩形框来定义视口时，需要将图形以及图名全部框选。

如果是定义一个空白视口，可以在模型空间中随意指定矩形框的大小，并在系统提示下设定视口的大小。注意，所定义的比例与视口中图形或将要绘制的图形使用的比例相一致。

如果视口的比例与视口内图形的比例不一致，可以使用“放大视口”命令，将视口范围切换至模型空间，然后执行“改变比例”命令，更改比例参数，使图形与视口的比例相一致。

18.9.3 图框比例

在天正图纸中插入图框，需要在【插入图框】对话框中定义图框的比例。在使用单比例布图时，图框的比例应与图形的出图比例相同，与图形的当前比例也要一致。

在使用多视口布图时，系统将图框的插入比例设定为 1:1，用户不能随意更改。

18.9.4 出图比例

出图比例也称为打印比例，需要在打印输出图纸前设置。在设置出图比例前，首先要选择打印机。在【页面设置】对话框中可以选择打印机，如图 18-49 所示。

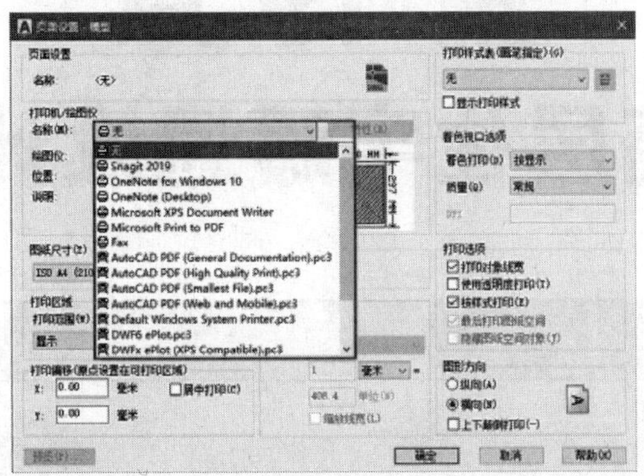

图 18-49 【页面设置】对话框

选择打印机后，就可以设定出图比例了。在单比例布图的情况下，出图比例要与图形的当前比例、图框比例一致，可采用自定义出图比例，如图 18-50 所示。在多视口布图的情况下，打印比例则一律为 1:1，如图 18-51 所示。

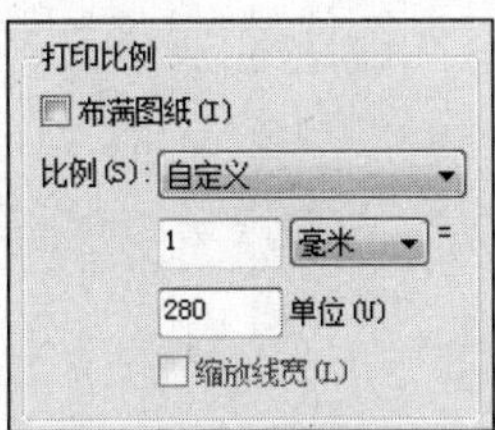

图 18-50 自定义出图比例

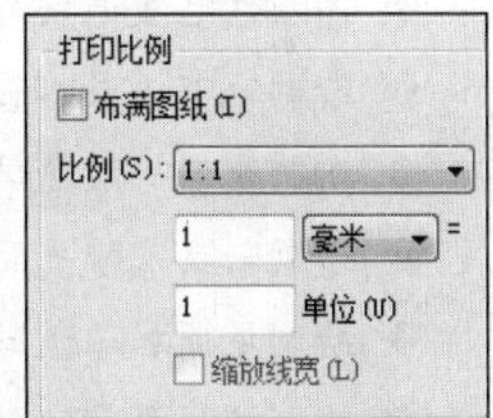

图 18-51 1:1 的出图比例

第 19 章 高层住宅暖通设计

● **本章导读**

本章以高层住宅暖通设计施工图为例，介绍住宅类暖通设计图纸的绘制方法。

● **本章重点**

◈ 高层住宅暖通设计说明
◈ 绘制地下一层水管平面图
◈ 绘制地下一层通风平面图
◈ 绘制一层采暖平面图
◈ 绘制屋顶加压送风平面图
◈ 绘制楼梯间前室加压送风系统原理图
◈ 绘制采暖系统图

T20-Hvac V6.0

19.1 高层住宅暖通设计说明

1. 设计说明

（1）建筑概况。本工程地下 1 层，地上 20 层，总建筑面积约 7236.67m^2，总建筑高度为 56.0m。

（2）设计依据。

1）《民用建筑供暖通风与空气调节设计规范》（GB 50736-2012）。

2）《建筑设计防火规范》（GB 50016-2014）。

3）《住宅建筑规范》（GB 50368—2005）

4）《全国民用建筑工程设计技术措施——暖通空调·动力》（2009）。

5）《居住建筑节能设计标准》（DB 21/T 2885—2017）。

6） 其他使用的规范、规程和标准等。

7）建设单位的设计要求。

（3）设计参数。

1）室外气象参数

冬季采暖室外计算温度：－19C°

冬季通风室外计算温度：－12C°

冬季最多风向平均室外风速：3.2m/s

2）室内设计参数具体见表 19-1。

表 19-1 室内设计参数

主要房间名称	温度/℃	主要房间名称	温度/℃
网店	18	地下层库房	10
卧室、客厅	18		
厨房	15		
住宅卫生间	18		

（4）设计范围。包括建筑物内的采暖、通风及排烟设计。

（5）采暖设计。

1）热源：

- 采暖系统热水由园区热交换站提供，散热器系统供回水温度为 80～60℃。
- 热风系统热水由园区热交换站提供，供回水温度为 80～60℃。

2）采暖形式：

- 住宅采用散热器采暖系统。
- 地下一层库房由送风系统冬季送热风供暖。
- 六级人防物资库由送风系统冬季送热风供暖。

3）热水采暖系统：

- 热水采暖系统竖向分高、低区设置，－1～8 层为低区，9 层以上为高区。
- 住宅采用共用立管的分户计量式系统，户内系统采用水平跨越式。
- 高、底区采暖系统的定压及补水由热交换站解决。
- 散热器选用钢制复合式鳍片型散热器。型号为 CFQ1.2/6-1.0，每片标准散热量为 129.3W，工作压力不小于 1.0MPa，挂墙安装。
- 本工程总采暖热负荷为 267.1kW，热指标为 36.9W/m^2。

采暖系统的具体设置详见表 19-2。

表 19-2　采暖系统的具体设置

系统编号	热负荷/kW	压力损失/kPa	服务区域	备注
DR1	119.9	32.4	B2 号楼低区	
GR1	149.2	46.4	B2 号楼高区	
DR2	78.4	42.6	地下层库房	
DR3	67.2	41.3	六级人防物资库	

（6）通风机防排烟设计.

1）系统设置：

- 合用前室和防烟楼梯间前室设机械加压送风系统，加压送风机设于屋面。
- 地下层库房设机械送、排风系统，火灾时兼用作补风系统和排烟系统。
- 六级人防物资库设机械送、排风系统，火灾时兼用作补风系统和排烟系统。
- 战时六级人防物资库设清洁、隔绝两种通风方式。清洁通风量按清洁区的换气数 2 次/h 计算。隔绝防护时间大于或等于 3h，CO_2 含量为 3.0%。

2）通风机防排烟系统的具体设置见表 19-3。

表 19-3　通风机防排烟系统的具体设置

系统编号	服务区域	风量（m^3/h）	全压/Pa	备注
P（Y）-1	B2 号楼地下室	13312	563	排风兼排烟
S（B）-1	B2 号楼地下室	7000	240（静压）	送风兼补风
JS-1	B2 号楼合用前室	31373	625	加压送风
JS-2	B2 号楼防烟楼梯间前室及地下防烟楼梯间	31373	625	加压送风
RF-P（Y）-1	六级人防物资库	10319	592	排风兼排烟
RF-S（B）-1	六级人防物资库	6000	200（静压）	送风兼补风

- 排烟系统风机吸入口处均设 280℃自动关闭的防火阀。
- 通风系统风管穿越机房、防火墙及变形缝处均设有防火阀。防火阀与墙体之间的风管壁厚为

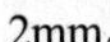

2mm。

➢ 卫生间设卫生间通风器，用户自理。

（7）节能设计。

1）建筑概况：功能为住宅。地上 20 层，建筑高度 56.0m，总建筑面积 7236.6 m^2，建筑体形系数 0.16。

2）维护结构传热系数 K：

屋面：K=0.345W/（m^2K）

外墙（地上）：K=0.33W/（m^2K）

外墙（地下）：K=0.538W/（m^2K）

不采暖房间与采暖房间之间的隔墙：K=0.632W/（m^2K）

不采暖房间与采暖房间之间的楼板：K=0.632W/（m^2K）

接触室外空气地板：K=0.422W/（m^2K）

外窗：K（南）≤2.9W/（m^2K）；K（北）≤2.9W/（m^2K）；

K（东）≤2.9W/（m^2K）；K（西）≤2.9W/（m^2K）

3）采暖热负荷：267.1kW，热负荷指标：36.9 W/m^2。

2. 施工说明

（1）采暖系统。

1）采暖管道除了住宅户内系统外均采用焊接钢管、

2）户内采暖管道采用铝塑 PP-R 复合管，工作温度 18℃ ± 2℃（不低于 16℃），允许工作压力 1.0MPa，地面沟槽内敷设。管材的规格尺寸见表 19-4。

表 19-4 管材的规格尺寸

公称直径/mm	15	20	25
外径/mm	20	25	32
壁厚/mm	2.9	3.1	3.9

3）系统工作压力：低区系统最低点工作压力均为 0.6MPa，高区系统最低点工作压力均为 0.8MPa，设备和附件的允许工作压力应不小于 1.0MPa。

4）采暖阀门：

➢ 公称直径小于 DN50 采用球阀，大于或等于 DN50 采用对夹蝶阀。

➢ 在入户之前的供水管道上，顺水流方向应安装阀门（铜球阀），过滤器、计量表、阀门及泄水管。在出户之后的回水管道上应安装泄水管并加装平衡阀。

➢ 所有阀门应设置在便于操作与维修处。

➢ 散热器上均设手动风阀，该阀位于散热器顶端螺塞上。

➢ 分户支管上设锁闭阀和平衡阀。

5）油漆：

➢ 管道及散热器在刷底漆之前应仔细除锈或采用 SRC-A 型特种带锈防锈底漆。

➢ 散热器表面在刷（喷）防锈底漆二遍干燥后再刷（喷）非金属性面漆二遍。

- 保温管道刷（喷）防锈底漆二遍。
- 非保温管道刷（喷）防锈底漆二遍，刷（喷）耐热色漆或银粉二遍。

6）保温：

- 敷设于地下室、非采暖房间、地沟、屋顶和楼梯间的主立管均需保温。
- 保温材料选用离心玻璃棉管壳，厚度为 60mm。

7）系统安装与敷设：

- 设计图中水管标高（凡未注明时）为中心标高。
- 散热器挂墙安装，底距地 150 mm，一组散热器超过 25 片时分成二组串联，并做异侧连接，串联管径与散热器接口相同，长度不超过 200mm。

8）管道敷设：

- 管道系统的最低点应配 DN20 泄水管并安装同径阀门，管道系统的最高点应配自动排气阀。
- 管道活动的支架、吊架、托架的具体形式和设置位置，由安装单位根据现场情况，在保证牢固、可靠的原则下选定。
- 管道穿过墙壁或楼板应设钢制套管。套管公称直径应比管道公称直径大 2 号，安装在楼板内的套管的顶部应高出装饰地面 20mm，安装在卫生间及厨房内的套管的顶部应高出装饰地面 50mm，底部应与楼板面相平。安装在墙壁内的套管的两端应与饰面相平。

9）水压试验：

- 散热器组对后以及整组出厂的散热器在安装前应进行水压试验，试验压力为 0.9MPa，2~3 min 压力不降、不渗、不漏为合格。
- 管道和散热器安装前需清除内部污物，安装中断应临时封闭接口。系统整体试压后应进行冲洗，至排出的水不含杂质且水色不浑浊为合格。
- 水系统安装完毕冲洗后，保温前应进行水压试验。入口试验压力为低区 0.9MPa，高区 1.2MPa，升至试验压力后，稳压 10min，压力下降不大于 0.02MPa，再将压力降至工作压力，外观检查无渗漏为合格。

10）调试：系统试压冲洗合格后，需进行试运行并及时调整参数，以各房间温度与设计温度基本协调为合格。

11）未尽事宜，需严格遵照《建筑给水排水及采暖工程施工质量验收规范》（GB 50242—2002）中的规定。

（2） 通风系统.

1）通风、排烟系统的风管均采用镀锌钢板制作，板材壁厚应符合表 19-5 中的规定。

2）除图中特殊注明外，本设计图中所注标高为：矩形风管注顶标高，水管及圆形风管注中心标高。

3）风管采用法兰连接，法兰垫料采用闭孔海绵或橡胶板；对排风排烟合用的风管，其法兰垫料采用浸油石棉板。法兰垫料厚度均为 5mm。

4）风管与空调机和进排风机进、出口连接处应采用复合铝箔柔性玻璃纤维软管，设置于负压侧时长度为 100mm；设置于正压侧时长度为 150mm。排烟系统的柔性短管应采用不燃材料制作，应保证在 280℃时能连续工作 30min 以上。

表 19-5　板材壁厚列表

矩形风管大边长/mm	板材厚度/mm	
	通风系统	排烟系统
D（b）≤320	0.5	0.75
320<D（b）≤450	0.6	0.75
450<D（b）≤630	0.6	0.75
630<D（b）≤1000	0.75	1.0
1000<D（b）≤1250	1.0	1.0
1250<D（b）≤2000	1.0	1.2
2000<D（b）≤4000	1.2	1.5

5）本设计图中所示的管道风机仅表示其安装位置，风机安装时应注意风机的气流方向与本图所要求的方向一致。

6）防火调节阀（带电信号输出）分 70℃和 280℃两种，安装时切勿混淆，尺寸按所接风管的尺寸采用。

7）安装防火阀和排烟阀时，应先对其外观质量和动作的灵活性、可靠性进行检验，确认合格后再安装。

8）防火阀的安装位置必须和设计相符，气流方向必须和阀体上标志的箭头相一致，严禁反向。

9）安装调节阀、蝶阀等调节配件时，必须注意将操作手柄配置在便于操作的部位。

10）消声器采用微缩孔板消声器。消声器的接口尺寸与所接风管尺寸相同。

11）所有设备基础均应在设备到货且校核其尺寸无误后方可施工。

12）尺寸较大的设备应在其机房墙未砌之前放入机房内。

13）土建施工时，本专业施工人员应配个土建专业施工人员。预留孔洞时应按照本专业和土建专业图纸，务必认真核准。

14）各类产品订货时必须符合设计技术要求，产品需有合格证，消防类产品还需有消防认证证书，消声产品必须有声学测试报告，且无可燃材料。

15）未尽事宜，须严格遵照以下国家标准：

《建筑给水排水及采暖工程施工质量验收规范》GB 50242—2002。

《辐射供暖供冷技术规程》JGJ 142—2012。

《通风与空调工程施工质量验收规范》GB 50243—2016。

19.2 绘制地下一层水管平面图

本节介绍高层住宅楼地下一层水管平面图的绘制方法，包括采暖管线的绘制，水管阀门的布置等。

01 打开素材。按 Ctrl+O 组合键，打开配套资源提供的“第 19 章\ 19.2 地下一层原始结构图.dwg”文件，结果如图 19-1 所示。

02 插入水管阀门。执行“图库图层”→“通用图库”命令，在弹出的【天正图库管理系统】对话框中选择名称为“刚性防水套管”的阀门，如图 19-2 所示。

03 在对话框中双击阀门，在图中选取插入点。调用“CO”（复制）命令，复制插入阀门，结果如图 19-3 所示。

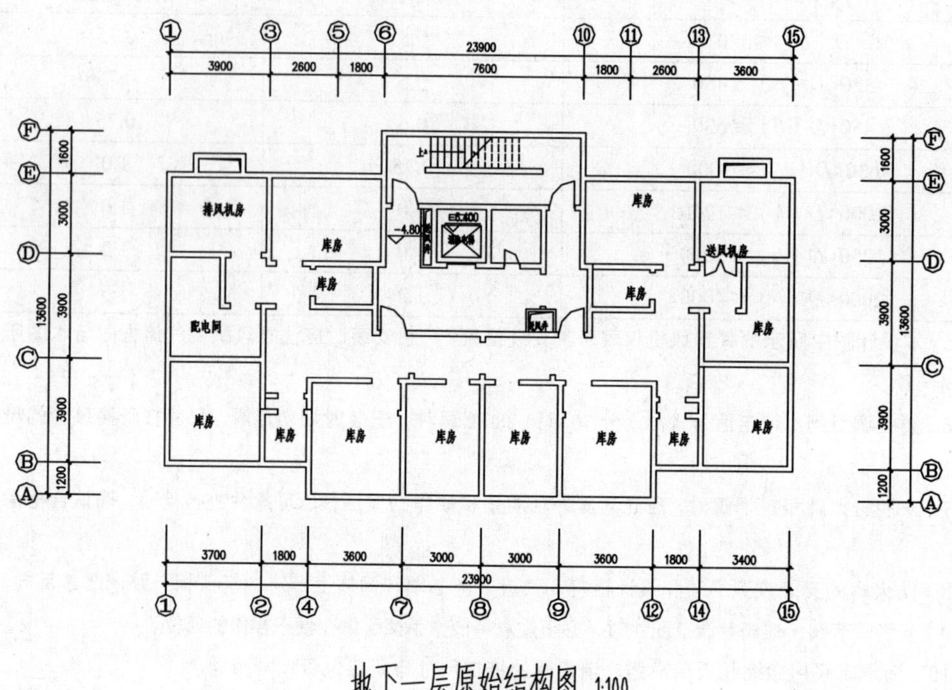

图 19-1　地下一层原始结构图

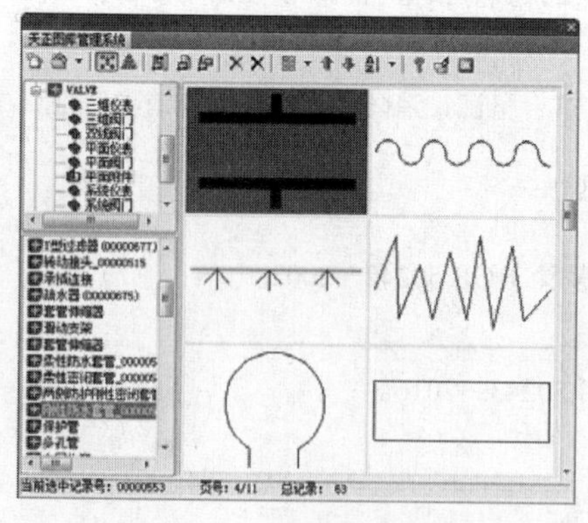

图 19-2　【天正图库管理系统】对话框

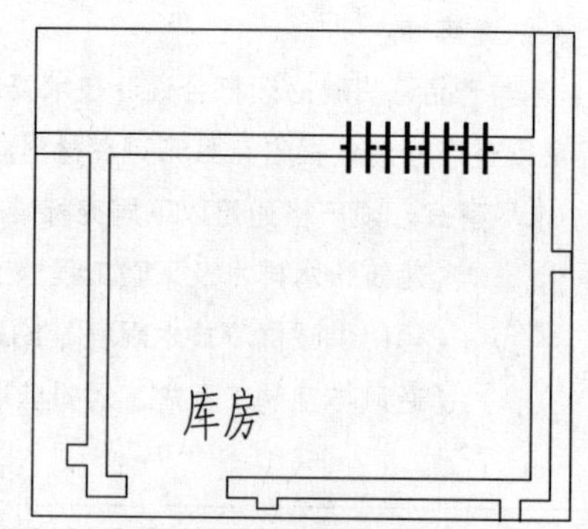

图 19-3　插入阀门

04 绘制采暖立管。执行“采暖”→“采暖立管”命令，弹出【采暖立管】对话框，单击“供回双管”按钮，并定义管径参数，结果如图 19-4 所示。

05 根据命令行的提示，在图中指定采暖立管的插入点，绘制采暖供回双管的结果如图 19-5 所示。

06 绘制采暖管线。执行“采暖”→“采暖管线”命令，弹出如图 19-6 所示的【采暖管线】对话框。在其中分别单击“暖供水干管”“暖回水干管”按钮，在图中分别指定管线的起点和终点，绘制管线的结果如图 19-7 所示。

图 19-4 【采暖立管】对话框

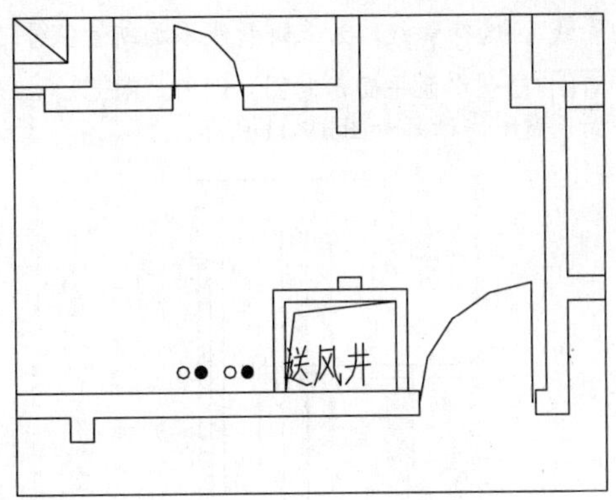

图 19-5 绘制采暖供回双管

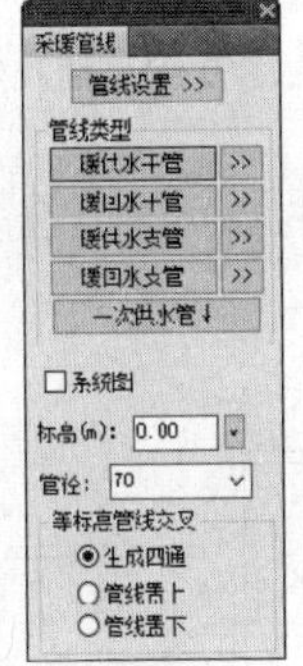

图 19-6 【采暖管线】对话框

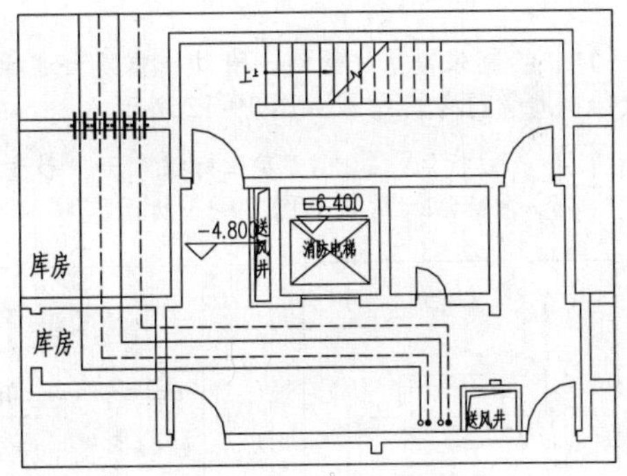

图 19-7 绘制采暖管线

07 修改管径。双击右边第一根干管、第二根干管，在弹出如图 19-8 所示的【修改管线】对话框中修改管径为 80mm。

08 绘制采暖立管。执行“采暖”→“采暖立管”命令，弹出【采暖立管】对话框，单击“供回双管”按钮，绘制采暖立管的结果如图 19-9 所示。

图 19-8 【修改管线】对话框

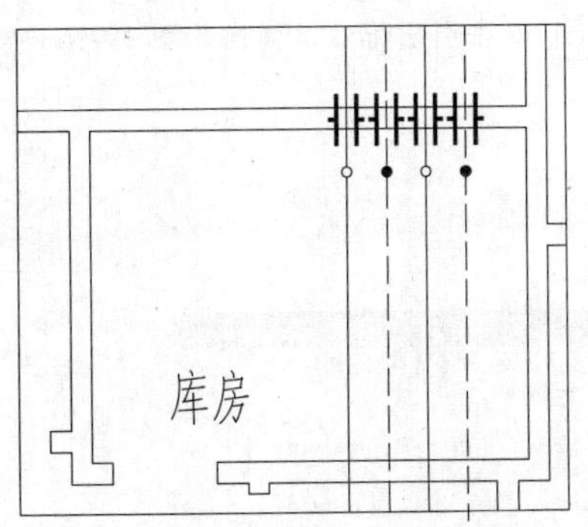

图 19-9 绘制采暖立管

09 绘制断管符号。执行“水管工具”→“断管符号”命令，命令行提示“请选择需要插入断管符

号的管线”。选择管线，为采暖管线添加断管符号，结果如图 19-10 所示。

10 绘制水泵平面示意图。调用 “REC”（矩形）命令，绘制尺寸为 1500mm × 1200mm 的矩形，水泵平面示意图，结果如图 19-11 所示。

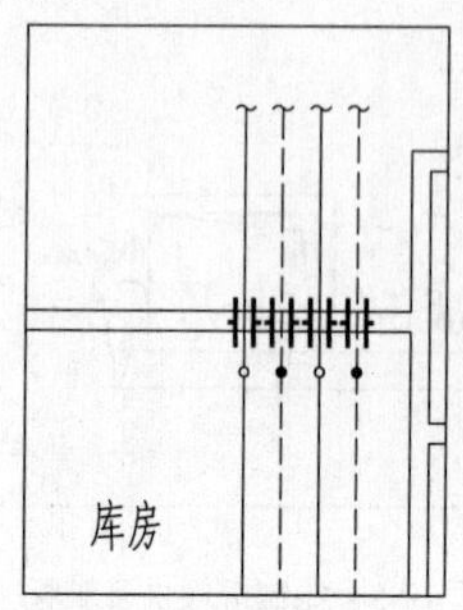

图 19-10 绘制断管符号

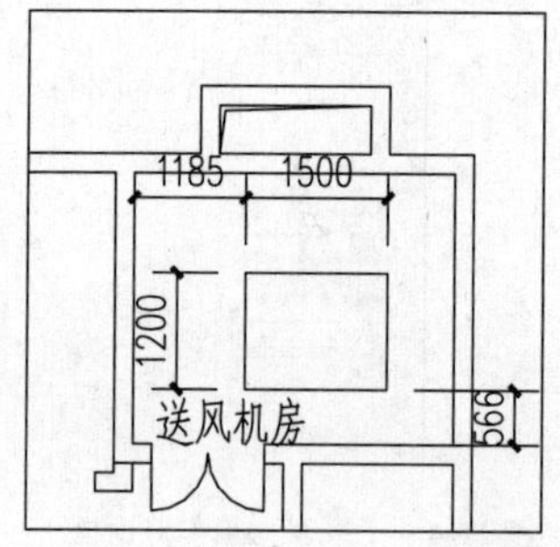

图 19-11 绘制水泵平面示意图

11 绘制采暖系统管线、附件。重复上述操作，绘制采暖立管、采暖管线，插入刚性防水套管，为管线绘制断管符号，结果如图 19-12 所示。

12 多管标注。执行 “专业标注” → “多管标注” 命令，根据命令行的提示，指定标注的起点和终点，绘制多管标注，结果如图 19-13 所示。

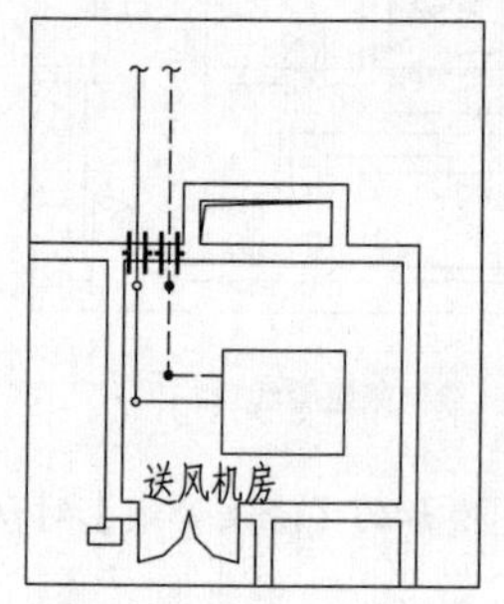

图 19-12 绘制采暖系统管线、附件

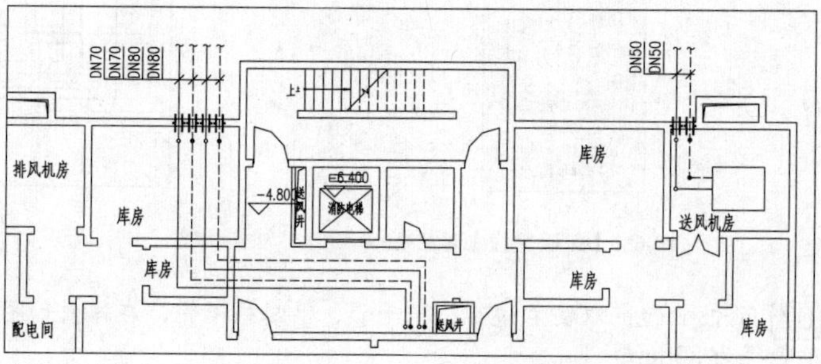

图 19-13 多管标注

13 绘制引出标注。执行 “符号标注” → “引出标注” 命令，弹出【引出标注】对话框，设置参数如图 19-14 所示。

14 根据命令行的提示，在图中指定标注的各点，绘制引出标注，结果如图 19-15 所示。

15 双击引出标注，弹出如图 19-16 所示的【编辑引出标注】对话框。

图 19-14 【引出标注】对话框

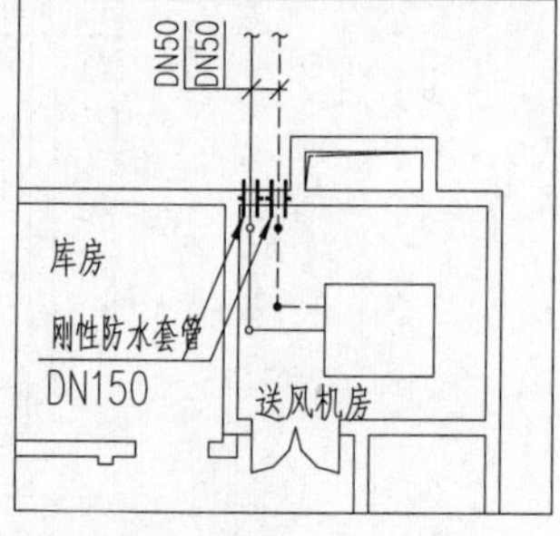

图 19-15 绘制引出标注

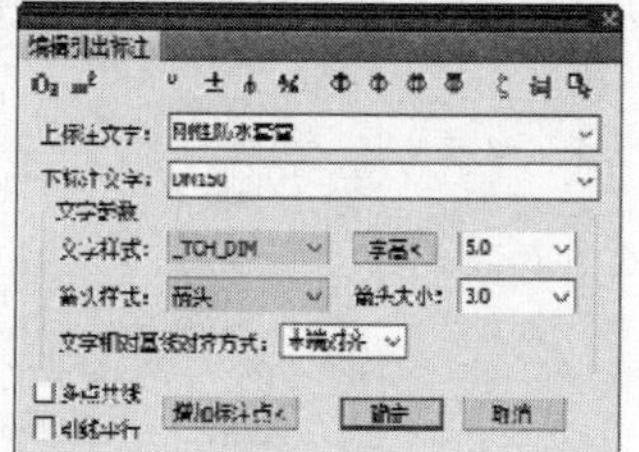

图 19-16 【编辑引出标注】对话框

16 在对话框中单击 “增加标注点” 按钮，在图中选取待编辑的标注点，绘制结果如图 19-17 所示。

17 重复操作，继续绘制引出标注，结果如图 19-18 所示。

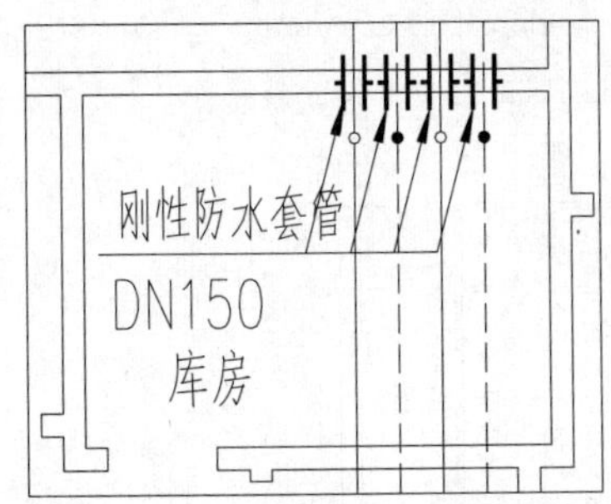

图 19-17 增加标注点

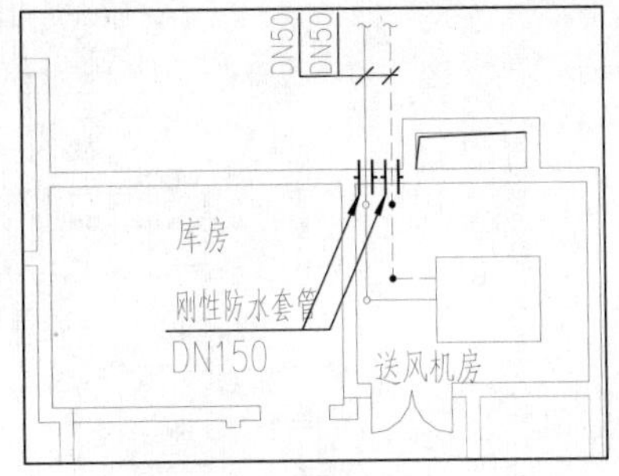

图 19-18 继续绘制引出标注

18 继续执行“符号标注”→“引出标注”命令，在弹出的【引出标注】对话框中设置参数，绘制引出标注。双击引出标注，为其添加标注点，结果如图 19-19 所示。

19 绘制多行文字标注。执行“文字表格”→“多行文字”命令，弹出【多行文字】对话框，在其中输入文字标注，如图 19-20 所示。

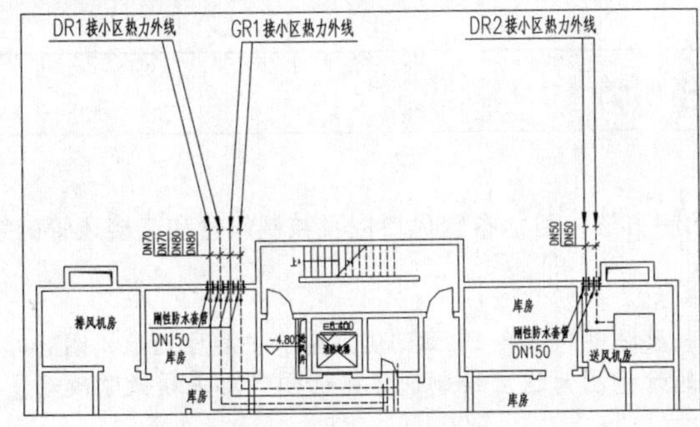

图 19-19 添加标注点

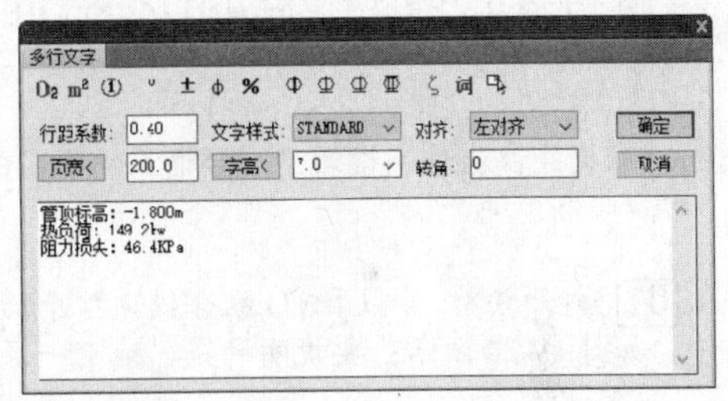

图 19-20 【多行文字】对话框

20 单击“确定”按钮，在图中选取插入位置，完成多行文字的标注。重复执行“多行文字”命令，继续绘制多行文字标注，结果如图 19-21 所示。

21 图名标注。执行“符号标注”→“图名标注”命令，弹出【图名标注】对话框，设置参数如图 19-22 所示。

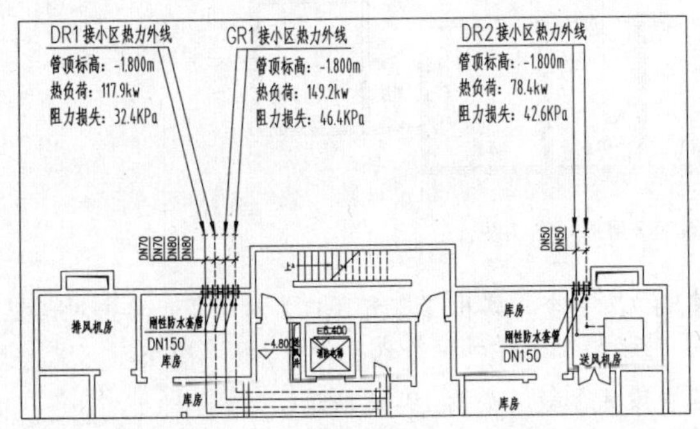

图 19-21 多行文字标注

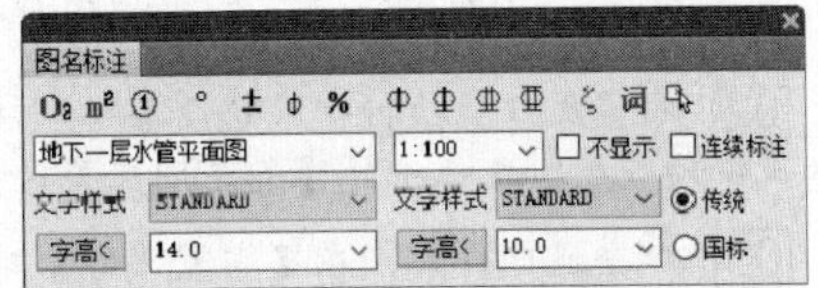

图 19-22 【图名标注】对话框

22 根据命令行的提示，在图中选取插入位置，绘制图名标注，结果如图 19-23 所示。

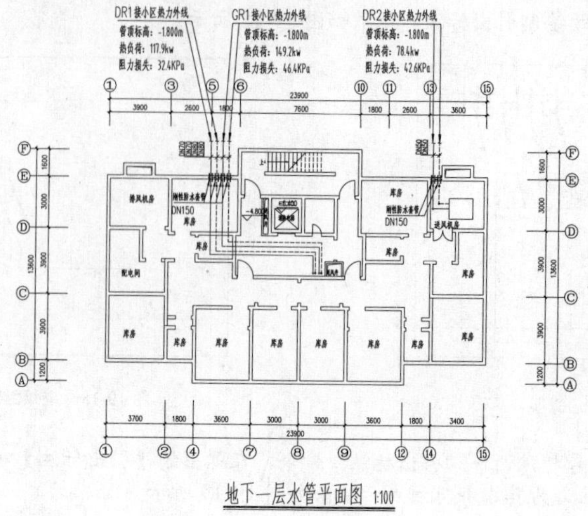

图 19-23 图名标注

19.3 绘制地下一层通风平面图

本节介绍高层住宅楼地下一层通风平面图的绘制方法，包括布置风口以及绘制风管和连接风管的绘制。

01 打开素材。按 Ctrl+O 组合键，打开配套资源提供的“第 19 章\19.3 地下一层原始结构图.dwg”文件，如图 19-24 所示。要说明的是，地下一层原始结构图为适应绘制通风平面图的要求稍做了改动。

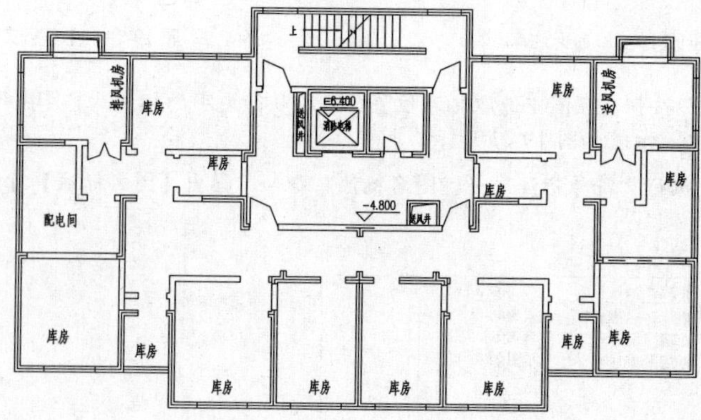

图 19-24 地下一层原始结构图

02 布置风口。执行“风管设备”→“布置风口”命令，弹出【布置风口】对话框。单击对话框左边的风口预览框，在弹出的【天正图库管理系统】对话框中选择风口样式，如图 19-25 所示。

03 双击风口样式，在【布置风口】对话框中设置参数，如图 19-26 所示。

04 根据命令行的提示，在图中选取位置，布置风口的结果如图 19-27 所示。

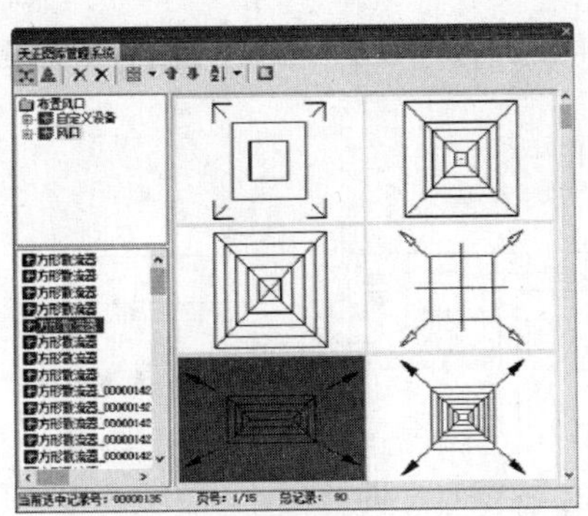

图 19-25 【天正图库管理系统】对话框

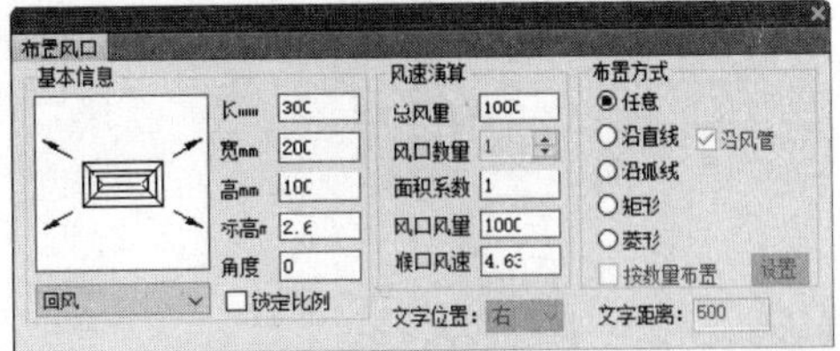

图 19-26 设置参数

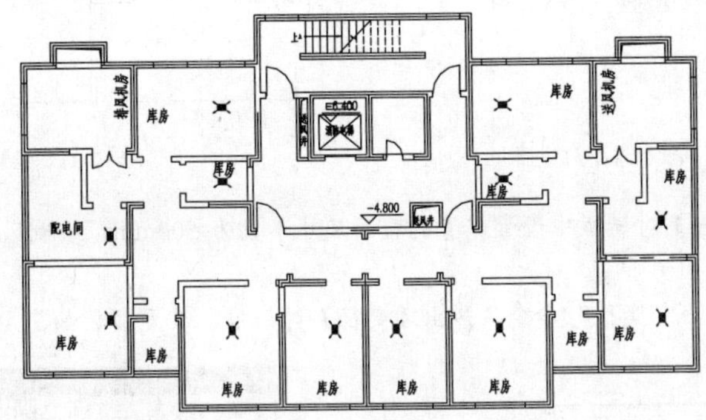

图 19-27 布置风口

05 布置双层百叶风口。执行“风管设备”→“布置风口”命令，选择双层百叶风口，设置风口参数，如图 19-28 所示。

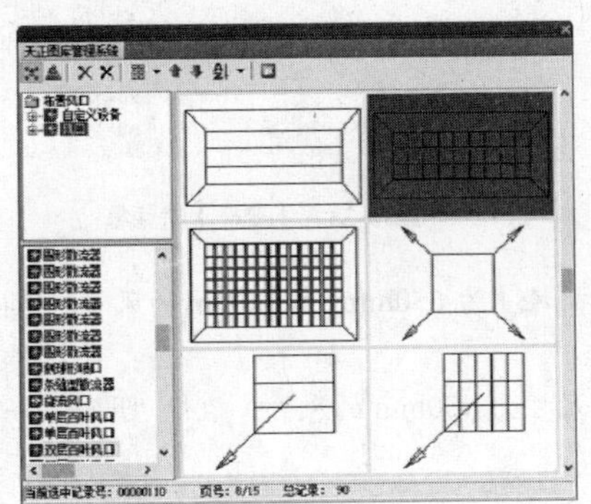

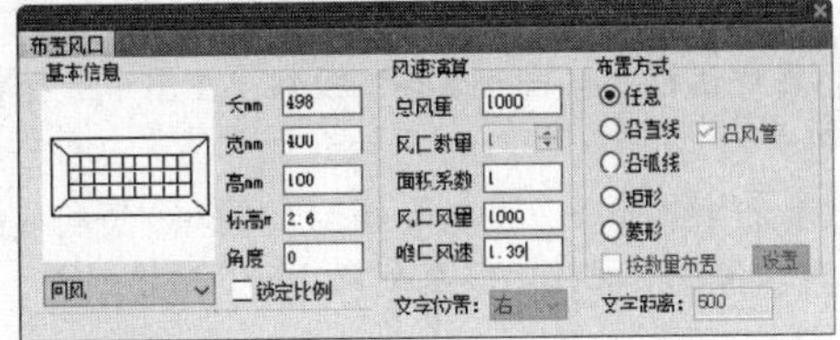

图 19-28 设置双层百叶风口参数

06 根据命令行的提示，在图中选取位置，布置双层百叶风口的结果如图 19-29 所示。

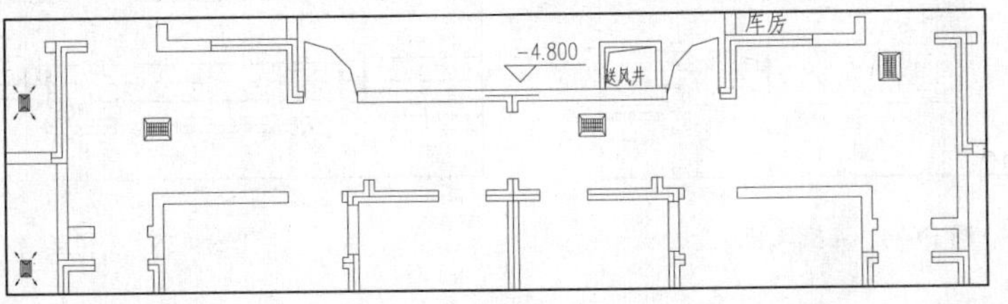

图 19-29 布置双层百叶风口

07 绘制风管。执行“风管”→“风管绘制”命令，弹出【风管布置】对话框，设置参数如图 19-30 所示。

08 在图中分别指定起点和终点，绘制风管的结果如图 19-31 所示。

图 19-30 【风管布置】对话框

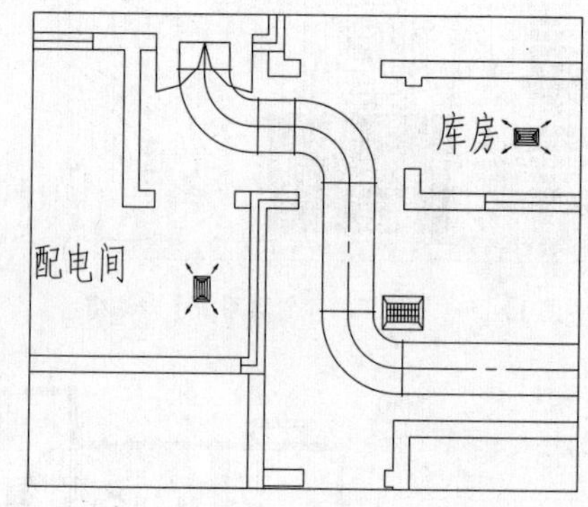

图 19-31 绘制风管

09 在【风管布置】对话框中设置风管的截面尺寸参数为 500mm，绘制风管的结果如图 19-32 所示。

10 执行“风管”→“变径”命令，弹出【变径】对话框，设置参数如图 19-33 所示。

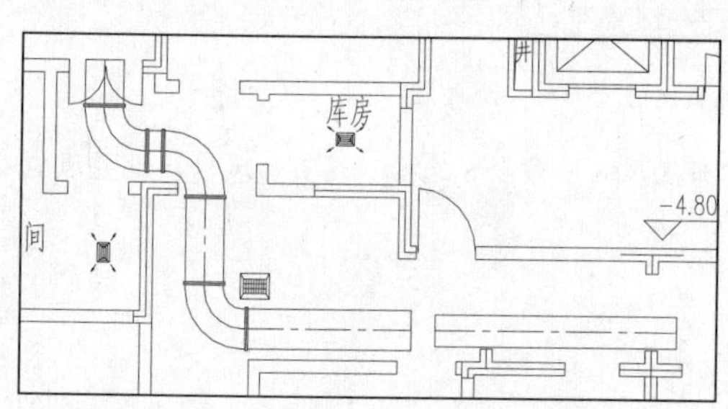

图 19-32 绘制风管

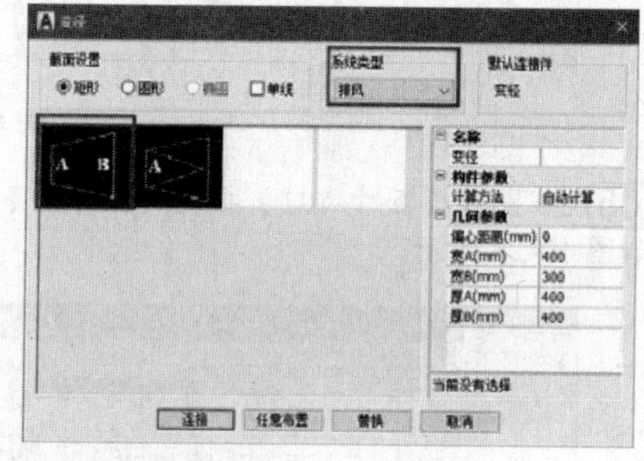

图 19-33 【变径】对话框

11 在对话框中单击“连接”按钮，在图中选择截面尺寸为 630mm 和 500mm 的风管，连接结果如图 19-34 所示。

12 执行“风管”→“风管绘制”命令，绘制截面尺寸为 400mm 的风管。执行“风管”→“变径”命令，执行“变径”连接，结果如图 19-35 所示。

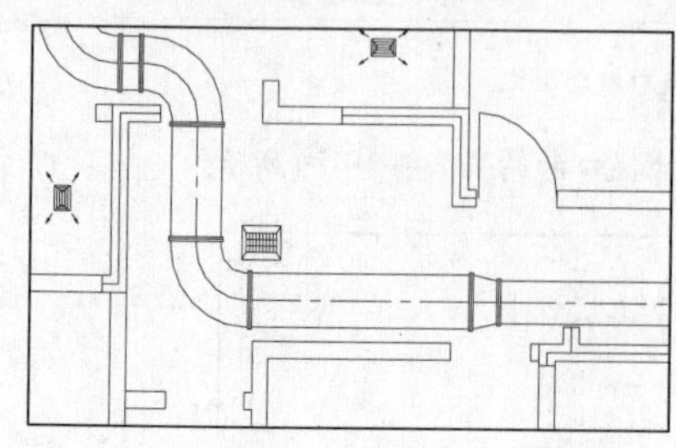

图 19-34 连接风管

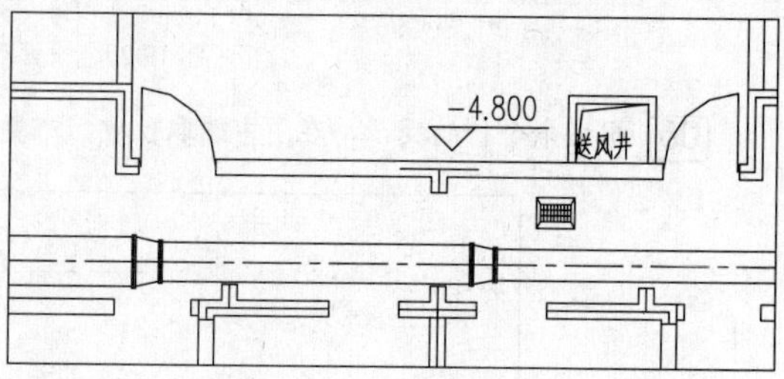

图 19-35 变径连接

13 执行“风管”→“风管绘制”命令，绘制截面尺寸为 320mm 的风管。执行“风管”→“变径”

命令，执行“变径”连接，结果如图 19-36 所示。

14 执行“风管”→“风管绘制”命令，绘制截面尺寸为 200mm 的风管，结果如图 19-37 所示。

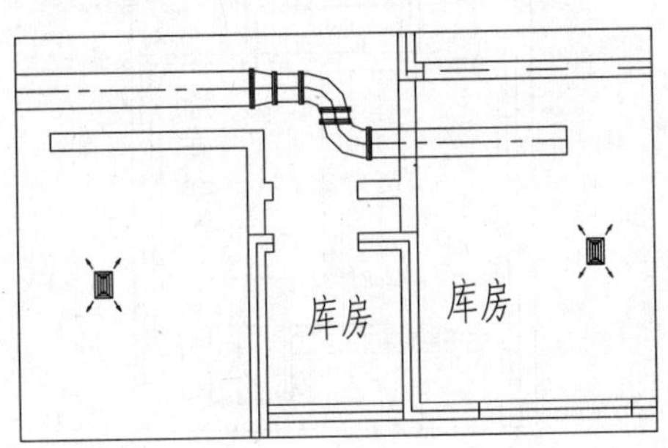

图 19-36 变径连接

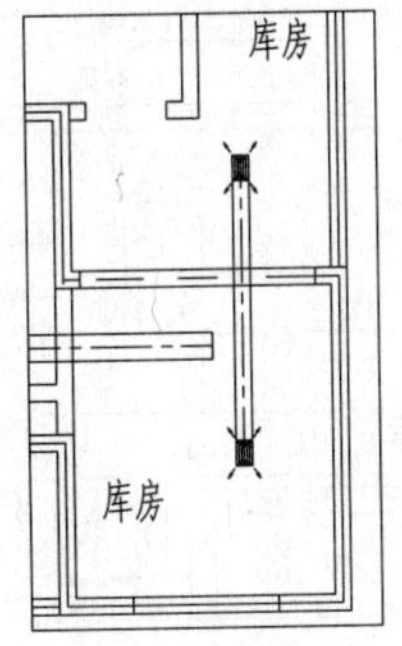

图 19-37 绘制风管

15 三通连接。执行“风管”→“三通”命令，弹出【三通】对话框，设置参数如图 19-38 所示。

16 根据命令行的提示，选择待连接的风管，完成三通连接，结果如图 19-39 所示。

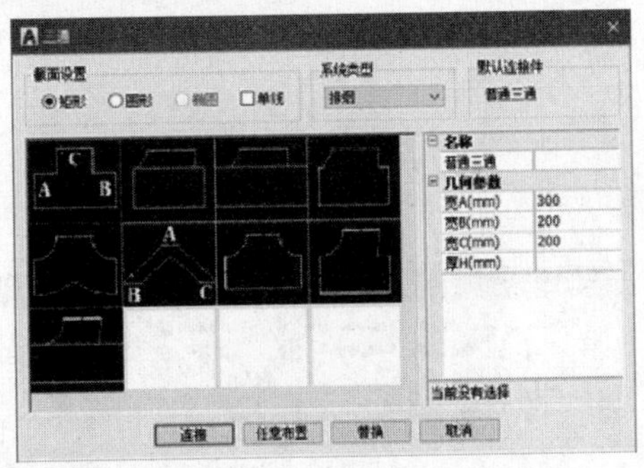

图 19-38 【三通】对话框

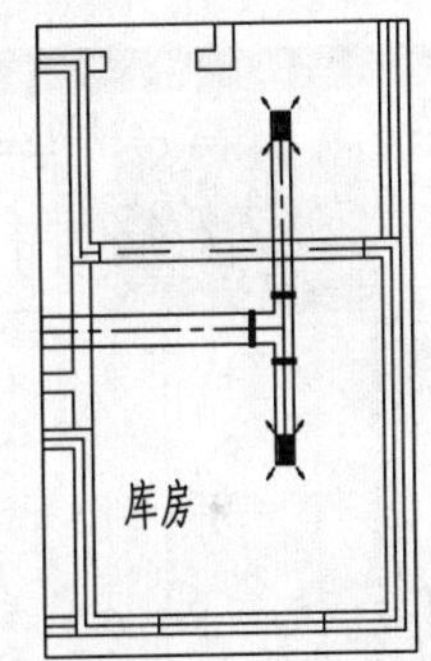

图 19-39 三通连接

17 执行“风管”→“风管绘制”命令，绘制风管。执行“风管”→“三通”命令，对风管执行连接操作，结果如图 19-40 所示。

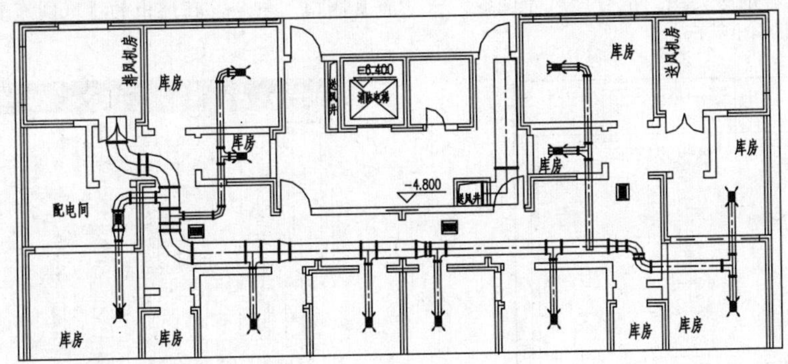

图 19-40 继续绘制风管连接

18 绘制消声静压箱。调用“REC”（矩形）命令，绘制尺寸为 500mm×2000mm 的矩形，作为消声静压箱，结果如图 19-41 所示。

19 绘制风管。执行“风管”→“风管绘制”命令，绘制截面尺寸为630mm的风管，结果如图19-42所示。

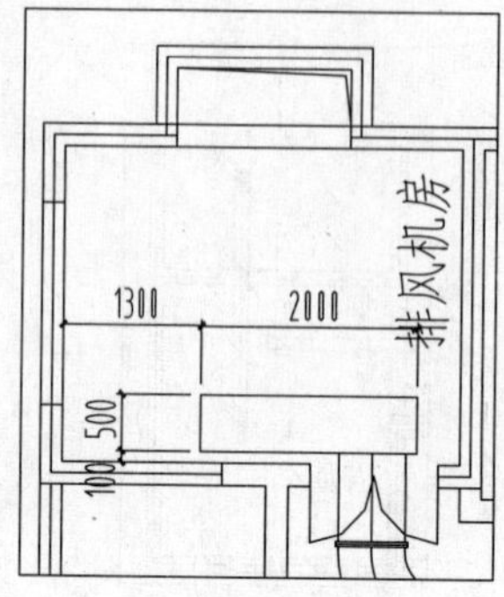

图 19-41 绘制消声静压箱

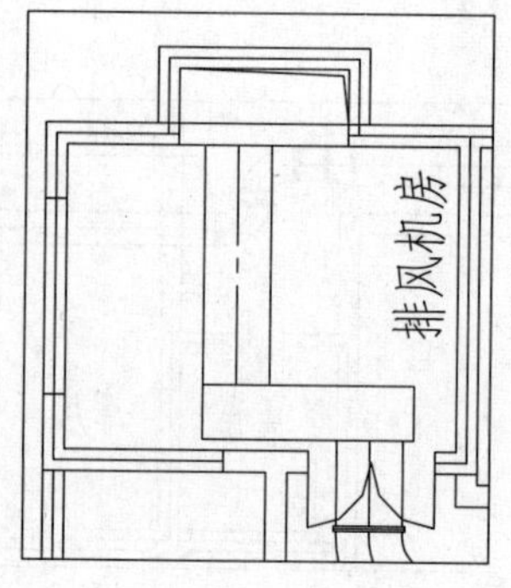

图 19-42 绘制风管

20 绘制管道风机。执行“风管设备”→“管道风机”命令，弹出【管道风机布置】对话框。单击对话框左边的风机预览框，弹出【天正图库管理系统】对话框，选择风机样式，如图19-43所示。

21 双击风机样式，返回【管道风机布置】对话框，设置参数如图19-44所示。

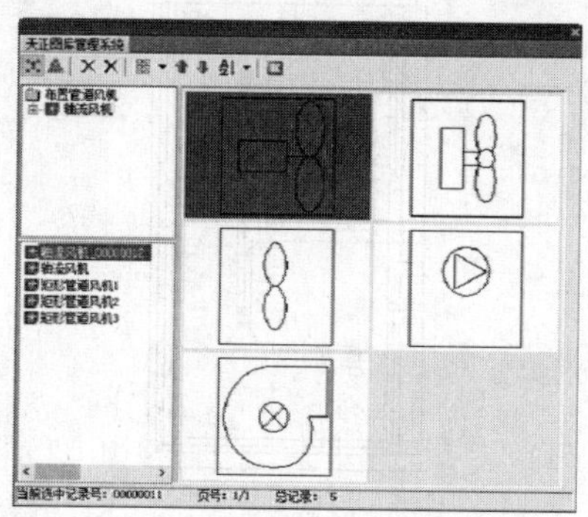

图 19-43 【天正图库管理系统】对话框

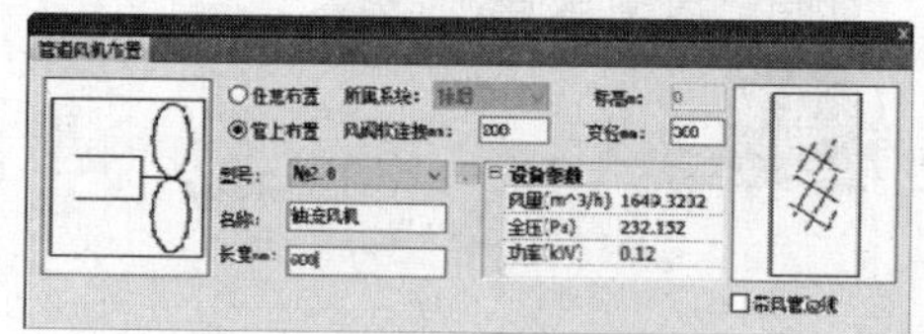

图 19-44 【管道风机布置】对话框

22 在管道上选取插入点，插入风机，结果如图19-45所示。

23 布置排烟防火阀。执行“风管设备”→“布置阀门”命令，在弹出的【风阀布置】对话框中设置参数，如图19-46所示。

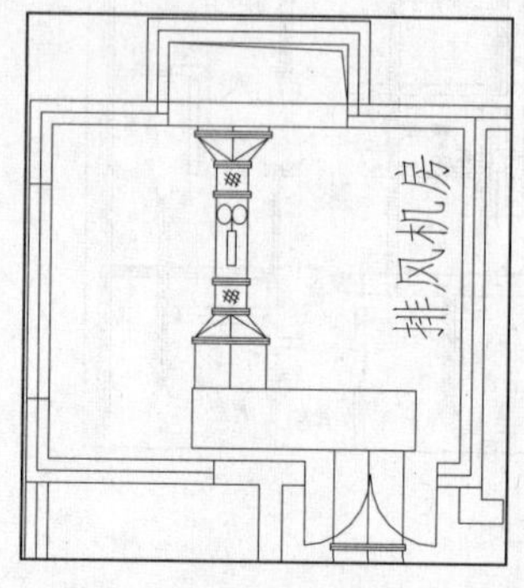

图 19-45 插入风机

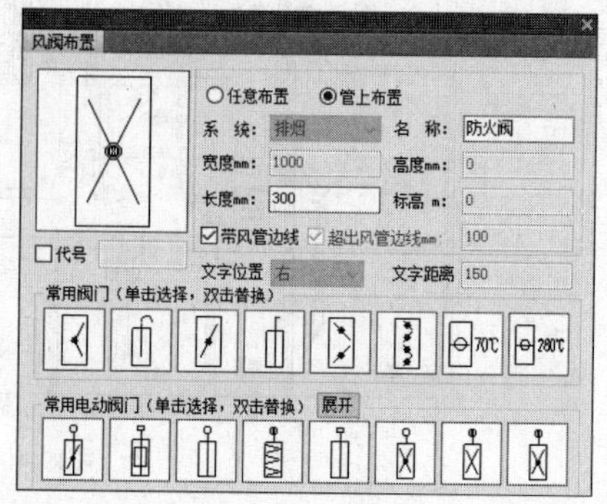

图 19-46 【风阀布置】对话框

24 在图中选取插入点，布置风阀，结果如图19-47所示。要说明的是，此处隐藏了双开门。

25 绘制消声静压箱以及水泵。调用“REC”（矩形）命令，分别绘制尺寸为 500mm × 2000mm、1500mm × 1200mm 的矩形，作为消声静压箱以及水泵，结果如图 19-48 所示。

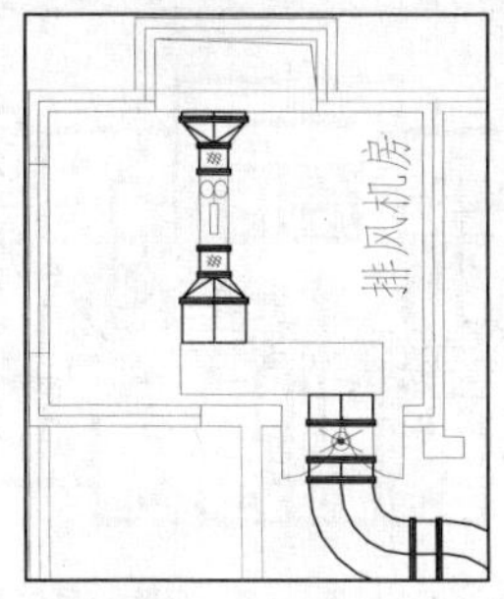

图 19-47　布置风阀

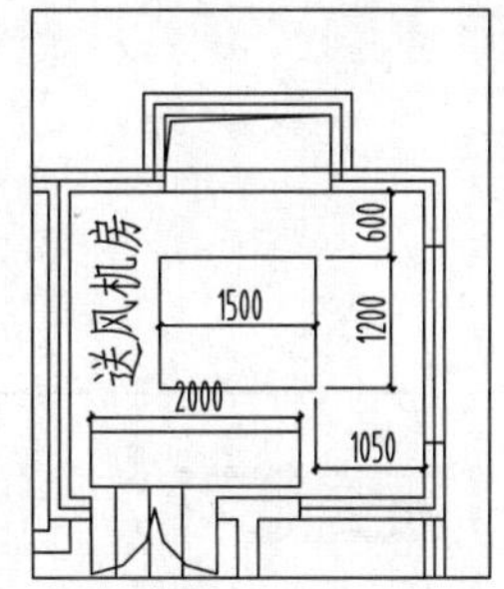

图 19-48　绘制消声静压箱以及水泵

26 绘制风管。执行“风管”→“风管绘制”命令，分别绘制截面尺寸为 630mm、1000mm 的风管，结果如图 19-49 所示。

27 布置阀门。执行“风管”→“布置阀门”命令，在风管上布置名称为“电动对开多叶调节阀”的阀门，结果如图 19-50 所示。

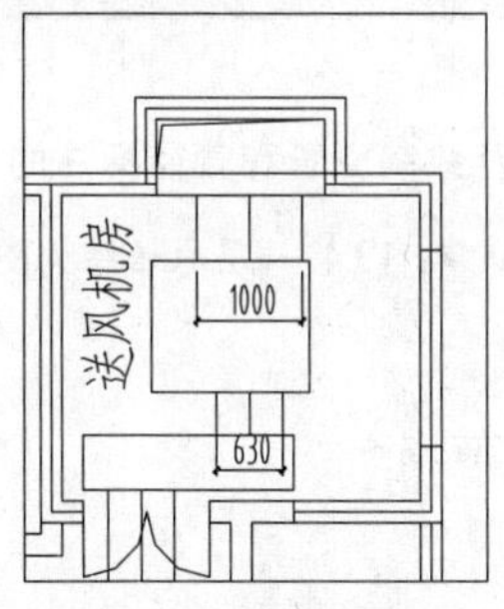

图 19-49　绘制风管

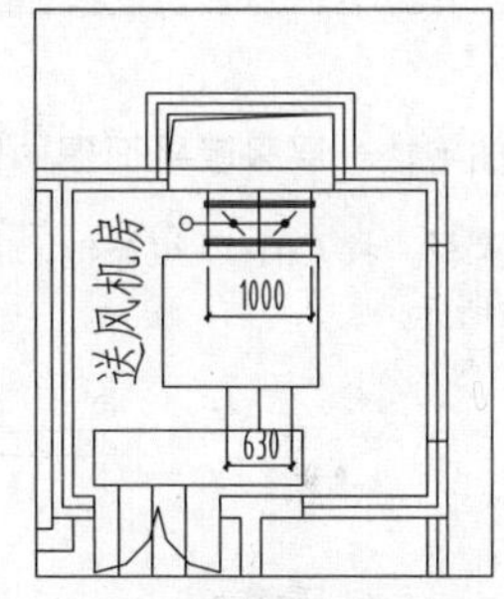

图 19-50　布置阀门

28 风管标注。执行“专业标注”→“风管标注”命令，在弹出的【风管标注】对话框中选择“距墙标注”选项，标注风管的距墙距离，结果如图 19-51 所示。

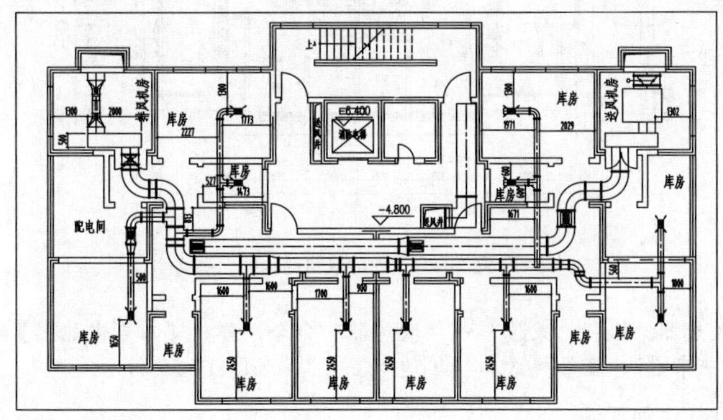

图 19-51　风管标注

29 文字标注。执行“文字表格”→“单行文字”命令，在弹出的【单行文字】对话框中设置参数；在图中选取插入位置，绘制文字标注，结果如图 19-52 所示。

30 图名标注。执行“符号标注”→“图名标注”命令，在弹出的【图名标注】对话框中设置参数。

根据命令行的提示，在图中选取插入位置，绘制图名标注，结果如图 19-53 所示。

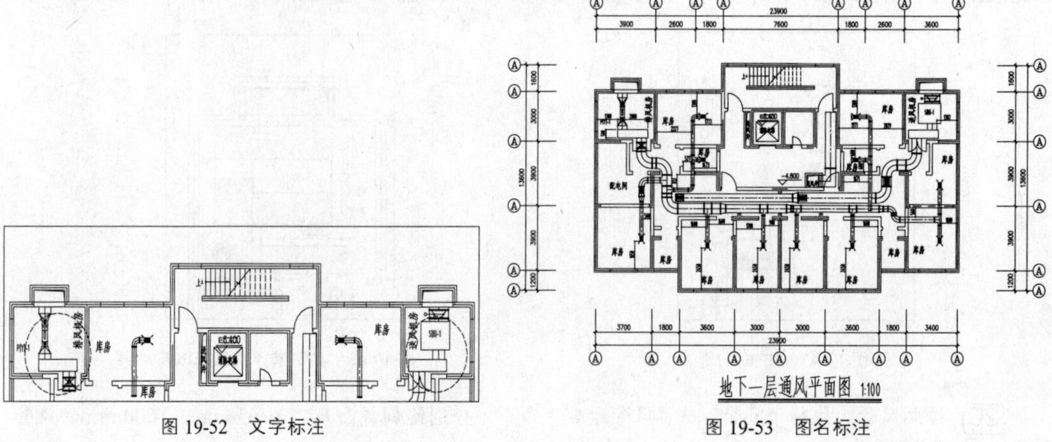

图 19-52　文字标注　　　　图 19-53　图名标注

19.4 绘制一层采暖平面图

本节介绍住宅楼一层采暖平面图的绘制，包括布置散热器以及绘制立管和管径标注的方法。

01 打开素材。按 Ctrl+O 组合键，打开配套资源提供的“第 19 章\ 19.4 一层原始结构图.dwg”文件，结果如图 19-54 所示。

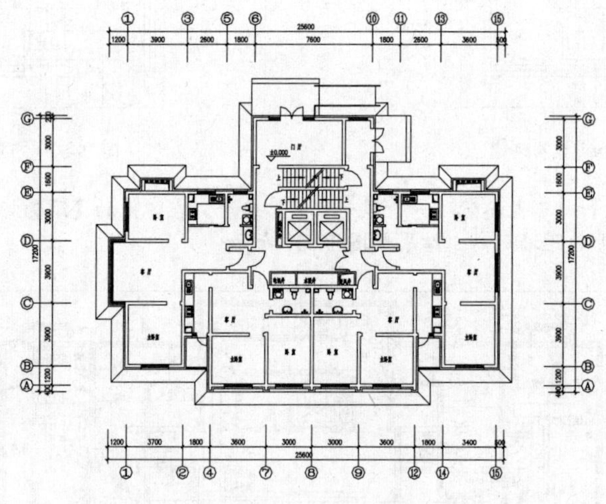

图 19-54　一层原始结构图

02 绘制卧室散热器。执行“采暖” → “散热器”命令，弹出【布置散热器】对话框。在对话框中选择布置方式为“窗中布置”，立管样式为“单边双立管”，如图 19-55 所示。

03 此时命令行提示如下：

```
命令:SRQ↙
请拾取窗<退出>:找到 1 个                    //选取平面窗。
选取窗户内侧任一点<退出>:
交换供回管位置[是(S)]<退出>:               //在散热器的一侧移动鼠标，单击指定立管的位
```

置，绘制结果如图 19-56 所示。

图 19-55 【布置散热器】对话框

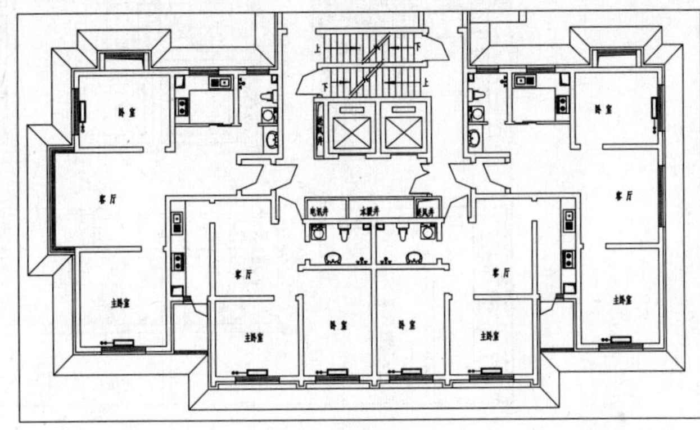

图 19-56 绘制卧室散热器

04 绘制客厅散热器。重复执行“散热器”命令，在【布置散热器】对话框中选择“沿墙布置”方式，绘制散热器，结果如图 19-57 所示。

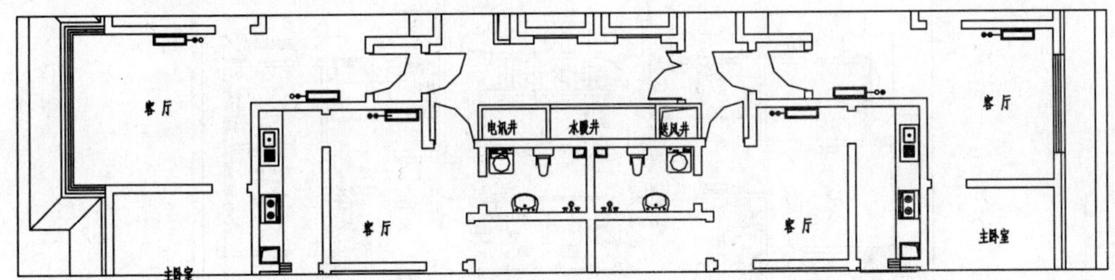

图 19-57 绘制客厅散热器

05 绘制厨房散热器。重复执行“散热器”命令，在【布置散热器】对话框中选择“沿墙布置”方式，设置散热器的长度为 400mm、宽度为 200mm，绘制厨房散热器，结果如图 19-58 所示。

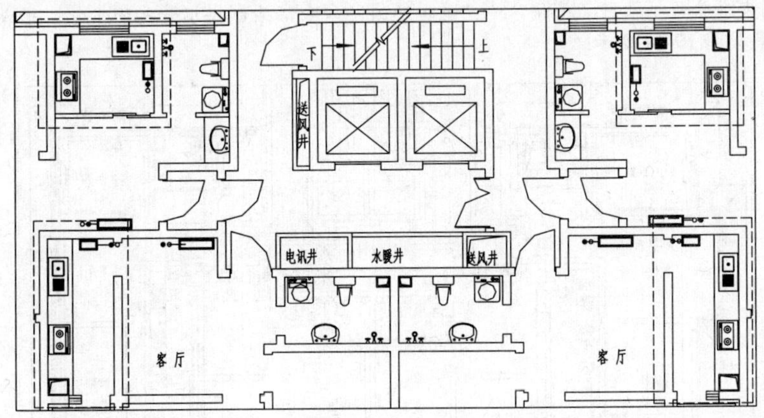

图 19-58 绘制厨房散热器

06 绘制卫生间散热器。重复执行“散热器”命令，在【布置散热器】对话框中分别选择“任意布置”“沿墙布置”方式，设置散热器的长度为 400mm，宽度为 200mm，绘制卫生间散热器，结果如图 19-59

所示。

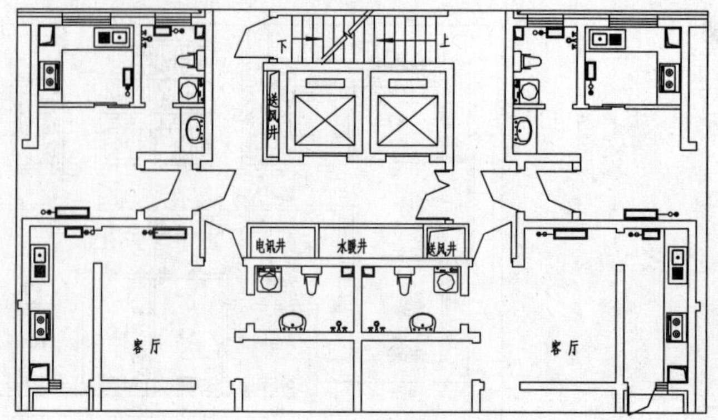

图 19-59 绘制卫生间散热器

07 绘制散热器文字标注。执行“文字表格”→“单行文字”命令，在弹出的【单行文字】对话框中定义标注参数，在图中选取标注位置，完成文字标注。调用“L”（直线）命令，绘制文字下划线，结果如图 19-60 所示。

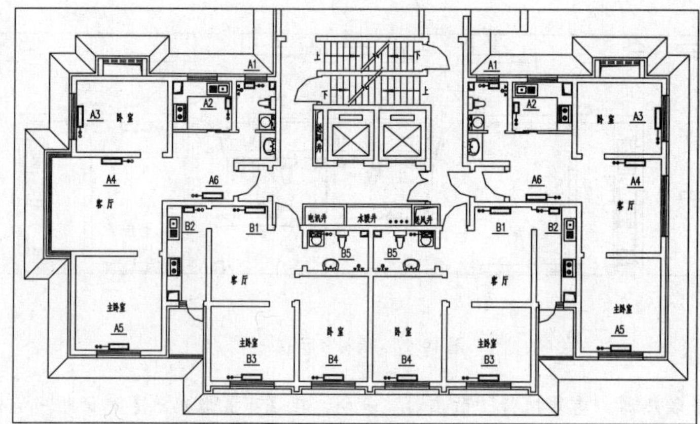

图 19-60 绘制散热器文字标注

08 绘制采暖管线。执行“采暖”→“采暖管线”命令，绘制供水管和回水管，完成散热器间的管线的连接，结果如图 19-61 所示。

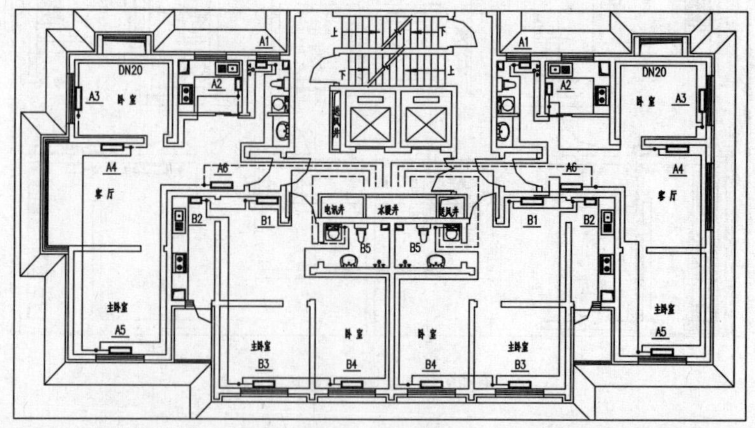

图 19-61 绘制采暖管线

09 绘制立管及断管符号。执行“采暖”→“采暖立管”命令，绘制立管样式为双圆圈的立管。执行“水管工具”→“断管符号”命令，绘制断管符号，结果如图 19-62 所示。

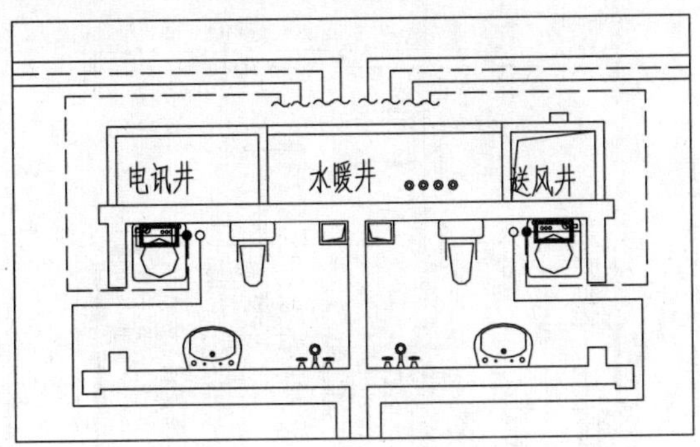

图 19-62　绘制立管及断管符号

10 管径标注。执行“专业标注”→“单管管径”命令、“专业标注”→“多管标注”命令，绘制管径标注，结果如图 19-63 所示。

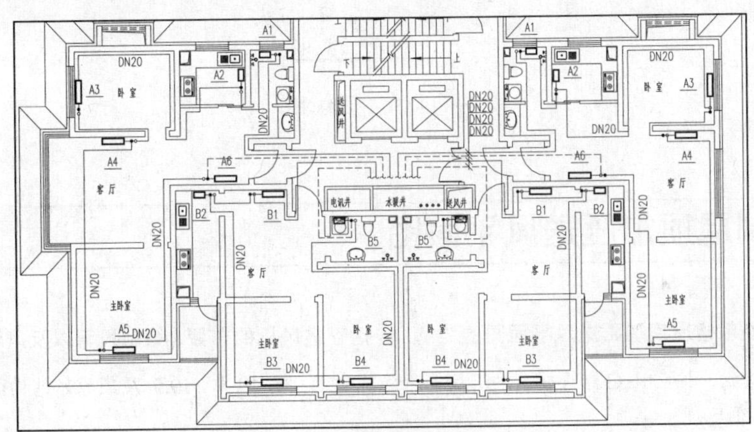

图 19-63　管径标注

11 绘制引出标注。执行“符号标注”→“引出标注”命令，弹出【引出标注】对话框，在其中设置参数，绘制引出标注，结果如图 19-64 所示。

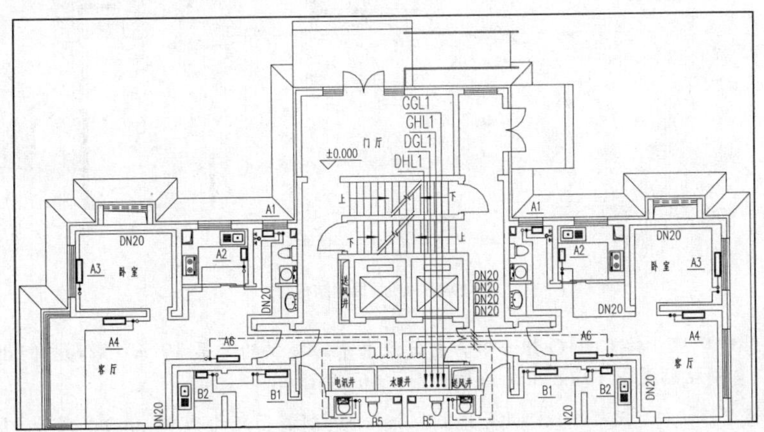

图 19-64　引出标注

12 图名标注。执行“符号标注”→“图名标注”命令，在弹出的【图名标注】对话框中设置参数。根据命令行的提示，在图中选取插入位置，绘制图名标注，结果如图 19-65 所示。

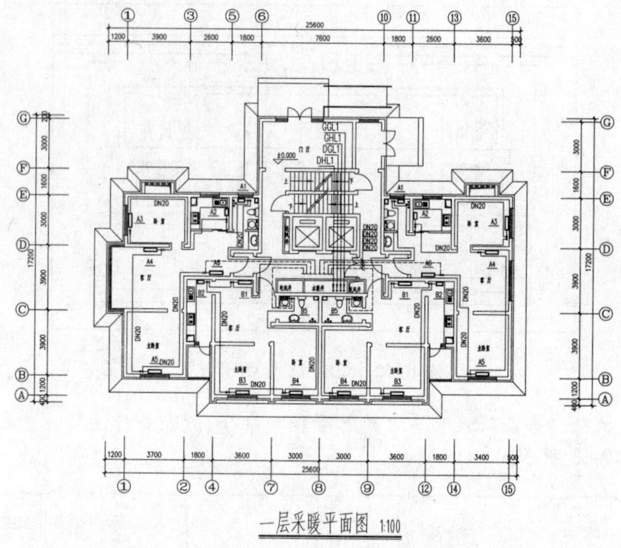

图 19-65 图名标注

19.5 绘制屋顶加压送风平面图

本节介绍住宅楼屋顶加压送风平面图的绘制，包括管道风机的布置、绘制风管以及风管弯头的方法。

01 打开素材。按 Ctrl+O 组合键，打开配套资源提供的“第 19 章\ 19.5 屋顶原始结构图.dwg”文件，结果如图 19-66 所示。

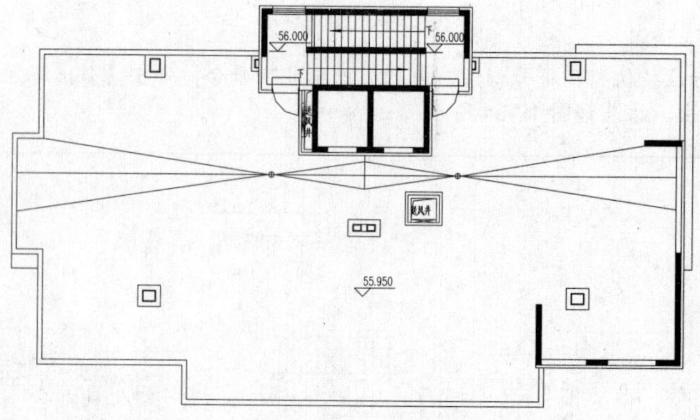

图 19-66 屋顶原始结构图

02 布置管道风机。按 Ctrl+O 组合键，打开配套资源提供的“第 19 章\ 家具图例.dwg”文件，将其中的管道风机复制粘贴至图 19-66 中，结果如图 19-67 所示。

03 绘制风管。执行“风管”→“风管绘制”命令，绘制截面尺寸为 90mm0 的风管，结果如图 19-68 所示。

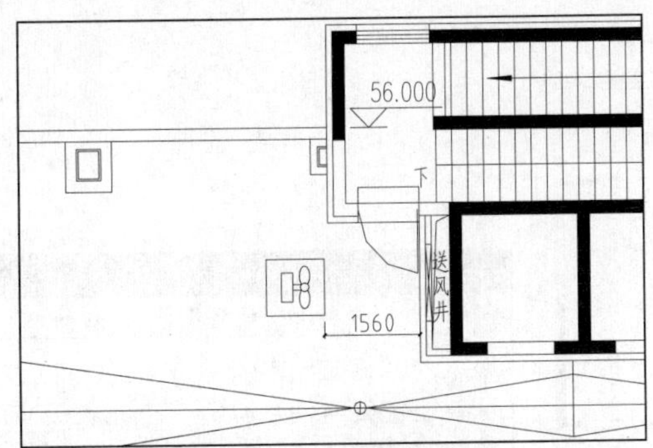

图 19-67　布置管道风机

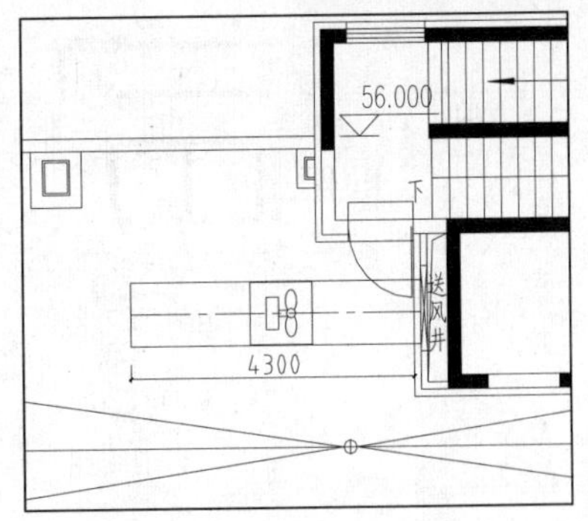

图 19-68　绘制风管

[04] 布置软接头。执行“风管设备”→“布置阀门”命令，在弹出的【风阀布置】对话框中设置软接头的参数，如图 19-69 所示。

[05] 在图中选取插入点，布置软接头，结果如图 19-70 所示。

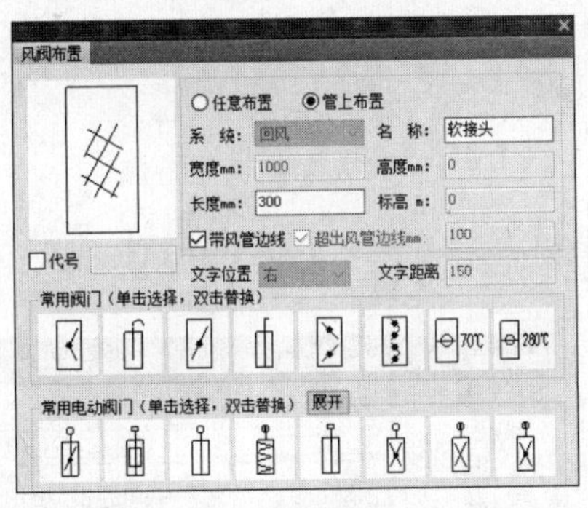

图 19-69　【风阀布置】对话框

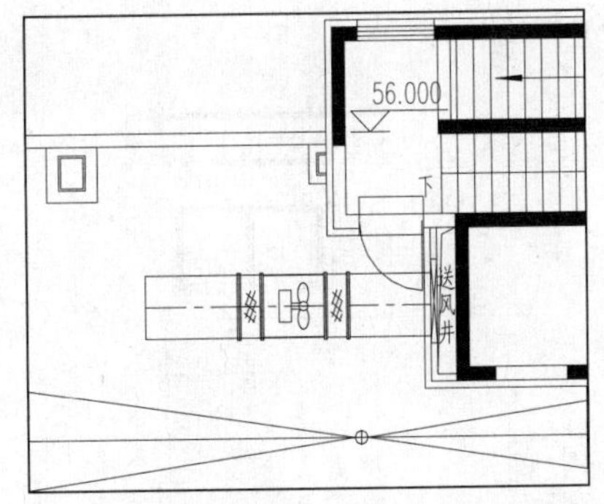

图 19-70　布置软接头

[06] 绘制风管弯头。执行“A”（圆弧）命令，绘制圆弧，作为风管弯头，结果如图 19-71 所示。

[07] 整理图形。调用“X”（分解）命令，分解风管，再调用“E”（删除）命令，删除多余线段，结果如图 19-72 所示。

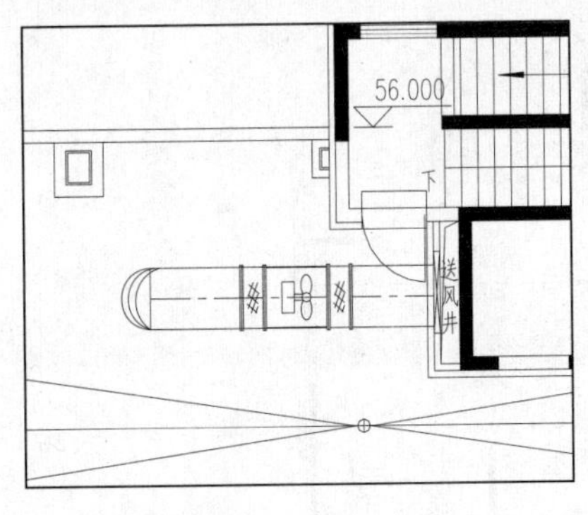

图 19-71　绘制风管弯头

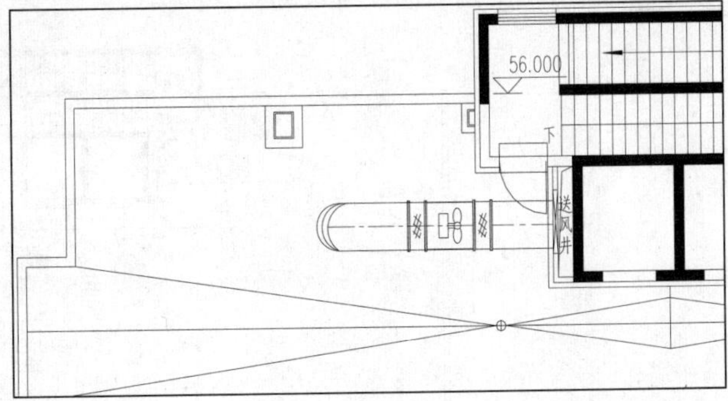

图 19-72　整理图形

[08] 调用“CO”（复制）命令，移动复制风管、阀门，再调用“RO”（旋转）命令，旋转图形，结果如图 19-73 所示。

[09] 箭头引注。执行“符号标注”→“箭头引注”命令，弹出【箭头引注】对话框，设置参数如图 19-74 所示。

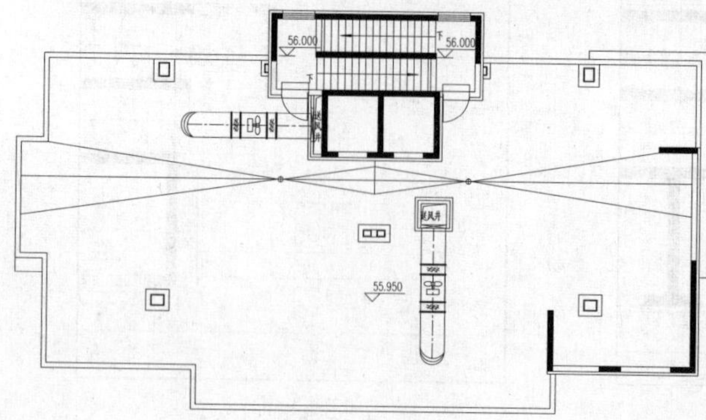

图 19-73 编辑图形

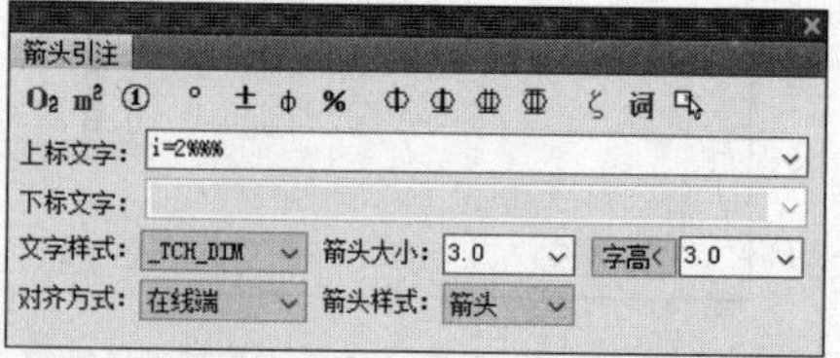

图 19-74 【箭头引注】对话框

10 根据命令行的提示，在图中分别选取标注的各点，绘制坡度标注的结果如图 19-75 所示。

11 引出标注。执行“符号标注”→“引出标注”命令，弹出【引出标注】对话框，设置参数如图 19-76 所示。

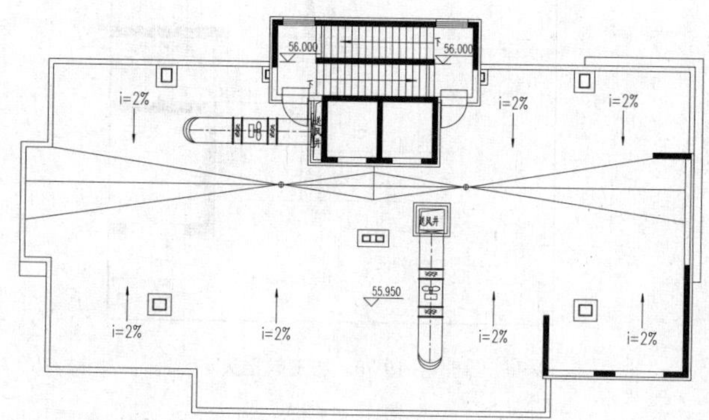

图 19-75 坡度标注

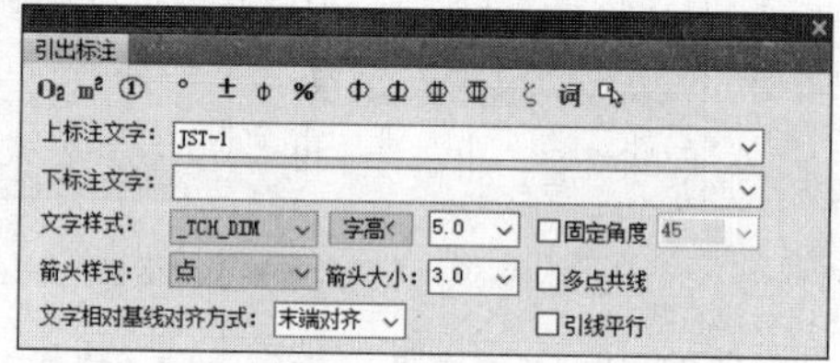

图 19-76 【引出标注】对话框

12 绘制引出标注的结果如图 19-77 所示。

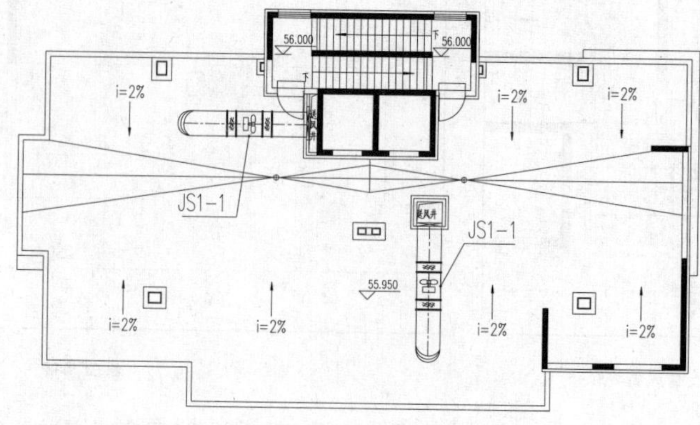

图 19-77 引出标注

13 图名标注。执行“符号标注”→“图名标注”命令，在弹出的【图名标注】对话框中设置参数。根据命令行的提示，在图中选取插入位置，绘制图名标注，结果如图 19-78 所示。

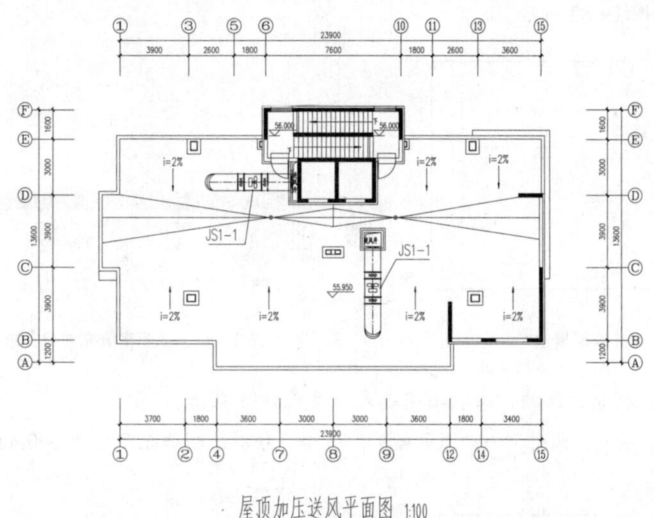

图 19-78　图名标注

19.6 绘制楼梯间前室加压送风系统原理图

本节介绍住宅楼楼梯间前室加压送风系统原理图的绘制，包括绘制风管、回风口以及各类标注的绘制方法。

01 打开素材。按 Ctrl+O 组合键，打开配套资源提供的"第 19 章\ 19.6 住宅楼剖面图.dwg"文件，结果如图 19-79 所示。

02 绘制地下室合用前室送风口。调用"L"（直线）命令，绘制直线。调用"O"（偏移）命令，偏移直线，结果如图 19-80 所示。

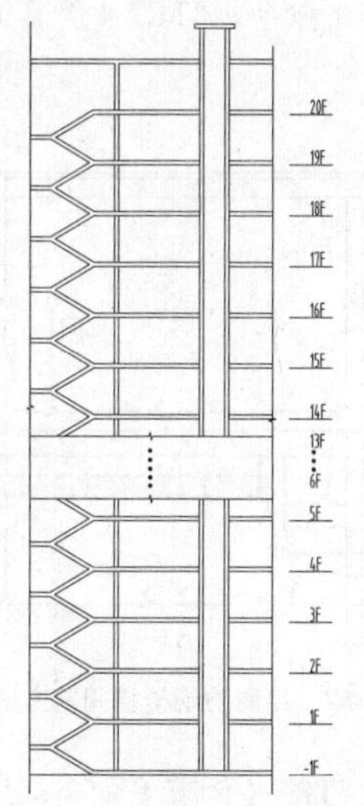

图 19-79　住宅楼剖面图

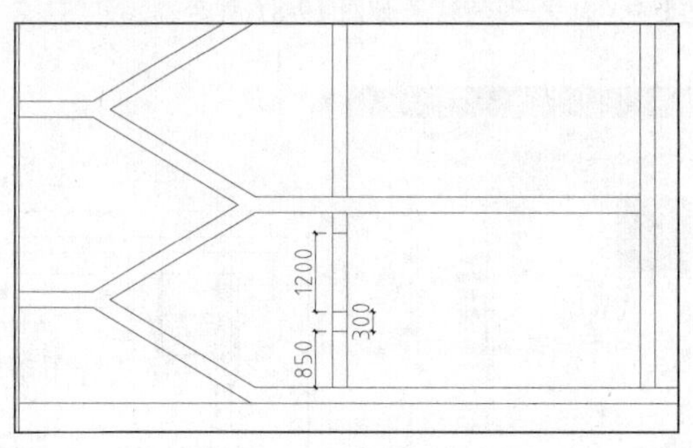

图 19-80　偏移直线

03 调用"O"（偏移）命令，偏移墙线。调用"EX"（延伸）命令、TR【修剪】命令，延伸并修剪墙线，结果如图 19-81 所示。

04 图案填充。调用"H"（图案填充）命令，在弹出的"图案填充创建"选项卡中设置图案填充比例为 100，图案填充透明度为 0，图

案填充角度为 0，如图 19-82 所示。

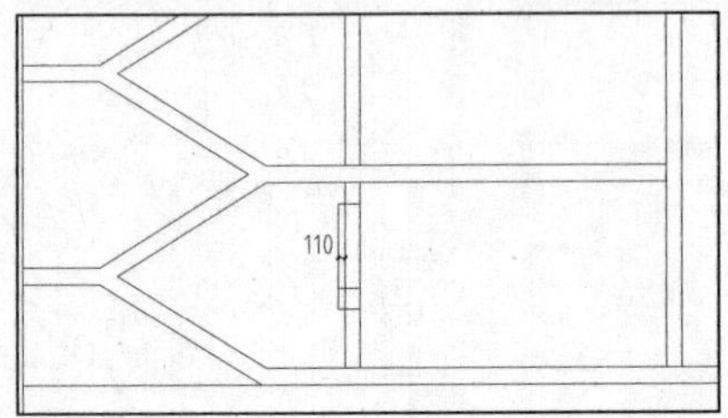

图 19-81　延伸并修剪墙线

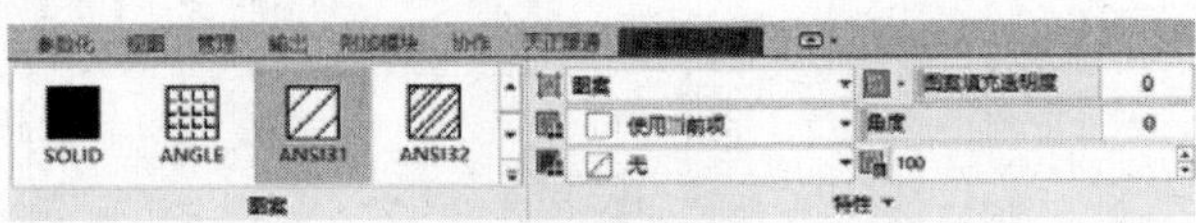

图 19-82　“图案填充创建”选项卡

05 在图中选取待填充区域，绘制图案填充，结果如图 19-83 所示。

06 绘制风管。执行“风管”→“风管绘制”命令，分别绘制截面尺寸为 500mm、1200mm 的风管，结果如图 19-84 所示。

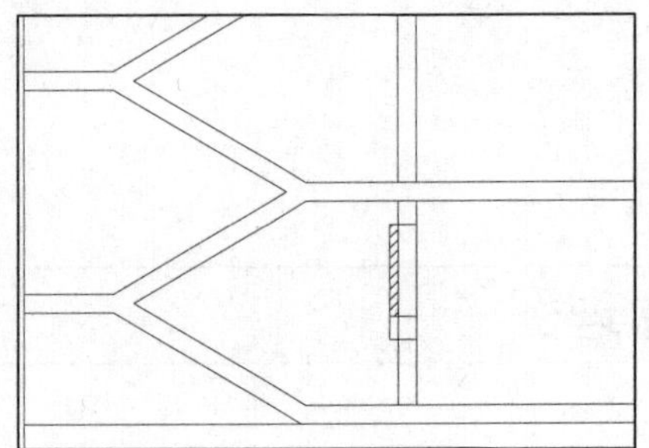

图 19-83　图案填充

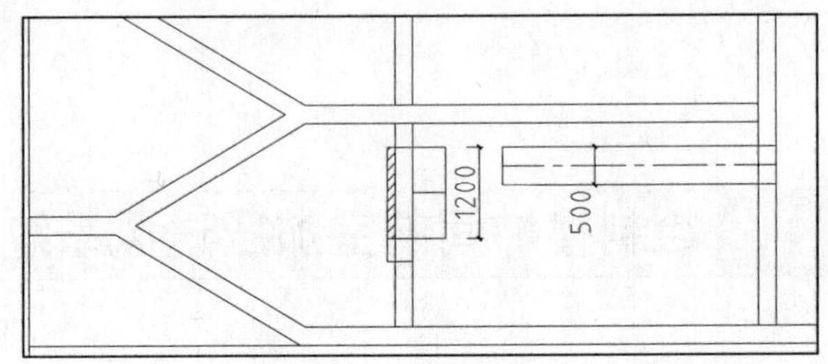

图 19-84　绘制风管

07 连接风管。执行“风管”→“乙字弯”命令，弹出【乙字弯】对话框，设置参数如图 19-85 所示。

08 在图中分别选取两根风管，进行连接，结果如图 19-86 所示。

09 绘制防烟楼梯间前室送风口。调用“L”（直线）命令、“O”（偏移）命令、“TR”（修剪）命令、H【填充】命令，图形的结果如图 19-87 所示。

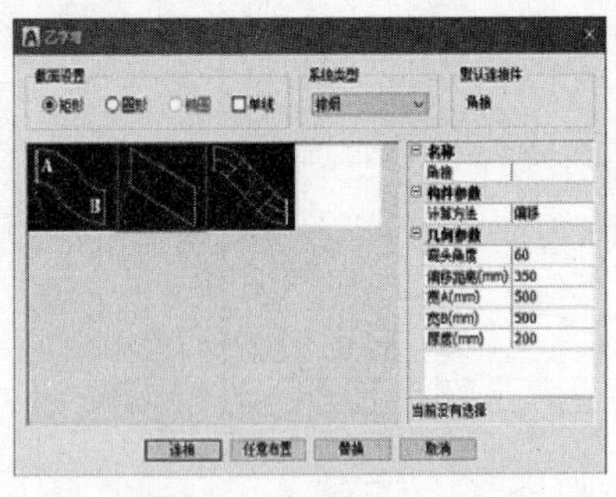

图 19-85　【乙字弯】对话框

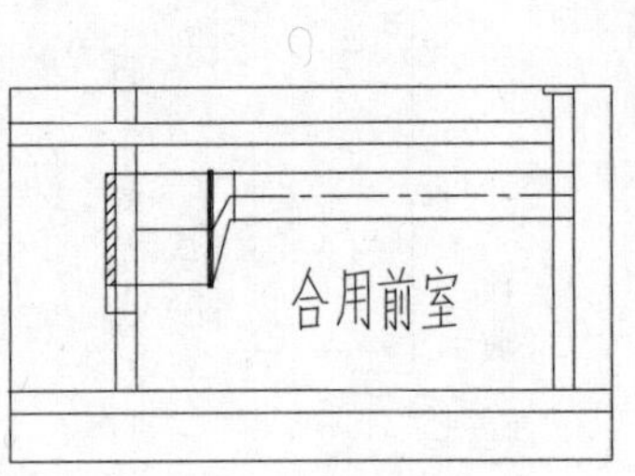

图 19-86　连接风管

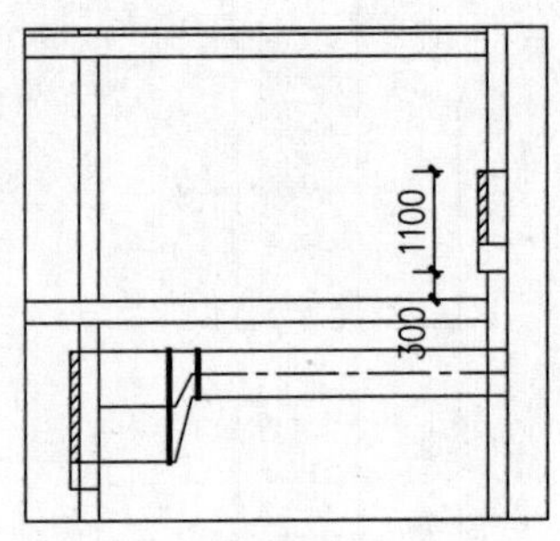

图 19-87　绘制防烟楼梯间前室送风口

10 执行“CO”（复制）命令，向上移动复制绘制完成的送风口。调用“TR”（修剪）命令，修剪多余线段，结果如图 19-88、图 19-89 所示。

11 按 Ctrl+O 组合键，打开配套资源提供的“第 19 章\ 家具图例.dwg”文件，将其中的送风方向标志复制粘贴至当前视图中，结果如图 19-90 所示。

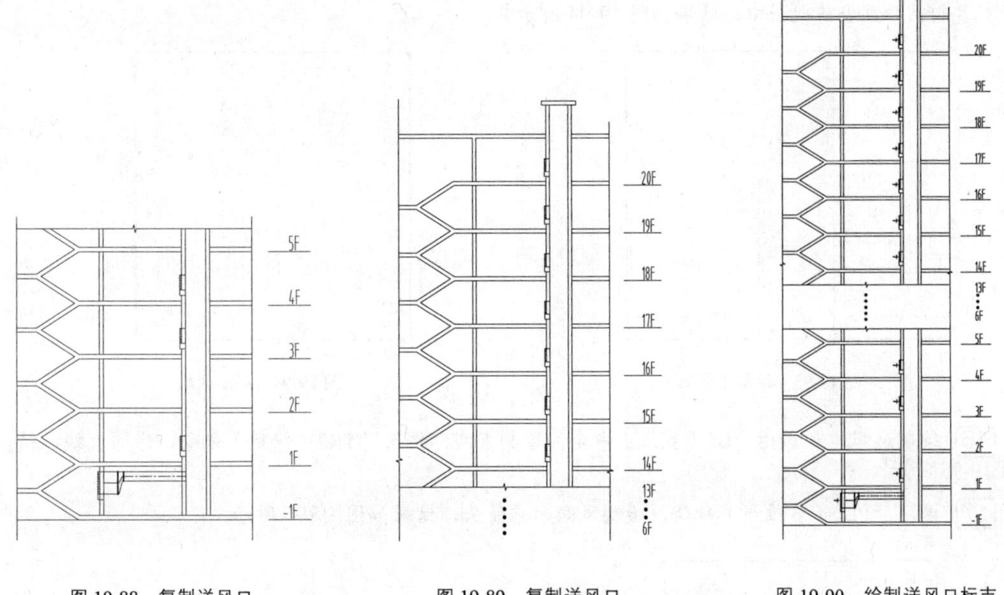

图 19-88　复制送风口　　图 19-89　复制送风口　　图 19-90　绘制送风口标志

12 文字标注。执行“文字表格”→“单行文字”命令，在弹出的【单行文字】对话框中设置参数。然后在图中选取插入位置，绘制文字标注，结果如图 19-91 所示。

13 引出标注。执行“符号标注”→“引出标注”命令，在弹出的【引出标注】对话框中设置参数。然后根据命令行的提示，在图中指定标注的各点，绘制引出标注，结果如图 19-92 所示。

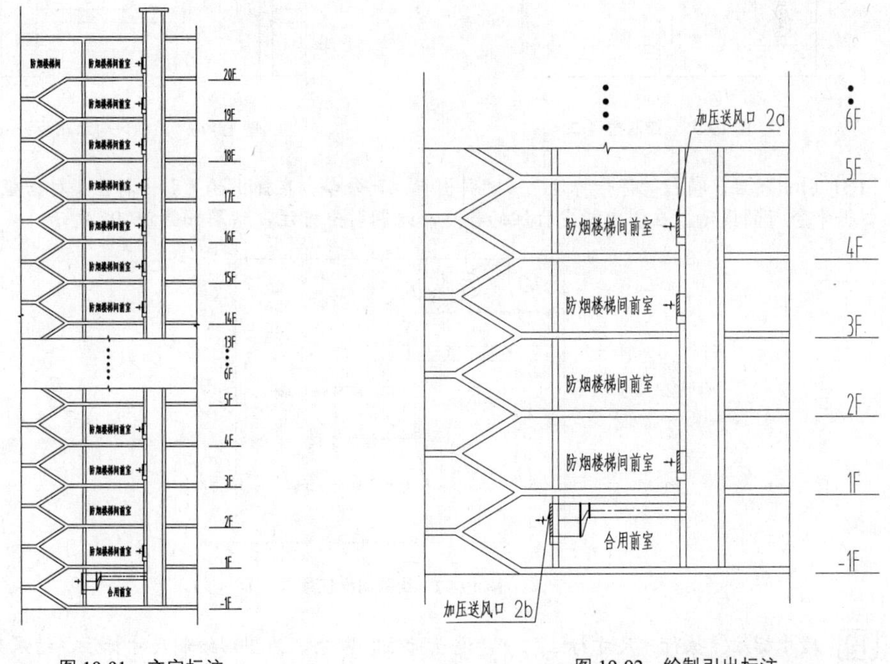

图 19-91　文字标注　　图 19-92　绘制引出标注

14 绘制加压送风机。调用“L”（直线）命令、“O”（偏移）命令、“TR”（修剪）命令，绘制如图

19-93 所示的图形。

15 绘制风机。按 Ctrl+O 组合键，打开配套资源提供的“第 19 章\ 家具图例.dwg”文件，将其中的风机复制粘贴至当前视图中，结果如图 19-94 所示。

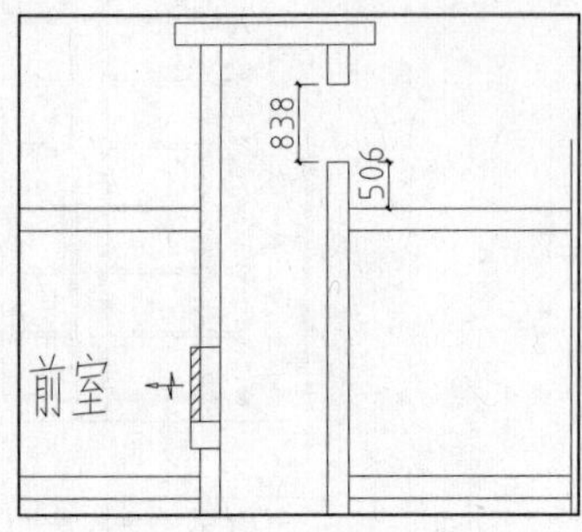

图 19-93 绘制结果

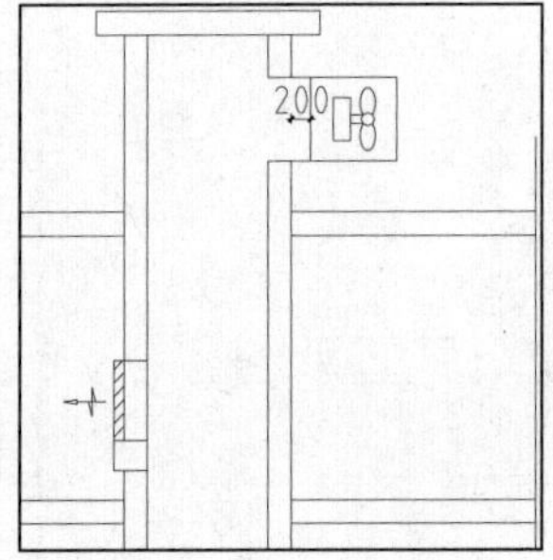

图 19-94 绘制风机

16 绘制送风口。调用“L”（直线）命令，绘制直线；调用“TR”（修剪）命令，修剪直线，结果如图 19-95 所示。

17 调用“PL”（多段线）命令，绘制风向示意箭头，结果如图 19-96 所示。

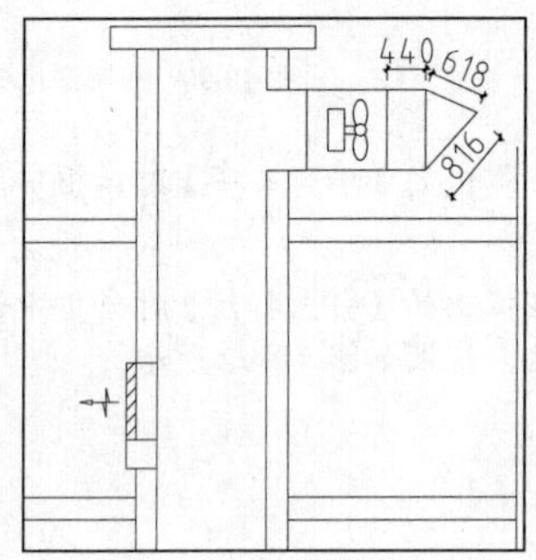

图 19-95 绘制送风口

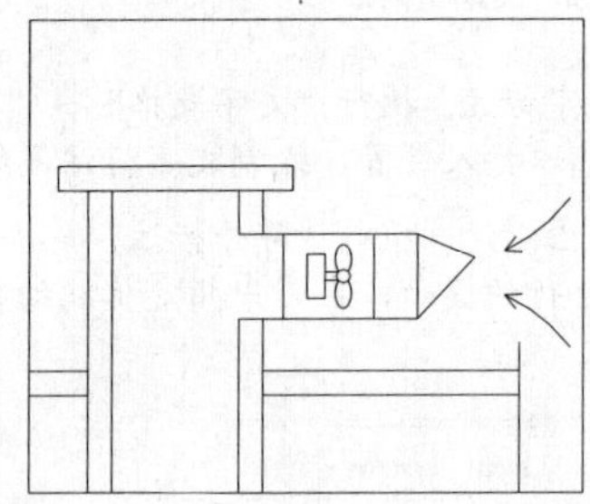

图 19-96 绘制风向示意箭头

18 引出标注。执行“符号标注”→“引出标注”命令，在弹出的【引出标注】对话框中设置参数。然后根据命令行的提示，在图中指定标注的各点，绘制引出标注，结果如图 19-97 所示。

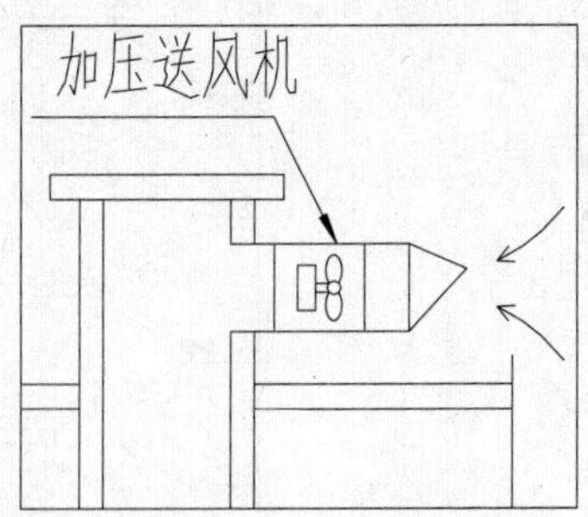

图 19-97 绘制引出标注

19 尺寸标注。执行“尺寸标注”→“逐点标注”命令，为图形绘制尺寸标注，结果如图 19-98 所示。

20 图名标注。执行“符号标注”→“图名标注”命令，在弹出的【图名标注】对话框中设置参数。

然后根据命令行的提示，在绘图区中选取插入位置，绘制图名标注，结果如图 19-99 所示。

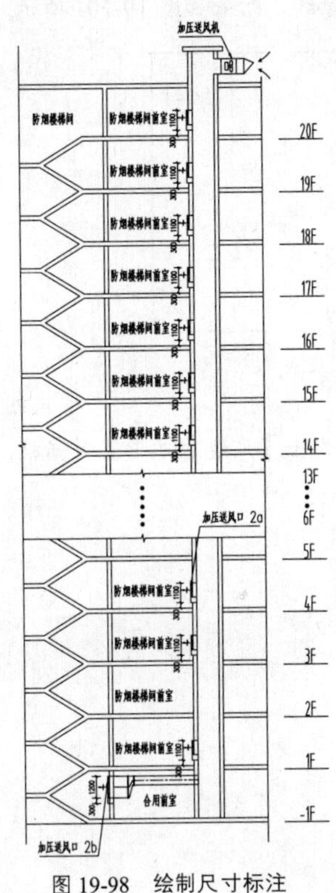

图 19-98　绘制尺寸标注

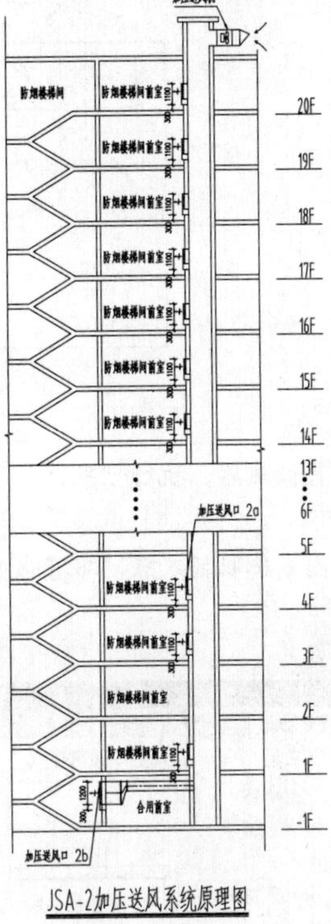

JSA-2加压送风系统原理图

图 19-99　图名标注

19.7 绘制采暖系统图

本节介绍住宅楼采暖系统图的绘制，包括采暖供回水管线、断管符号、管径标注、引出标注等的绘制方法。

01 绘制采暖供水管线。执行“采暖”→“采暖管线”命令，弹出【采暖管线】对话框。单击“暖供水干管”按钮，在图中指定起点和终点，绘制采暖供水管线，结果如图 19-100 所示。

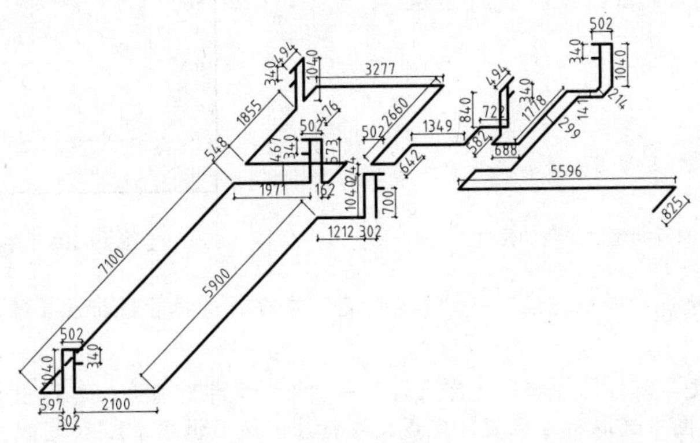

图 19-100　绘制采暖供水管线

02 绘制采暖回水管线。执行“采暖”→“采暖管线”命令，系统弹出【采暖管线】对话框；单击“暖回水干管”按钮，在图中指定起点和终点，绘制采暖回水管线，结果如图 19-101 所示。

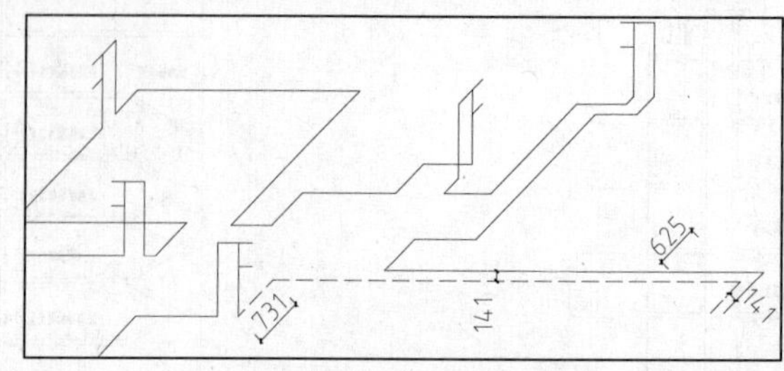

图 19-101 绘制采暖回水管线

03 布置散热器。执行“采暖”→“系统散热器”命令，弹出【系统散热器】对话框，设置参数如图 19-102 所示。

04 在图中选取插入点，布置散热器，结果如图 19-103 所示。

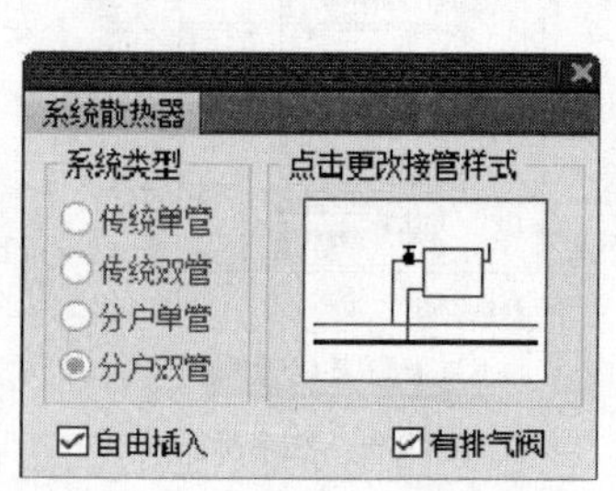

图 19-102 【系统散热器】对话框

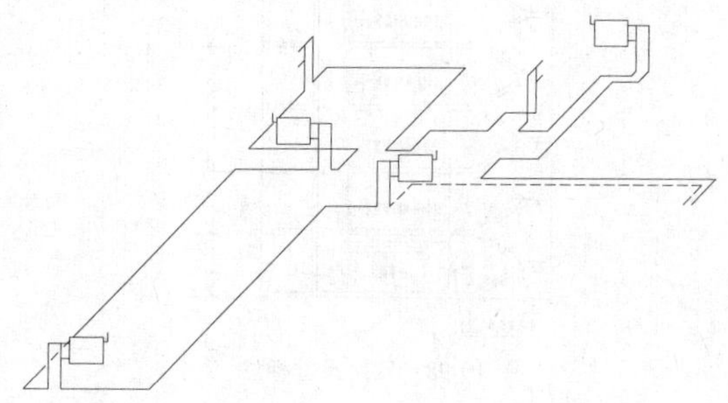

图 19-103 布置散热器

05 调用“RO”（旋转）命令，设置旋转角度为 45°，调整散热器的角度，结果如图 19-104 所示。

06 绘制断管符号。执行“水管工具”→“断管符号”命令，选择管线，添加断管符号，结果如图 19-105 所示。

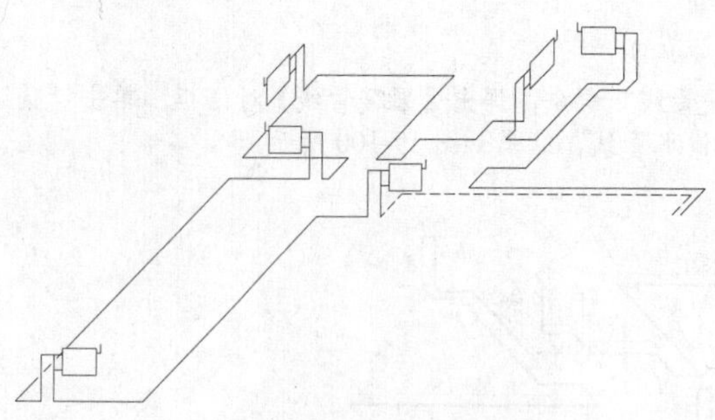

图 19-104 调整散热器的角度

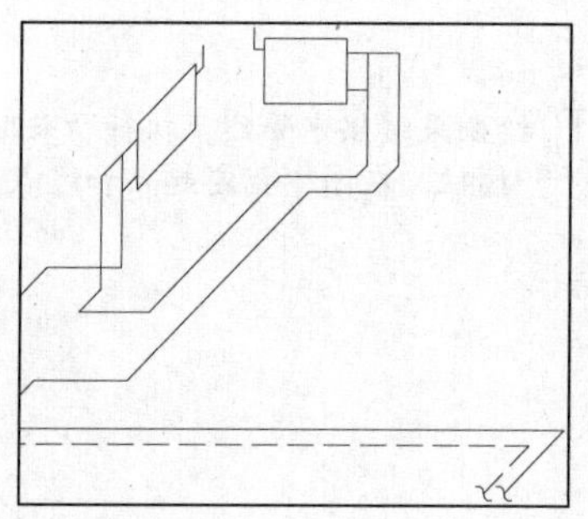

图 19-105 绘制断管符号

07 管径标注。执行“专业标注”→“单管管径”命令，选择管线标注管径，结果如图 19-106 所示。

08 绘制散热器文字标注。执行“文字表格”→“单行文字”命令，在弹出的【单行文字】对话框中设置标注参数，再在图中选取标注位置，完成文字标注，然后调用“L”（直线）命令，绘制文字下划线，结果如图 19-107 所示。

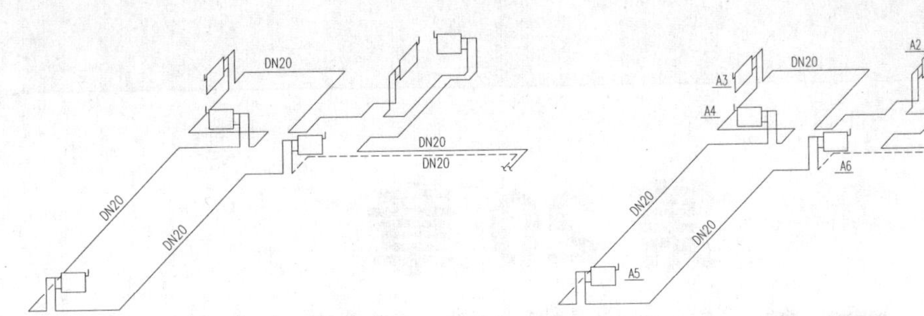

图 19-106　管径标注　　　　图 19-107　文字标注

09 引出标注。执行“符号标注”→“引出标注”命令，在弹出的【引出标注】对话框中设置参数。然后根据命令行的提示，在图中指定标注的各点，完成引出标注的绘制。

10 图名标注。执行“符号标注”→“图名标注”命令，在弹出的【图名标注】对话框中设置参数。然后根据命令行的提示，在图中选取插入位置，绘制图名标注，结果如图 19-108 所示。

附：如图 19-109 所示为 A 户型低区和高区散热器片数表格。

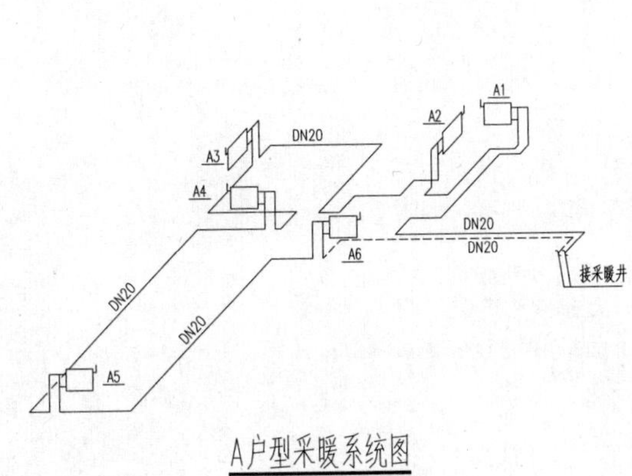

图 19-108　图名标注

A户型散热器片数						
楼层\片数	A1	A2	A3	A4	A5	A6
20	7	6	12	14	15	6
19	5	4	10	10	12	4
18	5	4	10	10	12	4
17	5	4	10	10	12	4
16	5	4	10	10	12	4
15	5	4	10	10	12	4
14	5	4	10	10	12	4
13	5	4	10	10	12	4
12	5	4	10	10	12	4
11	6	5	10	11	12	4
10	7	6	10	11	12	5
9	7	6	11	12	13	5
高区						
8	7	6	11	12	13	5
7	8	7	11	13	14	5
6	8	7	12	13	14	5
5	8	7	12	14	14	6
4	8	7	12	14	15	6
3	9	8	12	15	15	6
2	9	8	13	15	15	6
1	9	8	13	15	15	6
低区						

图 19-109　散热器表格

第 20 章
商务办公楼暖通设计

● 本章导读

本章以商务办公楼暖通设计施工图纸为例，介绍公共建筑暖通设计图纸的绘制方法。

● 本章重点

◈ 商务办公楼暖通设计说明
◈ 绘制一层空调水管平面图
◈ 绘制一层通风空调平面图
◈ 绘制五层空调通风平面图
◈ 空调水系统图
◈ 绘制主楼 VRV 系统图

T20-Hvac V6.0

20.1 商务办公楼暖通设计说明

1．设计说明

1）本专业设计所执行的主要法规和所采用的主要标准如下。

《建筑设计防火规范》(GB 50016—2014)。

《居住建筑节能设计标准》(DB 21/T2885—2017)。

《民用建筑设计统一标准》GB 50352—2019。

《民用建筑供暖通风与空气调节设计规范》(GB 50736—2012)。

2）建筑及结构专业提供的设计资料。

3）工程概况：本工程为新建建筑，总建筑面积为 26332m^2，建筑总高度为 81.10m；地下 1 层，地上 21 层；地下 1 层为平战结合人防区域，地上为办公和商业用房。

4）设计范围：本建筑的空调、通风系统设计；本建筑的防排烟系统设计；地下 1 层为平战结合人防区域，由人防专业设计院设计。

5）设计计算参数

a．室外空气计算参数见表 20-1。

b．室内空气设计参数见表 20-2。

表 20-1　室外空气计算参数

冬季		夏季	
空气调节室外计算（干球）温度	-6℃	空气调节室外计算（干球）温度	35℃
供暖室外计算（干球）温度	-3℃	通风室外计算（干球）温度	32℃
通风室外计算（干球）温度	2℃	空调室外湿球温度	28.3℃
室外计算平均风速	2.6m/s	室外计算平均风速	2.6m/s
空气调节室外计算相对湿度	75%	空气调节室外计算相对湿度	83%
大气压	102.52kPa	大气压	100.4kPa

表 20-2　室内空气设计参数

房间名称	夏季		冬季		新风量标准/[m^3/(h/人)]	噪声标准/dB（A）
	温度/℃	相对湿度（%）	温度/℃	相对湿度（%）		
办公室	26	60	20	—	30	≤50
会议室	26	60	20	—	30	≤50
大厅	26	60	20	—	30	≤50
咖啡厅	26	60	20	—	30	≤50

6）空调通风系统设计：

a. 空调形式：本建筑裙房 1～3 层采用全空气系统空调形式，室内采用吊顶式空气处理机组。本建筑 4 层及以上采用 VRV 空调形式，室内机采用卡式四面出风或两面出风式。4～11 层 VRV 空调室外机设置在裙房屋面，12 层及以上 VRV 空调室外机设置在本建筑屋面。

b. 空调水系统：空调水系统为两管制，为一次泵定流量系统，水系统末端设备设置两通电磁阀，屋面空调供回水总管上设置压差旁通电磁阀。压差旁通电磁阀工作压差为 32kPa，水系统在每层设计为同程式。

c. 通风系统：卫生间设置机械通风系统，换气次数为 6 次/h。

7）空调冷热源：

a. 空调冷、热负荷及指标：本建筑总建筑面积为 26332 m^2，空调面积为 21297m^2。夏季空调总冷负荷为 3080kW，面积冷负荷指标为 145W；冬季空调负荷为 2618kW，面积热负荷指标为 123W。

b. 空调系统冷热源：1～3 层空调系统冷、热源由设置在裙房屋面的风冷热泵机组提供，风冷热泵机组夏季空调供回水温度为 7/12℃，冬季空调供、回水温度为 50/45℃。

8）监测与控制：

a. 冷热源控制：每个制冷系统分、集水器的供、回水总管之间安装水流压差传感器，每台主机供、回水总管安装水温传感器，每台冷水机组供水管安装电动蝶阀。机房控制系统应能跟踪整个系统冷、热负荷的变化，自动调节系统的运行参数和水泵转速。

b. 空调机组控制：空调机组回水管均安装两通电磁阀，由具有冷热转换模式的恒温控制器控制。

c. VRV 空调系统控制：VRV 空调系统室内机均设置有线控制器，每层由一套单独系统进行控制。

9）防排烟系统及空调系统防火：

a. 防排烟系统：防烟楼梯间及其前室、合用前室均采用机械加压送风的防烟方式。机械加压送风机设置在高层屋面。火灾时着火层前室的多叶送风口由火灾自动报警系统控制打开或手动打开，同时联动屋顶消防加压风机起动进行加压送风。火灾时由火灾自动报警系统控制打开屋顶防烟楼梯间机械加压送风机对楼梯间进行加压送风。楼梯间送风口设置为自垂式百叶送风口，前室送风口为常闭电动多叶送风口。其他房间及走道均采用外窗自然排烟。

b. 空调系统防火：空调通风系统按防火分区分别设置，出机房及穿越防火分区的通风空调管道均设置 70℃防火阀。穿越防火分区的空调水管均采用防火材料封堵。

10）空调系统节能：

a. 维护结构传热系数见表 20-3。

b. 冷热源设备参数见表 20-4。

表 20-3　维护结构传热系数

围护结构名称	外墙	屋面	外窗	地面
传热系数/[W/（m^3K）]	0.78	0.51	3.00	0.89

表 20-4　冷热源设备参数

冷热源设备名称	制冷量/kW	输入功率/kW	性能系数/kW	能效比/kW
螺杆式风冷热泵机组	515	183	2.81	2.94

c. 空调通风管道保温各项参数见表 20-5。

表 20-5 空调通风管道保温各项参数

空调风管绝热材料名称	导热系数/[W/ m·K]	矩形管径/mm	厚度/mm	计算热阻/[(m^2·K)/W]
聚氨酯泡沫塑料制品	≤0.0473	800×320	30	0.634
		1000×320	30	0.634

d. 风系统风机最大单位风量耗功率（Ws）或风系统最不利风管总长度见表 20-6。

表 20-6 风系统风机最大单位风量耗功率或风系统最不利风管总长度参数

系统形式	最不利风系统水力计算/Pa	最大作用长度/m	过滤器类型	包含风机、电动机传动效率在内的总效率（%）	W_s/[W/(m^2/h)]
空调系统	112	31	粗效	0.65	0.11

11）环保措施：

a. 空调系统噪声处理：空调通风系统均选用低噪声设备，设备进出口需安装阻性消声器，按照室内噪声设计要求控制空调风系统风速以满足室内噪声要求。

b. 空调系统设备减振要求：空调通风系统及冷热源机组运行时产生振动的设备均须安装弹簧减振器或配橡胶减振垫，具体由设备厂家根据设备要求提供。

2. 施工说明

（1）空调水系统。

1）空调水系统管材规定如下：管径<DN65 为焊接钢管，DN65<管径<DN350 为无缝钢管，管径>DN200 为螺旋缝电焊钢管，管径≤DN32 时采用丝接，管径>DN32 时采用焊接。

公称直径		外径×壁厚/mm	公称直径		外径×壁厚/mm	公称直径		外径×壁厚/mm
mm	in		mm	in		mm	in	
10	3/8	17.0×2.25	65	5	73.0×3.50	300	12	325×7.50
15	1/2	21.3×2.75	80	6	89.0×4.00	350	14	377×9.00
20	3/4	26.8×2.75	100	8	108.0×4.00	400	16	426×9.00
25	1	33.5×3.25	125	10	133.0×4.00	450	18	480×9.00
32	1.25	42.3×3.25	150	12	159.0×4.50	500	20	530×9.00
40	1.50	48.0×3.50	200	14	219.0×6.00			
50	2	57.0×3.50	250	16	273.0×6.50			

2）管道支架、吊架的最大跨距，不应超过下表给出的数值：

公称直径/mm	最大跨距/mm	公称直径/mm	最大跨距/mm	公称直径/mm	最大跨距/mm
15 ~ 25	2.0	125	5.0	300	8.5
32 ~ 50	3.0	150	6.0	350	9.0
65 ~ 80	4.0	200	7.0	400	9.5
100	5.0	250	8.0	450	10.0

3）冷热水供（回）水管、集管、阀门等均以难燃 B1 级聚氨酯泡沫塑料保温。管径≤DN25 保温层厚度为 25mm，DN32≤管径≤DN80 保温层厚度为 30mm，管径≥DN100 保温层厚度 35mm。

4）水管路系统中的最低点处应配置 DN20 泄水管，并配置相同直径的闸阀或蝶阀，在最高点处应配置 DN20 自动排气阀。所有空气处理设备之表冷器进水管应设压力表。

5）管道活动支架、吊架、托架的具体形式和设置位置由安装单位根据现场情况确定，每层水管安装时应仔细对照空调平面图，避免水管和风口位置重合。

6）管道安装完毕后，应进行水压试验。冷冻水和冷却水系统试验压力为工作压力的 1.5 倍，最底不小于 0.6MPa。

7）水系统经试压合格后，应对系统进行反复冲洗，直至排出水中不夹带泥沙、铁屑等杂质，且水色不混浊时方为合格。在进行冲洗之前，应先除去过滤器的滤网，待冲洗工作结束后再装上。管路系统冲洗时，水流不经过所有设备。冷水机组、空气处理设备均应在进、出水管留有冲洗管法兰接口，接口规格分别为 DN80，DN40。空调冷、热水系统应在系统冲洗排污合格，再循环试车 2h 以上，且水质正常时，方可与空气处理设备接通。

8）保温层施工前必须清除管路及设备表面污垢、铁锈，然后涂刷防腐层。

9）管道穿越墙身和楼板时，保温层不能间断，在墙体或楼板的两侧应设置夹板，中间的空间应以松散保温材料（玻璃棉）填充。所有管道在穿越楼板、墙壁处应设比相应管径（对于保温管为保温后的外径）大 2 号的钢套管。

10）与每台水泵连接的进、出水管上必须设置减振接头。

11）每台水泵的进水管上应安装闸阀或蝶阀、压力表和 Y 型过滤器；出水管上应安装止回阀、闸阀或蝶阀、压力表和带护套的角形水银温度计。

12）水泵必须安装减振器，减振器安装时必须认真找平与校正，务必保证基座四角的静态下沉度基本一致。

13）系统经试压和冲洗合格以后，即可进行试运行和调试，应使各环路的流量分配符合设计要求。

14）所有设备、管道的安装、调试均须严格按照厂家提供的手册和规定进行。

15）其他各项施工要求应严格遵守《建筑给水排水及采暖工程施工质量验收规范》（GB 50242—2002）的有关规定 。

（2）空调风系统。

1）通风空调系统风管采用镀锌钢板制作，钢板风管的厚度如下：

钢板直径或矩形风管大边长/mm	厚度 δ/mm
80～320	0.5
320～630	0.6
670～1000	0.8
1120～2000	1.0
2500～4000	1.2

2）设计图中所注风管的标高，对于圆形以中心线为准，对于方形或矩形没有特殊标注以风管底为准。

3）所有水平或垂直的风管必须设置必要的支架、吊架或托架。风管支架、吊架或托架应设置于保温层的外部，并在支架、吊架或托架与风管间镶以垫木，同时应避免在法兰、测定孔、调节阀等零部件处设置支架、吊架或托架。

4）空调管道风管采用难燃 B1 级聚氨酯泡沫塑料制品保温，保温层厚度为 30mm。穿过防火墙和变形缝的两侧各 2m 范围内的风管及保温应采用不燃烧材料。

5）所有空调风管与空调机组及新风机组连接处均需设置软接头，在每一与空调机组相连的出风主风管上应设流量和温度测定孔。所有空调系统新风进口处设防虫、鼠金属网。

6）其他各项施工要求应严格遵守《通风与空调工程施工质量验收规范》（GB 50243—2016）的有关规定。

（3）设计施工采用标准图集目录（见表 20-7）。

表 20-7　设计施工采用标准图集目录

项目	采用图集名称	图集编号	项目	采用图集名称	图集编号
管道支架、吊架	装配式管道吊挂支架安装图	03SR417-2	消声器安装	ZP 型消声器、ZW 型消声弯管	97K130-1
风管支架、吊架	金属、非金属风管支架、吊架	08K132	压力表安装	压力表安装图	01R405
管道设备保温	管道及设备保温、管道及设备保冷	98R418.419	温度计安装	温度仪表安装图	01R406
风机盘管安装	风机盘管安装	01K403	集、分水器安装	分（集）水器、分气缸	05K232
防排烟设备安装	防排烟系统设备及附件选用与安装	07K103—2	流量仪表安装	流量仪表管路安装图	03R420

20.2 绘制一层空调水管平面图

本节介绍商务办公楼一层空调水管平面图的绘制，包括布置空调器，绘制空调水管，布置水管阀件的方法。

01 打开素材。按 Ctrl+O 组合键，打开配套资源提供的“第 20 章\ 20.2 一层原始结构图.dwg”素材文件，结果如图 20-1 所示。

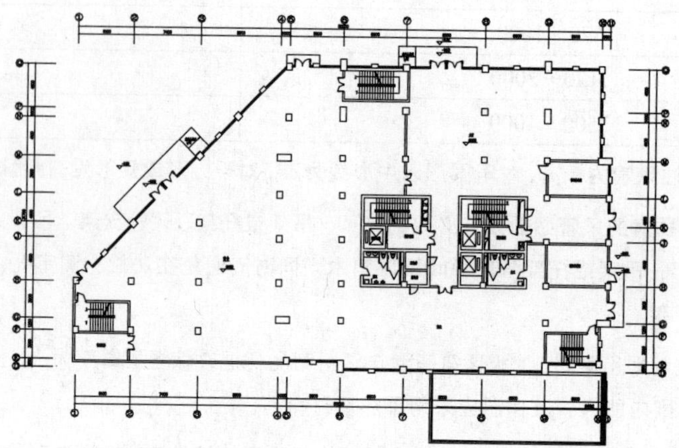

图 20-1 一层原始结构图

02 布置空调器。执行“空调水路”→“布置设备”命令，弹出【设备布置】对话框，设置参数如图 20-2 所示。

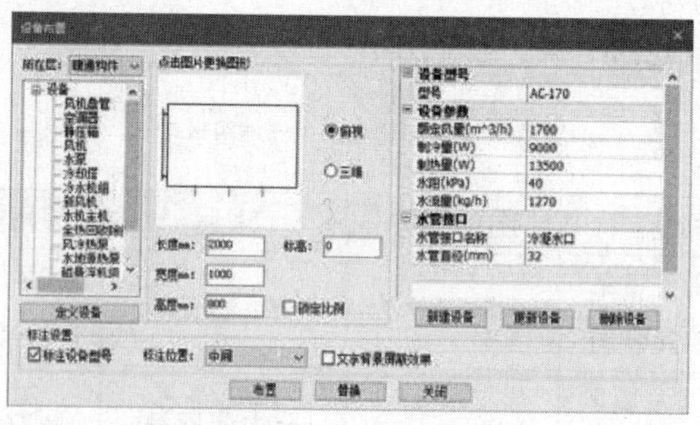

图 20-2 【设备布置】对话框

03 在对话框中单击“布置”按钮，在图中选取插入点，布置空调器的结果如图 20-3 所示。

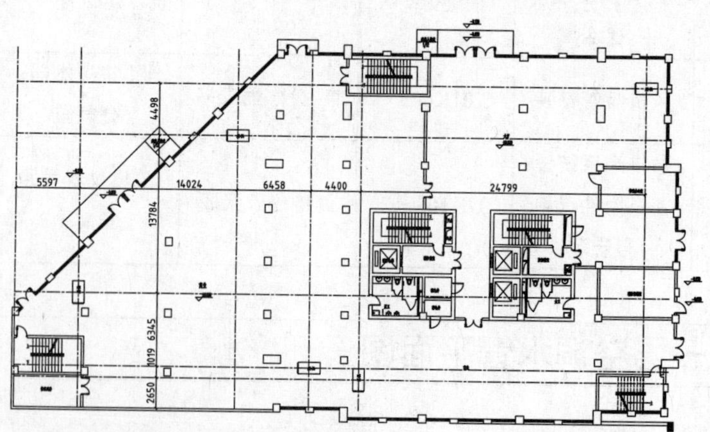

图 20-3 布置空调器

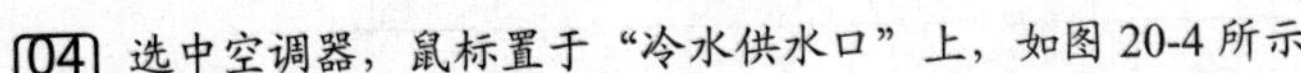

04 选中空调器，鼠标置于“冷水供水口”上，如图 20-4 所示。

05 在接口上单击，弹出【空水管线】对话框，拖动鼠标，绘制冷水供水管线，如图 20-5 所示。

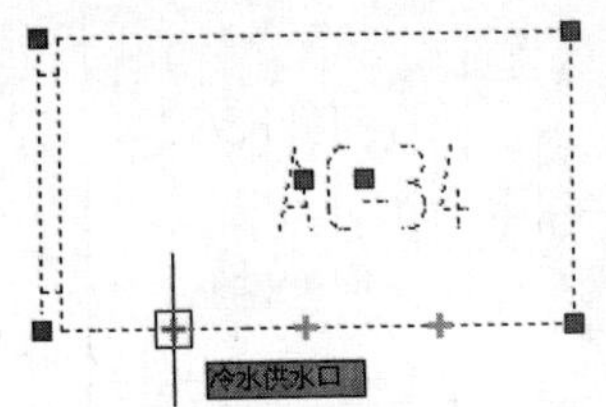

图 20-4 鼠标置于“冷水供水口”上

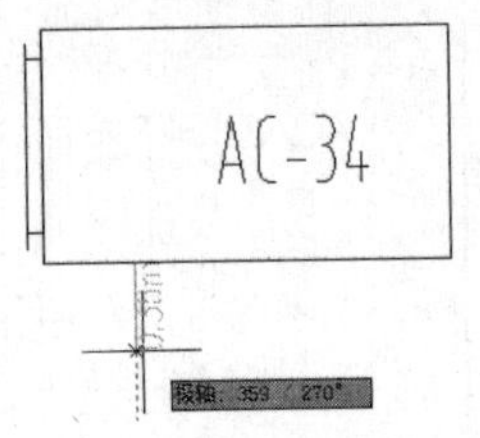

图 20-5 拖动鼠标

06 使用上述方法绘制空冷供水管线，结果如图 20-6 所示。注意，空冷供水管线连接每个空调器的“冷水供水口”。

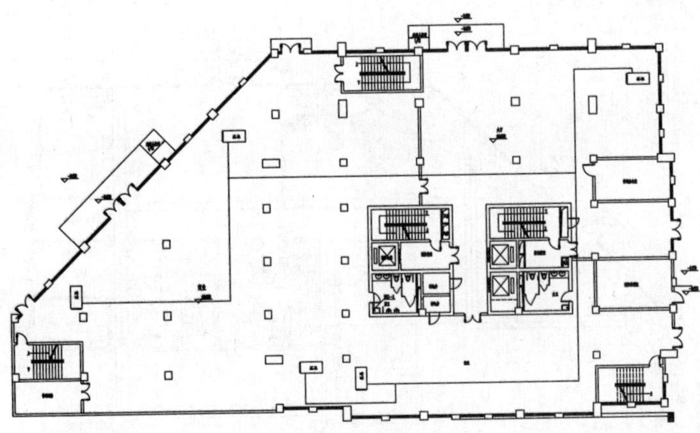

图 20-6 绘制空冷供水管线

07 用同样的方法，继续绘制空冷回水管线，结果如图 20-7 所示。

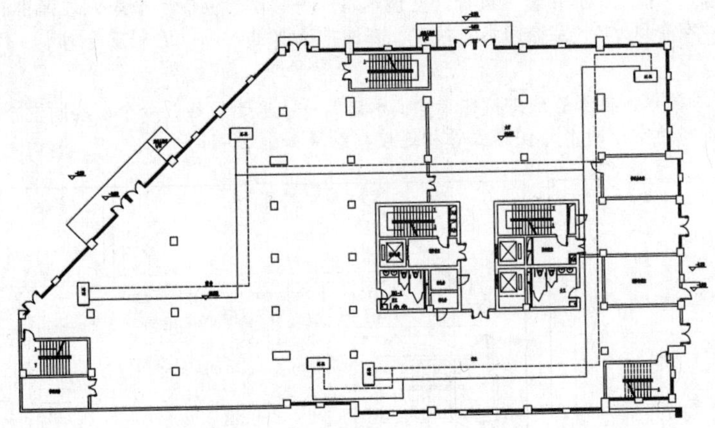

图 20-7 继续绘制空冷回水管线

08 绘制冷凝水立管。执行“空调水路”→“水管立管”命令，在弹出的【空水立管】对话框中单击“空冷凝水”按钮，在图中选取插入点，绘制冷凝水立管，结果如图 20-8 所示。

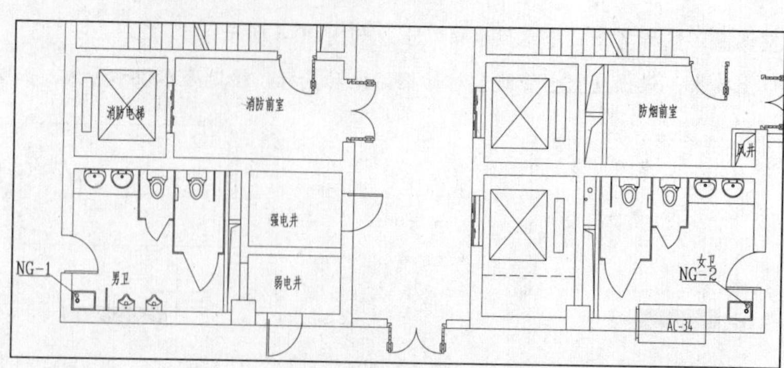

图 20-8　绘制冷凝水立管

09 绘制冷凝水管线。从空调器中引出冷凝水管线，连接空调器，并与上一操作步骤所绘制的冷凝水立管相连接，结果如图 20-9 所示。

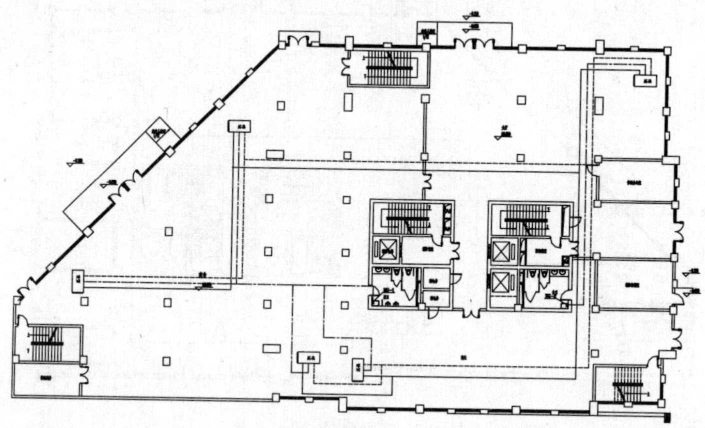

图 20-9　绘制冷凝水管线

10 绘制空冷回水、供水立管。执行“空调水路”→“水管立管”命令，在弹出的【空水立管】对话框中分别单击“空冷供水”“空冷回水”按钮，在图中选取插入点，绘制空冷回水、供水立管，结果如图 20-10 所示。

11 绘制空冷回水、供水管线。执行“空调水路”→“水管管线”命令，绘制空冷回水、供水管线，并与上一步骤所绘制的空冷回水、供水立管相连接，结果如图 20-11 所示。

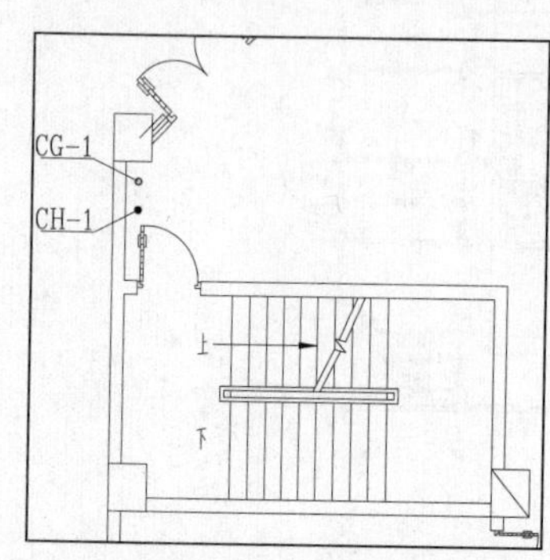

图 20-10　绘制空冷回水、供水立管

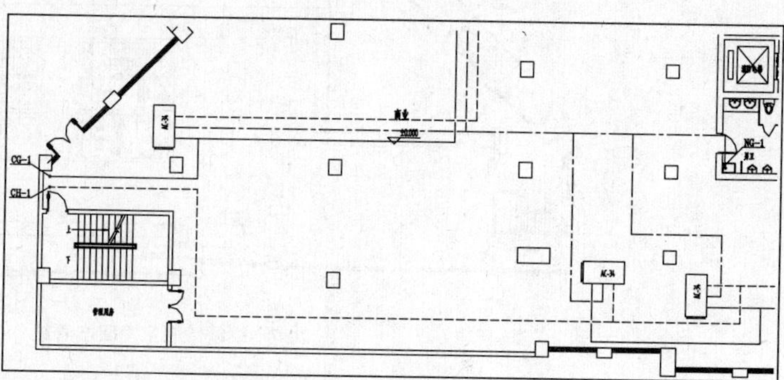

图 20-11　绘制空冷回水、供水管线

12 布置水管阀件。执行“空调水路”→“水管阀件”命令，弹出【水管阀件】对话框，选择“阀门”类型，选择蝶阀，如图 20-12 所示。

13 在管线上单击插入点，插入阀件，结果如图 20-13 所示。

图 20-12 【水管阀件】对话框

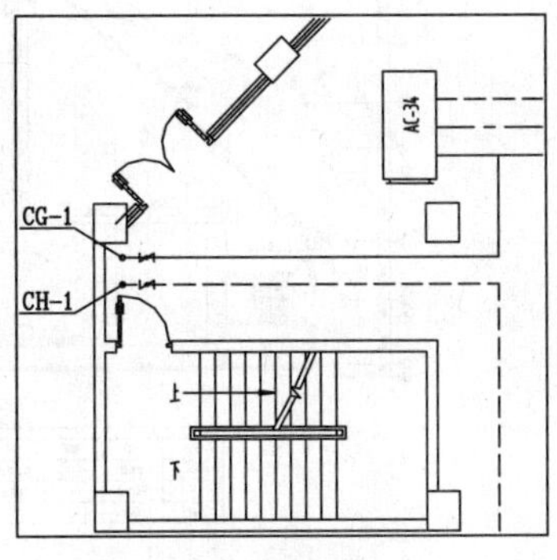

图 20-13 插入阀件

14 管径标注。执行“专业标注”→“单管管径”命令，弹出【单标】对话框，在图中选择管线，标注结果如图 20-14 所示。

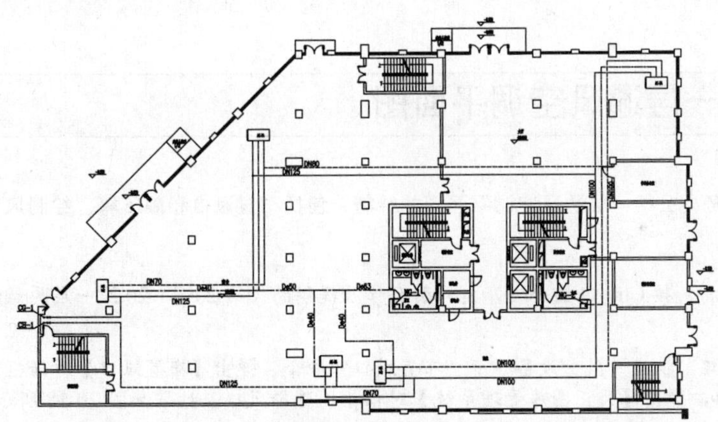

图 20-14 管径标注

15 绘制图例表。执行“文字表格”→“新建表格”命令，绘制空白表格。调用 CO【复制】命令，从平面图中移动复制图例至表格中，双击单元格，进入文字在位编辑状态，输入图例文字说明。执行“文字表格”→“表格编辑”→“单元编辑”命令，选定单元格，在弹出的【单元格编辑】对话框中编辑单元格参数，结果如图 20-15 所示。

16 图名标注。执行“符号标注”→“图名标注”命令，弹出【图名标注】对话框，设置参数如图 20-16 所示。

图例	名称	图例	名称
AC-3A	空调器	--------	冷水回水
————	冷水供水	—·—·—	冷凝水
|/•|	蝶阀		

图 20-15 绘制图例表

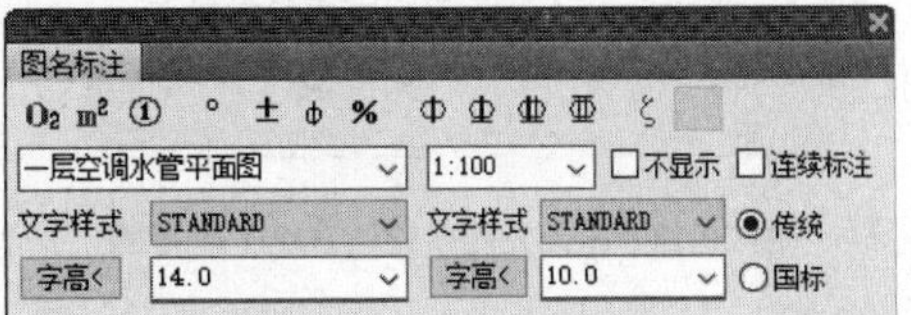

图 20-16 【图名标注】对话框

17 在图中选取插入点，绘制图名标注，结果如图 20-17 所示。

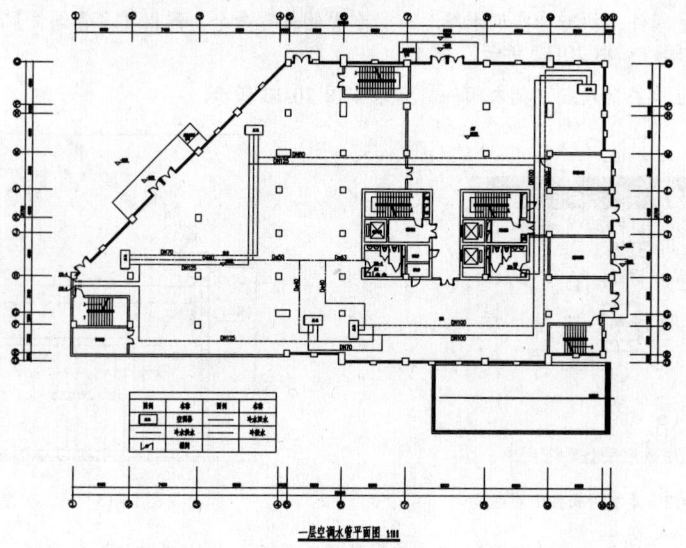

图 20-17 图名标注

20.3 绘制一层通风空调平面图

本节介绍商务办公楼一层通风空调平面图的绘制，包括布置风口和静压箱、绘制风管等命令的调用方法。

01 打开素材。按 Ctrl+O 组合键，打开配套资源提供的“第 20 章\ 20.2 一层原始结构图.dwg”素材文件。

02 布置风口。执行“风管设备”→“布置风口”命令，弹出【布置风口】对话框。单击对话框左边的风口预览窗口，弹出【天正图库管理系统】对话框，选择风口，结果如图 20-18 所示。

03 在对话框中双击风口，返回【布置风口】对话框，设置参数如图 20-19 所示。

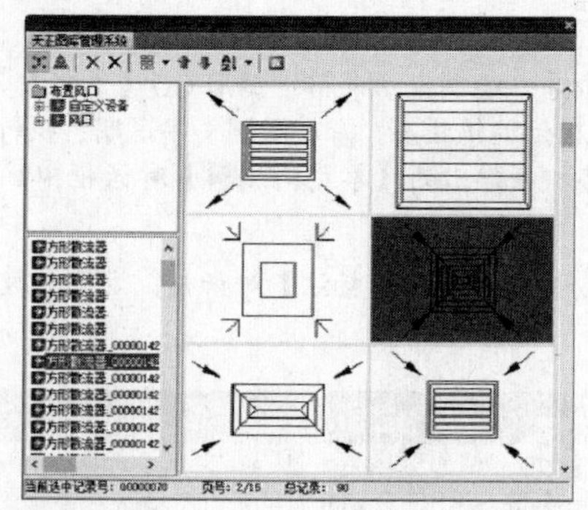

图 20-18 【天正图库管理系统】对话框

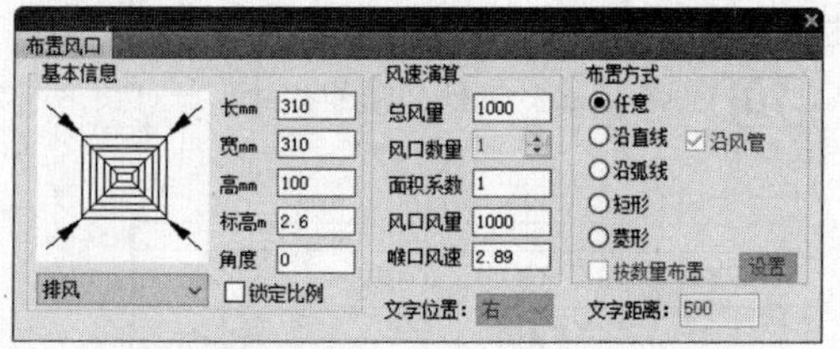

图 20-19 【布置风口】对话框

04 在图中选取插入位置，布置风口，结果如图 20-20 所示。

05 布置风口。在【天正图库管理系统】对话框中选择风口，如图 20-21 所示。

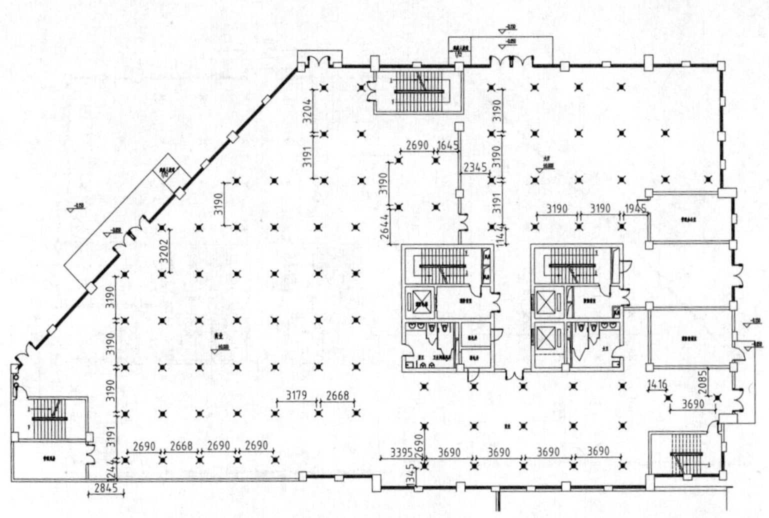

图 20-20　布置风口

06 在对话框中双击风口，返回【布置风口】对话框，设置参数如图 20-22 所示。

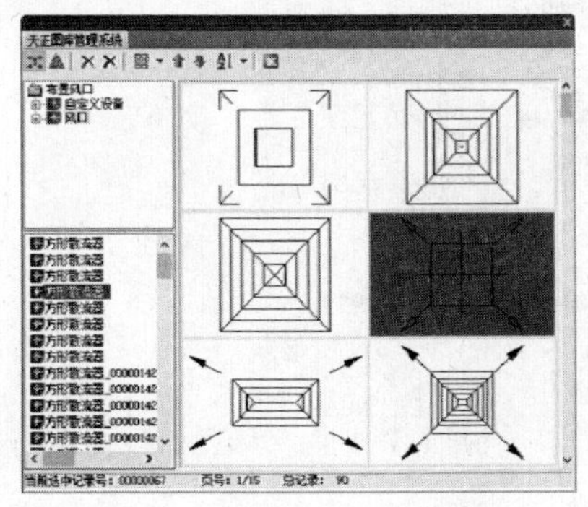

图 20-21　选择风口

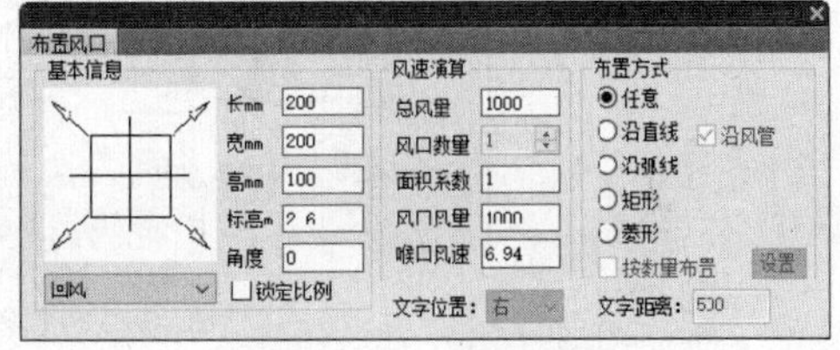

图 20-22　设置参数

07 在图中选取插入位置，布置风口，结果如图 20-23 所示。

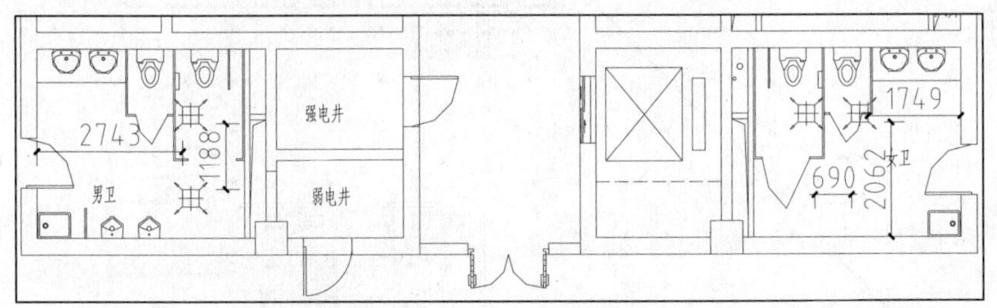

图 20-23　布置风口

08 执行“空调水路”→“布置设备”命令，布置空调器（具体参数可以参照 20.2 节）。结果如图 20-24 所示。

09 布置送风静压箱。执行“空调水路”→“布置设备”命令，弹出【设备布置】对话框，选择“静压箱”设备，设置参数如图 20-25 所示。

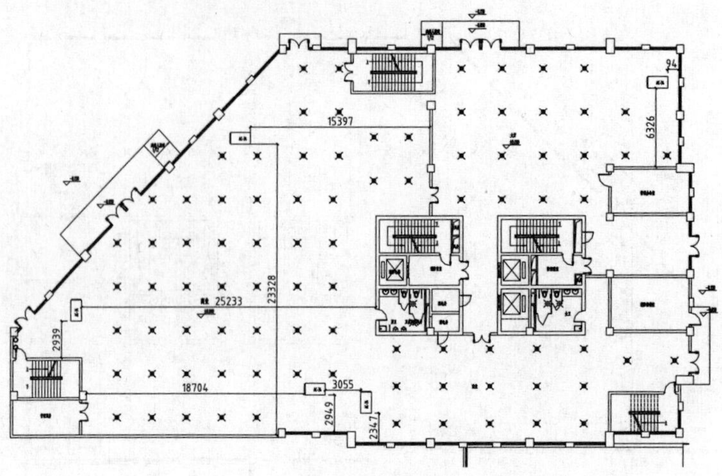

图 20-24 布置空调器

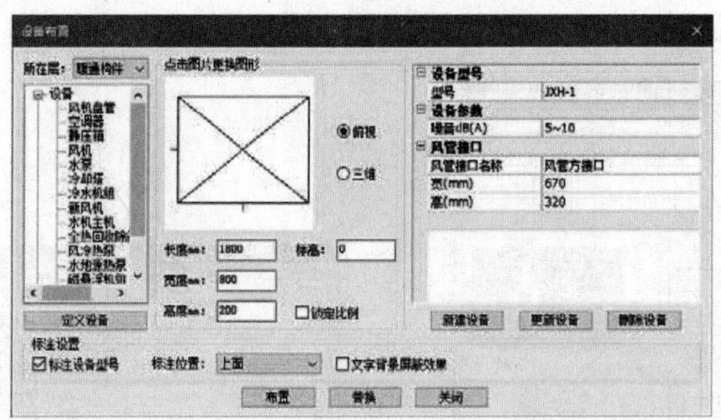

图 20-25 【设备布置】对话框

10 在对话框中单击“布置”按钮，在图中选取插入位置，布置送风静压箱，结果如图 20-26 所示。

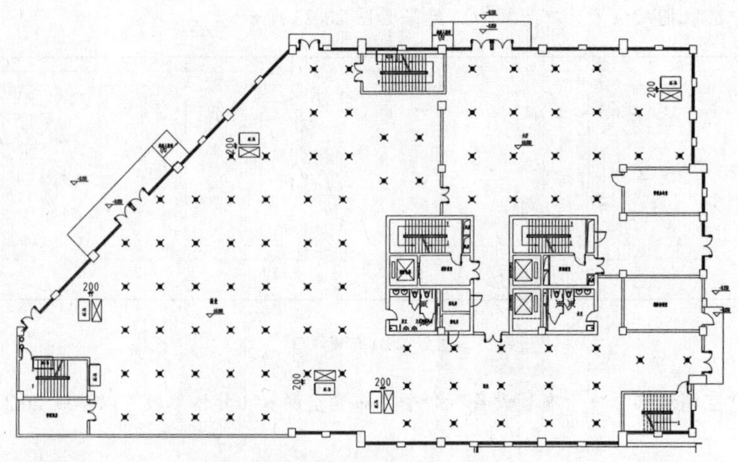

图 20-26 布置送风静压箱

11 布置回风静压箱。按 Ctrl+O 组合键，打开配套资源提供的“第 20 章\ 图例文件.dwg”文件，将其中的回风静压箱复制粘贴至当前视图中，结果如图 20-27 所示。

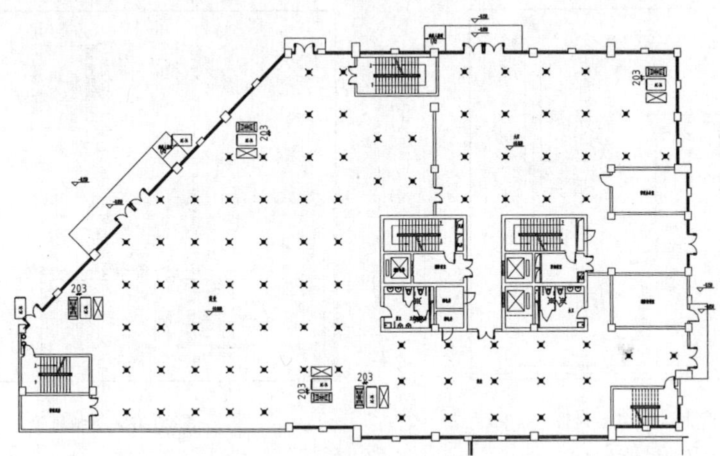

图 20-27　布置回风静压箱

12 布置设备连接构件。按 Ctrl+O 组合键，打开配套资源提供的“第 20 章\ 图例文件.dwg”文件，将其中的设备连接构件复制粘贴至当前视图中，结果如图 20-28 所示。

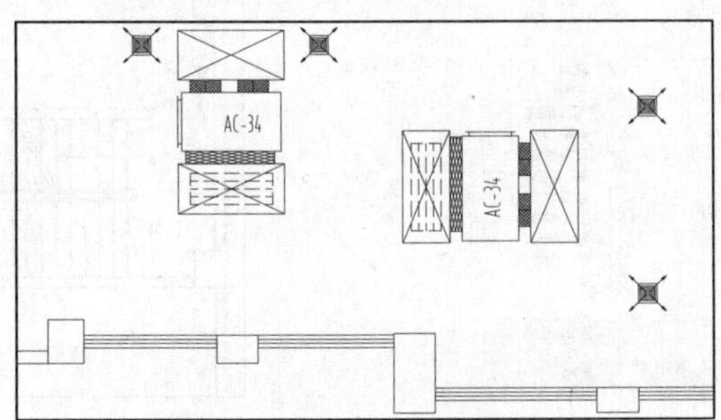

图 20-28　布置设备连接构件

13 绘制风管。执行“风管”→“风管绘制”命令，弹出【风管布置】对话框，设置参数如图 20-29 所示。

14 根据命令行的提示，分别指定起点和终点，绘制风管，结果如图 20-30 所示。

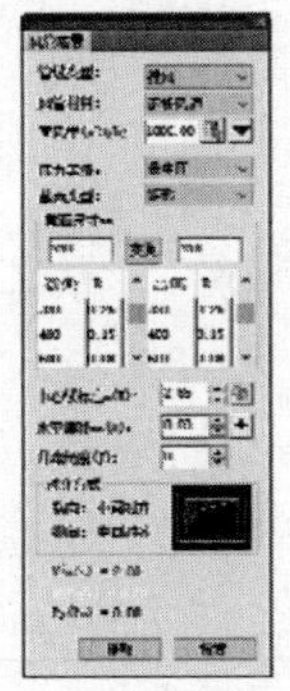

图 20-29　【风管布置】对话框

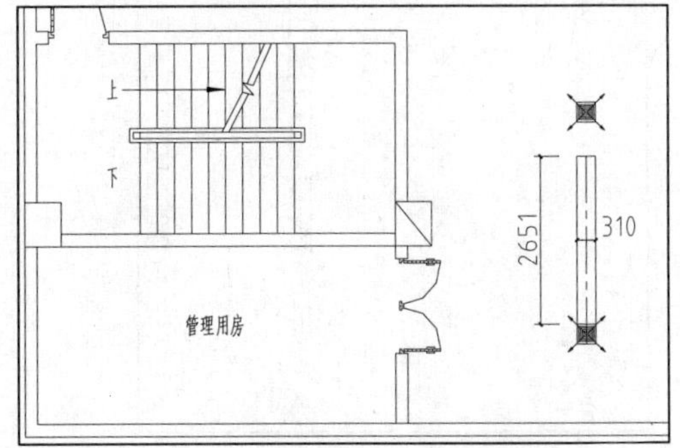

图 20-30　绘制风管

15 执行“风管”→“风管绘制”命令，绘制截面尺寸为 400mm 的风管，结果如图 20-31 所示。

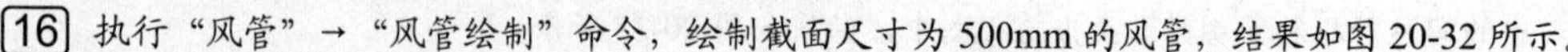

[16] 执行“风管”→“风管绘制”命令，绘制截面尺寸为500mm的风管，结果如图20-32所示。

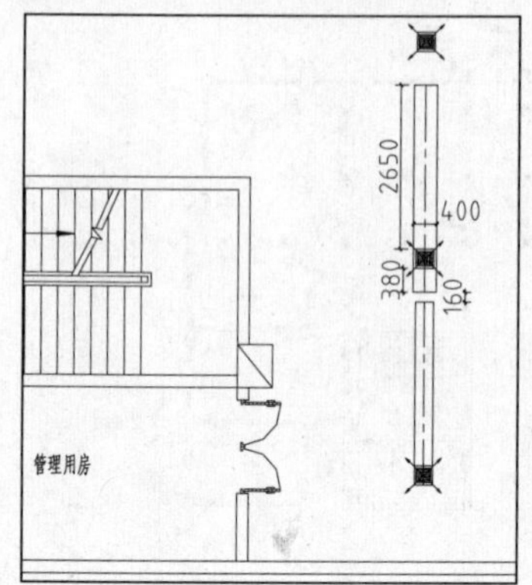

图20-31 绘制风管

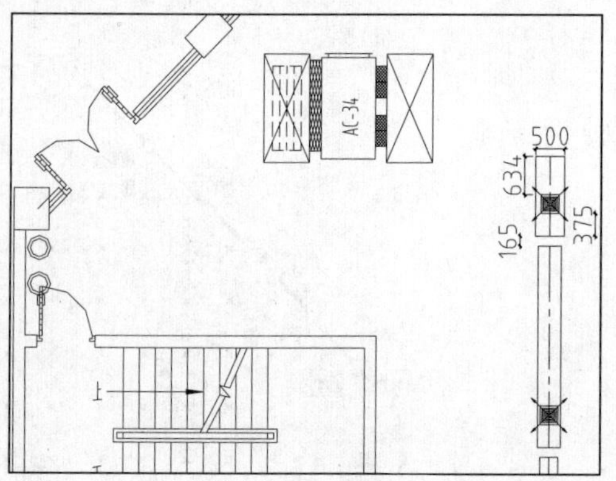

图20-32 绘制风管

[17] 变径连接。执行“风管”→“变径”命令，弹出【变径】对话框，设置参数如图20-33所示。

[18] 单击“连接”按钮，在图中选择待连接的风管，变径连接的结果如图20-34所示。

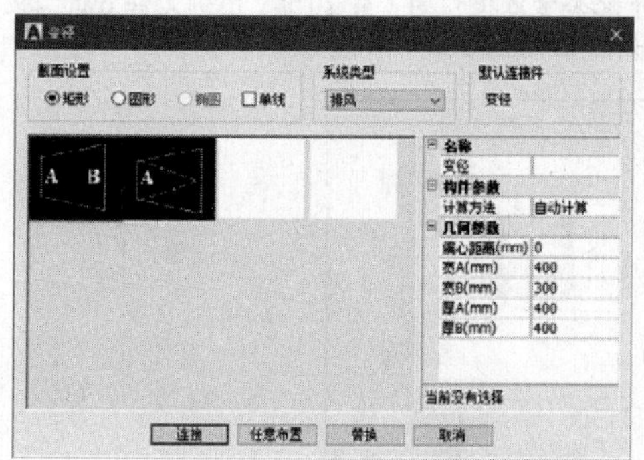

图20-33 【变径】对话框

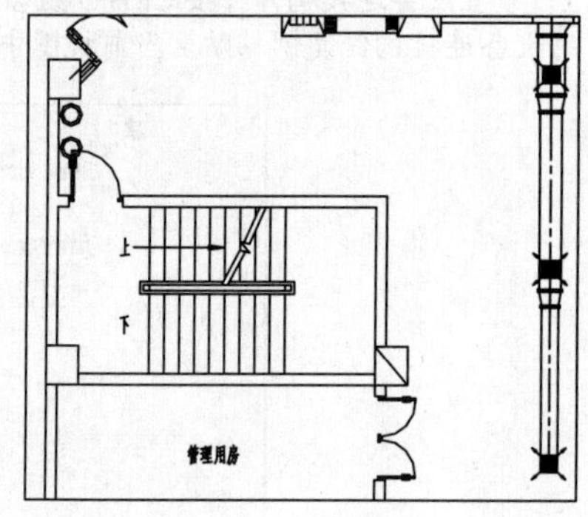

图20-34 变径连接

[19] 调用“CO”（复制）命令，移动复制风管，结果如图20-35所示。

[20] 执行“风管”→“风管绘制”命令，绘制截面尺寸为360mm的风管，结果如图20-36所示。

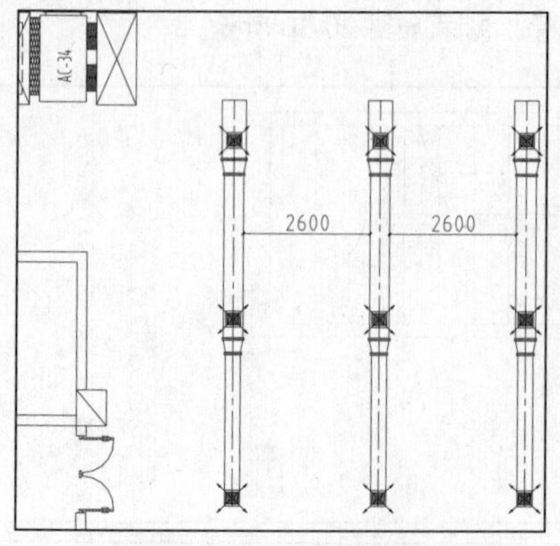

图20-35 移动复制风管

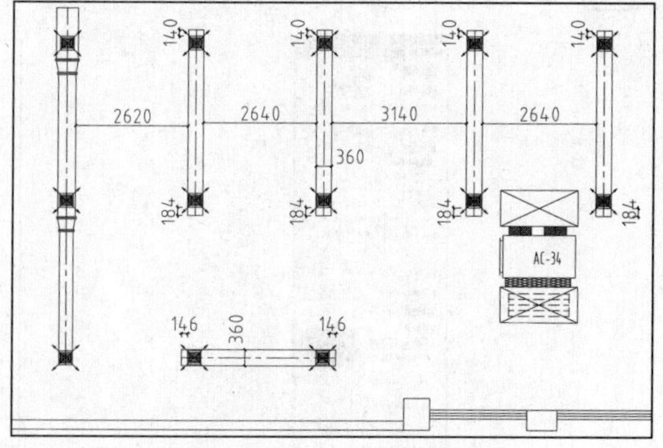

图20-36 绘制风管

[21] 执行“风管”→“风管绘制”命令，绘制截面尺寸为360mm的风管，再调用“CO”（复制）

命令，移动复制风管，结果如图 20-37 所示。

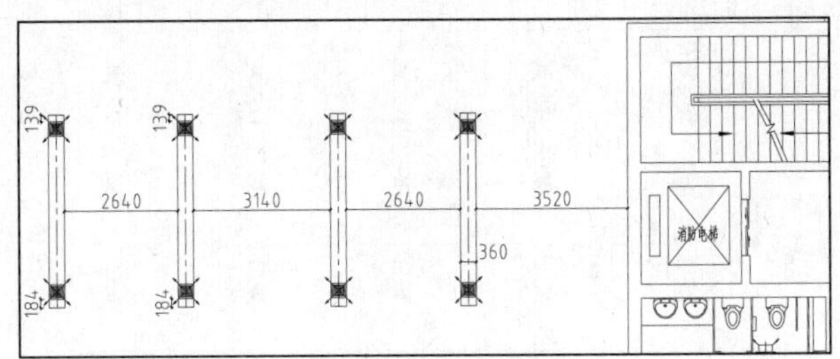

图 20-37　移动复制风管

[22] 执行“风管”→“风管绘制”命令，绘制截面尺寸为 360mm 的风管，结果如图 20-38 所示。

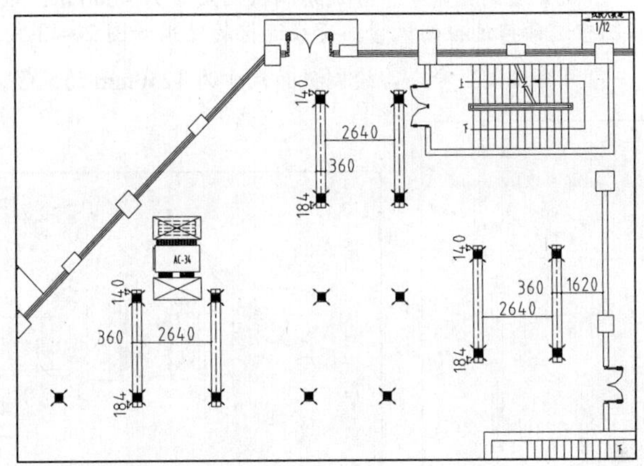

图 20-38　绘制风管

[23] 变径连接。执行“风管”→“变径”命令，弹出【变径】对话框，在图中选择待连接的风管，变径连接的结果如图 20-39 所示。

[24] 执行“风管”→“风管绘制”命令，绘制截面尺寸为 360mm 的风管，结果如图 20-40 所示。

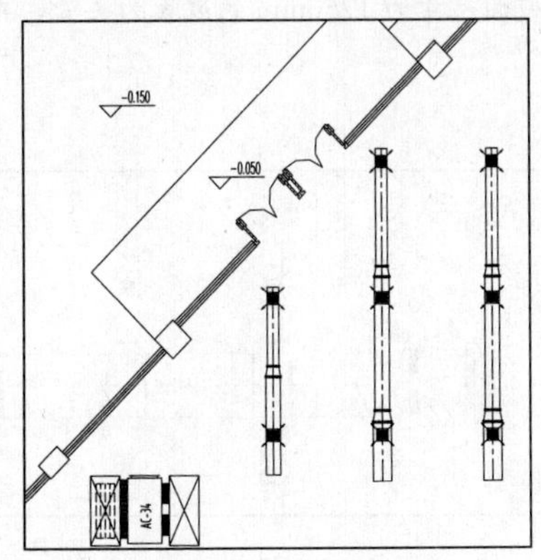

图 20-39　变径连接

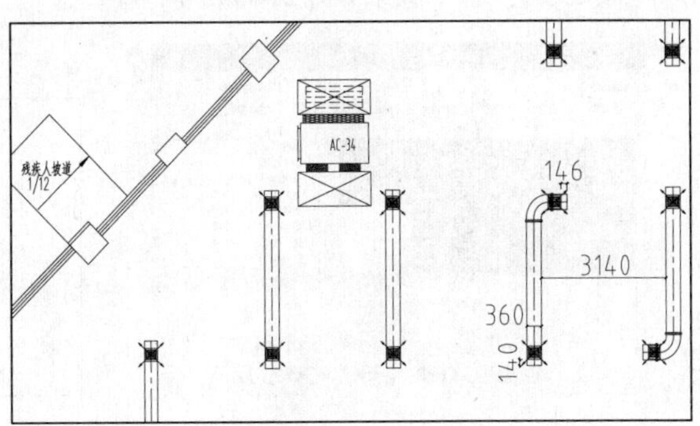

图 20-40　绘制风管

[25] 执行“风管”→“风管绘制”命令，分别绘制截面尺寸为 400mm、320mm 的风管。执行“风管”→“变径”命令，弹出【变径】对话框，在图中选择待连接的风管，变径连接的结果如图 20-41 所示。

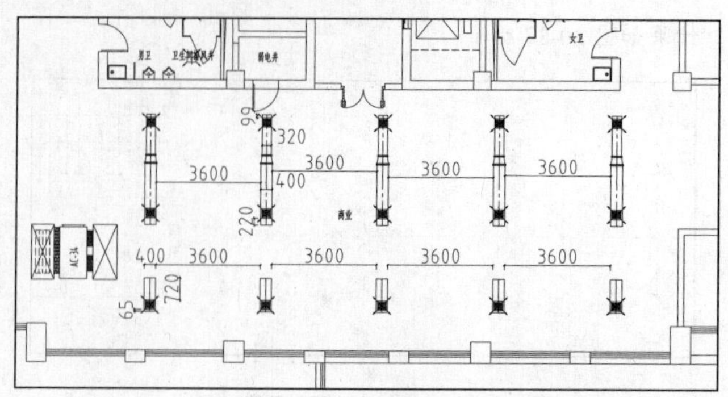

图 20-41　变径连接

26 执行“风管”→“风管绘制”命令，分别绘制截面尺寸为 400mm、320mm 的风管。执行“风管”→“变径”命令，在图中选择待连接的风管，变径连接的结果如图 20-42 所示。

27 执行“风管”→“风管绘制”命令，绘制截面尺寸为 1250mm 的风管，结果如图 20-43 所示。

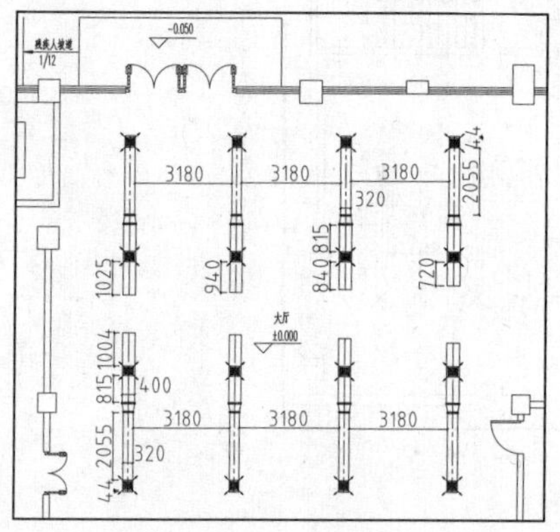

图 20-42　变径连接

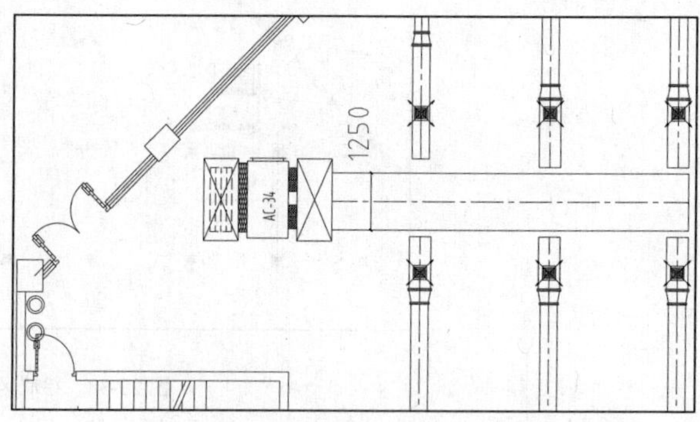

图 20-43　绘制风管

28 绘制四通。执行“风管”→“四通”命令，弹出【四通】对话框，设置参数如图 20-44 所示。

29 单击“连接”按钮，根据命令行的提示，在图中选择截面尺寸为 1250mm 的风管为主管，再选择其他要连接的风管，结果如图 20-45 所示。

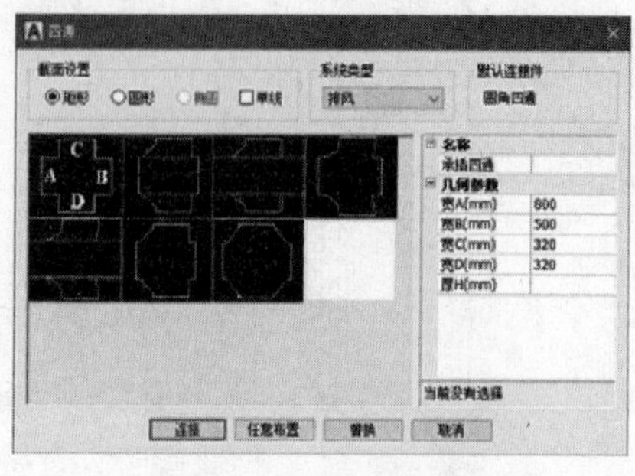

图 20-44　【四通】对话框

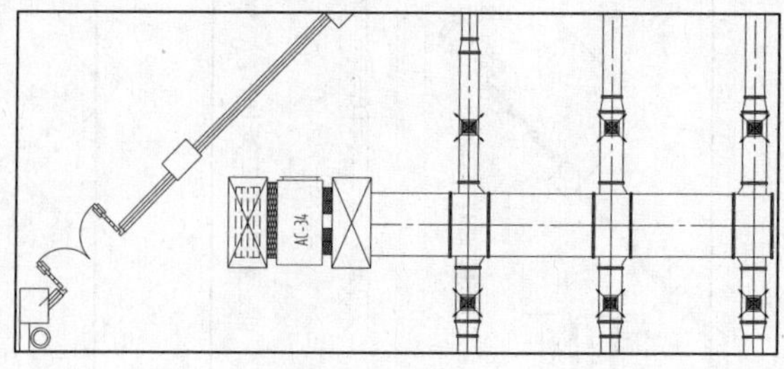

图 20-45　四通连接

30 执行“风管”→“风管绘制”命令，绘制截面尺寸为 360mm 的风管，结果如图 20-46 所示。

31 执行“风管”→“风管绘制”命令，绘制截面尺寸为 1250mm 的风管，结果如图 20-47 所示。

32 绘制三通。执行“风管”→“三通”命令，添加三通构件连接管线，结果如图 20-48 所示。

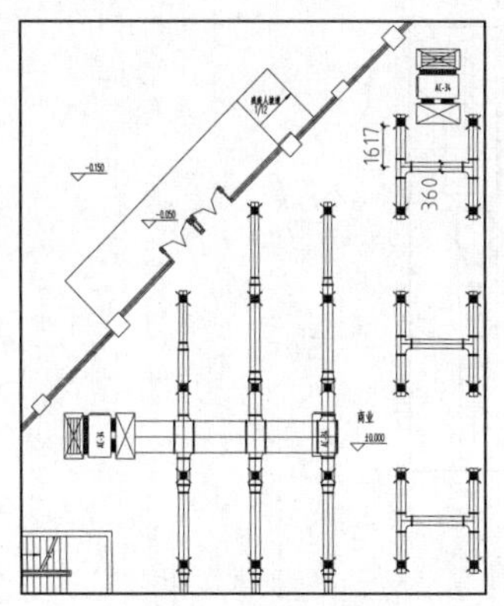
图 20-46　绘制风管

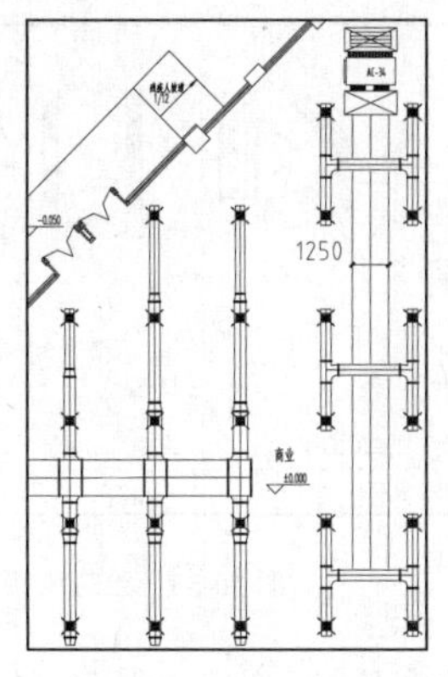
图 20-47　绘制风管

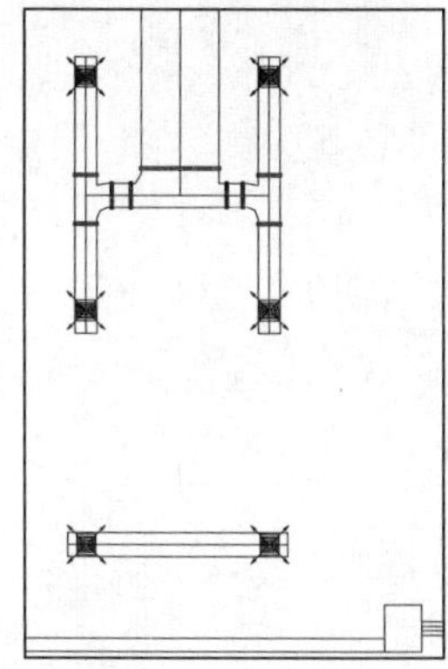
图 20-48　绘制三通

33 绘制四通。执行“风管”→“四通”命令，在【四通】对话框中单击“连接”按钮，根据命令行的提示，在图中选择截面尺寸为 1250mm 的风管为主管，再选择其他要连接的风管，结果如图 20-49 所示。

34 执行“风管”→“风管绘制”命令，绘制截面尺寸为 1000mm 的风管，结果如图 20-50 所示。

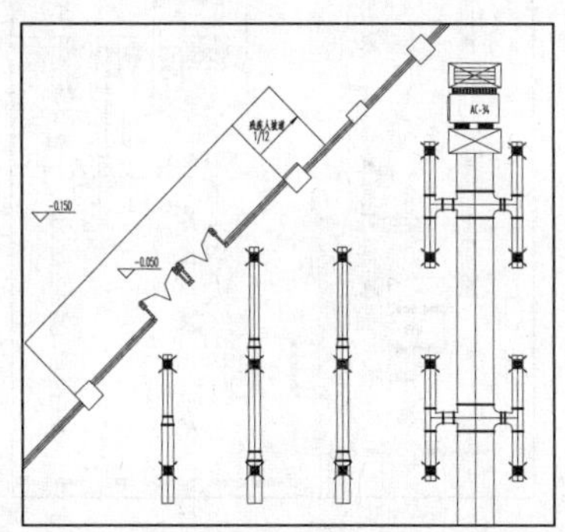
图 20-49　绘制四通

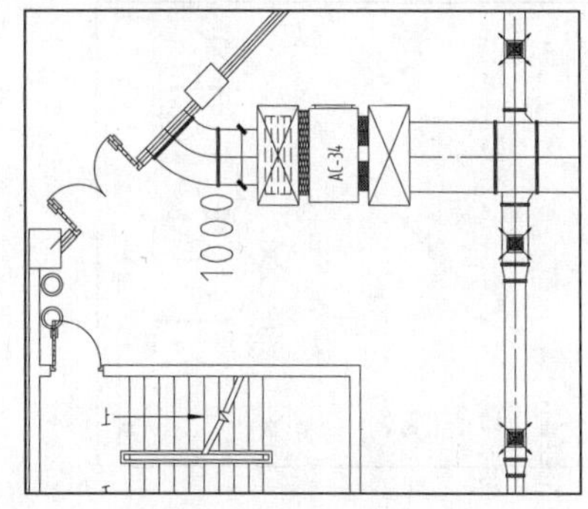
图 20-50　绘制风管

35 布置风阀。执行“风管设备”→“布置阀门”命令，弹出【风阀布置】对话框，单击对话框左边的风阀预览窗口，弹出【天正图库管理系统】对话框，选择风阀，如图 20-51 所示。

36 在对话框中双击风阀样式图形，返回【风阀布置】对话框，设置参数如图 20-52 所示。

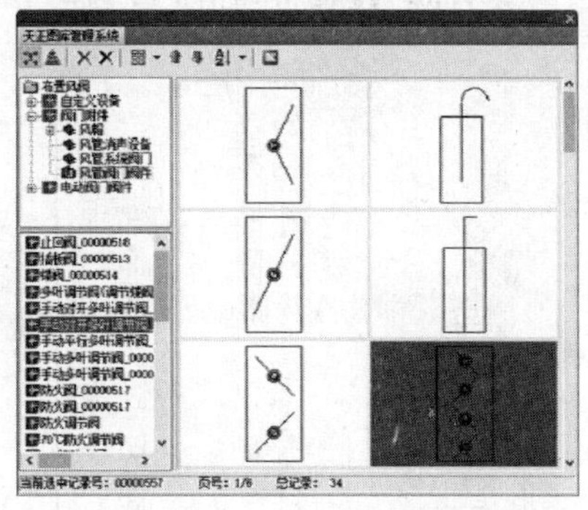
图 20-51　【天正图库管理系统】对话框

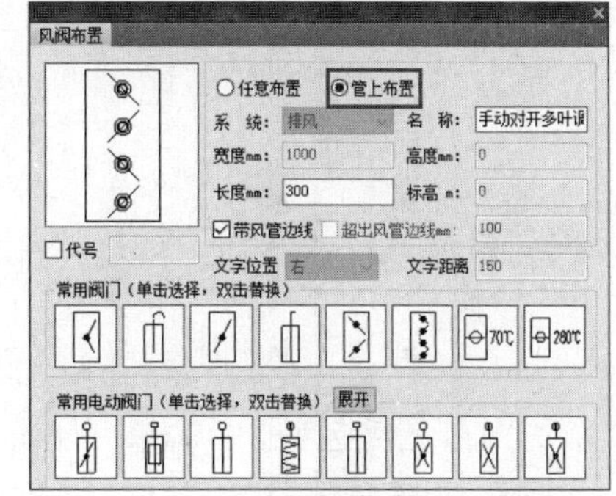

图 20-52　【风阀布置】对话框

37 在管线上选取插入点，布置风阀如图 20-53 所示。

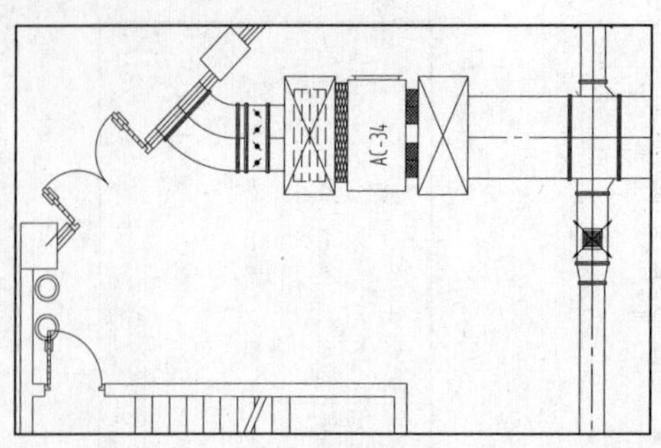

图 20-53　绘制风阀

38 重复操作，继续绘制风管和风阀，结果如图 20-54 所示。

39 执行“风管”→“风管绘制”命令，分别绘制截面尺寸为 320mm、400mm 的风管。执行“风管”→“变径”命令，弹出【变径】对话框，在图中选择风管，变径连接的结果如图 20-55 所示。

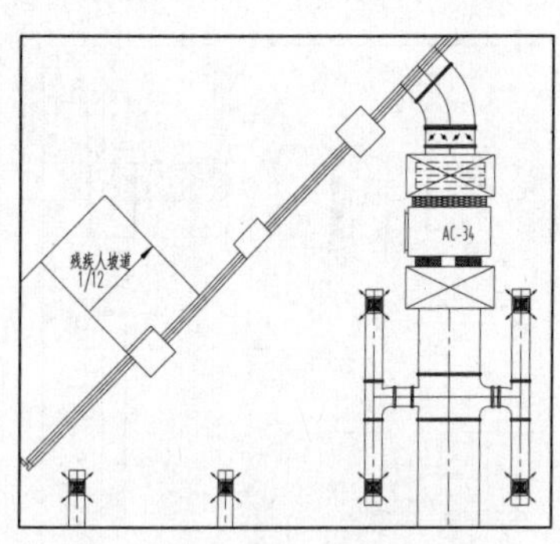

图 20-54　继续绘制和布置风阀

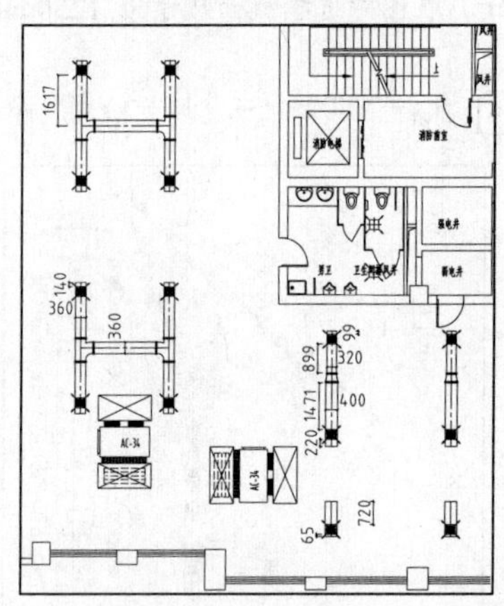

图 20-55　变径连接

40 执行“风管”→“风管绘制”命令，绘制截面尺寸为 1250mm 的风管。执行“风管”→“四通”命令，在图中选择截面尺寸为 1250mm 的风管为主管，再选择其他要连接的风管，连接结果如图 20-56 所示。

41 执行“风管”→“风管绘制”命令，绘制截面尺寸为 360mm 的风管，结果如图 20-57 所示。

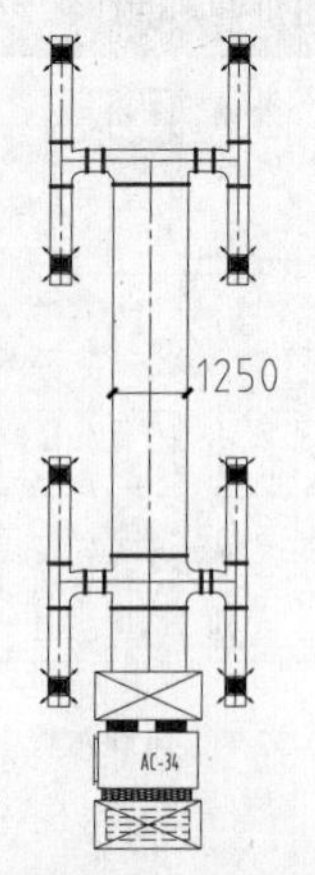

图 20-56　绘制四通

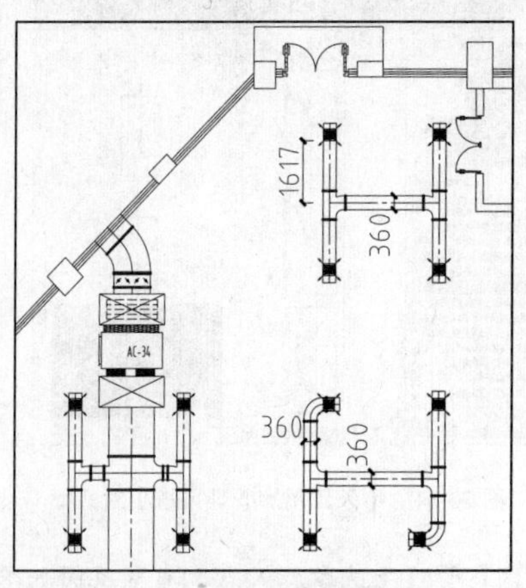

图 20-57　绘制风管

42 执行“风管”→“风管绘制”命令，绘制截面尺寸为 800mm、1250mm 的风管。执行“风管”→“四通”命令，在图中选择截面尺寸为 800mm、1250mm 的风管为主管，再选择其他要连接的风管，连接结果如图 20-58 所示。

43 执行“风管”→“风管绘制”命令，绘制截面尺寸为 360mm、630mm 的风管，结果如图 20-59 所示。

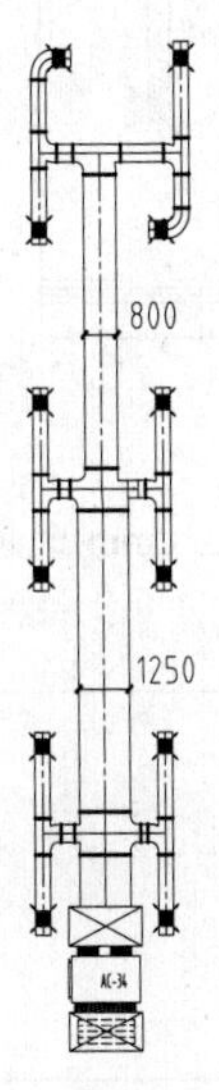

图 20-58　绘制四通

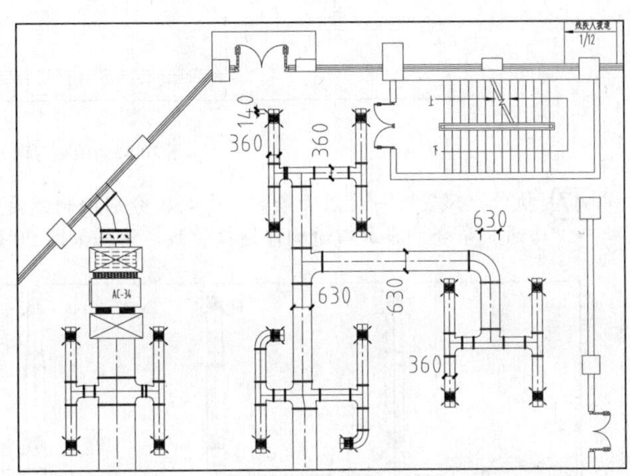

图 20-59　绘制风管

44 执行“风管”→“风管绘制”命令，绘制截面尺寸为 1000mm 的风管。执行“空调水路”→“布置阀门”命令，在管线上插入调节阀，结果如图 20-60 所示。

45 执行“风管”→“风管绘制”命令，绘制截面尺寸为 1000mm 的风管，结果如图 20-61 所示。

46 绘制四通。执行“风管”→“四通”命令，在弹出的【四通】对话框中单击“连接”按钮，根据命令行的提示，在图中选择截面尺寸为 1000mm 的风管为主管，再选择其他要连接的风管，连接结果如图 20-62 所示。

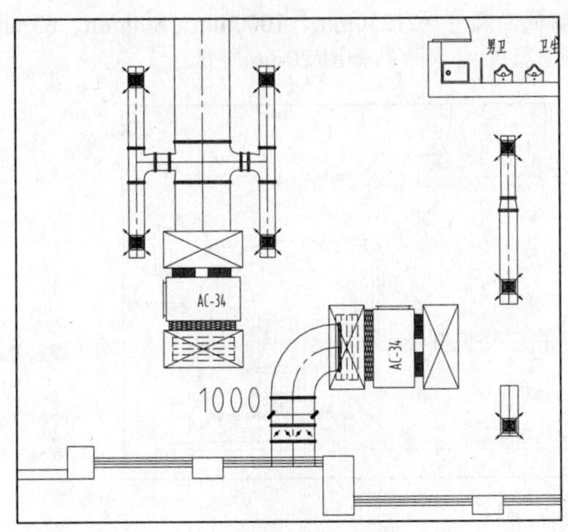

图 20-60　插入调节阀

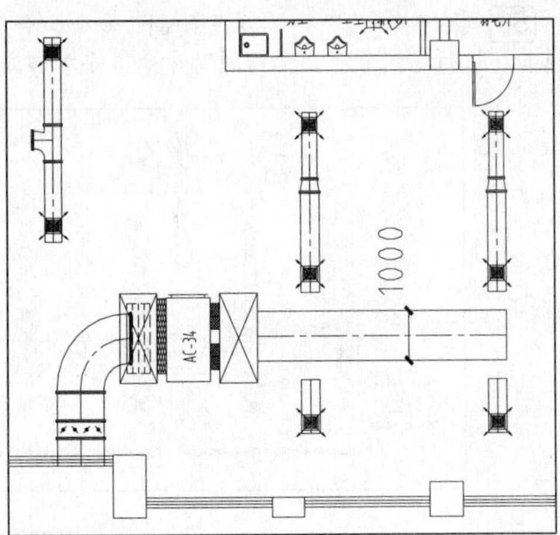

图 20-61　绘制风管

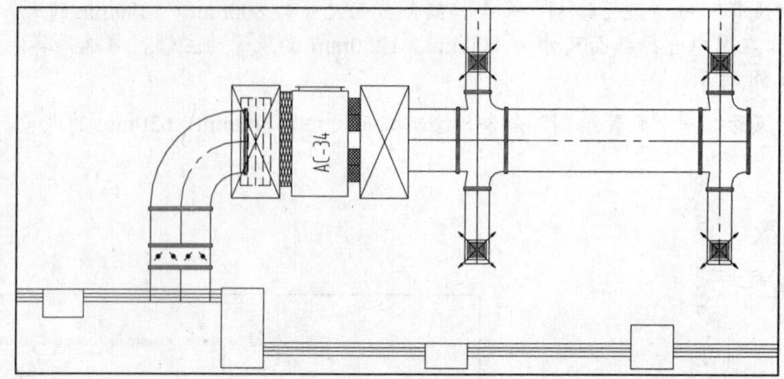

图 20-62　绘制四通

47 执行“风管”→“风管绘制”命令，分别绘制截面尺寸为 800mm、630mm 的风管。执行“风管”→“四通”命令，添加四通构件连接管线，结果如图 20-63 所示。

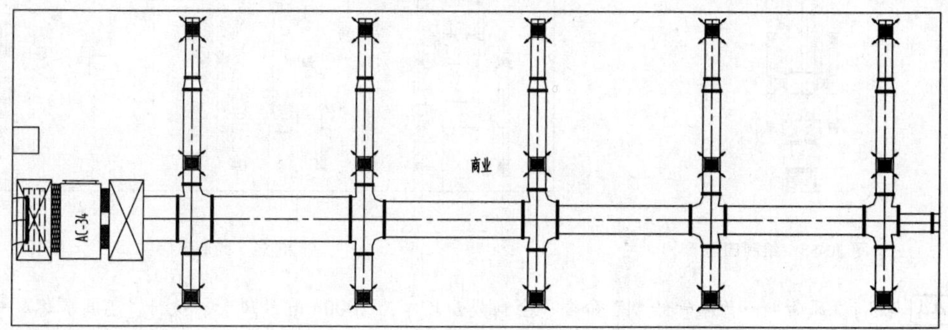

图 20-63　绘制四通

48 执行“风管”→“风管绘制”命令，绘制截面尺寸为 400mm 的风管，结果如图 20-64 所示。

49 执行“风管”→“风管绘制”命令，绘制截面尺寸为 1000mm 的风管。执行“空调水路”→“布置阀门”命令，在管线上插入调节阀，结果如图 20-65 所示。

50 执行“风管”→“风管绘制”命令，分别绘制截面尺寸为 1250mm、1000mm、800mm、63mm 的风管。执行“风管”→“四通”命令，添加四通构件连接管线，结果如图 20-66 所示。

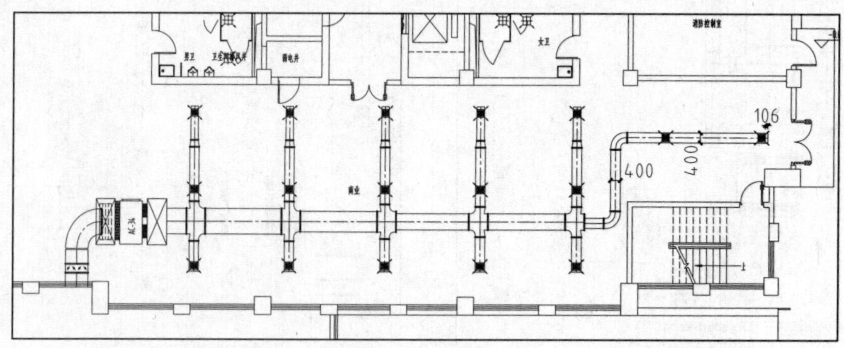

图 20-64　绘制风管

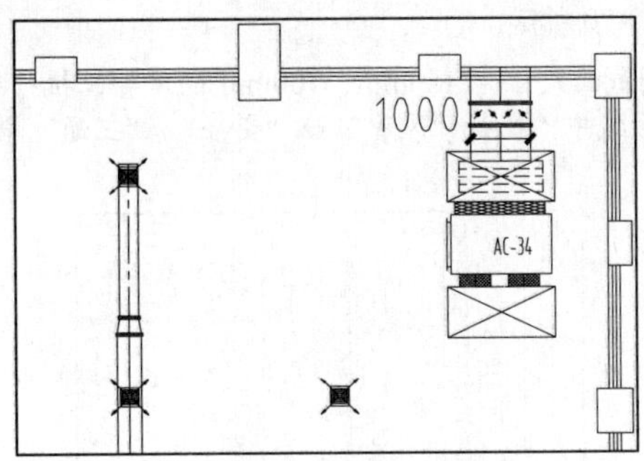

图 20-65　插入调节阀

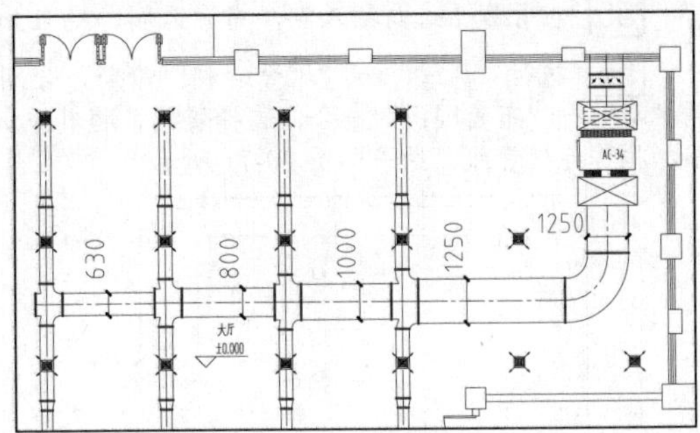

图 20-66　绘制四通

51 执行“风管”→“风管绘制”命令，分别绘制截面尺寸为 400mm、360mm、320mm 的风管。执行“风管”→“三通”命令，添加三通构件连接管线，结果如图 20-67 所示。

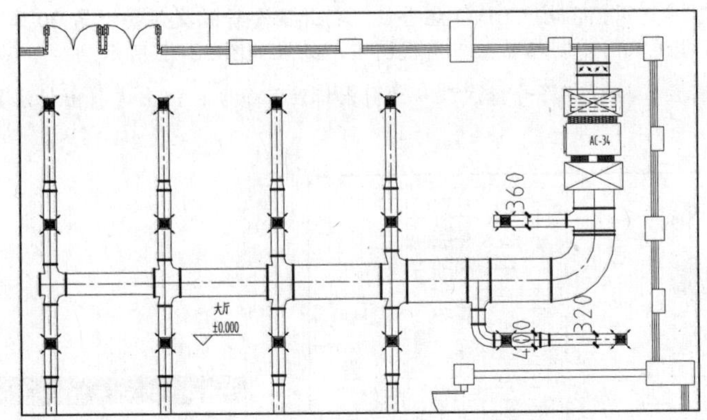

图 20-67　绘制三通

52 绘制卫生间风管。执行“风管”→“风管绘制”命令，分别绘制截面尺寸为 150mm、100mm 的风管，结果如图 20-68 所示。

53 布置风阀。执行“风管设备”→“布置阀门”命令，弹出【风阀布置】对话框，单击对话框右边的风阀预览窗口，弹出【天正图库管理系统】对话框，选择蝶阀。

54 在【天正图库管理系统】对话框中双击风阀，返回【风阀布置】对话框，设置参数如图 20-69 所示。

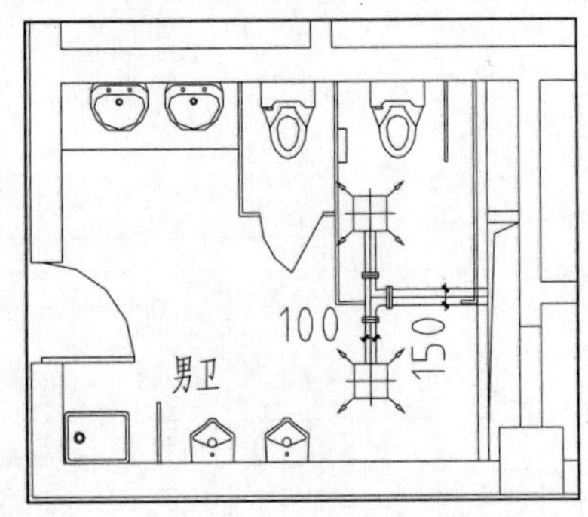

图 20-68　绘制卫生间风管

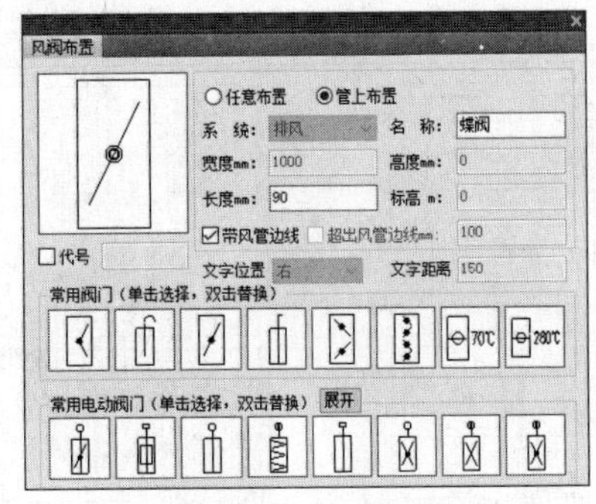

图 20-69　【风阀布置】对话框

55 在管线上选取插入点，布置风阀，结果如图 20-70 所示。

56 执行“风管”→“风管绘制”命令，分别绘制截面尺寸为 150mm、100mm 的风管。执行“空调水路”→“布置阀门”命令，选择蝶阀，将其添加至管线中。执行“风管”→“变径”/“三通”命令，添加构件连接管线，结果如图 20-71 所示。

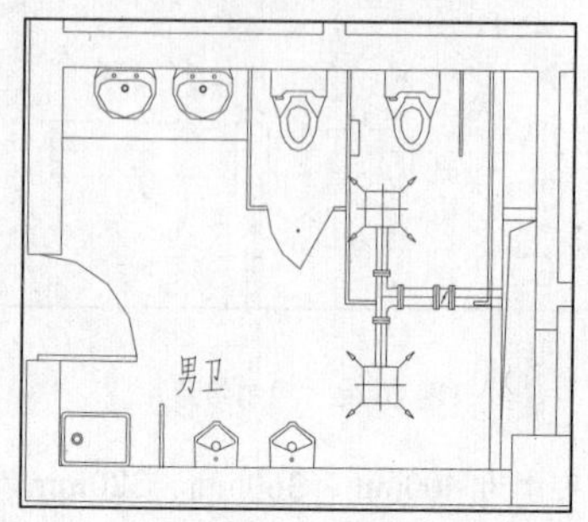

图 20-70 布置风阀

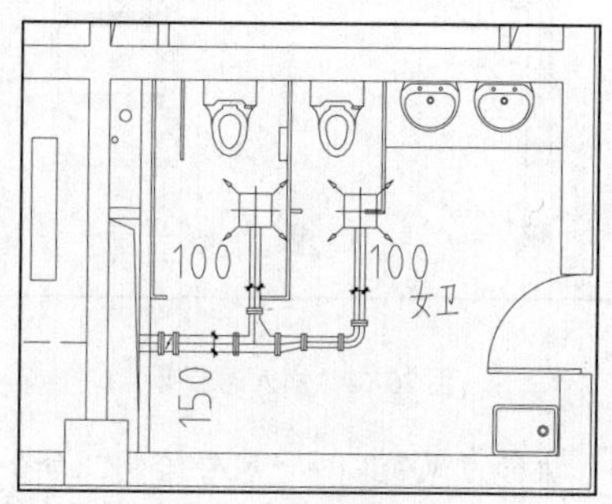

图 20-71 连接管线

57 布置电动百叶送风门。按 Ctrl+O 组合键，打开配套资源提供的“第 20 章\ 图例文件.dwg”文件，将其中的电动百叶送风门复制粘贴至当前视图中，结果如图 20-72 所示。

58 绘制引出标注。执行“符号标注”→“引出标注”命令，弹出【引出标注】对话框，设置参数如图 20-73 所示。

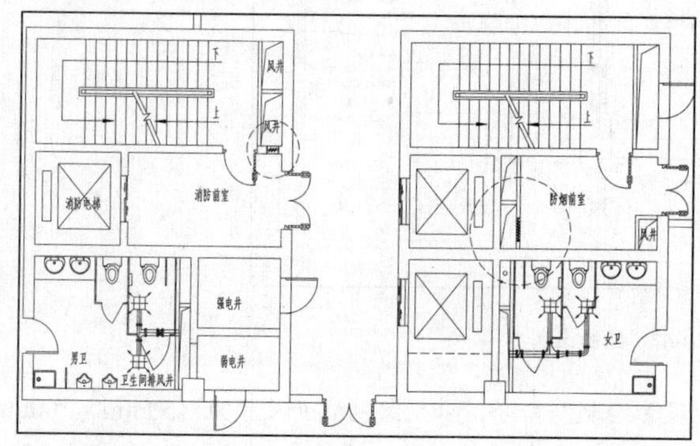

图 20-72 布置电动百叶送风门

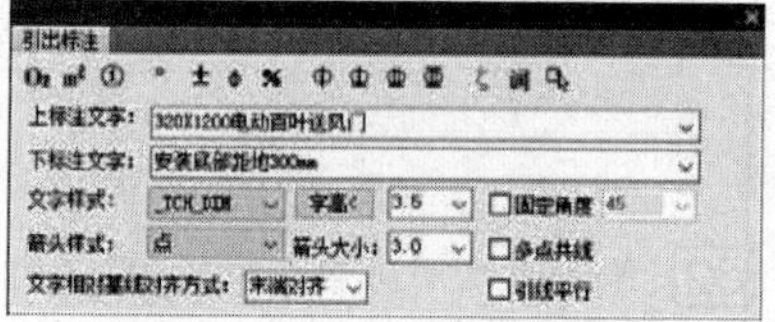

图 20-73 【引出标注】对话框

59 根据命令行的提示，在图中选取标注的各点，绘制引出标注，结果如图 20-74 所示。

60 绘制图例表。执行“文字表格”→“新建表格”命令，绘制空白表格。调用“CO”（复制）命令，从平面图中移动复制图例至表格中。双击单元格，进入文字在位编辑状态，输入图例文字说明。执行“文字表格”→“表格编辑”→“单元编辑”命令，选定待编辑的单元格，在弹出的【单元格编辑】对话框中设置单元格参数，结果如图 20-75 所示。

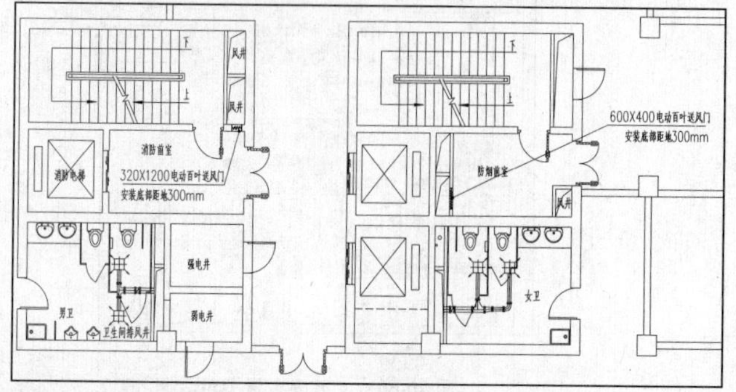

图 20-74 绘制引出标注

图例	名称	图例	名称
AC-34	空调器		方形散流器
	送风静压箱		回风静压箱
	调节风阀		室内换气扇

图 20-75 绘制图例表

61 图名标注。执行“符号标注”→“图名标注”命令，在弹出的【图名标注】对话框中设置参数。在图中选取插入点，绘制图名标注，结果如图 20-76 所示。

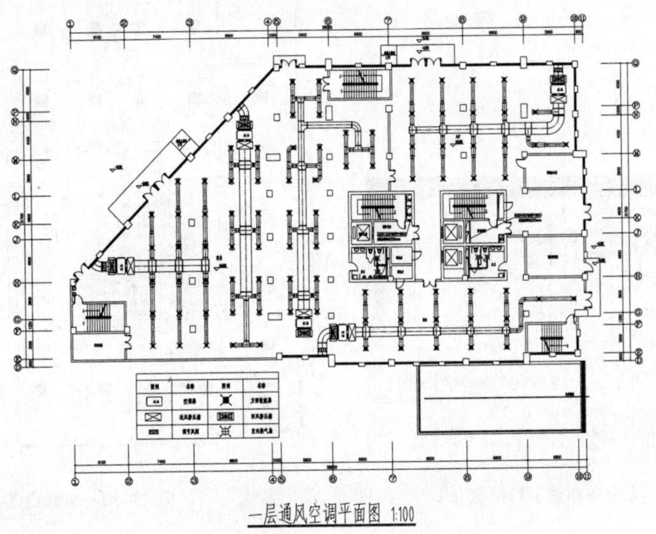

图 20-76 图名标注

20.4 绘制五层空调通风平面图

本节介绍商务办公楼五层空调通风平面图的绘制，包括绘制空调水管、布置水管阀件、布置风口，绘制各类标注的方法。

01 打开素材。按 Ctrl+O 组合键，打开配套资源提供的“第 20 章\ 20.4 五层原始结构图.dwg”素材文件，结果如图 20-77 所示。

02 布置空调器。执行“空调水路”→“布置设备”命令，弹出【设备布置】对话框。单击对话框左上角的空调器预览窗口，弹出【天正图库管理系统】对话框，选择空调器，如图 20-78 所示。

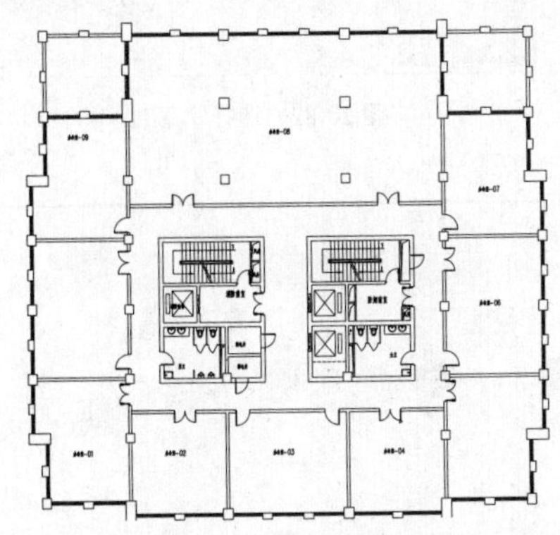

图 20-77 五层原始结构图

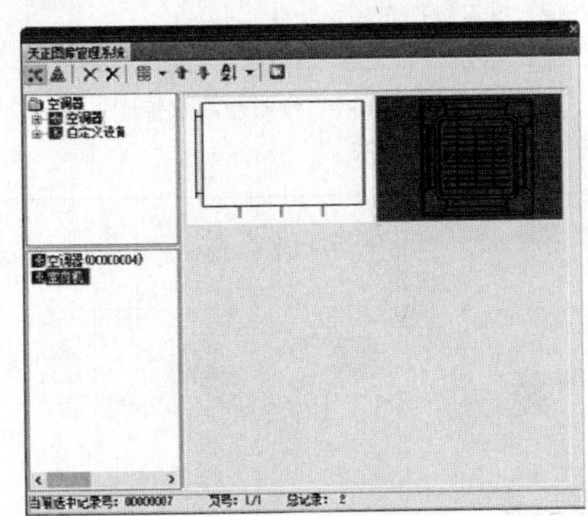

图 20-78 【天正图库管理系统】对话框

03 双击样式幻灯片，返回【设备布置】对话框，设置参数如图 20-79 所示。

04 在对话框中单击“布置”按钮，在图中选取插入位置，布置空调器，结果如图 20-80 所示。

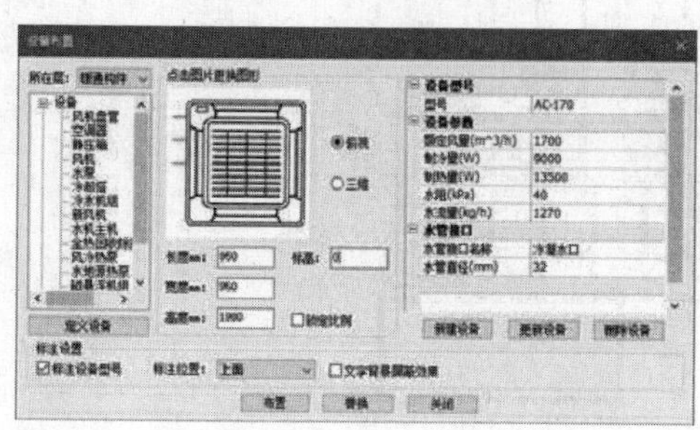

图 20-79 【设备布置】对话框

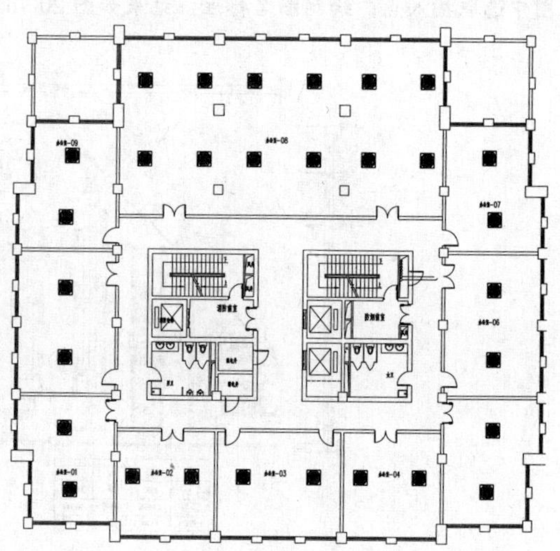

图 20-80 布置空调器

05 绘制冷凝水管线。执行“空调水路”→“水管管线”命令，弹出【空水管线】对话框。单击“空冷凝水”按钮，在图中分别指定起点和终点，绘制冷凝水管线，结果如图 20-81 所示。

06 绘制水管阀件。执行“图库图层”→“通用图库”命令，弹出【天正图库管理系统】对话框。选择“管封”附件，如图 20-82 所示。

07 在图中选取插入点，布置水管阀件，结果如图 20-83 所示。

08 重复操作，绘制管线以及水管阀件，结果如图 20-84 所示。

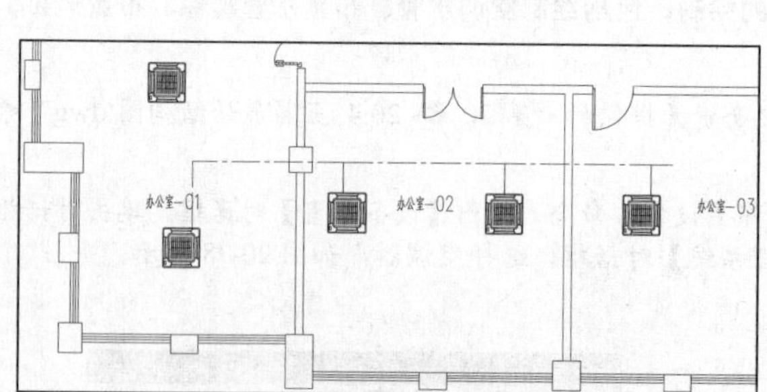

图 20-81 绘制冷凝水管线

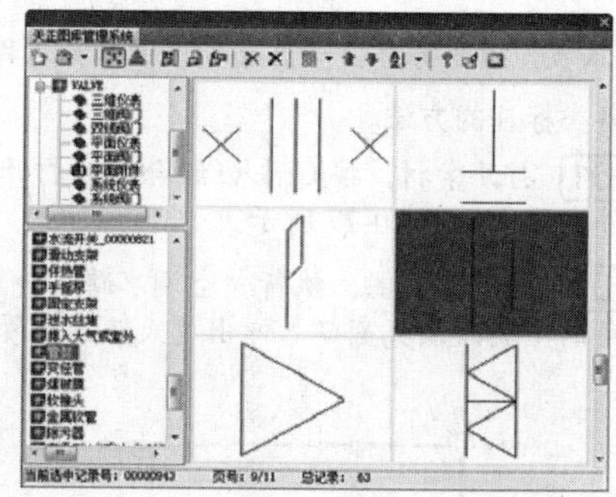

图 20-82 选择“管封”附件

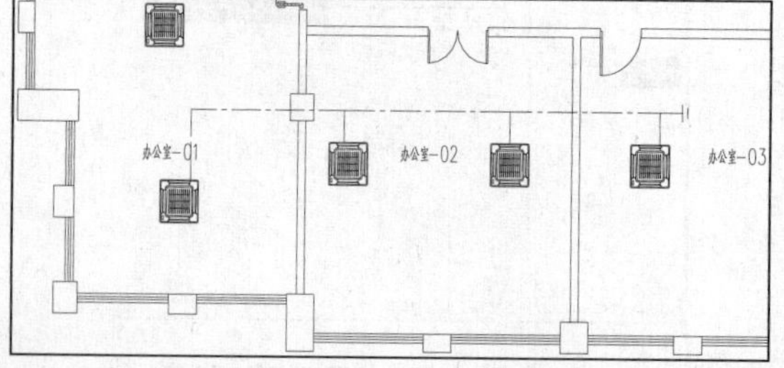

图 20-83 布置水管阀件

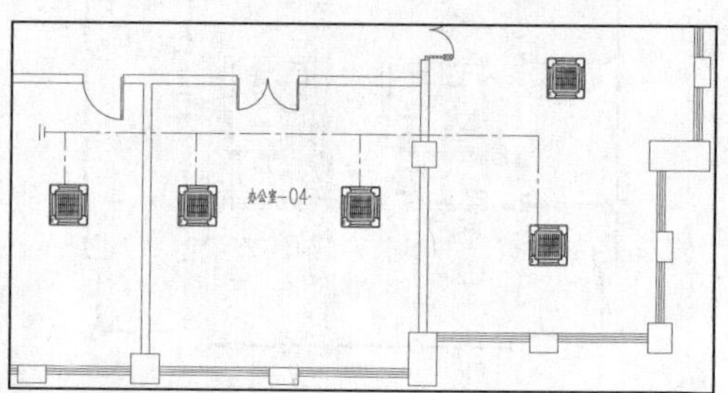

图 20-84 绘制管线及水管阀件

09 重复操作，分别绘制平面图右侧和上方的管线，并布置水管阀件，结果如图 20-85、图 20-86 所示。

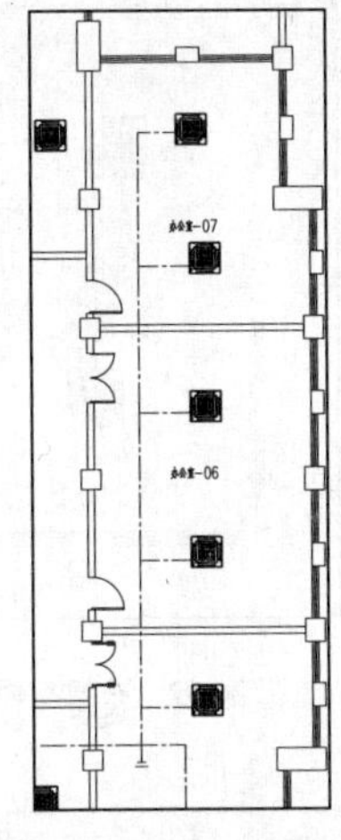
图 20-85　绘制右侧的管线与布置阀件

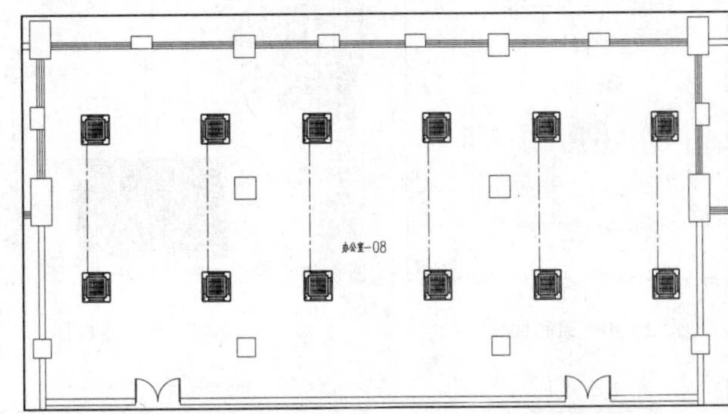
图 20-86　绘制上方的管线与布置阀件

10 平面图左边的管线与右上角的管线连接结果如图 20-87 所示。

11 平面图右边的管线与左上角的管线连接结果如图 20-88 所示。

12 执行“空调水路”→“水管管线”命令，弹出【空水管线】对话框。单击“空冷供水”按钮，设置参数如图 20-89 所示。

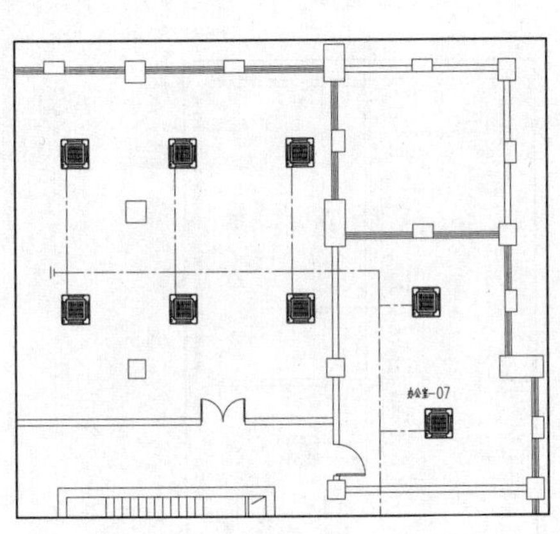
图 20-87　管线连接

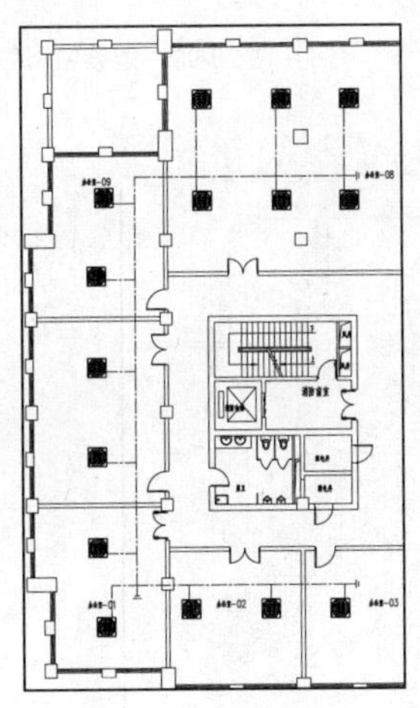
图 20-88　管线连接

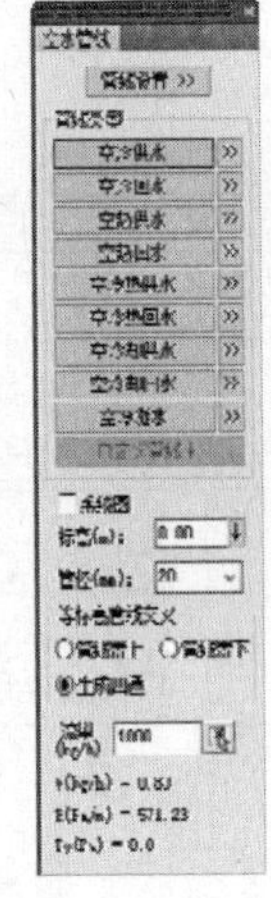
图 20-89　设置参数

13 在图中指定起点和终点，绘制管线（实线部分），结果如图 20-90 所示。

14 布置水管阀件。执行“图库图层”→“通用图库”命令，弹出【天正图库管理系统】对话框。选择平面附件，如图 20-91 所示。

15 在图中选取插入点，布置平面附件，结果如图 20-92 所示。

16 重复操作，继续绘制管线及布置附件，结果如图 20-93 所示。

17 绘制冷水供水立管。执行“空调水路”→“水管立管”命令，弹出【空水立管】对话框，在其中单击“空冷供水”按钮，在图中选取插入点，绘制冷水供水立管，结果如图 20-94 所示。

18 在平面图的右侧绘制管线，布置水管阀件，结果如图 20-95 所示。

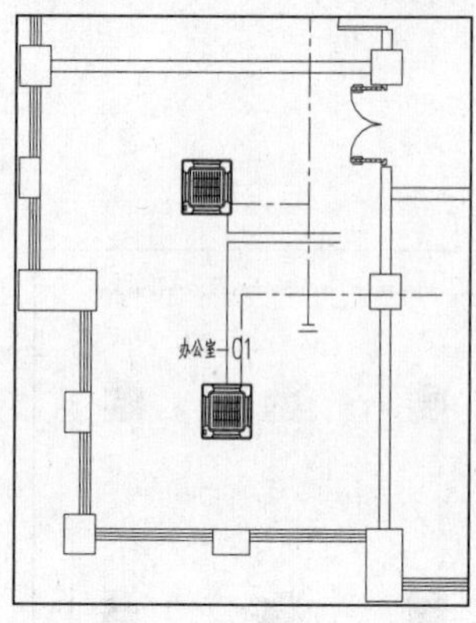

图 20-90 绘制管线

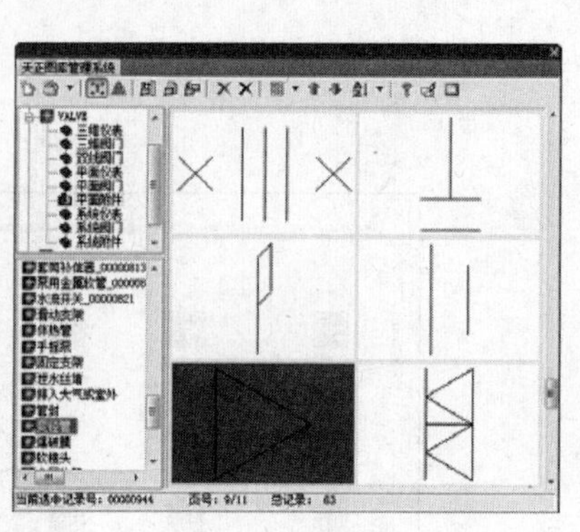
图 20-91 选择平面附件

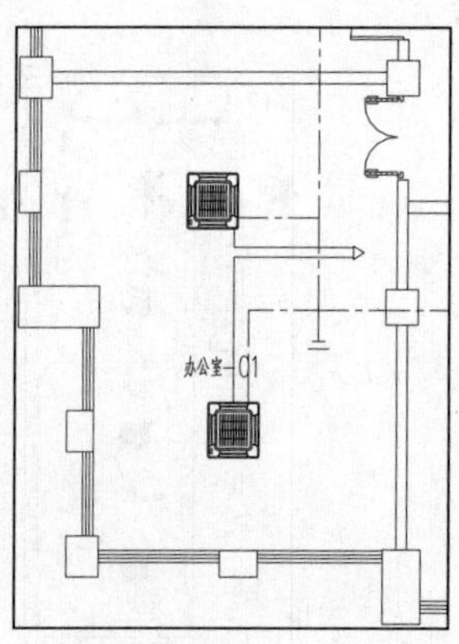

图 20-92 布置平面附件

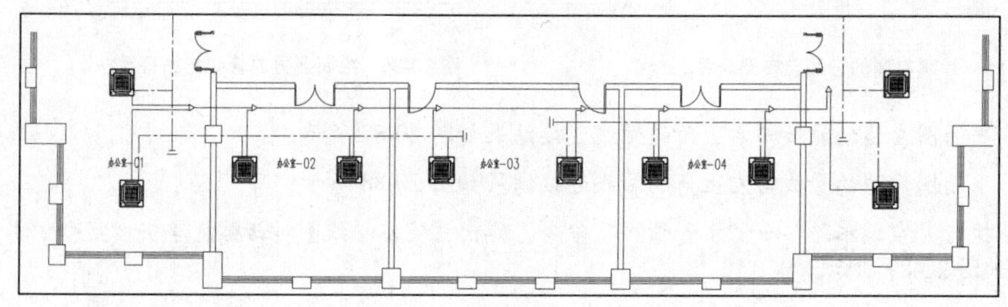

图 20-93 继续绘制管线及平面附件

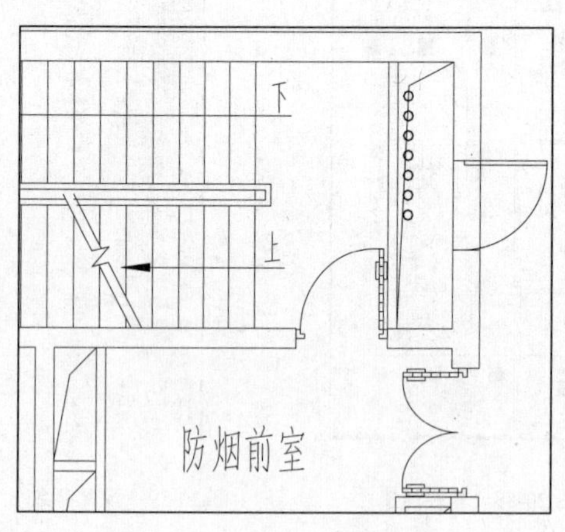

图 20-94 绘制冷水供水立管

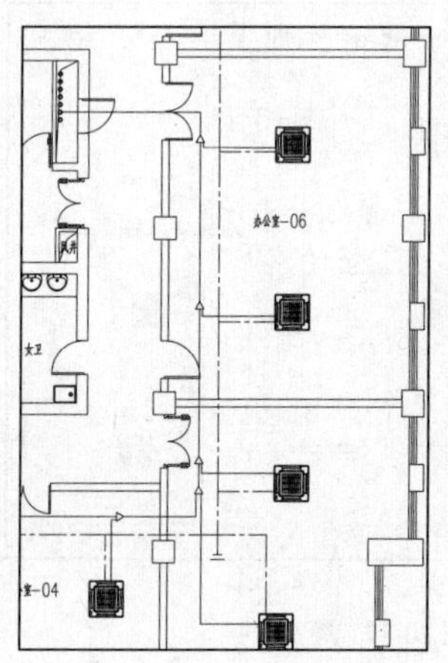

图 20-95 继续绘制管线

19 执行“空调水路”→“水管管线”命令，绘制管线与冷供水立管相连接。执行“空调水路”→“水管阀件”命令，插入水管阀件，结果如图 20-96 所示。

20 重复操作，绘制平面图上方空调器之间的连接管线及布置水管阀件，结果如图 20-97 所示。

21 执行“空调水路”→“水管管线”命令，绘制平面图左边空调器连接管线，结果如图 20-98 所示。

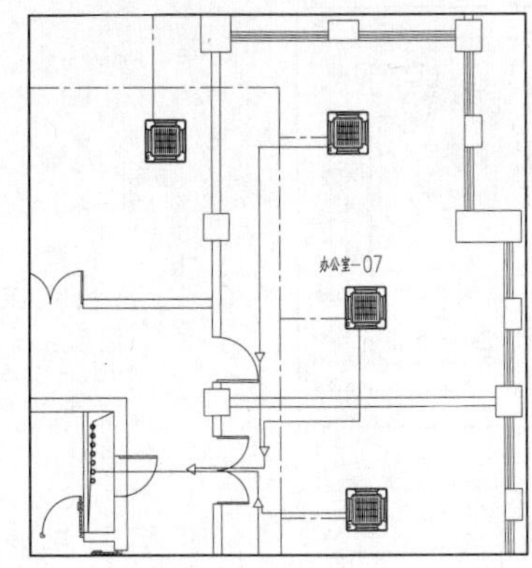

图 20-96　插入水管阀件

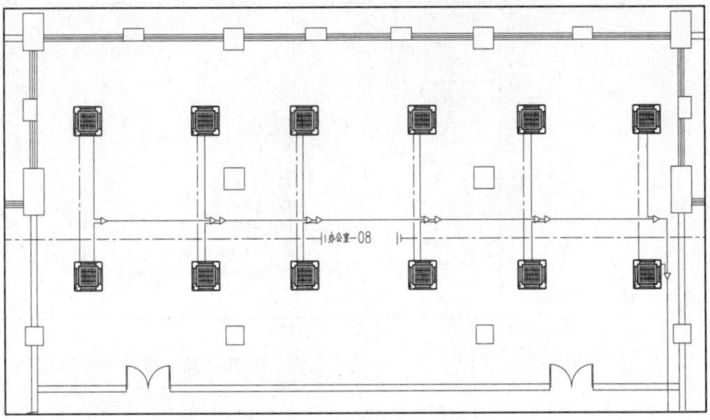

图 20-97　绘制管线及布置阀件

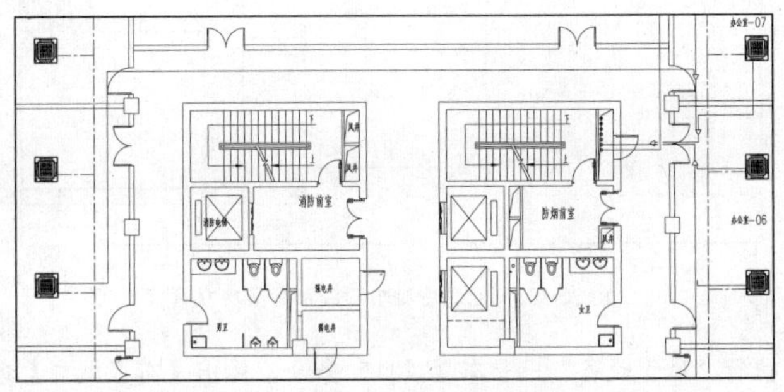

图 20-98　绘制管线

22 执行“空调水路”→“水管管线”命令，绘制管线。执行“空调水路”→“水管阀件”命令，插入水管阀件，结果如图 20-99 所示。

23 绘制冷凝水立管。执行“空调水路”→“水管立管”命令，弹出【空水立管】对话框。在其中单击“空冷凝水”按钮，在图中选取插入点，绘制冷凝水立管，结果如图 20-100 所示。

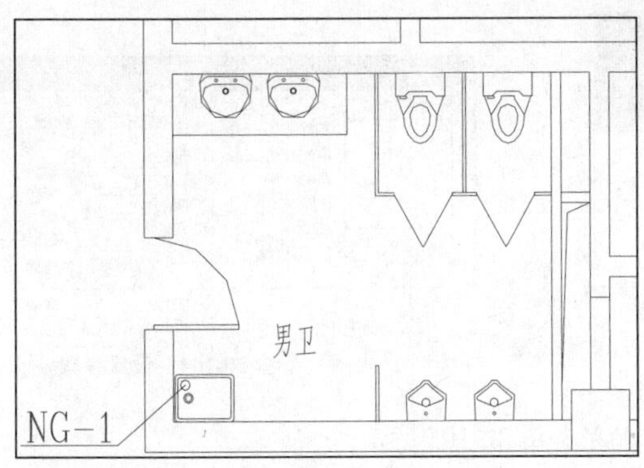

图 20-100　绘制冷凝水立管

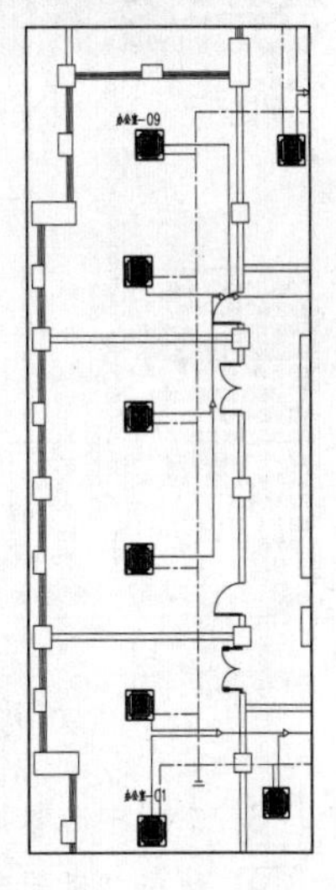

图 20-99　插入水管阀件

24 绘制冷凝水管线。执行“空调水路”→“水管管线”命令，弹出【空水管线】对话框。在其中单击“空冷凝水”按钮，在图中指定起点和终点，绘制冷凝水管线，结果如图 20-101 所示。

25 重复操作，绘制女卫的冷凝水管线和冷凝水立管，结果如图 20-102 所示。

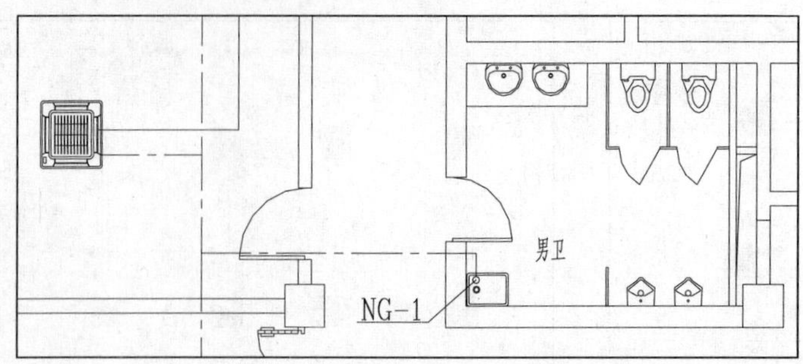

图 20-101　绘制冷凝水管线

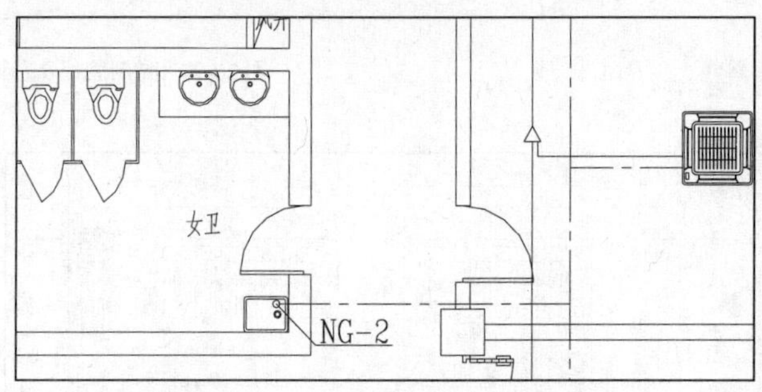

图 20-102　绘制冷凝水管线和冷凝水立管

26 布置风口。执行“风管设备”→“布置风口”命令，弹出【布置风口】对话框。单击对话框右边的风口预览窗口，弹出【天正图库管理系统】对话框，选择风口样式，如图 20-103 所示。

27 双击样式幻灯片，返回【布置风口】对话框，设置参数如图 20-104 所示。

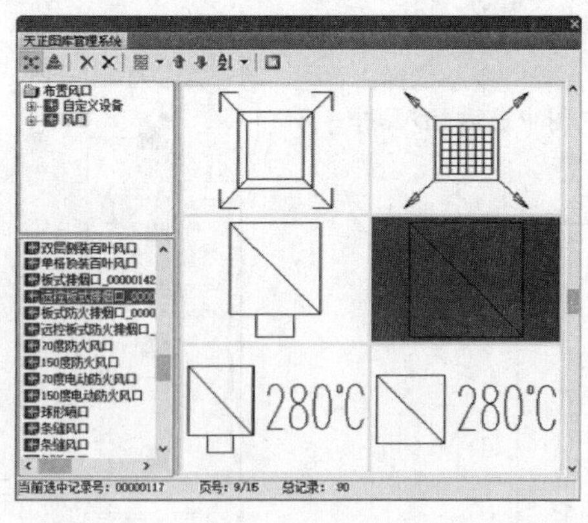

图 20-103　选择风口样式

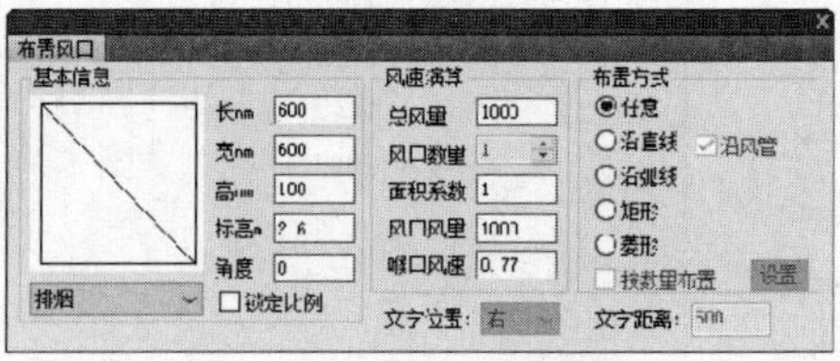

图 20-104　设置参数

28 在图中选取插入点，布置风口，结果如图 20-105 所示。

29 执行“风管”→“风管绘制”命令，绘制截面尺寸为 600mm 的风管，结果如图 20-106 所示。

30 布置风阀。执行“风管设备”→“布置阀门”命令，弹出【风阀布置】对话框。单击对话框左边的风阀预览窗口，弹出【天正图库管理系统】对话框，选择风阀。

31 双击幻灯片样式，返回【风阀布置】对话框，设置参数如图 20-107 所示。

32 在风管上选取插入点，布置风阀，结果如图 20-108 所示。

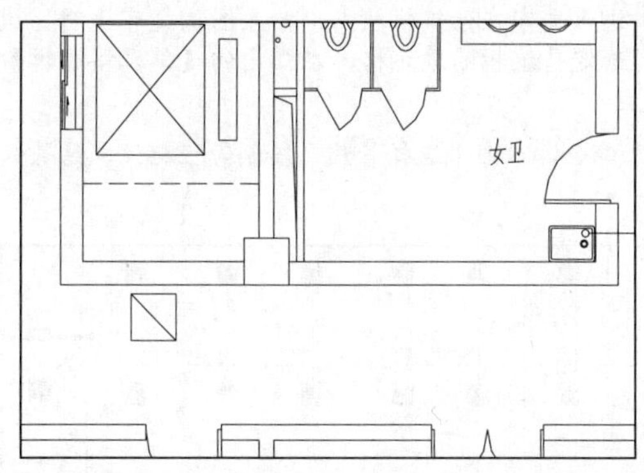

图 20-105　布置风口

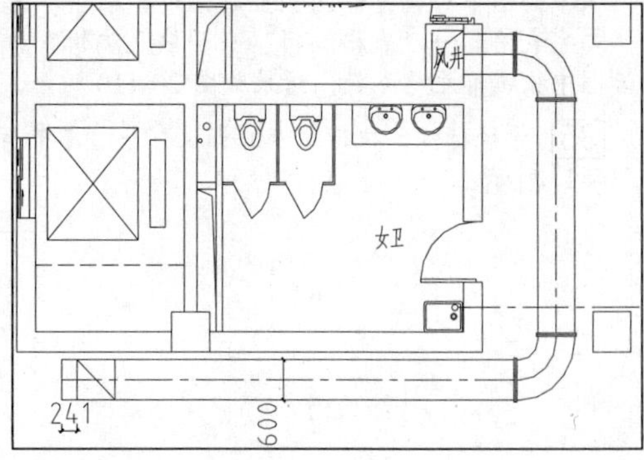

图 20-106　绘制风管

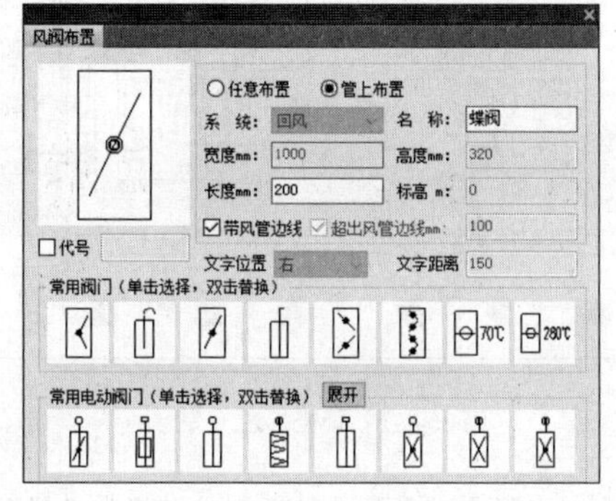

图 20-107　【风阀布置】对话框

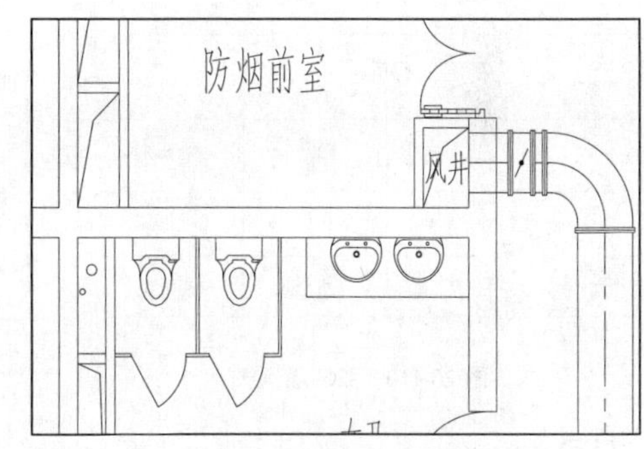

图 20-108　布置风阀

33 按 Ctrl+O 组合键，打开“第 20 章\ 图例文件.dwg”文件，将电动百叶送风门复制粘贴至当前视图中。执行“符号标注”→“引出标注”命令，绘制引出标注，结果如图 20-109 所示。

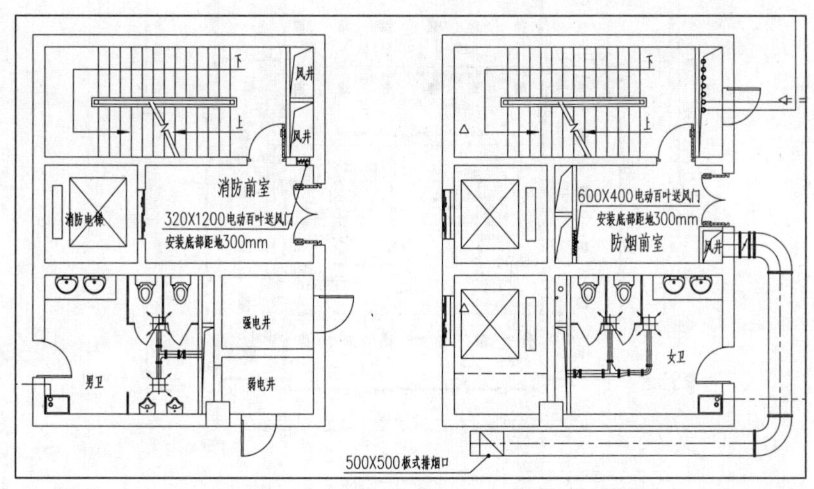

图 20-109　绘制引出标注

34 绘制图例表。执行“文字表格”→“新建表格”命令，绘制空白表格。调用“CO”（复制）命令，从平面图中移动复制图例至表格中。双击单元格，进入文字在位编辑状态，输入图例文字说明。执行“文字表格”→“表格编辑”→“单元编辑”命令，选定待编辑的单元格，在弹出的【单元格编辑】对话框中编辑单元格参数，结果如图 20-110 所示。

35 管径标注。执行“专业标注”→“单管管径”命令，在图中选择管线，绘制管径标注，结果如图 20-111 所示。

图例	名称	图例	名称
——	冷媒管	■	空调室内机
—·—·—	冷凝水管	⊠	板式排烟口
⌧	室内换气扇	▭	调节阀

图 20-110　绘制图例表

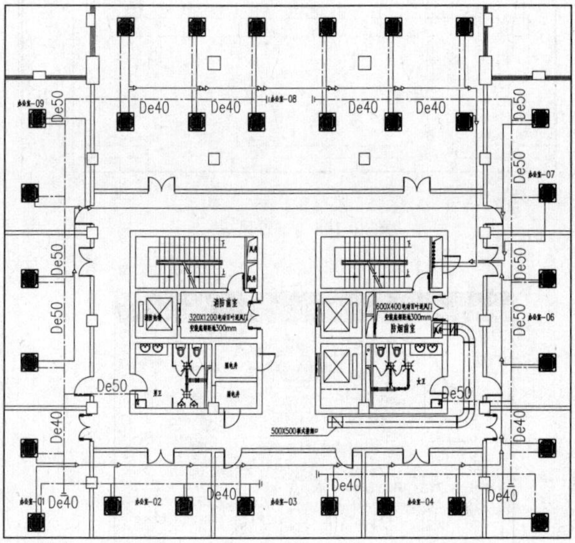

图 20-111　管径标注

36 图名标注。执行“符号标注”→“图名标注”命令，在弹出的【图名标注】对话框中设置参数。在图中选取插入点，绘制图名标注，结果如图 20-112 所示。

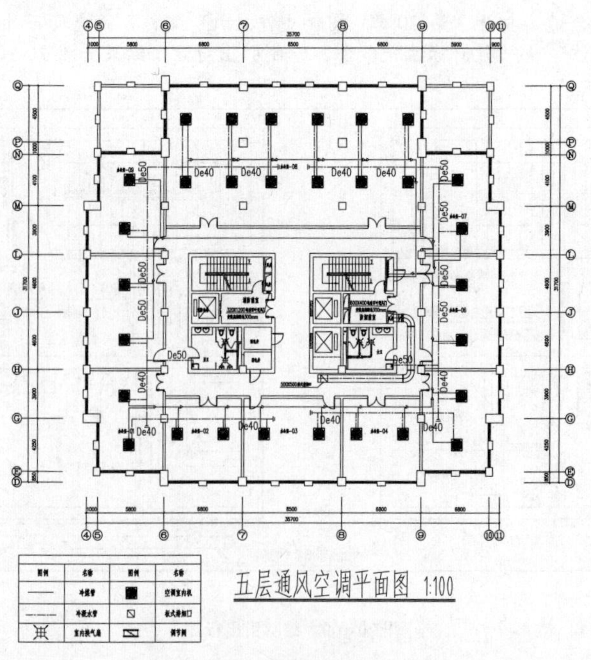

图 20-112　图名标注

20.5 空调水系统图

本节介绍商务办公楼空调水系统图的绘制，包括空调水管，水管阀件，管径标注、图名标注等的创建方法。

01 绘制冷水回水管线。执行“空调水路”→“水管管线”命令，弹出【空水管线】对话框，在其中单击“空冷回水”按钮，在图中指定起点和终点，绘制冷水回水管线，结果如图 20-113 所示。

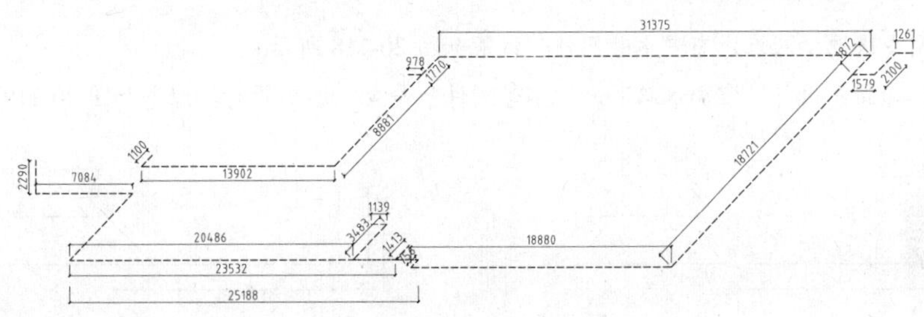

图 20-113　绘制冷水回水管线

02 绘制冷水供水管线。执行“空调水路”→“水管管线”命令，弹出【空水管线】对话框；在其中单击“空冷供水”按钮，在图中指定起点和终点，绘制管线如图 20-114 所示。

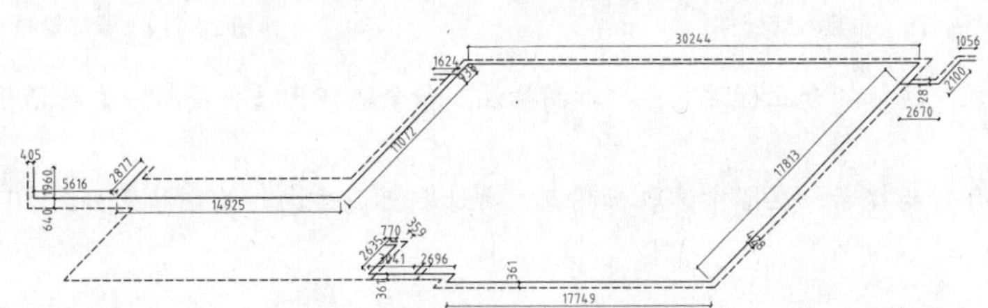

图 20-114　绘制冷水供水管线

03 布置空调机组。按 Ctrl+O 组合键，打开配套资源提供的“第 20 章\ 图例文件.dwg”文件，将其中的空调机组复制粘贴至当前视图中，结果如图 20-115 所示。

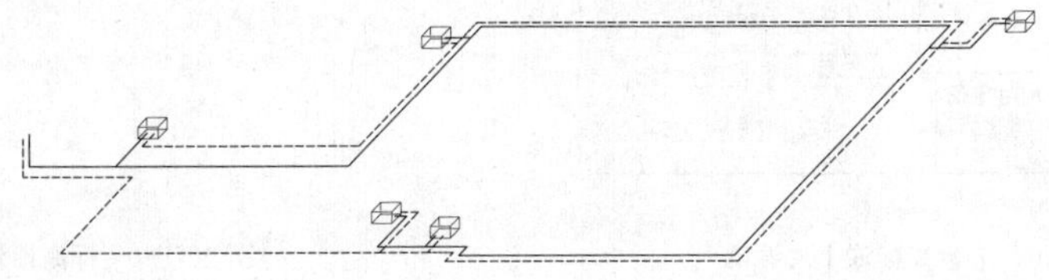

图 20-115　布置空调机组

04 绘制断管符号。执行“水管工具”→“断管符号”命令，在图中选择管线，绘制断管符号，结果如图 20-116 所示。

05 绘制水管阀件。执行“空调水路”→“水管阀件”命令，弹出【水管阀件】对话框，选择蝶阀，如图 20-117 所示。

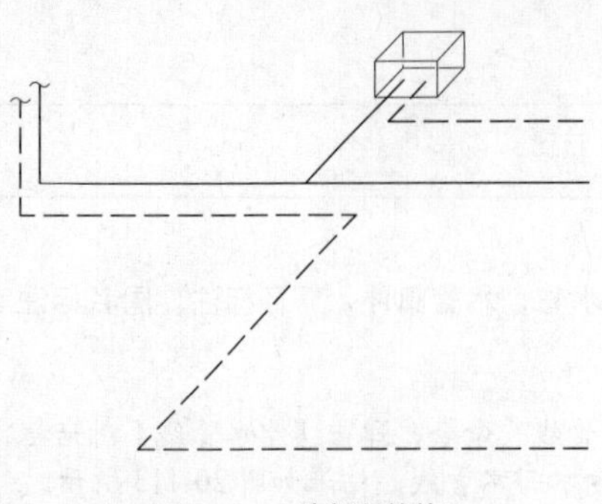

图 20-116　绘制断管符号

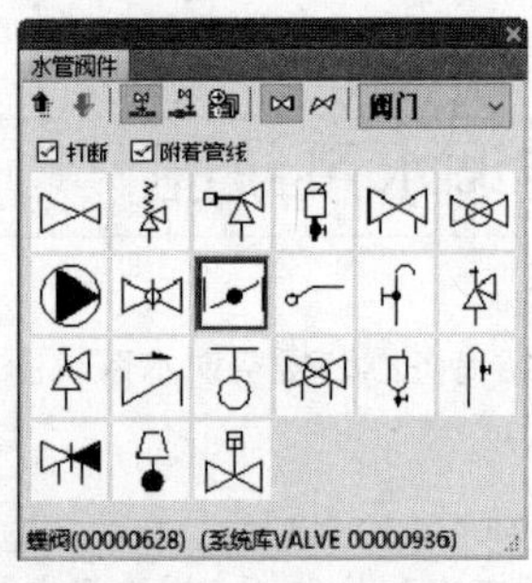

图 20-117　【水管阀件】对话框

06 在图中选取插入点，布置水管阀件，结果如图 20-118 所示。

07 添加管封。执行“空调水路”→“水管阀件”命令，添加管封，结果如图 20-119 所示。

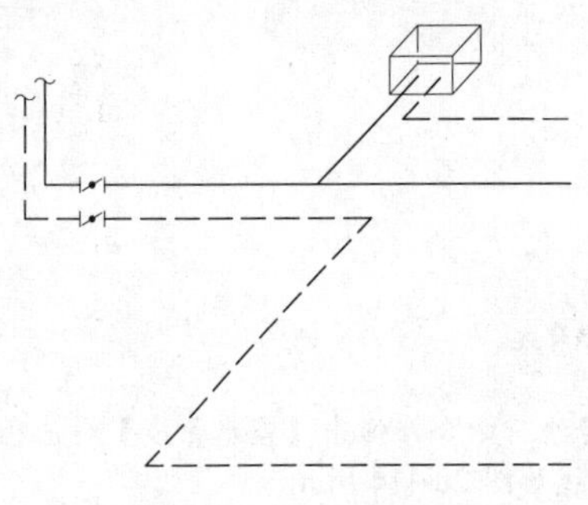

图 20-118　布置水管阀件

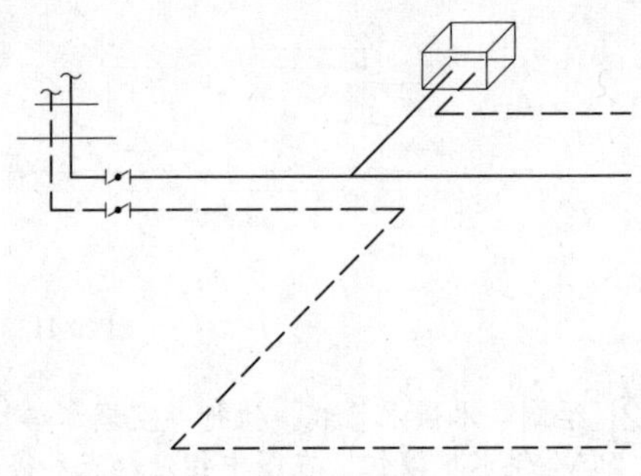

图 20-119　添加管封

08 标高标注。执行“专业标注”→“标高标注”命令，弹出【标高标注】对话框，设置参数如图 20-120 所示。

09 根据命令行的提示，在图中选取标高点，再选取标高方向，绘制结果如图 20-121 所示。

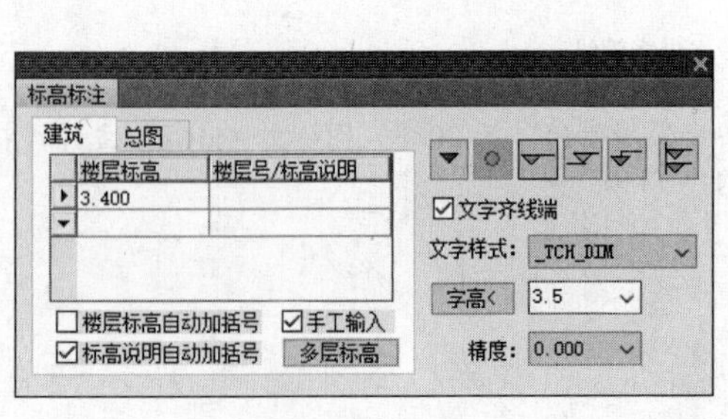

图 20-120　【标高标注】对话框

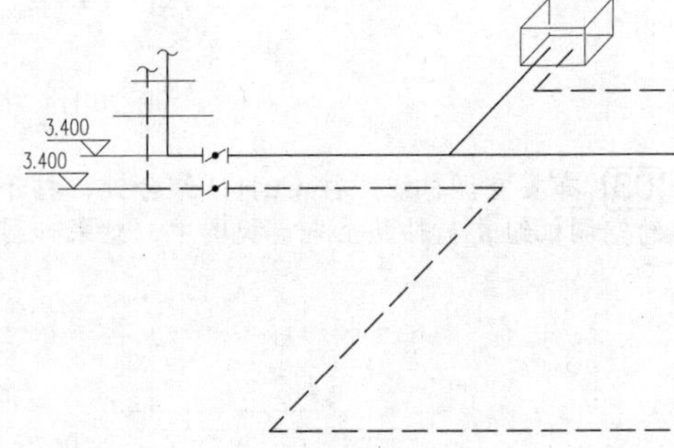

图 20-121　标高标注

10 管径标注。执行“专业标注”→“单管管径”命令，在图中选择管线，绘制管径标注，结果如图 20-122 所示。

11 绘制图例表。执行“文字表格”→“新建表格”命令，绘制空白表格。调用“CO”（复制）命令，从平面图中移动复制图例至表格中。双击单元格，进入文字在位编辑状态，输入图例文字说明。执行“文字表格”→“表格编辑”→“单元编辑”命令，选定待编辑的单元格，在弹出的【单元格编辑】对话框中编辑单元格参数，结果如图 20-123 所示。

12 图名标注。执行“符号标注”→“图名标注”命令，在弹出的【图名标注】对话框中设置参数。

在图中选取插入点，绘制图名标注，结果如图 20-124 所示。

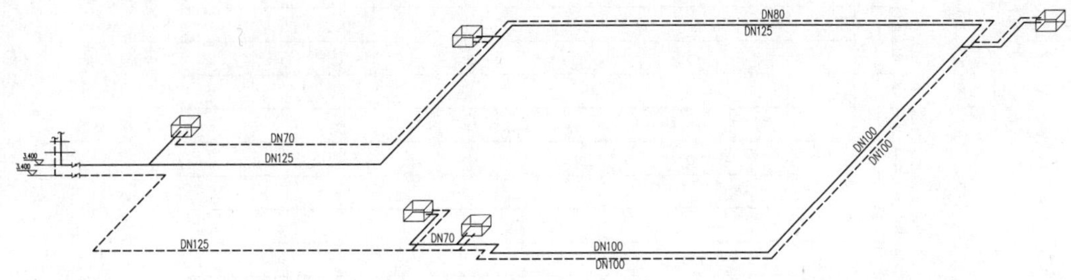

图 20-122　管径标注

图例	名称	图例	名称
——————	空冷供水	|⟋●|	蝶阀
--------	空冷回水	═	管封
(空调机组符号)	空调机组	～	断管符号

图 20-123　绘制图例表

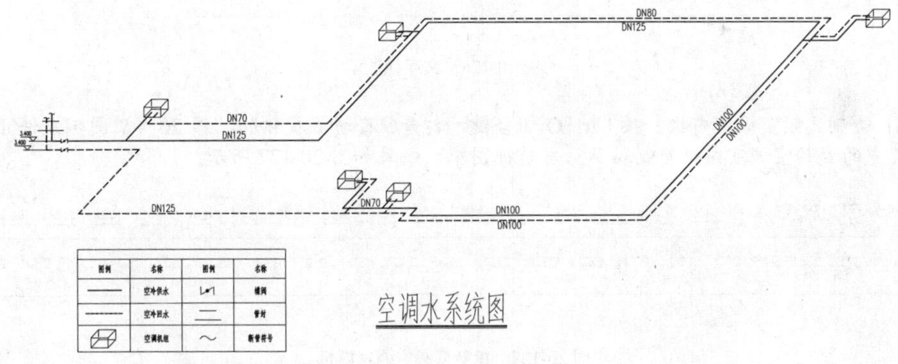

图 20-124　图名标注

20.6 绘制主楼 VRV 系统图

办公楼的 12F 以上为建筑的主楼。本节介绍商务办公楼主楼 VRV 系统图的绘制方法，包括楼层线，空调水路，水管阀门等的创建方法。

01 绘制楼层线。调用“L”（直线）命令，绘制直线。调用“O”（偏移）命令，偏移直线，结果如图 20-125 所示。

图 20-125　绘制楼层线

02 文字标注。执行“文字表格”→“单行文字”命令，在弹出的【单行文字】对话框中设置参数。在图中选取插入点，绘制文字标注，结果如图 20-126 所示。

图 20-126　文字标注

03 绘制变频空调室内机。按 Ctrl+O 组合键，打开配套资源提供的“第 20 章\ 图例文件.dwg”文件，将其中的变频空调室内机复制粘贴至当前视图中，结果如图 20-127 所示。

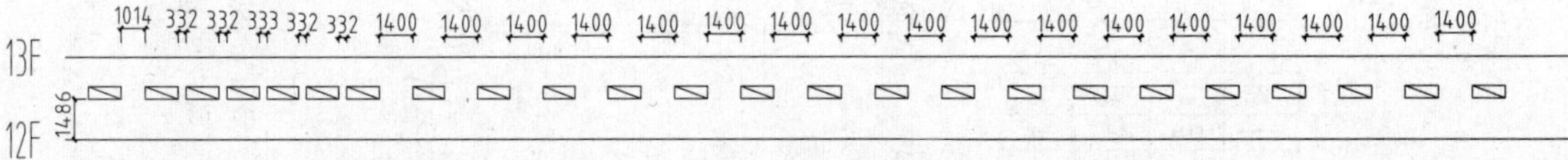

图 20-127　绘制变频空调室内机

04 绘制冷媒管。执行“空调水路”→“水管管线”命令，弹出【空水管线】对话框。在其中单击“空冷供水”按钮，根据命令行的提示，在图中指定起点和终点，绘制冷媒，结果如图 20-128 所示。

图 20-128　绘制冷媒管

05 绘制水管阀件。执行“空调水路”→“水管阀件”命令，弹出【水管阀件】对话框，选择变径管。根据命令行的提示，在图中指定插入点，添加水管阀件如图 20-129 所示。

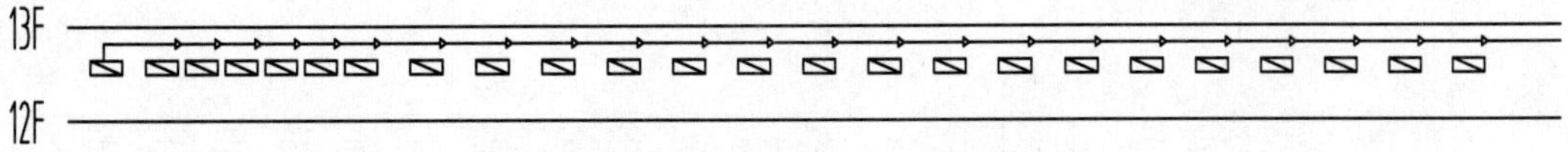

图 20-129　绘制变径管

06 绘制冷媒管支管。执行“空调水路”→“水管管线”命令，弹出【空水管线】对话框，在其中单击“空冷供水”按钮，根据命令行的提示，在图中指定起点和终点，绘制冷媒管支管，结果如图 20-130 所示。

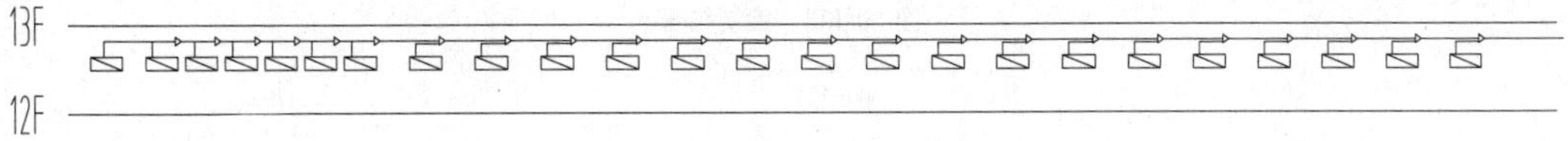

图 20-130　绘制冷媒管支管

07 管线倒角。执行“水管工具”→“管线倒角”命令，命令行提示如下。

```
命令:GXDJ↙
请选择第一根管线:<退出>
请选择第二根管线:<退出>      //分别选择垂直管线和水平管线。
请输入倒角半径:<0.0>400    //输入半径值，按 Enter 键完成倒角，结果如图 20-131 所示。
```

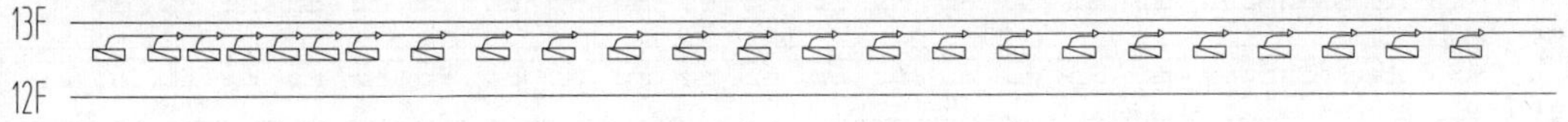

图 20-131　管线倒角

08 调用“CO”（复制）命令，向上移动复制绘制完成的图形，结果如图 20-132 所示。

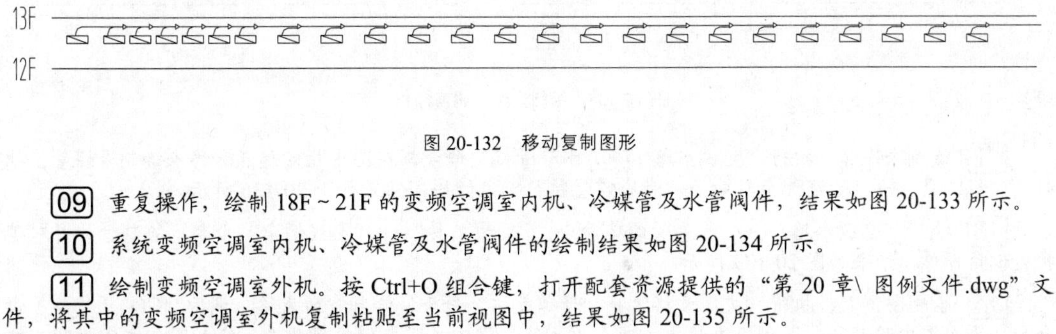

图 20-132　移动复制图形

09 重复操作，绘制 18F～21F 的变频空调室内机、冷媒管及水管阀件，结果如图 20-133 所示。

10 系统变频空调室内机、冷媒管及水管阀件的绘制结果如图 20-134 所示。

11 绘制变频空调室外机。按 Ctrl+O 组合键，打开配套资源提供的“第 20 章\ 图例文件.dwg”文件，将其中的变频空调室外机复制粘贴至当前视图中，结果如图 20-135 所示。

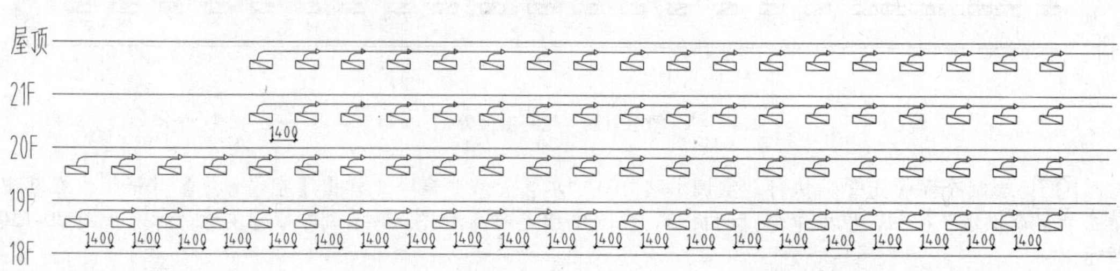

图 20-133　绘制结果

图 20-134　操作结果

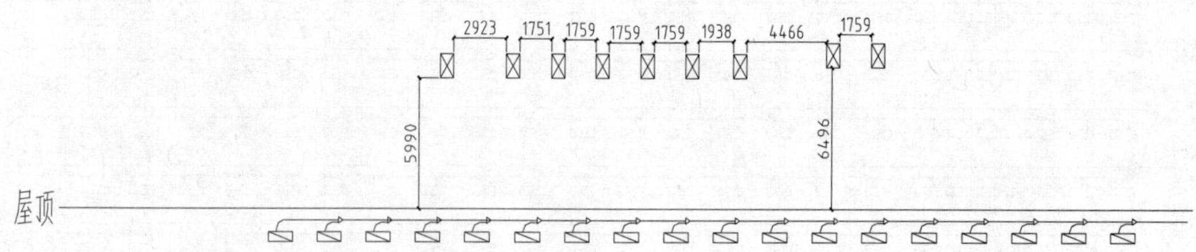

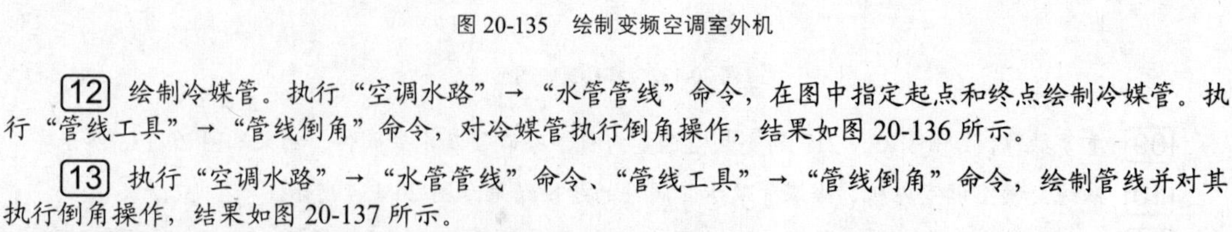

图 20-135　绘制变频空调室外机

[12] 绘制冷媒管。执行"空调水路"→"水管管线"命令，在图中指定起点和终点绘制冷媒管。执行"管线工具"→"管线倒角"命令，对冷媒管执行倒角操作，结果如图 20-136 所示。

[13] 执行"空调水路"→"水管管线"命令、"管线工具"→"管线倒角"命令，绘制管线并对其执行倒角操作，结果如图 20-137 所示。

[14] 绘制图例表。执行"文字表格"→"新建表格"命令，绘制空白表格。调用"CO"（复制）命令，从平面图中移动复制图例至表格中。双击单元格，进入文字在位编辑状态，输入图例文字说明。执

行“文字表格”→“表格编辑”→“单元编辑”命令，选定待编辑的单元格，在弹出的【单元格编辑】对话框中编辑单元格参数，结果如图 20-138 所示。

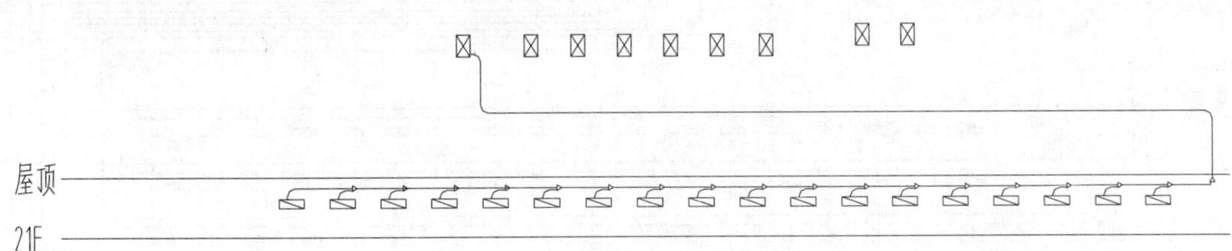

图 20-136　绘制冷媒管并倒角

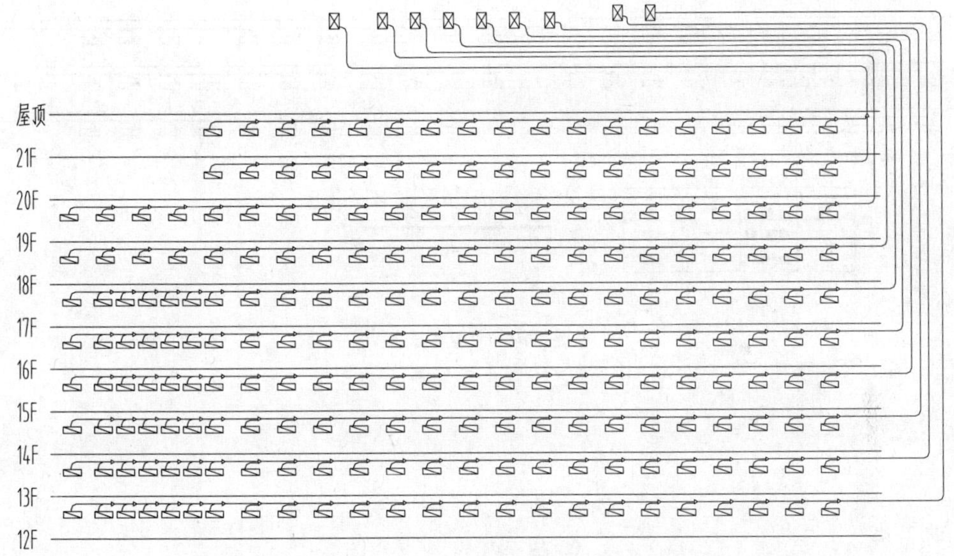

图 20-137　绘制管线并倒角

图例	名称	图例	名称
▭	变频空调室内机	——	冷媒管
☒	变频空调室外机	▷	变径管

图 20-138　绘制图例表

15　图名标注。执行“符号标注”→“图名标注”命令，在弹出的【图名标注】对话框中设置参数。在图中选取插入点，绘制图名标注，结果如图 20-139 所示。

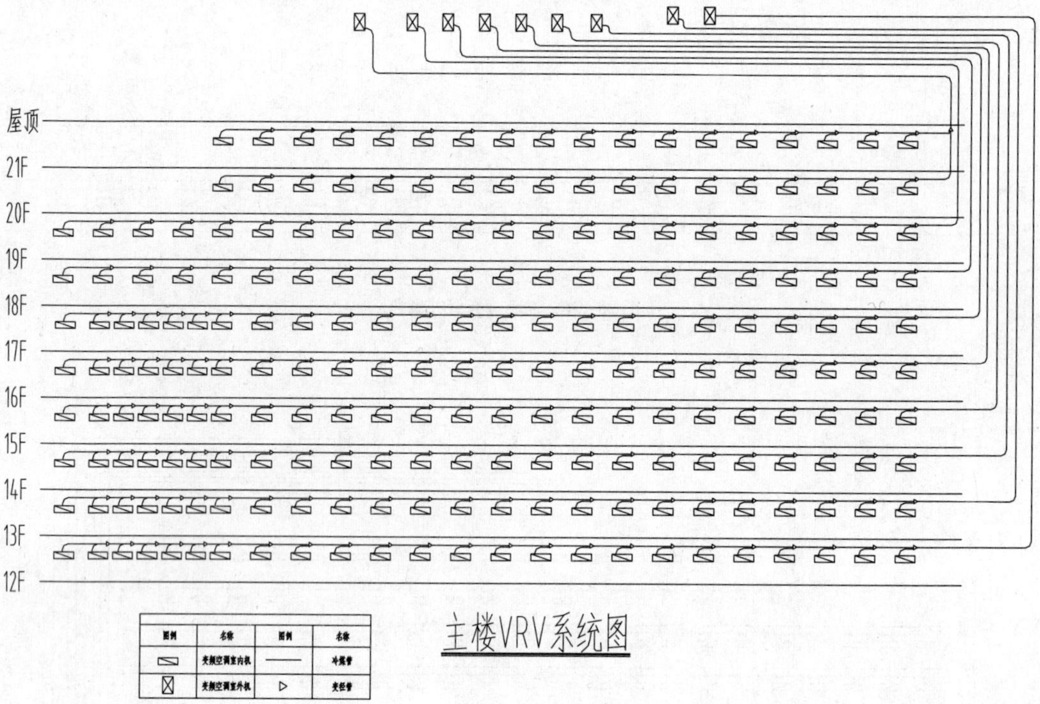

图例	名称	图例	名称
▭	变频空调室内机	——	冷媒管
⊠	变频空调室外机	▷	变径管

主楼VRV系统图

图 20-139　图名标注